수소 폭탄 만들기

DARK SUN:
The Making of the Hydrogen Bomb
by Richard Rhodes

Korean translation edition is published by arrangement
with the original publisher, Simon & Schuster, Inc. through KCC.

이 책의 한국어 판 저작권은 KCC를 통해
Simon & Schuster, Inc.와 독점 계약한 (주)사이언스북스에 있습니다.

사이언스 클래식 28

수소폭탄 만들기

20세기를 지배한 암흑의 태양

리처드 로즈

정병선 옮김

사이언스 북스
SCIENCE BOOKS

이 책을 아서 싱어 주니어(Arthur L. Singer, Jr.)에게 바친다.

슬론 기술 총서에 붙이는 서문

기술은 과학, 공학, 산업 조직을 활용해 인간 중심의 세계를 만드는 활동이자 체계이다. 선진국들은 기술을 바탕으로 100년 전에는 생각할 수도 없었던 생활 수준을 달성했다. 그러나 이 과정에는 난관이 따른다. 기술은 사회를 변화시키고, 관습을 훼손하는 특성이 있다. 인간 활동의 거의 모든 측면이 기술의 영향을 받는다. 공적·사적 기구, 경제 체제, 커뮤니케이션, 정치 제도, 국제 관계, 사회 조직, 인간 생활의 조건 등등. 기술의 영향은 일방향이 아니다. 기술이 사회를 바꾸는 것과 마찬가지로 사회의 구조, 태도, 관행도 기술에 영향을 미친다. 그러나 기술은 아주 빠른 속도로 완벽하게 동화되는 듯하다. 현대사에서 기술과 기타 사회 활동이 심오하게 상호 작용하는 양상을 우리가 제대로 인식하지 못하는 것은 이 때문이다.

앨프리드 슬론 재단은 대중이 현대의 기술, 그 기원, 그것로부터 우리의 삶이 받는 영향을 심도 있게 이해하는 일에 오래전부터 관심을 가져왔다. 이 책도 그 한 권인, 슬론 기술 총서(Sloan Technology Series)는 20세기의 주요 기술들이 어떻게 발달했는지를 일반 독자에게 제시하려고 한다. 그 이야기의 기술적 측면과 인간적 측면을 모두 생생하게 전달하고 알리는 게 본 총서의 목표이다. 독창적 노력과 활동으로 기술이 고안되었고, 그런 기술들은 당대의 삶에 안락함과 더불어 긴장감도 부여했다. 20세기도 곧 끝나간다. 이 총서가 과거를 밝게 드러내 주기를 희망한다. 그 속에서 현재를 반추하고, 미래를 조망할 수도 있을 것이다.

탁월한 자문 위원회가 슬론 기술 총서 발행을 이끌었다. 우리 재단은 존 암스트롱(John Armstrong), S. 마이클 베시(S. Michael Bessie), 새뮤얼 기번(Samuel Y. Gibbon), 토머스 휴스(Thomas P. Hughes), 빅터 맥켈러니(Victor McElheny), 로버트 머튼(Robert K. Merton), 얼팅 모리슨(Elting E. Morison), 리처드 로즈(Richard Rhodes)에게 감사의 마음을 전한다. 현재는 랠프 고모리(Ralph E. Gomory), 아서 싱어 주니어(Arthur L. Singer, Jr.), 허시 코헨(Hirsh G. Cohen), 라파엘 캐스퍼(Raphael G. Kasper), A. 프랭크 마야다스(A. Frank Mayadas)가 자문 위원으로 활동 중이다.

앨프리드 슬론 재단

핵에너지가 해방되면서 야기된 문제는
결국 근본적인 차원에서 인류가 전쟁을 하지 않고
스스로를 다스릴 수 있느냐는 것이다.

— 국무 장관 군축 자문 위원회 보고서, 1953년 1월

일러두기

본문의 많은 부분이 새로운 내용이며, 일부는 꽤나 놀라울 것이다. 자료들의 출처는 후주의 앞부분에서 밝혔다. 후주는 참고 문헌과 체재를 맞추었다.

러시아 인명이 많이 등장하는데, 원래의 키릴 문자를 음역했으므로, 익숙하지 않은 독자들이라도 크게 염려할 필요는 없다. 키릴 문자는 그리스 어와 히브리 어에서 차용된 알파벳이다. 두세 번 정도 큰 소리로 발음해 보면 기억하는 데 별 어려움이 없을 줄로 안다. 인명 찾아보기에서 대강의 발음을 확인할 수 있다.

1. 이 책을 쓰고, 조사 연구하는 과정에서 존 D. 및 캐서린 T. 맥아더 재단(John D. and Catherine T. MacArthur Foundation)과 앨프리드 슬론 재단의 지원이 있었음을 밝힌다. 감사의 마음을 전한다.
2. 이 책은 앨프리드 슬론 재단이 추진하고 있는 기술 총서 출간 사업의 일환으로 출판되었다.
3. 동일한 참고 문헌 같은 쪽에 나올 경우 같은 각주 번호로 표시했다.

프롤로그

끝의 시작

전쟁은 끝났다. 군대가 귀환하고 있었다. 1200만 명의 미국 육군과 해군은 흙색과 탁한 녹색의 군복, 소금기가 밴 소나기와 찌는 듯한 화물창에 넌더리가 났고, 전역 점수를 헤아리며 얼마나 더 있어야 배를 타고 본국으로 귀환해 브루클린으로, 유키아(Ukiah, 캘리포니아 멘도시노 카운티에 있는 도시 ― 옮긴이)로, 세인트 조(St. Joe, 미주리 북서부에 있는 도시 ― 옮긴이)로 돌아갈 수 있는지 알아봤다. 군용기, 선박, 탱크, 대포 수만 대가 버려졌고, 번영하는 한 국가의 산업 생산 전반(여자들과 나이 든 남자들이 그 일을 맡았다.)이 이내 폐기될 판이었다. 제2차 세계 대전은 역사상 가장 파괴적인 전쟁이었다. 5500만 명이 목숨을 잃었다. 그 가운데 절반 이상이 독일의 소련 침공과 소련의 완강한 저항 과정에서 사망했다. 독일과 소련 모두 총체적으로 파괴되었다. 결국 태평양 전선에서 비행기 2대가 폭탄 2개를 싣고 가 전쟁을 종결했다. 2개의 원자 폭탄은 작은 태양처럼 사나웠고, 신(神)의 지위에서 추락한 천황은 항복할 수밖에 없는 구실을 찾아냈다. 전쟁은 끝났다. 전쟁이 다시 일어날 거라고 상상하기는 힘들었다.

미국의 실험 물리학자 루이스 월터 앨버레즈(Luis Walter Alvarez, 1911~1988년)는 캘리포니아 출신으로, 키가 컸고, 혈색이 좋았으며, 머리칼은 차가운 느낌의 금발이었다. 그는 히로시마에서 귀환하면서 원자 폭탄이 어떤 의미를 가지게 될지 깨달았다. 앨버레즈는 진기한 경험을 추구했고, 역사가 만들어지는 과정에 참가하는 것을 즐겼다. 지상 통제 근접 레이더를 발명해 견본품을 전시의 영국으로 가져가 직접 시험해 볼 정도였다. 안개를 뚫고 귀환하는 영국 폭격기들의 착륙을 유도했던 것이다. 원자 폭탄이 설계, 제작된 뉴멕시코 로스앨러모스의 비밀 연구소에서는 납으로 차폐된 탱크에 들어가, 시험 폭발 과정에서 발생한 엄청난 방사능을 바로 가까이에서 관측하기도 했다. 앨버레즈는 플루토늄 내파 폭탄인 '팻 맨(Fat Man, 뚱보)'의 전기 기폭 방식도 새롭게 창안했다. 이 방식을 적용하면 100만분의 1초 간격으로 거의 동시에 많은 기폭 장치를 점화시킬 수 있었다. 앨버레즈는 혁명적인 신무기를 사용할 순간이 다가오자 역사상 최초의 비행 작전 임무에 참가할 방법을 찾아냈다.

히로시마에 투하된 폭탄 '리틀 보이(Little Boy, 꼬마)'는 우라늄 대포로 우라늄을 결합하는 방식을 채택하고 있었다. 리틀 보이에는 희귀 우라늄 235가 총 64킬로그램 사용되었다. 미국이 1945년 7월 말까지 농축할 수 있었던 양이 그 정도였다. 밀도가 높은 흑자색의 금속이 담긴 그 우라늄 대포는 아주 신중하게 설계되었다. "폭탄이 제대로 작동하리라는 것을 우리는 확신했다."[1] 앨버레즈는 이렇게 썼지만 리틀 보이의 방식은 시험된 적이 없었다. 얼마나 효율적인지 밝혀야 했고, 로스앨러모스는 리틀 보이의 폭발력(explosive yield, 핵출력)을 파악할 필요가 있었다. 앨버레즈는 폭발력 측정 장비를 개발했다. 폭탄을 투하하기 전에 먼저 낙하산을 단 압력계를 여러 개 살포해서 거기에 입력 기록된 정보를 무선으로 지원 비행기에 보내는 방식이었다. 앨버레즈 본인이 그레이트 아티스트(Great Artiste)라는 지원 폭격기 B-29에 탑승했다. 그는 히로시마에 투하된 원자 폭탄의 섬광을 보았다. 그는 리틀 보이가 빚어낸 압력파가 항공기 뒷부분에 탑재된 오실로스코프에 기록되는 것을 지켜봤고, 직접 충격파와 땅에 되튀긴 충격파가 대공 포화처럼 비행기를 뒤흔들었을 때 거친 철썩임을 두 번이나 몸으로 직접 느꼈으며, 창가로 가서 아래 지상을 살펴봤다. 비행기는 솟아오르는 버섯구름 주위를 선회하고 있었다. "목표물이었던 도시를 찾았지만 헛수고였다. 사람이 안 사는 삼림 지대에서 구름이 피어오르는 것 같았다."[2] 조종사가 내부 통화 장치로 폭격이 성공적으로 이루어졌음을 확인했다. 앨버레즈가 히로시마를 찾지 못한 것은 도시가 철저히 파괴되었기 때문이다.

앨버레즈는 폭격기가 출격한 마리아나 제도의 티니언 섬으로 귀환하는 중에 당시 네 살이던 아들 월터에게 나중에 읽힐 요량으로 편지를 썼다. "지금까지 너에게 보낸 편지 중에서 어른이 되어서 읽으라고 쓰는 것은 이번이 처음이구나." 앨버레즈는 편지의 서두를 이렇게 시작한다. 그는 앨버커키(Albuquerque)에서 함께 B-29 폭격기를 살펴봤던 일을 화제로 꺼냈다. "폭탄 투하실 위쪽 통로를 구경했던 게 기억날 거야. 그때 넌 정말로 눈이 휘둥그레졌었지." 계속해서 앨버레즈는 그날 오전 에놀라 게이(Enola Gay, 1945년 8월 6일 히로시마에 원폭을 투하한 미국 B-29 폭격기의 애칭 — 옮긴이)가 임무를 수행함으로써 "공중전에 어떤 일이 일어났는지"를 설명했다.

지난주에 미국 공군 제20전대는 …… 역사상 최대 규모의 공습을 단행했단다. 폭탄을 6,000톤 쏟아 부었는데, 약 3,000톤이 고폭탄이었다. 오늘 아빠가 참가한 비행 편대의 선도 항공기는 폭탄을 단 한 발만 투하했지. 그 한 발이 고폭탄 1만 5000톤의 위력을 가질 게야. 여러 날에 걸쳐 비행기 수백 대가 동원되는 대규모 공습 작전은 이제 끝났다는 이야기란다. 앞으로는 우방 수송기로 위장한 비행기 1대만으로도 도시 전체를 몰살할 수 있어…….

아빠는 오늘 아침 일본의 민간인 수천 명이 죽고, 불구가 되는 작전에 참가한 것이 무척 후회스럽구나. 하지만 우리가 만든 이 끔찍한 무기가 세계를 단결시켜, 더 이상의 전쟁을 막아 줄 거라는 희망도 가져 본단다. 알프레드 베른하르드 노벨(Alfred Bernhard Nobel, 1833~1896년)은 자신이 만든 고성능 폭약이 그런 역할을 해 주기를 기대했지. 전쟁이 너무 끔찍해지면 사람들이 생각을 고쳐먹을 수도 있다고 본 거야. 하지만 불행하게도 정반대의 일이 일어나고 말았단다. 우리가 새로 개발한 이 파괴적 폭탄은 그 위력이 수천 배 더 대단하다. 노벨의 꿈이 실현될 수도 있다고 보는 근거야.[3]

사흘 후 나가사키 상공에서 두 번째 원자 폭탄이 터졌고, 앨버레즈의 주장은 보다 확고한 것이 되었다. 1945년 8월 14일 일본은 항복했다. 이론 물리학자 로버트 서버(Robert Serber, 1909~1997년)는 필라델피아 출신으로, 마른 체형에, 머리가 비상한 신사였다. 리틀 보이 설계를 지휘한 서버는 일본이 항복한 후 파괴된 히로시마의 거리를 직접 둘러봤다. 다른 과학자들 및 의사들과 함께 피폭당한 두 도시를 방문해 피해 상황을 조사하라는 임무를 부여받았던 것이다. 서버 일행은 도쿄에서 리처드 에벌린 버드(Richard Evelyn Byrd, 1888~1957년) 제독의 개인 비행기를 타고 일본의 혼슈(本州) 지방을 남하했다. 남극을 탐험하기도 한 버드 제독이 원자 폭탄의 파괴력을 직접 확인하고 싶어 했던 것이다. 서버와 영국의 유체 역학자 윌리엄 조지 페니(William George Penney, 1909~1991년)는 나가사키와 히로시마에서 찌그러진 휘발유 통, 콘크리트 잔해, 숯으로 변한 나무 상자, 창틀 윤곽이 소실된 벽판을 수집했다. 그들은 귀환 중이던 오스트레일리아와 네덜란드 전쟁 포로들과도 이야기를 나누었다. 나가사키에 임시 수용되었던 그들은 일본군의 잔인한 처우와 굶주림으로 산송장이나 다름없었다. 서버 일행은 일본의 민간 병원 한 곳을 방문했고, 섬광 화상과 방사선 병으로 스러진 어린이와 여자 들을 살펴봤다. 서버는 거의 50년이 지난 후에도 당시의 경험이 여전히 "정말로 괴롭다."라고 술회했다. 전시에는 미국을 떠나는 것이 쉬웠다. 하지만 이제 전쟁은 끝났고, 고국 귀환 절차는 복잡해졌다. "샌프란시스코에서 문제가 약간 있었습니다." 서버는 계속해서 이렇게 회고한다. "평화 시의 절차와 관행이 가동 중이었던 것이죠. 통관 절차(짜부라진 휘발유 통, 콘크리트 덩어리, 숯으로 변한 나무 상자)를 밟아야 했고, 입국 심사도 받아야 했습니다. 그런데 빌(Bill, 윌리엄 페니를 가리킨다. — 옮긴이)한테 여권이 없었던 거예요. 다행히도 제출한 다른 신분 증명서들이 인상 깊었는지 입국 심사관이 빌을 영국 공군 장교로 인정할 수 있겠다면서 통과시켜 주었습니다."[4] 미국은 전쟁에 넌더리가 났고, 원자 폭탄을 만든 과학자들을 영웅으로 환영했다.

커티스 에머슨 르메이(Curtis Emerson LeMay, 1906~1990년) 소장은 잿더미로 변한 히로시마와 나가사키에서 다른 신탁을 보았다. 당시 38세로, 오하이오 태생에, 공학자 출신인 르메이는 피부가 거무스름하고, 체구가 건장하며, 무뚝뚝한 성격이었다. 그가 지휘한 B-29 폭격기들이 소이탄으로 일본을 파괴했다. 괌, 사이판, 티니언의 산호섬 활주로를 이륙하는 B-29들은 전사의 신이 내던지는 은빛 표창 같았다. 르메이는 태평양 전쟁 개전 초기에 미국이 얼마나 준비가 안 되어 있었는지를 여전히 생생하게 기억했다. (그는 평생에 걸쳐 이 이야기를 한다.) "우리는 사실상 아무것도 없이 전쟁에 뛰어들었습니다."[5] 1943년의 한 인터뷰에서 르메이가 한 말이다. 그는 1945년에 오하이오 주립 대학교 동창생을 대상으로 한 연설에서 적나라하게 주장한다.

> 우리는 2년 동안 패배 일보 직전 상황이었습니다. 그러고 나서야 겨우 반격을 할 수 있었죠. 바탄(Bataan) 반도와 코레히도르(Corregidor) 섬(둘 다 필리핀에 위치하며, 1942년 일본군이 마닐라로 진격하면서 대격전이 벌어졌다. — 옮긴이)에서 (포위당한) 우리 장병들이 어떤 심정이었을지를 저는 압니다. 전쟁 초기에 영국에서 폭격 부대를 지휘했는데, 똑같은 상황을 겪어 보았기 때문입니다. 폭격기 50대로 독일 공군 전체와 맞서야 했습니다. 손실률은 그대로인데 증원이 되지 않았어요. 30일 이내에 마지막 B-17이 독일을 폭격하러 이륙해야만 하는 그런 상황이었습니다. 다행히도 그런 불행한 사태는 일어나지 않았죠. 최초의 쥐꼬리만 한 지원이 적시에 제공되었기 때문입니다. 죽음을 각오했던 장병들이 보인 태도 변화는 정말이지 인상적입니다. 폭격 비행을 마치고, 삶을 열망할 수 있게 된 그 간절함을 한번 상상해 보십시오. 앞으로는 그런 경험을 하는 미국인이 한 명도 없어야 합니다.[6]

르메이는 영국에서 폭격 부대를 이끌고, 처음 전투 임무를 수행했다. 이 과정에서 승무원의 목숨을 안전하게 지켜 주는 방어 대형과, 상상력이 부족한 지휘관이라면 두 번이나 세 번에 걸쳐 쏟아 부었을 양을 단 한 번에 투하하는 폭격 기술을 창안했다. 그는 철저한 준비 태세를 입에 달고 살았다. 르메이는 장병들을 이렇게 교육했다. "한 번에 정확하게 타격하라. 그러면 다시 안 가도 된다."[7] 휘하의 장병들은 그를 "냉혹한 개자식(Iron Ass)"[8]이라고 불렀다. 그의 교육 훈련은 가차 없었다. 하지만 르메이는 "틀림없는 군 최고의 지휘관"[8]으로도 통했다. 그는 1944년에 영국에서 인도로 전출되었다. 중국에 있는 기지들에서 출격해 일본을 폭격하는 임무였는데, 힘들기만 하고 생색은 안 나는 그런 과제였다. 중국의 기지에는 그 악명 높은 봉우리인 히말라야 산맥을 넘어 인도에서 물자가 공수되었다. 당시에 막 생산되던 B-29는 최초의 대륙 간 폭격기였다. 그때까지만 해도 육군 소속이었던 공군*의 지도자들은 이 투자가 가치가 있다는 것을 증명해야만 했다. 르메이의 B-29들은 자체 소비 연료를 싣고 히말라야를 넘어야만 했다. 한 번의 일본 출격 임무를 지원하려면 폭탄 투하실에 연료를 가득 채우고, 히말라야를 여섯 번 넘어야 했던 것이다. 일본의 날씨는 마오쩌둥(毛澤東, 1893~1976년)의 군대가 장악한 북중국으로부터 제공받았다. 르메이는 공산당 게릴라 지도자 마오쩌둥에게 의약품을 주고, 승무원 구조 편의와 기상 보고서를 제공받았다.

엔진이 4개 탑재된 B-29는 미식 축구장 절반 크기였고, 전기 제어 장비를 갖춘 데다, 용량이 큰 폭탄 투하실이 2개나 있었다. B-29는 높은 고도에서도 정확하게 폭격을 수행하는 기계로 자리매김해야 했다. 그 유명한 노르던 폭격 조준기(Norden Bombsight, 네덜란드 출신의 기술자 카를 루카스 노르던(Carl Lucas Norden, 1880~1965년)이 개발한 폭격기용 조준기 — 옮긴이)가 위력을 발휘했다. B-29는 9,100미터 상공에서 굴뚝까지 조준할 수 있었다. 르메이의 대원들이 중국에서 고군분투하는 동안 마리아나 제도에 결집한 공군은 뜻밖의 악운을 만났다. 제트 기류와 맞닥뜨린 것이다. 비행기들이 자꾸 표적을 놓쳤다. 노르던 폭격 조준기는 이런 광포한 기류

* 미국 군대의 공군 부문은 1941년 6월까지 육군 항공단(Army Air Corps)으로 불렸다. 그러다가 미국 육군 항공대(United States Army Air Forces, USAAF)로 개명되었다. 공군이 육군에서 갈라져 나온 것은 1947년 7월이다. 이로써 공군은 독자적 군역 및 군대로 자리매김했고, 명칭도 미국 공군(United States Air Force, USAF)이 되었다.

를 보정하도록 설계된 물건이 아니었다. 한 번은 B-29 편대가 도쿄에서 북쪽으로 16킬로미터 떨어진 항공기 생산 공장을 폭격할 예정이었다. 그들이 떨어뜨린 폭탄은 도쿄 만에서 발견되었다. 일본인들은 미국이 자기들을 수장시키려 한다며 농담을 주고받았다. 1945년 초에 르메이가 소환되었다. 그는 이 문제를 해결해야 했다. 르메이와 참모들은 폭격의 정확도를 높여야 했고, 피격 사진과 고사포 작렬탄 보고서를 연구했다. 그들은 일본에 야간 전투 수행 능력이 있는 항공기가 1대도 없고, 그들의 대공 포화가 높은 고도에 집중됨을 알아냈다. "그들에게는 저고도 폭격에 대한 방어책이 전무했다."[9] 르메이의 결론이었다.

주간에 저고도를 비행하면서 정확하게 폭격하려면 대원들이 위험에 처할 터였다. 레이더 폭격 조준기[10]가 개선되었다고는 해도 야간 정밀 폭격에 활용할 수 있을 만큼은 아니었다. 미국 육군 항공대는 육군과 해군이 일본에 상륙하기 전에 공군력[10]을 바탕으로 전쟁을 끝내려고 했다. 르메이는 전략을 크게 수정했다. B-29가 적재할 수 있는 양을 늘리기 위해 방호 무장을 떼어내라고 명령한 것이다. 1945년 3월 10일 밤에 B-29 325대가 유지 소이탄을 4,535킬로그램씩 적재하고, 도쿄 상공을 날았다. 고도는 1,500~2,700미터로 유지되었다. 선도기들이 본대를 앞질러 날며, 지정된 조준 목표들에 거대한 엑스자 화염을 만들어 냈다. 르메이가 나중에 작성한 작전 보고서에는 이렇게 적혀 있다. "민간인을 무차별 폭격하는 것"은 공격 목표가 "**아니었다.**" 도쿄 도심에 "집중된 **산업 및 전략 표적을** 파괴하는 것이 목표**였다.**"[11] 소이탄 공격은 성공적이었다. "22개의 산업 표적과 …… 기타 다수의 미확인 산업 시설"[12]이 파괴되거나 훼손되었다. 그러나 바람이 몹시 불었던 그 첫날 밤의 공격은 실상 학살이라고 할 만큼 무차별적이었다. 르메이 자신도 그 사실을 알았다. 일본의 수도는 하룻밤 사이에 43.25제곱킬로미터가 전소되고, 10만 명이 사망했으며, 수십만 명이 부상을 당했다. 공군의 제2차 세계 대전 공식 역사서에 나오는 르메이의 말을 인용해 본다. "도쿄의 물리적 파괴와 인명 손실은 로마를 능가했다. …… 서방 세계가 역사적으로 경험한 그 어떤 대화재도 도쿄의 참상에 필적할 수 없다. 1666년 런던, …… 1812년 모스크바, …… 1871년 시카고, …… 1906년 샌프란시스코, ……. 이전에 그렇게 참혹한 재앙을 겪은 곳은 일본뿐이었다. 1923년 도쿄와 요코하마에서 지진으로 화재가 발생했던 것이다. 그러나 일본이든 유럽이든 전쟁 중에 이루어진 공습으로 인명과 재산을 그렇게까지 파괴한 경우는 없었다."[13] 새로운 폭격 전략이 효과 만점이라는 증거는 압도적이었다. 고무된 르메이는 무기고에서 폭탄이 바닥날 때까지 밤마다 일본의 도시들을 차례로 불바다로 만들었다. 무기고는 금방 다시 채워졌고, 그는 1945년 봄과 여름에 걸쳐 무자비한 폭격전을 수행했다. 전쟁이 끝날 무렵에는 일본의 도시 63개가 전소되거나 부분적으로 파괴되고, 민간인 수십만 명이 사망했다. 르메이가 나중에 정리했듯이, 이 과정에서 공군이 치른 총비용은 "B-29 485대"와 "약 3,000명의 전투 승무원"[14]이었다. 히로시마와 나가사키는 워싱턴이 커티스 르메이의 표적 목록에서 빼 주었기 때문에 살아남았다. 물론 원자 폭탄을 맞아야 할 운명이었지만 말이다.

전쟁이 끝나고 한참 후 겁 없는 한 간부 후보생이 르메이에게 손을 들고 물었다. "일본 폭격을 결심하는 과정에서 윤리적 차원을 얼마나 고려하셨습니까?" 르메이는 율리시스 심프슨 그랜트(Ulysses Simpson Grant, 1822~1885년)만큼이나 고압적이었고, 예의 퉁명스러움으로 이렇게 답했다.

> 일본을 폭격하는 문제로 골치를 썩지는 않았습니다. 전쟁을 종결하는 게 내 관심사였죠. 그 임무를 완수하면서 사람이 몇 명이나 죽어 나갈지는 별로

걱정하지 않았습니다. 전쟁에서 졌다면 전범으로 기소되어 재판을 받았을 겁니다. 다행히 우리가 이겼죠. 우리가 원자 폭탄을 투하해, 히로시마와 나가사키에서 많은 사람이 죽은 것을 모두가 슬퍼합니다. 묘하죠. 나도 그 일이 비도덕적이라고 생각합니다. 하지만 일본의 각급 산업 도시를 소이탄으로 공격한 것에 대해서는 아무도 일언반구 언급이 없습니다. 도쿄를 대상으로 이루어진 그 첫 번째 폭격으로 원자 폭탄 피폭 때보다 더 많은 사람이 죽었습니다. 그 일은 괜찮은가 봐요. ……

학생의 질문에 솔직하게 답하겠습니다. 맞습니다. 모든 군인은 수행하는 임무의 어떤 도덕적 측면을 고려한다고 봅니다. 하지만 전쟁은 모두 비도덕적입니다. 그 문제가 학생을 괴롭힌다면 훌륭한 군인이 될 수 없을 겁니다.[15]

9월 2일 도쿄 만에 정박한 전함 미주리(Missouri) 호 함상에서 일본의 항복 조인식이 열렸다. 거의 500대에 육박하는 B-29가 경축의 의미로 굉음을 울리며 상공을 날았고, 르메이는 갑판 위에 서 있었다. 더글러스 맥아더(Douglas MacArthur, 1880~1964년)가 근엄한 자세로 앉아 있는 탁자에서 일본 외무상이 침울한 표정으로 항복 문서에 서명했다. 르메이는 그들을 이 자리로 끌고 오기 위해 산화한 장병들을 추념했다고 나중에 적었다. "내가 임무를 더 잘 수행했다면 장병들을 한 명이라도 더 구할 수 있었을 텐데."[16] 르메이가 장기간의 피비린내 나는 그 전쟁에서 얻은 가장 중요한 교훈은 철저한 준비 태세였다. 그는 일본 사람들을 죽인 것에 대한 생각을 피력한 앞의 자리에서 간부 후보생들에게 이렇게 말했다. "전쟁은 결코 되풀이하고 싶지 않은 경험입니다. …… 살면서 알게 된 것인데, 준비가 미비하거나 전혀 준비가 안 된 상황에서 전쟁을 하는 것보다 더 나쁜 일도 없습니다."[17] 르메이는 그 절대적 경험을 교훈 삼아, 전후에 엄청난 과제를 수행한다. 전략 공군을 구축하는 것이 르메이의 과제였던 것이다.

종전 무렵에는 "다른 많은 사람처럼" 자신도 "상당히 지쳐"[18] 있었다고 르메이는 적었다. 그는 시간을 내 비행기를 타고, 일본의 해안선을 오르내리며 폭격의 결과를 살펴보았다. 그러고는 괌에 있는 본부로 돌아갔다. 르메이의 부관이 남긴 9월 3일의 기록은 다음과 같다. "르메이 장군은 스파츠 사령관의 관사에 들러 밤새 끝장 포커 게임을 했다. 게임은 4일 오전 6시에 끝났다."[19] 태평양 지역 전략 공군 사령관 칼 앤드루 스파츠(Carl Andrew Spaatz, 1891~1974년, 칼 '투이' 스파츠(Carl 'Tooey' Spaatz)라고도 한다.)는 르메이의 상관이었다. 포커 게임에서 누가 이겼는지는 부관의 기록에서 생략되어 있다.

르메이는 이미 8월 말에 스파츠를 통해 워싱턴이, 비행의 선구자이자 공군 제8전대 지휘관인 제임스 둘리틀(James Doolittle, 1896~1993년) 장군에게 도쿄에서 워싱턴까지 B-29 3대의 무착륙 비행을 지휘하라고 요청했고, 이에 둘리틀이 르메이 자신이 들어가야 한다고 추천했음을 들어서 알고 있었다. 르메이는 이렇게 말했다. "그 비행이 B-29의 장거리 능력을 미국 국민과, 더 넓게는 전 세계인에게 …… 극적으로 과시하려는 의도에서 기획된 것임을 누구라도 짐작할 수 있었다."[20] B-29는 거의 1만 1000킬로미터에 이르는 장거리를 날기 위해 폭탄 투하실에 추가로 연료 탱크를 장착한다. 둘리틀은 오키나와에서 이 사안을 연구했고, 탱크 6개를 설치하면 B-29가 총 6만 4772킬로그램의 이륙 무게를 확보할 수 있다고 결론내렸다. 그는 전령을 시켜 스파츠에게 다음과 같은 전제 아래 "무착륙 비행이 가능하다."[21]라고 보고했다. 일본의 비행장이 B-29의 하중을 견딜 만한 내구력과 충분히 긴 활주로를 갖고 있다면.

스파츠는 9월 5일에 이렇게 회신했다. "일본에 그런 이륙 총무게를 감당할 수 있는 비행장은 없음. …… 비행은 불가능함."[22] 둘리틀은 안 된다는 소리를 순순히 받아들이는 종류의 사람이 아니었고, 르메이와 상의하기 위해 사흘 후 괌으로 날아갔다. "그렇게 해서 만났다." 르메이는 계속해서 이렇게 적고 있다. "우리는 그 문제를 의논했다. 사진도 보고, 지도도 살펴봤다. B-29를 감당할 수 있을지도 모르는 비행장은 미즈타니뿐이었다. 미즈타니는 일본 북부 홋카이도에 있는 비행장이다. …… 아직 그곳에는 미군이 없다는 게 문제였다. …… 활주로와 관련해 조사를 수행할 수 있는 사람이 아무도 없었다."[23] 르메이는 휘하의 지휘관 가운데 한 명을 B-17에 태워 홋카이도로 보냈다. 미즈타니에 주둔 중이던 일본 해군 장교들은 천황의 항복 방송을 들었고, 그는 사살되는 불상사를 피할 수 있었다. 파견 지휘관은 활주로가 쓸 만하다고 보고했다.

르메이는 B-29 3대를 골라 여벌 장비를 떼어내고, 폭탄 투하실에 연료 탱크를 장착하도록 명령했다. 그사이에 둘리틀은 이미 워싱턴으로 불려 갔다. 태평양 중부 공군 사령관 바니 맥키니 자일스(Barney McKinney Giles, 1892~1984년) 중장이 둘리틀의 역할을 이어받아 선도 항공기에 탑승했다. 르메이와 에멧 '로지' 오도넬 주니어(Emmett 'Rosie' O'Donnell, Jr., 1906~1971년) 준장이 나머지 2대에 탑승했다. B-29 3대는 9월 16일 일요일 괌을 출발해, 이오지마에서 연료를 보급하고, 홋카이도로 날아갔다. 홋카이도에 착륙할 즈음 B-29는 연료가 바닥나 있었고, 수송기 C-54가 연료를 드럼통에 담아 공수해 왔다.[24] 르메이는 홋카이도 체류 경험을 이렇게 회고했다. "그날 밤 우리는 일본군 막사에서 잤다. 예의 바른 일본 수병 3,000명 속에서 말이다. 땀은 안 났다."[25] 장군 3명과 11명의 승무원은 9월 19일 수요일 오전 6시에 북아메리카를 향해 이륙했다. B-29 3대는 북동쪽으로 대원(大圓)을 그리며, 국제 날짜 변경선을 횡단해 서반구의 수요일에 진입했고, 놈(Nome, 미국 알래스카 주 서단의 갑으로, 군사기지가 있다. — 옮긴이)과 무선 교신을 했다. 편대는 동부 전쟁시(Eastern War

Time)로 오전 9시에 유콘 주의 화이트호스(Whitehorse) 상공을 지나며 예정 항로의 절반을 주파했고, 늦은 오후에 미국 중서부의 북쪽에 이르렀다. 그들은 대부분의 항로에서 맞바람에 시달렸고, 평균 속도가 250노트 이하에 불과했다. 역풍이 연료를 다 잡아먹었음은 물론이다. 르메이는 운에 맡기고 끝까지 한번 워싱턴까지 가 보고자 했다. 워싱턴의 날씨가 별 문제가 되지 않을 것이라는 보고도 받은 터였다. 하지만 자일스와 오도넬은 시카고에서 재급유하는 쪽을 원했다. 당시를 회고한 르메이의 기록은 태연하기만 하다. "좀 더 갔다. 그때 워싱턴에서 재차 전문이 왔다. 날씨가 **정말이지** 문제가 안 될 거라는 내용이었다. 그다지 말이 되는 소리는 아니었다. 지닌 연료도 얼마 없는 바에야. 나는 몸을 틀었고, 아무튼 다시 갔다."[26] 그들은 시카고 상공에서 계속 워싱턴으로 날아갔다. 그러고는 오후 9시 직전에 워싱턴 국립 공항(Washington National Airport)에 착륙했다. 공군이 준비한 취주악단의 환영 연주가 울려 퍼졌다. 커티스 르메이도 마침내 고국으로 귀환했다.

《시카고 트리뷴(*Chicago Tribune*)》이 보기에, 미국의 중폭격기 3대가 대륙 간 무착륙 연속 비행을 성공시킨 사건이 갖는 "의미"는, 미루어 판단하건대, "조만간에 상업 항공사가 미국과 도쿄를 24시간이면 날아갈 수 있다는 것 뿐"[27]이었다. 미국 육군 항공대는 대륙 간 무착륙 연속 비행이 그것보다는 훨씬 중요한 의미가 있음을 알았다. 「도표로 정리한 러시아와 만주의 도시 지역 전략(A Strategic Chart of Certain Russian and Manchurian Urban Areas)」[28]이라는 문건이 이미 1945년 8월 30일에 원자 폭탄 프로젝트의 수장 레슬리 리처드 그로브스(Leslie Richard Groves, 1896~1970년) 준장에게 제출되었다. 그 문건에는 소련과 만주의 주요 도시들이 열거되어 있었다. 면적, 인구, 산업 시설, 표적 우선 순위가 정리되어 있었음은 말할 것도 없다. 모스크바는 인구 400만 명, 면적 284제곱킬로미터, 산업 중요도 1위, 석유 중요도 3위로 나왔고, 소련 항공기 생산의 13퍼센트, 트럭 생산의 43퍼센트, 철강 생산 2퍼센트, 구리·기계 제작·석유 정제·볼베어링 생산의 15퍼센트를 담당하는 것으로 추정되었다. 문건에 따르면 바쿠(Baku)는 소련 석유의 61퍼센트를 생산했고, 고리키(Gorki)는 총포의 45퍼센트, 첼랴빈스크(Chelyabinsk)는 아연의 44퍼센트를 생산했다. 이 목록은 인구수가 2만 6000명에 불과한 도시들로까지 내려갔다. 하지만 그러고는 "소련에서 가장 중요한 도시 15개"와 "주요 도시 25개"를 추린다. 가장 중요한 도시 15개는 모스크바, 바쿠, 노보시비르스크, 고리키, 스베르들로프스크, 첼랴빈스크, 옴스크, 쿠이비셰프, 카잔, 사라토프, 몰로토프, 마그니토고르스크, 그로즈니, 스탈린스크, 미슈티 타길(Mishni Tagil)이다. 부록을 보면 각 도시를 파괴하려면 원자 폭탄이 몇 개 필요할지 계산한 표가 있다. 모스크바와 레닌그라드는 각각 6개로 나왔다. 도표 다음 순서는 북극이 중앙에 표시된 지도였다. B-29의 비행 경로가 전 세계를 새까맣게 덮고 있었다. 놈, 알류샨 열도의 에이댁(Adak)섬, 노르웨이의 스타방에르, 독일의 브레멘, 이탈리아의 포지아, 크레타섬, 인도의 라호르, 그리고 오키나와의 기지들에서 B-29가 출격할 터였다. 레이더의 선분들이 마치 소련을 훑는 것 같았다.

그 계획은, 뭐랄까, 마음속으로 바라는 목록이었다. 르메이, 자일스, 오도넬은 대륙 간 비행이라고는 하지만 편도로만 날았다. 그것도 폭탄 투하실에 연료 탱크를 설치하고서야 겨우 가능했다. B-29가 폭탄을 적재하고 날 수 있는 현실적인 거리는 4,800킬로미터였다. 전술한 기지를 다 이용할 수 있는 것도 아니었다. 미국이 소련을 실제로 타격할 수 있으려면 전진 기지, 공중 급유, 운항 거리가 더 긴 폭격기가 필요했다. 1945년 가을에는 아직 그런 일들이 하나도 가능하지 않은 상황이었다.

소련은 제2차 세계 대전에서 미국의 동맹이었다. 하지만 총체적인 전쟁 피해에도 불구하고 장래에 상당한 군사력을 바탕으로 미국의 헤게모니에 도전할 수도 있는 국가는 소련뿐이었다. 소련 군대가 이미 유럽의 동쪽 절반을 점령한 상태였다. 미국은 원자 폭탄이 비장의 무기라고 생각했다. 하지만 그 강점도 소모성 자산에 불과했다. 커티스 르메이와 동료들이 홋카이도를 이륙해 워싱턴까지 날면서, 비행기로 원자 폭탄을 장거리 운송해 목표를 타격할 수 있음을 증명한 9월 19일에 로스앨러모스의 영국 파견 연구원 클라우스 에밀 율리우스 푹스(Klaus Emil Julius Fuchs, 1911~1988년)는 원자 폭탄 관련 정보를 넘기는 일을 마무리하고 있었다. 그 정보를 넘겨받은 미국의 공업 화학자 해리 골드(Harry Gold, 1910~1972년)는 소련의 간첩이었다. 푹스는 1941년부터 소련 요원들에게 원자 폭탄 계획 관련 정보를 넘겨왔다. 그가 6월에 골드에게 전달한 자료는 플루토늄 내파 폭탄 팻 맨[29]을 완벽하게 복제할 수 있는 정보였다. 거기에는 자세한 단면도가 들어 있었고, 모든 자료는 즉시 소련으로 넘어갔다. 이제 푹스는 뉴멕시코의 주도 샌타페이가 내려다보이는 주변 산으로 골드를 태우고 운전해 가면서 미국이 우라늄 235와 플루토늄을 생산하는 속도 및 폭탄 설계를 개선할 수 있는 진일보한 개념들에 관해 설명했다. 모스크바의 해외 첩보 사령부는 1945년 10월 푹스의 정보를 포함해 미국과 영국에서 암약 중인 여러 스파이들이 보낸 정보를 취합해서, 국가 보안 인민 위원에게 소련 과학자들의 플루토늄 내파 폭탄 복제 계획을 상세한 보고서로 작성해 올렸다. 국가 보안 인민 위원은 다름 아닌 라브렌티 파블로비치 베리야(Lavrenti Pavlovich Beria, 1899~1953년)로, 그가 소련의 원자 폭탄 프로그램 지휘관으로 갓 임명되었던 것이다. 전쟁은 끝났다. 그러나 핵무기 경쟁이 시작되었다.

차 례

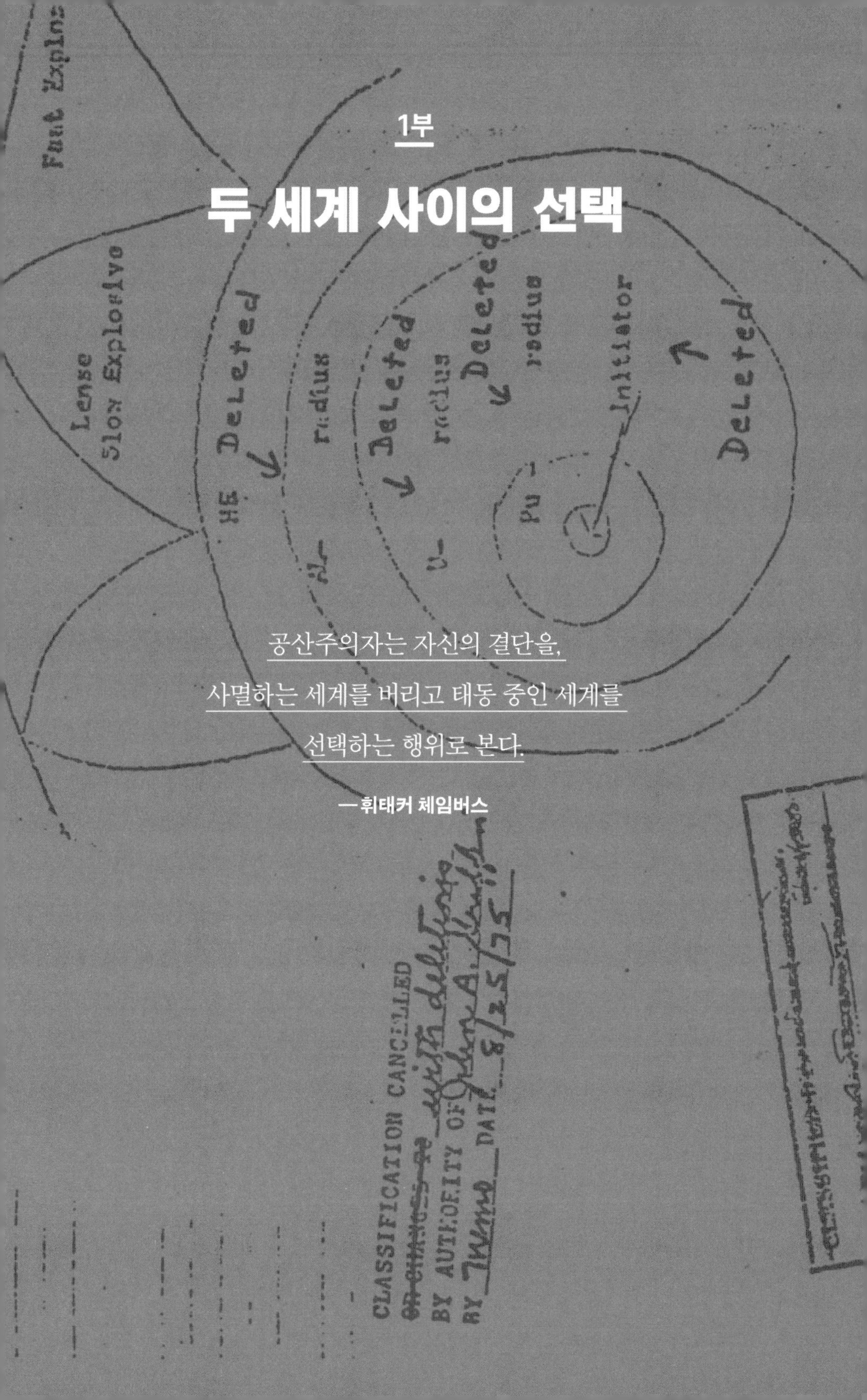

1부

두 세계 사이의 선택

공산주의자는 자신의 결단을,
사멸하는 세계를 버리고 태동 중인 세계를
선택하는 행위로 본다.

—휘태커 체임버스

1장

핵폭탄 냄새

1939년 1월 초 소련의 물리학자들은 파리에서 날아온 한 통의 편지에 촉각을 곤두세웠다. 때는 제2차 세계 대전이 발발하기 9개월 전이었다. 독일의 방사 화학자들이 근본적으로 새로운 핵반응을 발견했다는 깜짝 놀랄 소식이었다. 프랑스 물리학자 장 프레데리크 졸리오퀴리(Jean Frédéric Joliot-Curie, 1897~1956년)가 레닌그라드의 동료 아브람 페도로비치 이오페(Abram Fedorovich Ioffe, 1880~1960년)에게 보낸 편지에는 이렇게 적혀 있었다. 우라늄을 중성자로 때리면 자연 상태에서 가장 무거운 그 원소가 두 조각 이상으로 쪼개져, 엄청난 에너지로 서로를 밀어낸다는 내용이었다. 세계의 지배적인 정치 질서를 바꿀 수도 있는 그 발견 소식을 프랑스가 소련에 맨 먼저 전달했다는 사실은 꽤나 그럴싸하다. 프랑스는 차르 치하의 러시아가 문화와 기술을 수용하기 위해 의지했던 나라이기 때문이다. 졸리오퀴리의 편지가 이오페에게 도착했고, 러시아 물리학계 원로가 이끄는 레닌그라드 연구소의 세미나에서 "열띤 토론이 벌어졌다."[1]라고 한 참가자의 후배는 전한다. "우리는 …… 핵분열 현상을 발견했다는 소식을 처음 접하고 경악했습니다." 소련의 물리학자 게오르기 니콜라예비치 플료로프(Georgi Nikolayevich Flërov, 1913~1990년)는 만년에 이렇게 회고했다. "…… 어렴풋하게나마 핵폭탄 냄새를 맡을 수 있었죠."[2]

영국에서 발행되는 과학 잡지 《네이처(*Nature*)》에 독일이 발견해 연구하는 핵분열이 세계 도처에서 반복 수행되고 있음을 확인하는 기사가 곧 실리기 시작했다.[3] 그 소식은 소련의 비옥한 토양에서 열매를 맺었다. 러시아는 세기의 전환기에 방사능이 발견되었을 때부터 이 대상에 관심을 가졌다. 러시아의 광물학자 블라디미르 이바노비치 베르나드스키(Vladimir Ivanovich Vernadski, 1863~1945년)는 1910년 러시아 과학 아카데미에서 이렇게 말했다. 방사능이 "원자력이라는 새로운 에너지원"을 펼쳐 놓았습니다. "원자력은 인간이 떠올릴 수 있는 각종 에너지원보다 수백만 배 더 강력합니다."[4] 아카데미의 지질학자들은 1910년 우즈베키스탄의 페르가나 계곡(Fergana Valley)에서 풍부한 우라늄 광맥을 발견했다. 한 민영 회사가 그곳 티우이아무이운(Tiuia-Muiun, '낙타의 목'이라는 뜻이다.)에서 1914년까지 역청 우라늄광을 채굴했다. 제1차 세계 대전 후에는 적군(赤軍)이 그 회사가 우라늄과 바나듐을 채굴하던 부지를 접수했다. 이 광산에는 가치가 큰 라듐이 묻혀 있었다.[5] (우라늄은 자연 상태에서 방사성 붕괴를 통해 라듐으로 변한다.) 소련의 방사 화학자 비탈리 그리고리예비치 클로핀(Vitali Grigorievich Khlopin, 1890~1950년)은 1921년 라듐을 몇 그램 추출해 의료 분야에 사용했다.

물리학자는 1895년에 전 세계적으로 약 1,000명에 불과했다. 20

세기 초에 이 신흥 과학의 주요 활동 무대는 서유럽이었다. 많은 러시아 과학자가 서유럽에서 공부했다. 아브람 이오페는 독일로 건너가, 엑스선을 발견하고 노벨상을 받은 빌헬름 콘라트 뢴트겐(Wilhelm Konrad Röntgen, 1845~1923년)과 연구했다. 베르나드스키는 파리의 퀴리 연구소(Curie Institute)에서 근무했다. 빈 출신의 저명한 이론 물리학자 파울 에렌페스트(Paul Ehrenfest, 1880~1933년)는 제1차 세계 대전이 발발하기 전까지 5년 동안 상트페테르부르크에서 가르쳤다. 러시아 혁명이 한창 진행 중이던 1918년에 이오페는 페트로그라드 물리학 및 기술 연구소(Institute of Physics and Technology in Petrograd, Fiztekh)를 새로 설립했다.* '피즈테크(Fiztekh)'는 갖은 악조건에도 불구하고 이내 러시아 물리학 연구의 중심 기관이 되었다. 당시 상황을 화학자 니콜라이 니콜라예비치 세묘노프(Nikolay Nikolayevich Semyonov, 1896~1986년)는 이렇게 묘사했다. "굶주림과 파괴가 도처에 만연해 있었다." 1921년까지도 "실험 도구와 장비가 전혀 없었다."[6] "새로운 물리학에 공헌하려는 젊은 과학자들한테 연구소는 가장 매력적인 직장이었다." 소련 물리학자 세르게이 에두아르도비치 프리시(Sergei Éduardovich Frish, 1899~1977년)는 이렇게 회상했다. "…… 이오페는 최신의 아이디어와 관대한 태도로 명성이 자자했다. 그는 유능하다고 판단되는 물리학자라면 초보자라도 기꺼이 직원으로 고용했다. …… 이오페한테 중요한 것은 과학에 헌신하는 사안뿐이었다."[7] 이오페가 구성한 진용이 어찌나 젊고 열정적이었던지 나이 든 학자들은 피즈테크를 "유치원"[8]이라고 놀릴 정도였다.

피즈테크는 창설 후 10년 동안 고전압 전기 효과 연구에 치중했다. 이

* 상트페테르부르크는 차르 니콜라이 2세(Nicholai II)에 의해 1914년 '페트로그라드'로, 새로운 소련 정부에 의해 1924년 '레닌그라드'로 개명되었다.

것은 새로 수립된 공산 정권이 추진한 국가적 전력 생산 정책을 실질적으로 뒷받침하는 연구 활동이었다. 블라디미르 일리치 레닌(Vladimir Ilích Lenin, 1870~1924년)은 사회주의가 성공하려면 전력을 충분히 생산 공급해야 한다고 최소 한 번 이상 선포했다.[9] 정적을 숙청하고, 권력을 공고히 한 이오시프 비사리오노비치 스탈린(Iosif Vissarionovich Stalin, 1879~1953년)은 1928년 이후 잔인하게 추진된 일련의 5개년 계획의 제1단계를 발표했다. 동원된 농민들이 변변찮은 식량을 배급받으며, 러시아의 하천을 동력원으로 활용하기 위해 거대한 수력 발전용 댐을 지었다. "스탈린의 태도에는 환상이 없었고, 가혹했다."라고 찰스 퍼시 스노(Charles Percy Snow, 1905~1980년)는 논평한다. 첫 두 해 동안 산업화 동원이 이루어지고서, 신생 공화국이 가공할 속도의 산업화를 견디지 못할 것이라며, 사람들이 속도를 늦추자고 탄원하자 그는 이렇게 대답했다.

> 속도를 늦추면 뒤처진다. 뒤처지면 패배한다. 우리는 패배를 원하지 않는다. 그렇다, 우리는 패배하고 싶지 않다. 과거의 러시아는 후진적이어서 끊임없이 패배했다. 몽골의 칸들이, 투르크의 대신들이, 스웨덴의 영주들이, 폴란드와 리투아니아의 지배자들이, 영국과 프랑스의 자본가들이, 일본의 귀족들이, 모두 러시아를 굴복시켰다. 러시아가 후진적이었기 때문이다. 러시아는 군대가 후진적이었고, 문화가 후진적이었으며, 농업이 후진적이었다. 러시아를 이기면 얻는 바가 많았고, 응징을 당하지 않았기 때문에 러시아는 패배했다. 여러분은 혁명기 이전에 활약했던 시인의 말을 기억해야 한다. '가난한 그대, 풍요로운 그대, 강력한 그대, 무력한 그대, 그대 러시아여.'
>
> 우리는 선진국에 비해 50년 내지 100년 뒤처져 있다. 10년 안에 그 격차를 따라잡아야 한다. 우리가 그렇게 하지 못하면 그들이 우리를 짓밟을 것이다.[10]

소련의 과학자들은 이렇게 필사적인 투쟁이 벌어지는 시대 상황에서 막중한 책임을 느꼈다. 라듐 같은 방사성 물질이 수 세기 동안 무제한으로 빛과 열을 낸다는 사실도 그들의 영광스러운 지위를 은유하는 듯했다. 베르나드스키는 1922년 페트로그라드에 국립 라듐 연구소(State Radium Institute)를 세웠고, 같은 해에 다음과 같이 희망을 피력했다. "인류는 머잖아 원자 에너지를 마음대로 사용할 수 있게 될 것이다. 인류는 원자 에너지를 바탕으로 삶을 원하는 대로 빚을 수 있을 것이다."[11] 세계 최고의 물리학자들, 이를테면 원자핵을 발견한 영국의 어니스트 러더퍼드(Ernest Rutherford, 1871~1937년)와, $E=mc^2$이라는 공식으로 물질의 잠재 에너지를 정량한 알베르트 아인슈타인(Albert Einstein, 1879~1955년)은 이런 낙관적인 판단에 이의를 제기했다. 원자핵은 전 세계에서 낙하하는 모든 물보다 잠재적으로 훨씬 많은 에너지를 보유했다. 하지만 그 에너지를 해방하기 위해 당시까지 알려진 최신 공정을 적용한다고 해도 결과적으로 생산되는 것보다 훨씬 많은 에너지가 소모되었다. 1931년, 피즈테크는 지방에도 연구소들을 세웠다. 하르코프(Kharkov)와 스베르들로프스크 연구소가 가장 유명했다. 1932년 중성자와 인공 방사능이 발견되면서 원자핵의 비밀을 연구하는 활동에 가속이 붙었다. 이오페는 피즈테크 사업의 일부를 핵물리학으로 돌리기로 마음먹었다. 정부도 이오페의 열의를 공유했다. "세르고 오르드조니키제(Sergo Ordzhonikidze, 당시 정치국원이었던 그리골 오르드조니키제(Grigol Ordzhonikidze, 1886~1937년)를 말한다. '세르고'는 그의 지하 활동 시 이름으로 일반적으로는 이 이름으로 많이 불렸다. — 옮긴이)를 찾아갔다." 이오페는 몇 년 후 이렇게 썼다. "소련 국가 경제 최고회의(Soviet Supreme Council of National Economy) 의장에게 보고서를 제출했고, 문자 그대로 10분 만에 그가 서명한 명령서를 들고 집무실을 빠져나왔다. 나는 요청한 연구소 기금을 배정받을 수 있었다."[12]

이오페는 핵물리학이라는 신사업을 지휘할 인물로 이고리 바실리예비치 쿠르차토프(Igor' Vasilievich Kurchatov, 1903~1960년)를 낙점했다. 29세의 비상한 물리학자 쿠르차토프는 우랄 산맥 남부 첼랴빈스크의 소나무 삼림 지대에서 1903년 측량사와 교사의 아들로 태어났다. 쿠르차토프는 그 일을 감당하기에는 나이가 어렸다. 하지만 활기차고 자신감 넘치는 쿠르차토프는 타고난 지도자였다. 당대를 함께했던 아나톨리 페트로비치 알렉산드로프(Anatoli Petrovich Alexandrov, 1903~1994년)는 쿠르차토프가 강인하고 끈질겼다고 회고한다.

> 쿠르차토프는 어떤 난관에 직면해도 엄청난 책임감을 보여 주었고, 나는 크게 감동했다. 그에게 난관의 규모는 전혀 문제가 되지 않았다. 우리는 대부분 삶에서 별로 안 중요해 보이는 것들에는 되는 대로 경솔하게 행동한다. 이고리 바실리예비치는 그런 태도가 전혀 없었다. …… (그는) 우리에게 열중했고 몰아붙였다. 그러면 우리는 (주어진 임무를) 완수했다. 그는 전혀 현학적이지 않았다. 쿠르차토프는 결국에는 우리 역시 자신의 활력에 사로잡히리라 확신했고, 매우 즐겁게 현안에 몰두했다. ……
>
> 쿠르차토프는 우리 사이에서 진작부터 '장군'으로 통했다.[13]

그에 대한 이오페의 신임이 올바른 판단이었음이 1년이 채 안 되어 밝혀졌다. 쿠르차토프는 제1차 핵물리학 전국 대회의 조직을 주관했고, 외국에서까지 많은 학자가 참석했다. 그가 아브람 이사하코비치 알리카노프(Abram Isahakovich Alikhanov, 1904~1970년)와 함께 소형 사이클로트론(cyclotron, 원자핵 변환이나 동위 원소 제조에 쓰는 가속 장치 ― 옮긴이)을 제작한 게 1934년이었으므로,[14] 이 장비를 발명한 어니스트 올랜도 로런스(Ernest Orlando Lawrence, 1901~1958년)의 연구실이 있는 캘리포니아 버클리 이외 지역에서 가동되는 것으로는 최초였다. 쿠르차토프는 1934년과 1935년에 피즈테크의 연구 활동을 지휘했고, 이때 과학 논문 24편이 발표되었다.[15]

쿠르차토프가 "누구보다 활기찼다."라고 알렉산드로프는 말한다. "그는 재치가 넘쳤고, 쾌활했으며, 농담을 즐겼다."[16] 쿠르차토프가 "호리호리한 젊은 애송이"였다고, 그의 제자이자 전기 작가인 이고리 니콜라예비치 골로빈(Igor' Nikolaevich Golovin, 1913~1997년)은 적었다. 하지만 결핵에서 회복한 1930년대쯤에는 "탄탄한 체구에 떡 벌어진 어깨를 자랑하며 볼도 항시 발그레했다."[17] 쿠르차토프를 알고 지낸 한 영국 여성은 고국으로 보내는 편지에 이렇게 썼다. "테디 베어(teddy bear)처럼 친절한 사람이에요. 어깃장을 놓으면서 쿠르차토프를 거역할 수 있는 사람은 아무도 없지요."[18] 쿠르차토프가 잘생기고 멋졌다고, 세르게이 프리시는 말한다. "젊은 데다, 면도를 깨끗이 했고, 아래턱은 탄탄하고 의연했으며, 검은 머리칼이 이마 위로 꼿꼿했다."[19] 골로빈은 생기 넘치는 검정 눈동자도 빠뜨리지 않고 언급한다. 그는 쿠르차토프가 "그 누구보다 열심히 일했다."라고 적었다. "쿠르차토프는 거드름이라는 걸 몰랐다. 자신의 업적과 성취에도 우쭐거리거나 잰 체하는 법이 없었다."[20]

이고리 쿠르차토프가 여섯 살 때 정부의 상급 측량사였던 아버지는 봉급 삭감을 감수하고, 벽촌 첼랴빈스크에서 우랄 산맥을 넘어 서쪽으로 볼가 강 유역의 울랴노프스크(Ulyanovsk)로 이주했다. 세 명의 자녀는 거기서 인문계 김나지움(gymnasium, 중등학교)에 다녔다. 3년 후인 1912년에 이고리의 누나 안토니나(Antonina)가 결핵에 걸리고 말았다. 딸의 건강 회복이 우선이었던 가족은 기후가 더 온화한 크림 반도의 심페로폴(Simferopol)로 다시 이사했다. 재정착이라는 필사적인 시도에도 불구하고 결국 희망은 외면당했다. 안토니나는 6개월이 채 못 되어 죽었다.

남은 동기(同氣)는 이고리 쿠르차토프와 두 살 어린 남동생 보리스(Boris)였다. 쿠르차토프 형제는 그곳 크림 반도에서 튼튼하게 잘 자랐다. 두 아이 모두 김나지움에서 공부를 잘 했다. 그들은 축구를 했고, 여름 방학 때는 측량 출장에 나선 아버지를 따라 시골을 여행했다. 이고리는 14세 여름에 증기 탈곡기를 운전하며 밀을 수확했다. 다른 해 여름 방학에는 철도 노동자로 일하기도 했다.

이고리 쿠르차토프는 이탈리아 물리학자 오르소 마리오 코르비노(Orso Mario Corbino, 1876~1937년)가 쓴 『현대 공학이 거둔 개가들(*Accomplishments of Modern Engineering*)』이라는 책을 우연한 기회에 읽고서 엔지니어가 되겠다는 꿈을 키웠다. 쿠르차토프는 1930년대에 그 이탈리아 물리학자에게 다시 한번 간접적인 영향을 받는다. 로마 대학교의 엔리코 페르미(Enrico Fermi, 1901~1954년) 연구진이 코르비노의 후원을 등에 업고, 새로 발견된 인공 방사능 현상을 탐구했던 것이다. 로마의 연구진은 여러 발견을 거듭했고, 쿠르차토프가 이끄는 피즈테크도 도전 의식을 북돋웠다.

제1차 세계 대전으로 쿠르차토프 가족의 삶은 망가졌다. 이고리는 바쁜 일정에도 불구하고 야간 직업 학교를 또 다녔다. 기계공 자격을 취득한 그는 공장에서 시간제로 일했다. 그런 고된 환경에서도 이고리는 김나지움에 재학하는 마지막 두 해 동안 전부 A 학점을 받았다.

혁명이 진행 중이던 1920년에 쿠르차토프는 17세였고, 크림 국립 대학교(Crimean State University)에 입학해 물리학과 수학을 전공했다. 갓 국유화된 그 대학교는 사정이 말할 수 없이 열악했고, 쿠르차토프와 같은 전공자는 약 70명이었다. 대학 도서관에는 1913년 이후로 물리학 관련 신착 외서가 단 한 권도 없었고, 교과서도 전무했다. 그러나 다행히도 학장이 저명한 화학자였다. 그는 전국적으로 명성이 자자한 과학자들을 끌어와 강의를 맡겼다. 아브람 이오페, 이론 물리학자 야코프 일리치 프렌켈(Yakov Il'ich Frenkel, 1894~1952년), 미래에 노벨 물리학상을 받을 이고리 예브게니예비치 탐(Igor' Jevgen'jevich Tamm, 1895~1971년)이 그들이었다.

전쟁과 혁명으로 충분히 먹기가 거의 불가능했다. 오전 강의가 끝나면 크림 국립 대학교 학생들은 무료로 식사를 할 수 있었다. 보리를 넣은 걸쭉한 생선 수프였는데, 어찌나 맛이 없었던지 학생들은 그 음식을 "포탄 파편"이라고 불렀다. 쿠르차토프는 1921년 여름 물리학 연구실의 조교에 지원해 뽑혔고, 크게 기뻐했다. 식량을 매일 150그램 더 배급받을 수 있었기 때문이기도 했다.

쿠르차토프는 4년의 대학 과정을 3년 만에 마쳤다. 그는 이론 물리학으로 학위 논문을 준비하기로 마음먹었다. 독창적인 실험을 기획하기에는 크림 국립 대학교 연구실의 장비가 충분하지 않았기 때문이다. 쿠르차토프는 1923년 여름에 논문 심사를 통과했다. 물리학을 지도했던 교수가 바쿠 소재의 한 연구소로 떠나면서 갓 대학을 졸업한 쿠르차토프에게 자기와 함께 가자고 청했다. 하지만 어린 시절부터 배와 바다에 매혹되었던 쿠르차토프는 페트로그라드로 가서 선박 공학을 공부하기로 마음먹었다. 그는 북부 지방의 매서운 추위를 견디며 자원과 물자가 부족한 상태로 겨울을 났다. 쿠르차토프는 한 기상 관측소의 물리학 분과를 책임지며 근근이 생활했다. 화기 없는 관측 기구 건물에서 커다란 검정색 모피 외투를 걸치고 탁자에서 잠을 청해야 하는 지경이었다. "사는 게 사는 게 아니야." 쿠르차토프는 그해 겨울 한 친구에게 이렇게 썼다. 그답지 않게 의기소침한 어조였다. "완전히 녹슬어 구멍이 난 깡통 같아."[21] 그런데 관측소 소장이 쿠르차토프에게 풀어야 할 진짜 문제들을 내주었다. 갓 내린 눈의 알파 방사능(alpha-radioactivity)를 측정하는 것도 그 가운데 하나였다. 쿠르차토프는 이 과제들을 수행하면서 결국 물리학으로 전향했다. 그는 1924년 가족을 돕기 위해 크림 반도로 돌아왔다. 아버지가 3년간의 국내 추방형을 언도받았던 탓이다. 쿠르차토프는 이어서 바쿠의 옛 스승과 합류한다.

한편 대학에서 쿠르차토프와 함께 물리학을 배웠으며 장래에 처남이 되는 키릴 드미트리예비치 시넬니코프(Kirill Dmitriyevich Sinelnikov, 1901~1966년)는 이오페의 눈에 띄어, 피즈테크에서 일해 보라는 제안을 받았고 이 제안을 수락했다. 시넬니코프는 이오페에게 재능 있는 친구 쿠르차토프 이야기를 했다. 쿠르차토프에게도 제안이 왔다. 그렇게 해서 쿠르차토프는 다시 레닌그라드로 가게 되었다. 이번에야말로 그의 필생의 작업이 시작될 운명이었다. (쿠르차토프는 시넬니코프의 누이 마리나 드미트리예브나 시넬니코프(Marina Dmitrievna Sinelnikov)와 1927년 결혼했다.)

쿠르차토프는 순식간에 이오페에게 깊은 인상을 남겼다. "자정이 되면 거의 항상 쿠르차토프를 연구소 밖으로 내보내야 했다." 고참 물리학자 이오페는 이렇게 회상했다. 그는 두 번의 세계 대전 사이에 후배 20명을 해외로 파견했다. "(그들은) 외국의 최고 연구소들에서 새로운 사람들을 만났고, 새로운 과학 기술도 습득했다." 약관의 모험 사업가가 바쁜 일정 때문에 대학 진학을 귀찮아하는 것처럼 쿠르차토프도 외국에 나가 공부할 시간 따위는 없었다. "쿠르차토프는 (그런 기회) 활용하기를 계속해서 미루었다." 이오페는 이런 말도 덧붙였다. "쿠르차토프는 떠나야 할 때면 항상 유학보다 더 즐겁고, 흥미로운 실험에 몰두하고 있었다."[22]

다른 선후배들은 유학을 떠났고, 국제적인 명성을 얻었다. 표트르 레오니도비치 카피차(Pyotr Leonidovich Kapitsa, 1894~1984년)는 케임브리지 대학교에서 저온 물리학과 강자기장을 탐구했다. 캐번디시 연구소(Cavendish Larvoratory)를 이끌던 뉴질랜드 태생의 노벨상 수상자 어니스트 러더퍼드가 가장 좋아한 인물이 바로 카피차이다. 카피차는 나중에 노벨상을 받는다. 마찬가지로 노벨상을 받게 되는 이론 물리학자 레프 다비도비치 란다우(Lev Davidovich Landau, 1908~1968년)는 이 시기에 독일에서 연구했다. 헝가리 출신 에드워드 텔러(Edward Teller, 1908~2003년)가 그 시절 란다우의 짝패였다. 독일 출신의 망명 물리학자 루돌프 파이얼스(Rudolf Peierls, 1907~1995년)는 란다우가 귀국한 후 함께 캅카스 산맥을 도보 여행한 일을 회고했다. 그때 란다우는 2차 중성자를 생성하는 핵반응이 발견되면 원자 에너지를 해방할 수 있을 것으로 예상했다. 파이얼스는 이렇게 말한다. "1934년이었으니 정말로 명쾌한 예언이라고 할 수 있었다. 중성자가 발견되고 불과 2년 후였다."[23] 율리 보리소비치 하리톤(Yuli Borisovich Khariton, 1904~1996년)은 상대적으로 덜 알려져 있지만 소련 역사에 미친 영향은 더 지속적이었다. 상트페테르부르크 언론인과 모스크바 예술 극장 소속의 여배우 사이에서 막내로 태어난 하리톤은 피즈테크에서 세묘노프와 함께 화학 연쇄 반응을 연구했고, 계속해서 1927년 캐번디시 연구소에서 이론 물리학으로 박사 학위를 받았다. 한 친구는 하리톤이 "다부진 체격에, 조금도 금욕적이지 않고, 활기가 넘쳤다."[24]라고 묘사했다. 하리톤은 24세에 귀국길에 올랐고, 경유지 독일에서 파시즘이 득세하는 것을 보고 깜짝 놀랐다. 그는 피즈테크가 분리되면서 새로 구성된 화학 물리학 연구소(Institute of Chemical Physics, ICP)에서 폭발물 연구실을 조직했다. 이들은 재능이 넘쳤던 이오페의 후배들 가운데 단지 몇 명일 뿐이다.

그들은 탁월한 재능에도 불구하고 대공포 시대(Great Terror)를 견디지 못했다. 대공포 시대는 중앙 위원회 위원 세르게이 미로노비치 키로프(Sergei Mironovich Kirov, 1886~1934년)가 1934년 12월 암살당하면서 소련에서 시작된 공포의 숙청을 가리킨다. 스탈린은 계속해서 자신의 일인 지배 체제 확립에 방해가 되는 권력자를 전부 제거했다. "스탈린은 소련 국가를 창설한 사람들을 대대적으로 죽였다." 고위 인사로 소련을 탈출한 빅토르 안드레예비치 크라브첸코(Victor Andreevich Kravchenko, 1905~1966년)는 이렇게 썼다. "그 범죄는 더 큰 유혈 사태의 작은 부분에 지나지 않았다. 수십만 명의 무고한 남녀가 죽었다."[25] 한 소련 관료가 전하는 바에 따르면, 이 학살 과정에서 수십만 명이 아니라 수백만 명이 죽었다. "1935년 1월 1일부터 1941년 6월 22일까지 인민의 적 1984만 명이 체포되었다. 그 가운데 700만 명이 감옥에서 총살당했고, 나머지 대다수도 강제 수용소에서 죽었다."[26] 망명한 소련의 유전학자 조레스 알렉산드로비치 메드베데프(Zhores Aleksandrovich Medvedev, 1925년~)는 다음과 같이 언급한다. "체포된 과학자와 기술자를 전부 취합하면 틀림없이 수천 명에 이를 것이다."[27] 키릴 시넬니코프가 케임브리지 유학을 마치고 부임해 고전압 연구실을 이끌던 하르코프에서도 지도자 대부분이 사라졌다. 쿠르차토프의 처남 본인이 목숨을 부지하기는 했지만 말이다.

영국 왕립 학회(British Royal Society)는 캐번디시 연구소 외곽 뜰에 많은 비용을 들여 표트르 카피차 전용 연구동을 지어 주었다. 소련 정부는 카피차가 망명 의사가 있다는 혐의를 뒀고, 1934년 여름 귀국해서 체류 중이던 그를 억류했다. 카피차가 다시 외국에 나가는 것을 금한 것이다. 영국은 카피차 억류 소식에 큰 충격을 받았다. 카피차는 한동안 너무나 의기소침해져서 연구를 못할 지경이었다. 결국 소련 정부가 케임브리지에 마련된 그의 실험 장비를 구매해, 모스크바에 새 연구소를 지어 주었다. (카피차는 좌절했고, 벽시계, 내선 전화, 출입문 자물쇠처럼 소련에서는 손에 넣을 수 없는 소비재를 영국에서 주문했다.) 카피차는 그렇게 다시 작업에 복귀했다. 그는 뱌체슬라프 미하일로비치 몰로토프(Vyacheslav Mihailovich Molotov, 1890~1986년) 인민 위원에게 이렇게 썼다. "소련의 영광과 전 인민의 요구에 충성하겠습니다."[28] 덴마크의 물리학자 닐스 헨리크 다비드 보어(Niels

Henrik David Bohr, 1885~1962년)는 1937년 모스크바로 카피차를 방문한 후 이렇게 말했다. "카피차의 강렬한 개성이 다시 분출했고, 러시아 관료들도 이내 존경과 신뢰를 보냈다. 스탈린도 처음부터 카피차의 노고에 따뜻한 관심을 보였다."[29]

카피차가 억류된 황금 감옥은 아직 '공포'와는 거리가 멀었다. 1938년 4월 레프 란다우가 체포되어, '독일 스파이'라는 죄목으로 유죄 판결을 받고 수감되자 카피차는 모든 연줄을 동원했다. 란다우는 1년 동안 감옥살이를 하면서 병을 얻고 말았다. 그는 카피차가 이끌던 물리 문제 연구소(Institute for Physical Problems)에서 일하던 중이었다. 카피차가 란다우를 구하기로 결심했다고, 메드베데프는 쓰고 있다.

> 카피차는 수감 중인 란다우를 짧게 접견하고, 필사적인 시도에 나섰다. 그는 몰로토프와 스탈린에게 최후 통첩을 감행했다. 란다우를 즉시 석방하지 않으면 모든 직책에서 사임하고, 연구소를 떠나겠다고 말이다. …… 카피차가 진심이었다는 것은 분명하다. 얼마 후 란다우의 모든 혐의가 풀렸고, 란다우는 석방되었다.[30]

만년의 에드워드 텔러는 자신이 격렬한 반공주의자가 된 데에는 세 가지 사건이 중요한 계기가 되었다고 했고, 그중 하나로 친구 란다우가 체포 수감된 이 사건을 언급하고는 했다. (텔러는 나머지 둘로 대공포 시대의 대규모 숙청 자체와 아서 케스틀러(Arthur Koestler, 1905~1983년)의 소설 『한낮의 어둠(*Darkness at Noon*)』을 지목했다.) "공동으로 논문을 발표한 레프 란다우는 열렬한 공산주의자였다. 그런 란다우가 러시아로 귀국하자마자 체포 수감되었다. 이후로 그는 더 이상 공산주의를 신봉하지 않았다."[31] 공산주의를 신봉했든 버렸든 란다우는 계속해서 모스크바 소재 카피차 연구소에서 작업했다.

이오페조차 이 참혹한 사태를 비켜갈 수 없었다. "(소련) 과학자 대다수는 핵물리학 연구가 중요하다고 판단했다." 알렉산드로프는 계속해서 이렇게 쓰고 있다. "그러나 소련 과학 아카데미와 인민 위원회 지도부는 핵물리학 연구가 실용성이 전혀 없다고 생각했다. 1936년 열린 과학 아카데미 총회는 '실제적인 측면이 결여되었다.'라며 피즈테크와 이오페를 무자비하게 비판했다."[32] 대공포 시대에 물리학자들의 삶은 완전히 망가졌다. 소련의 물리학자들은 그런 비판과 혐의 내용이 어떤 경고를 일으키는지 잘 알았다. 당연했다. 스탈린의 딸 스베틀라나 알릴루예바(Svetlana Alliluyeva, 1926~2011년)는 이렇게 적었다. "그 무렵 아무 일 없이 잠잠하게 지나간 달이 단 한 번도 없었어. 모든 것이 끝없는 혼란이었지. 사람들은 한밤의 그림자처럼 사라졌어."[33] 그 모든 사태에 알릴루예바의 아버지가 있었다고 역사가 조지 로버트 애크워스 콘퀘스트(George Robert Acworth Conquest, 1917년~)는 쓰고 있다. "스탈린이 이 정책을 직접 명령하고, 격려하고, 조직했다. 그에게 매주 보고서가 올라왔다. …… 철강 생산량과 농작물 수확량 보고서뿐만 아니라 몰살자 수 통계치도 말이다."[34] 수감자들은 루비앙카 감옥에서 뒷덜미에 총을 맞았고, 시체는 트럭에 실려 돈스코이 수도원에 마련된 화장터로 실려 갔으며,[35] 연기 나는 재가 노천굴에 두텁게 쌓이면 이내 흙이 덮였다. 오시프 에밀리예비치 만델스탐(Osip Emilyevich Mandelstam, 1891~1938년)이 3년 유형에 처해지고, 이어서 5년간 강제 노동 수용소에 수감된 시절이 바로 그때였다. 그는 「스탈린 에피그램(The Stalin Epigram)」[36]이라는 시를 쓴 죄목으로 이런 형벌을 받았으며, 5년의 수용소 생활 중 사망했다. 「스탈린 에피그램」은 제목에 나오는 독재자를 맹렬하게 비판하는 내용으로 채워졌다. 일찍이 그 누구도 떠올려 본 적이 없는 생생한 묘사를 들어보자.

그들 치하에서 우리는 살아도 더 이상 땅을 느낄 수 없다.
열 걸음 가까이 다가오면 우리는 입을 닫아 버리지.

그러나 한마디라도 말이 나오기만 하면
언제나 크레믈린의 그 촌놈 이야기,

그의 손가락은 열 마리 굵은 털벌레,
그가 하는 말은 천칭의 분동,

윗입술 위에서는 커다란 바퀴벌레들이 웃음 짓고,
착용한 부츠의 언저리는 반짝반짝 빛나지.

심복들이 목을 길게 빼고 에워싸면
그는 짐승만도 못한 인간들의 아첨을 즐기지.

휘파람 소리, 가르랑거리는 소리, 볼멘소리가 들려오면
그는 손가락을 내밀며, 혼자서 씨부렁거리지.

그는 끊임없이 법령을 만들고 판결을 내리는 대장장이.
샅에 적용되는 법령, 이마와 관자놀이와 눈에 적용되는 조칙이라니.

그는 산딸기 같은 혀를 굴리면서 처형을 명하지.
고향에서 온 친한 친구처럼 마음껏 처형할 수 있기를 바라지.

1939년 초 졸리오퀴리의 편지가 이오페에게 도착하고, 과학 저널들이 그 발견 내용을 확인해 주자 피즈테크의 이고리 쿠르차토프는 소련에서 처음으로 핵분열 연구에 나섰다. 란다우가 1934년 파이얼스에게 2차 중성자 이야기를 했고, 전반적인 연구 방향은 하나로 수렴했다. 중성자 하나로 분열 반응을 일으키면 방사선을 내뿜는 조각들뿐만 아니라 중성자가 추가로 방출되는지 확인 조사할 것. 만약 그렇다면 이렇게 생성된 2차 중성자가 계속해서 다른 우라늄 원자를 분열시키고, 같은 반응이 차례로 되풀이될지도 몰랐다. 2차 중성자가 충분하면 연쇄 반응이 시동 후 자동으로 계속될 것이다. 졸리오퀴리가 이끄는 파리 연구진이 2월 말에 2차 중성자를 찾는 실험을 시작했고, 4월에 핵분열 1회당 2차 중성자가 3.5개 생성된다고 보고했다. 졸리오퀴리는 우라늄이라면 연쇄 반응을 할 것이라고 예견했다. 엔리코 페르미는 당시 유대인 박해를 피해 컬럼비아 대학교에 와 있었다. (아내 라우라 페르미(Laura Fermi, 1907~1977년)가 유대인이었다.) 망명한 헝가리 인 물리학자 실라르드 레오(Szilard Leo, 1898~1964년)도 잠시 컬럼비아 대학교에서 연구 중이었다. 두 사람은 곧 분열 반응으로 2차 중성자가 생성됨을 독자적으로 확인했다. 4월에 피즈테크에서 열린 한 세미나에서 쿠르차토프 연구진의 젊은 학자 두 명, 곧 게오르기 플료로프와 레프 일리치 루시노프(Lev Il'ich Rusinov, 1907~1960년)도 비슷한 결과를 발표했다. 분열 1회당 발생하는 2차 중성자의 개수가 2~4개라고 말이다. (1940년에 플료로프와 콘스탄틴 안토노비치 표트르작(Konstantin Antonovich Pëtrzhak, 1907~1998년)은 우라늄이 자연적으로 핵분열함을 발견한다.[37] 이 현상은 우라늄이 자연 상태에서 불안정하기 때문인데, 원자로 내부의 연쇄 반응을 제어하는 데에 결정적이라는 것이 밝혀지고, 따라서 세계적 수준의 발견이었다. 약관의 두 러시아 인이 성공을 거두기 전에 미국의 방사 화학자로 나중에 노벨상을 받는 윌러드 프랭크 리비(Willard Frank Libby, 1908~1980년)가 상이한 두 가지 방법을 시도했지만 아쉽게도 자연적 핵분열을 증명하는 데 실패했다.)

화학 물리학 연구소의 율리 하리톤과, 이론 물리학자로서 나이가 더 어린 탁월한 동료 야코프 보리소비치 젤도비치(Yakov Borisovich Zeldovich, 1914~1987년)도 핵분열 이론을 탐구하기 시작했다. "율리 하리톤은 흥미로운 사실은 꼭 적어 두었다." 젤도비치는 계속해서 이렇게 회상한다. "우리는 우라늄의 핵분열 이론을 연구하는 게 소속 연구소의 공식 활동에서 벗어난 것이라 생각했기 때문에, 일과 후 저녁 시간에 그 연구를 했다. 우리는 종종 밤늦게까지 연구했다."[38] 젤도비치는 독창적인 천재였다. 안드레이 디미트리예비치 사하로프(Andrei Dimitrievich Sakharov, 1921~1989년)는 젤도비치가 "대학을 졸업하지 못했다."라고 말했다. "어떤 의미에서 그는 독학자였다." 젤도비치는 "학사 학위가 없다는 것에 전혀 구애받지 않았고,"[39] 석사 학위와 박사 학위를 취득했다. 하리톤은 당시를 이렇게 회고했다. "우리는 즉시 핵분열 연쇄 반응을 계산했다. 적어도 이론적으로는 연쇄 반응이 가능하다는 걸, 우리는 곧 이해했다. 석탄이나 석유를 태우지 않고도 무한대의 에너지를 얻을 수 있다는 이야기였다. 우리는 그 내용을 아주 진지하게 생각했다. 곧 이어서 우리는 폭탄을 만들 수 있다는 것도 깨달았다."[40] 하리톤과 젤도비치는 1939년 여름 피즈테크에서 열린 한 세미나[41]에서 그 계산 결과를 발표했다. 두 사람은 핵폭발에 필요한 조건들을 설명했고, 그 파괴력이 엄청날 것으로 추정했다. 그들은 동료들에게 원자 폭탄 하나면 모스크바를 몰살시킬 수 있다고 말했다.

버클리의 이론 물리학자 줄리어스 로버트 오펜하이머(Julius Robert Oppenheimer, 1904~1967년), 페르미, 실라르드, 영국의 파이얼스도 거의 동시에 비슷한 결론에 도달했다. "재능 있는 물리학자라면 누가 보더라도 그 가능성이 명약관화했다."[42] 서버의 말이다. 하지만 닐스 보어의 연구로 폭탄을 만드는 데 어마어마한 장애물이 도사리고 있다는 것도 이내 분명해졌다. 우라늄 동위 원소 가운데 딱 하나, 곧 우라늄 235만 연쇄 반응을 지속시킬 수 있는데, 우라늄 235는 천연 우라늄의 0.7퍼센트에 불과했다. 화학적으로 동일한 나머지 99.3퍼센트는 우라늄 238로, 우라늄 238은 2차 중성자를 포획해, 사실상 핵분열 반응을 중단시킨다.* 기술적 난제가 두 가지 더 있었다. 원자 폭탄을 제조하는 연구에 나설 국가라면 누구라도 해결해야만 하는 숙제였다. 적당한 감속재를 결합하면 정말 천연 우라늄을 사용하는 연쇄 반응을 제어할 수 있을까? 다시 말해 원자로 제작이 가능할까? 동위 원소 우라늄 235를 힘들게 농축해야만 할까? 두 동위 원소의 이용 가능한 유일한 구별점이 약간의 질량 차이뿐인데 어떻게 산업적 규모로 우라늄 238에서 우라늄 235를 분리해 폭탄의 연료로 만들 것인가? 농축과 분리는 기본적으로 같은 과정으로('분리된' 폭탄급 우라늄은 천연 우라늄을 80퍼센트 이상의 우라늄 235로 농축한 것이다.), 똑같이 거대하고 돈이 많이 드는 기계를 사용해야 할 터였다. 그 기계 만드는 법을 아직 아무도 모른다는 것도 문제였다. 천연 우라늄을 연료로 사용하는 원자로는, 만약 성공한다면 대단한 성취이자 산업으로 자리매김할 터였다.

하리톤과 젤도비치는 기본 원리들을 바탕으로 이 문제들에 접근했다. 그들은 불가능한 것과 가능한 것을 신중하게 계산했다. 두 사람은 1939년과 1940년에 러시아에서 발행되던 《실험 및 이론 물리학 저널(*Journal of Experimental and Theoretical Physics*)》에 선구적인 세 편의 논문을 발표했다. (소련 바깥에서는 전혀 주목하지 않았다.) 그들은 첫 번째 논문에서 고속 중성자 연쇄 반응이 천연 우라늄에서는 불가능함을 증명했다. 우라늄

* 원자 폭탄과 원자로는 상이한 방식으로 상이한 환경을 조성한다. 원자 폭탄은 고속 중성자를 활용해 연쇄 반응을 일으키고, 원자로는 저속 중성자를 쓴다.

폭탄을 만들려면 결국 동위 원소를 분리해야 할 터였다.

몇 주 후인 1939년 10월 22일 발표된 더 긴 두 번째 논문은 원자로 물리학의 중요한 기초 원리를 담고 있었다. 하리톤과 젤도비치는 실험 물리학자들이 천연 우라늄 원자로를 제작해 가동시키려면 반드시 우회해야 하는 결정적 장애물을 올바르게 지적했다. 한 덩어리의 천연 우라늄 속에서 길을 잃은 중성자가 우라늄 235의 핵을 발견하고, 거기 들어가 분열을 시킨다고 상상해 보자. 그 결과로 2개의 조각이 비산한다. 순식간에 2~3개의 2차 중성자가 튀어 나온다. 이 고속의 2차 중성자들이 다른 우라늄 235의 핵을 만나면 계속해서 연쇄 분열이 확대될 것이다. 그러나 천연 우라늄에는 우라늄 235보다 우라늄 238이 훨씬 더 많다. 2차 중성자가 우라늄 238의 핵과 만날 가능성이 더 많은 셈이다. 더구나 우라늄 238은 고속 중성자를 붙들어 버린다. 우라늄 238은 임계 에너지(critical energy), 곧 25전자볼트(eV)로 운동하는 중성자에 아주 민감하다. 물리학자들은 이 민감도(sensitivity)를 "공명(resonance)"이라고 부른다. 한편 우라늄 238은 저속 중성자는 포획하지 않는다. 하리톤과 젤도비치는 깨달았다. 원자로를 만들려면 우라늄 235가 분열하면서 나온 고속의 2차 중성자를 우라늄 238이 공명하는 25전자볼트 이하로 잽싸게 속도를 줄여야 한다는 것을 말이다. 두 사람은 그렇게 하려면 수소 같은 경원자의 원자핵에 부딪쳐서 중성자들이 에너지의 일부를 내놓도록 조작해야 한다고 제안했다. 그들은 이렇게 썼다. "(천연 우라늄에서 연쇄) 반응을 달성하려면 중성자를 강력하게 감속해야 한다. 중성자 감속은 수소를 대거 주입하는 방식으로 달성할 수 있을 것이다."[43]

우라늄과 수소를 섞는 가장 간단한 방법은 천연 우라늄과 보통의 물을 균질하게 섞는 것이다. 하지만 하리톤과 젤도비치는 두 번째 논문에서 그렇게 섞어서는 연쇄 반응이 유지되지 않음을 증명했다. 수소와 산소가 저속 중성자를 붙들어 버리기 때문이다. 결국 천연 우라늄을 연료로 사용하는 반응로에서는 그런 포획 과정으로 혼합물에서 중성자가 너무 많이 제거되고 말 터였다. 이 결론에서 중요한 사실들이 도출되었다. 첫째, 보통 물의 수소 말고, '무거운 수소'를 사용해야 한다는 게 분명했다. 중수소(deuterium)는 보통의 수소보다 중성자를 덜 좋아하는 수소 동위 원소로, 기호는 H^2 또는 D이다. 이 중수소는 희귀하고, 돈이 많이 드는 중수(heavy water)의 형태를 띤다. (하리톤과 젤도비치는 1940년에 발표한 한 비평 논문에서 가능성 있는 다른 감속재로 탄소와 헬륨을 제안했는데, 나중에 둘 다 제 기능을 하는 것이 입증되었다.) 두 물리학자는 두 번째 대안을 소개하며 이렇게 썼다. "우라늄 동위 원소 235를 농축하는 것도 또 다른 방법이다."[44] 그들은 천연 우라늄을 0.7퍼센트 우라늄 235에서 1.3퍼센트 우라늄 235로 농축하면 보통 물과 균질하게 섞어도 원하는 효과를 볼 수 있을 것으로 계산했다.

하리톤과 젤도비치는 1940년 3월 제출한 세 번째 논문에서 자연적 과정 두 가지를 확인했다. 그 과정들로 인해 원자로 내부에서 연쇄 반응을 일으키고, 제어하는 게 쉬워지고, "완벽에 가깝게 안전해"[45]질 것임을 발견한 것이다. 분열 반응은 우라늄을 뜨겁게 만들어 팽창시킬 것이다. 그러면 중성자들이 추가로 분열을 일으키기 위해 이동해야만 하는 거리가 늘어나리라는 것은 너무나 분명한 일이다. 결국 연쇄 반응의 속도가 느려질 테고, 그러면 우라늄 덩어리는 냉각되고, 중성자가 이동해야 할 거리가 줄어들어 연쇄 반응은 다시 가속된다. 이런 자연 진동(natural oscillation)은 우라늄의 부피를 늘이거나 줄임으로써 제어할 수 있다. 또 다른 자연적 과정이 원자로를 제어할 때 더 중요하다는 것이 곧이어 밝혀졌다. 핵분열로 방출된 지연 중성자들이 진동 주기를 "크게 증대시킨다."[45]라는 게 또 다른 자연적 과정의 내용이다. (소련 과학계의 비판자들이 안전을 크게 문제 삼았던 것이 분명하다. 하리톤과 젤도비치는 세 번째 논문에서 일명 "성급한 결론들"을 맹렬하게 반박했다. "많은 양의 우라늄을 가지고 실험하는 것은 매우 위험하고, 그런 실험이 재앙을 낳을 것"이라는 게 성급한 결론들의 내용이었다. 두 사람은 자신들이 발견한 자연적 과정을 바탕으로 그런 결론은 "현실과 부합하지 않는다."[46]라며 큰소리를 쳤다.)

하리톤과 젤도비치는 이 초기의 주목할 만한 통찰 내용을 세 번째 논문의 서론에서 다음과 같이 요약하고 있다.

(실험 자료가 없기 때문에 아무것도 장담할 수는 없지만) 어떤 기술, 이를테면 포획 단면적이 작은 물질(예를 들어 중수)에 우라늄을 섞거나 동위 원소 우라늄 235를 농축함으로써 금속 우라늄을 큰 덩어리로 만들 수 있을 것이다. …… 그러면 연쇄 반응이 확대되어 우라늄이 연쇄적으로 분열할 수 있는 조건을 만들 수 있다. 멋대로 이루어지는 중성자의 약한 방사가 핵분열 반응으로 발달해, 육안으로 파악할 수 있는 효과를 내는 것이다. 이 과정은 무척이나 흥미롭다. 우라늄이 핵분열 반응을 하면서 내는 몰 비열(molar heat)이 석탄의 열용량을 무려 500만 배(원문의 오식)나 초과하기 때문이다. 우라늄이 풍부하다는 것과 비용을 고려하면 어떻게든 우라늄을 활용하게 될 것이다.

나아갈 길이 어렵고, 믿기지 않기는 해도 이것을 실현하려는 시도와 노력이 앞으로 이루어질 것임을 예상해 볼 수 있는 이유이다.[47]

1939년 11월 우크라이나의 하르코프에서 연례 핵물리학 전국 대회(All-Union Conference on Nuclear Physics)가 열렸고, 하리톤과 젤도비치는 흑연(graphite)과 중수가 중성자 감속재로 가능성이 있다는 결론을 발표했다. 두 사람은 우라늄 235를 농축한 우라늄만 쓰는 균질 원자로(homogeneous reactor)에서는 중수만으로도 연쇄 반응을 제어할 수 있을 것이라는 보고도 했다. 우라늄 농축은 어렵기로 악명이 자자했고, 완전히 새로운 산업이 발달해야 했기 때문에 두 사람의 결론 속에서 적정한 시간 안에 합리적인 비용으로 활용 가능한 원자로를 제작하는 일은 요원해 보였다. 그러나 그들은 천연 우라늄을 흑연이나 중수와 다르게 배열할 수 있음을 간과했다. 두 사람이 1939년에 발표한 두 번째 논문에서 이미 중요한 단서를 제시했음에도 불구하고 말이다. 그렇게 걸출한 이론 물리학자들이 더 유망한 대안을 못 보고 그냥 지나쳐 버린 이유는 탐구해 볼 만한 가치가 있는 질문이다.

흑연이나 중수 같은 감속재는 중성자를 튕겨 내는 것보다 포획할 확률에 따라 결정적으로 그 유효성이 정해진다. '단면적(cross section)'이라고 부르는 이 확률은 오직 실험으로만 알 수 있다. 물리학자들은 확률을 포획 단면적(capture cross section), 그러니까 극도로 작은 제곱센티미터 단편으로 수량화한다. 단면적을 입사 중성자가 타격할지도 모르는 표적의 표면적으로 취급하는 셈이다. 두 명의 이론 물리학자는 보통의 우라늄과 중수를 섞어 연쇄 반응을 일으키려면 중수소가 중성자를 포획할 수 있는 단면적이 3×10^{-27}제곱센티미터 이하여야 한다고 계산했다. 그들에게는 중수소의 포획 단면적을 실측하는 데 필요한 실험 장비, 즉 강력한 사이클로트론과 다량의 중수가 없었다. (당시 소련이 공급할 수 있는 전체 중수량은 2~3킬로그램에 불과했다.[48]) 문제의 1939년 전국 대회에서 그들은 국제 물리학 저널에서 얻은 근삿값을 제시한 게 틀림없다.

두 사람이 중수소의 포획 단면적과 관련해 더 정확한 값을 측정한 사람이 있는지를 알아보기 위해 계속해서 저널을 뒤졌다는 것은 분명하다. 그들은 1940년 4월 발행된 미국 저널 《피지컬 리뷰(*Physical Review*)》의 「편집자에게 보내는 편지」에서 그 추정값을 찾아냈다. 시카고 대학교의 물리학자들인 L. B. 보스트(L. B. Borst)와 윌리엄 드레이퍼 하킨스(William Draper Harkins, 1873~1951년)는 그 편지[49]에서 3×10^{-26}제곱센티미터라는 추정값을 언급했다. 자릿수가 너무 컸다. (-27제곱보다 -26제곱이 크다는 이야기이다.) 이고리 쿠르차토프는 1943년 한 비밀 보고서에서 이렇게 말한다. "우리가 (보통의) 우라늄과 중수를 섞은 것으로는 연쇄 반응을 일으킬 수 없다고 결론 내린 이유이다."[50] 동위 원소를 농축하는 데에는 돈이 많이 들었다. 중수가 안 되면 허용 오차가 훨씬 더 적은 탄소도 안 되는 것이었다. 하리톤은 만년에 이렇게 말했다. "소수의 열성파는 의견을 달리했다. 하지만 우라늄 문제를 해결하는 기술은 먼 미래의 일이라는 게 소련의 지배적인 견해였다. 대부분의 사람이 성공을 거두려면 15~20년은 걸릴 것으로 내다봤다."[51] 하리톤과 젤도비치의 결론은 실망스러웠고, 이런 보수적 평가도 틀림없이 거기서 기인했을 것이다. 그러나 "소수의 열성파"인 하리톤, 젤도비치, 쿠르차토프, 플료로프는 단념하지 않았다. 하리톤은 내게 이렇게 말했다. "균질 원자로는 실패할 수밖에 없을 것 같았어요. 하지만 빈틈이 있을 거라는 약간의 희망을 여전히 품었죠. 단면적은 확실한 구석이 없었고, 우리는 물질을 파야 한다고 생각했습니다."[52]

쿠르차토프 동아리는 폭탄이든 원자로이든 천연 우라늄에서 우라늄 235를 늘려야 한다고 판단했고, 다양한 우라늄 농축법을 조사했다. 그들은 기체 확산법(gaseous diffusion)을 비현실적이라 판단해 배제했다. 우라늄 기체를 다공성 장벽에 쏘아, 선택적으로 농축하는 방법을 기체 확산법이라고 한다. 더 가벼운 동위 원소 우라늄 235가 더 무거운 우라늄 238보다 다공성 벽을 투과해 더 빨리 확산하는 것을 이용한다. 쿠르차토프 동아리는 우라늄 기체를 고속 원심 분리기[53]에 집어넣고, 우라늄 235와 우라늄 238을 분리하는 것을 선호했다. 이것은 하리톤이 1937년에 자세히 연구한 방법이기도 했다. 하지만 해당 공정 기술이 아직 개발되지 못했다는 문제가 남아 있었다.

이 초기 논의들에 주목한 사람이 레오니드 크바스니코프(Leonid Kvasnikov, 1905~1993년)였다.[54] 크바스니코프는 국가 보안 위원회, 다시 말해 러시아 어 두문자(頭文字) NKVD로 알려진 내무 인민 위원회의 과학 기술 담당 부장이었다. 대공포 시대를 주도했던 NKVD는 1938년 이래 라브렌티 파블로비치 베리야가 이끌고 있었다. 조지아(Georgian, 그루지야로 알려져 있었지만 2010년 영어 국명인 '조지아'를 사용해 달라는 조지아 정부의 요청에 따라 한국에서는 조지아로 변경하여 부르기로 했다. — 옮긴이) 출신의 이 스탈린 친구는 아주 잔혹했고, 대공포 정책이 시행되는 와중에 NKVD 자체 조직원만도 약 2만 8000명 숙청당했다.[55] NKVD는 전 세계의 소련 영사관과 대사관에 상주 요원을 파견했고, 그들로 첩보망을 운영했다. 외국 주재 사무관의 주요 활동 중 한 가지는 산업 스파이 행위였다. 산업 공정과 제조법을 훔치면, 소련이 해당 기술을 사용하기 위해 개발자들에게 합법적으로 지급해야 하는 비용을 아낄 수 있었다. 미국의 공업 화학자 해리 골드는 1935년부터 오랫동안 소련을 위해 간첩 행위를 했다. 어떤 정보를 넘겼는지 보자. "래커와 광택제 생산에 사용되는 다양한 산업 용제, …… 염화에틸처럼 특별한 제품(국소 마취제로 사용한다.), 특히 (발동기 연료에 혼합하는, 다시 말해 희석해 양을 늘리는) 무수(無水) (100퍼센트) 알코올." 골드는 "(일부 지역이 발달하기는 했어도) 산업적으로 이야기해 18세기만큼 낙후한 나라에" 미국에는 흔해 빠진 이 제품들이 "커다란 혜택을 줄" 것이라고 생각했다. "소련 인민의 혹독한 삶이 조금쯤은 더 견딜 만할 것"[56]이라는 것이 골드의 판단이었다.

크바스니코프는 1940년 초에 해외 주재 첩보망에 경보를 발령했고, 우라늄 연구 정보를 수집하도록 했다. 게오르기 플료로프에 따르면 소련은 처음에 영미권의 작업보다는 독일의 연구에 관심이 더 많았다. 이런 사정은 영국과 미국도 마찬가지였다.

> 혹시라도 누가 핵폭탄을 만든다면 그 주인공은 미국이나 영국이나 프랑스가 아니라 독일일 거라고 우리는 생각했다. 독일은 화학이 뛰어났다. 그들에게는 금속 우라늄을 생산할 수 있는 기술이 있었다. 그들은 우라늄 동위 원소를 원심 분리하는 실험을 하고 있었다. 독일인들은 중수까지 보유했고, 우라늄을 예비로 비축했다. 우리는 맨 처음 독일이 일을 벌일 능력을 가졌다고 생각했다. 독일이 성공하면 그 결과가 자못 심대하리라는 게 분명했다.[57]

소련은 초기부터 스파이 활동을 병행하며 핵에너지를 개발했다.

예일 대학교에서 역사를 가르치고 있던 조지 베르나드스키(George Vernadsky, 1887~1973년)가 1940년 봄에 아버지 블라디미르 이바노비치 베르나드스키에게 《뉴욕 타임스(*New York Times*)》에 실린 원자력 관련 기사를 하나 보냈다.[58] 아버지 베르나드스키는 소련 과학 아카데미에 이 기사를 알리는 편지를 썼고, 아카데미는 후속 조치로 우라늄 문제 특별 위원회(Special Committee for the Problem of Uranium)를 꾸렸다. 베르나드스키의 뒤를 이어 국립 라듐 연구소를 이끌던 클로핀이 우라늄 위원회 위원장으로 임명되었다. 거기에는 베르나드스키, 이오페, 저명한 지질학자 알렉산드르 예프게니예비치 페르스만(Alexander Yevgenyevich Fersman, 1883~1945년), 카피차, 쿠르차토프, 하리톤뿐만 아니라 소련의 많은 고참 물리학자가 위원으로 참여했다. 연구 계획을 수립해 적절한 기관에 배정하고, 동위 원소 분리법 개발을 관리 감독하며, 연쇄 반응 제어법을 찾는 것이 위원회의 임무였다. 원자로를 만드는 것이 위원회의 과제였던 셈이다. 위원회 설립의 근거였던 법령에 따라 최소 3대의 사이클로트론을 제작하고, 완성하고, 성능을 개량해야 했다. 2대는 레닌그라드에서 이미 가동 중이었고, 나머지 1대는 모스크바에 조립될 예정이었다. 우라늄 금속을 확보할 수 있도록 기금이 조성되었다. 당시 소련의 산업은 우라늄 금속을 생산할 수 있는 기술이 없었다. 법령에 따라 페르스만이 원정대를 이끌고, 중앙아시아를 답사하며 우라늄을 시굴했다. (베르나드스키는 7월에 한 동료에게 이렇게 썼다. "우라늄이 원자력의 원천으로 상당히 중요해졌습니다. …… 우리는 우라늄이 거의 없습니다. (유정(油井)에서 퍼 올린) 심해 염수에서 라듐은 얼마간 얻을 수 있어요. 하지만 우라늄은 하나도 없습니다."[59])

과학 아카데미는 1940년 10월에야 위원회의 계획을 승인했고, 쿠르차토프는 이에 적잖이 실망했다. 그는 아카데미가 매우 보수적이라고 생각했다. 쿠르차토프는 우라늄을 농축해야 한다고 생각했지만 곧장 원자로 건설로 나아가고자 했다. 11월 하순에 모스크바에서 핵물리학 제5차 전국 대회가 열렸다.[60] 쿠르차토프는 거기서 전 세계의 핵분열 연구를 개관한 다음, 연쇄 반응을 제어할 수 있다고 설명했다. 필요한 장비와 물질의 목록이 제출되었다. 과연 우라늄 폭탄을 만들 수 있느냐는 질문이 나왔다. 쿠르차토프는 자신 있게 가능하다고 대답했다. 그는 소련 최대 규모의 수력 발전 시설을 건립하는 데 든 비용 정도를 써야 폭탄을 개발할 수 있을 것으로 추산했다. 이것은 실제보다 몇 자릿수 더 적은 추정치로, 루돌프 파이얼스와, 오스트리아 출신의 망명 물리학자 오토 프리슈(Otto Frisch, 1904~1979년)가 8개월 전 영국 정부에 제출한 추정치와 비슷했다. 초기의 추정치가 어떠했든, 프리슈가 나중에 말했듯이, 우라늄 235를 분리하는 공장을 짓는 비용은 "전체 전쟁 비용에 견주면 하찮은 수준일 터였다."[61]

골로빈은 11월에 열린 제5차 대회 토론을 흥분 속에서 지켜봤다.

> 쿠르차토프가 발표를 했고, …… 상황은 꽤나 연극적이었다. 볼혼카(Volkhonka) 가의 공산주의 아카데미에서 토의가 이루어졌다. 관람석이 계단식으로 된 커다란 강당이 수많은 참가자로 붐볐다. 발표가 계속되자 청중

은 흥분했고, 끝날 즈음이 되자 우리가 대사건의 전야를 맞이하고 있다는 것이 참가자들의 대체적인 생각이었다. 쿠르차토프가 발표를 마치고, 연단에서 내려와 대회장 클로핀과 함께 옆방으로 들어갔다. 이오페, 세묘노프, 알렉산드르 일리치 루푼스키(Aleksandr Il'ich Leipunski, 1903~1972년), 하리톤 및 기타 인사들이 차례로 그 방으로 들어갔다. 홀에서도 쿠르차토프의 발표 내용을 놓고 토론이 계속되었다. …… 휴식 시간이 길어졌다. 발표와 발표 사이에는 보통 5~10분을 쉬었는데, 20분이 지났는데도 클로핀은 나타나지 않았다. …… (옆방에서) 벌어지는 토론이 시끄럽게 들려왔다.[62]

대공포 시대를 겪으며 살아남은 사람들은 신중한 경계 태세가 몸에 배어 있었다. 제2차 세계 대전이 발발한 1939년 9월 1일 이후 15개월 동안 독일은 유럽을 유린했다. 스탈린은 시간을 벌어야 했고, 히틀러와 불가침 조약을 맺었다. 하지만 소련은 독일과의 전쟁에 대비했다. 스탈린은 독소 개전이 불가피하다고 보았다. 그는 1941년 5월 핵심 수뇌부에 이렇게 말했다. "충돌은 불가피하다. 아마 내년 5월쯤일 것이다."[63] 소련 지도부가 "실용적이지 못한" 과학 활동을 미더워하지 않는다는 게 명확하게 감지되었다. 스탈린은 분명한 어조로 과학자들에게 소매를 걷어붙이고, 실용적 연구에 집중할 것을 명령했다. 하리톤과 젤도비치의 연구 결과에도 불구하고 구세대는 낙관적 견해로 돌아서지 않았다. 그들은 여전히 새로운 물리학을 못 미더워했다. 이오페마저 회의적이었다는 것은 놀랍다. 이오페는 핵물리학자가 아니었다. 핵분열 현상이 확인되었음에도 그는 그 가능성을 먼 미래의 일로 치부했다. 이오페는 이렇게 예측했다. "로켓 기술이 50년은 걸려야 정복할 수 있다면 핵에너지 상용은 100년쯤 걸릴 것이다."[64] 공산주의 아카데미의 작은 방에서 떠들썩한 토론이 오간 것은 다 이런 이유에서였다. 골로빈은 계속해서 이렇게 적었다.

15분 후 클로핀이 연단에 섰고, 다음과 같은 결론을 내렸다고 발표했다. 그는 유럽에서 전쟁이 벌어지고 있으며, 재원이 다른 목표들에 투입되어야 하기 때문에 정부에 많은 지원금을 요구하는 것은 시기상조라고 말이다. 클로핀은 1년 정도 연구를 더 해 보고, 그다음에 정부를 참여시킬 근거와 이유를 댈 수 있겠는지 판단하자고 말했다. …… 청중의 실망은 이만저만이 아니었다.[65]

원자 폭탄 제조 능력을 키우려면 정부 재원이 대규모로 투입되어야 했다. 문제는 그 재원이 종래의 전쟁 수행 기금에서 나와야 한다는 점이었다. 원자 폭탄을 제때 만들 수만 있다면 결정적인 위력을 발휘할 터였고, 어떤 적성국도 이를 막을 수 없을 것이었다. 하지만 이런 판단을 내리려면 결정적으로 과학자들과 정부가 서로를 대단히 신뢰해야 했다.

비밀, 단 하나의 유일한 비밀은 원자 폭탄이 가능하다는 것이었다. 그 비밀이 명백해지고 나서는 신뢰가 결정적 사안이 되지 못한다. 그러나 이 제1회전에서는 신뢰가 결정적이었다. 러시아의 물리학자 빅토르 아담스키(Victor Adamsky)는 나치 독일이 원자 폭탄 개발에 나서지 않은 이유를 논의하면서 그 점을 이렇게 강조했다.

원자 폭탄을 만들 수 있다고 선험적으로 확신할 수 없었기 때문에 (과학자들과 정부가) 긴장 관계에 놓였다. 사안을 명백하게 설명하기 위해서라도 중간 단계를 경유하는 절차가 필요했다. 폭탄 같은 것 말고 (원자로라도) 만들어서 연쇄 반응을 제어할 수 있음을 입증해야 했던 것이다. 하지만 그 중간 단계도 실행하려면 엄청난 비용이 소요된다. 과거에 과학 연구의 몫으로 배정된 예산들과는 비교가 안 되는 금액인 것이다. 결국 정부에 솔직하게 말해야 했다. 투자 비용이 허공으로 날아가 버릴 수도 있음을 분명히 해야 했던 것

이다. 원자 폭탄이 가능하지 않을 수도 있다고 말이다.[66]

영국과 미국에서는 과학자들과 정부가 상호 이해와 신뢰를 확립했지만 독일에서는 아니었다는 게 아담스키의 결론이다. 1940년 말에는 소련에도 그런 신뢰와 상호 이해가 아직 구축되지 않고 있었다.

☢☢☢

독일이 1941년 6월 22일 새벽 소련의 서쪽 국경선 전역에 걸쳐 파죽지세로 기습을 단행했다. 스탈린이 한 해 정도는 군사적 충돌이 없을 것이라고 예상한 지 불과 한 달 후였던 셈이다. 소위 '우라늄 문제'에 얼마나 큰 노력을 경주해야 하는가 하는 문제는 묻혀 버렸다. 스탈린은 개전 첫날 11시간 동안, 그리고 그 후로도 거의 연속으로 여러 날 동안 군대와 다른 분야의 지도자들과 만났다.[67] 내내 베리야가 동석했다. 독일군은 소련 공군을 궤멸시켰고, 벨로루시와 우크라이나를 가볍게 장악했으며, 레닌그라드를 목표 삼아 발트 해 국가들로 돌진해 들어왔다. 소련 육군의 장군 출신으로 스탈린 전기를 쓴 드미트리 안토노비치 볼코고노프(Dmitri Antonovich Volkogonov, 1928~1995년)는 이렇게 말했다. 스탈린은 재앙의 규모가 엄청나다는 것을 깨닫고서 "망연자실했다. 목격자들의 증언에 따르면 6월 28일부터 30일까지 스탈린은 충격을 받아 낙담한 정도가 어찌나 심했는지 지도자로서의 모습을 전혀 보여 주지 못했다. 그는 6월 29일 몰로토프, 클리멘트 예프레모비치 보로실로프(Kliment Yefremovich Voroshilov, 1881~1969년), 안드레이 알렉산드로비치 즈다노프(Andrei Alexandrovich Zhdanov, 1896~1948년), 베리야와 국방 위원회(State Defense Committee, GKO) 건물을 떠나면서 이렇게 탄식했다. "레닌이 위대한 유산을 물려주었는데, 그 상속자들인 우리가 모든 걸 망쳤어!"[68] 스탈린은 쿤트세보(Kuntsevo)에 있는 자신의 다차(dacha, 텃밭이 딸린 도시 근교의 조그만 목조 가옥 — 옮긴이)로 피신했다. 그에게 경각심을 불러일으켜 업무로 복귀시키기 위해서 몰로토프가 이끌던 공산당 정치국이 쿤트세보를 방문해야만 했다. "우리 일행은 스탈린이 머물던 다차에 도착했습니다." 아나스타스 이바노비치 미코얀(Anastas Ivanovich Mikoyan, 1895~1978년)은 계속해서 이렇게 회고한다. "작은 식당의 안락의자에 스탈린이 앉아 있더군요. 그가 고개를 들고는 말했습니다. '왜 왔나?' 정말 낯선 표정이었습니다."[69]

소련의 독재자가 다시 업무에 복귀했을 무렵 독일군은 모스크바에 폭탄을 쏟아 붓고 있었다. 볼코고노프는 그 갑작스러운 완패 사태를 이렇게 적었다.

> 소련은 엄청난 규모로 패배했다. 약 30개의 사단이 사실상 와해되었으며, 70개의 사단이 병력의 절반 이상을 잃었다. 항공기 약 3,500대, 연료 및 군수품 집적소의 절반 이상이 파괴되었다. …… 물론 독일도 대가를 치러야 했다. 장교와 사병 약 15만 명, 항공기 950대 이상, 전차 수백 대가 죽거나 파괴되었다. …… 적군(赤軍)은 싸우고 있었다. 후퇴를 거듭했지만 우리도 싸웠다.[70]

마침내 7월 3일 스탈린이 소련 인민을 재결집하는 과업에 나섰다. 몰로토프와 미코얀이 스탈린이 읽을 연설문의 원고를 썼고, 거의 강제로 그를 마이크 앞에 세워야 했다.[71] 소련의 작가 콘스탄틴 미하일로비치 시모노프(Konstantin Mikhailovich Simonov, 1915~1979년)는 전쟁 내내 최전방에서 종군 기자로 활약했다. 그가 전후에 발표한 소설 『산 자와 죽은 자(*The Living and the Dead*)』에서 그 중차대했던 순간을 회고했다.

스탈린의 연설은 억양이 없어 단조로웠고, 목소리는 느렸다. 조지아 인 특유의 억센 사투리에도 불구하고 말이다. 연설 중에 한두 번인가 물을 마시는 바람에 유리잔 부딪치는 소리가 났다. 스탈린의 목소리는 낮고 부드러웠으며, 아주 침착하게 들렸을지도 모르겠다. 그가 지쳐서 힘겹게 토해 내던 숨소리와 연설 중에 계속해서 마시던 물을 제외한다면 말이다. ……

스탈린은 전황이 위태롭다고 이야기하지 않았다. 그에게서 그런 말이 나오는 걸 기대한다는 것 자체가 무리였다. 하지만 스탈린이 연설에서 말한 내용을 듣고 있자면 환상에서 벗어나지 않을 수 없었다. 오폴체니예(opolcheniye, 민간 예비군), 빨치산 유격대, 점령당한 영토 등등. …… 그가 이야기한 사실은 쓰디쓴 진실이었다. 하지만 그는 그 진실을 맨 마지막에 실토했다. 사람들은 이제 적어도 자신의 처지를 알게 되었다.[72]

러시아 태생의 저널리스트 겸 역사가인 알렉산더 워스(Alexander Werth, 1901~1969년)는 런던 《타임스(*Times*)》 기자로 소련에서 전쟁을 취재했다. 그는 스탈린의 7월 3일 연설을 이렇게 적고 있다. "대단했다. 서두를 이런 말로 장식하다니 인상적이라고 하지 않을 수 없었다. '동지들, 시민 여러분, 형제자매여, 육군과 해군의 전사들이여! 여러분, 나의 친구들에게 하고 싶은 말이 있습니다!' 뭔가 새로웠다. 스탈린이 이렇게 연설한 적은 없었던 것이다."[73]

그러나 스탈린이 새로 발견한 '친구들'은 그 충성심을 믿을 수 없었고, 비밀 경찰은 화들짝 놀랐다. '친구들'의 출신 성분이 독일일 경우는 말할 나위도 없었다. 빅토르 크라브첸코는 이렇게 썼다. "모든 마을과 소도시와 대도시에서 긴 블랙리스트가 만들어졌다. 수십만 명이 구금되었다. …… 실상 투쟁의 참혹했던 제1단계 국면에서 신속하고 효율적으로 취해진 유일한 전쟁 노력은 '내부의 적'을 청산하는 것뿐이었다. 정교한 실행 계획에 따라 후방에서 자행된 숙청은 스탈린 자신의 지령에 따른 것이었다." 볼가 강 유역의 독일인 자치 공화국 인구 전체인 50만 명이 시베리아의 내부 유배지로 강제 이송되었다. 크라브첸코는 이렇게 결론 내리고 있다. "모스크바에서만 개전 후 처음 6개월 동안 계엄령 아래에서 수천 명이 총살당했다. …… 러시아 인들은 무지막지한 공포를 느꼈다. 대외 전쟁이 벌어지는 가운데 자행된 내부 전쟁이었던 것이다."[74]

스탈린은 7월 3일 연설에서 국방 위원회(GKO) 구성을 발표했고, 거기에 "국가의 모든 권력과 권한"[75]을 부여했다. 그는 자신을 그 5인 위원회 수장으로 임명했다. 몰로토프가 부의장이었고, 적군 원수 클리멘트 보로실로프(볼코고노프는 보로실로프를 이렇게 조롱했다. "자기 의견이 전혀 없는 멍청하기 이를 데 없는 간부."[76]), 근면 성실한 관료 게오르기 막시밀리아노비치 말렌코프(Georgi Maximilianovich Malenkov, 1902~1988년)와 베리야가 위원으로 참여했다.

라브렌티 베리야가 그렇게 해서 악명을 떨치게 되었다. 1899년 조지아의 수후미(Sukhumi) 지방에서 태어난 베리야는 경찰청장에서 출발해 조지아 및 남캅카스(이곳에서 직접 참혹한 숙청 작업을 지휘했다.) 공산당 간부를 거쳐 모스크바의 권력 핵심부로 진입했다. 스탈린은 1938년 베리야를 조지아에서 불러올려, NKVD를 자체 정화하도록 시켰다. 한 전기 작가에 따르면, "베리야는 1939년 초에 이미 (전임자의) 기구에서 고위급 및 중간 간부들을 대부분 체포했다."[77] 그는 굴라크(gulag, 교정 노동 수용소 관리국)에 수용할 노예 노동력 수백만 명을 물려받았다. 베리야는 그들을 "캠프에서 죽어 갈 인간 쓰레기(camp dust)"라고 즐겨 불렀다. 스베틀라나 알릴루예바는 베리야를 이렇게 조롱했다. "간신(奸臣)의 현대적 표본으로서 단연 최고이다."[78] 그녀는 아버지의 과도함이 베리야 때문이라며 비난했다. 유고슬라비아의 외교관 밀로반 질라스(Milovan Đilas, 1911~1995년)는 전쟁 중에 베리야를 만났다. 단신(短身)의 질라스는 베리야를 이렇게 묘사했다. "약간 통통했고, 창백해서 초록빛이 돌았으며, 손은 부드럽고 축축했다. 코안경 뒤로 툭 튀어 나온 눈에, 입은 정연한 느낌이었다. 약간의 자기 만족과 얄궂음이 관료 특유의 아첨하는 태도 및 애태우는 자세와 뒤섞인"[79] 표정이었다. 베리야는 어찌나 악랄했는지 수시로 강간을 했고 (10대 소녀들이 길을 가다 납치되어, 그의 루비앙카 사무실로 배달되었다.), 공무 쪽에서는 고문과 살인을 일삼았다. 그럼에도 불구하고 그는 뛰어난 관리자였고 행정 관료였다. 스탈린은 그에게 많은 책임을 맡겼다. 전시 산업 시설을 우랄 산맥 넘어 동쪽으로 대피시키기, 굴라크의 노동력을 동원하기, 산업 시설 전환을 관리 감독하기, 병력과 물자를 전선으로 이동시키기가 모두 베리야의 지휘 아래 이루어졌다. 몰로토프의 증언을 들어보자. "베리야는 아주 영리한 사람이었다. 그는 무지막지하게 정력적이었고, 부지런했다. 그는 잠을 전혀 자지 않고 일주일 내내 일했다."[80] 개전 초 몇 달 동안 그가 그랬다는 것은 거의 확실하다.

당시에 공장 관리자로 일했던 빅토르 크라브첸코는 이렇게 말했다. "베리야는 엔지니어가 아니었다. 그는 책임지고 극도의 공포감을 불러일으키라는 명령을 받았다. 나 스스로에게 여러 번 되물었다. 다른 사람들도 속마음으로 틀림없이 그랬을 것이다. 스탈린은 도대체 왜 이런 조치를 취하기로 마음먹은 것일까? 이치에 맞는 그럴듯한 대답은 하나뿐이었다. 그가 러시아 국민의 애국심과 민족적 자존감을 불신했던 것이다. 스탈린이 일차적으로 채찍에 의존하지 않을 수 없었던 것은 그래서였다. 그리고 베리야가 그의 채찍이었던 것이다."[81]

키릴 세묘노비치 모스칼렌코(Kirill Semyonovich Moskalenko, 1902~1985년) 원수는 1957년 일단의 고위급 장교들에게 베리야한테 직접 들었다면서 이렇게 이야기했다. 7월 하순에 스탈린이 베리야 및 몰로토프와 결탁해 독일에 항복을 제안하려고 했다는 것이다. "스탈린은 히틀러에게 소련의 발트 해 공화국들, 몰다비아, 우크라이나와 벨로루시의 상당 영토를 넘겨주기로 했다. 그들은 불가리아 대사를 통해 히틀러와 접촉하려고 했다. 러시아의 어떤 차르도 이런 일을 시도한 적은 없었다. 불가리아 대사가 이 러시아 지도자들보다 재간이 더 뛰어났다는 것이 흥미롭다. 그는 그들에게 히틀러가 러시아를 격파하지는 못할 것이며, 따라서 스탈린도 전혀 걱정할 필요가 없다고 말했다."[82]

전쟁으로 레닌그라드의 연구소들은 텅 비고 말았다. 과학자들은 옮길 수 있는 장비를 운송용 상자에 담아, 군용 열차로 붐비는 철도를 통해, 독일의 폭격 범위 밖에 있는 우랄 산맥 저편으로 옮겼다. 피즈테크는 모스크바에서 동쪽으로 400킬로미터 떨어진 볼가 강 유역의 카잔으로 옮겨졌다. 모든 공장이 동쪽으로 소개(疏開)되었다.* 고등 교육 장관이자 국방 위원회(GKO) 소속 과학 기술 담당 보좌관이었던 세르게이 카프타노프(Sergei Kaftanov)는 이렇게 적었다.

> 오늘날이라면 대규모 산업 시설을 새로운 부지로 옮기는 데 얼마나 걸릴까? 2년? 3년? 전쟁 중에는 공장을 수천 킬로미터 옮겨 재가동하는 데 불과 수개월밖에 걸리지 않았다. 정상적인 보통의 건설 수순은 벽-지붕-기계 순이다. 하지만 우리는 이렇게 하고 있었다. 기계-지붕-벽. 우리는 전쟁 중이었고, 신속한 해결책을 강구해야 했다.[83]

* "1941년 7월부터 11월에 걸쳐 다 합해 무려 1,523개의 산업 시설(대형 군수 공장 1,360개 포함)이 동쪽으로 옮겨졌다. 226개는 볼가 강 지역으로, 667개는 우랄 산맥 지역으로, 244개는 시베리아 서부로, 78개는 시베리아 동부로, 308개는 카자흐스탄과 중앙 아시아로. '소개 화물'의 양은 철도의 1화차 적재량으로 총 150만 대분이었다." Werth(1964), 216쪽.

신속한 해결책이란 공격당하고 있는 국가의 방위 활동에 즉각 기여할 수 있는 해결책을 의미했다. 물론 과학 분야의 해결책도 거기 포함되었다. 쿠르차토프와 알렉산드로프는 1941년 늦여름에 흑해 연안 크림 반도의 세바스토폴(Sevastopol) 항구에 연구소를 세우고, 자기 기뢰(magnetic mine)로부터 배를 보호하기 위한 선박 소자(消磁, demagnetization) 시험장을 운영하면서 해군들에게 해난 구조 기술을 가르쳤다. 9월에 독일군이 스트렐레츠카야 만(Streletskaya Bay)을 폭격하면서 두 사람의 활동은 중단되었다. 알렉산드로프는 세바스토폴을 떠나 북해 함대로 갔고, 쿠르차토프는 남아 잠수함 소자 연구를 계속했다.

보리스 레오니도비치 파스테르나크(Boris Leonidovich Pasternak, 1890~1960년)는 그 참혹했던 가을의 분위기를 몸서리쳐지는 악몽으로 그렸다.

> 목구멍이 말라붙었던 그때를 기억하는가?
> 사악한 악마가 우르르 쿵쾅거리며 다가오던 그때를.
> 그들이 으르렁거리며 돌진하던 가을의
> 그 참화를?[84]

10월에 모스크바는 완전한 공황 상태에 빠졌다. 독일군이 100킬로미터 이내 거리까지 진격해 들어왔고, 머잖아 도시를 장악하는 데 성공할 것처럼 보였다. 이고리 세르게예비치 구젠코(Igor Sergeyevich Gouzenko, 1919~1982년)는 약관의 적군 암호병으로, 모스크바 인근 부대에서 훈련을 받고 있었다. 그는 10월 16일 모스크바에 들어갈 수 있는 통행증을 받았고, 와해된 도시를 목도했다. 구젠코는 전쟁이 끝나고서 당시의 상황을 이렇게 회상했다. "거리는 사람으로 넘쳐 났다. 모두가 보따리, 자루, 여행 가방을 든 모습이었다. …… 그들은 사방으로 종종걸음 치고 있었다. 어디로 달아나야 할지 아는 사람은 아무도 없는 것 같았다. 모두가 그냥 도망치고 있을 뿐이었다. 이런 소동이 기이한 침묵 속에서 벌어지고 있다는 사실이 무엇보다 놀라웠다. 급히 내딛는 발걸음에서만 시민들이 미친 듯이 서두르고 있다는 것을 겨우 알 수 있었다."[85] 안드레이 사하로프는 당시 대학생이었다. 그의 회고 내용도 들어보자. "사무실이란 사무실은 모두 갖고 있던 서류를 소각했다. 매연이 피어오르는 거리에는 트럭과 수레, 그리고 걸어서 피난하는 사람이 뒤엉켜 있었다. 가재도구와 짐, 뒤따르는 어린 아이들도 보였다. …… 나는 다른 몇 명과 함께 (대학) 공산당 위원회 사무실로 갔다. 당 서기가 책상에 앉아 있었다. 뭐라도 돕겠다고 이야기하자 그가 우리를 빤히 쳐다보더니 이렇게 말하는 것이었다. '다 자기 살 길을 찾고 있어요!'"[86]

이고리 구젠코의 누이는 과학 탐구 위원회(Scientific Research Institute)에서 일했다. 그곳 출입문에는 모스크바 소비에트 의장 명의로 다음과 같은 고지문이 게시되었다. "전선의 상황이 위급합니다. 모스크바에 남아 있지 않아도 되는 시민은 전부 도시를 떠날 것을 명령합니다. 적이 목전까지 쳐들어 왔습니다."[87]

구젠코는 그 벽보가 "제2차 세계 대전 중에 나온 것으로서 가장 전전긍긍하는 내용의 문서"[88]라고 생각했다. 정식 허가였든 아니었든 모스크바는 텅 비게 되었다. 10월 말쯤에는 공식적으로 200만 명 이상이 도시를 떠났고,[89] 비공식적으로는 사실 그 이상의 사람이 도시를 버리고 탈출했다. 스탈린은 남았다. 12월 초에 모스크바 외곽에서 반격이 시작되었고, 도시는 살아남았다. 이 역습은 소련이 단행한 최초의 주요 공세였다. 알렉산더 워스는 이렇게 적고 있다. "모스크바 서쪽으로 수킬로미터의 도로를 따라 대포, 트럭, 전차가 버려졌다. 독일군이 버리고 간 무기는 눈 속에 깊이 파묻혔다. '소련에서 겨울을 맞이한 독일 병정(Winter

Fritz)'이 처음으로 러시아 민속 문화에 등장하기 시작했다. 러시아 사람들은 지역민한테서 훔친 여성용 숄과 깃털 목도리를 칭칭 감은 우스꽝스러운 독일 군인들의 벌게진 코에 고드름이 달렸다며 우스갯소리를 했다."[90] 그러나 레닌그라드 포위 공격 작전이 이미 시작된 상태였다. 그해 겨울에 레닌그라드 전체 인구의 거의 절반에 해당하는 100만 명이 굶어 죽었다.

개전 초에 소련 공군으로 징집된 게오르기 플료로프는, 요시카르올라(Ioshkar-Ola)의 공군 양성 학교에 배속되어 엔지니어 교육을 받았다. 플료로프는 완강한 태도의 소유자였다. 그는 적인 파시스트 국가를 포함해 다른 나라들이 우라늄 폭탄을 만들고 있다고 추측했다. 그는 조국 소련이 이 무기를 가장 먼저 개발해야 한다는 열정에 사로잡혀 있었다. 플료로프는 11월에 국방 위원회(GKO)에 편지를 보내 이런 생각을 피력했다. 하지만 답장은 오지 않았다.

같은 달에 독일군의 폭격과 포격 속에서 소련 해군이 결국 세바스토폴 항에서 축출되었다. 남아 있던 쿠르차토프도 별 수 없었다. 그는 폐허로 변한 세바스토폴을 떠나 배를 타고 포티(Poti)로 철수했다. 포티는 흑해의 동쪽 연안 수후미 남쪽에 있는 도시이다. 쿠르차토프는 계속해서 기차를 타고 카잔으로 향했다. 모스크바에서 동쪽으로 700킬로미터 떨어진 그곳에 임시로 마련된 피즈테크에서 연구를 재개할 요량이었던 것이다. (모스크바와의 거리가 앞에서는 400킬로미터라고 되어 있다. 원문의 불일치이다. — 옮긴이) 쿠르차토프는 도중에 어떤 역의 승강장에서 영하의 밤을 보낸 후 감기에 걸리고 말았다. 수잔 로젠버그(Suzanne Rosenberg)는 혁명을 지원하기 위해 소련에 온 캐나다 공산주의자의 후예였다. 그녀도 10월의 공황 속에 모스크바가 소개되면서 기차를 타고 피난하던 비슷한 시련을 묘사하고 있다.

기차는 피난민들로 꽉꽉 들어찼고, 우리는 처음 24시간 동안 객차들 사이의 바람이 휘몰아치는 승강장에 서 있었다. 나중에는 차례로 돌아가면서 안에 있는 벤치에 앉아 잠깐 동안 휴식을 취했다. 이동하는 데 19일이 걸렸다. 정상적이라면 46~50시간 걸릴 여정이었다. 우리는 말처럼 서서 자는 법을 터득했다. 하루 종일 음식을 거의 먹지 못했고, 물은 기대할 수도 없었다. 독일군 전투기 메서슈미트(Messerschmitt)가 우리를 쫓아왔다. 비행기 소리가 들리면 우리는 마구 뒤엉킨 채 기차에서 뛰어내렸고, 사방으로 달아났다. 숲이 있으면 거기로 달려가 숨었고, 숲이 없으면 개활지로 뿔뿔이 흩어졌다. 풀밭은 얼어붙어 있었고, 우리는 땡땡 언 땅에 얼굴을 처박았다.[91]

플료로프는 12월에 휴가를 얻었다. 과학 아카데미로 가서 우라늄 문제를 발표하고 토의할 수 있는 기회를 얻은 것이었다. 과학 아카데미도 피즈테크처럼 카잔 인근으로 옮겨 와 있었다. 플료로프는 여전히 이동 중이던 쿠르차토프가 그리웠고, 그에게 대학 노트에 장문의 편지를 써 보냈다.[92] 여기에서도 그는 발표할 내용의 요점을 거듭 말했다. 과학 아카데미 세미나 참가자 한 명은 이렇게 회고했다.

플료로프의 보고서는 내용이 잘 다듬어져 있었다. 그는 여느 때처럼 생기가 넘쳤고 열정적이었다. 우리는 플료로프의 발표를 주의 깊게 들었다. 이오페와 카피차도 참석했다. …… 세미나를 통해 모든 것이 아주 심각하고, 근본적이라는 게 명확해졌다. 우라늄 계획을 갱신해야 했다. 하지만 전쟁이 계속되고 있었다. 즉시 이 사업을 시작할지, 아니면 1~2년 계획을 보류할지 결정을 내리더라도 어떤 결과가 나올지 아무도 장담할 수 없었다.[93]

플료로프는 고속 중성자 연쇄 반응 연구를 제안했다. 폭탄을 만들자는 것이었다. 플료로프는 원자 폭탄을 만들 수 있고, 순수한 우라늄 235 2.5킬로그램이면 TNT 10만 톤의 위력을 발휘할 수 있다고 주장했다. "플료로프는 '대포'형으로 만들자고 제안했다." 하리톤은 이렇게 적고 있다. "그러니까 우라늄 235로 만든 반구체 2개를 빠르게 합치자는 것이었다. 그는 '활성 물질 압축(compression of the active material)'에 관한 중요한 발상도 제출했다."[94] 어쩐 일인지 우라늄 대포 속에서 그 압축을 실현하기 위해 플료로프가 제안한 방법에 관해서는 아무 이야기가 없다. 우라늄 대포는 모아서 합칠 수야 있겠지만 압축하지는 않기 때문이다. 플료로프가 계산한 2.5킬로그램은 대충 어림한 값으로, 연쇄 반응을 지속시키는 데 필요한 우라늄 235의 최소량에 턱없이 모자란다.* 하지만 영국의 루돌프 파이얼스와 오토 프리슈가 맨 처음 거칠게 추정한 값도 1킬로그램에 불과했다. 플료로프도 우라늄이 중성자를 포획하는 데 필요하다고 알려진 포획 단면적, 곧 10^{-23}제곱센티미터를 바탕으로 계산했을 것이다.

쿠르차토프는 1941년 12월 말에 우랄 산맥을 넘었고, 감기는 어느새 폐렴으로 발전해 있었다. 그는 앓아 누웠다. 아내 마리나 드미트리예브나 쿠르차토프가 카잔에서 쿠르차토프와 합류해, 그를 간호했다. 아브람 이오페도 쿠르차토프를 돌봤다. 쿠르차토프는 와병 중에 면도를 하지 않기로 마음먹었다. 그는 1942년 초에 건강을 회복했고, 무성한 턱수염으로 무장한 채 러시아의 겨울로 뛰어들었다. 골로빈은 이렇게 썼다. "쿠르차토프는 승리할 때까지는 수염을 자르지 않겠다고 선언했다."[95] 당시에는 러시아 젊은이 중에 수염을 기르는 사람이 거의 없었다. 쿠르

* 순수한 우라늄 235 구체의 임계 질량은 56킬로그램, 바깥을 우라늄으로 두껍게 다진 우라늄 235 구체의 임계 질량은 15킬로그램이다. King(1979), 7쪽.

차토프는 머잖아 수염 때문에도 유명해진다.

하리톤은 쿠르차토프가 플료로프의 보고서를 소중히 간직했다고 말했다. 쿠르차토프는 죽을 때까지 플료로프의 보고서를 책상에 보관했다.[96] 그러나 플료로프의 열정을 높이 평가하는 것과 그의 판단을 믿는 것은 별개의 사안이었다. 골로빈은 이렇게 말하고 있다. "쿠르차토프는 플료로프가 증거를 대지도 않았고, 댈 수도 없다는 걸 알았다. 플료로프는 실험을 하고 싶다는 열정뿐이었다. 그는 자신의 발상을 철회하고 포기할 용의가 전혀 없었다. …… 쿠르차토프는 당시의 더 화급한 책무 때문에 이 사안에 집중하지 못했다. 그는 함대 임무에 복귀해야 했고, 무르만스크(Murmansk)로 떠났다."[97]

표트르 카피차는 1943년 한 강연에서 이렇게 말했다. "전쟁 중이므로 과제를 완료해 결과를 못 내놓는 과학 연구는 해로울 수도 있다. 더 긴급하게 요청되는 연구 활동에 집중해야 하는데 역량이 분산되기 때문이다."[98] 소련 과학계는 선박 소자, 전차의 장갑 강화, 레이더 발명의 과제를 부여받았고, 1941년의 그 쓰라린 겨울에 다시 한번 이렇게 결론 내렸다. 전쟁이 한창인데 돈이 많이 들고, 확실하지도 않으며, 오랜 기간이 소요되는 핵분열 연구를 하는 것은 현명하지 못하다.

2장

확산

"나는 우리가 살게 될 향후 30년의 세계가 꽤나 불안하고, 격통에 시달릴 것이라고 봐." 줄리어스 로버트 오펜하이머는 1931년 버클리에서 동생 프랭크 프리드먼 오펜하이머(Frank Friedman Oppenheimer, 1912~1985년)에게 이렇게 썼다. "그게 도래하느냐 마느냐 사이에서 가능한 타협점은 많지 않을 거라고 생각해."[1] 다수의 사려 깊은 남녀가 두 번의 세계 대전 사이에 그렇게 생각했다. 그 가운데 일부한테는 공산주의가 일종의 "해결책"[2]을 제시해 주는 듯 보였다. 《타임(*Time*)》의 에세이스트이자 공산당 비밀 공작원 휘태커 체임버스(Whittaker Chambers, 1901~1961년)는 공산주의가 도래할 것으로 내다봤다. 체임버스는 당대를 이렇게 논평했다. "서방의 모든 지식인은 공산주의자이다. 두 가지 문제 가운데 적어도 하나의 대답을 추구하기 때문이다. 전쟁과 경제 위기가 그 두 가지 문제이다."[3] 체임버스의 설명을 더 들어보자.

> 제1차 세계 대전으로 러시아 혁명이 일어났다. 제1차 세계 대전 때와 똑같은 혼란과 공포 속에서 서방 공산당 주위로 지지자들이 결집했다. 둘째, 다양한 위기 속에서 공산당 지지자들의 수가 늘었다. 이탈리아에서 파시즘이, 독일에서 나치즘이 발흥했고, 에스파냐는 내전을 경험했다. 1929년에는 경제 위기가 미국을 집어삼켰다. 수천 명이 공산당원으로 가입했고, 그 영향력 아래 포섭되었다.[4]

그러나 공산주의에 헌신하는 일은 대부분 신념의 위기를 개인적으로 해소하는 차원에서 이루어졌다고 체임버스는 강조했다. "공산주의자는 자신의 결단을, 사멸하는 세계를 버리고 태동 중인 세계를 선택하는 행위로 본다."[5] 당파적인 관찰자들은 당시는 물론이고 이후로도 그런 헌신을 조롱했다. 순진하고, 심지어 망상적이라고까지 본 것이다. 하지만 그들의 헌신과 노력은 신념으로 뭉친 동아리 외부에서 볼 때 다른 어떤 개종 양상 못지않은 것이었다.

열성적인 공산주의자들은 소련이 새로운 세계의 전위라는 생각을 받아들였다. 소련이 비할 데 없이 폭력적이고 공포 통치를 일삼는다는 것을 인정하는 사람들이 있었는가 하면, 일부는 그 사실을 외면했다. 체임버스는 이렇게 말했다. "공산당은 의지를 단일하게 조직해 위기를 뚫고 살아남는다. …… 공산주의자는 그 의지의 이름으로 …… 공포 통치와 압제를 정당화한다. …… 그런 독재를 명확하게 거부하는 것이 서방의 일반 전통이다."[6] 영국으로 망명한 독일의 공산주의자 루스 쿠친스키(Ruth Kuczynski, 1907~2000년)는 이렇게 주장했다. "우리는 처음으로 탄생한 사회주의 국가를 방어하고 있었다."[7] 그녀는 만년에 한 탐사 기자에게 이렇게 말했다. "우리는 스탈린의 범죄 행각을 몰랐습니다. 저는 몰랐어요. …… 우리는 서방 자본주의 세력이 소련을 말살하려 한다고 생각했습니다. 정말이지 그들이라면 (대공포 시대에 숙청당한) 온갖 앞잡이들을 고위직에 능히 심을 수 있을 거라고 봤습니다. …… 저는 스탈린의 말을 믿었어요."[8]

사태의 진실을 알았든 몰랐든 충성파 가운데 일부는 갓 탄생한 잔혹한 혁명 국가 소련과 연계를 맺고 싶어 했다. 그들은 소련을 도와 파시즘, 반유대주의, 무지, 불평등에 맞서 싸우고자 했다. 해리 골드는 자신이 보편적으로 횡행하는 반유대주의에 맞서 싸우고 있다고 믿었다.

> 반유대주의가 반국가적 범죄인 곳은 소련뿐이었다. …… 소련은 …… 극악무도한 괴물 파시즘이 더 이상 잠식해 들어오지 못하도록 막는 보루이기도 했다. 나는 나치즘, 파시즘, 반유대주의가 똑같다고 생각했다. 로마의 원형 경기장, 게토, 종교 재판, 집단 학살이 구악(舊惡)이라면 이제는 독일의 강제 노동 수용소가 있었다. 나는 반유대주의에 맞서는 것이면 무엇이든 지지했다. 소련을 도와 부강하게 하는 일은 내게 멋진 과제로 비쳤다.[9]

소련의 정보 기관은 공산당원들을 효과적으로 활용했다. 물론 이 자발적 행위자들은 훈련받은 요원이 아니었다. 더구나 그들은 공산당에 가입하면서 자국 정부를 불신하기에 이르렀다. 아무튼 그들이 돈으로 살 수 없는 사람들이었다는 것만큼은 분명한 사실이다.

당원 모집에는 전형적인 방식이 있었다. 열성 당원들이 개종 가능성이 있는 사람들을 찾아 나섰다. 유용한 기술이나 인맥이 있다면 금상첨화였다. 그런 사람들은 환대를 받았다. 열성 당원들은 그들을 전향시켰고, 호의와 선물을 제공했다. 대공황기에 실직 상태였던 해리 골드는 당원 모집책 톰 블랙(Tom Black)의 도움으로 직장을 구했다. "매주 토요일 받는 30달러는 굉장했다. 우리 가족은 더 이상 구호를 받지 않아도 되었다. …… 블랙이 정말 고마웠다."[10] 영국의 왕립 심의회(Royal Commission)는 1946년 캐나다에서 이루어지는 소련의 정보 활동을 조사했다. "공산주의 철학과 공산주의 수법을 익힌 집단이 …… 무수하게 많다. …… 이들 집단은 외부인들에게 본모습을 숨겼다. 친목 단체, 음악 감상 동호회, 국제 정치 및 경제를 토론하는 모임이 그런 예들이다. …… 이런 연구 모임들은 사실 '세포 조직'으로, 비밀 요원들을 충원하는 중추 기관이었다. 실질적으로 소련에 봉사하려면 반드시 요구되는 사고 방식을 계발하는 중간 매개 수단이었던 것이다."[11] 대의에 헌신하는 것 말고도 "반드시 요구되는 사고 방식"은 비밀 엄수였다.

> 캐나다의 젊은 신봉자들이 음모의 윤리와 분위기에 서서히 익숙해지도록 하는 게 목표이다. 일정 기간 동안 **비밀** 모임을 갖고, **비밀리에** 만나고, **비밀** 목표에 따라 계획을 세우고 정치 활동을 하면 젊은 남녀가 전반적으로 어떤 영향을 받게 될지 충분히 상상할 수 있다. 공산주의적 기술은 이중 생활과 이중 기준의 심리 상태를 발달시키려는 목적으로 용의주도하게 고안된 것 같다.[12]

비밀 공작원이 될 듯한 사람이 하겠다고 선뜻 나서면, 그 또는 그녀는 당 활동에서 제외되었다. 훨씬 더 고립적이 되는 것이다.

정보 요원을 충원하는 방식은 여러 가지였다. 모리스 코헨(Morris Cohen, 1910~1995년)은 1910년에 러시아 인 이민자 부모 사이에서 태어난 뉴욕 출신자로, 고등학교 시절에 미식 축구 선수로 이름을 날렸다. 그는

1933년 일리노이 대학교 재학 시절 공산주의 청년 동맹(Communist Youth League)에 가입했고, 이어 에이브러햄 링컨 국제 여단(Abraham Lincoln International Brigade)에 자원해 에스파냐 내전에서 싸웠다. 코헨은 부상을 입고 바르셀로나의 병원으로 후송되어 회복하는 중에 컨스트럭션(Construction)[13]이라는 암호명으로 운영 중이던, 공화국 군대(Republican Army) 인근의 바르셀로나 정보 학교(Barcelona Intelligence School)에 입학하도록 권유받았다. 거기서 소련의 정보 장교가 미국을 상대로 한 스파이 행위에 코헨을 끌어들였다. 코헨은 NKVD에 제출한 자기 소개서에 이렇게 썼다. "나는 1938년 4월 일단의 다국적인 가운데 한 명으로, 바르셀로나에 있는 첩보 학교에 갔다. 우리를 담당한 정치 위원과 교관들은 소련인이었다."[14] 코헨은 1939년 2월 공작원 교육을 마치고, 미국으로 돌아가 활발한 활동을 개시했다.[15]

루스 쿠친스키의 오빠 위르겐 쿠친스키(Jürgen Kuczynski, 1904~1997년)는 영국 내 독일 공산당의 정치 지도자였다. 위르겐은 1933년 체코슬로바키아를 경유해 나치 독일을 탈출했고, 런던 정경 대학교(London School of Economics)에서 교편을 잡았다. 1907년 베를린에서 태어난 루스는 다른 경로로 서방에 왔다. 모스크바에서 비밀 무선 통신사 교육을 받은 그녀는 이미 체코슬로바키아 이외의 지역, 곧 트리에스테, 카이로, 봄베이(뭄바이), 싱가포르, 홍콩, 상하이, 베이징, 폴란드 등지에서 공작을 수행했다. 루스는 영국에 정착한 1938년 무렵에는 적군(赤軍) 정보국(Red Army Intelligence, GRU)의 소령이었다. (GRU는 NKVD와 대립했다. 두 기관은 비슷한 정보망을 별도로 운영했다.)

소련의 간첩망 운용 역사에서 가장 탁월한 성과를 낸 세포 조직은 1930년대 영국의 케임브리지 대학교였다. 캐번디시 연구소의 물리학자들이 중성자 충돌이라는 새로운 수단으로 원자핵을 탐색하던 무렵 트리니티 칼리지에서는 한 무리의 젊은 지식인들이 마르크스주의 형이상학의 절대적 확실성을 광적으로 찬양하고 있었다. 그 무리의 대다수는 동성애자나 양성애자였다. 당시의 영국 사회는 동성애를 흉악한 중범죄로 취급했다. 젊은 음모자들은 성적 지향 때문에도 이중 기준과 이중 생활을 체득해야 했던 바, 동성애가 공산당 가입을 결행하는 것에도 확실히 영향을 미쳤다. 공산주의는 두 번의 세계 대전 사이에 영국의 대학에서 대유행이었다. 마이클 휘트니 스트레이트(Michael Whitney Straight, 1916~2004년)는 미국 출신으로 당시 영국에서 케임브리지 대학교에 다니고 있었다. 그는 이렇게 어림했다. "내가 케임브리지에 입학했을 때 사회주의 클럽(Socialist Society)은 회원이 200명이었다. 졸업할 때는 그 수가 무려 600명에 이르렀다. 사회주의 클럽 회원 네 명 가운데 한 명이 공산당 세포였다."[16]

케임브리지 동아리의 중핵은 가이 버제스(Guy Burgess, 1911~1963년)였다. 언스트 헨리(Ernst Henri)라는 가명을 쓰며 런던에서 기자로 일하던 러시아 요원이 1933년 버제스를 입당시켰다. 버제스는 상류 계급과 결혼을 잘한 해군 지휘관의 준수한 아들로 태어났다. 그는 이튼 스쿨에서 여러 상을 휩쓸었고, 케임브리지 사학과에 일등으로 입학했다. 버제스는 대단히 총명하고 매력적이었으며, 케임브리지 간담회(Cambridge Conversazione Society) 회원으로 뽑혔다. 그 비밀 엘리트 클럽의 회원들은 흔히 '사도(Apostle)'라고 불렸다. 버제스는 적어도 두 명의 회원을 유혹해 공산당에 입당시켰다. 당시 버제스를 좋아했고, 나중에 교수가 된 모리스 보우라(Maurice Bowra, 1898~1971년)는 이렇게 적었다. "버제스는 수시로 많은 친구와 동침했다. 사실 그는 분명한 태도로 거부하지 않고 내켜 하는 사람이면 누구하고나 다 잤다. 친구들은 버제스와 동침하면서 여러 좌절감과 속박에서 벗어났다."[17] 케임브리지 5인조(Cambridge Five)로 알려지게 되는 다른 네 명 가운데 앤서니 프레더릭 블런트(Anthony Frederick Blunt, 1907~1983년)와 도널드 맥클린(Donald Maclean, 1913~1983년)은 버제스한테 성적으로 정복당했다는 것이 확실하다. 반면 해럴드 에이드리언 러셀 킴 필비(Harold Adrian Russell Kim Philby, 1912~1988년)와 존 케언크로스(John Cairncross, 1913~1995년)는 이미 확고한 공산주의자들이었다. 하지만 케언크로스도 버제스가 "대단히 흥미롭고, 매력적이며, 가차 없다."[18]라고 생각했음을 인정하기는 했다.

1913년 글래스고에서 태어난 케언크로스는 장신에 팔다리가 길었다. 그는 17세이던 1930년부터 2년 동안 글래스고 대학교에서 공부했고, 1년간 파리의 소르본에 유학했으며, 이윽고 장학금을 받아 케임브리지에 왔다. 앤서니 블런트는 트리니티 칼리지에서 케언크로스를 지도하던 선배 가운데 한 명으로, 케언크로스를 버제스에게 넘겼고, 버제스는 1935년에 케언크로스를 간첩 활동에 끌어들였다.[19] 케언크로스는 현대 언어학 분야에서 최우등으로 졸업한 1936년 가을 영국 외무부에 들어갔다. 맥클린은 이미 외교부 직원이었다. 그는 자유당 정치인 도널드 찰스 휴 맥클린(Donald Charles Hugh Maclean, 1864~1932년) 경과 동명이인으로, 키가 크고 몸매가 탄탄했다. 맥클린은 스파이 활동에 대해 나중에 이렇게 이야기한다. "화장실 청소와 비슷하다. 구린내가 난다. 하지만 누군가는 해야 한다."[20]

케언크로스는 친구 사귀는 데에는 능숙했지만 외무부에서 별 성공을 거두지 못했다. 동료였던 존 콜빌(John Colville)은 이렇게 회고했다. "케언크로스는 사람들에게 항상 밥을 먹자고 청했습니다. …… 그는 밥 먹는 속도가 아주 느렸어요. 제가 아는 사람 중에서 가장 느렸을 겁니다." 콜빌은 케언크로스를 이렇게 묘사했다. "아주 똑똑했어요. 가끔씩 딴소리를 하고, 지겹기는 했지만 말이죠."[21] 케언크로스는 1938년 외무부에서 재무부로 옮겼다. 아마도 NKVD가 요청했을 것이다. 케언크로스의 알짜배기 간첩 활동은 1940년 9월에 돌파구가 열렸다. 유럽이 전쟁에 휘말려 들어가고 1년이 지난 후였다. 윈스턴 레너드 스펜서 처칠(Winston Leonard Spencer Churchill, 1874~1965년)이 이끄는 전쟁 내각의 무임소 장관(無任所長官, minister without portfolio)이던 모리스 파스칼 에일러스 행키(Maurice Pascal Alers Hankey, 1877~1963년) 남작이 케언크로스를 보좌관으로 임명했던 것이다. 행키 경은 전쟁 내각의 일급 비밀 서류를 자유롭게 열람할 수 있었고, 영국의 정보 기관을 감독했다. 행키 경은 영국의 과학 자문 위원회(Scientific Advisory Committee) 위원장이기도 했다.

'헨리(Henry)'에게 영국과 미국의 원자 폭탄 연구 관련 정보를 처음 넘겨준 사람이 아마도 존 케언크로스일 것이다. 헨리는 런던에서 케임브리지 5인조를 관리하던 NKVD 요원 아나톨리 보리소비치 고르스키(Anatoli Borisovich Gorsky)이다. 그 1941년 9월 말에 독일군은 레닌그라드를 포위 공격 중이었고, 이고리 쿠르차토프는 세바스토폴에서 선박의 자기(磁氣)를 없애는 연구를 하고 있었다.[22] 전시에 고르스키의 지휘를 받은 요원 한 명은 그를 이렇게 묘사했다. 고르스키는 "30대 중반의 단신에 뚱뚱한 체구였고, 금발을 곧게 뒤로 빗어 넘겼으며, 안경을 꼈지만 차갑고 날카로운 두 눈을 가릴 수는 없었다."[23] 고르스키는 NKVD의 사령부인 모스크바 본부에서는 '바딤(Vadim)'으로 통했다. 케언크로스는 아마도 '리스트(List)'였을 것이다. 바딤의 보고서 「런던 발신 25.IX.41의 #6881/1065」는 9월 16일 열린 영국 우라늄 위원회(British Uranium Committee)의 한 회의를 요약했다.[24] 이 정보는 그해 여름 영국의 전시 내각에 제출할 목적으로 준비된 비밀 보고서의 내용과 일치했다. 「모드 위원회가 작성한 우라늄을 사용하는 폭탄에 관한 보고서(Report by MAUD Committee on the Use of Uranium for a Bomb)」[25]는 미국으로도 전달되었다. 모스크바 본부는 어느 시점에 모드 보고서의 완벽한 사본도 입수했다.

바딤의 보고서는 꽤나 극적인 내용으로 시작되었다. "우라늄 폭탄이 2년 안에 개발될 가능성이 높다." 우라늄 235의 단면적 측정은 12월경에 완료된다. 영국 기업 메트로폴리탄 비커스(Metropolitan Vickers) 사가 20단계를 적용하는 기체 확산 시험 공장을 개발 설계하도록 의뢰받은 상태였다. 이것은 "최우선 순위"의 과제로, "즉시" 건설을 시작해야 했다. 정부는 임페리얼 케미컬 인더스트리스(Imperial Chemical Industries, ICI) 사와 계약을 맺고, 우라늄 헥사플루오라이드(uranium hexafluoride, 우라늄 육플루오린화물. 우라늄 주위에 플루오린 6개가 결합한 화합물)를 공급하도록 했다. 우라늄 헥사플루오라이드는 기체 상태의 우라늄으로, 비커스가 그 기체 우라늄을 처리할 예정이었다.

소련은 이 첫 번째 전송문의 일부를 오해했다. 10월 3일 두 번째 전송문[26]이 소련에 도착한 후에야 모스크바의 혼란은 말끔히 정리되었다. 보고서에는 이렇게 적혀 있었다. "(우라늄 235의) 임계 질량이 10~43킬로그램일 것으로 생각된다." 임페리얼 케미컬 인더스트리스 사가 생산한 우라늄 헥사플루오라이드가 벌써 3킬로그램이었다. "우라늄 헥사플루오라이드를 기체 상태로 만들어 확산시키면 우라늄 235를 생산할 수 있다. 아주 미세한 철망 형태의 막을 통과시키는 것이다." (확산 "막" 또는 "장벽"의 개념을 대략적이나마 맨 처음 제안한 사람은 독일의 망명 화학자 프란츠 시몬(Franz Simon, 1893~1956년)이다. 그는 옥스퍼드의 동료들에게 자신의 발상을 보여 주기 위해 부엌에서 사용하는 체를 가져왔다.) 율리 하리톤과 야코프 젤도비치는 1939년에 기체 확산법이 우라늄 235를 분리하는 방법으로서 비현실적이라며 기각했다. 그런데 영국은 기체 확산법이 더 우수하다고 여기고 있었다. 하지만 보고서는 문제점도 지적하고 있었다. "분리 공장 설계안 개발이 심각한 난관에 봉착했다." 바딤은 "헥스(hex, 헥사플루오라이드)"가 흉악한 물질이라며, 골치 아픈 물리 특성들을 열거했다. 부식성의 그 무거운 기체는 윤활제를 무용지물로 만들었고, 수증기를 만나면 해리되었으며, 장비를 망가뜨렸다. 기체 확산 공장은 규모가 엄청나야 할 터였다. 영국은 10단계 공정 설비를 1,900개 설치하면 공장 면적이 8만 제곱미터 정도 될 것으로 계산했다.

보고서에는 기체 확산 문제 말고도 폭탄 이야기가 나온다. 파이얼스와 프리시가 일찍이 했던 이야기가 반복되는 것이다. 두 사람은 핵분열 반응에서 폭발력이 있는 무기는 독특한 특징을 가질 것이라고 말했다. "우라늄 폭탄의 엄청난 파괴력 말고도 주목해야 할 게 또 있다. 폭발 현장의 대기에 살아 있는 모든 걸 죽일 수 있는 방사성 입자가 가득 찰 것이다."

소련의 핵 스파이 활동에서 1941년 9월은 큰 성공을 거둔 중요한 달이었다. 바딤이 런던에서 열심히 보고서를 쓰고 있었다면 뉴욕에서는 모리스 코헨이 활약했다. 코헨은 독일이 소련을 침공한 날 동료 공산주의자 레온틴 팻카(Leontine Patka)와 결혼했다. 팻카는 흔히 로나(Lona)라고 불렸다. 독소 개전 소식에 코헨은 낙담했다. 그러나 코헨은 며칠 동안 그 사건을 심사숙고한 후 아내에게 자신이 공산당원임을 밝히고, 스파이 활동을 함께하자고 설득했다. 이미 두 사람은 하트퍼드(Hartford)의 한 엔지니어로부터 항공기에 탑재될 신형 기관총 관련 정보를 수집해 소련에 넘겨준 바 있었다. 모리스의 소련 연락책은 그 기관총의 시제품까지 넘겨받았다. 여기에는 콘트라베이스 케이스에 긴 총열을 집어넣어 숨기는 방법이 동원되었다. 코헨은 계속해서 주목할 만한 사태를 보고했다. 에스파냐 내전 시절부터 알고 지내던 한 미국 물리학자[27]가 암토그(Amtorg)를 소개해 달라며 그를 찾아왔던 것이다. 암토그는 북아메리카에서 비밀리에 공작 활동을 펴던 소련의 뉴욕 주재 무역 회사였다. 그 물리학자는 자신이 원자 폭탄을 개발하는 비밀 프로젝트에 참여해 달라는 요청을 받았다는 소식을 코헨에게 전했다. 코헨은 물리학자를 스파이 활동에 끌어들일 수 있을지 알아보겠다고 했다. 모스크바 본부는 이를 승인했다.

라브렌티 베리야는 이러한 연합국의 핵개발 연구 활동에 대한 보고를 받으면서도, 그 보고에 냉소적이었다. 아나톨리 안토노비치 야츠코프(Anatoli Antonovich Yatzkov, 1911~1993년)[28]는 제2차 세계 대전 중에 뉴욕 주재 사무관으로 일하던 국가 보안 위원회(NKVD) 요원이다. 그는 이렇게 말했다. "(베리야는) 처음부터 이들 자료에 허위 정보가 들어 있다고 의심했다. 그는 적들이 (원문 그대로) 돈과 노력을 엄청나게 쏟아 붓고도 아무 소득이 없는 활동에 우리를 끌어들이려 한다고 생각했다. 베리야는 일단의 물리학자들에게 그 자료를 주고 검토해 보라고 했다. 과학자들은 핵무기가 가능하다고 해도 먼 미래에나 만들 수 있다고 결론내렸다."[29]

⊛⊛⊛

소련은 1942년 초부터 적군 정보국(GRU)에 새로 영입된 자원자 덕분에 엄청난 양의 정보를 획득했다. 그 지원자는 나치 독일을 탈출해 영국에 머물던 난민으로, 진작부터 지하 활동을 시작한 헌신적 공산주의자이자 비범한 재능을 지닌 젊은 물리학자였다. 그는 루돌프 파이얼스 밑에서 일했다.

> 이론적인 측면에서 난관이 많았다. 그 모든 문제를 나 혼자서 신속하게 해결할 수는 없는 노릇이었다. …… 지속적으로 도와줄 사람이 필요했다. 전문 이론을 함께 논의할 수 있는 사람이어야 했다. 적합한 인물을 물색했고, 클

라우스 푹스가 떠올랐다.[30]

뤼셀스하임(Rüsselsheim)은 프랑크푸르트 남쪽으로 라인 강 유역에 위치한 도시이다. 1911년 그곳 뤼셀스하임에서 태어난 푹스는 이미 31세에 평생의 비극과 갈등을 경험한 상태였다. 그는 나중에 이렇게 말했다. "어린 시절은 아주 행복했다."[31] 그러나 어머니가 자살하면서 푹스의 행복도 끝났다. 19세 때였다. 누나 엘리자베트(Elizabeth)도 나중에 자살을 결행한다. 물론 누나의 행동은 자기 보호 차원에서 이루어졌을 것이다. 누나는 나치에 적극 반대했던 공산주의자로 체포 직전 기차에 뛰어들었다. 아버지 에밀(Emil)은 정치 논쟁을 몰고 다니던 교구 목사로, 푹스가 14세 때 루터 파 교회를 박차고 나가 퀘이커 교도가 되었다. 푹스는 이렇게 회고했다. "아버지는 항상 우리가 스스로 길을 개척해야만 한다고 말씀하셨다. 당신을 거역한다고 해도 말이다. 양심의 명령에 따라 행동했기 때문에 갈등이 많았다. 널리 용인되던 관습과 불화하는 경우가 많았던 것이다."[32] 클라우스 푹스도 그런 아버지의 아들이었다. 하지만 푹스는 자신이 아버지의 평화주의 철학과 결별했다고 말했다.

푹스는 라이프치히 대학교에서 사회당(Socialist Party)에 가입했다. 그는 라이프치히 대학교에서 1930년부터 물리학과 수학을 공부했다. 푹스는 2년 동안 활발하게 정치 활동을 했고, 킬 대학교로 옮겼다. 사회당이 파울 폰 힌덴부르크(Paul von Hindenburg, 1847~1934년) 대통령을 지지하기로 결정하자 실망한 푹스는 당적을 포기했다. 육군 원수 출신의 보수주의자였던 힌덴부르크는 아돌프 히틀러(Adolf Hitler, 1889~1945년)에게 독일 수상직을 넘긴다. 푹스는 당시를 이렇게 회상했다. "공식 정치에 공개적으로 반대하기로 마음먹었다. 나는 공산당 후보를 지지하는 연사를 자원했다."[33] 푹스는 곧이어 공산당에 가입했고, 학생 정치 활동을 열심히 했다. 그의 활동은 나치 지도자들이 갈색 셔츠 돌격대원들을 불러들여 해산시키라고 사주한 동맹 휴업에서 절정에 달했다. "위험했지만 나는 매일 현장에 나갔다. 그들이 두렵지 않다는 걸 보여 줘야 했다. 어느 날 그들이 나를 죽이려 했고, 나는 탈출했다."[34]

1933년 초에 의회 건물 방화 사건이 일어났고, 히틀러는 이것을 빌미로 국가 비상 사태를 선포하고, 야당 세력을 소탕했다. 푹스는 지하로 잠적해야만 했다.

> 운이 좋았다. 의회 건물이 방화되던 날 아침에 일찍 집을 나서 베를린으로 가는 기차를 탔던 것이다. 내가 속했던 학생 조직의 회의에 참석하기 위해서였다. 내가 체포를 면할 수 있었던 건 오직 그 때문이었다. 기차에서 신문을 펴들었던 때를 똑똑히 기억한다. 나는 사태의 심각성을 바로 깨달았다. 지하 투쟁이 시작된 것이었다. 나는 옷깃에서 소련 국기 기장(紀章)을 뗐다.[35]

푹스는 계속해서 이렇게 회고한다. "나는 당이 옳다는 생각을 기꺼이 수용했다. 앞으로 펼쳐질 투쟁에서 일단 당이 내린 결정은 조금도 의심해서는 안 된다는 방침도 수용했다."[36] 루돌프 파이얼스가 먼 훗날 과학자이면서 어떻게 신앙이나 다름없는 마르크스주의를 받아들였느냐고 푹스에게 물었다. 푹스의 대답은 파이얼스가 보기에 "자기 중심적이고, 순진하기 이를 데 없었다."[37] 파이얼스는 깜짝 놀랐다. 파이얼스는 푹스가 이렇게 대답했다고 적었다. "내가 나치 치하에서 어떤 일을 겪었는지 너는 모를 거야. …… 러시아 인들이 모든 걸 접수할 수 있게 도울 때에도 나는 항상 그들의 체제가 어떻게 잘못되었는지 말하려고 했어."[38]

푹스는 지하 활동을 계속하다가 1933년 7월 독일을 떠나 파리로 갔다. 당시 그는 21세였다. "당이 학업을 마치라고 나를 보냈다. 그들은 이렇게 말했다. 독일에서 혁명이 일어나면 전문 지식을 가진 사람들이 필요하다. 새로운 공산주의 독일을 건설하려면 그런 사람들이 많아야 한다."[39] 푹스는 나중에 미국에서 해리 골드를 만난다. 골드는 푹스의 헌신적 태도를 항상 "고귀하다."라고 평가했다.

> 클라우스는 겨우 18세 소년이었을 때 킬 대학교에서 공산당 학생 지부를 이끌었다. …… 클라우스는 여리고 깡마른 소년이었지만 동료들을 이끌고, 거리에서 나치 돌격대와 치열한 전투를 벌였다. …… 나중에 나치는 푹스의 목에 현상금을 걸었고, 그는 가까스로 목숨을 건져 영국으로 탈출했다. …… 생명의 위험을 무릅쓰고 참혹한 파시즘에 맞서 싸운 이런 신념가를 나는 존경하지 않을 수 없다.[40]

푹스는 학생 친구들의 도움을 받아 영국에 도착할 수 있었다. 영국에서는 공산당과 연계가 있는 브리스틀의 한 가족이 그를 맞아 주었다. 브리스틀 대학교 교수로 재직 중이던 이론 물리학자 네빌 프랜시스 모트(Nevill Francis Mott, 1905~1996년)가 푹스에게 조교 자리를 마련해 주었다. 모트는 푹스가 "수줍음이 많고 내성적"[41]이라고 생각했지만, 푹스는 소련 문화 친선 협회(Society for Cultural Relations with the Soviet Union) 브리스틀 지부가 연 회합들에서는 또 다른 면모를 보였다. 지부는 당시 모스크바에서 진행 중이던 숙청 재판의 기록을 극화해 읽는 모임을 종종 열었다. 그 자리에서 푹스는 소리 높이 외치는 기소 검사 안드레이 야누아레비치 비신스키(Andrei Yanuarevich Vyshinsky, 1883~1954년) 역을 맡았다. 푹스는 "조용하고 내성적인 젊은이에게 결코 기대할 수 없는 악의를 차갑게 발산하며 피고들을 고발했다."[41]

푹스는 브리스틀에서 4년을 보낸 후, 1937년 에든버러로 갔다. 양자

역학의 개척자 가운데 한 명으로 역시 망명자였던 막스 보른(Max Born, 1882~1970년)과 연구하기 위해서였다. 파이얼스는 이렇게 말했다. 푹스는 에든버러에서 "금속의 전자 이론 및 고체 이론 분야들에서 몇몇 뛰어난 연구를 수행했다."[42] 모트처럼 보른한테도 푹스는 "아주 친절하고 조용한 성품이었지만 슬픈 눈을 한 젊은이"[43]였다. 푹스는 브리스틀 시절 이후로 급진적 정치 성향과 분노를 숨기고 억누른 것 같다. 물론 정치 선전용 전단[44]을 스코틀랜드에서 독일로 보내는 활동을 조직하기는 했지만 말이다.

푹스는 1940년 5월 적성국 외국인으로 분류되어, 맨 섬(Isle of Man)에 마련된 캠프에 억류되었다. 그는 틀림없이 분을 참을 수 없었을 것이다. 다른 수백 명의 위험 인물이 맨 섬 수용소를 가득 채웠고, 푹스는 캐나다로 강제 이송되어 다시 육군 캠프에 수용되었다. 그곳은 화장실과 상수도 시설이 태부족한 곳이었다. 호전적 애국주의가 영국을 감쌌다. 영국은 7월경에 독일인과 이탈리아 인 2만 7000명을 추가로 억류했고(이 가운데 다수가 파시즘의 전횡을 피해 탈출한 난민이었다.), 7,000명 이상을 해외로 실어 보냈다. 이 두 번째 국외 추방은 난민들의 가슴에 비수를 꽂았고, 일부는 좌절한 나머지 자살을 결행한다. 아란도라 스타(Arandora Star) 호는 이 불운한 피억류자들을 유배지로 실어 나르던 여객선 가운데 하나였다. 독일의 유보트(U-boat)가 아란도라 스타 호를 어뢰로 격침했다. 1,500명 가운데 살아남은 사람은 71명에 불과했다. 아란도라 스타 호와 함께 모든 사람의 관련 서류도 바다 밑으로 사라졌다.[45] 푹스가 캐나다에서 한동안 나치와 함께 숙사를 배정받아 쓴 것은 이 때문이었다.[46] 푹스는 나중에 이렇게 회고했다. "억류가 쓰라리거나 억울하지는 않았다. 불가피한 조치였음을 이해한다. 당시에 영국은 피억류자들을 돌볼 시간적 여유가 없었다. 하지만 바로 그 때문에 나는 영국인들이 어떤 사람들인지 더 자세히 보고 배울 수 있는 기회를 누리지 못했다."[47] 영국인들이 정말로 어떤 사람들인지 모르는 상태에서 그들을 평가한 내용을, 푹스는 말하지 않았다. 하지만 그는 이후 몇 년에 걸쳐 자신의 심리 상태를 이렇게 언급했다. "러시아의 정책을 전적으로 신뢰했다. …… 러시아와 독일이 죽을 때까지 서로 싸우도록 서방 연합국들이 고의로 방조한다는 게 나의 생각이었다."[48] 독일이 1941년 6월 소련을 침공하자 미주리 주 출신 상원 의원 해리 십 트루먼(Harry Shippe Truman, 1884~1972년) 같은 인물도 그런 정책을 공개적으로 옹호했다. 트루먼은 상원에서 이렇게 말했다. "독일이 우세하면 러시아를 돕고, 러시아가 우세하면 독일을 도와야 합니다. 우리는 그렇게 해서 그들이 서로를 최대한 많이 살상하게 해야 합니다. 물론 어떤 상황에서도 히틀러가 승자가 되어서는 안 됩니다. 어느 나라도 자신의 맹세를 진지하게 생각하지 않습니다."[49] 트루먼이 이처럼 일찍이 소련에 적대감을 드러낸 것을 보면 그가 전후에 강경 노선을 취한 이유를 알 수 있다. (루스벨트는 협력과 화해 방침을 고수했다.) 트루먼은 소련이 비타협적으로 나오자 단순히 거기에 대응한 것이 아니었다. 그는 자신이 오랜 기간 고수해 온 신념을 바탕으로 한 확신범이었다.

푹스는 심문을 받았고, 친구들이 선처를 호소하고 나섰다. 그는 1940년 12월 17일 억류가 해제되어, 다시 영국으로 돌아왔다. 29세 생일을 12일 앞두고서였다. 푹스는 에든버러로 돌아갔고, 막스 보른 밑에서 다시 물리학을 연구했다. 청년 푹스는 평균 키에, 호리호리하고, 창백했으며, 어깨가 구부정했고, 이마와 후두 융기가 돌출했고, 근시인 갈색 눈이 두꺼운 안경 뒤에서 예리하게 빛났다. 그는 손가락이 얼룩투성이가 될 만큼 줄담배를 피웠고, 줄기차게 침을 삼키는 버릇이 있었다. 푹스가 어찌나 침을 세게 삼켰는지 주변 사람들이 그 사실을 다 알 정도였다. 누군가 푹스를 묘사한 클레리휴(clerihew, 익살스러운 내용으로 인물을 풍자하는 4행시 — 옮

긴이)를 보자.[50]

푹스는
금욕주의자
이론가
처럼 보이네.[52]

해가 바뀌고 얼마 후 루돌프 파이얼스는 보른에게 푹스를 요구하고, 그를 자기 집의 하숙생으로 받아들였다. 파이얼스의 아내 예브게니아 파이얼스(Evgenia Peierls, 1908~1986년. 그녀는 러시아 출신으로 파이얼스와는 오데사에서 만났다. — 옮긴이)는 활기가 넘치는 러시아 인으로, 젊은 남자들의 위대한 어머니였다. 그녀는 오토 프리시에게 면도는 매일 해야 한다는 것과, 마른 행주를 들고 옆에 서서 자기가 설거지 하는 것보다 더 빨리 접시 닦는 법을 가르친 전력이 있었다. "(푹스는) 곁에 있으면 유쾌했다." 파이얼스는 계속해서 이렇게 회고한다. "그는 공손하고, 차분한 성격이었다. 누가 뭘 묻지 않으면 푹스는 말이 거의 없었다. 하지만 답변을 요구받으면 정확하고 충분히 긴 대답을 들을 수 있었다. 예브게니아가 푹스를 자동 판매기라고 부른 이유이다."[52]

푹스는 여전히 적성국 출신의 외국인이었고, 고국 독일에서 공산주의자로 활발하게 활동했다는 사실 때문에 비밀 정보 취급 인가가 지연되었다. 하지만 1941년 5월, 드디어 푹스는 버밍엄에서 원자 폭탄 연구를 시작했다.

푹스는 후에 이렇게 증언했다. "원자 폭탄을 개발하는 이유를 알게 되었고, 러시아에 정보를 제공하기로 마음먹었다. 나는 다른 공산당원을 통해 연락을 취했다."[53] 푹스는 1941년 말에 런던으로 갔고, 위르겐 쿠친스키를 만났다. 미국 연방 수사국(Federal Bureau of Investigation, FBI) 보고서는 푹스의 증언을 이렇게 적고 있다. "푹스는 처음 만난 날 쿠친스키에게 바로 의중을 전달했다. 소련에 정보를 제공하겠다는 것이었다."[54] 쿠친스키는 나중에 '알렉산더(Alexander)'임을 알게 되는 한 남자에게 푹스를 연결해 주었다. 그렇게 해서 영국 주재 소련 대사관 육군 무관의 비서인 시몬 다비도비치 크레머(Simon Davidovitch Kremer)가 적군 정보국(GRU) 소속으로 푹스를 관리하게 되었다. 푹스는 이후 6개월 동안 두세 번 알렉산더를 만났다. 그중 한 번은 대사관에서였다. 푹스는 파이얼스에게 제출할 보고서들의 사본을 알렉산더에게 주었다.[55] 동위 원소 분리법 연구 내용, 임계 질량 계산 결과, 이 분야에서 간행된 독일의 연구 결과에 대한 논평 들이 거기 포함되었다.

☢☢☢

라브렌티 베리야는 1942년 초에 영국과 프랑스와 독일과 미국이 원자 폭탄을 개발하기 위해 연구를 진행 중이라는 수많은 정보에 파묻혔고, 더 이상 그 사실을 외면할 수 없었다. 베리야는 국가 보안 위원회(NKVD)가 접수한 영국의 문서들을 취합해, 스탈린에게 제출할 보고서를 준비하라고 명령했다. 그 보고서의 제1번 사본인 KZ-4[56]가 1942년 3월 베리야의 서명과 함께 스탈린에게 전달되었다.

"다수의 자본주의 국가에서 핵에너지를 군사적으로 이용하는 연구가 시작되었다." 베리야의 보고서는 조심스럽게 시작된다. 프랑스, 영국, 독일, 미국에서 우라늄을 사용하는 신형 폭탄 연구 개발 활동이 "엄격한 비밀 유지" 속에서 이루어지고 있었다. 국가 보안 위원회(NKVD)가 영국의 요원들로부터 입수한 일급 비밀 문서들을 보면 영국 전쟁성(British

War Office)이 핵에너지를 군사적으로 활용하는 사안에 관심이 크다는 걸 알 수 있었다. 그들은 독일이 이 문제를 맨 처음 해결할지도 모른다며 걱정했다.

베리야는 모드 보고서를 직접 인용하며 이렇게 말했다. "유명한 영국의 물리학자 조지 파젯 톰슨(George Paget Thomson, 1892~1975년)"이 이 과제를 지휘하고 있다. 동위 원소 우라늄 235가 폭발물로 사용된다. 우라늄 광석은 캐나다, 벨기에령 콩고, 주데텐란트(Sudetenland, 체코슬로바키아 서부 지역 — 옮긴이), 포르투갈에 대규모로 묻혀 있다. 베리야는 프랑스 과학자들인 한스 폰 할반(Hans von Halban, 1908~1964년)과 레프 코바르스키(Lew Kowarski, 1907~1979년)가 산화우라늄(uranium oxide)과 중수를 사용해 우라늄 235를 추출하는 방법을 개발했다고 보고했는데, 이것은 엄청난 왜곡이다. 할반과 코바르스키가 이런 물질을 사용하면 농축하지 않고도 연쇄 반응을 통제할 수 있음을 알아냈다는 게 사태의 실상이다. (그들은 당시 전 세계 공급량의 대부분인 50갤런 정도의 중수를 독일에 앞서 깡통에 담아 차량과 배로 프랑스에서 빼돌려 사용했다.) 율리 하리톤과 야코프 젤도비치는 시간이 흐른 후 두 사람의 연구 결과를 알았고, 이것은 후발 주자가 누릴 수 있었던 커다란 특혜였다.

베리야는 계속해서 기체 확산법을 이야기한다. 영국이 미국과 협력해 그 방안을 개발하려고 한다는 것이었다. 그다음에는 폭탄 자체에 대해 언급한다.

베리야는 파이얼스가 우라늄 235의 임계 질량이 10킬로그램일 것으로 파악했다고 보고했다. "10킬로그램 미만이면 안정적이기 때문에 절대적으로 안전하다. 하지만 10킬로그램이 넘어가면 자체적으로 분열 연쇄 반응이 유지된다. 폭발이 일어나 엄청난 위력을 발휘하는 것이다." 영국이 "작동부가 똑같은 절반 2개로 구성되는" 폭탄을 만들어 합친 다음 초속 1,800미터 정도의 속도로 발사하자고 제안한 이유이다. "테일러 교수의 계산에 따르면 우라늄 235 10킬로그램의 파괴력은 TNT 1,600톤에 상당할 것이다." 테일러 교수는 아마도 영국의 유체 역학 전문가 제프리 잉그램 테일러(Geoffrey Ingram Taylor, 1886~1975년)일 것이다.

임페리얼 케미컬스 인더스트리 사는 "시몬 박사(Dr. Simon)의 체계를 활용해" 우라늄 235 분리 공장을 지으려면 450만~500만 파운드의 경비가 필요하다고 추산했다. 베리야는 보고서에서 폭탄을 만들어야 한다고 제안했는데, 근거랍시고 댄 이유를 보면 신형 폭탄의 엄청난 잠재력을 제대로 이해한 사람이 거의 없음을 알 수 있다.

> 그런 공장이 한 해에 폭탄을 36개 생산한다고 가정하면 1개당 가격은 23만 6000파운드이다. TNT 1,500톤 가격이 32만 6000파운드이므로 이것은 남는 장사이다.

베리야는 영국 지도자들이 이론적으로 우라늄을 군사 목적에 활용할 수 있음을 이해하고 있으며, 전쟁성이 우라늄 폭탄 생산을 계획 중이라고 결론지었다. 베리야는 이렇게 권고했다. ① 국방 위원회(GKO) 직속으로 특별 과학 위원회를 구성해 소련의 원자 에너지 연구를 지휘하도록 할 것. ② 첩보 문서를 "전문가들과 저명한 과학자들"에게 전달해 살펴보고 활용할 수 있게 할 것.

우연의 일치인지 모르겠으나 베리야가 스탈린에게 보고서를 올린 날짜는 미국 과학계의 권력자 배너바 부시(Vannevar Bush, 1890~1974년)가 프랭클린 델러노 루스벨트(Franklin Delano Roosebelt, 1822~1945년)에게 보고서를 보낸 지 며칠 후였다. 부시는 그 보고서에서 이제 미국의 프로그램을 실험 연구 단계에서 산업적 개발로 확대하겠다고 알렸다. 부시는 "모든 노력을 경주해 (연구와 개발을) 더 신속히 하면,"[57] 1944년에는 폭탄을 인도할 수 있을 것이라고 결론지었다. 루스벨트가 1942년 3월 11일에 보낸 회신은 꽤나 열정적이다. "전체 과제를 밀어붙여야 합니다. …… 가장 중요한 것은 시간입니다."[57] 반면 스탈린은 신중했다. 그는 베리야의 두 번째 권고는 받아들였지만 첫 번째 권고는 아직 아니었다. 스탈린은 첩보 문서 파일[58]을 몰로토프에게 보내면서, 화학 산업 인민 위원으로 갓 임명된 미하일 게오르기예비치 페르부킨(Mikhail Georgievich Pervukhin, 1904~1978년)한테 넘겨 검토하도록 지시했다.

나중에 기자가 찾아왔을 때 페르부킨은 몰로토프가 자기를 불러들였다고 회고했다. 몰로토프는 다른 나라들이 "이 분야에서 커다란 진전을 이루었을지도 모르겠다."라며 걱정했다. "그게 사실이라면 우리가 연구를 다시 시작하지 않을 경우 크게 뒤처지고 말 겁니다. …… 그러고 나서 몰로토프는 이렇게 말했죠. '이 분야를 잘 아는 과학자들과 면담을 하세요. 그런 다음 보고해 주십시오.' 저는 시킨 대로 했습니다."[59]

☢☢☢

1942년 4월에는 핵분열이라는 거인이 움직이기 시작했다는 게 한층 분명하게 확인되었다. 독일군 전선 후방에서 파르티잔 부대를 지휘하던 적군 대령 한 명이 획득한 문건 하나를 국방 위원회(GKO) 과학 담당 세르게이 카프타노프에게 보냈다. 카프타노프는 이렇게 회고했다. "우크라이나의 유격대원들이 사망한 한 독일군 장교로부터 얻은 공책을 가져왔다. …… 그 공책에는 화학 공식들이 적혀 있었다. …… 공식들은 우라늄의 핵변환과 관련이 있는 듯했다. 공책의 내용 전반을 통해 사망한 장교가 핵에너지에 전문가 수준의 관심을 가졌음을 알 수 있었다. 독일군 장교는 점령 지역에 우라늄을 찾으러 온 것 같았다."[60] 카프타노프는 독일 군 장교의 공책을 러시아 어로 번역해 우크라이나의 고참 물리학자 알렉산드르 일리치 루푼스키에게 보냈다. 루푼스키는 단명한 하르코프 연구소의 책임자였다. 루푼스키가 무난한 이야기를 장황하게 늘어놨다고 카프타노프는 말했다. "사흘 후에 답변이 왔습니다. 루푼스키는 향후 15~20년 동안 핵에너지가 개발될 수 없고, 전쟁이 한창이므로 거기다가 돈을 쓸 필요가 없다고 생각했습니다."[61] 페르부킨도 거의 같은 이야기를 들었다.

게오르기 플료로프는 소심한 아카데미 회원들과 뭘 해도 느려 터진 관료들을 더 이상 참지 못했다. 그는 공군 중위로, 보로네시(Voronezh)에 주둔 중인 정찰대에 배속되어 있었다. 보로네시는 모스크바에서 남쪽으로 500킬로미터 정도 떨어진 곳으로, 보로네시 강과 돈 강의 합류 지점에 들어선 도시이다. 플료로프는 계속해서 정부 당국을 편지와 전보로 괴롭혔다. 최근 몇 달 동안만 하더라도 카프타노프에게 전보를 다섯 통[62]이나 보냈지만 회답은 없었다. 관리들이 우라늄 연구에 무관심한 것 말고도 플료로프에게는 화나는 일이 더 있었다. 그와 콘스탄틴 표트르작은 1940년에 우라늄의 자연적 핵분열을 발견한 공로로 스탈린 상(Stalin Prize)[63] 수상자로 지명되었다. 스탈린 상을 받으면 관례적으로 부상이 수여되었다. 하지만 수상자 지명이 재가되지 않고 있었다. 다른 나라 과학자들이 두 사람의 발견을 출판물로 환영하거나 자신들의 간행물에서 인용하지 않았던 것이다. 보로네시 대학교 역시 동쪽으로 철수했고, 그 바람에 도서관의 장서가 방치된 채 먼지를 뒤집어쓰고 있었다. 플료로프는 거기 있는 과학 저널들을 검토해, 조금이라도 인용된 게 있나 알아보기로 마음먹었다.

플료로프가 찾아본 외국 저널들은 자신의 연구를 단순히 언급하는 것은 고사하고 더 많은 내용이 빠져 있었다. 핵물리학 자체가 없었다. 미국의 대표 핵물리학자 전원이 출판 발표를 중단한 상태였다. 플료로프는 대번에 깨달았다. 그들의 연구가 기밀로 분류되고 있음을 말이다. 플료로프는 미국이 원자 폭탄을 개발 중임에 틀림없다고 판단했다. 그는 29세에, 계급도 중위에 불과했다. 하지만 플료로프는 우라늄을 적절하게 조작하면 에너지를 방출시킬 수 있다는 것을 아는 물리학자였다. 플료로프는 관료들은 포기했다. 그는 더 높은 곳을 겨냥했다. 1942년 4월 직접 스탈린에게 편지를 보냈던 것이다.

친애하는 이오시프 바사리오노비치에게

전쟁이 시작되고 벌써 10개월이 지났습니다. 이 기간 내내 저의 심정은 머리로 돌담을 부수려고 애쓰는 사내의 그것이었습니다.

제가 뭐가 잘못되었단 말입니까?

제가 '우라늄 문제'의 중요성을 과대평가하고 있습니까? 아닙니다, 절대로 그렇지 않습니다. 이 문제를 성공적으로 해결하면 엄청난 가능성이 열리리라는 점에서 우라늄 프로젝트는 굉장합니다. …… 군사적 하드웨어가 틀림없이 혁명적으로 바뀔 것입니다. 우리가 참여하지 않아도 그렇게 됩니다. 러시아 과학자들은 예전처럼 오늘날도 나태하기 이를 데 없습니다.

이오시프 바사리오노비치, 동지는 우라늄에 반대해 어떤 주장이 주로 개진되었는지 아십니까? "문제가 해결될 거라고 믿기는 어렵다. 자연은 인류에게 결코 우호적이지 않다."

일선의 과학자로서 저는 가능성과 희망을 잃고 말았습니다. …… 우리가 큰 실수를 범하고 있다는 게 저의 판단입니다. ……[64]

플료로프는 계속해서 스탈린과 일급 물리학자들이 참석한 가운데 자신이 주장을 진술할 수 있도록 회의를 열어 달라고 건의했다. 그는 이오페, 클로핀, 카피차, 루푼스키, 란다우, 쿠르차토프, 하리톤, 젤도비치와 몇몇 인물들을 거명했다. "제 말이 맞다는 것을 증명할 수 있는 방법은 이것뿐입니다." 플료로프는 계속해서 이렇게 주장했다. "다른 방법과 수단들은 …… 그야말로 침묵 속에서 무시당하고 있기 때문입니다. …… 저는 그 침묵의 장벽을 깨부수고 싶습니다. 동지가 저를 도와주시기를 바랍니다."[65]

스탈린은 사람들을 함정에 빠뜨리는 것을 좋아했다. 그는 이렇게 말한 적도 있다. "희생자를 고르고, 교묘하게 계획을 세워 무자비하게 복수한 다음 잠자리에 드는 것. 세상에 이보다 더 달콤한 일도 없다."[66] 스탈린은 플료로프의 편지를 받고, 카프타노프와 상의한 후 아카데미 회원 네 명, 즉 이오페, 카피차, 클로핀, 블라디미르 베르나드스키를 불러들여 호되게 꾸짖었다. 플료로프 같은 젊은이도 국가에 닥친 위험을 깨닫고 있는데, 그들은 이것을 보지 못했다며 화를 낸 것이다. 골로빈은 스탈린이 "몇 년 안에 원자 폭탄이 개발될 가능성과 관련해 자신이 가진 정보가 얼마나 중대한지 그들에게 직설적으로 물었다."라고 말했다. "스탈린한테 불려 온 과학자들은 이구동성으로 그 과제가 중요하다고 확언했다."[67]

전쟁이 한창이었으므로 소련의 독재자는 새로운 산업을 개발하는데 들 막대한 비용이 걱정이었다. 고문 두 명은 폭탄 개발에 전쟁만큼 많은 비용[68]이 들어갈 것으로 예측했다. 카프타노프는 그 비용을 이렇게 방어했다.

> 물론 어느 정도는 위험이 따를 거라고 말했다. 수천만, 아니 어쩌면 수억 루블을 써야 했으니까. 아무튼 우선 당장 과학 분야에 돈을 써야만 했다. 그리

고 새로운 과학 분야에 투자하면 항상 소득이 있다. 다시 말해 우리가 그 위험을 감수하지 않으면 훨씬 큰 위험이 닥치고 말 터였다. 핵무기를 가진 적과 대면하는 날이 올 수도 있었다. 그때 우리가 비무장 상태라면?[69]

카프타노프는 잠깐의 침묵 후 이렇게 말을 보탰다. "스탈린이 말했다. '해야겠군.'"[70]

그때가 1942년 5월이었고, 독일군은 여전히 소련 서부를 유린하고 있었다. 영국과 미국은 독일이 원자 폭탄을 개발 중일지도 모른다고 판단했고, 행동에 나섰다. 영국과 미국이 원자 폭탄을 연구 중이라는 것은 확실했다. 이것은 스파이 활동으로 확인되었다. 독일의 가능성과 미국과 영국의 확실성이 이번에는 소련의 결단에 영향을 미쳤다.

☢☢☢

결정하는 것과, 지난한 연구를 통해 기발하고 멋진 기술로 그 결정 내용을 구현하는 것은 완전히 별개였다. "스탈린그라드에서 승리하려면 아직도 한참을 기다려야 했다." 골로빈과 러시아 물리학자 유리 니콜라예비치 스미르노프(Yuri Nikolaevich Smirnov, 1937~2001년)는 절망적이었던 1942년의 봄과 여름을 이렇게 회고했다. "…… 모스크바가 최전선이었고, 주민은 거의 소개된 상태였다. 방공 포대들이 경계를 섰고, 크렘린의 별들은 캔버스 천으로 덮였으며, 방공 기구(barrage balloon, 과거에 적의 비행기가 다니기 어렵게 줄로 묶어서 띄워 놓던 대형 풍선 — 옮긴이)들이 각종 접근을 차단했고, 독일과 소련의 항공기들은 도시 상공에서 공중전을 벌였다. 해 질녘이면 통행 금지가 발효되었고, 가로등은 전부 등화관제되었다. 자동차들은 파란색 불빛으로 어둡고 좁게 조정된 전조등을 달고 움직였다. …… 식량과 물자는 배급되었다. 다수의 부처와 부서가 여전히 철수 중이었다."[71] 알렉산더 워스는 6월 첫 주에 무르만스크에서 기차를 타고 모스크바로 이동했고, 전시의 물자 부족 사태와 독일의 승전을 이렇게 촌평했다.

> 민간인들은 영양 상태가 말이 아니었다. 다수가 괴혈병을 앓았다. 여자들은 눈물을 글썽이며 사태를 비관했다. 독일군이 무지막지하게 강하다고 생각했던 것이다. …… 사병과 장교들의 사기는 조금 나았다. …… 그럼에도 불구하고 그들은 독일군의 위력을 과소평가하지 않았다. 그들은 도미노 게임을 하면서 6이 2개 붙은 패가 나오는 것을 '히틀러'라고 불렀다. "다시 말해 가장 센 패인 것이다."[72]

6월 22일 현재 소련의 공식 전투 사상자는 총 450만 명이었다.[73] (적게 어림한 숫자일 것이다.) 독일의 총 사상자는 160만 명에 육박했다. 스탈린은 7월 28일 악명 높은 227호 명령을 발동한다. 스탈린은 그 명령서에서 우크라이나, 벨로루시, 발트 해 3국을 독일에게 빼앗겼음을 인정한다. "우리는 이제 국민과 산업 시설이 과거보다 더 적다. 빵과 금속은 말할 것도 없다." 스탈린은 이렇게 선언했다. "더 이상 후퇴한다면 조국은 물론 우리 모두 치명적 위험에 처하고 말 것이다. …… 한 발자국도 후퇴해서는 안 된다! 어떤 희생을 치르더라도 적의 전진을 멈춰 세우고, 반격을 가해 패퇴시켜야만 한다!"[74]

시간과 비용을 절약하기 위해 시도된 한 가지 방법이 유효했다. 산업 스파이 활동 말이다. 1942년 6월 14일 모스크바 본부는 베를린, 런던, 뉴욕 주재 국가 보안 위원회(NKVD) 사무관들에게 암호화된 전파 메시지를 보냈다.

일급 비밀

백악관이 원자 폭탄을 개발하는 비밀 프로젝트에 많은 자금을 배정하기로 했다고 한다. 유사한 연구와 개발 활동이 영국과 독일에서도 이미 진행 중이다. 이런 사실을 고려해 다음의 관련 정보를 얻는 데 적합하다고 판단되는 것이면 어떤 조치라도 취해 주기 바람.

(다음)

— 원자 폭탄 프로젝트의 이론적·실제적 측면, 원자 폭탄 설계·핵연료 성분·폭발 기제.

— 다양한 우라늄 동위 원소 분리 방법, 선호되는 방법에 주목할 것.

— 초우라늄 원소, 중성자 물리학, 핵물리학.

— 원자 폭탄 개발과 관련해 미국, 영국, 독일의 미래 정책이 바뀔 가능성.

— 정부의 어떤 부서들이 원자 폭탄 개발 활동을 지휘 통제하는가, 연구 개발 활동이 어디에서 이루어지는가, 누가 연구 개발을 이끄는가.[75]

모리스 코헨은 7월에 미국 육군에 징집되었고, 뉴욕을 떠나 유럽에서 기초 군사 훈련을 받고 복무한다. 아나톨리 야츠코프가 모리스의 아내 로나와 비밀리에 다시 접촉하는 데 두 달이 걸렸다. 그녀는 남편을 대신해 스파이 활동을 하겠다고 약속했다.

그해 여름에 푹스의 접선 방식도 바뀌었다. 전시였기 때문에 런던을 다녀오는 여행은 위험했을 뿐만 아니라 괴이하게 비쳤다. 푹스는 예브게니아 파이얼스를 속이기 위해 병을 가장해, 진료를 받으러 가는 체했다. '알렉산더'는 푹스를 세 번째 만난 자리에서 더 편리한 접선 방법을 제안했다. 푹스는 알렉산더가 영국을 떠나게 되었다고 말했음을 기억하지 못했다. 아무튼 조정이 이루어졌고, 푹스는 버밍엄과 더 가까운 곳에서 새 연락책을 만나게 된다.

푹스의 연락책은 여자였다. 암호명은 '소니아(Sonia)'. 푹스는 소니아가 루스 쿠친스키임을 알았다.[76] 푹스가 맨 처음 접근해 간첩 활동을 하겠다고 제안한 위르겐의 여동생 말이다. 소니아는 루스 브루어(Ruth Brewer)라는 이름으로, 역시 스파이로 활동한 영국인 남편 렌(Len), 그리고 자녀들과 옥스퍼드에 살면서 직접 제작한 단파 라디오로 암호화된 첩보 정보를 모스크바로 비밀 전송했다. 그녀는 키가 컸고, 날씬했으며, 매력적이었다. 두 사람은 밴베리(Banbury)와 버밍엄 인근의 농촌에서 만났다. 푹스는 자전거를 타고 접선 장소로 나갔다. 푹스는 후에 공작원 활동을 하느라 이중 생활을 해야 했고, 그것에 따른 "정신 분열증을 다스려야"만 했다고 술회한다.[77] 소니아는 접선 장소에서 이중 생활로 접어든 것을 환영한다며 푹스에게 위로와 축하의 말을 건넸다. "푹스는 터놓고 이야기할 수 있는 사람이 생겨서 무척이나 안도했다." 소니아는 수십 년 후 그녀를 찾은 기자와의 인터뷰에서 이렇게 말했다. "푹스는 영국에서 대화를 나눌 수 있는 동지를 한 명도 만나지 못하고 있었다." 그녀는 푹스가 "친절하고, 너그럽다."[78]고 생각했다. 푹스는 "전혀 망설이지 않고 가진 정보를 전부 건넸다."[79]라고 고백했다.

모스크바는 이 새 프로젝트를 이끌 적임자를 물색했다. 골로빈은 스탈린이 베리야와 협의했다고 썼다. 베리야는 이오페와 카피차를 천거했다. 스탈린은 동의하지 않았다. 두 사람은 명성이 세계적이고, 이미 과중한 부담을 지고 있으며, 비밀 연구에 동원되어 공식 무대에서 사라지면 곧 세상이 다 알게 될 것이라고 스탈린은 주장했다. "스탈린은 유명하지 않은 젊은 과학자를 선임해야 한다고 말했다." 골로빈은 계속해서 이렇게 쓰고 있다. "그 자리가 …… 필생의 업(業)이 될 사람이어야 한다."[80] 카프타노프는 당시 상황을 다르게 기억하는데, 골로빈이 기술한 내용을 보완할 수 있을 것 같다.

내게 사람 찾는 일, 장소 물색하는 일, 필요한 제반 활동을 조직하는 일이 떨어졌다. 나는 이오페와 함께 과제에 착수했다. 누구에게 이 특별 프로젝트를 이끌도록 맡기느냐가 가장 중요했다. 나는 이오페가 우두머리가 되어야 한다고 말했다. 이오페는 자기는 나이가 너무 많다며(당시 63세), 프로젝트에는 젊고, 활기 넘치는 과학자가 필요하다고 대꾸했다. 그는 두 명을 천거했다. 39세의 (아브람) 알리카노프와 40세의 쿠르차토프가 그 두 명의 물리학자였다.[81]

율리 하리톤의 아내 마리아 니콜라예브나 하리톤(Maria Nikolaevna Khariton)은 그해 여름 카잔에서 우연히 쿠르차토프를 만났다. "세바스토폴에서 엄청난 사건을 겪은 쿠르차토프는 턱수염을 기르고 있었다. 그에게 묻지 않을 수 없었다. '이고리 바실리예비치, 표트르 대제 이전 시대에나 하던 장식물을 얼굴에 달다니 도대체 뭐예요?'* 유행가 가사 두 줄이 대답으로 돌아왔다. '먼저 독일 놈들을 쳐부술 테야, 그리고 때가 되면 면도를 해야지.' …… 이목을 끄는 그 훤칠한 남자에게 턱수염은 아주 잘 어울렸다."[82] 털보 쿠르차토프는 모스크바로 가서 면담을 했다. 아마 알리카노프도 모스크바에 불려갔을 것이다.

카프타노프는 이렇게 말했다. "알리카노프는 당시에도 벌써 아주 유명했다. 그는 소련 과학 아카데미의 준회원이었고, 스탈린 상도 수상했다. 알리카노프는 양전자-전자 쌍 발견과 우주선(cosmic ray) 연구로 잘 알려져 있었다. 알리카노프에 비하면 쿠르차토프는 덜 유명했다."[83] 하지만 카프타노프는 계속해서 이렇게 말했다. 쿠르차토프는 우라늄과 핵분

* 표트르 대제는 18세기에 백성들을 유럽화하겠다는 개혁 정책의 일환으로 강제로 수염을 자르게 했다.

열을 연구한 경력이 있었다. 그는 관련 연구에 참가했을 뿐만 아니라 지휘하기까지 했다. "쿠르차토프가 해군에 입대했다는 사실도 우호적으로 작용했다. 그가 자신을 가장 필요로 하는 분야에서 기꺼이 일할 준비가 되었음을 알 수 있었기 때문이다."[84]

소련 정부는 1942년 9월 어느 시점에 프로젝트 책임자를 선임했다. 카프타노프의 선임 보좌관 S. A. 발레진(S. A. Balezin)은 쿠르차토프와의 마지막 면담을 이렇게 회고했다.

> 우리는 쿠르차토프를 불합격시킬 예정이었다. 아무튼 그냥 한 번 만나 보려고 그를 모스크바로 부르기는 했다. 하지만 방에 들어선 쿠르차토프의 겸손함과 매력은 즉시 모든 면접관에게 깊은 인상을 남겼다. 그의 미소는 아주 멋졌다. 철두철미해 보이기도 했다. 내가 그에게 독일군 장교의 공책을 번역한 걸 보여 주었고, 그는 꼼꼼히 읽어 본 상태였다. 쿠르차토프에게 우라늄 연구를 재개하기로 결정이 났다는 이야기는 하지 않았다. 나는 다만 물었다. 우라늄 연구를 해야 한다면 이끌어 줄 수 있겠는가? 쿠르차토프는 잠시 생각에 잠겼고, 미소를 지었으며, 수염을 어루만졌다. 아주 짧은 침묵 후 그는 이렇게 말했다. "예."[85]

면담 과정에서 결정 사항이 번복되었음이 분명하다. 카프타노프는 이렇게 말했다. "어떤 사업이든 결과를 낳는 것은 능력, 정력, 조직화, 대의에 헌신하는 자세이다." 카프타노프는 쿠르차토프에게 그 임무를 제안했다. 쿠르차토프는 하루만 생각할 시간을 달라고 요구했다. "다음날 쿠르차토프가 왔고, 말했다. '해야 한다면 저는 준비되었습니다. 엄청나게 어려운 과제가 될 것입니다. 하지만 정부가 도움이 될 거라고 기대합니다. 물론 당신도 도와주시겠지요.'"[86]

쿠르차토프가 어떻게 임명되었는지를 소개하는 다른 설명도 보자. 몰로토프는 자신이 원자 폭탄 연구를 "책임지게" 되었다고 언급하면서 쿠르차토프를 뽑은 것은 본인이라고 말했다.

> 원자 폭탄을 만들 수 있는 과학자를 찾아야 했다. 나는 (국가 보안 위원회(NKVD)로부터) 믿을 만한 과학자들의 명단을 넘겨받았다. …… 아카데미 회원인 카피차를 불렀다. 그는 소련은 아직 준비가 안 되었다고 말했다. 먼 미래의 일이라는 것이었다. 우리는 이오페에게 요청했다. 이오페 역시 이렇다 할 관심을 전혀 보이지 않았다. 요약해 보자. 명단에는 가장 젊고, 가장 덜 알려진 과학자가 딱 한 명 남았다. 그가 쿠르차토프였다. 그들은 쿠르차토프를 감춰 두고 있었다. 나는 쿠르차토프를 호출했고, 이런저런 이야기를 나누었다. 나는 그에게서 깊은 인상을 받았다.[87]

쿠르차토프는 카잔으로 돌아와 알렉산드로프에게 이렇게 말했다. "핵물리학을 연구하게 될 거야. 미국과 독일이 핵무기를 만들고 있다는 정보가 있어." "전쟁 중인데 우리가 그런 걸 어떻게 만들 수 있다는 거지?" 알렉산드로프가 물었다. "그들이 말하더군. 염려하지 말라고." 쿠르차토프는 알렉산드로프에게 계속해서 이렇게 대꾸했다. "필요한 건 요청하고, 당장 작업을 시작하래."[88]

3장

가치가 엄청난 자료

드미트리 볼코고노프는 뱌체슬라프 몰로토프를 "스탈린의 그림자", "무자비한 사내"로 묘사했다.[1] 그 몰로토프가 1942년 가을부터 태동기의 소련 원자 폭탄 프로그램을 총괄 지휘했다. 레닌은 신생 국가 소련의 초기에 몰로토프로 인해 "가장 수치스러운 관료주의와 가장 어리석은 관료들이 배태되었다."라며 그를 경멸했다.[2] 율리 하리톤은 몰로토프에 관해 이렇게 말했다. "그의 지휘 방식과 결과는 그다지 효과적이지 못했습니다."[3] 1890년 러시아 북서부에서 태어난 몰로토프는 대숙청에서 살아남은 몇 안 되는 구 볼셰비키 가운데 한 명이었다. 그는 성격이 고지식하고 음흉했다. 곱슬머리는 아주 짧게 잘랐고, 윗입술 위로는 검정 콧수염을 길렀다. 베리야처럼 몰로토프도 코안경을 꼈다. 그가 스탈린에게 헌신하면서 이빨을 드러내며 얼굴을 찡그릴 때면 시어도어 루스벨트(Theodore Roosevelt, 1858~1919년)가 따로 없었다. 하지만 함께 일했던 러시아의 한 시인은 몰로토프가 원기 왕성하다기보다는 "신중하고, 꼼꼼하며, 검약하는"[4] 성격이라고 봤다. 빈 방에 불이 켜져 있으면 절대로 그냥 못 넘어가는 종류의 사람이었던 것이다.

몰로토프가 쿠르차토프에게 어려워하지 말고 필요한 것은 무엇이든 요청하라고 말했다지만, 소련의 핵개발 프로젝트는 아직 최우선 순위의 과제가 아니었다. 당시 미국 육군 공병대가 지휘하면서 "맨해튼 공병 구역(Manhattan Engineer District)"이라는 암호명이 붙은 미국의 원자 폭탄 프로그램은 물자와 인력 수급에서 기타 일체의 전쟁 수행 프로그램과 비교해 최우선 순위를 부여받았다. 반면 소련의 원자 폭탄 연구는 임시변통으로 시작되었다. 쿠르차토프와 동료들은 찾아낼 수 있는 자원이면 무엇이든지 끌어와야 했던 것이다.

소련의 핵개발 프로그램이 우선 순위에서 처음에 대단찮은 지위를 차지했던 것은 전쟁이 부침을 거듭했기 때문이기도 하다. 몰로토프는 화학 산업 인민 위원 미하일 페르부킨에게 쿠르차토프 및 국방 위원회(GKO)의 세르게이 카프타노프와 협력하라고 명령했다. 페르부킨은 이렇게 회상했다. "작업을 원하는 수준과 규모로 조직하기는 어려웠다. 가장 힘겨운 시기를 지나고 있었던 것이다. 적을 패퇴시키는 데에 이미 국가의 잠재력을 전부 동원하고 있었다."[5] 페르부킨은 연구 시설을 동쪽으로 옮겼다는 말도 보탰다. 레닌그라드에서 만들던 사이클로트론을 대형 자석을 포함해 모스크바로 가져와야 했다. 쿠르차토프는 예비 조사를 할 시간도 필요했다.[6]

여기에 관료주의 정치까지 간섭했다. 과학적 명성이 없다는 사실이 회의에서 쿠르차토프에게 불리하게 작용했다. (스탈린은 유명한 고참 과학자를 편애했다.) "우리는 국방 위원회(GKO)에 대단위 연구 시설(institute)을 만들어야 한다고 제안했다." 페르부킨은 계속해서 이렇게 말한다. "하지만 돌아온 대답은 좀 작게 실험실(laboratory) 규모로 시작하라는 것이었다. 쿠르차토프는 그때까지도 실험실 책임자에 불과했던 것이다. 그들은 실험실에서 시작해, 수행할 일련의 작업을 생각해 내라고 말했다."[7]

필요한 조직과 인력을 모으는 것도 쉽지 않았다. "그 무렵에는 어려움이 많았다." 계속되는 페르부킨의 이야기를 들어보자.

> 이를테면 여러 연구 기관을 우리 작업에 끌어들이는 데 어려움이 있었다. 우리는 무기 화학 연구소(Institute for Inorganic Chemistry)를 이끌던 아카데미 회원 일리아 일리치 체르냐예프(Ilia Iliich Chernyayev, 1893~1966년)에게 화학적 방법을 개발해 달라고 요구했지만 거절당했다. "왜 우리가 해야 합니까? 그건 우리 일이 아니에요. 우리도 따로 해야 할 일이 있단 말이오." 우리는 그런 반응을 받아들일 수 없었고, 무기 화학 연구소에 강제로 그 일을 시키는 명령을 받아냈다. 그러자 …… 얼마 후 해당 연구소 부소장과 당 조직 비서가 와서, 우리가 그들의 연구 활동에 개입해 프로그램을 망치고 있다고 항의했다. 우리는 그 동지들에게 "당신들이 왜 틀렸는지" 설명해야만 했다.[8]

새로운 연구 개발 프로젝트를 지원하지 않으려는 것은 관료들도 마찬가지였다. "각료들과 협상하는 게 아주 힘겨웠다." 페르부킨의 푸념은 이렇게 계속된다. "그들은 말했다. '당신들은 우리한테서 사람을 빼가려 하고 있소. 하지만 우리한테도 진행 중인 나름의 계획이 있단 말이오. 절대로 우리 사람을 내줄 수 없소!'"[9] 페르부킨은 국방 위원회(GKO)를 들먹이며 징발 활동을 해야만 했다. 하리톤의 증언을 들어보면 당시의 상황을 다시 한번 확인할 수 있다. "1945년까지는 이 프로그램을, 자원도 거의 없는 상태에서 소수의 연구자들만이 수행했다."[10]

⊛⊛⊛

모두 스탈린그라드 전투에 총력을 기울이고 있었다. 가을과 초겨울에 스탈린그라드 전투가 한창이었다. 알렉산더 워스의 논평을 들어보자. "아직 러시아 수중에 있던 나머지 영토에서 스탈린그라드는 매우 중요했다. 모스크바 동쪽의 유럽 러시아 전역과 우랄 산맥 지역, 그리고 시베리아에 말이다."[11] 독일군은 북쪽으로 레닌그라드에서 봉쇄당했고, 모스크바를 목전에 두고 밀리고 있었다. 활로가 필요했던 독일은 크림 반도와, 모스크바 남동쪽 러시아 중부를 가로지르는 여름 대공세를 단행했다. 스탈린그라드를 섬멸하고, 남쪽으로 방향을 틀어 캅카스 산맥의 유전 요충인 마이코프(Maikop), 그로즈니(Grozny), 바쿠(Baku)를 장악하는 게 목표였다. 소련은 독일의 맹공격에 대응하는 데 필요한 장비를 붉은 군대에 충분히 공급할 만큼 아직 산업 활동을 회복하지 못하고 있었다. 소련의 한 역사가는 당시 상황을 이렇게 적었다. "적은 전선의 이 지역에 1,200대의 항공기를 투입했다. 항공기는 물론이고 총포와 전차에서도 독일은 압도적 우위를 자랑했다."[12]

독일 폭격기 600대가 1942년 8월 23일 스탈린그라드를 공습했고, 민간인 4만 명이 죽었다.[13] 독일군은 9월 13일 대대적인 지상 공세를 단행했다. 소련 방어군의 지휘관 한 명은 이렇게 썼다. "탱크와 기계화 보병이 시 중심부로 진격해 들어왔다. …… 나치는 스탈린그라드 함락을 확신하는 듯했고, 계속해서 볼가 강 유역으로 이동했다. …… 우리 저격수, 대전차 포수, 포병 들은 가옥, 지하실, 사격 위치에 드러누워 기다렸다. 술에 취한 나치들이 트럭에서 내리고, 하모니카를 불고, 길에서 고함치며 춤추는 광경이 눈에 들어왔다."[14] 스탈린그라드에는 교외 주택 지구와 공장들이 있었다. 당시 전선의 종군 기자였던 작가 콘스탄틴 시모노프는 스탈린그라드가 "볼가 강 유역에 60킬로미터 길이로 펼쳐진 하나의 거대한 회랑"이라고 소개했다.

> 우리가 (전쟁 전에) 볼가 강을 운항하던 증기선에서 보던 스탈린그라드의 모습은 더 이상 존재하지 않는다. 산을 배경으로 기분 좋게 솟아 있던 하얀 건물들도 더 이상 볼 수 없다. 볼가 강에는 상륙용 잔교가 전부 사라졌다. 욕조와 파라솔, 가건물이 강을 따라 늘어섰던 선창은 온데간데없다. 지금 이 도시는 연기로 가득 차, 회색 일색이다. 도처에서 불길이 춤을 추고, 그을음과 매연이 밤낮을 가리지 않고 솟아오른다. 이곳은 군인들의 도시로 바뀌었다. 스탈린그라드는 전투로 초토화되고 말았다. 능보(稜堡)형 거점들은 그 옛날 스탈린그라드 유적지의 석재로 급조한 것들이다.[15]

독일군은 소련 군대를 강 건너 동쪽으로 밀어붙였다. 강 서안의 교두보에 남은 소련군 병력은 2만 명뿐이었다. 서안에서 싸운 한 적군 중위는 이렇게 말했다. "볼가 강의 반대편은 마치 개미둑을 연상시켰다. 각종 병참 부대, 포병대, 공군이 거기 집결했다. 바로 **그들이** 독일군에게는 지옥이나 다름없는 존재였다."[16] 각종 포탄과 카추샤 로켓(Katyusha rocket, 흔히 트럭 등에 탑재되어 사용되던 다연발 로켓 발사기로, 제2차 세계 대전 중에 소련이 처음 만들어 실전 배치했다. — 옮긴이)이 교두보 위를 날아가 도시를 타격했다. 교전은 매일 백병전 양상으로 전개되었다. 독일군이 10월 14일 다시 한번 총공세를 가해 왔고, 소련군 지휘관은 그 전면전을 "스탈린그라드에서 벌어진 전체 교전 가운데 잔혹함과 치열함에서 필적할 대상이 없는 전투"[17]였다고 평했다. 시모노프는 독일군이 스탈린그라드를 지옥으로 바꿔

놓으려 했다고 썼다. "머리 위로 하늘이 불타고, 발아래 땅이 마구 흔들린다."[18] 독일군은 볼가 강에서 400미터 이내 지점까지 진격해 들어왔다. 기관총으로 서안 교두보를 휩쓸 수 있을 만큼 가까운 거리였다. 소련군은 위치를 사수하기 위해 포화 속에서 석벽을 구축해야 했다.

소련군은 마침내 11월 대대적인 반격을 시작할 수 있었다. 돈 강과 북서부 전선의 군대가 북쪽에서 밀고 내려왔고, 스탈린그라드 전선의 부대들은 남쪽에서 치고 올라왔다. 그들은 나흘 만에 독일군을 스탈린그라드 안에 가둬 버렸다. 그때부터 스탈린그라드의 별명은 '가마솥'이었다. 11월에도 추웠고, 12월에 접어들면서는 무지막지하게 추워졌다. 기온이 무려 섭씨 -40도까지 떨어졌다. 독일군 최고 사령부는 스탈린그라드에서 싸우는 부대원들에게 늦게까지 동계 피복을 지급하지 않았다.[19] 그들은 겨우내 싸워야만 한다는 사실을 깨달았고, 군인들의 사기가 떨어질 것을 염려했다. 독일 공군은 보급품을 공수하려고 했지만 악천후와 조직 미비로 실패하고 말았다. 독일군은 굶주렸지만 항복하지 않았다. 소련군은 1943년 1월 이 가마솥을 소탕하기 시작했다. 7,000문의 대포와 박격포가 폐허로 변한 도시에 집중 포화를 퍼부었다. 항공기 폭격이 보태졌고, 보병이 전차를 앞세우고 진입해 들어왔다. 독일군 33만 명이 포위되었지만 포로는 10만 명 미만이었다. 소련군은 동사한 독일군 시체를 장작처럼 쌓았다. 한 소년은 워스에게 이렇게 말했다. "에나멜 가죽 구두를 신은 웃기는 놈들이 …… 스탈린그라드를 정복하겠다고 왔죠."[20] 인근 마을에서는 아이들이 독일군 시체 하나를 썰매 삼아 타면서 놀고 있다는 이야기도 워스에 귀에 들어왔다.

가마솥 소탕 작전이 끝난 어느 날 밤 워스는 지붕을 씌운 트럭에 타고 몸을 달달 떨며 스탈린그라드로 갔다. 그를 비롯한 기자들이 가득 들어찬 그 유개 화물차는 승전보를 울린 소련 군대 사이를 섭씨 -44도의 추위 속에서 헤집고 달렸다.

> 이젠 스탈린그라드의 모든 병력이 이동 중이었다. …… 우리는 자정쯤에 교통 혼잡으로 옴짝달싹하지 못하게 되었다. 길 위에 펼쳐진 광경은 그야말로 장관이었다. …… 대형 화물차, 말이 끄는 썰매와 대포, 포장 친 트럭이 눈에 들어왔고, 심지어는 낙타가 썰매를 끄는 광경도 보였다. …… 밤 기온이 그렇게 차가운데도 …… 군인 수천 명이 서쪽으로 행군하고 있었다. 대열은 무질서했지만, 그들은 쾌활했고 무척이나 행복해 보였다. 스탈린그라드와 자신들의 공로에 대한 왁자한 외침도 그칠 줄 몰랐다. …… 그들은 발렌키(valenki, 양모 펠트제 부츠)를 신고 있었고, 누빈 상의를 입었으며, 귀마개가 달린 털모자를 쓰고 있었다. 두 눈에서는 눈물이 보였고, 입을 열면 김이 새어 나왔다. 그런 그들이 기관 단총을 휴대한 채 서쪽으로 가고 있었다. 동쪽으로 가는 것보다는 확실히 기분이 더 나았으리라![21]

스탈린그라드는 그렇게 전세를 역전시켰다.

☢☢☢

쿠르차토프는 이사하랴, 다른 예비 작업을 진행하랴 1943년 초까지 무척 바빴다. 심지어 해군은 1월에 그에게 무르만스크로 와서 독일 어뢰를 연구하라고까지 했다. 국방 위원회(GKO)가 우라늄 프로젝트와 관련해 쿠르차토프에게 공식 권한을 부여한 것은 1943년 2월 11일이었다. 카프타노프는 이렇게 회고했다. "당시에는 수도 모스크바에 들어가려면 국방 위원회(GKO)의 특별 허가를 받아야 했다. 우리는 100명 정도의 자리를 얻었고, 또 그만큼의 아파트를 할당받았으며, 선발한 전문가들을 합류시키기 시작했다."[22]

쿠르차토프는 크렘린이 보이는 마르크스 대로(Marx Prospekt)의 모스크바 호텔 객실에서 연구하며, 핵심 인재를 끌어 모아 예비 조사를 했다. 이론 물리학자 게오르기 플료로프, 율리 하리톤, 야코프 젤도비치, 실험 물리학자 이삭 콘스탄티노비치 키코인(Isaak Konstantinovich Kikoin, 1908~1984년), 아브람 알리카노프가 합류했다. 키코인은 확산 공정 전문가였고, 우주선 연구로 젊은 나이에 아카데미 회원이 된 알리카노프는 이 프로젝트를 이끄는 문제로 쿠르차토프와 경쟁한 인물이었다. 골로빈의 말을 들어보자.

> 쿠르차토프는 진용을 확대하려고 서두르지 않았다. 그는 주요 집중 방향을 정해, 과학적·공학적 과제를 명확하게 정식화하려 했다. 쿠르차토프는 계산을 무수히 반복했고, 우라늄 분열 연쇄 반응을 달성할 수 있는 방법을 세밀하게 검토했다. 그는 이 모든 것을 신중하게 궁리했다. 머지않아 쿠르차토프 연구진은 (저속) 중성자 분열로 가동되는 원자로를 만들고, 동시에 우라늄 동위 원소를 대량으로 분리할 수 있는 방법을 개발하기로 확정했다. …… 쿠르차토프는 미봉책에 안주하지 않았고, 동시에 우라늄 폭탄을 만드는 작업에도 과감하게 뛰어들었다. 우라늄 폭탄의 폭발력은 고속 중성자 분열에서 비롯하기 때문이었다. 물론 그에게는 순수한 우라늄 235가 아직 1마이크로그램도 없었다. 쿠르차토프는 물론이고 그 어떤 연구원도 플루토늄이 생산된다는 사실을 전혀 몰랐다는 사실도 보태야 할 것이다.[23]

다시 말해 이고리 쿠르차토프와 소련 연구진은 1943년 초에 일단 원자로를 만들어 우라늄의 연쇄 반응이 가능하다는 것을 증명한 후, 물리적 방법으로 천연 우라늄에서 우라늄 235를 분리해 폭탄을 제작할 계획이었던 셈이다.

참으로 시간이 많이 걸리고, 속도는 느리며, 비용 또한 엄청나게 먹힐 폭탄 제조 여정이었다. 더 짧은 기간에 더 빠른 속도로 비용까지 싸게 먹히는 방법을 알았다면 쿠르차토프도 절대 이 길을 택하지 않았을 것이다. 소련에는 알려진 우라늄 광석 자원이 얼마 없었다. 중수는 몇 킬로그램뿐이었고, 더 만들 수 있는 시설도 전무했다. 하지만 원자로를 조절하려면 수 톤의 중수가 필요했다. 중수의 대안이 흑연이었지만 순수 흑연을 대량으로 제조할 수 있는 기술도 없었다. 소련은 우라늄 금속이나 우라늄 헥사플루오라이드를 만들 수 있는 기술도 없었다. 소련은 아직 실험실에서조차 우라늄 238에서 우라늄 235를 분리한 적이 없었다. 더구나 폭탄 제조용 우라늄 235를 수십 킬로그램 이상 충분히 분리하려면 하나 이상의 새로운 고난도 기술이 적용되는 대규모 산업 시설을 새로 개발해야만 했다. 플료로프가 제안한 바 있고, 쿠르차토프도 염두에 두고 있던 대포형 폭탄은 원료가 풍부해야 했다. 설계 구조상 우라늄 235의 임계 질량보다 몇 배는 더 많아야 했던 것이다.

소련 과학자들은 원자로가 땔감인 우라늄 238의 일부를 우라늄보다 더 무겁고 덜 안정적인 새로운 원소로 변환시킨다는 사실을 아직 모르고 있었다. 방사 화학자 글렌 시어도어 시보그(Glenn Theodore Seaborg, 1912~1999년)가 이끄는 미국 연구진이 1941년 초에 버클리에서 가동 중인 1.5미터짜리 대형 사이클로트론에서 바로 그 새 원소 100만분의 1그램을 발견했다. 시보그의 연구진은 3월 28일 플루토늄을 세계 최초로 분리해 냈다. 그러나 이 발견은 기밀로 취급되었고, 전후까지 공표되지 않는다. 시보그는 1942년에 그 새 원소를 '플루토늄(plutonium)'이라고 명명했다. 미국인들은 그때 소련 과학자들은 모르는 것을 알고 있었다. 플루토늄이 우라늄 235보다 훨씬 더 잘 분열한다는 사실을 말이다. 이것은 고속 중성자에 대한 분열 단면적이 천연 우라늄보다 3.4배 더 크기 때문이었다. 플루토늄은 천연 우라늄의 모암(母巖)에서 화학적으로 분리할 수 있고, 화학 분리 공정이 물리 분리 공정보다 훨씬 더 쉬울 뿐만 아니라 비용까지 덜 들었기 때문에, 폭탄을 더 손쉽게 만들 수 있는 지름길로 인식되었다. 미국에서 폭탄 프로그램을 지휘하던 사람들은 이미 그렇게 믿고 있었다. 맨해튼 프로젝트(Manhattan Project)가 당시에 이미 기체 확산, 열 확산(thermal diffusion), 전자기적 수단으로 우라늄 235를 분리하는 것 말고도, 흑연 및 중수 반응로로 플루토늄을 증식하는 과업에 박차를 가하고 있었던 이유이다. 1943년 4월 뉴멕시코 북부 황무지의 메사(mesa)에 문을 여는 새 비밀 연구소는 우라늄과 플루토늄을 재료로 한 대포를 설계할 예정이었다.

미국의 폭탄 프로그램은 전쟁 수행 노력의 우선 순위에서 높은 지위를 차지했고 자원도 무한정이었다. 그들이 만약의 경우에 대비해 양다리를 걸칠 수 있었던 것도 이 때문이다. 아무튼 미국의 폭탄 프로그램은 이른 시기부터 여러 대안을 탐색했고, 현명하고 빈틈이 없었다. 쿠르차토프도 그랬다. 우크라이나의 물리학자 아나톨리 페트로비치 알렉산드로프가 더 나은 방법들이 있고, 쓰지도 않을 열 확산법을 탐구하려는 이유를 묻자 쿠르차토프는 이렇게 쏘아붙였다. "악마라면 뭘 쓸지 알겠지. 우리는 만약의 경우에 대비해 이 방법도 타진해 봐야 해."[24] 그러나 자원이 적은 나라로서 선택권이 주어진다면 플루토늄에 우선 순위를 부여하는 게 더 나았을 것이다. 1943년 초에 이고리 쿠르차토프가 플루토늄에 집중하는 선택지를 몰랐다는 게 분명하다.

국가 보안 위원회(NKVD)가 축적한 첩보 자료를 쿠르차토프가 본 것은 그 후였다. 몰로토프는 이렇게 회상했다. "쿠르차토프는 풀어야 할 문제가 여전히 많다고 말했다. 그래서 나는 쿠르차토프에게 우리의 첩보 자료를 보여 주었다. 우리의 정보 요원들은 대단한 일을 해 냈다. 쿠르차토프는 크렘린의 내 사무실에서 며칠 동안 그 자료를 파고들었다. …… 나는 그에게 이렇게 물었다. '그래 어떤 것 같소?' 나는 그 자료를 전혀 이해하지 못했다. 하지만 그 자료가 믿을 수 있는 양질의 정보인 것은 알았다. 쿠르차토프가 대답했다. '굉장합니다. 우리한테 없는 것들이 바로 여기 있네요.'"[25]

쿠르차토프가 모스크바 본부가 수집한 문서와 전문을 평가해 미하일 페르부킨에게 제출할 14쪽짜리 보고서[26]를 마무리한 건 1943년 3월 7일이었다. 그는 보고서에서 영국 자료만을 언급하는데(아마도 대부분 클라우스 푹스가 넘긴 자료였을 것이다.),[27] 미국의 기술 정보가 아직 입수되지 않았음이 거의 확실하다. 하지만 미국 못지않게 영국도 충분히 많이 알고 있었고, 쿠르차토프 역시 많은 것을 배웠다. 쿠르차토프는 이것을 바탕으로 소련의 핵 개발 프로그램을 변경했다.

쿠르차토프의 보고서는 곧장 이렇게 시작된다. "저는 자료를 살펴봤고, 이것이 우리의 과학과 조국에 엄청나게 중요한 자료라는 결론에 이르렀습니다. 이 자료는 대단한 가치를 지닙니다."

쿠르차토프는 계속해서 이렇게 설명했다. 그 자료를 "보건대 영국에서 우라늄과 관련해 뭔가 심각하고, 집중적인 연구 개발 활동이 이루어지고 있음을 알 수 있습니다." 자료가 "우리의 연구에도 중요한 시사점을 던져 주고 있습니다."라고 그는 썼다. "우리는 새로운 과학적, 기술적 방법을 접했고, 많은 수고가 따르는 여러 개발 단계를 건너뛸 수 있게 되었습니다."

쿠르차토프는 그 시점에서 첩보 자료의 가장 귀중한 정보는 동위 원소 분리법이라고 판단했다. 영국과 미국은 우라늄 238에서 우라늄 235를 분리하는 수단으로 기체 확산법을 선호했는데, 이것이 뜻밖이라고 그는 적었다. 소련의 과학자들은 원심 분리법이 훨씬 유망하다고 믿고 있었던 것이다. "우리는" 첩보 자료 덕분에 "앞으로의 계획에 원심 분리법 말고도 확산 관련 실험을 포함시킬 수 있었습니다."

다음으로 쿠르차토프는 확산의 이론적 측면을 검토했다. 푹스와 파이얼스가 이미 확산을 연구했고, 푹스도 알렉산더와 소니아에게 다수의 확산 이론 보고서를 넘겼음을 나중에 실토했다. 쿠르차토프는 "아주 자세한 연구"를 통해 프란츠 시몬이 제안한 기체 확산 공정을 완벽에 가깝게 이해했다. 쿠르차토프는 페르부킨에게 이렇게 보고했다. "우리 이론가들이 이 광범위한 연구 내용을 아직 살펴보지는 않았습니다. 하지만 제가 판단할 때 일단의 탁월한 과학자들이 작업한 것임에는 틀림없습니다. 그들의 계산 결과는 명확한 물리 법칙에 입각해 공들여 이루어졌습니다." 쿠르차토프는 기뻐하면서 이렇게 말했다. "연구는 완벽합니다. 우리는 초기 단계를 건너뛰어, 즉시 기체 확산법 개발로 나아갈 수 있을 것입니다."

쿠르차토프는 영국이 개발 중인 기체 확산 공정 기계에 대한 추가 정보를 얻고 싶어 했다. 그는 보고서의 이 부분에 관련 질문 5개를 집어넣었다. 페르부킨이 국가 보안 위원회(NKVD)와 적군 정보국(GRU)에 그 질문을 전달해, 두 기관이 수행할 첩보 활동이 어디에 초점을 맞춰야 하는지를 알려야 한다는 것이 쿠르차토프의 분명한 의도였던 것이다. 정리해 보자. 원자 폭탄 제조 계획의 소련 측 과학 책임자는 첩보 활동 자료를 그저 수동적으로 받아보기만 한 게 아니었다. 쿠르차토프는 전시 동맹국인 영국과 미국을 상대로 수행되던 광범위한 스파이 활동에 적극 가담했다. 이 점도 지적해야 공평할 것이다. 영국과 미국은 말만 동맹국이었지, 전쟁의 향방을 결정지을 수 있는 신무기 개발 비밀 프로그램을 공동으로 진행하면서도 고통 받는 소련을 외면했다. 쿠르차토프는 틀림없이 자신이 정당하다고 느꼈을 것이다.

쿠르차토프가 살펴본 자료에는 동위 원소 분리와 관련해 열 확산, 원심 분리, 질량 분석법 들에 대한 간략한 평가가 들어 있었다. 쿠르차토프는 열 확산법을 "에너지를 많이 소모하기 때문에 비효율적"이라고 기각했다. 사실이 그랬다. 하지만 미국의 프로젝트는 1944년에 열 확산법 덕분에 구제된다. 장벽(barrier) 개발에 문제가 생기면서 테네시 주 오크리지에 건설된 대규모 기체 확산 공장의 가동이 지연되었던 것이다. 영국은 원심 분리법을 제외시켰다. 동위 원소를 분리하는 데 필요한 빠른 회전 속도에도 망가지지 않는 원심 분리기를 만들기가 어려웠기 때문이다. 쿠르차토프는 당시까지 소련 핵 개발 프로그램의 주된 방법이었던 원심 분리법을 옹호하며 이렇게 썼다. "영국의 결론은 도전받을 수도 있습니다." 하지만 원심 분리법을 제외하기로 한 영국의 결론은 전쟁이 끝나고 한참이 지날 때까지도 소련에서 이렇다 할 도전을 받지 않는다.

쿠르차토프가 1943년 3월 7일 완성한 보고서의 2부 제목은 "핵폭발과 연쇄 반응의 문제들"이다. 여기에는 스파이 활동으로 알아낸 새 사실이 더 많이 나온다. 쿠르차토프는 무엇보다도, "통상의 산화우라늄(금속 우라늄)과 중수를 섞은 것에서 핵분열 연쇄 반응을 일으킬 수 있습니다."라고 진술했다. "소련 과학자들은 이 결론이 뜻밖으로, 기존 관점과 충돌한다고 생각합니다. 우리는 동위 원소를 분리하지 않으면 중수로 연쇄 반응을 일으킬 수 없다고 생각했습니다."

1940년에 율리 하리톤과 야코프 젤도비치는 보스트와 하킨스가 《피지컬 리뷰》에 보낸 편지에서 보고한 단면적 추정값을 오해했고, 이러한 비관적 결론에 이르렀다. 그런데 이제 푹스가 한스 할반과 레프 코바르스키가 측정한 실제 중수소 단면적 값을 보내온 것이다. 쿠르차토프가 지적했듯이, 두 사람은 "전 세계에 있는" 중수를 "모두" 사용해 그러한 측정을 실행했다. 쿠르차토프는 푹스의 보고서를 보고, 소련의 이론가들이 앞서 내렸던 결론을 재검토해야 한다고 확신했다. 그는 스파이 활동을 통해 프랑스 과학자들의 연구 정보를 더 많이 얻고자 했다.

> (첩보) 자료에는 할반과 코바르스키가 미국에서 더 많은 양의 중수로 실험을 계속하고자 한다고 나와 있습니다. 미국에서는 이 물질을 대규모로 생산한다고 합니다. …… 할반과 코바르스키, 또는 둘 중의 한 명이라도 (1941~1942년에) 영국에서 미국으로 건너갔는지, 또 그들이 실험을 했는지 알아내는 것이 매우 중요한 이유입니다.

쿠르차토프는 하리톤과 젤도비치의 중수 계산값을 강력하게 변호했다. 필요한 실험 장비가 없었기 때문에 두 사람이 단면적을 더 정확하게 추정하지 못했음을 강조한 것이다. 쿠르차토프는 자신과 동료들이 감시받고 있음을 잘 알았다. 소련 지도부가 용인하는 유일한 잘못은 자신들이 저지른 잘못뿐이었다. 실제이든 은유이든 "일을 망치면," 그건 범죄였고, 굴라크 행이었다.

쿠르차토프는 놀라운 직감을 발휘했다. 그가 보고서에 직관적으로 적은 내용을 보면 세계 최초의 원자로가 1942년 12월 2일 미국에서 건설되어, 성공적으로 가동 중이라는 소식을 1943년 3월 현재 소련이 아직 몰랐음을 알 수 있다. 엔리코 페르미의 우라늄-흑연 반응로 CP-1이 시카고 대학교 스태그 필드(Stagg Field)의 서쪽 관중석 아래 복식 스쿼시 코트 안에 손으로 쌓아올려졌다. 쿠르차토프는 이렇게 썼다. "우라늄과 중성자 감속재를 재료로 해 지금까지 수행되고 발표된 온갖 실험에서는 이것들을 균질하게 섞었습니다." 하지만 비균질적 혼합 방식이 더 나을지도 모른다고 그는 추측했다. 쿠르차토프는 "우라늄을 한가운데 두고, 적당한 크기의 중성자 감속재를 일정한 간격으로 에워싸는" 방법을 생각해 볼 수 있다고 적었다. 페르미와 실라르드도 1940년에 컬럼비아 대학교에서 독자적으로 그 결론에 도달했다. CP-1은 정확히 그런 3차원 격자 구조였다. 하리톤과 스미르노프는 이렇게 말했다. "쿠르차토프는 비상한 지도자였다. 그는 처음부터 방향을 옳게 잡았다." 쿠르차토프는 "과학 자료가 초보 수준이어서 불완전하고 부족해도 …… 목표를 달성할 수 있는 정확한 방법을 찾아내는 능력이 탁월했다."[28] 쿠르차토프는 추진하던 균질 방법보다 비균질 배열이 더 나을지도 모른다는 걸 깨달았고(천연 우라늄을 농축하지 않아도 원자로를 만들 수 있을지 몰랐다.), 연구진에게는 서로 다른 이 두 가지 배열법을 이론적, 실험적으로 탐구해 줄 것을, 페르부킨에게는 소련 정보 기관으로 하여금 영국과 미국이 어떤 체계를 연구 중인지 알아보도록 조치해 달라고 요구했다. 하리톤과 스미르노프는 쿠르차토프의 연구진을 소개하면서 이렇게 말했다. "결국 이사이 이시도로비치 구레비치(Isai Isidorovich Gurevich, 1912~1992년)와 이삭 야코블레비치 포메란추크(Isaak Yakovlevich Pomeranchuk, 1913~1966년)가 쿠르차토프가 제기한 문제를 해결하는 데 성공했다. 두 사람은 비균질 반응로가 압도적으로 유리하다는 것을 보여 주었다."[29]

쿠르차토프 보고서의 3부 "핵분열의 물리학"에는 소련 과학자들이 독자적으로 수행한 연구 내용을 스파이 활동 정보로 확인할 수 있었다는 내용이 실려 있다. 하지만 보고서에는 쿠르차토프가 스파이 활동으로 해결했으면 한 의문점이 더 많이 들어 있었다. 쿠르차토프는 세 가지를 강조했다. 영국에 있는 오토 프리슈가 "소련 물리학자 플료로프와 표트르작이 발견한 우라늄의 자연적 핵분열 현상을 확인"했는가? 우라늄이 자연적으로 핵분열을 한다면 폭발 순간까지도 임계 질량 이하를 유지해야 하는 것인가? (빗나간 2차 중성자 때문에 시기상조의 연쇄 반응이 일어나는 것을 막으려면) 플료로프가 계산한 필요 속도값이 영국의 추정치와 대체로 일치하는가?

쿠르차토프는 맨 마지막으로 베리야를 애먹였던 사안을 언급했다. 바딤의 첫 번째 보고서가 도착한 후 아마 스탈린도 이 문제 때문에 골치를 썩었을 것이다. 과연 알짜 정보인가, 허위 정보인가?

> 수집된 자료가 우리 과학자들을 오도하려는 그럴 듯한 거짓말인지 영국의 연구 개발 현황을 사실 그대로 드러내는 것인지에 관한 의문이 제기되는 것은 당연합니다. 이런 의문은 우리에게 특히 중요합니다. 우리가 중요한 많은 분야에서 자료를 전부 검토할 처지가 아니기 때문입니다. (우리는 그렇게 하는데 필요한 기술 토대가 부족합니다.)
>
> 저는 취합된 자료를 면밀히 검토했고, 그것이 사태의 실상을 드러낸다고 결론지었습니다.
>
> 어떤 결론들은 제가 볼 때 미심쩍습니다. 아주 중요한 부분을 언급하는 내용조차 그렇습니다. 확실히 일부는 근거가 불충분합니다. 하지만 이것은 정보의 신뢰성 문제가 아니라 영국 과학자들의 문제일 것입니다.

쿠르차토프의 3월 7일자 보고서에서 소련이 원자 폭탄 개발과 관련해 스파이 활동을 통해 얻게 될 결정적으로 가장 중요한 정보는 짤막한 한 문단을 차지할 뿐이다. (이 정보 덕택에 소련의 핵무기 개발 계획은 2년으로 단축된다.) 3월 7일자 보고서에서 쿠르차토프는 별도의 편지로 자세한 이야기를 하겠다고 말한다. 쿠르차토프는 2주 후인 1943년 3월 22일 7쪽짜리 편지[30]를 따로 페르부킨에게 보냈다.

쿠르차토프는 이렇게 썼다. "(제가) 검토한 첩보 자료의 '단편적 진술들'은 희귀한 우라늄 235뿐만 아니라 풍부한 우라늄 238로도 폭탄을 만들 수 있다고 이야기합니다. 그 문서들에는 '질량수가 239인 원소를 폭탄의 재료로 활용할 수 있다는 아주 중요한 이야기'가 나옵니다. '우라늄 파일(uranium pile)*에서 우라늄 238이 중성자를 흡수해 질량수 239인 원소가 생성된다.'[31]라고 나와 있습니다."

쿠르차토프는 도서관으로 달려갔고, 미국 과학자들이 전시 보안 조치가 취해지기 전에 《피지컬 리뷰》에 발표한 초우라늄 원소들에 관한 마지막 논문들을 살펴봤다. 쿠르차토프는 뭔가를 발견했고, 한껏 고무되었다. 그는 육필 편지 보고서에 발견한 내용을 적었고, 열쇳말을 대문자로 쓴 다음 밑줄까지 두 번 그었다. "우라늄 문제 전체를 해결할 수 있는 새로운 방향을 알아냈습니다. …… 이 방향은 전망이 아주 좋습니다."

쿠르차토프는 계속해서 "우라늄 파일"이 어떻게 작동할지 검토한다. 그는 이렇게 썼다. "우라늄의 가벼운 동위 원소, 다시 말해 보통 우라늄의 140분의 1에 불과한 우라늄 235만이 '파일' 안에서 쓸모가 있으리라는 게 일반적인 가정이었습니다. 나머지 우라늄, 곧 140분의 139를 차지하는 우라늄 238은 저속 중성자가 타격해도 많은 양의 에너지를 방출하지도, 2차 중성자를 내놓지도 않기 때문에 쓸모가 없다고 생각되어 왔습니다. …… 그러나 이 결론은 완전히 틀렸을지도 모릅니다."

쿠르차토프는 우라늄 238이 중성자로 때리면 변환되는 것을 언급하고 있었다. 버클리의 에드윈 매티슨 맥밀런(Edwin Mattison McMillan, 1907~1991년)과 필립 헤이지 에이블슨(Philip Hauge Abelson, 1913~2004년)이 1940년에 이 핵종 변환을 탐구했던 것이다. 쿠르차토프는 맥밀런과 에이블슨

* '파일(pile)'은 페르미가 만든 말이다. 적어도 그 정도는 노출되었다. (이전에 소련은 원자로를 '보일러(boiler)'라고 불렀다.)

이 발견했을 것으로 추측되는 사실을 이렇게 적었다. "우라늄 238의 핵은 중성자를 얻어맞고, 모종의 변화를 거쳐, 우라늄 239로 변환됩니다. 이 원소는 불안정하기 때문에 (평균) 20분 정도이면 자동으로 93번 원소[32]로 바뀝니다. 93번 원소는 지구상에 존재하지 않기 때문에 에카-레늄(eka-rhenium, '에카'라는 말은 미지의 원소에 사용하는 가칭으로, 주기율표에서 동족란 아래쪽에 와야 할 원소라는 뜻이다. 즉 주기율표에서 레늄 아래에 온다는 말이다. — 옮긴이)이라고 합니다." 맥밀런과 에이블슨은 우라늄의 원자 번호 92번을 넘어서는 (그래서 '초우라늄(transuranic)'이라는 형용사가 만들어졌다.) 사상 최초의 인공 원소에 더 나은 이름을 붙여 주었다. 하지만 그들은《피지컬 리뷰》에 그 이름을 발표하지 않았다. 두 사람은 93번 원소를 '넵투늄(neptunium)'이라고 명명했다.

우라늄은 자연 상태에서 지구상에 존재하는 것으로는 가장 무거운 원소이다. 우라늄의 원자핵은, 전기적으로 서로 반발하는 양으로 대전된 양성자가 고밀도로 채워져 있기 때문에 아슬아슬하게 안정적이다. 그렇다면 93번 원소처럼 사람이 만든 초우라늄 원소들은 훨씬 덜 안정적일 것이라고 예상할 수 있다. 원자핵에 양성자가 훨씬 더 많이 채워졌을 것이기 때문이다. 독일의 물리학자 카를 프리드리히 폰 바이츠제커(Carl Friedrich von Weizsäcker, 1912~2007년)[33]도 1940년 여름에 우라늄 238을 중성자로 때리면 이런 결과를 얻을 수 있음을 독자적으로 알아냈다. 그는 93번 원소가 분열 및 연쇄 반응을 할지도 모른다고 추정했고, 관련 연구가 필요하다고 정부에 보고했다. 하지만 독일 정부는 바이츠제커의 제안을 묵살했다. 실상은 이랬다. 93번 원소는 우라늄 235보다 우라늄 238과 더 비슷했다. 93번 원소는 반감기가 2.3일이었고, 어떤 경우에도 폭탄의 재료로는 적합하지 않았다. 어쨌든 93번 원소는 자연 발생적으로 베타 전자와 감마선을 방출하는 방사성 원소였으므로, 추가로 신속하게 변환되리라는 게 논리적 결론이었다. 사실 이론적으로 보면 94번 원소야말로 우라늄 235보다 훨씬 활발하게 분열 및 연쇄 반응을 해야 한다. 맥밀런과 에이블슨은 93번 원소를 소개하는 논문에서 이 "딸 핵종 94^{239}"[34]를 언급했고, 물리 특성의 몇 가지 한계를 측정했다. (글렌 시보그 연구진이 두 사람의 작업을 이어받아, 94번 원소, 즉 플루토늄을 발견했다. 하지만 그때 이미 이 연구는 기밀로 분류되었다.)

쿠르차토프도 1943년 3월 그 가능성을 깨달았다. 그는 이렇게 적었다. "에카-레늄(93번)은 우라늄 239보다 좀 더 안정적이기는 해도 역시 반감기가 짧아, …… 혼자서 94번 원소로 바뀌는 것 같습니다. 이 94번 원소를 에카-오스뮴(eka-osmium)이라고 합니다.* …… 현행의 모든 이론은 중성자가 에카-오스뮴(94번)의 핵과 충돌하면 대량의 에너지가 방출되고, 2차 중성자가 튀어 나온다고 말합니다. 이 점을 고려하면 에카-오스뮴(94번)은 우라늄 235와 비슷합니다."

쿠르차토프는 1943년 3월 22일자 편지의 2부에서 자신이 추정한 내용이 엄청나게 중요함을 알렸다.

> 에카-오스뮴(94번)이 정말로 우라늄 235와 성질이 비슷하다면 '우라늄 파일'에서 (화학적으로) 추출해 '에카-오스뮴' 폭탄의 재료로 사용할 수 있을 것입니다. '지구상에 존재하지 않는' 물질로 폭탄을 만들 수 있다는 이야기입니다.

---

* 방사 화학자들이 1930년대에 93번과 94번 원소에 "딸 핵종(daughter product)"이라는 예비적 명칭을 부여한 것은 예상했던 새로운 초우라늄 원소들이 레늄과 오스뮴을 닮았을 것으로 추측했기 때문이다. (밝혀졌다시피 이 가정은 틀렸다.) 두 금속은 원소 주기율표상에서 93번과 94번 바로 위 칸에 존재한다. '에카(eka)'는 '넘어서'라는 뜻이다.

짐작할 수 있듯이, 과제 전체를 이런 식으로 해결하면 우라늄 동위 원소 분리는 더 이상 필요하지 않습니다. ……

하지만 쿠르차토프는 매우 낙관적으로 결론을 내리면서 이런 전제 조건을 달았다. "물론 이런 색다른 특성은 …… 여러 면에서 아직 검증되지 않았습니다. 에카-오스뮴 239가 우라늄 235와 비슷하고, '우라늄 파일'을 만들어야만 가능한 일입니다. …… 모든 사항을 정량적으로 분석해야 합니다." 쿠르차토프는 자신이 젤도비치에게 이미 그 일을 맡겼지만 "1944년 중반까지는" 94번 원소의 특성을 제대로 연구할 수 없다고 썼다. "우리 사이클로트론은 그때에나 비로소 복구되어 가동할 수 있을 것입니다." 쿠르차토프는 페르부킨에게 요청했다. "미국에서 이 방향으로 어떤 연구가 진행되고 있는지 알아봐 달라고 정보 기관들에 요구해 주십시오." 그러고는 탐지해야 할 연구소 7개의 목록을 덧붙였다. 캘리포니아 대학교 버클리 캠퍼스의 방사선 연구소(Radiation Laboratory, 쿠르차토프는 맥밀런이 그곳에서 연구 중일 것이라고 생각했지만 맥밀런은 이미 MIT로 떠나 레이더를 연구하고 있었다.), 예일 대학교, 미시건 대학교, 컬럼비아 대학교가 쿠르차토프가 작성한 목록에 있었다. 쿠르차토프는 ① 94번 원소가 고속 중성자에 의해 분열하는지, 아니면 저속 중성자에 의해 분열하는지, ② 관련 단면적이 어떻게 되는지, ③ 94번 원소가 자연 발생적으로도 분열하는지의 여부를 알고 싶었다. 이 모든 정보가 94번 원소, 곧 플루토늄을 폭탄에 활용할 수 있을지 판단하는 것과 연관되어 있었다.

쿠르차토프는 3월 7일자 보고서의 개요에서 94번 원소의 새로운 정보를 언급했고, 여기서는 첩보 자료가 소련에 귀중했다고 극찬했다.

결론

첩보 자료는 …… 우리가 고수해 온 기존의 여러 견해를 돌아볼 기회를 주었습니다. 소련의 물리학자들은 세 가지 방향의 생소한 연구를 접했습니다.

1. (기체) 확산법으로 우라늄 235 분리하기.
2. 우라늄-중수 혼합물 속에서 핵 연소시키기.
3. 에카-오스뮴 94[239] 원소 연구.

결론적으로 이렇게 말할 수 있습니다. 자료가 전체적으로 아주 유익했고, 우리 과학자들이 해외의 연구를 접하기 전에 생각했던 것보다 훨씬 더 짧은 기간에 우라늄 문제 전체를 기술적으로 해결할 수 있을 것으로 보입니다.[35]

페르부킨은 깊은 인상을 받았고, 마지막 문장에 밑줄을 그었다.

"누구에게도 이 편지 이야기를 하지 마십시오." 3월 22일자 후속 보고서를 마무리하는 쿠르차토프의 어조는 무척이나 신중했다. 율리 하리톤은 먼 훗날 소련 과학자들의 기여를 옹호하면서 이렇게 주장한다. "핵 개발 프로그램을 진행하는 데에 소련 정보 기관이 중요한 역할을 했다는 식으로 과대 평가해서는 안 된다."[36] 그러나 쿠르차토프가 첩보 자료를 살펴보고 직접 작성한 보고서로 판단할 때 스파이 활동이 중요한 역할을 했음을 **과소 평가**해서도 안 될 것이다. 미국 과학자들은 올바르게도 플루토늄 연구 내용을 공표하지 않았다. 우라늄 238이 우라늄에서 화학적으로 분리할 수 있는 핵분열성 신원소로 바뀔 수 있다는 사실은 핵무기 경쟁의 초기에 가장 중요한 비밀이었다. "세상 사람들은 나가사키에 원자 폭탄이 떨어지고 나서야 플루토늄의 존재를 알았다."[37] 글렌 시보그는 이렇게 말했다. 소련의 과학자들은 클라우스 푹스 덕택에 1943년 초에 플루토늄의 존재를 알았다.

클라우스 푹스는 영국과 미국의 원자 폭탄 개발에서 자신이 맡은 역할을 잘 해 내고, 그에 대한 보답도 얻기 위해 5월에 영국 시민권을 받아들였다.

⊛⊛⊛

이렇듯 이고리 쿠르차토프는 첩보 자료를 검토한 후 우선 2개의 보고서를 작성했다. 과학 아카데미 이사회는 2개 보고서가 나오는 사이, 1943년 3월 10일, 쿠르차토프가 소련 원자 폭탄 프로그램의 지휘자로 임명되었음을 공식 확인했다. 쿠르차토프는 40세였고, 아직 아카데미의 정회원도 아니었다. (그는 6개월 후인 1943년 9월 29일 정회원으로 선출된다.)

쿠르차토프가 우라늄 동위 원소 분리법 연구를 외면하지 않은 것은 현명한 처사였다. 첩보 자료에 따르면 94번 원소는 대안의 하나일 뿐이었기 때문이다. 이런 행동 방식은 미국도 마찬가지였다. 중복적이고 비용이 많이 듦에도 불구하고, 다각적 접근법을 통해 폭탄을 만들 수밖에 없다는 방침이 채택된 것은, 어떤 방법이 성공할지 확신할 수 없는 시점에서 그러한 방침이야말로 실패할 가능성에 대비하는 유일한 보험이었기 때문이다.

쿠르차토프에게는 비밀 연구소로 사용할 새로운 거점이 필요했다. 그는 모스크바 강의 곡류하는 고리 안쪽으로, 크렘린에서 남서쪽으로 약 1킬로미터 떨어진 옛 지진학 연구소에 임시 공간을 마련했다. 그곳은 자모스크보레치에 지구(Zamoskvorechie district)의 피제프스키 가(Pyzhevski Lane)에 있었는데, 혁명 이전 시절에는 자모스크보레치에 지구에 고골, 톨스토이, 체홉 같은 문인들이 살기도 했다. 20명 정도에 불과한 쿠르차토프 진용은 그 연구소로 이사해 들어갔다. 골로빈과 스미르노프는 그곳을 이렇게 묘사했다. "작은 규모였지만 깔끔한 3층짜리 건물이 참피나무 수목들에 둘러싸여 있었다."[38] 쿠르차토프는 자신이 지휘하는 사업 본부에 열공학 연구소(Laboratory for Thermal Engineering)라는 이름을 붙였다.[39]

쿠르차토프의 연구진은 느리게 불어났다. 시설과 장비의 부족 사태도 여전했다. 하지만 사람들은 군대와 산업 분야에서 맡고 있던 온갖 황당한 임무에서 벗어나 기꺼이 이 모험적 사업 기획에 합류했다. 골로빈은 계속해서 이렇게 회고했다.

> 쿠르차토프에게 온 대부분의 사람들이 가진 짐이라고는 작은 여행용 가방에 아무렇게나 던져 넣은 물건과 젊어진 배낭에 구겨넣은 옷가지뿐이었다. 그들의 다른 소지품들, 이를테면 과학자들에게 아주 중요한 책과 원고는 피난과 공습 과정에서 죄다 사라진 상태였다. 쿠르차토프가 맨 먼저 처리해야 했던 사안은 새로 도착한 사람들에게 밥을 먹이고, 살 집을 마련해 주는 것이었다. 전시에 궁핍을 겪던 사람들은 그것만으로도 엄청나게 사기가 진작되었다.[40]

골로빈은 또 이렇게 적었다. "우리는 크로포트킨(Kropotkinskaya) 가에 있는 과학자들의 집(House of Scientists)에서 식권으로 점심을 해결했다. …… 우리는 팀 전체가 포장을 친 트럭에 타고 쿠르차토프와 함께 점심을 먹으러 갔다. 당시의 상황을 생각하면 그 점심은 정말이지 만찬 수준이었다. 우리는 여름 동안 과학자들의 집 근처에서 재배된 신선한 채소로 만든 샐러드를 먹을 수 있었고, 아주 행복했다. 다시 말하지만 꽃이 아니었다."[41]

사람이 늘어나면서 연구 공간이 이내 바닥났고, 그들은 볼샤야 칼루즈(Bolshaya Kaluzhskaya) 가에 있는 다른 건물을 차지했다. 그곳은 무기 화학 연구소가 쓰던 건물이었다. 골로빈은 이렇게 말했다. "칼루즈 연구소에서는 처음으로 무장 경비대가 입구를 지켰다."[42] 지원이 부족했고, 연구가 지체되자 모두 조급해졌다. "돌파구를 찾아야 했습니다." 게오르기 플료로프는 궁지에 몰린 그들의 분위기를 이렇게 회고했다. "우리는 최전선에서 싸우는 군인들과 꼭 같은 처지였습니다. …… 일단 우리는 자원이 부족했어요. 다행스럽게도 우리에게는 과학 아카데미의 연구소들과 군대에서 전압계와 기타 장비를 징발할 권한이 있었습니다. 무엇이 가장 중요한지 토론할 때면 …… 가장 중요한 것은 무엇이 되었든 아직 수행되지 않은 것처럼 느껴질 때가 종종 있었죠. 이미 해 놓은 일도 무언가 사소한 것이 잘못 되면 전부 망쳐 버릴지 몰랐고요."[43]

쿠르차토프는 최초의 임시 시설을 사용하면서도 항구적 연구 공간을 물색했다. 카프타노프는 보좌관 S. A. 발레진과 쿠르차토프가 "모스크바에서 피난을 떠난 각종 연구 기관의 여러 건물을 검토했다."라고 말했다. "우리는 나중에 확장할 수 있는 적당한 위치의 적합한 건물을 찾았다. 연구 기관 확장이 필연적이라는 것이 처음부터 명백했다."[44] 페르부킨도 부지 물색에 나서는 쿠르차토프와 가끔 동행했다. "이고리 바실리예비치와 나는 포크로프스코예스트레시네보(Pokrovskoye-Streshnevo)의 전국 의학 실험 연구소(All-Union Institute for Experimental Medicine) 미준공 건물들을 살펴봤습니다." 포크로프스코예스트레시네보는 모스크바 북서부 실버 우즈(Silver Woods)의 폐쇄적 교외 지구이다. "지붕이 올라간 한 건물에 핵물리학 연구 본부를 꾸리기로 했지요. …… 쿠르차토프가 이끄는 연구 기관은 의학 실험 연구 단지를 전부 차지했습니다."[45] 5헥타르의 소나무 삼림 지대에 담장이 둘러 쳐졌다. 지천 하나는 복개해 지하 배수로로 만들었다. 새 연구소의 부소장으로 재직하게 된 골로빈은 그곳을 이렇게 묘사했다.

쿠르차토프는 …… 철도 순환 노선 너머, 모스크바 강에서 1킬로미터가량 떨어진 감자밭의 가장자리에 있는 짓다 만 3층짜리 벽돌 건물로 마음을 정했다. 그 건물에서 200~300미터 떨어진 지점에 역시 완공되지 않은 1층짜리 석축 가옥이 두 채, 창고가 2~3개(역시 지붕이 없었다.) 있었다. 더 멀리 0.5킬로미터 떨어진 곳에는 2층짜리 건물이 서 있었다. 그 건물은 의료용 엑스선 기계를 만드는 소규모 공장이었다. 소나무 숲, 통나무집 두세 동, 감자밭을 가로지르는 2개의 철도 지선으로 나머지 풍경이 완성되었다. …… 수십 년 동안 기관총과 포 사격장으로 사용되었고, 한때 호딘카 필드(Khodynskoe Field)로 불린 지구의 가장자리에 소련 과학 아카데미 제2연구소가 건설되기 시작했다.[46]

(1943년 7월 적군은 우크라이나 전역에서 독일군을 서쪽 드네프르 강 유역으로 밀어붙였다. 하르코프가 해방되었다. 키릴 시넬니코프는 즉시 하르코프 연구소로 복귀했고, 단면적을 측정하기 위해 정전기 발생기(electrostatic generator) 복원 작업에 돌입했다. 하르코프 연구소는 그 임무로 인해 제1연구소라는 별명을 얻는다. 시넬니코프의 영국인 아내 에디는 고향으로 보낸 12월자 편지에서, 남편이 하르코프에서 목격한 파괴상을 이렇게 묘사했다. "키라(Kira)가 하르코프와 연구소를 공식으로 방문했어요. 남편은 언뜻 보기에는 거리가 파괴되지 않았다고 생각할 거라고 말합니다. 윤곽은 똑같대요. 하지만 길을 따라 걸어 보면 남아 있는 것은 건물의 껍데기일 뿐임을 알게 된다는군요. …… 우리 집은 완전히 텅 빈 더러운 곳으로 변했대요. 아름다운 스타인웨이(Steinway) 피아노가 차고 근처 길가에 나와 있었는데, 독일군이 대형 트럭을 물청소할 때 밟고 올라서는 디딤대로 사용했다나 봐요. …… 저희는 처음부터 다시 시작해야만 할 겁니다."[47])

그 1943년 여름에 75톤의 레닌그라드 사이클로트론 자석이 모스크바에 도착했고(독일군의 봉쇄를 뚫고 가져왔다는 사실 자체가 놀랍다.), 실버 우즈 연구소의 지하실에서는 유럽에서 가장 강력한 입자 가속기의 조립이 시작되었다. 입자 가속기 조립은 플루토늄을 몇 마이크로그램이라도 얻으려는 조치이기도 했다. 쿠르차토프는 화학자인 동생 보리스에게 이 일을 맡겼다.

⊛⊛⊛

모스크바 본부는 1943년 봄의 어느 시점에 이고리 쿠르차토프에게 미국에서 입수한 첩보 자료를 1차로 넘겼다. 워싱턴에 있는 전미 연구 협의회(National Research Council)의 수임 위원회 파일에 접근할 수 있었던 신원 미상의 인물[48]이, 수임 위원회가 기밀로 분류해 발표를 보류하고 보관 중이던 286건의 과학 논문을 복사하거나 요약해 전달한 것이다. (전미 연구 협의회는 군사적으로 중요한 연구 내용은 전부 발표를 금했다.) 신원 미상의 인물은 모리스 코헨의 물리학자 친구(야츠코프에 따르면 그의 암호명은 '페르세우스(Perseus)'였다.)였거나 다른 신원 불상의 미국 스파이였을 것이다.

쿠르차토프는 1943년 초여름에 그 광범위한 비밀 문헌을 검토한 보고서를 완성했다. 7월 3일에 쿠르차토프는 유의미하다고 판단한 237건의 분석 보고서[49]를 페르부킨에게 보냈다. 입수된 과학 논문의 내용은 참으로 포괄적이었다. 러시아의 한 역사가는 이렇게 적고 있다.

> 분석된 237건의 문서 가운데 29건은 (기체) 확산법으로 동위 원소를 분리하는 내용이었고(쿠르차토프는 미국이 중점적으로 개발 중인 방법이 기체 확산법이라고 판단했다.), 18건은 원심 분리법, 네 건은 전자기 분리법, 여섯 건은 열 확산법, 다섯 건은 동위 원소 분리의 전반적 문제, 10건은 우라늄 235 폭탄의 설계에 관한 내용이었다. (쿠르차토프는 상대적으로 많은 지면을 할애해 이 문건들을 분

석한다.) 32건은 우라늄-중수 원자로, 29건은 우라늄-흑연 원자로, 14건은 (플루토늄과 넵투늄의) 초우라늄 원소, 세 건은 (희귀한) 우라늄 동위 원소들인 우라늄 232와 우라늄 233, 30건은 중성자 핵분열 물리학의 전반적 문제, 55건은 우라늄 화학(확산 분리 공정에 사용되는 금속 우라늄, 산화우라늄, 우라늄 헥사플루오라이드 및 기타 물질, 이를테면 우라늄이 함유된 유기 금속 생산), 세 건은 우라늄이 생체에 미치는 영향을 다뤘다.[50]

쿠르차토프는 7월 3일자 보고서에 이렇게 썼다. 우라늄을 연료로 때고 흑연을 감속재로 사용하는 원자로 개발을 다룬 29건의 문서야말로 "미국이 우라늄-흑연 원자로를 주로 연구했음을 알려 줍니다." 쿠르차토프는 그 무렵 소련도 이러한 경로를 밟아 우라늄 연쇄 반응을 제어해야겠다고 마음을 정한 상태였다. 쿠르차토프가 첩보 자료를 읽고, 거기에 큰 영향을 받아 이런 결정을 내린 것이 분명하다.

하지만 29개 논문의 요약문 내지 발췌록은 "전반적인 연구 내용을 개설했을 뿐"으로, "중요한 기술적 세부 사항"이 담겨 있지 않았다. (이것은 자료를 그러모은 미국인 비밀 공작원이 전미 연구 협의회에서 일하던 비서나 사무원이었을 것임을 짐작케 한다. 물리학자라면 개설로는 불충분하다는 것을 알았을 테니 말이다.) 요약문들에는 "냉각관의 벽 온도, 우라늄 분열 산물이 고온에서 확산되는 양상 등"과 같은 기술적 문제들이 나오고, 이것들은 "추상적인 물리학 내용이 아니라 기술 프로젝트"였다. 다시 말해 "미국의 과학자들이 가까운 미래에 우라늄-흑연 원자로를 만들기 위해 진지하게 노력 중"이라는 증거였던 셈이다. 쿠르차토프는 더 많은 정보를 요구했다. "이 문제의 기술적 세부 사항을 미국으로부터 확보하는 일이 매우 중요합니다."

쿠르차토프가 검토한 미국의 원자로 개발 보고서들은 꼬박 1년이 뒤진 것이었다. 시카고 대학교에서 CP-1이 1942년 12월에 가동을 시작해 성공적으로 운영되었으며,* 후속 모형 CP-2가 조립 완료되어 시카고 외곽 아르곤 숲(Argonne Forest)의 한 부지에서 비밀리에 가동 중이었다. 워싱턴 주 핸퍼드(Hanford) 인근의 대단위 토지를 구매해서 그곳에 산업적 규모로 플루토늄을 생산하는 원자로를 설계하고 있었으며, 곧 건설된다. 플루토늄을 그램 수준으로 생산할 수 있는 1,000킬로와트 공랭식 화학 반응기가 테네시 주 오크리지에 건설 중이었다. 미국과 캐나다에서 증류 공장(distillery)이 쉼 없이 가동되었는데, 이는 중수를 감속재로 사용하는 반응로를 1943년 10월까지 아르곤 숲에 조립하기 위해 한 달에 중수를 3톤씩 생산하겠다는 계획에 따른 것이었다. 소련의 사태 파악이 이렇게 늦어진 것에 대해 두 가지 가능성을 생각해 볼 수 있다. 쿠르차토프의 손에 쥐어진 첩보 문서들이 그가 살펴보기 적어도 1년 전에 입수된 것들일 가능성이 그 첫 번째이다. 하지만 이 시나리오가 사실일 것 같지는 않다. (국가 보안 위원회(NKVD)는 쿠르차토프가 영국발 문서를 검토하도록 조치했다. 쿠르차토프 연구진은 그 전 여러 달 동안 최초 사업 계획을 짜고 있었다. 따라서 매우 민감하며, 정보가 풍부한 미국발 보고서를 안 주었다는 것은 말이 안 된다.) 갑작스럽게 정보가 차단되었을 가능성이 두 번째이다. 정보 차단 시나리오가 확실히 더 가능성이 있어 보인다. 모리스 코헨이 1942년 여름 미군에 징집되

* 쿠르차토프는 CP-1이 성공적으로 가동되었음을 1943년 7월까지도 전혀 알지 못했다. 따라서 국가 보안 위원회(NKVD) 장교 파벨 수도플라토프(Pavel Sudoplatov)가 "시카고에서 …… 핵분열 연쇄 반응이 최초로 실현되었음을 전하는 상세한 보고서"를 2월에 쿠르차토프에게 보여 주었다고 주장하는 것은 거짓말이다. 쿠르차토프가 모르는 것을 보면 1월에 페르미나 브루노 폰테코르보(Bruno Pontecorvo)가 원자로 완성 소식을 소련에 넘기지 않았음도 알 수 있다. 수도플라토프의 이 주장 역시 사실이 아닌 셈이다. (폰테코르보는 당시에 오클라호마의 석유 시추 회사에서 일하고 있었으므로, 미국의 비밀 연구에 전혀 접근할 수 없었다.) Sudoplatov and Sudoplatov(1994), 182쪽을 참조할 것.

었고,[51] 그가 관리하던 연락책(들)과의 스파이 연계망은, 야츠코프가 몇 달 후 로나 코헨과 재건할 때까지 두절되었다. 모리스 코헨의 연락책은 로나와 다시 연결될 때까지 그 또는 그녀가 수집한 정보를 넘길 수 없었을지 모른다. 소련에 정보를 제공하던 사람이 누구였든지 더 이상 파일에 접근할 수 없게 되었을지 모른다는 시나리오도 생각해 볼 수 있다.

쿠르차토프는 계속해서 "93번 원소(넵투늄)와 94번 원소(플루토늄)의 물리 특성이 상세히" 실린 14건의 문서를 검토한다. 이를테면 저속 중성자로 94239(질량수가 239인 94번 원소를 말한다.)를 핵분열시킬 수 있는 단면적이 1941년 5월 29일자로 된 한 기밀 논문에 나와 있었다.[52] 버클리의 물리학자들과 화학자들인 조지프 케네디(Joseph W. Kennedy), 글렌 시보그, 에밀리오 지노 세그레(Emilio Gino Segrè, 1905~1989년), 아서 월(Arthur C. Wahl)은 94239의 단면적이 우라늄 235의 그것보다 훨씬 크다는 것을 확인했다. 쿠르차토프는 기밀로 분류된 시보그와 세그레의 연구 내용을 더 원했다. "고속 중성자로 94번 원소(에카-오스뮴 원소)를 분열시키는 방법"을 다룬 것을 보고 쿠르차토프는 두 사람의 연구가 어떤 의미인지 알았던 것 같다. 쿠르차토프는 이렇게 설명했다.

> 이 원소가 중성자의 작용에 반응하는 것을 보면 우라늄 235와 비슷합니다. 고속 중성자가 우라늄 235에 작용하는 양상은 아직 모릅니다. 시보그가 에카-오스뮴 94239를 연구한 자료에 관심을 갖게 되는 이유입니다. 우라늄 235 폭탄을 만드는 사안과 관련해서 말이죠. 그런 이유로 우리는 시보그와 세그레의 연구 내용을 입수하는 게 아주 중요하다고 보고 있습니다.

소련의 프로젝트 지휘자 쿠르차토프는 이 모든 문건을 바탕으로 판단할 때 미국이 원자 폭탄 개발에 집중하고 있음을 알 수 있다고 적었다.

그는 소련의 연구가 "(흡족한 수준은 아닐지라도)" 미국과 같은 노선을 따라 수행되고 있다는 점도 알 수 있다고 썼다. 하지만 두 가지가 걸렸다. 우라늄-중수로와 우라늄 동위 원소의 전자기 분리가 그것이다. 이것과 관련된 소련의 연구는 아직 시작하지도 못하고 있었다.

쿠르차토프의 결론을 보자. "우리는 이 두 가지 방향 모두에서 작업을 시작해야 할 것입니다. 첫 번째 과제인 우라늄-중수로는 상당한 주의가 요망됩니다." 중수로가 흑연 반응로보다 만들기 더 어려울 것이라고 쿠르차토프는 지적했다. 중수로라면 수톤 규모의 중수를 생산해야 했기 때문이다. 하지만 그렇게 하면 심각한 문제 하나를 해소할 수 있을 터였다. 소련은 프로젝트를 추진하려고 해도 우라늄이 거의 없었던 것이다. 쿠르차토프는 중수로를 만들면 "우라늄 50톤이 아니라 1~2톤 정도면 된다."라고 밝혔다. "그 정도는 1943년 현재 우리에게도 있습니다. 하지만 우리 조국이 우라늄을 50톤 가까이 비축하려면 상당한 시일이 걸릴 겁니다."

율리 하리톤은 자신과 소련의 동료들에 관해 이렇게 적었다. "소련의 과학자들은 원자 폭탄 문제를 해결하는 과제에 착수했을 때 더 이른 시기의 자체 연구를 바탕으로 확고하게 출발할 수 있었다."[53] 1943년 여름에 영국과 미국에서 첩보 자료가 물밀듯이 쏟아져 들어왔고, 그 자료를 검토한 내용이 이 기반에 대거 보태졌다. 하지만 소련이 영국과 미국을 기술적으로 따라잡을 수 있었다 해도 그들은 아직 폭탄을 만들 수 없었다. 필요한 원료가 부족했고, 가공 처리에 필요한 대규모 산업 시설 개발에 착수하지도 않은 상태였다.

4장

러시아 커넥션

소련을 위해 스파이 활동을 한 다수의 미국인처럼 해리 골드도 러시아와 연결되어 있었다. 1881년에 혁명가들이 차르 알렉산드르 2세(Alexandr II, 1818~1881년)를 암살했고, 그 여파로 개혁 조치들이 폐지되었으며 잔인한 포그롬(pogrom, 조직적인 집단 학살 또는 박해를 뜻하는 러시아 어)이 발생했다. 희생양이었던 유대인들이 러시아를 대규모로 탈출했다. 1882년과 1920년 사이에 약 350만 명의 유대인이 미국으로 달아났다. 해리 골드의 부모인 샘 골로드니츠키(Sam Golodnitsky)와 셀리아 골로드니츠키(Celia Golodnitsky)도 1904년경에 러시아를 떠났다. 두 사람은 스위스에서 10년 동안 머물렀다. 샘은 거기서 장식장을 제작하는 소목으로 일했다. 헨리히(Henrich, 해리 골드)는 1910년 12월 12일 베른에서 태어났다. 골로드니츠키 가족은 1914년에 미국으로 이민을 떠났고, 엘리스 섬(Ellis Island)의 출입국 심사관한테서 골드라는 이름을 받았다. 그들은 아칸소주 리틀록(Little Rock)에 사는 친척 집에서 잠시 더부살이를 하다가 시카고로 옮겨 가축 수용소와 저탄장(貯炭場)에서 일했고, 최종적으로 1915년 사우스 필라델피아(South Philadelphia)에 정착했다. 해리의 남동생 요셉(Yosef)은 그로부터 2년 후에 태어났다.[1]

사우스 필라델피아는 거친 동네였다. 해리 골드는 자신이 "진심으로" 소련에 협력하겠다고 생각한 것은 어린 시절에 당한 유대인 배척 경험에서 "강력하게 비롯되었다."라고 자평했다.

> 나는 12세쯤 브로드 가와 포터 가가 만나는 지점에 있던 공립 도서관에 자주 들락거렸다. 도서관은 집에서 약 3킬로미터 떨어져 있었다. 한 번은 도서관에서 돌아오는데, 15명쯤 되는 비유대계 소년들이 12번가와 셩크 가가 만나는 지점에서 나를 붙잡았다. 나는 죽도록 얻어맞았다.[2]

시는 사우스 필라델피아의 넥(Neck) 지구라는 눅눅한 저지대 인근에 쓰레기 하치장을 운영했다. 넥 지구의 아이들은 "극단적으로 원시적인 생활 환경에서 모기 및 오물과" 살았다. 그곳의 일명 네커 파(Gangs of Neckers)는 골드가 살던 동네에 "벽돌 투척, 창문 부수기, 급습"을 일삼았다. "그들은 …… 유대인을 무척이나 증오했다."[3]

골드의 아버지는 열심히 일하는 정직한 노동자였다. 아버지 역시 빅터 토킹 머신 컴퍼니(Victor Talking Machine Company)에서 괴롭힘을 당했다. 그는 거기 고용되어, 라디오 장식장을 사포로 닦는 일을 했다. 이민 노동자들은 "노골적으로 유대인을 싫어했고, …… 몇 되지도 않는 유대인 가운데 한 명인 아버지를 조롱하고 놀렸다." 아일랜드 출신의 직공장은 특히 더했다. "아버지가 만난 사람 가운데 유대인을 가장 증오한"[4] 사람이 그였다. 그는 샘을 가장 빨리 돌아가는 생산 라인에 배치했고, 혼자 일하게 했다.

> 밤에 아버지가 퇴근하시면, 손가락 끝의 피부가 벗겨져 속살이 보이기 일쑤였다. 과장이 아니다. 어머니가 손가락의 환부를 씻기고 연고를 발라 드리면, 아버지는 다음날 아침 다시 일터로 출근하셨다. 아버지는 절대 일을 그만두시지 않았다. 아버지는 그런 분이 아니었다. 당신은 자식들에게 단 한마디도 불평하시지 않았다.[5]

"이런 종류의 다른 사건을 무수히 열거할 수 있다." 해리 골드는 이렇게 요약했다. "나에게는 계속해서 엄청난 적의가 쌓였다. 무언가 적극적으로 나서서 싸우고 저지해야겠다고 느낀 이유이다. 반유대주의자 개인과 싸우기보다는 더 넓게 보고 뭔가를 해야겠다고 판단했다."[6]

골드가 반유대주의에 대한 원한을 우상처럼 따랐던 아버지에게 부분적으로 물려받았다면, 사회주의에 대한 관심은 어머니를 통해 갖게 되었다. 어머니 셀리아 골드가 사회당을 설립하고 대통령 후보로까지 나선 유진 빅터 데브스(Eugene Victor Debs, 1855~1926년)에 "열광"했다고 아들은 증언했다. 골드 일가는 "역시 사회주의 이론을 옹호하던"《주이시 데일리 포워드(*Jewish Daily Forward*)》를 구독했다. 해리는 고등학교 때 "노먼 매툰 토머스(Norman Mattoon Thomas, 1884~1968년)를 엄청나게 존경했고, 그가 정말이지 위대한 사람이라고 생각했다." 당시의 해리 골드에게 "볼셰비즘과 공산주의는 이역만리 원시의 타국에서 벌어지는 터무니없고, 모호한 현상을 지칭하는 술어일 뿐이었다. …… '공산당원이라고!' 나는 기겁했다."[7]

해리 골드는 라틴 어와 과학 동아리 회원으로 활약할 만큼 고등학교에서 공부를 잘했다. 그는 졸업 후 펜실베이니아 슈거 컴퍼니(Pennsylvania Sugar Company)에 들어갔고, 대학 공부를 하기 위해 돈을 모았다. 해리는 1930년 펜실베이니아 대학교에 진학해 2년을 다녔다. (돈이 바닥났다.) 펜실베이니아 슈거 컴퍼니가 그를 다시 고용했다. 해리는 10년 후 징병 위원회에 출석해 대공황이 최악으로 곤두박질쳤던 1932년 3월부터 자신이 어머니를 부양해 왔다고 석명한다.[8] 그는 1932년 크리스마스를 한 주 앞두고 해고되었다. "구호품에 의지해야 했는데, 참으로 수치스럽고 면목이 없었다. 해고되고 나서 맨 처음 한 일은 응접실 가구를 전당포에 맡기는 것이었다. (14년 만에 처음이었다.) 그렇게 받은 50달러가 아주 긴요했고, 커 보였다." 어머니는 자선 구호를 받는 것에 반대했다. "아주 격렬하게." (후에 골드의 한 고용주는 셀리아 골드가 "집안을 철권 통치한 폭군 같은 존재"[9]였다고 말했다.) 골드는 "5주 동안 미친 듯이"[10] 일자리를 찾아 헤맸다. 바로 그때 공산당 조직책이자 화학자인 톰 블랙이 골드 앞에 나타났다.

한 친구가 해리 골드에게 전화를 해, 저지 시티(Jersey City)의 어떤 비누 회사에서 블랙이 남기고 떠난 일자리를 알려 주었다. 관련 정보와 추천서를 받으려면 그날 밤 바로 블랙을 찾아가야 했다. "어머니는 흥분했고, 갈색 판지로 급하게 여행용 가방을 꾸렸다. 나는 6달러를 빌렸고, …… 바지와 어울리는 상의도 한 벌 빌렸다. 그런 다음 그레이하운드 버스에 몸을 싣고 저지 시티로 향했다." 골드는 받은 주소를 손에 쥐고, 눈길을 뚫고 나아갔다. "블랙이 아래층에서 기다리고 있었다. 그 커다랗고, 친절한 주근깨투성이의 얼굴이 아직도 생각난다. 소리 없이 만면에 띤 웃음과 악수할 때 느꼈던 곰 같은 손도."[11] 두 사람은 밤새 자지 않고 이야기를 나누었다. 블랙은 골드에게 비누 제조 화학을 알려 주었고, 그를 공산당에 입당시키고 싶다고 솔직하게 털어놨다. 블랙은 5시간 가까이 자본주의를 비판했고, 공산주의를 선전했다. 골드는 일자리를 얻었다. 그는 주급 30달러를 받았고, 가족은 더 이상 구호를 받지 않아도 되었다.

블랙은 골드를 저지 시티의 당 회합에 데려갔다. 골드는 그 부적응자들의 모임에서는 "아무것도 되는 게 없다."라고 느꼈다. 그리니치 빌리지(Greenwich Village)의 회합은 더 잘난 사람들의 현학적인 모임이었다. 거기 모인 사람들은 포도주를 마셨고 스파게티와 굴을 먹었다. 그러면 모임을 연 주인이 "믿을 수 없을 정도로 웃긴" 《뉴요커(*New Yorker*)》에 당대의 만화가이자 작가인 제임스 서버(James Thurber, 1894~1961년)가 쓴 글을 읽어 주었다. 하루는 누가 부르주아의 가정 생활이 퇴폐적으로 타락했다고 공격했고, 골드는 폭발했다. "내게는 그런 비판이 가장 나쁜 종류의 이단이었고, 나는 부모와 자식들의 단란하고 행복한 결합을 치열하게 변호했다."[12] 골드 자신의 가정 생활이 그랬다. 그는 다시 슈거 컴퍼니에서 일하기 위해 다음 날 필라델피아로 돌아갔다. 골드는 톰 블랙에게 당하던 구속에서 놓여나 집으로 갈 수 있게 되어 행복했다.

그때가 1933년 9월쯤이었다. 골드는 겨울에 드렉셀 공과 대학의 야간 과정에 등록해, 화학 공학을 공부하기 시작했다. 하지만 블랙이 계속 주변을 맴돌았다. "우리 가족이 경제적 구원자나 다름없던 블랙을 따뜻하게 맞이한 것은 당연한 일이었다. 톰 역시 솔직하고 진심 어린 태도를 보였고, 우리 가족은 곧 그를 좋아하게 되었다."[13] 덩치가 컸던 그 화학자("블랙의 체구와 이목구비는 200년 전 영국 농부와 비슷했다."[14])는 골드의 부모를 상대로 선전 활동을 시작했다. "그런데 그러다가 갑자기 그만뒀다."[15] 블랙은 골드에게 입당을 권유하던 것도 중단했다. 골드는 블랙이 태도를 바꾼 것에 특별한 의미가 있었음을 나중에야 알았다. 블랙이 대담하게도 뉴욕 주재 소련 무역 회사 암토그를 찾아가, 소련에서 과학자로 봉사하고 싶다고 자원했던 것이다.[16] 소련은 그러지 말고, 산업 스파이 활동을 해 달라고 역제안했다. 블랙은 추가 임무까지 맡았다. 비밀리에 트로츠키주의자들을 추적하는 임무가 그것이었다.[17]

블랙은 1934년에서 1935년으로 해가 바뀌는 시점에 골드에게 자신의 새 임무를 소개하고, 함께해 줄 것을 요청했다. 골드는 마음의 준비를 마친 상태였다. "생각해 보겠다고 말했다. 하지만 결심은 이미 하고 있었다. …… 어느 정도는 열심이기까지 했다."[18] 골드는 먼 훗날 자신의 삶을 돌아보면서 소련 공작원이 된 이유를 하나하나 신중하게 되새겨 본다. 블랙에게 진 빚. 진정으로 소련 인민들이 "더 나은 삶을 향유할" 수 있도록 돕고 싶었던 마음. 블랙의 지속적 접근을 용인한 점.[19] "하지만 이런 것들은 표면에 드러난 정황일 뿐이었다." "당시에는 깨닫지 못했던 훨씬 더 강력한" 동기들이 저변에 깔려 있었다. "나치즘과 파시즘" 등 온갖 형태의 반유대주의와 싸우는 것이 그 가운데 하나였다. "이곳 미국에서 왜 반유대주의와 싸우려고 하지 않았는가? 하고 물을지도 모르겠다. 솔직히 말해, 나는 가망이 없다고 봤다."[20]

골드는 "상황이 요구한다고 여겨지면 극단적 행동도 서슴지 않는 자살적 충동"도 하나의 동기였다고 뚜렷하게 인식했다. "필요하다면 불법 행동도 가능하다."[21]라는 것이 골드의 태도였다. 골드는 이런 생각도 했다. "나는 기본적으로 민주주의를 얼마간 불신했다. …… 나는 러시아 공작원들과 어울려 활동하던 무렵, 스스로를, 법망을 피해 소련을 위해 일하는 미국 시민이라고 간주했다. 공정하지는 않지만 사실이기도 하다. …… 내 행동으로 인해 어떤 식으로든 미국이 피해를 입는다고 생각했다면 결코 하지 않았을 것이다." 나중에 골드는 그런 합리화가 어처구니없게 들리리라고 고백했다. "나는 스스로를 속이고 있었음을 의식하지 못했다."[22] 골드는 "기만, 책략, 절도에 맞서는 튼튼한 장벽을 허물어

버리"고 있었음도 인정했다. "그 장벽은 어머니가 오랜 세월에 걸쳐 쌓아 주신 것이었다."[23] 정말이지 그는 어머니를 노골적으로 속였다. "집에서는 물론이고 친구들한테도 행방을 설명하려면 거짓말이 필수였다. (어머니는 내가 연애를 하는 중이라고 생각하셨다.)"[24] 골드의 은밀한 첩보 활동은 일종의 연애였다. 어머니의 철권 아래에서 부모, 미혼 남동생과 함께 사는 외롭고 수줍은 일 중독자 총각에게는 확실히 연애일 수 있었을 것이다.

> 소련 공작원과 만날 계획 세우기, 자료를 수집하기 위해 신중하게 준비하기, ……, 보고서 작성, 청사진들을 훔쳐다 복사하고 다시 갖다 놓기, 뉴욕, 신시내티, 버펄로에서 (공작원들과) 접선하기, …… 각종 여행 자금을 마련할 때 겪는 어려움, 볼일이 전혀 없는 낯선 도시들의 길모퉁이에서 하염없이 기다리며 보내는 무료한 시간, 싸구려 영화나 보면서 시간 죽이기, ……. 나는 이 모든 일이 몸에 뱄다. 그 일은 고역이었고, 나는 싫었다. 이런 일이 매혹적이고, 흥미진진할 거라고 생각하는 사람이 있다면 정말이지 잘못 아는 것이다. 이 일보다 더 지루하고 따분한 일도 없다. 하지만 여기에는 기이한 한 가지 사실이 도사리고 있었다.
>
> (전쟁이 끝났고) …… 나는 활동을 중단했다. 그런데 얼마 후 나는 그 활동을 그리워하고 있었다. …… 한번은 블랙과 이야기를 할 기회가 있었다. 그는 내게 스파이 활동을 시킨 게 실수였다고 말했다. …… 나는 이렇게 말했다. "하지만, 톰, 우습게도 나는 그때 생활이 그립습니다. 지금은 마치 죽어 버린 것 같아요. ……" 그러자 블랙이 대꾸했다. "참 기묘하네요. 나도 그렇거든요. 그 활동 때문에 지난 14년 동안 고민과 불행이 엄청났는데도 말이죠."[25]

블랙은 1935년 대부분의 기간에 골드와 접선했다. 골드는 펜실베이니아 슈거 컴퍼니에서 화학 공식을 훔쳐야 했다. 하지만 그도, 블랙도 훔쳐낸 문서를 복사할 돈이 없었다. 골드는 공작 활동의 초기에 필요한 자금을 확보해야만 했다. 소련 사람들은 보답으로 무엇을 줄지 고민했지만 엄청나게 인색했다. 결국 블랙이 나서서 암토그에 복사 문제를 담당하라고 설득했다. 해리는 이제 훔친 자료를 뉴욕으로 가서 전달하고, 다시 받아오기만 하면 되었다. "그 일을 담당할 암토그의 러시아 엔지니어가 나를 무척 만나고 싶어 했다는 것이 인상적이었다."[26] 아무튼 청년 해리 골드는 1935년 11월에 '폴(Paul)'을 만났다.

해리 골드는 25세였고, 국제 사회를 무대로 암암리에 스파이 활동을 하게 되었으니 정신을 차릴 수 없었음에 틀림없었다. 하지만 그는 아주 독립심이 강하고 자주적이었다. 골드는 처음부터 의심이 들었다. 무엇보다 그를 괴롭혔던 의혹은 전문성이었다.

> 소련 사람들은 화학 공학을 독창적으로 연구할 의도가 없어 보였다. (그들은) 이 분야의 그 어떤 개척자적 연구 노력도 몹시 두려워했다.
>
> 1935년, 그러니까 처음부터 폴은 미국에서 성공적으로 적용되고 있는 공정을 원한다고 내게 말했다. 폴은 물론이고 그 후임들도, 더 나을 가능성이 있지만 아직 실험 단계인 것보다는 성공적으로 운영 중이거나 입증된 공장의 세부 사항들만 원하고, 또 절대적으로 필요하다는 말을 되풀이했다. 생산 공정에 전면적으로 적용되지는 않는 기술 자료를 넘기려고 몇 번 시도했는데 그때마다 엄하게 꾸지람을 들었다. 그래서 나는 단념했다. 하지만 정말 이지 의아했다.
>
> 이게 다가 아니었다. 그들은 미국 기술을 엄청나게 숭배했고, 나는 또 한 번 궁금해졌다. …… 하지만 나는 소련에서 화학 산업이 무척이나 긴요하고, 소련의 상황이 지금 성공할지 알 수 없는 기술에 도박을 할 처지가 전혀 아니라는 이야기를 들었다.[27]

소련 공작원들은 확립되어 믿을 수 있는, 검증된 기술만을 미국에서 입수하려고 했다. 그들의 상사들은 운영하고 관리하는 사람들이지 공학자나 과학자가 아니었다. 검증되지 않은 발상을 그들은 전혀 평가할 수 없었다. 실수 자체가 악랄한 범죄로 여겨지던 시절이었고, 요원들은 위험을 무릅썼다 당하게 될 처벌을 잘 알았다.

골드는 폴과 함께 일했다. 폴은 머리카락이 은백색이었고, 어쩌면 덴마크 인이었을 수 있다. "체구가 헤비급 권투 선수처럼" 큰 사람, 그리고 "콧수염을 기르고 규율을 무척이나 까다롭게 강조하던 작은 체구의 우울한 사람"[28]과도 작업했는데, 해리는 뒤엣사람을 싫어했다. 암토그는 골드가 믿을 만하다고 판단했고, 곧 더 많은 책임이 요구되는 간첩 임무를 맡겼다. 해리는 한쪽으로는 정보원, 다른 쪽으로는 소련의 직속 상관만 아는 밀사이자 중개인이 되었다. (짐작할 수 있듯이, 이것은 첩보망의 노출을 줄이려는 예방 조치이다.) 소련은 골드의 효율을 증대시킬 필요가 있었고, 그가 신시내티에 있는 자비에 대학(Xavier College)에 진학할 수 있도록 학비를 댔다. 해리는 1940년에 최우등으로 졸업하며 화학 학위를 취득했다. 하지만 그들은 계속해서 골드를 단단히 옥죄었다. 골드는 암토그 장학금을 갚아야 했고, 벤 스밀그(Ben Smilg)[29]라는 라이트 필드(Wright Field) 사 항공 기술자를 매수하려 시도했고, 그다음에는 협박했다. 스밀그는 골드의 이 두 가지 시도 모두에 전혀 굴하지 않았다.

해리 골드는 1940년에 징병 대상이 되었다. 징병 검사관은 그가 29세이고, 갈색 머리카락에, 눈동자가 녹갈색이며, "얼굴색이 가무잡잡하다."라고 적었다. 그는 키 167센티미터, 몸무게 82킬로그램으로, 단신에 몸집이 컸다. 골드는 캠프에 참가한 어린 아이처럼 "식욕이 왕성했다." 그는 한 친구의 말을 인용하면서 자랑스러운 어조로 이렇게 썼다. "골드는 오랫동안 가만히 있으면서, 먼저 그를 먹지 않는 것이면 뭐든지 먹는다."[30]

그는 널찍한 슬라브 족 얼굴에, 턱 아래로 살이 축 처져 있었다. 골드는 실제보다 더 나이 들어 보였고, 고혈압이 있었다. 징병 위원회는 골드를 4-F로 분류했고, 그는 군 복무가 면제되었다. 골드와 함께 일했던 사람들은 그가 예의 바르다고 생각했다. 동료 화학자 한 명은 이렇게 말했다. "열심히 일하는 사람이었죠. 양심적이었고 성실했습니다."[31] 직장 동료였던 한 여성은 골드가 "불안한 성격"이었다고 기억했다. 여자들한테는 그랬던 것 같다. 그녀는 이렇게 증언했다. "특히 여자하고 말할 때면 얼굴이 벌개졌어요. …… 그는 남자랑도 가끔씩만 이야기하는 조용한 사람이었습니다. 그래도 시켜야 할 일이 있을 경우에는 여자하고만 이야기했어요."[32]

해리 골드는 1940년 가을에 새로운 연락책과 연결되었다. 골드가 제일 마음에 들어 한 그 연락책은 MIT를 졸업한 세묜 세묘노프(Semën N. Semënov)라는 공학자였다. 골드는 그를 '샘(Sam)'이라고만 알게 된다. 골드는 이렇게 말했다. 샘은 "얼굴색이 가무잡잡했고, 성격은 멕시코 사람이나 다름없었으며, 검정색 눈동자가 열정적이었고, 정말이지 미소가 따뜻하고 친절했다."[33] 샘은, 미국인으로 통했을지도 모르지만 골드가 만난 유일한 소련 사람이었다. 말하고, 옷 입고, 행동하는 방식을 보면 샘은 영락없는 미국인이었다. "모자 쓰는 것을 보면 더욱 그랬다. 어떤 이유인지 모르겠지만 외국 사람들은 미국인들처럼 모자를 쓰지 않는다."[34] 샘은 돈을 받는 공작원들을 경멸했다. 이것과 관련해 해리 골드는 문제가 된 적이 없었다. 그는 아무런 보상도 요구하지 않았기 때문이다. 아무튼 샘과 활동을 시작하면서, 소련은 골드의 여행 경비를 모두 변제해 주었다. 골드가 헌신적으로 활동하던 몇 년간 간신히 수지를 맞출 수 있었던 이유이다.

샘은 골드를 느닷없이 버펄로로 보내 알 슬랙(Al Slack)이라는 남자와 접선하게 했다. 슬랙은 이스트먼 코닥(Eastman Kodak) 사에서 일했고, 코다크롬(Kodachrome) 필름 제조 정보를 암토그에 넘기는 중이었다. 그 임무는 판에 박힌 일이었고, 그리 생산적이지도 않았다. 그러던 1941년 봄 샘이 해리에게 말했다. "내가 더 이상 필요없을 것 같습니다."[35]

하지만 6월에 독일이 소련을 침공하자 암토그의 우선 순위가 바뀌었다. 1941년 가을, "샘이 내게 전화를 걸어왔다. 우리는 만났고, 그는 소련을 위해 가열차게 정보를 수집하는 작전을 시작해야만 한다고 내게 말했다."[36] 골드는 시러큐스, 로체스터, 버펄로를 훑고 다니면서 알 슬랙과 다른 세 남자로부터 더 많은 자료를 수집했다.

골드의 다음 임무는 텔레비전 연속극으로 변질되었다. 제이콥 골로스(Jacob Golos, 1889~1943년)라는 소련 요원이 화가 나서 에이브러햄 브로스먼(Abraham Brothman)[37]이라는 변덕스럽고 까다로운 화학자를 샘에게 넘겨 버린 것이다. 컬럼비아 대학교를 졸업한 브로스먼은 지키지 못할 약속을 남발하는 경향이 있었다. 브로스먼의 이전 연락책은 엘리자베스 테릴 벤틀리(Elizabeth Terrill Bentley, 1908~1963년)[38]였다. 벤틀리는 바서 대학을 졸업한 골로스의 정부(情婦)로, 전쟁 무렵 그녀가 관리하는 접선자들이 늘어났다. 이것은 캐나다, 워싱턴 소재 미국 정부, 산업 첩보 대열의 공산주의자들을 포괄하라는 골로스의 지령에 따른 것이었다. 벤틀리는 화학이 아니라 이탈리아 문학을 전공했고, 소련은 브로스먼에게 공학을 아는 접선책[39]을 붙여야겠다고 결정했다.

샘은 골드에게 이렇게 말했다. 브로스먼은 "정부 요직에 있는 인사로, 공학자"[40]이다. 두 화학자는 몇 차례나 연기된 끝에 드디어 접선했다.[41] 골드는 1941년 9월 어느 월요일 밤에 맨해튼 의류 생산 지구에서 브로스먼의 차에 탔다. 골드가 자신의 신원을 확인시켜 줄 때 자동차의 라디오에서는 조 루이스 바로(Joe Louis Barrow, 1914~1981년)와 루 노바(Lou Nova,

1913~1991년)의 권투 시합이 중계되고 있었다. 두 사람은 함께 2~3라운드쯤 조용히 방송을 들었다. (루이스가 노바를 때려눕혔다.) 그들은 차 안에서, 이어 밤늦게까지 빅포드의 한 식당에서 3시간 정도 이야기를 나눴다.

브로스먼에게서 유용한 정보를 얻어 내려는 골드의 시시포스와 같은 노역이 시작되었다. 브로스먼은 정부 관리가 아니었고, 정부와 계약을 맺은 사기업에서 일하고 있었다. 컬럼비아 출신의 그 화학자가 소련 사람들을 조종해 온 것 같다고, 골드는 생각했다. 브로스먼은 소련 사람들이 자신의 사업 활동을 마련해 줄 수 있을 것으로 기대했다고, 골드는 생각했다.

> 1942년 초부터 …… 브로스먼은 여러 차례에 걸쳐 드러내 놓고 직접 물었다. (적어도 여섯 번은 될 것이다.) 내가 소련으로부터 합법적 지원을 얻어, 자기가 기업을 세우고, 나아가 소련을 위해 화학 공정 연구를 할 수 있겠냐는 것이 그 물음의 내용이었다. 샘에게 그 이야기를 처음 꺼내자 그가 미친 듯이 웃더니 말했다. 그렇게 지랄맞고 멍청한 허튼소리는 평생에 들어본 적이 없다고 말이다. …… 브로스먼이 이야기한 합법적 지원이란 2만 5000~5만 달러를 대출 수 있겠냐는 것이었다.[42]

브로스먼은 이 과정에서 소련 사람들과 끈을 유지할 정도로만 정보를 주었다. 샘은 계획이 차질을 빚자 화를 냈고, 그 직격탄의 희생자는 골드였다. 마침내 골드도 브로스먼을 다그쳤다. 브로스먼은 가만있지 않았다. 그는 소련 사람들을 "바보들"이라고 욕했다. 브로스먼은 골드에게 자신이 소련 사람들에게 "항공기용 터빈 엔진 도면과, 직접 설계한 초기 지프차 모델 가운데 하나의 정보"[43]를 이미 주었다고 말했다. (이것은 골드의 이야기이다.) 아무튼 그는 한 폭약 공장 시설의 완벽한 도안을 넘기겠다고 약속했다.

브로스먼은 얼마 안 되어 폭약 공장 시설 약속을 취소했고, 훨씬 그럴싸한 것을 약속했다. "그는 합성 고무 부나에스(Buna-S)를 제조할 수 있는 완벽한 정보를 갖고 있다고 내게 말했다. 그는 완벽한 정보를 갖고 있을 뿐만 아니라 (합성 고무 공장을 지을 수 있는) 완벽한 설계 도면도 갖고 있다고 내게 말했다. …… 샘에게 그 사실을 알리자 그는 대단히 흥분했다."[44] 부나에스는 세묘노프가 희망하는 품목 가운데 하나였던 것이다. 골드는 1942년 정월 초하루에 브로스먼과 만나기로 했다. 부나에스 관련 정보를 얻기 위해서였다. 브로스먼은 2시간 늦게 자기 사무실에서 아래층으로 내려왔다. 그것도 빈손으로. 골드의 증언에는 쓰라림이 배어 있다. "그때를 아주 선명하게 기억한다. 아침이었는데 엄청 추웠기 때문이다. 나는 익스체인지 바(Exchange Bar) 밖에서 기다렸다. 재수 없게도 술집이 문을 안 열었던 것이다. 설날 아침이었으니 당연했다."[45]

브로스먼은 골드의 처지를 냉담하게 무시했고, 이런 식으로 협상이 계속되자 샘이 드디어 폭발했다.

> 그는 불같이 화를 냈다. "이봐요, 당신 바보예요? 그 악당 자식은 일요일에 정보를 안 가져올 거요. 다음 주 일요일은 물론이고, 그다음 주 일요일도 마찬가지겠지. 장담하건대, 한두 달은 걸릴 거요. 받아 온 정보가 완벽할지도 의심스러워요. 놈에게는 지금 완벽한 정보가 없습니다. 절반도 완벽하지 않을 거예요. 아예 시작도 안 했을지 모르고." ……
>
> 그다음은 브로스먼 차례였다. (샘은) 어찌나 화가 났는지 거의 제정신이 아니었고, 말이 꼬여서 버벅거렸다. 잠시 진정한 후 그는 이렇게 말했다. "젠장, 술이나 한잔하러 갑시다. 당신은 식사도 해야겠고. 술집에서는 음악이나 오페라 이야기만 하자고요. 브로스먼, 그 개자식 이야기는 꺼내지도 맙시

다."[46]

하지만 브로스먼이 결국 한 건 해 냈다. 1942년 3월의 어느 비오는 저녁에 브로스먼은 합성 고무 부나에스의 완벽한 제조 공정 보고서와 공장 설비 청사진을 해리 골드에게 전달했다. 행간 여백 없이 타자를 친 수백 쪽의 문서와 12장의 청사진. 샘은 4월에 골드에게 브로스먼을 치하해 주라고 지시했다. "브로스먼이 넘긴 정보가 소련에 접수되어, 놀랍고도 아주 귀중한 자료로 일컬어졌던 것이다. …… 소련은 부나에스를 생산하기 위해 바로 공장 건설을 시작했다."[47]

알 슬랙도 성과를 냈다. 하지만 골드는 그 전에 실망이 누적되어, 공작 활동을 거의 포기할 생각까지 했다.

> 1942년 가을에는 나도 잠시 흔들렸다. 상황이 아주 안 좋았다. 알 슬랙과는 연락이 끊어졌고, …… 브로스먼과 하는 일은 형편없었으며, …… 모든 일이 무익하고 헛되어 보였다. 그때쯤에는 내가 집 밖에서 보내는 시간이 많아져 어머니까지 낙담하셨고, 나는 그게 무척이나 신경이 쓰였다. 설상가상으로 항상 패기만만했던 (샘마저) 몇 가지 실수를 자책하며 의기소침해 있었다. 뉴욕의 그날 저녁은 참으로 그랬다. 나는 샘과 헤어져 펜 역(Penn Station)으로 갔고, 이 일을 끝내야겠다고 결심했다. 나는 충분히 했고, 이만 하면 되었다고 생각했다. 필라델피아 행 기차를 기다리며 흡연실에서 15분 정도 앉아 있었다. 술에 취한 사람이 비틀거리며 내게 다가왔다. 그가 나를 "유대인 자식," "더러운 유대인 놈," "징병을 기피한 겁쟁이, 돈에 환장한 놈"이라며 욕했다. 훨씬 끔찍한 욕설이 보태졌음은 물론이다.[48]

골드는 자리를 피했다. "하지만 그러면서 첩보 활동을 그만두겠다던 결심을 철회했다. 더 열심히 활동해야 한다고 생각했다. 실의와 단념을 극복하고, 소련을 강화하기 위해 가능한 모든 일을 해야 했다. 이런 일이 일어나지 못하게 하려면 말이다. 이 땅 미국에서 반유대주의와 싸우는 활동은 가망성이 없어 보였다."[49]

골드는 슬랙이 이사한 테네시 주 킹스포트(Kingsport)로 가, 전화번호부를 뒤져 그를 찾아냈고 재접선에 성공했다. 슬랙이 1942년 가을 탁월한 성능의 신형 고폭약 RDX 제조 정보와, 물건 자체를 담은 0.4킬로그램짜리 고무 용기 2개를 전달했다. 슬랙은 물건 자체는 비폭발성 형태이니 안심하라고 했다. 골드도 그러기를 바랐다. "문제의 RDX를 (샘에게) 전달하기 직전의 일이다. 뉴욕 시에서 6번가를 건너다가 하마터면 달리는 택시에 치일 뻔했다. 김블 주류 가게(Gimbel Liquor Store) 근처였다."[50] 슬랙은 그 후 같은 주의 오크리지로 전근을 갔다.[51] 코닥의 자회사 테네시 이스트먼(Tennessee Eastman)이 전자기 동위 원소 분리 공장을 운영하기로 계약을 맺었던 것이다. 미국 육군이 원자 폭탄 제조용 우라늄을 처리하기 위해 그곳에 공장을 짓고 있었다. 그 시점에 골드는 소련으로부터 더 이상 슬랙을 관리할 필요가 없다는 지령을 받는다. 그들은 골드에게 슬랙을 잊어버리라고 말했다.

샘은 1942년 말에 골드에게 에이브 브로스먼을 정교하게 위장시키라고 지시했다. "샘과 회합의 목적을 신중하게 논의한 다음 그 사실을 브로스먼에게 전했다. 기본적으로는 용기를 내라는 응원이었다. …… 나는 샘을 미국을 방문한 소련의 고위 관리라고 소개했다. …… 브로스먼을 '구슬려' 우리에게 필요한 기술 공정을 얻어내는 것이 회합의 전반적인 의도였다. …… 브로스먼은 선뜻 그 만남에 응했다."[52]

그렇게 해서 한겨울의 어느 날 저녁 9시경에 세 사람이 모였다. 장소는 골드가 빌린 맨해튼 소재 링컨 호텔의 어떤 방이었다. "샘은 그 모임에서 아주 다정하고 활달했다. …… 그는 룸서비스에 전화를 걸어, 포도주와 샌드위치를 시켰다. 우리는 함께 1시까지 이야기를 나누었다. 어쩌면 새벽 2시까지였는지도 모르겠다."[53] 샘은 브로스먼을 한참이나 칭찬했다. 그러고는 마침내 어떤 이야기를 꺼냈는데, 골드는 한 번도 들어본 적이 없는 내용이었다.

> 수학과, 수학을 실질적인 공학 문제들에 적용하는 것을 화제로 많은 이야기가 오갔다. …… 샘은 브로스먼에게 아주 친절하고, 극히 외교적으로 말했다. …… 브로스먼이 군사적 노력 및 군사 장비와 관련된 …… 분야에서 작업해 주었으면 한다는 것이 요지였다. …… 소련이 원자력에 관심을 가지고 있다는 …… 첫 번째 암시였을지도 모르겠다는 …… 생각이 든다.* …… 컬럼비아 대학교에 재직 중인 해럴드 클레이턴 유리(Harold Clayton Urey, 1893~1981년) 박사를 브로스먼이 아는 것과 관련해서도 약간 이야기가 오갔을 것이다. 브로스먼은 유리 박사한테서 강의를 들은 적이 있다고 샘에게 말했다. …… 이 사실을 강조하는 것은 진행 중이던 미국의 원자력 관련 사태를 당시에 내가 전혀 알지 못했기 때문이다.[54]

해럴드 유리는 동위 원소 분리 전문가로, 세계 최초로 중수소를 분리해 1934년 노벨 화학상을 받았다. 그는 1942년 말에 정부의 S-1 위원회

---

* 골드는 1965년에 훨씬 더 이른 시기의 사건을 하나 기억해 냈다. "뉴욕에서 어느 날 저녁, 아마도 1942년 10~11월쯤이었을 텐데, 세묘노프가 지금까지 알려지지 않은 힘의 '압력파'를 이용하는 군사 무기에 관해 들은 바가 있느냐고 내게 물었다. 나는 처음 듣는 이야기였다. 압력파라니? (나는 폭풍이 형성되는 광경 같은 것을 마음속에 그려 봤다.) 세묘노프는 기술 문헌들을 자세히 검토하고, 과학자 모임이나 직업적으로 아는 사람에게서 관련 단서를 조금이라도 확보할 수 있도록 주의를 기울이라고 당부했다." Gold(1965b), 47쪽.

(S-1 Committee) 위원으로 위촉되었고, 컬럼비아에서 기체 확산 연구를 지휘하고 있었다. S-1 위원회는 맨해튼 프로젝트를 감독했다. 컬럼비아 연구진은 압착 니켈 분말(compressed nickel powder)로 상용 가능한 장벽 물질을 막 개발한 상황이었다.

⊛⊛⊛

소련이 아첨과 사탕발림을 선사할 다음 차례는 해리 골드였다.[55] 골드는 예정대로 1943년 11월 맨해튼에서 샘을 만났다. 샘이 그날 저녁에는 아무 일도 하지 않을 거라고 골드에게 말했다. 축하 파티를 하자는 것이었다. 두 사람은 파크 센트럴 호텔(Park Central Hotel)의 술집으로 갔다. 그리고 여느 때처럼 따로 자리를 잡고 앉았다.

샘은 여러 해 동안 관계를 맺으면서 골드가 과중한 공작 업무로 인해 정상적인 삶을 영위하는 게 불가능해졌음을 종종 애석해 했다. "그는 나한테 아내와 가족이 없는 것을 크게 염려하는 것 같았다." 골드는 계속해서 이렇게 쓰고 있다. "'이 일 때문에 그럴 겁니다.' 그가 말했다. '하지만 자연스럽지 않고, 좋지도 않지요. 당신은 금욕주의자가 아니고, 본능과 욕망도 정상일 겁니다. 함께 이 문제의 해결책을 찾아봅시다. 결혼을 하고도 이 일을 계속 할 수는 없을 겁니다. (나는 당신의 희생을 우리 인민들이 모른 체할 것이라고는 생각하지 않습니다.)'"[56] 요컨대 샘이 제안한 해결책은 환상이었다.

샘의 말이 계속되었다. "계속해서 정보를 비밀스럽게 빼낼 필요는 없을 겁니다. 그래요. 전쟁이 끝나면 모든 나라가 협력하는 위대한 시대가 올 테니까요. 사람들은 자유롭게 여행을 하겠죠. …… 당신도 공개적으로 모스크바를 방문해, 옛 친구들을 다시 만나게 될 겁니다. 그들이 기쁘게 당신을 맞이 할 거예요. 신나게 잔치를 벌이고, 그때는 내가 당신에게 모스크바 시내를 구경시켜 드리겠습니다. 그래요, 좋은 날이 올 겁니다."[57]

골드는 샘의 성실성을 믿었다. 하지만 그런 미래를 결코 확신하지는 않았다. 골드는 1951년에 이렇게 썼다. "그 모든 감언이 자신감을 심어 주고 신뢰를 확보하려던 거대한 책략의 일환이었는지는 지금도 잘 모르겠다. …… 정말 모르겠다."[58] 하지만 그날 저녁 파크 센트럴의 술집에서 골드가 깨달은 것도 있었다. 샘이 다음으로 취한 행동에는 "동기가 숨어 있다."라는 것, 샘이 그 행동을 "세심하게 계획해서 했다는 것." 하지만 골드는 거기에 "잘한 일을 진정으로 보상하는 면"[59]도 있다고 생각했다.

분위기가 화기애애해지자 샘은 골드가 뛰어난 업적으로 붉은 별 훈장을 받게 되었다고 알렸다. 그러고는 골드에게 표창장을 보여 주었다. 골드는 나중에 이렇게 회고했다. "빨간색이 꽤나 촌스러웠다. 큼지막한 압인도 보였다."[60] 샘은 표창장과 훈장을 전달해 줄 수 없는 현실에 대해 골드에게 양해를 구했다. 보안을 고려한다면 확실히 불가능했을 것이다. 샘은 그 상에 따르는 특전을 골드에게 알려 주었다. 골드가 기분 좋게 기억하는 특전 하나는 "모스크바 시내에서 전차를 무임 승차할 수 있는 권한"[61]이었다. 하지만 골드가 자랑스러워 한 것은 명예였다. 골드는 그 사실을 톰 블랙과 브로스먼에게까지 말했다.*[62]

골드는 왜 자신이 특별한 영예의 대상이 되었는지 곧 알게 되었다. 한 달 내지 두 달 후, 그러니까 1943년 12월이나 1944년 1월의 한 만남에

* 브로스먼이 후에 붉은 별 훈장을 받은 것은 자기라고 친구들에게 떠벌리고 다니자 골드는 질색했다.

서, "샘은 매우 중요한 임무가 내게 떨어질 것이라고 말했다. 그는 내용을 말하기 전에 임무를 맡겠는지 알고 싶다는 말도 보탰다. 나는 주저하지 않고 그러마고 했다."[63] "대단히 중대한 임무"가 될 터였고, "나는 임무와 관련해서 한마디라도 입 밖에 내거나 행동에 나서기 전에 재차, 삼차 숙고해야 할 터였다."[64] 샘은 그동안 브로스먼과 맺은 교제를 완전히 끊고, 다시는 만나지 말라고 주문했다. 이것은 첩보 활동의 표준 절차였다. 교차 접선은 어느 하나가 노출되면 망 전체가 위태로워질 수 있으므로 피해야 했다. 세묘노프는 골드를 고립시키고 있었다.

"샘은 지금까지 내가 해 온 그 어떤 것보다 더 중요한 임무라고 거듭 강조했다. 긴급하게 필요할 뿐만 아니라 세계를 뒤흔들 만큼 중대한 사안이라는 말이 보태졌다."[65] 샘은 "그 임무가 정확히 무엇인지는 밝히지 않았다."[66] 그는 한 남자를 만날 구체적 약속을 골드에게 전달했을 뿐이다.

나중에 골드는 샘이 그 남자의 이름을 알려 주었는지를 기억하지 못했다. "아무튼" 새 접선자와 처음으로 만났다고 골드는 증언했다. "내 기억으로는 1944년 2월 말이나 3월 초였을 것이다. (뉴욕 이스트 사이드에 있는 헨리 가 사회 복지관(Henry Street Settlement)[67]에서였다.) 나는 그에게 레이먼드(Raymond)라고 자기 소개를 했다. 그는 나를 그 이름으로 부른 적이 단 한 번도 없다. 그는 레이먼드가 가명이라는 걸 알았다. 그는 자기를 클라우스 푹스라고 소개했다."[68]

클라우스 푹스가 미국에 온 것이다.

5장

슈퍼 렌드-리스

몬태나 주 그레이트 폴스(Great Falls)는 선 강과 미주리 강이 합류하는 곳에 위치한 옐로스톤 국립 공원에서 정확히 북쪽으로 약 320킬로미터 떨어진 곳에 자리하고 있다. 그레이트 폴스의 공항 고어 필드(Gore Field)[1]는 제2차 세계 대전 중에 메사 위의 활주로를 3,000미터로 확장했다. 해발 고도 1,119미터의 그레이트 폴스에서도 다시 91미터 위로 펼쳐진 탁상 대지에 활주로가 가설된 것이다. 몬태나의 겨울 날씨는 매우 춥고 건조하다. 고어 필드에서 비행 가능한 청명한 날이 한 해 300일 이상 되는 이유이다.

1942년에는 독일의 잠수함 때문에 북해를 경유해 소련으로 항공기를 선적 수송하는 연합군의 작전 노력이 위험에 처했다. 아프리카를 경유해 소련의 조지아로 항공 수송된 비행기 역시 바람에 날린 모래로 손상이 심했다. 미국은 알래스카를 횡단해 시베리아를 관통하는 항로를 열어 달라고 제안했고, 소련은 마지못해 동의했다. 나중에 알십 보급선(Alsib pipeline)이라고 불리게 되는 이 공중 수송 경로의 미국 내 정기 기항지가 그레이트 폴스의 고어 필드였다.

알십 보급선은 프랭클린 루스벨트가 1941년 1월 제출한 무기 대여법(program of Lend-Lease)을 집행하는 파이프라인 가운데 하나였다. 재정난에 처한 영국과 기타 동맹국들이 독일에 맞서 방어 태세를 갖추는 것을 돕자는 게 무기 대여법의 취지였다. 이때 미국은 겉으로는 중립을 가장했다. 루스벨트의 이 제안에 고립주의를 지지하는 상원 의원들, 이를테면 공화당의 아서 헨드릭 밴던버그(Arthur Hendrick Vandenberg, 1884~1951년)는 대경실색했다. 밴더버그는 무기 대여법이 전쟁에 한 발짝 더 다가서는 중대한 조치라고 지적했고, 그의 예견은 옳았다. 무기 대여법 법안은 3월에 상원을 통과했고, 밴던버그는 일기에 이렇게 적었다.

> 영국은 물론이고, 이 전투에서 영국과 합세한 다른 모든 나라에게(러시아까지 포함해서) **우리가** 그들을 도울 것이라고 **약속한 것**이나 다름없다는 게 내 판단이다. 나는 이 조치로 우리 자신이 적극적으로 전쟁에 참가하게 될까 봐 두렵다. **수십, 수백 억 달러**가 미국 공채에 추가될 것이 **확실하다**. …… 나는 우리가 전 세계의 모든 전쟁을 부담할 수 있을 만큼 부자라고 보지 않는다.[2]

미국은 전쟁 동안 무기 대여법에 따라 460억 달러 상당의 장비, 보급품, 군무(軍務, 용역)를 영국, 중국, 기타 동맹국들에 제공했다. 많은 양이 바다로 수송되었지만 가장 긴급한 항목은 하늘로 수송(공수)되었다. 전체의 25퍼센트인 110억 달러가 독소 개전 후 소련에 투입되었다. 그 가운데 15억 달러는 용역 비용이었다. 나머지 95억 달러 가운데 군수품이 수송 액수의 약 절반을 차지했다.[3] 면면을 보자. B-25 폭격기와 기타 항공기 수천 대, 40만 대 이상의 트럭(니키타 세르게예비치 흐루쇼프(Nikita Sergeevich Khrushchyov, 1894~1971년)는 후에 이렇게 말했다. "생각해 보라. (미국의 트럭이) 없었다면 우리가 어떻게 스탈린그라드에서 베를린까지 진격할 수 있었겠는가."[4]), 8억 1400만 달러어치의 무기와 탄약, 전차 수천 대, 상선단(商船團) 하나, 해군 함선 581척. 나머지 절반은 비군수품으로 방한화 1300만 족, 식량 500만 톤, 기관차 2,000량, 유개 화차 1만 1000량, 철도 레일 54만 톤, 1억 1100만 달러어치의 석유 제품이 여기 속했다. 정확하게 이야기하면 완성된 공장 시설 전체도 비군수품에 들어갔다. 전후에 제출된 한 의회 보고서에는 이렇게 적혀 있다. "완비된 알코올·합성 고무·석유 정제 공장. 거기 필요한 공학 도면, 운영 및 유지 지침서, 부속 및 예비 부품 목록, 기타 관련 문서."[5] 소련은 해리 골드가 브로스먼한테서 수집한 정보를 바탕으로 일찌감치 출발할 수 있었다. 그런데 미국이 1943년경에 합성 고무와 기타 공장들의 도면을 소련에 직접 제공한다. 골드가 1942년에 추위 속에서 벌벌 떨며 입수한 설계도들이 그냥 넘겨진 것이다.

이러한 원조 행위는 전혀 금지되지 않았다. 분명히 실재하는 지원이었던 것이다. 영국과 미국은 1944년 6월 6일 노르망디에 상륙했다. 그때까지는 영미의 전략 폭격을 제외하면 유럽 대륙에서 독일과 맞서 싸운 세력은 기본적으로 소련뿐이었다. 소련이 독일에게 졌다면 소련의 자원으로 무장한 독일 사단 수백 개가 자유롭게 서쪽으로 방향을 틀어, 영국과 미국에 맞섰을 것이다. 윌리엄 애버렐 해리먼(William Averell Harriman, 1891~1986년)이 1941년 10월 프랭클린 루스벨트의 사절로 모스크바에 다녀온 후 미국민에게 한 라디오 연설의 요지는 다음과 같다.

"솔직하게 이야기하겠습니다. 우리 국경 바깥에서 이 전쟁을 치르는 데 얼마나 많은 비용이 들든 그건 적은 비용입니다."[6] 미국은 무기 대여법을 통해 소련을 지원했고, 소련도 그 지원이 큰 보탬이 되었음을 잘 알았다. 레닌그라드에서, 스탈린그라드에서, 소련 서부의 끔찍한 고립 지대(독일군은 진격하면서 이곳들에 소련의 전쟁 포로를 가뒀는데, 물과 식량을 전혀 제공하지 않았다.)에서 그것은 정말이지 사실이었다. 1943년경에 소련의 민간인과 전투원이 최소 450만 명 사망했다.[7] 전쟁 전 기간에 걸쳐 고립 지대와 수용소에서 사망한 전투원이 최소 300만 명이었다. 연합군이 최종 승리하기까지 사망한 소련의 민간인과 전투원 수는 최소 2500만 명이었다. 소련의 관점에서 볼 때 무기 대여법은 러시아 사람들이 죽어 가고 있을 때 미국이 취한 최소한의 조치에 불과했다. 소련은 합법이든 불법이든 가리지 않고 모든 수단을 동원했으며, 그것조차 공정한 거래에는 한참 못 미치는 것으로 보였음에 틀림없다. "우리는 수백만 명이 죽었습니다." 해군 제독 출신으로 소련 주재 미국 대사였던 윌리엄 해리슨 스탠들리(William Harrison Standley, 1872~1963년)가 1943년 3월 모스크바에서 열린 한 기자 회견에서 무기 대여법을 바라보는 소련의 태도가 "불손하기 짝이 없다." 라고 항의했을 때 한 러시아 인이 알렉산더 워스에게 한 말이다. "돼지고기 통조림을 보냈다고 우리가 무릎을 꿇고 기기를 바라는군요."[8] 핵심은 전쟁에서 이기는 것이었다. 소설가이자 기자인 일리야 그리고리예비치 에렌부르크(Ilya Grigoryevich Ehrenburg, 1891~1967년)는 1942년 8월에 적군의 남녀 장병들을 이렇게 선동했다. "무엇이든 견딜 수 있다. 역병, 굶주림, 죽음, 무엇이든 말이다. 하지만 독일인은 도저히 참아 줄 수 없다. …… 지금 우리에게는 책이 없다. 하늘에는 별이 없으며, 오직 단 한 가지 생각뿐이다. 독일인을 죽여라. 그들을 죽여서, 땅에 파묻어라. 그제야 비로소 우리는 잠들 수 있다. 그러고 나서야 비로소 삶과 책과 여자와 행복을 다시 생각할 수 있을 것이다."[9]

하지만 고어 필드에서 출동한 것은 긴급 화물을 적재한 무기 대여법 항공기만이 아니었다. 몬태나의 광활한 하늘 아래 차갑고, 높고, 평평한, 바람에 노출된 그 공항은 전쟁 물자를 수송하는 파이프라인이자 미국과 소련을 직접 연결하는 국경 아래 땅굴이었다.

알십 보급선의 한쪽 끝인 고어 필드에서 수송 임무를 책임졌던 미국인 담당자는 조지 레이시 조던(George Racey Jordan, 1898~1966년)이라는 다부지게 생긴 장신의 미국 육군 항공대(USAAF) 장교였다. 그는 제1차 세계 대전 때 에드워드 버넌 리켄배커(Edward Vernon Rickenbacker, 1890~1973년)의 제1전투단(First Pursuit Group)에서 복무한 베테랑이었다. 조던은 전쟁이 끝나고 사업을 하다 장교로 복귀했으므로 나이가 많았다. 그는 전초 기지를 고어 필드로 옮기기 전인 뉴어크 공항(Newark Airport) 시절부터 보급선 임무를 수행했고, 자신의 일이 매우 중요하다는 것을 바로 깨달았다. 아메리칸 에어라인(American Airlines) 항공사의 DC-3 1대가 지상에서 이동하다 소련에 인도된 중급 폭격기와 충돌한 일이 계기였다. (레이시 조던의 책에는 경미한 사고라고 나온다.) 알십 보급선 임무를 맡은 소련 측 우두머리는 아나톨리 코티코프(Anatoli N. Kotikov) 대령이었다. 그는 잔뜩 화가 나 워싱턴의 누군가에게 전화를 했고, 민간 항공 위원회(Civil Aeronautics Board)는 이내 모든 민항기의 뉴어크 경유 운항을 중단시켰다. 민항기들은 허드슨 강 너머 퀸스에 있는 라 과디아(La Guardia)로 기수를 돌려야 했다. 조던은 코티코프가 직통 전화를 통해 해리 로이드 홉킨스(Harry Lloyd Hopkins, 1890~1946년)와 바로 교신할 수 있음을 알았다. 홉킨스는 무기 대여법 수석 행정관이자 루스벨트가 소련 정부에 파견한 특사였다.

조던은 알십 보급선이 1942년 11월 그레이트 폴스로 옮겨진 후 코티코프를 더 잘 알게 되었다. 코티코프가 소련의 영웅이었다고, 조던은 적고 있다. 코티코프는 "수상 비행기를 몰고 모스크바에서 북극을 횡단해 시애틀에 도착한 최초의 비행사였다. 당시의 소련 신문들은 그를 '러시아의 린드버그'라고 불렀다."[10] 조던은 코티코프가 마음에 들었고, 두 장교의 협력은 잘 이루어졌다. 코티코프는 조던이 그레이트 폴스에서 근무하는 다른 미국 장교들보다 지위가 낮음을 알고, 그의 입지를 강화해 주기 위해 애썼다. 코티코프는 새로 익힌 영어로 조던의 상관에게 이렇게 썼다. "조던 대위는 항상 똑같은 사람들과 여기에서 근무하고 있습니다. …… 보아스 소령, …… 로런스 소령, ……, 테일러 소령, …… 오닐 소령. …… 그는 열심히 많은 일을 하고도 이 장교들보다 계급이 낮다는 이유로 공로가 가려집니다. 이곳에서 러시아로 운송하는 작전에 보탬이 되려면 조던 대위를 같은 계급으로 진급시켜야 합니다. 감히 요청 드리는 바입니다."[11] 조던은 즉시 대위에서 소령으로 진급했다. 진급식에서 새 계급장을 달아 준 사람도 코티코프였다.

조던이 "검정색 여행용 가방"이라고 부른 것들이 이내 도착하기 시작했다. "검정색 에나멜 가죽 가방이 이상하게 많았다. 흰색 끈으로 묶여 빨간색 왁스로 봉인된 가방들이 모스크바로 가는 길을 통과했던 것이다."[12] 조던은 가방이 의심스러웠다. 한 러시아 장교가 운반 중이던 처음 6개를 조던은 개인 수하물로 인정해 통과시켜 주었다. "하지만 개수가 10, 20, 30개에 육박하더니, 이윽고 기본 50개가 되었다. 50개면 거의 2톤 무게로, 비행기 1대의 화물 수송량과 맞먹었다. 짝을 이뤄 움직이는 무장 수행원들이 장교를 대신했고, 조사를 회피하려는 변명도 '개인 수하물'에서 '외교관 면책 특권'으로 바뀌었다."[13]

조던은 코티코프에게 항의했다. 검정색 여행 가방들은 소련 대사관이 아니라 워싱턴 주재 소련 구매 위원회(Soviet Purchasing Commission)에서 오고 있다고. 코티코프는 본인이 "최고위급 외교관"[14]이라고 주장했다. 조던은 이렇게 썼다. "조만간 내가 화물을 조사할 것임을 그가 알았을 것이라고 나는 확신한다."[14]

1943년 3월 어느 날 오후 코티코프는 조던에게 보드카 2병을 흔들며 그레이트 폴스의 한 식당에서 함께 저녁 식사를 하자고 초대했다. 소련 사람들이 항상 따로 식사를 했고, 식사를 계산하는 일도 거의 없었기 때문에 조던은 공짜 보드카와 저녁 식사 초대가 무언가를 얻어내려는 계략 때문일 것이라고 의심했다. 그는 참모 차량을 타고 저녁 식사 장소로 가면서도 바짝 경계했다. 그는 부대를 출발하기 전에 상황 장교에게 그날 밤 소련 사람들에게 비행 계획이 있느냐고 물었다. 상황 장교는 "그렇다."라고 대답했다. "C-47 1대가 예정되어 있습니다."[15] 무기 대여법에 따라 운항되는 항공기는 알래스카의 페어뱅크스(Fairbanks)까지는 전부 미국 조종사들이 몰았다. 그러면 거기서 소련 조종사들이 항공기를 인계받아 시베리아를 가로지르는 나머지 여정을 맡았다. 조던에게는 모든 비행기의 이륙을 언제라도 금지할 수 있는 권한이 있었다. 그는 자신의 허가 없이는 어떤 화물기도 소련으로 출발시키지 말라고 관제탑에 명령했다.

그레이트 폴스 시내의 캐롤리나 파인스(Carolina Pines) 식당에서는 동원된 다섯 명의 소련인이 조던에게 보드카를 억지로 권했다. 그들은 맨 먼저 스탈린을 위해, 다음으로는 붉은 군대 공군 사령관 알렉산드르 알렉산드로비치 노비코프(Alexandr Alexandrovich Novikov, 1900~1976년), 그다음에는 혼자서 독일 비행기 48대를 격추한 소련의 에이스 알렉산드르 이바노비치 포크리시킨(Alexander Ivanovich Pokryshkin, 1913~1985년)을 위해 건배했다. 조던은 프랭클린 루스벨트와 미국 육군 항공대 사령관 헨리 할리 '햅' 아널드(Henry Harley 'Hap' Arnold, 1886~1950년)를 위해 건배하자고 제안했다. 그렇게 분위기가 무르익었고, 일행은 저녁 식사를 시작했다.

조던이 저녁 식사를 끝낼 무렵 고어 필드의 관제탑에서 전화가 걸려왔다. 조던은 2층 방에서 내려와 공중 전화로 통화했다. 관제탑은 C-47이 이륙 허가를 요구 중이라고 보고했다. 조던은 냉큼 외투를 걸쳐 입었다. 그는 뒤도 돌아보지 않고 기지로 향했다. 바깥 기온은 섭씨 -20도였다. 조던의 운전병은 기지까지 6.5킬로미터를 내리 달렸다.

> 문제의 항공기에 다가가자 문이 열려 있는 게 보였다. 억세고 건장한 러시아인도 눈에 들어왔다. …… 내가 기어 올라가자 그가 배로 세게 밀치면서 나를 제지하려고 했다. 나는 그를 되밀치고, 팔 아래로 빠져나가 기실 안에 들어섰다.
>
> 천장에 전구가 하나뿐이어서 안은 어두웠다. 검정색 여행용 가방이 희미하게 보였다. 엄청났다. 흰색 끈과 빨간색 왁스 봉인도 눈에 들어왔다. ……
>
> 또 여행용 가방을 선적해 보내는 것이라는 생각밖에 들지 않았다. "이 망할 물건들은 또 뭐야!"가 첫 번째로 든 생각이었다. 전광석화처럼 다음 생각이 스쳤다. 가방을 열어 보려면 지금만 한 때가 없겠군.[16]

소련의 운반 요원은 강력하게 항의했고, 조던은 무장 병사를 호출했다. 운반 요원 한 명이 잽싸게 비행기에서 내려, 급히 전화를 하러 달려갔다.

조던은 면도날이 달린 칼을 휴대했고, C-47의 어두운 화물칸에서 끈을 자르고 여행용 가방을 열기 시작했다. 조던은 때마침 그 자리에서 찾은 봉투 2개의 뒷면에 발견한 내용을 적었다. "검정색 여행용 가방은 매번 정확히 50개씩 실렸고, 2~3명의 무장 수송 요원이 항상 동행했다. 이 호송은 통상 3주에 한 번씩 이뤄졌다."[17] 조던은 기억을 떠올리며 이렇게 말했다. 그가 여행용 가방에서 발견한 것들은 다음과 같다. 미국

내 도시들 간 철도 노선 거리 표, 미국 내 산업 시설들이 표시된 한 무더기의 도로 지도, 암토그 전송 문서 일체, 파나마 운하 세부 지도 모음, 해군 및 선적 정보 폴더, 수백 권의 상업 카탈로그와 과학 저널. 국무부 문서철 중에는 "히스 발(From Hiss)"이라고 씌어진 문서철도 있었다. 휘태커 체임버스가 국무부 장관의 특별 보좌관을 지낸 히스를 소련의 간첩으로 활동했다며 고발해, 히스가 서약 불이행으로 유죄를 선고받고 형을 살던 1952년에 조던은 이렇게 썼다. "앨저 히스(Alger Hiss, 1904~1996년)라는 사람은 전혀 몰랐다. 그의 이름이 적힌 문서철이 우연히 두 번째로 나왔기 때문에 기록을 남겼을 뿐이다. 가방에는 군사 보고서일 것으로 추정되는 문서의 사진 복사본이 수백 장 들어 있었다."*[18]

조던은 추위로 손가락이 마비되는 것도 아랑곳하지 않고, 계속해서 여행 가방을 열었다. 그는 방대한 양의 비밀 보고서를 발견했다. 모스크바 주재 미국 대사관이 국무부로 되돌려 보내는 것들이었다. 조던은 다른 국무부 문서도 발견했다. 그것들은 가장자리가 잘려 있었다. 조던은 공간을 절약하거나 기밀 종별 도장을 없애려는 의도에서였을 것이라고 추정했다. 그는 오크리지라는 제목이 달린 커다란 지도를 발견했다. 조던은 이렇게 적었다. "오크리지는 맨해튼 공병 부서 또는 구역이었던 것 같다."[19] 그가 한 번도 들어본 적이 없는 지명이었다. 조던은 다른 문서들을 대충 훑어보면서 알아먹을 수 없는 단어들을 적었다. "우라늄 92 — 중성자 — 양성자와 중양자 — 동위 원소 — 분열 내지 쪼개지면

---

* 제2차 세계 대전 중은 물론 이후로도 계속 소련의 스파이 활동을 추적한 FBI 요원 로버트 조제프 램피어(Robert Joseph Lamphere, 1918~2002년)는 조던이 확인한 파일들에서 히스의 이름이 나왔다는 사실에 '회의적'이다. 그 일은 정말이지 놀라운 우연의 일치였을 것이다. Robert Lamphere, personal communication, vi.94.

서 에너지가 생산된다. — 사이클로트론을 볼 것. …… 중수 수소, 중양자."[19]

11시쯤 되자 코티코프 대령이 도착했다. 조던도 그때쯤에는 상황을 일단락지었다. 그는 코티코프 면전에서 가방을 몇 개 더 개봉했다. 자신의 권위를 분명하게 강조할 필요가 있다고 판단해서였다. 그러고 나서 C-47의 이륙을 허가했다. 무모하게 만용을 부려 소련 사람들에 맞선 대가로 더 먼 오지로 좌천될 미래가 눈에 선했다. 하지만 여행용 가방들은 모스크바로 떠났고, 코티코프가 이의를 제기하지 않기로 했다는 것이 분명했다.

조던은 이후로 선적된 검정색 여행용 가방들에서 미국 공장의 청사진들을 발견했다고 주장했다. 항공기의 터보 과급기를 생산하던 매사추세츠 주 린(Lynn)의 제너럴 일렉트릭(General Electric) 사 공장과, 잠수함을 건조하던 코네티컷 주 그로턴(Groton)의 일렉트릭 보트 컴퍼니(Electric Boat Company)도 거기 있었다는 것이다. 온갖 미국 특허[20]가 그레이트 폴스를 경유해 소련으로 흘러들었다. 의회 위원회는 전쟁이 종료되고 나서 소련이 그렇게 합법적으로 취득한 특허가 "수십만 건에 이른다."[21] 고 밝혔다.

"그레이트 폴스에 도착한 또 다른 '외교' 화물로 엄청난 양의 필름이 있었다."라고 조던은 적었다. "국무부의 편지로 (재가를 받은 소련 사람들은) 출입이 제한되는 모든 공장에 방문할 수 있었고, 복잡한 기계와 제조 공정들을 동영상으로 담았다. 나는 약 600개의 필름 깡통을 보았다. 그 비행기 1대만으로도 엄청난 양의 기술 정보가 러시아로 유출되었을 것이다."[22]

조던은 2년 동안 알십 보급선 임무를 수행하면서 소련이 벌이는 다른 작전들도 목격했다.

나는 중요한 사실을 하나 깨달았다. 우리가 러시아에 파이프라인을 대고 있었다면 그건 러시아도 마찬가지였다. …… 소련 인사들의 미국 입국은 전혀 통제가 안 되었다. 모스크바에서 출발한 비행기들이 수시로 도착했는데, 탑승한 러시아 인들의 신원을 확인할 수가 없었다. 그들은 비행기에서 급히 내렸고, 담장을 뛰어넘어 택시를 타고 달아났다. 어디로 가야 할지, 또 어떻게 가야 할지를 정확하게 알고 있는 듯했다.[23]

조던은 전쟁 기간 동안 접촉한 소련인을 처음부터 전부 기록으로 남겼다. 고어 필드를 경유했던 사람들이 대표적이다. 그는 그렇게 해서 종전 무렵에 418명의 이름을 목록으로 작성했다.

조던은 소련측이 작성한 무기 대여법 선적 명세서 사본을 입수했고, 고어 필드에서 자신이 기록한 내용과 비교 대조했다. 그는 루스벨트 행정부가 무기 대여법의 일환으로 소련에 일명 '핵 물질(atomic materials)'[24]을 상당량 실어 보냈음을 확인했다. 조던은 소련의 목록에서 관련 물질을 전부 뽑아냈다. 원자로 건설과 제어에 필요한 물질들과 소량(약 1.2쿼트)의 중수(약 1.1리터)[25]가 거기 들어 있었다. 보자.

베릴륨 금속	4,391킬로그램.
카드뮴 합금	3만 2901킬로그램.
카드뮴 금속	37만 8744킬로그램.
코발트 광석 및 정광(精鑛)	1만 5240킬로그램.
코발트 금속 및 부스러기	36만 6022킬로그램.
우라늄 금속	1킬로그램.
알루미늄 관	624만 4367킬로그램.
천연 흑연	334만 9454킬로그램.

흑연 전극봉	958만 4917킬로그램.
산화중수소(중수)	1,100그램.
토륨염 및 토륨 화합물	1만 1499킬로그램.
질산우라늄	226킬로그램.
질산우라늄(UO_2)	99킬로그램.
산화우라늄	226킬로그램.
산화우라늄(U_3O_8)	90킬로그램.[24]

소련 구매 위원회는 1943년 3월 산화우라늄과 질산우라늄을 주문했다.[26] 이고리 쿠르차토프 연구진이 원자 폭탄 연구 및 개발 계획을 준비하던 때와 일치한다. 맨해튼 공병 구역을 이끌던 레슬리 그로브스 준장이 이것들의 적하 수송을 재가했다. 그는 후에 무기 대여법 관리국(Lend-Lease Administration)의 압력이 있었노라고 증언했다. 종전 후 한 의회 위원회에서 그로브스가 한 말을 들어보자. "그 압력이 어디에서 왔을까요? 저도 알고, 당신도 압니다. 확실히 워싱턴의 지배적인 분위기가 그랬어요. 나라 전체는 말할 것도 없고요. 제가 알기로, 이와 관련해 초기부터 뚜렷하게 러시아에 반대했던 곳은 맨해튼 프로젝트뿐이었습니다. …… 1942년 10월 언젠가부터 (우리의 태도)에는 추호의 의심도 없었습니다."[27]

레이시 조던이 작성한 목록에는 우라늄 금속이 소량 있다. 소련 구매 위원회가 1943년 1월 29일 11킬로그램을 요구했고, 그로브스가 마지못해 준 것이 그 1킬로그램(2.2파운드)이었다. 소련이 3월에 무기 대여법 관리국에 전화를 걸어 암거래[28]를 하겠다고 협박하고 나서야 그로브스는 우라늄을 줘 버리라고 허락했다. 문제의 우라늄 금속은 1945년 2월 16일까지도 전달되지 않았다. 게다가 그로브스는 시료에 불순물을 섞으라고 지시했다. 조던의 기록을 보면, 맨해튼 프로젝트의 희귀 금속 전문가였던 로런스 버먼(Lawrence C. Burman)이 "(우라늄 금속 생산) 회사에 '품질을 형편없이' 만들라고 지시했음"을 알 수 있다. "그는 이유는 설명하지 않았다. 아무튼 그렇게 생산된 2킬로그램의 우라늄 금속은 순도가 87.5퍼센트였다. 통상은 99퍼센트인데 말이다."*[29]

소련이 그레이트 폴스를 통해 첩보 활동 결과물을 실어 날랐다는 레이시 조던의 이야기가 완벽하게 입증된 것은 아니다. 하지만 상당 부분 개별적인 확인을 거쳤고, 따라서 전반적으로 신뢰할 만하다. 알심 보급선을 개척한 공군 소장 폴레트 브래들리(Follette Bradley)는 《뉴욕 타임스》에 이렇게 말했다.[30]

> 나 개인적으로도 1942년 초부터는 러시아의 민간인과 군 요원들이 우리나라에 대규모로 존재한다는 것을 알았다. 그들은 아무런 제약 없이 자유롭게 미국을 활보하고 다녔다. 우리의 무기고, 보급소, 공장, 실험실을 방문하고 싶으면 그러고 싶다고 알려 주기만 하면 되었다. 그들이 허락을 받고 군사 시설을 방문한 게 수천 회에 이른다.
>
> 1942년에는 수십 명의 러시아 인이 비자도 없이 미국 영토에 발을 들여놓았다. 전쟁 중에 그 숫자가 적어도 수백 단위로 늘었을 것으로 여겨진다.

빅토르 크라브첸코는 1943년 8월부터 1944년 4월까지 소련 구매 위원회 상무관으로 일했다. 1950년에 그가 검정색 여행용 가방들을 전쟁

---

* 의회의 상하원 합동 원자력 위원회(Joint Committee on Atomic Energy, JCAE)가 1950년에 작성한 한 보고서를 보면 조던의 이야기가 확증된다. 그 금속의 순도 분석 결과가 "맨해튼 공병 구역이 사용한 우라늄 금속 순도 분석 결과와 상당한 차이를 보인다."라고 적혀 있는 것이다. JCAE, 1951, 188쪽.

중에 어떻게 실어 날랐는지 설명한 대목을 보자.

> 워싱턴 DC 16번가 3355번지의 철문 뒤에 소련 구매 위원회가 있었다. 그 건물 7층에 …… 국가 보안 위원회(NKVD) 특수부가 자리 잡았다. …… 1944년 2월 어느 날이었다. 정확한 날짜는 기억이 안 난다. 세묜 바실렌코(Semën Vasilenko), 나, 브도빈(Vdovin) 이렇게 셋이서 큰 가방 6개를 소련으로 실어 보낼 채비를 했다. 바실렌코가 직접 그 가방들을 소련으로 가지고 갔다. 나는 내용물을 봤다. 일부는 항공기 생산과 새로운 기술 공정에 관한 것이었다. 총포에 관한 것도 있었고, 금속 공학 신기술을 다룬 내용도 보였다. 어떤 것은 실행 가능한 공업 개발 내용이었다. …… 항공, 운송 등 소련 구매 위원회의 모든 부서가 (정보 수집이라는) 목표 아래 움직였다. 우리가 소련에 이런 것만 보낸 것은 아니다. 우리는 소련에 실제 물건도 수십 톤 송부했다. 여기에는 비행기뿐만 아니라 소련 선박이 동원되었다. 무기 대여법에 따라 소련 배들이 소련과 미국을 오갔다. 이렇게 넘어간 정보와 물자를 사람들은 슈퍼 렌드-리스(Super Lend-Lease, 초무기 대여법)라고 불렀다.[31]

조던의 전쟁 일기를 보면 세묜 바실렌코가 1944년 2월 17일 그레이트폴스를 통과했음을 알 수 있다. 그는 그렇게 유유히 모스크바로 갔다. 전후의 한 조사관이 "외교 우편물"[32]이라고 부른 것을 지니고서 말이다.

돌연한 공포에 짓눌렸던 10월 16일의 모스크바를 방문했던 소련의 암호병 이고리 구젠코를 떠올려 보자. 그는 개인 경험을 바탕으로 소련의 첩보 활동이 "대량 생산"[33] 체제로 수행되었다고 묘사했다. "미국에서 수천, 그렇다 수천이다. 수천 명의 요원이 활약했다. 영국에도 수천 명이 암약했고, 기타 전 세계 각지에도 수천 명이 파견되었다."[34] 미국과 영국의 스파이망이 특히 잘 되어 있었다고 구젠코는 적었다. "나는 (모스크바의) 특수 교신 부서에서 근무했는데, 압도적으로 많은 전문이 영국과 미국에서 답지했다. 다른 나라들에서 온 전문은 그 홍수 속에 묻혀 버렸다." 워싱턴 주재 소련 대사관에 근무하는 육군 무관에게는 암호병이 다섯이나 배속되었다. 여기에 구젠코가 추가된 것을 보면, "그 혼자만도 얼마나 많은 정보를 보냈을지 어느 정도 짐작이 간다."[35]

> (소련의 정보) 전문가들은 그 집요함과 끈기에서 타의 추종을 불허했고, 원하는 정보를 얻는 데에 실패하는 법이 거의 없었다. …… 우리는 세계 각지의 20개 이상 되는 주소로 같은 전문을 보내는 일이 잦았다. 이런 종류의 "긴급" 문의 가운데 한 가지는 미국에서 이루어졌을 것으로 여겨지는 과학 혁신에 관한 정보를 요구했다. …… 미국의 요원 두 명 가운데 그 전문가들을 이해시킬 수 있는 사람은 없었다. 하지만 캐나다와 영국의 요원들이 미국의 개발 현황을 담은 완벽하게 똑같은 정보를 보내왔다.[36]

구젠코는 1943년에 캐나다로 배치되었다. 그곳 상관은 그에게 이렇게 말했다. 인구가 1300만이 안 되는 "이 나라 하나에서만 …… 9개의 첩보망이 가동 중이며, 각자 별도로 모스크바와 직접 연락을 취하고 있다."[37]

미국 출신으로 소련 첩보원으로 활약한 엘리자베스 벤틀리가 브로스먼을 관리하다가 해리 골드에게 넘겼다는 것을 기억하리라. 그녀는 소련이 벌인 스파이 활동의 전반적 특징을 이렇게 밝혔다.

> 러시아 인들이 (미국 요원들한테서) 알아내고자 한 정보는 한이 없었다. 그들은 요원으로 영입할 것을 고려 중인 공산당원들에 관한 정보, 워싱턴 내 반소련 인사 정보, 소련을 돕거나 방해하는 지위에 있는 정부 고위 관리들 정보를 요구했다. …… 그들은 군사 정보를 원했다. 생산 통계, 항공기 성능 시

험 자료, 병력 규모와 배치, RDX 및 B-29 같은 신무기 개발 실험 현황. 그들은 소위 정치 정보에도 열심이었다. 미국과 여러 망명 정부들이 맺은 비밀 협정, 미국과 영국의 밀약, 외국들에 공여될 차관, 기타 등등.[38]

벤틀리는 한 통에 35방씩 찍을 수 있는 마이크로필름[39] 약 40롤과, 문서가 가득 담긴 뜨개질 가방을 2주에 한 번씩 워싱턴에서 뉴욕으로 직접 옮겼다고 적었다.

로이 가드너(Roy B. Gardner) 대령은 고어 필드에서 근무한 레이시 조던의 상관이었다. 그가 전후의 한 라디오 인터뷰에서 소련 사람들이 그곳에서 어땠는지를 간단명료하게 요약했다. "핵 물질이 적하 수송되었다는 걸 처음에는 전혀 몰랐습니다. …… 그레이트 폴스에서 제가 지휘관으로 있으면서 그 작전을 수행할 당시, 소련 사람들이 원하는 것은 무엇이든 우리 몰래 적송할 수 있었고, 실제로 그랬다는 것은 확실합니다."[40]

6장

랑데부

클라우스 푹스는 1943년 12월 3일 여객선 안데스(Andes) 호를 타고, 버지니아 주 뉴포트 뉴스(Newport News)에 도착했다.[1] 해럴드 유리가 이끄는 컬럼비아 대학교의 물리학자들과 화학자들 및 켈렉스 코퍼레이션(Kellex Corporation)의 공학자들과 협력해 기체 확산 공정을 개발하는 임무를 띠고 미국에 온 영국 과학자 15명 가운데 한 명이 바로 클라우스 푹스였다. 루돌프 파이얼스, 프란츠 시몬, 오토 프리슈도 거기 속했다.

대서양을 가로지르는 안데스 호의 서쪽으로의 항해는 갈지자로 이루어졌다. 호송대가 없었던 탓이다. 과학자들은 널찍한 개인 전용실을 할당받았고, 베이컨과 달걀 등 푸짐한 미국식 아침 식사를 제공받은 덕분에 몸무게까지 늘었다. 뉴포트 뉴스에서 워싱턴으로 향하는 기차가 버지니아 주 리치먼드(Richmond)에 정차했고, 한밤중에 밝은 조명이 오렌지가 쌓인 과일 진열대를 환히 비추는 호화로움과 사치가 오토 프리슈는 어찌나 낯설었든지 "이성을 잃고 흥분해서 웃음을 터뜨렸다."[2] 워싱턴에 도착한 일행은 그로브스 장군한테서 보안 교육을 받았다. 새로 도착한 사람들이 보안상으로 위험하지 않다고 영국 정보 기관이 보장했지만 그로브스는 아랑곳하지 않았다. 영국 파견단은 계속해서 워싱턴을 출발해 맨해튼으로 이동했고, 태프트 호텔에 묵었다. 푹스는 태프트 호텔이 싫었거나 주목받는 것을 원하지 않았다. 그는 며칠 후 센트럴 파크 인근의 바르비종 플라자(Barbizon Plaza)라는, 동료들과의 교류가 적은 숙소로 거처를 옮겼다. 푹스와 영국 파견단의 다른 성원들은 12월 22일 중요한 회합에 참석했다. 우라늄 238에서 우라늄 235를 분리하는 데 적합한 장벽 재료를 개발하는 미국의 연구 현황을 검토하는 모임이었다.

푹스의 여동생 크리스텔과 크리스텔의 가족이 매사추세츠 주 케임브리지에 살고 있었다. 뉴욕에서 장벽 관련 토론을 마친 푹스는 기차를 타고 보스턴으로 향했다. 여동생과 크리스마스를 함께 보내기 위해서였다. 그는 12월 23일 케임브리지에 도착했다. 독일에서 아버지 에밀이 체포된 1933년 봄에 20세였던 크리스텔은 취리히로 달아났고, 대학 공부를 시작했다. 그녀는 1934년 베를린으로 돌아왔다. 그 무렵 에밀은 게슈타포의 구금 상태에서 풀려나 재판을 기다리는 중이었다. 에밀은 베를린에서 자동차 대여업을 시작했는데, 이것은 유대인과 반나치 기독교도들을 독일 국경 밖으로 빼돌리는 위험하기 짝이 없는 가족의 활동을 은폐하는 수단이었다. 에밀은 1936년에 미국의 퀘이커 교도들을 통해 크리스텔을 스워스모어 대학에 입학시켰다. 펜실베이니아 주 스워스모어라면 안전한 피난처였던 셈이다. 그곳에서 푹스의 여동생은 로버트 하인먼(Robert Heineman)을 만났다. 크리스텔보다 네 살 어린, 위스콘신 출신의 하인먼은 미국 공산당 당원이었고, 스워스모어 청년 공산주의자 동맹에서도 적극적으로 활동했다. 1년 후 크리스텔은 학교를 그만두었다. 그녀와 하인먼은 1938년 10월에 결혼한다. 하인먼은 다음 해 6월 스워스모어 대학을 졸업했고, 부부는 케임브리지로 이주했다. 로버트가 하버드에서 대학원 공부를 시작했던 것이다. 1940년에 아들이, 1942년에 딸이 태어났다. 결혼 생활은 어려움이 많았고, 때때로 중단되었다. 로버트가 1942년 초에 1년 동안 필라델피아로 떠나 버리기도 했다. 로버트는 1944년경에 케임브리지로 돌아와, 린의 제너럴 일렉트릭 공장에서 일했다.[3]

푹스는 크리스마스를 보내고 뉴욕으로 돌아왔다. 당시 토의 중이던 기체 확산 기술은 1944년 1월 초 그로브스 장군과의 격렬한 논쟁으로 절정에 달했다. 여기서 그로브스는 기존의 장벽 생산을 대체할 것이라며 영국이 추천한 방법을 채택했다. 영국의 과학자들은 켈렉스가 만드는 새롭고 뛰어난 장벽 재료를 지지했다. 영국 과학자들의 의견에 따라 새 장벽을 다시 장착하려면 오크리지에 건설 중이던 대규모 기체 확산 공장의 시운전이 크게 지연될 터였다. 해럴드 유리는 그렇게 결정하면 미국이 전후에도 계속해서 핵무기를 개발하게 될 것임을 알았다. 그저 독일을 패퇴시키기 위해 폭탄을 개발하는 것이 아닌 셈이었다. 그 후로 푹스는 기체 확산 이론에 몰두하면서 켈렉스와의 상담에 응했다. 처음에는 익스체인지 플레이스(Exchange Place) 43번지의 여러 사무실을 쓰다가, 나중에는 월 가(Wall Street) 37번지에 영국 병참 파견대(British Mission of Supply)가 생겼다. 푹스는 1944년 2월 1일경 웨스트 77번가 128번지의 브라운스톤 아파트로 들어갔다. 영국 파견단 단원 한 명이 귀국하면서 가구가 비치된 그 집을 넘겨주었다.

푹스는 '레이먼드(해리 골드)'라는 남자를 처음 만난 게 "1943년 크리스마스경"[4]이었다고 나중에 회고한다. 하지만 푹스는 크리스마스에 케임브리지에 있었다. 골드는 푹스와의 첫 번째 만남을 더 정확하게 기억했다. "1944년 1월 말 아니면 2월 초"[5]였다는 것이다. 서로를 모르는 요원 사이에는 접선 신호를 사전에 약속해 두는 것이 소련이 수행한 스파이 활동의 표준 절차였다. 골드는 샘이 자기에게 다음과 같이 지시했다고 진술했다. "한 손에 장갑 두 짝을 들고, 초록색 표지의 책도 한 권 들고 나가세요. 푹스 박사는 핸드볼 공을 들고 있을 겁니다."[6] 푹스는 영국을 출발하면서 소니아에게 접선 신호와 만남 장소를 들었다. 맨해튼 로워 이스트 사이드(Lower East Side)의 헨리 스트리트 세틀먼트 하우스(Henry Street Settlement House, 사회 복지관이다. — 옮긴이) 바깥이 접선 장소였다.* 푹스는 미국인과의 그 첫 만남이 상당히 걱정되고 불안했다.[7] 그는 누군가에게 헨리 가가 어디 있냐고 물어보는 위험한 행동을 하지 않았다. 그가 선택한 방법은 지도를 사서 바르비종 플라자에서 가장 가까운 역에서 사회 복지관에 이르는 지하철 노선을 파악하는 것이었다. 푹스는 그 최초의 접선을 골드와 다르게 기억했다. 그는 골드가 "장갑을 끼고 있었고, 한 손에 추가로 장갑을 한 켤레 더 휴대했으며, 나는 테니스 공을 들고 있었다."[8]라고 회상했다. (골드는 약속 장소로 가는 길에 상점에 들러 장갑을 한 켤레 샀다고 회고했다.[9] 겨울이었고, 아마도 추가로 구입한 것 같다.) 골드는 자신을 '레이먼드'라고 소개했고, 푹스는 자신의 진짜 이름을 말해 주었다. 레이먼드가 "(나를) 몹시 만나고 싶었다며 반가워했다."라고 푹스는 진술

* 소니아는 지시에 따라, 푹스를 적군 정보국(GRU) 산하에서 베리야가 이끄는 국가 보안 위원회(NKVD)로 이관했다. 물론 푹스는 그 차이를 알지 못했고, 알았다 해도 신경도 안 썼을 것이다. 베리야는 영국과 미국의 원자 폭탄 개발 계획과 관련해 당시로서 이용 가능한 가장 중요한 정보원을 관리하기 위해 갖은 책략을 썼다.

했다. "그는 이런 중요한 임무에 선발되어 무척 기쁘다고 분명한 어조로 말했다."[10]

골드는 그 첫 번째 회합을 이렇게 회고했다. "우리는 잠시 걸었다. 그러고는 택시를 잡아타고 주택 지구에 있는 (매니 울프스(Manny Wolfe's)[11]라는) 식당으로 들어갔다. 1950년대에 3번가로 개칭된 곳 근처이다. 함께 저녁을 먹었지만 말은 별로 하지 않았다. 우리는 밖으로 나와 다시 좀 걸었고, 다음에 만날 약속을 했다."[12]

푹스는 그때 한 이야기를 좀 더 자세하게 진술했다.

> (푹스는) '레이먼드'의 여러 질문에 답변했다. 어디에 살고 있고, 어디에서 일하는지 등을 말이다. 두 사람은 조만간 다시 만날 약속도 잡았다. 그는 '레이먼드'에게 계획을 이야기했다. 구두로 어떤 관리들 밑에서 일하는지도 알렸다. 사실상 그때 자신이 어디에서 일하는지를 누설한 셈이다. '레이먼드'의 지시는 명확했다. 앞으로 접선할 때에는 반드시 미행을 따돌려야 한다는 것이었다. '레이먼드'는 항상 저자세였다. 푹스는 자기가 그 첫 번째 만남에서 원자 에너지 이야기를 했다고 믿고 있다. '원자 에너지'와 '원자 폭탄'이라는 단어를 둘 다 사용했고, '레이먼드'가 해석이나 설명을 전혀 요구하지 않았으므로 틀림없이 관련 사실을 알았다는 게 푹스의 판단이다. 푹스는 그 첫 만남에서 자신이 원자 폭탄의 비교 우위도 이야기했다고 믿고 있다.[13]

하지만 푹스는 첫 번째 만남에서 함께 저녁 식사를 하지 않았다고 기억했다.[14] 한 20분쯤 만났을 뿐이라는 것이다. 그가 뉴욕에서 골드를 만나는 동안 적어도 한 번 함께 저녁을 먹었고, 그것이 그 첫 만남에서였는지도 모르겠다고 말꼬리를 흐리기는 했지만 말이다. 골드가 "세계 최고의 수리 물리학자 가운데 한 명"[15]으로 여겨지는 과학자와 공작 활동을 한다는 사실에 압도되었다는 것은 분명하다. 푹스는 둘의 관계가 상급자와 하급자가 맺는 관계의 특징을 보였다고 진술했다. 반면 골드는 둘의 관계를 더 관대하게 기억했다. "키가 크고 비쩍 마른 데다 성격까지 엄숙한 그 남자가 나는 마음에 들었다. …… 큼직한 뿔테 안경을 낀 …… 그는 처음부터 억제되고 격식을 갖춘 영국 특유의 태도로 반응했다." 골드에게 푹스는 "천재"나 다름 없었다. ("나는 이 단어를 늘 까다롭게 사용한다."[16])

골드는 푹스와 헤어진 날 저녁에 샘과 접선해, 푹스한테 들은 내용을 보고했다. 모스크바 소재 쿠르차토프 연구진과 푹스의 관계가 이렇게 갱신되었다. 골드를 관리하게 되는 아나톨리 야츠코프는 만년에 이렇게 썼다. "(쿠르차토프는) 염탐된 정보를 바로 손에 넣었다. 쿠르차토프는 정보기관원들과 직접 연락했다. 그는 입수된 자료를 검토해, 상세한 보고서를 작성한 다음, 궁금한 점을 물었다. 그러면 그 질문 목록이 즉시 주재 요원들에게 보내졌다."[17]

에디 시넬니코프(Eddie Sinelnikov)는 1월 4일 영국의 자매에게 편지를 썼다. 그녀는 "모스크바 인근"에서 소련 과학자들이 어떻게 생활하며 일하는지를 다음과 같이 설명했다.

> 지금 우리는 꽤나 좋은 환경에서 살고 있어요. 러시아 겨울의 진정한 아름다움을 깨닫기 시작했을 정도니까요(도시 말고). 모스크바와 연락하는 건 전혀 기대할 수 없지만 마리나 (쿠르차토프)와 카피차의 집을 방문하는 일은 무척 즐거워요. 개리(Garry, 이고리 쿠르차토프를 가리킴)는 이제 아카데미 회원이고, 수염을 기른답니다! 면도날이 없어서인지, 목도리가 없어서인지는 우리도 모르겠지만 말이에요. 아무튼 그 때문에도 개리가 재미나고 친절해 보여요. 선달 그믐에는 내가 직접 자를 들고, 턱수염의 길이를 재 보았는데, 무려

12센티미터나 되더라고요! 질(Jill, 시넬니코프 부부의 어린 딸)과 개리는 사이가 아주 좋아요.

와우! 전선에서 들려오는 소식은 정말 멋지지 않아요? 매일 벌어지는 불꽃놀이는 정말이지 즐거워요. 펑! 펑! 하면서, 밝은 색깔의 폭죽이 모스크바 상공을 수놓거든요. 공중으로 높이 던져 올린 꽃다발처럼 말이죠.[18]

"전쟁이 전환점을 맞이했기 때문"이라고 이고리 골로빈은 불꽃놀이의 배경을 설명했다. "우리 군대가 적을 가차 없이 밀어붙였다. 1943년 11월에 키예프가 해방되었다. 새해인 1944년 1월에는 레닌그라드 봉쇄가 풀렸다. …… 모스크바는 불꽃놀이로 이 승리를 경축했다."[19] 붉은 군대는 1943년 말쯤에 증대된 장악력을 바탕으로 영토의 3분의 2를 해방시킨 상태였다. 소련 사람들은 1943년을 페렐롬의 해(Perelom Year)[20]라고 부른다. 전환점이 된 해라는 뜻이다. 에디 시넬니코프는 120문의 대포가 동원되어 승리를 경축한 불꽃놀이를 즐겼던 것이다. 이 불꽃놀이는 8월 5일 쿠르스크(Kursk) 해방과 더불어 시작되어, 도시와 지역이 수복될 때마다 나머지 전쟁 기간 내내 계속되고, 도합 300번 이상을 기록했다. 그러나 군인들은 여전히 죽어 나갔다. 전체 전쟁 기간을 통틀어 하루 평균 5,000명이 사망했다. "1944년부터 러시아가 공세를 강화했지만 낙승을 거둔 적은 한 번도 없었다." 워스는 계속해서 이렇게 적고 있다. "러시아 군대가 독일에 점점 더 가까이 다가갈수록 독일군은 더욱더 필사적으로 저항했다."[21] 그러나 카추샤 로켓 발사 트럭들은 끊임없이 서쪽으로 진격했다. 소련 사람들은 그 다연장 로켓 발사기를 "스탈린의 기관(Stalin Organ)"이라고 불렀다. 반면 속수무책 당해야 했던 독일군은 카추샤 로켓 발사기를 "흑사신(Black Death)"[22]이라고 불렀다.

동료들은 쿠르차토프를 "수염"이라는 별명으로 불렀다. 쿠르차토프가 엄청난 발상과 정보를 쏟아내는 것에 어안이 벙벙해진 동료도 일부 있었다. "(소련이 계획 중이던 최초의 소형 원자로에) 적용할 감속재로 쿠르차토프가 1943년 봄에 냉큼 흑연을 선택한 이유는 잘 모르겠다."라고 골로빈은 적었다. "사람들은 그가 왜 그랬는지를 다만 추측할 수 있을 따름이었다."[23] 쿠르차토프가 미국이 그렇게 해서 성공했음을 알았기 때문에 그렇게 했다는 것이 확실하다. 실험 물리학자 레프 블라디미로비치 알트슐러(Lev Vladimirovich Altshuler, 1913~2003년)는 쿠르차토프가 비교를 위해 2개의 계산 결과를 제시하던 때를 이렇게 회고했다. "하나는 '천장(베리야를 의미한다.)'이 내려 보낸 것이고, 다른 하나는 수염의 것이라는 농담이 오갔다." 알트슐러는 "(스파이 활동으로 얻은) 그 (자료가) 허위 정보인지, 정확한 정보인지 확인해야 한다."[24]라고 생각했다.

골드는 푹스와 두 번째 만남을 갖기 전에 샘과 한 번 더 만났다. 샘은 깜짝 놀랄 만한 소식을 들려주었다. 그가 골드를 다른 관리자에게 넘기리라는 것이었다. 골드는 새 관리자를 '존(John)'이라는 가명으로 알게 된다. 그렇게 해서 존을 처음 만난 곳이 맨해튼 34번가 버스 터미널 맞은편 가로였다. "그는 나보다 젊었고, 키가 몇 센티미터 더 컸다. 소년처럼 수줍은 미소를 지었으며, 검은 머리칼은 연방 오른쪽 이마로 흘러내렸다. 그는 특유의 동작으로 항상 그 머리칼을 뒤로 쓸어 넘겼다."[25] 존은 골드를 이끌고, 근처 술집으로 향했다. 골드는 존의 걸음걸이가 결단력 있어 보이지만 오리처럼 뒤뚱거린다고도 생각했다.[26] 샘이 그곳으로 합류했고, 세 사람은 관리 책임 인계 문제를 협의했다. 골드는 그다음부터 푹스와의 접선 내용 보고서를 존에게 올린다.

'존'은 아나톨리 안토노비치 야츠코프였다. 그는 미국에서 활동하면서 야코블레프라는 가명을 주로 썼다. 1911년에 태어났고, 세묘노프처럼 공학을 배운 야츠코프(야코블레프)는 1941년 2월 미국에 입국했다. 골드는 존도 샘처럼 암토그에서 일한다고 생각했다. 그러나 그의 새 관리자는 뉴욕 주재 소련 영사관의 공식 직원이었다. 야츠코프는 뉴욕 주재 국가 보안 위원회(NKVD) 요원이었고, 코헨 부부도 관리했다. 야츠코프는 노년에 이렇게 회고했다. "나는 3개월 안에 영어를 숙달해야 했지만 그러지 못했다. 하지만 위험을 감수하고, 미국으로 건너갔다. 미국 사람들과 대화를 할 수 있었다는 게 내게는 큰 행운이었다. 덕분에 쉽게 영어를 배웠다. 하지만 마음만큼 빠르게 향상되지는 않았다."[27] 아무튼 그는 이제 해리 골드와도 이야기할 수 있었다.

그 시기에 영사관 주최 연회들에서 야츠코프와 마주쳤던 한 FBI 정보원은 그가 "과중한 업무의 지속"을 불평하고, "고향이 그립다."라며 푸념했다고 기억했다.[28] 야츠코프는 기혼자로, 빅토리아(Victoria)와 파벨(Pavel)이라는 쌍둥이 자녀가 있었다. 쌍둥이는 그가 미국에 오고 나서 4개월 후에 태어났다. 반면 골드는 존이 투덜이가 아니라 낙천가라고 파악했다. 존과 샘 모두 "말하는 것을 들어보면, 아내와 자식들에 대한 자부심이 대단했고, 어린 아이들의 미래에 관한 원대한 계획을 자세히 이야기했다."[29] 샌프란시스코에서 연합국 회담이 개최되었을 때이다. "그 토의로 국제 연합이 결성된다. 야코블레프가 그 사안에 대해 열변을 토하던 게 생각난다. 우리는 둘 다 그게 대단한 일이라고 생각했다."[30]

푹스와 골드는 2월에 다시 만났다. 59번가와 렉싱턴 애비뉴의 북서쪽 모퉁이에서였다. 두 사람은 퀸스보로 대교(Queensboro Bridge)를 향해 동쪽으로 걸었다. "함께 다리를 건너, 퀸스로 가겠다는 게 내 생각이었다."[31] 라고 골드는 밝혔다. 그런데 다리가 보행자에게 폐쇄되어 있었다. 하는 수 없었다. 두 사람은 1번가 아니면 2번가를 따라 주택 지구로 갔다. 어쩌면 굉장히 먼 75번가였을 수도 있다. 푹스는 그곳이 "결코 제한 구역이 아니"[32]었다고 기억했다. 골드는 "인적이 드문 어두운 거리에 행인이 몇 명 보였다."[33]라고 술회했다.

폭스는 그 두 번째 만남에서 맨해튼 프로젝트의 동위 원소 분리 공정을 골드에게 알려 주었다. 골드는 마음을 완전히 빼앗겼다. 그도 공업 배기 가스에서 유용한 화합물을 회수할 수 있는 열 확산 공정 개발을 위해 여러 해 동안 연구한 경험이 있었기 때문이다. 오토 프리슈는 1939년 버밍엄에서 열 확산 동위 원소 분리법을 실험했고, 우라늄 238에서 우라늄 235를 분리하면 원자 폭탄을 만들 수 있다고 결론지었다. "나의 아기, 나의 꿈 같은 거였죠."[34] 1950년에 FBI 요원들이 열 확산에 흥미를 보인 이유를 묻자 골드는 이렇게 단언했다. 그는 그 주제로 자기가 학위 논문을 썼다고 답변했다. 나중에 FBI 요원들이 확인한 바로도 그랬다. 폭스가 이 공정을 모르는 것 같아서 골드는 깜짝 놀랐다.

> 클라우스는 우라늄에서 동위 원소를 분리할 수 있는 방법이 두 가지뿐이라고 생각했다. 그러니까 이곳 미국에서 추진 중이던 방법밖에는 없다고 알고 있었던 것이다. …… 그 두 가지 방법이란 다음과 같다. ① 기체 확산 공정, ② 전자기 분리 공정.[35]

골드는 자기가 "천재"라고 여기던 남자를 감화시킬 수 있는 절호의 기회를 포착했다. 여기에서 골드는 과감했다. "…… 클라우스에게 열 확산을 이용해 동위 원소를 분리할 수도 있을 거라고 말했다. 하지만 …… 클라우스는 …… 그 가능성을 무시했다."[36] 골드가 무참히 짓밟혔을 것임에 틀림없다. 폭스가 남의 기분에 둔감했을 뿐만 아니라 거만하게 굴었을 가능성이 있다. 그러나 실상을 보면, 폭스가 설계를 돕던 기체 확산 공장에 문제가 발생해 완전 가동이 지연되자 그로브스는 물리학자 필립 에이블슨이 설계한 열 확산 공장[37]을 임시 방편으로 세운다. 히로시마 상공에서 폭발한 우라늄 대포형 폭탄 리틀 보이에 탑재된 농축 우라늄의 상당량이 이 공장에서 처리되었다. 열 확산 공정이 없었다면 우라늄 폭탄이 1945년 8월까지 준비되는 일도 없었을 것이다.

골드가 술회한 것처럼, 푹스는 그 당시와 나중에 맨해튼 프로젝트의 과학자들이 "관리 단속이 매우 엄격한 구획들에서 작업하며, 따라서 이 연구진은 저 연구진에서 하는 일을 모른다."라고 강조했다. "하지만 앞으로의 개발을 위해 어딘가에 대규모 동위 원소 분리 시설을 건설할 가능성이 있을 것으로 본다는 그의 말에서 나는 확신할 수 있었다. 푹스는 조지아나 앨라배마일 것으로 추측했다. 밝혀졌다시피 그곳은 오크리지였다."[38] 푹스가 설계를 돕던 공장이 바로 오크리지 시설이었고 말이다.

골드는 진술하는 것처럼 "자료 기억 능력이 탁월했다." 만남이 끝나면 "나는 …… 기회가 되는 대로 내용을 적어 두었다. 그런 다음 그 자료를 존에게 넘겼다."[39] 존은 그 정보를 다시 암호 전신으로 모스크바 본부에 보냈다. 푹스의 전신 암호명은 '레스트(Rest)'[40]였다. 문제가 된 해외 전신들은 상업 전신선으로 송출되었다. 중간에서 가로채는 게 가능했기 때문이다. 1941년 12월 7일 일본이 진주만을 기습 공격했고, 미국이 참전했다. 그 후로 미국 국무부는 "드롭 카피" 시행령(drop copy program, '비밀 정보 은닉 장소 복제 프로그램'이라는 뜻 — 옮긴이)[41]을 활성화했다. 이에 따라 전신 회사들은 베끼는 게 가능할 만큼 충분히 긴 전송 메시지는 표면상 미국 전시 검열국(US Office of Wartime Censorship)에 제출해야 했다. 복사본들이 검열국을 경유해 육군 보안대로 넘겨졌다. 그리고 FBI 요원들이 그 자료를 자유롭게 열람했다. 그러나 소련의 첩보 전신은 1회용 암호표[42]로 처리되었다. 다섯 자리 난수가 적힌 표는 한 번만 사용되고, 일치하는 난수표는 모스크바가 보관했다. 따라서 암호표를 입수하지 못하면 사실상 전문을 해독할 수 없었다. 암호화된 소련의 전시 전문이 육군 보안대에 수천 건 쌓였지만 푹스는 계속해서 정보를 넘길 수 있었다.

푹스는 1944년 3월 세 번째로 골드를 만났다. 장소는 1970년대에 매디슨 애비뉴로 개칭된 곳이었다. 골드의 회고를 들어보자. "여전히 꽤 추웠고, 둘 다 외투를 입고 나타났다. …… 우리는 곧바로 5번가로 연결되는, 인적이 드문 어두운 골목으로 들어갔다." 푹스는 처음으로 골드에게 문서를 넘겼다. 소련 요원들은 문건을 전달하면 바로 헤어지는 것을 표준 절차로 삼았다. 둘이 함께 체포되는 위험을 줄이려는 조치였다. "다 하는 데 30초, 아니 1분이나 걸렸을까요?" 골드의 진술은 이렇게 이어진다. "곧바로 클라우스 앞을 지나 5번가로 나갔고, 57번가를 돌아 다시 6번가로 걸었다. 그곳에서 대략 15분 후에 받은 문서를 다시 존에게 건넸다."[43]

루돌프 파이얼스를 위시해서 푹스와 동료들은 켈렉스에서 일련의 문서 작업을 하고 있었다. 일명 그 MSN 시리즈(MSN series)는 기체 확산 이론을 자세히 다뤘다. 푹스가 뉴욕에 머무르는 동안 영국 파견단은 19개의 MSN 시리즈 논문을 작성했다. 그 가운데 13개를 푹스가 썼다. FBI 보고서를 보면 푹스의 진술은 다소 부정확하다. 보자. "처음 만나고 나서 다섯 번 정도 더 만났는데 그가 레이먼드에게 MSN 문서를 매번 2개 또는 그 이상 넘겼다고 한다."[44] 푹스는 보안 경계를 피해야 했고, 맨해튼 프로젝트에서 얻은 신용을 철저하게 활용했다.

> 나는 다른 과학자들과 함께 MSN 시리즈로 명명된 …… 특급 기밀로 분류된 문건을 준비했다. …… 초고를 쓰는 건 대개 나였다. …… (그렇게 쓴 초고는) 복사를 해야 했다. …… 내가 초고를 쓰면 교정쇄와 최초의 초고가 내게로 돌아왔다. 복사된 문건들에는 전부 번호가 매겨졌다. 관리 통제 및 보안이 그 이유였다. 당연하다. 내용이 특급 기밀이었으니까. 나는 최초의 초고를

개인적으로 보관했다. 그 초고를 나는 대개 손으로 직접 썼다. 내가 그렇게 작성한 원고를 레이먼드라는 사람에게 전부 제공했음은 물론이다. …… 이 문건들은 접거나 둘둘 만 포장의 형태로 내가 직접 전달했다. 1944년 뉴욕에서 레이먼드와 은밀하게 처음 만난 후로 대개 …… 사전 조율된 접선을 통해 1개 또는 그 이상씩 주었다.[45]

폭스와 골드가 서로의 만남을 설명하는 방식이 갈라지는 지점이 여기서부터이다. 골드는 함께 저녁 식사를 여러 차례 했고, 진술을 인용하자면 적어도 "규칙에서 벗어나"[46] 개인적인 신뢰도 구축했다고 회고했다. 그러나 폭스는 엄격하게 명령을 따랐고, 딱딱하고 사무적이었다고 기억했다. 친밀했다는 골드의 진술을 나중에 접한 폭스는 진술과 목격자 모두를 거부했다. 무시로 일관하는 그의 태도는 보는 사람의 기를 죽일 정도였다.

(폭스는) 서면 정보를 전달하는 경우를 빼면 어떤 만남도 없었다고 말했다. 그는 두 가지 이유를 댔다. 기술적 세부 사실을 파악하기에는 레이먼드의 지식과 배경이 불충분하다. 폭스가 작업하는 문제를 이해하는 데 필요한 유형의 과학 지식이 레이먼드에게는 없다. 따라서 첫 번째 접선 이후 (폭스가) 서면으로 정보를 전달하는 것 말고 다른 어떤 목적에서 레이먼드와 약속을 잡았을 가능성은 거의 없다.[47]

그러나 폭스가 골드에게 구두로 제공했다고 진술한 관련 정보의 양을 보면 둘이 긴 대화를 했음을 알 수 있다. 보자. "켈렉스에 고용된 인력, 영국 파견단이 수행하던 작업의 성격, 맨해튼 공병 구역에서 이루어지던 전반적 활동 및 인원과 관련해 그가 파악한 각종 사실. …… 장교들과 고위급 과학자들의 신원. …… 푹스는 이 가운데 일부를 구두로 언급하기도 했다."[48] 골드는 푹스의 가족을 신뢰했다고도 털어놨다. 이것은 골드가 다른 어떤 정보원에게서도 느끼지 못했던 바이다. 푹스는 낯선 나라에서 홀로 외롭게 지냈고, 충분히 예상할 수 있듯이 이중 생활을 하느라 동료들에게 비밀을 털어놓을 수 없었다. 그는 영국에서도 비슷한 환경에 처했고, 소니아한테 비밀을 털어놨다. 골드가 정확히 묘사했듯이 푹스는 "격식적"이고 "억제하는" 성격이었다. 골드의 진술을 부인하는 푹스를 보면, 믿었다가 배신당했음을 알고 격분한 사람 같다. 공업화학자일 뿐인 심부름꾼 주제에 건방지다는 식으로, 몹시 화를 낸 것이다. (이 문제는 꽤나 중요하다. 골드는 나중에 간첩 행위가 탄로났을 때, 스파이 활동 혐의로 기소된 미국인들에게 불리한 진술을 하며 미국 정부 편에 붙었다. 이때 골드를 몽상가라며 신뢰를 추락시키려는 시도가 광범위하게 이루어졌다. 외로운 총각이 각광을 받고 싶어, 이야기와 연고 따위를 꾸며냈다는 것이다. 하지만 파란만장했던 15년간의 첩보 활동에서 튀어나오는 예측 불허의 기억 내용을 조금만 감안하면 이것은 사실이 아님을 바로 알 수 있다. 골드는 사건들을 매우 자세히 기억했고, 무엇을 확인해 보든 거의 항상 사실로 밝혀졌다.)

둘의 네 번째 만남은 브롱크스에서 4월에 이루어졌다. 골드는 이렇게 회고했다. "우리는 그랜드 콩코스(Grand Concourse)를 조금 걸었다. …… 걸으면서 다음에 만날 약속을 했다. …… 그때 두 번째로 정보를 전달받기로 했다. …… 그런 다음 나는 클라우스와 함께 저녁을 먹으러 갔다. 4월 치고는 습한 데다 꽤나 추운 밤이었다. 기억하기로 푹스는 기침을 심하게 했다. 필요 이상으로 그를 노출시켜서는 안 되었다. …… 우리는 저녁을 먹으면서 음악과 체스 등 많은 이야기를 나눴다."[49] 그 자리에서 영국 파견단이 미국에서 진행되는 일정에 불만이 있다는 이야기가 나왔을 수도 있다. 푹스가 서면보다 구두로 전달했을 가능성이 더 많은 성질의 정보이다. FBI는 1949년 푹스 관련 파일을 작성하기 시작했다. 그 파일

안에 존 에드거 후버(John Edgar Hoover, 1895~1972년)가 밑줄을 그은 한 비밀 전문에는 그때쯤 이런 이야기가 오갔다고 적혀 있다. 소련의 뉴욕 '주재원'이 모스크바 본부에, 푹스가 나서서 영국으로의 귀환을 요청하도록 해야 할지도 모르겠다는 이야기를 꺼냈을 수도 있음을 암시하는 대목이다. 만약 그랬다면 그 오류는 자못 심각했을 것이다.

> 1944년 5월 8일. 푹(스는) 영(국의) 원(자)력 사(절단이) 미국에 와서 하는 작업이 아무런 성공도 거두고 (있지) 못(하며), (그것이) 불만(의 원인으로 작용 중이라고) 러시아 인들에게 말했다. 러시아는 푹(스를) 다시 영(국으로) 돌려보내자고 제안했다.[50]

후버의 기록[51]을 보면 푹스는 그때 또는 이후에 소련 사람들에게 다음의 세 가지 사실도 전했다. 푹스가 미국에서 존재를 인정한 유일한 접선책인 골드를 통해서였을 것이다. 첫째, 영국과 미국이 확산 연구 작업의 속도를 늦추고 있다. (그랬을 수도 있다. 그들은 산업적 개발을 향해 나아가고 있었다.) 둘째, 영국에서 확산 공장을 건설하는 것은 대서양 헌장(Atlantic Charter)과 함께 서명된 원자력 협정서의 정신에 정면으로 위배된다고 미국이 영국에 통고한 상황이다. 셋째, 누군가가 영국에서 워싱턴으로 왔고, "작업을 영(국)으로 이전하는 데 따른 세부 요소들을 검토 중이다." 전후에 도청 내용이 해독되어, 이 모든 정보가 후버에게 전달되었을 것이다. FBI가 비밀 취급을 해제한 파일들에서 이것에 관한 언급을 더 찾을 수는 없었다. 하지만 푹스의 다른 많은 진술 내용에서도 확인할 수 있듯, 두 사람은 푹스가 인정하는 것보다 더 폭넓게 대화한 것 같다.

골드는 그 4월의 저녁 식사 자리에서 둘이 꾸민 이야기로 입까지 맞추었다고 회고했다. "우리 가운데 어느 한 명이라도 체포되어 취조를 당하게 되면 카네기 홀에서 열린 …… 뉴욕 필하모닉 관현악단의 한 연주회에서 만난" 것으로 하자고 짰던 것이다.[52] "우리는 마침 좌석이 이웃했고, 휴식 시간에 로비에서 이야기를 나눈 걸로 하기로 했죠." 골드는 둘이 언제 연주회에 갔고, 어떤 곡을 들었는지 맞추기 위해 날짜와 프로그램을 찾아보기로 했다. 둘은 저녁 식사를 마친 후 택시를 잡아타고 매디슨 애비뉴의 한 술집에 들러 술까지 마셨다. 그런 다음 골드는 푹스를 택시에 태워 웨스트 사이드(West Side)에 있는 집으로 보냈다.

두 사람은 다음 달에 퀸스에서 만났다. 푹스는 골드에게 "25~40쪽의" 정보를 전달했다. 골드는 살짝 훔쳐보고 싶은 유혹을 뿌리칠 수 없었다. "나는 고가 철도에서 내려왔고, 존을 만날 예정이었다. 5분 정도를 더 기다려야 했는데, 약국 근처에 서서 대충 훑어봤던 게 기억난다. …… 깨알 같았지만 독특한 필체였다. 잉크로 씌었고, 주로 수학 공식이었다. 세부 사실을 설명하는 내용도 많았다."[53] 골드는 들뜬 기분으로 2분 정도 보고서를 훔쳐본 후 계속해서 야츠코프를 만나러 갔다.

6월에 두 음모 가담자가 만난 장소는 브루클린이었다. 골드는 푹스가 개인적으로 처한 진퇴양난의 상황을 언급했다고 회상했다. 푹스는 나중에 골드가 폭로했음을 알고 분개했을 것이다.

> 클라우스 푹스는 그 만남에서 매사추세츠 주 케임브리지에 사는 여동생(이름을 알려 주지는 않았다.)이 뉴욕에 올지도 모르겠다고 내게 말했다. 그는 여동생이 기혼이며, 자녀가 둘 있고, 남편과의 문제가 심각하고, 남편 곁을 떠나 뉴욕에 올 생각이 확고하다고 털어놨다. 클라우스는 그렇게 되면 여동생과 함께 살고 싶다고 내게 말했다. …… 그가 이 이야기를 꺼낸 건 내가 먼저 상관에게 문의해 그렇게 해도 되는지 알아봐 주었으면 해서였다. 나는 알아봐 주겠노라고 답변했다.[54]

골드는 브루클린 회합에 앞서 존한테 "타자로 친 여러 장의 종이"를 받았다. "7.6×22.8센티미터 정도 되는 이상한 크기였다. 아무튼 종이에는 원자력에 관한 수많은 질문이 담겨 있었다. 그 질문들은 어법과 표현이 아주 형편없었다. 나 역시 무슨 말인지 파악하기 위해 애를 써야 했으니까."[55] 골드는 암호를 해독하거나 러시아 어에서 영어로 옮기는 과정에서 애초의 온전한 질문들이 망가졌을 것으로 추측했다. 해리 골드가 사실은 동위 원소 분리 공정 한 가지만큼은 상당히 잘 아는 유능한 공업 화학자였음에도 불구하고, 푹스가 골드를 기술을 도통 모르는 일자무식이라고 단정하게 된 계기가 그 질문지 때문이었을지도 모른다. 골드의 회고이다.

> 나는 그 질문지에서 최대한 의미를 간취(看取)해 내려고 했다. 그러고는 클라우스를 만나서 …… 어떤 정보를 더 원하는지 말했다. 그 과정은 순탄치 못했다. 클라우스는 지시받는다는 것에 기분이 상한 듯했다. 그런 문제들은 이미 다 자세히 이야기했고, 앞으로도 그러겠노라고 아주 짧게 대꾸했던 것이다.[56]

푹스와 골드는 7월에 다시 만났다. 골드에 따르면 웨스트 사이드에 있는 "어떤 미술관 근처"에서였다. 푹스는 중요한 소식을 가지고 나왔다. "우리는 한참을 걸었다. 거의 대부분 센트럴 파크에서였다. 공원을 관통하는 소로와 에움길이 많았다. 그 만남은 적어도 1시간 30분가량 지속되었고, 아주 여유로웠다." 푹스는 1944년 말이나 1945년 초에 "남서부 어딘가로"[57] 옮기게 될 것 같다고 골드에게 알렸다. 골드는 푹스가 멕시코라고 말하는 것을 들었다고 나중에 확언했다. 푹스는 자기는 **뉴**멕시코라고 말했다고 강조했다.

푹스는 센트럴 파크를 걸으면서 "형 게르하르트 푹스(Gerhard Fuchs)가 스위스로 넘어왔고, 독일의 한 수용소에서 이제야 겨우 풀려났으며 회복 중"이라고 말했다. 골드는 게르하르트도 푹스처럼 헌신적인 공산당원일 것이라고 추측했다. 푹스가 골드를 하급자로 생각했다면, 골드는 푹스를 연약하고 공상적이라고 보았다. 골드가 푹스에게 쉼터를 제공하며 비호하려고 한 이유이다. "여동생이 뉴욕에 오더라도 그가 그들과 집을 함께 사용하는 것에는 아무 문제가 없을 것이라고 나는 클라우스에게 말했다. 사실을 이야기하자면 나는 그 사안을 존에게 묻지도 않았다. 재량껏 그래도 좋다고 클라우스에게 말해 버린 것이다."[58]

그런데 그 후로 클라우스 푹스가 모습을 보이지 않았다. 원래는 7월 말에 브루클린 미술관 인근의 벨 시네마(Bell Cinema) 앞에서 접선하기로 되어 있었다. 그러나 푹스는 나오지 않았다. 접선 실패 상황에 대비해 후속 약속들을 잡아 놓는 것은 표준 절차였다. 푹스는 골드와 함께 96번가와 센트럴 파크 웨스트 인근에서 만나기로 정한 후속 약속에도 나타나지 않았다. 골드는 모성 본능이 발동했다. "두 번씩이나 못 만나자 걱정이 되었다. 약속 장소가 뉴욕에서도 강도가 빈발하는 우범 지대와 아주 가깝고, 클라우스가 체격이 빈약해 솔깃한 먹잇감으로 비칠 수도 있었기 때문에 더욱 그랬다."[59]

골드는 존과 만났다. 두 사람은 푹스의 실종에 대해 2시간 동안 의논했다. "클라우스가 모종의 이유로 여전히 뉴욕에 머무르고 있는데도 약속에 나올 수 없는 것인지, 아니면 뉴욕을 떠난 것인지 파악하는 게 가장 중요했다."[60] 그들이 아무런 결론에 도달하지 못했다는 게 명백하다. 골드와 존은 1944년 8월 말에 다시 만났다. 일요일 아침 일찍 워싱턴 스퀘어(Washington Square) 근처에서였다. 존은 푹스의 아파트로 골드를 보내 행방을 묻게 했다. 골드는 가는 길에 책을 한 권 샀다. 그렇게 산 토마스만(Thomas Mann, 1875~1955년)의 『부양자 요셉(*Joseph the Provider*)』에 그는 푹스의 이름과 주소를 써넣었다. "주인"에게 책을 돌려주겠다는 핑계로 소재를 파악하려고 했던 것이다. 건물 관리인과 아내가 골드에게 그 물리학자는 뉴욕을 떠났다고 이야기해 주었다. 골드는 그날 오전 늦게 다시 존을 만났다. 두 사람은 리버사이드 드라이브(Riverside Drive)를 따라 걸으면서 "오랜 시간 대화했다." 존은 어찌나 좌절했는지, 골드에게 "'움직이지 말고 가만히 있어.'"[61]라고 명령하기까지 했다.

두 사람은 1944년 9월 초에 다시 만났고, 또 한번의 장시간 논의가 있었다. 골드는 결국 이야기를 꺼내기로 마음먹었다. "푹스에게 보스턴에 사는 여동생이 있습니다." "지금 생각해 보면 존이 푹스의 여동생 이야기를 먼저 꺼냈는지도 모르겠다. …… 아무튼 존은 우리가 취할 수 있는 최선의 방도가 그것이라고 내게 말했다."[62] 존은 9월 중순에 로버트 하인먼 여사라는 이름을 알아냈다. 그녀가 매사추세츠 주 케임브리지에 살고 있다고, 존은 해리에게 말했다.

골드는 9월 하순의 어느 일요일에 보스턴 행 기차를, 다음으로 케임브리지 행 지하철을 탔고, 전화번호부에서 하인먼 성(姓)을 찾아냈다. 그는 하인먼 부부의 집으로 가, 문을 두드렸다. 관리인이 나와, 하인먼 가족은 휴가 중이며 10월이나 되어야 돌아온다고 말해 주었다. 골드는 필라델피아로 돌아왔다. 다시 뉴욕에서 골드를 만난 존은 적어도 푹스 여동생의 소재는 알아냈다며 "매우 기뻐했다."[63]

존은 1944년 10월 어느 날 푹스에게 전달할 편지를 골드에게 받아쓰도록 시켰다.[64] 골드는 받아 적은 내용을 "기계 활자"로 카드에 찍어 봉투에 담았다. 그 편지는 이름 하나(6년 후 이름이 "J"로 시작했던 듯하고, 성은 "캐플룬(Kaploun)"이었을 것이라고 한 골드의 회고는 불확실하다.), 맨해튼의 전화번호 하나, "클라우스에게 아침 8시부터 8시 30분까지면 언제라도 좋으니 적어놓은 전화번호로 연락을 달라는 권유와, 전화할 때 '케임브리지에 도착했고, 여기서 ____ 동안 머무를 겁니다.'처럼 말하라는 지시 내용"으로 채워졌다. (이 편지에 나온 전화번호로 판단할 때 맨해튼 프로젝트와 관련해 소련 측에서 또 다른 요원이 활동 중이었음을 알 수 있다. 골드가 접선자의 이름을 불완전하게 기억하기는 했지만 1943년 바너드 대학 졸업생 주디스 카플런 소콜로브(Judith Coplon Socolov, 1921~2011년)일 가능성이 많다. 그녀가 소련 간첩임을 FBI 수사관 로버트 램피어가 후에 확인했다. 카플런은 당시 뉴욕에 살면서 법무부 경제 전쟁 부서에서 일했다. 골드와 푹스의 재접선 건으로 카플런의 신원이 확인된 적은 없다.)

골드는 1944년 11월 초에 존의 메시지를 들고 케임브리지로 가서 크리스텔 하인먼에게 전달했다. 푹스의 여동생은 골드가 1945년 1월 말이나 2월 초에 처음 방문했다고 기억했다. 크리스텔이나 푹스나 골드 중에서 여러 차례 이루어진 서로의 케임브리지 회합이 정확히 언제였는지 정확하게 바로잡아 준 사람은 없다. 하지만 다른 기록들을 참조하면 일부는 적어도 대강이나마 확정할 수 있다.

골드가 그 겨울에 크리스텔을 찾아왔을 때 그녀는 마침 자신이 창문 밖을 내다보고 있었다고 회고했다. 모르는 사람이 길을 따라 걸어오는 게 눈에 들어오더라는 것이었다. 정오 직전이었다. 남자가 현관문으로 다가오더니 벨을 눌렀다. 크리스텔이 문을 열어 주자 남자는 그녀에게 하인먼 여사이며, 클라우스 푹스의 동생이냐고 물었다. 크리스텔이 그렇다고 대꾸하자, 남자도 자기 소개를 했다. 문제는 크리스텔이 남자의 이름을 전혀 기억하지 못했다는 것이다. 하지만 6년 후 해리 골드의 사진을 보여 주자 크리스텔은 단번에 알아봤다. 그녀는 그날 자기 집의 초인종을 울린 남자가 이 남자이고, 두 번 이상 왔었다고 분명한 어조로 확인했다.[65]

해리는 푹스의 여동생에게 오빠와 함께 일한 적이 있는 화학자라고 자신을 소개했다. 그는 클라우스를 꼭 한 번 만나고 싶다고 이야기했다. 그때 아이들이 점심을 먹으려고 집에 들어왔고, 크리스텔은 골드에게 집에 들어오도록 허락했다. 골드는 기차를 타고 오래 달려왔더니 피곤하다고 말했다.

FBI 보고서에 따르면 크리스텔 하인먼은 점심을 먹으면서, "클라우스 푹스가 케임브리지에 있는 여동생의 집을 방문할 대강의 날짜"[66]를 골드에게 이야기해 주었다고 기억했다. 아마도 1945년 2월 정도일 거라고. 하지만 골드는 그녀가 크리스마스에는 오빠가 올 것이라고 이야기했다고 기억했다.

> 하인먼 여사는 클라우스가 남서부 어딘가로 옮겨 갔지만 크리스마스쯤에는 올 것이라고 내게 말해 주었다. 그녀가 오빠한테서 이미 여러 통의 편지를 받았다고도 했던 것 같다. 그녀는 오빠가 크리스마스쯤에는 틀림없이 올 것이라고 말했다. 아이들에게 항상 선물을 했다는 게 근거였다.[67]

크리스텔은 오빠 푹스가 크리스마스에 케임브리지를 찾아오지 못하리라는 것을 모르고 있었다. 뉴멕시코 주 샌타페이 사서함 1663에서 푹스가 12월 15일에 써 보낸 편지를 아직 받지 못했던 것이다.

> 크리스텔에게
>
> 편지 보내줘서 고맙다. 지난 몇 주 동안 아주 바빴단다. 얼마간은 더 그럴 것 같아. 하지만 1월 말쯤에는 잠깐 휴가를 낼 수 있겠지. 크리스마스 쇼핑은 아예 할 수도 없었어. …… 크리스마스 선물 꾸러미가 제때 도착하지 않으면 마르시아(Marcia)와 스티브(Steve)가 골이 날 텐데. 하지만 네가 애들을 잘 달랠

수 있으리라고 믿는다.

여기는 눈이 아주 많이 내렸어. 스키가 타고 싶어 몸이 근질거릴 지경이란다. 하지만 그러려면 먼저 아이들에게 선물을 보내, 삼촌으로서의 양심을 회복해야겠지.

잘 지내라.

클라우스[68]

골드의 방문 시기를 11월이나 12월 초로 획정하면 크리스마스가 지나고 한 달 반 후 마침내 푹스의 전언이 도착하고서 야츠코프가 긴급하게 골드를 특파한 것도 설명이 된다. 아무튼 골드는 케임브리지를 방문할 때마다 임무를 완수했다. 그는 밀봉한 봉투를 남기고 떠났다.

푹스는 말 그대로 "아주 바빴다." 여름, 그러니까 1944년 7월 14일 푹스는 워싱턴에서 제임스 채드윅(James Chadwick, 1891~1974년)을 만났다. 중성자를 발견한 공로로 노벨상을 수상한 채드윅은 미국 내 영국 파견단의 수장이었다. 채드윅이 푹스에게 로스앨러모스에서 요청이 왔다고 알렸다. 뉴멕시코 주 북부에 위치한 그 비밀 연구소에서 최초의 원자 폭탄이 "잠정적으로 12월 말까지를"[69] 목표로 설계되고 있었다. 로스앨러모스는 분투 중이었고 지원이 필요했다.

로스앨러모스는 임계 질량의 우라늄 235와 플루토늄 239를 사용해 대포형 무기를 만들려고 계획 중이었다. 대포형 방식이란 임계 질량 이하의 핵물질 한 조각을 포열을 따라 발사해, 포구에 꼭 맞는 임계 질량 이하의 핵물질 고리와 합하는 방식이다. 이 결합 메커니즘(assembly mechanism)의 문제점은 사전 폭발이었다. 게오르기 플료로프와 콘스탄틴 표트르작이 우라늄의 사례에서 처음 증명했듯이 우라늄도 그렇고, 플루토늄도 그렇고 모두 자연 발생적으로 분열한다. 그렇게 무작위 자연 분열로 방출된 2차 중성자들이 포열에서 조기에 연쇄 반응을 촉발할 수도 있다. 두 조각이 완전하게 합쳐지는 데 필요한 시간을 갖기도 전에 말이다. "탄환"이 표적 고리에 접근하는 광경을 떠올려 보라. 핵물질이 그런 식으로 사전에 폭발해 버리면 폭발은 일어나도 그 효과를 기대할 수 없다. 이런 폭탄은 TNT 1만 톤 이상의 위력으로 폭발하는 것은 고사하고, 쉿 하며 꺼지는 눅눅한 화약처럼 흐지부지되고 말 것이었다. TNT 수백 킬로그램의 파괴력에 불과한 게 되는 것이다. 그런 식이라면 재래식 고폭탄보다 나을 것이 없었다. 미국은 원자 폭탄 3개를 만드는 데 약 20억 달러를 쓰고 있었다. 그렇게 비싼 폭탄이 불발탄이라면 낭비도 그런 낭비가 없을 터였다.

플루토늄 239는 우라늄 235보다 두 배 이상 빠른 속도로 자연 분열하는 것으로 알려졌다. 플루토늄의 또 다른 동위 원소 플루토늄 240이 플루토늄 239 안에서 그것을 오염시키는 물질로 등장했는데, 훨씬 불안정했다. 플루토늄 239를 포열 안에서 임계 질량 수준으로 합치는 문제는 이로 인해 처음부터 어려운 과제로 여겨졌다. 플루토늄 탄환은 우라늄 대포의 탄환보다 초속 수천 미터나 더 빨리 포열을 따라 이동해야 했다. 1944년 4월까지도 플루토늄 대포 결합 방식은 거의 달성할 수 없는 과제로 여겨졌다. 그때까지 로스앨러모스에서 수행된 실험들에는 사이클로트론을 가동해 힘겹게 만든 마이크로그램 단위의 플루토늄이 사용되었다. 사이클로트론은 주로 플루토늄 239를 생산했다. 오크리지의 원자로에서 변환된 그램 단위의 플루토늄이 처음으로 로스앨러모스에 도착한 것은 1944년 초봄이었다. 원자로는 사이클로트론보다 훨씬 더 많은 수의 중성자를 생성한다. 원자로에서 이렇게 중성자가 더 많이 유동하면 더 많은 우라늄이 플루토늄 240으로 변환된다. 원자로에서 생산된 플루토늄 239는 플루토늄 240이 더 많이 섞여 있고, 따라서 자연 분열 속도도 사이클로트론에서 생성된 플루토늄보다 다섯 배 더 빠르다. 이는 대포식으로 결합하는 것을 감당할 수 없을 정도로 빠른 속도이다. 플루토늄 탄환은 달성할 수 있는 가장 빠른 포구 속도에서조차 결합 표적과 만나기도 전에 녹아 버릴 터였다.

푹스가 채드윅과 면담을 한 1944년 7월경에 로스앨러모스는 플루토늄 대포 계획을 폐기하기로 결정한 상황이었다. 우라늄 대포 리틀 보이는 설계안이 전통적이어서 확실했지만 효율이 문제였다. 1945년 내내 분리해야 할 만큼 희귀 우라늄 동위 원소를 많이 필요로 했기 때문이다. 로스앨러모스가 플루토늄을 조기 폭발 없이 임계 질량으로 합치는 방법을 찾지 못하면 맨해튼 프로젝트는 결국 원자 폭탄을 1개밖에 투하하지 못할 터였다. 그때쯤이면 맨해튼 프로젝트에 미국 자동차 산업만큼 많은 수의 인력과 자본이 투입되고 있었다.

대포 체계의 대안은 로스앨러모스가 1943년 4월 개소한 직후에 이미 제출된 적이 있었다. 물론 다수는 그 방법이 성공할지에 회의적이었지만. 제안된 방법은 일명 내파(implosion) 방식이었다. 내파 방식은 처음 구상 단계에서 다음 사실에 바탕을 두었다. 핵분열 물질이 갖는 질량의 임계 여부는 크기(volume)뿐만 아니라 구조 배열(geometry)로도 결정된다. 고체 반구 2개로 된 6킬로그램의 플루토늄 주물(鑄物)이라면 닿자마자 연쇄 반응을 시작할 것이었다. 그러나 같은 6킬로그램의 플루토늄이라도 속이 빈 껍질 형태라면, 2차 중성자들이 더 쉽게 달아날 수 있으므로 스스로 구동되는 힘이 발생하지 않을 것이다. 이런 껍질(외피, 외벽, shell) 주변으로 고성능 폭약을 채우고, 다수의 상이한 지점에서 동시에 그 고폭약을 폭파시킬 수 있는 방법을 찾아내자. 그러면 이 껍질을 안쪽으로 붕괴시켜 단단한 공 모양으로 만들 수 있으리라. 그렇게 하면 자연 발생적 분열이 연쇄 반응을 망칠 시간을 가질 수 없을 만큼 빠르게 임계 질량으로 합칠 수 있을지 모른다. 고폭약의 타격을 받은 외벽 조각들은 아주 짧은 거리만 안쪽으로 움직일 것이다. 고폭약은 대포가 할 수 있는 것보다 훨씬 더 빠른 속도로 그 조각들을 응집시킬 것이다.

폭약을 사용해 뭔가를 모으고 합치는 시도는 그 전까지 이루어진 적이 없었다. 산산조각 내는 것이 폭약의 일반적 사용법이었으니 말이다. 로스앨러모스에서 2차원으로 배열해 수행한 첫 번째 실험들은 처참했다. 그 실험들은 고폭약 고리로 강관을 위축시키는 실험이었다. 폭약 연구를 담당한 해군 대령 윌리엄 '데크' 파슨스(William 'Deke' Parsons)는 내파 시도가 "맥주 방울을 튀기지 않고 맥주 깡통을 짜부라뜨리려는"[70] 노력과 흡사하다고 비웃었다. 볼록한 폭파 파동(convex detonation wave)이 각각의 폭발 지점에서 폭약을 관통했다. 여러 파동은 퍼져나가면서 닿아 간섭을 일으켜 복잡한 양상을 띠었다. 배들이 지나가면서 만드는 물결파들이 충돌할 때 생기는 간섭 파동처럼 말이다. 충돌하는 충격파들은 강관을 한결같이 균일하게 짜부라뜨리지 않았고, 사출되는 뜨거운 금속을 녹여 강관들이 삐딱하게 터졌다.

내파 현상은 시행착오로 수정하기에는 너무 복잡했다. 실험자들에게는 지침이 될 만한 이론이 필요했다. 내파의 유체 역학을 계산할 수 있는 사람이 필요했다. 구체 고폭약의 바깥 부분 여기저기에 기폭제를 어떻게 잘 배치하고, 또 그 수는 얼마로 할지 알아낼 수 있는 사람이 필요했다. 크든 작든, 벽이 두껍든 얇든 플루토늄 껍질의 구조를 어떻게 배열해야 이상적인지 계산할 수 있는 사람이 필요했다. 로스앨러모스의 이론 분과 책임자인 망명 물리학자 한스 알브레히트 베테(Hans Albrecht Bethe, 1906~2005년)는 에드워드 텔러에게 도움을 청했다. 텔러가 당시는 물론이고 이후로도 생존 물리학자 가운데 가장 창의적이며 상상력이 풍부한 한 명으로 인정받고 있었기 때문이다. 텔러는 1944년 1월부터 소규모 내파 연구진을 이끌었고, 남은 겨울 동안 중대한 기여를 했다. 그런데 겨울에서 봄으로 계절이 바뀔 즈음에 텔러는 내파 관련 계산 문제를 소홀히 다루기 시작했다. 텔러에게는 더 중요한 일이 있었다. 원자 폭탄을 활용해 중수소를 발화시킬 수 있을지를 막 탐구하기 시작한 것이다. 텔러는 그 이론적 무기를 "슈퍼(Super)"라고 불렀다. TNT 수천 톤 규모가 아니라 수백만 톤의 위력으로 폭발할 수도 있었기 때문이다. 텔러는 나중에 이렇게 썼다. "(베테는) 내가 잘 하지도 못하는 계산을 하기를 바랐다. 하지만 나는 수소 폭탄과 다른 참신한 주제들을 연구하고 싶었다."[71]

베테는 루돌프 파이얼스가 뉴욕에서 켈렉스와 함께 일하는 것을 알았다. 그는 파이얼스를 로스앨러모스로 데려와 내파 연구를 지원하게 하자고 요청했다. 파이얼스는 조수 두 명을 대동하도록 허락하면 그러겠다고 했다. 젊은 영국인 토니 힐턴 로일 스키럼(Tony Hilton Royle Skyrme, 1922~1987년)과 클라우스 푹스가 그들이었다. 전쟁의 신이 당시 로스앨러모스에서 이루어지던 최고로 중요한 비밀 활동의 핵심을 이고리 쿠르차토프에게 분명한 형태로 직접 제공하기를 원했다면 클라우스 푹스만 한 채널도 없었을 것이다. 전시에 로스앨러모스를 지휘한 로버트 오펜하이머도 푹스가 발각된 후에 거의 비슷한 이야기를 했다. 그로브스 장군은 로스앨러모스가 보안 구획이 철저하지 못하다고 불평했다. 오펜하이머는 그로브스의 불평을 이렇게 반박했다. "푹스를 구획에 한없이 가둬 버렸다면 그가 속한 구획이 담당한 일 처리로 전체 프로젝트에 엄청난 피해가 발생했을 것이다."[72]

푹스는 1944년 8월 14일 로스앨러모스에 도착했다. 한스 베테는 나중에 유감스러워하며, 푹스를 "내 부서에서 가장 중요한 사람 가운데 한 명"[73]이라고 부르게 될 터였다. 니콜라스 콘스탄틴 메트로폴리스(Nicholas Constantine Metropolis, 1915~1999년)는 이론 분과 소속 수학자로, 사무실이 푹스 옆에 있었다. 그는 그 독일인이 근면 성실했다고 기억했다. "나도 8시쯤 일찍 출근하는 편이었는데, 내가 출근하면 항상 그가 먼저 와 있었다. 나는 오후 5시나 5시 30분쯤 퇴근했다. 그는 그때도 여전히 사무실에 남아 일을 했다. 푹스는 정말이지 장시간 근무했다."[74] 오펜하이머는 10월에 푹스도 참가한 콜로퀴엄을 주재했다. 그 콜로퀴엄은 3차원 '렌즈형' 고폭약을 활용하는 새로운 내파 방식을 다뤘다. 영국인 물리학자 제임스 레슬리 터크(James Leslie Tuck, 1910~1980년)가 여름에 제안한 이 발본적 개념으로, 강관을 엉망으로 만드는 폭발 파동들의 간섭을 극복하게 되었다. 폭약의 신관은 산지사방 등가로 고폭약을 관통해 뻗어나가는 파동을 만든다. 볼록한 형태일 것이므로, 부풀어 오른 지붕을 상기해 보면 되겠다. 이제 역발상을 해 보자. 빠르게 발화하거나 더 느리게 발화하는 폭약을 복잡하게 배열할 수도 있을 것이다. 이렇게 하면 볼록한 폭파 파동의 진행 속도를 늦추거나 가속하는 게 가능할 것이다. 결국 둥근 지붕의 가장자리 지점들이 꼭대기를 따라잡아 추월할 시간을 버는 셈이다. 비니(beanie, 베레모)나 야물커(yarmulke, 유대인 남자들이 머리 정수리 부분에 쓰는, 작고 동글납작한 모자 ― 옮긴이)를 안이 밖으로 나오게 뒤집는 것에 비유할 수 있겠다. 모양과 폭약을 적절하게 조합하면 한 점에서 밖으로 분기하는 폭발 파동을 한 점으로 집중하는 폭발 파동으로 바꿀 수 있다. 외파(explosion)를 내파로 전환할 수 있는 것이다. 그렇게 폭발 파동의 간섭을 제거하면 임계 질량 이하의 플루토늄 공을 임계 초과 상태로 부드럽게 압축할 수도 있다.

푹스는 기체 확산법에 대해 켈렉스와 협의하면서 그랬듯이 로스앨러모스에서도 다시 한번 일련의 중요한 문건을 작성했다.[75] 이 문건들은 플루토늄을 효과적으로 폭발시키는 방법과 관련된 결정적 문제들을 다루었다. 푹스가 로스앨러모스에 2년간 머무르면서 작성한 문건의 몇몇 제목을 보더라도 그가 플루토늄 사안의 핵심에 얼마나 천착했는지를 알 수 있다.

평판에서 제트(Jet) 형성

원통 내파에서의 제트 형성

아주 느린 결합의 효율성

내파 이론, 제1부

내파 이론, 제2부

내파 이론, 제3부

내파 이론, 제4부

내파 이론, 제5부

푹스는 내파 폭탄의 사소하지만 결정적인 요소와 관련된 이론도 연구했다. 로스앨러모스에서 '기폭제(initiator)'라고 불린 장치가 바로 그것이다. 물리학자 로버트 크리스티(Robert Christy)는 1944년 9월 제트 문제를 줄이기 위해 폭탄의 코어(core)로 플루토늄 껍질 말고 임계 질량에 거의 육박하는 구형 고체(반구형으로 2개를 만들자는 것이었다.)를 사용하자고 제안했다. 껍질처럼 속이 비지 않고 딴딴히 뭉쳐 있으면 무너져 내리지 않을 것이기 때문이다. 내향하는 폭발 파동은 고체 덩어리를 임계 상태로 짜부라뜨릴 것이고 말이다. 이것은 껍질 방식보다 훨씬 덜 효율적인 데다 더 위험하기도 한, 보수적인 억지 해결책이었다. 그 방법을 동원해 구현된 최종 형태를 보려고 하면 묵직한 천연 우라늄 탬퍼 안이 가까스로 임계 질량 이하를 유지할 테고, 제거할 수 있는 카드뮴 철사로 안전을 확보해야만 했다. 아무튼 그것은 설계가 훨씬 더 단순했다.

코어를 단단한 고체로 만들면 복잡한 요소를 추가해야만 한다는 게 문제였다. 내파는 코어의 지름을 반으로 줄여 준다. 따라서 고체 금속의 밀도가 여덟 배 증가하는 건 당연하다. 충격파로 내파 응집이 최대 밀도까지 이루어졌다가 되튀어 그 응집 상태가 해체되기 시작하는 100만분의 몇 초 사이에 중성자들이 분사되어 연쇄 반응이 일어나야 했다. 기폭제는 원자 폭탄에 적용되어, 그 역할을 하는 중성자들을 공급하는 최초의 장치였다. 여기에는 고온의 폴로늄 껍질에서 고속으로 방출되는 알파 입자로 또 다른 베릴륨 포일 껍질을 두들겨 중성자를 꺼내는 방식이 동원되었다. 기폭제는 색다른 금속들의 작은 덩어리로, 폭탄의 정중앙, 즉 플루토늄 반구 2개 안에 마련된 공동(空洞)에 설치될 터였다. 기폭제가 정확히 최대 밀도 순간까지는 중성자를 방출하지 않는 비활성 상태에 있다가, 다음 수순으로 확실하게 기폭 작용을 해야 했기 때문에 설계가 아주 어려웠다. 기폭제가 중성자를 조기에 분사하면 폭탄이 사전에 폭발해 버릴 수 있었다. 또 되튀는 파편을 관통해 뒤늦게 비산하는 중성자는 쓸모가 없었다. 기폭제는 그것을 에워싸는 폭탄만큼이나 설계가 어려웠다. 기폭제는 호두만 한 크기 이내여야 했다. 푹스는 3개의 기폭 이론 보고서를 썼다.

푹스는 그 겨울에 내파의 여러 대안을 모색하는 세미나들에 참가했다. 그는 1945년 2월 11일경[76] 뉴멕시코 북부의 메사를 출발했다. 매사추세츠에 사는 여동생과 그녀의 가족을 만나기 위해서였다. 푹스는 플루토늄 폭탄 설계안과 관련해 이미 로스앨러모스에서 어느 누구 못지않은 일급 과학자로 변신해 있었다.

푹스가 케임브리지에 도착하고 나서 얼마 후 크리스텔은 골드가 11월에 방문했음을 오빠에게 알렸다. 오빠가 "흠칫 놀란 눈치였고, 화도 좀 난 듯했다."라고 크리스텔은 기억했다. "…… 하지만 …… 오빠는 '응, 그래.' 하고 대꾸하는 것 말고는 더 이상 이야기하지 않았다."[77] 크리스텔은

오빠에게 골드가 남기고 간 봉투를 건네주었고, 푹스는 맨해튼의 접선책에게 전화를 했다.*[78]

주중의 어느 날 아침 7시 이전이었다. 야츠코프가 골드에게 전화를 했다. 골드는 출근 준비를 하던 참이었다.

> 그는 자기가 어떤 주유소에 있다고 했는데 설명을 잘하지 못했다. 알아봤더니 필라델피아의 옥스퍼드 서클 근처였다. 존은 가서 푹스를 만나겠는지 나에게 물었다. 나는 그러겠다고 했다. 오전이었는데 눈이 엄청나게 왔다. 또렷하게 기억난다. 존은 흠뻑 젖어 있었다. 우리는 다시 (전)차에 올라탔고, 프랭크포드 터미널까지 갔다. 거기서 존은 푹스가 케임브리지에 와 있다는 소식을 바로 전날 접수했다고 내게 말했다. …… 그는 가능한 한 빨리 내가 케임브리지에 가야 한다고 말했다. 나는 즉시 실행에 옮겼다. 내 기억으로는 존을 만난 게 화요일이나 수요일이었던 것 같다. 또 케임브리지에 도착한 것은 금요일이었을 가능성이 가장 높다.[79]

1945년 2월 11일 일요일과, 푹스가 뉴멕시코로 돌아간 2월 22일 목요일 사이의 어느 금요일이었다. 푹스와 골드는 2월 16일에 만났을 공산이 가장 크다.

"곧장 하인먼의 집으로 향했다." 골드는 계속해서 이렇게 회고했다.

---

* 푹스는 자신의 케임브리지 소재를 골드가 달리 어떻게 알았겠는지 설명하지도 않은 채 전화한 사실을 부인했다. 사실 심문 과정 내내 이 점에서 푹스는 신중에 신중을 기했다. 신원이 확인되지 않은 접선책의 경우 철저하게 함구로 일관한 것이다. 그는 골드가 자백했다는 판단이 들었을 때에야 비로소 그의 신원을 확인해 주었다. 푹스가 유일하게 신원을 확인해 준 사람은 소니아뿐이었다. 푹스는 이미 투옥 중이었고, 소니아 역시 영국을 탈출해 동독으로 향한 후에 말이다.

"오전이었고, 문을 두드리자 일 봐주는 아가씨가 나를 들여보내 주었던 것 같다. 클라우스가 있었고, 나를 반갑게 맞아 주었다."[80]

7장

대량 생산

클라우스 푹스는 영국과 미국의 원자 폭탄 개발 계획 정보를 북아메리카에서 소련으로 넘긴, 가장 생산적인 스파이였다. 그러나 푹스만 그 짓을 한 것이 아니었다. 발각된 스파이가 많지는 않다. 그렇기는 해도 적발된 소수는 재판에 회부되고, 유죄를 선고받았다. 하지만 제한적이고 단편적임에도 불구하고 취합된 기록을 살펴볼 때 이고리 구젠코의 진술은 사실인 것 같다. 그는 제2차 세계 대전 기간과 그 후의 소련 첩보 활동을 "대량 생산"[1] 체제로 규정했다. 소련이 어떻게 첩보 활동을 수행했고, 스파이 행위가 폭로된 양상과 그 실체에 많은 미국인이 냉전이 한창이던 시절 궁금증을 느꼈던 것은 충분히 이해할 만한 일이었다.

당대의 기록과 회고 등을 살펴보면 소련이 전시에 벌인 원자 폭탄 첩보 활동이 양적으로 대단히 방대한 규모였음을 알 수 있다. 이고리 쿠르차토프는 1944년 9월 29일자로 라브렌티 베리야에게 보낸 한 편지에서 이렇게 언급했다. "우라늄 문제를 다룬 …… 새롭고, 아주 광범한 (첩보) 자료"를 검토 중입니다. 그가 이미 살펴본 것 이후로 새로 들어온 자료라는 이야기이다. 쿠르차토프는 그 자료가 "(약 3,000쪽의 문서)"[2]라는 말도 보탰다. 소련의 물리학자 야코프 페트로비치 테를레츠키(Yakov Petrovich Terletsky)는 전후에 원자 폭탄 첩보 활동을 다루기 위해 설립된 NKVD의 전담 부서에 합류했다. 그도 이렇게 적고 있다. "금고에서 약 1만 쪽의 …… 보고서"를 발견했다. "대부분이 미국의 기밀 보고서였다. (영국 자료도 있었다.) 핵반응의 변수를 파악하는 기초 실험들의 내용, 각종 우라늄 반응로에 관한 설명, 기체 확산 설비에 관한 설명, 원자 폭탄 실험 사실을 소개하는 신문과 잡지 기사 등이었다."[3]

소련이 초기에 관심을 기울인 첩보 대상은 캘리포니아 대학교 버클리 캠퍼스의 방사선 연구소였다. 사이클로트론을 발명한 어니스트 로런스의 지휘 아래 방사선 연구소의 물리학자들은 1941년부터 동위 원소의 전자기 분리법 개발에 착수했다. 나중에 산업적 규모로 확장되어, 오크리지에서 리틀 보이에 사용되는 우라늄 235의 대부분을 처리하는 기술 말이다. 로버트 오펜하이머가 버클리의 사무실에서 원자 폭탄과 수소 폭탄의 이론 연구를 이끌었고, 1943년에는 로스앨러모스로 옮겨가 실제 폭탄 설계를 지휘했다. 오펜하이머의 아내 키티(Kitty, 캐서린 오펜하이머(Katherine Oppenheimer, 1910~1972년))는 1930년대에 공산당원이었고, 동생 프랭크와 프랭크의 아내 재키(Jackie, 자크넷 이본 오펜하이머(Jaquenette Yvonne Oppenheimer, 1911~1980년))도 1937년부터 1941년까지 공산당 당적을 유지했다. 오펜하이머 자신은, 본인 말에 따르면, 1942년까지 공산주의의 대의를 지지한 "동조자"[4]였다.

키티의 첫 번째 남편 조 달레트(Joe Dallet)는 에스파냐 내전에 자원한 공산당 간부였다. 키티는 1937년에 달레트를 만나기 위해 에스파냐로 갔다. 스티브 넬슨(Steve Nelson, 1903~1993년)은 크로아티아 태생의 귀화 미국인으로, 달레트의 전우였다.[5] 에이브러햄 링컨 국제 여단의 중령인 넬슨이 나와, 달레트가 마드리드 포위 공격 작전 중에 전사했다는 비보를 전했다. 넬슨 역시 1920년대 후반부터 미국 공산당 당적을 갖고 있었다. 그는 1930년대 초에 모스크바의 레닌 연구소(Lenin Institute)에서 교육을 받았고, 거기서 NKVD의 전신인 OGPU와 연결된 것으로 밝혀졌다. 넬슨은 소니아가 적군 정보국(GRU)을 위해 상하이에서 활동하던 시절에 그곳 공산주의 인터내셔널(Communist International, 코민테른)에서 일했다. 독일 공산당의 고위급 요원인 아서 유어트(Arthur Ewert)가 두 사람을 연결해 주었다. 넬슨이 에스파냐 내전 중에 모리스 코헨과 함께 바르셀로나 정보 학교에 다녔을지도 모른다.[6] 넬슨은 에스파냐 내전이 종결된 후 키티 오펜하이머의 친구로 버클리에 나타났다. 의회 위원회의 조사에 따르면 "샌프란시스코 만 지역의 (공산)당 조직책이라는 임무를 맡았다."고 한다. 그는 "원자 폭탄 개발 관련 정보를 수집하라는 비밀 임무도 부여받았다."[7]

넬슨은 버클리에서 연구하던 청년 물리학자 여러 명과 접촉했다. 맨해튼 프로젝트의 보안 장교들은 넬슨이 동위 원소 전자기 분리법 정보를 빼내 소련에 넘기고 있음을 인지했다.

> 1943년 3월 어느 날 밤 늦게 자신을 '조(Joe)'라고 밝힌 캘리포니아 대학교의 한 과학자가 스티브 넬슨의 집을 찾아 갔다. …… 넬슨은 당시에 집에 없었고, 다음날 오전 1시 30분경에 귀가했다. 넬슨은 기다리고 있던 조와 인사했고, 조는 그에게 쓸모 있을 것 같은 정보가 좀 있다고 말했다. 조는 버클리

소재 캘리포니아 대학교의 방사선 연구소에서 수행 중인 실험과 관련한 특급 비밀 정보를 제공했다. ……

두 사람이 만나고 나서 며칠 후 넬슨은 샌프란시스코 주재 소련 영사관을 찾아갔다. 그는 미행이 불가능한 장소에서 부영사 표트르 이바노프(Peter Ivanov)와 접촉하는 문제를 협의했다. 이바노프는 넬슨에게 차라리 "평이한 곳"에서 만나자고 제안했다.

…… 두 사람은 샌프란시스코에 있는 세인트 프랜시스 병원 구내의 공원 한가운데에서 만났다. 넬슨은 그 만남에서 이바노프에게 봉투 내지 꾸러미를 전달했다. 며칠 후 …… 워싱턴 주재 러시아 대사관의 제3비서가 …… 집으로 넬슨을 찾아갔다. 주빌린(Zubilin)이라는 이름으로 불리는 사내였다. 주빌린은 그 자리에서 어떤 액면의 화폐인지는 알 수 없지만 지폐 열 장을 넬슨에게 건넸다.[8]

오펜하이머가 소련 편으로 넘어와 첩보 활동에 가담하겠는지를 넬슨이 찔러봤다는 것은 분명하다. 의회 위원회가 확인한 내용을 여기 소개한다. "넬슨은 그 물리학자도, 아내도 공산주의에 동조하지 않는다고 (소련 접선책에게) 나중에 보고했다."[9] 넬슨이 오펜하이머 부부에게 접근했다고 하더라도 두 사람 중 누구도 넬슨을 신고하지 않았다.

다른 사람을 통해 오펜하이머에게 접근하려던 시도도 실패했다. 하지만 오펜하이머는 그 사실을 당국에 신고하는 일을 미루다가 마지못해 겨우 그 중개인의 신원을 확인해 주었고, 나중에 진술 내용을 번복했다. 오펜하이머는 이런 우유부단한 태도로 인해 결국 큰 곤경에 처한다. 그 중개인은 버클리의 친구 가운데 한 명으로, 하콘 슈발리에(Haakon Chevalier, 1901~1985년)라는 프랑스 문학 교수였다. 오펜하이머는 슈발리에가 조지 엘텐튼(George Eltenton)이라는 영국인을 대신해 자신의 의사를 타진했다고 진술한다. 엘텐튼은 "소련에서 잠시 살기도 한 …… 화학 공학자"[10]로, 셸 개발 회사(Shell Development)에서 일했다.

오펜하이머는 맨해튼 프로젝트의 보안 장교 보리스 시어도어 패시(Boris Theodore Pash, 1900~1995년) 대령에게 1943년 8월 진술한 첫 번째 사건 개요에서 엘텐튼과 슈발리에가 접근한 일을 샌프란시스코 주재 소련 영사관과 결부시켰다.

> 저는 한 번도 들어본 적이 없는 이름이었습니다. 소련 영사와 가까웠어요. 그가 프로젝트와 관련된 사람들을 통해 에둘러서 이야기했습니다. 자기는 누설되거나 물의를 일으키거나 하는 위험을 완전히 배제하고 그들이 제공하는 정보를 전달할 수 있는 위치에 있다고 말입니다.[11]

오펜하이머는 엘텐튼의 신원을 확인해 주었다. 그는 패시에게 이렇게 말했다. "그를 감시하겠다면 잘 하는 일입니다." 오펜하이머는 "영사관과 긴밀한 사람의 이름"을 모른다는 말도 했다. "들은 것도 같고, 안 들은 것도 같습니다. …… 그가 지금 여기 있을 수도 있고, 없을 수도 있습니다. 대략 5개월, 6개월, 아니 7개월 전쯤에 일어난 일이니까요."[12] 1943년 8월로부터 5~7개월 전이라면 모스크바의 이고리 쿠르차토프가 동위 원소 분리 기술을 검토하면서 연구 과제를 선정하던 즈음이다. 쿠르차토프는 저명한 물리학자 레프 안드레예비치 아르트시모비치(Lev Andreevich Artsimovich, 1909~1973년)에게 동위 원소의 전자기 분리법을 탐구해 달라고 요청했다. 이때 아르트시모비치에게 이용 가능한 정보를 무엇이라도 주었어야 논리적으로 말이 된다. 한 러시아 과학자에 따르면 실제로도 아르트시모비치는 "동위 원소의 전자기 분리에 관한 미국의 (첩보) 자료를 건네받았다."[13]

오펜하이머는 1943년에 "일들이 일어났다."라는 말로, 나중에 "완전한 날조," "있을 수 없으며, 말이 안 된다."[14]라고 이야기하는 사건을 분명하게 언급했다. 소련 영사관의 육군 무관이 중개인들을 통해 맨해튼 프로젝트와 연관된 몇몇 사람에게 접근했다고 확언한 것이다. 그들이 나중에 로스앨러모스로 갔으며, 오펜하이머를 찾아와 조언을 구했다는 것도 분명하다. 오펜하이머는 이렇게 해명했다. "그들이 접근하면 사람들은 으레 난감했을 겁니다. 가끔씩 나를 찾아와 고민을 털어놨죠. 접근은 아주 간접적이고, 에두르는 방식으로 이루어졌습니다." 오펜하이머는 이런 말도 보탰다. "두세 가지 정도는 압니다. 두 명은 나와 함께 로스앨러모스에도 갔습니다. 아주 친하죠. …… 그들은, 그런 목적(즉 정보 획득)을 위해 자신들에게 접근했다고 말했습니다."[15]

동료들이 오펜하이머를 찾아와 곤경에 처했음을 호소하며 댄 이유는 소련의 정보 요원들이 과학자들에게 제시한 이유와 대동소이했다. 오펜하이머는 패시에게 이렇게 설명했다.

> 이유를 설명하겠습니다. 두 동맹국의 관계가 까다롭고 비협조적이라는 것은 당신도 알 겁니다. 러시아에 우호적이지 않은 사람이 많지요. 정보, 우리의 많은 비밀 정보, 우리의 레이더 지식 등이 그들에게 전달되지 않는 이유입니다. 그들은 목숨을 걸고 싸우고 있어요. 그들은 사태가 어떻게 진행되는지 알고 싶어 합니다. 다시 말해 우리의 공식적인 교신이 갖는 결함을 벌충하려는 것뿐이라는 말입니다. 정보가 건네진 건 그런 이유에서에요. 물론 일어나서는 안 될 교신이기 때문에 반역이라는 사실을 무시할 수는 없겠지요.[16]

오펜하이머 자신은 원자 폭탄 개발 중에 제기되는 사안들을 소련을 포함한 동맹국들이 전쟁이 종결되기 전에 충분히 협의하면 결과적으로는 세계가 더 안전해질 것이라고 믿었다. 하지만 그는 그런 협의 채널로 스파이 활동이 적합하다고는 생각하지 않았다.

솔직히 말해, 총사령관의 생각과 가깝습니다. …… 러시아에 누군가(원문 그대로임. '우리'라는 뜻일 것이다.) 이 문제를 연구하고 있다고 알려주는 게 좋겠다고 생각했습니다. 그렇게 하자는 것에 대해 논쟁이 있을 수 있다고도 생각합니다. 하지만 정보가 뒷문으로 빠져나가는 식은 아닙니다.[17]

오펜하이머는 소련의 첩보 요원이 자신의 제안을 스파이 활동이 아니라 기존의 미국 정책을 약식으로 간편하게 추진하는 일 정도로 보이도록 무척 신경 써서 설득했다고 패시에게 말했다. 아마도 무기 대여법을 암시했으리라.

그렇게 유도하지는 않았습니다. 정부 정책 비슷한 것을 수행한다는 식이었죠. 그 엘텐튼이라는 사람과 만나서 이야기를 할 수는 없었습니다. 그는 영사관에 파견된 대사관 직원과 자주 만났습니다. 아주 믿음이 가는 성격으로, 마이크로필름 같은 것에 대한 경험이 많은 사람이었죠.[18]

여기서 소련 첩보 활동의 일반 메커니즘을 확인할 수 있다. 엘리자베스 벤틀리와 해리 골드가 나중에 공개 증언을 함으로써 악명이 자자해진 그 메커니즘 말이다. 대사관 직원, 차단선으로 내세운 비소련인, 죄의식에 대한 호소와 합리화, 마이크로필름. (이고리 구젠코가 별개로 한 진술도 소개한다. "원자 폭탄 정보가 필요하면 소련의 지시에 따라 다양한 접근이 이루어졌다. 정말로 중요한 사안일 경우 돈에 호소하는 일이 없었다는 것도 놀랍다. '좋은 세상' 같은 '고귀한 정서'에 호소하는 게 가장 효과적임을 소련 정보 기관은 알고 있었다.")[19]

오펜하이머는 전후에 자신이 패시에게 한 이야기는 엘텐튼이라는 이름을 빼면 "완전한 사실무근"[20]이라고 주장했다. 그가 1954년에 고쳐 진술한 내용에는 버클리 사태가 상당히 다르게 그려져 있다. "마이크로필름"도, 소련 영사관도, 스파이들이 접근한 사실을 폭넓게 알고 있었다는 것도 전부 부인한다.

> 1942~1943년 겨울의 …… 어느 날이었습니다. 하콘 슈발리에가 우리 집에 왔어요. 저녁 식사를 함께하기로 했을 겁니다. 아니 어쩌면 한잔하러 왔었는지도요. 밖에 있는 식료품 저장실로 갔는데, 슈발리에가 나중에 쫓아왔거나 도와주겠다고 해서 함께 갔을 겁니다. 그가 이렇게 말하더군요. "최근에 조지 엘텐튼을 만났어." 아마도 내게 엘텐튼을 기억하느냐고 물은 것이겠지요. 슈발리에는 엘텐튼한테 소련 과학자들에게 기술 정보를 넘길 방법이 있다는 이야기를 들었다고 말했습니다. 방법을 설명하지는 않았지만요. 저는 이렇게 대꾸했던 것 같습니다. "하지만 그건 반역이야." 확실하지는 않습니다만. 아무튼 무슨 말을 하기는 했어요. "무시무시하지." 슈발리에가 동의한다는 듯 이렇게 말했습니다. 그러고는 끝났어요. 아주 짧은 대화였습니다.[21]

하지만 1946년 엘텐튼을 조사한 FBI에 따르면, 오펜하이머가 처음에 패시에게 한 이야기가 사태의 진실에 더 가깝다.

> (엘텐튼은) (소련의 육군 무관) 표트르 이바노프가 "산 위에서(버클리 방사선 연구소를 가리킴)" 무슨 일이 일어나는지 알아내려고 접근했음을 인정했다. 엘텐튼은 하콘 슈발리에에게 접근했음을 인정했다. 슈발리에가 로버트 오펜하이머와 친하다는 걸 알았던 것이다. 그는 슈발리에에게 프로젝트와 관련이

있는 오펜하이머에게 접근하라고 요청했다. 엘텐튼은 슈발리에가 자신의 제안에 동의했다고 말했다. 하지만 정보를 획득할 가능성은 전무했다고도 말했다.[22]

FBI 요원들은 1946년 6월 엘텐튼을 심문한 것과 같은 날에 슈발리에도 조사했다. 슈발리에는 엘텐튼과는 다른 이야기를 했다.[23] 놀랍게도 오펜하이머가 무죄를 주장하며 1954년에 한 이야기와 일치했다. 오펜하이머가 슈발리에와 똑같은 이야기를 FBI에 처음 진술한 게 1946년 9월이다. 두 친구는 6월과 9월 사이에 만났고, 입을 맞출 기회가 있었다.

슈발리에가 찾아가기 전에 엘텐튼이 오펜하이머에게 직접 접근했을지도 모른다. 적어도 한 조사관은 그렇게 의심했고, 이것을 증명하기 위한 심문 절차를 밟았던 것 같다.

문: 다른 일로 엘텐튼을 만난 적이 있습니까?

답: 예…….

문: 어디서죠?

답: 기억나지 않습니다.

문: 사교 모임이었나요?

답: 그럴 겁니다.

문: 뭐라도 기억나는 게 있습니까?

답: 아니오.

문: 당신에게 그를 소개해 준 사람은 누구입니까?

답: 모르겠습니다.

문: 엘텐튼이 혹시라도 다른 일로 당신 집을 방문했습니까?

답: 절대로 아닙니다.

문: 소련 정부가 어떤 과학자들에게 줄 어떤 상 문제를 협의하기 위해 엘텐튼이 1942년에 당신 집을 찾지 않았습니까?

답: 그랬다면 제게는 정말 뜻밖의 소식인데요. 당신은 방금 한 이야기가 사실이라고 생각하는 듯합니다만 저는 그런 기억이 전혀 없습니다. ……

문: 어디 보자, 제가 당신의 기억을 상기시켜 드리지요, 박사님. 엘텐튼이 집에 와서, 소련 정부가 어떤 과학자들에게 상을 주는 것이 좋을지 의견을 구하지 않았던가요? 당신은 부시, 모건(Morgan), 그리고 어쩌면 콤프턴(Compton) 성을 가진 사람 가운데 한 명을 추천했던 것 같은데요?

답: 추천 명단 중에 터무니없는 이름은 없군요.[24]

전하는 바에 따르면 라브렌티 베리야가 상이 발휘하는 설득력을 대단히 신뢰했다고 한다.

⊛⊛⊛

이고리 구젠코는 1943년 6월 소련에서 캐나다로 파견되었다.[25] 오타와 주재 소련 대사관의 민간인 직원이 공식적인 신분이었다. 하지만 실제로는 육군 무관부의 암호계원이었다. 니콜라이 자보틴(Nicolai Zabotin) 대령이 육군 무관의 신분으로, 오타와 주재 소련 적군 정보국(GRU)을 이끌었다. (그가 이끄는 기구는 NKVD를 "이웃(Neighbor)"이라고 불렀다.) 구젠코는 자보틴 대령이 "큰 키에, 잘생겼고, 성격이 좋아서[26] 접선자들이 쉽게 넘어왔다."[27]라고 썼다. 자보틴은 정치인들, 관료들, 폭발물·전자 공학·원자력을 연구하는 과학자들 중에서 소련에 동조하는 집단을 조직했다.

이스라엘 핼퍼린(Israel Halperin, 1911~2007년)[28]은 러시아 인 부모 사이에서 태어난 캐나다 인 수학자로, 캐나다 포병 부서(Canadian Directorate of

Artillery) 소속이라는 신분을 활용해 '베이컨(Bacon)'이라는 암호명으로 무기와 폭약 정보를 적군 정보국(GRU)에 넘겼다. 그는 크리스텔 하인먼의 케임브리지 주소와 클라우스 푹스의 영국 주소를 자신의 주소록에 가지고 있었으며, 푹스가 1940년 캐나다에 억류당해 있을 때 그에게 과학 저널을 보내 주기도 했다.[29]

캐나다 인 전기 공학자 에드워드 윌프레드 메이저롤(Edward Wilfred Mazerall)은 레이더를 연구했다. 그는 이렇게 진술했다. "저는 정보를 제공한다는 생각과 개념이 마음에 안 들었습니다. 저는 제가 소련 정부에 정보를 제공하고 있다고도 별로 생각하지 않았어요. 우리가 과학자로서 정보를 공유해야 한다는 게 제 생각과 더 가깝습니다. 우리가 이런 상호 호혜 행동을 기대할 수 있겠는지 묻고, 요청한 게 저입니다."[30] 메이저롤의 진술 내용은 오펜하이머를 떠올리게 한다.

이런 수십 명의 가담자가 캐나다의 정계와 국방부에 똬리를 틀거나 빨대를 꽂았고, 구젠코는 그렇게 해서 얻은 정보를 모스크바로 전송하기 위해 암호화했다. 러시아 태생의 캐나다 국회 의원 프레드 로스(Fred Rose, 1907~1983년)를 보자. 엘리자베스 벤틀리는 몇 년 전에 우편물 배달지 역할을 하며 로스가 뉴욕의 제이콥 골로스와 서신을 교환하는 것을 돕기도 했다. 나중에 신원이 확인된 캐나다 인 간첩 20명 가운데서 가장 중요한 두 사람은 물리학자인 앨런 넌 메이(Alan Nunn May, 1911~2003년)와 브루노 폰테코르보였다.

친구들은 렌즈가 동그란 구식 안경을 낀 넌 메이를 "수줍음을 잘 타고, 체구가 작으며, 유머가 무뚝뚝하지만 재미있다."[31]라고 기억했다. 그는 도널드 맥클린이 포섭한 또 다른 케임브리지 출신 스파이로, 1933년 졸업생이었다. 넌 메이는 영국의 원자력 프로그램 합류를 요청받은 1942년 5월에 런던 대학교에서 강사 자격으로 물리학을 가르치고 있었다. 튜브 앨로이 연구(Tube Alloys Research)가 영국 원자력 프로그램의 암호명이었다. 그는 1943년 1월 존 더글러스 콕크로프트(John Douglas Cockcroft, 1897~1967년)가 이끄는 연구진의 일원으로 영국에서 캐나다로 왔다. 존 콕크로프트는 케임브리지 출신의 고참 물리학자로, 1951년에 노벨상을 받는다. 콕크로프트 연구진은 몬트리올의 기존 조직에 합류해, 미국에서 진행 중이던 원자 폭탄 개발 작업의 부속 연구를 수행했다. 캐나다 연구진은 오타와에서 북쪽으로 3시간 거리에 있는 초크(Chalk) 강에 중수로 조절하는 대형 천연 우라늄 반응로를 건설하고 있었다. 전후에 이루어진 캐나다의 조사 활동에 따르면, "(넌 메이는) 캐나다에 오기 전에 이미, 남들은 모르지만 열렬한 공산당원이었고, 모스크바의 당국자들도 그의 존재를 알았다."[32] 넌 메이는 '알렉(Alek)'이라는 암호명으로 자보틴과 연락을 주고받았다. 그는 자신의 스파이 행위를 이상주의적으로, 다시 말해 러시아식으로 이해했다. 그가 자백한 내용을 보자. "제게는 모든 게 고역이었습니다. 그래도 스파이 짓을 한 건 인류의 안전을 위해 제가 할 수 있는 기여가 이것이라고 생각했기 때문입니다. 분명히 말하지만 사리사욕 때문에 한 게 아닙니다."[33] 그는 몬트리올에서 2개의 위원회에 참가했고, 비밀 보고서들을 열람할 수 있었다.

넌 메이는 1944년 1월 미국 원자로 연구의 중심지인 시카고 대학교의 금속 공학 연구소(Metallurgical Laboratory)를 방문했다. 그는 방문을 승인해 준 그로브스 장군을 만났고, 4월에 돌아갔다. 그로브스는 전후에 이렇게 밝혔다. 당시에 "그는 아르곤 연구소(Argonne Laboratory)에서 그다지 중요하지 않은 실험을 했다. 그런데 최초의 흑연 파일이 거기 있었고, 지금도 있다. 점입가경인 것은 소규모 중수 파일도 거기 건설되었다는 것이다." 그로브스는 계속해서 이렇게 썼다. 넌 메이는 8월 말에 다시 시카고를 방문해, "시카고 연구소의 책임자들과 아르곤 연구소 원자로 및 몬트리올에서 제안된 원자로의 건설과 가동 문제를 협의했다." 1944년 10월 한 달 내내 계속된 세 번째이자 마지막 방문에서, "그는 일급 비밀에 속하는 중요한 새 분야에서 우리 측 과학자들과 협력하며 폭넓게 연구했다." 그로브스의 결론은 이러했다. "넌 메이는 아르곤 연구소에서 다른 어떤 영국 과학자보다 더 많은 시간을 보냈고, 더 많은 정보를 얻었다." 그로브스는 넌 메이의 추가 방문을 금지했는데, 그가 영국 파견단의 일원으로서 "추후의 개발"[34]과 관련해 상당히 많은 내용을 파악했을 것으로 판단했기 때문이었다.

넌 메이가 참여한 "일급 비밀" 연구는 우라늄 동위 원소 233을 사용해 원자 폭탄을 만드는 일이었다. 우라늄 233은 우라늄 235보다 훨씬 더 희귀하지만 90번 원소 토륨에서 변환된다. 토륨은 1829년 스웨덴에서 발견된 방사성 금속 원소로, 성상이 은빛으로 무르다. 모나자이트 모래(monazite sand)를 제련하면 얻을 수 있는데, 주요 광상은 브라질과 노스캐롤라이나 및 사우스캐롤라이나에 있었다. 우라늄 233을 폭탄의 재료로 쓸 수 있다는 사실이 증명되기만 하면, 우라늄 238로 플루토늄을 증식하고 있었기 때문에 마찬가지 방식으로 원자로에 토륨을 집어넣고 대량 증식을 시도할 수 있을 터였다. 우라늄 233은 플루토늄처럼 모재(母材, parent matrix)에서 화학적으로 분리할 수 있기 때문에 우라늄 238에서 물리적으로 분리되는 우라늄 235보다 훨씬 간편하기도 했다.* 넌 메이가 1944년 10월 미국의 실험 물리학자 허버트 로런스 앤더슨(Herbert

* 우라늄 233은 폭탄의 재료로 좋지 않다는 게 밝혀졌다. 토륨을 원자로에 집어넣고 변환시키면 우라늄 233과 함께 또 다른 희귀 동위 원소 우라늄 232가 증식된다. 우라늄 232는 알파 입자를 엄청나게 방출한다. 알파 입자가 혼합물에서 나오는 원치 않는 떠돌이 중성자와 충돌하기 때문에 소위 말하는 전단 폭발(predetonation)이 일어난다. 하지만 미국은 우라늄 233 폭탄을 무수히 실험했다.

Lawrence Anderson, 1914~1988년)과 한 실험은 우라늄 233의 분열 단면적을 파악하는 내용이었다. 두 물리학자는 우라늄 233 박막을 사용해 단면적을 측정했다. 당시만 하더라도 우라늄 233은 사이클로트론을 수고스럽게 가동해 변환시켜 얻었기 때문에 박막 자체도 대단히 희귀했다.

그로브스는 넌 메이가 아르곤 연구소에서 원자로 유독 물질로 오염되는[35] 중대한 현상을 깨달았을 것으로 보았다. 이 현상은 1944년 9월 말 핸퍼드에서 최초의 대형 원자로가 가동을 시작하면서 발견되었다. 하지만 전후의 소련 측 증거로 보건대, 넌 메이는 원자로가 유독 물질로 오염되는 현상을 몰랐거나 소련 정보 기관에 그 정보를 넘기지 않았다. 그럼에도 불구하고 넌 메이는 다른 중대한 기여를 하게 된다.

영화 배우처럼 잘생긴 외모의 브루노 폰테코르보는 이탈리아 인으로, 엔리코 페르미의 후배였다. 페르미가 이끈 로마 연구진의 활달한 청년들 가운데 하나였던 것이다. 그 로마 동아리는 1930년대 중반에 주기율표를 체계적으로 휘저으며 중성자로 원소들을 난타했다. 인공 방사능을 확인하기 위해서였고, 그들은 곧 핵분열 발견의 선수로 등극했다. 유대인이었던 폰테코르보는 독일이 침공하자 프랑스를 탈출했고, 리스본을 경유해 뉴욕으로 갔다. 그는 1943년 몬트리올에서 영국-캐나다 합동 연구단에 합류했다. 특출한 물리학자였던 폰테코르보는 중수 원자로 전문가로 거듭났다.

☢☢☢

도널드 맥클린은 1944년 5월 6일에 뉴욕에 도착했다. 그는 이제 기혼으로, 아내는 멜린다(Melinda)라는 미국 여자였다. 멜린다는 두 번째 아이를 임신 중이었고, 도널드와 함께 미국으로 건너왔다.[36] "도널드는 키가 180센티미터예요." 멜린다는 1940년 어머니한테 써 보낸 편지에서 남편을 이렇게 묘사했다. 당시에 도널드는 프랑스에서 멜린다와 교제 중이었다. "파란색 눈동자가 아름답고, 금발입니다. 멋진 남자예요."[37] 하지만 실상을 들여다보면 맥클린은 당시에도 이미 술을 많이 마셔댔다. 이것은 어느 정도는 이중 생활의 스트레스 때문이었다. 멜린다는 당시에 도널드의 "폭음"을 걱정하면서 이렇게 썼다. "차라리 집에서 마시지 그래요. 그러면 적어도 무사히 침대로 올라갈 수는 있지 않겠어요?"[38] 해리 골드와 클라우스 푹스도 주기적으로 폭음을 하면서 스트레스를 풀었다.

맥클린은 1938년 9월부터 프랑스가 함락될 때까지 파리 주재 영국 대사관의 제3비서로 일했다. 맥클린과 멜린다는 그 시절에 결혼했다. 그들은 부정기 화물선에 몸을 싣고 영국으로 탈출했다. 맥클린은 전시의 런던에서 외무부 총괄 부서에 소속되어, 선적·공급·경제 전쟁 따위의 지루한 일들을 맡아 처리하다가 이윽고 미국으로 떠났다. 맥클린은 전쟁 내내 계속해서 스파이 활동을 했다. 그를 관리한 아나톨리 고르스키는 런던 주재 소련 대사관의 육군 무관이자 제2비서로, 앤서니 블런트도 관리했다. 블런트는 영국의 FBI인 MI5에 들어가 있었다. 맥클린은 1940년에 킴 필비를 두 번 만났다.[39] 킴 필비는 소련 관리자와 연락이 끊긴 상태였다. 맥클린이 새로운 연결을 주선했다. 에스파냐 내전 당시 현장으로 달려가 프리랜서 기자로 활약했던 필비는 특수 작전 집행국(Special Operations Executive, SOE)에서 선전 전문가로 일하며 영국의 방첩 활동 분야에서 눈부신 경력을 쌓기 시작했다. 특수 작전 집행국(SOE)은 미국의 전략 정보국(Office of Strategic Services, OSS)에 상응하는 영국 기관이었다. 전략 정보국(OSS)은 알다시피 중앙 정보국(Central Intelligence Agency, CIA)의 전신이고. 맥클린이 미국으로 떠날 즈음 블런트는 런던으로 망명한 여러 정부들의 보안을 책임지고 있었다. 필비는 영국의 CIA라고 할 방첩 부서 MI6의 이베리아 반도 팀을 지휘했다.

맥클린은 배를 타고 미국으로 향했다. 그는 워싱턴 주재 영국 대사관에 소속되어, 통합 정책 위원회(Combined Policy Committee, CPC)[40]의 영미 공동 사무국원으로 일하게 되어 있었다. 윈스턴 처칠과 프랭클린 루스벨트가 1943년 퀘벡에서 회담을 가졌고, 그것에 따라 통합 정책 위원회(CPC)가 설립되었다. 영국, 미국, 캐나다가 원자 폭탄을 협력해 개발하는 것을 돕는 게 이 기구의 설립 취지였다. 그 기구가 내놓은 첫 번째 결정 가운데 하나가 클라우스 푹스가 포함된 한 무리의 영국 과학자들을 미국에 보내는 것이었다. 초크 강에 중수 원자로를 건설하자는 게 또 다른 결정 내용이었는데, 이것은 제임스 채드윅의 제안에 따른 것이었다.

통합 개발 위원회(Combined Development Trust, CDT)라는 통합 정책 위원회(CPC) 부속 기구가 그로브스 장군이 1942년 말부터 추진한 과제를 넘겨받았다. 세계 시장에서 양질의 우라늄과 토륨 광석을 매점하는 게 그 과제였다.[41] 그로브스는 광석이 매우 중요하다고 판단했다. 그는 양질의 광석을 통제해야 다른 나라, 특히 소련이 원자 폭탄을 만들 수 없을 것이라고 믿었다. 그로브스가 이끄는 머리 힐 에어리어(Murray Hill Area)라는 암호명의 조직이 서적 약 6만 7000권(절반 이상이 외국어 서적이었다.)을 검토했고(우라늄 광석이 어디에서 발견되는지를 보고했다.), 현지 조사용으로 휴대가 가능한 경량의 가이거 계수기(Geiger counter)를 최초로 개발했으며, 지질학자들을 미국과 해외로 보내 광물 산출지를 탐사하게 했고, 50개 이상의 국가가 망라된 56건의 지질학 보고서를 작성했다. 그로브스가 1944년 11월 말에 통합 개발 위원회(CDT)를 대신해 전쟁성 장관 헨리 루이스 스팀슨(Henry Lewis Stimson, 1867~1950년)에게 보고한 내용을 소개한다. "벨기에가 벨기에령 콩고에 있는 신콜로브웨(Shinkolobwe) 광산 생산물을 독점할 수 있는 권리를 미국과 영국에 준다면 고품질 우라늄 광석의 전 세계 공급량의 90퍼센트 이상을 통제할 수 있게 됩니다." 벨기에는 전쟁이 끝나기 전에 미국의 요구에 동의했다. 머리 힐 에어리어의 과학자들은 소련이 쓸 수 있는 것은 "중질의 광석"뿐이라고 결론지었다. "하지만 채굴량이 수백 톤에 이른다면 잠재적 가능성이 대단할 수도 있다."[42]

도널드 맥클린은 이런 고급 정책 정보를 소련에 넘길 수 있는 지위에 있었다. 그가 워싱턴으로 전근을 갈 무렵 NKVD는 원자 폭탄 첩보 활동을 이미 최우선 순위에 두었다. 맥클린은 아나톨리 야츠코프[43]와 접선했고, 정보를 전달하러 뉴욕을 뻔질나게 드나들었다.[44] 스탈린이 자칭 동맹국이라는 나라들이 공모 결탁해, 핵무기를 만들면서도 잡아떼고 있다는 증거를 원했다면 도널드 맥클린이 그에 부응할 수 있었다. 실상 누군가가 그렇게 했다. "우라늄 광상의 존재 및 매장량 문제"[45]와 그걸 누가 통제하느냐는 이야기가 영국과 미국의 폭탄 개발 상황을 평가하는 NKVD의 한 종합 보고서에 나왔다. 그 보고서는 1945년 2월 28일 베리야에게 제출되었다.

⚛⚛⚛

미국이 하는 원자 폭탄 연구에 대해 더 많이 알고자 했던 나라가 소련만은 아니다. 원자 폭탄 연구는 영국에서 시작되고, 영국은 미국의 동맹국이었으며, 서로의 비밀 정보를 자유롭게 공유했다. 그러나 미국은 연구 개발 정보에 영국이 접근하는 것을 제한하고 구획화하는 것을 방침으로 삼았다. 그리하여 이를테면 그로브스 장군은 글렌 시보그와 동료 연구자들이 시카고 대학교에서 개발한 플루토늄 분리 정제법을 캐나다에 모인 과학자들에게 공개하기를 거부했다. 맨해튼 프로젝트의 공식 역사는 정색하는 어조로 이렇게 적고 있다. "그로브스는 소량의 조사(照射) 우라늄을 오크리지에서 몬트리올로 달팽이처럼 꾸물거리며 보내는 것에 동의했다. 거기 있는 과학자들이 플루토늄 분리와 정제법을 알아서 독자적으로 해결해야 한다는 것이었다. 그들의 방침을 알 수 있는 행위였다."[46] 비슷한 사례가 또 있다. 푹스는 테네시에 전면적인 기체 확산 공장이 건설 중이라는 이야기를 전혀 듣지 못했다.

하지만 영국도 가만있지는 않았다. 전후에는 자기들도 따로 원자 폭탄을 만들어야만 할 것이라고 이미 판단했던 것이다. 아마 파견된 과학자들이 영국을 떠나기 전이었을 것이다. 튜브 앨로이 연구를 이끈 존 앤더슨(John Anderson)[47]이 1944년 1월 휘하의 과학자들에게, "미국이 독점하는 이런 식의 사태 전개를 절대로 묵인해서는 안 된다."[48]라고 말했다는 내용을, 전후 영국의 외무 장관 어니스트 베빈(Ernest Bevin, 1881~1951년)은 적고 있다. 처칠은 1945년 2월 영국이 핵무기를 개발하기로 했음을 루스벨트에게 통고했는데,[49] 이것은 미국의 정치 지도자들이 영국의 계획을 어느 선까지 암묵적으로 양해하고 지지했는가 하는 흥미로운 질문을 제기한다. 루돌프 파이얼스가 로스앨러모스로 가서 영국 파견단원들을 지휘하게 되었을 때, 제임스 채드윅은 파이얼스에게 자신과 연락을 유지하며 정보를 공유해야 함을 분명히 했다.

> 그래서 나는 정기적으로 편지를 써 보내며, 아는 한에서 최고의 노력과 정성으로 사태를 요약했다. 이 일이 과연 정당한지에 대해서는 약간 의구심이 들었다. 허가 없이는 어떤 비밀 정보도 연구소 바깥으로 내보내서는 안 되었기 때문이다. ……
>
> 그러던 어느 날 리처드 체이스 톨먼(Richard Chace Tolman, 1881~1948년)이

나를 보자고 했다. 톨먼은 그로브스를 보좌하던 물리학계의 저명한 원로였는데, 상관한테서 연락을 받은 후였다. "채드윅에게 편지를 보내 연구소 일을 알리고 있었더군요." 그가 이렇게 말을 꺼냈을 때는 이제 집으로 돌아가야 하나 보다 하고 생각했다. 그런데 톨먼이 이런 말을 보태는 것이었다. "그로브스 장군께서는 자기보다 채드윅이 연구소 상황에 더 정통할 때가 많다는 걸 알고는, 당신 편지의 사본을 보고 싶어 하십니다." 그 편지에 영국 파견단 내부의 자체 문제들이 언급된다면 장군이 열람할 사본에서는 관련 문구를 빼겠다는 제안이 보태졌다. 내 편지를 검열하려는 의도가 아니라는 게 이로써 명백해졌다. 나는 안도의 한숨을 내쉬었고, 조금은 우쭐하기까지 했다.[50]

파이얼스가 전후에 푹스의 스파이 활동 사실을 접하고서 큰 충격을 받았다는 사실은 이런 점에서 아이로니컬하다. 앞에 인용한 파이얼스의 이야기는 재미있기는 한데 중요한 사실을 숨기고 있다. 그로브스는 보안과 관련해 매우 엄격했을 뿐만 아니라 악명 높은 영국 혐오자였던 것이다. 이 점을 상기한다면 로스앨러모스로 들어간 영국 파견단은 그로브스의 규칙에서 지극한 예외였다. 그로브스가 우라늄 235와 플루토늄 분리법을 영국과 캐나다 과학자들에게 차단하면, 폭탄 설계 지식이 학구적이고 비실용적인 것으로 비칠 것이라고 판단했을지도 모른다. 하지만 제2차 세계 대전 중에 로스앨러모스에서 비밀 정보를 빼간 것은 소련만이 아니었다.

☢☢☢

NKVD가 맨해튼 프로젝트와 관련해 모리스 코헨의 친구 '페르세우스'에게서 도대체 무엇을 얻었는지는 파악하기가 더 어렵다. 야츠코프(야코블레프)에 따르면 페르세우스는 로스앨러모스가 1943년 4월 문을 열자 그곳으로 근무처를 옮겼다. 로나 코헨이 페르세우스를 만나려고 전시에 두 번 앨버커키로 가기도 했다. 로나 코헨은 사망 직전 몇 달에 걸쳐 미국의 한 역사가에게, 자신이 적어도 한 번 앨버커키로 가서 "어떤 물리학자"[51]로부터 첩보 정보를 수집했다고 확인해 주었다.

해리 골드가 별도로 확인해 준 바에 따르면, 야츠코프는 자신의 신원이 공개되기 전 여러 해 동안 로나 코헨과 접촉했다고 한다. FBI는 골드의 1950년 진술을 이렇게 받아 적고 있다. "야츠코프는 골드에게 적어도 두 번 젊은 여자를 소개해 주겠다고 말했다. 야츠코프와 골드 사이에서 다리 놓는 일을 하게 될 그 여자는 남편이 미국 육군 소속이라고 했다. 그는 그녀가 맨해튼 북부에 살았다고 회고했다. …… 만난 적은 없지만 그녀가 러시아 태생이거나 러시아 인의 후손이었을 거라고도 말했다."[52]

하지만 소련이 붕괴한 후 러시아 문서 보관소에서 비밀 해제된 문건들 중에 페르세우스가 한 일이라고 확인할 만한 내용은 전혀 존재하지 않는다. 1942년에 전달되어, 이고리 쿠르차토프가 1943년 7월 3일 검토한 286개의 논문을 제외하면 말이다. 로스앨러모스에서 넘어간 자료는 전부 발각된 클라우스 푹스와 해리 골드, 두 사람의 접촉과 일치한다. 야츠코프의 주장처럼 페르세우스가 로나 코헨에게 원자 폭탄 "비밀 정보"를 넘겼다 해도 그 정보는 다른 정보와 중복되었을 것이다. 실제로도 소련의 해외 정보 기관들에는 이런 중복성이 만연해 있었다. 이고리 구젠코는 모스크바에서 암호병으로 일할 때 전 세계 20개 이상의 주소로 똑같은 질문을 전송했다. 엘리자베스 벤틀리는 가끔 제이콥 골로스에게 이렇게 말했다. 워싱턴 정가의 접선자 가운데 한 명인 '빌(Bill)'을 첩보 활동에서 배제해야 할 것 같다고 말이다. 전시 생산국(War Production Board)의 활동 정보를 작은 종이 조각에 급히 적어 슬쩍 넘기는 통에 파편적이어서 유익하지도 않고 위험 부담만 크다는 것이 이유였다. "'안 된다.'는 (골로스의) 태도는 단호했다. '그가 보내는 자료는 별 볼 일 없을지 모르지만 다른 정보원들을 통해 얻는 내용을 확증하고 보충할 수 있어요. 그가 정말로 괜찮은 직책을 맡을 수도 있고요.'"[53] NKVD는 대단히 신중하고 철저한 조직이었다. 더군다나 이 기관은 베리야와 스탈린처럼 지나치게 의심이 많은 주인을 섬기고 있었다. 소속된 스파이들이 수집한 정보가 과연 확실한가를 중복해서 확인해 주는 절차와 자료가 필수였다. 푹스와 넌 메이는 여러 쪽의 문서를 넘겼다. 하지만 다 합해도 1만 쪽은 되지 않았다.

⊛⊛⊛

제이콥 골로스는 곤란을 겪을 정도로 많은 일을 수행했다. 그는 엘리자베스 벤틀리의 도움을 받으며 워싱턴 정가의 접선자 수십 명을 관리했을 뿐만 아니라 스파이 활동을 위장하기 위해 여행사까지 운영했다. 벤틀리는 골로스가 다른 스파이 조직도 관리한다는 것을 알았다. 골로스는 다른 접선자들을 벤틀리에게 알려 주지 않았다. 그렇게 해야 그녀가 발각되어도 다른 첩보 활동망을 교차 결합하는 게 가능할 터였기 때문이다. 그러나 골로스는 전쟁 초기에 지휘하던 다른 작전의 밀사로 벤틀리를 썼다. 따라서 그녀가 1945년에 처음으로 그 접선자를 신고했다는 사실은 상당히 중요하다. 그녀와 골로스의 정보원 중 신원이 밝혀진 사람이 단 한 명도 없는 상태에서 FBI에 정보를 제공했으니 당연했다.

다른 그룹이 또 있다는 건 1942년 초여름쯤에 알았던 것 같아요. 공학자 너댓 명이었죠. 처음 알게 된 건 뉴욕에서였어요. 저녁 약속 때문에 골로스와 함께 로워 이스트 사이드를 지나고 있는데, 그가 차를 세우더니 잠깐 사람을 만나고 오겠다고 했습니다. 나는 차에 남았고, 골로스가 길모퉁이에서 누군가를 만나는 게 보였죠. 아주 잠깐 본 기억으로는 키가 크고, 말랐으며, 뿔테 안경을 썼었어요. 골로스는 그 사람이 공학자 그룹의 일원이고, 필요하면 언제든 연락할 수 있도록 내 집 전화번호를 주었다고 했습니다. 그 사람과 패거리의 활동을 자세히 이야기하지는 않았어요. 내 전화번호를 받아 간 사람이 '줄리어스(Julius)'라는 걸 빼면 그들의 신원도 전혀 몰랐죠. 나는 줄리어스도 본명은 아닐 거라고 생각했습니다. 줄리어스의 전화를 두세 통 받았습니다. 골로스를 만나고 싶다고 해서 중계해 주었죠. …… 골로스는 죽기 약 6개월 전에(1943년 11월에) 줄리어스와 그 동아리를 나는 모르는 다른 러시아 인에게 넘길 거라고 했습니다.[54]

벤틀리는 '줄리어스, 그리고 골로스와의 대화를 통해 키가 크고 학구적인 그 공학자가 맨해튼 남부의 주택 단지인 니커보커 빌리지(Knickerbocker Village)[55]에 산다는 것을 알았다. 그녀는 다음 해까지 계속된 줄리어스의 전화를 또렷하게 기억했다. "항상 자정이 넘어서 전화를 했어요. 오전 1시나 2시였다니까요. …… 침대에서 일어나 전화를 받으면 …… 그 사람은 항상 '줄리어스입니다.'라고 말하면서 대화를 시작했죠."[55] 줄리어스는 그 남자의 진짜 이름이었다. 줄리어스 로젠버그(Julius Rosenberg, 1918~1953년) 말이다. 벤틀리가 1948년 자기 이야기를 공개하자 로젠버그는 접선자 가운데 한 명인 모턴 소벨(Morton Sobell, 1917년~)에게 엘리자베스 벤틀리를 알며, 전화로 이야기한 적이 있지만 자신의 정체를 모르기 때문에 아무 문제없다고 말했다.[56] 줄리어스는 1950년에 처남인 데이비드 그린글래스(David Greenglass, 1922년~)에게 "자신이 제이콥 골로스를 알고, 아마 벤틀리도 자기를 알 거"[57]라고 이야기했다. 이것은 그린글래스의 말이다.

줄리어스 로젠버그는 1918년 5월 12일 뉴욕에서 태어났다. 폴란드에서 미국으로 이주한 부모의 다섯 자녀 중 한 명이었다. 해리 로젠버그(Harry Rosenberg)와 소피 로젠버그(Sofie Rosenberg)는 아들 줄리어스가 랍비가 되기를 바랐다. 줄리어스도 가능성을 보였다. 그런데 고등학교에 진학한 줄리어스가 정치에 눈을 뜨고 말았다. 그는 계속해서 1935년 대학에 진학했고, 전기 공학을 전공했다. 줄리어스는 뉴욕 시립 대학(City College of New York)에서 슈타인메츠 클럽(Steinmetz Club)에 가입했다. 슈타인메츠 클럽은 청년 공산주의자 동맹의 대학 지부였다. 함께 가입한 공학도 몇 명은 후에 소련 비밀 공작원으로 활동하게 된다. 줄리어스는 대학 시절 어느 해의 새해를 맞이해 전야제 성격의 국제 선원 노조(International Seaman's Union) 자선 행사에 참석했고, 거기에서 헌신적이고 심지가 굳은 젊은 여성 에델 그린글래스(Ethel Greenglass, 1915~1953년)를 만났다. 두 사람은 곧 사랑에 빠진다. 1915년에 태어난 에델은 로워 이스트사이드의 난방이 안 되는 다세대 주택에서 가난하게 자랐다. 그녀는 몇 학년을 월반해, 15세에 고등학교를 졸업했다. 에델은 19세에 일하던 운송 회사에서 약 150명의 여성을 주동해 파업을 벌였다. 파업 노동자들은 길에 드러누워 회사 트럭의 이동을 봉쇄했다. 파업이 끝나자 운송 회사는 그녀를 해고했다. 에델은 이에 굴하지 않았고, 노동 관계 위원회(National Labor Relations Board)를 찾아 보상을 받은 다음 더 나은 직업을 얻었다.[58] 오빠 새뮤얼(Samuel)은 여동생과 매제 로젠버그가 대공황기에 "맹렬 공산주의자"가 되었다고 진술한다. 두 사람은 "공산주의보다 더 중요한 것은 없다고 주장했습니다."[59] 그들은 당시 십대였던 에델의 남동생 데이비드를 전향시켰다.[60] 이것은 누나 에델이 이미 시작한 일이기도 했다. 데이비드는 처음에는 누나의 남자친구를 싫어했고, 두 사람의 정치를 거부했다. 형 새뮤얼 그린글래스에 따르면 데이비드는 화학 실험 기구를 선물로 받고, 결국 넘어갔다. FBI 보고서에는 이렇게 나와 있다. "새뮤얼 그린글래스는 줄리어스와 에델이 데이비드 그린글래스를 공산주의로 이끄는 것이 몹시 걱정스러웠다고 말했다. 동생 부부가 소련에 가서 살고 싶다면 …… 이주에 따른 비용을 대겠다고 제안했다고도 한다. 새뮤얼은 그들이 미국에서 살겠다면서 그 제안을 거절했다고 말했다."[61]

로젠버그는 1939년 뉴욕 시립 대학을 졸업했다. 그해가 로젠버그에게는 분수령이었다. 그는 6월 18일 혼인을 했고, 12월 12일에 공산당에 가입했다.[62] (로젠버그 부부의 아들들은 부모의 간첩 활동 혐의가 무죄라고 오랫동안 주장했다. 하지만 그들도 에델 로젠버그가 공산당원이었다는 사실을 부인하지는 않는다. 그러나 그녀가 정확히 언제 입당했는지는 불명확하다.) 로젠버그 부부가 소속되어 활동한 당 세포 조직은 산업 분과 16B 지부[63]였다. 여기에는 줄리어스의 학창 시절 동료였던 다른 공학자들도 참여했다. 그 가운데 조엘 바(Joel Barr, 1916~1998년)와 앨프리드 새런트(Alfred Sarant, 1918~1979년)[63]는 나중에 소련으로 탈출한다.

로젠버그는 대학을 마치고, 뉴욕 소재의 윌리엄스 에어로노티클 리서치(Williams Aeronautical Research) 사에서 일했다. 그는 브루클린 폴리테크닉(Brooklyn Polytechnic)에서 도구 설계 과정을 이수했고, 뉴욕 대학교(New York University)가 개설한 구겐하임 항공 학교(Guggenheim Aeronautical School)에서 항공 역학과 항공기 엔진 설계를 공부했다. 마침내 1940년 여름 그는 스파이 활동에 뛰어들었다. 민간인 신분의 하급 검수 기사로 미국 육군 통신대에서 일하게 된 것이었다. 그는 통신대에서 근무하기 위해 공산당적을 속였다. 엘리자베스 벤틀리가 1945년 FBI에 한 진술 내용을 보면, 로젠버그가 1942년경에 소련 간첩으로 활동 중이었음을 알 수 있다. 줄리어스와 에델은 그 당시에 16B 지부에 소속되어 있었고, 줄리어스가 그 세포 조직을 이끌었다.

로젠버그의 동창생인 맥스 엘리처(Max Elitcher)는 1948년에 그에게 어쩌다가 스파이 짓을 하게 되었냐고 물었던 일을 회고했다.

> 오래전부터 그렇게 하기를 원해 왔다고 제게 말했습니다. 반드시 공산당 사람들한테 접근해야 한다는 것이었죠. …… 그는 점점 더 그렇게 했고, 마침 제 자신의 제안을 들어줄 …… 러시아 사람을 만날 수 있었습니다.[64]

로젠버그의 제안이, 직접 정보를 제공하고 동창생과 아는 공학자들을 끌어들여 공작 활동을 시키겠다는 것임은 분명했다. 그의 스파이 활동은 처음에는 부업이었다. 엘리자베스 벤틀리에게 밤늦게 전화를 한 것은 그 때문이었다. 하지만 시간이 흐르면서 그는 최전선에서 상근하기를 바랐다. 그는 1943년 처남 데이비드 그린글래스에게 이렇게 말했다. "유력자 친구들이 있지. 전쟁이 끝나면 함께 사업을 하자고. 우리 사업체가 위장막으로 쓰일 걸세." 그린글래스는 매형의 친구들이 "러시아인 들"임을 알았다. 그는 줄리어스가 그 말을 한 1943년부터 자기를, 말하자면 "길들여서" 스파이 활동을 시키려 했다고 이야기했다. 그린글래스는 맨해튼의 브로드웨이 캐피톨 극장(Capitol Theater)에서 그 대화가 오고갔다고 1979년에 회고했다. 그린글래스는 1943년에, 전쟁이 끝나면 둘이 함께 일하는 게 매형 줄리어스의 계획이라고 생각했지만 과연 그 사업이 무슨 내용일지는 "잘 몰랐다." 그는 1979년에 계속해서 이렇게 말했다. "스파이 짓일 거라고 생각했습니다. 공작 활동을 위장하기 위해 사업을 하는 것이라고 생각했어요."[65]

해리 골드가 샘 세묘노프에게 전하기를, 에이브 브로스먼은 소련 사람들이 합법적인 사업체로 자신을 지원해 주기를 원한다고 했던 것을 떠올려 보라. 샘은 그런 생각을 "바보 같은 허튼소리"[66]라고 했다. 하지만 합법적으로 돈을 지원하는 게, 결국 도둑질하기 위해 조직된 단체에게는 터무니없다고 할지라도 위장 활동 자체가 터무니없는 것은 아니었다. 예를 들어 제이콥 골로스의 여행사가 그런 위장 업체였다. 이고리 구젠코는 몬트리올에서는 약국[67]을 가장한 곳에서 적군 정보국(GRU)이 첩보 필름을 처리했다고 썼다. 줄리어스 로젠버그가 1943년 데이비드 그린글래스에게 제시한 기대 섞인 관측은 나름 합리적이었다. 그린글래스도 자기가 협력하면 존경하고 감탄해 마지않던 매형과 함께 사업을 할 수 있을지도 모른다는 전망에 감질이 나 그 미끼를 덥석 물었다.

캐피톨 극장에서 로젠버그와 대화할 무렵 그린글래스는 이미 징집 중이었다. 그는 4월에 입대했다. 갓 21세를 넘긴 그린글래스는 시끄럽고, 말이 많은 젊은이였다. 그는 로워 이스트 사이드의 식탁에서 태어났다는 것을 증명이라도 하듯 식욕이 왕성했고, 러시아 태생의 아버지처럼 기계공이었다. 그는 평균 이상으로 똑똑하고, 자신만만하며, 성실하고, 경솔했다. 그린글래스는 징집되리라는 것을 알았고, 전년도 11월에 어린 시절부터 사랑한 루스 프린츠(Ruth Printz)와 결혼했다. 루스 프린츠는 작은 키에 귀여운 외모로 19세였다. 데이비드와 루스는 둘 다 청년 공산주의자 동맹의 조직원이었다. 하지만 어느 누구도 공산당에는 가입하지 않았다. 루스는 갓 전향한 상태였다. 4월 말 메릴랜드 주 애버딘(Aberdeen)에서 기초 군사 훈련을 마친 데이비드 그린글래스 이병은 아내에게 대의에 헌신할 것을 주문했다. 그는 편지에 이렇게 썼다. "당신을 두 팔로 꼭 안고 싶지만, 잔인하고 무자비한 적과 싸우는 동안은 참아야겠지요. 우리는 승리할 거예요. 미래는 사회주의자들의 것입니다."[68] 루스가 자신의 첫 번째 메이데이 행사 후 5월 2일 보낸 답장에서도 비슷한 열정이 느껴진다.

> 여보, 여기는 일요일이고, 저는 집회에 다녀왔어요. 당신과 나란히 행진할 기회가 무수히 많았는데 그 메이데이 행사들을 놓쳤다는 게 참으로 유감이에요. 인민의 의지는 정말이지 장엄했어요. …… 오늘 모인 근로 대중이 7만 5000명은 될 거예요. 하루 속히 유럽에 상륙하라는 요구(소련이 동맹국들에게 요구하던 제2전선을 말한다.)가 메아리칠 겁니다. 여보, 우리 함께 사회주의 미래를 건설해 나가요.[69]

데이비드는 캘리포니아에 있는 포트 오드(Fort Ord)[70]로 갔고, 그곳의 기계 공장에서 전차를 수리했다. 이때에도 그린글래스 부부는 정치적 내용이 담긴 서신을 계속해서 교환했다. 그러던 1943년 후반 줄리어스와 에델이 아무 말 없이 공산당을 탈당했다. 하지만 데이비드와 루스는 그들의 탈당이 불만 때문이라는 것을 전혀 알지 못했다. 루스가 1944년 1월에 써 보낸 편지를 보면, 매디슨 스퀘어 가든(Madison Square Garden)에서 열린 집회에서 에델을 못 찾아 서운했다는 내용이 나온다. 그 집회에서 미국 공산당 당수 얼 러셀 브라우더(Earl Russell Browder, 1891~1973년)는 전쟁이 끝나면 당을 해산할 수도 있다고 발표했다. "국민이 사회주의의 온갖 개혁 조치를 받아들일 준비가 안 되어 있기"[71] 때문이라는 브라우더의 말을 루스는 편지에 적었다. 데이비드는 그 소식을 접하고, "심하게 좌절했다." 그는 아내 루스에게 브라우더의 연설문 사본을 보내 줄 것과, "이에 대해 누나와 매형이 어떻게 생각하는지, 시누이인 에델에게 물어보라."라고 부탁했다. "(내가 볼 수 있게) 누나한테 그 연설문을 구해 달라고 해요. 여보, 사랑해. 미국이 정치적으로 어떻게 되든. 결국은 유럽과,

아시아의 상당 지역이 사회주의로 돌아서고, 미국도 필연적으로 그 뒤를 따를 거요. 그러니 여보, 우리는 사회주의 조국 미국을 여전히 기대할 수 있어요. 우리 시대에 그런 세상을 보게 될 겁니다."[72]

줄리어스 로젠버그는 1944년 6월경에 워싱턴 DC로 여행을 가, 시립대학 동창생 맥스 엘리처에게 전화를 했다. 엘리처는 해군 총포국(Navy Bureau of Ordnance)에서 사격 통제 시스템을 연구하고 있었다. 그는 반갑게 옛 친구를 맞았다. 엘리처가 나중에 진술하기를, 로젠버그는 화기애애한 분위기에서 저녁 시간을 보내던 중 친구의 아내 헬렌(Helene)을 방에서 나가게 한 다음, 과학자에게 적용하는 영입 전략을 펼쳤다. FBI는 큰 키에 어깨가 구부정했던 엘리처의 진술을 이렇게 기록했다.

> 로젠버그는 소련이 전쟁에서 어떤 노력을 기울이고 있는지 엘리처에게 말했다. 그러고는 소련이 전쟁 관련 정보를 전달받지 못하고 있다고도 이야기했다. 하지만 로젠버그는 일부 인사가 소련을 돕기 위해 군사 정보를 제공 중이고, 예를 들어 (엘리처의 친구 모턴) 소벨도 그렇다고 적시했다. 로젠버그는 엘리처에게 그런 정보를 넘겨 소련을 도울 수 있겠느냐고 물으면서 요청했다.

로젠버그는 계속해서 이렇게 설명했다. 그렇게 넘겨받은 정보는 값어치를 사정(査定)한다. "안전한 용기에 담아 뉴욕으로 가져가 조사하고, 사람들이 찾기 전에 다시 갖다 놓을 거야."[73] 엘리처는 로젠버그와의 1944년 6월 접촉이 자신을 간첩 활동에 끌어들이려던 아홉 차례 시도 가운데 첫 번째였다고 회고했다.[74] 로젠버그가 뉴욕으로 돌아간 후 뉴욕 주재 NKVD는 이 접촉 사실을 보고하는 전문을 소련으로 발송했다. 그렇게 해서 도청된 전문 하나가 미국 육군 보안대로 전달되었다. 미국 육군 보안대는 해독하지 못한 다른 전문[75] 수천 건과 함께 그 메시지를 철해서 보관했다. 당시에는 소련의 전문을 해독하는 게 불가능했다.

데이비드 그린글래스는 1944년 봄에 미시시피 주 잭슨(Jackson)으로 전근을 갔다. 미시시피 총포 공장(Mississippi Ordnance Plant)에서 기계공으로 일하게 된 것이다. 그는 작업이 여유로워서 독서할 시간이 많았고, 6월 29일 아내 루스에게 편지를 써 보냈다.

> 여보, 소련을 소개한 책을 많이 읽고 있어요. 소련의 지도자들이 멀리 내다볼 줄 아는 대단히 지적인 사람들이라는 것을 알 수 있었습니다. 그들 모두는 정말이지 천재예요. …… 좋은 것이든 나쁜 것이든 소련에 관한 온갖 사실을 확인했고, 사회주의와 공산주의를 더 단호하고 강고하게 믿고 신봉하게 되었습니다. 소련 정부도 폭력을 사용했어요. 하지만 그들은 그러면서도 진정으로 고뇌했고, 자신들의 행위가 다수에게 이익이 된다고 믿었습니다. …… 소련이 더 많은 힘을 가져야 해요. 그래야 인민의 삶이 유익하고, 풍요로워질 겁니다.[76]

육군은 7월 초에 미시시피 총포 공장에서 여섯 명을 뽑아 오크리지로 보내, 맨해튼 공병 구역에 투입하라고 명령했다. 처음에 그린글래스의 이름은 명단에 없었다. 그런데 여섯 명 가운데 한 명이 무단 이탈 중이었다. 총포 공장 측은 7월 14일 무단 이탈 중인 병사를 그린글래스로 대신하겠으니 허가해 달라고 요청했다.[77] 그린글래스를 파견해도 좋다는 특별 명령이 7월 24일 하달되었다. 그린글래스는 1979년에 이렇게 회고했다. "나는 오래전에 (소련에 정보 넘기는 문제를 생각해 보도록) 이미 길들여진 상태였다. 그랬으니 당연했다. 오크리지로 가게 된 나는 쾌재를 불렀다. '좋았어.'"[78]

오크리지는 비밀 시설이었다. 공식 지도에는 표시조차 안 되어 있었다. 테네시 동부 산악 지대의 계곡들이 중첩된 외딴 곳이 바로 그 맨해튼 공병 구역이었다. 그곳에 대규모 기체 확산 공장과, 원자 폭탄용 우라늄을 농축하는 일련의 전자기 동위 원소 분리 시설이 건설 중이었다. 줄리어스 로젠버그는 오크리지에 관한 소문을 접했고, 그 시설의 가동 목적을 알았던 것 같다. 루스가 7월 31일 데이비드에게 보낸 편지를 보자. "매형 줄리어스가 집에 오셨어요. 그리고 당신이 뭘 해야만 하는지 제게 말했습니다. 여보, 편지에 그 내용을 적을 수는 없어요. (그건 다른 누구한테도 마찬가지이고요.) 하지만 만나면 제 생각을 말해 드릴 게요. 당신도 굳이 말할 필요는 없겠지요."[79]

그러나 그린글래스가 오크리지에 머문 시간은 2주가 채 못 되었다. 오크리지의 동위 원소 분리 시설에는 기계공이 필요 없었다. 반면 로스앨러모스에는 기계공이 상주해야 했다. 8월 4일 그린글래스는 샌타페이로 향했다. 그는 도중에 캔자스시티에서 루스에게 경계하는 어조의 편지를 한 통 보냈다.

> 사랑하는 당신, 내가 하는 일과 앞으로 하게 될 일을 조심스럽게 써온 것은 관련 업무가 일급 비밀 프로젝트로 분류되어 있기 때문이오. 그것만으로도 아무것도 발설해서는 안 되는 것이지요. …… 여보, 내가 머무는 곳에서 이런 종류의 작업이 진행 중이므로 밖으로 나가는 우편물은 물론, 외부 통화도 전부 검열을 받아요. 전화에서 당신이 아무 말도 하지 않기를 바랐던 이유를 이제 알겠지요? 앞으로는 동지(comrade)라는 말 대신에 C라고 쓸게요.[80]

그린글래스 부부는 각자의 편지에, "당신의 아내이자 동지," "당신의 남편이자 동지"라고 쓰고 서명했다. 데이비드는 단짝 친구들도 전향시킨

적이 있었다. 하지만 이제 그는 비밀 연구가 이루어지는 현장으로 이동 중이었고, 자신의 정치적 입장을 입 밖에 내서는 안 됨을 알았다.

데이비드 그린글래스는 1944년 8월 5일 로스앨러모스에 도착했다. 클라우스 푹스보다 9일 먼저였다. "푹스는 …… 한 번도 보지 못한 것 같습니다."[81] 그린글래스는 나중에 이렇게 진술한다. 아무래도 상관없었다. 두 사람은 공동 목표 아래 활동했다. 둘 다 폭탄 개발을 지원하기 위해 산(Hill, 상주자들은 로스앨러모스를 이렇게 불렀다.)으로 불려 갔던 것이다. 그린글래스는 임시 특수 공병 제2파견대(Second Provisional Special Engineering Detachment, SED)에 합류했다. (기술이 뛰어난 입대 장병들은 일명 특수 공병(SED)이라고 불렸다.) 그는 폭약 전문가 게오르게 키샤코프스키(George Kistiakowsky, 1900~1982년) 휘하의 E-5 집단에 배속되었다. 그린글래스는 처음에 고속 카메라부[82]에서 일했고, 원자 폭탄 개발이 프로젝트의 최종 목표임을 알지 못했다. 그는 종전 후 이렇게 회상했다. "도착하고 나서 한두 달 후에야 다른 사람들한테서 원자 폭탄 이야기를 들었다."[83] 그린글래스는 10월경에 월터 코스키(Walter Koski)가 이끄는 X-1 집단에서 고폭약 렌즈를 제작하고 있었다. X-1 집단은 원통형 껍질을 내파시키면서 촬영한 순간 포착 사진을 연구했다. 로스앨러모스에서 개발된 기술을 정리한 역사서에는 이렇게 적혀 있다. "X-1 집단은 각종 폭약과 폭발 장치의 장단점도 비교 검토했다."[84] 코스키가 촬영한 사진을 분석한 이론가가 클라우스 푹스였다.

자신이 맡은 일이 무엇인지 알게 된 그린글래스는 줄리어스 로젠버그에게 이 사실을 알렸다. 틀림없이 전보였을 것이다. 11월 4일에는 루스에게도 편지를 한 통 썼다.

> 제가 보낸 전보가 어떤 내용인지 알아요? 당신이 총명해서 알아들었을 거라

고 생각하기 때문에 걱정하지는 않아요. 당신이 매형 내외와 즐거운 시간을 보냈다는 소식을 듣고 기뻤어요. 사랑하는 당신, 매형과 친구들이 계획 중인 공동체 프로젝트에 제가 참여할 수 있다면 정말이지 기쁠 거예요. 부디 저를 끼워 주었으면 해요. 안 그러면 제게도 권리가 있다고 말하겠어요. 당신에게도 권리가 있고, 우리를 끼워 줘야 한다고 봐요.[85]

"공동체 프로젝트"가 "캐피톨 극장에서 말한 사업"이라고, 그린글래스는 1979년에 분명히 밝혔다. "그때 나는 스파이 활동을 염두에 두었습니다." "친구들"은 전처럼 "러시아 인들"[86]이었고 말이다.

그린글래스 부부는 서로가 몹시 그리웠다. 첫 번째 결혼 기념일이 11월 29일이었고, 두 사람은 앨버커키에서 만나 축하 파티를 하기로 했다.

루스는 떠나기 전에 로젠버그 부부와 저녁 식사를 했다. "에델이 저녁 먹으러 집으로 오라고 했어요." 그녀는 1944년 11월 15일에 데이비드에게 이렇게 썼다. "그래서 시누이 내외를 만나 뵈었죠. …… 짐작하겠지만 시누이 댁에서 아주 즐거운 시간을 보냈어요. …… 오만 가지 이야기를 나누었답니다."[87] 오만 가지 주제 중에 자신과 로젠버그 부부가 스파이 활동과 원자 폭탄 이야기도 했음을, 루스는 나중에 진술한다.

줄리어스 로젠버그는 자신과 아내가 …… 최근 몇 달 동안 공산당 회합에 일절 참가하지 않았고, '빨갱이' 냄새가 난다고 할 그 어떤 활동도 하지 않았음을 내가 눈치 챘을지도 모르겠다고 말했습니다. 에델이 …… 항상 들르는 가판대에서 《데일리 워커(*Daily Worker*)》를 더 이상 구매하지 않는다는 이야기도 보탰죠. …… (그는) 단순히 공산당적을 갖는 것 이상의 일을 하고 싶었고, 해서 2년 동안 찾아 나선 끝에, 본인 말에 따르면 '러시아 비밀 조직'을 만날 수 있었다고 했습니다. 그렇게 해서 …… (그는) 자기에게 예정된 일을 한다고 생각했습니다. …… 그는 …… 직접적으로 러시아에 도움이 되는 일을 하고 싶어 했습니다. ……

남편 데이비드가 원자 폭탄을 만드는 곳에서 근무하고 있다는 이야기가, 줄리어스가 …… 그다음에 한 말입니다.[88]

루스는 남편이 하는 일이 비밀이라는 것은 알았지만 그 목적은 모르고 있었다. "(시누이의 남편 분에게) 어떻게 알았느냐고 묻자 그냥 안다는 대답이 돌아왔어요. 친구들이 알려 주었겠지요. 그는 알고 있었고, 더 이상은 이야기하지 않았습니다." 로젠버그는 몹시 흥분한 상태였다. "그는 엄청난 일이라고 말했어요. 일급 비밀이라나요."[89] 그는 원자 폭탄이 지금까지 사용된 그 어떤 무기보다 더 위험하다는 말도 보탰다. "그는 원자 폭탄에서는 방사능이 나온다는 것도 내게 알려 주었습니다."[90]

정보의 보고(寶庫)인 로스앨러모스를 확인한 로젠버그는 20세와 22세에 불과하지만 왜 미국 시민 두 명이 나서서 스파이 활동이라는 범죄를 할 수밖에 없는지를 합리화했다.

그는 그게 공유되어야 할 정보라고 생각했습니다. 모든 나라가 호혜적으로 그 정보를 공유해야 한다는 것이었죠. 그런데 러시아는 그 정보를 제공받지 못하고 있다고 그가 말했습니다. 그는 과학 정보가 상호 교환되어야 한다는 신념을 가졌고, 소련을 위해 그 정보를 입수해야겠다고 마음먹었습니다. 그 의도를 데이비드에게 전하고, 남편이 가담하겠는지 물어 달라고 내게 부탁했던 것입니다.[91]

루스 그린글래스는 동의하지 않았다고 진술했다. "그 생각이 달갑지 않았습니다." 바로 그때 에델 로젠버그가 문제의 행동 계획을 강경하게 지지했다고 루스는 회고했다. "내가 망설여진다고 대꾸하자 에델은 (데이비드가) 하기를 원할 거고, 따라서 내가 남편에게 이야기해야 한다고 촉구했습니다. 적어도 메시지를 전달해 줄 수는 있다는 것이었죠. …… 에델은 동생이 알고 싶어 하리라고 생각한다고 말했어요. …… 그녀는 나한테 데이비드에게 꼭 말하라고 재촉했습니다. 남편이 기꺼이 나서리라고 생각했던 것이죠."[92] 루스는 망설여졌지만 로젠버그 부부의 전언을 남편에게 전달해 주기로 했다. 줄리어스 로젠버그는 이 밀약을 더 흔쾌히 받아들이도록 하고 싶었는지 현찰까지 동원했다. 루스는 앨버커키로 떠나기에 앞서 약 150달러를 받았다. "여행 경비 조였습니다."[93]

전시라서 여행은 힘겨웠다.[94] 루스는 표를 구할 때 곤란을 겪었다. 그녀는 시카고에서야 자리가 나는 좌석을 겨우 끊었고, 일찌감치 뉴욕을 출발해, 샌타페이의 매표구 주위를 어슬렁거렸다. 승차권 발매원이 루스를 가엾게 여기고 호의를 베풀어 주었다. 덕분에 그녀는 이틀 빠른 11월 26일 일요일에 앨버커키에 도착할 수 있었다. 데이비드는 3일 외출 허가를 받아, 화요일 저녁 프란시스칸 호텔에 당도했다. 두 사람은 주말까지 함께 머물렀다. 그들은 결혼 기념일을 축하하고, 금실을 다지고, 쇼핑을 했다. 루스는, 데이비드가 부대로 복귀하고 나서, "가져가야 할 잡동사니가 많다."[95]는 것을 깨달았다.

루스는 휴가 말미에야 로젠버그 부부의 메시지를 전달했다. "우리는 66번 도로를 따라 함께 걸었습니다." 데이비드가 나중에 한 진술 내용은 계속해서 이렇게 이어진다. "앨버커키 시 경계는 …… 넘었지만 리오그란데 강까지는 안 갔어요. 아내가 이야기를 꺼냈습니다."[96] 루스는 남편이 원자 폭탄을 만들고 있다는 것을 안다는 이야기부터 시작했다.[97] 데이비드는 "깜짝 놀랐다."[98]라고 회고했다. "데이비드는 그걸 어떻게 알았느냐고 물었죠. 자기는 전혀 이야기를 안 했으니까요. 줄리어스가 알려 주었다고 했습니다."[99] 루스는 로젠버그 부부와 식사한 일과 그들의 제안을 설명하고 전달했다. "매형이 우리가 독일, 일본과 전쟁 중이라고 했다더군요. 그들은 적이고, 소비에트 러시아는 적과 싸우고 있으며, 따라서 정보를 제공받을 자격이 있다는 설명을 들었다고 아내는 말했습니다."[100] 데이비드에 따르면 아내는 이런 말도 보탰다고 한다. "좋은 생각인지 모르겠어요. …… 당신에게 말하고 싶지 않아요."[101] 루스는 엄습하는 불안감을 이렇게 설명했다. "감당할 준비가 안 된 어떤 것을 손에 쥔 느낌이었어요. 우리가 알고 이해하는 범위를 넘어선 사안에 쓸데없이 참견하는 것 같았다고나 할까요. ……"[102] 루스는 남편에게 어떻게 생각하느냐고 물었다.[103] 전쟁이 끝나고 사업을 하게 될 모호한 가능성과 현실은 별개의 문제라는 생각이 들었다고 데이비드는 회상했다. "얼음물 속에 뛰어들고 말았군."[104] "처음에는 무서웠어요. 걱정도 되었죠. 아내에게 하지 않을 거라고 …… 말했습니다."[105] 하지만 데이비드는 밤새 심사숙고를 거듭했다. 그는 "마음속의 목소리와 기억들"[106]에 귀를 기울였고, 결국 충성심이 신중해야 한다는 태도를 눌렀다. "당시의 제 철학에 따라 …… 옳은 일을 해야 한다고 결심했습니다." 데이비드의 진술을 더 들어보자. "…… 정보를 제공하겠다고 밝히던 그 순간부터 의혹이 싹텄습니다. …… (하지만) 그때는 영웅 숭배 같은 게 있었어요. 저의 영웅이 실패하는 걸 보고 싶지 않았습니다. (협력을 거부하는 건) 저의 영웅에게 못할 짓을 하는 것이었죠. 의심을 했지만 그 일을 중단하지 못한 건 바로 그런 이유에서였습니다."[107] 데이비드는 자신의 영웅이 줄리어스 로젠버그라고 말했다. 다음 날 아침 그는 루스에게 결심한 내용을 알렸다.

"아내는 매형이 저한테 알아보라고 요구한 내용에 대해 구체적으로 물었습니다." 데이비드는 계속해서 이렇게 회고했다. "로스앨러모스에서 진행 중이던 원자 폭탄 프로젝트, 건물들, 사람 수 같은 것을 전반적으로 설명해 달라고 했습니다. 거기서 일하는 과학자들도요. 제가 아내에게 제공한 첫 번째 정보가 바로 과학자들의 인적 사항이었습니다."[108] 데이비드는 상관이던 게오르게 키샤코프스키와 로버트 오펜하이머, 그리고 닐스 보어를 언급했다고 기억했다.[109]

로젠버그는 루스에게 폭탄 연구소의 위치를 알아봐 달라고 부탁했다. 놀랍게도 데이비드가 아내를 현장으로 데려갔다. 루스의 말을 직접 들어보자. "그곳이 어디에 위치하는지" 보았어요. "위장 상태와 쉽게 알아볼 수 있는지의 여부도" 확인했습니다. "지금도 생각이 나요. 거기 서서 현장을 봤을 때가요. 아주 높은 산이었고, 승마 학교 부지였습니다. 여학교였지요. (원문 그대로이다. 로스앨러모스는 육군에 징발되기 전에 사립 남학교로 운영되었다.) 관계자가 아니라면 쉽게 알아볼 수 있는 곳이 아니었어요. 당연히 경비도 있었습니다. 경비병 한 명이 출입자를 전부 확인하고 있었죠."[110]

루스의 귀향길[111]은 열차 운행이 끊겨 한참을 지체했다. 그녀는 월요일 밤에야 시카고행 일반석을 끊을 수 있었다. 기차는 캔자스 주 뉴턴(Newton)에서 고장을 일으켰고, 캔자스시티에 연착했다. 루스는 수요일까지 시카고에 발이 묶였고, 목요일에야 겨우 뉴욕으로 돌아왔다. 며칠 후 줄리어스 로젠버그가 루스의 집에 들렀다. 그녀의 진술을 들어보자. "혼자였어요. 뭐, 거의 언제나 혼자지만요."[112] 그때쯤에는 데이비드한테서 들은 이야기와 그녀가 직접 목격한 로스앨러모스에 관한 기억이 비망록으로 작성된 상태였다. 루스는 시누이의 남편에게 그 기록을 주었다. 로젠버그는 처남이 휴가를 받아 나오면 관련 내용에 대해 더 이야기하겠다고 루스에게 말했다.

데이비드 그린글래스는 두 번째 허니문을 마치고 로스앨러모스로 돌아왔다. 자신이 개발을 돕는 새로운 기술에 대해 더 많이 알아내야 한다고 바짝 긴장한 채 말이다. 하지만 그는 이내 깨달았다. 자기한테는 참조할 만한 틀이 없다는 것을. 그린글래스는 이렇게 증언한다. "제가 정확히 뭘 찾고 있는지 몰랐습니다. 폭탄을 어떻게 만드는지에 대한 개념이 전혀 없었어요."[113] 그는 주의를 기울이기 시작했다. 귀담아 듣고, 함께 일하는 사람들에게 묻기도 했다. "과학자들이 우리가 일하는 제작소로 내려오고는 했어요. 그러면 요구 사항을 전달받은 책임자가 함께 일할 사람을 고르고는 했죠. 우리 세 사람은 서서 이야기를 주고받다가 …… 무언가 결정나면 일을 맡은 기계공이 작업을 했습니다. …… 말하자면 일이 돌아가는 양상을 그렇게 파악했던 것이죠."[114] 그린글래스는 월터 코스키 연구진의 원통 내파 실험용으로, 고폭약을 담는 틀인 렌즈의 주형을 만들면서 고폭약 렌즈에 관해 이것저것 알게 되었다. 데이비드 그린글래스의 스파이 활동은 그렇게 시작되었다. 자신의 영웅을 도와야 했고, 뉴욕으로 갖고 갈 뭔가가 필요했던 것이다.

군번 32882473 데이비드 그린글래스 T/5(제2차 세계 대전 중에 미국 육군이 채택 적용한 기술병 계급의 하나로, Technician Fifth Grade(T/5 또는 TEC5)를 가리킨다. 상병에 해당하지만 상병의 명령권은 없었다. 1948년에 폐지되었다. — 옮긴이)는 1944년 12월 30일 휴가를 얻어, 로스앨러모스를 떠났다. 그는 1월 1일 뉴욕에 도착했다. 그린글래스 부부는 전화기가 없었다. 데이비드가 집에 도착한 직후 줄리어스 로젠버그가 두 사람 아파트에 나타났다. 루스의 회고에는 짜증이 배어 있다. "남편의 휴가를 축하하고 즐기려 했어요. 그런데 …… 시누이의 남편 분이 들이닥쳤지 뭐예요. 데이비드와 할 이야기가 있었겠죠. 그가 방해한다고 느껴졌고, 우리는 약간 화가 났습니다."[115] 데이비드는 그보다는 생산적인 오전이었다고 기억했다.*[116]

---

* 데이비드는 1950년과 이후의 여러 시기에 일련의 진술을 했다. 나는 그 진술들을 두루

로젠버그가 원자 폭탄이 어떻게 작동하는지 전반적으로 설명해 주었습니다. …… [117] 매형은 이렇게 말했습니다. 제 설명을 들으면 우리가 무엇을 찾고 있는지 알게 될 거야. 폭탄 제작이 어떻게 진행되는지 말해 주게. 자료가 필요해. 어떤 방법을 쓰는지, 필수 실험은 무엇인지……. 매형은 그 정보를 누구한테 얻었는지는 말하지 않았습니다. (저는 물었어요.) …… 그는 (제 질문은) 아랑곳하지 않았죠. …… 매형은 관의 한쪽 끝에 핵분열 물질이 있고, 다른 쪽 끝에도 핵분열 물질이 배치되는데, 뒤엣것은 활주할 수 있다고 했습니다. 이 2개를 엄청난 압력으로 합치면 …… 핵반응이 일어난다는 것이었죠. 그는 폭탄을 그렇게 설명했습니다.

로젠버그는 게오르기 플료로프가 제시한 "대포형" 설계를 언급했다. 로스앨러모스가 개발 중이었고, 후에 리틀 보이라는 별명으로 불리는 우라늄 대포형 원자 폭탄 말이다. 그린글래스는 우라늄 대포를 개발하지 않았고, 대포 설계에 대해 아는 게 아무것도 없었다. 그는 내파 폭탄용 고폭약 렌즈를 개발했다. NKVD 주재원들이 1945년 1월 초에 플루토늄 전단 폭발이나 내파 문제를 아직 모르고 있었다는 게 분명하다.

로젠버그는 그린글래스에게 로스앨러모스에서 뭘 하느냐고 물었다. 그린글래스는 고폭약 렌즈를 개발 중이라고 대답했다. 데이비드는 이렇게 진술했다. "매형은 원자 폭탄에 대해 아는 것은 뭐든 다 쓰라고 말했습니다. 밤새 써놓으면 …… 매형이 다음 날 아침에 와서 가져갔죠."[118] 로젠버그는 로스앨러모스에서 근무하는 과학자와 스파이 활동에 끌어들일 만한 가능성이 있는 사람들의 목록도 뽑아 달라고 요구했다.[119]

그린글래스는 그날 밤 요구받은 목록을 작성했고, "여러 개의 렌즈

검토했고, 다음의 인용문에서 하나의 일관된 이야기로 꾸몄다. 출전은 후주를 참조하라.

주형"[120]도 그렸다.[121] 이 가운데 나중에 공개된 딱 하나의 스케치를, 그는 "납작한 종류의 렌즈 주형"이라고 했다. 그것은 로스앨러모스에서 2차원 고폭약 결합물을 성형해, 원통을 내파시키는 실험에 사용되었다. 주형의 모양은 네잎클로버 같았다. 그린글래스는 이렇게 증언한다. "만곡부가 4개입니다. …… 속이 텅 비어 있고, 그 안에 고폭약을 집어넣었죠. …… 고폭약을 주형 모양으로 성형하는 것인데, 다 채우면 주형을 제거했어요. 그런 식으로 고폭약 렌즈를 얻는 겁니다."[122] 2차원 고폭약 렌즈(물론 그린글래스가 스케치한 것 외에 다른 요소도 필요하다.)는 길쭉한 파이프 주위로 엘리자베션 칼라(Elizabethan collar, 패션 용어이다. 구글 이미지에서 직접 확인해 보기를 권한다. ― 옮긴이)처럼 장착된다. 클로버의 네 잎사귀 각각의 정점에는 뇌관도 설치된다.[123] 뇌관을 발화시키면 고폭약이 안쪽으로 이동하는 폭발 파동을 만들고, 파이프는 짜부라졌다. 원통 내파에서 3차원 렌즈 내파 방식으로 가는 길은 멀고도 힘겨운 여정이었다. 그러나 2차원 실험들이 내파 폭탄의 중앙에 들어가는 소형 장치인 기폭제 설계에서 결정적임이 드러났다. 기폭제는 제때에 중성자를 순간적으로 분출시켜 연쇄 반응을 유도한다.

로젠버그는 다음 날 아침 그린글래스가 작성한 목록과 스케치를 가져가면서 처남 내외를 저녁 식사에 초대했다. 로젠버그 부부는 니커보커 빌리지 먼로 가 10번지에 있는 G-11이라는 침실이 하나 딸린 수수한 11층 아파트[124]를 빌려서 살고 있었다. 그린글래스 부부는 저녁 식사를 하러 간 매형의 집에서 다른 손님과 만났다. 앤 시도로비치(Ann Sidorovich)라는 여자였다. 시도로비치 부부는 로젠버그 부부와 친구 사이였다. 앤의 남편 마이클 시도로비치(Michael Sidorovich) 역시 공학자였고, 그들 부부는 뉴욕 시 교외 차파콰(Chappaqua)[125]에서 살았다. 루스는 전에도 로젠버그 부부의 집에서 앤을 몇 번 만난 적이 있었다.[126] 하지만 데이비드는 처음이었다. 루스의 회고를 들어보자. "그녀는 그날 밤 저녁 식사를 하기 전까지 잠시 머물다가 떠났지요. 우리는 계속 있었고요. 시누이의 남편 분은 앤이 뉴멕시코로 가서 데이비드한테서 정보를 받아 올 거라고 말했습니다. 그가 앤 말고 다른 사람일 수도 있다고 했어요. 그래서 물었죠. 앤이 안 나타나면 (데이비드가) 다른 사람을 어떻게 아느냐고 말이에요. …… 그때 우리는 마침 주방에 있었는데, (줄리어스가) 과일 맛이 나는 젤리인 젤로(Jello) 포장 상자의 뚜껑을 잘라 반쪽을 식별 표지로 쓰겠다고 했습니다. 제게 나머지 반쪽을 주면서 말이에요. …… (시누이는) 주방에서 남편 뒤에 서 있었어요. …… 시누이도 보고 들었습니다. …… 저는 (상자 뚜껑의 절반을) 받아서 지갑에 넣었어요."[127]

루스는 건네받은 상자 뚜껑의 절반을 보관했다. 자기가 뉴멕시코에 갈 요량이었기 때문이다. 로스앨러모스는 루스가 남편과 해후했던 11월경에 근무하는 장병들의 가족이 근처에 머무는 것을 허가했다.[128] 데이비드의 진술도 들어보자. 저녁 식사 후에 "누나 부부는 아내에게 돈은 걱정할 필요가 없다고 말했습니다. 대 줄 거라는 이야기였죠. …… 아내는 일을 하지 않아도 거기 가서 살 수 있었습니다. 돈이 마련될 테니까요."[129]

데이비드와 줄리어스는 고폭약 렌즈에 관해 이야기했다. 줄리어스는 그들이 어떻게 연구하는지를 더 자세히 알고 싶어 했다. 그건 줄리어스를 관리하던 소련인도 마찬가지였다. "(매형은) 렌즈에 관해 제게 더 많은 이야기를 해 줄 수 있는 사람을 (제가) 만나 봤으면 좋겠다고 말했습니다."[130] 데이비드도 그러고 싶었다. 로젠버그가 데이비드에게 앞으로의 계획을 간략하게 설명했다고 루스는 회고했다. "줄리어스는 (데이비드에게) 눈에 띄어서는 안 되며, 스케치나 청사진이나 자료 같은 것은 하나도 가져오지 말라고 주문했습니다. 하지만 작업하는 내용과 주변에서 벌어지는 일을 바탕으로 해서 알아낸 것은 전부 전해 달라고 했지요."[131]

줄리어스는 그날 저녁 아니면 데이비드의 1월 휴가 중 다른 어느 시점에 그린글래스 부부에게 자신이 뭘 하는지를 조금 알려 주었다.

로젠버그는 러시아의 전기 공학 산업이 규모가 작고 낙후했다고 말했습니다. 물론 그건 레이더 산업의 다른 이름이었죠. 전기 공학 정보를 입수해, 그에게 전달하는 것이 엄청나게 중요했던 이유입니다. 전기 밸브(진공관), 변압기, 기타 각종 전자 및 무선 통신 부품 같은 것들에 그는 흥미를 가졌습니다. 로젠버그는 얻을 수 있는 관(tube) 매뉴얼은 전부 러시아에 제공한다고도 말했습니다. 그 가운데 일부는 일급 비밀로 분류되어 있었죠.[132]

엘리자베스 벤틀리는 선물과 상을 좋아하는 소련 사람들의 특이한 기호를 언급한다. 그녀는 이렇게 썼다. "이유는 모르겠지만 NKVD는 크리스마스가 되면 자신들을 위해 공작 활동에 나선 모든 사람에게 능력에 상관없이 선물을 주는 전통이 있었다."[133] 벤틀리도 붉은 별 훈장을 받았다. 제이콥 골로스가 죽은 후 새롭게 그녀를 관리하게 된 아나톨리 그로모프(Anatoli Gromov, 고르스키는 이제 자신을 그렇게 불렀다.)는 도널드 맥클린을 좇아 미국에 왔고, 그녀에게 이렇게 말했다. 훈장을 받았으니, "여러 가지 특권을 누릴 자격이 생겼습니다. …… 전차도 무료로 탈 수 있습니다."[134] 로젠버그 부부도 선물을 받았고, 나아가 줄리어스는 표창장까지 받았다고, 데이비드 그린글래스는 진술했다.

(줄리어스는) 보답으로 손목시계를 받았다고 말했습니다. …… 그가 보여 주기까지 했습니다. 누나도 손목시계를 받았어요. 여자 시계였죠. 한꺼번에는 아니었으리라고 생각합니다. …… (누나는) 더 나중에 받았을 거예요. ……

러시아 인들이 콘솔형 테이블도 주었다고 한 것 같습니다. …… (줄리어스는) 표창장을 받았다고 말했습니다. …… 러시아에 갈 경우 부상으로 어떤 특전이 있다는 것 같았어요.[135]

그렇게 줄리어스 로젠버그도 해리 골드와 엘리자베스 벤틀리처럼 모스크바에서 공짜로 전차를 탈 수 있는 권리를 보장받았다.

며칠 후 줄리어스가 "밤에 나를 보자고" 했다고 그린글래스는 기억했다. "친구들과 만나기로 한 선약이 있었는데, 결국 매형을 보기 위해 그 약속을 일찍 파해야 했습니다." 그린글래스는 장인의 자동차인 1935년식 올즈모빌(Oldsmobile)을 빌려 타고, 밤 11시 30분경에 "1번 대로 근처로 차를 몰고 갔다. 이스트 42번가와 이스트 59번가 사이의 어디쯤이었습니다." 불이 밝게 켜진 술집이 눈에 들어왔다. "길옆에 차를 댔습니다. …… 줄리어스 로젠버그가 차로 다가와 기다리라고 말했습니다. 매형은 다시 가더니, 남자 한 명과 돌아왔지요. 제게 이름으로 소개했는데, 기억이 나지 않습니다. 남자가 탔고, 저는 차를 몰았습니다."[136]

그린글래스는 자동차로 "그 지역을 두루" 쏘다녔다고 진술했다. "러시아 인"이었던 그 남자는 "제게 그냥 계속해서 운전을 하라고 지시했습니다. 그러고는 렌즈에 관해 물었죠. …… 그는 알고 싶어 했습니다. 렌즈의 만곡부를 만드는 공식을요. 그는 사용하는 고폭약과 점화 수단을 알고 싶어 했습니다. 저는 여기저기 돌아다녔어요. …… 운전을 하느라 정신이 없어서 그가 하는 말에 주의를 기울이기가 쉽지 않았습니다. 제게는 그가 알고 싶어 하는 것들을 직접 이야기해 줄 지식이 없었어요. 긍정적인 대답을 해 줄 수가 없었던 거죠."[137] 그럼에도 불구하고 그린글래스는 알 수 있었다. 그 남자가 기술적으로 상당한 수준이라는 것을 말이다. FBI는 이렇게 적고 있다. "원자 폭탄 제작에 고폭약 렌즈를 사용하는 방안은 그에게는 완전히 새로운 사안이었다."[138] 그린글래스는 비록 제한적이지만 내파 방식이 연구 중임을 알렸다. 내파 방식은 완전히 새로운 접근법이었고, 소련 사람들은 그 소식을 그린글래스를 통해 처음 접했다.[139]

그린글래스는 동승했던 러시아 인을 최초 탑승 지점으로 데려다 주었다. 로젠버그가 기다리고 있었다. "'이제 돌아가게.'" 그린글래스는 로젠버그가 자기에게 이렇게 말했다고 진술했다. "'난 이 분과 할 이야기가 남았네.' 두 사람은 함께 밥을 먹었겠지요."[140] 러시아 인이 차에서 내렸고, 두 사람은 함께 자리를 떴다. 그린글래스는 집으로 돌아와, 아내에게 특이한 만남을 가졌다고 이야기해 주었다.

그 신비에 싸인 러시아 인의 정체는 확인되지 않았다. 그가 야츠코프(야코블레프)가 아니라는 것은 거의 틀림이 없다. 그린글래스가 만나서 대화한 러시아 인의 영어에는 강세가 거의 없었기 때문이다. 반면 야츠코프는 미국으로 건너오기 전에 불과 3개월 동안 영어를 배웠다. 샘 세묘노프는 MIT를 다녔고, 영어가 유창했다. 하지만 그는 1944년 9월 30일 워싱턴 주 캘러마(Kalama)를 통해 블라디보스토크로 이미 떠난 상태였다.[141] 그럼에도 불구하고 야츠코프가 그 정보를 구했을 가능성이 가장 크다. 누구를 보냈든 말이다. 야츠코프는 당시에 뉴욕 바깥에서 이루어지던 원자 폭탄 관련 첩보 활동을 지휘 감독하고 있었다.

데이비드 그린글래스는 1945년 1월 20일 로스앨러모스로 돌아갔다. 관찰한 것을 몽땅 외워 버리겠다는 결의는 단단하기만 했다. 그는 원자 폭탄이 어떻게 작동하는지, 줄리어스 로젠버그에게 설명을 들었고, "뭘 찾아내야 하는지 알게 되었다."[142]라고 진술했다. 이제 로스앨러모스에는 적어도 두 명의 활동적 스파이가 똬리를 틀게 되었다. 둘 모두 프로젝트가 진행되는 심장부에 들어가는 우연한 행운을 놓치지 않았다.

8장

폭발

소련의 물리학자 아나톨리 알렉산드로프는 1944년 어느 날 아침 모스크바 지하철역에서 나와 제2연구소로 처음 출근하다가 그만 길을 잃고 말았다. 그는 걸음을 멈추고, 한 무리의 동네 아이들에게 방향을 물었다.[1] 아이 한 명이 이렇게 대꾸했다. "담장 너머에서 원자 폭탄을 만들고 있어요." 비밀 연구소의 작업은 진척 속도가 느렸다. 전쟁이 제일 급한 사안이었고, 소련의 핵폭탄 개발 계획이 몰로토프에게서 얻어낼 수 있는 지원은 변변치 않았다. 화학 산업 인민 위원 미하일 페르부킨의 말을 들어보자. "그 탁월한 과학자들과 공학자들은 우라늄 235와 플루토늄의 임계 질량을 밝혀 내겠다는 목표 아래 이론 연구를 시작했다. 그들은 둘 중 어느 물질 단 1밀리그램도 수중에 없었다."[2] 이고리 쿠르차토프는 1943년 7월 소형 흑연-천연 우라늄 반응로를 처음 설계하기 시작했다. 그러나 소련에는 산업적으로 활용할 수 있는 금속 우라늄과 고순도의 흑연이 없었다. 소련은 독일이 패퇴하기 전까지는 어느 물질도 충분히 확보하지 못한다. 물리학자 보리스 두보프스키(Boris G. Dubovsky)는 1944년에 제2연구소에 합류했다. 그는 그때까지도 연구진의 분위기가 묵묵하고 평온했다고 회상했다. "규모가 아주 작았어요. 수십 명 정도였죠. 우리 모두가 수고스럽게 밭갈이해야 할 핵의 대지는 '처녀지'였고 광대했습니다. 주요 사안인 원자로 연구는 이미 시작된 상태였어요. 우리는 연쇄 반응이 가능한지 이론적으로 확인해야 했습니다. 이 반응로는 오늘날 우리가 …… 플루토늄이라고 알고 있는 새로운 핵연료도 일정량 생산해야 했습니다. 최초로 말이죠. ……"[3]

제2연구소와 소련의 다른 곳에서는 그밖의 연구도 진행 중이었다. 첩보 자료가 발상과 정보의 출처였을 것이다. 하지만 결국에는 모든 실험을 직접 수행해, 온갖 수치를 점검해야 했다. "다시 하르코프로 가야 할 것 같아요." 에디 시넬니코프는 1944년 2월 15일 영국의 자매에게 이런 내용의 편지를 써 보냈다.

> 오늘 전보로 알렸듯이 남편이 그 옛날 연구소 소장으로 임명되어요. …… **별로** 반갑지는 않아요. 그이의 건강 상태를 고려할 때, 연구소를 이끈다는 게 긴장과 부담이 없을 리 없겠죠. 사태가 힘겹고, 모두가 '바짝 긴장한' 채 조심스럽게 군답니다. 저도 여행이라면 신물이 나요. 하르코프 같은 연구소가 감쪽같이 사라져 버리다니 너무나 유감이에요. …… 남편은 모스크바와 하르코프와 키예프를 무던히 오가야 할 겁니다. 하지만 전쟁이 끝나면 사정이 나아지겠죠. …… 남편은 지금 하르코프에 열흘째 머물고 있어요. 우리는 모스크바에서 (시넬니코프의 누이) 마리나 (쿠르차토프)와 지내고 있고요. 마리나

는 질리킨(Jillikin)의 아주머니들 때문에 완전히 맛이 갔어요. 우리가 여기 온 후로 그녀는 머리가 돌 정도로 선물을 많이 받았죠. 4월에는 하르코프의 옛 집으로 갔으면 싶어요. 늦지 않아야 원예를 시작할 수 있을 테니까요.[4]

표트르 카피차는 케임브리지에서 시작한 관례를 계속해서 고수했는데, 그것은 세미나를 하는 것이었다. 소련 물리학자들이 기밀로 분류되지 않은 연구의 최신 정보를 공유하는 것이 그 세미나의 목적이었다. 세미나는 미국의 학술 동아리와 살짝 닮은 구석이 있었고, '카피차의 수요 모임(Kapitza Wednesdays)'으로 불렸다. 실험 물리학자 페니아민 아로노비치 주커만(Veniamin Aronovich Zukerman, 1913~1993년)은 1944년 3월에 카피차의 수요 모임에 처음 참석했다. 그리고 율리 하리톤도 발표가 예정되어 있었다고 말한다. 두 사람 다 폭탄 연구와 관련해 발표를 했다.

하리톤이 맨 처음 발표를 했다. 그는 폭발의 메커니즘을 설명했다. 두 번째 순서가 나였다. 나는 플래시 라디오그래피(flash radiography)라는, 엑스선을 사용해 고속으로 진행되는 폭발 과정을 촬영해 분석하는 방법을 소개했다. 좌장은 카피차였다. 그러고 보면 나는 표트르 레오니도비치 카피차를 그제야 처음 만나는 것이었다. 다루는 주제를 냉큼 파악하는 그의 공학적 소양과 드높은 목소리가 인상적이었다. 카피차가 러시아 어 단어 콘덴사토르(kondensator)를 크게 발음했던 게 생각난다. 영어 단어로는 콘덴서(condenser, 축전기)이다. 세미나실은 유명한 물리학자로 가득했다. 이오페, 란다우, 탐, 세묘노프, 젤도비치, ……. 내 발표는 주목을 많이 받았다. 다수의 참가자는 내 연구가 스탈린 상 후보로 추천되었음을 알고 있었다.[5]

주커만 연구진은 그해에 "극도로 민감한 뇌관 폭약(explosive primer)을 집중 연구하기" 시작했다. "완충 장치가 있는 특수 용기에 담아" 운반하는 것이 원칙이었지만, 주커만은 "아자이드화납(lead azide)과 뇌산수은(fulminate of mercury, 풀민산수은) 같은"[6] 위험물을 주머니에 집어넣고, 제조 현장에서 연구소로 전차를 타고 가져오는 불법을 자주 저질렀다. 주커만은 색소성 망막염으로 눈이 나빠지고 있었다. 하루는 아자이드화납 뇌관을 운반 중이었는데, 전차가 연착하는 바람에 밤이 되고, 함께 탄 승객들이 그가 길을 찾아가는 것을 도와줘야 했다. 동료 레프 알트슐러는 주커만의 위험천만한 행동을 전해 듣고, 이렇게 말했다. "몇 시간 동안 돌아다니는 기뢰였군, 안 그래?" (주커만이 설명한 자초지종은 이렇다. "전쟁 마지막 해에는 바다와 대양에 표적을 놓친 기뢰가 가득했다. 그것들을 '돌아다니는 기뢰'라고 불렀다. 그런 기뢰들로 군함과 상선이 폭침되는 사건이 많았다."[7])

보리스 두보프스키는 1944년 8월 제2연구소에 도착했다. 그때쯤에는 레닌그라드에서 빼온 대형 사이클로트론이 재조립되어, 가동 중이었다. 보리스 쿠르차토프가 같은 해 10월 이 사이클로트론을 사용해, 몇 마이크로그램의 플루토늄을 만들었다. 미국 바깥에서 플루토늄이 확보되기는 이번이 처음이었다. "날짜를 한 번 생각해 보세요." 두보프스키의 말에는 간절함이 배어 있다. "1944년 말이에요. 전투는 이제 막 소련 영토를 벗어나 치러지고 있었죠. 국토의 절반이 폐허였습니다. 파시스트 수괴가 아직 살아 있었고, 수많은 사람이 전장과 강제 수용소에서 죽어 나가는 중이었죠."[8] 소련 과학자들은 과중한 전시 부담에 헉헉거리던 산업계보다 임무를 더 잘 수행해 냈다. 국방 위원회(GKO)의 과학 기술 담당관 세르게이 카프타노프가 한 말을 들어보자. "당시에는 원료나 소재가 사실상 전무했다. …… 소련에 있던 우라늄 광산은 물에 잠겨 방치되었다. …… 복구가 필요했고, 새로운 우라늄 광상도 찾아야 했다."[9] 베르나드스키는 1944년 5월 정부의 지질학 위원회(Committee on Geological Affairs)에 보내는 편지에서 이렇게 하소연했다. "약속하셨지만, 티우이아-무이운에서 물을 퍼낸 후 어떻게 되었는지 아무런 소식도 듣지 못했습니다. 자금이 충분히 지원되었습니다. 우라늄광이 있지요. 그런데 왜 일이 지연되는 것입니까? 그 일은 벌써 오래전에 완료되었어야 합니다."[10] 쿠르차토프는 미하일 페르부킨에게 소련이 원자로를 가동하려면 정련한 우라늄이 50톤 정도 필요하다고 말했다. 중앙 아시아의 광산에서 도착한 최초의 우라늄 광석 자루는 나귀[11]의 등에 실린 채였다. 국립 희토류 연구소(State Institute of Rare Metals)가 소량의 금속 우라늄을 최초로 정련해 낸 것이 1944년 11월이었다.[12] 모스크바 일렉트로드(Moscow Electrode)에서는 아직 흑연이 생산되지 않고 있었다.[13]

영미 연합군이 1944년 6월 6일 노르망디에 상륙했고, 스탈린은 마침내 제2 전선을 확보하게 되었다. 소련과 서방 연합군은 이제 멀지만 마주보면서 베를린을 향해 진격했다. 콘스탄틴 시모노프는 전진하는 소련군의 최전선에서 이렇게 썼다.

> 독일군이 퇴각한 흔적으로 각급 도로는 아수라장이다. …… 독일군이 버리고 간 …… 엄청난 무기들로, 날이면 날마다 깜짝깜짝 놀란다. 악명 높은 티거와 판처(둘 다 독일군의 전차 ― 옮긴이)가 파괴되거나 온전한 채로 버려져 있다. 구형 탱크, 자주식(自走式) 대포, 대형 장갑 수송차, 구동 바퀴가 하나여서 오토바이처럼 보이는 소형 수송차, 프랑스에서 약탈한 육중하고 뭉툭한 르노 트럭, 메르세데스와 오펠이 제작한 무수한 참모 차량, 무선 통신 기기, 야전 취사장, 대공 화기와 시설, 소독 차량도 보인다. 독일군이 기세 좋게 전진하던 과거에 고안해 사용하던 모든 것을 볼 수 있는 셈이다. 그런데 이제는 그 모든 게 부서지고, 불타고, 그저 버려졌거나, 진흙탕 길에 처박혀 있다.[14]

전쟁 초기의 참화를 떠올려 보면 소련군의 거침없는 진격은 거의 기적이나 다름없었다. 1944년 1월 레닌그라드 포위가 풀렸다. 2월과 3월에 소련군은 루마니아로 돌파해 들어갔다. 4월에는 오데사가 해방되고, 크림 반도를 완전히 탈환한 것은 5월이었다. 6월에는 핀란드 공세가 완료되고, 7월에 우크라이나 서부를 해방한 소련군은 내쳐 바르샤바로 진격했다. 8월에 루마니아가 항복했다. 에스토니아와 라트비아의 잔당은 9월에 소탕되고, 10월에는 헝가리, 체코슬로바키아 동부, 노르웨이 북부에 진입했다. 무기 대여법에 따른 미국의 원조로 소련 민간인 수백만 명과 적군의 절반이 식량을 해결하고 있었다.[15] 스탈린도 주요 산업의 약 3분의 2가 미국산 장비와 기술 지원으로 재건 중이라고 인정한다.[16] 하지만 서쪽 베를린으로 진격하는 도정에 흩뿌려진 피는 온전히 러시아 인의 피였다. 프랭클린 루스벨트의 자문역 겸 보좌관인 해리 홉킨스는 이미 1943년에 이렇게 말했다. 소련은 "이 전쟁에서 결정적 요소이다. …… 그들이 나치를 패퇴시키고 유럽을 지배하리라는 데에는 …… 의문의 여지가 없다."[17] 스탈린 자신도 확실히 그럴 의도였다. 그는 1944년 3월 어느 날 저녁에 미오반 질루스에게 서방이 가만있지 않을 것임을 자신도 안다고 말했다.

> 스탈린이 우리를 초대해 함께 저녁 식사를 했다. 우리는 안내를 받던 중 현관에 걸린 세계 지도 앞에서 걸음을 멈추었다. 소련이 붉은색으로 칠해져 있었는데, 안 그랬을 경우보다 더 크고 도드라져 보이는 효과를 발휘했다. 스탈린이 소련 위쪽으로 손을 흔들었고, 영국과 미국을 언급하면서 이렇게 말했다. "아주 많은 나라가 적화된다는 생각을 그들은 도저히 받아들일 수 없습니다, 도저히요, 절대로!"[18]

참혹했지만 아무튼 전쟁이 끝나리라는 전망이 보이자 구원(舊怨)이 되살아났다. 1943년 10월부터 모스크바 주재 미국 대사로 활동한 애버렐 해리먼이 점령지를 확대해 지배하겠다는 소련의 의중을 위협으로 간주한 것이 그 예이다. 해리먼은 1944년 9월 20일 국무 장관 코델 헐(Cordell Hull, 1871~1955년)에게 이런 전문을 보냈다. "(소련의 대(對) 폴란드 및 동유럽 정책은) 섬뜩할 지경입니다. 국가가 안보를 가장하여 군사력을 바탕으로 국경을 넘어 영향력을 확대하기 시작하면 그 한계가 어디까지일지 알 수 없기 때문입니다. 소련에 이웃 국가들을 침입할 권리가 있다고 인정해 주면 …… 어느 시점에는 그다음 이웃 국가들을 침입하는 활동 역시 논리상 필연적이게 됩니다."[19] 해리먼의 분석 내용이 도미노 이론의 초기 형태임을 알 수 있다. 20세기의 나머지 대부분의 기간 동안 소련에 대한 미국의 사고 방식을 규정하는 바로 그 도미노 이론 말이다. 군사적 관점에서 볼 때 침입은 말이 안 된다. 거리가 길어지면 지배와 보급이 둘 다 약해지기 때문이다. 여기에는 해리먼이 아직 모르던 사태, 곧 미국이 원자 폭탄을 독점하게 되는 미래도 고려되지 않았다. 그러나 해리먼은 철저하게 유린된 유럽을 목도했고, 영국이 빈털터리라는 것을 알았다. 모스크바가 영토를 획득하고, 엄청난 배상금을 받아 낼 수 있겠다는 전망으로 흥분하고 있음을 해리먼은 느꼈다. 그는 미국이야말로 보급선이 훨씬 더 길다는 것을 알았다.

윈스턴 처칠은 더 실용적이고, 더 냉소적이었다. 그는 1944년 10월 모스크바에서 스탈린을 만났고, "발칸 반도 일대의 사안에서" 두 지도자가 "타협하자."라고 제안했다. "쫀쫀하게 다투지 맙시다. 귀하는 루마니아에서 90퍼센트의 지배권을 갖고, 우리는 그리스에서 90퍼센트의 지배권을 가지며, 유고슬라비아에서는 50 대 50으로 가는 게 어떻겠습니까?" 처칠은 "헝가리 …… 50 대 50", 불가리아는 스탈린에게 75퍼센트의 지배권을 인정하겠다는 메모를 추가로 작성해 테이블 맞은편으로 건넸다. "약간의 침묵이 있었다. (스탈린은) 파란색 펜을 집어, 대충 체크하고, 메모를 돌려주었다. 적는 것보다 더 짧은 시간 안에 모든 것이 마무리되었다."[20] 스탈린은 처칠이 목록으로 작성한 국가들을 다 지배하겠다는 기대가 있었고, 바로 그것 때문에도 사실 타협은 전혀 이루어지지 않았다. 물론 그리스가 예외가 될 가능성은 있었다. 하지만 목록의 나머지 국가는 50이나 75나 90퍼센트가 아니라 100퍼센트 소련 차지가 되어야 했다.

⊛⊛⊛

북아메리카의 소련 간첩들은 1945년 2월 풍성한 원자 폭탄 첩보를 모스크바 본부로 전달했다. 앨런 넌 메이가 1순위 고려 대상이었다.[21] 오타와에서 활동한 적군 정보국(GRU) 장교인 니콜라이 자보틴 대령은 1944년 후반기의 언제쯤 넌 메이를 재가동하라는 모스크바 본부의 명령을 받고, 참모 중의 한 청년 장교에게 그 영국인 과학자를 관리하도록 임무를 부여했다. 넌 메이가 영국을 떠난 후로 접선이 끊어진 상황이었다는 사실을 보태야 하리라. 이름이 안젤로프(Angelov)라고만 알려진 중위는 명령을 받고, 몬트리올 스웨일 대로(Swail Avenue)[22]에 있던 넌 메이의 아파트를 바로 찾아갔다. 그는 문을 두드리고, 자신의 정체를 밝혔다. 접선이 재개되자 넌 메이는 괴로웠다. 그는 자신이 일방적으로 하던 일을 그만둘 수 있다고 생각했던 것 같다. 넌 메이는 자신을 담당했던 옛날 접선책이 끊겼고, 캐나다 보안 경찰의 감시를 받고 있다고 안젤로프에게 말했다. 안젤로프에게는 넌 메이가 "잘 속을 것 같은 인물"[23] 유형으로 비쳤다. 아무튼 첫 만남에서 안젤로프는 별다른 인상을 받지 못했다. 무엇이 되었든 안젤로프는 일을 추진해야 했다. "그 사람의 변명을 믿지 않으며, 모스크바에서 임무가 하달되었다고 직설적으로 말해 주었지." 안젤로프는 나중에 이고리 구젠코에게 이렇게 뻐겼다. "그 작자가 임무 수행을 거부하면 괴로운 건 본인이지 내가 아니잖아. 보니까, 겁을 집어먹은 눈치였어. 결국 묻더군, 무엇을 원하느냐고. 캐나다와 미국에서 연구 중인 원자 폭탄 관련 정보가 모스크바가 원하는 것이라고 말해 주었지."[24] 넌 메이는 보고서를 준비할 테니 일주일을 달라고 요구했다. 두 사람은 일주일 후에 넌 메이의 집에서 두 번째 만남을 가졌다.

이고리 구젠코는 자보틴이 암호화하라며 건네준 넌 메이의 보고서를 보았다.

> 메이 박사가 넘긴 그 보고서는 광범위하고 종합적이었다. 2부로 구성되어 있었는데 ……
>
> 행간 여백 없이 타이핑을 한 10쪽 분량의 1부는 폭탄 제조의 기술적 절차를 다루었다. ……
>
> (제2부는) 캐나다와 미국에서 원자 폭탄 프로젝트를 수행하는 조직을 전반적으로 설명했다. 전체 맨해튼 프로젝트의 구조와 전쟁성 관리들, 그리고 과학 책임자들이 쭉 나열되어 있었다. ……
>
> 메이 박사가 극비 공장들에서 정확히 뭘 하는지를 구체적으로 알렸고, 자보틴은 아주 만족스러워 했다. 테네시 주 오크리지, 시카고 대학교, 뉴멕시코의 로스앨러모스, 워싱턴의 핸퍼드에서 수행 중인 연구와 작업을 일목요연하게 꿸 수 있었던 것이다.[25]

구젠코는 보고서에서 기술적인 내용을 다룬 부분은 용어가 새롭고 낯설기 때문에 암호화하고 푸는 과정에서 "상당한 실수와 희생"[26]이 불가피하다고 자보틴에게 알렸다. 보고를 받은 자보틴은 넌 메이가 작성한 문건을 외교 행낭에 담아 보내기로 했다. 구젠코는 별도로 내용 전반을 암호화했고, 이것은 곧 모스크바로 전송되었다. 적군 정보국(GRU)은 수신 전문을 NKGB로 이첩했다. NKGB는 NKVD의 해외 첩보 부서이다. NKGB의 수장 베스볼로드 니콜라예비치 무르쿨로프(Vsevolod Nikolayevich Merkulov, 1895~1953년)가 그 내용을 집어넣어, 영국과 미국의 원자 폭탄 개발 계획 요약 보고서를 작성했고, 다시 그 보고서는 1945년 2월 28일 NKVD 인민 위원 라브렌티 베리야에게 제출되었다. 무르쿨로프의 보고서에는 자보틴이 기빼한 인력과 조직의 세부 사항 외에도 "폭탄을 활성화하기 위해 개발 중인 두 가지 방법"이 나왔다. "① 탄도학적 방법, ② 내파 방법."[27] 로스앨러모스가 고폭약을 동원해 임계 질량을 만들려고 개발 중이던 혁신적 기술인 내파 방법이 데이비드 그린글래스와 무관하게 독자적으로 언급되었다는 사실은 주목할 만하다. NKGB의 요약 보고서는 우라늄 광석을 구할 수 있는 곳과, 미국이 "벨기에령 콩고의 우라늄 광산을 무제한으로 통제"[28]하려 하고 있음도 언급했다. 이 정보를 알려 주었을 가능성이 가장 높은 사람은 도널드 맥클린이다.

이고리 쿠르차토프는 1945년 3월 16일 첩보 자료를 검토했다. 아마 그 자료에 넌 메이가 작성한 보고서의 제1부가 들어 있었을 것이다. 쿠르차토프는 흥분해서 이렇게 썼다. "아주 흥미로운 자료이다. 우리가 독자적으로 개발 중인 방법과 계획 말고도 미처 생각하지 못한 가능성들이 언급되어 있다."[29] 폭탄의 코어를 수소로 희석해, 다시 말해 수소화우라늄(uranium hydride)이나 수소화플루토늄(plutonium hydride)으로 폭탄을 만들어 보자는 것도 그렇게 언급된 가능성 가운데 하나였다. 수소는 2차 중성자의 속도를 늦추고, 따라서 분열 횟수가 증가해, 결국 우라늄이든 플루토늄이든 필요한 동위 원소의 양을 줄일 수 있다며(첩보 문서는 20배

감소할 것으로 추정했다.) 로스앨러모스에서 이 계획을 지지한 사람이 바로 에드워드 텔러였다. 쿠르차토프는 즉석에서 이건 말도 안 된다고 생각했다. 반응 속도가 느려지면 제대로 폭발하는 데 필요한 연쇄 반응이 일어나기도 전에 수소화된 코어가 터져 버리리라는 사실을, 미국 과학자들은 추가 연구를 통해서야 명확하게 이해했다. 이 수소화 대포(hydride gun) 연구[30]는 로스앨러모스에서 1944년 8월에 이미 종결되었다. 하지만 로스앨러모스에서 멀리 떨어진 캐나다에서 정보를 수집한 넌 메이 같은 사람은 그 사실을 몰랐을 것이다. 쿠르차토프는 그 해괴한 폭탄이 추정과 계산만으로 연구되었는지, 아니면 실험을 진행했는지 몹시 알고 싶었다. 만약 실험을 했다면 "(영국과 미국이) 원자 폭탄을 이미 만들었고, 우라늄 235를 대량으로 추출했다는 소리일 터"였기 때문이다. 쿠르차토프는 검토 중인 "첩보 자료에 나오는 미국 연구소에서 고농축 우라늄을 몇 그램이라도 입수해야"[31] 한다고 썼다. 물론 그가 말한 "입수"는 훔친다는 이야기였다.

쿠르차토프가 1945년 3월 16일 살펴본 자료에 언급된 더 가능성 높은 시나리오는 내파였다. 쿠르차토프는 무르쿨로프의 2월 28일자 보고서에 내파가 간단히 언급되었음에도 불구하고 손에 쥔 문서들을 검토하기 전에는 내파에 관해 들어본 적이 전혀 없다고 말했다. 아무튼 쿠르차토프는 깊은 인상을 받은 것 같다.

> '내파' 시나리오는 폭발로 야기되는 엄청난 압력과 속도를 활용한다. (첩보) 자료는 이 방법을 쓰면 입자들의 상대 속도를 초속 1만 미터까지 증대시킬 수 있다고 한다. 대칭과 균형을 달성할 수 있다는 이야기인데, 그러면 이 방법이 대포 방식보다 나은 셈이다.
>
> 사실 이 결론이 올바른지, 그렇지 않은지 판단하기는 어렵다. 하지만 '내

파' 시나리오가 매우 흥미롭다는 데에는 의심의 여지가 없다. 일단 원리가 올바르다. 이론과 실험 양 측면으로 진지하게 연구해 봐야 한다.[32]

천연 우라늄 반응로에서 증식된 플루토늄을 활용하면 폭탄을 신속하게 만들 수 있다는 정보가 영국과 미국에서 활동하는 소련의 첩보망이 자국 과학자들에게 전달한 활동의 첫 번째 개가였다면, 내파가 대포 결합보다 우수하다는 정보는 두 번째 희소식이었다. 하지만 이 정보를 앨런 넌 메이가 제공했는지, 아니면 다른 누군가였는지는 밝혀지지 않았다. 기밀이 해제된 소련의 기록을 보더라도 알 수 없다. 클라우스 푹스가 제공하지 않았다는 것만은 확실하다. 그는 수소화 대포 방식이 폐기되고 나서 로스앨러모스에 도착했고, 케임브리지에 사는 여동생을 방문한 1945년 2월쯤에, 쿠르차토프가 3월 16일에 검토한 문서들이 보고하지 않은 내용이 대충 무엇인지 알고 있었다. 그 내용이란 이런 것이다. 내파 방식은 플루토늄을 결합하는 데 바람직할 뿐만 아니라 꼭 필요하다. 왜? 원자로에서 증식되는 플루토늄 239는 플루토늄 240으로 전부 오염된다. (미국이든 소련이든 말이다.) 이런 물질을 장착한 대포형 폭탄은 조기에 터져 버리기 때문이다.

☢☢☢

"케임브리지에 가서, 푹스를 만났죠."[33] 해리 골드는 1945년 2월 16일을 이렇게 회고했다. 매사추세츠는 겨울이었고, 대지에는 눈이 소복했다. 골드는 푹스를 방문하는 길에 크리스텔 하인먼에게 줄 책 한 권(『파머 여사의 허니(*Mrs. Palmer's Honey*)』[34]라는 제목의 시시한 책이었다.)과 하인먼의 자녀들에게 선물할 사탕 과자[34]를 샀다. 골드는 이전의 방문과 만남에서 자기도 자식이 있다고 자랑했다. 물론 그는 결혼하지 않았으므로, 꾸며낸 자식 이야기는 위장용이었다.[35] 하지만 외로운 노총각 화학자로서, 그가 꾸며낸 가정 생활 판타지는 매우 구체적이었다. 골드는 에이브 브로스먼의 비서에게 털어놓기를, 자녀들의 이름이 에시(Essie)와 데이비드(David)라고 했다. 쌍둥이인데, 각각 사내아이와 계집애라고 했으며, 아내는 김블스(Gimbels) 백화점의 모델 출신이라고 뻥을 쳤다. 먼 훗날 로젠버그 부부 변호인단은 골드가 지어낸 거짓말을 언급하며, 이것이야말로 그가 스파이 활동 이야기를 창작해 냈다는 증거라고 주장했다. 하지만 해리 골드는 해리 골드조차 발명해 낼 수 없었으리라.

FBI는 크리스텔의 진술을 토대로 이렇게 적고 있다. "하인먼 부인은 골드를 거실로 안내했다고 진술했다. 그리고 거기 푹스가 있었다."[36] 크리스텔이 "'학교에 가서 아이들을 데려와야 한다.'라며" 자리를 피해 주었다고 골드는 진술했다. "푹스가 위층 자기 방으로 가자고 했습니다. 길이 내다보이는 정면 쪽 방이었을 겁니다. 자리를 잡고 앉아서, 한 15~20분 이야기했을 겁니다."*[37] 푹스는 로스앨러모스로 전근 간 사실을 알리고, 그곳이 어떤 곳인지 설명했다. 푹스는 미국 과학자들이 엄청난 진척[38]을 이뤄 냈다고 말했다. 골드는 이렇게 회고한다. "원자 폭탄 계획의 일부로 연구 중이던 렌즈 이야기를 했습니다."[38] 푹스는 해리에게 이렇게 말했다. "(로스앨러모스에서는) 잘 지냅니다. 하지만 현장을 벗어나는 것은 엄청나게 어려워요. …… 그게 제일 어렵습니다. 연구 일정에서 다른 사람들보다 조금 앞서 있기 때문에 잠깐 시간을 빼서 케임브리지에 올 수 있었어요."[39] 골드는 보스턴의 찰스 강 강변에서 다시 만나자고 제안

---

* 푹스는 후에 보스턴에서만 골드에게 문서를 전달했다고 주장한다. 하지만 이 주장은 여동생을 보호하기 위한 거짓말이었다. 크리스텔 본인이 골드의 진술 내용을 확인했다.

했다. 야츠코프가 며칠 전 필라델피아에서 만나 골드에게 지시한 사전 조율 내용이었다. “(푹스는) 불가능할 것 같다고 대답했습니다. 자기가 볼 때, 시간이 아주 많이 걸릴 테고, 어쩌면 1년 후에나 다시 로스앨러모스를 벗어날 수 있으리라는 것이었죠. 다음번에는 샌타페이에서 만나야 할 거라고 그는 말했습니다.”[40] 푹스는 4월을 제시했다. 골드가 대꾸하기를 “4월에는 제가 샌타페이에 갈 수 없어요.”[41] 두 사람은 6월 초로 합의를 보았다.

6월의 접선 장소를 확인해 두어야 했다. 푹스는 골드에게 지도를 건넸다. “노란색 접는 지도이다.” FBI 보고서에는 계속해서 이렇게 적혀 있다. “지도 겉면에는 ‘뉴멕시코의 이국적인 도시 샌타페이’라고 찍혀 있다. 양면 다 지도이다. 한쪽은 1940년 4월에 편집된, 뉴멕시코 주 샌타페이의 상공 회의소 지도로, 샌타페이의 거리, 공공 건물, 교회, 호텔, 식당, 모텔 등이 완벽하게 표시되어 있다.[42] 뒷면에는 샌타페이 외곽 지역이 지도로 표시되어 있다.” 푹스는 (샌타페이 강의) 카스틸로 스트리트 다리(Castillo Street Bridge)를 가리키며, 6월 첫 번째 토요일 오후 4시에 거기서 만나자고 제안했다.

그때 푹스가 골드에게 “엄청난 양의 정보”[43]를 넘겼다는 것이 골드의 증언이다. 푹스는 폭탄 설계와 관련해 그 시점 기준으로 자기가 알던 내용이 전부 거기 담겼다고 나중에 자백한다.

> 푹스는 보고서에 …… 당시까지 파악한 원자 폭탄 제조의 전반적 문제를 요약 정리했다. 이 보고서는 플루토늄 폭탄 제조에서 극복해야 할 특별한 난제들을 언급했다. 푹스는 플루토늄 240의 자연 발생적 분열 속도가 빠르기 때문에, 플루토늄 폭탄의 경우 비교적 간단한 대포 방식 말고 내파 방식을 활용해 기폭해야 한다고 썼다. …… 그는 플루토늄의 임계 질량이 우라늄 235

의 임계 질량보다 작고, 따라서 폭탄을 만드는 데 5~15킬로그램 정도가 필요할 거라고 보고했다. 그때까지만 해도 코어를 더 균일하게 압착하려면 고폭약 렌즈 방식을 동원해야 하는지, 아니면 균일한 구체의 고폭약 표면 여기저기를 동시에 기폭해야 하는지 잘 몰랐다. 푹스는 당시까지만 해도 모호했지만 기폭제의 필요성에 관한 이런저런 발상을 적었다. 중성자 생성원(源)이 시종일관 충분해야 한다고 생각했던 것이다. …… 푹스는 속이 빈 플루토늄 코어만 언급했다. 당시에 그는 속이 꽉 찬 코어가 가능하다는 걸 전혀 알지 못했던 것이다.[44]

푹스는 아는 한도 내에서 고폭약 렌즈 시스템의 외형 규모(사실상 폭탄의 외형 규모), 내파 순간과 절차, 로스앨러모스의 폭탄 제조 계획도 보고했다. 그는 기억에 의존해 로스앨러모스가 가장 최근에 한 2개의 기술 연구도 보고서에 집어넣었다. **기폭점이 16개인 원통 내파의 제트류(분출) 형성**과 **평판의 제트류 형성**.[45] 이 내용은 월터 코스키의 연구에 기초한 것으로, 데이비드 그린글래스가 참여 중인 작업이기도 했다. 그린글래스가 1월에 줄리어스 로젠버그에게 준 스케치는 기폭점이 4개인 원통 내파 렌즈의 주형을 그린 것이었다. 푹스와 그린글래스가 공통으로 내파를 언급했고, 야츠코프는 로스앨러모스에서 활동 중인 스파이들이 전해 오는 정보가 믿을 만하다는 사실을 거듭 확인했을 것이다.

그 무렵 "하인먼 부인이 돌아왔습니다." 골드는 계속해서 이렇게 진술한다. "아이 하나가 호기심을 느꼈는지 외삼촌의 방을 빼꼼히 들여다봤죠. 하인먼 부인이 바로 아이를 불러들였고 말입니다. ……"[46] 골드는 목표한 정보를 손에 넣었고, 떠날 채비를 했다. 하지만 한 가지 임무가 더 있었다.

충성심이 아주 강한 스파이라고 할지라도 돈으로 매수하는 것이

NKVD의 표준화된 활동 방침이었다. 야츠코프는 접선책들이 바뀌면서 그들과 푹스 사이의 균열이 상당할 것을 염려했다. 그는 1945년 당시로 1,500달러라는 대단히 많은 금액을 골드에게 쥐어 주면서 푹스에게 전달하라고 지시했다. 이 액수는 1995년 기준으로 환산하면 약 3만 달러로, 가난한 골드가 일찍이 손에 쥐어 본 적이 없는 금액이었다. 야츠코프는 이런 주의를 주었다. "기분이 상하지 않도록 …… 아주 조심해야 합니다. 이 사안을 크게 떠벌이거나 문제화해서는 절대 안 돼요." 골드는 푹스에게 줄 NKVD의 "크리스마스 선물"도 갖고 갔다. 엘리자베스 벤틀리도 받고서 생각에 잠겼던, "아주 얇은 오페라색 지갑"이었다. 푹스는 지갑을 받았다. "하지만 약간 당황한 듯했습니다. 자신이나 여동생 때문에라도 돈이 필요하지 않겠느냐고 주저하면서 묻자 돌아온 대답은 냉담한 최후 통첩이었어요. 그 이야기는 더 이상 꺼낼 수도 없었습니다. 그런 이야기를 입밖에 내는 것조차 푹스에게는 모욕이라는 것이 분명했죠."[47] 골드는 다른 기회에 그때를 이렇게도 기억했다. "푹스는 더러운 오물이라도 되는 것마냥 1,500달러가 담긴 봉투를 손에 쥐고 있었다. 받지 않겠다는 그의 태도는 단호했다."[48] 푹스는 5년 후에도 여전히 불쾌해 했다. FBI 보고서에는 이렇게 적혀 있다. "그는 이 제안을 거절했고, 그런 짓은 하지 않는다고 말했다."[49]

골드는 뒤로 물러섰다. "저는 바로 자리를 떠, 뉴욕으로 돌아왔습니다."[50]

골드는 야츠코프(야코블레프)에게 푹스의 보고서를 넘겼고, 그가 언급한 고폭약 렌즈에 관해서도 이야기했다. 3월에 이루어진 다음번 정기 회합에서 야츠코프는 더 많은 정보에 굶주려 있었다. "(그는) 케임브리지에서 만났을 때 푹스가 렌즈에 관해 언급한 다른 내용이 더 있는지 기억을 더듬어 보라며 저를 닦달했습니다. 저에게 기억을 철저하게 더듬도록 해, 렌즈 정보를 뭐라도 더 뽑아내려 한 걸 보면 상당히 흥분한 상태였다는 걸 알 수 있죠."[51]

야츠코프는 제대로 하고 있었다. 푹스가 로스앨러모스의 연구 현장으로 복귀한 1945년 2월 28일에 맨해튼 프로젝트의 수임자들이 로버트 오펜하이머의 사무실에 모여, 크리스티가 제안한, 속이 꽉 찬 코어를 렌즈 모양으로 만드는 내파 설계안을 무기로 개발하기로 조심스럽게 결정했던 것이다. 이 회의[52]에는 그로브스, 과학 연구 개발국(Office of Scientific Research and Development) 국장이자 하버드 대학교 총장이던 제임스 브라이언트 코넌트(James Bryant Conant, 1893~1978년), 한스 베테, 게오르게 키샤코프스키, 리처드 체이스 톨먼이 참가했다. 전기를 사용하는 도폭선을 루이스 앨버레즈가 새로 발명했는데, 이것은 아자이드화납이나 뇌산수은보다 훨씬 믿을 만했고, 그렇게 해서 복잡하게 배열된 고폭약 렌즈를 터뜨릴 수 있었다. "크리스티 장치"가 효과적으로 작동하려면 기폭제를 조절해야만 했다. 아직도 만드는 중이었던 그 장치는 설계안을 월터 코스키의 제트류 형성 연구(클라우스 푹스가 이해한 대로 쓰자면)에 의지했다. 모인 사람들은 결정 사항을 5월 1일에 검토하기로 했다. 모두가 그때쯤에는 믿을 만한 기폭제를 손에 넣을 수 있기를 희망했다. "이제 우리 수중에는 폭탄이 있습니다."[53] 로버트 오펜하이머는 이미 그렇게 결론 내리고 있었다. 우라늄 대포[54]의 설계가 이미 완료되고, 그 달에 시험까지 마쳤던 것이다.

⊛⊛⊛

해리 골드와 아나톨리 야츠코프가 뉴욕에서 만났을 무렵 그로브스 장군은 독일에서의 작전 명령을 하달했고, 그것 때문에 이고리 쿠르차토프는 더욱 곤경에 처했다. 그로브스가 유럽으로 과학 첩보 부대를 파견한 것이다. 이 부대는 동진하던 서부 전선을 바로 뒤에서 쫓아가며, 독일이 폭탄을 연구했는지 여부를 최종적으로 확인했다. 그로브스의 알소스(Alsos) 부대가 스트라스부르(Strasbourg)에서 발견한 문건들에 따르면, 금속 정련 공장이 오라니엔부르크(Oranienburg)에 있었다. 오라니엔부르크는 베를린에서 북쪽으로 약 24킬로미터 떨어진 곳인데, 당시의 역학상 전후에 소련이 장악하게 될 독일 영토였다. 독일이 원자로를 제작하려고, 우라늄 금속 입방체와 판을 만들던 곳이 바로 오라니엔부르크였던 것이다. 소련군은 당시 동쪽에서 서쪽으로 진격하며, 만나는 공장 시설을 전부 해체해 소련으로 실어 가는 중이었다. 그로브스는 회고록에 이렇게 쓰고 있다. "알소스가 (오라니엔부르크의) 작업 결과를 얻게 될 가능성은 전무했다. 내가 (육군 참모 총장) 조지 캐틀렛 마셜(George Catlett Marshall, 1880~1959년) 장군에게 그 공장을 폭격해야 한다고 주장한 이유이다."[55] 공격의 표면적인 목표는 나치 독일의 원자 폭탄 제작을 막는 것이었다. 그러나 그때쯤에는 그로브스도 독일이 핵무기 연구는 시작도 하지 않았음을 어느 정도 확신하고 있었다. 오라니엔부르크의 시설을 소련이 못 가져가게 하려는 게 목표임이 분명했다. 그로브스는 미국 육군 항공대 사령관 칼 '투이' 스파츠와 협의하도록, 런던으로 장교를 한 명 급파했다. 당시에 유럽 전선의 전략 공군을 지휘하던 장교가 스파츠였기 때문이다. "표적을 식별할 수 있는 지도가 하나도 없었습니다." 그 시절 스파츠 밑에서 정보 장교로 복무했고, 후에 미국 연방 대법원 판사를 역임하는 루이스 프랭클린 파월 주니어(Lewis Franklin Powell, Jr., 1907~1998년)는 이렇게 회고했다. "한밤에 런던으로 정신없이 날아가, 영국 전쟁성 건물로 달려갔고, 오라니엔부르크 도시 지도를 한 장 구할 수 있었죠."[56] 공습 작전은 1945년 3월 15일 오후에 단행되었다. 그로브스의 회고록에는 이렇게 적혀 있다. "공군 제8전대 소속의 공중 요새(Flying Fortress, 제2차 세계 대전시 미군의 대형 폭격기인 B-17의 별칭 — 옮긴이) 612대가 1,506톤의 고폭탄과 178톤의 소이탄을 표적에 투하하는 데 30분 정도가 걸렸다. 공습 후 분석에 따르면 지상의 공장 시설은 전부 완전히 파괴된 것으로 보고되었다."[57] 그로브스는 아주 철두철미한 성격이었다. 소련이 우라늄을 원한다? 그렇다면 그는 그들이 처음부터 시작하기를 원했다.

스탈린이 당시에 여전히 소련과 동맹국들의 전후 협력을 기대했다는 사실은 참으로 역설적이다. 그는 1945년 2월 크림 반도의 얄타에서 윈스턴 처칠, 그리고 곧 죽을 운명의 프랭클린 루스벨트와 만났다. 스탈린은 자신의 의도를 성사시키고 싶었다. 휘하의 장군들이 단 며칠이면 베를린을 섬멸할 수 있다며, 기회를 놓쳐서는 안 된다고 건의했다. 전쟁이 몇 달 더 단축될 수도 있었던 셈이다. 스탈린은 장군들의 건의를 묵살했고, 그들은 분루를 삼키지 않을 수 없었다. 그는 장군들에게 그런 식의 마구잡이 진격은 지각없는 행동이며 위험하다고 대꾸했다. 스탈린은 서방 지도자들, 특히 처칠이 적군의 유럽 장악을 두려워하고 있음을 알았고, 그들을 자극하지 않기 위해 자국 군대를 제지했다. 알렉산더 워스는 이렇게 쓰고 있다. "스탈린은 …… 어려운 결정을 내렸다. …… 결국 러시아 인 수십만 명이 목숨을 잃었다. 독일은 2월부터 4월까지 시간을 벌었고, 오데르(Oder) 강과 베를린 사이를 강력하게 요새화했다. 러시아는 최종적으로 승리하기까지 3개월 전보다 비교가 안 될 정도로 많은 희생을 치러야 했다."[58]

유럽 전쟁의 막판 그 몇 달 동안 소련의 정서는 승리의 환희와 비극이 어지럽고 아찔하게 뒤섞여 있었다. 워스가 관찰하고 논평한 내용을 읽어 보자. "러시아는 완전히 파괴되었다. 거의 폐허나 다름없었다. 경제 재건이라는 어마어마한 과제가 조국의 미래를 가로막고 있었다. 하지만 다른 한편에서 보면, 러시아는 의기양양했다. 역사상 최악의 전쟁에서 승리를 거둔 것이다. …… 이제 많은 사람이 …… 행복한 러시아를 꿈꾸었고, 전쟁이 끝나고 삼국 동맹이 유지되면 어떻게든 소련 체제도 자유화될 것이라는 믿음이 있었다."[59] 반면 일리야 예렌부르크는 소련 체제를 옹호하며, 강경한 태도를 주문했다.

> 지난 여름 적군이 벨로루시에서 독일군을 완파하자 미국의 일부 논평가들은 러시아의 승리가 독일이 약했기 때문이라고 설명했다. …… 미국인들은 호기심이 많고, 탐구하기를 좋아한다. 나는 그들이 우리나라를 연구해 보았으면 싶다. 러시아가 승리하고 있는 것은 러시아 군인이 용맹하기 때문이고, …… 러시아는 국토를 수호할 수 있다는 식의 이야기가 나와야 할 때이다. …… 우리 러시아가 강력하며, 완벽하게 현대적인 국가이고, 우리가 거둔 승리가 우연한 성과가 아니라 분발과 수고의 결실임을 미국 사람들이 어서 깨달아야 우리와 미국과 세계에 모두 더 좋을 것이다.[60]

얄타에서는 소련이 전후 재건에 필요한 차관을 기대해 볼 수도 있을 것 같았다. 해리먼의 비망록을 보면 몰로토프가 1월에 제안한 차관 액수는 60억 달러였다. 하지만 소련이 폴란드를 종단하고 있음에도 이렇다 할 제안이 전혀 이루어지지 않았다. 루스벨트는 동유럽에서 자신의 선택지가 매우 제한적임을 알았다. 국무부 차관 딘 구더험 애치슨(Dean Gooderham Acheson, 1893~1971년)은 1월에 일단의 상원 의원을 만난 자리에서 대통령의 상황 인식을 전달하며 이렇게 말했다. "동유럽의 권력자는 러시아입니다. 각하께서 이 구도를 바꾸기 위해 할 수 있는 일은 거의 없었습니다. 경제 원조를 해도 '실질적인 협상력'을 확보하지 못한다는 게 각하의 인식입니다. 생각해 보십시오. 쓸 수 있었던 유일한 수단은 무기 대여법뿐이었습니다. 이제 그 지원을 줄이면 러시아가 곤란을 겪는 만큼이나 미국도 큰 곤란을 겪을 것입니다. 대통령께서는 정치 목적을 위해 경제를 압박하다가 군사 협력이 위태로워지는 사태도 염려하십니다. 러시아와 단절하는 게 '명백히 불가능한' 시점에서 말입니다."[61] 미국은 일본을 상대로 승리를 거두려면 소련이 필요하다고 믿었다. 만주에는 아직도 일본군 70만 명이 똬리를 틀고 있었다. 루스벨트는 얄타에서 관대하게 자제했는데, 나중에 이러한 태도는 원칙을 저버린 배신이라는 비판을 받는다. 하지만 미국은 태평양 전쟁을 마무리해야 했고, 어느 정도는 군사 동맹을 계속 유지해야 한다는 인식에서 그런 결과가 나왔음을 알아야 한다.

☢☢☢

줄리어스 로젠버그는 1945년 2월 육군 통신대 민간인 검수관 일을 더 이상 하지 못하게 된다. 처음에는 당국이 자신의 스파이 활동을 파악한 것이 아닐까 하는 걱정이 들었다.[62] 그는 공산당에 가입했다는 이유로 해고되었음을 알고, 이렇게 결백을 주장했다. "나는 공산당원이 아니다. 공산당원이었던 적도 없다. 공산당 지부, 부서, 클럽 같은 것, 공산당원이었던 사람도 전혀 알지 못한다. …… 이것은 신원을 오인했거나 완전히 잘못된 것이다."[63] 하지만 육군 통신대는 그를 복직시키지 않았다. 육군 정보대가 로젠버그의 공산당 당원증[64]을 복사한 자료와 기타 신원 증명 서류를 확보하고 있었던 것이다. 그러나 에머슨 라디오 회사(Emerson Radio Corporation)가 바로 로젠버그를 고용했고, 그는 다시 엔지니어 자격으로 동일한 군 프로젝트에 종사하게 된다. 이전에 통신대에서 한 검수 일을 그대로 맡은 것이었다.

루스 그린글래스는 2월 중순에 앨버커키로 떠났다.[65] 로젠버그가 아파트에 들러, 이러저러한 접선 방법을 일렀음은 두말하면 잔소리이다. 데이비드가 휴가를 나왔던 1월에 로젠버그 부부는 저녁 식사를 함께하면서 루스에게 덴버[66]로 가서 앤 시도로비치와 만나라고 이야기했다. 데이비드는 "앨버커키 센트럴 애비뉴에 있는 세이프웨이(Safeway) 가게 앞에서"[67] 만나는 게 제2안이었다고 나중에 회고한다. 로젠버그는 루스에게 4월 마지막 주와 5월 첫째 주의 세이프웨이 접선에는 꼭 나가라고 지시했다.

전시였고, 앨버커키에서 살 집을 찾는 일은 쉽지 않았다. 루스는 하는 수 없이 한동안 호텔에 머물렀다. 그녀는 전후에 이렇게 말했다. "닷새 동안은 …… 엘 피델(El Fidel)에 머물렀을 거예요. 그러고 나서는 (앨버커키에 있는) 모든 호텔을 전전했습니다. 살 집을 찾을 때까지요."[68] 데이비드 그린글래스는 같은 뉴욕 출신으로 윌리엄 스핀들(William Spindel)이라는 동료와 함께 근무했다. 스핀들의 아내도 앨버커키에 와 있었다. 새라 스핀들(Sara Spindel)[69]이 루스를 받아들여 주었다. 루스 그린글래스는 최종적으로 3월 19일에 노스하이(North High) 가 209번지에 따로 집을 마련할 수 있었다. 길가에 면한 2층 아파트였다. 데이비드는 토요일 밤마다 차를 몰고 산에서 내려와 꿀 같은 하루 휴식을 즐겼다. 로스앨러모스의 작업에 가속이 붙었고, 허용된 휴식이 하루뿐이었던 것이다. 데이비드는 4월 1일 T/5에서 T/4로 진급했다. 일병에서 상병으로 진급한 셈이었다. 일주일 후 연방 물가 관리국(Office of Price Administration, OPA) 앨버커키 사무소는 루스를 속기사로 고용해 주었다.

루스는 이웃에 사는 연장자 로절리어 터렐(Rosalea Terrell)과 친구가 되었다. 터렐은 뉴욕 출신의 젊은 처자가 "친절하고, 사려 깊다."라고 생각했고 "루스를 아주 좋아했다." 하지만 데이비드의 잠시도 가만있지 못하는 활기찬 성격은 문제가 되었다. 그는 "아파트 사람들이 별로 좋아하지 않았어요." 터렐은 이렇게 말했다. "꽤나 시끄럽고, 소란스러웠죠. 건물과 세대를 들고 나면서 문을 꽝꽝 닫았고, 계단을 오르내릴 때도 시끄럽기가 이루 말할 수 없었죠. 낮이건 밤이건 말이에요." 터렐은 그린글래스 부부가 "유대교 율법에 따라 만든, 소위 코셔 식품(Kosher foods)"을 뉴욕에서 받아먹는다는 사실을 알고, 꽤나 흥미로워했다. 루스에게는 허드슨 강 이서의 영역이 신천지와도 같았다. 그녀는 터렐에게 이렇게 말했다. "나면서부터 커다란 아파트 단지에서 살았어요. 채소나 농산물이 재배되는 걸 본 적도 없죠." 터렐은 "루스가 여러 번 여기서는 안에서 하는 사무 업무 따위는 그만두고 농장 일 같은 걸 해 보고 싶다고 말했다."[70]라고 회고했다.

루스는 물가 관리국 일을 시작하고 나서 일주일 후에 유산을 했다. "아내가 사는 아파트 침상에서였다."[71]라고 윌리엄 스핀들은 회고했다. 루스는 세이프웨이 가게 밖에서 만나기로 한 약속을 지킬 수 없을 것 같다고 에델 로젠버그에게 편지로 알렸다. 에델이 "나를 몹시 걱정했고, 가족 중 한 명이 5월 마지막 주쯤, 그러니까 세 번째나 네 번째 토요일에 나를 찾아오겠다."[72]라고 답장했다는 게 루스가 기억하는 내용이다. 루스는 두 약속을 모두 지켰다. 두 번째는 데이비드와 함께 나가기까지 했다. 하지만 아무도 나타나지 않았다.

⊛⊛⊛

모스크바의 이고리 쿠르차토프는 클라우스 푹스가 2월 16일 해리 골드에게 전달한 정보를 검토 중이었다. 소련의 폭탄 개발 계획 책임자는 1945년 4월 7일 예비로 내린 결론을 보고했다.[73] "아주 귀중한 자료이다." 서두를 이렇게 시작한 쿠르차토프는 계속해서 다음과 같이 적고 있다. "중핵자(重核子, heavy nucleus)들의 자연 발생 분열 자료는 엄청난 중요성을 지닌다." 그는 플루토늄 240의 자연 핵분열 확률이 높다는 사실에 크게 놀랐다. "이와 관련해 추가로 정보를 얻을 필요가 있다."

첩보 자료에는 우라늄 235와 플루토늄 239에서 다양한 에너지의 고속 중성자가 선보이는 분열 단면적 값을 정리한 표가 포함되어 있었다. 쿠르차토프는 이렇게 적었다. "우리는 이 표를 바탕으로 원자 폭탄의 임계 질량값을 확실하게 확정할 수 있다." 그는 "자료에 언급된 것처럼, 임계 질량 반지름을 구하는 공식이 2퍼센트 이내의 오차로 정확할 것"이라고 단언했다.

쿠르차토프는 단면적 측정값이 정확하다는 사실이 곤혹스러웠다. 미국이 우라늄 235와 플루토늄을 대량으로 확보했다는 의미였기 때문이다. 맨해튼 프로젝트가 본격 가동되어, 우라늄과 플루토늄이 킬로그램 단위로 생산되고 있음을 쿠르차토프가 아직 몰랐음을 알 수 있다.

보고 문건은 더 많은 분량을 할애해 내파를 다뤘다. 쿠르차토프는 이렇게 썼다. "우리는 최근에야 비로소 내파를 알았고, 내파 연구를 시작했다." 야츠코프가 고폭약 렌즈에 관해 데이비드 그린글래스에게서, 다음으로 해리 골드한테서 더 많은 것을 알아내려고 심혈을 기울인 것은 모스크바 본부의 지시에 따른 태도였으리라. "하지만 이 방법이 대포 방식보다 우월하다는 것은 지금 시점에서도 명백하다." 쿠르차토프가 작성한 보고서에는 이렇게도 적혀 있다.

쿠르차토프는 첩보 자료에 적힌 내파의 기본 원리를 간략하게 요약했다. 그는 계속해서 이렇게 적고 있다. "모든 내용이 값지다. 하지만 균일하게 폭발시키기 위해 필요한 조건을 언급한 부분이 가장 중요하다. 자료에는 폭발의 파동이 고르지 못하다는 게 흥미롭게 기술되어 있다."

(폭발 파동이 충돌하고, 교차하는 곳에서 형성되는, 이 까다로운 제트류를 푹스가 연구했다.) "또 뇌관을 어떻게 배치하고, 성능이 다른 폭약을 안에 어떻게 끼워 넣어 이 고르지 못한 파동을 균질화할 수 있는지도 적혀 있다." ("안에 끼워 넣는 것"이 바로 폭약 렌즈이다.) "자료의 이 부분에는 폭약 실험을 할 때 참조해야 할 중요한 기술 문제와 폭발 현상의 광학도 나온다."

쿠르차토프가 내린 결론을 보자. "우리는 내파를 충분히 연구하지 못했고, (첩보 활동에서 중점을 두어야 할) 질문 목록도 아직 뽑지 못했다. 이것은 자료를 차분하게 분석한 후에나 가능할 것이다." 쿠르차토프는 자신이 작성하는 이 일급 비밀 문서의 일부("22쪽을 제외하고 6페이지에서부터 끝까지")를 "하리톤 교수"에게 열람시켜야 한다고 말했다. 율리 하리톤이 적어도 1945년 봄부터 소련의 핵개발 계획에서 첩보 활동이 상당한 역할을 하고 있음을 비록 제한적이나마 알게 된 것은 이런 연유에서이다.

쿠르차토프는 3월 중순 "고농축 우라늄을 단 몇 그램이라도" 몹시 얻고 싶어 했는데, 한 달 후에 그 바람이 어느 정도 해소되었다. 앨런 넌 메이가 안젤로프 중위에게 "(우라늄 235) 농축 샘플을 소형 유리관에 담아 조금" 제공한 것이다. 넌 메이에 따르면, "산화물 1밀리그램 정도"[74]였다고 한다. 넌 메이는 푹스와 달리 보상을 받았다. 안젤로프는 그에게 전시여서 대단히 귀한 사치품이었던 위스키 두 병과 200달러를 주었다.

적군의 베를린 공세는 4월 중순에 시작되었다. 게오르기 콘스탄티노비치 주코프(Georgi Konstantinovich Zhukov, 1896~1974년) 원수가 이 전투를 이끌었다. 그는 모스크바와 스탈린그라드 전투를 지휘했었다. 주코프는 전투 종료 직후의 기자 회견에서 베를린 공격전을 이렇게 설명했다.

> 야간에 전선 **전역**에서 공격을 단행했습니다. …… (독일도) 야간 공격을 예상했죠. 하지만 야간 **총**공격일 거라고는 예측하지 못했습니다. 포병대가 집중

포화를 작렬시킨 후에, 전차를 투입했습니다. 오데르 강을 따라 포진한 대포와 박격포 2만 2000문을 사용했고, 탱크는 4,000대가 투입되었습니다. 항공기도 4,000~5,000대를 동원했습니다. 첫날에만 1만 5000회 출격했습니다.

4월 16일 새벽 4시에 총공세를 단행했습니다. 새로운 전술도 몇 가지 동원했는데요. …… 전차의 운행을 돕기 위해 탐조등을 사용한 것이 그 예입니다. 탐조등은 200개가 사용되었습니다. 탐조등은 강력한 성능으로 전차를 지원했을 뿐만 아니라 적의 시야를 마비시켜, 아군 탱크를 제대로 겨눌 수 없게 만들기도 했습니다.

우리는 이내 적진을 돌파했습니다. ……[75]

미군과 소련군은 토르가우(Torgau)에서 만나 악수를 했다. 포츠담에서 정남쪽으로 100킬로미터 떨어진 곳이었다. 그로부터 며칠 후인 4월 30일 아돌프 히틀러가 자살했다.[76] 전속 부관이 퓌러붕커(Führerbunker, 총통 방공호)의 정원에서 히틀러의 시신을 화장해, 무덤을 얕게 파고 유해를 묻었다. 베를린은 5월 2일 함락되었다. 소련군은 마지막 전투에서 30만 명의 사상자를 냈다. 독일군은 30만 명이 항복했고, 15만 명이 죽었다.[77]

베를린이 함락되던 날 소련의 산업 책임자와 물리학자 한 무리가 템펠호프(Tempelhof) 비행장에 착륙했다. 독일의 원자 폭탄 연구 현황을 조사하기 위해서였다. NKVD 부국장이자 마그니토고르스크에서 대규모 철강 콤비나트 개발을 지휘 중이던 아브라미 파블로비치 자베냐긴(Avrami Pavlovich Zavenyagin, 1901~1956년) 중장이 파견된 조사단을 이끌었다. 레프 아르트시모비치, 이삭 키코인, 율리 하리톤이 동행했다. 조사단은 베를린그뤼나우[78]에 본부를 설치했다. "얼마 안 되지만 베를린에 남아 있던 (독일) 과학자들은 우리와의 대화에 기꺼이 응했다." 하리톤은 이렇게 회고했다. "우리는 그들과의 대화를 통해 독일이 이 방향으로 별

다른 진척을 거두지 못했음을 분명하게 파악했다. 키코인과 나는 알아낸 사실을 자베냐긴에게 보고하고, 아무튼 독일에 우라늄이 조금이라도 있는지 알아보는 게 현명할 것이라고 제안했다. …… 독일이 벨기에에서 우라늄을 강탈해 왔을 가능성이 높았다. 자베냐긴은 우리의 제안에 동의했고, 임의로 쓸 수 있게 자동차를 1대 내주었다."[79]

영미 합동 타격 부대가 4월 17일 머잖아 소련이 점령하게 될 독일 동부로 파견되었다. 슈타스푸르트(Stassfurt)에 있는 한 공장에서 독일이 보유한 우라늄 광석을 전부 회수해 오는 것이 임무였다. 그로브스 휘하로 영국과의 연락 장교였던 존 랜스데일 주니어(John Lansdale, Jr., 1912~2003년) 중령이 이 타격 부대를 이끌었다. 그는 벨기에령 콩고에서 채취한 우라늄 광석이 슈타스푸르트의 그 공장에 있을 것으로 추정했다. 과연 그랬다. 1,100톤이 지상의 망가진 통에 담겨 방치되고 있었다. 랜스데일이 그로브스에게 보고한 내용을 보자. "공장은 엉망이었다. 아군의 폭격에 프랑스 인부들의 약탈이 가세한 결과였다. …… 우리는 4월 19일 저녁 무렵 많은 인원을 동원해 서둘러 그 물질을 포장했다. 그리고 그날 밤 바로 (철도 수송 종점으로) 수송을 시작했다."[80] 그로브스는 4월 23일 우라늄 광석 회수를 확인하는 메모를 육군 참모 총장 조지 마셜에게 보냈다. 독일 육군이 1940년 "약 1,200톤의 우라늄 광석을" 벨기에에서 압수했고, 랜스데일이 어떻게 작전을 수행했다는 내용이 적혀 있었다. 맨해튼 프로젝트 사령관이 내린 결론을 보자. "유럽 대륙에 의미 있는 수준으로 존재했던 이 우라늄을 포획함으로써 독일이 원자 폭탄을 활용할 가능성을 확실하게 제거한 듯합니다."[81]

2주 후 이번에는 소련 조사단이 같은 무대를 샅샅이 뒤졌다. 하리톤의 말을 들어보자. "우리는 독일 과학자들과 대화를 나눴고, 베를린에 어떤 건물이 있다는 것을 알아냈다. …… 독일이 여러 나라를 점령하고,

약탈한 온갖 물건을 카드식 목록으로 작성해 보관하는 곳이라고 했다." 나치의 탐욕은 카드 색인이 건물의 6개 층을 가득 채울 정도로 엄청났다. 색인을 관리하던 직원들이 소련 조사단에 협조하기를 거부했다. 하리톤은 계속해서 이렇게 말한다. "결실을 맺어야 했고, 우리는 그들을 압박했다. 시간이 걸렸지만 다행히도 산화우라늄이 있다는 것을 알아냈다. 하지만 행방은 알 길이 없었다." 바로 그때 더 협조적인 독일인들이 나타났다. 소련 조사단은 다른 도시에도 카드 색인이 있다는 것을 알게 되었다. 그들은 이 도시 저 도시를 서캐 훑듯 뒤졌다. 그리고 결국, 어떤 창고의 카드 색인에서 산화우라늄이 적힌 것을 찾아냈다. "하지만 독일군 요원들이 산화우라늄을 안료로 사용해 버렸다는 게 드러났다. 산화우라늄은 색깔이 밝은 노란색이니, 그럴 만도 했다." 소련 조사단은 최종적으로 상당량의 산화우라늄이 베를린 서쪽의 한 무두질 공장으로 보내졌음을 파악했다. 그 지역을 장악하고 있던 소련군 사령관이 문제의 무두질 공장은 미국이 점령하고 있다고 물리학자들에게 알려 왔다. 그러나 하리톤은 무두질 공장이 "미군 영역과의 접경으로, 우리 구역에 있었다."라고 주장한다.

> 무두질 공장은 한 반파시스트 단체가 통제하고 있었다. 공장은 작업장과 창고로 이루어져 있었는데, 창고 몇몇에는 양피가 가득했다. 가공을 기다리던 원료였다. 우리는 그런 창고들 중 하나에서 많은 수의 소형 나무통을 우연히 발견했다. 한 나무통 위로 U^3O^8이라고 씌어진 판지 조각이 보였다. 안도의 한숨이 새어 나왔다. 우리는 즉시 자베냐긴에게 이 사실을 알렸고, 산화우라늄을 소련으로 수송하는 조치가 이루어졌다. 산화우라늄의 총량은 130톤 정도였다.

미군 특무대는 소련이 점령하게 될 영역에서 우라늄 광석을 포획해 갔다. 소련이 보낸 원정대 역시 미군 영역과의 "접경에서" 남은 광석을 얻었다. 독일이 약탈한 벨기에령 콩고산 우라늄 광석은 이렇게 미국과 소련이 나눠 가졌다. 당시까지 전 세계에 공급된 물량의 절반이었다. 미군이 징발해 간 우라늄 광석은 리틀 보이에 들어가는 우라늄 235가 되었다. "(소련은) 플루토늄을 확보하기 위해 원자로를 가동해야 했는데" 독일에서 징발한 우라늄 광석으로 "그 개시일을 1년가량 앞당길 수 있었다."[82] 쿠르차토프가 나중에 하리톤에게 한 말이다. 이런 유사점은 외관상으로는 불가사의해 보인다. 하지만 실상을 들여다보면 두 폭탄 개발 프로그램은 비슷하게 진행될 수밖에 없었다. 그도 그럴 것이 원료, 가공 처리, 기술 등이 물리학의 보편적인 기초 원리에 바탕을 두었기 때문이다. 양측 모두 독자적으로 그 원리를 깨칠 수 있었다. 기본적인 수준에서는 원자 폭탄 제조와 관련해 무슨 '비밀'이랄 것이 없었다. 첩보 활동에서 얻은 지식은 이 과정을 가속했을 뿐 결정적이지 않았다. 실제로도 핵분열이 발견되고 나서 50년 동안 원자 폭탄을 만들겠다고 나선 나라는 단 한 번의 시도로 모두 성공을 거뒀다.

소련 군대는 베를린의 카이저 빌헬름 물리학 연구소(Kaiser Wilhelm Institute for Physics)[83]와 바로 옆에 있던 핵분열이 발견된 화학 연구소(Institute for Chemistry) 시설물을 뜯어, 모스크바로 실어 보냈다. 5월 5일에는 빈의 라듐 연구소(Institut fur Radiumforschung)에서 400킬로그램의 금속 우라늄과 상당량의 중수를 몰수했다.[84] 원자 폭탄을 연구한 독일의 일급 과학자들은 전쟁 막바지에 모두 독일 남서부로 달아났다. 노벨상 수상자이자 이론가인 베르너 카를 하이젠베르크(Werner Karl Heisenberg, 1901~1976년), 역시 노벨상을 받은 방사능 화학자 오토 한(Otto Hahn, 1879~1968년), 그리고 다른 여러 인물들은 소련군에 생포되는 상황을 두려워했다. 그러나 자베냐긴도 가만있지는 않았다. 그의 특무대가 약간 급이 떨어지지만 다수의 독일 과학자[85]를 징발해 소련으로 데려갔고, 자원자들도 있었다. 알렉산드르 이사예비치 솔제니친(Alexander Isajevich Solzhenitsyn, 1918~2008년)이 "수용소 제1연옥(First Circle of the Soviet gulag)"이라고 부르게 되는 곳이 그들의 집결지였다. 과학을 연구하는 곳에 정치범들이 함께 있었는데, 이 경우는 우라늄 가공 처리와 동위 원소 분리 기술을 개발하는 연구소였다. 흑해 연안의 도시 수후미 인근의 시노프(Sinop)와, 그 인근의 아구드제리(Agudzeri)[85]는 둘 다 베리야의 고향에 있던 연구소들로, 조지아 출신의 그 NKVD 국장에 충성스러운 보안 대원들이 그들을 감시했다. 그렇게 끌려간 독일 과학자 중에 니콜라우스 릴(Nikolaus Riehl, 1901~1990년)이라는 아우어 게젤샤프트(Auer Gesellschaft, 1892년 베를린에 본부를 두고, 설립된 기업으로 다양한 연구 활동을 지원하는 제조소가 있었다. — 옮긴이)라는 회사의 연구원이 있다. 그는 전쟁 포로로 소련에서 산 "10년" 세월을 "겉만 번드르르한 철창"이었다고 회고했다. 소련은 그가 몸담았던 아우어 게젤샤프트 사의 완벽한 실험 시설도 뜯어 갔고, 금속 우라늄 정련과 관련해 결정적 지식을 확보했다.

유럽 전쟁은 1945년 5월 7일 오전 이른 시간에 림스(Rheims)의 한 교실에서 끝났다. 독일군 연대장 알프레트 요들(Alfred Jodl, 1890~1946년)이 군사적 항복 문서에 서명했다. 일리야 예렌부르크는 그 며칠 전에 자랑스러운 어조로 이렇게 썼다. "세계인들은 빛나는 승리를 목전에 두고 있다. 하지만 그들은 기억해야 할 것이다. 이 승리가 어떻게 잉태되었는지를 말이다. 러시아의 영토에서 러시아 인이 피를 흘리며 그 승리를 일구었다."[86] 알렉산더 워스는 "모스크바의" 5월 9일은 "결코 잊을 수 없는 날이었다."라고 적었다.

그날 저녁 200만~300만의 인파가 누구랄 것도 없이 환희에 젖어 붉은 광장으로 쏟아져 나왔다. 모스크바 강의 제방과 고리키 가, 벨로루시 역으로 이어지는 길도 인산인해였다. 그것은 내가 모스크바에서 단 한 번도 본 적이 없는 깊은 열정이었다. 사람들은 길에서 춤추고, 노래를 불렀다. 군인은 장교고 사병이고 관계없이 모두 포옹과 입맞춤을 받았다. 미국 대사관 바깥에 모인 군중은 이렇게 외쳤다. "루스벨트 만세!" (그가 이미 한 달 전에 죽어, 고인이 되었는데도 말이다.) 사람들은 너무나 행복했고, 술에 취할 필요조차 없었다. 민병대가 눈감아 주는 가운데 젊은이들은 모스크바 호텔의 담벼락에 집단으로 오줌을 누기까지 했다. 넓은 보도가 흥건해질 정도였다. 모스크바에서는 **이런 일**이 있을 수 없었다. 이번만은 모스크바가 그 모든 극기와 자제심을 바람 속에 날려 버렸다. 그날 밤 펼쳐진 불꽃놀이는 그때까지 내가 본 것 중에서 가장 인상적인 장관이었다.[87]

그러나 적어도 미국은 러시아의 비극을 알지 못했다. 오래도록 기억하는 것은 고사하고 말이다. 용감한 이반(brave Ivan)과 단호한 엉클 조(steadfast Uncle Joe)에 대한 양국민의 친선과 호의가 여전했음에도 불구하고 워싱턴의 분위기는 이미 근심과 염려로 가득했다. 새로 구성된 해리 트루먼 정부는 소련이 폴란드에 괴뢰 정부를 수립하는 사태를 경계했다. 미군은 일본과의 전쟁을 끝내려면 만주에서 소련군의 도움을 받아야 한다고 판단했다. 하지만 미국 의회의 분위기는 더 이상 소련을 지원해서는 안 된다는 쪽으로 급격하게 기울었다. 이제 전쟁도 끝났으니 무기 대여법에 따른 공여 행위를 중단하자는 이야기가 계속해서 나왔다. 5월 11일 전문이 잘못 전달된 데다 과잉 대응까지 결부되면서 무기 대여법 집행관들은 소련으로의 화물 수송을 중단했고, 심지어 이동 중이던 공해상의 배까지 불러들였다. 명령은 며칠 내로 정정되었지만 소련은 격분했다. 스탈린은 그달 말에 해리 홉킨스를 불러, 이렇게 불편한 심기를 드러냈다. 미국의 그러한 고압적 횡포는 "유감스럽고, 잔인하기까지 했다."[88]

유럽에서 전쟁이 끝났고, 소련의 핵폭탄 개발 계획의 지휘자들은 프로그램의 우선 순위를 높여 연구 개발 활동에서 속도를 내고자 했다. 쿠르차토프는 NKVD가 새로 수집한 3,000쪽의 첩보 자료 검토를 끝낸 1944년 가을 라브렌티 베리야에게 편지를 써, 이렇게 하소연했다. 소련의 핵개발 계획이 "아주 불만족스럽다."라고. "원료 문제와 (동위 원소) 분리 상황이 특히 좋지 않습니다." 쿠르차토프는 관리자 몰로토프에 비판적이었다. "제2연구소의 경우 물자와 기술적 기반이 충분히 제공되지 못해 연구가 부진합니다. 우리와 협력 중인 여러 기관은 지도가 일원화되지 않아 기대할 수 있는 연구의 진척이 못 이루어지고 있습니다." 그는 베리야에게 이렇게 요청했다. "원자 폭탄 개발은 가능합니다. 이것은 중요한 과제입니다. 그에 걸맞은 방식으로 개발 계획이 조직되어야 한다는 훈령을 내려 주십시오."[89] 1945년 5월에는 페르부킨과 쿠르차토프가 스탈린에게 직접 불만 사항을 전달했다. 두 사람은 몰로토프가 해 줘야 할 지원을 외면하고 있다고 썼다.

베리야도, 스탈린도 별다른 반응을 보이지 않았다. 역사가 데이비드 할러웨이(David Holloway)가 지적하듯, 베리야는 현지 주재 첩보원들이 수집 중이던 원자 폭탄 정보를 의심했고, 자국의 과학자들도 믿지 않았다. 나중에 야츠코프는 이렇게 회고한다. "베리야는 처음부터 이 자료가 허위 정보가 아닐까 하고 의심했다. 그는 적들이 우리를 자원을 엄청나게 소모시키고, 성과는 전혀 없는 헛수고로, 말하자면 수렁에 처박으려 한다고 생각했다. …… 베리야는 심지어 소련에서 연구 개발 활동의 규모가 확대되었을 때조차 첩보 자료를 신용하지 않았다. (한 NKVD 관리의) 회고가 인상적이다. 한 번은 최신 정보를 보고하는데 베리야가 이렇게 겁박하더라는 것이었다. '이게 허위 정보면 감옥에 갈 각오를 해.'"[90]

루비앙카에 관련 첩보 문건이 1만 쪽 가까이 쌓였음에도 불구하고 스탈린, 베리야, 몰로토프가 여전히 원자 폭탄을 믿지 않았음이 분명하다. 실제로 입증되지 않았으니 그들에게는 여전히 추상적인 물건일 따름이었다. 그들은 첩보와 관련해서도 실험이 이루어진 실제만을 가치 있는 것으로 평가했다.

9장

폭탄을 만드시오

해리 골드는 1945년 5월 26일 일요일 오후 늦게 맨해튼의 3번 대로와 42번가가 만나는 곳에 있는 볼크스 바(Volk's Bar)에서 '존'을 만났다. 그는 아나톨리 야츠코프를 이 이름으로 알고 있었다. "직접 샌타페이로 가서 푹스를 만나야 할지 확인하기"[1] 위해서였다. 야츠코프는 그 여행을 승인하기를 꺼려했다. 골드가 직장에서 월차나 반차를 내는 데 어려움을 겪고 있었기 때문이다. 골드는 결국 휴가를 쪼개서 당겨쓰기로 했다. 두 사람은 샌타페이에 다녀온 후 어떻게 만날지도 계획했다. 골드는 이렇게 진술했다. "먼저 만나서는 푹스한테 받아온 정보를 전달하고, 얼마 있다가 두 번째 접선에서는 푹스와 만난 자리에서 일어난 일과 상황을 자세한 보고서와 더불어 구두로 야츠코프에게 설명하기로 했죠."[2]

두 남자는 그 술집에서 서서 술을 마셨다. 골드는 함께 좀 걷자고 제안했다. 하지만 함께 산책했다가는 감시의 눈초리를 피할 수 없었고, 야츠코프는 처리할 일이 많았다. 그래서 두 사람은 술집의 뒷방으로 들어갔다. "탁자가 몇 개 있는 둥근 방이었습니다. 상당한 밀실이었어요. …… 자리를 잡고 앉자, 급사가 술을 가져왔지요."[3]

두 명의 음모꾼은 1시간 가까이 이야기를 나눴다. 야츠코프는 골드에게 푹스를 만난 후 앨버커키로 가서 한 명을 더 만나 주었으면 좋겠다고 제안했다. 골드는 스파이 활동의 규약을 노골적으로 위반하는 것이라며 즉시 반발했다. "저는 이런 식으로 임무를 추가해 푹스 박사를 만나는 중요한 여행을 위태롭게 하는 짓은 현명하지 못하다고 야츠코프에게 항의했습니다." 아마추어한테 훈계를 받았으니 소련의 프로가 불쾌할 만했다. 그는 골드에게 이렇게 대꾸했다. "그 일은 아주 중요해요. 반드시 해야만 합니다." "저 대신에 어떤 여자가 가기로 되어 있었다고 그는 말했어요." (아마도 앤 시도로비치를 언급하는 것일 테다. 루스 그린글래스와 데이비드 그린글래스가 앨버커키의 세이프웨이 가게 앞에서 그녀를 기다렸으나 헛수고에 그친 날을 상기하면 되겠다.) "하지만 그 여자가 갈 수 없게 되었다고 했죠."[4] 결국 야츠코프는 폭발하고 말았다. "너희 멍청이들을 이끄느라고 내가 얼마나 힘든지 알아!" 그는 골드를 마구 질책했다. "당신은 앨버커키 임무가 얼마나 중요한지 몰라."[5] 야츠코프는 골드에게 앨버커키로 가라고 직설적으로 명령했다. "그렇게 된 겁니다." 골드의 진술은 이렇게 마무리된다. "저는 가기로 했고요."[6]

앨버커키 임무는 정말이지 중요했다. 야츠코프가 지시 사항을 종이에 타이핑해서 골드에게 건넸을 정도이니 말이다.[7] 골드가 기억하기로 구두 이외의 방법으로 할 일을 지시받은 것은 14년간의 스파이 활동 중에 딱 두 번뿐이었다. (1944년 여름이 그 첫 번째로, 그때 야츠코프는 미국의 원자 폭탄 개발 계획과 관련해 일련의 혼란스러운 질문을 타이핑한 쪽지를 건넸고, 푹스는 그 내용을 전달받고, 기가 차서 화를 냈다.) 골드는 종이에 적힌 내용을 이후에 들쭉날쭉하게 기억했다. "그린글래스"라는 이름이 있었다고, 그는 진술했다. "'하이 가(High Street)' 번지수가 있었고, …… 그 밑으로 '뉴멕시코, 앨버커키'라고 적혀 있었어요. 마지막 내용은 '신분 확인 암호'였습니다. '줄리어스가 보내서 왔습니다.'가 그 내용이었죠."[8] 골드는 다른 진술에서 신분을 확인해 주는 이름으로 "프랭크 케슬러(Frank Kessler)"와 "프랭크 마틴(Frank Martin)"[9]을 떠올렸다. 둘 다 그가 이전에 사용한 가명이었다. "브루클린에서 온 벤(Ben from Brooklyn)"이 암호였다는 이야기까지 보태졌다. 로젠버그 옹호자들은 골드가 이렇게 오락가락 진술한 사실을 물고 늘어진다. 하지만 그가 5년간에 걸친 사건을 기억해 내야 했음을 잊지 말아야 한다. 사소한 세부 사항은 잊을 수 있을 만큼 충분히 긴 세월임을 참작해야 할 것이다. 스파이가 진짜 이름을 써서 보안 규정을 어기는 것 역시 소련의 관행이 아니었다. 참고인으로 나온 엘리자베스 벤틀리는 자정 넘어 전화를 걸어와 자기를 깨운, 니커보커 빌리지에 산다는 공학자의 진짜 이름이 줄리어스가 아니라고 생각했다.

골드는 야츠코프에게 다음과 같은 구두 지시도 받았다. 보자.

> 존은 앨버커키에 원자력 프로젝트에 참여 중인 사람이 한 명 있다고 내게 말해 주었다. 나는 그가 민간인일 거라고 생각했다. 그는 내게 푹스 박사를 만나고, 앨버커키로 가서, 토요일 밤에 그 남자가 주는 정보를 받아오라고 시켰다. 그 사람이 앨버커키에 없을 경우에는 아내가 있을 텐데, 그녀한테서 정보를 받아오라는 추가 지시도 받았다. 현금으로 500달러를 받았는데, 남자나 아내가 돈이 필요하다고 하면 주라는 지시도 받았다.[10]

골드는 폭스와 처음 만날 때 테니스공과 장갑을 가져갔던 것처럼 야츠코프가 신분 확인 수단도 제공했다고 회고했다. "아무렇게나 자른 판지 조각을 보여 주었습니다. 제가 만나게 될 사람이 다른 조각을 가지고 있을 텐데, 꼭 맞을 거라고 했죠."[11] "판지 조각"이란 줄리어스 로젠버그가 뜯어낸 젤로 포장 상자 윗부분 절반을 가리켰다.[12] 앨버커키에 머물던 루스 그린글래스의 지갑에 나머지 반쪽이 들어 있었다.

골드는 5월 말에 필라델피아를 출발해 시카고로 향했다.[13] 시카고에서는 앨버커키 행 침대칸을 끊었다. 야츠코프가 애리조나와 텍사스를 경유해 좀 돌아가라고 지시했지만 골드는 "돈이 없어서 수중의 경비에 신경 쓰지"[14] 않을 수 없었다고 회고했다. 그가 2월인가 3월인가에 야츠코프로부터 받은 경비에서 남은 돈이 약 400달러[15]였다. 시간이 촉박하다는 사정이 거기 가세했다. 폭스는 골드에게 뉴멕시코의 라미(Lamy)에서 내리라고 알려 주었다. 라미는 (뉴멕시코의 주도에 철도 종점이 없기 때문에) 샌타페이 행 승객들이 흔히 내리는 곳이었다. 폭스의 조언대로라면 라미에서 내리면 샌타페이에서 남쪽으로 97킬로미터 거리에 있는 앨버커키까지 가서 다시 버스를 타고 북상해야 하는 시간을 절약할 수 있었다. 하지만 골드는 이렇게 판단했다. "(라미에서) 샌타페이로 가는 사람들은 죄다 원자력 프로젝트와 관련된 사람들일 것이다. 그들은 자기들과 섞여 있는 저 낯선 자가 누군지 궁금해 할 수도 있다."[16] 이런저런 결정들을 보면 확실히 알 수 있듯이, 골드는 남의 의견에 쉽게 휘둘리는 사람이 아니었다. 이런 성격은 그가 스파이 활동에 투신한 사실에서 가장 분명히 드러난다.

골드가 탄 버스가 1945년 6월 2일 토요일 오후 2시 30분경에 샌타페이에 도착했다. 폭스와 골드는 4시에 카스틸로 다리에서 만나기로 했다. 골드의 회고를 들어보자. "시간이 많이 남았습니다. …… 사람들의 시선을 피하려고 여느 관광객처럼 샌타페이 역사 박물관에 갔지요."[17] 골드가 박물관에서 얻은 지도는 일전에 케임브리지에서 푹스한테 받은 노란색 브로슈어와 똑같았다. 34세 먹은 그 공업 화학자는 지도를 들고, 약속된 시간에 다리로 갔다. 푹스는 중고로 산 문짝이 2개 달린 낡은 회색 뷰익(Buick)을 타고 좀 늦게 나타났다.[18] 푹스의 자동차를 물려받은 물리학자 앤서니 필립 프렌치(Anthony Philip French, 1920년~)는 이렇게 회고했다. 언덕을 내려갈 때는 변속기가 풀리지 않도록 기어를 꼭 잡고 있으라고 했지요. 골드의 진술을 보자. "푹스는 …… 2분이나 3분 정도 늦게 도착했습니다. 그 2~3분이 어찌나 긴장되든지요. 카스틸로 스트리트 다리 주변은 인적이 너무나 드물었습니다."[19] 두 남자는 이후의 상황을 제각각 기억했다. 푹스는 이렇게 회고했다. "레이먼드를 태우고, 다리를 건너 어떤 길로 들어섰는데, 외딴 집 문 앞에서 길이 끝나더군요. 우리는 거기서 이야기를 시작했습니다."[20] 두 사람은 30분 정도 대화를 나눴다. 그 30분은 소련의 원자 폭탄 계획의 사활이 걸렸다고도 할 수 있는 중요한 시간이었고 말이다.

골드는 이렇게 회고했다. "푹스는 로스앨러모스에서 연구도 잘 하고, 잘 지낸다고 내게 말했습니다. 하지만 원자력 프로젝트가 완성되어, 일본과의 전쟁에 사용할 수 있을 것으로 보지는 않는다고 했습니다." 사실 이런 판단은 여러 차례 반복되었다. 푹스는 케임브리지에서 한 번, 뉴욕에서도 최소 한두 번, 같은 요지의 발언을 했다. 모두가 낮이고, 밤이고 열심히 작업 중이라고, 푹스는 알렸다. "저도 하루 평균 18~20시간씩 일합니다."[21]

푹스는 자신이 본격적으로 골드에게 정보를 제공했다고 말한다. "폭탄에 사용되는 여러 종류의 폭약 명칭(고폭약 렌즈를 설계하는 데 중요한 정보이다.). 트리니티(Trinity) 폭발 시험이 얼마 후인 1945년 7월로 예정되어 있다는 사실(대강의 장소도 알려 주었다.). 이 실험으로 원자 폭탄의 파괴력이 TNT보다 훨씬 뛰어남을 분명하게 알 수 있을 것으로 기대하며, 그 폭발력을 TNT와의 관계 속에서 자세히 비교 측정할 것이라는 계획."[22] 푹스는 트리니티의 폭발력(핵출력)을 10킬로톤 정도로 예상했다. 사용된 폭약의 종류가 "바라톨(Baratol)"과 "콤포지션 B(Composition B)"[23]라는 것도 알려 주었다. 푹스는 이 폭약들에 대해 거의 알지 못했다. 푹스는 고폭약 기술에서 그것들을 사용하는 게 어떤 의미인지 몰랐다고 나중에 말한다. 당시에 푹스는 대포형 우라늄 폭탄[24]이 개발 중임을 알고 있었다. 하지만 대포형 우라늄 폭탄은 그의 전문 영역 밖이었고, 그것과 관련된 이야기는 골드에게 하지 않은 것이 분명하다. 두 남자는 다시 만나는 문제를 의논했다. 푹스는 8월에 만나기를 원했다. (골드는 푹스가 "중요한 진전이 있을 것이기 …… 때문"이라고 회고했는데, 이것은 내파 방식이 과연 유효한지를 알아내려던 7월의 실험을 떠올리지 못하고 한 말이었다.) 골드는 "난색을 표했고, 결국 우리는 1945년 9월 19일에 만나기로 했습니다."[25]

골드는 여느 때처럼 극히 조심했고, 마지막으로 푹스한테서 "상당한 뭉치의 정보"[26]를 넘겨받았다. 푹스는 지금 건넨 꾸러미가 중요하다고 누차 강조했고, 이 때문에도 골드는 상당히 긴장했을 것이다. 푹스는 골드에게 이렇게 말했다. "당신이 받아 가는 자료에는 원자 폭탄을 스케치한 그림도 들어 있습니다."[27] 푹스는 후에 그 상당한 뭉치의 내용을 이렇게 설명했다.

제가 넘긴 건 …… 기밀로 분류된 정보였습니다. 문건은 직접 손으로 작성했어요. 다음의 내용을 썼습니다. …… 플루토늄 폭탄이 설계가 완료되고, 조만간에 앨라모고도(Alamogordo)에서 실험이 이루어질 계획이라는 것. 폭탄과 구성 요소를 그림으로 그리고 중요한 특징도 병기했죠. 코어, 기폭제, 탬

퍼, IBM 계산의 원리, 효율 계산법 등이었습니다.[28]

한 물리학자는 1950년에 푹스를 심문하고 이렇게 밝혔다. "푹스는 폭탄의 플루토늄 코어가 단단한 고체라고 보고했다. 푹스는 기폭제에 약 50퀴리의 폴로늄이 담길 것이라고도 알려 주었다. (퀴리는 방사성 물질의 양을 나타내는 단위로, 1초에 3.7×10^{10}개의 원자 붕괴를 하는 양이 1퀴리이다. — 옮긴이) 탬퍼와 알루미늄 껍질에 관한 내용은 상당히 자세했다. 고폭약 렌즈 시스템에 관한 보고는 완벽했다."[29] 푹스가 FBI의 추궁에 못 이겨 나중에 다시 그린 그림은 팻 맨의 내파 방식을 보여 주는 단면도였다. 동심원의 껍질들이 차곡차곡 채워진, 일종의 마트료시카(matryoshka, 러시아의 전통 인형) 같은 스케치였다. 그 그림을 통해 폭탄의 다양한 부품의 관계를 알 수 있었다. 이 그림에 개별 껍질의 두께가 나온다는 것이 중요했다. 푹스는 그 그림을 통해 알루미늄 껍질이 폭발물 층과 우라늄 탬퍼 사이에 들어간다는 결정적 정보를 제공했다. 그렇게 하지 않으면 상대적으로 가벼운 폭약이 무거운 금속과 섞이면서 유체 역학적으로 불안정해지는데, 알루미늄 껍질을 사이에 넣으면 이것을 완화할 수 있는 것이다. (영국인 제프리 테일러가 기술했다고 해서, 소위 테일러 불안정(Taylor instability)이라고 부르는 현상이다.) 골드는 수성처럼 변덕스러운 밀사였다. 넘겨받은 자료의 역사적 중요성에 취한 골드는 냉큼 작별 인사를 건네고, 푹스의 차에서 빠져나와 자리를 떴다.

골드는 샌타페이 버스 정류장으로 걸어갔고, 다음번 앨버커키 행 버스를 잡아탔다. 앨버커키에는 토요일 밤 8시~8시 30분경에 도착했다. "야츠코프한테 받은 주소지로 갔습니다."[30] 골드는 이렇게 회고했다. 하이 가 209번지의 그 집은 큼직한 현관에 방충망이 쳐져 있었다. 골드의 진술을 계속 들어보자. 현관에서 "저를 맞이한 사람은 키가 큰 어르신이었습니다. 머리가 하얗게 셌고, 자세가 약간 구부정한 노인네였죠." 그 사람은 그린글래스 부부가 세 들어 살던 주인 아주머니의 아버지 P. M. 쉬어러(P. M. Sherer)[31]였을 것이다. "노신사는 …… 그린글래스 부부가 저녁 나들이를 나갔다고 말해 주었습니다. 제가 이것저것 더 묻자 다음날 새벽에나 귀가할 것 같다고 이야기해 주었지요."[32]

"그래서 전시를 경과 중이던 도시에서 토요일 밤을 보내게 되죠. 예약도 없이 호텔방을 잡는다고 해 보십시오. (어떤 오래되고 번듯한 곳에서는 저를 비웃었죠. 아마 프란시스칸 호텔이었을 거예요.) 물론 방을 구해 하룻밤 묵을 수 있으리라고 기대하지도 않았습니다. 엄청나게 긴장해서 최대한 빨리 샌타페이와 앨버커키 지역을 벗어나고 싶었을 거예요."[33] 골드는 토요일 밤을 묵을 곳을 찾는 과정에서 앨버커키 힐튼 호텔에 이름을 남겼다.

> 자정쯤 되었을까 …… 힐튼 호텔에서 내 앞에도 대기자가 아주 많기 때문에 그날 밤 내가 묵을 수 있는 방은 안 날 것 같다고 알려 왔다. 나는 앨버커키 시내를 배회했고, 결국 순찰 중이던 경관에게 도움을 청했다. 그가 중심가 근처의 한 가정집으로 나를 안내해 주었다. …… 잠시 하숙을 치던 집이었다. 그들에게 남아 있던 공간도 2층 복도뿐이었다. 하는 수 없었다. 거기에서라도 자게 해 달라고 간청했다. …… 흔들거리는 접이식 침대와 임시 변통의 칸막이라니! 나는 거기서 밤을 보냈다.[34]

골드는 잠을 제대로 못 잤다. 조금이라도 잤다면 말이다. 지켜야 할 비밀 서류가 있었기 때문이다. "군인들이 흥청망청하고 있었다." 골드는 먼 훗날 이렇게 회고했다. "경찰 사이렌이 밤새도록 울려 댔다. 사이렌이 한 번 울릴 때마다 본능적으로 움찔 하고 놀랐다. 경찰이 나를 잡으러 오는 것인지도 모른다고 생각했다. 폭스한테서 받은 묵직한 꾸러미를 갖고 있었기 때문이다. 정말이지 불쾌한 경험이었다."[35]

골드는 1945년 6월 3일 일요일 아침 불안감 속에서 하이 가로 갔다. "아직도 생생합니다. 그날 아침 하숙집을 나와 하이 가로 가는데, 어찌나 걱정이 되든지요. 그린글래스 부부가 또 외출했다면 낭패 아니겠어요. 아마도 (샌타페이 철도) 역에서 가방을 확인했을 겁니다. 가는 방향이 맞았기 때문에 안도했던 것 같아요."[36] 골드는 그린글래스 부부가 사는 아파트의 문을 두드렸다. 데이비드 그린글래스가 문을 열고 나타났다. "아침 식사를 막 끝냈을 때였죠." 데이비드는 나중에 이렇게 진술한다. "어떤 남자가 복도에 서서, 그린글래스 씨냐고 묻더군요. '그렇다.'라고 대답했지요. 그가 집 안으로 발을 들여놓더니, 이렇게 말했습니다. '줄리어스가 보내서 왔습니다.' '그렇군요.'라는 말이 제 입에서 새어나왔던 것 같습니다. 저는 아내의 지갑을 찾았고, 찢어낸 젤로 상자 반쪽을 꺼냈습니다."[37] 골드는 야츠코프한테서 받은 부분을 건네주었다. 두 부분은 꼭 맞았다. 데이비드는 아내 루스를 소개해 주었다.

"전반적으로 태도가 영 마음에 안 들었어요." 골드는 이렇게 회고한다. 그는 데이비드 그린글래스를 만나서, "이미 완수한 푹스와의 임무가 위험에 빠졌죠." 다시 말해 "그 남자는 군인이었습니다. 야츠코프한테서 그런 이야기는 전혀 듣지 못했거든요. 그린글래스가 문을 열어 주었는데 위에는 파자마, 아래는 군복 바지를 입고 있었습니다. 오른쪽 벽에는 수장(袖章)이 달린 (비전투원) 외투가 걸려 있었고요."[38] 골드는 그린글래스의 군인 신분이 왜 괴로웠는지 말한 적이 없다. 아마도 민간인보다는 군인이 감시가 더 삼엄할 것이라고 염려했을 것이다.

데이비드는 골드에게 먹을 것을 좀 주었다고 진술했다.[39] 그러나 나중에 FBI가 커피라도 한 잔 대접했느냐고 묻자, 루스는 냉큼 이렇게 대답했다. "잘 대해 주고 말고 할 그런 상황이 아니었어요. 내키지 않았죠."[40]

데이비드는 루스와 달랐지만 정보를 제공할 준비는 안 되어 있었다. "그는 저한테 건넬 정보가 있는지 알고 싶어 했습니다. '조금 있지만 문서로 작성해야 하니, 오후에 다시 오면 주겠다.'라고 했죠." 수다쟁이 군인 데이비드는 대화를 시작하려고 했다. "보고서에 집어넣을 사람 가운데 한 명에 관해 이야기했습니다." 그는 "스파이 활동에 끌어들일 만하다."[41]라고 생각하는, 로스앨러모스에서 사귄 짝패 이야기를 하려고 했다. 골드는 소스라치게 놀랐고, "정말이지 즉석에서 그의 말을 잘랐습니다. 그런 짓은 위험천만하고 무모하니, 절대로 어느 누구에게도 소련을 위해 정보를 수집하자는 제안 따위는 하지 말라고 충고했지요."[42] 골드는 여러 해가 지났는데도 그 젊은 군인의 경솔함을 떠올리면서는 경악과 실망에 몸을 떨었다. "그린글래스는 젊다는 것 말고도 무지막지하게 순진해서 저를 놀래켰습니다. 로스앨러모스의 다른 인원들에게 접근해 정보를 얻어내겠다는 생각을 열정적으로 제안하다니요. 그가 첩보 활동에 완전 문외한이라는 사실에 큰 충격을 받았습니다. 우리가 뭘 찾고, 추구하는지를 떠올린다면 더욱요."[43] 데이비드는 굴욕적이었고 창피했다. "그도 제 말에 동의했습니다." 골드는 계속해서 이렇게 말했다. "제 질책에 당황하거나 화가 난 것 같지는 않았어요. 그는 제 말이 맞다고 수긍했습니다. 방금 이야기한, (로스앨러모스에서) 알게 된 사람은 사병으로 강등되어, 이미 다른 곳으로 전출을 갔다고도 했죠."[44]

골드는 짧게 20분가량 방문했는데 나머지 시간에 두 음모자는 대화를 한담으로 국한했다. 물론 그 가운데서도 중요한 이야기가 오갔다. "그린글래스 부인은 1945년 4월 앨버커키로 오기 직전에 뉴욕에서 줄리어스라는 사람을 만나 이야기했다고 말했습니다. …… 그린글래스는 …… 휴가를 받을 것 같고, 그러면 뉴욕에 가겠다고 했습니다. 그는 제가 줄리어스에게 전화를 하면 크리스마스쯤에는 자기랑 만날 수 있을 거라고 이야기했습니다."[45] 그린글래스 부부는 골드가 데이비드의 매형을 안다고 생각했음에 틀림없다. 그린글래스 부부가 스스로를 줄리어스 로젠버그와 연루시키는 바람에 별개로 운영되던 2개의 작전선이 교차 결합되면서 위태로워지고 말았다. 야츠코프가 방침을 어기고, 골드를 앨버커키에 파견한 게 사달이 난 원인이었으니 누구를 책망할 수도 없는 노릇이었다.

골드는 그린글래스 부부의 집을 나와 철도역으로 가서 동부행 기차 예약 상황을 확인했다. 그는 자기가 아침을 먹으러 어디 들른 것도 같다고 나중에 회고했다. (그린글래스는 뭐라도 드시자고 청했는데, 골드가 먹고 왔다고 대답한 것으로 기억했다. 하지만 추측해 보면, 골드는 "마음에 안 들던" 상황이 불편했고, 예의상 이것을 드러내지 않으려고 핑계를 댔을 것이다.) 골드는 계속해서 힐튼 호텔로 갔다. 낮 동안 방에 처박혀 있으려던 것이었는데, 골드가 판단하기로 사람들의 시야에서 벗어나기 위한 표준적인 작전 절차였다. "푹스한테 받은 온갖 자료를 갖고 있었습니다. 앨버커키처럼 작은 도시를 하루 종일 배회하는 위험은 피해야 했어요." 골드의 설명이다. 그는 지치고 피곤했다. "임무를 수행하느라고 진이 다 빠졌지요."[46] 근처에는 항공사 출장소도 하나 있었다. 골드는 "한시라도 빨리 뉴멕시코를 떠나고 싶었다." "자유롭게 이용할 수 있는 공간, 연락이 가능한 주소 같은 게 있어야 했습니다."[47] 골드는 호텔 로비에 죽치고 앉아 "사람들이 체크아웃하기를 기다렸어요. …… 호텔의 프런트는 사람들로 붐볐어요. …… 혼잡하고 소란스러웠죠."[48] 골드는 12시 36분에 체크인을 하고, 방에 들어갔다.

데이비드 그린글래스는 그사이 자신의 작은 아파트에서 그간 알아낸 사항을 보고서로 작성하는 일에 주력했다.

(고폭약) 렌즈 그림을 여러 장 그렸고, …… 그것들이 실험에서 어떻게 설치되

> 는지와 …… 실험 내용을 설명했다. …… 실험과 관련한 그림도 여러 장 그렸다. 납작한 렌즈를 그린 그림에서는 …… 안에 든 고폭약과 붙어 있는 신관을 자세히 묘사했다. 이 렌즈로 폭발하는 한가운데의 강철관도 빠뜨리지 않았다. …… 나는 실험에 설치된 렌즈를 …… 개략적으로 그렸다.[49]

데이비드 그린글래스가 그린 그림들은 원통, 다시 말해 2차원 내파 실험과 그 배열을 묘사했다. 데이비드는 직접 그린 그림들에 자세한 설명을 손으로 써 넣어 그 의미를 명확하게 밝혔다. 이 그림들에 "프로젝트의 규모가 커졌다."라는 언급, "스파이 활동 영입 대상자와 로스앨러모스 과학자들의 긴 명단"[50]이 보태져 편지지 크기의 큼직한 봉투에 담겼다. 데이비드의 정보는 부실했다. 그는 단호한 애국자였던 한스 베테를 스파이 활동에 끌어들일 수 있을 것으로 보았고, 기체 확산법 연구 개발을 이끈 컬럼비아의 화학자 해럴드 유리가 맨해튼 프로젝트를 이끌고 있다고 생각했다.

해리 골드는 오후 3~4시쯤 하이 가의 아파트로 돌아왔다. 데이비드 그린글래스가 봉투를 건넸고, 구두로도 간략하게 적은 내용을 설명했다. "남편과 그 남자는 원자 폭탄 터뜨리는 법에 관해 이야기를 나눴어요." 루스 그린글래스는 계속해서 이렇게 회고했다. "그 사람은 자기가 화학 엔지니어라고 남편에게 말했죠. 데이비드(와 그 남자)는 렌즈와 고속 카메라 이야기도 했습니다."[51]

골드는 그린글래스가 돈을 요구했다고 나중에 회고했다. 그린글래스 부부는 거꾸로이다. 두 사람은 골드가 요구하지도 않은 돈을 주었고, 자기들은 쑥스럽게 받았다고 기억했다. 골드는 외로운 노총각이었고, 가상의 가정 생활을 꿈꾸었다. 크리스텔 하인먼과 자녀들에게 꾸며댄 가족 이야기를 고려하면 그가 정보의 대가로 직접 돈을 주었을 가능성이 커 보인다. 그린글래스는 당시의 상황을 이렇게 회고했다. "골드는 제가 꽤나 누추한 곳에서 살고 있다고 말했습니다. 그러면서 돈을 좀 주겠다고 하더군요. 그럴 수도 있을 거라고 대답했지요. 그러자 골드가 현금 500달러가 담긴 봉투를 주었습니다."[52] 골드는 그린글래스가 실망한 표정이었다고 기억했다.[53] 그린글래스는 봉투를 군복 상의 주머니에 쑤셔 넣었다. "(골드가) '되었죠?'라고 말했습니다. '예, 되었습니다.' 제가 대꾸했죠. …… 그가 뭐라고 또 이야기했는데, 가겠다는 소리였어요. 저도 그러라고 화답했습니다. …… 아내가 갓 유산을 했고, 진료비 청구서와 의약품 비용 따위로 돈이 많이 들었다고 말한 것도 생각나요. 그는 아내의 유산 소식을 매우 유감스러워했고, 우리의 거처도 측은해 했습니다. …… 뭐라고 이야기했더라, '주신 돈이 필요할 것 같다.'라고 했지요."[54]

골드는 이제 첩보 활동 문건을 수중에 쥐었고, 바로 떠나려고 했다. 그것이 표준 절차였다. 데이비드가 그를 만류했다. "'배웅해 드리겠으니 잠깐만 기다리세요.'라고 말했습니다. 그는 잠시 기다렸고요."[55] 그린글래스 부부가 채비를 하는 동안 한담이 오갔다. 골드는 그들이 이렇게 말했다고 기억했다. "우리는 코셔 음식을 기초 식품으로 뉴욕에서 받아먹어요." "살라미 소시지와 호밀 흑빵 …… 이야기를 했던 게 기억에 남네요."[56]

데이비드 그린글래스의 진술도 들어보자. "우리는 계단을 내려가, 뒷길로 빙 돌아서, 미군 위문 협회(United Service Organizations, USO) 앞에서 그를 내려 주었습니다. 우리는 건물 안으로 들어갔고, 그는 떠났죠. 그가 길을 쭉 걸어가 안 보이게 되자 아내와 저는 주위를 살핀 다음 다시 나와, 아파트로 돌아왔고, 돈을 세어 보았습니다."[57]

루스 그린글래스는 이렇게 고백했다. "데이비드와 저는 돈을 받고 기분이 안 좋았습니다."[58] "처음에는 줄리어스가 말한 대로 과학적 목적에서 정보를 공유하는 것뿐이라고 생각했어요. 하지만 남편이 500달러를 받으면서 대금 교환 인도(cash on delivery., C.O.D)일 뿐임을 알았죠. 남편은 정보를 주고 돈을 받았던 거예요."[59] 데이비드는 5년 후에도 여전히 그 거래를 합리화했다. "저는 (골드에게) 로스앨러모스 프로젝트 관련 정보를 제공했습니다. 물론 돈을 받기로 하고 그렇게 한 것은 아닙니다. …… 동맹국 소련에 원자 폭탄 정보를 제공하지 않은 것은 부주의한 미국의 중과실이라고 저는 생각했습니다."[60]

골드는 철도역으로 향했다. "침대 설비가 있는 풀먼식 차량을 끊을 수 있는지 알아봐야 했다. …… (또) 기차 시간이 다가오고 있었다." 로마 가톨릭 교단의 긴 종교 행렬이 골드의 앞길을 막았다. "하는 수 없었죠. 낮은 돌담에 기대 행진을 구경한 다음에 (길을) 건넜습니다."[61]

골드는 시카고로 출발했고, 캔자스 어디쯤에서 획득한 보물을 살펴봤다. 누구에게도 입 밖에 내본 적이 없는 혼자만의 환희 속에서 말이다. "저는 …… 기차에서 그린글래스한테 받은 자료를 살펴봤다. 그저 재빨리 훑어보는 정도였다. …… 그린글래스의 자료를 봉투 하나에 집어넣었다. 마닐라 봉투로, 황동 걸쇠가 달린 종류였다. 푹스 박사한테 받은 서류는 다른 마닐라 봉투에 담았다. 그리고 두 봉투에 식별 메모를 했다. 푹스 박사의 자료가 담긴 봉투에는 '박사'라고 썼고, 그린글래스한테 받은 자료 봉투에는 '기타'라고 적었다."[62] 적어도 36시간 동안만큼은 해리 골드도 영웅이었다. 세계 최초의 원자 폭탄 계획을 지구상에서 사적으로 보유한 유일한 사람이었으니 말이다.

루스 그린글래스는 1945년 6월 4일 월요일에 앨버커키 내셔널 트러스트 앤드 세이빙스 은행(Albuquerque National Trust and Savings Bank)에서 자신과 남편 명의로 예금 계좌를 하나 개설했다.[63] 최초 예치금은 현금 400달러였다.

골드는 그 월요일 오전 시카고에서 워싱턴 행 비행기를 탔다. 워싱턴에서는 바로 뉴욕으로 갈 수 있었기 때문이다. "시간을 절약해야 했죠. …… 기차를 타려면 저녁 늦게까지 시카고에서 기다려야 했거든요."[64] 그는 오후에 기차를 타고 계속해서 뉴욕으로 이동했다. 서둘러 야츠코프를 만나, 그 범죄적 문서를 넘겨야 했던 것이다.

> 브루클린의 메트로폴리탄 대로에서 야츠코프를 만났다. …… 정확히 이야기하면, 메트로폴리탄 대로와 퀸스가 만나는 곳이었다. 아주 외진 곳으로, 그 시간대의 밤에는 더욱 인적이 드물었다. …… 10시경이었다. …… 그 만남은 (5월에) 볼크스 바에서 약속했던 것이었다. …… 한 1분 정도가 다였다. …… 우리는 만났고, 야츠코프는 내게 두 명을 다 만나고 왔는지 물었다. 나는 그렇다고 대꾸했다. 야츠코프는 그 둘 다에게서 정보를 입수했느냐고 물었고, 나는 다시 한번 그렇다고 대답했다. 야츠코프에게 마닐라 봉투 2개를 건넨 게 다음 수순이었다.[65]

골드는 2주 후 다시 야츠코프와 만났다. 장소는 "플러싱(Flushing)의 플러싱 고가선 끝"이었고, 뉴멕시코 여행을 보고하는 게 목적이었다. "저녁 나절이었죠. …… 야츠코프는 내가 약 2주 전에 넘긴 정보가 곧바로 소련에 인계되었다고 알려 주었습니다. 그린글래스한테 받은 정보가 아주 탁월하며, 값어치가 대단하다는 말도 했죠. 이어서 제가 두 차례의 접선을 자세히 보고했고, 야츠코프는 들었습니다. 샌타페이에서 푹스와 만난 것, 그리고 앨버커키에서 그린글래스와 만난 일 말입니다."[66] 두 사람은 2시간 30분 동안 이야기를 나눴다.

모스크바의 이고리 쿠르차토프는 7월 2일에 NKVD 장교로부터 맨해튼 프로젝트의 진척 상황을 보고받았다. 날짜가 적혀 있지 않은 그 보고 자료에는 내파 폭탄의 자세한 설계안이 들어 있었는데, 이것은 푹스가 6월 2일 해리 골드에게 넘겼다고 자백한 정보와 일치한다.[67] 이 자료에는 당대의 핵분열 물질 공급량 정보도 들어 있었는데, 푹스는 그것을 알 수 있는 지위에 있었다. 야츠코프는 1945년 여름에 작성된 그 정보 개요가 페르세우스[68]한테서 나왔고, 또 로나 코헨[68]이 앨버커키에서 가져온 자료를 바탕으로 작성되었다고 만년에 주장했다. 하지만 문건 자체를 보면 로스앨러모스의 클라우스 푹스가 출처임이 분명하다. 푹스의 자료가 통째로 실린 게 틀림없다. 이 보고서는 원자 폭탄의 자세한 설계안이 최초로 소련에 전달되었음을 밝히 드러낸다.

일급 비밀

'고폭약' 유형 폭탄(고성능 폭약)

최초의 원자 폭탄 시험 폭발은 올해 7월로 예정되어 있다.

폭탄 설계.

폭탄의 활성 물질은 94번 원소이다. 우라늄 235를 사용하지 않는다. 알파 입자를 내놓는 베릴륨-폴로늄의 소위 기폭제는 5킬로그램의 플루토늄 공 중앙에 위치한다. 226킬로그램의 '튜브 앨로이(tube alloy)'*가 플루토늄 공을 에워싸는 '탬퍼(tamper)'이다. 이 모든 게 알루미늄 소재의 껍질 안에 들

* 합금 관이라는 뜻의 튜브 앨로이는 우라늄의 암호명이다. 원문에 따르면 라듐 튜브 앨로라고 되어 있었다. 그리고 이 보고서에는 수기로 이 튜브 앨로이가 우라늄 235인지 천연 우라늄인지 확실하지 않다고 적혀 있었다. 이 자료는 학술 위원 쿠르차토프에게 구두로 보고하기 위해 편집된 것이었다.

어간다. 알루미늄 껍질은 두께가 11센티미터이다. 이 알루미늄 껍질은 다시 두께 46센티미터의 폭약 '펜털라이트(penthalite)'나 '콤포지션 C(composition C)'(다른 정보에 따르면 '콤포지션 B')로 감싼다. 폭약을 수용한 폭탄 용기는 내부 지름이 140센티미터이다. 펜털라이트, 용기 등을 포함한 폭탄의 총무게는 약 3톤이다. 폭탄의 예상 핵출력은 TNT 5,000톤이다. (효율성: 5~6퍼센트) '핵분열' 횟수는 75×10^{24}.

활성 물질.

a) 우라늄 235. 우라늄 235의 양은 올해 4월경 25킬로그램이었다. 현재 이 물질의 생산 속도는 매달 7.5킬로그램이다.

b) 플루토늄(94번 원소). Y 단지(로스앨러모스를 말한다.)가 가진 플루토늄은 6.5킬로그램이다. 플루토늄 생산 계획도 조직되었으며, 초과 달성되었다.

폭발 시험은 올해 7월 10일쯤으로 예정되어 있다.

무명의 소련 장교가 정리한 정보는 나름 정확했다.[69] 하지만 쿠르차토프가 보기에는 완벽하지 못했다. 장교는 기폭제를 전반적으로만 설명했을 뿐 폭약 렌즈와 뇌관, 그리고 그 배치에 대해서는 전혀 언급하지 않았다. 그러나 쿠르차토프는 다시 한번 중요한 정보를 파악해 냈다. 최소 1개의 폭탄을 만들 수 있을 만큼 로스앨러모스에 플루토늄이 충분하다는 것, 미국이 폭탄 제작법을 알아냈다고 믿고 있다는 점, 5킬로그램이나 되는 귀중한 재료를 실험한답시고 써 버릴 만큼 플루토늄을 충분히 공급받고 있다는 사실이 가장 결정적인 내용이었다. (트리니티 실험에는 실상 6킬로그램이 약간 넘는 양이 사용되었다.)

영미 통합 정책 위원회(CPC)는 미국 독립 기념일인 7월 4일에 워싱턴에서 비밀리에 공식 만남을 가졌다. 1943년에 맺은 퀘벡 협정의 주요 조항을 이행하기 위해서였다. 그 자리에서 영국이 공식으로 일본을 상대로 원자 폭탄을 사용하는 안에 찬성했다. 이것은 미국이 무기를 실전에 사용하기에 앞서 양국이 합의해야 한다는 조문 때문이었다. 도널드 맥클린이 그 결정 사항 정보를 소련에 넘겨주는 위치에 있었다.[70]

야츠코프는 그해 여름 에이브 브로스먼이 스파이 활동을 했다는 혐의를 받고 있음을 알게 되었다.[71] 그는 브로스먼이 취조를 받고 자백을 하면, 접선자들 유지 관리에 어려움이 발생할 것으로 예상하고, 7월 초 매달 만나던 해리 골드와의 정기 접촉에서 인식 표지를 마련하도록 시켰다. 골드의 회고를 들어보자. "그러니까 자기 이외의 소련 요원이 저와 접촉할 수 있는 인식 표지였던 것이죠."[72] 로젠버그와 그린글래스의 젤로 포장 상자처럼 그 인식 표지도 잠깐 쓰고 버리는 종류였다. 이 경우에는 골드가 우연히 주머니에 소지하고 있던 실험실 용구점의 메모지였다. 그는 메모지에 번지수를 적은 다음 야츠코프와 나눠 가졌다. 야츠코프는 찢어서 나눠 가진 메모 용지를 사용해 접선을 할 때 따라야 할 절차를 알려 주었다. 또 골드는 다른 봉투를 하나 배달받고 경계 태세를 강화하게 된다. 봉투 안에는 뉴욕의 어떤 스포츠 행사와 연극 입장권 둘 말고는 아무것도 들어 있지 않았던 것이다.[72]

클라우스 푹스, 데이비드 그린글래스, 그리고 로스앨러모스의 많은 사람이 작업했고, 이고리 쿠르차토프 역시 2주 전에 보고받은 플루토늄 내파 장치의 시험 모델은 1945년 7월 16일 통 트기 직전인 오전 5시 29분 45초에 트리니티 부지의 30미터 강철 탑 위에서 물결 모양으로 골이 진 철제 외장에 담겨 터졌다. 트리니티는 뉴멕시코 앨라모고도 북쪽의 사막에 있다. 컬럼비아의 이지도어 아이작 라비(Isidor Isaac Rabi, 1898~1988년)는 노벨상을 받은 물리학자로 굳센 의지의 소유자였다. 자문역으로 가끔씩 로스앨러모스를 방문하던 라비도 다른 많은 사람들과 함께 이 폭발을 지켜보았다.

> 별안간 엄청난 섬광이 일었다. 내가 본 중, 아니 짐작컨대 다른 사람을 포함해서 가장 밝은 빛이었으리라. 일진광풍이 몰아쳤다. 와락 덤벼드는 느낌이었다. 사람의 몸을 곧바로 뚫고 지나가는 듯했다. 시각 기관인 눈보다 더 많은 것으로 우리는 그 광경을 지켜보았다. 영원히 지속될 것만 같은 풍경이었다. 사람이라면 누구라도 그만 중단되었으면 하고 바라리라. 아무튼 2초 정도 지속되었다가 마침내 끝났다. 서서히 잦아들었고, 우리는 폭탄이 있던 곳을 쳐다봤다. 거대한 불덩어리가 점점 커지는 중이었다. 회전하면서 커졌는데, 하늘로 솟구치며 노란색, 진홍색, 초록색으로 번쩍거렸다. 사람에게 다가오는 듯한 그 느낌이 무척이나 위협적이었다.
>
> 새로운 것이 막 탄생한 순간이었다. 새로운 통제력, 인간의 새로운 지식. 인류가 자연을 상대로 새로운 지식을 획득한 순간이었다.[73]

푹스도 현장에서 자신이 확산시키려고 애쓰던 새로운 것, 새로운 통제력을 지켜보았다. 하지만 누구도 이런 정도일 줄은 예상하지 못했다. 푹스는 그 특별한 경험이 어떠했다는 기록을 전혀 남기지 않았다.

스탈린은 스파이들한테서 폭파 시험 이야기를 들었지만 베를린 외곽의 포츠담에서 소집된 회의에서 침묵을 지켰다. 해리 트루먼은 그 7월 24일 오후에 스탈린에게 폭탄의 존재를 알렸다. 새로 임명된 국무 장관 지미 프랜시스 번스(Jimmy Francis Byrnes, 1882~1972년)에 따르면 트루먼은 스탈린이 신무기의 위력을 온전히 파악하고, 그것으로 인해 태평양 전쟁이 빠르게 종결될 수도 있음을 알게 되면 대일 선전 포고를 앞당겨 전리품을 챙길 것이라고 걱정했다. 트루먼은 트리니티 실험이 성공했다는 보고를 받고, 이미 일기에 예상되는 바를 적어 놓았다. "러시아가 들이닥

치기 전에 일본이 항복해야 한다. 일본 본토에 맨해튼이 나타나면 틀림없이 그럴 것이다."[74] 트루먼이 소련이 제기하는 배신 혐의를 피하는 데 필요한 것 이상의 정보를 포츠담에서 제공하지 않은 것은 바로 이 때문이다. 그는 회고록에 이렇게 적었다. "스탈린한테는 대강 이야기했다. 우리가 파괴력이 대단한 신무기를 확보했다고. 스탈린은 별다른 관심을 보이지 않았다. 그런 소식을 듣게 되어 기쁘다는 것, 우리가 '일본에 대항해 그 무기를 잘 활용했으면' 한다는 것이 그가 보인 반응의 전부였다."[75]

"스탈린은 …… 트루먼의 이야기에 별다른 게 없다는 투로 대했다." 육군 원수 주코프는 이렇게 적었다. "처칠은 물론이고 영미의 다른 많은 작가도 마찬가지였다. 그들은 스탈린이 트루먼한테 전달받은 이야기의 중요성을 간파하지 못했다고 줄곧 생각했다. 그러나 실상은 다르다. 스탈린은 그 모임을 마치고 숙소로 돌아가면서 트루먼과 나눈 이야기를 몰로토프에게 했다. 그 자리에 나도 있었다. '값을 올리고 있네요.' 몰로토프가 대꾸했다. 스탈린은 웃었다. '그러라지. 우리도 쿠르차토프에게 속도를 내라고 해야겠어.'"[76] 쿠르차토프와 페르부킨은 두 달 전에 스탈린에게 보고서를 올려, 몰로토프의 관리 운영이 미흡하고 성의 없다고 하소연했다. 그것 때문에도 스탈린은 미국 측의 소식을 듣고서 틀림없이 심사가 어수선하고 불편했으리라.

몰로토프 자신은 그런 갈등은 전혀 기억에 없다고 주장했다. 하지만 그의 해명은 변명처럼 들린다. 몰로토프는 이렇게 주장했다. "트루먼은 '원자 폭탄'이라고 말하지 않았다. 하지만 우리는 즉시 그가 무슨 말을 하는지 알아들었다. 그들이 아직 전쟁을 할 수는 없다는 것, 그들에게 원자 폭탄이 1~2개뿐임을 우리는 간파했다. …… 다시 말해 그들에게 폭탄이 있다고 할지라도 (몇 개만으로는) 별다른 쓸모가 없었다."[77] 몰로토프의 이 회고에서 더 중요한 사실은 소련 지도부가 1945년 7월 말에 미국이 원자 폭탄을 몇 개 갖고 있었는지 거의 정확하게 알았다는 점이다.

소련의 정보 기관은 쉬지 않았다. 7월 28일자 모스크바 발 전문은 오타와의 자보틴 대령에게 이렇게 요구했다. "(앨런 넌 메이가) 출발해 영국으로 돌아가기 전에 우라늄 연구의 진척 상황을 자세히 알아낼 것."[78] 8월 6일 히로시마에 원폭이 투하되고, 그 진척 상황이 백일하에 드러났다. 폭격기 1대가 폭탄을 한 발 투하해 7만 명이 죽었다. 1킬로그램도 안 되는 핵분열 물질이 폭발해 대도시 하나를 완전히 파괴한 것이다. 넌 메이는 즉시 보고서를 작성했다. 트리니티 실험이 뉴멕시코에서 수행되고, 일본에 투하된 폭탄은 재료가 우라늄 235라는 내용이 담겼다. 그는 오크리지와 핸퍼드에서 우라늄 235와 플루토늄이 매일 생산되고 있다는 보고도 했다. 자보틴은 넌 메이가 "백금 포일을 우리에게 넘겼다."라고 적었다. "산화물 형태의 우라늄 233 162마이크로그램을 얇은 막에 싸서였다."[79] 그 포일은 몬트리올에서 연구하도록 넌 메이에게 합법적으로 전달된 것이었다. 그가 1944년 10월 아르곤 연구소에서 허버트 앤더슨과 연구한 이후의 후속 조치였던 것이다. 앤더슨의 동료 물리학자 앨빈 마틴 와인버그(Alvin Martin Weinberg, 1915~2006년)는 이렇게 회고했다. "허버트는 우라늄 233이 절반 정도 없어졌다는 것을 나중에 알았다고 말했다. 그는 계속해서 그 물질의 행방을 궁금해 했다."[80]

이고리 구젠코는 넌 메이의 "우라늄 샘플"이 입수되었을 때 소련 대사관이 얼마나 흥분했는지를 이렇게 적고 있다.

> 안젤로프가 몬트리올에서 우라늄 샘플을 받아 오던 날 밤 나는 늦게까지 암호실에서 일하고 있었다. 자보틴이 샘플을 책상 위에 올려놓고는, 잔뜩 흥분해서 모티노프(Motinov) 중령을 불렀다. '포상 같은' 최신의 '노획물'을 와서 보라는 것이었다.

샘플을 어떻게 해야 모스크바로 안전하게 보낼 수 있을지, 이야기가 오갔다. 외교 행낭은 그리 안전한 것으로 생각되지 않았다. 그래서 워싱턴으로 재발령될 예정이었던 모티노프가 잠시 모스크바로 복귀할 때 직접 갖고 가는 것으로 결정이 났다. 모티노프가 기뻐한 것은 당연했다. 우라늄 샘플을 가져가면 아무래도 좋은 대접을 받을 테니까 말이다.

자보틴 역시 무척 고조된 상태였다. 그가 흥분해서 이렇게 말하는 소리를 들었다. "미국 놈들이 발명하면 우리는 훔친다!"[81]

클라우스 푹스가 이미 그랬다.

스탈린은 폭탄에 대해 해리 트루먼만큼은 알았다. 하지만 그도 히로시마가 완전히 파괴되었다는 소식이 전해질 때까지는 그 중요성을 온전히 파악하지 못했던 것 같다. 스베틀라나 알릴루예바는 이렇게 적고 있다. "아버지는 8월이 되어서야 겨우 뵐 수 있었어. 포츠담 회담을 마치고 돌아오셨지. 다차로 찾아간 날 아버지는 여느 때처럼 방문객을 접견하고 계셨어. 사람들이 아버지에게 미국이 일본을 상대로 첫 번째 원자 폭탄을 투하했다고 보고했지. 그 일로 모두가 분주했단다. 아버지는 나는 안중에도 없으셨어."[82] 그녀는 아버지에게 손자를 낳아 드렸지만 정작 할아버지는 구경도 못 한 딸의 아들에게 "이오시프"라는 이름을 물려주었다. 다시 말해 스탈린은 너무 몰두한 나머지 신경을 쓰지 못했거나 딸에게 무관심했다. NKVD 소속의 물리학자 야코프 테를레츠키는 아마도 루비앙카의 복도에서 히로시마가 피폭되었다는 소식을 들었을 것이다. 그에 따르면, "히로시마에서 원자 폭탄이 터졌다는 소식을 접한 스탈린은 전쟁 발발 이후 처음으로 엄청나게 화를 냈다. 잔뜩 흥분한 그는 주먹으로 탁자를 내리쳤고, 발을 동동 굴렀다." 야코프 테를레츠키는 이렇게 생각했다. 스탈린은 "화를 낼 만한 이유가 충분했다. 즉 사회주의 혁명을 유럽으로 확대하겠다는 꿈이 무너져 버린 것이다. 독일의 항복으로 거의 실현될 듯했던 그 꿈이 말이다. 히로시마 사태로 쿠르차토프가 이끌던 우리나라 원자 과학자들의 '태만'이 밝히 드러난 듯했다."[83] 스탈린은 충분한 재원을 대주지 않았다. 우선 순위에서 밀린 핵폭탄 개발 계획은 난관에 처했고, 다 이유가 있었다. 그럼에도 불구하고 비난을 한몸에 받아야 했던 것은 쿠르차토프였다. 스탈린의 성격과 완전히 일치하는 대목이다. 아나톨리 알렉산드로프는 쿠르차토프의 연구 동료였으니, 아마도 일련의 사정을 들어서 알고 있었을 것이다. 그에 따르면 종전 직후 언젠가 "스탈린은 쿠르차토프를 소환해, 연구 활동을 최대한 빨리 진행하기 위해 필요한 만큼 요구하지 않았다며 그를 질책했다. 쿠르차토프는 이렇게 대답했다. '파괴가 극에 달했습니다. 너무 많은 사람이 죽었고요. 우리나라는 기아 상태에서 배급을 하고 있습니다. 모든 것이 부족한 상황입니다.' 스탈린은 화를 내며 대꾸했다. '아기가 울지 않으면 뭐가 필요한지 엄마가 어떻게 알겠어. 필요한 것은 무엇이든지 요구하게. 반려되거나 지원이 거부되는 일은 앞으로 없을 걸세.'"[84] 스탈린은 즉시 8월 7일에 라브렌티 베리야를 만났고, 그를 핵폭탄 개발 계획의 수장으로 임명했다. 스탈린이 다시 한번 채찍질에 의존하려고 했던 것은, 자국 과학자들의 애국심을 그가 믿지 못했기 때문이다.

소련 언론[85]은 히로시마 피폭 소식을 8월 8일 오전에야 전했다. 기사는 실제보다 덜 중요해 보이도록 작성되었다. 《프라우다(*Pravda*)》의 외신면 맨 아래쪽에 트루먼의 발표문이 발췌되어서 일부만 실렸던 것이다. 하지만 그 사건은 그냥 묻히지 않았다. 안드레이 사하로프는 이렇게 기억했다. "빵가게에 가는 길이었다. …… 신문을 흘깃 보았는데, 트루먼 대통령의 성명이 눈에 들어왔다. …… 어찌나 놀랐는지 그 자리에 주저앉을 지경이었다. 나의 운명, 다른 많은 사람의 운명, 어쩌면 전 세계인의 운명이 하룻밤 사이에 바뀌고 말았다는 게 틀림없는 현실로 다가왔다. 우리의 삶에 새롭고도 가공할 중대한 무엇이 들어왔던 것이다. 그것은 내가 숭배하던 학문, 곧 과학이 최고의 성과로 거둔 결실이었다."[86]

스탈린은 극동 전선 개입 일정을 포츠담에서 약속했던 8월 중순에서 8월 8일로 앞당겼다. 트루먼이 정확히 염려하던 사태가 일어난 것이다. 몰로토프는 이렇게 으스댔다. "나는 일본에 전쟁을 선포했다. 일본 대사를 크렘린으로 불러, 선전 포고문을 건넸다."[87] 몰로토프는 그날 밤 기자들을 초청해, 소련의 대일 선전 포고문을 나눠주었다. 거기에는 원자 폭탄에 관한 이야기는 단 한마디도 들어 있지 않았다. 당시에 폴란드 임시 정부의 성원으로 모스크바에 머물던 스타니스와프 미코와이추크(Stanisław Mikolajczyk, 1901~1966년)가 몰로토프와의 저녁 식사 자리에서 원자 폭탄 때문에 국제 관계가 영향을 받으리라고 보느냐고 물었다. "미국인들의 선전일 뿐이지요." 몰로토프가 그의 말을 가로막으면서 보인 첫 번째 반응이었다. "군사적 관점에서 보면 그게 뭐라도 전혀 중요하지 않습니다."[88] 하지만 소련 인민은 사태를 더 잘 파악하고 있었다. 알렉산더 워스의 말을 들어보자.

> 하지만 러시아 국민이면 누구나 하루 종일 폭탄 이야기를 했다. …… 러시아 언론은 히로시마에 떨어진 폭탄의 의미를 줄여서 보도했다. 한참 후까지도 나가사키 폭탄 이야기는 꺼내지도 않았다. 하지만 러시아 국민은 히로시마 원자 폭탄의 의미를 놓치지 않았다. 그 소식이 전해지자 모두가 침울해 했다. 원자 폭탄이 열강 정치의 새로운 요소라는 것이 명백했다. 폭탄이 러시아에 위협적이라는 것을 모두가 알았다. 그날 나와 대화를 나눈 일부 러시아 인은 우울하고 비관적인 전망을 제시했다. 러시아가 독일을 상대로 필사의 노력을 통해 힘겹게 거둔 승리는 이제 '헛수고'로 전락했다고.[89]

6월 24일 붉은 광장에서는 승전을 기념하는 성대한 행진이 벌어졌다. 베를린으로 전진하는 과정에서 포획한 나치 깃발 수백 개를 레닌 묘에 이르는 계단에 내팽개치는 의식도 있었다. 폭풍우가 몰아쳤지만 스탈린도 이 광경을 발 아래로 지켜봤다. 그날 밤 크렘린에서는 축하 연회가 열렸다. 스탈린은 승리를 거둔 적군 장병 수천 명의 노고를 치하했다. 그러나 일리야 예렌부르크는 그 달에 더 엄혹한 현실을 이야기했다. 폐허로 변한 러시아를 그가 어떻게 쓰고 있는지 보자.

> 프랑스는 최근에 오라두르쉬르글란(Oradour-sur-Glane) 파괴 1주년을 하루 동안 애도하는 의식을 치렀다. 체코슬로바키아에서는 베네스(Benes) 대통령이 리디체(Lidice)를 방문해 잿빛 폐허를 둘러봤다. 나는 우리나라의 오라두르와 리디체가 떠오른다. 얼마나 많을까? 모스크바에서 서쪽으로 민스크, 남쪽으로 폴타바, 북쪽으로 레닌그라드로 간다고 해 보자. 사방 도처에서 폐허와 재와 무덤을 만날 것이다. 일단 모자를 벗으면 다시 쓸 수 없으리라. 살아남은 사람들은 말할 것이다. 사내들이 어떻게 교수형을 당했는지, 어머니들이 도살자들로부터 젖먹이를 지키기 위해 어떤 노력을 기울였는지, 사람을 집에 몰아넣고 어떻게 태워 죽였는지.[90]

전쟁 과정에서 소련 인구의 10분의 1, 그러니까 약 2000만 명이 사망했다. 추가로 수백만 명이 불구가 되었다.[91] 라브렌티 베리야가 이끄는 NKVD가 이미 소련 시민을 적어도 1000만 명 살해한 후였다. 나치가 자행한 홀로코스트보다 더 광범위한 도륙이었다. 워스는 이렇게 적고 있다. "무기를 들었던 연령대를 보면 종전 무렵 남은 남성이 3100만 명뿐이었다. 같은 연령대의 여성은 5200만 명이었다."[92] 독일군이 1,700개의 도시, 7만 개의 마을, 8만 4000개의 학교, 4만 개의 병원, 4만 2000개의 도서관을 파괴했다. 2500만 명이 집을 잃었다. 1941년과 비교해 석탄 생산량이 33퍼센트 감소했다. 석유는 46퍼센트, 전력은 33퍼센트, 선철은 54퍼센트, 강철은 48퍼센트, 코크스는 46퍼센트, 공작 기계 생산은 35퍼센트 감소했다. 기업체 3만 1000개가 파괴되었다. 소련의 공업 전반이 전쟁 전의 절반 수준으로 쪼그라들었다. 몰로토프는 1947년에 이렇게 보고했다. "9만 8000개의 집단 농장과 1,800개의 국영 농장이 파괴되고 약탈당했다. …… 말 700만 마리, 소 1700만 두, 돼지 2000만 마리, 양과 염소 2700만 마리가 없어졌다."[93] 육류 생산이 40퍼센트 감소했다. 유제품 생산이 55퍼센트 감소했다. 적군은 유럽 최강의 군대였다. 그러나 탈진한 소련 국민은 아사 직전이었다.

만신창이 소련은 이제 원자 폭탄 제작에 박차를 가해야 했다. 몰로토프는 1945년 2월 얄타 회담을 마치고 소련이 전후 재건 비용으로 미국한테서 60억 달러의 차관을 기대할 수 있을 것이라고 시사했다. 미국은 원자 폭탄을 만드는 데 필요한 산업을 구축하면서 20억 달러 이상을 썼다. 소련이 전후에 비슷한 능력을 확보하려면 완전히 마비된 경제에서 그만큼의 비용을 빼야 했다. 히로시마에 원자 폭탄이 투하되고 열흘 후 소련 최고 회의(Supreme Soviet)는 국가 계획 위원회(State Planning Commission)와 인민 위원 회의에 새로 5개년 계획에 착수할 것을 명령했다. 스탈린은 8월 중순 군수 인민 위원 보리스 반니코프(Boris Vannikov, 1897~1962년)와 부관들을 함께 불렀다. 쿠르차토프도 불려 갔는데, 그들은 자신들이 왜 호출되는지를 잘 알았다. 스탈린은 이렇게 말했다. "동지들에게 딱 하나만 요구하겠소. 최단 시간 내에 우리 조국에 원자 폭탄을 만들어 주시오. 히로시마 사태로 전 세계가 충격에 빠졌다는 것을 알 거요. 균형이 깨져 버렸소. 폭탄을 만드시오. 그래야 위험에서 벗어날 수 있소."[94]

10장

상당히 자세한 설명

역사상 가장 파괴적이었던 전쟁이 1945년 8월에 마침내 끝났다. 5500만 명이 목숨을 잃었다. 만주의 일본군은 8월 8일 자정, 소련군이 진격하자 순식간에 와해되었다.* 미국의 B-29 폭격기가 8월 9일 나가사키에 원자 폭탄을 투하했다. 다음 며칠 동안 일본의 군부가 굴욕적

* 적군과 일본군의 짧은 충돌 과정에서 일본 전투원 8만 명이 죽고, 59만 4000명이 포로로 잡혔다. 소련군의 공식 피해는 사망 8000명, 부상 2만 명이었다. (실제로는 더 많았을 것이다.) 알고 봤더니 일본군은 무장이 빈약했다. 대부분 소총뿐이었던 것이다. Werth(1964), 1040쪽. 일본이 무조건 항복을 수용하기로 한 데에 더 큰 영향을 미친 것은 미국의 원자 폭탄 투하보다 소련의 대일 선전 포고였다. 일본의 지도부는 소련이 중립을 지키지 않으면 항복 조건을 협상할 수 있는 유력한 중재자가 더 이상은 없다는 것을 잘 알았다.

인 항복을 막기 위해 안간힘 썼지만 실패했다. 일본 천황 히로히토(裕仁, 1901~1989년)가 8월 15일 전례가 없는 라디오 방송으로 자국민에게 항복을 발표했다. 일본의 관리들이 9월 2일 도쿄 만에 정박한 미국 전함 미주리 호에 승선해 항복 문서에 서명했다. 커티스 르메이도 현장에서 이 광경을 지켜봤다. 전쟁의 폐허 속에서 2개의 열강이 출현했다. 미국과 소련은 둘 다 혁명이 벼려 낸 젊은 국가였다. 둘 다 여러 민족으로 구성된 국가였고, 역사가 점진적으로 서서히 변화했다기보다는 추상적 원리 위에 조직된 국가였다. 또한 미국과 소련 모두 영토가 광대했고 자원이 풍부했다. 두 나라는 영토 경쟁을 한 적이 없었다. 언젠가는 두 나라가 전쟁을 할 것이라고 누군가가 주장하자 엔리코 페르미가 은근슬쩍 다음과 같이 물었던 이유이다. "과연 그들은 어디에서 싸울까?"[1] 그러나 겉보기에 비슷하다고 해서 해소할 수 없는 차이를 덮을 수는 없었다. 두 나라는 사람과 천연 자원을 대규모로 조직하면서 정반대의 실험을 수행하고 있었다. 미국은 자유와 경쟁을 통해서였고, 소련은 공포와 중앙 통제를 통해서였다. 미국은 개방 사회였고, 소련은 폐쇄 사회였다. 로버트 오펜하이머가 두 나라를 "수정(crystal of quartz)"과 "흑돌(crystal of onyx)"에 비유하며, 서로를 비교 대조한 적도 있다. 각국은 상대방의 의도가 사악하다고 확신했다. 미국과 소련은 폐허로 변한 유럽과 아시아에서 다시 세계를 평화롭게 조직할 수 있는 지위에 있었다. 하지만 그들은 그 방법에서 의견이 일치하지 않았다.

그들이 승리를 거두었음에도 서로를 경계하게 된 이유이다. 적군은 수천 대의 전차, 대포, 이동식 로켓 발사기와 1000만 명의 보병으로 무장하고, 서쪽으로 진격해 들어가 동유럽과 독일을 장악했다. 거침없는 적군의 기세는 곧 대서양에 이를 듯했다. 윈스턴 처칠이 종전 전에 이미 명명한 "철의 장막(iron curtain)"이 유럽 대륙 전체에 쳐질 태세였다. 유럽의 미군은 그 수가 훨씬 적었다. 소련군의 전진이 그들을 압도하리라는 것이 분명했다. 하지만 미국은 원자 폭탄 제조법을 알고 있었다. 소련도 동맹국이 핵폭탄을 은밀히 개발했고, 그 잔혹한 대량 살상 무기를 사용하는 데에 주저하지 않을 것임을 잘 알았다.

하지만 어느 쪽도 전쟁을 원했던 것 같지는 않다. 적어도 단기적으로는 말이다. 양쪽 모두 동원 해제, 곧 제대 조치가 신속하게 이루어졌다. 소련의 경우 1150만 명이던 병력이 1946년 말에 300만 명으로 줄었다.[2] 미국의 경우 1200만 명 이상이던 병력이 1947년 중반에 160만 명 이하로 줄었다. 이 과정은 문제가 꽤 많았다. 러시아 혁명 이래로 미국의 부자 엘리트들은 공산주의의 물결을 단호하게 멈춰 세우지 않으면 전 세계가 벌겋게 물들 것이라며 두려워했다. 소련은 독일을 상대로 승리를 거두었고, 동유럽을 지배하겠다는 스탈린의 태도가 분명하게 감지되었으며, 이란 북부도 결코 포기하지 않을 태세였다. 이 모든 사태에 서방의 두려움이 가중되었다. 스탈린은 전쟁 마지막 해 겨울에 유고슬라비아 대표단과의 만찬 석상에서 이렇게 예견했다. 그 자리에 있었던 미오반 질루스의 말을 들어보자. "'(독일은) 12~15년 정도면 다시 일어설 거요.' …… (스탈린이) 자리에서 일어나며 바지를 끌어올렸는데, 레슬링이나 복싱이라도 하려는 듯했다. 그는 흥분한 상태였고, 큰소리로 이렇게 말했다. '전쟁은 곧 끝날 거요. 피해를 복구하려면 15~20년은 걸릴 테지. 그러고 나서 다시 시작해야 할 겁니다.'"[3] 하지만 스탈린은 대단히 신중했다. 질루스는 이렇게 덧붙였다. "그는 오직 손아귀에 든 것만 확실한 것으로 간주했다. 스탈린의 경찰력을 벗어난 사람은 누구나 잠재적인 적이었다."[4] 미국에는 원자 폭탄이 있었던 것이다.

이고리 골로빈은 전후 몇 달간의 상황을 이렇게 적고 있다. "장시간의 긴급 회의가 여러 번 열렸다. 일련의 회의 중 첫 번째 모임에서 스탈린은 폭탄을 완성하는 데 얼마나 더 걸리겠느냐고 물었다. (이삭) 키코인이 '5년'이라고 대답했다. 원자 폭탄 문제를 해결하는 것이 국가의 최우선 과제였다."[5] 율리 하리톤과 유리 스미르노프는 이렇게 말한다. "1945년까지는 원자 폭탄 계획에 소수 연구자들만 참여했다. 자원도 거의 없었다. 그 프로젝트가 본격적으로 추진된 것은 미국이 원자 폭탄을 투하하고 나서였다. 소련의 핵산업과 핵기술이 광범위한 토대 위에서 대규모 설비와 콤비나트를 통해 개발되기 시작한 것은 정확히 그 무렵이었다."[6]

국방 위원회(GKO)가 1945년 8월 20일 스탈린의 결정 사항을 공식으로 입법했다. 제정된 법률에 따라 구성된 조직의 명칭은 원자 폭탄 특별 위원회(Special Committee on the Atomic Bomb)[7]였고, 핵에너지 관련 업무 일체를 책임지던 라브렌티 베리야가 수장에 임명되었다. 특별 위원회 구성원을 살펴보자. 정치국의 샛별 게오르기 말렌코프, 보리스 반니코프, 패전한 독일을 훑으며 우라늄 광석과 과학자들을 획득한 NKVD 고위직 간부이자 적군 장성인 아브라미 자베냐긴, 화학 산업 인민 위원 미하일 페르부킨, 표트르 카피차, 이고리 쿠르차토프. 아나톨리 알렉산드로프는 이렇게 말한다. "스탈린의 지시로 프로젝트 전반의 운명이 바뀌었다. …… 베리야는 몸짓 하나만으로도 우리를 쥐도 새도 모르게 사라지도록 할 수 있는 사람이었다. 하지만 조직 체계의 꼭대기에 있는 사람은 쿠르차토프였다. 당시에 그것은 우리에게 엄청난 행운이었다. 쿠르차토프는 유능했고, 책임감이 강했으며, 권한도 있었다."[8]

베리야가 알렉산드로프의 이야기보다는 더 능동적으로 원자 폭탄 프로젝트를 이끌었다는 게 하리톤의 주장이다.

> 원자 폭탄 프로젝트를 베리야가 맡게 되자 상황이 완전히 바뀌었다. 베리야는 원자 폭탄 연구의 필수 범위와 역학 관계를 잘 알았다. 러시아 현대사에

서 악의 화신인 그는 정력과 업무 능력도 대단했다. 베리야를 만나 본 과학자들은 그의 지능, 의지력, 결단력을 인정하지 않을 수 없었다. 과학자들은 베리야가 과제를 완수할 수 있는 1급 행정가라는 것을 깨달았다. 모순되게 들릴지도 모른다. 하지만 베리야는 필요하면 정중하게 요령을 부릴 줄도, 악의 없이 성의를 표시할 줄도 알았다. 대개는 짐승처럼 잔인했지만 말이다.[9]

미국 전쟁성은 트루먼의 승인 아래 8월 12일 맨해튼 프로젝트 관련 보고서를 하나 발표했다. 소련은 그 보고서를 통해 원자 폭탄 개발 정보를 넘겨받았다. 그들이 전시 스파이 활동을 통해 힘겹게 얻어낸 정보가 거기에 거의 다 들어 있었다. 프린스턴의 물리학자 헨리 드울프 스마이스(Henry DeWolf Smyth, 1898~1986년)가 작성해, 간략하게 '스마이스 보고서(Smyth Report)'로 통하게 된 이 문서의 정칙 명칭은 다음과 같다.「원자력의 군사적 활용 방안 개발에 관한 종합 보고서(General Account of the Development of Methods of Using Atomic Energy for Military Purposes)」. 스마이스 보고서 덕택에 첩보 활동으로 입수한 내용이 옳다는 게 더 분명해졌다. 그 보고서에는 맨해튼 프로젝트가 우라늄 동위 원소를 분리하고, 반응로를 건설하고, 플루토늄을 증식하고, 폭탄을 설계하면서 직면했던 문제들이 실려 있었고, 그 문제들에 가장 적합한 해결책이 제시되어 있었다. 그로브스 장군이 이 보고서 작성을 명령한 것은 기밀 해제 정보의 선을 긋기 위해서였다. 그는 맨해튼 프로젝트에 참가한 과학자들을 못 믿을 놈들이라고 생각했고, 그들이 넘어서는 안 되는 선을 분명히 그으려 했던 것이다. 하지만 이후에 전개된 사태는 그로브스의 기대를 산산이 부숴 버렸다. 앨런 넌 메이는 결국 간첩 활동을 자백하면서도 자신으로 인한 피해는 얼마 안 된다고 항변했다. 여기에는 자신의 무분별하고 지각없는 행동을 스마이스 보고서와 비교하는 방법이 동원되었다. "나도 …… 원자력 연구 보고서를 아는 대로 작성해서 건넸다. 그 정보는 대부분 나중에 공개되었다. ……"[10] 스마이스의 건조하고 전문적인 보고서는 내파를 언급하지 않았다. 하지만 소련은 그 기술을 이미 자세히 알고 있었다.

9월 5일 캐나다 주재 소련 대외 정보국에 재앙이 닥쳤다. 1943년 6월 오타와로 파견된 암호 계원 이고리 구젠코는 1944년 9월 소련으로 복귀하라는 명령을 가까스로 모면했다. 구젠코는 그때 이후로 망명을 준비했다.[11] 1945년 늦여름에 그는 26세였고 기혼이었다. 임신한 아내 스베틀라나 '안나' 구젠코(Svetlana 'Anna' Gouzenko, 1924~2001년)와 어린 아들도 한 명 있었다. 당시와 이후 구젠코를 알고 지낸 캐나다 인들은 그가 서방 세계의 자유와 번영에 눈이 휘둥그레져서 동경하고 있음을 의식했다. 구젠코가 처음 캐나다에 왔을 때의 일이다. 오타와로 가는 길에 어느 기차역에서 그와 동료 계원 한 명은 충동적으로 오렌지 한 상자를 샀다. 구젠코는 그때까지 살아오면서 딱 한 번 오렌지를 맛보았다. 그는 기차에서 오렌지를 실컷 먹었다. 통로에 껍질이 쌓일 만큼 대단한 오렌지 파티였다.[12] 구젠코는 망명 후 알고 지내던 어떤 사람에게 이렇게 말했다. "당신은 밤에 아내와 함께 영화를 보러 가겠지요. 저는 달라요. 안나와 저는 IGA(식료품점)에 갑니다. 가게에 있는 물건을 구경하는 거죠. 그냥 둘러만 봐요. 우리가 이 깡통을, 저 가방을, 그 모든 것을 살 수 있다는 것을 새삼 깨닫고, 음미하는 거죠."[13]

이웃 중 한 명은 단신의 구젠코를 이렇게 회고했다. "아주 조용했고, 품행이 단정한 신사였지요."[14] 구젠코는 망명을 결심하면서부터 관리하던 암호 파일의 전문에 은밀히 표시를 남기기 시작했다. 그렇게 밀반출된 전문으로 캐나다에서 암약하던 적군 정보국(GRU) 첩보원들의 활동이 폭로된다. 물리학자 앨런 넌 메이, 국회 의원 프레드 로즈, 국립 연구 협의회 과학자들인 필립 던포드 펨버턴 스미스(Philip Durnford Pemberton Smith, 1912~1975년), 에드워드 윌프레드 메이저롤, 이스라엘 핼퍼린, 기타 십수 명이 발각되었다. 구젠코는 모스크바로 복귀해야 할 무렵 약 109건의 문서를 빼돌렸다.[15] 거기에는 넌 메이가 구젠코의 상관들에게 우라늄 235와 우라늄 233 샘플을 넘겼음을 보고하는 전문도 있었다. 구젠코는 9월 5일 동료들과 함께 밖에서 저녁 식사를 하고 다시 대사관으로 돌아왔다. 훈훈한 느낌의 수요일 밤이었다. 그는 핑계를 대고 암호실에 들어가, 표시해 놓은 전문을 헐렁한 셔츠에 가득 집어넣은 다음, 초조한 마음으로 다시 정문을 통과했다.

구젠코는 소련의 동맹국들이 자신들을 상대로 벌어진 간첩 활동을 알고 싶어 할 것이고, 따라서 그를 두 팔 벌려 맞이할 것이라고 생각할 만큼 순진했다. 그는 소련 대사관에서 나와《오타와 저널(*Ottawa Journal*)》사무실 행 전차를 탔다. 신문사 편집장을 만나려고 했던 것이다. 그런데 승강기에서 한 여자가 구젠코를 알아봤다. 소련 대사관에서 전할 소식이라도 있느냐고 물었던 것이다. 구젠코는 기겁을 했다. 그는 다시 엘리베이터를 타고 1층으로 내려왔다. 구젠코는 달아나듯 전차를 타고 집으로 향했다. 함께 탈출하기로 한 아내가 구젠코를 진정시켰고, 다시 한번 시도해 보라고 권했다. 시간이 필요했다. 아내는 남편에게 이렇게 말했다. "대사관에서 무슨 일이 일어났는지 알려면 아직 시간이 있어요."[16]

구젠코는 다시 기운을 내《오타와 저널》사무실로 갔다. 범죄 내용을 폭로하는 전문이 아직 셔츠에 그대로 한가득 들어 있는 채로. 편집국은 분주했다. 사환이 편집 국장은 퇴근했다면서, 그를 초록색 색안경을 낀 어떤 나이 지긋한 남자에게로 안내해 주었다. 구젠코는 야간 당직 데스크를 맡고 있던 사회부장 체스터 프라우드(Chester Frowde)에게 다가가, 다른 사람이 없는 곳에서 이야기하고 싶다고 말했다. 프라우드는 "키가 작고, 체구가 땅딸막하며, …… 얼굴이 백짓장처럼 하얗게 질린" 구젠코를 신문 보관소로 데려갔다. 그곳에서 구젠코가 처음 내뱉은 말은 이랬다. "전쟁이에요, 전쟁. 러시아 말입니다." 하지만 구젠코는 프라우드에게 자초지종을 이야기하지 않았다. 프라우드의 회고를 들어보자. "거기 서 있던 구젠코의 모습은 두려움으로 완전 얼어붙어 있었습니다."[17] 구젠코는 구젠코대로 "그 사람의 표정을 보니, 제가 미쳤다고 생각한다는 걸 알 수 있었습니다."라고 회고한다.[18] 프라우드는 구젠코를 승강기로 배웅했다. 구젠코는 프라우드가 자신을 무시하며 내쫓았다고 주장했다. 반면 프라우드는 구젠코가 이름조차 알려 주려 하지 않았다고 말했다.

이제 어디로 가야 하지? 거리로 내쳐진 구젠코는 스스로에게 물었다. 그는 법무부 건물로 가서 법무 장관을 만나야겠다고 결정했다. 문을 지키던 젊은 기마 경찰대원 한 명이 아침에 다시 오라고 말하면서 구젠코를 돌려보냈다. 구젠코는 겁도 나고 실의에 빠져 집으로 돌아왔다. 아내는 남편이 가져온 문건을 자기 가방에 쑤셔 넣었고, 다시 그 가방을 베개 아래 숨겼다. 두 사람은 안절부절 못 하며 뜬 눈으로 밤을 새웠다.

구젠코는 다음날 아침 누가 봐도 임신한 것이 분명한 아내와 어린 아들을 데리고, 다시 법무부 건물로 찾아갔다. 접수 담당이 구젠코 일행을 한 직원에게 보냈다. 구젠코는 그 직원에게 법무부 장관과 직접 이야기하고 싶다고 요구했다. 직원은 먼저 전화 연락을 한 다음, 구젠코 가족을 국회 의사당으로 데려갔다. 구젠코는 거기서 다시 한번 또 다른 직원에게 자신의 사정과 사연을 설명했다. 두 번째 직원이 구젠코의 메시지를 보고했다. 구젠코 가족은 그곳에서 2시간을 기다렸다. "그들은 허둥지둥했습니다." 스베틀라나 구젠코는 이렇게 회고했다. "정말이지 당황했다는 게 역력했지요. 그들은 뭘, 어떻게 해야 할지 몰랐습니다."[19] 이윽고 법무부 장관의 메시지가 도착했다. 그들이 소련 대사관으로 돌아가,

문건을 원상 복귀시켜야 한다는 것이었다. 구젠코 가족은 캐나다 정부 내의 소련 첩자들이 그런 빌어먹을 결정을 내린 것이 틀림없다고 판단했다. 하지만 그렇게 결정한 사람은 다름 아닌 캐나다 수상 윌리엄 라이언 맥켄지 킹(William Lyon Mackenzie King, 1874~1950년)이었다. 킹은 소련과의 사이에서 분란이나 말썽이 일어날 것을 염려했던 것 같다.

스베틀라나는 남편에게 《오타와 저널》에 한 번 더 가 보자고 청했다. 이번에는 적어도 기자가 그들을 인터뷰했다. 엘리자베스 프레이저(Elizabeth Frazer)라는 여자였다. "(구젠코는) 상당히 불안해했습니다." 프레이저는 계속해서 이렇게 회고한다. "제대로 말을 못 했어요. 처음 만난 자리에서 불쑥 이렇게 말하는 것이었습니다. '당신들이 도와주지 않으면 우린 죽어요.' 그러고는 자신의 상황이 정말로 위험하다는 걸 제게 확신시키려고 애썼죠. 구젠코는 소련이 서방 국가들을 상대로 끔찍한 스파이 활동을 벌였다는 증거가 자기에게 있으며, 캐나다를 반역자들의 배신으로부터 구하고 싶다고 말했습니다. 저는 당시의 정치 분위기로 볼 때 이 모든 게 정말이지 환상적이라고 생각했어요."[20] 프레이저는 선배 기자에게 조언을 구했다. "유감천만이로군요." 프레이저가 돌아와 전해 준 말을 듣고, 구젠코는 이렇게 반응했다. 뭐라고 했기에? "당신 이야기를 우리 신문에 실을 수는 없을 것 같아요. 요즘은 아무도 스탈린을 험담하거나 불리한 이야기를 하려고 하지 않죠." 스베틀라나는 프레이저에게 자기 가족이 어떻게 했으면 좋겠느냐고 물었다. 프레이저는 연방 정부 검찰관(Crown Attorney)을 찾아가 귀화를 신청하라고 제안했다. "귀화를 하면 빨갱이들이 당신들을 잡아가지는 못하겠지요."[21]

구젠코 일가는 자포자기 상태에서 한 번 더 법무부를 찾아갔다. "그날은 무척 더웠다." 구젠코는 계속해서 이렇게 회고한다. "안나는 점점 지쳐 갔다." 그들은 귀화 신청 담당자가 점심을 먹으러 갔다는 말을 들었다. 그들도 점심을 먹어야 했다. 식사를 마친 구젠코 부부는 아들을 집으로 데려가 이웃에게 맡겼다. "우리는 다시 연방 정부 검찰관 사무실로 갔다."[22] 두 사람은 귀화 신청서를 작성하느라고 시간을 더 허비한 후에야 비로소 그 절차에 여러 달이 소요된다는 것을 알았다.

긴 하루의 나머지 여정은 이랬다. 연방 정부 검찰관 사무실의 한 여성 직원이 두 사람을 돕겠다고 나섰다. 페르난드 콜슨(Fernande Coulson)은 아는 기자에게 연락을 취했고, 원자 폭탄 이야기가 나오는 문건의 초록을 구젠코에게 번역하게까지 했다. 도착한 기자는 난색을 표했다. "우리가 다루기에는 사안이 너무 큽니다." 그는 구젠코 부부에게 이렇게 말했다. "경찰이나 정부가 나서야 해요."[23] 하지만 미국과 영국이 원자 폭탄을 개발하기 시작한 이래 최초로 발각된 중요한 원자력 스파이 행위였음에도 불구하고 경찰과 정부는 아무런 관심을 보이지 않았다. 페르난드 콜슨은 그날 늦게야 캐나다 기마 경찰대 수사관[24] 한 명을 겨우 설득해 구젠코 부부와 만나도록 했다. 하지만 그것도 다음날 오전이었다. 구젠코 부부는 지금쯤이면 대사관에서 이고리를 찾을 게 틀림없다고 생각하고는 탈진한 채 집으로 돌아갔다. 콜슨은 창문 밖으로 두 사람이 터벅터벅 걸어서 전차에 탑승하는 걸 지켜봤다. "저는 이렇게 중얼거렸습니다. '내일이면 저 사내도 죽은 목숨이군.'"[25]

구젠코는 아내와 아들을 옆 건물로 보내 숨게 하고는 아파트의 동태를 살폈다. 사내 둘이 길 건너 공원 벤치에 앉아서 그의 집 창문을 주시하고 있었다. 구젠코는 그들이 NKVD 요원일 것으로 판단하고, 아내와 아들을 뒷길로 데려갔다. 그들이 자리를 잡기 무섭게 누군가 아파트 출입문을 두드리면서 구젠코의 이름을 불렀다. 구젠코는 사내의 목소리가 익숙했다. 자보틴의 운전수였다. 구젠코 가족은 얼어붙었다. 반응이 없자 운전수는 돌아갔다. 공원의 남자들은 여전히 감시 중이었다. 구젠코는 뒤쪽 발코니를 따라 옆에 사는 이웃인 해럴드 메인(Harold Main)[26]이 캐나다 공군 상병이라는 사실이 떠올랐다. 메인의 집에서 발코니 창문을 열고 환기시키는 광경이 눈에 들어왔고, 구젠코는 일이 잘못 되면 아들을 돌봐 달라고 부탁했다. 메인은 선량한 군인이었고, 뭔가 일이 잘못되고 있음을 깨달았다. 구젠코는 NKVD가 그들의 목숨을 노린다고 말했고, 메인은 스베틀라나와 아들을 자기 집에서 지내게 하겠으며 경찰을 부르겠다고 제안했다. 스베틀라나 구젠코는 당시를 이렇게 회고했다. "메인은 군인이었고, 누가 누구를 죽일 거라고 말해도 놀라지 않았다."[27] 해럴드 메인이 불러온 경관들이 건물 경계를 서기로 약속했다. 이 과정에서 메인 부인이 구젠코 가족에게 은신처를 제공하는 일에 반대하고 나서자 복도 건너편의 또 다른 이웃이 그들을 받아들여 주었다.

그날 밤 10시경에 NKVD 요원 한 명과 대사관 직원 세 명이 구젠코의 아파트 출입문을 두드리더니, 이윽고 부수고 들어갔다. 창문 밖으로 그들이 하는 짓을 지켜본 한 이웃은 당시를 이렇게 회상했다. "서너 명이었는데 주위를 아랑곳하지 않는 게 러시아 영화에 나올 법한 불법 행위였다."[28] 소련의 급습조가 아파트 수색을 시작했을 때 캐나다 경찰이 권총을 뽑아 들고 들어왔다. 그들이 뭐하는 것이냐고 묻자 NKVD 요원은 외교관 면책 특권을 들먹였고, 아파트가 소련 재산이라고 주장하며 경관들에게 나가라고 명령했다. 하지만 경찰이 수사관을 불러들이자 소련 일당은 슬그머니 도망쳤다. 캐나다 기마 경찰대는 다음날 아침 가족을 보호 구류하고, 구젠코를 5시간 동안 심문했다. 공원에서 감시하던 사내들은 기마 경찰대원이었다. "우리가 당신 생각만큼 당신을 등한시하며 방치한 건 아니오."[29] 그들 중 한 명이 구젠코에게 한 말이다.

구젠코는 전날 밤에도 아파트 출입문 두드리는 소리를 들었지만 현관 너머 이웃집에 숨은 채 모습을 드러내지 않았다. 찾아온 사람은 윌리엄 새뮤얼 스티븐슨(William Samuel Stephenson, 1897~1989년) 경이었다. 영국 정보부의 서반구 국장인 그의 암호명은 인트리피드(Intrepid)였고, 구젠코의 이야기를 들으려던 것이었다. 스티븐슨이 뉴욕을 떠나 오타와를 방문 중이었던 우연은 구젠코에게 정녕 행운이었다. 스티븐슨은 맥켄지 킹의 부관인 노먼 알렉산더 로버트슨(Norman Alexander Robertson, 1904~1968년)에게 구젠코의 망명을 받아들이라고 촉구했다. 킹이 그 소련인 탈주자를 문건과 함께 소련 대사관으로 다시 돌려보내기로 결정했을 때 말이다.[30] 스티븐슨은 구젠코의 아파트를 방문한 후 한밤중에 로버트슨의 집을 찾아갔고, 그에게 구젠코 가족을 보호 구류하라고 설득했다.[31]

캐나다 정부는 구젠코 일가를 안전 가옥으로 옮겼고, 이고리 구젠코는 기나긴 보고를 시작했다. 킹은 일기에 이렇게 적었다. "우리가 생각한 것보다 사정이 훨씬 나빴다." 구젠코가 반출한 문서들로 "대규모 첩보 활동"이 폭로되었다. 로버트슨은 킹에게 이렇게 말했다. 킹의 일기에 적힌 그대로 인용한다. "우리가 알아낸 사실들로 인해 (당시 런던에서 열리고 있던) 외무 장관 협의회가 …… 악영향을 받을 수도 있다는 게 그의 판단이었다. 그는 이 사실이 공개되면 캐나다와 러시아의 외교 관계가 단절될 수도 있다고 생각했다. …… 다른 나라들, 곧 미국과 영국도 가만있지 않을 터였다. 이 모든 사태로 평화 정착을 위해 우리가 유지했던 관계가 완전히 무너질 수도 있었던 것이다. 그 모든 일이 얼마나 끔찍하게 비화할지 전혀 알 수 없었다."[32] 캐나다 정부는 영국에 구젠코가 망명한 사실을 알렸고, FBI를 불렀다.

맥켄지 킹은 9월 말에 워싱턴으로 날아가 백악관 대통령 집무실에서 트루먼에게 사태를 설명했다. 그 만남에는 딘 애치슨이 배석했다.

나는 (구젠코) 사건을 설명했다. …… 캐나다에서 벌어진 첩보 활동의 전모,

미국에서 벌어진 첩보 활동과 관련해 우리가 알아낸 것을 그들에게 알려 주었다. 원자 폭탄 관련 정보는 …… 특별히 강조했다. …… 뉴욕 주재 (부)영사가 미국에서 벌어진 스파이 업무의 책임자임에 틀림없다고 나는 말했다. …… 시카고에서 반출된 것으로 생각되는 물질 이야기도 했다. (우라늄 샘플을 말함.) 국무부의 차관보 한 명*이 연루되었을 것으로 추정한다는 말도 보탰다.[33]

충격적인 사실을 접한 트루먼이 다음과 같이 요구했다고 킹은 적고 있다. "섣부른 행동은 절대 안 됩니다."[34] 당분간은 몇몇 보안 기관만 비밀을 공유한 상태에서 덫을 놓을 예정이었다. 다시 말해 구젠코가 망명하면서 제공한 정보로 인해 국가의 비밀을 지키던 정보 기관들은 체면이 깎였고, 영(令)이 서지 않게 되었다.

⊛⊛⊛

전쟁이 끝났고, 데이비드 그린글래스는 예상보다 빨리 휴가를 받았다. 그와 루스는 9월에 뉴욕으로 갔고, 부모님의 냉방 설비가 된 아파트에 여장을 풀었다.[35] 데이비드가 결혼 전까지 살던 온수 설비가 안 된 아파트였다. 부부가 도착한 다음날 아침에 줄리어스 로젠버그가 방문했다고, 데이비드는 나중에 진술한다.

---

* 구젠코는 정체를 정확히 모르는 상태에서 '차관보' 이야기를 꺼냈다. 아무튼 그의 신고로 조사가 시작되고, 얄타에서 활약한 국무 장관 에드워드 레일리 스테티니어스 주니어(Edward Reily Stettinius, Jr. 1900~1949년)의 특별 보좌관 앨저 히스가 나중에 발각되었다.

매형이 아파트로 찾아왔고, 나는 침대를 기어 나왔다. 아내가 옷을 입어야 했으므로 우리는 다른 방으로 갔다. …… 매형은 내게 가져온 것을 알려 달라고 말했다. …… 나는 "원자 폭탄을 꽤나 잘 설명할 수 있을 것 같다."라고 말했다. …… 매형은 당장이라도 보고 싶고, 내가 보고서를 쓰는 대로 찾아가겠다고 말했다. …… 대화 과정에서 매형이 내게 200달러를 주었고, 자기 집으로 한 번 오라고도 했다. …… 이윽고 매형이 떠나고 아내와 나만 남았다. …… 아내는 나머지 정보를 줄리어스에게 주고 싶어 하지 않았다. 하지만 내가 아내의 의견을 물리쳤다. …… 이렇게 말했다. "이왕 여기까지 왔으니 끝장을 봐야 해요." …… 아침이 정오를 향해 가고 있었고, 우리는 밖으로 나와 아침 겸 점심을 먹었다. 나는 다시 아파트로 돌아와, 알아낸 정보를 자세히 적었고 도해와 그림도 그렸다. …… 12쪽 정도를 쓴 것 같다.[36]

"(데이비드가) 줄리어스에게 정보를 넘기지 않았으면 했어요." 루스 그린글래스도 남편의 증언 내용을 이렇게 확인했다. "히로시마에 이미 폭탄이 떨어졌잖아요. 전 원자 폭탄의 실체를 알았고, 관련 정보가 전달되어서는 안 된다고 생각했습니다. 하지만 데이비드는 다시 줄리어스에게 관련 정보를 넘기겠다고 했지요."[37]

데이비드 그린글래스가 그날 오후 로젠버그에게 건넨 내파 폭탄 설명은 왜곡되어, 알아먹을 수가 없었다. 하지만 유용한 정보도 담겨 있었다. 데이비드는 맡은 일을 하면서 열심히 관찰했고, 그렇게 자료를 수집했다. 그는 '렌즈 주형(고폭약 렌즈)'의 모양이 오각형이라고 설명했고, 렌즈가 36개라고 잘못 전달했으며(32개였다.), 기폭 장치는 축전기로 점화한다고 썼다. 데이비드가 설명한 기폭제의 주요 특징이 무엇보다 중요했다. 폭탄 한가운데에 위치한 소형 기폭제가 공급하는 중성자들로 연쇄 반응이 일어난다고, 데이비드는 썼다. "각각이 원뿔 모양으로 안이 비어 있는데, …… 각 원뿔의 꼭짓점은 주변의 베릴륨을 향한다."[38] 기폭제 안에서 적절한 순간에 내파가 일어나면 폴로늄 210과 베릴륨이 섞였다. 폴로늄 210은 알파 입자들의 보고(寶庫)인데, 알파 입자는 베릴륨 원자에서 중성자를 쉽게 떼어낸다. 기폭제 안의 원뿔형 구멍들은 폴로늄과 베릴륨 사이를 막고 있는 니켈 장벽을 깨서, 두 물질이 제때에 적절하게 섞이도록 했다. 이 설계안은 먼로 효과(Munroe effect)[39]를 이용한 것이었다. 먼로 효과란 작약을 성형하는 원리로, 장갑을 관통하는 로켓탄 같은 장비에 적용되는데, 대표적인 예로 제2차 세계 대전 때 사용된 바주카포가 유명하다. 원뿔 모양으로 인해 충격파가 관통력이 매우 높은 고속 제트류로 전환된다. 먼로 효과를 채택해 기폭제를 설계한 것은 2차원 내파 실험과 제트 연구의 자연스러운 귀결이었다. 그린글래스와 클라우스 푹스가 모두 거기 참여했다. 기폭제 설계가 내파 방식 개발에서 가장 어려운 과제 가운데 하나였다는 게 중요하다. 기폭제 설계 때문에 플루토늄 내파 프로젝트가 사실상 제자리걸음이었던 것이다. 그린글래스는 애버딘에서 교육 훈련을 받으며 먼로 효과를 배웠고, 재래식 폭발물 작약을 성형하기도 했다. 원뿔 모양은 진일보한 설계안[40]이었다. 이것은 트리니티 실험 폭탄과 나가사키에 떨어진 팻 맨에 사용된 기폭제와도 달랐다. 로스앨러모스의 개발자들은 원뿔 모양 설계에 특허[41]를 신청했다. 그렇게 해서 이 특허를 공동으로 보유하게 된 사람이 실험 물리학자 루비 셰르(Rubby Sherr, 1913~2013년)와 클라우스 푹스였다.

그러나 그린글래스는 1945년 9월 매형에게 넘긴 수기 문서에 훨씬 가치가 큰 정보가 있었다고 회고했다. 한 실험을 대강의 그림과 함께 설명한 것이 그것이라고 나중에 말했는데, "원자 폭탄에 사용될 플루토늄의 양을 줄이는 것과 관련된" 내용이었던 것이다. 그 실험은 폭발 효율을 증대시키는 것과도 관계가 있었다. "그 실험은 …… 커다란 우라늄 층

안에 또 다른 우라늄 층을 만드는 것이었다. 두 층 사이에는 큼직한 공극(空隙, air gap)을 두었고, 당연하게도 내층과 외층을 떼어 놔야 했으므로 기둥도 집어넣었다. 나는 공극(levitation)을 사용해야 외층 내파 속도를 높일 수 있다는 걸 로젠버그에게 알려 주었다. 그래야 플루토늄을 적게 쓰고도 더 큰 폭발을 일으킬 수 있기 때문이었다. …… 그 실험의 제반 각론이 로스앨러모스에서 내가 맡은 임무 가운데 하나였다."[42]

그린글래스가 로젠버그에게 설명한 실험 내용을 보면 내파 설계에서 두 가지 중요한 개선이 이루어졌음을 알 수 있다. 공극과 복합 코어(composite core)가 그 두 가지이다. 한스 베테의 설명을 들어보자.

> 코어의 속을 꽉 채우면 압착이 매우 어렵다는 게 분명했다. 우리는 애초에 속이 빈 껍질을 원했다. 하지만 (그런 식으로 했다가는 내파가) 대칭적으로 이루어지지 않을 것으로 판단했다. 그러다가 결국 결정했다. 그래, 속이 빈 껍질로 만들 수 있을 거야. 속을 비우면 정중앙을 견고하게 해야 했다. 말하자면 (탬퍼)를 빈 껍질 위에 붙여야 했으니까. (중앙의) 코어도 공극을 만들어야 했다. (껍질 안쪽에서 코어를 지탱해 주는) 철사를 충분히 가늘게 만들 수 있느냐가 관건이었다. 이 철사는 비행기 수송과 폭탄으로 투하되는 상황도 견딜 수 있을 만큼 튼튼해야 했다. 철사는 튼튼한 동시에 작고 가늘어야 했다. 철사가 구면 대칭을 방해해서는 안 되었기 때문이다. 구면 대칭이 가장 중요하다. (내파가 대칭을 유지해야만) 밀도가 커진다. 이것 말고도 또 있다. 속을 비우면 물질을 약간 더 집어넣을 수 있다. 임계 질량 이상을 넣을 수 있는 것이다. 그렇게 해서 핵출력이 또 증대한다. 우리는 (전쟁) 막바지에 이미 복합 코어도 개발했다. 중앙에 플루토늄을 두고 바깥에 우라늄을 씌워 복합 코어를 만들면 핵출력이 크게 증대한다. 플루토늄은 농축 우라늄보다 만드는 데 비용이 훨씬 많이 들었다. 세 배쯤 더 비쌌을 것이다. 우리는 혼합법을 떠올렸고, 무

기를 크게 개량할 수 있었다.[43]

내파하는 껍질은 공극 덕분에 가속할 수 있는 시간을 벌었고, 이어서 코어를 타격했다. 핵무기 설계자 시어도어 브루스터 테일러(Theodore Brewster Taylor, 1925~2004년)는 꼭 집어서 말하지는 않았지만 작가 존 맥피(John McPhee, 1931년~)에게 그 원리를 이렇게 설명하기도 했다. "코어를 더 세게 타격할수록 한가운데로 더 많은 에너지를 집중시킬 수 있었다. 망치질할 때 어떻게 하나? 못에 망치를 대고, 누르는 사람은 없지 않은가?"[44] 팻 맨의 속이 꽉 찬 코어는 눌러야 했지만, 공극을 설치한 설계는 망치로 내려치는 것과 다름이 없었던 셈이다. 공극으로 효율이 증대했기 때문에 팻 맨보다 지름이 더 작은 폭탄도 설계할 수 있었다. 무기가 가벼우면 비행기로 운반하기가 더 쉽다. 베테가 지적한 대로 복합 코어는 플루토늄 사용량이 더 적었고, 핵출력은 더 컸다. (둘 다 중요한 이점이다.) (그린글래스는 우라늄 중앙을 우라늄 껍질로 싼다고 코어를 설명했는데, 그것은 아마도 내파 실험 중에 사용된, 연쇄 반응을 하지 않는 천연 우라늄으로 된 대용물이었을 것이다.)

그린글래스는 앨버커키에서 앤 시도로비치가 아니라 해리 골드가 찾아온 이유를 로젠버그에게 물었다. "그럴 수 없었다네."[45] 로젠버그의 대답에는 성의가 없었다.

맥스 엘리처는 줄리어스 로젠버그[46]가 그해 9월에도 워싱턴의 유니언 역에서 전화를 걸어와, 잠깐 이야기하고 싶다고 했던 것을 기억했다. 로젠버그는 전쟁이 끝났지만 여전히 활동 중이라고 엘리처에게 이실직고했다. 소련한테는 아직도 군사 기술 정보가 필요하다는 것이었다.

해리 골드는 8월 중순 브루클린에서 아나톨리 야츠코프를 만났다. 9월 말로 예정된 뉴멕시코 여행을 조율하기 위해서였다. 푹스를 다시 만나야 했다. 데이비드 그린글래스가 6월에 넘긴 정보가 매우 유익했다는 말을 전해 들은 골드는 그 젊은 공병도 다시 만나고 오겠다고 제안했다. 이번에는 야츠코프가 나서서 행동 수칙에 관해 이야기했다. 골드의 말을 들어보자. 야츠코프는 "푹스를 만나러 가는 여행이 위태로워질 수 있다고 내게 말했다. 앨버커키로 그린글래스를 찾아가는 게 권할 만한 일이 못 된다."[47]는 것이었다.

골드는 9월 중순에 뉴멕시코로 갔다. 이번 여행은 계획을 실행하기가 어려웠다. 직장에서 휴가를 내기가 어려웠던 데다 돈까지 부족했다. 골드는 9월 16일 밤을 시카고에서 보냈다. 그는 유서 깊은 호텔 팔머 하우스(Palmer House)에서 뉴어크에 사는 옛 친구 톰 블랙에게 전화를 걸어, 앨버커키 힐튼 전교(轉交)로 전신환 50달러를 보내 달라고 부탁했다.[48] 블랙은 20달러밖에 마련할 수 없었지만 그것이라도 보내 주었다.

골드는 1945년 9월 19일 수요일 앨버커키에 도착했다. 바로 그때 커티스 르메이가 탄 B-29는 홋카이도 동쪽 상공 어딘가를 날고 있었다. 골드는 힐튼 호텔에 여장을 풀었고,[49] 바로 그날 샌타페이 외곽에서 푹스를 만날 예정이었다. 골드는 이렇게 회고한다. "아주 늦은 오후였다. 6시쯤." 골드는 다시 앨버커키에서 출발하는 버스를 탔다. 푹스는 약속 장소에 폐차 직전의 뷰익을 타고 나타났다. 그답지 않게 늦기까지 했다. "무려 20~25분은 늦었을 겁니다."[50] 접선을 위해 기다리면서는 항상 노출되었다는 느낌에 시달렸던 골드의 말이다. 두 사람은 차를 타고 샌타페이의 구릉 쪽으로 이동했다. 푹스는 빠져나오는 데 애를 먹었다며 골드에게 사과했다. 그 짜리몽땅한 화학자는, 푹스와 "로스앨러모스의 동료들이 바로 그날 저녁 …… 원자력 무기가 성공한 것을 축하하는"[51] 파티[52]를 하고 있었다고 기억했다. 푹스가 주류를 운반했다는 것이었다. 그 파티는 로스앨러모스에서 열린 영국 파견단의 공식 행사였음에 틀림없다. 하지만 실제는 그날 저녁이 아니라 사흘 후인 9월 22일 토요일이었다. "원자력 시대의 개막을 축하한" 그 행사의 날짜는 공식 초대장에서도 분명하게 확인할 수 있다. 살코기와 콩팥을 다져 넣은 파이가 종이 접시에 담겨 제공되고, 수백 상자의 트라이플(trifle, 영국식 디저트)이 준비되었으며, 본격 팬터마임이 공연되고, 춤과 함께 건배가 여러 차례 오간 그 파티에는 손님이 도착하면 호명해 주는 문지기까지 있었다. 그렇게 성대한 파티였으니 산 위의 영국 파견단이 한 주 내내 준비해야 할 만큼 일이 많고, 바빴던 것이다. 푹스는 술을 사오겠다며 빠져나와 골드와 접선한 것이 분명하다. 골드는 로스앨러모스 외부의 그 누구한테서도 영국 파견단이 연 파티 이야기를 들을 수 없었다. 그가 5년 후에 푹스의 9월 말 상황을 거의 정확하게 회고했던 걸 보면 그 진실성을 알 수 있다.

푹스는 골드에게 넘길 보고서를 겨우 작성할 수 있었다. 그는 나중에 이렇게 고백한다. "(골드를) 만나러 …… 가는 길에 …… 사막 어딘가에서 멈추었고, 고속 도로에서 외딴 곳으로 벗어났다. …… 전달할 …… 보고서의 한 부분을 거기서 썼다."[53]

푹스는 운전하면서 할 말이 많았다. 골드는 그가 트리니티 실험을 참관했고, 하늘이 흐리고 비가 왔음에도 북서쪽으로 320킬로미터 떨어진 로스앨러모스에서까지 폭발의 섬광이 보였음을 나중에 알았다는 이야기를 들었다. "푹스 자신도 벌어진 사태를 꽤나 두려워했어요." 골드는 푹스한테 들은 이야기를 계속해서 이렇게 전한다. "…… 솔직히 말해, 그는 프로젝트가 목표를 달성하지 못한 채 종료될 거라고 봤어요. …… 미국의 산업 잠재력을 심각하게 과소평가했던 게 확실합니다. …… 푹스는 그 무기가 초래한 끔찍한 파괴상도 크게 우려했지요." 로스앨러모스에서 히로시마와 나가사키의 사망자 수와 피해를 보고 괴로워한 사람은 푹스만이 아니었다. 아무튼 그는 그렇게 괴로워하면서도 새로운 살상 무기 기술을 소련으로 확산시키는 사안을 재고하지 않았다.

푹스가 길을 벗어나 차를 세웠다. 시가지에서 "꽤나 먼 곳"이었다고 골드는 말한다.[54] "발 아래로 샌타페이 시내의 불빛이 거의 안 보였으니까요." 푹스는 자신의 놀라운 경험을 계속해서 죽 나열했다. "전에는 샌타페이 시민이 로스앨러모스 사람들을 도저히 이해할 수 없는 일을 하는 쓸데없는 집단쯤으로 여겼지만 이제는 사방 도처에서 전쟁 영웅으로 칭송받는다고 이야기했죠." 하루는 로스앨러모스의 한 보안 장교가 무심코 자기에게 이런 말도 했다고 푹스는 전했다. 육군 방첩대(Army intelligence)는 미국과 영국에서 암약 중인 소련 간첩의 규모를 "수백 명"쯤으로 보고 있습니다. 헌데 영국과 미국은 소련에서 활약하는 비밀 공작원이 "딱 한 명"이에요. 푹스가 그게 말이 되느냐며 비웃었다고, 골드는 회고했다.

하지만 푹스는 이내 침울해졌다. 프로젝트의 몇몇 구획에 접근을 차단당했다고, 그는 말했다. "영국 파견단과 미국의 관계가 한때는 매우 화기애애하고 자유로웠지만, 이제는 뭔가 껄끄럽고 불편합니다. …… 두 집단은 이제 더 이상 자유롭게 정보를 교류하지 않아요." 푹스는 그해 말이나 1946년 초 이전에 영국으로 돌아가게 될 것으로 예상했다. "이번에는 오직 영국만을 위해서 원자력 관련 연구를 다시 시작할 계획이었죠." 영국 정보 기관은 아버지 에밀 푹스의 소재를 파악 중이며, 영국으로 모셔 올 수 있을지도 모르겠다고 푹스에게 알렸다. 푹스는 아버지의 "안녕과 건강이 몹시 염려되었"지만 그가 말을 너무 많이 할까 걱정도 했다. "푹스는 영국이 자신의 공산주의 활동 전력을 전혀 모르는 것 같다고 말했습니다. 그는 비밀이 계속 유지될지 걱정했죠." 골드는 푹스에게 "최선이라고 생각하는 바를 밀고 나아가라."라고 조언했다. 골드는 푹스를 위로하기도 한 것 같다. "푹스는 아버지가 말을 많이 할까 걱정했고, 영국이 자기 과거를 캐는 것은 아닐까 근심했죠." 나중에 밝혀졌다시피 둘 모두에서 골드의 판단이 옳았다.

워싱턴에 고위급 정보원이 여럿 있던 야츠코프는 푹스가 영국으로 곧 복귀하리라는 이야기를 들었고, 골드에게 런던에서의 접선 규약을 하달했다. 골드가 푹스에게 그 규약 내용을 전달했음은 물론이다. 푹스는 자신이 크리스마스쯤 케임브리지에 사는 여동생한테 들를 가능성이 있고, 따라서 "그 직전에 여동생한테 물어보면 소재를 가장 확실하게 알 수 있을 것"이라고 말했다. 푹스와 골드는 다시 샌타페이로 돌아왔다. "푹스는 마지막에 원자력 관련 정보가 담긴 보고서 뭉치를 주고 …… 저를 차에서 내려 주었습니다." 푹스는 차를 몰고 사라졌고, 골드는 버스 터미널로 향했다. "저는 긴장한 채 1시간 30분가량 기다린 후 앨버커키행 버스를 탔죠."

골드는 앨버커키 힐튼에서 목요일 새벽 2시 30분에 기상해, 아메리카 항공 비행기를 타고 캔자스시티까지 날아갔다. 미주리부터는 주간 요금 클래스로 갈아타고 계속해서 시카고로 이동했다. 골드는 그날 밤 늦게 기차로 뉴욕에 도착했으며, 다시 뉴욕에서 여전히 푹스의 정보 꾸러미를 휴대한 채 필라델피아의 집으로 향했다.[55] 다음날인 9월 22일 야츠코프를 만나, 푹스의 정보를 넘기기 위해 뉴욕으로 돌아왔다. 그런데 야츠코프가 약속 장소에 나타나지 않았다. 그 무렵 캐나다의 첩보 활동이 와르르 무너지면서 위험 경보가 울렸기 때문이다. 10월 초에 퀸스에서 2차 접선이 이루어졌고,[56] 야츠코프가 마침내 골드로부터 범죄 행위를 입증하는 그 문서를 받아 갔다. 야츠코프는 그해의 나머지 기간 내내 골드와 정기적으로 만났다. 하지만 골드는 12월쯤 야츠코프가 "화를 잘 낼 뿐만 아니라 매우 불안해" 한다는 것을 눈치 챘다. 야츠코프는 골드에게 "둘 다 극도로 조심해야 한다."라고 말했다. 골드는 야츠코프가 "겁을 집어먹었다."[57]는 느낌을 받았다.

푹스는 6월에 넘긴 정보를 통해 트리니티에서 실험된 플루토늄 내파 폭탄의 설계안을 자세히 설명했다. 그의 새 보고서로 여기에 세부 사실이 보태졌다. 푹스는 우라늄 235의 생산 속도가 한 달에 100킬로그램에 육박하며, 플루토늄은 한 달 20킬로그램이라고 적었다. 각 물질의 임계 질량도 알려 주었는데, 소련은 이것을 바탕으로 미국이 폭탄을 몇 개나 비축할 수 있는지 대강이나마 계산할 수 있었다. 푹스는 플루토늄의 여러 상(相, phase)에 관한 중요한 정보도 알려 주었다. 플루토늄의 상이한 결정 상태는 각각 독특한 특성을 지닌다.

플루토늄은 기이한 금속이다. 플루토늄의 금속 공학적 특성이 알려졌고, 로스앨러모스의 금속 공학자들은 큰 난관에 봉착했다. 발견자 글렌 시보그는 한 기자에게 이렇게 말하기도 했다. "플루토늄은 믿을 수 없을 정도로 특이합니다. 어떤 조건에서는 유리처럼 단단하고, 부서지기 쉽죠. 또 어떤 다른 조건에는 납처럼 부드러워, 성형이 가능해요. 공기 중에서 가열하면 순식간에 타서 가루로 바스러집니다. 상온에서 보관하면 서서히 붕괴되지요. 플루토늄은 상온과 녹는점 사이에서 무려 다섯 번이나 상 전이(phase transition)를 합니다. 그 가운데 두 단계에서는 실제로 열이 가해지는데도 **수축**하니 이상하기만 하죠. …… 플루토늄은 모든 원소 중에서도 가장 독특하고 유일무이합니다."[58] 이처럼 상이 다르기 때문에 특정 질량의 플루토늄이 차지하는 부피와 밀도는 물론이고, 결국 임계 질량이 크게 달라졌다. 로스앨러모스의 수석 금속 공학자 시릴 스탠리 스미스(Cyril Stanley Smith, 1903~1992년)는 이렇게 썼다. "우리는 1차로 성형 방법을 이리저리 실험했다. …… 납작하게 아름다운 플루토늄이 변형되면서 접시처럼 동그랗게 말렸다. 원기둥의 경우는 양쪽 끝이 크게 오목해졌다."[59] 소련의 과학자들은 푹스가 제공한 정보를 바탕으로 플루토늄 성형이라는 어려운 과제에 충분한 사전 지식을 가지고

도전할 수 있었다. 구체적으로는 상온에서 플루토늄에 희귀 금속 원소인 갈륨을 섞으면 델타 상(delta phase, 밀도가 가장 높지만 여전히 펴서 늘일 수 있는, 다시 말해 가단성이 있는 상을 말한다.)을 안정화할 수 있다고 한 푹스의 보고가 요긴했다.[60]

푹스는 트리니티 실험 결과를 보고했다. 자신의 기폭제 연구 내용을 설명했고, 고폭약 렌즈 1개만 남겨 두고 팻 맨을 어떻게 조립했는지도 자세히 알려 주었다. 탬퍼에 드릴로 구멍을 뚫어 최종 조립물의 중앙에 이르는 통로를 만들었다는 말인데, 이 통로로 코어를 집어넣고 일종의 마개라고 할 수 있는 착탈식 플러그를 끼웠던 것이다. 푹스는 오크리지의 기체 확산 공장에서 사용하기 위해 개발한 우라늄 분리 필터("장벽")의 재료가 소결(燒結) 니켈(sintered nickel)이라는 것을 알려 주었다. 소결 니켈은 미국도 오랜 시간의 지난한 연구 끝에야 겨우 알아낸 재료였다. 그는 복합 코어 설계 정보도 넘겼다. 폭탄 원료를 만드는 방법으로 동위 원소를 분리하고, 플루토늄을 생산하는 두 가지 안에 다 의존하는 게 미국한테 경제적으로 유리했음이 강조되었다. 푹스는 공극[61]도 알고 있었고, 아마 알려 주었을 것이다. 데이비드 그린글래스가 대충 작성한 정보가 푹스의 정확한 과학적 설명을 다시 한번 유익하게 보강해 줄 터였다. 심지어 이번에는 그린글래스가 새로운 내용을 먼저 보고하기까지 했다.

☢☢☢

소련의 해외 첩보 부서장 베스볼로드 무르쿨로프는 플루토늄 내파 폭탄 팻 맨의 상세 보고서[62]를 1945년 10월 18일 라브렌티 베리야에게 보냈다. 1급 비밀로 분류된 그 7쪽짜리 문서는 다음과 같은 요약문으로 시작된다.

> **원자 폭탄의 개요**
>
> 원자 폭탄은 최대 지름이 127~325센티미터이고, 지느러미 안정판이 달린 배 모양의 발사체이다. 총무게는 4만 5000킬로그램 정도이다. 폭탄은 다음으로 구성된다.
>
> a. 기폭제
>
> b. 활성 물질
>
> c. 탬퍼
>
> d. 알루미늄 층
>
> e. 폭약
>
> f. 폭약 렌즈 32개
>
> g. 기폭 장치
>
> h. 두랄루민 껍질
>
> i. 강철 외피
>
> j. 지느러미 안정판
>
> 지느러미 안정판, 기폭 장치, 외곽의 강철판을 제외하고 위에 적은 나머지 모든 요소는 작은 것이 큰 것 속에 들어가는, 속이 빈 공 형태이다. 이를테면 공 모양의 활성 물질이 역시 속이 빈 공인 탬퍼(감속재) 안에 들어가는 식이다. 탬퍼는 속이 빈 알루미늄 공 안에 들어가고, 알루미늄 공은 다시 구형으로 배치된 폭약 층이 에워싼다.
>
> 이 폭약 층에는 렌즈도 들어 있고, 두랄루민 껍질이 에워싼다. 두랄루민 껍질에는 기폭 장치가 달려 있는데, 강화 강철로 만든 폭탄 외피가 덮인다.

기폭제를 필두로 주요 부위 각각에 대한 체계적인 설명이 뒤를 이었다. 데이비드 그린글래스는 작약을 원뿔 모양으로 성형해 베릴륨 껍질에 집어넣은 기폭제를 설명했다. 충격파로 베릴륨과 폴로늄이 쉽게 섞이도록 하는 설계였다. 1945년 10월 베리야에게 올라간 문서에 담긴 기폭제 설계안은 이것과 달랐다. "속이 빈 베릴륨 공인데, 내부 표면에 쐐기 모양의 홈을 팠고, 모든 홈의 축선이 …… 서로 나란하다." 보고서에는 이 설계안이 "고슴도치(Urchin, 성게)"[63]로 불린다고 나왔다. 로스앨러모스의 물리학자 루비 셰르가 홈을 판 그 기폭제에 고슴도치라는 별명을 붙였다. 이 기폭제는 그 홈 때문에 '스크루볼(screwball)'이라는 다른 별칭도 얻었다. 트리니티 내파 장치는 고슴도치 기폭제를 사용했다. 나가사키 상공에서 폭발한 팻 맨에도 고슴도치 기폭제가 쓰였다. 향후 5년간 제작되는 미국제 원자 폭탄은 모두 고슴도치 기폭제를 채택한다. 10월 18일자 문서에는 고슴도치 기폭제의 정확한 제원이 적혀 있었고, 그 기폭제가 어떻게 작동하는지 자세히 나왔다. 2개의 구성 요소, 금과 니켈 판금, 여러 층들과 요소들이 어떻게 상호 작용해 중성자를 발생시키고, 연쇄 반응이 일어나는지가 서술되었던 것이다. 홈이 붕괴하면서 "먼로 제트류"가 만들어진다고, 문서는 언급했다. 데이비드 그린글래스가 베릴륨과 폴로늄이 섞이는 주된 메커니즘으로 언급하는 바로 그 먼로 효과 말이다.

문서는 "활성 물질"에 관해 이렇게 적고 있다.

> 2. 활성 물질
>
> 원자 폭탄의 활성 물질은 비중량(specific weight)이 15.8인 델타 상태의 플루토늄 원소이다. (원문 그대로임: 최신의 비중량 값은 15.7이다.) 활성 물질은 속이 빈 공 형태로 만든다. 반구 2개를 맞대는데, 기폭제 공의 외곽처럼 니켈카보닐이 감싼다. 공의 외곽 지름은 80~90밀리미터이다. 기폭제가 포함된 활성 물

질의 무게는 7.3~10.0킬로그램이다. (팻 맨 코어는 기폭제가 없는 상태에서 6.2킬로그램이었다.) 반구들 사이에는 금을 두께 0.1밀리미터로 골이 지게 만든 개스킷을 댄다. 고속 제트류가 결합면을 뚫고 들어와 기폭제에 침투하는 것을 막는 용도이다. 그렇게 하지 않으면 기폭제가 조기에 활성화될 수도 있다.

지름 25밀리미터의 구멍은 기폭제를 활성 물질 중앙에 집어넣는 용도이다. 기폭제는 활성 물질 한가운데에서 특수 받침대 위에 고정된다. (이렇게 해서 기폭제는 공중에 떠 있는 상태가 된다.) 기폭제를 집어넣고 나면, 역시 플루토늄으로 만든 플러그 마개로 개구부를 닫는다.

금박 개스킷은 세부 사항으로서 아주 중요했다. 금속 공학자 시릴 스탠리 스미스가 이것을 개발한 것은 제트 문제를 해결하기 위해서였다. 금박 개스킷은 플루토늄 반구 2개의 접촉면을 똑바로 맞춰 밀폐 능력을 향상시켰다. 스미스는 은퇴 후에 쓰고 남은 금박 개스킷을 손님들에게 가끔씩 보여 주었다. 가운데에 커다란 구멍이 뚫린 원형의 작은 금박 개스킷을 자기 집의 무늬 없는 하얀색 보석 상자에 보관하고 있었던 것이다. 미국 역사 박물관(National Museum of American History)은 1992년 스미스가 사망하자 그 금박 개스킷을 입수해 영구 전시 품목으로 삼았다.

무르쿨로프의 보고서에 다음으로 적힌 내용은 탬퍼였다. 그 묵직한 천연 우라늄 껍질이 코어를 감싸면서 두 가지 기능을 수행했다. 중성자를 반사하면서 폭발 분해의 관성을 잡아 주는 게 탬퍼의 역할이었다. 첩보 보고서에는 탬퍼를 구성하는 요소와 제원, 코어를 집어넣기 위해 구멍을 뚫었다는 사실과 함께 상당히 중요한 세부 사항이 하나 담겨 있었다. 팻 맨 설계를 설명하는 미국의 공식 문서에도 항상 누락되었던 내용이라는 게 의미심장하다. "탬퍼의 바깥 표면은 붕소 층으로 덮는다. 폭탄의 방사능 물질이 내뿜는 고온의 중성자들이 전단 폭발을 야기할 수 있는데, 붕소 층이 이 중성자를 흡수한다." 데이비드 그린글래스가 9월에 줄리어스 로젠버그에게 넘긴 내파 폭탄에 관한 뒤죽박죽 보고서에서도 이 중성자 흡수 시스템에 관한 설명이 있다. 하지만 그린글래스는 그걸 붕소가 아니라 바륨으로 오인했다. 그린글래스는 1950년 재판에서 붕소 층을 "성형 바륨 구"[64]라고 말했다. 이전 7월의 자술서 가운데 하나를 보더라도 그는 붕소 층의 위치를 "플루토늄(원문 그대로임: 우라늄 탬퍼)과 고폭약 사이"라고 옳게 지적해 놓고도, 그걸 "성형 막"[65]이라고 불렀다.

무르쿨로프의 보고서는 팻 맨의 고폭약 배열을 자세히 설명했다. 하지만 고폭약 렌즈의 정확한 조립 곡선에 관한 결정적 정보가 없었다.

5. 폭약과 렌즈 층

폭약 층은 특수한 형태의 블록 32개로 구성된다. 알루미늄 층 다음에 폭약 층이 배치된다. 중심을 향하는 블록의 내부 표면은 구형이고, 지름은 알루미늄 층의 바깥 지름과 같다. 이 블록들의 바깥 표면에는 특수한 슬롯이 있어, 6각형 렌즈 20개와 5각형 렌즈 12개를 끼워 넣을 수 있다. 표면들 사이에는 두께가 0.15센티미터인 펠트 천이 구체의 축선과 수직으로 놓인다. 방사상 표면 사이의 빈 공간은 압지로 가득 채운다. 폭약과 렌즈 층 사이의 공극이 0.07센티미터 이상으로 커져서는 안 된다. 더 커지면 이 공극들의 방향에 따라 폭발력이 증가할 수도, 감소할 수도 있기 때문이다. 각 렌즈는 두 종류의 폭약, 즉 고속 연소형과 저속 연소형으로 구성된다. 렌즈는 아세틸셀룰로오스로 만든 특수 주형으로 주조한다. 그렇게 만든 렌즈를 고속 연소 부위가 폭약 층에 닿도록 설치한다. 폭약의 총 무게는 약 2톤이다.

렌즈 32개 각각에 기폭 장치를 하나씩 단다. 신뢰성을 높이기 위해 전기 도화선은 2개로 한다. 총 64개의 도화선은 4분원으로 나누면 각각 16개씩이다. 렌즈마다 선이 2개씩 연결되지만 그 두 도화선의 출처 4분원은 각각 다르다.

무르쿨로프 보고서는 폭탄의 두랄루민 껍질을 간략하게 설명하고, 조립 방법을 세세하게 언급하면서 끝난다. 구체적으로 이렇게 적혀 있다. "플루토늄과 기폭제의 방사능 물질에서 열을 발생해, 주위보다 섭씨 90도가량 온도가 더 높기 때문에 냉방 설비가 된 특수 컨테이너 안에서 폭탄을 조립해야 한다."

이 역사적인 문서가 특별히 라브렌티 베리야가 볼 수 있도록 준비되었다는 것은 분명하다. 베리야는 산업 관리 경험은 풍부했지만 과학 훈련은 전혀 받지 않았던 것이다. 무르쿨로프 보고서는 클라우스 푹스가 1945년 6월과 9월 말에 넘긴 더 자세한 정보를 곧이곧대로 담고 있지도 않았다.

베리야는 속수무책이었다. 소련이 국가의 최우선 과제로 지정한 사활을 건 프로젝트가 그에게 떨어졌다. 하지만 베리야에게는 그 과제의 진행 상황을 판단할 필수 지식이 없었다. 그는 과학자들에게 휘둘렸다. 그런데 이런 지식인 집단을 베리야는 본능적으로 불신했다. 한 러시아 역사학자의 말을 들어보자. "베리야는 명백하고도 탁월한 권력자였지만 물리학 내용을 전혀 이해할 수 없었다. 우라늄, 플루토늄, 동위 원소 분리 등의 이야기가 나오면 그는 잠자코 있었다. …… 연구가 성공해야 …… 베리야도 살 수 있었다. 베리야는 스탈린 밑에서 핵무기 제조의 책임을 직접 졌다."[66] 율리 하리톤은 이렇게 말한다. "처음에는 모든 문제가 쿠르차토프를 통해 해결되었다. (결국 베리야도) 우리한테 유의하지 않을 수 없었다."[67]

베리야는 자신의 약점을 줄일 수 있는 방법을 찾아 나섰다. 보안 장교들이 일본으로 파견되었다. 파괴된 나가사키를 촬영하기 위해서였다.[68] 베리야는 "예비" 과학자 팀도 꾸리기 시작했다. (그중에는 유대인도 소수 있었다.) 쿠르차토프 연구진이 믿을 수 없다고 판단되면 대체한다는 복안이었던 것이다.

대담하게도 표트르 카피차가 이미 10월 3일 스탈린에게 항의 서한을 보냈다. 베리야가 원자 폭탄 프로젝트를 이끄는 것에 대한 문제 제기였다. "한 시민이 국가에서 차지하는 지위가 그의 정치 비중에 따라서만 결정되는 것입니까?" 카피차는 수사적으로 이렇게 묻고는, 다음과 같이 첨언했다. "베리야 동무 유형의 동지들은 이제 과학자들을 존중하는 법을 배워야 …… 합니다."[69] 베리야는 처음에 이 불화를 조용히 넘기려고 했다. 스탈린이 전화를 걸어 카피차가 보낸 편지 내용을 이야기했다. 베리야는 카피차에게 전화를 걸어, 면담을 하자고 불렀다. 카피차가 루비앙카로 베리야를 찾아가지 않자, 베리야는 카피차에게 품격 있는 선물을 보냈다. 튤라 엽총(Tula shotgun)[70]이었다. 하지만 카피차의 안 좋은 감정은 누그러지지 않았다. 다툼이 그해 내내 계속되었다. 해리 골드라면 산업 스파이 정보를 넘기던 경험을 바탕으로 카피차에게 조언을 해 주었을 수도 있는 사안이 문제였다. 과연 베리야가 작정하고 있는 것처럼 소련 최초의 원자 폭탄을 팻 맨 설계안에 따라 그대로 만들 것인가, 아니면 카피차가 의도한 것처럼 독자적으로 더 정교하게 설계할 것인가? 아나톨리 알렉산드로프는 이렇게 말했다. "우리가 미국인들과 동일한 경로를 따라가면 그들을 앞설 수 없다는 것이 표트르 카피차의 입장이었다. 우리의 길을 독자적으로 찾아야 했다. …… 베리야 같은 사람들은 폭탄만 보았다. 그는 이 연구의 근본적이고도 다면적인 특징을 전혀 몰랐다. 이를테면 베리야는 선박용 원자로 개발을 금지했다. 그가 맨 처음으로 원한 것은 폭탄이었다. 다른 모든 것은 나중 일이었다."[71]

카피차는 위신을 지킨답시고 베리야에 반대해 목숨을 위태롭게 하지는 않았다. 그는 1935년에도 동일한 문제에 직면한 적이 있었다. 모스크바에 억류된 채, 해외로 나가 연구하는 것을 금지당했던 것이다. 카피차는 영국에 머물던 아내에게 이렇게 썼다.

(국가의) 모든 노력과 활동은 지금 사회주의 사회 건설의 물질적 토대를 축적하는 데 맞춰져 있소. 그 누구도 예상하지 못한 경이적인 속도로 축적이 진행되고 있지요. 하지만 그 토대가 흉내 낸 모조품에 불과하기 때문에 진행 상황은 순조롭기만 합니다. 소련 국가는 새로운 기술을 창출하는 데 어떤 노력도 하지 않아요. 더 일반적인 성격의 여러 공정을 익히고, 비밀을 푸는 데 모든 연구가 집중됩니다. 서유럽은 이미 통달해 잘 아는 것들 말이에요. 이런 일에는 어떤 깊이 있는 사유나 능력이 필요하지 않소. 성과가 대단히 인상적이기는 하지만 말이오. …… 이런 국면이 얼마나 오랫동안 지속될지는 모르겠소. 하지만 순수 과학과 그런 활동 사이에 만리장성이 놓여 있지 않다는 것은 확실하오. 순수 과학의 토대가 전무하지 않다면 말이오. ……

우리의 사회주의 조국이 독창적인 사유의 단계로 진입할 때라야 모든 게 근본적으로 바뀔 거라고 확신하오. …… 그때야 비로소 발명과 창의력이 자유롭게 발휘되겠죠. 지금은 단순히 재능과 재주를 조직하는 걸 높이 칩니다. 독창력이 더 높은 평가를 받는 때가 와야 해요.[72]

다시 말해 카피차는 "조악한 모방"[73]에서 독창적인 과학으로 나아가려면 연구의 자유가 독단을 대체해야 한다고 믿었다. 그는 과학이 중대한 기여를 할 수 있음을 소련 지도자들에게 증명할 수 있는 절호의 기회가 바로 원자 폭탄 개발이라고 생각했다. 하지만 카피차와 그의 꿈 사이에는 라브렌티 베리야가 놓여 있었다.

카피차는 위험스럽게도 다시 한번 스탈린에게 편지를 보냈다. 11월에 작성된 편지에서 카피차는 자신의 주장을 되풀이했다. "지휘봉을 잡고 있는 것은 베리야 동지죠. 좋습니다. 하지만 그럼에도 불구하고 제1바이올린 주자는 과학자여야 합니다. 바이올린이 관현악단 전체의 소리를 결정하기 때문입니다. 지휘를 해야 할 뿐만 아니라 악보까지 이해해야 한다는 게 베리야 동지의 약점이지요. 그것 때문에 베리야 동무에게 문제가 있는 것입니다."[74]

카피차는 이렇게도 썼다. "저는 그에게 솔직하게 이야기했습니다. '당신은 물리학을 모른다. 이 문제는 우리 과학자들이 판단해야 한다.' 그는 제가 사람에 관해서는 아무것도 모른다고 응수하더군요."[75]

베리야는 카피차의 공세에 그를 체포해도 되겠느냐고 스탈린에게 문의했다. 그것은 사형 집행 영장이었음에 틀림없다. 스탈린은 베리야의 권력을 경계하고 있었고, 이렇게 답변했다. "내가 직접 하겠네. 자네는 가만있게."[76] 스탈린은 12월에 카피차가 특별 위원회에서 사임하는 것을 허락했다. 아마도 스탈린의 묵인 아래 이루어졌을 베리야의 음모로 카피차는 1946년 8월 맡고 있던 과학 분야 직책들에서 해임되었다. 물리 문제 연구소 소장직도 거기 포함되어 있었다. 카피차는 가택 연금 상태에 놓였고, 향후 8년 동안 자유를 억압당한다.

베리야는 휘하의 과학자들이 원하는 것보다 덜 효율적일지라도 성공이 확실한 폭탄을 원했다. 그는 미국의 내파 설계안이 그러리라는 것을 알았다. 이미 두 번이나 시험을 거쳤으니 말이다. 뉴멕시코 사막의 가설탑 위에서 폭탄이 터져 밤이 낮으로 바뀌었다. 나가사키가 파괴된 게 그 두 번째였다.

1945년 9월 런던에서 외무 장관 협의회가 열렸다. 연합국들이 얄타와 포츠담에서 시작한 전후 처리 작업이 지속되어야 했다. 미국 대표는 국무 장관 지미 번스였고, 영국 외무 장관은 어니스트 베빈, 소련은 몰로토프가 나왔다. 번스는 원자 폭탄에 대한 미국의 독점적 지위를 이용해 소련의 양보를 얻으려고 했다. 하지만 몰로토프는 동요하지 않았고, 번스는 깜짝 놀랐다. 몰로토프는 압박을 받자 그 사우스캐롤라이나 출신 정치인에게 이렇게 물었다. "옆주머니에 원자 폭탄이라도 갖고 있나요?" 번스는 농담으로 맞받았다. "남부인들을 잘 모르시겠지만, 우리는 항상 주머니에 무기를 갖고 다닙니다. 당신이 시간 벌기와 지연 작전을 그만두고 우리와 교섭하지 않으면 뒷주머니에서 원자 폭탄을 꺼내 보여드릴 수도 있지요."[77] 그날 밤 칵테일 파티가 열렸고, 몰로토프는 서방이 원자 폭탄을 계속 갖고 있도록 했다. 미국의 한 보안 장교는 나중에 이렇게 보고했다. "모임 중간쯤에 몰로토프는 크게 흥이 나 있었다. 이런저런 사안을 들먹이며 베빈에게 짓궂게 구는 게 즐거웠던 모양이다. 몰로토프는 그렇게 농담을 던지다가 방을 나갔다. 1분쯤 후 다시 들어오더니 몰로토프는 별안간 이렇게 말했다. '아시겠지만 우리한테도 원자 폭탄이 있습니다.'"[78] 영국 주재 소련 대사가 즉시 몰로토프를 방에서 데리고 나갔다. 번스는 몰로토프의 이야기를 원자 폭탄 획득에 관심이 있다는 이야기 정도로 받아들였다. 베리야, 푹스, 해리 골드, 데이비드 그린글래스, 줄리어스 로젠버그라면 몰로토프가 허세를 부리는 것이 아님을 알았을 것이다. 문자 그대로는 소련에 원자 폭탄이 없었다. 하지만 그들에게는 계획과 설계도가 있었다. 그들은 만드는 법을 알고 있었던 것이다.

2부

새로운 무기

서로 다투는 세력이 새로운 무기로
원자 폭탄을 입수하려는 날이 오면, 전쟁 준비를 하는
국가들이 새로운 무기로 원자 폭탄을 확보하려는 그날이 오면,
인류는 로스앨러모스와 히로시마를 저주할 것이다.

—로버트 오펜하이머

11장

과도기

소련이 긴급 계획을 세우고, 원자 폭탄 제작 활동을 막 시작했을 무렵 미국의 프로그램은 "사실상 중단된 것이나 다름없었다." 로스앨러모스의 실험 물리학자 라이머 에드거 슈라이버(Raemer Edgar Schreiber, 1910~1998년)의 말이다. 오리건 주 농촌 출신의 슈라이버는 따스한 파란색의 눈동자에, 잘생겼고, 자신감이 넘치는 사내였다. 그는 최초의 원자 폭탄을 조립하는 임무를 띠고, 티니언 섬에 파견된 과학자단의 일원이었다. 그는 계속해서 이렇게 말한다. "돌아와 봤더니" 로스앨러모스는 "활동이 정지된 상태였습니다. 그때가 (1945년) 9월 초였을 겁니다. 정리가 한창이더군요. 연구 프로젝트 몇 개만이 마무리 중이었죠. 우리 중 약 50퍼센트가 특수 공병 파견대(징집 사병), 해군 장교, 기타 군 요원들이었습니다. 물론 그들이 원한 것은 로스앨러모스를 떠나는 것뿐이었죠. 다수의 민간 요원도 로스앨러모스를 벗어나고 싶어 했습니다. 새로 발견한 지식을 바탕으로, 각자의 대학에 돌아가서 연구하고 싶었던 겁니다. 그래서인지 별다른 일이 없었어요. …… 심각한 과도기였습니다."[1]

원자 폭탄이 일본 사람들을 충격에 빠뜨렸다면 그건 미국도 마찬가지였다. 비밀에 싸여 있던 힘이 엄청난 파괴력으로 현실화되었고, 원자 폭탄은 신비하고, 거의 초자연적인 힘으로 비쳤다. 세상 사람들의 인식에 새로운 사실이 배달되었고, 처음에는 그것으로 무엇을 해야 할지 아는 사람이 아무도 없었다. 라비는 트리니티를 가지고 이루어진 첫 번째 핵폭발 시험을 이렇게 논평했다. "자연보다 인간을 새롭게 이해하게 되었다."[2] 핵에너지를 해방하는 법을 발견한 것은 기술 혁명이었고, 무엇보다도 전쟁의 혁명이었다. 다른 온갖 혁명처럼 이 혁명의 의미도 희망이나 이론이나 예언과 반드시 부합하는 것은 아니었고, 사람이나 정부가 목표를 세우고 핵에너지를 뽑아내 사용하는 방식에 따라 서서히 드러날 터였다.

원자 폭탄을 연구 개발한 과학자들은 자기 입장을 해명해야 한다는 것도 깨달았다. 슈라이버는 이렇게 회고했다. "벌거벗은 채 거리에 나동그라진 기분이었다고나 할까요. 우리는 이 모든 걸 쉬쉬 하는 데 익숙해 있었죠. 바깥으로 나가 사람들과 접촉하면서 비로소 조금씩 나아졌어요. …… 그건 멋진 도구일 뿐이라고 생각하는 게 불가능하리라는 걸 깨닫는 시간이기도 했습니다. 전쟁이 끝났으니 이제 모든 걸 걸어 잠그고, 잊자. 이렇게 말할 수가 없었던 거예요. 그런 상황을 이후로 계속해서 감수해야 했습니다."[3] 하지만 분명해 보였던 그 결론도 논쟁의 여지는 있다. 한스 베테는 이렇게 썼다. "우리도 군인들처럼 임무를 수행했고, …… 평생의 직업으로 선택한 연구 활동으로 복귀해도 된다고 생각했다. 순수 과학을 탐구하고 가르치는 일 말이다. …… 전쟁은 끝났고, 원자 폭탄에 많은 노력을 쏟아 부을 필요가 있는지도 …… 확실하지 않았다."[4] 어니스트 로런스, 제임스 채드윅, 닐스 보어, 엔리코 페르미, 시카고 대학교 금속 공학 연구소 소장 아서 홀리 콤프턴(Arthur Holly Compton, 1892~1962년)과 로버트 오펜하이머는 로스앨러모스에서 전쟁이 끝나기 전 그로브스 장군과의 만찬에 참석했다. 그 자리에서 전후 사태가 논의되었다. 그로브스는 평화 시의 군사력 유지 문제를 걱정했다. 모인 사람들은 원자력 개발 이야기를 했다. 오펜하이머는 이렇게 썼다. "페르미의 말이 사려 깊게 다가왔다. '감기 치료법을 찾아내면 좋을 텐데.'"[5] 베테는 코넬 대학교로 돌아갔고, 페르미는 전시에 연구한 시카고 대학교에서 제안한 교수직을 받아들였다. 두 사람은 상담역으로 계속 로스앨러모스를 도왔다.

리처드 필립스 파인만(Richard Phillips Feynman, 1918~1988년)은 6월에 한 방을 쓰던 클라우스 푹스의 낡은 뷰익을 빌려 타고, 앨버커키로 가서 아내 알린 파인만(Arlene Feynman, 1920~1945년)을 밤새 간호했다. 폭탄을 완성하려는 마지막 판 활동이 한창이었고, 젊은 아내는 결핵으로 죽고 말았다. 파인만은 막막함을 느꼈다. 그는 로스앨러모스를 떠나기 전에 폭탄의 의미를 생각해 보았고, 짧은 글을 남겼다. 리틀 보이를 대량 생산하면 B-29 정도의 생산 비용이 들 것이라는 계산이 나왔다. 파인만은 이렇게 썼다. "독점 불가능. 방위 능력 상실. 우리가 세계를 지배할 때까지 전혀 안심할 수 없음. …… 우리가 비밀을 지킨다고 해서 다른 나라가 폭탄을 개발할 수 없는 게 아니다. …… 그들도 머잖아 오하이오 주 콜럼버스나 그 비슷한 도시 **수백 개**에 우리가 히로시마에 한 짓을 할 수 있다. 과학자들은 영리하다. 너무 똑똑해서 탈이다. 됐나? 폭탄 1개로 10.3제곱킬로미터면 충분하지 않은가? 그런데도 사람들은 계속 궁리하고 있다. 당신이 얼마나 큰 걸 원하는지 그냥 말하라!"[6] 26세의 홀아비가 너무 많은 죽음을 보았는지도 모른다. 파인만은 전쟁이 끝나고 여러 달이 지난 어느 날 오후 맨해튼의 한 술집에 앉아 창밖을 내다보고 있었다.[7] 사람들이 지나가는 광경을 보면서 그는 고개를 절레절레 흔들었다. 정작 그들은 살 날이 얼마 안 남았음을 모른다는 사실이 슬프게 다가왔던 탓이다. 코넬 대학교는 베테의 추천을 받고, 냉큼 파인만을 영입했다. 하지만 그는 당시 비통함에 몸을 떨었고, 창의적인 연구를 전혀 하지 못했다. 그러던 차에 헝가리의 수학자 존 폰 노이만(John von Neumann, 1903~1957년)이 로스앨러모스에서 전쟁 중에 해 준 조언이 떠올랐다. 파인만은 이렇게 회고하고 있다. "일요일에 함께 산책을 하고는 했다. 우리는 협곡을 돌아다녔다. …… 정말 재미있었다. 노이만은 내게 흥미로운 생각도 들려주었다. 몸담고 있는 세상에 책임감을 느낄 필요는 없다는 것이었다."[8] 파인만이 알린을 살려낼 수는 없었다. 그가 세상일을 바로잡을 수 있다고 왜 상정해야 하나?

로버트 오펜하이머는 로스앨러모스의 활동을 총지휘했고, 인상적인 성공을 거두었다. 하지만 그는 히로시마와 나가사키에 원자 폭탄이 투하된 후 회의에 빠졌고, 어쩌면 죄책감도 느낀 것 같다. 오펜하이머는 장신에, 아주 말랐으며, 줄담배를 피웠다. 한 동료는 1947년 그에 관해 이렇게 말했다. "비범해요. 열심히 일했고, 항상 신경 쇠약 직전으로 보였습니다."[9] 오펜하이머는 한동안 개인적 고뇌와 선지자 같은 옹호 행동 사이에서 오락가락했다. 그는 전쟁이 끝나고 2주 후 오래된 친구에게 이런 내용의 편지를 썼다. "이 프로젝트에 의혹이 없지 않았다고 생각하실 겁니다. 불안감이 우리를 무겁게 짓누르고 있습니다. 미래가 여러모로 전도 유망하지만 절망스럽기도 하기 때문입니다."[10] 오펜하이머는 원자 폭탄 사용을 지지했고, 주창하기까지 했다. 그는 1년 후 청중 앞에서 이렇게 말했다. "우리의 관심사는, 그러니까 모든 사람이 보고, 깨달을 수 있도록 이 무기를 …… 만들어 내는 것이었습니다. 미래의 전쟁이 어떤 양상일지 알려야 한다는 우리의 의도는 정당했고, 어느 정도는 필사적이기까지 했죠. …… 이 가공할 무기를 못 만들고, 그래서 우리의 미래가 여전히 비밀스러웠다면 세상은 더 나아지지 않았을 겁니다."[11] 에드워드 텔러는 1945년 7월 로스앨러모스의 오펜하이머 집무실로 폭탄 사용에 반대한다는 탄원서를 가져갔다가, 다음과 같은 이야기만 듣고 방을 나왔다. 오펜하이머는 그 전언에서 탄원을 주도한 또 다른 헝가리 인 실라르드에게 이렇게 말했다. "우리는 결과물이 사실임을 사람들 앞에서 보여 줄 수 있기만을 바라고 있습니다. 다음에 전쟁이 나면 치명적이리라는 걸 모두가 알아야 합니다. 그런 목표를 달성하기 위해서는 실전에 사용하는 것이 가장 좋을 것입니다."[12] 이 조언은 전적으로 오펜하이머다운 것으로, 텔러는 이 이야기를 앵무새처럼 반복하는 역할을 맡은 것을 괘씸하게 생각했다. 만년의 텔러는 오펜하이머가 그렇게 한 것은 일종의 속임수였다고 주장하기도 한다. "그리 유쾌하지는 않았죠. …… 하지만 로스앨러모스에서는 검열이 이루어졌어요. 저는 오펜하이머가 탄원서를 볼 거라고 확신했습니다. …… 앞에서 대놓고 강력하게 반박하고 싶지도 않았고요."[13] 텔러가 오펜하이머에게 들고 간 탄원서는 아부성 메모[14]와 함께 동참을 구했다.

오펜하이머는 나가사키에 원자 폭탄이 떨어진 주말에 로스앨러모스에서 로런스, 아서 콤프턴, 페르미를 만났다. 세 사람은 전쟁성 장관 헨리 스팀슨이 전후에 원자 폭탄 사업을 어떻게 할지 숙려하기 위해 소집한 임시 위원회(Interim Committee) 과학 자문단의 일원이었다. 오펜하이머가 지친 데다, 죄책감에 시달리며, 우울해 하는 것을 본 로런스는 히로시마와 나가사키에서 죽은 사람들이 폭탄이 불러온 결과에 평생을 괴로워 하며 살아야 하는 생존자들보다 차라리 운이 더 좋은 것은 아닌가 하는 생각까지 했다.[15] 네 사람은 8월 17일 스팀슨에게 보낼 편지를 공동으로 작성했다. 핵무기가 세상에 선보였으니, 미국이 완벽하게 독점할 수 있을 것 같아 보이지만, 이 새로운 무기가 적성국뿐만 아니라 미국에도 위협이 될 것이라는 내용이었다. 보자. "연구를 더 하면 지금 무기보다 양과 질이 모두 훨씬 뛰어난 무기를 만들 수 있을 것이라고 확신합니다. …… 하지만 추가 개발 노력을 기울인다고 해도 항구적으로 전쟁을 예방할 수 있을지는 지극히 회의적입니다. 우리는 미국이 과학과 기술에서 탁월한 솜씨를 뽐낸다고 해서 전적으로 안전할 것이라고 보지 않습니다. 누구도 전쟁을 시도할 수 없게 될 때라야 미국은 비로소 안전할 수 있습니다."[16] 편지에서 정치적 해결책이 긴요함을 딱히 분명하게 언급하지는 않았지만, 오펜하이머는 그달 말에 워싱턴으로 직접 편지를 들고 갔고, 관심을 기울이는 사람이면 누구에게나 요점을 자세히 설명했다. 그는 로런스에게 이렇게 말했다.

> 기회를 잡았고, …… 우리가 어떤 생각을 공유하고 있는지를 편지의 억제된 내용보다 더 자세히 설명했습니다. 물론 우리 모두가, 진정으로 국익에 도움이 된다면 아무리 위험하고, 동의가 안 되는 사안일지라도 무엇이든 성실하게 임할 것임은 분명히 했습니다. 하지만 원자 폭탄 연구를 계속하면 실익이 많을 거라고 장담하는 것은 우려된다는 것도 알리지 않을 수 없었지요. 제1차 세계 대전 후의 독가스 사안처럼 말입니다. …… 결국 이 사안은 정치가들이 대체적인 윤곽을 쉽게 이해할 수 있는 국가 정책에 토대를 두어야 할 겁니다. …… 저는 여전히 깊은 슬픔에서 빠져나오지 못하고 있습니다. 우리가 따라야 할 앞으로의 과정도 매우 당혹스럽고요.[17]

오펜하이머는 워싱턴을 떠나기 전 지미 번스로부터 이런 이야기를 들었다. "국제 정세가 지금 심각합니다. 전력을 다해 프로그램을 추진하는 것 말고 다른 대안은 없어요."[18]

오펜하이머는 이 말에 동의할 수 없었다. 그는 9월과 10월에 미국 정부의 최고위 관리들에게 강력하게 반대 의견을 제기했다. 그의 신념이 확고했다는 것은 틀림없다. 오펜하이머는 기적과 같은 폭탄을 만들어 낸 수석 사제였고, 그 권위에서는 엄청난 정치적 영향력을 느낄 수 있었다. 전쟁 전에 그는 무명이었다. 전쟁 기간에는 사람들 눈에 띄어서는 안 되었다. 그러던 그가 머잖아 잡지 《타임》에 나온다. 《타임》은 오펜하이머를 "최고로 똑똑한 사람"[19]으로 찬양했다.

1945년 9월 24일, 이제 41세가 된 물리학자 오펜하이머는 국무 장관 서리 딘 애치슨, 그리고 스팀슨의 보좌관 조지 레슬리 해리슨(George Leslie Harrison, 1887~1958년)과 만났다. 해리슨이 구술한 내용을 보자. "오펜하이머 박사는 과학자들의 작업을 꽤나 철학적으로 이야기했다. 목표, 편견, 희망을 장황하게 늘어놨다. 그들은 더 이상은 어떤 폭탄도 연구하지 않겠다고 분명히 말했다. …… 그는 연구소가 상당히 어수선한데, (원자력) 입법이 지연되어서라기보다는 마음과 영혼의 명령에 반해 계속해서 폭탄을 완벽하게 다듬으라고 요구받을지 모르는 상황이 불안하기 때문이라고 말한다. 폭탄을 개량하는 과제에서 이런 정서가 두드러진다. 하지만 현재의 폭탄을 계속 대량 생산하는 문제에서도 그건 마찬가지이다. 애치슨이 여기에 큰 흥미를 보였다."[20] 애치슨은 의지가 강한 애국자로, 과학자들이 반기를 들려는 사태에 냉철하게 대응했다. 해리슨은 상황 파악이 되자, 오펜하이머가 파던 구멍을 애치슨을 좇아 메우는 일에 나섰다. 그는 전쟁성 차관 로버트 포터 패터슨(Robert Porter Patterson, 1891~1952년)과의 접견에 오펜하이머를 데려간 다음, "과학자들의 견해와 아주 다른 견해를 알려면"[21] 그로브스와 이야기해 보라고 권했다.

한 달 후 대통령과 직접 이야기할 수 있는 기회가 오펜하이머에게 왔다. 오펜하이머는 복잡한 도회인이자 하버드를 졸업한 엘리트였고, 트루먼은 허장성세형 농촌 사람이자 중서부 출신의 독학자였다. 둘은 퉁명스러웠고, 서로를 혐오했다. 오펜하이머는 20년 후 한 방문 면담에서 이렇게 말했다. "1945~1946년 겨울에 미국은 정말이지 알 수 없는 능력에 대한 히스테리에 몰두했습니다. 그걸 내려놓고 싶어 하지 않았어요. 트루먼 대통령을 만났는데, 국내 입법 과정에서 도움을 받고 싶다고 말하더군요. '국내 문제를 명확히 하는 게 우선'이라고 했습니다. '국제 정세는 그다음'이라는 거였죠. 저는 이렇게 대꾸했습니다. '먼저 국제 상황을 분명히 하는 게 더 좋을 것 같습니다.'"

오펜하이머는 자신이 "우리는 손에 피를 묻혔습니다."라고 했더니, 트루먼이 다음과 같이 대꾸했다고도 덧붙였다. "괜찮아요. 씻으면 됩니다."[22] 트루먼은 헤어지고 나서도 오펜하이머가 주제넘게 굴었다며 계속 화를 냈다. 1946년 애치슨이 받은 메모에는 이렇게 적혀 있었다. 오펜하이머는 "'울보' 과학자이다. 집무실에 왔는데, …… 내내 손을 비비면서 원자 에너지를 발견하는 바람에 자신들이 피를 뒤집어썼다고 말했다."[23] 폭탄 투하를 결정해, 손에 피가 묻은 사람은 트루먼 자신인데도 말이다.

트루먼은 원자 폭탄이 두 도시를 완전히 파괴하자 속이 편하지 않았고, 이것을 숨기기 위해 화를 냈다. 로스앨러모스는 전쟁 막바지에 세 번째 플루토늄 코어를 제작해, 티니언 섬으로 실어 보냈다. 고폭약이 거기서 조립되어 팻 맨 방식의 폭탄이 완성될 예정이었다. 트루먼은 이것의 투하를 허가하지 않기로 마음먹고, 내각에 그 이유를 설명했다. 상무 장관 헨리 애거드 월리스(Henry Agard Wallace, 1888~1965년)는 대통령이 제시한 이유를 일기에 이렇게 적었다. "트루먼은 원자 폭탄 투하 중단 명령을 내렸다고 말했다. 다시 한번 10만 명의 목숨을 앗을 것을 생각하니 너무 끔찍하다는 것이었다. 대통령은 살육을 좋아하지 않았다. '그 아이들을' 하고 그가 말했다."[24]

트루먼은 같은 10월, 오펜하이머와 대립각을 세우기 얼마 전에 이미 자제력을 잃은 채 조급해 하고 있었다. 소련이 동유럽에서 비타협적으로 나왔던 것이다. 트루먼은 예산국 국장 해럴드 드위 스미스(Harold Dewey Smith, 1898~1947년)에게 이렇게 불평했다. "갖고 있는 군 병력 말고는 아무것도 모르는 사람들이 있어." 스미스도 지미 번스처럼 응수했다. "대통령 각하에게는 최후의 무기인 원자 폭탄이 있습니다." 트루먼의 대꾸는 침울했다. "그렇지. 하지만 쓸 수 있을지는 잘 모르겠네."[25]

오펜하이머는 로스앨러모스를 떠나, 교수 활동과 연구에 복귀하기로 결정했다. 컬럼비아, 고등 연구소, 버클리, 캘리포니아 공과 대학, 하버드가 그를 모셔 가겠다고 제안했다. 오펜하이머는 캘리포니아 공과 대학을 선택했다. 하지만 자신이 거의 매주 워싱턴으로 여행하고 있음을 이내 깨닫는다. 정부가 그의 재능을 높이 사, 자문을 구했기 때문이다.

10월 16일은 오펜하이머가 로스앨러모스의 소장으로 재임하는 마지막 날이었다. 옥외에서 의식이 치러졌고, 메사의 거의 모든 인원이 참석했다. 오펜하이머가 연구소를 대표해, 전쟁성이 주는 감사장을 받았다. 그로브스와 사진도 촬영했다. 오펜하이머는 연구소의 업적이 자랑스럽다고 말했다. 하지만 잠재적인 미래의 사태를 강한 어조로 제기해 경각심을 일깨우기도 했다. 그는 대단히 위력적인 장치를 만든 남녀들에게 이렇게 말했다. "오늘날 그 자부심은 깊은 우려와 함께해야 합니다. 서로 다투는 세력이 새로운 무기로 원자 폭탄을 입수하려는 날이 오면, 전쟁 준비를 하는 국가들이 새로운 무기로 원자 폭탄을 확보하려는 그날

이 오면 인류는 로스앨러모스와 히로시마를 저주할 것입니다. 이 세상의 모든 민족이 단결해야 합니다. 그렇지 않으면 멸망할 것입니다." 오펜하이머는 그들이 헌신적으로 연구해 주었다고 치하했다. "우리는 열심히 노력했고, 이 공동의 위험 앞에 세계인은 법과 인류애로 단결해야 합니다."[26] 전 세계의 모든 국가가 핵전쟁의 재앙에서 자유롭지 않다는 생각은 닐스 보어가 로스앨러모스에 주입한 것이었다. 카리스마 넘치는 오펜하이머는 이내 보어의 독실한 사제가 되어 가고 있었다.

그렇다면 과연 오펜하이머가 애치슨과 패터슨에게 이야기한 것처럼 로스앨러모스의 과학자들은 폭탄 연구에 반대했을까? 연구소의 민간요원 대다수는 핵무기 경쟁이 위험하므로, 국제 사회가 통제해야 한다고 촉구하는 공식 성명서를 9월 초에 발표했다. 하지만 성명서에 서명했다고 해서 폭탄 연구 자체에 반대했다고 볼 수는 없다. 노리스 브래드베리(Norris Bradbury, 1909~1997년)는 버클리에서 교육받은 활기 넘치는 해군 소속 물리학자였다. 오펜하이머는 9월에 그를 지명해, 연구소 지휘 업무를 넘겼다. 브래드베리는 공식 기록 가운데 반대 보고서는 딱 하나뿐이라고 말했고, 그것도 오펜하이머의 반대인 것 같다. 브래드베리는 이렇게 말했다. "로스앨러모스가 기념비로, 유령 연구소로 남아야 하고, 원자력을 군사적으로 이용하는 방안에 관한 모든 연구가 중단되어야 한다고 주장한 학파가 하나 있었습니다."[27] 입장이 반대라면 누구라도 자유롭게 떠날 수 있었고, 오펜하이머처럼 떠났다. 남은 사람들은 대개 혼란스럽고 불안했다고 회고한다. 오펜하이머의 연구소 조직과 운영을 도운 존 헨리 맨리(John Henry Manley, 1907~1990년)는 이렇게 말했다. "계속해서 미래가 불확실했습니다. …… 비참했죠.[28] …… 오펜하이머는 전쟁이 끝났으니 제가 떠날 거라고 생각했습니다. 저는 그의 조언을 받아들이지 않았습니다."[29] 오펜하이머가 사석에서 뭐라고 충고했든 공식 협의회에서는 연속성이 강조되었다. 영국인 관찰자 두 명은 이렇게 보고했다. "오펜하이머는 대규모 이탈이 발생하면 향후의 프로젝트 운영이 제한을 받고, 따라서 그런 일은 피해야 함을 분명히 했다."[30]

에드워드 텔러는 오펜하이머가 연구소를 떠나라고 부추겼다고 회고했다. 1차로 사람들이 나가자 오펜하이머가 그 말썽꾼 동료를 볶아댔다. 텔러는 로스앨러모스가 문 닫는 것을 보고 싶지 않았다. 베테가 이론 분과를 맡아 보지 않겠느냐고 제안하는 자리에서 텔러는 울분을 토했다. 베테는 당시를 이렇게 회고했다. "텔러가 러시아와의 관계를 크게 걱정하는 걸 본 건 내 기억에 그 대화가 처음이었다. 그는 공산주의를 극도로 혐오했다. 러시아도 지독히 싫어했다. …… 텔러는 우리가 핵무기 연구를 계속해야 한다고 말했다. …… 우리가 다 떠나는 것은 잘못이었다. 전쟁은 끝나지 않았다. 러시아도 독일만큼이나 위험한 적이었다."[31]

에드워드 텔러가 평생에 걸쳐 시종일관 강경하게 공산주의에 반대했다는 것은 의문의 여지가 없다. 연구소는 1943년 봄에 개소했고, 텔러는 그 직후 아서 케스틀러의 『한낮의 어둠』[32]을 읽었다. 그는 이 책을 통해 반공주의 신념을 확고히 다졌다. 하지만 텔러에게는 개인적인 이해 관계도 있었다. 로스앨러모스가 전후에도 계속 운영되어야만 하는 이유가 있었던 것이다. 텔러는 1941년 9월 어느 오후 컬럼비아 대학교에서 엔리코 페르미로부터 열핵 폭탄 구상을 처음 들은 후부터 그것의 개발을 열정적으로 주창했다. 열핵 폭탄은 수소 핵융합에 기초한, 일명 '슈퍼 폭탄(superbomb)'으로, 그 파괴력이 원자 폭탄의 100배 또는 1,000배일 수도 있었다. 슈퍼 폭탄에 관해서라면 맨해튼 프로젝트의 과학계 지도자들은 태도가 분명했다. 같은 해 8월 17일자 스팀슨에게 보내는 보고서에서 과학 자문단은 "슈퍼 폭탄 제작의 기술적 가능성이 상당히 유망하다."[33]라고 밝혔다. 하지만 오펜하이머는 다음날 조지 해리슨에게 이렇게 말했다. (해리슨의 전언이다.) "과학자들은 정부가 국가 정책으로 명령하고, 지휘하지 않는 한 …… 그것을 하고 싶어 하지 않는다."[34] 과학 자문단은 9월 28일 완성된 장문의 보고서에서 원자력 분야의 연구 개발을 제안하며, 다음과 같이 권고했다. "현 시점에서 열핵 폭탄 사안에 (맨해튼 프로젝트에 필적하는) 노력을 투입해서는 안 된다. 하지만 가능성이 존재한다는 것을 잊어서도 안 된다. 관련해서 근본 질문들에 대한 관심은 유지되어야 한다."[35] 개발은 안 하지만 열핵 융합의 기초 물리학은 연구하자는 이야기이다. 아서 콤프턴은 헨리 월리스에게 보내는 편지에서 이 사안을 훨씬 분명하게 제시했다. 그는 과학 자문단의 생각을 이렇게 요약했다. "우리는 열핵 폭탄은 개발하면 **안 된다고** 생각합니다. 그걸 사용해 엄청난 재앙을 낳고 거두는 승리보다 차라리 그냥 지는 게 나을 것이기 때문입니다." 노벨상을 받은 이 물리학자는 10년 후, 그러니까 1955년에 이 문제를 다시 검토해 보자고 제안했다. "그때쯤이면 국제 정부가 출현해 세계 차원의 안전 조치를 취하고 개발에 나설 수도 있고, 아니면 더 이상 고려할 필요가 없을지도 모릅니다."[36] 오펜하이머에 따르면 그로브스조차 자기에게 그럴 권한은 없다고 생각했다. "번스한테 들었는데, …… 다른 과제처럼 로스앨러모스의 활동도 지속되어야 하지만 거기에 슈퍼 개발은 포함되지 않는다고, 그로브스 장군이 제게 짧게 언급했습니다."[37]

페르미는 전쟁 중에 로스앨러모스에서 열핵 폭탄 연구를 이끌었던 텔러가 과학 자문단의 견해에 동의하지 않음을 알고는, 연구에 어떤 성과가 있었는지 요약하고 자기 입장을 밝히는 편지도 보내 달라고 청했다. 텔러는 10월 31일에 그렇게 했다.[38] 그는 1944년에 이미 제임스 브라이언트 코넌트에게 슈퍼 폭탄에 관해 알려 주었다. 원자 폭탄 개발을 지휘하던 코넌트는 텔러의 보고를 받고, 수소 폭탄 "이야기를 처음 들었는데, 핵분열 폭탄 정도밖에 안 걸릴 것"[39] 같다고 재차 보고했다. 4~5년을 내다본 그 추정값은 로스앨러모스의 대체적 견해와 비교할 때 꽤나 낙관적이었다. 로스앨러모스의 대체적인 견해가 낙관적이지 못했던 것에는 여러 이유가 복합적으로 작용했다. 일단은 핵융합 반응이 어려워 보였다. 둘째, 그들은 핵분열 폭탄을 핵융합 반응의 기폭 장치로 사용할 수 있으려면(충분히 뜨거우려면), 그것을 더 잘 이해하고 개량해야만 한다고 판단했다. 때는 1945년 후반이었고, 텔러는 반대 기조를 펼치며 예상 추정값을 고쳤다. 그는 최초의 보고라 할 만한 페르미에게 보내는 편지에서 기술적 안전을 추구해야 한다는 여러 주장도 펼쳤다. 텔러는 향후 수십 년에 걸쳐 이 문제를 자세히 설명하게 된다.

헝가리의 그 물리학자는 수사적으로 이렇게 물었다. "슈퍼 폭탄은 언제쯤에나 시험해 볼 수 있을까?" 그는 2개의 숫자로 대답했고, 팽창 위협(threat inflation)의 과장이라고 불리게 되는 사태가 그 두 번째 경우의 수였다.

> 나는 보수적으로 추정해도 5년이면 가능하다고 생각한다. 물론 열의를 가지고 개발해야 한다는 전제에서이다. 하지만 과제가 예상보다 훨씬 쉬울 수도 있다. 2년이면 충분할 수도 있다고 보는 것이다. 앞으로의 위험을 고려한다면 이런 만일의 경우를 묵살해서는 안 된다.

다른 나라가 이런 폭탄을 얼마나 빨리 만들 수 있을까? 텔러가 선택한 제2의 조국이 선두를 달리고는 있었다. 하지만 다른 나라가 미국보다 더 빨리 만들 수도 있을 것 같았다. "그들이 원자 폭탄을 만드는 데 필요한 것보다 시간이 …… 그리 더 오래 걸리지 않을 수도 있다." 도덕적 반대는? 기술이 실현되기까지는 의미가 없었다.

과학자 동료들은 국제 관계가 지금보다 훨씬 복잡해질 수 있다는 이유로 개발 권유를 주저한다. 나는 이런 태도가 잘못이라고 생각한다. 개발이 가능하다면 막는 것은 우리 소관 밖이다.

텔러는 도시를 분산시키는 것과 같은 방어 조치가 원자 폭탄에는 효과가 있을지도 모르지만 "슈퍼 폭탄에는 무용지물"일 것이라고 생각했다. 그가 열핵 폭탄을 평화적으로 사용하는 계획을 아직 구체화할 수는 없었다. "하지만 우리가 슈퍼 폭탄을 손에 쥐게 되면 현재 상상할 수 있는 범위를 훨씬 뛰어넘어 자연 현상에 인류의 힘을 행사할 수 있다."

텔러는 페르미에게 편지를 쓸 무렵 연구소의 미래를 놓고 노리스 브래드베리와 이미 대화를 나눈 상태였다. "나는 우리가 열심히 노력해 최단 기간 안에 수소 폭탄을 만들거나, 한 해에 적어도 열 번 정도는 실험을 해서 핵분열 폭탄을 빨리 개량해야 한다고 말했다."[40] 브래드베리는 자신이 분주하게 움직여도 로스앨러모스가 그저 명맥을 유지하는 정도에 그칠 것이라고 생각했다. 로스앨러모스는 당시에 법률적 지위가 어중간한 상태에서 좌초하고 있었다. 전쟁이 끝나면서 미국 육군의 지휘권이 공식 종결되고, 의회는 어떤 법률 주체가 로스앨러모스를 떠맡아야 할지를 놓고 한창 논쟁 중이었다. 새 소장은 텔러가 제시한 계획은 하나도 실현되지 않을 것이라고 말해 주었다.

텔러는 떠나기로 마음 먹었다. "지원도 없이 연구할 수는 없었다." 텔러는 페르미와 함께 시카고 대학교로 가자는 제안을 받은 상태였다. 오펜하이머가 텔러를 부추겼다. "잘하고 있는 거라고." 오펜하이머는 한 송별 회합에서 이렇게도 말했다. "우리는 이곳에서 대단한 업적을 이루었습니다. 그 누가 우리 연구를 어떤 식으로든 개선하려면 많은 시간이 필요할 겁니다." 오펜하이머가 내뱉은 이 무심한 발언은 텔러의 마음에 사무쳤다. 텔러는 그 모호한 발언에 혼란스러워 했다. 그는 그 후 몇 년 동안 거듭해서 오펜하이머의 이 말을 인용한다. 오펜하이머의 논평에는 예지력이 없었다는 것을 보이기 위해서였다. 오펜하이머 논평이, 러시아인들이 조만간 핵폭탄을 만들 수 없을 것이라는 의미였을 수도 있고, 자신의 연구진이 핵분열 무기에서 성과를 거둔 것처럼 텔러의 팀이 핵융합 분야에서 그렇게 빨리 성과를 거둘 수는 없다는 의미였을 수도 있다. 텔러는 오펜하이머의 발언을 두 방식 모두로 이해했다. "오펜하이머가 더 이상의 무기 연구는 절대 지지하지 않으리라는 게 내게는 너무도 분명해 보였다."[41] 텔러는 1946년 2월 시카고로 떠났다.

⊛⊛⊛

얼마나 걸려야 맨해튼 프로젝트에 필적하는 성과가 나올까? 전쟁은 끝났고, 로스앨러모스가 어떤 역할을 해야 하는지에 관한 물음에서 이 사안은 결정적이었다. 소련의 프로젝트가 어떤 상황인지 제대로 알지 못했음에도 당국자 가운데 다급함을 느끼는 사람은 없었다. 로스앨러모스의 민간 요원들이 9월에 서명한 공식 성명서는 이렇게 주장했다.

> 원자 폭탄을 개발하는 데에 근본적으로 새로운 원리나 개념은 전혀 없었다. 전 세계가 이미 아는 정보를 적용하고 확장했으며, 다만 노력을 집약했을 뿐이다. 원자 폭탄을 제작할 수 있는 기초 물질 매장지도 전쟁 전에 이미 세계 각지에서 확인되었고, 틀림없이 새로운 광상이 또 발견될 것이다. 다른 나라도 노력만 충분하다면 2~3년 안에 원자 폭탄을 개발할 가능성이 매우 높다. 지금 이 순간도 그런 프로젝트가 착착 진행 중일지 모른다.[42]

헨리 스팀슨도 비슷한 말을 했었다. 핵무기 통제와 관련해 트루먼에게 전달된 8월 29일자 보고서에서 그는 미국이 원자 폭탄을 보유하게 되었으니 "소련 측도 폭탄 개발 활동에 매진할 게 틀림없다."라고 적었다. "그런 활동이 이미 시작되었을지도 모른다는 증거가 있다." 스팀슨은 과학자들의 말을 인용해, 트루먼에게 이렇게 보고했다. "현재 미국이 알고 있는 원자 폭탄 제조법을 다른 나라들 모르게 비밀로 유지할 수 있는 기간은 비교적 짧을 수밖에 없다. 이 사실은 그 어떤 미래 진단만큼이나 확실하다."[43]

합동 참모 본부의 합동 정보 참모들은 1945년 11월 「소련의 능력(Soviet Capabilities)」이라는 보고서[44]에서 그 "짧은 기간"을 구체적으로 지정했다. 정보 참모들은 소련이 동유럽을 "앞으로 여러 해 동안 강도 높게" 통제할 것이고, "소련 경제는 앞으로 5년 동안 주요 전쟁을 단독으로 수행할 수 없으며," 따라서 "이 기간 동안 그런 전쟁을 회피할 것"으로 보았다. 그러나 보고서의 결론은 다음과 같았다. "소련은 5~10년 안에 핵무기를 개발할 능력을 갖출 것으로 여겨지고, 최대한 빨리 그러기 위해 갖은 노력을 다할 것이다." 로스앨러모스의 젊은 과학자들보다 훨씬 보수적인 이 결론은 소련의 산업 능력을 비관적으로 평가했기 때문이다. 군의 정보 장교들은 이렇게 믿었다. "소련의 산업 발달사를 보면 다음과 같은 가정들은 절대적으로 불가능하다. '소련은 현대의 효율적 기술을 바탕으로 연구하고, 계획하고, 설계할 수 있다.' 불가능하다. '소련은 별다른 지연 없이 대규모 건설 계획을 실행에 옮길 수 있다.' 불가능하다. '소련은 총력 생산에 방해가 되는 생산 초기의 오류와 난관을 신속하게 제거할 수 있다.' 불가능하다."

그로브스는 이런 보수적 결론조차 믿지 않았다. 맨해튼 프로젝트의 사령관은 부관인 토머스 프랜시스 패럴(Thomas Francis Farrell, 1891~1967년)

준장에게, 테네시 주 오크리지에 들어간 맨해튼 프로젝트의 우라늄 동위 원소 분리 시설을 개발한 공학자들과 기업가들을 동원해 소련의 산업 능력을 검토하라고 지시했다. 패럴은 1945년 10월 12일 보고서[45]를 제출했다. "(소련이) 지금부터 총력을 기울인다면 불과 몇 년 안에 원자 폭탄을 만드는 데 성공할 것이다." 켈렉스 코퍼레이션의 퍼시벌 '도비' 키스(Percival C. 'Dobey' Keith, 1900~1976년)는 소련이 시도할 가능성이 가장 많은 방법으로 핸퍼드 작업 방식을 통한 플루토늄 생산을 지목했다. 소련이 기체 확산법으로 우라늄 동위 원소를 분리할 것으로 추측한 켈렉스 소속 공학자도 있었다. 또 다른 켈렉스 관계자는 소련이 3년 6개월이면 원자 폭탄을 만들 것으로 내다봤다. 하지만 그로브스는 미국의 원자 폭탄 독점 기간이 훨씬 길 것이라는 생각을 고집했다. 그는 종전 후 매년 질문을 받을 때마다 항상 "20년"이라고 대꾸했다.[46]

그로브스는 고급 우라늄 광석의 세계 분포를 매우 인색하게 평가했고, 통합 개발 위원회(CDT)가 기존의 광석 자원도 성공적으로 장악했으므로 20년 정도는 미국의 독점이 유지될 것이라고 주장했다. 앨빈 와인버그는 로스앨러모스의 물리학자 필립 모리슨(Philip Morrison, 1915~2005년)이 1944년 4월 이렇게 말했다고 기억했다. "우라늄은 전 세계적으로 많아야 2만 톤이다." 와인버그는 "농축 **분리된** 플루토늄 239와 우라늄 235는 계속해서 희귀하고 값도 비쌀 것"[47]이라는 게 맨해튼 프로젝트 내부의 전반적인 판단이었다고 전한다. 이런 전제는 1945년에 핵 발전이 먼 미래의 일로 비쳤던 한 가지 이유이기도 했다. (잠수함 구동 같은 군사적 활용에서까지.) 그로브스는 전쟁이 끝나고 며칠 후 버클리의 어니스트 로런스에게 세계의 자원량을 조금 더 후하게 이야기했다.[48] 우라늄이 10퍼센트 이상 든 광석이 2만 톤이라지만 5만 톤으로 추정할 수 있고, 우라늄이 0.1~10퍼센트인 광석이 3만 톤이라면 10만 톤으로 추정할 수 있으며, 우라늄이 0.05~0.07퍼센트인 광석은 40만 톤으로 추정할 수 있고, 더 낮은 비율의 광석은 무한대이다.* 하지만 "(이 숫자들은) 도무지 믿기지가 않아요." 그로브스의 어조는 시큰둥했다.

그로브스는 정련에 투자하기로 마음먹은 국가라면 함유 비율이 낮은 광석은 대단히 풍부하다는 것을 잘 알았다. 그가 볼 때 훨씬 중요한 것은 소련 공업 기술의 낮은 수준이었다. (그는 그렇다고 생각했다.) 그로브스는 1948년 《새터데이 이브닝 포스트(*Saturday Evening Post*)》에 멸시하는 어조로 이렇게 썼다. 소련은 "정밀 공업이 충분하지 않다. 기술력과 과학 인력이 태부족해, 미국 산업의 장대한 성취를 따라 할 깜냥이 도저히 안 된다. 맨해튼 프로젝트는 미국의 산업가, 숙련 노동력, 공학자, 과학자 덕택에 성공할 수 있었다. 러시아는 기본적으로 중공업 국가이다. 그들은 우리가 질 좋은 윤활유를 쓰는 곳에 차축 그리스(grease)를 쓴다. 소달구지와 자동차가 대결하는 것과 같다."[49]

그로브스는 소련의 의심하는 성향도 장애가 될 것으로 내다봤다. 미국이 "대일(對日) 전승 기념일(V-J Day, 항복 조인일인 1945년 9월 2일 — 옮긴이)에 맨해튼 프로젝트의 완벽한 청사진을 러시아에" 넘겼더라도 "그들은 수상쩍어 하며 계획서의 술책을 찾아내느라 2~3년은 허비할 것이다. 그들은 사악한 미국인들이 지도상에서 러시아를 날려 버리기 위해 술책을 부렸을 거라고 확신할 것이다."[50] 그로브스는 자신이 알았던 것보다 더 올바랐다. 하지만 그가 제시한 시간표는 틀렸다. 완벽한 청사진의 상당량이 일본에 승리를 거두기 한참 전에 소련으로 넘어갔고, 스탈린과 베리야의 의심으로 소련이 허비한 2~3년의 시간도 이미 끝난 상태였다.

---

* 저농도 우라늄은 지구 지각 어디에나 있다. 이것이 바로 많은 가옥의 지하실에서 라돈이 발견되는 이유이다. 라돈은 석축(石築) 토대의 우라늄이 방사능 붕괴해 나오는 기체이다.

1940년대 후반에는 미국 정부의 다른 어떤 부서도 소련의 기술과 산업 능력을 진지하게 생각하지 않았다. 허버트 프랭크 요크(Herbert Frank York, 1921~2009년)는 전쟁 중에 물리학과 대학원생 신분으로 오크리지에서 동위 원소 전자기 분리법을 연구했다. 그는 당시에 워싱턴에서 이런 농담이 유행했다고 회고한다. "러시아 놈들은 원자 폭탄을 여행 가방에 담아 운반할 수도 없다. 여행 가방도 못 만들기 때문이다."[51]

⊛⊛⊛

노리스 브래드베리는 로스앨러모스를 열정적으로 옹호했고, 덕분에 연구소는 명맥을 유지할 수 있었다. "그는 아주 복잡한 사람이었다."라고 라이머 슈라이버는 회고한다. "외모는 그리 인상적이지 않았다. 중간 체구였는데, 불룩한 배를 항상 집어넣었기 때문에 오히려 깡마른 편이었고, 얼굴은 우락부락한 호감형이었다. 회색이 도는 금발 숱이 성겼는데, 그런 머리를 짧게 잘랐으며, 옷은 평상복을 헐렁하게 입고는 했다. 그와 나누는 가벼운 대화조차 그리 재미있지 않았다. 예의를 잘 차리지도 못했다. 하지만 연구소 일에 관해서라면 말이 빨라졌다. 뇌가 내뱉는 말보다 더 빨리 움직였다. …… 차분하게 자리에 앉아, 사람들이 열변을 토하는 것을 지켜보기도 했다. …… 노리스는 탁월한 웅변가는 아니었지만 자신감을 갖고 침착하게 말했다."[52]

브래드베리는 사람들에게 머물러 달라고 당부했다. 그는 사람들에게 그들이 필요하다고 말했다. "핵에너지 활용이 인류에게 재앙일 수 있고, 우리는 그 병리학적 실상을 파악해야 합니다. …… 이 폭탄이 …… 얼마나 나쁠까? …… 사람들은 암을 연구합니다. 암에 걸리기를 기대하거나 바라는 사람은 없지요. 암이 전체 인류에 끼치는 영향은 엄청납니다. 우리는 달갑지 않은 암의 실상을 알아야 합니다. 핵에너지 방출도 마찬가지입니다. 끔찍할 수 있죠. 그러나 우리는 머리를 모래에 파묻을 수 없습니다. 우리는 그게 얼마나 심각한지 알아야 합니다."[53] 브래드베리는 그들에게 미국에는 폭탄이 필요하다고 말했다. "이런 과도기에 프로젝트가 원자 **무기**를 개발하고, 비축하는 일에 소홀할 수는 없습니다. 우리는 이 무기들이 결코 사용되어서는 안 된다고 생각합니다. 사용에 따른 결과도 썩 내키지 않습니다. 하지만 그럼에도 불구하고 우리에게는 국가에 대한 의무가 있습니다. 국가가 없는 것을 갖고 있다고 말하는 위선을 저지르도록 할 수는 없습니다. 이제 세계인이 우리에게 원자 폭탄이 있다는 것을 압니다. 하지만 얼마나 좋은 걸 몇 개나 갖고 있는지는 모릅니다. 행정부가 국제 사회의 협력을 끌어내려고 시도할 앞으로 몇 달 동안 미국의 협상력을 약화시킨다면 그것이야말로 몹시 위험합니다."[54]

브래드베리는 기술자였고, 그들이 설계한 무기가 조잡하다는 사실이 영 내키지 않았다. 그는 이렇게 회상한다. "우리는 원자 폭탄의 표면만 긁어 본 수준이었습니다. 솔직히 말해, 엉망인 폭탄이었죠. 생산의 제국 미국과 전혀 어울리지 않는 폭탄들이었던 거예요."[55] 그들은 "신뢰도 향상, 조립 편의성, 안전성, 성능 제고를 …… 목표 삼아 새로운 무기를 …… 설계 제작하는" 과업에 착수하게 된다. "간단히 말해, 더 좋은 무기를 만들어야 합니다. …… 6개월, 1년, 아니 어쩌면 2~3년 후에는 무기 개발이 중단될 겁니다. 하지만 요즈음의 선도적 지위는 우리가 평화 창출의 지렛대로 활용할 수 있는 가장 중요한 무기입니다. 평화와 협력이 달성될 때까지 우리가 그 우위를 빼앗겨서는 안 됩니다."[56] 그들은 이 과정에서 "현행 팻 맨을 15개까지 비축"한다. 하지만 그게 다가 아니었다. "내부도 개선한다. 도화선과 기폭법이 개량되었다." 그들은 "공극형 모델"도 "개발"[57] 한다.

브래드베리는 "'슈퍼가 실현 가능한지, 아닌지?' 알아내는 데 필수적인 실험들을 해야 한다."라고 제안했다. "이 실험은 여러 면에서 그 자체로 흥미롭습니다. 하지만 아무리 겁이 나도 우리가 사실들을 알아내야 할 책임에서 자유로울 수 없다는 것이 훨씬 중요합니다. '실현 가능성'이라는 말은 애매하죠. 연구소에서 하는 모든 실험이 실제의 제작 가능성으로 덮여 버리니까요. 뭔가를 제작함으로써만 최종적으로 **'실현 가능성'**을 알 수 있기 때문입니다. 우리가 슈퍼를 만들겠다는 이야기가 아닙니다. 우리 시대에는 그럴 수 없을 겁니다. 하지만 언젠가, 누군가는 그 답을 알아야만 합니다. 슈퍼는 실현 가능한가 하는 문제의 답 말이죠."[58] 이런 입장은 잠정 위원회 과학 자문단의 권고와는 일치하지만 콤프턴이 제기한 윤리적 우려와는 충돌한다.

그렇게 해서 로스앨러모스는 새로운 지도자와 프로그램을 갖게 되었다. 전시 인력의 절반에 그쳤지만 젊은 남녀 요원 수천 명도 계속 상주했다. 그들은 다시 바쁘게 폭탄 개량 과제를 수행할 터였다. 브래드베리는 연구소 인력 전원에게 전시에 배우고, 깨달은 바를 문서로 작성해 제출하도록 지시했다. 그렇게 해서 탄생한 엄청난 분량의 기술 문서는 최초의 원자 폭탄 개발 과정을 생생하게 증언하는 역사적 보고서였다. 로스앨러모스는 1945년 10월경 폭탄 60개[59]를 만들 수 있는 하드웨어를 갖추었고(우라늄, 플루토늄, 기폭제 말고), 복합 코어에 공극을 두는 개선된 내파 설계안을 개발하기 시작했다. 로스앨러모스는 어쩌면 살아남을 수도 있을 것 같았다.

⊛⊛⊛

9월과 10월 모스크바에서 "여러 차례" 열린 "장시간의 긴급 회의"는 드디어 실행으로 이어졌다. 미하일 페르부킨은 이렇게 회고했다. "많은 사람을 데려와야 했습니다. 핵개발 사업에서 일할 수 있는 사람들을 뽑아야 했죠. 원자력 산업이라는 것 자체가 없었어요. 거기 종사하도록 훈련받은 인원도 전무했죠. 하지만 우리한테는 화학자, 금속 공학자, 기타 전문가들이 있었습니다. 엔지니어와 노동자도 필요했습니다. 우리는 국가에 아주 중요한 새로운 분야에 그들이 필요하다고 설명했습니다. 모두 바로 알아들은 것은 아니었어요. 장관들과 협상하는 게 어려웠습니다. 그들은 이렇게 말하고는 했죠. '우리 사람을 빼 가겠다고요? 우리한테도 할 일이 있어요. 마찬가지로 국가에 기여하는 계획이라는 말입니다. 우리 사람은 못 데려갑니다!' 그럴 때면 중앙 위원회가 큰 도움이 되었죠. 적절한 방식으로 모든 걸 설명하고, 필요한 사람들을 모으는 것이 그들의 임무였습니다."[60]

이고리 골로빈의 이야기도 들어보자. 과학계에서도 "원자력 문제를 푸는 데 지원할 수 있는 연구소라면 보유한 자원과 역량을 내놓도록 요구받았다. 통합 계획 아래 기여하는 것이 중요했던 것이다. 새로운 연구소들이 만들어졌고, 전쟁 전에는 존재하지 않았던 연구를 시작했다. (예를 들어, 우라늄과 플루토늄 금속 공학)."[61]

그들은 과제를 마주하고, 주눅이 들었다. 베리야 밑에서 이 사업의 산업 부문을 관장한 보리스 반니코프는 9월에 부관 중 한 명에게 이렇게 말했다. "어제 라듐 연구소의 방사 화학자들과 물리학자들을 만났어. 대화를 나누었는데, 하는 말이 다르더라고. 알아들을 수 없었고, 눈만 깜박였지. …… 우리 공학자들은 무엇이든 손으로 만져 보고, 눈으로 직접 보는 것에 익숙하지 않나. 극단적인 경우라면 현미경을 쓰고 말이야. 그런데 이 일은 의지할 데가 없군. 원자도 안 보이는데, 그 안에 숨어 있는 것은 어떻게 보겠나? 소용도 없고, 무기력할 따름이지. 우리는 이 눈으로 볼 수 없고, 손으로 만질 수도 없는 대상과 관련해서 공장을 짓고, 산업 생산 활동을 조직해야만 하네."[62] 아무튼 그들은 밀고 나아갔다. 그해 늦가을에 모스크바에 있던 애버렐 해리먼은 웨스팅하우스(Westinghouse) 사의 한 엔지니어와 연줄이 닿는 어떤 러시아 인이 "소련이 원자 폭탄 제조에 필요한 장비를 연구 중일 수도 있다고 넌지시"[63] 말했다고 보고했다.

9월에 소련 군대가 일본이 운영하던 북한의 광구[64]를 점령했고, 거기서 찾아낸 광석의 예비 조사가 이루어졌다. 북한의 광구가 우라늄과 토륨의 쓸 만한 공급처임이 확인되었다. 미국 국무부는 11월 19일에 체코슬로바키아의 한 믿을 만한 정보원으로부터 다음과 같은 전문을 받았다. "체코슬로바키아 정부가 소련 정부에 우라늄 광석을 공급하도록 공식 요청을 받았다."[65] 소련은 11월 23일 체코슬로바키아와 비밀 협약을 맺어, 이 나라에서 채굴되는 우라늄 일체에 대한 독점권을 획득했다. 그 즉시로 야히모프(Jachymov)[66] 주변에서 채굴 작업이 확대되었다. 야히모프는 에르츠 산맥(Ore Mountains)에 있는 오래된 광산 도시로, 1789년 최초의 우라늄이 분리된 광석이 거기서 채굴되었다. 마리 퀴리(Marie Curie, 1867~1934년)와 피에르 퀴리(Pierre Curie, 1859~1906년)가 야히모프에서 가져온 광석으로 폴로늄과 라듐을 최초로 분리하기도 했다. (우라늄 238이 납으로 바뀌는 도정에 라듐과 폴로늄으로 붕괴한다.) 체코슬로바키아는 광석 제공 대가로, 광석에서 회수한 라듐의 일부를 받기로 했다. 64명의 독일 정치범(나치일 것으로 추정된다.)이 소련의 감시 아래 1946년 최초로 체코 광산에 투입되었다. 이 숫자는 1953년에 약 1만 2000명까지 늘어난다. (당시에는 전부가 체코 인이었다.) 체코 정부는 이 광산에서 여러 해에 걸쳐 약 17개의 강제 노동 수용소를 조직 운영했다.[67] 체코에서 파낸 광석이 1950년에 소련이 필요로 한 우라늄 소요량의 약 15퍼센트를 충당했다. 소련의 지질학자들은 소련 전역도 서캐 훑듯이 뒤지기 시작했고, 시베리아 남서부에서 새로운 광상을 찾아냈다.[68] 그로브스는 시베리아 광석은 품질이 낮다고 판단했다. 하지만 소련 사람들은 채굴 과정에서 수작업으로 가장 좋은 원광을 분류했고, 이 광석을 현지에서 1퍼센트 이상으로 농축해, 정련 공장으로 실어 보냈다. 국내 광석이 소련의 1950년 우라늄 소요량 약 3분의 1을 충당했다.

쿠르차토프의 제2연구소에 들어설 소형 F-1 원자로는 여전히 계획 단계였다. 아무튼 정부 위원회는 10월에 소련의 핸퍼드로 우랄 산맥 동쪽의 한 곳을 조사 후 인가했다. 그곳에 플루토늄을 생산할 대형 반응로와 추출 시설이 최초로 건설될 터였다. 쿠르차토프의 고향 첼랴빈스크의 첼랴빈스크 트랙터 공장(Chelyabinsk Tractor Plant)은 전쟁 중에 소개된 하르코프 디젤 웍스(Kharkov Diesel Works) 및 레닌그라드 키로프 공장(Leningrad Kirov Plant) 일부와 합쳐졌고, 전차 생산의 중심지로 거듭났다. 사람들은 그곳을 탕코그라드(Tankograd)[69]라고 불렀다. 이 복합 단지와, 지역 내 기타 수십 개의 군수 공장에 공급할 전기가 필요했고, 1942년에 대형 발전소가 새로 들어섰다. 소도시 키시팀(Kyshtym)을 중심으로 한 첼랴빈스크 지방에는 굴라크들도 다수 포진해 있었다. 약 12개의 강제 노동 수용소[70]가 거기 있었다. 1945년 11월 첼랴빈스크-40[71]으로 알려지게 되는 플루토늄 생산 단지용 부지 조사가 시작되었다. 키시팀에서 동쪽으로 약 24킬로미터 떨어진 곳으로, 테차 강(Techa River) 상류 키질타시 호수(Lake Kyzyltash) 주변 지역이었다. 도시로 성장할 복합 단지의 첫 번째 건물들도 그달에 건설에 착수했다. (음울하게도 베리야라는 이름이 붙는다.) 부지 인근으로 굴라크가 4개 있었다. 세 곳에는 남자들이, 한 곳에는 여자들이 수용되었다. 재소자들이 투입되었고, 그들은 손으로 삼림의 나무를 베어 냈다. 군용 탱크는 불도저 날을 달고 길을 닦았다.[72]

⊛⊛⊛

라브렌티 베리야는 1945년 9월 파벨 수도플라토프를 새로운 부서 S과(Department S, 수도플라토프는 "S가 Sudoplatov의 S"[73]라고 주장한다.)를 지휘하도록 임명했다. 수도플라토프는 (트로츠키 암살 작전을 포함해) 여러 건의 암살 작전과 게릴라전을 조직한 NKVD 장교이다. 베리야는 영국과 미국의 원자 폭탄 개발 계획과 관련해 방대하게 수집된 정보를 검토하고 번역해, 소련 과학자들에게 넘기는 임무를 S과에 맡겼다. 전에는 쿠르차토프와, 하리톤을 포함한 소수의 최정예 보조원들에게만 열람이 허락되던 정보였다. 러시아 대외 정보국(Russian Foreign Intelligence Service, 냉전 종식 후 소련 정보 기관의 후속 기관)에 따르면 수도플라토프의 부서는 "요원망과 직접 연락한 적이 단 한 번도 없었다." 수도플라토프 자신도 "비교적 짧은 시간 동안만 원자력 문제를 다루었다. (1945년 9월부터 1946년 9월까지) 12개월에 불과했"[74]던 것이다.

수도플라토프가 임명 직후 닐스 보어한테서 기술 정보를 빼오기 위해 엉망진창인 공작을 시도했다는 것은 분명하다. 보어는 유럽 전쟁이 끝난 직후 미국에서 코펜하겐의 연구소로 복귀했다. 수도플라토프가 만년에 그 사건을 회고했는데, 횡설수설하는 통에 이야기의 아귀는 잘 맞지 않는다. 1994년에 발간된 책 『특수 임무(*Special Tasks*)』[75]에서 공동 저자들이 명확하게 밝힌다고 했음에도 이 사건의 진상은 한층 더 산으로 가 버렸다. 이 과정에서 출판물에 의한 명예 훼손이 보어를 집어삼켰다. 보어는 뜻하지 않게 쓸 만한 정보를 소련에 넘겼다. 하지만 그가 넘긴 정보는 스마이스 보고서에도 나오고, 스마이스 보고서는 공개된 자료이다. 다시 말해 그로브스 장군이 민감한 기술 정보를 다음 보고서에서 빼 버렸기 때문에 스마이스 보고서는 값어치가 있었다.

스마이스 보고서는 맨해튼 프로젝트의 과학을 소상히 밝힌 보고서였고, 1945년 8월 11일 타자로 친 원고가 석판으로 인쇄되어 언론에 공개되었다. (정전 복사기가 발명되기 전이었다.) 소련 통신사 타스(Tass)가 8월 중순에 첫 번째 판본 여섯 부를 입수했다. 그들은 미국의 폭탄 프로그램에 관한 귀중한 정보가 담긴 이 개요서를 즉시 소련 정보 기관에 전달했다.

프린스턴 대학교 출판부가 9월 1일 스마이스 보고서에 『원자력의 군사적 활용(*Atomic Energy for Military Purposes*)』이라는 제목을 달아, 딱딱한 표지를 씌운 식자판으로 발행했다. 소련 정보 기관은 프린스턴판 사본도 입수했다.[76] 그런데 석판 인쇄본과 식자판은 크게 달랐다.[77] 물리학자이자 안보 보좌관인 아널드 크래미시(Arnold Kramish, 1923~2010년)는 이렇게 회고했다. "그로브스 장군은 민감하다고 판단되는 몇몇 대목이 석판 인쇄본에 실렸음을 알고 대경실색했어요."[78] 그 가운데서도 가장 중요한 것은 다음의 한 대목이었다.

> 사전에 핵분열 산물을 상당히 연구했지만 이런 오염은 미처 예상하지 못했고, 핸퍼드 파일은 그 때문에 가동이 거의 중단될 뻔했다. 우리는 나중에야 이 사실을 깨달았다.[79]

이 문장은 워싱턴 주 핸퍼드의 플루토늄 생산 시설이 1944년 9월 27일 겪은 재앙에 준하는 사태를 이야기한 것이다. 플루토늄을 생산하는 최초의 대형 원자로인 B 파일(B pile)은 그날 성공적으로 가동을 시작해, 약 12시간 동안 돌아갔는데, 불가사의하게도 멈췄다가, 얼마 후 다시 자동으로 켜지더니, 12시간 후에 다시 가동을 멈췄다. 원자로 가동을 위해 와 있던 프린스턴의 이론 물리학자 존 아치볼드 휠러(John Archibald Wheeler, 1911~2008년)가 분열 물리학을 밤새 검토한 끝에 문제점을 알아냈다. 우라늄(92)이 분열하면서 항상 바륨(56)과 크립톤(36)으로 쪼개지는 것(56+36=92)은 아니다. 우라늄은 다른 조각들로 쪼개지는 경우가 잦다. 예를 들어, 아이오딘(53)과 이트륨(39)으로. 휠러는 세계 최초의 대형 원자로인 B 파일의 고속 중성자들이 연쇄 반응을 해치는 분열 산물을 만들고, 필요한 중성자들이 거기 흡수되어 버림을 깨달았다. 휠러는 여러 가능성을 고민한 끝에 아이오딘의 방사능 동위 원소인 아이오딘 135를 범인으로 지목하고, 이것이 약 6시간의 반감기를 거쳐 이전까지 몰랐던 딸핵종 크세논 135(반감기 9시간)로 붕괴하리라고 예측했다. 그는 이 크세논 135가 파일 내부의 중성자를 매우 좋아하리라고 추정했다. 이것의 식욕은 파일의 제어봉으로 쓰인 카드뮴 금속의 무려 150배였다. 카드뮴 금속은 그 전까지 흡수 능력이 가장 큰 것으로 알려진 원소이다. 대형 파일은 정상적으로 가동을 시작해 연쇄 반응을 지속할 것 같았다. 그런데 분열 과정을 통해 아이오딘 135의 양이 증가할 터였다. 이 아이오딘이 붕괴해 크세논 135로 바뀐다. 크세논 135는 축적되면서 일대일로 중성자를 흡수한다. 파일은 서서히 오염되고, 자유롭게 돌아다닐 수 있는 중성자가 감소해, 결국 연쇄 반응이 중단된다. 크세논 135도 결국 비흡수성 딸핵종으로 붕괴한다. 다시금 자유 중성자가 축적되고, 이윽고 충분한 중성자를 확보한 파일은 연쇄 반응을 재개한다. 바로 그 시점이 순환 주기의 첫 단추가 된다. 휠러는 이렇게 썼다. "크세논이 별도의 제어봉을 자처하고 나섰다. 원하지 않은 불청객이었다."[80]

햄퍼드 사태의 해결책은 우라늄 덩어리(uranium slug)를 더 투입해 파일의 반응도를 증대시키는 것이었다. 핵분열로 나오는 자유 중성자의 수가 늘어나면 오염 효과를 무시해도 좋을 테니까 말이다. 하지만 이 해결책은 파일이 신중하게 설계되었기 때문에 겨우 가능했다. 육중한 흑연 블록에 우라늄 관을 계산 결과에서 필요한 것보다 3분의 1배를 더 뚫어 놓았던 것이다. 오차 범위가 이렇게 넉넉할 수 있었던 것 역시 미국이 1944년경에 우라늄 광석이 충분한 데다, 고순도 흑연과 우라늄 금속을 대량으로 생산할 수 있었기 때문에 가능했다. B 파일을 허용 오차 최소로 설계했다면, 그래서 원자로에 집어넣을 수 있는 흑연과 우라늄이 한정되었다면, 파일을 처음부터 완전히 다시 제작해야만 했을 것이다. 플루토늄 생산이 몇 달, 아니 몇 년 지체되었을 수도 있었다.

이 모든 과학, 공학, 산업적 내용이 헨리 스마이스가 작성한 보고서의 그 한 문장 뒤에 숨어 있었다. 그런데 그로브스의 지시로 프린스턴 식자판에서 이 문장이 삭제되었다. 그 문장의 중요성은 그만큼 더 도드라졌다. 율리 하리톤과 야코프 젤도비치도 1940년 3월 7일 발표한 연쇄 반응의 동역학에 관한 공동 논문에서 정확히 그런 문제가 발생할지도 모른다며 선견지명을 보여 주었다. ("(임계성에 영향을 미치는) 요인들은 조사가 필요하다. 새로운 핵이 출현해 붕괴하면서 중성자를 포획하는 것도 …… 그런 예일 수 있다."[81]) 분열 산물이 핸퍼드 원자로를 오염시킨 사태는 확실히 쿠르차토프가 더 자세히 알아야 하는 현상이었다. 첼랴빈스크-40에 들어설 소련 최초의 플루토늄 생산 원자로 설계를 시작하려는 마당에는 더욱. 어떤 산물이 원자로의 성능을 저해했는가? 원자로 오염은 어떤 가동 단계에서 일어났는가? 미국은 그 사태를 어떻게 극복했는가? 스마이스 보고서는 이 모든 중요한 질문에 묵묵부답이었다.

1945년 가을 소련 원자 폭탄 대책반의 어떤 인사가 두 보고서의 불일치를 알아냈다. 수도플라토프의 보어 공작 이전에 그 또는 그녀가 그랬다는 것이 분명하다. 스마이스 보고서 번역 담당은 S과였다. S과의 전문 편집자가 미국의 두 판본을 문장 하나하나씩 꼼꼼히 대조하다가 이 불일치를 처음 발견했을 것이다.[82] 수도플라토프는 1994년 회고록에서 반응로 오염 사안이 잘 알아먹을 수 없게 적혔던 것을 기억했다. 그가 쓴 대목을 보자. "소련의 핵개발 프로그램에서 1945년 11월은 결정적 순간이었다. 소련 최초의 원자로가 제작 완료된 상황이었다. (원문 그대로) 그런데 갖은 가동 노력이 실패로 끝났다. (원문 그대로) 플루토늄 사고가 있었던 것이다. (원문 그대로) 이 문제를 어떻게 풀 것인가?"[83]

보어는 종전 직후 핵무기 경쟁을 미연에 방지하는 협약의 일부로 미국이 맨해튼 프로젝트에서 개발한 과학 지식을 국제 사회가 공유했으면 한다는 희망을 공개적으로 피력했다. 피상적으로 보면, 비밀에 관한 보어의 입장은 NKVD 요원들이 전쟁 중에 영국과 미국에서 스파이 활동을 성공시키기 위해 동원한 주장과 비슷했다. 보어는 과학 지식을 공유해 열린 세상을 개척해야 한다고 생각했다. 베리야와 수도플라토프는 보어의 이런 비전을 접하고, 그가 협력할 가능성이 아주 많다고 판단했다. 수도플라토프는 계속해서 이렇게 회고했다. "우리는 보어한테 접근하기로 했지. 내가 이끌던 S과에서 젊은이를 한 명 뽑았어. …… 이론 물리학자였지. 그를 보어에게 보냈네. 당시에 덴마크는 적군에 의해 막 독일로부터 해방된 상황이었지. (원문 그대로: 덴마크는 유럽 전승 기념일인 1945년 5월 8일에도 여전히 독일 치하였다.) 소련 사람들에 대한 덴마크 인들의 태도는 매우 온정적이었어."[84] 소련 핵개발 프로그램 바깥에 머물던 젊은 물리학자 야코프 페트로비치 테를레츠키가 NKVD 특수 요원으로 뽑혔다.

테를레츠키가 전하는 바에 따르면, 수도플라토프가 베리야의 승인을 받아 그를 선발했다고 한다. 테를레츠키의 임무는 NKVD가 수집한 방대한 첩보 자료의 번역을 검토해, 쿠르차토프가 이끄는 과학자들에게 보고하는 것이었다. 테를레츠키는 업무 첫날인 1945년 10월 11일 약 1만 쪽의 첩보 자료가 루비앙카에 쌓여 있는 것을 보았다. 그가 어떻게 쓰고 있는지 보자. "타자기로 친 과학 보고서를 복사한 것이었다. 모든 보고서의 상단에는 미국 국가 안보국들의 표준 소인이 찍혀 있었다. 당연하게도 보고서가 기밀이라는 도장이었다."[85] 테를레츠키의 전공은 핵물리학이 아니라 통계 물리학이었다. 그는 그 익숙하지 않은 자료를 단 나흘 동안 살펴보고 폭탄 프로젝트 기술 협의회에 알아낸 바를 보고하라는 명령을 받았다. 정보의 출처를 밝혀서는 안 된다는 주의도 들었다. 테를레츠키는 가공의 '제2부서(Bureau No. 2)'가 정보의 출처라고 이야기하게 되는데, 마치 병행해서 추진 중인 또 다른 폭탄 프로그램이 있는 것 같았다. 하지만 기술 협의회에 참여한 대다수의 과학자들과 관리자들은 적어도 비공식적으로는 NKVD가 광범위한 첩보 활동으로 그 자료를 모았음을 알고 있었다. 곧이곧대로 믿은 사람은 거의 없었다.

테를레츠키가 기술 협의회에 보고서를 제출하고 일주일 후 보어 공작이 시작되었다. 전령이 어느 토요일 밤에 자고 있던 테를레츠키를 깨워, 베리야와의 면담을 위해 루비앙카로 데려갔다. 테를레츠키가 베리야를 만나지는 못했다. 대신 수도플라토프가 나타났다. 그는 테를레츠키에게 닐스 보어를 아느냐고 물었다. "물리학자가 어떻게 닐스 보어를 모를 수 있겠습니까!" 테를레츠키는 안 믿긴다는 어조로 계속해서 이렇게 쓰고 있다. "이야기를 더 듣고 봤더니 정말로 닐스 보어를 만날 모양이었다. …… 나는 집으로 가서, 도시를 떠나지 말고 대기 상태를 유지하라는 말을 들었다. 일요일에도 말이다. 하지만 내가 가긴 어딜 가겠는가?"[86] 수도플라토프가 다음 주에 자세한 지시를 내렸다. 테를레츠키가 코펜하겐으로 보어를 찾아가, 미국의 프로젝트에 관해 물을 예정이었다. 수도플라토프는 보어가 "미국인들을 싫어한다."고 생각했다. "그가 우리를 도와줄 것으로 기대해."[87] 카피차가 소개장을 써 주기로 했다. 테를레츠키는 카피차를 만났고, 보어에게 질문을 많이 하지 말라는 충고를 들었다. 보어가 하는 말만 들으라는 예리한 조언이었다.

테를레츠키는 코펜하겐으로 떠나기 전에 전쟁 통에 닳아 해진 옷가지를 NKVD가 마련해 준 양복으로 갈아입었다. “뭐랄까, 일급 비밀 양복점이었는데 …… 속옷부터 다 새 거였다.”[88] 테를레츠키는 그렇게 차려 입고, 라브렌티 베리야를 접견했다. 그는 방 하나를 통과해 베리야의 집무실로 들어갔다고 회고한다. “무장 경호원들이 가득했는데, 우리를 철저하게 확인했다.” 그러고도 대기실에서 일단 기다려야 했다. “공중 목욕탕에 붙어 있는 탈의실 같다는 생각이 들었다.” 수도플라토프와 S과의 다른 인원이 이미 와 있었고, 몸무게 180킬로그램의 고문 전문가이자 베리야의 절친한 친구라는 보그단 코블로프(Bogdan Kobulov, 1904~1953년)도 보였다. 코블로프는 카불(Kabul)이라는 이름으로 주로 불렸는데, 테를레츠키는 카불을 “달걀처럼 생겼다.”[89]고 했다. 무리는 테를레츠키가 만나게 될 미끈한 스칸디나비아 여자들에 관한 농담을 주고받으며 시간을 때웠다. 이윽고 베리야가 그들을 맞이했다.

방에 들어가자, 베리야가 책상 뒤에서 일어났다. 엄청나게 큰 방이었고, 책상은 저 멀리 놓여 있었다. 그가 커다란 회의용 탁자로 다가왔다. …… 이윽고 내가 그 인민 위원에게 소개되었다. 베리야는 평균 키에, 나이가 있었고, 머리가 위쪽으로 약간 좁아지는 생김새였다. 이목구비는 평범했는데, 따스한 온기나 미소의 흔적은 조금도 찾아볼 수 없었다. 전에 베리야를 찍은 인물 사진들을 본 적이 있었고, 코안경을 낀 젊고 활기 넘치는 지식 분자일 것으로 생각했는데, 그런 인상이 전혀 아니었다. 모두 커다란 회의 탁자에 자리를 잡고 앉았다. 탁자 한가운데에 흰 대리석으로 만든 큼직한 재떨이가 1개 놓여 있었다. 북극곰 형상의 재떨이였는데, 눈에 작은 홍옥이 박혀 있었다. 그 긴 탁자에 있는 거라고는 딱 하나 그것뿐이었다. …… 아무도 그걸 사용하지 않는다는 게 분명했다.[90]

베리야는 테를레츠키의 이력을 물었다. 그 젊은 물리학자와 수도플라토프에게 임무에 대해서 어떻게 생각하느냐고도 물어보았다. 테를레츠키는 이렇게 답했다. "보어에게 뭘 물어야 할지 전혀 모르겠습니다."[91] 수도플라토프도 도무지 모르겠다고 고백했다. 곧이어 테를레츠키의 영어 실력이 보어와 대화하기에는 무척 떨어진다는 사실이 드러났다. 수도플라토프의 부관으로 테를레츠키와 동행할 예정인 NKVD 장교 레프 바실레프스키(Lev Vasilevsky)도 프랑스 어만 할 줄 알았다. 베리야가 즉석에서 통역자를 한 명 붙여 주었다. 테를레츠키가 받은 인상은 아무도 자기 임무를 깊이 생각해 본 적이 없다는 것이었다. 그는 이렇게 쓰고 있다. 베리야가 반니코프, 반니코프의 부관 아브라미 자베냐긴, "과학자들"을 호출했다. 질문 목록을 대충이라도 만들어야 했다. 1시간이 채 안 되어 쿠르차토프, 하리톤, 키코인, 아르트시모비치가 루비앙카에 당도했다. 하리톤은 테를레츠키 같은 초짜를 보어에게 보낸다는 이야기를 듣고서, 차라리 젤도비치를 파견하는 게 나을 거라고 베리야에게 직언했다. 테를레츠키는 하리톤이 이렇게 말했다고 회고한다. "젤도비치라면 원자력 문제의 세부 항목 일체를 보어에게서 알아낼 수 있을 겁니다." "베리야가 하리톤의 말을 잘랐다. 귀에 거슬리는 조지아 말투가 이어졌다. '누구한테서 누가 더 많이 알아낼지 누가 알아.'"[92] 베리야는 소련의 핵개발 프로그램을 아는 사람은 그 누구도 국외로 내보낼 생각이 없었다. 납치당하거나 배신하고 망명이라도 해 버리면 어떡하라고? 베리야는 과학자들에게 질문 목록을 작성하라고 명령했다. 그들은 그것을 하기 위해 밖으로 나갔다. 하리톤은 복도에서 테를레츠키에게 임무를 맡지 말라고 설득했다. 테를레츠키도 잘 알았지만 달리 선택의 여지가 없었다.

수도플라토프는 과학자들이 작성하고 베리야가 승인한 질문들을 테를레츠키에게 외우게 했다. 그는 젊고 순진한 첩보원 테를레츠키에게 질문 목록에서 벗어나서는 안 된다고도 신신당부했다. 테를레츠키는 대답을 받아 적으면 보어가 의심할 수도 있으므로 그것마저 몽땅 암기해야 했다.

테를레츠키, 바실레프스키, 통역자는 코펜하겐으로 향했다. 테를레츠키가 깜짝 놀라며 깊은 인상을 받은 대상은 여자들이 아니었다. "거리를 지나는 사람들은 좋은 옷을 입고 있었다. 가게에는 물건이 가득했다. 사탕과 과일 등 온갖 먹을거리가 …… 풍족했다."[93] 공산당 소속 덴마크 의원 한 명이 보어에게 연락을 취했다. 테를레츠키가 카피차의 편지를 비밀리에 전하고 싶어 한다고 알리면서 한 번 만나 달라고 요청한 것이었다. 보어와 카피차는 케임브리지 대학교의 옛 동료였다. 보어의 대답은 단호했다. 비밀 회동에는 절대로 동의할 수 없다는 것이었다. 소련 과학자가 보어와 이야기하고 싶다면 그 만남은 공개적으로 이루어져야 할 터였다. 보어는 즉시 이 사실을 영국 정보 기관에 알렸고, 계속해서 그로브스도 통지를 받았다.[94]

테를레츠키는 11월 13일 편지를 한 통 써서 공개 면담을 요구했고, 보어는 다음날 오전에 만나자고 했다. 보어는 예방책이 필요하다고 판단했고, 역시 물리학자인 24세의 아들 오게 닐스 보어(Aage Niels Bohr, 1922~2009년)에게 동석해 줄 것을 당부했다. 다른 아들은 소련 사람들이 납치를 기도할 것에 대비해 권총을 휴대하고 옆방에 머물렀다. 오게 보어는 그 만남을 이렇게 회고한다.

> 테를레츠키는 카피차가 써 준 소개장(1945년 10월 22일자로 되어 있었다.)을 가지고 왔습니다. …… 카피차는 자신이 이끄는 연구소가 갓 발행한 과학 논문들도 함께 보냈어요. 테를레츠키와의 대화에서는 먼저 카피차 이야기가 나왔고, 아버지가 개인적으로 아는 다른 러시아 물리학자들의 근황도 물었죠. 그다음으로 테를레츠키가 원자력 기술과 관련해 몇 가지 질문을 했습니

다. 아버지는 세부적인 것들은 잘 모른다고 대답하시고, 테를레츠키에게 미국이 최근 발행한 보고서(스마이스 보고서)를 참조하라고 말씀하셨습니다.[95]

테를레츠키에 따르면 닐스 보어는 계속 걱정해 온 레프 란다우의 정치적 안위와 핵전쟁 예방에 관해 자세히 이야기했고, 연구소를 구경시켜 주었다. 테를레츠키는 무려 25년이 지났는데도 보어가 이렇게 말했다고 생생하게 증언했다. "모든 나라가 원자 폭탄을 가져야 한다고 생각하네. 우선은 러시아여야겠지. 다른 나라들도 이 위력적인 무기를 가져야만 미래의 사태를 막을 수 있을 게야."[96] 보어가 서방에서 이렇게 신중하지 못한 생각을 피력한 적은 단 한 번도 없었다. 그가 테를레츠키에게 핵무기 확산을 촉구했을 것 같지도 않다. 테를레츠키가 질문하고 보어가 답한 내용을 나중에 정리한 테를레츠키 자신의 보고서를 보더라도 이것을 알 수 있다. 원자 폭탄에 대응할 수 있는 방어책이 있겠느냐는 질문에 보어는 이렇게 대꾸했다. "국제 사회가 협력하는 방법밖에 없네. 과학 지식을 교류하고, 그 성과를 국제 사회가 관리해야 전쟁을 막을 수 있어. 원자 폭탄을 사용할 필요성 자체를 제거해야 하는 것이지. 방어책이라고 했나? 유일하게 올바른 방어 수단은 그것뿐이네. …… 이 엄청난 발견을 모든 나라가 공유해야만, 인류가 미증유의 진보를 달성할 수 있다고 과학자들은 믿는다네. …… 기왕에 발견된 원자력이 한 나라의 독점 비밀 자산으로 유지될 수는 없어. 다른 나라도 조만간에 독자적으로 그 비밀을 발견할 테니까."[97] 물론 "독자적으로"라는 말이 폭탄을 거저 준다는 이야기는 아니다. 테를레츠키는 자기가 듣고 싶은 내용만 들은 것이다.

테를레츠키는 보어가 정해 놓은 회동의 전제 조건도 파악하지 못했던 것 같다. 그는 일행이 연구소 구경을 마친 다음에야 비로소, 오게가 없는 상태에서는 보어와 사적으로 이야기할 수 없음을 깨닫고, 목록의 질문을 급히 꺼냈다. 테를레츠키가 준비해 온 질문을 다 하기도 전에 배정된 시간이 끝나고 말았다. 그는 제정신이 아니었고, 미친 듯이 서둘렀다. "베리야의 명령을 이행하지 못하면 어떻게 된다는 걸 나는 알고 있었다."[98] 베리야의 명령은 보어에게 목록의 질문을 다 하라는 것이었다. 보어는 테를레츠키가 쩔쩔 맨 이유를 알았음에 틀림없다. 그는 11월 16일에 다시 만나기로 했다.

테를레츠키는 11월 16일 금요일에 준비해 온 질문을 다 할 수 있었다. "닐스 보어 심문."[99] 수도플라토프는 그 블랙 코미디를 냉소적으로 이렇게 불렀다. 테를레츠키의 회고를 들어보자. "아버지의 지시를 받은 오게가 우리에게 특별한 선물을 주었다. 헨리 스마이스의 보고서였다." 테를레츠키는 그 11월 중순에 이렇게 생각했다. 스마이스 보고서가 "막 기밀에서 해제된 문건으로, 어쩌면 우리가 그걸 보는 최초의 소련인일 것이다."[100] 테를레츠키가 모스크바에서 스마이스 보고서를 보았더라면 보어에게 묻도록 위임받은 대다수 질문의 답변이 그 보고서에 있다는 것을 알았을 것이다. 보어가 11월 9일 로버트 오펜하이머에게 편지를 써, "선구적 업적의 내용을 공개하기로 한 결정"을 칭찬하면서도 "순수하게 과학적인 정보의 발표와 관련해 조만간 추가 조치가 취해지기"[101]를 바란다고 한 것은 참으로 얄궂다.

원자로 오염 사안을 묻는 결정적 질문은 테를레츠키가 받아 간 목록 깊숙한 곳에 있었다. 목록을 작성한 과학자 가운데 한 명이 그렇게 했을 것이라는 게 테를레츠키의 설명이다.

질문 15:

우라늄의 가벼운 동위 원소 분열로 쌓이는 폐기물 때문에 반응로가 느려지기도 합니까?

테를레츠키는 보어 연구소에서 소련 대사관으로 복귀하면서 통역자와 상의해 보어의 답변을 이렇게 재구성했다.

답변:

우라늄의 가벼운 동위 원소 분열로 폐기물이 생겨서 원자로가 오염되는 일이 생깁니다. 하지만 미국인들이 원자로를 청소하기 위해 특별히 가동을 중단시키지는 않는 것으로 압니다. 플루토늄을 뽑아내기 위해 (우라늄) 봉을 제거하면 원자로는 깨끗해집니다.[102]

보어는 원자로 전문가가 아니었다. 원자로는 "청소"를 해서 크세논을 제거한 적이 없었다. 오염 효과를 무시하기 위해 더 크게 만들었을 뿐이다. 쿠르차토프는 더 많은 정보를 원했지만 실제로 얻은 정보는 그에 못 미쳤다. 하지만 적어도 보어가 오염 효과라는 게 있음을, 거기에 해결책도 있음을 확인해 주기는 했다고 할 수 있었다. (이 정보가 나오는 스마이스 보고서의 석판 인쇄본을 보어도 보았다.) 첩보 활동을 더 진행하면 원자로를 오염시키는 동위 원소를 알아낼지도 몰랐다. 보어는 지체 없이 테를레츠키가 찾아왔음을 덴마크, 영국, 미국 보안 기관들에 알렸다. 테를레츠키는 돌아가서 다시금 루비앙카에 산더미처럼 쌓인 문건을 검토했고, 올바르게도 다음과 같은 결론을 내렸다. "보어는 스마이스 보고서에 적힌 것 이상의 새로운 내용은 아무것도 알려 주지 않았다."[103] (그가 베리야에게 실망스러운 소식을 전하자 그 인민 위원은 역정을 냈다. 테를레츠키는 베리야가 이렇게 말참견했다고 적고 있다. "보어와 미국 놈들, 엿이나 먹으라고 해!"[104])

안드레이 사하로프는 그해 초겨울에 "**영국의 동맹국**이 스마이스 보고서를 연속으로 간행했다."라고 회고했다. "나는 새 보고서가 나올 때마다 매번 구해서 샅샅이 살펴보았다."[105] (사하로프는 당시 소련 과학 아카데미 물리학 연구소(Physics Institute of the Soviet Academy of Sciences, FIAN)에 재학 중인 대학원생 신분으로, 이고리 탐 밑에서 연구하고 있었다. 그는 아직 쿠르차토프의 연구진이 아니었다. 하지만 사람들이 그를 못 보고 지나치지는 않았다. 사하로프의 동료 엔지니어 L. V. 파리스카야(L. V. Pariskaya)는 이렇게 회고했다. "(1945년) 가을쯤 되자 연구소 인력이 점점 어려졌다. 젊은이들이 전선에서 돌아왔고, 여자들도 더 활기차졌다. 우리는 최대한 깨끗하게 청소를 했다. 쓰레기와 낡은 나무 상자를 버렸고, 쪽모이 세공을 한 마룻바닥의 케케묵은 때도 벗겨 냈다. 망할 놈의 (등화관제용) 커튼을 떼어냈고, 창문도 물청소를 했다. 연구소들이 한층 밝고, 가벼워졌으며, 널찍해졌다." 파리스카야와 사하로프는 연구소의 간선 복도 한쪽 끝에 설치된 거대한 창문을 함께 물청소했다. 사하로프가 그 작업을 이렇게 자랑스러워했다고 한다. "창문 청소법을 익히니 좋군. 쓸모가 있겠어."[106] '이 친구는 언제고 자기 모습을 잃지 않겠군.' 파리스카야는 이렇게 생각했다.)

G. N. 이바노프(G. N. Ivanov, S과에 근무했고, 진짜 이름은 G. N. 콜첸코(G. N. Kolchenko)이다.)가 편집한 『원자력의 군사적 활용』의 러시아 어판은 1946년 1월 30일 모스크바에서 3만 부 발행되었다. 표면상의 발행처는 국영 철도 운송 출판사였다. 이 간행본은 프린스턴판을 따랐지만, 삭제된 원자로 오염과 관련된 문장이 들어 있었다. 당시 미국 원자력 위원회(US Atomic Energy Commission)에서 근무하던 아널드 크래미시는 1948년에야 그 불일치를 확인했지만 올바르게도 다음과 같은 결론을 내렸다. "소련의 기술팀 가운데 적어도 한 명은 스마이스 보고서를 꼼꼼하게 확인했다. 우리가 '그들이 못 보고 지나쳤으면' 하고 바란 몇몇 내용을 그들이 실제로 놓쳤을 가능성은 거의 없다. 특히 …… 분열 산물로 인한 오염과 관련해 …… 우리는 그 내용이 복원되었음이 틀림없다는 것을 인정해야만 한다."[107]

⚛⚛⚛

스노는 이렇게 논평했다. "핵분열이 발견되었고, …… 물리학자들은, 어느 날 갑자기, 국민 국가가 기대고 요구할 수 있는 가장 중요한 군사 자원이 되었다."[108] 스탈린은 자국 물리학자들을 여전히 불신했다. 하지만 그도 이제는 그들을 배려하지 않을 수 없었다. 쿠르차토프는 1946년 1월 25일 밤늦게 크렘린에서 스탈린, 베리야, 몰로토프를 만났다. 폭탄 프로그램을 논의하는 자리였다. 카피차가 그날 밤 누군가의 마음에 떠올랐다. 아마도 베리야였을 것이다. 쿠르차토프의 회고 내용은 으스스하다. "이오페, 알리카노프, 카피차, 소련 과학 아카데미 물리학 연구소(FIAN) 소장 세르게이 이바노비치 바빌로프(Sergei Ivanovich Vavilov, 1891~1951년)에 관한 질문과 대답이 오갔다. 카피차가 한 연구의 유용성도 토론되었다. 그들은 의혹과 불안감을 표출했다. 과학자들이 누구를 위해 일할지, 그들이 어떤 목적으로 연구할지 미심쩍었던 것이다. 조국의 이익을 위해서일까 아닐까?"[109] 카피차가 제안한 소련의 독자 프로그램을 단호하게 기각한 사람은 스탈린이었다. 카피차는 독자적인 접근법을 채택하면 미국 방법보다 비용이 덜 들 것이라고 주장했다. 하리톤과 스미르노프는 이렇게 쓰고 있다. "스탈린은 지엽적인 문제, 비용이 덜 드는 해결책을 찾겠답시고 시간을 낭비하는 일 따위는 피하라고 말했다. 그는 '광범위한 전선에서, 전 러시아 차원에서' 과제를 수행해야 한다고 강조했다. 전폭적으로 지원하겠다는 말도 보탰다. 스탈린은 우리 과학자들이 수수하고, 겸손한 사람들이어서, '그리 잘살지 못한다는 것을 모르기도 한다.'라고 지적했다." 쿠르차토프는 그 회의에서 스탈린이 이랬다고 언급했다.[110] "나는 과학자들의 생활 수준을 향상시키는 …… 것에 관심이 있어. 업적이 대단하면 보상을 해야지. 이를테면 문제를 해결하면 말이야." 스탈린은 "연구의 진행 속도를 높이는 데 필요한 조치들을 우리에게 보고하라고 했다. 필요한 것은 무엇이든 말하라고도 했다."[111] 망명한 유전학자 조레스 메드베데프는 이렇게 논평한다.

> 과학 활동을 지원하는 재정이 급격하게 증가했다. 과학자들의 평균 급여가 두 배, 또는 세 배까지 늘어났다. 식량과 소비재가 여전히 배급되던 나라에서 과학자들은 최상위 특권 집단이 되었다.
>
> 소련 서부의 거의 절반이 폐허였다. 다수의 촌락이 파괴되었고, 농부들은 집이 있던 자리에 …… 구덩이를 파고 살았다. 그런데 과학자들이 느닷없이 특권을 가진 엘리트가 되었다. 그들의 생활 수준은 전쟁 이전보다 훨씬 높아졌다. 새로운 교육 기관이 배양 세포가 증식하듯 크게 늘어났다. 중등교육을 마친 제대 군인 거의 대부분이 …… 확대된 고등 기술 학교와 대학교로 흡수되었다. 전쟁 발발 직전 81만 7000명이던 학생 수가 1948~1949년에 150만 명 이상으로 늘어났다.[112]

"우리나라는 상황이 여전히 나쁘다." 쿠르차토프는 1월 25일 회의에서 스탈린이 한 말을 이렇게 풀이했다. "하지만 수천 명을 잘살게 할 수는 있다. 휴식을 취할 수 있는 다차와 자동차가 있으면 그보다 더 잘살게 할 수도 있다."[113] 스탈린은 이고리 쿠르차토프에게 특별한 선물을 제공했다. 제2연구소 부지에 집을 한 채 지어 주도록 한 것이다.[114] 아카데미 회원 건축가가 설계한 그 우아한 집은 2층에 방이 8개였다. 고전적 페디먼트(pediment, 건물 입구 위의 삼각형 부분 — 옮긴이)에, 창문들은 큼직했고, 마룻바닥은 쪽모이 세공을 했으며, 대리석으로 만든 벽난로를 갖추었고, 고급 목재를 사용한 벽판에, 중앙 계단은 만곡을 이루는 이탈리아풍이었다. 건축은 1946년 초에 시작되었고, 이탈리아 장인들이 불려 와 내부 장식을 완료했다. 쿠르차토프 가족은 11월에 그 집에 입주했다. 그 호화로운 주택은 통상의 조잡한 사회주의적 건축물과 뚜렷하게 대비된다. 쿠르차토프 연구진이 이 집을 "숲속 오두막"[115]이라고 부른 것은 아이러니이다. 적용된 기술과 솜씨 측면에서, 물론 차르를 위해 지어진 것이기는 하지만 크렘린에 필적했기 때문이다. 쿠르차토프는 "오두막"을 나와, 자작나무와 소나무 향이 은은한 숲을 가로질러, 인근의 F-1 원자로 부지로 걸어서 출근했다. F-1 원자로는 위로 천막을 치고, 깊이 10미터의 구덩이를 파, 지하에 은폐되는데, 나중에 "조립 공장"이라는 암호명으로 불린 벽돌 건물 연구소가 추가된다. 고순도 우라늄과 흑연이 1945년에는 여전히 부족했다. F-1 원자로 부지의 터 파기 작업도 그해 말에는 아직 시작되지 못했다.

12장

기이한 주권 국가

미국 군부와 정보 기관들은 종전 직후 몇 달에 걸쳐 관심과 주의를 독일과 일본에서 소련으로 돌렸다. 그 전환은 비유하자면 마치 중포(重砲)가 선회하는 것 같았다. 유럽의 지상에 나타난 소련군 병력은 해산 중이던 서방 군대에 위협이 되었다. 소련은 합리적으로 내다볼 수 있는 미래를 가정하더라도 이론상 유일한 적이었다. 이를테면, 여전히 재래식 폭격기가 활용 가능한 유일한 운반 수단이던 1945~1955년으로 한정할 때 미국이 비축해야 할 원자 폭탄의 개수를 처음 산정하는 작업에서 미국 육군 항공대 소장 로리스 노스태드(Lauris Norstad, 1907~1988년)는 이렇게 말했다. "이 시기에는 러시아와 미국이 중요한 군사 열강이 될 것이다." 그런 이유로 "소련의 전쟁 수행 능력을 파괴한다."라는 목표 아래 "미국의 원자 폭탄 소요량을 산정했다."[1] 계속해서 자동으로 원자 폭탄 프로그램을 지휘하게 된 그로브스 장군에게 소련은 항상 궁극의 적이었다. 그로브스는 처음부터 맨해튼 프로젝트를, 폭탄 몇 개 만들어서 당장의 전쟁만 끝내는 게 아니라, 원자 폭탄을 산업적으로 광범위하게 개발하는 것으로 생각했고, 전쟁에서 승리한 후에도 핵무기를 대량 생산하는 쪽으로 가닥을 잡아 지휘했다. 군대 지도자들은 정치 견해와 무관하게 만일의 사태에 책임감 있게 대응해야 한다고 느꼈고, 전쟁이 어느 방향에서 시작될지, 또 전쟁을 미연에 방지하거나 승리를 차지하려면 어떤 무력과 전략이 필요할지를 궁리했다. 미국 정부가 유엔을 통한 원자력의 국제 통제 계획을 고려하고 있을 때조차 이런 생각이 진행되었다. 핵에너지를 전쟁에 활용하겠다는 구상과 외교 정책이 이렇게 혼선 빚자 미국의 원자력 정책은 몇 년 동안 애를 먹게 된다.

미국 육군 항공대의 칼 스파츠 장군은 히로시마 폭격과 나가사키 폭격 사이인 1945년 8월 8일 한 보고서에서 "전후의 원자 폭탄 프로그램을 계획해야 한다."라고 예상하면서, 다음과 같이 강조했다. "원자 폭탄은 기본적으로 공군의 무기이다. 지금 당장 원자 폭탄을 신속하게 운반할 수 있는, 전후의 토대로 질서 있게 이행하는 계획을 세워야 한다." 스파츠는 최초의 원자 폭탄 2개를 투하하기 위해 폴 워필드 티베츠(Paul Warfield Tibbets, 1915~2007년) 대령 휘하로 조직된 509 혼성 부대(509th Composite Group)을 "확장된 프로그램의 중핵으로 삼기 위해 그대로 유지할 것"[2]을 제안했다. 스파츠는 당시 태평양 공군 사령관이었고, 1946년에 공군 총사령관으로 부임했다. 509 혼성 부대[3]는 원자 폭탄을 운반할 수 있는 장비를 갖춘 유일한 항공기 운용 부대였다. 이 부대는 종전 직후 509 폭격 부대(509th Bomb Group)로 개명되어, 뉴멕시코 주 로스웰의 로스웰 육군 항공 기지로 배속되었다.

미국 합동 참모 본부는 일본에 원자 폭탄을 투하하기 전에 비밀 회의를 가졌고, "선수 치기(striking the first blow)"[4]라는 새로운 정책, 즉 핵전쟁 때 기습을 감행한다는 전략 방침을 승인했다. 선제 공격 정책은 1945년 9월 20일 발간된 한 계획 문건[5]에도 그대로 담겨 있다. 이 보고서는 외교적 해결을 도모하는 절차가 진행 중일지라도 위기 상황에서는 군대가 "필요할 경우 선수를 칠 수 있도록 만반의 준비를 해야 한다."라고 강조했다. 기습 공격은 미국의 이전 군사 전략과 배치되었다. 미국이 공식적으로는 방어를 천명했기 때문이다. 국가적 전통도 그러했다. 하지만 아무 근거도 없이 기습 공격으로 전략을 바꾼 것은 아니었다. 합동 참모 본부의 참모들이 핵무기의 파괴력을 냉정하게 현실적으로 판단해 보았더니, 선제 공격이 불가피해 보였던 것이다. 그렇게 위력적인 무기라면 누구든 먼저 공격하는 놈이 승리를 거머쥘 터였다. 합동 참모 본부의 참모들은 2년 후에 이렇게 주장한다. "과거 같으면 공격이 최선의 방어책으로 인식되었다. 핵전쟁의 시대가 왔고, 단 하나 총체적인 방어책은 공격뿐이다."[6] 합동 참모 본부 합동 정보 위원회(Joint Intelligence Committee)는 1945년 10월경[7] 이런 기조에 입각해 원자 폭탄 20~30개로 소련을 선제 공격하는 계획을 세우기 시작했다. 원자 폭탄 20~30개라는 숫자는 이용 가능한 광석 자원과 제조 능력을 현실적으로 평가해 얻은 수치였다. 그 계획은 이런 공격이 필요할 수도 있는 시나리오를 2개 예상했다. 소련의 공격에 보복을 감행하는 것이 하나요, 소련이 미국을 공격할 능력을 갖추거나 미국의 공격을 격퇴할 능력을 확보하려 할 때 예방 차원에서 수행하는 전쟁이 나머지 하나였다.

그로브스도 핵무기를 독점한 그 처음의 의기양양했던 몇 달 동안 예방 전쟁을 심사숙고했다. 그는 「미래의 우리 군대(Our Army of the Future)」라는 비밀 보고서에서 이렇게 썼다. "우리가 보이는 것처럼 이상주의적이지 않고, 진정 현실적이라면 확고하게 동맹하지 않았거나 절대적으로 신뢰하지 않는 외세가 핵무기를 만들거나 보유하는 것을 허용해서는 안 된다. 만약 그런 나라가 핵무기를 만드는 활동에 나선다면 우리를 위협하는 지경에 이르기 전에 그 제조 능력을 파괴해야 할 것이다."[8] 합동 정보 위원회의 계획이 정확히 그 예방 전쟁 수행을 가늠하고 있었다.

미국 군부가 우발적으로 계획하고, 일부 군대 지도자가 열정적으로 옹호한 방침이 공식 정책은 아니었다. 미국 정부는 예방 전쟁을 지지하거나 인가한 적이 없다. 해리 트루먼이 그 개념을 정치적 자살일 뿐만 아니라 도덕적으로도 혐오스럽다고 생각했음은 분명하다. 그는 1950년에 이렇게 천명했다. "그런 전쟁은 독재자들의 수단이지, 미국 같은 자유 민주주의 국가들이 취할 행동 방침은 아니다."[9] 하지만 미국을 지킬 수 있는 단 하나의 확실한 방법은 소련의 산업 능력을 선제 공격으로 파괴하는 것뿐이라는 믿음은 막강했다. 이런 신념은 군부, 특히 미국 육군 항공대 내부에서 지속되는데, 네이선 트위닝(Nathan Twining, 1897~1982년)이라는 공군 장교는 "야만인임에 틀림없는 한 집단의 변덕"[10]이라는 말로 소련을 비하했다. 다시 말해 군부는 원자 폭탄으로 소련의 도시들을 기습 타격하여 수천만의 인명을 살해할 계획을 세웠다.

노스태드가 1945년 9월 더욱 야심차게 진행한 연구[11]에는 그로브스가 8월 말에 살펴본 「도표로 정리한 러시아와 만주 지역 도시 전략」이 들어 있었다. 그는 미국이 소련의 "전략 거점 도시" 66개를 파괴하면 전쟁 초기에 러시아를 패배시킬 수 있다고 생각했다. 연구 보고서는 소련이 국경 바깥에서 사용할 수 있는 공군 기지 몇 개를 제압했고, 다르다넬스 해협과 킬 운하(Kiel Canal, 엘베 강 하구와 발트 해를 연결하는 운하이다.—옮긴이), 수에즈 운하 같은 전술 표적을 원자 폭탄으로 타격해 "전장"을 고립시켰다. 노스태드는 그러기 위해, 폭탄의 48퍼센트만이 유효하게 표적을 타격할 것으로 추정해 미국이 나가사키 급 원자 폭탄을 466개 비축해야 한다고 결론지었다. 노스태드는 이 연구 보고서를 그로브스에게 보내, 논평을 구했다. 그로브스는 그 최초의 공중 폭격 전략 기안을 성급하게 일축했다. 보고서가 원자 폭탄의 파괴력은 과소 평가한 반면 도시를 망가뜨리는 데 얼마만큼의 파괴력이 필요한지는 과대 평가했다는 것이 그로브스의 반응이었다. "필요하다고 한 원자 폭탄의 수가 너무 많다는 게 나의 결론이다."[12]

노스태드가 논평을 구하며, 연구 보고서를 그로브스에게 보내기 하루 전인 9월 14일 그와 미국 육군 항공대 중장 호이트 스탠퍼드 밴던버그(Hoyt Sanford Vandenberg, 1899~1954년)는 칼 스파츠가 이끄는 한 위원회의 위원으로 임명되었다. 그 위원회는 "원자 폭탄이 전후 공군의 규모, 조직, 구성, 운용에 어떤 영향을 미칠지"[13] 보고하라는 명령을 받는다. 노스태드의 연구 내용 몇 가지가 스파츠 위원회가 10월에 발표하는 보고서에 들어가기는 했다. 하지만 보고서의 결론은 꽤나 신중했다. 스파츠 위원회 보고서는 미국 육군 항공대가 맨해튼 프로젝트의 비밀주의로 인해 원자 폭탄에 관해 아는 것이 거의 없다고 적고 있다. 대통령이 최근에 전후의 비밀 유지를 더욱 확대했다고도 지적했다. 원자 폭탄은 크고, 무거우며, "엄청나게 비싸고, 결정적으로 활용 가능성이 극히 제한적"이었다. 스파츠 위원회는 이런저런 이유로 미국 육군 항공대에 관망할 것을 권했다. "원자 폭탄 때문에 우리의 공군 …… 개념이 지금 당장 크게 바뀌는 것은 아니"[14]라는 게 보고서의 결론이었다. 스파츠 위원회는 사냥개처럼 집요한 내부 인사를 한 명 선임해, 계속해서 조사를 맡기자고 했다. 공군 참모 총장 대리역이 신설되어, 연구와 개발을 담당하게 되었다. 보고서는 B-29를 타고 홋카이도를 출발해 막 귀환한 커티스 르메이를 그 자리에 임명하라고 천거한다.

오크리지와 핸퍼드의 그해 가을 생산 활동[15]은 스파츠 위원회가 평가한 한계를 확인해 주었다. 오크리지는 매일 15만 8300달러의 비용을 들여 우라늄 235를 하루에 1.063킬로그램 분리했다. 우라늄 대포 방식의 원자 폭탄인 리틀 보이에 64킬로그램의 우라늄 235가 들어갔으니, 이것은 두 달 동안 생산해야 하는 양이었다. (1년에 리틀 보이 6개를 만들 수 있다는 계산이 나온다.) 그로브스는 낭비적이고 구식인 대포를 만들기보다, 내파 폭탄용 복합 코어로 쓰자며 우라늄 235를 비축하기로 결정했다. 핸퍼드는 플루토늄을 한 달에 4~6킬로그램 정도 생산했다. 1년에 팻 맨을 10~12개 만들 수 있는 양이었다. (코어당 6킬로그램을 약간 상회하는 플루토늄이 쓰일 경우에 말이다.) 하지만 복합 코어에는 플루토늄이 1개당 3.2킬로그램밖에 안 쓰일 터였다. (여기에 우라늄 235 6.5킬로그램을 더해야 한다.) 로스앨러모스가 1945년의 나머지 기간과 1946년에 조립 생산한 유일한 폭탄이 팻 맨형 설계를 따를 수밖에 없었던 것은 이런 연유에서이다. 팻 맨형 설계는 그즈음에 마크 III(Mark III)이라고 불렸는데, 새로운 복합 코어인 견고한 크리스티 코어(Christy core)를 채택했다. 하지만 이 복합 코어는 해당 설계안이 본격적 시험을 거칠 때까지는 군용으로 인증할 수 없었다. 더구나 목전에 닥친 시험도 전혀 없었다. 미국이 생산한 우라늄 235(단연코 양이 더 많은 핵분열 물질이다.)는 사실상 군대가 단기적으로 전혀 사용하지 않은 장기 비축물이었던 셈이다.

커티스 르메이는 연구와 개발이라는 새 임무를 맡기 전에 휴가를 받아 고향 오하이오로 갔다. 그는 이렇게 말했다. "몇 주 동안 가족과 함께 시간을 보냈다. 가족과의 유대를 다시 한번 돈독히 다졌다. 내가 여태껏 지내 본 것 중 가장 아름다운 인디언 서머였다."[16] 르메이는 11월에 워싱턴으로 복귀했고, 도중에 잠시 짬을 내 뉴욕 시 오하이오 향우회에서 연설을 한다. 그도 대다수의 귀환한 참전 용사처럼 격정과 결의가 가득했다.

1. 제2차 세계 대전이 끝나고 며칠이 채 안 되어, 로스앨러모스의 물리학자 로버트 서버는 직접 히로시마와 나가사키로 가서 폭탄이 불러온 결과를 조사했다. (그는 히로시마에 떨어진 리틀 보이를 설계했다.) 일본인들이 쓰던 소화 펌프와 함께 그가 도쿄에서 찍은 사진.

2

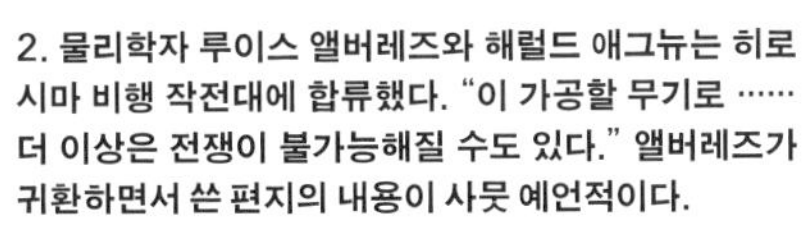

2. 물리학자 루이스 앨버레즈와 해럴드 애그뉴는 히로시마 비행 작전대에 합류했다. "이 가공할 무기로 …… 더 이상은 전쟁이 불가능해질 수도 있다." 앨버레즈가 귀환하면서 쓴 편지의 내용이 사뭇 예언적이다.

3. 커티스 르메이, 에멧 '로지' 오도넬 주니어, 바니 자일스가 3대의 B-29로 일본에서 시카고까지 무착륙 비행을 시도한 것은 대륙 간 공격이 가능한 전략 공군력을 과시하기 위해서였다. (오른쪽에서 두 번째가 미국 육군 항공대 지휘관 헨리 할리 '햅' 아널드이다.)

3

4. 소련의 비밀 경찰 총수이자 교정 노동 수용소 관리국 우두머리인 라브렌티 베리야와 소련의 독재자 스탈린, 그리고 스탈린의 딸 스베틀라나. 스탈린은 종전 후 베리야에게 소련의 핵무기 개발을 맡겼다.

5

5. 소련의 물리학자 게오르기 플료로프는 약관의 나이에도 전쟁 초기에 원자 폭탄을 개발해야 한다고 주장했다. 하지만 사면초가에 몰린 조국은 자원도, 여력도 없었다.

6

6. 핵물리학자 이고리 쿠르차토프의 바쿠 시절 모습(1924년). 쿠르차토프는 1943년 소련 폭탄 개발 계획의 과학 부문 책임자가 된다.

Для осуществления опыта мы предлагаем схему, которая позволяет, как нам кажется, удовлетворить всем требованиям изложенным выше.
Для быстрого изменения критерия устойчивости на достаточно большую величину мы считаем наиболее целесообразным использование сжатия активного вещества.
Эскиз предлагаемой схемы, которую мы условно назовем „внутренним" выстрелом изображена на рис. 1
Игорь Васильевич приходится спешно заканчивать и отсылать. темно.

Схема опыта

7

7. 플료로프는 1942년 말 쿠르차토프에게 보낸 한 보고서에서 하나를 다른 하나에 발사하는 방식으로 우라늄 235 반구 2개를 합체하자고 제안했다. 이 제안보다는 미국에서 입수된 첩보 자료의 개념이 더 나았다.

8

9

8~9. 영국의 외교관들인 가이 버제스와 도널드 맥클린은 전쟁 시기는 물론이고 냉전 초기까지 영국과 미국의 고급 비밀 정보를 소련에 넘겼다. 두 사람은 1951년 소련으로 탈출했다.

10

11

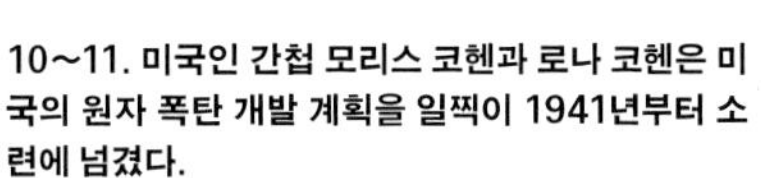

10~11. 미국인 간첩 모리스 코헨과 로나 코헨은 미국의 원자 폭탄 개발 계획을 일찍이 1941년부터 소련에 넘겼다.

12

12. 무기 대여법에 따라 일하던 운행 관리원 조지 레이시 조던은 소련이 선적한 대규모 첩보 자료를 검문하려 했고, 워싱턴은 그의 시도를 막았다. 적군 장교 아나톨리 코티코프가 소련 계급장을 달아 주고 있다.

13. 독일 공산당원 '소니아'는 직접 단파 라디오를 제작해, 영국에서 비밀 정보를 타전했다. 그녀가 신뢰한 물리학자 클라우스 푹스는 가장 귀중한 정보원이기도 했다.

14. 독일이 1941년 소련 침공을 단행해 궤멸적 타격을 입혔다. 소련은 국가의 명운을 걸고 싸웠다. 전쟁으로 소련 국민 3000만 명이 죽었다. 베리야가 이끄는 잔인무도한 내무 인민 위원회(NKVD)의 손아귀에서 1000만 명이 죽었다.

14

15. 스파이 클라우스 푹스는 1944년 로스앨러모스에 갔고, 폭탄 설계안을 완벽하게 익혔다.

16

16. NKVD 뉴욕 주재원 아나톨리 야츠코프는 주요 첩보망을 지휘했다.

17

17. 미국인 공업 화학자 해리 골드는 1945년 뉴멕시코로 가, 푹스와 데이비드 그린글래스로부터 폭탄 자료를 받아왔다. 줄리어스 로젠버그가 그린글래스를 끌어들였다.

18

19

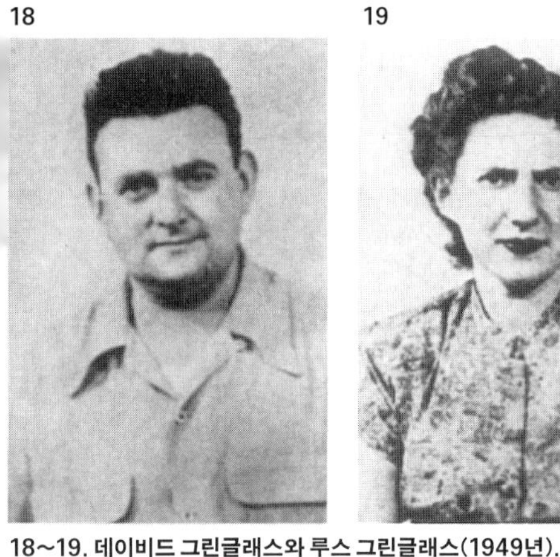

18~19. 데이비드 그린글래스와 루스 그린글래스(1949년).

20

21

20~21. 줄리어스 로젠버그와 에델 로젠버그(1950년).

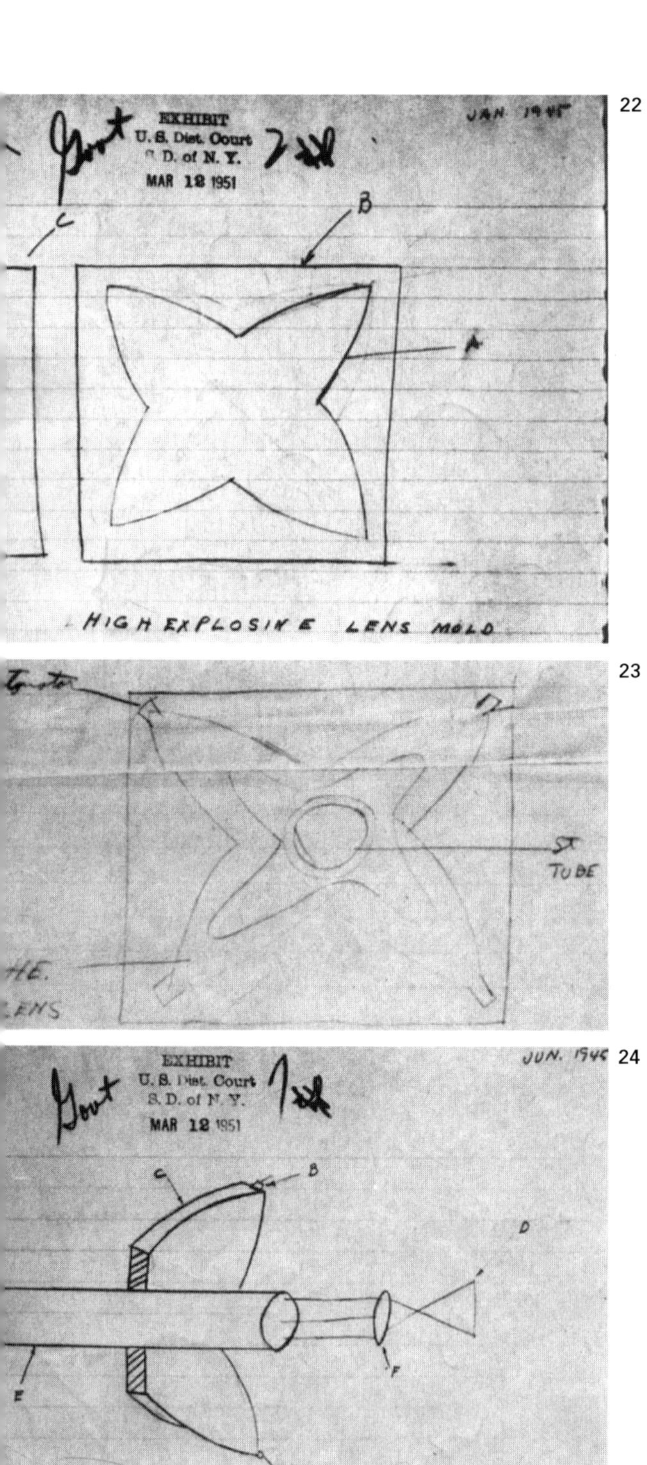

22~24. 데이비드 그린글래스는 1945년 여름 골드를 만났고, 고폭약 렌즈 주형, 렌즈의 구성, 2차원 내파 실험에 관한 그림을 그려, 건네주었다. 그는 1950년 FBI에 그 스케치를 다시 그려 주었다.

25. 고폭약으로 핵 코어를 초임계 상
까지 압축하는 것을 내파라고 한다.
루토늄으로 원자 폭탄을 만들려면 내
에 관한 지식이 반드시 필요했다. 푹
와 그린글래스는 둘 다 별도로 그 비
정보를 소련에 넘겼다.

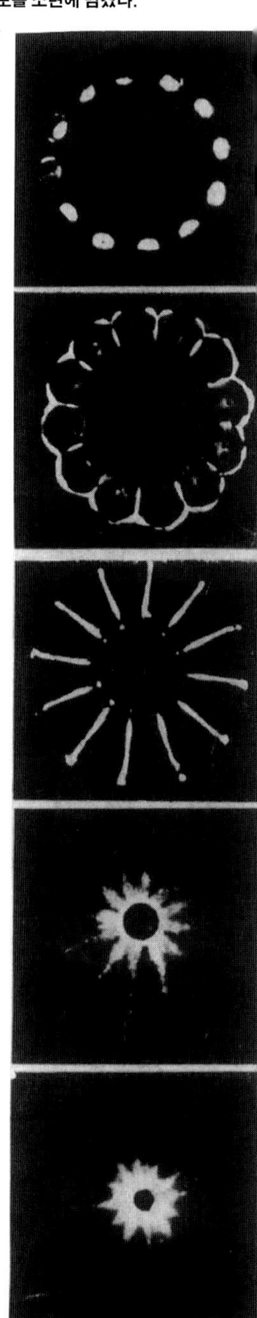

26

27

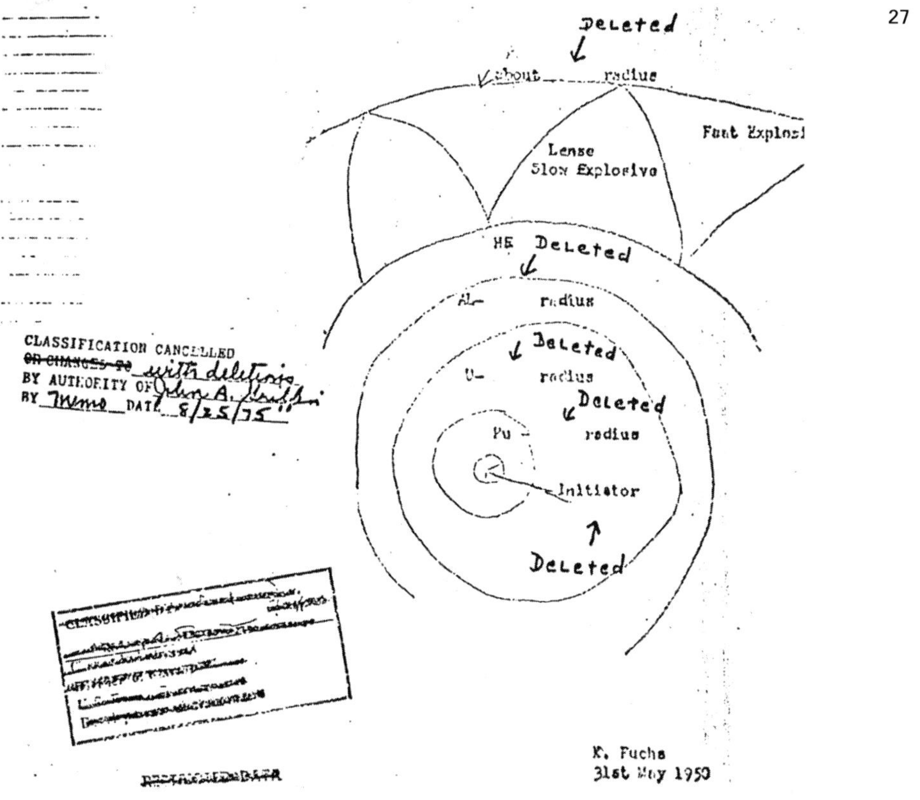

26~27. 푹스는 1945년 6월 샌타페이에서 해리 골드를 만나, 팻 맨의 소상한 그림과 제원을 넘겼다. 완성품이 아니라 조립 중이어서 고폭약 블록과 우라늄 탬퍼를 볼 수 있다. 푹스는 1950년에 FBI의 요구로 소련에 넘겼던 그림을 다시 그렸다. 여기에서는 기밀로 분류된 제원이 삭제되어 있다.

28

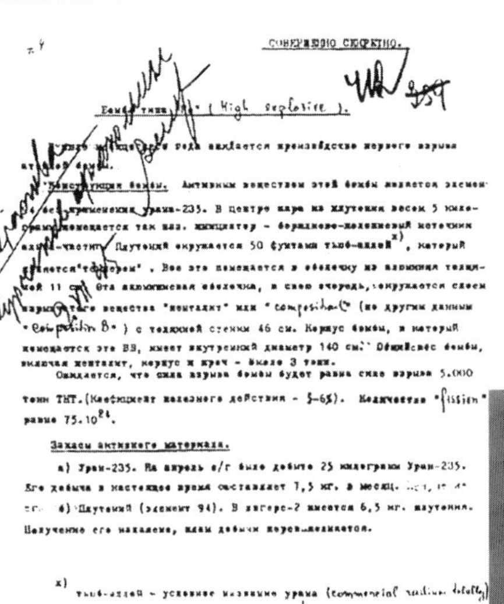

СОВЕРШЕННО СЕКРЕТНО.

Бомба типа "Фэт мэн" (High explosive).

Примерно в середине июля этого года ожидается производство первого взрыва атомной бомбы.

Конструкция бомбы. Активным веществом этой бомбы является элемент-94 без применения урана-235. В центре шара из плутония весом 5 килограмм помещается так наз. инициатор – бериллиево-полониевый источник альфа-частиц. Плутоний окружается 50 фунтами тьюб-аллой[x)], который является "тампером". Все это помещается в оболочку из алюминия толщиной 11 см. Эта алюминиевая оболочка, в свою очередь, окружается слоем взрывчатого вещества "пентолит" или "composition C" (по другим данным "composition B") с толщиной стенки 46 см. Корпус бомбы, в который помещается это ВВ, имеет внутренний диаметр 140 см. Общий вес бомбы, включая пентолит, корпус и прочее – около 3 тонн.

Ожидается, что сила взрыва бомбы будет равна силе взрыва 5.000 тонн ТНТ. (Коэффициент полезного действия – 5–6%). Количество "fission" равно 75.10[24].

Запасы активного материала.

а) Уран-235. На апрель с/г было добыто 25 килограмм Урана-235. Его добыча в настоящее время составляет 7,5 кг. в месяц.

б) Плутоний (элемент 94). В лагере-2 имеется 6,5 кг. плутония. Получение его налажено, план добычи перевыполняется.

x) тьюб-аллой – условное название урана

Ориентировочно взрыв ожидается 10 июля с/г.

28. "아카데미 회원 쿠르차토프의 구두 발표용 편집 자료". 팻 맨 정보를 담고 있는 소련의 문건. 1945년 7월 2일자로 되어 있다.

29. 내파 설계안 시험이 1945년 7월에 성공을 거두었고, 나가사키에 투하할 팻 맨이 마리아나 제도의 티니언 섬에서 8월에 준비를 마쳤다.

30. 1945년 7월 말 포츠담 회담장의 윈스턴 처칠, 해리 트루먼, 스탈린.
트루먼은 스탈린에게 "파괴력이 엄청난 신무기"에 관해 이야기했다. 스탈린은 이미 알고 있었다.

30

31~33. 일본 상공에 피어오른 첫 번째 버섯구름과 함께 인류는 닐스 보어가 이야기한 "전쟁으로 해결할 수 없는 완전히 새로운 상황"으로 이행했다. 에놀라 게이가 귀환했고, 본토 상륙 과정에서 죽을지도 모른다는 두려움을 떨쳐 버린 미군 장병들은 환호했다. 하지만 파괴된 히로시마의 광경을 보고, 속이 편할 사람은 없었다. 사람들은 핵전쟁의 양상을 최초로 목격했다.

34

THE BRITISH MISSION

INVITES YOU TO A PARTY IN CELEBRATION OF

THE BIRTH OF THE ATOMIC ERA

FULLER LODGE

SATURDAY, 22ND SEPTEMBER, 1945

DANCING, ENTERTAINMENT,
PRECEDED BY SUPPER AT 8 P. M.

Mr & Mrs C. Critchfield

R.S.V.P. TO MRS. W. F. MOON
ROOM A-211 (EXTENSION 250)

34. 푹스는 1945년 9월 샌타페이에서 골드와 두 번째로 접선했다. 구실이 필요했고, 푹스는 로스앨러모스에서 열린 영국 파견단 축하 파티에서 술을 챙기는 역할을 자원했다.

35. 베리야는 1945년 가을 코펜하겐으로 한 무리의 요원들을 파견했다. 닐스 보어로부터 비밀 정보를 캐내려던 그들의 시도는 소득 없이 끝났다. 보어는 미국이 그 전에 발간한 정보만을 공유했다.

36

36. 푹스가 설계안을 넘긴 바로 그 폭탄인 시험용 팻 맨.

37

37. 소련의 폭탄 프로그램은 종전 후에야 활성화되었다. 이고리 쿠르차토프의 열정적 지도가 한몫을 했다. 동료들은 그를 '수염'이라는 별명으로 불렀다.

38~39. 쿠르차토프 연구진이 조립한 소련 최초의 원자로. 우라늄 덩어리와 흑연 블록이 설치되어 있다. 1946년 초겨울이었고, 모스크바에 마련된 특수 건물 안에 반쯤은 지하로 구축되었다. (암호명은 '조립 공장'이었다.) 1944년 워싱턴 주 핸퍼드에 지어진 305 원자로의 설계도를 훔친 것이다.

38

39

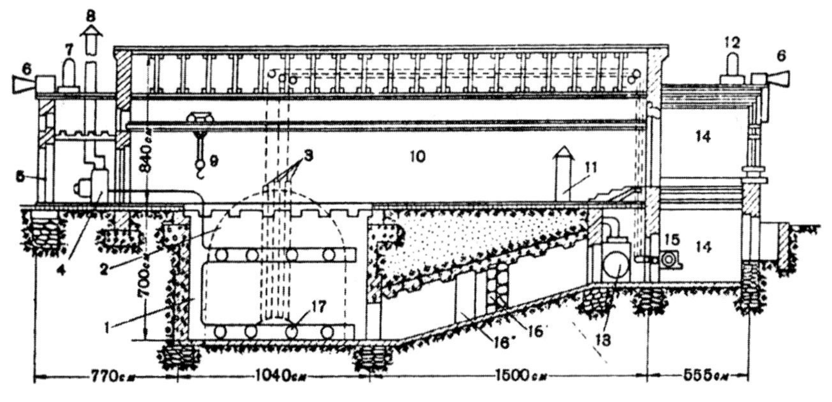

40

41

40~41. 과학 책임자 율리 하리톤은 모스크바 동쪽의 사로프에 소련의 로스알
모스(아르자마스-16)를 세웠다. 유서 깊은 수도원이 연구 거점으로 사용되었

42

43

42~43. 실험 물리학자인 페니아민 주커만과 레프 알트슐러는 하리톤의
지휘를 받으며 사로프에서 내파 연구를 이끌었다.

44~45. 푹스는 미국이 연구한
수소 폭탄의 초기 정보도
넘겼다. 소련 물리학자 야코프
젤도비치(44)는 1946년에
수소 폭탄 연구를 시작했다.
약관의 안드레이 사하로프(45)가
1948년 그 연구에 합류했다.

46

46. NKVD의 전시 전문이 마침내 해독되고, 푹스가 스파이였음이
최초로 드러났다. 그는 1949년에 간첩 행위를 시인했다.
FBI 요원 로버트 램피어(오른쪽)와 부국장 휴 클레그가 1950년 초
런던으로 날아가, 그를 심문했다.

47. 소련 최초의 원자 폭탄 조 1은 1949년 8월 29일 카자흐스탄에서 시험되었다. 조 1은 미국제 팻 맨을 똑같이 흉내 내 만든 폭탄이었다. 하리톤의 구상이 더 좋았지만 베리야는 모험을 원하지 않았다.

48

48. 안드레이 사하로프는 1948년 출력 제한 수소 폭
을 개발했다. 우라늄과 수소 껍질을 소위 '레이어 케
크'처럼 동심원으로 싸는 방안이었다. 1949년 조 1
험이 끝나자, 베리야는 수소 폭탄 프로젝트를 추진했다

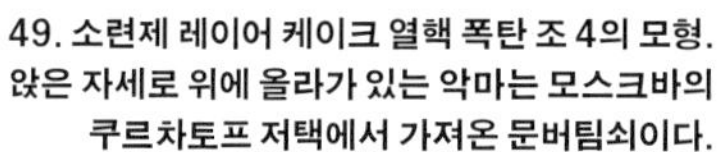

49. 소련제 레이어 케이크 열핵 폭탄 조 4의 모형. 앉은 자세로 위에 올라가 있는 악마는 모스크바의 쿠르차토프 저택에서 가져온 문버팀쇠이다.

50. 사로프의 폭탄 박물관에 전시된 조 4(왼쪽), 40킬로톤의 조 2, 조 1 모형들(1993년). 모형들 사이에 서 있는 사람은 물리학자 유리 스미르노프, 율리 하리톤, 빅토르 아담스키이다(왼쪽에서 오른쪽으로). 소련 핵무기 개발 계획의 영웅들 사진이 벽에 걸려 있는 것도 보인다.

50

51

51. 1953년 8월 12일 시험된 조 4. 이 단식 열핵 폭탄에는 삼중 수소, 우라늄 235, 우라늄 238, 중수소화리튬이 들어갔다. 출력 400킬로톤 가운데 핵융합에서 나온 비율은 15~20퍼센트였다. 당시 미국이 보유한 원자 폭탄은 핵출력이 더 컸고, 수소 폭탄 역시 메가톤 급이었다. 미국의 수소 폭탄 주창자들은 두려워했지만 미국은 소련에 한 번도 뒤진 적이 없었다.

52. 소련도 미국의 최초 시험 3년 후인 1955년 11월 22일 메가톤 급의 다단식 수소 폭탄을 시험했다. 52

53. 3메가톤의 탄두를 탑재한 소련의 SS-4 미사일이 쿠바에 배치되어, 미국을 위협했다.
이른바 쿠바 미사일 위기이다. 워싱턴이 파괴될 수도 있었다. 53

르메이는 오하이오 주립 대학교 동창생들에게 이렇게 말했다. "폭탄으로 새까맣게 타 버린 폐허, 그리고 적막강산으로 변해 버린 적국의 도시와 전쟁의 참화를 겪지 않은 오하이오의 평화로운 도시와 자연이 어떻게 다른지를 설명하기는 힘듭니다. 다만 이 이야기는 하고 싶습니다. '미국을 사랑한다면 독일과 일본에서 일어난 일이 우리나라에 일어나지 않도록 최선을 다해 주십시오.'"

르메이는 휴가를 보내며 지난 4년의 전쟁 경험을 돌아봤다고 말했다. 미국은 준비가 되어 있지 않았다. "미국이 다른 나라들에 닥친 폐허의 화를 면할 수 있었던 것은 준비할 시간이 있었고, 거리 때문이기도 했습니다." 하지만 르메이는 이렇게 경고했다. 다음 전쟁에서라면 "먼 거리가 아무짝에도 소용 없을 테고, 준비할 시간도 전혀 없을 것입니다." 다음번 전쟁은 공중전으로 개시될 터였다. 엄청난 신무기가 동원될 터였다. "1941년 12월 7일은 다음번 전쟁의 첫날과 비교하면 조용한 날로 보일 겁니다." 다음번 전쟁에는 "로켓, 레이더, 제트 추진, 원격 유도 미사일, 소리보다 더 빠른 속도, 원자력"이 동원될 것이라고 이야기했다. 르메이는 지난번 전쟁의 초반에는 폭격기가 충분하지 않았다고 회고하며 몸을 떨었다. "미국이 얼마나 준비가 안 되어 있었는지요. …… 히틀러가 폴란드로 밀고 들어간 1939년 9월 1일에 미국의 전략 공군력은 **장비가 형편없는 중폭격기 19대뿐이었습니다.**" 다음번 전쟁이 일어나기 전에 "공군을 대폭 개선해야 합니다. 공군력을 개발하는 노력에 그 어떤 제약도, 경계도, 한계도 있어서는 안 됩니다."

르메이는 이윽고 모순에 직면하게 되는데, 앞으로 몇 년에 걸쳐 그 사안을 심사숙고할 터였다. 그가 첫 번째로 제시한 반석과도 같은 개념 가운데 하나는 이것이다. "공습은 일단 시작되면 중단시킬 수 없다." 1945년 말에 그 이야기는 르메이에게 다음과 같은 의미였다. 미국은 공격받으면 즉시 기동해 보복을 가할 수 있는 "**실질적인**" 공군을 갖추어야 한다. 하지만 공습을 중단시킬 수 없다면 보복을 한다 해도 나라를 지킬 수 없다. 대응해서 적국을 파괴하기만 할 뿐인 것이다. 우선 당장은 보복으로 위협하고, 준비 태세를 갖추는 것으로 공격을 예방할 수 있을지도 몰랐다. "우리가 준비되어 있으면 공격당하지 않을 수도 있다. 우리가 준비되어 있다면 감히 어떤 나라도 우리를 공격할 수 없으리라는 생각이 냉큼 든다." 커티스 르메이는 1945년 11월에 이미 억지력(deterrence)이라고 불리게 되는 개념에 관해 생각하고 있었다. 그러나 우리가 준비되어 있으면 적이 우리를 공격하지 않을 것이라는 판단은 오직 **냉큼만** 드는 생각일 뿐이었다. 상황이 바뀌면 적이 공격할 수 있다는 게 자명했다. "국제사회의 깡패들은 두 번이나 미국을 막판까지 몰아붙이는 실수를 저질렀습니다. 그들이 세 번째에도 같은 실수를 저지르지는 않을 겁니다." 그들이 똑같은 실수를 반복한다면, 즉 그들이 억지력에 굴복해 그만두지 않는다면 어떻게 할까?

르메이는 뉴욕 체류를 마치고, 계속해서 펜타곤으로 갔다. 처음에는 자신이 둥근 구멍에 박힌 네모난 말뚝 같다는 느낌이 들었다는 게, 르메이의 회고이다. 연구와 개발 업무가 적성에 맞지 않았던 탓이다. "하지만 얼마 지나지 않아서 나는 굉장한 재미를 느꼈다."[17] 패전 독일의 선진 기술은 전리품이었고, 긁어모을 필요가 있었다. 르메이는 이것을 위해 페이퍼 클립 프로젝트(Project Paper Clip)를 조직했다. 독일 과학자들이 전쟁 포로 신분으로 미국에 이송되었다. 그들은 제3제국에서 시작한 연구를 계속하도록 요구받았다. 르메이가 잡아들인 거물 중에 발터 로베르트 도른베르거(Walter Robert Dornberger, 1895~1980년)와 베르너 폰 브라운(Werner von Braun, 1912~1977년)이 있었다. 두 사람이 개발한 V-2 로켓은 최초의 장거리 탄도 미사일이다. 르메이는 진일보한 항공기를 연구하기 위해 테네시 주 털러호마(Tullahoma)에 풍동(風洞, wind tunnel) 복합 단지를 건설했다. 르메이는 한 자문 회사에 의뢰해, 조사 연구를 수행하도록 했다. 이 자문 회사가 최초의 "싱크 탱크(think tank)"인 랜드 연구소(Rand Corporation)로 발전하며, 1946년 5월 첫 번째 보고서 「지구 주위를 선회하는 실험 우주선 예비 계획(Preliminary Design of an Experimental World-Circling Spaceship)」(인공 위성을 가리킨다.)을 제출한다. 허버트 요크의 말을 들어보자. "랜드 연구소에게 그 연구를 하게 한 건, 해군을 앞지르기 위해서였습니다. 해군도 인공 위성을 연구하고 있었거든요. 르메이는 그것이 해군의 프로그램이 되지 않게 하겠다는 의지가 확고했습니다. 해군과 공군의 합동 프로그램이 되는 것도 내켜하지 않았죠. 누가 뭐래도 공군의 프로그램이 되어야만 했던 겁니다."[18] "인공 위성을 개발하면 대륙 간 로켓 미사일 개발에 바로 적용할 수 있을 것"[19]이라는 보고서의 지적은 상당히 예리했다. 르메이는 연구 개발 활동 기간 중 미국 육군 항공대에 장거리에서도 핵폭발을 탐지할 수 있는 능력을 개발하도록 주문하기도 했다.[20] 하지만 그의 제안은 소귀에 경 읽기였다. 소련이 조만간에 만들 수 없다는 것을 모두가 아는데, 뭐 하러 수고스럽게 찾는단 말인가?

르메이는 이런 업무의 홍수 속에서 또 다른 임무를 맡게 된다. 루이스 스트로스(Lewis Strauss, 1896~1984년)는 물리학자들과 다년간 교제해 온 투자 은행가로, 해군 장관 제임스 빈센트 포레스탈(James Vincent Forrestal, 1892~1949년)의 보좌관이기도 했다. 스트로스가 종전 직후 해군에 "현행 설계의 배들이 원자 폭탄의 파괴력을 견딜 수 있을지 알아보는 시험을 하라."고 권했다. "새로운 무기가 출현했고, 함대는 더 이상 쓸모가 없다는 취지의 이야기가 멋대로 돌아다니는 것"을 막아야 했다. 스트로스는 그런 이야기로 인해 "전후에도 해군을 유지해야 한다는 정책 방침이 위태로워지는"[21] 사태를 염려했다. 코네티컷 주 민주당 상원 의원인 브라이언 맥마흔(Brien McMahon, 1903~1952년)도 8월 25일에 비슷한 제안을 했다. 해군은 육군 항공대와 협상을 했고, 두 군종은 일본, 독일, 미국의 잉여 함선을 닻으로 잡아맨 다음 원자 폭탄을 터뜨리는 합동 프로젝트를 진행하기로 합의했다. 합동 참모 본부는 그 프로젝트를 기획, 실행할 위원회를 임명했다. 부속 위원회를 이끌 책임자로 커티스 르메이가 뽑혔다. 마셜 제도 내 고리 모양 산호초인 비키니(Bikini) 섬에서 수행될 프로젝트의 작전명은 크로스로즈(Crossroads)였다. 르메이는 두 번씩이나 원자 폭탄 투하를 지휘하게 된 셈이다.

⊛⊛⊛

각각 단 1개의 폭탄으로 히로시마와 나가사키가 처참하게 파괴되자 세계인은 큰 충격 속에 놀라움을 감추지 못했다. 미국인들이 특히 더 했다. 그들이 파괴적 타격에 취약하다고 맨 처음 느낀 것은, 다른 나라 사람들에게 그런 공격을 가한 첫 번째 국가라는 사실도 어느 정도 작용했기 때문이다. 종전 후 몇 달 동안 미국에서는 전쟁과 평화에 관한 논쟁이 엄청나게 진행되었다. 원자 폭탄을 불법화해 금지하자는 요구, 세계 정부를 구성해야 한다는 호소, "세계인이 하나가 되지 않으면 백약이 무소용"이라는 구상이 백가쟁명식으로 나왔다. 에드워드 텔러조차 잠시이지만 국제주의를 옹호했다. 그는 새로 발행된 《원자 과학자 회보(*Bulletin of the Atomic Scientists*)》에 이렇게 썼다. "다음 세대에 우리가 떠올릴 수 있는 그 어떤 방어책도 만족스럽지 못할 것이다. 세계 연합 말고는 대안이 없다."[22]

적절한 입법을 놓고 한동안 혼란이 계속되었고, 마침내 트루먼 행정부는 국내적으로는 원자력을 군부가 아니라 민간이 통제하도록 했다.

국제적으로는 어땠을까? 1945년 11월 15일 영국, 캐나다와 합의한 공동 선언문(Agreed Declaration with Britain and Canada)에서 트루먼 행정부는 다음의 활동을 지지했다. "원자력을 파괴용으로 쓰는 것을 막는다." "원자력을 인도주의적 목표와 평화를 증진하는 데 활용하는 …… 활동을 활성화한다."[23] 이런 활동에는 계획이 필요하고 국무 장관 지미 번스가 그 계획을 생각해 내는 임무를 맡았다. 번스는 안 하겠다는 딘 애치슨을 위원회 의장으로 임명했다. 그로브스, 전시에 원자 폭탄 개발 사업을 지휘한 민간인 두 명, 즉 배너바 부시와 제임스 브라이언트 코넌트, 전쟁성에서 파견된 헨리 스팀슨의 보좌관 출신 존 제이 맥클로이(John Jay McCloy, 1895~1989년)가 그 위원회에 참여했다. (스팀슨은 은퇴한 상황이었다.) 애치슨이 전문가 상담역으로 구성된 5인의 부속 위원회를 임명했다. 테네시 강 유역 개발 공사(Tennessee Valley Authority) 이사장을 지낸 변호사 데이비드 엘리 릴리엔솔(David Eli Lilienthal, 1899~1981년)이 의장을 맡기로 했다. 다른 네 명의 위원을 보자. 몬산토 케미컬(Monsanto Chemical) 사의 부회장 겸 플루토늄 전문가 찰스 앨런 토머스(Charles Allen Thomas, 1900~1982년), 제너럴 일렉트릭 사의 엔지니어링 부문 책임자 해리 앨론조 윈(Harry Alonzo Winne, 1888~1968년), 뉴저지 벨(New Jersey Bell) 사의 회장 체스터 어빙 바너드(Chester Irving Barnard, 1886 ~ 1961년), 로버트 오펜하이머.

오펜하이머는 준비가 되어 있었다. 그는 로스앨러모스에서 닐스 보어와 코넌트는 물론이고 기민하고, 강인한 라비와 함께 복잡하기 이를 데 없는 핵기술의 국제 통제 문제를 궁리해 왔던 것이다. 라비는 여러 해 후 한 기자에게 이렇게 말했다. "오펜하이머와 저는 자주 만났고, 그 문제를 철두철미하게 토론했습니다. 1945년 크리스마스에 그와 만났던 일이 생각나는군요. (맨해튼 소재 컬럼비아 대학교 서쪽의 리버사이드 드라이브에 있는) 제 아파트에서였죠. 서재 창문 바깥으로 허드슨 강에서 얼음 덩어리가 떠

내려가는 게 보였습니다. 그때 우리는 애치슨-릴리엔솔 보고서의 토대가 되는 생각들을 발전시키고 있었죠."[24] 계획을 세우는 작업은 의혹과 절망에서 벗어나는 방법이었다. "(오펜하이머는) 무엇인가에 흥미를 느끼면 냉큼 뛰어들어 상황을 장악했습니다."[25] 라비는 이렇게 논평했다. 핵 문제를 전담한 국무부의 고든 아네슨(R. Gordon Arneson, 1916~1992년)은 오펜하이머가 "애치슨-릴리엔솔 그룹에서 주로 가르치는 역할"[26]을 맡았다고 전한다.

릴리엔솔은 위원회 활동이 "인생에서 가장 기억에 남는 지적, 정서적 경험 가운데 하나"[27]였다고 술회했다. 자문 위원들은 워싱턴에서 첫 회동을 가졌다. 오펜하이머가 그들에게 열흘짜리 단기 핵물리학 강의를 해 주었다. 그는 유일하게 진정한 전문가였고, 적절하게도 주도적으로 나서 사안의 구체적 기초를 분명하게 밝혔다. 요컨대 오펜하이머는 단순한 **석학**(savant)이 아니었고, 처음부터 협의회를 주도했다. 그들은 계속해서 뉴욕으로 갔고, 일단의 과학자들과 대화를 나눴다. 그로브스의 명을 받아 사찰에만 의존하는 통제 계획을 연구한 루이스 앨버레즈도 그 가운데 한 명이었다. 토론이 가열되었다. 온갖 입장에서 온갖 생각이 다 나왔다. 상담역들은 배경과 신념이 다양했다. 그들은 제안된 생각들을 밤낮으로 토론했다. 인내심이 바닥을 드러내고 격분해, 누군가가 그냥 폭탄을 불법화해 버리자는 말을 내뱉으면(자주 그랬다.) 릴리엔솔이 항상 공동 선언문 스크랩[28]을 흔들어 보이며, 정부가 이미 국제 통제에 매진하기로 했음을 상기시켰다. 다시 워싱턴으로 돌아와서는 지질학을 공부했다. 그들은 그렇게 조금씩 진전을 이루었고, 더욱더 진지하게 문제를 다뤄 나갔다. 릴리엔솔이 오크리지와 로스앨러모스 견학을 제안했다. 녹스빌로 내려가는 기차에서 위스키를 마셨고, 광대한 기체 확산 공장은 숙취 속에 둘러봐야 했다. 그곳에서는 관리자들이 초현실적인 배관들 사이를 자전거를 타고 돌아다녔다. 이 모든 과정에서 그들의 우정은 돈독해졌다.

그들은 그로브스가 제공한 전용기 C-54를 타고 로스앨러모스로 날아갔다. 릴리엔솔의 일기에는 "호화로운 육군 수송기"[29]라고 적혀 있다. 대통령이 연락을 취하려고 했지만 릴리엔솔은 아랑곳하지 않고 비밀 기지가 있는 메사로 날아갔다. (그는 대통령이 내무 장관직을 제안하려 한다고 생각했다.) "높은 산맥이 장엄한 배경을 이루었다." 그들은 "소형 가건물들에 들어갔고, 극소수만 보던 것을 보았으며, 상냥한 음성의 점잖고 지적인 사람들의 연구 성과를 본인들과 토론했다. …… 나는 원자 폭탄이라는 것의 **실재**를 비로소 실감했다."[30] 허버트 마크스(Herbert S. Marks, 1907~1960년)는 애치슨을 대신해 자문 위원회와 연락했고, 그들의 여행에 동행했다. 로스앨러모스가 풍기는 유황의 악취에서 마크스는 본질적으로 파우스트적 거래가 이루어졌다고 판단했다.

> 장소가 크지는 않았다. …… 인상적이지도 않았다. 주변으로 여느 창고에서 볼 수 있는 것과 똑같은 물건이 눈에 들어왔다. 건물의 기본 구조가 동일했고, 전체적인 색깔도 비슷했으며, 전체가 어우러진 느낌 역시 마찬가지였다. 나는 이런저런 용기들을 보았다. 수많은 사람의 노동과 화차 수천 대의 화물과 십수 개 나라에서 태어난 재능 있는 과학자들의 의기양양한 정신이 담긴 용기일 거라는 생각이 들었다. 그 용기들은 작았다. 나는 속으로 혼자 중얼거렸다. 하나라도 주머니에 몰래 집어넣고 여길 빠져나갈 수 있을까? 나는 그럴 수 없었다. 안팎으로 수많은 군인이 우리를 밀착 감시 중이었다. 억센 부대원들은 소총을 깨끗이 소제해 놓은 것 같았다. 거기다가 내가 뭐라도 갖고 튈 수 있다고 해도 평범하기만 한 비전문가인 내가 무엇을 할 수 있었겠는가? 어떤 면에서는 전체 맨해튼 구역의 상당 부분에 대해서도 똑같은 이

야기를 할 수 있었다. 맨해튼 구역은 미국의 산업, 사회 생활과 아무 관계도 맺지 않았다. 맨해튼 구역은 별개의 국가였다. 자체 항공기가 있었고, 공장이 있었고, 비밀이 수천 가지였다. 맨해튼 구역은 기이한 주권 국가였다. 그곳에서는 평화적이든, 폭력적이든 다른 모든 주권이 소멸했다.[31]

자문 위원회는 급진적 제안을 하기에 이른다. 모두가 그 급진적 제안에 동의했다는 사실은 놀랍다. 보어는 국제 통제와 관련된 제안 내용을 읽고, 오펜하이머에게 "매우 만족한다."라고 썼다. 보어는 보고서의 모든 단어에서 "최선의 사태 전개를 희망할 수 있는 정신"을 발견했다고 말했다. "우리 모두가 전적으로 신뢰할 수 있는 정신 말입니다."[32]

자문 위원회의 제안은 '애치슨-릴리엔솔 보고서(Acheson-Lilienthal Report)'로 불리게 된다. 보고서는 원자 폭탄을 불법화하고 사찰로 금지하는 것이 못 믿을 방법이라고 규정한다. "원자력을 군사적으로 개발하는 것만 불법화하고, 사찰에만 의지해 금지를 시행하는 체제는 처음부터 체제 자체를 무효화하려는 기도와 환경에 둘러싸일 것이다."[33] 그것과 반대로, "원자재에서 완성 무기에 이르는 모든 단계의 활동을 통제해야 한다."[34]라고 주장했다. 이 보고서에 따르면 "국가들의 경쟁이 사라져야" 이 통제가 효력을 발휘할 터였다. 따라서 그렇게 하려면 "모든 민족에 책임을 지는 국제 기구에 원자력 개발 과정의 본래적으로 위험한 단계"[35]를 맡겨야 했다.

예를 들어, 이런 원자력 개발 기구(Atomic Development Authority)만이 우라늄 광석을 합법적으로 보유 개발할 수 있다면, "우라늄 광석을 채굴하고 보유하는 사람들의 목적이 아니라, **그들이 우라늄 광석을 채굴, 보유했다는 사실 자체가 불법화된다**. 국가가 이것을 위반하면 호전적 목적을 갖고 있다는 명백한 위험 신호인 셈이다. 국제 기구 이외의 다른 누가 개광(開

鑛)을 해도 **지체 없이** '적신호'가 켜져야 한다. 해당 광산의 **생산물**이 악용되었다는 증거를 기다릴 필요가 없다."[36]

세 종류의 활동이 본래적으로 위험했다. 원자재 획득, 핵분열성 우라늄과 플루토늄 생산, 그것들을 사용해 핵무기를 만드는 것. 안전한 활동도 보도록 하자. 의학과 과학 분야의 방사능 추적 물질 활용, 연구용 소형 원자로 가동, 발전용 원자로 운영(연료를 적절하게 "변성해" 폭약으로 전환하기 어렵게 할 경우). 안전한 활동은 국가들이 허가를 받아서 수행하면 되었다. 그렇게 하면 원자력 개발 기구의 규모도 줄일 수 있을 테니. 원자력 개발 기구는 본래적으로 위험한 활동만 통제하면서 운영될 것이다.

이런 운영 방식은 이점이 상당했다. 원자력 개발 기구에 소속된 과학자들과 공학자들은 치안관 이상의 역할을 할 수 있었다. 그들은 새롭고, 흥미진진한 최첨단 기술 분야에서 일하게 될 것이다. 일의 내용 역시 지적으로 만족스러울 것이다. 그들은 이 속에서 섬세한 인식을 바탕으로 경각심을 유지할 수 있고, 최소한 잠재적 위반자들이라도 잘 파악할 수 있을 터였다.

이것들은 매우 급진적인 구상이었다. 체스터 바너드와 해리 윈 같은 냉정한 사업가들이 동의했다는 점에서 더욱 그렇다. 윈은 자기가 속한 자문 위원회가 급진적이라는 혐의를 받지 않도록 방어해야 한다는 압박감까지 느꼈다. 그는 애치슨-릴리엔솔 보고서에 다음과 같은 평가를 보탰다. "보고서가 너무 급진적이고, 너무 나아갔으며, 인류의 경험을 너무 벗어난 것으로 보일 수도 있다. 그러나 이 모든 말이 원자 폭탄에 기이할 정도로 꼭 들어맞는다."[37] 자문 위원회는 보고서의 마지막 부분에서 진정으로 급진적인 구상을 제시한다. 그 구상은 당시에도 급진적이었지만 오늘날에도 여전히 급진적으로 비칠 것이다. 제재라는 결정적 사안과 관련된 그 내용을 보도록 하자.

어떤 국가가 자문 위원회가 제안한 협정 동의를 위반하려고 하면 어떻게 처벌하나? 원자력 개발 기구가 군대를 보유해야 할까? 원자력 개발 기구가 원자 폭탄을 비축해야 할까? 아니다. 원자력 개발 기구가 활동을 펼치면 자체의 광산과 공장이 여기저기에 산재할 것이다. 다시 말해 혜택을 확산시키려면 원자력 개발 기구 자체의 오크리지와 핸퍼드를, 즉 연구소와 발전용 원자로를 분산, 개소, 운영해야 한다. 이런 발전의 과실을 퍼뜨려야 국가 통제가 국제 통제로 이행할 수 있을 것이다. "체계적 계획"이 원자력 개발 기구 헌장으로 작성되어야만 했다. "국가들 사이의 전략적 균형이 유지될 수 있도록 원자력 개발 기구의 자산과 사업 활동 위치를 거느리고 다스리는"[38] 헌장이어야 했다. 원자력 개발 기구의 체계는 자경(自警)적이 될 것이다.

현재와는 상황이 크게 다른 셈이다. 지금은 미국에 핸퍼드와 오크리지와 로스앨러모스가 있지만 다른 나라에는 핵전쟁에 대응할 수 있는 안보 장치가 전무하다. 미국이 평화를 의도하거나 비밀리에 독자적으로 핵을 개발하는 안보 노력을 제외한다면 말이다. 다른 나라들은 …… 우리를 두려워할 수 있고, 원자력 개발 기구가 자기들 국경 안에 마찬가지로 위험한 연구소와 개발 시설을 두어야만 더 안전하다고 느낄 것이다. …… (그래야) 세력 균형이 달성될 것이다. 원자력 개발 기구가 해당 국가의 압도적 무력으로부터 군사력을 동원해 자체 시설을 지킬 수 있을 것으로는 보이지 않는다. 모종의 …… 경비 조치는 당연한 것이다. 하지만 그런 조치는 기껏해야 상징적일 뿐이다. 어떤 나라가 자국 영토 안의 시설과 비축량을 장악해도 다른 나라들에도 비슷한 시설과 물질이 있고, 결국 불리할 것이 없다는 사실에서 진정한 보호책의 토대를 찾아야 한다.[39]

본래적으로 위험한 광산과 공장을 퍼뜨리자는 이 놀라운 구상은, 자문 위원회가 제안한 확산의 주체가 개별 국가가 아니라 유엔이고, 확산시킬 기술이 기반 시설과 비축 무기가 아니라 기반 시설뿐이라는 사실을 제외하면 차후에 '핵확산(nuclear proliferation)'이라고 불리게 되는 것과 전혀 차이가 없다. 애치슨-릴리엔솔 보고서는 진정한 안보가 비밀주의와 양립할 수 없다는 요지를 장황하게 논하지는 않지만, 그래도 한 번 이상 언급한다. 급진적 자경 체제를 제안한 애치슨-릴리엔솔 보고서로 보어가 주창한 열린 세상이 어떤 모습일지가 밝히 드러났다. 그 세상에서는 원자 폭탄을 설계하는 방법이 공공 지식이 될 터였다. 말하자면 보어가 제창한 그 세계에서는 온갖 총포가 노천의 탁자에 공공연하게 펼쳐져 있는 셈이었다. 하지만 분해된 상태로, 모두 똑같이 접근할 수 있는 거리에 존재해야 한다. 보어는 물리학의 새로운 개념이 진정으로 독창적일 만큼 말이 안 되는지의 여부를 즐겨 물었다. 여기에서도 개방성의 원리가 실제 제안으로까지 확장되었다. 그 제안은 기이하기 짝이 없었다. 과연 효과가 있었을까? 핵확산이라는 훨씬 불안정하고, 위험한 형태로 실효를 거두기는 했다. 하지만 1946년 3월에 제출된 애치슨-릴리엔솔 보고서의 형태로는 결코 실현된 적이 없다.

그즈음인 1946년 초에 여러 언명들과 사건들이 골치 아프게 꼬이면서 미소 관계가 경색되었다. 스탈린이 2월 9일 저녁 약 4,000명의 당원, 행정부 관리, 군 장교를 볼쇼이 극장(Bolshoi Theater, 모스크바 중앙의 크렘린 맞은편에 위치)에 모아 놓고 한 연설이 그 첫 번째 사례였다. 그 연설은 표면상으로는 곧 있을 선거에 관한 것이었다. 소련 최고 회의에 파견될 대표를 1937년 12월 이후 처음으로 (일당 투표로) 뽑을 예정이었고, 스탈린은 재차 지명된 것에 감사를 표했다. 사실 그 연설은 당을 위한 국가를 재천명했다. 스탈린은 1941년 7월 3일 독일 침공의 여파 속에서 소련 국민을 껴안았지만 이제는 더 이상 "형제자매"도 "나의 친구들"도 없었다. 독재자는 이제 "동무들"에게 말을 걸었다. 그는 그들의 승리가 "우선 첫째로, 우리 소비에트 체제가 이겼음"을 의미한다고 말했다. 용맹한 동맹국들에 대한 감사는 전혀 없었다. 전쟁은 "현대 독점 자본주의의 …… 필연적인 결과"였다. 전쟁으로 소비에트 체제가 "완벽하게 독자 생존이 가능하며, 견실한 사회 구조"임이 증명되었다. "다른 모든 것보다 더 우월한 조직 형태"라는 것이었다. 적군은 자신이 최고 수준임을 증명했다. 공산당은 전시 생산 활동을 효율적으로 관리 조직했고, "최고의 성공을 거두었다." 그러나 소련은 이제 복구되어야만 했다. 새로운 5개년 계획을 통해 10년의 계획을 세웠으나, 전쟁으로 단축되어 버린 개발을 5년 안에 완수해야 했다.

스탈린은 얼마 전 이고리 쿠르차토프에게 한 말을 볼쇼이 극장에서 되풀이했다. "우리가 조국의 과학자들을 제대로 지원하면 가까운 미래에 다른 나라 과학의 성과를 따라잡을 수 있을 뿐만 아니라 뛰어넘을 수도 있을 것이다." 또한 "과학 연구소들을 광범위하게 지을" 예정이라고도 했다. 스탈린은 조만간에 배급을 중단하려고 했다. 조국은 소비재를 더 많이 생산해야 했다. 그러나 수백만의 꿈과는 달리 전쟁 때 끝없이 계속된 노역과 빈곤 때문에 전혀 마음을 놓을 수가 없었다.

> 우리 당은 국가 경제를 강력하게 부흥시키려고 한다. 그래야만, 예를 들어 공업 수준을 세 배 끌어올릴 수 있다. 이것은 전쟁 전 수준이다. 그런 조건에 서라야 비로소 우리 조국이 만일의 사태에도 안전하다고 간주할 수 있을 것이다. 새로운 5개년 계획이 세 번이나 그 이상 필요할 것이다.[40]

소련은 전쟁으로 경제력의 30퍼센트[41]가 날아간 상태였다. 2500만 명[41]

이 여전히 집없이 살고 있었다. 하지만 "스탈린은 체제를 보전하겠다는 결의가 확고했고, 승리를 활용했다."[42]라고 전기 작가 드미트리 볼코고노프는 적었다.

며칠 후 워싱턴에서 해군 장관 제임스 포레스탈이 대법원 판사 윌리엄 오빌 더글러스(William Orville Douglas, 1898~1980년)에게 스탈린의 연설문을 읽어 보았는지, 읽어 보았다면 어떻게 생각하는지 물었다. 더글러스는 "제3차 세계 대전을 선포"[43]하는 것이라고 응답했고, 포레스탈도 거기에 동의했다.

이 시기의 결정적인 두 번째 언명은 모스크바 주재 미국 대리 대사 조지 프로스트 케넌(George Frost Kennan, 1904~2005년)이 1946년 2월 22일 국무부로 보낸 기다란 전문이었다. 이 장문의 전보는 소련의 정신 상태를 분석하는 내용이다. 케넌은 "감기, 고열, 부비강 막힘, 치통"으로 몸져누웠고, "그밖에 다른 고통을 줄이기 위해 투여한 설파제 때문에" 정신이 몽롱한 상태에서 문제의 신랄한 공문을 받아쓰게 했다. 1945년 12월 모스크바에서 열린 몰로토프, 어니스트 베빈(영국), 지미 번스의 외무 장관 협의회 회담이 성과 없이 끝났고, 거기 참여했던 케넌은 몸져눕고 말았다. 겨울에 소련의 수도보다 덜 유쾌한 곳을 지구상에서 찾기는 힘들었다. 케넌은 그 시기를 "불쾌하고 우울한 나날들"이었다고 회고한다. 그는 5부로 구성된 전문이 "18세기의 신교도 설교"와 비슷했다고 30년 후에 적는다. "나는" 1년 6개월 동안 "다른 사람들의 소매를 잡아당기는 것 말고 한 일이 거의 없었고," 열이 뻗쳤다. "모스크바 대사관에 있는 우리가 매일 부딪치며 겪는 사태의 본질을 그들에게 이해시키려고 애썼다. 우리 정부와 정부 인사들이 전후 세계의 여러 문제를 성공적으로 다루고, 해결하려면 소련의 생리를 이해해야만 했다. 워싱턴의 관료들에 관해 말하자면 목석(木石)한테 이야기하는 것과 다름이 없었다."[44] 케넌은 소련과 워싱턴 모두에 몹시 화가 났고, 그의 분석도 그 분노의 영향을 받지 않을 수 없었다. 케넌은 『회고록(*Memoirs*)』에서 자신이 보낸 그 장문의 전보를 다시 읽었는데 "웃기면서도 섬뜩했다."라고 적고 있다. 즉 그 보고서가 가식의 상상이라며 무시해 버린 것이다. "보고서의 상당 부분이 마치 미국 애국 여성회(Daughters of the American Revolution)나 깜짝 놀란 의회 위원회가 제출한 문건 같다. 시민들에게 공산주의자들의 음모가 위험하다는 것을 깨닫게 하려고 쓴 짧은 기도서처럼 읽혔기 때문이다."[45] 하지만 그가 당시에 진지했다는 것은 틀림없는 사실이다.

케넌의 분석은 불길하게 시작된다. "소련은 여전히 적대적인 '자본주의 진영에 둘러싸여' 있다. 항구적인 평화 공존이 절대 불가능한 이유이다." 그는 "세계의 제반 과제를 전전긍긍하는 자세로 대하는 것"이 크렘린의 속성이라고 판단했다. 이런 "신경증적 태도의 밑바닥에는 전통적으로 러시아가 유지해 온 특유의 불안감"이 자리했다. 러시아의 지배자들은 "외세의 침략을 항상 두려워했다."라는 것이 케넌의 말이다. "그들은 서방과 자신들이 직접 맞닿는 것을 두려워했다. 그들은 러시아 인들이 바깥 세상의 진실을 알게 되거나, 외국인들이 러시아의 진실을 알게 되어 벌어질 사태를 두려워했다." "그들은 바깥 세상에 대한 본능적 두려움"을 마르크스주의로 "설명했다." 마르크스주의는 "독재도 정당화했는데, 그들은 그렇게 하지 않고 다스리는 법을 몰랐다. 감히 하지 않을 엄두를 못낸 잔학 행위"는 말할 것도 없었다. 소련 지배자들이 반드시 진실되지 못한 것은 아니었다. "이 광대한 나라에서 바깥 세상을 편견 없이 정확하게 인식하는 인사가 누구일지"는 "풀리지 않는 수수께끼"였다. "동양적 비밀주의와 음모"의 분위기가 정부에 만연했다. "정보의 출처와 흐름이 왜곡되고, 오염될 가능성이 무한하다."

"러시아의 정치 세력은 미국이 항구적인 잠정 협정(*Modus Vivendi*) 속에 공존할 세력이 결코 아니라고 강하게 믿는다. 소련의 권력자들은, 안전하기만 하다면 미국 사회의 내적 조화와 삶의 전통, 미국의 국제적 권위를 방해하고, 부수고, 망가뜨려야 하며, 이것이 바람직하다고 믿는다." "전쟁에서 주요 전략 문제를 해결하는 것과 같은 철저함과 신중한 태도로" 이런 나라에 어떻게 대항할지 "접근해야 한다."

그러나 케넌은 이 문제를 해결할 수 있다고 생각했다. 소련은 미국보다 군사력이 약했고, 체제도 꼭 안정적인 것은 아니었다. 그는 전쟁이 해결책이라고 보지 않았다. 앞으로 영원히 공산주의자들을 봉쇄해 버리는 게 차라리 낫다고 본 것이다.

> 소련 권력자들은 히틀러 치하의 독일과는 다르다. 계획적이지도 않고, 모험주의적이지도 않다. 소련은 계획을 세우고 움직이지 않는다. 소련은 쓸데없는 위험을 감수하지 않는다. 이성의 논리가 소련에 개입할 여지는 없다. 소련은 무력의 논리에 민감하다. 이런 이유로 강력한 저항에 부딪치면 소련은 언제라도 쉽게 물러난다. (대개가 그렇다.) 따라서 적이 무력을 충분히 확보하고, 사용할 만반의 준비가 되어 있음을 명확히 한다면 소련이 실제로 문제를 일으킬 일은 거의 없을 것이다.[46]

조지 케넌은 그 역사적 전문이 모스크바에서 워싱턴으로 타전된 후 몇 년에 걸쳐 자신이 군사적 봉쇄보다 정치적 봉쇄에 관해 더 많은 이야기를 했다고 한 번 이상 주장했다. 하지만 워싱턴은 케넌의 설교를 그렇게 받아들이지 않았다. 설교의 언어를 보면 이유가 명확해진다. 예를 들어, 모스크바 주재 미국 대사관 해군 무관은 해군 참모 총장에게 케넌의 문건을 보면 "소련 지배 계급의 절대적 무자비함과 완벽한 부도덕성"[47]을 알 수 있다면서 일독을 권했다. 케넌은 제임스 포레스탈이 자신의 문건을 열렬히 받아들였다고 썼다. "문건이 재판된 것을 보면 군대의 고위 장교 수천 명은 아니지만 수백 명이 일독을 요구받았음에 틀림없다."[48]

번스는 케넌이 "멋진 분석을 했다."[49]고 생각했다. 국무부 관리 루이스 홀(Louis J. Halle, 1910~1998년)의 회고도 들어보자. "전시의 대러시아 정책에서 벗어나야 했고, 국무부는 분열한 채 갈팡질팡하며 새로운 지적 푯대를 찾고 있었다. 바로 그 순간에 케넌의 보고서가 나왔다. 그런 설왕설래의 와중에 국무부는 지향으로 삼으면 좋겠다 싶은 새롭고, 현실적인 개념을 발견했다. 반응은 즉각적이었고 긍정적이었다. '바로 이것'이라는 생각을 대체로 공유했다. 이렇게 상황을 제대로 평가한 보고서가 필요했다는 투였다. 케넌의 문건은 재판되어, 국무부 관리 전원에게 배포되었다. …… 그 문건이 대통령한테 영향을 미쳤다는 것을 우리는 의심하지 않는다."[50] 트루먼은 "러시아에 쇠주먹과 강력한 언사를 동원하지 않으면 다시 전쟁이 일어날 것"이라고 결론을 내린 시점에 케넌의 문건을 읽었다. "우리가 더 이상 타협해서는 안 된다는 게 내 생각이다. …… 소련 놈들을 어르고 달래는 일은 정말이지 신물 난다."[51] 케넌의 문건이 유포되었다고 해서 곧바로 무슨 대단한 일이 일어난 것은 아니다. 관료 사회가 그를 전략의 대가로 인정해 케넌이 "더 이상 공직 사회에서 외로움을 느끼지 않아도 된"[52] 것을 빼면 말이다. 하지만 케넌이 장문의 보고서로 제시한 새로운 대소련 정책은 스탈린의 대서방 정책만큼이나 이데올로기적으로 경직되어 있었다.

세 번째 결정적 언명도 살펴보자. 어쩌면 가장 중요했을지도 모르는 사건이다. 윈스턴 처칠은 이제 72세였다. 전년도 7월 포츠담 회담이 진행되던 중에 영국 총리 자리에서 쫓겨난 처칠은 1946년 1월 초 플로리다를 방문했다. 전쟁의 고난과 선거 패배의 충격에서 회복하려면 시간이 필요했다. 그가 한 신교도 남자 대학의 연설 초대를 받고, 미주리 주 풀턴(Fulton)에 도착했다. 미주리 주라면 트루먼의 출신 주로, 풀턴은 미주리 주 중앙을 가로지르는 미주리 강 북쪽으로 펼쳐진 부유한 농촌의 남부식 도시였다. 트루먼의 군사 분야 보좌관 해리 호킨스 본(Harry Hawkins Vaughan, 1893~1981년) 장군이 바로 그 풀턴의 웨스트민스터 대학 졸업자로, 이 초대 행사를 대통령과 함께 주최했다. 트루먼이 처칠과 함께 풀턴을 찾아, 전직 영국 총리를 소개하기로 약속하면서 말하자면 보증을 섰던 것이다.

처칠은 소련이 급하게 동유럽을 장악한 사태를 우려했다. 미국인들이 잠잠한 것을 보면, 러시아 인들을 믿는 것 같았다. 처칠은 그런 믿음이 오도된 것이며 위험하다고 생각했다. 그는 충격적인 연설을 해야겠다고 마음먹었다. 서방 세계에 경종을 울려야 한다고 계획한 것이다. 두 번의 세계 대전 사이의 10년 동안 영국이 나치의 위협에 관심을 기울이도록 촉구했던 일이 떠오르는 대목이다.

"러시아와 국제 공산당 세력의 만족할 줄 모르는 탐욕으로 인해 우리가 직면한 대단히 심각한 상황을 드디어 미국의 실세들도 인지하기 시작했음"[53]을 안 처칠은 깜짝 놀랐을 것이다.* 번스와 트루먼 모두 처칠이 연설하기 이전에 원고를 읽었다. 물론 트루먼은 나중에 안 읽었다고 부인한다.[54] 처칠이 개진한 강경한 입장을, 트루먼은 아직 취할 준비가 안 되어 있었던 것이다. 번스는 2월 말 외신 기자 클럽(Overseas Press Club)에

---

* 미국의 태도가 대대적으로 바뀌는 즈음에 우연하게도 처칠이 방문했다. 역사가 존 패트릭 로시(John Patrick Rossi, 1936년~)는 이렇게 적고 있다. "전쟁이 끝난 1945년 여름 즈음에 조사 대상 미국인 60퍼센트는 러시아와 서방 동맹국들이 협력할 것이라는 믿음을 피력했다. 그런데 그 수치가 처칠이 연설을 하기 직전인 1946년 2월경에 35퍼센트로 추락했다." Rossi(1986), 117쪽.

서 강경한 반소련 연설[55]을 했다. 트루먼이 "소련 놈들 달래는 일"이 짜증스럽다고 분개하자, 번스가 처칠의 입장으로 좀 더 이동했다는 게 분명했다. 처칠은 이렇게 회고한다. "대통령이 함께 가자고 청해, 풀턴까지 야간 기차 여행을 하게 되었다. 우리는 즐겁게 포커 게임을 했다." 트루먼이 처칠의 "전반적 방침"을 "아주 흡족해 하는 듯"하자, 그 용맹한 수상은 "더 나아가기로 결심했다."[56]

1946년 3월 5일 그 화사한 화요일 오후에 약 4만 명이 풀턴을 찾았다. 웨스트민스터 대학은 풀턴 시 광장에서 서쪽으로 대여섯 구역 떨어진 언덕 위에 자리했다. 명예 학위를 받기 위해 진홍색 예복을 걸친 처칠이 대학 체육관에서 전국 라디오 방송으로 연설을 시작했다. 확성기가 다른 건물들의 청중과 실외에 모인 사람들에게 처칠 특유의 당당한 목소리를 실어 날랐다.

처칠의 유명한 연설 "평화의 토대(The Sinews of Peace)"[57]가 바로 이것이다. 전직 총리는 전쟁이 끝나고 유럽에서 무슨 일이 벌어졌는지를 기억에 남을 만한 문구로 제시했다.

> 발트 해의 슈테틴(Stettin)에서 아드리아 해의 트리에스테까지 유럽 대륙을 가로질러 철의 장막이 쳐졌습니다. 그 장막 뒤로 중유럽과 동유럽에서 명멸한 옛 국가들의 온갖 수도가 있습니다. 바르샤바, 베를린, 프라하, 빈, 부다페스트, 베오그라드, 부쿠레슈티, 소피아. 이 유명한 도시들과 주민들은 소련의 영역 안에 있습니다. 소련의 영향력뿐만 아니라 모스크바의 통제 조치가 이런저런 형태로 점점 더 강화되는 중으로, 그곳에 자유로운 나라는 전무합니다.

처칠은 모스크바의 통제 조치를 직설적으로 명시했다. "공산당들은

…… 당원 수에 걸맞지 않는 권력과 위세를 누립니다." "경찰 통치가 …… 대종을 이루고 있습니다." "터키와 페르시아(원문 그대로임, 1935년 이란으로 개칭했다. — 옮긴이) …… 모두 크게 놀랐고, 매우 불안해 합니다." "공산주의 친화적인 독일"은 "영국과 미국의 영역에 새로운 난관을 야기할" 것입니다. 처칠은 연설 내용을 다음과 같이 요약했다. "이러한 사실에서 어떤 결론을 도출하든 …… 우리가 전쟁의 목표로 삼았던 해방된 유럽이 아닌 것은 분명합니다. 어떤 결론에도 항구적 평화의 핵심 같은 것은 없습니다."

그럼에도 불구하고 처칠은 "또 한 차례의 전쟁이 불가피하다는 생각, 더 나아가 새로운 전쟁이 임박했다는 생각을 거부"할 수 있다고 보았다. "저는 소비에트 러시아가 전쟁을 바란다고 생각하지 않습니다. 그들이 바라는 것은 전쟁의 과실, 곧 패권과 교리의 무한 팽창입니다." 처칠은 서방의 힘과 영미 동맹이 해결책으로 제시되어야 한다고 판단했다. "저는 전쟁 중에 러시아 인 친구들과 동맹자들을 지켜보았고, 그들이 힘보다 더 숭배하는 것은 없다고 확신하게 되었습니다. 그들이 군사적 취약성을 가장 경멸한다는 것은 분명한 사실입니다." "서방의 민주주의 체제"가 "단결"해야 했다. 단결하면 "아무도 우리를 괴롭힐 수 없기 때문"이었다.

동맹국이었던 나라를 비난하자 파문이 일었다. 그것은 스탈린뿐만 아니라 미국인들도 마찬가지였다. (스탈린은《프라우다》에 이렇게 말했다. "처칠이 전쟁 도발자가 되었다. 처칠과 친구들은 히틀러, 그리고 그 친구들과 놀라우리만치 유사하다. …… 처칠에게는 인종주의적 태도도 있다. 그는 영어 사용 국가만이 가치 있는 나라이고, 그들이 세계의 나머지 국가를 통치해야 한다고 주장한다."[58]) 하지만 미국인들이 가장 놀란 대목은, 지금은 대다수가 잊은 상태로 모르는 다음의 구절이었다. 이것은 연설 직후 미국 언론이 보인 반응으로 알 수 있었다.

미국, 영국, 캐나다가 공유한 원자 폭탄의 비밀스러운 지식과 경험을 (유엔에) 맡기는 것은 잘못이고, 경솔한 짓입니다. 아직은 초보적인 것이라고 하더라도 말입니다. 여전히 불안하고, 합심하지 못하는 이런 세계에서 그 지식과 경험을 아무렇지도 않게 방치해 버린다면 그건 미친 범죄 행위입니다. 이 지식, 그러니까 원자 폭탄을 만들 수 있는 원재료와 방법을 현재 미국만이 보유하고 있기 때문에 전 세계의 모든 국민이 편안하게 잠들 수 있습니다. 이런 상황이 뒤바뀌었다면 과연 우리가 제대로 잠들 수 있었을까요? 저는 그렇게 생각하지 않습니다. 생각해 보십시오. 공산주의 국가나 새로운 파시즘 국가가 당장에 이 치명적인 무기를 독점하고 있는 상황을 말입니다. 사람들이 원자 폭탄에 대해 느끼는 공포만으로도 그들은 자유 민주 세계에 전체주의 체제를 마음껏 강요했을 것입니다. 그 결과는 생각만 해도 끔찍합니다. 신의 가호로 이런 일은 일어나지 않았습니다. 그런 재앙이 닥친다 할지라도 적어도 우리에게는 숨 돌릴 틈이 아직 있습니다. 설사 그런 날이 온다 해도 우리가 노력을 아끼지 않는다면 여전히 막강한 우위를 확보할 수 있을 것입니다. 다른 나라가 핵무기를 사용하거나 사용하겠다고 위협해도 효과적으로 억제할 수 있으리라는 이야기입니다.

전면적인 핵무기 경쟁을 호소하는 내용이다.

제2차 세계 대전 때 드와이트 데이비드 아이젠하워(Dwight David Eisenhower, 1890~1969년)의 부관이었던 월터 베델 스미스(Walter Bedell Smith, 1895~1961년)가 신임 소련 주재 미국 대사로 갓 임명된 상황이었다. 그는 임지로 가는 길에, 풀턴 연설 직후 뉴욕에 머물던 처칠을 방문해 경의를 표했다. 처칠이 머물던 호텔 바깥은 소련과 연대할 것을 촉구하는 시위대로 소란스러웠다. 스미스는 당시를 이렇게 회고한다. "처칠은 목욕을 하고 있었습니다. 하지만 저를 들이더군요. 그가 옷을 챙겨 입는 동안 저는 그날 밤 (맨해튼에서) 할 예정인 그의 연설 원고를 보았습니다. 처칠이 바깥 시위대에 기분이 상했다는 게 분명했습니다. 우정과 환대 이외의 다른 정서가 존재함을 미국에 와서 처음으로 경험한 것이었죠. 하지만 그는 풀턴 연설이 올바랐다는 믿음이 확고했습니다. "내 말 잊지 말게. 1~2년 후면 지금 나를 비난하는 사람들 다수가 이렇게 말할 걸세. '처칠이 옳았어.'"[59] 애치슨-릴리엔솔 자문 위원회 위원들은 산 정상에서 어두운 계곡으로 추락했고, 불만이 대단했다.

위원회가 7주간의 집중 숙의를 마감하고 있을 무렵 트루먼은 미국의 제안을 유엔에 제출할 대표단의 수장으로 보수주의자를 임명하기로 했다. 원자력에 대한 국제 통제는 국가 주권을 상당히 양보하게 될 것이라는 의미였다. 트루먼은 보수주의자로 공인된 사람만이 이런 양보 조치를 의회에서 통과시킬 수 있으리라고 판단했다. 그는 지미 번스의 추천을 받아 백만장자 금융가 버나드 맨스 바루크(Bernard Mannes Baruch, 1870~1965년)를 낙점했다. 그가 남루한 공원 벤치에서 여러 대통령들과 정치인들에게 조언해 왔으며, 선거 운동 자금을 신중하면서도 광범위하게 나눠주었다는 사실은 아주 유명했다. 바루크의 정치적 권위는 그렇게 해서 생긴 것이었다. (애치슨은 바루크의 "명성이 실상 토대가 없다."라고 생각했다. "순전히 자기 선전의 결과"라는 것이었다. 애치슨은 번스가 "바루크의 마법에 속아 넘어간 것"[60]이라고 보았다.)

임명장을 받은 바루크는 애치슨-릴리엔솔 보고서 소식을 신문으로 읽고, 대노했다. (브라이언 맥마흔이 이끄는 상•하원 합동 원자력 위원회(JCAE)에서 보고서가 유출되었고, 결국 국무부는 3월 28일 공식 발표를 하지 않을 수 없었다.) 바루크는 하루인가 이틀 후에, 애치슨이 그 보고서가 유엔 토론의 기초 자료로 쓰일 것이라고 이야기했다는 보고를 받고는 노발대발했다. 바루크는 이렇게 쓰고 있다. "미국의 원자력 통제 계획이 이미 결정났는데 왜 나를 임명한 것인지 알 수 없었다. …… 나는 (애치슨에게) 분명하게 이야기했다. 그럴 거라면 전령 역할을 할 친구를 새로 찾아보라고 말이다. '나는 배달원이나 단순 대변인 같은 걸 해 본 적이 없소. 앞으로도 할 생각이 없고 말이요.'"[61] 애치슨을 겁박한 바루크는 트루먼에게도 화살을 돌렸다. 트루먼은 자신이 바루크를 질책했다고 주장한다. "(바루크는) 비공식 지위 속에서 스스로 좋아 '고문' 역할을 했고, 내가 알기로 그렇게 해서 명성을 쌓은 유일한 인물이다. 나는 그를 선발하고, 도와 달라고 요청했다. 하지만 그가 설치도록 내버려둘 생각은 전혀 없었다. 나는 이 사실을 정중한 태도로 그에게 분명히 알렸다."[62] 그러나 바루크의 주장은 이것과 다르다. 트루먼은 "매우 정중했다. 내가 사임할까 봐 전전긍긍했던 것이다. 원자력 통제 안건을 누가 기안할지 하는 문제가 나오자 특유의 목소리로 정확히 이렇게 대답했다. '당연히 당신이지요!'"[63]

바루크가 원자력 통제 사안을 기안했다. 그의 첫 번째 우려는 애치슨-릴리엔솔 보고서가 "집행의 강제력 문제를 외면했다."라는 것이었다. "나는 그게 가장 중요하다고 보았다."[64] 사실 충분히 예상 가능한 일이었다. 바루크는 당시 76세였고 1919년의 제1차 세계 대전 전후 처리 평화 회담에 파견된 미국 대표단의 기술 고문을 역임한 경력도 있었다. 그런 바루크였으니, 원자력 협정이 실효를 거둘지, 아니면 "역사에 허다하게 등장하는 또 하나의 공문구와 제스처"에 불과할지를 결정하는 것은 "신속하고 확실한 응징"이었다. "국제 관계 경험에서 내가 배운 것이 있다면 뒷받침할 힘이 없으면 세계 평화는 불가능하다는 것이었다." 바루크는 이제 책임자였고, "규칙을 위반하는 자들은 제재해야 한다."[65]라고 주장했다. 유엔 안전 보장 이사회 상임 이사국들은 거부권이 있었고, 그런 제재를 강제 집행하지 못할 수도 있었기 때문에 바루크는 더 나아가 원자력 통제 사안에서는 거부권을 제한해야 한다고 주장하려고 했다.

애치슨은 간담이 서늘해짐을 느꼈다.

> 모스크바가 '신속하고 확실한 응징' 조항을 미국의 유엔 개조 시도로 받아들일 게 뻔했다. 소련이 개발 노력을 중단하지 않으면 미국이 대소련 전쟁을 획책하며, 유엔의 지지를 끌어내려는 포석이라고 볼 수 있었던 것이다. 소련을 '신속하고 확실하게' 응징할 수 있는 것은 미국뿐이라는 것을 생각하면 더욱 그랬다. …… 현실적으로 생각해 보면, 조약 위반을 '신속하고 확실하게 응징'하는 것은 언짢게도 전쟁에 준하는 듯했고, 그게 아니라면 제재가 유엔 협정 아래 안보리 상임 이사국들의 거부권에 종속될 것이 틀림없었다. 안보리 상임 이사국들이 핵무기를 포기하려고 했을까? 위반했을 때 실행할 수 있는 유일한 대책은 조약을 위반하고 있다는 분명한 고지와 경고뿐일 터였다.[66]

바루크는 애치슨의 생각에 동의하지 않았다. 그리고 그의 견해가 승리를 거두었다. 바루크 계획(Baruch Plan)은 전 세계의 다른 모든 나라가 보조를 맞출 때에만 미국이 원자 폭탄 재고를 폐기할 것이라고도 했다. 소련은 사찰 없는 즉각적이고 보편적인 핵무장 해제를 제안하면서 바루크 계획에 맞섰다. 바루크가 미국 대표로 파견된 유엔 원자력 위원회(United Nations Atomic Energy Commission)는 12월까지 그 제안들을 토의했고, 대체로 미국 쪽 제안을 견본으로 삼은 계획을 표결로 확정했다. 소련과 폴란드는 기권했다. "거기서 이 문제는 끝장이 났다."[67]라고 애치슨은 썼다. 악의를 빼면 그 시도에는 아무것도 없었다.

오펜하이머는 먼 훗날 한 인터뷰에서 이렇게 말했다. 지미 번스가 버나드 바루크를 임명한 날 "저는 모든 희망을 버렸습니다." 오펜하이머는 그렇게 할 수도 있었을 테지만 공개적으로 발언하지 않고, 과학 자문으로서 바루크를 돕기로 했다. "제가 나서서 공개적으로 발언할 시점이 아니었어요. 바루크가 제게 대표단의 과학 담당이 되어 달라고 요청했지만 안 하겠다고 했습니다. 그러자 트루먼과 애치슨이 지금 제가 그만두면 꼴이 우스워 보일 수 있다고 했죠. 그래서 모임에는 참석하기로 했던 겁니다."[68] 오펜하이머의 참여에 대한 바루크의 평가는 진실성이 더 안 느껴진다. "과제에 착수했고, …… 도와주겠다는 과학자들이 있었다." 오펜하이머는 "과학 자문단에 참여해 내게 귀중한 도움을 주었다. …… 그는 내가 만나 본 가장 탁월한 지성 가운데 하나이다."[69]

어느 누구의 어릿광대도 아니었던 라비는 오펜하이머의 갈등을 현실감 있게 그린다.

> 그는 탁월했어요. 우리는 마음이 아주 잘 맞았습니다. …… 그의 어떤 면을 싫어하는 사람도 있었는데, 저는 즐기는 편이었죠. 사람들이 그의 가식을 투덜댔다는 것은 사실입니다. 오펜하이머는 위장을 하고 살았어요. 사람들도 다 알았습니다. 괜찮았어요. 그의 지혜와 어울렸으니까요. 오펜하이머는 정말 재미있는 사람이었고, 저는 그를 있는 그대로 받아들였습니다. 그의 문제를 알았죠. …… 정체성이 문제가 되었습니다. …… 저는 그를 보면서 어렸을 적 친구 한 명을 떠올렸습니다. 유대인 문화 교육 촉진 협회 회장이 될지, 아니면 로마 가톨릭의 우애 공제회 회장이 될지 마음을 정하지 못하던 친구였죠. 정말이지 그는 동시에 둘 다가 되기를 원했을 거예요. 오펜하이머는 모든 걸 경험하고 싶어 했습니다. 그런 점에서라면 그는 집중을 못 했어요. 그가 산스크리트 어 말고 탈무드나 히브리 어를 연구했다면 훨씬 위대한 물리학자가 되었을 거라는 게 내 생각입니다. 저는 오펜하이머보다 더 똑똑한 사람을 만난 적이 없어요. 하지만 제가 볼 때 더 독창적이고, 심오하려면 더 집중해야 합니다.[70]

"(형은) 큰 변화를 가져오고 싶은 마음이었던 것 같다." 프랭크 오펜하이머는 형의 그 당시 삶을 이렇게 논평했다. "나는 전쟁이 끝난 후 형과 자주 다퉜다. 그렇게 큰 변화를 가져오려면 사람들에게 핵폭탄의 위험과 협력의 가능성을 자세히 알려 주어야 한다는 게 나의 생각이었다. 형은 그럴 시간이 없다고 말했다. 이미 워싱턴 정가에 발을 들여놓은 형은 모든 게 유동적이라고 보았고, 내부에서 사태를 변화시켜야 한다고 생각했다."[71]

라비와 오펜하이머는 둘 다 미국이 과연 온전히 선의를 갖고 제안한 것인가 하는 의구심을 가졌다. 라비는 만년에 이렇게 말했다. "우리가 정말로 원자 폭탄을 (유엔에) 넘길 생각이었는지 모르겠어요. 바루크는 그런 걸 안 믿었죠."[72] 오펜하이머는 1948년의 한 사후 논의에서 이렇게 언급했다. 미국이 입장을 취하기 전에도 "(소련과 미국과 영국의 정책에 관한) 의문이 많았고, 국가 원수들과 측근 고문들의 토론 필요성이 강력하게 제기되었다. 지대한 영향을 미칠 협력 사안을 재개해야 했다. 원자력 문제는 나중에 유엔에서 토의하기로 하면서 사안의 지위가 격하되었다. 유엔에서는 아무리 고등 정책 사안이라도 간신히 겨우, 그것도 눈치 없이 서투르게 간단히 다루어질 뿐이다. 그 어떤 진정한 합의의 가능성이 모두 날아가 버린 듯했다."[73] 오펜하이머의 결론은 다음과 같았다. "계획이 좀 더 현실적"이었다면 "우리 자신은 물론이고 다른 나라 정부들도 개별 국가의 안보, 관습, 이익과 전 세계인의 안전을 담보하는 전반적 국제 통제 계획을 조화롭게 화해시키는 데에 많은 어려움을 겪었을 것이다."[74] 오펜하이머는 그 시기에 트루먼과 나눈 대화를 생생하게 기억했다. 전기 작가 뉴얼 파 데이비스(Nuel Pharr Davis)는 이렇게 옮겨 적고 있다.

"러시아 사람들이 언제쯤 폭탄을 만들 수 있을까요?" 트루먼이 물었다.

"모르겠습니다." 오펜하이머가 대꾸했다.

"나는 알지요."

"예?"

"결코 만들지 못할 겁니다."[75]

어떻게 보면 해리 트루먼은 미국이 폭탄을 독점하고 있었기 때문에 국제 통제 안건을 제기했던 것이다.

☢☢☢

율리 하리톤은 1945년 12월 말에 페니아민 주커만의 방사선 촬영 연구소를 방문했다. 당시를 회상한 주커만의 묘사는 무척 생생하다.

하리톤이 연구소에 오더니, 거두절미하고 물었다. "당신들, 스마이스 보고서 보셨습니까?"

"물론이죠."

"그렇다면 우리나라도 핵무기 지식을 확보하기 위해 엄청난 작업이 필요하다는 걸 아시겠군요. 당신들 연구소는 폭발과 뇌관 점화 분야의 방사선 촬영 기술을 연구하고 있고, 원자력 문제를 제대로 연구할 수 있을 것 같습니다. 공식 절차 따윌랑 잊어버려요. 하다 보면 다 자리가 잡힐 겁니다. 원하는 건 하나뿐이에요. 나를 받아 주십시오." 우리는 잠정적으로 승낙하면서도 생각해 보겠으니 2~3주 말미를 달라고 했다.[76]

다음 달인 1946년 1월 주커만과 레프 알트슐러는 폭발 과정을 찍는 방사선 고속 촬영법을 개발한 공로로 국가 표창을 받았다. 전쟁 때 내파 현상을 관찰하기 위해 로스앨러모스가 비밀리에 개발한 촬영법이었으므로 사실상 독자적으로 개발된 성과였는데, 하리톤 역시 이 기술을 동일한 목표에 적용하고 싶어 했다. 하리톤은 2월에 다시 나타났다. 다시 주커만의 이야기를 들어보자. "이번에는 실무 회의가 목표였다." 하리톤은 이렇게 말했다. "개발 과정에서 모스크바에서는 여건상 하기 어려운 실험을 해야 할 가능성도 배제할 수 없습니다. 실험 때문에 6개월이나 1년을 다른 곳으로 가야만 할 수도 있는 거죠. 하지만 지금 그런 이야기를 한다는 게 이르기는 합니다."[77]

하리톤이 이야기한 것은 결코 이르지 않았다. 스탈린이 윈스턴 처칠의 철의 장막 연설을《프라우다》에서 비난하던 3월 중순에 하리톤은 폭탄 연구소로 사용하기에 적합한 부지를 물색 중이었다고 회고한다.

> 폭탄을 만들려면 핵분열 물질을 짜내야 했고, 엄청난 압력이 필요했으며, 다시 그런 엄청난 압력은 대규모 폭발로 조성해야 한다는 게 명백했다. 이런 종류의 작업을 수행하기에 모스크바는 결코 적합한 곳이 아니었다. 모스크바에서 그리 멀지 않으면서도 사람이 살지 않는 적당한 부지를 찾는 것은 간단한 일이 아니었다. 우리는 전쟁 때 활발하게 가동되던 여러 군수 공장 터를 조사하며 많은 시간을 보냈다. 드디어 1946년 4월 2일 파벨 미하일로비치 제르노프(Pavel Mikhailovich Zernov, 제르노프는 연구소가 조성된 후 연구소를 이끌게 된다.)와 나는 사로프(Sarov)라는 작은 도시에 이르렀다. 거기에는 작은 공장이 하나 있었다. 전쟁 중에 카추샤 로켓과 기타 군수품을 생산하던 곳이었다. 사방으로 삼림이 가득했다. 인구 밀집 지대와 분리된 공간이 많았고, 우리한테 필요한 폭발 시험을 할 수 있는 여건이었다.[78]

보리스 반니코프[79]가 사로프를 추천했다고 하리톤은 적었다. "우리는 그곳이 마음에 들었다. …… 파벨 미하일로비치는 높은 강둑에서 내려다보며 생산 시설의 위치와 미래의 도시 광경을 계획하기 시작했다. 그가 아무렇지도 않게 그 일을 쓱쓱 하는 걸 보고 나는 깊은 인상을 받았다. 당시에 그가 이야기한 계획 대다수가 현실화되었다."[79]

사로프는 모스크바에서 정동으로 400킬로미터 떨어진 곳에 있는 유명한 수도원 도시이다. 신생 소비에트 국가는 1920년대에 수도원을 압류해, 전쟁 고아를 수용하는 데 사용했다. 소련 사람들이 많이 아는 한 영화를 보면, 이 과정이 담겨 있다. 수도원은 1930년대에 정치범 수용소로 바뀌었다. 하리톤과 제르노프가 사로프를 낙점하자, 베리야가 부대를 파견해 가시 철조망으로 이중 철책을 쳤다. 사로프는 지도에서 사라졌다. 기록은 주민 수천 명의 운명에 관해 아무 말이 없다. 사로프는 여러 시기에 걸쳐 볼가 사무국(Volga Office), KB(다시 말해 설계국(Design Bureau))-11, 제558번 시설(Installation No. 558), 크렘레프(Kremlev), 모스크바 센터 300(Moscow Center 300), 아르자마스-75(Arzamas-75), 아르자마스-16(Arzamas-16)으로 불리게 된다.[80] 그러나 그곳에 입주한 과학자들에게는 항상 그냥 사로프였다. 하리톤과 제르노프가 소련의 로스앨러모스를 찾아냈다.

13장

냉전

클라우스 푹스는 1945년 12월에 영국으로 돌아가지 않았다. 본인도 그럴 것이라고 생각했지만 일이 생겼던 것이다. 원자 폭탄이 함선들에 미치는 영향을 비키니 섬에서 시험해 보자는 결정이 내려졌고, 다수의 미국 과학자가 로스앨러모스를 떠나 교직으로 복귀하자 노리스 브래드베리가 근면 성실한 푹스에게 봄까지 남아 이런저런 준비 과정을 도와달라고 부탁했다. 해리 골드는 9월 19일 샌타페이 접선 이후로 더 이상은 푹스를 만나지 않았다고 주장했다. 그러나 푹스의 말은 다르다. 그는 1950년에 이렇게 자백했다. "1945년 가을과 1946년 봄에 샌타페이에서 (러시아 요원과) 몇 번 더 만났습니다."[1] 골드의 말이 진실이라면 푹스는 다른 요원을 만났다는 이야기이다. 그 무렵에 골드가 깊이 뉘우치며 간첩 행위를 이실직고했기 때문에 거짓말을 했을 가능성은 없다.

폭스는 접선자를 확인해 주지 않았다. 그는 미국 체류 중에 자신을 담당한 사람은 "레이먼드"뿐이라고 주장했다. 푹스의 이런 부인은 설득력이 없다. 그는 1949년에 체포되었다. 푹스는 체포 후에 골드가 자백할 때까지 그를 모른다고 잡아뗐다. 푹스는 뉴욕에서 전화로 접촉한 사실도 변함없이 부인했다. 푹스가 로스앨러모스로 간 후 전화를 통해 케임브리지에서 골드와 다시 만났는 데도 말이다. 푹스는 소니아가 1950년 동독으로 탈출할 때까지 그녀의 정체를 모른다고 잡아뗐다.[2] 베리야가 새롭게 지휘하면서 소련의 핵폭탄 개발 계획이 전면화하던 시점에 소련 정보 기관이 푹스를 무시했다는 것도 믿을 수가 없다. 베리야는 닐스 보어를 추적했고, 핵폭탄 개발 계획이 존재한다는 사실이 드러나는 위험을 기꺼이 감수했다.[3] (1946년에는 노벨상을 수상한 독일 물리학자 베르너 하이젠베르크도 추적했다.*). 그런 마당에 최적의 장소에 자리 잡은, 가장 협조적인 스파이의 도움을 그의 해외 정보 **기관**이 왜 마다했겠는가? 전후에 미국이 개발한 내용의 일부를 푹스는 영국으로 돌아가서 넘겼다고 주장했다. 하지만 그 정보는 1945년 10월과 1946년 6월 사이에 미국에서 소련으로 직접 흘러 들어갔을 것이다.

1945년 9월 19일 이후 로스앨러모스의 푹스와 접선했을 가능성이 가장 많은 연락책은 로나 코헨이다. 아나톨리 야츠코프는 전쟁 때 로스앨러모스로 갔다는 "페르세우스"와 만나기 위해 로나 코헨이 앨버커키를 두 번 찾았다고 주장했다. 코헨은 "물리학자"[4]를 만났다고만 말했다. 페르세우스는 아예 없거나 여러 인물을 결합해서 만든 인물일 것이다.

---

* 하이젠베르크는 다음과 같이 말하면서 거부했다. "여우는 많은 길이 곰의 동굴로 통한다는 걸 안다. 하지만 나오는 길은 하나도 없다." Walker(1989), 184쪽에서 재인용.

코헨의 여행은 틀림없이 클라우스 푹스와 관련이 있을 것이다. 야츠코프에게는 푹스와 데이비드 그린글래스로부터 해리 골드를 떼어놔야 할 이유가 많았다. 이고리 구젠코가 망명해 버렸고, 그들 모두가 발각될 위험에 처한 듯했다. 뿐만 아니라 야츠코프가 여름에 주의를 주었음에도 불구하고 골드가 계속해서 에이브 브로스먼과 연락을 취하고 있었다. 야츠코프는 브로스먼이 주요 감시 대상임을 알았고, 따라서 매우 위험했다. 구젠코의 탈출과 브로스먼 관계를 고려해 1945년 9월 이후 푹스와 골드를 단절시킨 야츠코프의 본능적 판단은 빠르고 기민했다. 골드는 1946년 5월 13일 야츠코프의 경고를 무시하고, 태평스럽게도 에이브 브로스먼과 함께 일하기로 계약한다. 브로스먼 소유의 롱아일랜드 상업 연구소라는 작은 곳이었다.

골드한테는 그 전에도 야츠코프가 불안해 한다는 것을 눈치 챌 수 있는 사건이 많았다. 1945년 말에 둘이 만났을 때 "야츠코프가 …… 제게 조심하라고, 그 어느 때보다 더 조심하라고 이야기했습니다."라고 골드는 회고했다.** "그가 (최근에) 있었던 일이라며 어떤 이야기를 들려주었습니다. 원자 폭탄 관련 정보를 지닌 아주 중요한 인물이 뉴욕에 왔다고 했어요. …… 야츠코프가 며칠 동안 접촉을 시도했지만 정보 기관원들이 계속 그 인물을 미행했고, 결국 그 정보원과 접선하는 것을 포기해야만 했다는 거였죠."[5] 그 "아주 중요한 인물"이 누군지는 확인되지 않았다. 도널드 맥클린이 가끔씩 뉴욕으로 와 첩보 자료를 전달하고, 영국과 미국의 전후 원자력 정책을 토의하기 위해 이루어진 영국 수상 클레멘트 리처드 애틀리(Clement Richard Attlee, 1883~1967년)의 11월 워싱턴 방문

** 골드는 그와 야츠코프가 왜 만났고, 어떤 임무와 관련해 조심해야 했는지는 말하지 않았다.

을 준비하기는 했지만 말이다.[6] 골드의 증언을 받아 쓴 FBI의 기록을 보면, 야츠코프는 "(골드와의) 그 만남에서 …… 과민하고, 몹시 불안해했다. …… (그는) 그때 (골드와) 다른 약속을 2~3개 더 했다. …… 하지만 …… 어느 하나도 지키지 않았다."[7]

캐나다 기마 경찰대는 1946년 2월 간첩 행위가 의심되는 캐나다 시민과 거주자 22명을 체포했다. 이고리 구젠코가 들고 나온 서류와 증언이 근거로 사용되었다. 이스라엘 헬퍼린도 그렇게 체포되었다. 경찰은 이스라엘 헬퍼린의 주소록[8]에서 클라우스 푹스의 억류 캠프 및 에든버러 주소와 크리스텔 하인먼의 매사추세츠 주소를 발견했다. 캐나다 경찰은 소련의 적군 정보국(GRU)이 앨런 넌 메이에게 런던에서 새로운 접선책과 만나도록 조치한 것을 파악하고, 넌 메이는 무사히 영국으로 돌아가도록 내버려 두었다. 영국 당국은 며칠 후인 3월 4일 넌 메이를 체포했다.[9]

골드는 1946년 초 야츠코프와의 만남이 무산되자 케임브리지의 크리스텔 하인먼 집으로 푹스를 찾아갔다. 푹스가 그렇게 해도 좋다고 말했던 것이 떠올랐던 것이다. 왜 그랬는지, 골드가 이유를 설명하지는 않았다. 더구나 그 행동은 그가 까다롭게 준수하던 불문율을 위반한 것이었다. 골드는 눈발이 날리던 2월의 어느 오전 하인먼의 집에 도착했다. "전에 케임브리지를 찾았을 때는 (많이) 만났다고 해 봐야 크리스텔 하인먼과 …… 아이들, 가정부, 시설 관리인, 클라우스 푹스뿐이었다. 그런데 이번에는 불행히도 남편 로버트 하인먼과 그의 그리스 인 친구가 한 명 있었다."[10] 콘스탄틴 라파자노스(Konstantin Lafazanos)[11]라는 그리스 인이 하인먼 가족과 함께 살고 있었다. 라파자노스는 직업이 있는 대학원생이었고, 로버트의 친구였으며, (FBI에 따르면) 크리스텔의 정부(情夫)였다. 두 남자는 하버드에 정전이 되는 바람에 집에 머물고 있었다. 골드도 함께 머물며 점심 대접을 받았다. 라파자노스는 나중에 그들이 비타민 이야기를 했는데, 골드가 박식했다고 회상했다. (골드는 친구 한 명과 1943년 필라델피아의 콘 익스체인지 은행(Corn Exchange Bank)을 찾아가, 비타민 분석 평가 연구 사업 자금을 대출받으려고 했지만 거절당했다.[12] 그것 역시 골드가 꿈꾸었지만 실현되지 못한 여러 활동 가운데 하나였다.) 골드는 그들에게 아내와 자식이 둘 있는 피츠버그 출신의 생화학자라고 자신을 소개했다. 골드는 하인먼 가족을 방문했을 때 클라우스 푹스가 여전히 로스앨러모스에 머무르고 있음을 눈치 챘을 것이다.

푹스가 1945~1946년 겨울과 봄에 뉴멕시코에서 로나 코헨이나 다른 접선자에게 정보를 넘겼든, 그의 자백처럼 "영국으로 복귀한 직후"[13] 넘겼든 그렇게 넘어간 정보는 상당히 많았고, 내파, 플루토늄 금속 공학, 기폭제 설계, 폭탄의 효과와 관련해 이전에 넘긴 정보를 한층 자세히 상술하는 것이었다. 푹스는 개선된 실험 데이터를 토의하는 로스앨러모스의 여러 세미나[14]에 참석했다. 예를 들어 보자. 1946년 3월 11일 공극 내파 및 복합 코어 관련, 3월 12일 열핵 반응이 물과 공기 중에서 일어날 가능성 관련, 3월 21일 핵증식로 및 동력로 관련, 4월 1일 질산플루토늄의 금속 플루토늄 가공 처리 관련. 이 모든 데이터는 소련의 연구 활동에 매우 귀중한 정보였다. 푹스는 1946년 6월에 로스앨러모스를 떠나는데, 그 전에 열핵 폭탄, 곧 텔러의 슈퍼 폭탄 정보에도 접근할 수 있었다. 그는 알아낸 정보를 해리 골드에게 전달했고, 전후에도 영국에서 스파이와 접촉했다고 자백했다. 푹스는 아는 것은 죄다 넘겼을 것이다.[15]

중원소 분열과 경원소 융합을 모두 이용하는 슈퍼 폭탄 개념은 전 세계의 물리학자들에게는 핵물리학의 기본 개념상 논리적 귀결이자 자연스러운 연장이었다. 오펜하이머는 애치슨-릴리엔솔 자문 위원회에 그 내용을 이렇게 주입했다 (허버트 마크스가 달달 외울 때까지). "우리가 아는 한 무거운 원자핵들의 반응과 가벼운 원자핵들의 반응에서만 핵에너지를 대규모로 뽑아낼 수 있다."[16] 교토 대학교의 물리학자 하기와라 도쿠타로(萩原篤太郎)는 1941년 5월 우라늄 235의 폭발적 연쇄 반응을 다룬 강연에서 이렇게 말하기도 했다. 핵분열하는 성질을 가진 이 우라늄 동위 원소는 "다량의 수소를 융합시키는, 유용한 물질이 될 가능성이 아주 높다."[17] 하기와라는 기록으로 볼 때, 핵분열 연쇄 반응으로 수소를 헬륨으로 융합시킬 만큼 충분한 에너지가 생성될 수도 있음에 주목한 최초의 과학자였다. 그렇게만 된다면 핵분열만으로 일으킬 수 있는 것보다 훨씬 큰 핵폭발을 일으킬 수 있었다.

어니스트 러더퍼드와 연하의 두 케임브리지 동료인 마커스 올리펀트(Marcus Oliphant, 1901~2000년), 그리고 파울 카를 마리아 하테크(Paul Karl Maria Harteck, 1902~1985년)이 1934년에 수소 핵융합 반응을 발견했다. 세 사람은 「중수소에서 관찰한 변환 효과(Transmutation effects observed with heavy hydrogen)」라는 논문에서 중수소, 즉 농축 중수를 가속한 중수소 원자핵으로 포격했다고 썼다. (수소 원자핵에는 양성자가 1개 들어 있다. 모든 원소 중에서 수소가 가장 가벼운 이유이다. 중수소는 수소의 동위 원소로, 원자핵에 중성자 1개가 더 들어 있다. 중수소가 수소보다 두 배 더 무거운 이유이다.) 1934년 실험에서는 중수소의 원자핵들이 가속되는데, 그렇게 부여받은 충분한 에너지 때문에 탐침 원자핵과 표적 원자핵의 양전기적 척력을 극복할 수 있었다. 세 사람은 실험 결과에 깜짝 놀랐다. "엄청난 일이 벌어졌다." 구체적으로, "2개의 (중수소 원자핵이) 결합해 새로운 …… 헬륨 …… 원자핵이 만들어진 것이다."[18] 중수소 원자핵들을 가열해 가속시킨 다음 근접 조우시켰더니, 융합해 주기율표상에서 그다음으로 가벼운 원소인 헬륨으로 바뀌었다. (헬륨 원자핵은 양성자가 2개, 중성자가 1개이다.) 반응 과정에서 중성자, 열, 강력한 감마선이 나왔고, 새로 만들어진 원자핵은 에너지 준위(energy level)가 조정되어 안정화되었다.

역사가 데이비드 존 코델 어빙(David John Cawdell Irving, 1938년~)은 이렇게 쓰고 있다. "그것은 이전부터 계속해서 나온 수많은 과학 논문들 가운데 하나였다. 하지만 돌이켜 보건대, 우라늄 원자핵의 분열을 논한 한과 슈트라스만의 1939년 논문과 동급이라고 할 수 있다."[19] 융합 반응은 원자핵들의 열운동이 전기적 척력을 이겨 낼 때까지 가열해야 했기 때문에 '열핵융합(thermonuclear fusion)'이라고 불리게 되었다. 열핵융합 반응은 케임브리지의 콕크로프트-월튼 발전기(Cockcroft-Walton generator)나 버클리의 사이클로트론 같은 입자 가속기로 한 번에 원자핵 2~3개 정도를 일으킬 수 있었다. 한스 베테는 1938년 수소에서 탄소로 전환되는 일련의 열핵융합 반응이 태양과 별을 밝히는 에너지원임을 증명했다. 그러나 분열 연쇄 반응을 실현할 수 있게 될 때까지는 지구상에서 대규모 열핵융합 반응을 불러일으킬 수 있을 것이라고 상상한 사람은 아무도 없었다. (이론 물리학자 허버트 요크는 이렇게 말했다. "폭발하는 분열 폭탄의 한가운데는 온도가 1억 도를 능가한다. 인류가 통제할 수 있는 열핵융합 반응에 불을 붙이는 데 필요한 조건 가운데 적어도 하나는 가시권 내에 들어온 것 같다."[20])

하기와라가 첫 번째 과학자였는지는 몰라도 그의 통찰은 현실화되지 못했다. 일본은 전쟁 중이었고, 열핵융합 반응을 탐구하는 것은 고사하고 원자 폭탄을 개발할 자원조차 없었다. 하지만 컬럼비아 대학교의 엔리코 페르미도 하기와라와 같은 생각을 했다. 그가 1941년 9월에 아직 젊은 에드워드 텔러에게 이 개념을 소개했다. 페르미는 원자 폭탄이 과연 전폭적인 열핵융합 반응을 일으킬 수 있을 만큼 많은 양의 중수소를 충분히 가열할 수 있을지가 궁금했다.[21] 만약 그럴 수 있다면 비용이 엄청나게 들어가는 우라늄 235나 플루토늄은 임계 질량만큼만 만들고, 거기에 바닷물에서 싼 비용으로 증류할 수 있는 중수소를 보태면 될 터였다. 헬륨으로 전환되는 중수소는 전환되는 과정에서 1그램당 TNT 약 150톤에 상당하는 에너지를 방출할 것이었다. 보통의 화학 폭약이 내는 출력의 1억 배, 우라늄 235 출력의 8배 에너지인 셈이다. 계산상으로는 원자 폭탄 1개로 액체 중수소 12킬로그램을 점화하면 TNT 100만 톤(1메가톤)에 해당하는 출력으로 터진다는 이야기이다. 액체 중수소 1세제곱미터는 10메가톤의 출력을 보일 것이다. 텔러는 페르미의 생각을 실현시키는 것을 평생의 사명으로 삼았다.

1942년 여름 버클리에서 로버트 오펜하이머가 좌장을 맡고, 에드워드 텔러, 한스 베테, 로버트 서버, 기타 이론 물리학자들이 참가한 원자 폭탄 개발 비공개 세미나가 열렸다. 그 자리에서 열핵 폭탄의 가능성이 자세히 논의되었다. 에밀 존 코노핀스키(Emil John Konopinski, 1911~1990년)라는 인디애나 대학교에서 온 젊은 이론 물리학자가 수소의 또 다른 동위 원소인 삼중 수소(tritium, 원자핵이 양성자 1개, 중성자 2개로 이루어져 있다.)[22]를 열핵 반응의 연료로 쓰자고 제안했다. 삼중 수소(T)는 중수소(D)보다 훨씬 희귀했지만, 원자핵의 특성상 훨씬 낮은 점화 온도에서 열핵 반응을 일으킬 수 있었던 것이다. (4억 도가 아니라 4000만 도에서 열핵 반응이 일어난다.) D+T의 융합 포획 단면적(확률 측정값)[23]이 D+D의 융합 포획 단면적보다 100배 더 컸다. 텔러는 1943년 가을부터 로스앨러모스에서 열핵 융합을 체계적으로 연구했고, 전쟁 마지막 해에는 오펜하이머의 승인을 받아 이 프로젝트를 전면적으로 추진했다.[24] 노이만이 추천한 스타니스와프 마르친 울람(Stanisław Marcin Ulam, 1909~1984년)이라는 폴란드 출신 수학자가 텔러 연구진에 들어왔다. 울람이 프로젝트에 투입된 첫날인 1943년 말에, 텔러는 그에게 고온 기체에서 이루어지는 자유 전자와 복사선의 에너지 교환을 연구해 달라고 주문했다.[25] 핵융합 반응을 냉각시켜, 더 이상 일어나지 못하게 막을 수도 있는 현상이었기 때문이다. 오펜하이머는 포획 단면적을 측정하고, 기타 연구에 활용하기 위해 오크리지에서 삼중 수소를 소량 생산하도록 조치했다. 맨해튼 프로젝트에서 생산된 중수는 원자로 연구뿐만 아니라 열핵 반응 연구에도 쓰인 셈이다.

열핵 폭발을 일으키려면 원자 폭탄을 터뜨려야 했고, 따라서 로스앨러모스에서 핵융합 연구는 진전될 수가 없었다. 최우선 순위를 부여받고, 전폭적으로 연구 중이었던 것은 분열이었기 때문이다. 코어를 희석해서 임계 질량을 측정하던 그 악명 높은 용의 실험을 떠올려 보라.(『원자 폭탄 만들기』 2권(사이언스북스, 2003년) 260~261쪽 참조 — 옮긴이). 텔러의 연구진은 실제 실험 대신 전례 없이 복잡한 수학 계산을 해야 했다. 물론 그 수학 계산이라는 것도 그들이 모형화한 현상을 엄청나게 단순화한 것이었지만. 로스앨러모스가 열핵 폭발의 초기 조건을 파악하려면 먼저 분열 폭발을 자세히 알아야 했다. 세 가지를 대보겠다. 분열 폭발로 야기되는 어마어마한 중성자 유동(중성자 역학(neutronics)의 연구 주제이다.), 방출 열의 어마어마한 유동(열역학의 연구 주제이다.), 폭발로 방출되는 입자들과 복사선(유체 역학의 연구 주제이다.). 전쟁 중에 이 분열 관련 계산을 담당한 것은 리처드 파인만과 다른 과학자들이었다. 그들은 내파 연구의 일환으로 그 계산을 했고, 여기에는 IBM 천공기가 사용되었다. 수천 번의 반복 작업이 필요했고, IBM 천공기는 이 작업을 자동화해 주었다. 반복 계산을 수행해야 했던 이유는 수십, 수백, 수천 개의 개별 입자가 폭발 과정의 매 순간 횡단면에서 보이는 궤적을 추적해야 했기 때문이다. 섬광등이 빠르게 점멸하는 무도장을 떠올려 보라. 그 무도장에서 홀을 가득 채운 춤추는 사람들의 연속 위치를 추적하는 것과 비슷하다고 할 수 있겠다.

그러나 분열 폭발을 이해하는 것은 열핵 폭발 계산의 1단계에 불과했다. 더구나 전쟁 막바지에는 그 1단계조차 조악하고 더디게 진척되었다.

입자들의 표본이 적은 데다, 시간 분할을 듬성듬성 했던 것이다. 열핵 반응에는 훨씬 더 복잡한 수준의 계산이 필요했다. 스타니스와프 울람이 쓴 내용을 보자.

> 열을 받아 팽창하는 물질 운동의 온갖 문제를 정식화하고 계산해야 했다. 시간이 흐름에 따라 바뀌는 반응 속도, 물질 운동의 유체 역학, 방사선장(radiation field)과의 상호 작용('에너지 측면에서' 이 상호 작용이 열을 받아 팽창하는 질량의 상호 작용에도 마찬가지로 중요할 터였다.) ……
>
> 제반 문제의 중요성을 …… 제대로 알려면 단지 수학적으로조차 중수소 폭발 개시 사안에 상당히 많은 수의 개별 문제가 포함된다는 것을 잊지 말아야 했다. 이것들 각각은 그 자체로 엄청나게 어려웠다. 모두 서로 연결되어 있었기 때문이다. 반응의 '화학'에 통달해야 했다. 핵융합으로 원래는 없던 새로운 원소들이 만들어진다. 삼중 수소, (헬륨 동위 원소들인) 헬륨 3, 헬륨 4 및 기타 원자핵들이 출현하고, '기체' 내부에서 에너지가 다양하고 가변적이기까지 한 중성자들의 밀도도 증가한다. 그 영향은 직접적이고, 반응 속도가 바뀐다. 밀도와 온도가 바뀌면서도 반응 속도가 달라진다. 방사선장도 점점 더 확실해져, 다시 물질의 운동이 영향을 받는다.

울람의 결론은 이렇다. "이 과정을 시각화한 '슈퍼' 연구진의 작업은 이론 물리학자들이 발휘한 상상력과 기량의 진정한 기념비라 할 만했다."[26]

전쟁 때 탁상용 기계식 계산기와 IBM 천공기를 사용해 조잡하나마 내파의 수학 모형을 개발할 수 있었다. 텔러 연구진이 수행해야 했던 슈퍼 계산은 이런 기계들의 능력을 초월했다. 20세기 최고의 수학자 가운데 한 명인 노이만이 여기에 창의적으로 개입한다. 노이만은 딱 한 번 읽은 책도 모든 내용을 원문 그대로 암송할 수 있는 영재요, 번개 같은 계산 기계였다.[27] 그는 제2차 세계 대전 이전에 이론 물리학을 일종의 부업으로 공부했고, 이미 충격파 및 폭발 파동의 전문가였다. 동료 허먼 하인 골드스타인(Herman Heine Goldstine, 1913~2004년)은 이렇게 썼다. "프린스턴에서는 노이만과 관련해 사람들이 하는 이야기가 있었다. 정말 대단한 능력의 소유자이면서도 사람들을 아주 자세히 분석해 완벽하게 흉내 낸다는 것이었다. 실제로 그는 사회적 태도가 훌륭했고, 성격이 온화하고 인간적이었으며, 유머 감각이 탁월했다."[28] 팻 맨에 들어간 고폭약 렌즈들의 복잡한 모양을 계산한 사람이 바로 노이만이었다.

골드스타인은 1944년에 정부의 후원을 받아 펜실베이니아 대학교 무어 공과 대학(Moore School of Engineering) 소속 공학자들과 새로운 종류의 계산 기계를 만들고 있었다. 계산을 수행하는 장치에 기어(gear)가 아니라 진공관을 사용했으니 과연 새롭다고 할 만했다. 새로운 계산 기계를 사람들은 에니악(ENIAC)이라고 불렀다. 에니악은 기계의 기능을 요약한 명칭, 즉 전자 수치 통합 산출기(electronic numerical integrator and computer)의 두문자어였다. 골드스타인은 당시를 이렇게 회고한다. "그해 여름 언제였다. …… 나는 애버딘(메릴랜드 소재, 미국 육군 애버딘 성능 시험장(Aberdeen Proving Ground)이 있다.) 역 승강장에서 필라델피아 행 기차를 기다리고 있었다. 바로 그때 노이만이 나타났다." 골드스타인은 노이만을 만난 적이 없었다. "나는 상당한 만용을 부려 그 세계적으로 유명한 인물에게 다가갔다. 내 소개를 하고 대화를 시작했다. …… 대화가 이내 나의 작업으로 넘어갔다. 노이만이 내가 1초에 333번의 곱셈을 할 수 있는 전자 계산기를 개발 중이라는 것을 알게 되었고, 대화의 분위기는 느긋한 한담에서 수학 박사 학위를 받기 위해 치르는 구술 시험 비슷한 것으로 돌변했다. 얼마 안 되어 우리 두 사람은 필라델피아에 도착했고, 노이만은 에니악을 구경했다."[29]

노이만과 로스앨러모스가 찾던 것이 바로 그것이었다. 헝가리 태생의 노이만은 에니악과 에니악의 개념을 수용했고, 이내 조잡한 진공관 기술에서 수학적이든 다른 무엇이든 정보를 조작해 처리할 수 있는 논리 체계를 끌어냈다. 골드스타인은 전쟁의 마지막 겨울과 봄에 작성된 노이만의 101쪽짜리 기초 보고서가 "계산과 계산기에 관해 씌인 것 중 가장 중요한 문서"[30]라고 생각했다. 에니악은 무어 공대 연구진이 설계한 대로, 매번 회로를 물리적으로 재배열해 새로운 문제에 대응했다. 구식의 전화 교환기처럼 잭을 뽑고 끼워야 했다는 이야기이다. 노이만의 기초 보고서는 사상 최초로 운영 프로그램을 저장한다는 개념을 제시했다. 이 과정에서 디지털 컴퓨터의 기본 구조가 기술되었음은 물론이다. "장비의 논리 제어, 말하자면 장비의 가동을 일련의 순서에 따라 적절히 제어하는 과제는 중앙 제어 장치가 가장 효율적으로 수행할 수 있다. 장비를 …… **다목적으로** 사용하려면 특정한 문제를 …… 해결하기 위한 구체적 명령과, 무엇이든 그런 명령들이 반드시 수행되도록 하는 보편적 제어 기관을 구분해야 한다."[31]

세계 최초로 작동한 전자식 디지털 컴퓨터가 부여받은 첫 번째 과제는 수소 폭탄이었다. 로스앨러모스의 수학자 니콜라스 메트로폴리스는 그 난관 돌파를 이렇게 회고했다. (자신의 회고이지만 3인칭으로 기술한다.)

> 1945년 초에 에니악이 거의 완성되자, 노이만은 물리학자 스탠리 필립 프랭클(Stanley Phillips Frankel, 1919~1978년)과 메트로폴리스에게 그것을 사용해 수소 폭탄 설계와 관련된 복잡한 계산을 해 보자고 제안했다. 반응은 열렬했고 즉각적이었다. "로스앨러모스의 과제"가 에니악에게 성능 시험 치고는 매우 어려운 시험대가 될 것이라는 전제 아래 노이만이 준비를 했다.[32]

에니악은 1945년 12월과 1946년 1월 사이 6주 동안 최초의 열핵 반응 계산을 거칠게나마 해 냈다. 로스앨러모스는 천공 카드를 50만 장 준비했다. 탁상용 기계식 계산기였다면 100명이 달려들어 꼬박 1년을 허비해야 할 만큼 엄청난 양이었다.[33]

결과는 조짐이 좋아 보였다는 게, 울람의 평가였다.

> 필자(울람)가 보기에 그때는 열핵 폭탄을 확실히 만들 수 있을 것 같았다. 연구가 부득불 불완전했고, 특정 물리 효과들을 누락시키긴 했지만 계산 결과는 의미심장했다. 문제를 성공적으로 해결해, 수소 폭탄을 만들 수 있을 거라는 희망이 활짝 열렸다. 물론 텔러는 물론이고, 로스앨러모스 연구소 인력 전반에 수소 폭탄 제작 과제가 갖는 심리적 중요성과 그 계산 결과가 미친 영향을 과장해서는 안 된다. …… 미래에 신뢰할 수 있는 답변을 얻을 수 있으리라는 믿음과 탐구열이 아직도 생생하다. 이런 믿음과 탐구열은 어느 정도는 물리 문제를 훨씬 자세히 분석하고, 모형화할 수 있는 계산 기계가 있었기 때문에 가능했다.[34]

로스앨러모스는 기술 자료와 계산 결과를 취합해 1945년 10월 5일 『슈퍼 편람(*Super Handbook*)』[35]을 발간했고, 사흘 후 추가로 슈퍼 프로그램 기술 검토서를 발표해 삼중 수소 대량 생산을 위한 기초 조사를 제안했다. 텔러는 1945년 12월 관련 장치를 만들기 위해 개발해야 할 명세[36]를 제출했다. 관련 장치라니? "출력 강화" 원자 폭탄이 그것이다. 이것은 내파 폭탄의 코어에 갇힌 소량의 중수소와 삼중 수소 기체에서 나오는 핵융합 중성자를 활용한다. 분열 연쇄 반응을 가속하고, 폭발 출력을 높이기 위함은 두말하면 잔소리이다.

로스앨러모스는 전시의 슈퍼 연구를 검토하고, 추가 연구를 제안하기 위해 1946년 4월 18일과 20일 사이에 3일 일정의 비공개 학회를 열었다. 연구소는 학회를 열기 직전에 최초의 중요한 열핵 폭탄 기술 보고서라 할 수 있는 「일단 채택된 증거로 보건대 슈퍼는 가능하다(Prima facie proof of the feasibility of the Super)」를 발간했다. 텔러와 로스앨러모스 동료 여섯 명이 작성한 그 59쪽짜리 보고서는 이렇게 주장했다. "슈퍼의 물리학에 관한 현재의 지식으로 판단할 때, 작동되는 슈퍼를 만들 수 있다고 상당히 확실하게 말할 수 있다."[37] "열핵 폭탄을 개발하는 대규모의 이론과 실험 프로그램은 타당한 근거를 지닌다."[38] 그 보고서는 "이 프로그램과 함께"[39] 삼중 수소 생산에 착수할 것을 제안했다.

텔러, 코노핀스키, 필립 모리슨, 노이만, 캐나다 이론 물리학자 조든 카슨 마크(Jordan Carson Mark, 1913~1997년), 메트로폴리스, 로버트 서버, 울람, 다른 과학자 23명, 그리고 클라우스 푹스가 4월의 슈퍼 학회에 참가했다.[40] 첫날 오전에는 에드워드 텔러가 노리스 브래드베리의 사무실에서 4월 15일에 발간된 기술 보고서가 채택한 논거들을 검토 비평한 다음 슈퍼 설계안을 제안 설명했다. 텔러가 제안한 설계안은 부스터(booster)를 비롯한 후대의 다른 설계안들과 구분하려는 목적에서 그냥 "슈퍼", 또는 "옛날 슈퍼"라고 불리게 된다. 텔러가 제시한 설계안의 구성과 설정은 자세히 공개된 적이 한 번도 없다. 그러나 전후에 로스앨러모스에서 이론 분과를 지휘한 카슨 마크가 한 인터뷰에서 그 개요를 이렇게 설명했다.

> 옛날 슈퍼는 충분히 뜨겁게 가열하면 중수소에 불을 붙일 수 있고, 어쩌면 핵분열 폭탄이 거기에 필요한 온도를 제공해 줄 것이라는 개념에 바탕을 두었다. 액체 중수소를 가득 채운 긴 관을 준비하고, 한쪽 끝에서 핵분열 폭탄을 터뜨리면 될 것 같았다. 그렇게 한쪽 끝을 충분히 가열하면 열파가 발생

해 관을 따라 진행할 것이라고 생각한 것이다. 열파는, 말하자면, 중수소 반응인 셈이었다. 그게 옛날 슈퍼의 개념이다. 이 개념과 관련해 몇 가지에 답해야 했다. 먼저, 그렇게 중수소를 채운 관의 한쪽 끝을 가열하면 과연 열파가 관을 따라 진행하고, 고폭약 막대처럼 터져 줄까? 이것은 매우 중요한 궁금증이다. 물론 그런 일이 일어나기 전에도 물어야 할 게 또 있다. 중수소가 든 긴 관을 얼마나 뜨겁게 만들어야 하는가? 하지만 충분히 뜨겁게 만든다고 해도 과연 그런 일이 일어날까? (이렇게 물어야 하는 것이다.)[41]

핵분열 폭탄과 열핵 폭탄은 중요한 차이가 있다. 열핵 폭탄은 핵분열이 방아쇠 역할을 하는 것을 제외하더라도 임계 질량이 전혀 필요 없다. 분열 폭탄은 터지면서 임계 질량이 해체된다. 따라서 당연히 어느 시점에서 분열이 중단된다. 이 해체 과정이 분열 폭발의 규모를 1메가톤 정도로 한정한다. 하지만 열핵 폭발은 점화시켜서 열핵 연소 과정을 유지할 수만 있으면 화학 물질 폭발처럼 그 과정이 지속될 것이다. 열핵 연료를 다 쓸 때까지 계속 타는 것이다. 지구보다 수천, 수백만 배 더 큰 열핵 반응로인 별을 봐도 열핵 폭발의 규모에 물리적 한계가 없다는 것이 분명했다. 그때 진행된 학회를 갈무리한 보고서는 이렇게 강조한다. 슈퍼는 "열핵 반응을 진행시킬 수만 있다면 중수소 연료 공급량만이 그 규모를 제한할 수 있다. 열핵 폭발은 분열 폭탄과는 비교가 안 될 것으로 예측된다. 크라카토아(Krakatoa, 자바 섬과 수마트라 섬 사이 순다 해협에 있는 화산으로 1883년에 폭발했다.) 분출 같은 자연 재해에나 비견될 것이다. …… 샌프란시스코 지진(으로 방출된) 정도의 에너지는 쉽게 달성할 수 있다."[42] 서버는 이렇게 회고했다. 전쟁 때, "로스앨러모스의 에드워드 텔러 칠판에서 무기 목록을 본 적이 있다. 실제 무기는 아니고 무기의 개념이었는데, 각각의 능력과 특성이 함께 나열되어 있었다. 목록의 마지막 무기는 능력이 최대치, 운반 수단이 '뒷마당'으로 적혀 있었다. 특별한 설계로 인해 지구상의 인류가 모두 죽을 것이기 때문에 그 무기를 다른 곳으로 옮길 필요가 없었던 것이다."[43]

학회가 열린 첫날 오후에는 텔러 연구진 한 명이 슈퍼 설계안의 분열 방아쇠인 산화베릴륨 탬퍼를 발제했다. (베릴륨에는 마음대로 돌아다니는 중성자가 풍부하고, 이 중성자들을 동원해 분열 연쇄 반응을 강화할 수 있다. 최신의 핵무기에는 다 베릴륨 탬퍼가 있다.) 원통 내파[44]도 논의되었다. 아마도 더 효율적인 그 내파 메커니즘을 슈퍼의 도관 같은 구성으로 짜 넣겠다는 발상이었을 것이다. 로스앨러모스의 기록에 따르면, "노이만 박사가 내파 절차를 채택해 '슈퍼' 폭탄을 점화하자고 제안했다."[45] 푹스는 내파 방식을 활용해 슈퍼를 점화하자는 것은 자기 아이디어였다고 주장한다.[46] FBI의 한 심문관은 푹스가 그렇게 말하면서 "재미있어 했다."[46]라고 적었다. 그와 노이만이 내파 방식 채택 아이디어를 공동으로 생각해 낸 것 같다. 두 사람은 1946년 5월 28일 함께 특허를 출원했다.

다음날인 4월 19일에는 수학자들인 니콜라스 메트로폴리스와 앤서니 레니드 터크비치(Anthony Leonid Turkevich, 1916~2002년)가 에니악을 동원해 계산한 슈퍼의 유체 역학을 검토하고 논평했다. 계산 항들은 3차원에서 2차원으로 단순화되고, 에너지가 빠져나가면서 반응을 냉각시키는 경향이 있는 중대한 물리 과정들을 제외했다. 조건이 그렇게 이상적이라면 중수소를 연료로 사용하는 슈퍼가 상당한 에너지를 방출할 것이라고, 메트로폴리스와 터크비치는 보고했다. (1942년 버클리의 여름 세미나에서도 베테와 텔러가 바로 그 문제를 놓고 논쟁했다고 서버는 회고했다. "맨 처음 (수소 폭탄이) 가능하다고 생각한 것은 에드워드였다. 베테가 평소 역할 그대로 (텔러의 구상을) 혹평하고 나섰다. 에드워드는 에너지를 꺼낼 수 있고, 기체가 아주 뜨거울 거라는 것 등을 이야기했다. 베테가 (그렇게 열기가 강렬하다면) 복사선이 발생하겠군 하고 지적할 때까지는 모든 게 괜찮았다. 자네는 흑체 복사 균형을 달성해야 해. 온도가 4제곱으로 상승했다가 곧바로 열기가 빠지고 모든 게 냉각된다고. 자네가 (불을) 당기면 모든 게 전자기 복사가 되는 거지. 에드워드는 그걸 감안하지 못했다. 베테는 신속하게 에너지가 빠지는 메커니즘, 즉 우리가 역(逆)콤프턴 효과(inverse Compton effect)라고 부른 메커니즘으로 인해 에드워드의 계산 결과는 쓸모가 없다고 생각했다. 두 사람은 이후로 결코 관계를 회복하지 못했다."[47] 역콤프턴 효과는 메트로폴리스와 터크비치가 발제한 낙관적 계산 결과에서 빠져 있던 중대한 물리 과정 가운데 하나였다.)

그날 오후와 다음날 오전에는 또 다른 참가자가 중수소 및 중수소-삼중 수소 혼합물의 압축 특성을 발제했다. 텔러는 나중에 수소 폭탄의 연료를 복사선으로 압축한다는 생각을 그 슈퍼 학회에서 토론했다고 썼다. (핵분열 폭탄은 물질을 크게 압축할 수 있는 복사선, 즉 주로 연엑스선(soft X ray) 형태의 빛을 엄청나게 내놓는다.) 그런 메커니즘이 과연 작동할지 확실하지 않았다고, 브래드베리는 나중에 회고했다. "1946년에 우리 기술진이 그 독창적인 생각을 자세히 검토했던 일이 아주 생생하게 기억난다. 당시에 우리는 그 생각을 쓸 수 있는 시스템으로 만드는 게 전적으로 불가능하다고 보았다."[48]

텔러는 둘째 날 오후에 실험 계획을 제안했다. 슈퍼에 불을 붙일 수 있는 다양한 융합 반응을 연구해야 한다는 것이었다. "삼중 수소 더하기 삼중 수소, 헬륨 더하기 중수소, 수소 더하기 중수소, 기타 등등." 텔러는 베테의 냉각 효과로 알게 된 여러 안전 요인에도 불구하고 1942년에 그랬던 것처럼, 여전히 핵융합 폭발로 대부분이 질소인 지구 대기에 불이 붙어, 열핵 폭발의 아마겟돈이 펼쳐질 가능성을 우려했다. 그는 "질소 더하기 질소 반응"[49]을 반드시 조사해야 한다고 생각했다.

4월 20일 오전의 마지막 회합에서 텔러는 열핵융합 폭탄의 평화적 활용 방안을 참가자 토론에 부쳤다. 푹스는 4년 후 그 마지막 회합이 어

떤 안건을 다루었는지조차 기억하지 못했다.[50]

텔러의 열핵융합 연구진은 갈무리 보고서를 작성했고, 1946년 5월 학회 참가자들에게 돌렸다. 보고서에는 중수소가 우라늄 235나 플루토늄보다 더 효과적인 폭발물이라고 나와 있다. 중수소는 "같은 무게의 분열성 물질에서 뽑아낼 수 있는 것보다 몇 배 더 많은"[51] 에너지를 내놓는다. 1그램당 20센트로 추정되는 중수소의 단가는 1그램당 수백 달러가 들어가는 우라늄 235나 플루토늄이 아니라 보통 우라늄과 비슷했다. 갈무리 보고서는 이렇게 언급했다. 에니악과 병행해 수행된 수작업 계산으로도 "이 시스템을 점화시킬 수 있는 것으로 …… 나왔다."[52] 그러나 일단 점화되더라도 열핵 연소가 지속 확대될지를 그 계산이 "결정적으로 증명한"[53] 것은 아니었다.

보고서의 결론은 이랬다.

> 슈퍼 폭탄을 만들 수 있고 작동할 것 같다.
>
> 그렇다는 확실한 증거를 아직까지는 기대할 수 없고, 따라서 완벽하게 조립한 슈퍼 폭탄을 시험해 봐야만 최종적으로 판단할 수 있다. ……
>
> 학회 때 제출된 자세한 설계안은, 전반적으로 보아, 작동할 것으로 여겨진다. 그 설계안의 특정 요소와 관련해 몇 가지 의혹이 있다. …… 그 의혹들이 해소된다면 간단한 설계 변경만으로도 성공시킬 수 있으리라 본다.[54]

보고서는 마지막 문단에서 이렇게 언급했다. "슈퍼 폭탄 프로젝트"에 착수하면, 앞으로 몇 년간 국가 핵무기 예산의 상당 부분이 투입되어야 할 것이다. 보고서는 계속해서 이렇게 주장했다. "함의가 만만찮은 사안에서 추가로 판단해 결정하는 일이 늘 그렇듯이, 이것도 최우선적 국가 정책의 일부로 취급할 때에만 비로소 제대로 다뤄질 것이다."[55] 보고서는 삼중 수소 생산 활동을 조직해야 한다고도 권고했다. 하루에 단 1그램이라도 생산해야 개발이 필요할 때 증산할 수 있다.[56]

로버트 서버는 슈퍼 학회 갈무리 보고서의 초안을 봤을 때 너무 낙관적이어서 짜증스러웠다고 회고했다.[57] 그는 다른 사람들도 아마 비슷했을 것이라고 생각했다. (울람은 이렇게 이야기했다. "계획은 전도 유망해 보였다. 어느 정도는 확인된 바이기도 했다. 하지만 절차를 어떻게 시작할지, 시작한다 해도 어떻게 지속시킬지에 관한 의혹이 여전히 컸다."[58]) 서버는 최종 보고서에서는 바뀌었으면 하는 부분을 전달했다. 그렇게 여기에서 인용한 최종 보고서가 6월 12일에 발간되었다. 그런데도 보고서는 "학회 참가자들이 모두 의견을 같이했다."[59]라고 주장했다. 더구나 텔러는 최초의 낙관적 초안을 거의 바꾸지도 않았다.

슈퍼 학회 보고서가 미국의 국가 정책 토론을 촉발하지는 않았다. 보고서가 제출되던 당시는 지진이나 화산에 맞먹는 파괴적 무기가 국가 의제가 아니었다. 앞으로 몇 년 동안은 그런 무기가 필요하다는 군부의 요구도 없을 터였다. 버나드 바루크는 국제 사회의 원자력 통제를 목표로 하는 제재 중심 계획을 막바지 손질 중이었고, 6월 14일 유엔에 제출한다. (그 문건은 이렇게 시작된다. "이제 우리는 삶과 죽음 사이에서 선택해야 합니다."[60] 멜로드라마가 따로 없었다.) 로스앨러모스는 곧 시작될 비키니 실험으로 바빴다. 브래드베리가 "엉망"이라고 말한 분열 폭탄을 개량해야 했다. 열핵 폭탄의 뇌관으로 사용할 수 있을 만큼 충분히 뜨거운 온도를 내도록 만들 필요성도 있었다. 로스앨러모스는 여전히 살아남기 위해 투쟁 중이기도 했다. 보고서는 열핵 폭탄과 관련해 당시까지 달성한 성과를 모아놓았다. 카슨 마크가 이끄는 이론 물리학자들은 이후 여러 해 동안 절반가량의 시간을 열핵 관련 계산에 쓴다.[61] 연구소의 나머지 인력은 원자폭탄을 개량하는 일을 했다.

1946년 언제쯤 소련의 물리학자들인 이사이 구레비치, 야코프 젤도비치, 이삭 포메란추크, 율리 하리톤이 소련 정부에 「경원소들의 핵에너지 활용(Utilization of the nuclear energy of the light elements)」이라는 특별 보고서[62]를 제출했다. 구레비치는 먼 훗날, 그 보고서를 요청하지도 않았는데 제출했다고 말했다. "당시에는 우리를 그냥 내쳤던 것 같다. 스탈린과 베리야는 원자 폭탄 개발을 극단적으로 강조했다. 게다가 그때는 실험용 원자로도 아직 없었다. 지금도 과학계에서는 '잘난 인간들'이 새로운 프로젝트로 우리를 괴롭힌다. 그게 실현될지는 여전히 모르는데도 말이다."[63] 구레비치의 보고서가 나온 시기를 감안하면, 열핵 폭탄 구상이 미국과 소련에서 별도로 동시에 나온 게 아님을 알 수 있다. 1946년 12월 31일자로 된 쿠르차토프의 첩보 자료 주석도 이것을 뒷받침한다. 쿠르차토프는 "미국의 슈퍼 폭탄 연구"를 논평하면서 이렇게 언급하고 있다. "아마도 사실인 것 같고, 우리나라의 연구에도 대단히 흥미로운 시사점을 던져 준다."[64] 이고리 골로빈은 푹스가 소련에 텔러의 슈퍼 개념을 알려 주었다고 말한다.[65] 하리톤은 다음과 같이 확인해 주었다. "젤도비치는 텔러의 연구 계획을 보았다."[66]

구레비치와 동료들은 경원소가 어떻게 핵폭발물이 될 수 있는지 설명하고, 그런 폭탄이 작동하려면 어떤 문제를 풀어야 하는지 이야기했다. 그들이 삼중 수소 사용을 제안하지는 않았다. 구상한 설계안이 그렇게 낯선 물질을 요구하지 않았기 때문일 것이다. 삼중 수소는 방사성 물질인 데다, 반감기가 12.5년에 불과하다. 게다가 자연계에는 존재하지도 않는다. 삼중 수소는 플루토늄처럼 원자로 안에서 증식해야만 한다. 원자로는 소련 과학자들은 아직 갖지도 못한 기계였다.

구레비치와 동료들이 개요를 잡은 열핵 폭탄의 설계안은 슈퍼와 달랐다. 푹스가 1945년에 넘긴 내파 체계를 논리적으로 연장했던 것이다.

"우라늄 장약을 크게 만들어 특별하게 성형하고(축적(동심원 껍질을 말함)), 기폭제 근처의 중원소를 중수소 안에 집어넣어 펄스 방사선을 받을 수 있게 되면 점화 여건을 개선할 수 있을 것 같다." 그들은 이렇게도 언급했다. "중수소를 최대한 응집시켜야 한다. 당연히 고압으로 압축해야 할 것이다." 보고서는 계속해서 이렇게 제안한다. "(물질이) 분산하는 것을 …… 지연시키려면 일종의 포장 껍질을 묵직하게"[67] 만들어야 한다. 텔러도 1946년 중반에 비슷하게 층을 이루는 구형 설계를 생각했고, 그것을 일명 "자명종(Alarm Clock)"[68]이라고 불렀다. (신형 핵폭탄에 "세상 사람들이 깜짝 놀라 깨어날"[68] 것이기 때문이다.) 브래드베리, 텔러, 존 맨리가 참여한 로스앨러모스 선임 과학자 위원회는 1950년에 이렇게 판단했다. 푹스는 "'부스터' 개념을 잘 알고 있었을 것이며, 다른 영국 파견단원한테서 '자명종'과 관련해 초기에 제안된 모호한 정보를 입수했을 수도 있다."[69]

소련 물리학자 유리 아나톨리예비치 로마노프(Yuri Anatolievich Romanov, 1934~2010년)는 구레비치의 1946년 보고서로 인해 "(열핵) 문제 연구가 시작되었다."라고 회고했다. 스탈린과 베리야가 "우리 의견을 일축했다."라는 구레비치의 주장이 순진한 생각임을 짐작하게 하는 대목이다. "소련 과학 아카데미 산하 화학 물리학 연구소에서 젤도비치 밑으로 …… 이내 작은 팀이 결성되었다."[70] 미국은 1942년에 열핵 무기 연구를 시작했다. 소련은 1946년 언제쯤 이 독이 든 성배를 탐구하는 과제에 나섰다. 로마노프는 "(그 시점에) 연구 상황이 거의 비슷했다."[71]라고 말했다. 클라우스 푹스가 소련 정보 기관을 통해 미국의 진척 상황을 넘겼기 때문에 그랬을 것이다.

라브렌티 베리야는 소련의 핵폭탄 개발 계획에 전력을 쏟았다. 그는 좌충우돌했고, 계속해서 화를 냈다. NKVD 부국장 아브라미 자베냐긴은 스탈린의 채찍에게 호되게 당했던 일을 이렇게 회고했다.

> 체코슬로바키아에서 전보가 왔다. 우라늄 채굴 작업에 …… 돈이 많이 들 것이라는 내용이었다. 견적을 낸 몇몇 수치가 천문학적 액수였던 것을 보면, 부정확한 게 틀림없었다. 베리야가 전보를 보더니 막 화를 냈다. 급기야는 욕을 해대기 시작했다. 나는 가만있기가 뭐 해서 입을 열었다. (연극조의 언동으로) 그만 진정하십시오. 우리는 정부의 결정 사항을 집행하고 있습니다. 아무튼 채굴 계획에 따라 체코 인들과 협약을 해야 합니다. 이 멍청하게 뻥튀기된 숫자들은 잘못된 것이고, 바로잡으면 됩니다. 베리야가 다시 욕지거리를 했다. "영웅 나셨네." 나는 대꾸했다. 영웅도 없고, 바보도 없습니다. 인민을 속일 수는 없습니다. "꺼져." 나도 어찌해야 할지 몰랐다. 이윽고 베리야는 진정했고, 사태를 수습하려고 시도했다.[72]

베리야가 불안을 느낄 이유가 곧이어 또 생겼다. 스탈린이 베리야의 권한을 분산시키려고 나섰던 것이다. "어느 날인가 스탈린이 별안간 베리야에게 물었다. 휘하의 장성과 보안 장교들이 어째서 다 조지아 출신인 것 같냐고." 역사가 로버트 콘퀘스트는 계속해서 이렇게 쓰고 있다. "베리야는 그들이 헌신적이고 충성스럽다고 대답했다. 스탈린은 조지아 인뿐만 아니라 러시아 인들도 충성스럽다고 화를 냈다."[73] 베리야는 1946년 3월 연로한 소련의 독재자에 의해 정치국 정회원이자 각료 회의 부의장이 되었다. 스탈린은 NKVD와 NKGB를 인민 위원회에서 정부 부처로 격상시켰다. (두 부서는 내무부(MVD)와 국가 보안부(MGB)가 되었다.) 하지만 베리야는 두 기구를 직접 지휘하는 자리에서 면직되었다. 베리야의 부하들이 러시아 인들로 채워졌다. 스탈린은 베리야를 불신했고, 궁지에 몰린 베리야는 최대한 빠른 시일 내에 원자 폭탄을 만들어야 했다.

소련의 생활 수준은 1946년에 악화되었다. 3월 말 흑해 연안 루마니아 동쪽 몰도바(몰다비아)에서 시작된 가뭄이 북쪽으로 우크라이나까지 확대되었다. 소련 정부의 한 보고서에 따르면, 5월 중순에는 "소련의 유럽 지역 거의 대부분이 가뭄에 …… 휩싸였다."[74] 1891년 이후 그렇게 광대한 지역에, 이렇게 오랫동안 가뭄이 든 적은 없었다. 기근이 이어졌다. 아이들의 배가 단백질 부족으로 부풀어 올랐다. 굶주림이 만연했다. 뉴욕 시장 출신 피오렐로 헨리 라 가디아(Fiorello Henry La Guardia, 1882~1947년)가 이끌던 유엔 구제 부흥 사업국(United Nations Relief and Rehabilitation Administration, UNRRA)이 그해에 우크라이나에 식량을 원조했다. 스탈린의 딸은 이렇게 적고 있다. "아버지는 그해 여름에 1937년 이후 처음으로 남부 지방으로 휴가를 갔다. 건물 관리인이 내게 알려 주기를 …… 인민들이 여전히 토굴에 살며, 모든 게 폐허임을 목격한 아버지가 매우 속상해 했다고 한다."[75] 스탈린은 더 한층 크렘린에 칩거하는 방식으로 여기에 대응했다.

미국과 영국은 1946년 이후 유엔 구제 부흥 사업국(UNRRA)의 확대를 외면했다. 직접 구호를 선호한 것이다. 라가디아는 충격을 받았다. "정치 상황 때문에 상대국 정부가 마음에 안 든다고 미국이 무고한 사람들의 고통을 초래하는 정책을 쓰겠다는 것인가?"[76] 그랬다. 냉전으로 세계가 양극화되고 있음을 여기서도 확인하게 된다.

소련 각료 회의는 1946년 6월 새로운 산업 주체를 수립해, 원자 폭탄 개발 계획을 관리하도록 했다. 보리스 반니코프가 이끄는 제1 참모 본부가 바로 그 기구였다. 반니코프는 베리야에게 직접 보고했고, 미하일 페르부킨과 이고리 쿠르차토프는 1945년 가을에 수립된 기술-과학 협의회(Technical-Scientific Council) 소속으로, 반니코프의 부관이 되었다. 반니코프는 1941년 10월 악명 높은 루비앙카의 지하 감옥에 갇힌 적이 있다. 그도 숙청 과정에서 체포된 수많은 고위 군 장교 가운데 한 명이었던 것이다. 베리야가 1953년에 한 말을 들어보자. "무자비한 구타가 가해졌다. 정말이지 가혹했다."[77] NKVD는 모스크바를 소개하는 10월 15~16일의 대탈출 과정에서 수감된 장교들의 다수를 처형했다. 지하 감옥에서 목숨을 부지한 최고위급 장교 두 명 가운데 한 명이 바로 반니코프였다. 스탈린이 군대를 이끌 장교가 필요함을 깨닫고, 심문 중단을 명령한 게 틀림없다. 반니코프는 복권되어, 전시에 군수 산업 인민 위원으로 활약했다.

페르부킨은 전쟁이 끝나고 폭탄 프로그램이 시작된 초창기를 이렇게 회고했다. "공장들이 하루 단위가 아니라 시간 단위로 세워졌다. 우라늄을 채굴하는 사업체가 만들어졌다. 금속 우라늄 생산 활동이 조직되었다. 원자로에 그게 필요했다."[78] CIA는 5년 후 소련이 1946년에 원자 폭탄 개발에 2억 7000만 루블을 투자한 것으로 추정했다.[79]

전쟁이 끝났고, 스파이들도 재향 군인 못지않게 각자의 삶을 재정립하지 않을 수 없었다. 데이비드 그린글래스는, 줄리어스 로젠버그가 로스앨러모스에 계속 근무하면서 비키니 섬의 원자 폭탄 시험에 참가하라고 부추겼지만 거절했다. 더 이상은 아내와 떨어져 살고 싶지 않았기 때문이다. 그린글래스는 1946년 2월 29일 육군에서 명예 제대했다.[80] 그와 루스는 다시 맨해튼으로 돌아왔다. 데이비드 그린글래스는 4월부터 매형과 함께 일하기 시작했다. 로젠버그가 함께 사업을 꾸려 가자고 했던 것이다. 그린글래스는 그해 봄 전화를 신청하면서 직업란에 이스트 2번가 300번지 G & R 엔지니어링 컴퍼니(G & R Engineering Company)[81]의 기계공이라고 적었다. G & R이라면, 아마도 Greenglass(그린글래스)와

Rosenberg(로젠버그)를 뜻하는 것이리라. 그린글래스는 매형의 간첩 활동을 아주 잘 알고 있었다. 가끔씩 매형에게 돈을 갈취하면서도 전혀 거리낌이 없을 정도였다. 그린글래스는 나중에 이렇게 자백한다. "줄리어스한테 돈이 있으면 …… 항상 돈을 받았습니다. 매형한테 가서 이렇게 말했죠. '저, 돈이 필요해요.' 그러면 매형이 돈을 주고는 했습니다." 그린글래스는 3년에 걸쳐 "총 1,000달러가량"[82]을 받았다. 그린글래스는 로젠버그가 대학 진학을 권했다고 말했다. 과학자로 훈련을 받으면, 로스앨러모스에서 만났던 과학자들과 함께 일할 수 있을지도 모른다는 계산이었던 것이다. "매형은 제가 등록을 하고, 제대로 배우기를 원했죠. …… 신세를 지게 만들려고 했다고 봐요. 아내와 저는 그 문제를 여러 번 상의했고, 차일피일 미루면서 시간을 끌기로 했습니다."[82] 루스 그린글래스는 나중에 주장하기를, 자기는 시간을 끄는 것 이상을 하고 싶었다고 했다. "나는 FBI에 가서 (스파이 활동에 가담했음을) 이실직고하고 싶다고 1946년에 남편에게 속내를 털어놨습니다. 하지만 아무 일도 일어나지 않고 있었고, 모든 게 아주 평화로웠어요. 어쩌면 우리가 한 일이 묻혀서, 결코 알려지지 않을 거라고 생각했죠. 우리가 잠자코 있으면서 아무것도 안 한 이유입니다."[83]

클라우스 푹스는 로스앨러모스를 떠나기 전에 마지막으로 문서 보관소에 보관 중이던 열핵 무기 설계 관련 자료를 전부 살펴보았다.[84] 그는 이렇게 관련 정보와 지식을 한껏 강화한 채 1946년 6월 14일 로스앨러모스를 떠났다. 먼저 워싱턴에 도착했고, 케임브리지로 크리스텔을 찾아갔다. 그는 계속해서 여동생과 함께 코넬 대학교로 가서, 한스 베테와 물리학을 토론했다. (FBI가 나중에 진술을 받아 적은 내용을 보면, 푹스가 이타카로 여동생을 데려간 것은 "바람이라도 쐬게 하기 위해서"[85]였다. 두 사람이 여정의 일부를 항공기 여행으로 채워 넣은 것도 "동생에게 (새로운) 경험을 해 보도록 하기 위해서"였다.) 푹스는 계속해서 몬트리올에 혼자 갔고, 6월 28일 영국으로 향하는 폭격기에 탑승했다. 영국이 푹스를 배편이 아니라 항공기로 귀국시킨 것은, 하웰(Harwell)에서 지체 없이 그가 필요했기 때문이다. 하웰은 옥스퍼드 남쪽 버크셔 다운스(Berkshire Downs)에 자리한 공군 기지로, 이제 막 새로이 연구소로 재가동 중이었다. 영국은 원자 폭탄을 독자적으로 만드는 계획을 비밀리에 시작했고, 푹스의 지식이 아주 소중했다. 푹스는 그렇게 소련뿐만 아니라 영국으로까지 핵무기를 확산시켰다. "내가 아는 한, 진정으로 역사를 바꾼 물리학자는 푹스뿐이다."[86] 한스 베테는 푹스에 관해 이렇게 말했다. 푹스는 하웰에서 1946년 8월 첫 번째 과학 보고서를 제출했다. (느린 폭탄이나 다름없는 고속 중성자 원자로에 관한 것이었는데, 임계 질량과 연쇄 반응 연구에 매우 중요했다.)

모스크바는 런던에서 활동 중이던 소련 첩보원을 통해 1947년 푹스와 접선했다. 알렉산드르 세묘노비치 페클리소프(Alexander Semënovich Feklisov, 1914~2007년)[87]가 북런던의 낙스 헤드(Nags Head) 술집[88]에서 어느 날 저녁 푹스에게 다가왔다. 페클리소프는 은퇴 후에 이렇게 썼다. "푹스는 (그 첫 만남에서) 중요한 기술 자료를 가져왔다. 그가 미국에서 획득하는 데 실패한 플루토늄 생산 기술이었다. 푹스는 항상 주도적이었다." 푹스의 간첩 활동은 하웰에서도 계속되어, 무려 10년을 끌었다. "나는 1947~1949년에 석 달 내지 넉 달에 한 번씩 푹스를 만났다. 모든 접선은 사전에 신중하게 계획되고 준비되었다. 모스크바가 모든 계획을 승인했다." 푹스는 페클리소프한테 매번 받는 질문들을 통해 소련의 폭탄 프로그램이 어떻게 진행되고 있는지를 추정할 수 있었다. 그가 한 번은 거꾸로 페클리소프에게 물었다. "'아기'가 곧 태어날 것 같은데, 과연 그렇습니까?" 페클리소프는 당황했고, 모른다고 대꾸했다. 그는 푹스가 이렇게 말했다고 전한다. "소련 동료들이 잘 해 내고 있다는 걸, 전 알 수 있습니다. 미국과 영국 과학자들 중에 소련이 앞으로 몇 년 안에 그 도구를 만들 수 있다고 예상하는 사람은 아무도 없습니다."[89] 페클리소프는 푹스의 목소리에 즐거움이 가득하다고 느꼈다.

에이브 브로스먼은 부업으로 영리 목적의 화학 연구소를 운영했고, 1946년 5월 해리 골드를 고용해, 연구소 직원들의 작업을 관리하도록 했다. 이윤이 나는 공정을 개발해서 파는 것이 브로스먼의 목표였다. 그와 골드는 그해 봄 소련 무역 회사 암토그에 접근했다. 비타민 합성 공장 제안서를 들고 합법적으로 접촉을 시도한 것이다. 두 화학자는 골드가 칭하기를, "기존의 그 어떤 특허와도 충돌하지 않는 합성 방법"을 개발해 냈고, 공장을 짓는 데 들어갈 비용 견적을 제시했다. "아무 수확이 없었다."[90]라고 골드는 말했다. 그가 그러리라는 것을 알았다면 좋았을 것이다.

잠시 해리 골드의 개인사를 살펴보자. 골드는 간첩 활동을 은폐하기 위해 정교한 가족 판타지를 꾸며냈다. 브로스먼의 비서이자 정부(情婦)인 미리엄 모스코위츠(Miriam Moskowitz)에게, "골드는 아름다운 아내와 쌍둥이 자녀 에시, 데이비드 이야기를 …… 자주 했다. 그는 아내가 김블스의 모델 출신으로, 키가 크고, 머리칼이 붉은 여자라고 강변했다. …… 한 번은 모스코위츠에게 쌍둥이 사진을 보여 주겠다며 지갑까지 꺼냈다. 하지만 지갑을 여는 듯하더니 다시 집어넣으면서 사진을 집에 두고 온 것 같다고 변명했다."[91] 모스코위츠는 소득세 공제 양식에 피부양자를 몇 명으로 기입할지 묻다가 골드가 사기를 쳤음을 알았다. 골드가 공상의 가족을 까맣게 잊고서 피부양자가 한 명도 없다고 대꾸했던 것이다. 왜 아내와 자식을 써 넣지 않은 거지? 모스코위츠는 따져 물었다. "그러자 골드는 곧바로 히스테리를 부렸다." FBI는 모스코위츠의 말을 계속해서 이렇게 받아 적고 있다. "그는 모스코위츠에게 가족 이야기는 잊으라고 화를 냈다."[92] 골드는 실수를 덮을 필요가 있었고, 브로스먼을 상대로 이야기를 또 꾸며냈다. "(골드는) 일자리를 달라며 처음 찾아온 1946년 브로스먼에게 아내가 떠났고, 자살하고 싶을 정도로 낙담한 상태라고 말했다. 브로스먼은 자기가 나서서 화해할 수 있도록 돕겠으며, 도움이 된다면 돈도 빌려주겠다고 제안했다. 하지만 골드는 두 제안 모두 거절했다."[93]

캐나다 위원회가 그해 6월 오타와에서 경찰 조사 결과를 담은 백서를 발간했다.[94] 거기에는 구젠코가 빼온 문건이 다수 수록되었고, 국제적 스캔들로 비화했다. 철의 장막 양쪽의 진지한 인간 군상들에게는 스멀거리며 다가오는 냉전이 종말론적으로 느껴졌다. 리처드 파인만이 맨해튼의 어떤 술집에서 파국의 느낌을 떨쳐 버릴 수 없었던 것처럼 페니아민 주커만과 함께 제2연구소에서 연구 중이던 레프 알트슐러도 소련 사람들이 "무방비 상태로, 두려움에 떨고" 있다고 생각했다.

> 1946년 여름 어느 날이었을 것이다. 아는 사람 한 명과 모스크바 시내를 산책하는 중이었다. 그는 전쟁 중에 포병 사단을 지휘했다고 했다. 맑고, 화창한 날이었다. 동행자가 행인들을 바라보면서 손으로 얼굴을 훔치더니 이렇게 말하는 것이었다. "제 눈에는 길을 걷는 모스크바 시민들이 원자 폭탄의 화염과 함께 승천한 유령들로 보입니다." 충격적이었다.[95]

율리 하리톤 연구진은 그해 봄 언제쯤 팻 맨의 10분의 1 축소 모형[96]을 제작해, 스탈린이 직접 볼 수 있도록 베리야에게 전달했다. 축소 모형은 지름이 35.5센티미터였고, 먹는 서양 배 모양으로, 금속 껍질이 **러시아 인형**처럼 거듭 포개져 있었다. 뒤이어 1946년 7월 25일 폭탄의 기술 요건이 각료 회의에 제출되었다. 베리야의 보좌관 가운데 한 명[97]이 장치의 이름으로 RDS-1을 제안했다. 과학자들은 RDS[97]가 "러시아제(Russian Made)"의 두문자어라는 짓궂은 농담을 주고받았다. 실상 RDS는 **Reaktivnyi Dvigatel Stalina**, 즉 "스탈린의 로켓 엔진"이라는 뜻이었고, "팻 맨(뚱보)"이나 "튜브 앨로이(합금 관)"처럼 별 의미 없는 명칭이었다.

베리야는 그해 7월 미국의 비키니 실험에 참관인[98] 두 명을 파견했다. 라듐 연구소의 물리학자 한 명과 국가 보안부(MGB)의 지질학자 한 명이었는데, 지질학자는 《프라우다》의 기자이기도 했다. 베리야는 측근 중의 누군가가 원자 폭탄이 터지는 것을 직접 보고 와서 그 실상을 알려 주었으면 하고 바랐다. 파견된 소련 측 참관인들은 두 광경을 지켜보았다. 한 명은 공중 투하 장면을 봤고, 다른 한 참관인은 수중 폭발의 장관을 구경했다. 함대보다 더 두꺼운 방사성 물과 수증기의 기둥이 공중으로 높이 솟구쳤고, 오염된 버섯구름이 섬을 덮었다. 전쟁이 끝나고 거의 1년이 다 되었을 무렵이었다. 비키니 실험으로 인해 재고로 남아 있던 코어 3개 가운데 2개가 소진되었다.[99] 1946년 8월 중순 로스앨러모스에서 주당 2개의 속도로 크리스티 코어가 9개 더 생산될 예정이기는 했다. 연구소는 그 후 마크 IV용 공극형 복합 코어를 약 40개 생산하기로 계획을 바꾸었다. 이것들은 모두 손으로 만드는 팻 맨형 고폭약 조립체 안에 들어가야 폭탄으로서 제 기능을 발휘할 수 있다. 그런데 당시의 현실은 어땠나? 팻 맨형 고폭약 조립체는 수명이 48시간에 불과한 납축 전지로 작동했고, 분해해서 보관해야만 했을뿐더러, 조립하는 데 무려 이틀이 소요되었다. (상시 조립 부서가 없는 데다, 수명이 짧은 기폭제용 폴로늄을 일관되게 지속적으로 공급할 수도 없었기 때문이다.) 레프 알트슐러가 미국의 재고 현황이 이렇게 엉망진창임을 알았다면 그와 친구의 불안도 덜했을지 모르겠다.

비키니는 루이스 스트로스의 명안이자 커티스 르메이의 걱정거리였으며, 프랑스 인들이 새로 만들어 소개한 수영복의 언어도단적 명칭이 되었다. 비키니 실험은 기술적으로도 재앙이었다. 7월 1일 공중에서 떨어뜨린 폭탄은 조준점인 네바다 호를 400미터나 벗어났다. "비니거 조(Vinegar Joe)"로 불린 조지프 워런 스틸웰(Joseph Warren Stilwell, 1883~1946년) 장군은 중국 지역 전쟁의 불굴의 영웅이었다. 그는 관측 항공기에서 네바다 호가 그대로 떠 있는 것을 보고 욕지거리를 했다. "멍청한 공군 자식들이 표적을 또 놓쳤어."[100] 방사선을 감시 추적하던 데이비드 브래들리(David Bradley)의 귀에 동승한 해군 조종사의 씨부렁거리는 소리가 들려왔다. "원자 폭탄도 육군 항공대랑 다름없군. 너무 과대 평가되었어."[101] 이렇게 모든 게 엉망이었던 것은 육군과 해군 간의 경쟁 의식 때문이기도 했다. 앞으로의 사태 전개를 어렴풋이 예측할 수 있는 대목이다. 미국 육군 항공대는 원자 폭탄 분야에 해군이 갑자기 끼어들자 화가 났고, 상당히 중요했던 509 부대의 훈련을 지원하지 않았다. 비키니 시험에 대비해 훈련을 명령받은 B-29 6대에 관해서도 말하자면, 기계 장애로 한 번에 겨우 2대만 이용할 수 있었다. 하지만 안전 때문에 미디어와 외국 고위 관리들 등 승선 참관인들을 너무 멀리 떨어뜨려 둔 것 역시 문제의 일부라는 게 명백했다. 국가 보안부(MGB) 지질학자 시몬 알렉산드로프(Simon Alexandrov)는 다음과 같이 말하며 멀리서 터진 원자 폭탄을 업신여겼다. "그리 대단하지 않았다."[102] 24일 후 수중에서 터뜨린 두 번째 폭탄은 좀 더 인상적이었다. 표적 선박들과 구역 전체가 방사능으로 오염되었던 것이다. 하지만 참관인 대다수가 이미 돌아간 후였다. 미국 육군 항공대는 폭탄을 잘못 떨어뜨려 놓고 로스앨러모스를 탓했다. 하지만 전시에 509 부대를 지휘했던 폴 티베츠가 투하 작전이 완료된 직후 오전에 폭격 조준기의 눈금을 히로시마와 나가사키 임무 때의 폭격수들과 점검해 보았더니, "계산을 잘못 했음"이 드러났다. 그는 비키니 시험 항공기 지휘관에게 그 사실을 알렸다. "듣는 그가 약간 조바심을 내기는 했지만, 어쨌든 내게 고맙다고 했다. 자기들은 결과에 만족한다고 점잔을 빼며 이야기했다."[103] 티베츠의 인원은 잘못 계산한 수치를 적용해 보았고, 그 오차가 60미터 이내여야 한다고 예측했다. (네바다 호에서 400미터 벗어나서는 안 되었던 것이다.)

비키니 실험으로 인해 바루크가 유엔에서 주창한 평화 메시지도 퇴색했다.《프라우다》는 비키니 실험을 "저속한 공갈 협박"으로 규정했다. 그러고는 이렇게 비꼬았다. "원자 폭탄이 비키니 섬에서 뭔가 대단한 것을 전혀 터뜨리지 못했다 할지라도 구식 전함 몇 척보다 더 중요한 뭔가가 터지기는 했다. 핵군축을 하자는 미국인들의 태도를 믿을 수 없게 된 것이다."[104] 내무 장관을 지낸 해럴드 르클레어 이케스(Harold LeClair Ickes, 1874~1952년)는 "비키니 실험"이 "협박 외교"[105]를 의도한 것이냐고 공개적으로 물었다. 시험에 참가한 해군 장관 제임스 포레스탈은 "전쟁이나 공격, 또는 위협을 의도한 게 아니"[106]라고 맞받았지만 별로 설득력이 없었다.

시험으로 얻은 소득이 그래도 한 가지 있었다. 미국 육군 항공대와 스탠더드 오일(Standard Oil) 사의 캘리포니아 연구소가 추진한 장거리 탐지 실험이 성공을 거둔 것이다. 한 분석가는 실험을 마치고 그로브스에게 이렇게 보고했다. "세계 각지에서 기류를 추적 관찰하면 원자 폭탄을 대기 중에서 터뜨렸는지의 여부를 알아낼 수" 있다. "바람의 상태를 자세히 분석하면 폭발의 방향을 알아낼 수도 있다. 자료를 신중하게 판단하면 대충 언제, 어디서 터졌는지도 알아낼 수 있을 것이다. …… 3,219킬로미터 이하의 범위라면 긍정적인 결과를 충분히 기대할 수 있다."[107]

커티스 르메이가 표적을 놓치고 얼마나 절치부심했는지는 알 수 없다. 그의 여러 회고를 뒤져 봐도 비키니 임무에 관해서는 일언반구 언급이 없다. 아무튼 르메이는 처음으로 원자 폭탄이 터지는 것을, 그것도 두 번이나 직접 목격했다. 그는 깊은 인상을 받았다. 합동 참모 본부에서 가서 보고 오라고 참관을 명한 최고위급 평가단(비니거 조 스틸웰도 포함되어 있었다.)도 마찬가지였다. 평가단은 1년 후 보고서를 하나 냈고, 르메이는 칼 스파츠에게 특별히 다음을 강조 요약한다.

(1) 원자 폭탄이라면 **예측 가능한 미래에 사용할 수 있을 것으로 판단되는 수효만으로도** 그 어떤 국가의 군사 노력이라도 전부 무효화할 수 있고, 사회 경제적 토대도 말살할 수 있다.

(2) 원자 폭탄을 다른 대량 살상 무기와 함께 사용하면 **지구 표면의 광대한 구역에서 주민들을 몰살할 수 있다. 인류가 물질 활동을 했다는 흔적만 남길 수 있는 셈이다.**

(3) 원자 폭탄의 경우는 가장 효율적인 운반 수단이 매우 중요한 문제로 요구된다. **원자 폭탄을 운용하는 가장 효과적인 타격 부대가 존재해야 한다.**[108]

르메이는 당시에 배우던 것에 관해 이렇게 쓰고 있다. "경험, 경험. 다시 한번 단언하지만 경험을 대체할 수 있는 것은 없다."[109]

세 번째 마크 III 코어를 써서 비키니 3차 시험을 하기로 했다. 그런데 그로브스가 취소를 요구했고, 합동 참모 본부가 그로브스의 취소에 동의했다. 미국과 소련은 전쟁 때 동맹국이었다. 두 나라는 그 과정에서 서로를 제외하고 자기들을 위협할 수도 있는 모든 열강을 패퇴시켰다. 종전 후 1년이 지났고, 정치 상황이 바뀌고 있었다. 조지 케넌의 장문의 전보나 식량 구호 외면보다 그로브스가 3차 실험 취소를 요구하며 내세운 이유를 통해 역사가 바뀌고 있다는 것이 더 또렷하게 감지되었다.

군사적 비상 상황이라면 단 1개의 원자 폭탄일지라도 극도로 중요할 수 있다는 사실에 합동 참모 본부가 주목해 주셨으면 합니다. 원자 폭탄을 비축하기 위한 우리의 노력을 방해하는 것이 없도록 해야 합니다. 원자 폭탄 재고는 미국의 현 시기 국방 과제에서 아주 중요합니다.[110]

14장

F-1

로스앨러모스가 비키니 시험으로 분주했던 1946년 7월 이고리 쿠르차토프, 물리학자 이고리 세묘노비치 파나슈크(Igor Semenovich Panasyuk), 기타 일군의 헌신적인 과학자와 노동자 들은 제2연구소에서 원자로를 조립하기 시작했다.[1] 그것은 북아메리카 밖에서 제작된 최초의 원자로였다.

쿠르차토프가 이끄는 모스크바 연구소는 이제 대규모 사업체였다. 이고리 골로빈은 이렇게 회상했다. "새로 지은 (연구소) 건물은 햇살에 눈부시게 빛났다. 전쟁 중에는 상상도 할 수 없었던 신축 건물의 순백으로 산뜻하게 빛났다."[2] 3층 건물에는 1층에 사이클로트론이, 다른 층에는 바삐 움직이는 연구소와 사무실, 열정적인 연구진이 자리했다. 페니아민 주커만은 거기서 열린 최초의 과학 세미나들을 또렷하게 기억했다.

통상 빈 방에 20명가량이 모이고는 했다. 각자 의자 따위를 지참했다. 그렇게 가져온 의자들 때문에 빈 방은 여지없이 난장판이 되었다. 그런데 웬일인지 천을 씌운 구식의 안락 의자 1개가 항상 보였다. 조각된 팔걸이, 딱 어울리는 다리, 높은 등받이가 달린 그 의자는 이고리 바실리예비치 (쿠르차토프) 용이었다. 앉는 부분과 등받이에 밝은 초록색 벨벳 천이 씌워져 있었다.

그는 밤을 새운 채 세미나에 참석하고는 했다. 막 샤워를 했는지, 머리털이 여전히 젖은 채였다. 쿠르차토프는 말을 끊거나 방해하는 일이 거의 없이 경청했다. 물론 논고는 대체로 그가 흥미로워하는 주제였지만.

쿠르차토프가 주재하는 학회는 흥미 만점으로 활기가 넘쳤다. 그는 으레 참가자 전원이 명확한 견해를 표명하도록 유도했다. 차례로 모든 사람에게 이렇게 물었다. "자네 의견은? 자네는?" 쿠르차토프는 대답이 만족스러우면 "좋아, 아주 좋아." 하면서 격려해 주었다. 길게 굴리는 그의 독특한 "r" 발음은 아무나 흉내 낼 수 없는 것이었다. …… 지금도 떠올려 보면, 그의 강렬한 목소리가 들리는 듯하다.

쿠르차토프는 재치 있는 어구와 표현 방식을 아주 좋아했다. 자신이 직접 만들어 쓰는 일도 잦았다. 우리가 어떤 기술 과제를 토론할 때였다. 그 기술 과제를 수행하려면 산업 분야가 참여해야 했고, 상당한 재정 비용이 필요했다. "당장 '행친'에게 전화합시다." 쿠르차토프는 이렇게 말하고 다이얼을 돌렸다. 나는 옆에 앉은 동료에게 조용히 물었다. "행친이 뭐예요?" "쿠르차토프만의 약어죠. 행정부 친구들. 그는 함께 일하는 모두에게 그런 식으로 별명을 붙여요."[3]

쿠르차토프의 수염은 이제 군왕의 풍모를 띠었다. 파라오처럼 숱이 많고 짙은 수염을 네모지게 잘랐던 것이다. 쿠르차토프와 함께 일하는 사람들은 그를 '수염'이라고 불렀다.[4] 아나톨리 알렉산드로프는 우스개로 큼지막하고 곧은 면도칼을 하나 주었고, 쿠르차토프가 독특한 모양의 수염을 다듬고 나타나면 항상 데이트 가냐고 짓궂게 물었다. 쿠르차토프는 이렇게 응수하고는 했다. "수염이 없으면 난 어떤 수염일까?" 쿠르차토프는 담배를 많이 피웠고, 책을 볼 때에는 구식 안경을 꼈으며, 펜촉으로 글을 썼다. 아내 마리나가 우아한 저택의 거실에서 소형 그랜드 피아노를 연주하거나 두 사람이 모차르트와 러시아 대가들의 음반을 함께 듣기도 했다. 그들의 집은 음악으로 넘쳐났다. "하지만 수많은 관리 행정 업무로 그가 온전히 즐기기는 힘들었다."[5]라고 골로빈은 동정한다. 쿠르차토프는 하루 18시간씩, 일주일 내내 일했다. 그의 업무는 오전 11시에 시작되어, 다음날 이른 아침까지 계속되었다. 사실 소련의 모든 지도부가 스탈린의 뱀파이어 같은 집무 시간을 좇아 그렇게 했다. 알렉산드로프는 이렇게 언급한다. 쿠르차토프는 "기술적 해결책을 완성하지도 못했고, 결과물이 없는데도 대규모 공장 건설을 결정했다. 이것은 개인적으로 엄청난 위험을 감수하는 행위였다. 대부분의 실험이 마이크로그램 단위의 물질을 갖고 수행되었다. 시험관에 집어넣고 흔들어 볼 양도 못 되었던 것이다. 그 마이크로그램 수준의 실험 결과를 곧바로 산업적 규모로 확대했다. 응용된 특수 장비는 써 본 적이 없었고, 기존의 어떤 것과도 공통점이 없었다."[6]

레슬리 그로브스도 비슷한 위험을 감수했다. 그 결과로 원자 폭탄용 우라늄과 플루토늄을 처리할 수 있는 특수 시설이 미국에 마련되었다. 쿠르차토프는 첩보를 통해, 그 시설에 관한 정보를 조금이나마 얻을 수 있었고, 그래서 임무가 조금 덜 부담스럽기는 했다. 결코 덜 위험하다고 할 수는 없었을지라도 말이다. (국가 보안부(MGB)가 정보 지원을 해 줄 수는 있었겠지만 베리야가 여전히 감시의 눈초리를 거두지 않았다.) 여기에 딱 들어맞는 사례가 소련 최초의 원자로이다.

쿠르차토프와 약관의 파나슈크는 이미 1943년 7월에 원자로 F-1(물리학 1호기라는 뜻이다.) 제작을 처음 건의했다. 두 사람은 이렇게 썼다. "우리는 원자로를 조립할 수 있다고 생각한다. 우라늄-흑연 격자, 흑연, 멀리서 작동시킬 수 있는 제어봉이 그 시설을 구성한다. 실험용 구멍과 도관도 설치된다. 시설은 방사능 안전 때문에 땅을 파고 설비해야 할 것이다."[7] 충분히 순수한 흑연과 금속 우라늄을 생산하는 것은 만만치 않은 과제였고, 그 제안은 3년 동안 실현되지 못했다.

알렉산드로프는 이렇게 논평했다. "우리한테 필요한 흑연은 당시에 상용되던 것보다 1,000배 더 순수해야 했다. 그 정도의 순도를 측정할 방법조차 없었다. 그래서 그 방법을 개발해야 했고, 우리는 개발했다."[8] 알렉산드로프는 소련의 고참 방사 화학자 비탈리 그리고예비치 클로핀을 특별히 언급한다. 그가 광석에서 금속 우라늄을 생산하는 기술을 주도적으로 개발했다는 지적이다. 니콜라이 이바노프(Nikolai Ivanov)는 원자로 F-1을 건설한 사람들 가운데 한 명으로, 나중에 수석 엔지니어(기사장) 자리에까지 오른다. 그는 이렇게 언급했다. "해결책은 독일이 갖고 있었고, 우리는 공정을 몰랐다. 전쟁이 끝날 때까지 기다렸다가 겨우 얻을 수 있었다."[9] 아우어 게젤샤프트의 니콜라우스 릴이 종전 무렵 독일에서 체포되고, 실험 시설과 함께 끌려갔다. 소련 과학자들은 독일의 우라늄 정제 기술과 관련한 결정적 지식을 릴에게서 배웠다.[10] 릴에 따르면, 소련은 종전 후 어느 시점에 첩보 활동을 통해* 미국 기술을 완벽하게 파악했고, 1946년 11월[11] 이후 언제쯤 덜 효율적인 독일 방법에서 갈아탔다. F-1에 들어간 우라늄은 독일 방법으로 정련되었을 것이다. 미국 공정으로 생산되는 우라늄은 순도가 매우 높았지만 F-1 우라늄은 고르

---

* 이 첩보 자료를 제공한 미국인은 여전히 정체를 모른다.

지 못하고 들쭉날쭉했기 때문이다.

고순도 칼슘이 우라늄 금속 공학의 결정적 요소였다. 소련은 순수한 칼슘을 생산할 수 있는 시설이 없었다. 그들은 지원이 필요했고, 독일 점령 지역으로 눈길을 돌렸다. 1945년 가을부터 비터펠트(Bitterfeld)의 소규모 칼슘 공장이 가동되기 시작했다. 그렇게 시험 가동해 얻은 칼슘으로 우라늄이 정련되었을 테고, 그 첫 번째 우라늄이 마침내 1946년 1월 제2연구소에 도착했다. 비터펠트의 I. G. 파르벤(I. G. Farben) 공장이 4월부터 총력 생산 체제에 돌입했다. 1951년의 CIA 기록을 보자. "당시의 가공품을 보면 흑연 원자로에 쓸 우라늄의 최종 순도가 어떠해야 하는지를 실상 거의 몰랐다는 것을 알 수 있다."[12]

소련은 공업 화학 분야에서 다른 나라에 기대지 않을 수 없었고, 거기에 책임을 져야 할 사람은 소련 지도자들이었다. 레닌그라드의 물리학자 세르게이 프리시는 이렇게 논평했다.

> 소련은 전쟁 전에 중공업을 집중 육성했다. 우리는 정밀 기계 제조 분야에서 뒤처졌다. 하지만 다른 분야도 형편이 안 좋았다. …… 무지한 관리들의 실수로 물리학과 화학의 몇몇 주요 분야가 외면당했다. …… 광학 연구소 소장 체크마타예프(Chekhmataev)는 자연계에 거의 존재하지 않고, 따라서 이익이 전혀 없다는 이유로 희토류 연구를 금했다. 체크마타예프 같은 관리 행정가가 혼자가 아니라는 사실이 불행이었다. 자연이 일부러 그렇게 계획이라도 한 것 같았다. 원자력 산업을 일으키려 하자 바로 그 희토류의 물리 화학 특성을 철저히 파악해야 했던 것이다.** 과학 아카데미 라듐 연구소의 클로핀이

** 우라늄과 플루토늄의 화학적 성질은 희토류 — 주기율표 상에서 세륨(58)부터 루테튬(71)에 이르는 원소들 — 의 화학적 성질과 비슷하다.

있었다는 게 …… 우리에게는 천만다행이었다. 그는 온갖 금지에도 불구하고 계속해서 희토류를 연구했다. 이 원소들의 복잡한 화학적 문제를 신속하게 해결해야 했을 때(이를테면, 우라늄 금속 공학), 클로핀 말고는 그 누구도 귀중한 공헌을 할 수 없었다. 클로핀이 …… 소위 말해 "쓸데없지만" 자신이 좋아하는 연구를 밀어붙이는 과학자의 뚝심이자 근성과도 같은 고집을 부리지 않았다면 우리가 원자 폭탄을 만드는 데 틀림없이 시간이 더 걸렸을 것이다.[13]

다른 한편으로 프리시는 이렇게도 이야기했다. "계획된 과제를 신속하게 수행하고, 중구난방으로 혼란스러운 자원을 명령에 따라 투입하며, 격차를 줄이고 발달시키는 능력"이 원자력 사업을 추진할 때 아주 쓸모가 있었다. 프리시는 이 능력들이 소련의 중앙 집권적 계획 경제 체제에서 비롯하는 것으로 본다. 그로브스 같은 회의적 미국인들은 "우리가 전쟁 때 군비 생산을 증대하면서 획득한 경험과, 독일 기술을 포획해 정밀 기계 산업에서 거둔 개가"[14]도 고려하지 않았다.

쿠르차토프와 파나슈크는 1943년 원자로 제작을 건의하면서 사실상 독창적인 발명품을 제시했다. 그런데 그보다 한 달 더 이른 1943년 6월 시카고 대학교 금속 공학 연구소의 물리학자들이 이미 흑연-천연 우라늄 반응로를 만들기 시작했다. 그 원자로는 마찬가지로 핸퍼드에 건설 중이던 대형 생산용 원자로들에 들어갈 연료 원소들의 순도를 시험하는 데 사용될 예정이었다. 핸퍼드 305 시험로(Hanford 305 test reactor, 핸퍼드에서 305번 건물에 들어갈 예정이어서 그렇게 불렸다.)[15]는 미국에서 건설된 네 번째 원자로로, 1944년 3월 핸퍼드에서 제작 완료되어 4월부터 가동에 들어갔다. 결국 건설된 소련의 F-1 원자로는 305 원자로와 주요 물리 지표를 다수 공유했다.[16] 소련이 F-1 설계의 세부 요목을 기밀 해제한 1955년에 물리학자 아널드 크래미시는 랜드 연구소의 분석가로 일하고 있었다. 그는 두 원자로의 유사점에 주목했다. 크래미시가 작성한 보고서에 나오는 비교표를 보자.

	핸퍼드 305	F-1
전력	10와트	10와트
지름	5.4~6미터	5.7미터
격자 간격	21.5센티미터	20.3센티미터
장전량	우라늄 27톤	우라늄 45톤
제어봉 지름	3.6센티미터	3~4센티미터

두 원자로는 제어봉 배열만 약간 달랐다. 소련의 F-1은 원자로에 수직으로 내려가는 제어봉이 3개이다. (2개는 긴급 정지용, 하나는 반응 조절용이었다.) 미국의 305는 수평 제어봉이 3개인데, 수직으로 구멍도 3개 나 있다. 크래미시는 이렇게 적고 있다. "1개의 붕소강(boron-steel, 보론강이라고도 한다.) 안전봉이 원자로 위에 설치되었다. 다른 수직 구멍 2개에는 더 작은 금속 안전봉을 집어넣을 수 있었다. 비상시에 아래로 작은 붕소강 알갱이를 쏘아댈 수 있는 것이다."[17] F-1이 수평 제어봉을 포기한 것은 건축 부지가 달라서였을 것이다. 305는 지상에 건설되었다. 반면 F-1은 터를 파고 조립되었다. (원자로 주변으로 빈 공간이 약 1미터뿐이었다.) 수평 제어봉을 조작 운용하기에 충분한 공간이 없었던 것이다. 두 원자로는 공랭식이었다. 둘 다 산업적 규모의 생산로에 집어넣을 흑연과 우라늄의 순도를 시험하는 게 목표였다. 두 원자로는 그 목표 때문에 시료를 집어넣을 수 있는 구멍을 팠다. 둘 다 내외부로 붕소 전리함(boron ion(ization) chamber)이 있었다. 붕소 이온의 활동을 측정하면 전력을 계산할 수 있다. 두 원자로는 반응도 계산 등 색다른 측정 기술을 활용해, 시험 물질의 순도를 알

아냈다.[18]

크래미시는 보고서를 이렇게 끝맺고 있다. "소련 최초의 원자로는 핸퍼드에 건설된 미국의 305 원자로를 사실상 빼다 박은 것이다. …… 구조가 유사하다는 것이 재미있다. 과연 우연의 일치일까? 스파이를 통해 305의 도면을 입수한 것은 아닐까?"[19] 원자로 전문가들의 견해를 보더라도 그렇게 많은 상세 제원이 우연의 일치로 같을 수는 절대 없다. 앞장서서 원자로를 개발한 물리학자 앨빈 와인버그는 격자 간격만큼은 물리 상수를 바탕으로 정할 수 있을 것으로 본다.[20] 소련 과학자들도 미국 과학자들처럼 그 물리 상수를 계산해 낼 수 있었을 것이다. F-1의 경우 실제로 그랬다. 첩보로 알아낸 정보와 무관하게 휘하의 연구진에게 과학적, 공학적 해결책을 찾아내도록 채근하는 게 쿠르차토프의 일이었다. 정보가 정확한지 확인해야 했을 뿐만 아니라 소련의 지속적 개발 활동에 필요한 지식의 토대도 쌓아야 했다. 하지만 1946년에 원자로 기술은 여전히 유아기로, 참조할 일반적인 기술 문헌 자체가 아예 없었다. 설계상의 주요 변수가 그렇게나 많이, 그것도 우연의 일치로 같을 수는 없다. "소가 뒷걸음 치다가 쥐를 잡듯이 똑같이 설계할 수 있다고?" 원자로를 개발하고 설계했으며, 1995년에는 국립 아르곤 연구소 부소장까지 지낸 물리학자 찰스 틸(Charles E. Till)은 이렇게 묻고 답했다. "나는 내기를 좋아하지만 이런 사안에는 돈을 걸지 않겠다."[21]

첩보 자료를 바탕으로 F-1 원자로를 설계했다면 스파이는 누구일까? 앨런 넌 메이가 305의 세부 제원을 입수할 수 있었다. 하지만 그는 쿠르차토프와 파나슈크가 F-1 계획을 시작하고 여러 달 후에야 비로소 현장에 도착했다. (그렇다고 이 가능성을 완전히 배제할 수도 없다. 새롭게 입수된 정보를 반영하도록 원자로 설계를 바꿀 수도 있었을 테니까. 원자 폭탄 계획도 그랬다는 점을 상기해야 한다. 쿠르차토프는 첩보 자료를 통해 플루토늄의 장점을 깨달았고, 방향을 전환한 전력이 있다.) 금속 공학 연구소의 다른 누군가가 설계도를 넘겼을 수도 있다. 금속 공학 연구소의 다른 과학자 몇 명[22]도 파악된 소련 요원들과 전쟁 때 접선했고, 관계 당국은 이것을 주시했다. 하지만 그들은 기소를 면했다. 누가 넘겼든 정보를 넘긴 이는 여러 설계안 중 하나를 신중하게 골랐다. CP-1과 아르곤 중수로를 건너뛴 것만 보아도 알 수 있다. 미지의 인물은 소련의 우라늄, 흑연 공급 상황을 감안할 때 현실성이 있고, 첼랴빈스크-40에 세워질 대규모 생산로에 투입할 물질을 시험한다는 목표에도 부합하는 시스템을 잘 알았던 것이다. 두 원자로는 우라늄 장전법에서 크게 차이가 났다. F-1의 장전량이 60퍼센트 더 많았고, 이것은 소련이 우라늄을 정련하는 데에 많은 어려움을 겪었다는 증거이다.

소련의 원자 폭탄 프로그램에 연루된 사람 가운데 자신의 스파이 행위가 F-1 설계의 기초로 작용했음을 인정한 사람은 없다.

305 시험로와 F-1의 역할(임무)이 닮은 것을 보면 베리야의 영향력이 얼마나 막강했는지를 알 수 있다. 두 기계 다 재료 시험용이었다. 크래미시는 이렇게 논평했다. F-1이 305를 베낀 것이라면 "소련인들이 독자적이고, 더 나은 재료 시험로를 만들기보다는 확실한 물건을 베끼기로 결정한" 셈이라고 할 수 있다. "소련의 계획이 그 단계에서 절박감에 쫓겼고, 기술에 대한 자신감도 없었음을 짐작할 수 있다."[23] 바실리 스테파노비치 푸르소프(Vasily Stepanovich Fursov, 1910~1998년)는 F-1 제작에 참여한 물리학자이다. 그도 이렇게 말한다. "제안된 건설 계획을 …… 완벽하게 확실한 프로젝트는 아닌 것으로 여길 모종의 이유가 있었다."[24] 쿠르차토프가 사용하게 될 물질의 순도와 연구진이 한정된 자원만 갖고 계산한 물리 측정값의 정확도를 자신했다 할지라도, 확실한 것을 갖다 베끼는 관행이야말로 소련이 수행한 산업 스파이 활동의 표준 절차였다. 해리 골드만큼 이 점을 잘 아는 사람도 없었다.

이고리 쿠르차토프가 305 시험로를 바탕으로 F-1을 제작했을지도 모른다. 하지만 쿠르차토프 연구진 역시 금속 공학 연구소의 원자로 물리학자들처럼 측정과 실험과 시험을 반복 수행해야 했다. 소련 과학자들은 허위 정보를 걸러 내야 했을 뿐만 아니라 원자로 설계와 건설의 기교도 배워야 했다. 단순 복제 행위만으로 그런 기교를 배울 수는 없었다. 소련은 미국과 가진 자원도 달랐다. 즉 흑연의 순도는 떨어졌고 밀도는 더 낮았으며, 우라늄 금속의 순도도 떨어졌다. 따라서 설계상의 차이가 불가피했다. 페르부킨은 이렇게 말한다. "우리는 재료를 아주 신중하게 선택했고, 원자로의 온갖 세부 설계에도 주의를 기울였어요. …… 반드시 성공해야 했습니다. 나중에 따로 시간을 내서 설계를 개선하고 말고 할 수가 없었어요."[25] 그렇게 신중하게 주의를 기울였다고는 해도 괴리가 있었다. 라브렌티 베리야는 아무것도 모르면서 "원자력 사안"에 달려들었고, 쿠르차토프는 과학적으로 접근했던 것이다. 베리야는 원자로와 원자 폭탄이 복잡성에서 지프나 B-29에 지나지 않는 것처럼 베끼기를 원했다. 쿠르차토프는 현재의 실패를 발판 삼아 미래를 개척하려면 작업 노하우를 축적해야 한다고 주장했다. 이것은 카피차의 주장이기도 했다. 하지만 그는 이미 희생되었다. 다행히 쿠르차토프는 소모품이 아니었다.

골로빈은 F-1이 건설되던 시절을 이렇게 회고한다. "쿠르차토프 연구실 창문 밖으로 잔디밭이 보였다. 그 위로 군용 천막 두 동이 세워졌다." 군인들이 그 속에서 원자로가 들어갈 구덩이를 팠다. "파나슈크는 흑연 기둥들을 쌓았다. 흑연이 중성자를 흡수, 감소시키는 것을 측정해야 했다."[26] 구덩이는 10미터 깊이로 파기로 했으나, 7미터 지점에 이르자 지하수가 나왔고, 작업을 중단하지 않을 수 없었다. 원자로는 지상으로 약간만 돌출될 예정이었다.

우라늄 금속과 흑연이 들어가는 원자로가 작동하려면 저속 중성자를 흡수하는 우라늄의 포획 단면적이 4~5×10^{-27}제곱센티미터 이하여야 했다. 파나슈크는 이렇게 회고한다. "첫 번째 흑연으로 실험한 결과는 50~500×10^{-27}제곱센티미터였다."[27] 화학자들이 여러 흑연을 분석하고, 불순물의 종류와 불순도를 알려 왔다. 하지만 파나슈크가 보기에 받아들이기 어려울 정도로 포획 단면적이 높은 결과는 설명이 안 되었다. "쿠르차토프는 우리에게 포기하지 말라고 했다. (가공 중인) 흑연을 전부 시험해 결과가 나올 때까지 기다리라는 것이었다."[28] 쿠르차토프는 파나슈크에게 알려 줄 수 없던 내용을, 첩보 자료를 통해 이미 알고 있었다. 흑연을 충분히 정련하면 성공을 거둘 것이고, 화학자들의 분석 내용은 틀렸다고 말이다. 쿠르차토프는 사전에 승인이 난 특정한 경우를 제외하면, 자신에게 전달된 첩보 자료를 연구진에게 숨겨야 했다. 이것은 아나톨리 야츠코프도 확인해 준다. "쿠르차토프한테는 발설할 권한이 없었고, 그는 못 했다."[29] 러시아의 천체 물리학자 로알드 지누로비치 사그데예프(Roald Zinnurovich Sagdeev, 1932년~)도 그런 이야기를 들었다. 소련의 신세대 물리학자가 전하는 이야기를 보자.

> 쿠르차토프는 미국의 자료를 두 가지 목적에 사용했다. 연구진이 얻은 시험 결과를 재확인하고, 훔쳐온 비밀 정보에 일부러 심어 놓은 허위 정보가 있을 가능성을 평가하는 것이 그 두 가지였다. 러시아 핵무기 개발 기관 내부에 떠도는 전설 같은 이야기는 유명하다. 부하들, 당연히 이론 물리학자들이 새로 계산한 공식을 들고 쿠르차토프를 찾아가고는 했던 이야기 말이다. 그들이 전하는 바에 따르면, 쿠르차토프는 작업 내용을 주의 깊게 살펴본 후, 조용히 금고를 열고, 미국에서 훔쳐 온 소중한 비밀 정보와 비교해 보았다고 한다. "아니야, 틀렸어. 다시 작업해서 오도록 해요."[30]

이론 물리학자들뿐만 아니라 F-1에 사용할 흑연의 순도를 분석한 화학자들도 사정은 마찬가지였다. 파나슈크는 이렇게 썼다. "이런 종류의 데이터(받아들이기 어려울 정도로 높은 포획 단면적) 때문에 …… 물리학자들은 의기소침했다. 하지만 화학자들은 여러 산지에서 가져온 원자재를 다양한 기술로 가공한 새로운 흑연을 계속해서 측정했다. 마침내 최신의 수송품으로 측정을 완료해 얻은 데이터가 쿠르차토프의 책상 위에 놓였다. 승리를 거두었다! 처음으로 $8.6 \sim 0.4 \times 10^{-27}$제곱센티미터라는 포획 단면적 값을 얻을 수 있었던 것이다!"[31] 쿠르차토프는 당시에 더 이른 시기의 '저질' 흑연에서 빼낸 견본 몇 개와 최종의 순수한 흑연을 직접 비교 점검했고, 화학자들이 틀렸음을 보여 주었다. 그 힘 빠지는 사건에 관한 파나슈크의 결론은 이랬다. "불순도 측정 방법이 개선되었다. '저질' 흑연은 붕소와 희토류 원소로 약간 오염된 듯했다."[32]

품질이 이내 안정되었다. 새로 도착하는 흑연은 더 순수했을 뿐만 아니라 밀도가 더 컸다. 8월쯤 되자 원자로를 조립할 수 있을 만큼의 흑연(약 500톤)이 모였다. 쿠르차토프는 흑연의 양이 충분하도록 확실히 할 필요가 있었고, 전부 쌓아서 한쪽 모서리의 길이가 6미터인 거대한 검정색 정육면체를 만들도록 했다. 물론 이것은 흑연의 평균 흡수 단면적을 측정하기 위해서였다. 파나슈크는 이렇게 쓰고 있다. "측정과 계산을 거듭한 결과, 단면적은 4×10^{-27}제곱센티미터였다."[33] 원자로를 가동하려면 우라늄을 충분히 장전해야 했다. 연구진은 흑연 블록들에 우라늄 덩어리를 집어넣을 막힌 구멍을 1개씩 뚫기 시작했고, 작업이 완료되었을 무렵에는 구멍이 도합 3만 개였다. 우라늄이 장전된 각각의 블록은 구멍을 뚫지 않은 그냥 블록으로 4면을 에워쌌다. 이것은 격자 간격을 약 20센티미터로 유지하는 조치였다. 우라늄 덩어리 하나에서 나온 분열 중성자가 흑연의 탄소 원자와 부딪쳐, 우라늄 238의 원자핵에 흡수되지 않을 만큼 충분히 느려진 후, 이웃고 이웃한 다음 덩어리의 우라늄 235의 원자핵과 조우하려면 그만큼의 여유 공간이 필요했다.

원자로가 들어갈 구덩이 주변으로는 조립용 작업장이 세워졌다. 전장 39미터, 전폭 15미터, 2층 높이의 근사한 벽돌 건물이었다. 구덩이 바닥과 벽에는 콘크리트를 부었다. 모래흙 자체가 원자로를 차폐해 주었다. 건설 노동자들은 구덩이의 하부 지하에서 사행해 위로 올라가는 통로를 팠다. 이 통로는 붕소와 등유 혼합물을 가득 집어넣은 공동 벽돌(속빈 벽돌)과 사각형 납덩어리로 만든 특수 칸막이벽을 지나 지하 통제실로 이어졌다. 원자로의 둥근 지붕이 빼꼼 튀어나올 1층의 연구소는 따로 가리지 않았다. 방사능 기체는 팬 시스템으로 제거해, 모스크바의 대기 중으로 뽑아 낼 예정이었다.

인부들은 1단계 작업으로 카드뮴 제어봉 3개를 구덩이 중앙 상부에 매달았다. 제어봉과 연결된 철선(강선)이 연구소 천장의 다락 구조에 설치된 도르래를 경유해, 지하 통제실까지 이어졌다. 통제실에는 전동, 수동 둘 다로 조작되는 윈치가 설치되었다. F-1 기사들은 밝은 황동으로 제작된 잠망경을 통해 상공에 매달린 제어봉의 눈금을 관측할 수 있었다. 제어봉이 원자로 블록 내부로 얼마만큼 들어갔는지 알 수 있는 것이다. 비상봉 2개에는 눈금 표시가 없었다. 그것들은 완전히 뽑아낸 상태로 대기하거나 원자로에 몽땅 집어넣거나 두 가지 중 하나였다. 다시 말해 비상봉 2개는 윈치 조작으로 원자로에 투입해 연쇄 반응을 중단하기 위한 것이었다. (소련 과학자들은 그 조작을 "비상 투하"라고 했다.) 노동자들은 구덩이에 적색등과 사이렌도 설치했다. 그리고 방사선 경보기와 연결했다. 전기 기사들이 나서서 윈치와 제어반 조작을 위한 예비 전력선도 가설했다.

엔리코 페르미가 1942년 가을과 초겨울에 시카고에서 인류 최초의 원자로를 건설하면서 했던 것처럼 쿠르차토프도 더 소규모이고 덜 중요한 일련의 조립물 제작을 지휘하면서 완성을 향해 나아갔다. 연쇄 반응이 자동으로 계속될 만큼 충분한 양의 우라늄과 흑연은 없었다. 하지만 그들은 측정과 계산을 조금씩 거듭했고, 그 방향으로 나아갔다. 소련 과학자들은 그렇게 밟고 나아가던 새로운 과정에서 기대하던 것을 배우고 터득할 수 있었다. 파나슈크는 이 소형 조립체들을 "모형" 조립물이라고 불렀다. (페르미 연구진은 그들의 물건을 "지수 함수로(exponential)"라고 불렀다. 그들이 임계 질량을 알아내기 위해 수행한 계산에 지수 함수가 들어갔기 때문이다.) 컴퓨터 모의실험이 없던 당시의 실험 물리학계에서는 그런 식의 기능 모형을 만들어 데이터를 축적한 다음, 추론과 추정을 통해 본격적 기계의 작동 상태를 예상하는 것이 표준 절차였다.

골로빈은 이렇게 썼다. "쿠르차토프는 결정적 값들을 내보자고 제안했다. …… 그러기 위해 그는 매번 구의 지름을 키우고, 당시까지 준비된 가용 우라늄을 몽땅 사용했다."[34] 그런 식으로 공급 물량과 근삿값 계산이 몇 주를 단위로 해서 얼추 보조를 맞추었다. 원자로 제작진이 1미터 두께의 흑연 바닥재를 깔고, 그 바닥재 한가운데에서 최초의 모형을 조립하기 시작했다. 핵심층에는 순도가 가장 높은 우라늄과 흑연이 들어갔다. 순도가 떨어지는 재료는 주변에 배치했다. 그들은 해체한 모형 조립물의 잔해들, 곧 흑연 블록과 우라늄 덩어리를 위층 현관의 마룻바닥에 두었다. 벨트 승강기를 이용했는데, 그 더럽고 기름투성이이며 무거운 잔해를 사람 손으로 실었다 내렸다 한 것이다.

쿠르차토프 연구진은 1946년 8월 1일 4개의 모형 조립물 가운데 첫 번째를 완성했다. 우라늄 1.4톤과 흑연 32톤이 사용되었다. 연구원 보리스 두보프스키는 이렇게 회상한다. "사람들은 한 층 한 층 흑연과 우라늄을 설치했다. 그러면서 동시에 측정을 했고, 결과를 처리했다. 이런 작업은 일상화되어서, 24시간 내내 계속 진행되었다."[35] 소련은 라디오 산업이 낙후한 상태였다.* 그래서 측정팀은 전쟁 때 격추된 독일 항공기에서 떼어낸 전자 장치를 사용했다.[36]

세 번째 모형 조립물에는 "모두가 깜짝 놀랐다."라고 골로빈은 썼다. 그 장치는 우라늄을 더 많이 장전했음에도 불구하고 2번 모형보다 중성자가 증식되지 않았다. 그들은 뭔가 "근본적으로 계산을 잘못 한 게 아닌가." 하고 두려워했다. 쿠르차토프가 다시 측정하라고 지시했다. "세 번째 모형에 장전된 우라늄의 순도가 그 전보다 크게 떨어졌다."[37] 파나슈크는 이렇게 썼다. "우린 그것을 확인한 후, 산업체가 생산해 적송해 주는 우라늄 전량에 대해 물리학적 품질 관리 체계를 긴급히 개편해야만 했다."[38] 개편은 효과를 발휘했다. 골로빈은 11월 초에 완성된 네 번째 모형 조립물에 관해 이렇게 썼다. "성공이 얼마 남지 않았음을 깨닫고 모두 크게 안도했다."[39]

쿠르차토프 연구진은 1946년 11월 10일[40] 실물 크기 원자로를 조립하기 시작했다. 그때쯤은 연구와 작업이 일상으로 자리 잡은 상태였다. 조립은 한 번에 한 층씩 이루어졌고, 대충 구형 배열로 바깥을 향해 부피가 늘어났다. 구덩이가 좁아졌고, 원자로가 지반면에 접근하면서 빈 공간이 어둠침침해졌다. 검정색 흑연이 빛을 전부 흡수해 버린 탓이다. 여기에 흑연 먼지가 가세했다. 하지만 그들은 침울해 하지 않았다. 그들은 점점 더 신나서 작업에 몰두했다.

---

* "예를 들어, 소련의 전자 산업은 (제2차 세계 대전 때) 진공관 같은 품목을 예비품 및 교체물로 호환할 수 있게 표준화하지 못한 것으로 알려져 있다. 그들이 종전 후에 이런 온갖 어려움을 어떻게 극복할 수 있었는지 의심스러울 정도이다." JCS 1952, 1, 21.xii.48, appendix, 11쪽, in Ross and Rosenberg(1989), n.p.

우라늄이 항상 부족했다. 그들은 일을 마치기도 전에 당시 소련에서 사용이 가능한 금속 우라늄(45톤)을 다 써버렸다.[41] 그래도 모자랐다. 그들이 구할 수 있는 것이라고는 반니코프가 금속 우라늄 생산을 조직하기 전에 물리 상수 측정용으로 썼던 산화우라늄 90킬로그램과 금속 우라늄 분말 218킬로그램[42]뿐이었다. 그들은 그 불순한 재료를 압축해 조개탄 비슷한 것[43]으로 만들었고, 그것을 흑연 블록에 장전한 다음, 격자 외곽으로 그 블록을 배치했다. 막판에 첨가된 3톤의 흑연은 전쟁 때 무기 대여법에 따라 미국이 탐조등용 전극으로 쓰라고 보내 준 흑연이었다.[44] F-1의 원천 기술이 누구 것인지를 은밀히 알려 주는 보잘것없는 표지였다고나 할까?

그들이 개략적인 계산을 끝내기 한참 전에 다행스럽게도 원자로는 임계 상태에 도달했다. 그 처음의 계산 결과도 성공을 예측하기는 했다. 산화우라늄 장전이나 다른 많은 일처럼 소련 프로그램의 결과도 더 이른 시기에 미국이 한 경험을 거듭 되풀이했고, 이것을 통해 원거리에서 이루어지는 단편적인 첩보 활동으로 훔쳐 온 정보가 어떤 한계를 갖는지 분명하게 알 수 있다. "원자로의 유효 중심(effective center)에서 …… 중성자 밀도는 53층과 58층 사이에서 대략 두 배로 늘어났다."라는 게 파나슈크의 보고이다. "그런 변동 때문에 …… 예측값인 76개 층이 매우 과장되었다는 것을 이미 58층에서 명확하게 알 수 있었다."[45]

골로빈의 이야기도 들어보자. "연쇄 반응이 일어나리라는 게 분명해졌다. 마지막 우라늄 층들은 미처 예상하지 못한 걷잡을 수 없는 연쇄 반응에 대비해 여분의 차폐물 뒤에 쌓았다."[46] 그들은 1946년 12월 24일 저녁에 61층을 마무리했다. 쿠르차토프가 보유 중이던 중성자 강도(neutron intensity) 그래프에 따르면 62층에서 임계 상태의 문턱[47]을 넘을 것임이 확실했다. 쿠르차토프는 작업자들을 집으로 돌려보내 쉬게 했다. 사람들은 한밤중에 다시 하나둘씩 작업 현장으로 돌아왔다. 62층이 쌓였다. 제어봉 3개를 전부 원자로에 꽂은 채였다. 62층 작업은 크리스마스 날 오후 2시에 완료되었다. 파나슈크는 이렇게 회고한다. "쿠르차토프는 그때 다른 건물에 가 있었다. 우리는 전화를 통해 원자로가 준비되었음을 알렸다."[48]

쿠르차토프가 시동을 지시하기 위해 지하 통제실로 왔다. 그는 사고가 몹시 걱정되었다. 쿠르차토프는 건물에서 경비까지 철수시키고, 구역에는 진입 저지선을 두르게 했다. 그의 명령으로 직속 조수 네 명만 남았다. 보리스 두보프스키와 이고리 파나슈크는 그 네 명에 포함되었다. 페르미는 자신의 계산 결과를 쿠르차토프보다는 더 믿었다. CP-1이 4년 전 시카고에서 가동을 시작했을 때에는 현장에 사람이 떼로 있었다. 페르미의 원자로는 원자로 기술을 선구적으로 개척하는 기계였다.

쿠르차토프와 파나슈크가 오후 늦게 F-1 제어반에 앉았다고 두보프스키는 회고한다.

> 방사능 측정 장비를 전부 켰다. 우리는 제어 및 방호 시스템이 제대로 작동하는지를 점검했다. 비상용 제어봉을 원자로에서 완전히 뺐지만 폐쇄하지는 않았다. 제어봉들은 그 위치에서 언제라도 다시 원자로에 투입할 수 있었다. 이윽고 쿠르차토프가 직접 윈치를 조작해 제어봉을 빼냈다. 우리 모두 매우 긴장한 것은 당연했다. …… 모두 조용히 있었다. 쿠르차토프가 바쁘게 내리는 지시와 확성기를 통해 들리는 중성자 계수기의 클릭 소리만이 울려 퍼졌다.[49]

쿠르차토프는 제어봉이 280센티미터 원자로에 삽입된 상태에서 제어봉을 멈추었다. 중성자 계수기의 클릭 소리와 감마선 계측기의 적색

등 섬광이 크게 증가했다. 파나슈크는 그 순간을 이렇게 전한다. "모두 잔뜩 흥분했다." 쿠르차토프는 주 중성자 계수기에 연결된 검류계의 빛에 주목했다. 파나슈크는 계속해서 이렇게 쓰고 있다. "10분이 지났는데도 빛줄기가 움직이지 않았다. 클릭 소리의 빈도와 섬광이 증가했고, 조금 후에는 꾸준히 유지되었다."[50] 쿠르차토프는 두보프스키가 그리고 있던 중성자 강도 그래프를 점검했고, 자동으로 계속되는 연쇄 반응을 달성하지 못했다고 선언하며, 곧바로 원자로를 정지시켰다.

그들은 10분간 쉬었다. 모두 다시 제자리로 돌아갔다. 쿠르차토프가 윈치를 이용해 제어봉을 전보다 10센티미터 더 빼냈다. (쿠르차토프의 동료 V. A. 다비덴코(V. A. Davidenko)는 이렇게 회고한다. "이고리 바실리예비치는 레닌그라드 시절 이래로 측정을 할 때면 항상 스톱워치를 누르거나 스위치를 딸깍 하고 움직였다. 그는 '준비? **땡!**' 하고 초 읽기 하는 것을 좋아하고, 잘했다. 그는 '**땡!**' 소리와 함께 장치를 작동시키고는 했다."[51]) 이번에 중성자 계수기가 안정되는 데에는 1시간이 걸렸다. 쿠르차토프는 2개의 비상봉을 원자로에 투입하고, 제어봉을 다시 10센티미터 더 뽑아냈다.

그들은 다시 10분간 쉬었다. 파나슈크는 이렇게 말한다.

> 쿠르차토프가 원자로에서 비상봉 2개를 재빨리 뽑아냈다. 몇 초가 지나자 원자로 출력이 선형에 가깝게 증가하는 것이 그래프상으로 확인되었다. 그 소리는 처음으로 으르렁거리는 소리로 바뀌었다. 여러 지시등은 더 이상 깜박이지 않았고, 적황색 불빛이 지속되었다. 모두 흥분했고, 그래프를 찬찬히 살펴보는 쿠르차토프를 쳐다보았다. 그는 잠시 후에, 유효 증배율(effective multiplication ratio)이 1에 이르렀지만 그렇다고 해서 원자로가 작동한다고 선언할 수는 없다고 했다. 모든 것을 처음부터 다시 시작해야 했다.[52]

마지막으로 한 번 더 시도했다. 쿠르차토프는 비상봉을 투하하고, 제어봉을 불과 5센티미터 더 뽑아냈다. 파나슈크는 그들이 휴식을 취했다고 말하지 않는다. 비상봉들이 다시 뽑혀 나왔다.

> 30분이 흘렀다. 모든 음량계가 으르렁거렸고, 지시등은 밝게 빛났으며, (반응로 내부에 있는) 삼플루오르화붕소 계수관의 검류계 빛줄기가 전처럼 가만 있는 것이 아니라 가속적으로 편향했다. 지하 통제실 안에 설치된 두 번째 삼플루오르화붕소 계수관이 1분당 2~3회보다 더 자주 딸깍거리자 우리는 극도로 긴장했다. 원자로의 중성자가 두꺼운 흙모래와 시멘트를 관통해, 통제실에 다다랐다는 이야기였기 때문이다. ……
>
> 쿠르차토프가 제어반의 단추를 눌러, 비상봉을 투하했다.[53]

땡. "해 낸 것 같군."[54] 쿠르차토프의 선언은 짤막했다. 1946년 12월 25일 저녁 6시였다. 소련 최초의 원자로가 가동에 들어갔다. 쿠르차토프의 연구진은 앞으로 여러 해에 걸쳐 밤낮으로 F-1을 운용하게 될 터였다.

그들은 12월 26일에 F-1의 중성자 배가 시간(doubling time)을 134초로 측정했다. 파나슈크는 이렇게 말한다. 며칠이 채 안 되지만, "원자로를 만든 사람도, 원자로를 사용하는 사람도 더 이상 그 초임계 상태의 수치에 만족하지 못했다."[55] 그때쯤에는 더 많은 우라늄을 사용할 수 있었고, 쿠르차토프는 우라늄 장전량을 늘리기로 결정했다. 쌓는 층수를 늘려 배가 시간을 12초[56]로 줄이겠다는 것이었다.

F-1은 구체적인 최초의 성과였고, 그들은 그 사실이 자랑스러웠다. F-1은 첼랴빈스크-40에 쓸 우라늄과 흑연의 순도를 시험했다. 그들은 시험 물질의 시료를 도관과 구멍을 통해 원자로 중앙에 밀어 넣고, 그것

이 F-1의 반응성에 미치는 영향의 정도를 측정했다. 그 작은 원자로가 생산로의 최적 격자 간격을 정해 주었고, 그들은 감시 및 제어 장치도 시험할 수 있었다. 그들이 주말이나 휴일에는 원자로가 설치된 건물에서 1킬로미터나 떨어진 예비 제어실에서 기계를 가동하며 원격으로 플루토늄을 증식할 수 있게 되었다는 것이 무엇보다도 중요했다.

베리야는 기계 시동 후 며칠이 지나서 휘하 과학자들이 이룬 성과를 보러 왔다.[57] 그들은 베리야에게 원자로가 죽었다가 살아나는 것을 보여 주기 위해 기계를 정지시켰다. 골로빈과 스미르노프는 이렇게 적고 있다. 베리야가 지하 통제실에 들어왔고, "이고리 바실리예비치는 윈치를 움직여 제어봉을 뽑았다. 딸깍거리는 소리가 증가하더니, 서서히 지속적인 으르렁거림으로 바뀌었다. 검류계의 빛줄기가 움직였다. 모인 사람들은 '돌아간다!' 하고 외쳤다. 연쇄 반응이 시작된 것이었다." 베리야는 다연발 카추샤 로켓이 발사되는 광경을 본 적이 있었다. 그런데 여기에는 딸깍거리는 계수기와 점멸하는 불빛뿐이었다. "이게 다요?" 그는 쿠르차토프에게 물었다. "다른 건 없어요?" 베리야는 그 유명하다는 기계를 직접 보고 싶었고, 원자로에 가 보고 싶다고 요구했다. 쿠르차토프는 "안 된다."라고 대꾸했다. "가실 수 없습니다. 위험합니다." 베리야는 안 믿겼고, 더욱더 수상쩍었다. 도대체 뭐가 위험하다는 말인가? 골로빈과 스미르노프는 이렇게 적고 있다. "베리야는 쿠르차토프가 자기한테 사기를 치고 있다고 의심했다."

물론 베리야는 의심이 몸에 밴 사람이었다. 베리야는 소련 공산당이라는 범죄 집단에서 권좌에 올랐고, 그 과정에서 맡은 임무와 책임 때문에도 사람을 못 믿었다. 아나톨리 야츠코프는 이렇게 썼다. 베리야는 "소련의 핵무기 프로젝트가 본격 궤도에 오른 후에도[58] 핵무기"에 의문을 제기했다. 그는 과학에 무지했고, 지적으로 불안정했으며, 벼락출세한 자의 불안감 속에서 의혹의 시선을 거두지 않았던 것 같다. 만약 그가 과학자들이 속임수를 쓴다고 의심했다면 카피차의 맹공격으로 그의 의혹이 깊어졌던 것 같다. 하지만 베리야는 휘하의 첩보 기구가 수집해 온 정보의 진실성까지 의심했다. 야츠코프의 이야기를 들어보자. "L. R. 크바스니코프가 한 번은 이렇게 말했다. 첩보 정보를 보고하는데, 베리야가 '허위 정보면 몽땅 감옥에 처넣겠다.'라고 위협했다는 것이다. 해외 첩보 부서 담당자 파벨 미하일로비치 피틴(Pavel Mikhailovich Fitin, 1907~1971년)이 요원들의 공훈을 치하하고, 보상할 때라고 넌지시 언급하자 베리야는 그들에게 상을 줄지, 처벌할지 아직 확실하지 않다며 버럭 화를 냈다."[59]

베리야는 미국이 전략적으로 매우 중요한 군사 기술을 그렇게 허술하게 관리해, 이토록 쉽게 빼내 올 수 있다는 사실이 안 믿겼던 것 같다. 푹스처럼 완벽한 자리에 있는 스파이들이 자진해서 탈선의 길로 뛰어들었다는 것, 권리를 누리는 시민들이 두려움이나 돈이 아니라 변변찮은 이상을 위해 군에 복무하면서까지 조국의 압도적 군사 우위를 자발적으로 전복하려는 행태가 안 믿겼던 것이다. 베리야의 부하들이 놀라거나, 재미있어 하거나, 분개하는 관리 대상들에게 계속해서 뇌물과 훈장을 준 것을 보면, 그들이 자진해서 스파이 활동에 뛰어든 사람들을 베리야가 이해할 수 있는 더러움과 때로 더럽힐 필요성을 느꼈음을 알 수 있다. (푹스는 전후 영국에서 소련 접선책한테 100파운드어치의 선물을 받았다. 심문자 가운데 한 명이 푹스의 말을 받아 적은 것을 보면 "캐나다 사건 이후 보안 예방 조치가 강화되고, 돈을 받는 행동을 통해 다소나마 충성심을 보일 수 있겠다고 판단"[60]했기 때문이다.) 그렇게 고지식하고 순진한 영국과 미국의 과학자들도 그렇게 대했는데, 베리야가 자국 과학자들의 말이라고 믿었을까?

쿠르차토프와 알렉산드로프는 베리야에게 플루토늄 생산로가 미국이 핸퍼드에 건설한 원자로와 달라야 함을 납득시키는 과정에서 무지하게 애를 먹었다. 핸퍼드의 생산로는 수평 방향의 흑연 원통이었다. 흑연에는 가로 구멍이 수천 개 뚫렸고, 거기에 알루미늄이 덮인 연료가 장전되었다. 우라늄 238의 일부가 플루토늄으로 변성될 만큼 연료 원소가 충분히 오랫동안 복사 에너지를 내뿜으면 그것들을 원자로의 다른 쪽 끝으로 빼내 플루토늄을 분리했다. 하지만 소련의 프로젝트는 군사 보안이 매우 중요했다. (첼랴빈스크는 미제국주의의 B-29의 사정거리 안에 들어갈 수도 있었다.) 첼랴빈스크에 설치될 원자로는 이런 보안 요구를 충족해야 했고, F-1처럼 거대한 구덩이를 파고 지하에 숨겨야 했다. 구덩이뿐만 아니라 과학자들이 F-1을 만들면서 한 최초의 경험도 수직 설계를 지지했다. 페르부킨은 이렇게 회고한다. "대량 생산용 원자로 설계안을 선택 결정하는 사안으로 원자로 부서에서 거의 매일 열띤 논쟁이 벌어졌습니다. 길고 지루한 토론 끝에 수직 설계안으로 결정이 났죠. 하지만 수평 흑연로 프로젝트도 완전히 포기하지는 않았어요. 결국 찬성 토론과 반대 토론 일체를 고려한 다음에라야 모두가 수직 설계안의 장점에 동의했습니다."[61] 그 장점이라는 게 베리야가 알고 있던 주제, 곧 보안과 주로 관련되었다는 것이 의미심장하다.

과학자들은 라브렌티 베리야 밑에서 일한다는 게 어떤 의미인지도 깨달았다. 페르부킨은 계속해서 이렇게 말한다. "시작은 순조로웠어요. 과제에 매달렸던 사람들 모두 자신감을 얻었죠. 제대로 하고 있다는 걸 알 수 있었으니까요. 그게 아주 중요했습니다. 이쪽 연구로 동원된 사람들 모두 긍정적인 결과를 자신했던 건 아니었기 때문이죠."[62] 골로빈과 스미르노프는 과학자들이 처한 곤경을 더 직설적인 어조로 말한다. "모두는 폭탄이 안 터지면 연구진 전원이 어려움에 처하리라는 것을 잘 알고 있었다."[63]

⊛⊛⊛

소련이 최초의 원자로에 시동을 걸었을 무렵 미국은 원자로를 정지시키고 있었다. 핸퍼드의 생산로 3기가 "위그너 병(Wigner's disease)"이라고 불리는 효과에 노출되었던 것이다. (원자로를 설계하고, 그 효과를 예견한 헝가리 태생의 이론 물리학자 유진 폴 위그너(Eugene Paul Wigner, 1902~1995년)의 이름을 딴 것이다.) 중성자 포격을 심하게 당한 흑연은 결정 격자를 재배열해 획득한 에너지를 저장한다. 그런데 결정 격자가 재배열되면서 흑연이 부풀어 오르고, 원자로의 연료 원소 투입 구멍이 막히는 것이다. 이것이 위그너 병이다. 미국은 핸퍼드의 원자로로 플루토늄을 생산했다. 하지만 더 중요한 관심사는 함께 증식되어, 기폭제로 사용되던 폴로늄이었다.[64] 폴로늄 210은 반감기가 138.3일이다. 핸퍼드 파일이 고장나서 폴로늄 생산이 중단되면, 미국이 비축하고 있던 소량의 원자 폭탄이 1년 안에 무용지물이 될 터였다. 핸퍼드는 제너럴 일렉트릭 사에 인수된 1946년 9월까지 듀퐁(DuPont) 사가 운영했다. 듀퐁은 원자로 1개는 정격 출력의 80퍼센트 수준으로 가동을 줄였고, 두 번째 원자로는 가동을 정지시키고 장전된 연료 원소를 빼냈다. 원자로 한 기를 비상용으로 대기시키는 조치는 위그너 병 감염의 진행을 막아, 나머지 두 기가 불능화되었을 때 폴로늄을 생산하기 위해서였다.

감축 조치는 폭탄 생산에 즉각 영향을 미쳤다. 로스앨러모스는 1946년 8월에 마크 IV용 공극 복합 코어 40개를 1주당 2개의 속도로 생산할 계획을 세웠다. 부소장이던 대럴 케네스 프로먼(Darol Kenneth Froman, 1906~1997년)은 핸퍼드의 상황을 점검하지 않은 채로 그 계획을 수립했다. 핸퍼드의 상황을 듣고 그는 깨달았다. "13주 동안만 현재의 생산 속도를 유지할 수 있다. 그 후로는 핸퍼드의 상황 때문에 마크 IV를 1주에

1개도 못 만들 것이다. …… 계획을 변경해야 한다. 1주에 마크 IV는 코어 1개, 마크 III은 반 개(또는 마크 IV처럼 1개까지)를 생산하는 것으로 말이다."[65] 프로먼은 그래도 여전히 코어 40개는 비축할 수 있을 것으로 내다봤다. 물론 시간은 8개월이 걸릴 터였지만.

쿠르차토프도 위그너 병이라는 핸퍼드의 문제를 알게 되었다. 그는 1946년 12월 31일 "미국의 슈퍼 폭탄 연구"라는 첩보 자료를 검토하면서 "핸퍼드 원자로의 특이 사항들"이라는 자료도 살펴보았다. 쿠르차토프는 슈퍼 폭탄 보고서만큼이나 핸퍼드 관련 정보가 "사실일 가능성이 높고, 우리 조국의 연구에 대단히 유익할 것"[66]이라고 생각했다. 핸퍼드에서 누군가가 소련의 스파이로 암약 중이었던 게 틀림없다.

코어 생산은 비키니의 흙먼지가 가라앉을 무렵 로스앨러모스가 직면한 유일한 문제가 아니었다. 브래드베리는 1946년 8월 그로브스에게 다음을 상기시켰다. "핵폭탄의 모든 요소를 재고로 갖추었다고 해서 아무 때고 즉시 쓸 수 있는 게 아닙니다. 단기간에 원자 폭탄을 조립할 수 있는 조직이 현재 없다는 사실을 가장 심각한 재고 결핍으로 간주해야 합니다. 국가 비상 사태가 선포되면 현재 부족한 거의 모든 것을 비교적 단기간에 최대 속도로 생산할 수 있을 것입니다. 하지만 뿔뿔이 흩어진 인력을 끌어 모아 조립조를 구성하고, 훈련하는 데에는 시간이 더 많이 들겁니다."[67] 군부는 리틀 보이형 우라늄 대포를, 이를테면 유보트 벙커 같은 군사 시설을 파괴하는 전술적 용도로 소규모 비축하는 일에 관심이 있었다. 하지만 로스앨러모스 인력들이 흩어지면서 리틀 보이 제작의 노하우도 증발해 버렸다. 브래드베리는 그로브스에게 이렇게 주의를 주었다. "관련 인력이 전부 프로젝트를 떠난 상황입니다. 무기 제작 '노하우'를 완전히 새로 익혀야만 할 겁니다." (로스앨러모스에 소속되었던 공학자 제이콥 제이 웩슬러(Jacob Jay Wechsler)는 이렇게 회고했다. "우라늄 대포는 아주 난폭한 야수였습니다. 놈을 조금만 가속시켜도 엄청난 양의 콘크리트를 꿰뚫을 수 있죠. 우라늄 대포가 관성에 의해 결합하는 것을 막으려면 사이에 양질의 멈춤쇠를 걸어 놔야 했습니다. 우라늄 대포를 다른 용도로 쓸 수도 있어요. 하지만 그건 정말이지 유보트 벙커 파괴용이었습니다. 뇌격기(torpedo bomber)가 우라늄 대포를 투하해, 명중시켜서 터진다면 그 화력이 어땠을까요? 15킬로톤?"[68]) 로스앨러모스는 기폭제 생산[69]에서도 어려움을 겪었다.

핵분열 물질 못지않게 주거 사정도 로스앨러모스의 재활성화에 영향을 미쳤다. 육군은 전쟁 때 임시 가건물을 마구 지었다. 로스앨러모스가 직원을 끌어 모으고 붙잡으려면 함석통 샤워 시설과 석탄 난로를 갖춘 조잡한 4세대 연립 주택 이상의 시설이 필요했다. 브래드베리는 새 기술 구역과 새 주거 시설을 짓고 있었다. 아름답지만 접근하기 어려운 메사 위에 조립식 주택이 설치되고 있었다. 라이머 슈라이버는 이렇게 회고했다. 하지만 "새로 채용한 직원의 인가가 자주 지연되었고, 방은 계속 비어 있었다."[70] 주택 사정이 로스앨러모스에서 앞으로 몇 년간 전개될 기술 개발 계획의 속도를 정했다. 핵무기 비축을 열렬히 지지한 의회와 군부 인사들은 속편하게 외면했지만, 그것은 세속적 삶의 엄연한 진실이었다.

슈라이버는 연구소가 전쟁 시절의 협소한 목표에서 벗어나 전반적 프로그램을 재조정해야 했다고 쓰고 있다. "폭탄을 비축해야 한다는 과제는 정말이지 새로웠다. 연구소가 생산한 하드웨어가 장기간 저장 보관되는 사태를 견뎌 내야 했을 뿐만 아니라 실제 상황에서 취급될 때 '군인들의 거친 조작'에도 무난하게 제 성능을 발휘해야 한다는 점을 깨닫는 것은, 말하자면 놀라운 각성이었다. 리틀 보이와 팻 맨은 핵무기를 창조한 사람들이 엄선한 부품으로 꼼꼼하고 세심하게 조립했다. 하지만 비축된 무기는 그보다 훨씬 덜 이상적인 환경에서도 확실히 작동해야만 했다. 연구소가 상대적으로 덜 연구된 분야인 부품 교환, 품질 관리, 환경 시험, 사양과 사용 설명서 제공, 인력 양성에 돌입한 이유이다."[71] 슈라이버는 육군과 해군과 육군 항공대의 젊은 장교들을 훈련시켰다.[72] 그들은 한 번에 6개월씩 로스앨러모스에 머물며, 핵물리학 강의를 들었고 무기 연구 개발을 지켜봤으며 얼음 저장고(Ice House)에서 원자 폭탄 조립법을 익혔다. (로스앨러모스 목장 학교의 진짜 얼음 창고였다. 근처 애슐리 연못(Ashley Pond)에서 얼음을 잘라 왔다.) 슈라이버는 이렇게 회고한다. "크고 튼튼한 석조 건물이었고, 아치형 문이 달려 있었으며, 우리는 핵무기 조립 연습장으로 사용했다."[72]

로스앨러모스는 이런 과제들에 허덕였기에 슈퍼를 연구할 시간은 별로 없었다. 브래드베리는 1946년 11월에 이렇게 언급했다. "그런 무기를 개발하는 프로그램이라면 로스앨러모스가 (전쟁 때) 최고조로 가동되었던 것만큼 광범위한 인력이 투입되어야 하고, 맨해튼 구역의 다른 분야도 폭넓게 가담해야 합니다. 연구소가 슈퍼의 실현 가능성을 확인하고, 그 목표를 위해 수행해야 할 조사와 이론적 계산으로 관심사를 제한한 이유입니다."[73] 한스 베테에 따르면 텔러의 '자명종' 설계안 계산 결과는 "그리 유망하지 않은"[74] 것으로 나왔고, 그해 말 보류되었다.

의회가 원자력법(Atomic Energy Act)을 통과시켰고, 트루먼이 1946년 8월 1일 법안에 서명했다. 장기간의, 험악해지기 일쑤였던 논쟁 끝에 나온 결과였다. (실라르드 레오가 규합한 맨해튼 프로젝트 출신 과학자들이 논쟁을 주동한 측면도 있었다.) 브라이언 맥마흔이 그 법안을 제출했다. 살집이 통통하고, 얼굴이 발그레한 아일랜드계 정치인 맥마흔은 좋은 양복과 좋은 직원을 믿는 사람이었다. 제임스 로이 뉴먼(James Roy Newman, 1907~1966년)이라는 변호사가 맥마흔 법안을 작성했다. 국립 표준국(National Bureau of Standards) 국장으로 활약하게 될 물리학자 에드워드 콘던(Edward Condon, 1902~1974년)이 자문역을 맡았다. 콘던이 한 면담자에게 당시의 일화를 들려준다. "유명한 일화가 생각나네요. (1945년) 크리스마스 휴가철 직전이었죠. 맥마흔은 아주 멋진 금발의 아내와 버뮤다로 날아가 휴가를 즐길 예정이었습니다. 백사장에 누워, 일광욕을 하겠다는 거였죠. 물론 저는 …… 워싱턴에 대해 아는 게 거의 없었습니다. 고등학교 시절 사회 시간에 배운 것을 빼면 말이죠. 헌데 사회 과목은 기만적인 과목 아닙니까? 제가 제임스 뉴먼의 말에 깜짝 놀란 것도 그 때문이에요. 이렇게 말하더라니까요. '제길, 브라이언, 좀 들어보세요. 전국적으로 이 법안을 홍보할 겁니다. 얼마나 멋진지 알리는 거죠. 그러니 아무쪼록 버뮤다에 다녀오면서 꼭 좀 읽어 보도록 하세요. 워싱턴에 도착하면 사람들이 물을 테니까요. 당신이 법안을 썼다고요, 알겠어요?' 그러자 맥마흔이 그러마고 대꾸했죠. 하지만 전 안 그랬다고 생각합니다. 왜냐고요? 구체적인 내용을 거의 몰랐거든요. …… 그는 나중에야 서서히 내용을 숙지해 나갔습니다."[75] 맥마흔은 휴가에서 돌아와 상원에 출석했고, 원자 폭탄이 예수 탄생 이후 가장 엄청난 사건이라고 말했다.[76]

트루먼이 원자력법에 서명하면서 원자력 개발의 모든 측면이 국유화되었다. 애치슨-릴리엔솔 보고서가 원자력 개발을 국제 사회의 보호 관리 아래 두자고 한 것과 꼭 같았다. 뉴먼과 공동 작성자 바이런 밀러(Byron Miller)는 솔직하게도 그 새 법안을 이렇게 규정했다. "자유 기업 경제의 한가운데 떠 있는 사회주의의 섬."[77] 법안이 군 통제를 외면하고 다섯 명의 선임 위원회를 통해 원자력의 문민 통제를 기정사실화했다는 것이 가장 주목할 만했다. 상원 의원 아서 밴던버그가 신생 원자력 위원회(Atomic Energy Commission, AEC)에 군사 연락 위원회(Military Liaison Committee, MLC)를 부속시키자는 수정안을 제출해 군부의 영향력을 지켜 주었다. 의회는 원자력 위원회(AEC)가 숙의 중인 사항을 때맞춰 알려 주어야 한다는 조건을 달아 관계를 유지했다. 의회에 상하 양원 합동 원자력 위원회(JCAE)가 구성되었다. 그렇게 구성된 합동 원자력 위원회(JCAE)가 원자력 위원회(AEC)의 활동을 관리하는 특별한 책임을 떠맡았다. 민주당원인 맥마흔이 공화당이 장악한 의회에서 합동 원자력 위원회(JCAE)의 소수당 총무가 되었다. 공화당의 버크 블랙모어 히켄루퍼(Bourke Blakemore Hickenlooper, 1896~1971년) 아이오와 주 상원 의원이 합동 원자력 위원회(JCAE)의 제1대 의장이었다. (밴던버그는 히켄루퍼를 이렇게 평했다. "좋은 친구죠. 아주 좋은. 그는 국가 안보와 재앙 사이에는 자기밖에 없다고 생각합니다."[78]) 원자력법은 대통령이 임명하는 과학자들로 이루어진 일반 자문 위원회(General Advisory Committee, GAC)를 두어 원자력 위원회(AEC) 위원들에게 전문 내용을 안내하도록 규정했다.

트루먼은 테네시 강 유역 개발 공사 이사장 출신의 데이비드 릴리엔솔을 원자력 위원회(AEC) 수장으로 임명했다. 비키니 시험을 제안한 부유한 투자 은행가이자 예비역 해군 제독인 루이스 스트로스, 로스앨러모스에서 장치 분과를 이끈 물리학자 로버트 폭스 바커(Robert Fox Bacher, 1905~2004년)가 원자력 위원회 위원으로 선임된다. 일반 자문 위원회(GAC)는 제임스 브라이언트 코넌트, 엔리코 페르미, 이지도어 라비, 금속 공학자 시릴 스미스, 플루토늄 발견자 글렌 시보그, 로버트 오펜하이머로 구성되었다. 1947년 1월 3일 일반 자문 위원회(GAC) 1차 회의가 열렸다. 로스앨러모스를 지휘했던 오펜하이머는 아직 도착하지 못하고 있었다. 코넌트가 회의 서두에 오펜하이머를 의장으로 하자고 제안했다. 오펜하이머는 다음날 눈 폭풍을 뚫고 일반 자문 위원회(GAC)에 겨우 합류했고, 자신이 만장일치로 의장에 뽑혔다는 소식을 들었다.

트루먼은 그 무렵 국제주의자에서 냉전의 전사로 변모 중이었다. "빨갱이, 사기꾼, …… 응접실 사회주의자는 러시아가 450만 명을 무장시키고 있는데도 아무런 문제점을 느끼지 못한다." 트루먼은 1946년 9월 일기에 이렇게 화를 내며 적었다. 더 보자. "러시아는 폴란드, 오스트리아, 헝가리, 루마니아, 만주를 약탈했다. …… 그들에게는 우리가 중국에서 싸우는 우리 편을 돕는 것이 끔찍하다. 하지만 러시아가 그 친구들의 산업 시설을 훔쳐 가는 것은 괜찮다. 러시아가 페르시아를 점령해 석유를 강탈해도 전혀 문제되지 않는다."[79] 트루먼은 그달에 부통령을 지낸 존 낸스 가너(John Nance Garner, 1868~1967년)에게 이렇게 썼다. "러시아 상황과 관련해 순진하고, 제멋대로인 이야기가 난무하고 있습니다. 우리가 그들과 물리적 갈등을 빚지는 않을 겁니다. 하지만 그들은 아주 질긴 장사꾼입니다. 언제나 땅덩이를 요구합니다. 단 1에이커(약 4,050제곱킬로미터)라도 확보할 수 있기를 기대하면서요."[80] 트루먼은 국무 장관 지미 번스가 모스크바에서 협상을 진행 중인 시점에 소련과의 협력을 공개적으로 지지했다며 상무 장관 헨리 월리스를 해임했다. 약관의 특별 보좌관 클라크 맥애덤스 클리퍼드(Clark McAdams Clifford, 1906~1998년)와 보좌역 조지 맥키 엘지(George Mckee Elsey, 1918~2015년)가 번스, 합동참모 본부, 딘 애치슨, 제임스 포레스탈, 법무 장관, 조지 케넌, 중앙 정보단(Central Intelligence Group, CIG) 지휘관 시드니 윌리엄 사우어스(Sidney William Souers, 1892~1973년), 기타 인사들과 협의해 주목할 만한 보고서를 작성했다.[81] 케넌이 장문의 전보로 개진한 제안들을 강화한 문제의 보고서를 트루먼은 검토했다.

클리퍼드-엘지 보고서는 동유럽과 그밖의 지역에서 비타협적으로 나온 소련의 유감스러운 전력을 자세하게 적시했다. 보고서는 처칠이 철의 장막 강연을 하면서 고발한 내용들을 상세히 전하면서 확장했다. 클리퍼드가 첨부서에 쓴 것처럼, 보고서에는 행정부 최고위 관리들의 의견도 집약되어 있었다. "행정부 관리 다수가 우리가 어떤 문제에 직면하고 있는지도 밝혔습니다."[82] 그 100쪽짜리 보고서는 소련의 대외 정책으로 "미국의 안보가 위협받고" 있다고 주장했다. "소련이 전 세계 자본주의 수장 국가들과의 전쟁에 대비한다."는 것이었다. 보고서는 소련이 "핵무기, 유도 미사일, 생물학전, 항속 거리가 엄청난 전략 공군과 잠수함"을 개발 중이라고 단언했다. 적군은 "예비군을 대규모로"[83] 편성해 기계화하고 있었다. 미국은 외교가 아니라 군사력을 "주된 억지 수단"으로 삼아야 했다. "우리가 어떤 공격도 격퇴할 수 있을 만큼 힘이 충분하고, 전쟁이 발발할 경우 소련을 결정적으로 패퇴시킬 만큼 강력하다는 것을 소련 정부에 분명히 알려야 합니다. 패배를 예견하게 하는 것이야말로 소련을 억제할 수 있는 유일하게 확실한 수단입니다." "미국은" 새로운 적을 격퇴하기 위해 "핵전쟁 및 생물학전을 수행할 수 있도록 준비해야 합니다. …… 소련과의 전쟁은 과거의 어떤 전쟁보다 더 참혹한 '전면전'이 될 것입니다." 미국은 자국의 기술 우위를 잃어서는 안 되었다. "군비 제한에 관한 일체의 협상을 느린 속도로 신중하게 진행해야 합니다. 핵전쟁과 장거리 공격 무기를 불법화하자는 제안들이 미국의 전력은 크게 제한하는 반면 소련에는 별다른 영향을 미치지 않으리라는 점을 항상 명심해야 합니다."[84] 클리퍼드-엘지 보고서는 매우 선동적이었고, 트루먼은 클리퍼드가 준비한 복사본 20부를 압수해 배포하지 않고 백악관 금고에 영원히 처박아 버렸다. 그는 클리퍼드에게 이렇게 말했다. "어젯밤에 자네 보고서를 주의 깊게 살펴보았네. 쓸 만했어. 하지만 이게 새어 나가면 백악관은 물론이고 크렘린의 지붕도 날아가고 말 거야."[85] 트루먼은 지붕을 날려 버릴 각오가 되어 있었다. 하지만 미국 국민은 아직 아니라고 판단했다.

군부는 자신들이 취약하고 혼란스럽다고 느꼈다. 미국은 유럽에 육군 2개 사단 미만과 항공 전대 12개를 배치하고 있었다. 병력은 전쟁 말기에 1200만 명이던 것이 150만 명으로 감소했다. 군비 지출은 연간

900억 달러에서 110억 달러로 급락했다. 전쟁 때 쌓인 적자를 줄이려는 트루먼 행정부의 조치였다. 커티스 르메이는 넌더리가 났고, 다음 해에 유럽에서 한 친구에게 이렇게 썼다. "다른 모든 곳처럼 여기서도 똑같은 일이 벌어졌어. 호각을 불자 모두 연장을 내려놓고, 집으로 가 버렸지. 물적 자원은 상황이 심각해. 전쟁 구역에 남아 제대로 관리할 사람이 없는 거지."[86] 미국 육군 항공대의 로리스 노스태드 장군은 1946년 10월 말 대통령에게 유럽의 상황을 이렇게 보고했다. "간단한 셈법만으로도 비상 사태가 발생할 경우 서둘러 철수해야 함을 알 수 있습니다. 유럽 대륙에서 러시아가 기습 공격을 감행할 경우 작은 교두보라도 유지하려면 관리를 잘 하는 것은 물론 운까지 따라 줘야 할 것입니다. …… 현 시점에서 (소련은) 예측 가능한 미래에 **가장 가능성이 많은** 화근일 뿐만 아니라 사실상 **유일한** 화근으로 보입니다."[87] 509 부대의 실버플레이트(Silverplate) B-29 46대 가운데 여전히 작전 운용이 가능한 항공기는 절반에 못 미쳤다.[88] 실버플레이트는 원자 폭탄을 탑재할 수 있도록 개조된 유일한 항공기였다. 사용 가능한 항공기들조차 운항 시간의 절반 동안만 안전하게 비행할 수 있었다. 1947년 1월 번스를 대신해 국무 장관이 된 조지 마셜은 몇 년 후 펜타곤의 청중 앞에서 이렇게 말했다. "국무 장관이었을 때는 압력이 끊이지 않았습니다. 특히 모스크바에 갔을 때는 무선 전화가 계속 걸려 왔어요. 러시아에 본때를 보여 주라는 것이었습니다. …… 돌아와서도 극동 및 중국과 관련해 같은 요구를 계속 받았죠. 저는 군인이고, 본때를 보여 줄 수 있는 능력에 관해 어느 정도 알고 있습니다. 당시 그들에게 본때를 보여 줄 우리 병력은 미국 전역의 1과 3분의 1 사단뿐이었습니다. 사단이 260개 이상인 나라를 상대하는데 1과 3분의 1 사단뿐이라면 그것은 정말이지 대단한 과제입니다."[89]

트루먼은 이런 격차를 잘 알고 있었다. 하지만 원자 폭탄이 균형을 잡아 준다고 믿었음에 틀림없다. 다시 말해 폭탄 2개로 전쟁이 끝났다. 클라크 클리퍼드가 일본이 항복하고 2~3주 후 새로운 대통령 직인 도안을 보여 주자 트루먼은 독수리의 왼쪽 발톱이 쥔 화살촉에(서) 뻗어 나오는 번개를 보태라고 지시했다. "원자 폭탄이 엄청나게 중요하다는 것을 상징적으로 보여 주자."[90]는 취지였다. (클리퍼드는 번개를 더하면 도안이 망가진다고 트루먼을 설득했다.) 클리퍼드는 이렇게 말한다. "원자 폭탄과 관련해 내가 대통령의 이야기를 듣기는 그때가 처음이었다. 폭탄이 자신의 생각에 미친 영향과 관련해 그가 공개적으로 인정한 것보다 이 에피소드에 더 많은 진실이 담겨 있다고 나는 생각했다."[91] 언론 비서관 에벤 아이어스(Eben A. Ayers)는 1946년 10월 트루먼에게 다음 사실을 보고했다. 라디오 평론가 앤드루 러셀 '드루' 피어슨(Andrew Russell 'Drew' Pearson, 1897~1969년, 이후 드루 피어슨으로 통일한다.)이 미국에 의해 원자 폭탄이 유럽으로 옮겨졌다고 주장했다는 것이었다. "대통령은 피어슨이 '거짓말'을 했다고 했다. 그는 (유럽에는) 기폭 장치가 있는 것이든 없는 것이든 폭탄이 전혀 없다고 말했다. 비키니 시험에 사용된 것과 일본에 투하된 것을 제외하면 어떤 폭탄도 미국 밖으로 유출되지 않았다는 것이었다. 대통령은 미국에 핵폭탄이 6개 이상 있지 않다고 말했다. 물론 그는 이런 말도 보탰다. 그것만으로도 전쟁에서 승리할 수 있다고 말이다."[92]

트루먼의 믿음은 아마도 그로브스 때문이었을 것이다. 브래드베리의 말을 들어보자. "그로브스가 (비축해 놓고 사용할 수 있다고) 생각한 무기의 개수는 이해할 수 없었습니다. 우리가 도착했지만 그는 전혀 아랑곳하지 않았죠. 인수 인계하는 중이었던 것 같습니다. …… 제 생각에는, 그가 그 당시에 미국이 세계를 지배하고 있다고 생각한 것 같아요."[93] 그로브스는 원자력 위원회(AEC)에 관리 임무를 인수 인계했다. 그때 공식 재고량은 마크 III 폭탄 7개였다.

새로 임명된 원자력 위원회(AEC) 위원들은 1947년 1월 로스앨러모스로 날아가, 맨해튼 공병 구역으로부터 인수한 무기를 직접 확인했다. 로버트 폭스 바커는 1953년 한 인터뷰에서 이렇게 말했다. "충격이 컸습니다. …… 직접 저장고에 들어가 보았습니다. …… 무작위로 상자와 여러 용기를 골라 열도록 했죠. 그러고는 직접 살펴봤어요. …… 동행한 사람 몇이 깜짝 놀라더군요. 재고 조사를 처음 자세히 했을 때도 그랬으리라는 게 나의 판단이었습니다. …… 무기 상황은 아주 열악했어요. 보유했을 거라고 생각한 만큼이 없더라고요."[94]

브래드베리는 이렇게 항변한다.

매시 정각마다 숫자를 알았어요! …… 말하자면 매번 숫자가 바뀌었던 거죠. 그러니 제 말을 믿으셔야 합니다. 기술적인 이유로 숫자가 가끔 줄어들기도 했어요. 그러면 훌륭하신 장군(그로브스)께서 전화에다 대고 이렇게 말하고는 했습니다. "도대체 어떻게 된 거야?"

…… 기술이 문제였어요. 그러니까 제 말은, 잃어버린 건 없었습니다. 하지만 부식 같은 자잘한 세부 사항이 악화되면서 사용 가능한 장치의 수가 바뀌었던 거죠. ……

그때는 물질 생산 여건이 좋지 못했습니다. 구체적으로 플루토늄과 관련해 해결하지 못한 …… 것들이 많았죠. …… 그러니까 제 말은, 만든 장치가 한 주, 두 주, 세 주, 한 달 동안은 상태가 좋았어요. 그런데 이후로는 홍역이라도 앓는 것처럼 보인단 말입니다. 성능은 영향을 받지 않았지만 다른 많은 것에 문제가 있었죠. 우리는 매우 실질적이고도 중요한 문제들을 해결해야 했습니다. 금속 부식, 물질 안정성 등 많기도 많았어요. 전시에는 문제가 전혀 안 되던 온갖 잡다한 사안을 해결해야만 했던 거죠. …… (그래도) 당신이 제게 숫자를 알고 있었느냐고 묻는다면 확실히 말씀드릴 수 있습니다. 알고

있었어요.[95]

데이비드 릴리엔솔은 로스앨러모스의 상황에 까무러칠 지경이었다. 그는 이렇게 회고한다. "육각형 철조망이 둘러쳐진 로스앨러모스를 둘러보던 그날은 아마 제 인생에서 가장 우울한 날 가운데 하나였을 겁니다. (폭탄이) 있는데 지키지도 않고 있더라고요. …… 사실을 알고는 충격에 휩싸였죠. 처음 로스앨러모스를 찾았을 때 실제로 우리가 보유한 건, 사용할 수 있는 걸로 (폭탄이) 딱 하나였어요. 그 하나는 그래도 작동할 가능성이 높았죠."[96]

릴리엔솔과 다른 원자력 위원회(AEC) 위원들은 로스앨러모스 탐방 결과를 1947년 4월 3일 트루먼에게 전달했다. 릴리엔솔은 당시의 회합을 일기에 이렇게 기록했다. "우리는 대통령 집무실로 걸어 들어갔다. 오후 5시가 조금 넘은 시각이었다. 나는 우리가 알게 된 사항을 3개월이 지나서야 보고하게 되었다고 말했다. 짤막한 보고서를 빨리 훑어보시는 게 가장 좋을 것 같다는 말도 보탰다."[97] 릴리엔솔은 이렇게 말한다. "대통령을 포함해," 당시 그 자리에 배석한 모두는 "미국에 원자 폭탄이 많다고 생각했다. 윈스턴 처칠은 소련이 무방비 상태였을 유럽을 공격하지 못하게 저지하는 것이야말로 미국이 '비축한' 원자 폭탄이라고 열변을 토하고 있었다. 하지만 우리 원자력 위원회(AEC)는 …… 그 방어 수단이 없음을 확인했다. 원자 폭탄 재고가 전무했던 것이다. 로스앨러모스의 …… 저장고에는 당장 사용 가능한 원자 폭탄이 단 1개도 없었다. …… 여러 달이 지나도 단 1개도 확충할 수 없을 터였다."[98] 릴리엔솔은 계속해서 이렇게 말한다. "그 소식은 일급 비밀이었다. 당시로서 최대의 비밀이었던 것이다. 내가 보고서에 적지 않은 것도 그것 때문이었다."[99] 원자력 위원회(AEC) 의장은 트루먼에게 그 숫자가 0이라고 조용히 속삭였다.

트루먼은 벼락을 맞은 기분이었다. 독수리의 발톱에는 화살이 없었다. 릴리엔솔은 일기에 이렇게 적고 있다. "대통령이 내게로 고개를 돌렸다. 안색이 창백하고 음울했다. 코에서 입으로 이어지는 선이 눈에 띄게 깊이 파였다. 우리가 뭐라고 이야기할 수 있었겠는가? 트루먼은 어려움을 깨달았다."[100]

제이콥 웩슬러의 설명을 보충해 둔다. "캡슐, 그러니까 코어는 많았어요. 확실합니다. 다시 말해 부품은 많은데 무기가 없었던 거예요. 위협과 위기가 발생하면 조립하면 된다는 거였죠. 신관이 없었고, 기폭제는 교체해야 했으며, 기폭 장치는 건조한 상자에 담아 보관해야 했습니다. 그러다가 필요하면 입수해서 다시 만드는 거죠. 계속해서 이런 식으로 굴러갔어요. 우리에게는 원자 폭탄이 하나도 없었습니다. 부품은 잔뜩이었고요. 릴리엔솔이 대통령 집무실에 들어가 '무기가 없다.'라고 말한 것의 실상입니다."[101] 하지만 미국 대통령 트루먼은 원자력 위원회(AEC)가 해 준 말만 알 뿐이었다.

15장

모두스 비벤디

레프 알트슐러는 1946년 12월 처음으로 사로프에 갔다. 그는 오랜 동료 율리 하리톤, 타티야나 바실리예브나 자카로바(Tatyana Vasilievna Zakharova)라는 여자와 함께 기차를 탔다. "우리의 미래 일터는 …… 기차역에서 내려 수십 킬로미터를 더 가야 했다. 그 여정은 버스로 이동했다. 친절하게도 양가죽 외투를 받았다. 표트르 대제 시절의 러시아가 생각나는 작은 마을들이 차창 밖으로 스쳐 지나갔다. …… 목적지에 도착하자 수도원 건물들과 부속 농장이 눈에 들어왔다. …… 그 시대의 비켜갈 수 없는 풍경인 '구역(수용소)'들도 ……." 알트슐러는 그 확연한 대비에 미하일 유리예비치 레르몬토프(Mikhail Yuryevich Lermontov, 1814~1841년)의 시가 떠올랐고, 한 행을 읊조렸다. "농노들의 나라, 귀족들의 나라." 타티야나 바실리예브나가 알트슐러를 책망했다. "러시아를 사랑하지 않는군요." 알트슐러는 이렇게 적고 있다. "뭐라고 대꾸했는지는 기억이 안 난다. '러시아를 사랑하는 게 뭐냐?'라고 묻는 것은 복음 성가 중의 질문 '진리는 무엇인가?'와 같다. 답은 없다. 아니, 아무튼 대답은 하나 이상이다."[1] 알트슐러는 앞으로 20년을 머물게 될 시설을 처음 둘러봤고, 그곳이 기본적으로 조화롭지 못하다고 느꼈다. 제2차 세계 대전 때 미국에서 원자 폭탄을 연구한 과학자들에게 로스앨러모스가 그랬던 것처럼, 사로프도 우애, 흥미진진한 활동, 독창적인 연구, 애국주의가 펼쳐지는 무대가 될 터였다. 하지만 사로프는, 알트슐러가 부른 것처럼, "'하얀 군도(群島)' 가운데 하나"[2]이기도 했다. 하얀 군도란 베리야가 폭탄을 만들기 위해 설치한 시설인 셈이다. 그 오래된 수도원 지붕 너머에서는 "재소자들이 아침에는 일터로 가는 길에, 밤에는 수용소로 돌아가는 길에 연구소 부지를 통과했다. 그것은 가혹한 현실이었다."[3]

실상 1947년 봄에 사로프로 이동한 과학자들이 죄수나 다름없었다. 비록 그들의 철창이 금으로 칠해져 있기는 했지만. 몇 년 후 연구진에 합류한 물리학자 빅토르 아담스키는 이렇게 회고한다. "이런 식이었어요. 일단 들어오면 외부와는 연락할 수 없는 거죠. 아파서 의사가 필요하단 말이에요. 그러면 어딘가로 보냅니다."[4] 알트슐러의 더 자세한 설명을 들어보자.

> 개인적인 용무로, 심지어 업무상일지라도 사로프를 떠나는 것은 아주 어려웠다. 시인 한 명이 울적했든지 이렇게 시작하는 노래를 짓기도 했다.
>
> 모스크바를 출발해 사로프에 도착한 비행기.
> 여기 온 사람은 누구도 다시는 돌아갈 수 없다네.

체제가 비밀스러웠고, 억압적이기까지 했다. 사로프는 체제일 뿐만 아니라 삶의 방식이기도 했다. 사람들의 행동, 사고 방식, 정신 상태에까지 영향을 미친 것이다. 나는 똑같은 꿈을 꾸는 일이 잦았다. 식은땀을 흘리며 잠에서 깨고는 했다. 꿈에서 나는 모스크바에 있었다. 일급 비밀, 엄청난 일급 비밀 문건이 담긴 서류 가방을 들고 길을 걷는 영상이었다. 나는 왜 그걸 소지하고 있는지 이유를 대지 못해 죽었다.[5]

알트슐러는 전쟁 때 친구 베니아민 주커만과 함께 연구했다. 다수의 과학 연구소가 카잔으로 이동했고, 두 사람은 거기서 야코프 젤도비치와 율리 하리톤을 만났다. 방사선 촬영 전문가이기도 했던 주커만은 전쟁 초기에 소총 탑재 발사기를 개발했다.[6] 이 발사기가 일괄 생산된 몰로토프 칵테일, 곧 화염병을 발사했으니, 독일 전차에 맞서는 필사적 저항의 무기였던 셈이다. 주커만은 1942년 여름 모스크바 인근의 한 박격포 생산 공장에서 이상한 탄약을 보았다. 공장 관리 책임자가 독일군에게서 노획한 것을 넘겨주었던 것이다. 독일군의 그 신형 탄약은 장약 안으로 원뿔 모양의 구멍이 성형된 것이었는데, 경계면에는 금속이 덧대어져 있었다. 주커만은 이렇게 말한다. "대단한 사건이었습니다. …… 그 뒤로 여러 해에 걸쳐 저의 운명은 물론이고 우리 연구소의 운명도 바뀌고 말았으니까요."[7] 장약을 오목하게 파낸 것이기 때문에 탄약 안에 들어가는 폭약의 양이 줄어들었다. 하지만 그렇게 제작된 탄약은 동일 구경의 기존 탄약보다 3~4배 더 두꺼운 장갑을 관통했다. 주커만은 완전히 마음을 빼앗겼다. 그는 그날 밤 엑스선 고속 촬영법을 활용하면 그 이상한 독일제 탄약의 폭발 과정을 촬영할 수 있겠다고 판단했다. 공습이 진행 중이었고, 그는 눈을 뜨고 누워 있었다. 주커만은 모스크바로 돌아와, 율리 하리톤을 찾아갔고, 하리톤은 그에게 관리들을 소개해 주었다. 그들이 100만분의 1초 단위 촬영법 개발을 지원했다. 주커만은 이것을 바탕으로 폭발과 기폭 현상을 자세히 연구할 수 있었다. 이 독일제 탄약이 바로 성형 작약(shaped charge)이었고, 주커만은 먼로 효과를 자세히 파악할 수 있었다. 하리톤은 1946년 주커만과 알트슐러를 영입해, 젤도비치 밑에서 내파를 연구하게 했다. 알트슐러는 연구를 완료하기 전에 이미 "폭약쟁이 레프카(Levka the Dynamite Man)"[8]라는 별명으로 통했다.

주커만은 1947년 5월 가족과 함께 사로프로 갔다고 회고한다.

> 보이는 모든 게 우리에게는 놀라움의 연속이었다. 삼림은 울창했고, 100년쯤 된 소나무들은 멋졌으며, 수도원에는 성당 건물과 더불어 높은 강둑 위로 하얀 종탑이 보였고, 빛과 그림자의 날카로운 대비 속에서 재소자들이 음울한 대열을 이뤄 삼엄한 감시를 받으며 밤낮으로 마을을 왔다 갔다 했다. 지역의 전통 문화에는 무수한 순례자들, 사로프의 세라핌 성인이 행한 치유의 기적, 차르가 몸소 수도원을 방문했던 일에 관한 이야기들이 차고 넘쳤다. …… 여기에 작은 공장이 있었다. 주변 사방으로 삼림이 울창했기 때문에 격리 상태가 좋았다. 우리는 필요한 폭발 시험을 마음껏 해 볼 수 있었다.
>
> 이내 핀란드식 오두막(목조 임시 주택)이 거기 세워졌다. 우리 가족도 그중 하나에 입주했다.[9]

혁명 전에 지어진 3층짜리 붉은 벽돌 건물 한 동이 관리 본부 겸 식당으로 사용되었다. 그 작은 공장에서는 철물, 주물, 각종 도구가 생산되었다. 주커만과 알트슐러는 그 공장 단지에 연구소를 세웠다. 수용소 구역의 재소자들이 숲속에 철근 콘크리트 벙커와 폭발물 비산 제한 시설을 지었고, 이것들이 폭약 연구에 활용되었다.[10] 두 사람은 그해 5월 한 폭발물 비산 제한 시설에서 첫 번째 실험을 수행했다. 파벨 제르노프가 사로프의 수장이었고, 율리 하리톤은 로버트 오펜하이머처럼 과학 분야를 책임졌다. 하리톤은 주커만을 폭발 분석 분과 우두머리로 임명했다. 주커만은 기폭 장치 개발도 책임졌다. 알트슐러는 독자적 진용을 꾸려 별도의 분과를 이끌고, 내파의 유체 역학을 연구했다. 하리톤은 그들에게 이렇게 조언했다. "지금 아는 것보다 다섯 배, 열 배 더 많이 알아내야 합니다. 그래야만 후속 연구의 토대를 확실하게 놓을 수 있어요."[11] 이것은 쿠르차토프와 카피차의 관점이기도 했다. 하지만 베리야는 생각이 달랐다. 베리야는 현실주의자였다. 베리야는 과제를 완수하기 위해서라면 무슨 일이라도 할 터였다.

알트슐러는 하리톤한테 제공받은 지원책을 이렇게 회고한다. "사로프에 갔죠. 조수를 대여섯 명 주더군요. 그렇게 해서 우리는 실험을 할 수 있었습니다."

제게는 따로 연구소 겸 작업장이 있었습니다. 생각이 떠오르면 그림을 그려서 기계공에게 가져갔죠. 그러면 그들이 장치를 만들어 주었고, 우리는 숲으로 갔어요. 벙커가 있는 소규모 시험장이었습니다. 연구원과 설비는 안에 들어가 있고, 화약은 밖에서 시험하는 거죠. 우리는 결과를 분석했고, 하리톤에게 보여 주기도 했습니다. 아주 신속하게 진행되어요. 모두가 14시간씩 일했습니다. 재소자들이 들어야 했던 구호들이 있었죠. **일찍 출소하고 싶으면 일하라**도 그중 하나였습니다. 우리한테도 해당되는 이야기라고 농담을 나누고는 했지요.

우리는 가족 단위로 자주 모였습니다. 그때도 구호가 있었어요. **하리톤과 함께 오펜하이머를 넘어서자.** 우리 모두는 핵무기를 가진 게 미국뿐이라는 사실이 매우 불안했어요. 미국은 일본의 도시 2개를 초토화시켰습니다. 걱정이 아주 많았지요. 미국이 우리에게 비슷한 폭탄을 사용할지도 모른다고 두

려워했던 거예요. 시종일관 지속된 근심이었죠.[12]

주커만은 이렇게 회상한다. "괜찮은 전축이나 녹음기를 갖고 있는 사람이 한 명도 없었다." 그는 가족이 쓰던 피아노를 모스크바에서 실어 왔다. 사로프 최초의 악기가 바로 그것이었다. "피아노 앞에 앉아 폭스트롯, 탱고, 왈츠를 연주하고는 했다. …… 연주를 하는데 …… 창밖을 내다보면 바깥 도로에서 음악에 맞춰 춤을 추는 남녀가 보이기도 했다."[13] 사로프에서 연구한 물리학자 보리스 스마긴(Boris I. Smagin)의 회고도 보자. "우리의 작은 도시에서는 지위나 서열을 전혀 존중하지 않았죠. 학술 위원들도 재미를 좇는 이웃 젊은이들과 똑같이 어울렸어요." 스마긴은 로스앨러모스의 젊은 연구원 다수가 그렇듯, 그 시절을 "인생에서 가장 좋았던 시절"[14]로 기억했다. 하지만 알트슐러에게는 최고의 시절이 아니었다. 그는 수용소 구역과 가시 철망이 둘러쳐진 이중의 외곽 경계를 언급하며, 사로프 시절이 "우울했다."[15]라고 회상했다. 푸시킨의 시를 개작해, 이고리 쿠르차토프의 방대한 과학 사업이 가진 초현실성을 노래한 사람도 있었다.[16]

'수염'은 부유하고 유명하지.

그의 시설은 셀 수 없을 정도야.

그곳에서 무리를 지어 방랑하는 과학자들,

자유로울지는 몰라도 감시가 끊이지 않네.*

---

* 「폴타바(Poltava)」의 원문은 이렇다. "코추베이는 부유하고 유명하다. / 소유한 대지는 광대하고 끝이 없어. / 말들이 거기서 풀을 뜯네, / 감시 따위는 받지 않고 자유롭게."

사로프 연구진은 물자 부족 사태에 시달렸다. 전쟁이 끝나고 2년이 지났지만 노동자의 낙원은 "황량함과 빈곤이 끝도 없었다." 유고슬라비아의 미오반 질루스는 계속해서 이렇게 쓰고 있다. "우크라이나와 러시아는 눈에 파묻혔다. 눈이 처마까지 쌓였다. 그래도 전쟁의 참상과 파괴의 흔적이 여전했다. 불타 버린 기차역, 병영, 뜨거운 물과 …… 흑빵 한 조각으로 겨우 버티면서 길을 비켜 주던 숄을 뒤집어 쓴 여인들. …… 우리는 키예프에서 잠시 멈추었고, 모스크바 행 기차로 갈아탔다. …… 여정은 이내 밤으로 접어들었다. 눈은 하얗게 빛났고, 나는 슬픔으로 마음이 무거웠다."[17]

하지만 하리톤은 케임브리지에서 공부했고, 영국 물리학의 전통은 이가 없으면 잇몸으로 때우는 것이었다. 사로프 연구진은 참고 견뎠다. 숲 속의 시험장에서 쓰던 전기는 무기 대여법에 따라 미국이 제공한 500킬로와트급 발전기가 생산했다. 발전기는 해로를 통해 블라디보스토크로 적송되었는데, 이 과정에서 소금물에 노출되어 권선(捲線, winding)이 망가진 상태였다. 주커만과 약관의 후배 아르카디 아드모비치 브리시(Arkadi Admovich Brish, 1917년~)가 발전기를 직접 고쳤다. 브리시는 1946년에 29세였고, 주커만의 회고에 따르면, "머리칼이 금발이었으며, 회색 눈동자는 거의 강철 색깔"[18]이었고, 나중에 한 중요 연구소의 소장까지 지낸다. 그가 어찌나 활기찼든지, 사로프 연구진은 '브리시'라는 생산 활동 단위를 만들어, 각자의 기여 활동을 '밀리브리시'와 '마이크로브리시'로 측정했을 정도였다.

주커만은 이렇게 기록했다. "소련 물리학자들은 진공 기구용 평고무 개스킷을 자동차 타이어의 튜브나 다른 온갖 것에서 잘라 내 썼다. …… 진공 호스를 구하는 게 문제였다. 사람들은 리볼드 사의 빨간색 진공관을 조금이라도 구할 수 있다면 귀한 술에서 정밀 검류계까지 다 무엇이든지 갖다 바쳤다. 램지 오일(Ramsay's oil)은, 필요하면 고무, 왁스, 바셀린을 섞어서 '가정식으로 만드는' 게 다반사였다."[19] 주커만이 사로프에서 폭발 현상을 촬영하기 위해 제작한 최초의 회전 원판 카메라에는 모스크바의 어떤 중고품 가게에서 구입한 가정용 진공 청소기[20]에서 떼어낸 모터를 부착했다. 제르노프는 단지를 이리저리 돌아다니면서 관료적 형식주의를 지양하는 등으로 보답했다. 주커만에게 피마자유[21]가 150킬로 필요했을 때 제르노프는 불과 이틀 만에 불가리아에서 200킬로그램들이 통을 하나 공수해 왔다. 주커만이 값비싼 카메라 렌즈 말고 싼 거울을 망가뜨리면서 폭발을 촬영하는 법을 고안해 내자, 제르노프는 단지 내 이발소에 걸려 있던 멋진 거울[22]을 징발해 버렸다. 주커만이 모스크바에 주문해서 받은 거울로 곧 대체했지만, 이발소는 주커만을 기피 인물로 지정해 여러 달 동안 출입을 금했다. 하는 수 없었다. 주커만은 낡은 안전 면도기로 직접 수염을 깎아야만 했다. 주커만은 당시에 눈이 거의 안 보였다.

주커만의 회고는 이렇게 마무리된다. "1947년 여름은 더웠다. 말 그대로 더웠을 뿐만 아니라 상징적으로도 그랬다. 사로프의 과학 분과들은 빠른 속도로 총력 체제에 도달했다."[23]

⊛⊛⊛

1947년 여름은 스파이들한테도 더운 여름이었다. 엘리자베스 벤틀리가 2년 전에 느닷없이 찾아와, 그간의 간첩 활동을 자수하자 FBI는 망연자실한 상태였다. 그녀는 다른 많은 사람 중에서도 에이브 브로스먼을 지목했다. 1947년 봄부터 연방 대배심에서 벤틀리의 비밀 증언이 시작되었다. 대배심이 에이브 브로스먼을 조사하자, 그는 해리 골드를 지목했다.*

그 전해인 1946년 12월 26일, 골드는 야츠코프와 10개월째 접선이 끊긴 상태였고, 브로스먼의 사무실에서 전화를 한 통 받았다. 그달 초에 권투 시합 입장권을 우편으로 보내 골드와 접촉하려고 했지만 봉투 겉면에 주소를 잘못 쓰는 바람에 너무 늦게 도착했고, 기도가 무산되었던 것이다. 하지만 골드는 비상시에 쓰라고 야츠코프에게 전화번호를 건넸다. 골드는 전화의 상대방이 야츠코프임을 직감했다. 야츠코프는 골드에게 잘 지내느냐고 물었다. 골드는 나중에 그 질문이 감시를 받고 있느냐고 묻는 것이었다고 진술한다. 그는 문제없이 잘 지낸다고 대답했다. 야츠코프는 그날 밤 브롱크스에 있는 영화관 얼 시어터(Earl Theater)의 남자 화장실에서 만나자고 이야기했다. 골드는 그러마고 했다. 야츠코프가 에이브 브로스먼의 사무실로 전화한 것임을 알지 못했다는 게 나중에야 인지되었다. 골드가 전화의 소재지를 가르쳐주지 않은 것이다.

골드는 얼 시어터로 터덜터덜 걸어갔다. FBI는 접선[24]에 관한 골드의 진술 내용을 이렇게 받아 적었다.

> 미지의 러시아 인이 …… 골드에게 다가왔다. 골드가 …… 야츠코프가 못 나올 경우 식별 표지로 사용하기 위해 사전에 건넨 종잇조각을 쥔 채였다. …… 미지의 러시아 인은 남자 화장실에서 나와, 곧바로 골드에게 걸어오더니 그 징표를 보여 주었다. 그러고는 미숙한 영어로 이렇게 말했다. "해리, 박

* 줄리어스 로젠버그의 협력자 가운데 한 명인 공학자 조엘 바가 1947년 별안간 미국을 떠나 유럽으로 간 것은 아마도 벤틀리의 폭로 때문이었을 것이다. 바는 1949년 소련으로 탈출했고, 요제프 페니아미노비치 베르크(Iozef Veniaminovich Berg)라는 이름을 얻어, 레닌그라드 반도체 연구소(Leningrad Institute of Semiconductors)에서 수석 엔지니어로 활약했다. Kuchment(1985) 참조.

사(푹스)의 자료를 갖고 있죠." 골드가 없다고 대답하자, 미지의 러시아 인은 서드 애비뉴 바(Third Avenue Bar, 맨해튼의 42번가와 3번 대로에 있는 가게)로 가서 야츠코프를 만나라고 전했다. ……[25]

골드는 그 소련 요원(실은 그 요원은 야츠코프의 상관 파벨 이바노비치 페도시모프(Pavel Ivanovich Fedosimov)였다.)이 클라우스 푹스의 자료를 갖고 있을 것으로 왜 기대했는지를 설명하지 않았다. 그 전 2월에 야츠코프가 얼 시어터에 나타나지 않자, 골드가 푹스를 만나겠다며 케임브리지로 찾아갔던 이유를 해명하지 않은 것도 상기해 보라. 페도시모프와 야츠코프가 골드를 브롱크스로 불러낸 것은 뭔가 자료를 건네받기 위해서였을 것이다. 이고리 구젠코 때문에 야츠코프의 정체가 드러난 상황이었고, FBI는 그를 감시 중이었다. 소련은 골드가 페도시모프도 만나 보기를 바랐던 것 같다. 두 사람이 나중에 접선할 경우 서로를 알아볼 수 있어야 할 테니까.

골드가 술집에 나타나자, 야츠코프가 10개월간의 공작 두절에 관해 사과했다. "하지만 어쩔 수 없었다고 말했다. 그 기간 동안 남의 눈에 띄지 않도록 해야 했다."라는 것이었다. 계속해서 골드는 이렇게 전한다. "제가 뉴욕에서 일하니 정말 좋다고 했어요. 접선 부담이 크게 줄어들 것이기 때문이라는 거였죠." 야츠코프는 지난 경비조로 골드에게 수백 달러를 건넸고, 3월에 파리로 가서 어떤 물리학자와 접선하는 임무를 준비해야 한다고 지시했다. 그가 건넨 "어니언스킨지(onionskin paper, 아주 얇고 매끄러운 필기 용지 — 옮긴이)"[26] 에는 골드가 머물 호텔이 적혀 있었고, 만나야 할 물리학자의 신원도 있었을 것이다. 두 사람이 파리 지하철에서 만나면 물리학자가 골드에게 문건을 넘기고, 골드가 영국으로 가져가 계속해서 전달한다는 시나리오였다.[27]

두 사람은 자리를 잡고 앉아 술을 마시며, 골드가 휴가를 얻어 파리 여행에 나서기 위해 써먹을 수 있는 핑계거리를 찾았다. 골드는 어쩌면 프랑스 화학자들의 연구 내용에 관심을 보이는 편지를 쓸 수 있었을 것이다.[28] 응답이 있으면, 그것을 구실 삼아 파리 여행을 단행할 수 있는 것이다. 골드는 천진난만하게 시기 문제를 언급했고, 그 언급과 함께 모든 게 순식간에 아수라장으로 변했다.

> 야츠코프에게 에이브 브로스먼과 친구들(Abe Brothman and Associates) 사의 일이 그제야 좀 한가해졌다고 이야기했습니다. 그러자 야츠코프는 거의 제정신이 아니게 되었습니다. 그가 말했죠. "바보 같으니! 11년간 한 일을 망쳐 놨어." 그는 제가 뭘 한 건지 모른다고 했습니다. 1945년 여름에 미국 당국이 스파이 활동에 가담했다는 혐의로 브로스먼을 감시 중이라고 알려 주었던 걸 잊었느냐고 따졌습니다. …… 야츠코프는 함께 앉아 있던 탁자 위에 실제 마신 술값의 두세 배는 될 술값을 던져 놓고, 현장을 빠져나갔습니다. 저도 잠시 그와 함께 걸었죠. 그는 계속해서 이렇게 중얼거렸어요. 저 때문에 엄청난 타격을 입게 되었고, 상황을 바로잡을 수 있을지 모르겠다고요. 이윽고 야츠코프는 미국에서 다시는 저를 만날 수 없을 것이라고 이야기하고, 자리를 떴습니다.[29]

야츠코프는 다음날 셰르부르(Cherbourg) 행 아메리카(America) 호[30]로 미국을 떠났다. 해리 골드는 자신의 부주의한 처신과 이야기 때문에 야츠코프가 어쩔 수 없이 떠났다고 생각한 것 같다. 하지만 소련의 그 부영사는 원래 떠나기로 되어 있었다. 파리 주재 소련 대사관이 새 임지였고, 가족과 함께 떠났던 것이다. 골드와의 접선은 북아메리카 공작을 마무리하는 과정의 일환이었다. 하지만 골드가 에이브 브로스먼과 엮여 있다는 사실은 확실히 재난이었다.

놀랍게도 아무 일도 일어나지 않았다. 적어도 단기적으로는 말이다. 엘리자베스 벤틀리의 폭로가 있고, 1947년 5월 29일[31]에 두 명의 FBI 요원이 브로스먼을 찾아와 심문했다. 연방 대배심에 앞선 절차였다. 브로스먼은 "헬렌(Helen)"이라는 여자를 통해 합법적으로 거래했다고 거짓말을 하다 들통이 나자, 골드가 소련과의 접선책이라고 밀고했다. 요원 두 명이 롱아일랜드 시티(Long Island City)의 브로스먼 사무실을 떠난 후 골드가 늘 출근하던 엘름허스트(Elmhurst)의 연구소에 가던 길에 우연히 들렀다. 골드가 보기에 사장은 제정신이 아니었다.

> 브로스먼은 몹시 흥분한 상태였습니다. 바로 제게 다가오더라고요. 맨 처음 한 말은 이랬어요. "FBI가 왔어. 다 알아. 우리에 관한 모든 걸 알고 있어. 당신이 간첩인 줄 안다고. 함께 식당에 있는 사진도 갖고 있었어! 시간이 없어. 골드, 말을 맞춰야 한다고. 우리가 어떻게 만났는지, 내가 한 대로 이야기해야 해."[32]

브로스먼이 지어낸 이야기로 인해 골드는 사망한 벤틀리의 옛 애인 제이콥 골로스를 아는 척해야만 했다. 하지만 골드는 골로스를 만난 적도 없었다. 다시 말해 두 사람은 골로스의 요청에 응해 화학 공정들을 평가하고 합법적인 사업을 시도했으며, 그 과정에서 청사진들을 만들었을 뿐인 무고한 전문가들이라는 시나리오였던 것이다. 언제나 순응적이었던 골드는 브로스먼이 알려 준 골로스의 인상을 외웠고, 어떻게 그 소련 요원을 알게 되었는지 이야기를 꾸며내는 데 동의했다. 골드의 진술은 씁쓸하기만 하다. "그렇게 짤막한 대화를 나누며 입을 맞추는데, 브로스먼이 이러더라고요. '밀고자가 있어. 그 잡년 헬렌이 틀림없다고!'"

브로스먼은 FBI 요원들이 엘름허스트 연구소로 찾아가는 중이라고 골드에게 알려 주었다. "그 사람들한테는 자네에게 알리지 않겠다고 했어. 그러니 우리가 이 이야기했다고 말하면 절대 안 되네. 자네는 모른 척하고, 똑같은 이야기를 해야 하는 거지." 골드는 남아서 사안을 충분히 생각해 보고 싶었고, 정말이지 "이 사건의 의미를 완전히"[33] 이해했다. 브로스먼은 골드에게 가라고 요구했다. 골드는 지하철을 탔고, 그럴듯한 이야기를 잽싸게 떠올렸다. 어떤 사람이 1940년 필라델피아에서 열린 미국 화학 학회 회의에서 골로스를 소개해 주었다는 시나리오였다. 그 어떤 사람은 골드가 알기로, 이 사실을 증언해 줄 수 없는 사람이었고 말이다. 왜? 죽었으니까.

FBI는 엘름허스트 연구소에서 골드를 오후 5시부터 오후 9시까지 조사했다. 브로스먼과 비서 미리엄 모스코위츠는 9시 30분에 녹초가 된 골드를 태우고, 퀸스의 한 중국 음식점으로 저녁을 먹으러 갔다. 브로스먼은 저녁을 먹으면서 골드에게 죄지은 사람처럼 이렇게 물었다. "골드, 자네 이름을 들먹였는데도 왜 나를 책망하지 않나?" 브로스먼의 합리화 논리는, FBI가 조만간에 골드의 신원을 파악할 것으로 예상했고, 아예 처음부터 그를 이야기해 버리는 게 나을 거라는 것이었다. 세 사람은 골드의 일거리가 남았던 연구소로 돌아왔다. 모스코위츠가 커피를 준비하러 갔고, 골드와 브로스먼은 그사이에 다시 말을 맞추었다. 브로스먼이 골드의 연루 정도를 걱정했던 건 틀림없다. 그는 골드가 붉은 별 훈장을 받았다는 사실을 알고 있었다. 사실 소련은 골드에게 그 이상을 해 주었다. 브로스먼은 필라델피아 출신의 화학자 골드에게 이렇게 말했다. "자네에 관해 다 알아야겠어. 내가 모르는 걸 그들이 알아낼 수 있을까?" 골드의 간첩 행위 정도를 염두에 둔 브로스먼의 이 대응은 솔직하지 못하거나 자신만을 생각하는 것이었다. "그때 브로스먼에게 실토했죠. 사실은 결혼을 안 했고, 동생이 태평양에서 죽지 않았고 살아 있으며, 가족과 필라델피아에서 산다고 말입니다. …… 제가 이런 거짓말들을 이실직고하자, 브로스먼은 여러 차례 비난을 퍼부었어요. 하지만 그는 그런 것들이야 별 문제가 되지 않을 거라고 말했죠." 브로스먼은 한 번 더 떠보았다. "자기가 모르는 소련 사람들과 제가 다른 일을 벌였을지 모르겠다며 …… 걱정했지요."[34] 골드는 한마디도 입 밖에 내지 않았다.

FBI 요원들은 골드의 자택을 전몰 장병 추모일인 5월의 마지막 월요일에 방문했다.[35] 이것은 골드의 초대에 따른 것이었다. 그는 그들보다 앞서 필라델피아로 달려갔고, 범죄 행위를 입증하는 문서 몇 건을 파기했다. 야츠코프가 마지막 만남에서 준 어니언스킨지도 그때 사라졌다. 골드는 요원들에게 청사진을 하나도 못 찾겠다고 말했고, 그들은 그 이야기를 받아들이는 듯했다.

골드와 브로스먼은 대배심에 나가 개별적으로 진술하기에 앞서 몇 차례 더 만났다. 브로스먼은 만날 때마다 골드에게 원한에 가까운 유감을 드러냈다. 그는 자신을 톰 블랙의 활동에 연루시켰다며 골드를 비난했고, 자기에게 "다" 말하라고 윽박질렀으며, "진술하다가 궁지에 몰릴" 수도 있다고 걱정했다. 브로스먼은 출두일이 다가오자 "대배심에, 실은 소련을 위해 일했음을 까발려 버리겠다."라고 했다. 골드, 모스코위츠, 브로스먼의 변호사가 나서서 그 변덕스러운 화학자를 말렸다. 브로스먼은 진술을 마쳤고, 저녁을 먹으며 자신은 "움츠리지도, 위축되지도, 간청하지도 않았다."라고 떠벌였다. 그는 골드에게 대배심이 "스파이 이야기라면 아주 진저리를 내고 있다."[36]라고 알려 주었다.

골드의 차례가 왔다. 그는 긴장했고, 아마도 무서웠을 것이다. 골드의 대배심 출두일은 1947년 7월 31일이었다. 그와 브로스먼은 전 날 밤 한참 동안 특별한 목적도 없이 차를 타고 배회했다. 골드는 브로스먼의 증언을 검토해 보고 싶었다. "에이브는 계속 내 말을 무시했고, 정치 이론과 자본주의의 쇠퇴를 장황하게 논했습니다." 두 사람은 차를 세우고 수박을 먹었으며, "심심풀이 겸 위안 삼아 다른 일도 몇 가지 했다." 그들이 브로스먼의 주차장에 도착한 것은 새벽 4시나 되어서였다. 브로스먼의 아내가 픽스킬(Peekskill)로 여름 휴가를 보내러 떠났고, 골드는 브로스먼과 지내고 있었다. 관리인이 차를 가져갔고, 두 사람은 동네를 산책했다. 골드는 사장이자 명목상의 동업자에게 그간 해 온 다른 공작 활동을 거의 실토하는 단계까지 갔다. "기차와 비행기 여행들"을 언급한 것인데, 기록으로 남았을 테니 FBI가 파악했을 수도 있었다. 골드는 "정체를 밝히고, 그 여행들이 소련의 첩보 활동과 연계된 것이라고 말하지 않았다. (하지만) 그쯤은 누구나 다 알 수 있었죠." 브로스먼은 걱정하지 말라면서, 대배심에서 어떻게 증언할지 조언했다. 골드는 2시간을 잤다. 그는 증언을 위해 떠나기에 앞서 브로스먼과 인사를 나누었다. 브로스먼은 이렇게 말했다. "골드, 자네 이름을 말했다고 나를 원망하지 않았으면 하네." 골드는 대배심에 다녀와서 브로스먼에게 이렇게 말했다. "(간첩보다는) 얼간이처럼 비치는 데 …… 성공한 것 같아요."[37] 골드는 어리석은 실수를 범하지 않았고, 교묘하게 빠져나갔다. 그의 능숙한 얼버무리기에 대배심도, 브로스먼도 나가떨어졌다.

벤틀리가 혐의를 제기하며 밀고한 사람 가운데 걸린 사람은 한 명도 없었다. 보강 증거가 부족했고, 대배심은 정식 기소를 반려했다. 그래도 골드는 이제 FBI에 파일이 생겼다. 그가 소련의 간첩일 가능성이 있다고 적힌 파일에는 인상착의, 출신 배경과 직업, 브로스먼과의 관계가 들어갔다. 하지만 골드에 대한 혐의는 완전히 중단되었다. 야츠코프가 나환자라도 되는 것처럼 골드에게서 떠났고, 그는 소련 측으로부터 더 이상 어떤 이야기도 듣지 못했다. 해리 골드는 1947년 9월경 과거 그 어느 때보다 진정으로 자유로웠다. 속박에서 해방된 계기는 죽음이었다. 어머니가 9월 27일 사망했다. 온갖 사람이 장례식에 모였다. 톰 블랙, 에이브 브로스먼, 미리엄 모스코위츠, 펜실베이니아 슈거 사의 옛 친구들. 그들은 김블스 모델이었다는 빨간 머리 아내와 쌍둥이 자녀를 보지 못했다. 과체중의 36세 먹은 골드, 관대한 태도의 아버지, 공수 부대로 활약하다 태평양 전쟁에서 사망했다던 동생 요셉뿐이었던 것이다. 셀리아 골드는 남편과 자식들 위에 군림했다. 그러던 어머니가 죽고, 공작원 활동이 붕 뜨게 되자 해리의 인생이 바뀔 가능성이 보였다. 골드는 "가족에 대한 열망이 억압당했다."[38]라고 이야기했고, 그 억압된 욕망이 마침내 표출될 터였다. 그건 죄책감도 마찬가지였다. 그는 이렇게 썼다. "곰곰이 생각해 볼 여유가 생겼다. 내가 입힌 피해와 스파이 활동의 의미를 온전히 평가해 봐야 했다. 그 모든 게 …… 돌이킬 수 없는 비극적 실수였다는 깨달음은 참혹하고도 소름 끼쳤다."[39]

⊛⊛⊛

도널드 맥클린에게는 스파이 활동이 화장실 가는 일과 다름 없었다. 그는 1947년 2월 워싱턴의 통합 정책 위원회(CPC) 영국 측 공동 서기로 임명되었고, 원자력 정책 정보에 접근할 수 있었다. 당시에 그는 이미 1년 이상 영국 대사관에서 튜브 앨로이 파일들을 열람하던 차였다.[40] 맥클린에게는 펜타곤 출입증도 있었고, 머잖아 미국 원자력 위원회 사무실을 동행 없이 자유롭게 드나들 수 있는 출입증까지 나올 참이었다.

영국과 미국의 야망이 막 공개적으로 충돌한 상황이었다. 윈스턴 처칠과 프랭클린 루스벨트는 전시였던 1943년 8월 퀘벡 협정을 맺었고, 여전히 유효했다. 그 협정에 따르면 두 나라는 서로를 상대로 원자 폭탄을 사용해서는 안 되었고, "서로의 동의 없이는 제3국에 사용할 수도 없었다."[41] 핵전쟁과 관련해 영국이 미국의 주권에 사실상 거부권을 행사할 수 있는 조항이었던 셈이다. (히로시마와 나가사키 원자 폭탄 투하는 미국만의 결정이 아니었다. 통합 정책 위원회(CPC)의 영국과 캐나다 대표들도 만나서 사용을 승인했고, 이것은 퀘벡 협정을 강화하는 공식 조치였다.) 처칠과 루스벨트는 1944년 9월 퀘벡 협정을 확대했다. "일본이 패망한 후, …… 튜브 앨로이 계획을 군사 및 상업 용도로 개발함에 있어, …… 전폭적으로 협력"[42]하기로 한 것이다. 트루먼, 클레멘트 애틀리, 맥켄지 킹은 1945년 11월 "전폭적이고 실질적인 협력"[43]을 재확인했다. 전쟁 중에는 세계적으로 그 양이 가장 많았던 벨기에령 콩고산 우라늄 광석의 생산량 전부가 곧장 미국으로 유입되었다. 영국이 비용을 절반이나 댔음에도 불구하고 말이다. 애틀리가 전쟁도 끝났으니 이제 연간 생산량을 분배하자고 요구한 것은 당연했다. 트루먼도 동의했다. 그러나 미국과 캐나다에서 생산되는 광석과 콩고 공급량의 절반을 더해도 핸퍼드의 플루토늄 생산로를 가동하기에 충분하지 않았다. 원자력 위원회(AEC) 위원들이 4월 3일 트루먼에게 읽어 보라고 제출한 충격적인 보고서[44]에서도 이 문제가 언급되었다. 영국은 비밀 폭탄 프로그램이 우라늄을 사용하게 될 때를 대비해 비축을 시도하고 있었지만, 황당하게도 광석을 전혀 받지 못했다. 설상가상으로 미국 의회가 통과시킨 원자력법은 그간의 비밀 협정을 외면했다. 예를 들어, 원자력법의 한 조항은 핵무기 설계 및 제조 정보를 외국 정부들과 공유하는 것을 금했다. 결국 퀘벡 협정은 미국 법과 충돌했고, 화해와 조정이 요구되었다. 도널드 맥클린이 그 흥미로운 협상에 참여해 발언하는 자리에 있었다.

미국 핵무기고의 안쓰러운 상황을 도널드 맥클린이 몰랐다는 것은 확실하다. (적어도 이 한 가지 비밀은 몰랐다.) 소련은 1947년 중반에 미국이 주도하는 냉전의 압력 속에서 군사력을 재건하는 작업에 나섰다. 그해 초 병력 규모가 300만이던 소련 군대는 점차 증가해 500만을 넘어섰다. 알렉산더 워스는 그 팽창 사태를 이렇게 해석했다. "러시아는 재래식 군대에서 엄청난 우위를 확보했다. 영토가 원자 폭탄의 공격을 받는 사태에 맞서 (소련이) 실질적으로 제시한 유일한 해결책이었던 것이다."[45] 하지만 그 해결책이 무슨 대단한 공격 행위는 아니었다.*

트루먼은 1947년 3월 12일 트루먼 독트린(Truman Doctrine)을 발표했다. 그로부터 불과 몇 주 후 릴리엔솔이 비축의 처참한 상황을 보고했다. 트루먼 독트린은 "무장한 소수나 외부 압력이 정복을 시도할 때, 이에 맞서는 민족들의 해방 투쟁을 지지하"[46]는 내용이었다. 이 독트린은 냉전을 선언하는 것이었고, 미국의 주된 정책 입장으로 발전했다. 예를 들어, 전승국이었지만 쫄딱 망한 영국은 미국에게 그리스와 터키에 대한 지원을 넘겨받으라고 호소했다. 국무 장관 조지 마셜은 트루먼 독트린이 발표될 당시 모스크바의 외무상 회의에 참석 중이었다. 소련, 미국, 영국, 프랑스에 분할 점령되어, 여전히 빈사 상태에 빠져 있던 독일을 어떻게 처리할지가 다시 핵심 의제로 부상했다. 찰스 볼런(Charles Bohlen, 1904~1974년)은 마셜의 통역자였다.

> 외무상 회의가 …… 아무 성과도 못 냈지만 스탈린은 느긋했다. 그는 빨간 연필로 어김없이 늑대의 머리를 끄적이면서 합의가 이루어지지 않으면 어떻

---

* 원자력 위원회(AEC)의 일반 자문 위원회(GAC) 의장 로버트 오펜하이머는 미국이 비축한 폭탄의 개수가 매우 적음을 알았다. 스탈린은 미국이 엄청난 양을 비축하고 있다고 믿었고, 그에 대응하기 위해 병력을 200만 명 증원했다. 이 사실이야말로 오펜하이머가 소련의 간첩이 아니라는 명백한 증거이다. 그러나 에드거 후버는 그렇게(오펜하이머가 간첩이라고) 믿었고, 퇴역 KGB 장군 파벨 수도플라토프도 그렇게 단언했다.

게 되느냐고 물었다. "다음번에 합의를 하면 되겠지요. 혹시 안 된다고 해도 그다음에는 무언가 성과를 낼 수 있을 겁니다." 독일 문제를 처리하는 게 스탈린에게는 전혀 급한 문제가 아니었다. 우리는 그 문제에 얽매여서는 안 되고, 심지어 느긋해야 했다. ……

스탈린이 독일 사태에 무관심한 듯한 게 마셜에게 깊은 인상을 남겼다. 그의 결론은 이랬다. 스탈린이, 유럽을 관망하면서 사태를 그냥 방치하는 게 소련의 이해를 증진시킬 수 있는 가장 좋은 방법이라고 본다는 것이었다. 경제 상황이 안 좋았다. 유럽의 회복 속도는 더뎠다. 파괴된 도로, 철도, 운하가 거의 재건되지 않고 있었다. 수년간의 적대 행위로 공공 사업 활동이 단절되었고, 그런 관계가 여전히 와해된 상황이었다. 실업이 만연했다. 수백만 명이 변변찮은 배급 식량에 의존해 살았다. 전염병의 위험도 있었다. 공산주의가 번성할 수 있는 종류의 위기였다. 마셜은 워싱턴으로 돌아와, 서유럽이 붕괴하는 것을 막기 위해 선제적, 주도적으로 행동해야 할 필요가 있다고 말했다.[47]

이런 과도기에 영국이 전시에 맺은 퀘벡 협정을 들고 나왔다. 참으로 시기가 안 좋았고, 어리석은 짓이었다. 통합 정책 위원회(CPC) 부위원장 로저 메이킨스(Roger Makins, 1904~1996년)가 1947년 1월 말 딘 애치슨에게 원자로 설계 정보 교환 문제를 제기했다. 애치슨은 이것에 대응해 영국의 동의를 구하지 말고 원자 폭탄을 사용하자고 제안했다. 메이킨스는 영국으로 돌아가 일러바쳤다. 애치슨은 릴리엔솔과 마셜에게 정보 교환 문제를 보고하면서 "시급한 조치가 필요하다."[48]라고 강조했다.

의회에도 알려야 했다. 애치슨이 회고록에 적은 내용을 보자. "(퀘벡 협정을) 아는 사람이 거의 없었고, …… 아는 사람도 그걸 잠정적인 전시 협정으로 생각했다. …… 믿을 수가 없었다."[49] 릴리엔솔과 다른 원자력 위원들이 5월 5일 처음으로 합동 원자력 위원회(JCAE)와 만나, 어쩔 수 없는 현실을 알렸다.

> (콩고에서) 생산되는 벨기에산 우라늄의 절반을 영국이 가져가고 있다는 사실에 의원들은 놀랐다. 영국과 캐나다의 인력이 전시에 원자 폭탄 개발에 …… 참여했다는 것을 알고도 놀랐다. 텍사스 주 상원 의원인 톰 테리 코널리(Tom Terry Connally, 1877~1963년)가, "그렇다면 당신 이야기는 영국이 폭탄 만드는 법을 알고 있다는 이야기입니까?" 하고 물었다. 대답은 확실했다. "예." 나는 합동 위원회가 …… 영국과 맺은 협정을 사전에 알지 못했다는 사실이 우려스럽다고 이야기하고, 국무 장관이나 차관을 불러 직접 들어보라고 권했다. 그들이 그러리라는 것은 분명했다.[50]

릴리엔솔은 얼마 후 일기에 이런 내용을 추가했다. "그 발언은 애치슨과의 사전 조율에 따른 것이었다. 그들은 이 나라에 원자재라고 할 만한 것이 거의 없다는 사실을 알고, 큰 충격을 받았다."[51]

애치슨은 5월 12일 합동 원자력 위원회(JCAE)에 출석해 보고를 했다. 국무부의 원자력 전문가 고든 아네슨은 이렇게 회고한다. "애치슨이 협정문을 읽어 주자 청문회장은 난리가 났죠. 분노한 몇몇 의원은 자리를 박차고 나가기까지 했어요. 핵무기를 사용하는 데 누군가의 허락을 구해야 한다는 생각에 피가 거꾸로 용솟음쳤던 거죠."[52] 공화당 상원 의원 두 명, 곧 아서 밴던버그와 버크 블랙모어 히켄루퍼(Bourke Blackmore Hickenlooper, 1896~1971년)는 영국의 거부권과 광석 배분 협정에 대노했다. 신문사 편집장 출신인 밴던버그는 제2차 세계 대전을 겪으면서 고립주의에서 양극 외교 정책의 열렬한 지지자로 돌아섰고, 냉전 초기에 미국의 동맹 세력을 확장하는 데 결정적 기여를 했다. 밴던버그는 2월에 한 친구에게 보낸 편지에 쓴 것처럼, "미국에서 '공중(Public)'이 원자력을 최대한 엄격하게 '통제'하도록 해야 국가에 최고로 봉사하는 것"[53]이라고 믿었다. 반면 히켄루퍼는 빨갱이 사냥에 광분하는 초보수주의자였다. 두 의원은 그 후 몇 달에 걸쳐 미국의 입장을 바꾸는 데 전념했다.

영국의 재정 상황이 미국 정책의 숨통을 트여 주었다. 마셜은 모스크바 회담을 마치고 돌아와, 유럽 지원안을 조용히 제기했다. 1947년 6월 5일 하버드 대학교의 학위 수여식 연설에서였으니 과연 조용하다고 할 만했다. (로버트 오펜하이머가 함께 명예 학위를 받기 위해 마셜 뒤에 앉아 있었다.) 국무장관 마셜은 이렇게 연설했다. "미국은 세계 경제가 정상으로 회복되는 것을 돕기 위해 할 수 있는 일은 무엇이든 해야 합니다. 그렇게 하지 않으면 정치 안정은 존재할 수 없고, 평화도 보장할 수 없습니다. 미국의 정책은 특정 국가나 독트린이 아니라 굶주림, 빈곤, 자포자기, 혼란을 겨냥해야 합니다. …… 제 생각에, 이 계획은 유럽에서 시작되어야 합니다. 미국은 유럽이 세우는 계획을 우호적으로 돕고, 실질적인 수준에서 그 계획을 지원해야 합니다."[54] 영국의 외무 장관 어니스트 베빈이 추임새를 넣었고, 유럽은 재빨리 화답했다. 그렇게 해서 탄생한 것이 이른바 마셜 플랜(Marshall Plan)이다.

마셜은 꼭 알맞은 때에 영국에 이 제안을 했다. 애치슨은 6월 28일 릴리엔솔에게 은밀히 이렇게 이야기했다. "비밀 하나 알려드리죠. 영국에는 달러가 거의 없습니다. 사태가 진행되는 걸로 볼 때 조치를 취하지 않으면 …… 두세 달이면 차관 75억 가운데 달랑 5억 달러만 남을 겁니다." 릴리엔솔은 즉시 요점을 파악했다. "상황이 그렇다면 영국이 (우라늄) 광석 할당량 변경안을 진지하게 고려해 볼 수도 있지 않을까요? 우리가 그 광석을 사고, 돈을 내는 거죠. 우리한테는 공장이 있어서 광석을 활용할 수 있지만 그들은 아마도 당분간 못 할 거 아닙니까?" 애치슨의 대답은 회의적이었다. "아니요, 그럴 가능성은 없을 겁니다. 얼마 전에 나중 할당량을 기준으로 해서 우리가 다 사겠다고 제안했지만 꿈쩍도 안 하던 걸요."[55]

릴리엔솔은 광석을 내놓으면 보상을 하겠다는 방침과 관련해 밴던버그, 히켄루퍼와 의견을 교환한 적이 없다고 말한다. 그렇다면 원자력 위원회(AEC) 위원장과 두 상원 의원이 독립적으로 같은 결론에 도달했을 수도 있다. 하지만 릴리엔솔이 전하는 바에 따르면, 영국의 임박한 파산은 "그야말로 비밀"이었다. 사태의 진실이 무엇이든, 히켄루퍼는 1947년 8월경 마셜에게 노골적으로 이렇게 썼다. "(영국과의) 현행 협정은, 모든 상황을 고려해 볼 때, 도저히 받아들일 수 없습니다."[56] 그는 퀘벡 협정의 갱신을 원했다. 그 아이오와 주 상원 의원은 국무 장관을 이렇게 다그쳤다. 영국이 거절하면, "놈들에 대한 추가 지원이나 도움 일체에 반대하겠소. 내 능력이 허용하는 한 가장 격렬할 테고, 필요하다면 공개 행동도 불사할 것임을 밝혀 두지요."[57] 릴리엔솔은 9월 초에 버나드 바루크와 조찬을 함께했다. 두 사람은 "원자재와 관련한 주요 사안"(이건 바루크의 주장이다.)을 논의했다. "마셜 플랜과의 연계"도 논의되었다. 릴리엔솔은 대가를 보장하면서 양보를 종용하자는 구상을 계속해서 노골적으로 지지했다. "나한테는 그게 이치에 맞았고, 우리가 진행 중인 계획에도 부합했다."[58] 릴리엔솔과 동료 위원들은 9월 말에 열린 원자력 위원회(AEC) 회의에서도 광석 공급량 추정값을 논의했고, 미국한테는 자유 세계의 공급량 전부가 필요하다는 데 의견의 일치를 보았으며, 영국과 캐나다에게 미래의 할당량뿐만 아니라 기존의 재고까지 포기해 달라고 요구하는 정책 제안을 검토했다. 우라늄 광석을 가공 처리해 원자 폭탄으로까지 만들 수 있는 나라가 미국뿐이었으므로 그 제안은 이치에 맞았고, 그런 정책 변화 역시 상호 안전 보장에 보탬이 될 터였다.

마셜은 신임 국방 장관 제임스 포레스탈과 9월 중순 펜타곤에서 가진 한 회의에서 주권을 가진 우방국을 협박하는 게 안 좋게 비칠 것이라고 주장했다. 국무부는 영국이 동네방네 떠들고 다니면서 항의하면 체면이 말이 아니게 되므로, 원조와 광석 사안을 분리하자고 했다. 포레스탈도 동의했다. (트루먼은 1947년 7월 26일 국가 안전 보장법(National Security Act)에 서명했다. 법률 성안 과정에서 육군과 해군이 여러 달 동안 치열하게 다퉜다. 국가 안전 보장법이 발효되면서 전쟁성이 국방부로 대체되었고, 별도의 공군, 중앙 정보국, 국가 안전 보장회의(National Security Council)가 창설되었다. 해군 장관 포레스탈이 이 새로운 구조를 완강하게 반대했고, 국방부 장관의 권한을 약화시키는 데에 성공했다. 트루먼이 그를 국방부 장관에 임명한 것은 싸움꾼 포레스탈이 신설 직책의 업무를 망치지 못하게 하려는 고육책이었다.)

히켄루퍼는 예고한 대로 이 문제를 격렬하게 물고 늘어졌다. 릴리엔솔은 10월 중순에 2시간 동안 그의 호통을 들어야 했다. "처음부터 어찌나 신랄하게 야단을 쳐대는지 넌더리가 나고, 미칠 지경이었다. 결국 나도 이성을 잃고 되받아쳤다." 릴리엔솔은 일기에 그 다툼을 이렇게 적고 있다. 하지만 "그의 불평과 항의에는 요점이 있었다."[59] 히켄루퍼 의원은 합동 참모 본부에 종전 후 2년이 지난 상황에서 군대에 원자 폭탄이 몇 개 필요하냐고 물었다.[60] 질의의 형식을 빌려 태도를 확실히 하라고 들쑤신 것인데, 그것도 그달에 두 번씩이나 그랬다. 합동 참모 본부는 "나가사키형" 폭탄 150개 정도면 되겠다고 회신했다. 이 개수는 소련의 "도시 약 100개를 공격한다."라는 펜타곤의 한 연구를 따랐다. 합동 참모 본부는 이렇게 판단했다. "원자 폭탄을 효율적으로 활용하면 대상 목표를 한 차례 공격할 때 1개만 사용해도 된다. 현재 상황에서 전개시킬 폭탄의 최대 개수가 100개를 넘을 가능성은 없다." 다시 말해 전체 출력이 TNT 300만 톤인 원자 폭탄 150개면 미국을 방어하고, 적이 될 가능성이 가장 많은 소련을 패퇴시키는 데 충분할 것이라는 게 1947년 10월 당시 미국 군부의 공식 판단이었다. 앞으로 개발될 수소 폭탄 1개의 출력이 그 총 출력의 네 배이다. 미국이 비축하게 되는 핵무기의 개수는 네 자리 숫자, 계속해서 다섯 자리 숫자로 폭증한다. 생산 속도에 맞춰 공식 자료에 기록된 추정 위협의 정도가 계속 증가했던 것이다. 하지만 그것은 아직 문제도 아니었다. 미국은 당장에 정반대 문제에 직면해 있었다.

영국은 미국의 은밀한 논쟁을 몰랐고, 원자 폭탄과 원자로와 관련된 기술 정보를 더 내놓으라고 다그쳤다. 통합 정책 위원회(CPC) 3개국 회의가 11월 중순 워싱턴에서 3일 일정으로 소집되었다. 한 영국 외교관은 그 회의의 목적을 이렇게 설명한다. "전시 비밀 가운데 어떤 것들을 기밀 해제할지 정하기 위한 모임"[61]이었다. 단편적으로 아무렇게나가 아니라 공동의 합의를 통해 기밀을 해제하자는 것이 회의의 목적이었다. 도널드 맥클린과 클라우스 푹스가 이 회의에 참석했다. 서로가 스파이라는 것을 어느 누구도 몰랐을 것이다. 두 사람은 다른 사안과 더불어 핵무기에 관해서도 논의했다. 버클리의 물리학자 로버트 리스터 손턴(Robert Lyster Thornton, 1908~1985년)도 그 회의에 참석했고, 1950년 FBI에 이렇게 증언했다. "몇몇 회의 참가자는 푹스 때문에 가끔씩 몹시 짜증을 냈다. 그가 특정 원자력 정보를 기밀 해제하는 것의 타당성과 관련해 보수적인 태도를 보였기 때문이다. …… 손턴 박사의 결론은 이런 것이다. 원자력 분야는 앞으로 군사적 개발이 가장 유망하다는 게 푹스의 진단이었다. 그는 그런 말을 장황하게 늘어놓으면서 회의 참가자들이 고려해야 할 사항을 나서서 정하려 했다. 그게 사실이라면, 푹스의 책동은 '엄청나게 교활한' 것이다."[62]

의회가 마셜 플랜을 토론하는 일정이 다가오고 있었다. 국무부와 국방부가 원조와 우라늄 광석 사안을 분리하기로 했지만 밴던버그와 히켄루퍼는 안 그랬다. (겉으로는 안 그랬다고 할지라도 그건 원자력 위원회(AEC)도 마찬가지였다.) 1947년 11월 16일 펜타곤에서 열린 한 회의에 국무부 차관 로버트 아베크롬비 로벳(Robert Abercrombie Lovett, 1895~1986년), 국방부 장관 포레스탈, 밴던버그, 히켄루퍼가 참석했다. 두 상원 의원은 영국과 미국의 조약 내용이 바뀌어야 한다는 입장을 재확인했다. 밴던버그는 전시에 맺은 협정들이 "경악스럽고 상상도 할 수 없다."고 지적했다. 밴던버그의 아들이 당시 일기에 적어 놓은 내용을 보자. "아버지는 협정 내용을 바꾸지 못하면 의회가 마셜 플랜을 숙의할 때 처참한 결과가 발생할 거라고 하셨다. …… 두 상원 의원은 …… 마셜 플랜의 계획을 최종 표결하기에 앞서 만족할 만한 결론이 나야 한다고 말했다."[63] 국무부 관리들인 조지 케넌과 에드먼드 애즈베리 걸리언(Edmund Asbury Gullion, 1913~1998년)이 며칠 후 원자력 위원회(AEC) 위원들을 광의의 협력 쪽으로 설득하려고 했지만 실패했다. 릴리엔솔의 기록은 불쾌하다는 투이다. "연합 전선을 구축했다는 낌새가 보인다. 그걸 막고 좌절시키기 위해서라면 무슨 일이든 할 것이다. 절대로 그렇게 되어서는 안 된다."[64] (이런 토론의 와중에 전략 정보국(OSS) 수장 윌리엄 조지프 도노번(William Joseph Donovan, 1883~1959년)이 릴리엔솔에게 "젊은이를 한 명" 보냈다. 전략 정보국(OSS)은 정보 업무와 관련해 신설된 CIA에 그 권한을 내주게 된다. 젊은이는 "어떤 유대인 랍비 생도가 체코슬로바키아 동부 카르파티아 산맥에서 나온 이야기라며 들려준 기이한 이야기"를 릴리엔솔에게 해 준다. 그 이야기가 "러시아의 원자력 개발 노력과 관계된 것이라고 했다." 릴리엔솔은 소련 사람들이 체코슬로바키아에서 우라늄 광석을 캐내고 있을지도 모른다는 보고에 시큰둥했다. 그는 일기에 이렇게 적었다. "나는 그를 돌려보냈다."[65])

밴던버그는 가만히 있지 않았다. 그는 11월 말에 공개적으로 이렇게 선언했다. (릴리엔솔의 기록으로 들어본다.) "마셜 플랜이 통과되려면 미국이 벨기에 우라늄을 가져야 한다."[66] 벨기에의 한 공산주의 계열 신문이 즉시 밴던버그의 성명을 1면 표제로 뽑았다. 릴리엔솔이 마침내 영국에 건넬 제안을 합동 원자력 위원회(JCAE)에 제출했다. 그와 로벳은 11월 26일 밴던버그와 히켄루퍼를 만나 제안 내용을 사전에 보여 주었다. 릴리엔솔은 이렇게 쓰고 있다. "나오는 데 여러 달이 걸린 문서였다. …… 나는 깜짝 놀랐다. 거의 아무런 문제 제기 없이 받아들여진 것이다. 중요한 질문이 하나도 나오지 않았다."[67] 그러는 것이 당연했다. 영국이 건네받을 제안에는 전시 협정 폐지, 벨기에령 콩고산 우라늄 광석 생산량 일체를 미국에 넘길 것, 영국이 비축 중인 우라늄을 전부 달라고 할 것 등의 내용이 담겨 있었다.

릴리엔솔과 로벳은 1947년 12월 5일 합동 원자력 위원회(JCAE) 전원 회의에 그 안을 제출했다. 국무부가 볼 때 문제는 마셜 플랜 이외에 영국이 굴복하는 대가로 무언가 체면치레용 이득을 더 제시해야 한다는 것이었다. 원자력 위원회(AEC)가 제안한 교환물은 핵에너지 개발 기술 정보였다. 릴리엔솔은 이렇게 적고 있다. 합동 원자력 위원회(JCAE)는 "(그 제안이) 명시적으로 경제 원조와 연계되어서는 안 된다는 기조 설명을 수용했다. 물론 2개가 실제에서 완전히 분리될 수는 없지만 말이다." 밴던버그는 전원 회의 석상에서 직설적으로 말했다. 계속해서 릴리엔솔의 기록으로 들어보자. "저는 (폭탄 사용과 관련한 영국의) 그 거부권을 인정하지 않습니다. …… 그걸 인정했다가는 톡톡히 망신을 당할 수 있어요. 거부권 이야기를 들었을 때 저는 충격을 받았고, 그건 지금도 마찬가지입니다. 더 이상 논란이 일어나지 않도록 그걸 없애야 합니다."[68] 로벳이 협상을 주관하기로 되어 있었고, 밴던버그는 그에게 12월 17일까지 끝내라고 주문했다. 열이틀 후였다.

전원 회의가 끝난 직후 로벳은 런던 주재 미국 대사에게 전문을 발송했다. 원조와 우라늄 광석 사안이 연계되었음은 물론이다. "밴던버그와 다른 일부 인사들은 원자 폭탄 원자재의 할당과 관련한 우리의 요구를 영국이 들어줘야 …… 그들을 추가로 지원할 수 있다는 생각이 확고하다."[69] 로벳은 마셜 플랜이 개골창에 빠질 수도 있음을 알렸다. 영국은 극도로 화가 났지만 막다른 골목에 몰려 있다는 게 현실이었다.

도널드 맥클린은 다음 2주 동안 통합 정책 위원회(CPC)를 통해 진행된 고된 협상에 참여했다. 외교관들이 정보 교환의 범위를 규정하기로 하자, 폭탄 개발 이외의 지엽 말단적인 내용만 남게 되었다. 이를테면, 보건과 안전, 방사성 동위 원소 연구, 기초 물리학 같은. 미국은 천연 우라늄 동력로 설계 정보를 공유하는 데 동의했다. (로저 메이킨스가 거의 1년 전에 그 정보를 내놓으라고 하면서 사달이 났었다.) 우라늄 광석 할당 사안에서 합의를 도출하기는 더 어려웠다. 합동 참모 본부가 12월 17일에 끼어들어, 그 속 편한 계산 결과를 들먹이며 미국의 입장을 뒷받침하고 나섰다. 원자 폭탄 150개를 확보하려면, "활용 가능한 전 세계의 광석 공급량을 선취해, 미국이 시급히 재고로 삼아야 한다. 이것이야말로 현 시점에서 국가 안보의 가장 중요한 고려 사항이다."[70] 영국 대표단은 막판에 보고를 하러 런던으로 돌아갔다. 밴던버그와 히켄루퍼는 초조하게 기다렸다. 영국 대표단은 돌아와, 마지못해 동의했다. 원자 폭탄 사용을 퇴짜 놓을 수 있는 영국의 권리는 날아갔다. 영국은 광석 재고 3분의 2를 미국에 넘긴다. 미국은 적어도 앞으로 2년 동안 벨기에령 콩고산 광석 일체를 획득하게 될 터였다. 협상단은 이 합의를 모두스 비벤디(*Modus Vivendi*, 입장이 아주 다른 국가들이 서로 다투지 않기 위해 맺는 잠정 협정 — 옮긴이)라고 불렀다. (고든 아네슨의 설명을 들어보자. "모두스 비벤디는 이런 거죠. 'A가 자리에 앉아, 난 이렇게 했으면 한다고 말합니다.' 그러면 B도 자리에 앉아 이렇게 대꾸하는 거예요. '좋습니다. 나도 그렇게 하고 싶었어요.'"[71])

미국과 영국은 1948년 1월 7일 그 모두스 비벤디에 서명했다. 릴리엔솔은 "전혀 인상적이지 못한 평범한" 의식이었다고 회고했다. 원자력 위원회(AEC) 위원들은 자기들의 활동에 필수적인 협정서를 검토 확인하기 위해 바로 그날 아침 모였다. 아직 보지도 못했던 것이다. 항상 짜증을 내는 루이스 스트로스는 영국과의 변변찮은 기술 협력을 허용한 것조차 반대했고, 결국 그 제한 조건을 원자력 위원회(AEC) 의사록에 써넣게 했다. 릴리엔솔은 이렇게 투덜거렸다. "조직의 내부 활동이 그때보다 더 창피한 적은 없었다."[72] 맥클린이 서명식장에서 걸리언을 불러내, 매섭게 다그쳤다. 아네슨의 회고로 들어본다. "'이건 동의하는 사람들의 협정이 아닙니다. 동의하지 않는 사람들의 협정이라는 말이오.' 걸리언이 대꾸했다. '맞아요, 그런 것 같군요.'"[73] 걸리언은 맞받아서 화를 내지 않았다. 유엔 헌장에 따르면 국제 협약은 모두 신고 등록을 해야 했고(그렇게 하면 소련이 주의를 환기할 것이다.), 미국 원자력법은 외국 정부와 원자력 정보를 공유하는 것을 금했으므로(스트로스의 이의 제기), 힘겹게 얻어 낸 모두스 비벤디는 사실상 이중으로 불법이었다. 영국의 한 외교관은 모두스 비벤디를 "숨겨야만 했다."[74] 고 말한다. 두 나라의 협정은 합동 원자력 위원회(JCAE) 바깥의 의회에서조차 비밀로 유지되었다.

영국은 구속적인 모두스 비벤디에 응해야 했고, 결국 원자 폭탄 제조 계획이 여러 해 늦춰지고 말았다. 딘 애치슨은 이렇게 말한다. 그놈의 협상으로, "영국은 부당하지는 않을지라도 비열한 처우를 받았다고 느꼈다."[75] 맥클린이 수집한 광석 공급량과 우라늄 235와 플루토늄 생산 속도 정보가 소련에 도움이 되었을지도 모른다. 하지만 미국은 협상 과정에서 그 정보를 정직하게 제시하지도 않았다. 원자력 위원회(AEC)는 몇 년 후 FBI에 이렇게 보고했다. "통합 정책 위원회(CPC)가 1947년 추정한 원자재 공급량은 그 시기의 실제 공급량보다 한참 적었다."[76] 미국은

1947년경에 병력이 150만 명 이하였고, 원자 폭탄을 제1선의 방어책으로 삼았다. 그러나 소련이 팽창주의를 추구하고 있다고 보면서 전 세계를 무대로 광범위한 도전을 제기했음에도 제1선은 몹시 가늘었다. 이런 상황에서 국가 안보라는 목적이 거의 모든 수단을 정당화했다. 자주 독립 국가라면 응당 그렇듯이 말이다.

16장

아슬아슬

노이만은 프랑수아즈 아론 울람(Françoise Aron Ulam, 1918~2011년)에게 그녀의 남편만큼 자신감 넘치는 사람을 만나 본 적이 없다고 말했다. 스타니스와프 울람도 장난스럽게 말을 보탰다. "어느 정도는 맞는 말일 것이다."[1] 울람은 폴란드 귀족 집안 출신의 잘생긴 일급 수학자였다. 그는 1930년대에 노이만의 권유로 미국에 이주했고, 하버드 대학교의 주니어 펠로(Junior Fellow)였으며, 하버드와 위스콘신 대학교(이곳에서 프랑수아즈와 만나 결혼했다.)에서 가르쳤고, 1943년 말에 로스앨러모스에 합류했다. 이론 물리학은 당시 울람에게 생소한 분야였다. 울람은 로스앨러모스 기술 구역을 처음 방문했고, 가무잡잡하고 열정적인 에드워드 텔러와 이론 토론을 벌이던 노이만을 우연히 만났다. "엄청나게 긴 공식이 칠판에 가득했"고, 그는 겁에 질렸다. "복잡하기 이를 데 없는 온갖 분석 내용이 눈에 들어왔고, 나는 말문이 막혔다. 전혀 도움이 되지 못할 거라는 두려움이 밀려왔다."[2] 그러나 방정식들이 칠판에 계속 남아 있었고, 울람은 개발 속도가 느리다는 것을 눈치 챘다. 그는 곧 자신감을 되찾았다. "문제를 논리적으로만 파악해서는 안 되고 물리 상황을 시각적으로, 손에 잡힐 듯이 그려 내는 능력을 갖추어야 함을, 나는 이해했다."[3]

울람은 이내 텔러와 관계를 맺었다. 텔러의 열핵 폭탄 구상은 역콤프턴 효과 때문에 말썽이 생겼고, 이것을 기술하기 위해 텔러가 대충 유도해 낸 공식을 더 엄밀하게 유도해 내는 임무가 울람에게 맡겨졌다. 역콤프턴 효과는 복사선이 쏟아져 나오면서 열핵 반응이 냉각되어, 증식 확산이 차단되는 듯한 효과였다. 울람이 변덕스러운 헝가리 인 텔러를 평가한 내용은 통찰력이 상당하다.

> 처음 텔러를 만났을 때의 인상을 이야기하자면 그는 나이보다 앳되어 보였고, 항상 열정적이었으며, 야심만만하다는 게 뻔히 보였다. 물리학계에서 무언가 업적을 이루겠다는 열망도 내밀하게 품고 있었다. 그는 따뜻한 사람이었고, 다른 물리학자들과도 확실히 친하게 지내려고 했다. 비판적 지성의 소유자였고, 이해가 빨랐으며, 감각이 뛰어났고, 결단력과 끈기도 대단했다. 하지만 이론 물리학의 더 기본 차원에서 진정한 간명함을 추구하는 열정은 부족했다고 생각한다. 좀 과장해서 말하면, 텔러의 재능은 공학, 제작, 기존 방법들을 조사하고 점검하는 쪽에 더 치우쳐 있었다는 게 나의 판단이다. 물론 그의 독창성이 대단했다는 것도 의심할 여지 없는 사실이기는 하다.[4]

조지 가모브(George Gamow, 1904~1968년)는 러시아 출신의 망명 이론 물리학자로, 텔러에게 조지 워싱턴 대학교의 자리를 마련해 주었다. 가모브 자신이 전쟁 발발 전에 미국으로 와서 교편을 잡고 있었던 것이다. 가모브가 나중에 울람에게 말하기를, 텔러가 당시에는 달랐다고 한다. "기꺼이 나서서 돕는 사람이었고, 자발적이었으며, 남들의 발상을 인정하며 그 바탕 위에서 연구할 줄 알았고, 모든 성과가 자기 것이라고 주장하지도 않았다. 가모브에 따르면, 텔러는 로스앨러모스 프로젝트에 참여하고 나서 변했다고 한다."[5]

전쟁이 끝났고, 텔러와 다른 많은 사람이 떠나자 울람 부부도 작별을 고하기로 마음을 정했다. 둘 다 홀로코스트로 가족을 잃었고(프랑수아즈의 어머니는 아우슈비츠에서 사망했다.), 미국 시민권자가 되었으므로, 유럽으로 돌아갈 필요도 없었다. 울람은 로스앤젤레스 소재 서던 캘리포니아 대학교 부교수직을 제안받았고, 받아들였다. 부부에게는 그곳이 이상하게 느껴졌다. 울람의 기록을 보자. "나는 로스앤젤레스에서는 어떤 두 지점도 자동차로 최소 1시간 거리라고 말하고는 했다."[6] 두 사람은 자리를 잡고 적응하려고 노력했지만 그럴 수가 없었다. 그러던 차에 울람이 끔찍한 병에 걸리고 말았다. "굉장한 두통이 찾아왔다. 겪어 본 통증 중 가장 극심한 통증이었다."[7] 프랑수아즈가 남편을 병원으로 옮겼을 때 그는 담즙을 토해 내고 있었다. "의사는 어디서 뭘 찾아야 할지도 모른 채 두부 절개술을 시행했다. 종양은 없었지만 뇌에 심한 염증이 발생한 상태였다. 의사는 프랑수아즈에게 나의 뇌가 통상의 회색이 아니라 밝은 분홍색이라고 이야기해 주었다. 페니실린이 사용되던 초창기였고, 그들은 마음껏 투약했다."[8]

울람은 혼수 상태에 빠졌다. 아내, 의사들, 친구들은 뇌 손상을 걱정했다. 며칠 후 깨어난 울람 자신이 뇌 손상을 가장 걱정했다. "어느 날 아침 의사가 내게 13 더하기 8이 얼마냐고 물었다. 그런 질문을 받았다는 사실이 몹시 당황스러웠다. 나는 정말이지 고개를 절레절레 흔들었다.

의사는 20의 제곱근이 얼마냐고 또 물었다. 4.4가량 된다고 대꾸했다. 그가 잠자코 있어서, 내가 물었다. '맞잖아요?' 레이니(Rainey) 박사가 웃었던 게 생각난다. 다행스럽다는 표정이 분명했다. 그는 이렇게 말했다. '전 답을 모릅니다.'"[9]

회복은 느렸다. 울람은 병원에 여러 주 입원했다. 에니악으로 함께 문제 해결에 매달렸던 니콜라스 메트로폴리스가 로스앨러모스에서 불원천리 달려와 이렇게 말했다. "내가 무의식이나 반의식 상태에서 원자 폭탄 기밀을 누설했을지도 모른다며 …… 보안 요원들이 걱정했다."[10]라는 것이었다. 울람이 여전히 휘청거리면서도 퇴원을 감행할 무렵 방랑 수학자 에르되시 팔(Erdős Pál, 1913~1996년)도 찾아왔다. 그들은 함께 집으로 향하면서 수학과 관련된 여러 이야기를 나누었고, 에르되시는 울람이 "전과 다름없다."[11]고 확인해 주었다. 울람은 에르되시와의 체스 게임에서 이기고 나서야 자신이 회복되었다고 판단했다.

울람은 대학으로부터 휴가를 얻어, 집에서 완전히 회복될 때까지 쉬었고, 쉬면서 솔리테르(solitaire)라는 혼자서 하는 카드놀이에 열중했다. 그에게는 패턴을 놀랍도록 예리하게 인식하는 재능이 있었다. 울람은 머리로 가능한 온갖 조합을 파악하기보다 그저 카드를 몇 장 내려놓은 다음 게임을 얼마나 이기는지에 주목해야 오히려 게임 결과를 더 잘 추정할 수 있음을 깨달았다. 그는 이렇게 회고한다. "그러자 사건과 사태가 분기하는 모든 과정도 똑같을 거라는 생각이 떠올랐다."[12] 반응이 지수 함수적으로 확산되는 분열이 분기 과정이었고, 그건 열핵 연소 증식 확산 과정도 마찬가지일 터였다. "(분열) 과정의 매 단계에서 많은 가능성이 존재하고, 그것에 따라 중성자의 운명도 결정된다. 중성자가 특정 각도로 비산할 수도, 속도가 바뀔 수도, 흡수될 수도, 표적 원자핵(target nucleus)을 분열시켜 중성자를 더 많이 내놓을 수도 있는 것이다."[13] 울람은 이렇게 보았다. 복잡한 수학 계산으로 이 과정의 결과를 예측하려고 하지 말자. **표본** 입자 2,000~3,000개만 추적해도 될 것이다. 난수를 포함시켜 과정의 매 단계에서 개별 입자의 운명이 갖는 범위를 분리하면 결과를 근삿값으로 얻을 수 있을 것이다. 이것은 추정으로도 유용할 것이다. 이런 반복 절차는 컴퓨터가 할 수 있었다.

울람은 1946년 4월에 로스앨러모스에서 열린 슈퍼 학회에 초대받았다. 로스앤젤레스라는 도시가 와병과 결부되었기 때문에 로스앨러모스로 돌아간다는 것이 더없이 좋았다. 노이만은 울람이 솔리테르를 하다가 깨달은 사실을 듣고, 바로 흥미를 보였다. 노이만에 따르면, "통계적 접근법은 디지털 처리와 아주 잘 어울렸다."[14] 두 친구는 함께 관련 수학을 개발했고, 그 절차를 몬테카를로 방법(Monte Carlo method)이라고 명명했다. 이 방법에는 확률이 들어갔고, 몬테카를로는 모나코의 유명한 카지노이다.

전쟁이 끝나고 2년이 흘렀지만 로스앨러모스의 열핵 연구는 여전히 이론 연구 단계에 머물러 있었다. 계산의 기초로 사용된 모형 체계는 계속해서 텔러의 슈퍼였다. 원자 폭탄이 한쪽 끝에 달린 액체 중수소 관이었다는 이야기이다. 원자 폭탄에서 중수소로 에너지를 옮겨 주는 매개[15]는 분열 폭발 때 생기는 엄청난 양의 중성자였다. 하지만 내파는 슈퍼의 분열 요소로는 기하학적 구조가 적합하지 않아 보였다.[16] 수소를 함유한 내파 물질(최초의 압축을 통해 임계 질량으로 결합하는 화학 폭발물)의 중앙에서 내파로 중성자가 생성된다. 그런데 바깥으로 향하는 중성자들과 상호작용하는 내파 물질이 에너지를 흡수해 버린다. 다시 말해 중성자가 바깥으로 향하는 것을 방해하는 것이다. 한스 베테의 말을 들어보자. "복사선은 절대로 밖으로 빠져나가지 못한다. 주위가 온통 고폭약 천지이기 때문이다. 먼저 우라늄(탬퍼)이 있고 그다음에 고폭약이 있다는 말이다."[17] 내파 폭탄 마크 III은 이 일을 하기에 충분히 뜨겁지도 않았다. 결국 그들은 내파 체계 말고 우라늄 대포가 필요하다고 생각했다. 우라늄 대포 방식은 아주 단순하게 임계 질량으로 결합하는 체계로, 그러자면 크고 강력한 우라늄 대포가 필요했다. 출력이 명목상 13.5킬로톤이었던 히로시마 원자 폭탄 정도가 아니라 수백 킬로톤은 되어야 했다. 우라늄 대포는 실험을 해 본 적도 없었다. 탑에 계기 장비를 설치하고, 시험해 본 적이 없었던 것이다. 히로시마에 투하된 리틀 보이는 그런 장치로는 당시까지 터진 유일한 폭탄이었다.

점화 온도가 너무 높아 중수소만으로는 자체 증식을 할 수 없기 때문에 희귀한 삼중 수소를 설계에 포함시켜야만 하리라는 것도 한동안 분명했다. 관 전체에 걸쳐 중수소와 섞는 게 아니라면 적어도 분열 폭탄과 가까운 쪽에서 중수소와 혼합해야 할 것이다. 1947년 로스앨러모스의 부소장으로 활약하며 원자력 위원회(AEC)의 일반 자문 위원회(GAC) 서기이기도 했던 존 맨리의 말을 들어보자. "일매형 중수소 혼합물에서 상황이 어떠하든 증식 반응이 일어날지가 …… 주된 문제였죠. 전반적 결론은 그럴 수 없다는 거였어요. 삼중 수소를 첨가하고, 또 …… 다른 요령을 부릴 경우 변화가 얼마나 일어날지도 문제였고요."[18]

텔러는 시카고 대학교에서 엔리코 페르미와 기초 물리학을 연구했고, 시카고를 경유하는 학자들을 만나거나 여름 방학에 메사에 가서 자문을 해 주면서 접촉을 유지했다. 카슨 마크는 이렇게 회고한다. "워싱턴에 가는 사람들은 시카고에 들렀죠. 텔러는 사람들이 뭘 하고 있으며, 어떤 진척이 있었는지를 항상 궁금해 했어요. 사람들은 항상 그의 의견을 구할 수 있었습니다. …… 텔러는 사태를 면밀히 추적했고, 여기에서 상당한 시간을 보냈으며, 카슨 마크를 포함한 로스앨러모스 연구진에게 당연히 도움도 많이 되었죠. 그는 개인적으로도 관심이 아주 많았어요.

열핵 문제 연구뿐만 아니라(열핵 시스템이었겠죠.) 분열 폭탄 연구 진척 상황에도요. …… 정말이지 그는 모든 것에 관심이 아주 많았어요. 하지만 텔러가 가장 연구하고 싶어 했던 것은 슈퍼였죠."[19]

텔러는 1947년 여름 자문을 마치고, 로스앨러모스의 수소 폭탄 개발 노력을 평가했다. 「열핵 폭탄 개발에 관하여(On the Development of Thermonuclear Bombs)」라는 그의 기술 보고서를 통해 로스앨러모스의 진척 상황과 그 자신의 당시 판단을 알 수 있다. 보고서는 슈퍼의 "가능성이 상당하다."라고 적시하지만 "구조가 복잡해서 향후 3~4년 안에 성공할 희망은 거의 없다."[20]고 생각했다. 보고서는 계속해서 "전에는 고려하지 않은 불리한 효과들"[21](카슨 마크의 지적이다.)을 지적하며, 슈퍼에 필요할 삼중 수소 추정량을 1946년 4월 학회 때의 두 배로 늘려 잡았다.[21]

텔러의 보고서는 1946년에 제출한 자명종 체계의 문제점들도 살펴보았다.[22] 여러 층의 융합 재료를 커다란 내파 장치의 동심원 껍질로 짜 넣은 체계 말이다. 그런 장치의 실현 가능성 여부는 경원소 융합 재료가 내파 과정에서 중원소 분열 재료와 얼마나 섞이느냐에 좌우된다는 게 텔러의 결론이었다. 물리학자들은 원소의 원자 번호를 Z로 통칭한다. 수소는 Z가 1이고, 헬륨은 2이며, 우라늄은 Z=92, 플루토늄은 Z=94이다. Z가 큰 원소는 Z가 작은 원소보다 고온에서 더 빠르게 퍼져 나간다. 자명종 체계에서는 Z가 큰 재료와 Z가 작은 재료가 섞이면 복사로 인해 혼합물의 냉각도 가속화할 터였다. 그런 혼합으로 융합 재료가 압축되면서 반응이 촉진되는 것은 물론이지만 말이다. 한스 베테는 텔러가 그 1947년 보고서에서 자명종과 관련해 내린 결론들이 "정말이지 가망 없다."[23]고 생각했다. 텔러는 이 보고서에서 소련의 자명종은 "그다지 가망이 없겠"지만 자명종 체계 자체는 "우리는 물론이고 경쟁자들도 활용할 수 있다."[24]라고도 언급했다.

텔러는 슈퍼이든 자명종이든 둘 다이든 액체 중수소의 대체 연료로 리튬 동위 원소와 중수소의 염유사 화합물인 중수소화리튬 6(Li⁶D)을 생산해 사용해 보자고 제안했다. 리튬은 원자 번호가 3인 은백색의 연질 금속으로, 미국의 폭탄 프로그램에 플루오르화리튬 덩어리 형태로 이미 사용 중이었다.[25] 요컨대, 핸퍼드의 원자로에서 방사선이 거기 조사(照射)되어 삼중 수소가 만들어졌다. 폭탄의 리튬은 D+D 반응이나 분열에서 나오는 중성자들을 흡수해 바로 거기에 삼중 수소(T)를 만들어 낸다. 그 T가 D와 반응하면 에너지가 방출되면서 더 많은 중성자가 생성된다. 그리고 이 과정이 반복되는 것이다. 열핵 장치에 리튬을 사용하면 적어도 이중으로 혜택을 누릴 수 있다. 리튬을 쓰면 삼중 수소를 얻을 수 있어서, 원자로로 증식한 값비싼 삼중 수소를 설계에 포함시킬 필요성이 줄어들거나 아예 없어진다. 또 리튬은 상온에서 고체이기 때문에 액체 중수소를 쓸 때처럼 폭탄 내부를 영하 수백 도로 유지할 필요가 없다. (액체 중수소는 세심하게 병입하고 절연해야 한다.) 하지만 중수소화리튬은 중수소보다 원자 번호가 세 배 더 크다는 심각한 약점이 있었다. 중수소화리튬은 수소 동위 원소들보다 9배 더 빠르게 퍼져 나갔고, 따라서 점화시키기도 훨씬 어려워 보였다.[26] 텔러는 점화 문제를 극복할 수 있다고 상정했고, 중수소화리튬 6 수백 킬로그램을 생산[27]해야 한다고 생각했다.

텔러가 슈퍼 안과 자명종 안을 둘 다 더 탐구해 봐야 비로소 선택이 가능하다고 결론 내린 것은 꽤나 의미심장하다. 그 작업에는 당시 막 개발 중이던 전자식 디지털 컴퓨터를 동원한 계산이 요구되었다. 텔러는 디지털 컴퓨터 개발을 알고 있었고, 연구를 일부러 찬찬히 하자고 제안했다. "(자명종)이 되었든 슈퍼가 되었든 상당한 노력을 기울여 개발할지를 결정하는 것은 2년 정도 미루는 게 좋을 것 같습니다. 그때까지면 (제안된) 실험, 시험, 계산 등을 완료할 수 있을 겁니다."[28] 카슨 마크는 본격적으로 시험해야 하는 장치의 경우 계산이 왜 중요한지를 설명한다. "실현 가능하다는 걸 입증하려면 (슈퍼의) 폭발 행동을 자세히 계산해야 했다. 자세한 계산이 없으면 어림짐작이 성공하기 힘들고, 결정적인 실험도 불가능했다. 어림짐작이 실패한다고 해서 실현 불가능하다고 확정되는 게 아니라, 다만 선택한 시스템이 적합하지 않았다는 게 밝혀질 뿐이기 때문이다. 필요한 점화의 조건들을 충족하지 못한 것이다."[29] 펑 하는 소리를 내며 불발이 된 시스템은 시험하면 점화가 되는 시스템의 설계 방법을 알 수 있는 것도 아니었다.

그들은 분열 폭발의 전 과정도 처음부터 끝까지 자세히 계산할 필요가 있었다.[30] 전쟁 중에는 그럴 시간이 없었고, 계산 능력도 충분하지 않았다. 하지만 분열 폭탄을 설계하는 법뿐만 아니라 슈퍼의 분열 부분과 자명종 설계 방법을 제대로 파악하려면 이것은 필수적이었다. 로버트 데이비스 리히트미어(Robert Davis Richtmyer, 1910~2003년)가 그 일을 준비하는 과제를 맡았다. 카슨 마크가 1947년 가을 무렵 리히트미어를 대신해 이론 분과장이 되었다. (리히트미어는 종전 직후부터 그 자리를 맡았다.) 스타니스와프 울람은 이렇게 회고한다. 리히트미어는 "키가 크고, 호리호리했으며, 진지했고, 친절했고, 확실히 똑똑하기도 똑똑했다."[31] 그는 음악과 암호학에도 관심이 많았다. (텔러는 이렇게 이야기한다. "리히트미어는 슈퍼에 관심이 아주 많았다. 그와 나는 함께 자명종도 개발했다."[32]) 분열 문제를 계산할 수 있는 컴퓨터는 그때까지 아직 1대도 만들어지지 않았다. 리히트미어는 에니악 다음 컴퓨터를 이용할 수 있게 될 때까지 앞으로 2년 동안 "분열 폭발의 과정을 자세히 기계 계산"[33]하는 일을 준비한다. 이 점을 보더라도 로스앨러모스가 수소 폭탄 제작법을 알아내기까지는 한참을 더 가야 했음을 알 수 있다.

원자 폭탄은 이미 생산을 다시 시작한 상황이었다. 1947년의 공식 재고량[34]이 마크 계열 플루토늄 폭탄 13개였음에도 불구하고 실제로 그해 말에는 마크 계열의 코어가 50개였다. 9개는 전체가 플루토늄인 크리스티(고체) 코어이고, 36개는 복합 크리스티 코어이며, 5개는 공극형 복합 코어였다. (아직 시험을 거치지 않은 설계였다.) 마크 계열 코어 11개가 추가로 인증 절차를 밟고 있었다. 재고에는 A급 기폭제 50개가 들어갔고, 22개가 인증 절차를 밟고 있었으며, 오래되어서 폴로늄이 일정 부분 부식(붕괴)된 B급 기폭제도 13개였다. 팻 맨 104개를 완벽하게 조립할 수 있는 (비핵) 부품도 충분히 생산되었다. 추가로 54개의 부품 일체가 인증 절차를 밟았다. 재고에는 팻 맨 조립용 알루미늄 껍질이 63개로 부족했다. 리틀 보이 10개, 리틀 보이 기폭제 6개가 인증을 밟고 있었다. 자유 낙하 폭탄으로도 사용할 수 있는 이 탄도 무기 생산 계획은 일정을 앞지른 것이었다. 결국 1947년 말 미국은 비상시에 쓸 수 있는 원자 폭탄이 최소 56개였다.[35] (기폭제를 갖춘 것으로 팻 맨 50개, 리틀 보이 6개). 합동 참모 본부의 판단에 따르면 1개로 도시 하나를 파괴하기에 충분했다. 하지만 폭탄 조립부가 20개를 조립하는 데에만 최대 30일이 걸릴 터였다. 운반도 문제였다. 미국 공군(더는 미국 육군 항공대가 아니었다.)은 1947년 말에 원자 폭탄을 싣고 작전을 수행할 수 있는 실버플레이트 B-29를 35대 보유했다. 이 비행기에 탑승시킬 수 있는 승무원이 30명이었지만, 훈련을 통해 핵무기를 완벽하게 운용할 수 있는 승무원은 20명에 불과했다.

☢☢☢

로버트 오펜하이머가 1947년 1월 원자력 위원회(AEC)의 일반 자문 위원회(GAC) 의장으로 뽑혔고, 그 카리스마 넘치는 물리학자는 영향력 있는 정부 고문으로 입성했다. 그는 나중에 이렇게 말했다. "우리 (일반 자문 위원회(GAC))는 (원자력 위원회(AEC) 활동의) 초창기에 원자력 프로젝트의 과거와 그것의 현 상태를 더 잘 알았습니다. 위원회보다 …… 기술적으로, 또 심지어 어느 정도는 조직적으로도 말입니다. …… 우리가 위원회의 질문들에 답변하고, 위원회가 착수해야 할 정책들을 제안하는 일은 아주 자연스러웠습니다."[36] 1947년 초에 유엔에서 여전히 협상이 계속되고 있었지만 국제 통제에 합의할 가능성은 점점 더 희미해졌다. 오펜하이머는 이렇게 말했다. "우리는 당시에 전시의 추진력과 활력을 되찾을 수 있는 계획을 안출해야 하는 과제에 직면했습니다. 무엇보다 실질적 군사력의 형태로 존재하는 …… 기존의 지식, 기존의 공장, 기존의 과학 능력을 활용해야 했죠. 하지만 1947년 1월 1일에는 그럴 수 없었습니다."[37] 토론은 없었고 "우울했고, 비애를 느꼈어요." 그들은 냉큼 이렇게 결론지었다. "원자력 위원회(AEC)의 주된 과제는 핵무기를 공급하는 것이었습니다. 양질의 핵무기를 많이요."[38] 일반 자문 위원회(GAC)는 원자력 위원회(AEC)에 원자력 자체만이 아니라, 예를 들어 잠수함 추진 같은 원자력의 군사적 활용 방안도 주의 깊게 살펴보라고 권했다. 원자력 위원회(AEC)가 기초 과학을 활성화시켜야 한다는 주문도 빠지지 않았다. 하지만 원자력 위원회(AEC)의 주요 과제는 폭탄을 만드는 것이었다. 그것도 양질의 폭탄을 더 많이. 일반 자문 위원회(GAC)는 그 목표를 가능하게 하는 활동에 착수했다. 연중 계속해서 매달 모임을 가졌고, 기폭제 생산, 생산로 개발 및 개선, 폭탄 시험을 독려했다.

오펜하이머는 여전히 캘리포니아 공과 대학에서 가르치고 있었다. 그런데 새로운 기회가 찾아왔다. 원자력 위원회(AEC) 위원 루이스 스트로스는 프린스턴 고등 연구소 이사이기도 했다. 프린스턴 고등 연구소라 하면 오펜하이머가 나중에 "지식인들의 호텔"[39]이라고 부르게 되는 곳이다. 그 고등 연구소가 새 소장을 필요로 했다. 노이만, 알베르트 아인슈타인, 수학자인 오즈월드 베블런(Oswald Veblen, 1880~1960년)과 쿠르트 괴델(Kurt Gödel, 1906~1978년) 등이 포진한 독립적 천재들의 교수단이 다섯 장의 추천서를 철저하게 검토했다. 스트로스의 이름이 다섯 후보 가운데 하나였다는 사실은 참으로 기이하다. (그가 상당히 똑똑하다는 것은 사실이었지만 순전히 독학자에다 돈벌이 전문가였을 뿐이기 때문이다. 그가 구두를 팔기 위해 학교를 그만둔 게 무려 16세 때였다.) 고등 연구소 교수단은 오펜하이머를 1순위로 선택했고, 이사들도 그 결정에 동의했다. 1946년 말에 오펜하이머에게 고등 연구소 소장직을 제안한 것은 스트로스였다. 원자력 위원회(AEC)가 맨해튼 프로젝트를 인계받아 점검하는 활동의 일환으로 그 금융업자가 버클리의 방사선 연구소를 방문했을 때의 일이다. 오펜하이머는 1947년 봄까지도 결정을 못 내리고 망설였다. 당시에 그가 보인 반응은 상당히 고자세였다. "고등 연구소가 대단한 곳인지 모르겠다. 가면 뭐라도 좀 유익할까?"[40] 그러나 오펜하이머와 아내 키티는 4월의 어느 날 밤 차를 몰고 베이 브리지(Bay Bridge)를 지나다가 라디오로 자기가 그 직책을 수락했다는 뉴스 방송을 듣게 된다. 어쩔 수 없었다. 우연한 정보 유출을 계기로 오펜하이머 가족은 프린스턴행을 받아들였다.

잡지 《라이프(*Life*)》는 "신임 소장(The New Director)"이라는 제목의 특집 기사로 그들의 프린스턴행을 환영했다. 기사는 재미있는 토막 뉴스를 횡설수설하다가 엉터리 결론으로 치닫는다.

> 신임 소장은 예리하고 까다롭다. 친구들은 그가 논쟁에 너무 빨리 이기고, 너무 빨리 끝내버린다고 생각하기도 한다. 그와 가족은 풀드 홀(Fuld Hall) 인근에 있는 방 18개짜리 하얀색 식민지풍 저택에 살고 있다. 오펜하이머는 매일 저녁 6시 30분에 업무를 마치고, 집으로 돌아가 자녀들과 놀아준다.

피터(Peter)는 여섯 살이고, 캐서린(Katherine)은 세 살이다. 생물학자이기도 한 아내와 오펜하이머는 일요일이면 아이들이 네잎클로버를 찾으며 놀 수 있게 야외로 나간다. 오펜하이머처럼 생각이 딱 부러진 오펜하이머 여사는 아이들이 발견한 네잎클로버로 집을 어지르지 못하게 하려고, 찾는 족족 현장에서 전부 먹게 한다.[41]

함께 실린 전면 사진은 편안한 스웨터 차림의 즐거운 아인슈타인 옆에 젊은 오펜하이머가 스리피스 양복을 입고, 두 손을 삼각형으로 맞댄 모습이었다. 위대한 상대성 이론가가 오펜하이머에게 "공간의 견지(見地)에서 물질을 해명하는 최신의 생각들"[42]을 설명하고 있다는 게 《라이프》가 단 사진 설명이었다.

오펜하이머가 새로운 임무를 맡게 되었지만 보안 파일의 조사 내용이 불일치한다는 사실은 계속해서 그를 따라다녔다. 보안 파일의 관리 권한이 육군에서 신설 민간 기구인 원자력 위원회(AEC)로 이양되자 새 기구는 개인들의 보안 파일을 열심히 검토했다. 오펜하이머의 파일은 두꺼웠다. FBI는 1946년 9월 5일 전 로스앨러모스 소장을 면담했다. 그들은 조지 엘텐튼과 하콘 슈발리에에 관해 물었다. 오펜하이머는 1943년 첩보 활동을 종용당했던, 논란이 분분한 에피소드와 관련해 슈발리에의 증언과 일치하는 이야기를 했다. 그것은 엘텐튼의 진술과 어긋나는 것이기도 했다. 오펜하이머는 아내 키티의 링컨 여단 친구인 스티브 넬슨이 정보를 빼내려고 접근한 적도 없다고 말했다. 하지만 FBI는 혐의를 받던 또 다른 물리학자 조지프 우드로 와인버그(Joseph Woodrow Weinberg, 1917~2002년)에게 넬슨이 한 이야기를 알고 있었다. FBI 도청 보고서를 보자. "그가 방사선 연구소의 프로젝트 정보를 얻으려고 오펜하이머에게 접근했지만 …… 오펜하이머는 정보 제공을 거부했다."[43] 오펜하이머는 넬슨을 도청한 내용 덕택에 충성스럽지 못하다는 혐의에서 벗어날 수 있었다. 하지만 발빼이 문제가 되었다. 의혹이 한층 더 쌓인 것이다. 원자력 위원회(AEC)는 1947년 8월 말이 되어서야 오펜하이머에게 고위급 Q 인가(Q clearance, 극비 문서 취급 인가 — 옮긴이)를 내주기로 결정한다.

루이스 스트로스는 언제부터 로버트 오펜하이머를 혐오하게 됐는지를 한번도 밝힌 적이 없다. 스트로스는 지적 자신감이 부족했고, 비판과 모욕에 민감했다. 그는 이 두 가지 약점 때문에 오펜하이머의 악명 높은 오만함에 더욱 상처를 받았을 것이다. 고등 연구소 교수단의 추천자 명단에서 자신이 맨 아래, 오펜하이머가 맨 위에 올랐음을 알게 된 사건이 원한과 증오의 시발점이 되었다. 정치적 불화가 서로에 대한 악감정을 부채질했다. 스트로스는 원자력 정보를 비밀로 유지해야 한다는 생각에 사로잡힌 보수파 공화당원이었고, 오펜하이머는 개방을 옹호한 자유주의자였다. 오펜하이머의 친구이자 영향력 있는 기자 겸 칼럼니스트였던 조지프 라이트 앨솝(Joseph Wright Alsop, 1910~1989년)은 몇 년 후 스트로스를 이렇게 묘사한다. "말쑥하고, 정력적이며, 야심만만하고, 똑똑한 사람"이다. "윗사람들"한테는 "철저하게 순종"하지만 "동등한 자격의 인사나 아랫사람들"과의 "논쟁은 전혀 반기지 않는다." "동료 위원 한 명은 그를 두고 이렇게 말했다. '무엇이든 루이스와 의견을 달리하면, 루이스는 맨 먼저 당신을 바보라고 생각한다. 계속해서 그와 의견을 달리하면 루이스는 당신이 반역자라고 결론짓는다.'" 앨솝의 결론은 이렇다. "오펜하이머는" 스트로스 같은 사람과는 "처음부터 사이가 틀어질 운명이었다."[44]

스트로스는 정치나 다른 것 말고도 더 근본적인 차원에서 오펜하이머에게 혐오감을 느꼈던 것 같다. 그는 오펜하이머를 부도덕한 인물로 규정했다. 스트로스는 몇 년 후 오펜하이머가 "참으로 훌륭했다."라고 쓰려던 에드워드 텔러를 화내면서 나무랐다. "진실성과 개인의 도덕을 자기가 용인하는 JRO(줄리어스 로버트 오펜하이머의 약자) 같은 사람이 훌륭합니까? (오펜하이머가 톨먼 씨 댁에서 무슨 짓을 했는지, 어니스트 로런스가 해 준 이야기를 듣지 못했나요?) 뭔가 다른 말이 있을 거요, 에드워드. '훌륭하다.'라는 말은 절대로 안 됩니다."[45] 오펜하이머는 전쟁 전에 캘리포니아 공과 대학 선임 물리학자 리처드 톨먼의 패서디나 집에서 키티와 잤다. 문제는 당시에 그녀가 영국인 의사 스튜어트 해리슨(Stewart Harrison)과 여전히 혼인 관계를 맺고 있었다는 사실이다. 스트로스가 20년이 지났는데도 여전히 그런 뒷말에 분개했던 것을 보면 그의 심리 구조가 얼마나 경직되어 있었는가를 알 수 있다. 허버트 요크의 말도 들어보자. "(스트로스는) 엇나가는 사람이었습니다. 고집이 아주 셌죠."[46]

오펜하이머는 천연덕스럽게 유대교를 무시했고, 스트로스는 그것에도 화가 났다. 오펜하이머가 주류 사회에 동화한 것을 두고, 라비는 "유대인 문화 교육 촉진 협회 회장이 될지, 아니면 로마 가톨릭의 우애 공제회 회장이 될지"[47] 마음을 정하지 못한다고 그를 묘사했다. 그 시절 워싱턴에서는 반유대주의가 정계와 사회 각 분야에 뿌리 깊게 자리했다. 하지만 스트로스는 특출난 학문적 재능을 통해 세속적 행정가로 출세했으면서도 저명한 유대교 평신도로 활약했다. 10년간 템플 에마누엘(Temple Emanu-El)의 신도회 회장을 역임했는데, 템플 에마누엘은 뉴욕 최대의 유대교 교회였다. 이탈리아에서 망명한 솔직담백한 물리학자 에밀리오 세그레는 페르미의 절친으로, 역시 노벨상을 받았다. 세그레는 "스트로스가 신과 대화했다."라고 말했고, "그와 가까이 하기가 내키지 않았다."[48]라고까지 덧붙였다.

스트로스는 오펜하이머의 Q 인가 발급 승인안에 찬성표를 던졌다. (그는 회고록에서 그로브스가 위원들에게 찬성표를 독려했다고 비난한다.) 하지만 두 사람은 친구인 적이 단 한 번도 없었다. 미국의 원자로에서 증식된 방사성 동위 원소를 외국에 나눠 줘, 의학과 산업 연구 활동에 보탬이 되게 하자는 사안을 놓고 처음에 다툼이 일어났다. 일반 자문 위원회(GAC)는 그런 분배 행위에 찬성했다. 친선 관계를 강화하고 과학의 발전과 교류를 진흥할 수 있을 것이라는 믿음에서였다. 스트로스가 반대하고 나섰다. 원자력 위원회(AEC) 위원들이 1947년 8월 샌프란시스코 북쪽 보헤미안 그로브(Bohemian Grove)에서 만났다. 의사록에는 이렇게 적혀 있다. "지금 분배 활동에 반대하는 위원"은 스트로스뿐이다. "그는 …… 방사성 동위 원소의 해외 선적과 관련해 제안된 제한 조치들을 취한다고 해서 당해 물질이 비우호적인 목적에 사용되거나 적대적인 세력에게 넘어가 미국의 국가 안보에 위협이 될 수 있는 사태를 과연 효과적으로 막을 수 있는지에 회의와 우려를 표시했다." 스트로스는 스마이스 보고서를 발간한 것도 "안보를 중대하게 위반한 행위"[49]였다고 강하게 주장했다. 그로브스가 당대의 비망록에서 고소해 한 내용을 소개한다. "위원회에서 벌어진 논쟁이 어찌나 격렬했는지 스트로스 제독이 사임할 뻔했다."[50]

과학 연구에 사용되는 소량의 방사성 동위 원소는 국가 안보에 조금도 위협이 되지 않는다. 하지만 스트로스는 이 문제를 강박적으로 물고 늘어졌다. 제임스 포레스탈에게 고해 바쳤고, 《뉴욕 타임스》에도 흘린 것이다. 데이비드 릴리엔솔은 "결속을 유지하기 위해 온갖 노력을 다 했음에도 …… 위원회에 악성 균열이 생기"자, 결국 스트로스와 충돌했다.

> 스트로스는 …… 분위기에 아주 민감한 사람으로, 몹시 흥분한 게 틀림없었다. …… 내 입장을 전달하자, 그는 방사성 동위 원소를 외국에 나눠 주는 사안과 관련해 우리가 잘못 하고 있다는 게 여전히 자신의 판단이라고 대꾸했다. …… 그는 자기가 할 수 있는 최선은 사임뿐이라고 생각한다고 …… 말했

다. 나는 사임은 터무니없다고 대꾸했다. 그가 위원회 바깥에서 위원회의 활동에 반대하는 것이 우리가 하는 모든 일에 얼마나 위험하고, 치명적인가를 깨달았다. …… 그는 흥분했고, 내가 성인군자라는 등의 말을 내뱉었다. 나는 무엇을 허용하고, 무엇을 허용하지 말지를 다루는 본안으로 돌아가려고 했다. …… 그가 말했다. "알았습니다. 그만하죠. 잊겠습니다. 그렇게 해야겠지요. 하지만 전 여전히 제가 틀렸다는 걸 납득하지 못하겠습니다." 그는 자기가 얼마나 참혹한 기분인지와 관련해 뭐라고 더 말했다. 나는 이렇게 대꾸했다. "그런 식으로 자책하지 마세요. 당신이 뭘 하는지 몰랐을 뿐입니다." 그가 고개를 돌리더니, 진심 어린 표정으로 씩 웃고서 이렇게 말하는 것이었다. "아니오, 저도 나이는 먹을 만큼 먹었습니다. 제가 뭘 하고 있는지는 정확히 알고 있어요." 내가 생각하는 것은 그가 하는 일의 규모이다.[51]

스트로스는 완강하게 고집을 부렸을 뿐만 아니라 명민하기까지 했다. 그는 1939년에 실라르드의 말을 듣고, 핵분열 발견의 함의를 가장 먼저 깨달은 사람 가운데 한 명이었다. 1947년 4월 신임 원자력 위원회(AEC) 위원으로 확정되고 나서 스트로스가 거의 처음으로 한 일은, 미국이 외국의 핵실험을 원거리에서 탐지하기 위해 무엇을 하고 있느냐고 물은 것이었다. 그는 동료 위원들에게 이렇게 말했다. "핵무기를 대량으로 생산하는 나라가 있다고 칩시다. 그게 어떤 나라이든 적어도 한 번은 해당 무기의 실효성을 '알아보는' 시험을 하고 싶어 할 것이라고 예상할 수 있습니다. (미국에) 실효적인 감시 체계가 없다면 우리가 나서서 즉각 그런 조치를 취해야 한다고 제기해야 합니다. 사람들이 나서지 않으면 우리라도 먼저 나서야 합니다."[52] 동료 위원들은 스트로스에게 그 사안을 자세히 알아보라고 주문했다. 스트로스는 해군 재직 시절 보좌관이었던 윌리엄 골든(William T. Golden, 1909~2007년)을, 원자력 위원회(AEC)

가 부추겨 공군 산하에 설치된 원거리 탐지 위원회(Long-Range Detection Committee)[53]에 파견했다. 미국 공군은 이후로 원자력 위원회(AEC)와 협력해 지구상 어느 곳에서든 핵폭발이 일어나면 그것을 탐지할 수 있는 능력을 개발하게 된다.

☢☢☢

커티스 르메이가 1946년 8월에 원거리 탐지 사안을 제기했으니, 이는 루이스 스트로스보다 8개월이 빠른 것이었다. 르메이는 1947년 10월 유럽 주둔 미국 공군(United States Air Forces in Europe, USAFE) 사령관이 되어 해외로 전출을 갔다. 그는 임지로 가는 길에 세 번째 별을 달고, 중장이 된다. 독일인들은 전쟁에서 지고 2년 이상이 흘렀는데도 "여전히 극심한 충격 속에 살고" 있었다. "마치 좀비가 걸어 다니는 것 같았다."[54] 유럽 주둔 미국 공군(USAFE)도 상황이 별반 다르지 않았다. "대충 봐도 유럽 주둔 미국 공군(USAFE)은 아둔해 보였다. 혼란스러움이 애완 동물 품평회장의 동물 난장판과 다를 바가 없었다. 전투 비행단이 하나, 수송부 약간, 레이더병이 조금 있었다. 그게 다였다. 나는 당장 대대적 개혁에 착수했고, 주야로 일에 몰두했다."[55]

르메이는 브레머하펜(Bremerhaven)을 경유해 독일 북동부의 소련 점령 지역으로 이어지는 미국의 보급로가 무력해지는 사태를 특히 걱정했다. 보급로는 "우리 군대를 뒤로하고, 멀리 떨어져 있었다. …… 러시아 인들은 앞에서 낚아채기만 하면 되었다. 그들은 심지어 우리 군대와 조우하기도 전에 보급로를 끊어 버릴 수 있었다."[56] 독일은 네 구역으로 분할되었고, 서로 다른 나라가 각각의 구역을 관할했다. 따라서 정치 과정이 복잡하고, 시간을 많이 잡아먹었다. 르메이는 그런 번거로움을 피하기 위해 법의 영역 밖에서 움직였다. 그는 중국에서 마오쩌둥과 은밀히 협약을 맺기도 했었고, 이제 프랑스와 벨기에의 공군 참모 총장들과 남몰래 협상했다.

> 나는 그들에게 우리 군대 후방으로 기지가 좀 있었으면 좋겠다고 말했다. 벨기에와 프랑스의 배후지에 말이다. 모든 것을 거기 저장해야 했다. 탄약, 연료, 식량, 폭탄, 기계 장비 등, 필요할지 모르는 모든 종류와 온갖 상태의 보급품을 말이다. ……
>
> 젠장, 지금 내가 뭘 하고 있는 거지? 나는 다른 나라들의 법을 어기고 있었다.
>
> 프랑스는 평화시에 외국 군대가 전혀 주둔할 수 없었다. 프랑스 인들의 생각과 법규에 이것보다 더 불법적인 일은 없었다. 그건 벨기에도 마찬가지였다.[57]

르메이는 군수품 이전을 위장하기 위해 보급품을 기차에 싣고, 서유럽 일대를 왔다 갔다 하게 시켰다. "우리는 기차를 맹렬히 지그재그로 움직였고," 측선에 세웠으며, 선하 증권을 다시 작업했다. 기차들의 출발지를 이미 충분히 모호하게 했기 때문에 르메이는 프랑스와 벨기에 군대가 보관해 주기로 한 물품을 하역하는 작업에 민간인 복장의 부대원들을 투입했다. "사실상 북대서양 조약 기구(North Atlantic Treaty Organization, NATO)가 생기기도 전에 서독, 프랑스, 벨기에에 우리만의 은밀한 작은 나토가 부산스럽게 가동 중이었던 셈이다."[58] 유럽 주둔 미국 공군(USAFE) 사령관은 제2차 세계 대전 초에 미국이 전혀 준비가 안 되어 있었고, 그 소홀과 태만의 대가로 휘하 비행대의 수많은 청년 장병이 목숨을 지불했다는 사실을 떠올리면서 얼굴이 화끈거렸다. 르메이는 승리에 만족하며 안주하는 상황을 뒤바꾸겠다는 결의가 확고했다.

제임스 포레스탈은 1947년 12월 초에 더 장기적인 관점에서 군대의 처지를 분석했다. 그는 상원 군사 위원회(Senate Armed Services Committee) 의장에게 보내는 서한에서 미국이 마셜 플랜 비용으로 지출하기 위해 수십억 달러를 준비 중이던 것을 옹호했다.

> 우리는 군대의 지도자들이 국가 안보를 달성하는 (데 필요한) 최소라고 추정하는 …… 수준 이하로 군비 지출을 줄여야 합니다. 그래야만 유럽의 재건을 도울 수 있는 비용을 늘릴 수 있습니다. 즉 위험을 계산해야 한다는 이야기입니다. ……
>
> 정확한 햇수를 가늠하기는 힘들지만 여러 해에 걸쳐 (이렇게 위험을 계산하고, 관리하면) 군사적으로도 계속해서 일정한 혜택을 누리게 되고, 위험 사태를 충분히 막을 수 있을 것입니다. 현재의 세계에서 가장 중요한 군사적 사실은 다음 네 가지입니다.
>
> (1) 유럽과 아시아에서는 소련의 지상 병력이 우세하다.
> (2) 미국은 해군력이 우세하다.
> (3) 원자 폭탄은 우리만 가지고 있다.
> (4) 미국의 산업 생산 능력.
>
> 미국이 생산력 면에서 나머지 세계를 압도하고, 바다를 통제하며, 원자 폭탄으로 내륙을 효과적으로 타격할 수 있는 동안은 세계 무역을 복구하고, 군사력의 균형을 회복하며, 전쟁을 일으키는 모종의 조건들을 제거하는 노력에서 일정한 위험을 부담할 수 있습니다.[59]

이 분석은 예리하고 솔직했다. 포레스탈이, 스탈린이 전쟁을 벌일 의도가 전혀 없다고 믿을 만한 이유도 있었다. 애버렐 해리먼은 전직 소련 대사로, 당시에 상무 장관직을 수행하고 있었다. 그가 9월에 대통령 직속의 공군 정책 위원회(Air Policy Commission)에 출석해, "(소련이) 예측 가능한 미래에 주요한 갈등과 충돌로 비화할 수 있는 조치나 활동을 전혀 취하지 않을 것으로 확신한다."[60]라고 증언했다. 신임 국방 장관 포레스탈은 10월에 해리먼의 모스크바 후임자 월터 베델 스미스에게 소련의 입장이 무엇이냐고 물었다. 베델 스미스는 이렇게 답변했다. "스탈린은 이렇게 말합니다. 우리는 전쟁을 원하지 않는다. 하지만 미국인들 그 바람이 우리보다 약한 것 같다. 우리 입장이 강경해질 수밖에 없는 이유이다."[61]

12월의 모스크바는 어두컴컴했다. 미오반 질루스는 소련 최고 지도자의 관용차에 함께 탑승하고 이동할 기회가 있었다. 그는 목격한 내용을 이렇게 전한다. "허리는 구부정했고, 목 뒷부분은 회색으로 앙상했으며, 빳빳한 옷깃 위로는 주름살까지 패어 있었다."[62] 유고슬라비아의 그 외교관은 마지막으로 만난 게 불과 2년 전인데, 그사이에 스탈린이 그렇게 부쩍 늙어 버렸다는 게 도저히 "이해가 안 되었다." "스탈린은" 만찬석상에서 "원자 폭탄 이야기를 꺼냈다. '강력한 무기예요, 강력한!' 그의 말에는 감탄과 존경의 기색이 역력했다. 그가 그 '강력한 무기'를 손에 넣을 때까지 결코 쉬거나 중단하지 않으리라는 걸 누구라도 알 수 있을 정도였다." 스탈린은 그날 밤, 그리고 며칠 후 밤에도 다시, 독일의 분할 상태가 종식되고 재결합하는 일은 없으리라고 예견했다. 질루스는 그의 말을 이렇게 전한다. "서방은 서독을 자기 영역으로 삼을 것이다. 우리도 동독을 우리 영역으로 삼아야 한다."[63]

소련은 때를 기다리며 기회를 엿보고 있었다. 내부 문제로 관심을 돌려 전후 재건을 도모하며 원자 폭탄 개발과 제작에 몰두했다. 소련 언론은 1947년 가을부터 번스, 포레스탈, 심지어 트루먼까지 비난했다.[64] 몰로토프가 한 11월 연설은 상당한 중요성을 지닌다. 격분을 담은 그 연설에서 몰로토프는 이렇게 말한다. "미국의 팽창주의자들에게는 새로운 종교가 생겼다. 그들은 내면의 힘을 믿지 않는다. 하지만 딱 하나 광신적으로 믿는 게 있다. 원자 폭탄의 비밀이 그것이다. 하지만 그런 비밀은 이미 오래전부터 존재하지 않는다."[65] 소련 정부는 화폐 개혁의 충격을 완화할 필요가 있었고, 12월 15일 배급 제도를 폐지했다. 하지만 동시에 잔혹한 형태의 새로운 억압이 시작되었다. 일명 "내부자 감시 캠페인(vigilance campaign)"[66]이 그것이다. 몰로토프는 문제의 11월 연설에서 소련 국민을 이렇게 꾸짖었다. "우리나라의 상당히 많은 사람들이 아직도 서방에 사대주의적 태도를 보인다. 노예 근성으로 자본주의 문화를 비굴하게 숭배하는 풍조 또한 상당하다. 우리한테는 이런 게 필요 없다. …… 볼셰비키 당에서까지 적들의 스파이와 비밀 요원이 암약했다. 트로츠키주의자, 우익 등등. 현재의 국제 상황은 소련 시민에게 특별히 경각심을 가질 것을 요구한다."[67] 이 캠페인이 "이내 새로운 유형의 간첩 색출 소동으로 확산되었다."[68]라고 알렉산더 워스는 적었다.

내부자 감시 캠페인은 잔인하고도, 쓸모가 있었다. 캐나다 출신의 수잔 로젠버그는 굴라크에 수감된 희생자로, 그녀의 부모가 전쟁 발발 전에 공산주의 실험을 돕기 위해 소련으로 이주했고, 대공포 시대의 숙청 과정에서 체포되었다. 수잔은 새롭게 펼쳐지는 외국인 혐오증을 목도했다.

> (내무부(MVD)가 저지른) 최악의 범죄는 같은 혐의로 다시 체포한 것이었다. 형을 다 살고 풀려난 사람들이 다시 수감되었다. 선고 형량을 전부 복역한 사람을 풀어 주지도 않았다. 1937년과 1938년의 대대적인 피의 숙청 연간

에 체포된 사람들은 총살을 당하거나 10년형을 언도받았다. 그 10년이 전쟁 중과 후에 더 길어졌고, 대개는 25년으로 늘어났다. 다수의 정치범이 1947년에 석방될 예정이었다. 그것은 전후 공업을 재건하는 데 절실하게 필요했던 강제 노동력이 크게 고갈된다는 이야기였다.

석방된 죄수들을 다시 잡아들이자는 안은 기발한 생각이었다. 그렇게 해서 10년 후에 새로운 공포의 물결이 시작되었다. 1947~1953년의 대규모 체포 사태가 바로 그것이다. 강제 노동 수용소를 폐쇄하지 않아도 되었다. 새로운 건설 프로젝트들에는 형벌 노동이 필요했다. 1937년과 1938년에 잡혀 들어간 무고한 희생자들을 계속해서 격리하는 조치는 정치적으로도 아주 탁월한 해결책이었다. 그들이 당의 명성과 위신을 더럽히지 못하도록 해야 했다. 그야말로 일석이조의 조치였던 것이다.[69]

베리야의 맨해튼 프로젝트에는 강제 노동 수용소에서 흙먼지처럼 하찮게 사라져 줄 인력이 필요했다.

그 무렵 이고리 쿠르차토프의 동생 보리스는 F-1 원자로의 우라늄 덩어리에서 소련 최초의 플루토늄을 몇 그램 분리해 냈다.[70] 클로핀이 소장으로 있는 라듐 연구소 연구진은 플루토늄 추출 기술을 산업적 규모로 확장하는 과제에 이미 착수한 상태였다. 쿠르차토프와 반니코프는 그해 가을 첼랴빈스크-40 현장을 둘러보았다. 가을인데도 매우 추웠다. 골로빈은 이렇게 쓰고 있다. "거기에는 이미 커다란 도시가 하나 솟아올라 있었다. 다종다양한 노동자, 기술자, 공학자 들이 수천 명이었다. 원자로가 건설 중이던 곳은 도시에서 10킬로미터 이상 떨어져 있었다. 최근에 심장 마비를 일으킨 반니코프는 그 거리를 매일 둘러보는 것이 무리라고 판단했고, 건설 현장 바로 옆의 철도 객차를 거처로 삼았다. 쿠르차토프는 그와 함께 있어야 했고, 한마디 불평 없이 얼음같이 차가운 겨울 날씨를 견뎠다."[71] 첼랴빈스크-40이 쿠르차토프의 기지가 되었다. 혁명이 일어나기 전에 키시팀[72]에서 광산과 금속 산업을 경영 관리했던 게 허버트 클러크 후버(Herbert Clark Hoover, 1874~1964년)라는 약관의 미국인 기사였다는 사실은 참으로 얄궂다. 제1차 세계 대전 후 루이스 스트로스를 공직에서 맨 처음 이끌어 준 선배이기도 했으니 말이다.

감독관들과 장성들만 첼랴빈스크-40에 전속된 게 아니었다. 한 징집병은 최초의 물건을 집어넣을 구덩이를 파던 재소자들을 경비했던 임무를 이렇게 회고한다. 그가 말한 최초의 물건은 흑연 생산로로, "작은 안나"라는 뜻의 "아노치카(Anotchka)"라는 별명으로 불렸으며, 줄여서 A 원자로(반응로)라고 했다. 그의 회고를 들어보자. "가시 철조망이 도시를 …… 삼중으로 에워쌌다. 맨 외곽 담장에는 감시탑이 설치되었고, 과학자들이 생활하는 '테차(Techa, 테차 강을 따서)'라는 거주 구역이 있었으며, 노동자들의 중앙 '구역'(군인, 죄수, 풀려난 죄수 들까지)이 마련되었고, 마지막으로 물건이 철조망에 둘러싸여 있었다. 사람들은 나뉘어서 건설 작업을 수행했다. 어떤 사람들은 초기 단계에서 작업에 투입되고, 그런 다음에는 다른 인력이 대체 투입되었으며, 마지막으로 또 다른 사람들이 마무리 작업을 수행했다. 작업이 그런 식으로 진행되었기 때문에 뭘 짓는지 아는 사람은 아무도 없었다."[73]

생산로에 들어갈 흑연은 현장에서 제조되었다. 그해 소련 공급량의 대부분이 여기에 쓰였다. 미국 정보부에 따르면 1947년과 1948년 초에 소련은 "흑연 전극 부족 사태가 심각했다."[74] (미국은 무기 대여법 활동이 종료된 후에도 계속해서 소련에 흑연을 팔고 있었다. 1946년에 약 5,500톤이었다.[75] CIA는 1951년에 이렇게 적었다. "냉전이 시작되었고, 수출량은 1947년에 1,500톤으로 줄었으며, 1948년 700톤이 공급된 후 전격 중단되었다.") A 원자로의 흑연 코어는 높이와 폭이 9.1×9.1미터이고, 알루미늄으로 싼 천연 우라늄 금속 덩어리를 집어넣을 수직 구멍이 1,168개 뚫릴 예정이었다. 금속 우라늄은 위에서 안으로 투입되어, 방사선을 쬔 후, 중력에 의해 바닥으로 배출되어 사용 후 핵연료 저장조(spent fuel pool)에 들어간다. 흑연 코어는 구덩이 안으로 지하 18미터 깊이에 설치될 터였다. 재소자들은 기반암이 나올 때까지 수작업으로 구덩이를 팠고, 목재를 사용해 구덩이를 받쳤다. 앞의 군인은 이렇게 말한다. 바위가 나오면, "폭약으로 제거했어요. 우리가 그 파편을 트럭에 실어 내다 버렸죠."[76] 구덩이를 다 파면 수조를 덧대었다. 그러고는 콘크리트를 잔뜩 부어, 벽의 두께를 3미터로 만들었다. 이것은 당연히 흑연 블록을 감싸는 용도였다. 원자로 위로는 소련의 신고전주의 양식 건물이 크고 튼튼하게 올라갔다. 위로 1층의 바깥면을 돌로 마감하고, 2층 높이의 기둥을 바깥에 설치했다.

1948년 3월[77]부터 원자로 블록 조립이 시작되었다. 쿠르차토프는 이렇게 연설했다. "여러분과 저는 1년이나 2년이 아니라 …… 여러 세기를 이어 갈 산업의 토대를 놓고 있습니다." 그는 작업 현장에 "유치원, 괜찮은 가게, 극장"이 들어서면서 도시가 발달하기를, 자녀들이 대를 이어 일할 수 있기를 바랐다. "그때에도 사람들 머리 위에서 우라늄 폭탄이 터지지 않으면 얼마나 좋겠습니까! 그러면 우리 도시는 평화의 기념비가 될 것입니다. 살 만한 가치가 있는 일 아닙니까!"[78]

미하일 페르부킨이 나중에 인터뷰한 내용도 들어보자. "원자로 조립이 시작되었을 때는 반니코프, 쿠르차토프, E. P. 슬랍스키(E. P. Slavsky, 금속 공학자로 첼랴빈스크-40 책임자)가 항상 대기했습니다. (내무부(MVD) 장군) 아브라미 자베냐긴이 현장을 가끔 방문했지요. 그건 A. N. 코마롭스키(A. N. Komarovsky)도 마찬가지였어요. 건설 총책임자였으니까요. …… 저도 여러 차례 갔습니다. 우리는 조립 작업을 아주 신중하게 점검했죠. 특히 원자로에서 나중에 방사능에 오염되는 부분은요. 우리는 특수 맨홀을 통해 원자로 안으로 들어가, 작업 상태를 확인했습니다. 특히 용접을요. 반니코프, 자베냐긴, 코마롭스키가 장군 제복을 입어서 건설 인부들은 우리가 들고나던 그 입구를 '장군의 맨홀'이라고 불렀죠."[79] 인부들은 원자로로 물을 운반해 원자로를 냉각시킬 수 있는 파이프를 용접하고 있었다. 이런 변화는 F-1에는 없었던 것으로, 아노치카의 출력이 더 컸기 때문에 필요한 개선 사항이었다.

한편 모스크바에서 200킬로미터 더 가까운 사로프에서는 주커만 연구진과 알트슐러 연구진이 숲속의 현장에서 고폭약으로 계속 내파를 연구했다. 주커만은 이렇게 쓰고 있다. "초기 단계에서는 안전 조치에 별로 주의를 기울이지 않았다. 흔히 쓰는 끈 달린 장바구니에 장약을 담아, 강화 벙커 앞에 매달아 두기 일쑤였다. 예비로 방사선 투과 사진을 몇 장 찍었는데, 해당 장약이 엑스선 방향과 일치하는지 확인하는 절차였다. 그러고 나면 마리아 알렉세에브나 마나코바(Maria Alekseevna Manakova)가 벙커 밖으로 나가, 나뭇가지에 매단 쇳조각을 망치로 두드렸다. …… 그것이 곧 폭발 시험을 할 것이라는 신호였다. 밖에 있는 사람은 모두 지형을 이용해 숨어야 했다. 사이렌이나 전화 같은 '경이로운' 신호 및 연락 수단은 나중에나 이용할 수 있었다."[80] 한 번은 고전압 엑스선 장비가 케이블로 연결된 기폭 장치에 전류를 유도했는데 연구진 두 명이 여전히 밖에 있었던 적도 있었다. "별안간 강력한 폭발이 일어났다. 벙커 안의 모든 사람은 즉시 깨달았다. 아냐(Anya)와 보리스(Boris)가 작업 중이던 장약이 터졌다는 것을. 심장 박동이 멎었다. 몇 초의 시간이 영원처럼 느껴졌다. 얼마 후 벙커 입구에 아냐가 나타났다. 잔뜩 흥분한 표정이었다. 뒤로는 언제나처럼 침착한 보리스가 보였다. '걱정할 것 없어요.' 그가 말했다. '전류가 유도되어 장약이 터지기는 했지만 우린 이미 피했으니까요.'"[81] 그들은 실험이 성공하면 소련 칸에, 실험이 실패하면 "해리 트루먼 칸에"[82] 점수를 표시했다.

압축과 기폭제 실험도 보자. 알트슐러는 완성된 폭탄의 내파 파동을 형성하는, 정확하게 딱 들어맞는 두 조각 렌즈의 값싼 대체물을 재빨리 고안해 냈다. 구형 고폭약들을 단단한 고폭약 껍질에 붙인 것이다. 이 "초간단 설계의 3차원 내파 장약"(알트슐러의 말이다.)으로 "실험을 한 달에 20번까지도 할"[83] 수 있게 되었다. 그들은 간단하지만 쓸 만한 장약을 현장에서 조립했다. 노천에 불을 피우고, 그 위에서 접착제 냄비를 가열한 것이다. 주커만의 기록을 보자. 한 번은 "장약이 아주 많이 들어가는 실험을 준비 중이었다. 100킬로그램이 넘었으니 상당히 많았다. 그런데 느닷없이 장약에 불이 붙는 불상사가 발생하고 말았다. 그런 경우라면 붙은 불이 기폭 작용을 하고, 결과는 뻔하다. (연구 책임자는) 평정심을 잃지 않고 침착했다. 그는 연구진을 이끌고 벙커로 들어갔고, 연락원에게 전화를 걸어 모두 지역에서 대피하도록 명령했다. 다행히도 운이 좋아서 폭발은 일어나지 않았다. 장약이 타다가 꺼진 것이다."[84] 베리야의 나라에서는 사고가 곧 사보타주 행위였다. 과학자들은 그 화재 사건을 자연발화에 의한 연소라고 둘러댔다. 날아가던 새가 장약에 똥을 누었는데, 그 놈의 액체 똥방울이 렌즈처럼 햇빛을 모아 불이 났다고 그들은 우겼다. 기술을 전혀 모르는 멍청이나 받아들일 수 있는 이야기였고, 베리야가 그랬다.

☢☢☢

소련과 서방 동맹국들은 1948년 겨울과 봄에 그나마 남아 있던 전시의 협력 관계를 전부 내팽개쳤다. 1947년 12월 15일 런던에서 열린 외무상 협의회 회의가 독일의 미래를 놓고 의견이 충돌하며 결렬되었다. 어니스트 베빈은 여기에 대응해 조지 마셜에게 "공식적이든 비공식적이든 서유럽에서 미국과 영연방 국가들이 지원하는 모종의 연합을 구성하자."[85]라고 제안했다. 베빈은 1월에 베네룩스 삼국(벨기에, 네덜란드, 룩셈부르크) 및 프랑스와 동맹을 추구하면서 그 과정을 개시했다.

소련도 소련 나름으로 판단했다. 그들은 전쟁이 임박한 위협이 아니라고 확신했고(게오르기 말렌코프가 한 무리의 이탈리아 공산주의자들에게 한 말을 들어보자. "아마도 미국이 계속해서 우리의 신경을 거스르겠지요. 하지만 현 시점에서 전쟁은 논외입니다."[86]), 동유럽에 대한 장악력을 공고히 하는 방향으로 나아갔다. 마셜 플랜은 이미 큰 성공을 거두고 있었다. 마셜이 11월 각료 회의에 보고한 내용을 보자. "공산주의의 진격을 저지했습니다. 러시아 인들은 자신의 처지를 재평가하지 않을 수 없게 되었습니다."[87] 스탈린은 마셜 플랜을 몹시 분하게 여겼다. 예를 들어, 체코가 마셜 플랜의 원조를 이용하고자 했다. 체코 수상이 외국환이 필요하다고 불만을 토로하자, 스탈린은 웃으면서 이렇게 대꾸했다. "당신네 나라에 돈이 충분하다는 걸 알고 있소." 그는 계속 웃으며, 몰로토프에게 고개를 돌렸다. "체코는 달러를 좀 만질 수 있을 거라고 생각해. 그 기회를 놓치고 싶지 않은 거야."[88] 1948년 2월 25일 소련의 붉은 군대가 프라하를 점령했다. 베델 스미스가 3월 1일 모스크바에서 마셜에게 전문을 보냈다. "소련이 최근 체코와 핀란드에 진주한 사태가 얼마나 중요한지 …… 이것을 의회에 자세히 알리고, 설명할 것. 전반적 군사 훈련과 육군, 해군, 특히 공군 구축 계획을 신속하게 숙려해, 조치를 취해야 할 것으로 사료됨."[89]

포레스탈은 징병 부활과 군사 예산 증액을 원했다. 미국의 항공 산업은 그 겨울에 사망 일보 직전이었다.[90] 즉시 방위 계약을 맺고, 자금을 쏟아붓지 않으면 파산할 것이라는 이야기였다. 마셜은 마셜 플랜 원조액 53억 달러를 승인받아야 했다. 공화당이 장악한 의회는 도무지 말을 들으려고 하지 않았고, 의견을 결집하려면 전쟁 공포[91]가 필요했다. 소련이 체코를 점령한 사태가 도움이 되었다. 하지만 충분하지는 않았다. 마셜, 포레스탈, 국무부의 로버트 로벳, 기타 인사들은 불난 집에 부채질을 하기로 공모했다. 3월 4일 각료들과 상원 의원들이 참석한 오찬 모임이 열렸다. 포레스탈이 일기에 쓴 내용을 보자. "마셜이 전쟁 상황임을 자세히 설명했다. …… 대러시아 관계가 악화되었음을 국민에게 알리고, 계도할 필요성에 참석자 모두가 동의했다."[92]

전쟁 공포를 조장하기로 결의한 무리는 각종 연설 외에 루시어스 두비그넌 클레이(Lucius DuBignon Clay, 1897~1978년) 장군도 호출했다. 클레이는 점령 독일의 미국 구역 군정 사령관으로, 성질이 불같고 고압적인 인물이었다. 그는 1947년 11월에 이미 소련이 베를린을 완전 점령하기로 결심할 수도 있다고 예견했다.[93] 베를린은 나치 독일의 수도였던 곳으로, 다른 독일 영토처럼 네 구역으로 분할되어 있었다. 문제는 베를린 자체의 위치였다. 철의 장막 뒤로 160킬로미터나 전진해, 소련 영역에 꼭 박혀 있었으니, 미국의 실질적인 군사 보호 범위 밖에 있었던 것이다. 전쟁 상황이라고 엄포를 놓은 오찬 모임 다음날 클레이가 극비 전문을 워싱턴으로 보냈고, 포레스탈은 그 일을 중요한 사건으로 확대했다.

> 지난 여러 달 동안의 논리적 분석에 따르면 최소 10년 동안은 전쟁 가능성이 없다고 평가할 수 있었다. 그런데 지난 몇 주 사이에 소련의 태도가 미묘하게 변화했음이 감지된다. 딱 부러지게 규정할 수는 없지만 돌연하고도 극적인 변화일 수도 있겠다는 생각이다. 내 판단의 이런 변화를 관계에서 드러나는 명확한 증거나 어떤 자료로 입증할 수는 없다. 우리가 공식적으로 관계를 맺고 있는 모든 소련 사람에게서 새롭고 팽팽한 긴장감이 감돈다는 것을 이야기할 수 있을 뿐이다. 뒷받침하는 증거가 없으니 공식 보고서를 제출할

수는 없다. 하지만 내 느낌은 분명하다. 얼마나 가치가 있을지 모르겠지만 필요하다고 생각되면 참모 총장님께 이 사실을 알릴 수도 있을 것이다.[94]

클레이는 이 도깨비불 같은 전언을 보낸 날 한 상원 의원에게 미군이 "국내에서만큼 이곳 베를린에서도 안전하게 잘 지낸다."[95]라고 썼다. (포레스탈이 3월 8일 의회 증언에 나서 클레이의 전문 내용을 보고했고, 미국 전역의 헤드라인을 장식했다.) 클레이는 먼 훗날 한 전기 작가에게 전쟁 공포를 선동하는 전문을 보낸 이유를 이렇게 설명했다. 육군 정보 책임자가 2월 말에 베를린으로 자기를 찾아와서, "징병제를 원상태로 복구하는 데 어려움이 있고, 따라서 의회 증언에서 사용할 수 있는 강경한 메시지를 내가 보내야 한다."[96]고 했다. 결국 마셜은 원조액을 타냈고, 항공 산업계는 구제를 받았다. 트루먼 행정부가 인플레이션을 걱정하는 가운데 군부가 보인 행태는 그리 훌륭하지 못했다.

영국, 프랑스, 베네룩스 삼국은 1948년 3월 17일 브뤼셀 조약을 맺고, 동맹을 결성했다. 그다음 수순은 미국이 영국, 캐나다와 군사 동맹을 추진하는 것이었다고, 영국의 외교관 로버트 세실(Robert Cecil)은 적고 있다. 세실은 비밀리에 진행된 일련의 초기 회담에 참가했다.

베빈은 미국 정부가 마셜 플랜을 통해 서유럽의 경제를 재건하기로 했으므로, 필요하다고 증명되면 방위 투자에도 나서야 함을 국무부에 제안할 때가 왔다고 판단했다. 하지만 일 처리는 신중해야 했다. 공화당이 의회를 장악했고, 의회 역시 평화시에 군사 동맹을 승인한 적이 없었기 때문이다. 3월 22일 글래드윈 젭(Gladwyn Jebb, 1900~1996년, 글래드윈 경)이 런던을, 레스터 볼스 피어슨(Lester Bowles Pearson, 1897~1972년)이 오타와를 출발했다. 팡파르도, 수행원도 없었다. 국무부는 그들이 도착하고, 대사관에서 사람들까지 마중을 나오면 언론의 조사가 시작될 것을 우려해, 아예 처음부터 회의를 펜타곤에서 하기로 했다. 펜타곤에는 언론이 덜 출몰했다. 조기에 정보가 새나가는 것을 차단할 추가 조치도 이루어졌다. 개막 회의에서 기록을 전혀 남기지 않기로 했다. 우리는 흩어져서 점심을 먹는 것도 금지당했다. 토의가 이루어지던 긴 탁자에서 우리는 점심을 먹었다.[97]

일련의 회의가 4월 1일까지 계속되었다. 미국은 프랑스를 초청하지 않겠다고 버텼다. 그들이 끼면 보안이 위태로워질 수 있다고 판단했기 때문이다. 그러나 세실의 협상 상사가 도널드 맥클린이었다. 맥클린이 토의 내용을 국가 보안부(MGB)에 넘겼다는 것은 틀림없는 사실이다. 폴란드에서 발행되는 신문 《지체 바르샤비(*Zycie Warszavy*)》에 4월 4일 북대서양 동맹에 관한 기사가 실렸다. 영국과 미국의 비밀 계획이 낱낱이 폭로되었다. 당시에 나온 영국 외교부의 한 내부 보고서에는 폴란드 발의 그 기사가 "아슬아슬한 짓을 했다."[98]라고 적혀 있다. 비밀 회담에는 당사국들이 무장 공격을 당했을 때 서로를 군사적으로 돕자는 합의 내용도 포함되어 있었다. 캐나다는 다음의 안건도 상정했다. "어쩌면 서독과 서부 오스트리아도" 동맹에 "끼워 줄 수 있을 것이라고."[99] 서방의 독일 재무장 안건이 베를린을 내쳐 점령해 버리자는 소련의 결정을 촉발한 것은 당연했다. 러시아 학자 세르게이 곤차로프(Sergei Goncharov)는 소련의 문서 자료를 검토한 후 이렇게 보고했다. "베를린 위기가 장기화되고, …… 스탈린은 미국이 추진하는 동맹에 서독이 포함될 수도 있다는 생각에 사로잡혔다. 미국이 일을 그렇게 진행하면 서방의 포위 잠재력이 대폭 강화될 터였다. 스탈린은 어떤 희생을 치르더라도 그런 사태를 막고자 했다."[100] 세실의 기록도 마저 보자. "당시에 소련과 오스트리아의 평화 조약 협상이 상당히 진척된 상황이었다. 러시아의 태도가 갑자기 바뀌었는데, 그 이유는 단 한 번도 명백하게 제시된 적이 없다. 우리가 이미 1948년 협상에 따라 오스트리아를 중립국으로 독립시키기로 했음을 그들은 비로소 7년 만에 깨달았다."[101]

베를린은 펜타곤 비밀 협상이 있기 전에도 이미 불안했다. 바실리 다닐로비치 소콜롭스키(Vassily Danilovich Sokolovsky, 1897~1968년) 장군은 클레이와 마찬가지로 소련 측 군정 사령관이었다. 그가 3월 20일 베를린에 설치된 독일 연합국 관리 위원회를 박차고 나왔고, 소련은 그때부터 연합군이 철도로 베를린에 접근하는 것을 통제하기 시작했다. 소련이 취한 이 최초의 기습 공격에도 미국의 군사 지도자들은 핵전쟁 문제를 떠올렸다. 케네스 데이비드 니콜스(Kenneth David Nichols, 1907~2000년) 소장은 전쟁 때 그로브스의 부관을 지낸 육군 공병대 장교이다. 그가 그로브스의 뒤를 이어, 1월 1일 육군 특수 무기 프로젝트(Armed Forces Special Weapons Project, AFSWP) 사령관으로 부임했다. (그로브스는 2월 29일 육군을 퇴역했다.) 니콜스는 3월 31일 오찬 모임에서 포레스탈, 합동 참모 본부(이때는 드와이트 아이젠하워도 여기 참여했다.), 군사 실무자들에게 다음과 같이 보고했다.

> 클레이가 우리의 육상 수송이 더 많은 제약을 받고 있다고 보고해 왔습니다. 러시아 인들이 기차를 세우고 탑승을 시도하면, 충돌도 불사하겠다고 합니다. 필요하다면 총격전도 마다하지 않겠다는 거죠. 저는 위기가 강화될 경우 원자 폭탄을 사용할 수 있는지 확인 점검하는 회의에 다녀왔습니다. 원자 폭탄을 사용할 수 없는 것으로 나왔습니다. 군인과 민간인을 불문하고 원자 폭탄을 조립할 수 있는 유일한 인력들이 샌드스톤(Sandstone) 시험 때문에 에니웨톡에 가 있습니다. 군대 내의 부대는 원자 폭탄을 조립할 수 있을 만큼 충분한 훈련을 받지 못한 상태입니다. 아이젠하워가 제게 분명한 어조로 훈련을 강화하고, 즉시 상황을 개선해야 할 것이라고 말했습니다. ……

비상시에 핵무기를 군대로 이관하는 계획을 완벽하게 다듬고, 조립 부대를 편성하고 훈련하는 과업을 더 신속하게 처리하는 조치에 착수했습니다.[102]

당시 로스앨러모스가 새로 제작한 원자 폭탄을 검증하기 위해 마셜 제도의 에니웨톡 환초에서 준비 중이던 일련의 초기 시험 명칭이 샌드스톤이다. 복합 코어의 공극형 내파 장치인 샌드스톤 엑스레이(X-Ray)가 37킬로톤의 출력[103]으로 1948년 4월 15일 터질 예정이었다. 다른 시험도 2개 더 있었다. 5월 1일 터뜨릴 요크(Yoke)는 또 다른 복합 코어의 공극형 장치로, 예상 출력이 49킬로톤이었다. 49킬로톤은 그때까지의 핵무기 최대 출력으로, 히로시마에 투하된 리틀 보이 출력의 거의 네 배였다. 제브라(Zebra)는 5월 15일 시험 예정으로, 코어 전체가 우라늄 235인 공극형 장치였고, 핵출력이 18킬로톤이었다. 소련은 초청받지 않았음에도 군함[104] 한 척과 적어도 잠수함[105] 한 척을 파견해 32킬로미터 바깥 거리에서 실험을 감시했다. 샌드스톤 시험으로 소량의 핵분열 물질만으로도 많은 출력을 뽑아낼 수 있음이 증명되었다. 대표적으로 공극형 복합 코어는 고체 크리스티 코어보다 플루토늄을 절반 이하만 사용했고, 우라늄 235는 리틀 보이형 대포보다 무려 10배 적게 썼다. 민간의 독립 학자 척 핸슨(Chuck Hansen, 1947~2003년)은 미국의 핵무기 개발사를 다룬 권위 있는 저작에서 이렇게 말한다. "샌드스톤 시험이 거둔 가장 즉각적인 군사적 효과는 재고 증가와 출력 증대였다. 가까운 미래에 폭탄의 총재고 개수가 63퍼센트 증가했고, 총출력은 75퍼센트 증가했던 것이다. …… 우라늄 235를 내파시키는 게 대포형 무기로 결합하는 것보다 훨씬 효율적이라는 것이 결정적으로 증명되고, 통용되던 내파 이론이 유효하다는 것도 거듭 확인할 수 있었다. …… (당대의 보고서들은) 샌드스톤 시험 결과를 '혁신적'인 것으로 규정했다. 미국의 군사적 지위도 '크게' 향상되었다."[106] 카슨 마크는 나중에 이렇게 이야기한다. 샌드스톤 시험으로, "원자 폭탄이 무기이기보다는 실험실의 복잡한 장치에 불과하던 시절이 끝났다. …… 기존의 플루토늄과 우라늄 재고로 만들 수 있는 폭탄의 개수가 (이제는) 크게 늘어날 것이다. 폭탄의 핵분열 부위를 수작업으로 재조립하는 것만으로도 이것이 가능하다."[107] 그러나 미국이 베를린에 접근하는 것을 소련이 방해했고, 로스앨러모스가 원자 폭탄 조립을 훈련시킨 대원들은 앨버커키에서 9,656킬로미터 떨어진 태평양에 머물고 있었다.

합동 참모 본부는 원자 폭탄을 지원할 수 없었고, 클레이를 자제시켰다. 독일에서 그의 힘은 변변치 않았고, 항공 수송을 통해 겨우 충돌을 모면했다. 르메이는 이렇게 회고한다. "소련이 군대의 모든 철도 화물을 수색 조사하겠다고 나온 4월 초의 11일 동안 우리는 소량의 식량과 기타 필수 공급품을 베를린에 공수했다. 300톤 정도였을 것이다."[108] 4월 중순 소련이 한 발 물러섰고, 클레이도 공수 작전을 중단했다. 마셜 플랜은 이미 4월 3일 미국 법으로 자리를 잡은 상태였다.

합동 참모 본부는 1948년 2월부터 5월까지 일련의 비상 전쟁 계획을 세우고 수정했다. 그들은 3월에 브로일러(BROILER)를 승인했고, 프롤릭(FROLIC)으로 조정한 다음, 5월 초에 최종적으로 해프문(HALFMOON)을 승인했다. 해프문에는 공군의 원자 폭탄 계획인 해로(HARROW)가 부가되어 있었다. 해로는 소련 도시 20개에 (그해 봄 재고 총량이던) 원자 폭탄 50개를 투하해, "소련 산업을 적어도 50퍼센트는 즉각 마비"[109]시킨다는 계획이었다. 그렇게 마비시킨다고 해도 적군을 저지하기에는 충분하지 않으리라는 것이 해프문의 예상이었다. 해프문 계획은 소련 군대가 일단 갈등이 시작되면 서유럽을 압도할 것이라고 예상했다. 트루먼의 참모 총장 윌리엄 대니얼 리히(William Daniel Leahy, 1875~1959년) 제독이 5월 5일 대통령에게 해프문에 관해 보고했다.[110] 트루먼은 전쟁 계획이 핵무기에 의

존한다는 사실에 마음이 편치 않았다. 그는 리히에게 핵무기가 전쟁이 일어나기 전에 금지될 수도 있고, 미국 국민은 "공격적 목표"[110]를 달성하기 위해 원자 폭탄을 사용하는 일을 용인하지 않을 것이라며, 재래식 군사력에만 의존하는 대안적 전쟁 계획을 짜 보라고 명령했다.

5월 17일 유엔 원자력 위원회가 협상이 교착 상태에 이르렀다고 선언하고, 교섭 중단을 권하면서 핵무기가 즉시 불법화될 가능성은 배제되었다 (버나드 바루크 미국 대표가 전해 여름 시작한 협의를 말함). 그 무렵 미국과 소련은 또 한 차례의 외교적 춤을 추고 마무리한 상황이었다. 모스크바의 베델 스미스가 5월 4일 몰로토프에게 문서를 하나 건넸다. 3월의 전쟁 선동 이후 소련 지도부를 안심시키려는 의도에서 작성된 외교 문서였다. 그 문서는 이렇게 주장했다. "미국은 소련에 적대적이거나 공격적인 의도가 전혀 없다." 그러고는 핵심적으로 이렇게 선언했다. "미국의 입장을 말하자면, 우리의 차이를 충분히 토론하고 가다듬기 위한 문호는 언제나 활짝 열려 있다."[111] 베델 스미스는 미국의 외교 문서가 다만 "기록으로 남기기 위한 성명"[112]일 뿐이라고 생각했다. 하지만 소련은 열렬히 환영하고 나섰다. 몰로토프가 5월 9일 베델 스미스에게 보인 반응은 이랬다. 소련 정부는 "제안에 동의하며 …… 우리 사이에 존재하는 차이를 토론하고, 해소하는 방향으로 나아갈 것이다."[113] 이후 며칠 동안 소련은 나중에 부인하지 못하게 하려는 조치로 미국 외교 문서의 편집본을 배포했고, 모스크바 라디오는 소련 정부가 미국의 제안을 수용했다고 방송했다. 소련의 대응에 트루먼 행정부는 깜짝 놀랐다. 대통령과 국무 장관은 즉시 후퇴했다. 《뉴욕 타임스》는 5월 12일 열린 마셜의 기자 회견을 이렇게 보도했다. 그가 "미국-러시아 간 '평화' 회담을 하자는 소련의 제안에 …… 찬물을 끼얹었다." 같은 신문은 5월 13일 트루먼에 관해 이렇게 보도했다. "최근 러시아와 이런저런 의견을 교환했지만 평화를 바라는 대통령의 희망이 커지지는 못했다."[114]

트루먼 행정부에 포진한 고위급 인사들의 일반적인 견해는 소련의 대응이 선전술[115]이라는 것이었다. 사태의 진실이 무엇이든 미국은 이제 평화 회담 따위는 전혀 바라지 않았다. 협상의 시기는 이미 지나갔고, 끝나 버렸다. 미국은 서독을 분리해 정부를 세우려고 준비 중이었다. 대표적으로 마셜, 포레스탈, 오마르 넬슨 브래들리(Omar Nelson Bradley, 1893~1981년)가 참석한 5월 24일의 한 국무부 회의[116]에서 이 결정이 승인되었다. 마셜은 소련이 서유럽으로 세력을 확장하는 것을 독일이 막아줘야 한다고 믿었다. 그가 이미 2월부터 이런 입장을 확고히 하고 있었다는 것을 영국 주재 미국 대사에게 보낸 전문에서도 확인할 수 있다. 미국은 "소련이 독일 전체를 사실상 지배할 가능성이 있는 상황에서 독일의 경제와 정치가 재통합되도록 수수방관하지는 않을" 것이며, "그런 일이 일어난다면 미국을 포함해 서방 국가 전체의 안보가 심대한 위협을 받게 될 것"[117]이기 때문이었다.

상원은 1948년 6월 중순 미국이 "지역적으로, 기타 집단적으로 일을 처리하고, 사태에 대응하는 정책 방침"을 승인했다. 북대서양 조약 기구(NATO) 결성으로 가는 일련의 공개 회담이 3월 말의 협상 이후 계속 진행될 수 있게 된 것이었다. 3월 말 협상의 참가 당사자들이 자신들의 행보를 비밀에 부쳤던 것을 상기해 보라.

미국, 영국, 프랑스는 자신들이 점령한 독일 지역에서 6월에 화폐를 개혁하려고 했다. 인플레이션을 중단시키고, 암시장을 근절하며, 은행 제도를 개혁하고, 경제를 신속하게 회복시킬 필요가 있었다. 당시에 제출된 국무부의 한 보고서를 보자. "옛날 돈이 어찌나 쓸모가 없었는지, 많은 지방에서 사실상 담배가 화폐 대용품으로 사용되었다."[118] 새 통화가 베를린의 서방 통제 구역에서도 법정 화폐가 되면 소련 관리 구역의 통화 공급이 엉망이 될 터였다. 루시어스 클레이는 협상을 통해 베를린용 공동 통화를 만들려고 했다. 그는 서방 동맹국들이 소련 통화 관리 활동에 참여하는 것을 소련이 허락하지 않으면 그들의 통화를 공용으로 인정하지 말라는 훈령을 내릴 작정이었고, 그 명령이 어떤 의미인지를 잘 알고 있었다. 클레이가 남긴 기록을 보자. "소콜롭스키가 그런 참여를 전혀 제안하지 않았기 때문에 우리 정부도 그의 제안을 받아들이지 않으리라는 것을 나는 알았다. 내가 소콜롭스키에게 (1948년 6월 23일) 우리가 그의 제안을 받아들일 수 없으며, 베를린의 서방 구역에 마르크화를 유통시키겠다는 우리 동료들과 함께 해야만 한다고 즉답한 이유이다."[119] 소련도 같은 날 새 통화 정책을 발효했다. 서방의 마르크화가 법정 통화가 되기 24시간 전에 말이다.

서방이 통화를 개혁하고 위기가 뭉게구름처럼 피어오르던 그날을 클레이는 이렇게 적고 있다.

> 소련 군정 사령부는 1948년 6월 24일 오전 6시를 기해 서방 구역에서 유입되는 모든 철도를 봉쇄하라고 명령했다. 베를린의 서방 구역에 사는 민간인이 약 250만 명이었다. 예비 물자와 공수 화물에 의지해야 했다. 대규모 굶주림을 수단으로 활용해 정치적 강압을 시도한 현대사의 가장 무자비한 사건 가운데 하나였다. ……
>
> 나는 르메이 장군에게 전화를 걸어, …… 우리편 수송기를 다른 데 일체 쓰지 말라고 주문했다. 르메이의 C-47 항공대 전부가 베를린 공수 작전에 투입되었다.[120]

미국과 소련이 냉전 개시 이래 처음으로 직접 충돌한 것이다.

17장

본안 착수

소련이 베를린을 봉쇄한 1948년 6월 24일 유럽 주둔 미국 공군(USAFE)이 사용할 수 있는 C-47 화물 수송기(적하 능력 3톤 미만)는 102대, 10톤을 수용할 수 있는 C-54는 2대였다. 독일 주둔 영국 공군에게도 C-47이 몇 대 있었다.[1] 봉쇄 이전에는 주민 200만 명 이상을 먹이고 온기를 제공하기 위해 베를린으로 매일 1만 5500톤의 식량과 연료가 공급되었다. 매일 최소 4,000톤이 필요했다. 루시어스 클레이는 공수 작전을 시작하면서 하루에 최대 700톤까지 공급할 수 있을 것으로 예상했다. 클레이는 이렇게 회고했다. "나는 (공수 작전을 하겠으니 허가해 달라고) 워싱턴에 요청하지 않았다. 먼저 행동에 돌입한 것이다. 나의 수행 능력을 바탕으로 공수 작전을 시작한 것은 그게 가능하다는 것을 워싱턴에 먼저 증명해 보여야 한다고 느꼈기 때문이다."[2]

며칠 동안은 공수 작전이 즉석에서 되는 대로 아무렇게나 이루어졌다. 그러다가 클레이가 르메이를 베를린으로 호출했다. 르메이가 1948년 6월 27일 이른 오후에 비스바덴(Wiesbaden)에서 템펠호프로 B-17을 타고 날아왔다. 부관이 작성한 상황 일지에는 이렇게 적혀 있다. "즉시 클레이 장군의 관사로 이동했고, 거기에서 베를린의 상황을 듣고 서방 구역 전체(미국, 영국, 프랑스)에 필수품을 공급할 수 있는 작전 능력과 관련한 협의가 이루어졌다." 클레이와 르메이는 항공기를 더 지원해 달라고 요청하기로 했다. C-54 비행 대대와, 화물 수송기를 소련의 전투기로부터 보호할 수 있는 P-51 전투 비행단을 요구했고, 필요하다면 르메이가 소련군 비행장을 폭격할 수 있도록 B-29 비행 대대를 영국으로 전진 배치해 줄 것도 요구했다. 일지는 계속해서 이렇게 적고 있다. "그 결정은 어떤 희생을 치르더라도 베를린에 남겠다는 클레이 장군의 방침에 따른 것이었다. 필요하다면 무력 사용도 불사하겠다는 것이었다. …… 클레이 장군의 계획은 국무부의 전폭적인 지지를 받았다."[3] 트루먼이 6월 27일자 결정 내용을 다음날 승인했다. 제임스 포레스탈은 트루먼의 승인을 이렇게 적었다. "대통령께서는 …… '우리는 남을 거요, 이상.'이라고 말씀하셨다."[4]

르메이는 6월 29일 화요일 공수 작전을 점검하기 위해 C-47 1대를 템펠호프로 날아오게 해 비스바덴으로 돌아갔다. 베를린의 클레이가 발전용 및 겨울 난방용 석탄을 공수할 수 있는지 물어 왔다. 르메이 장군의 동정이 담긴 일지의 기록은 좀 기묘하다. "석탄을 대량으로 운반할 수 있는 유일한 수단은 B-29뿐이라는 판단이 내려졌다. 하지만 템펠호프에 이런 유형의 항공기가 착륙할 수 없기 때문에 화물은 저고도에서 투하해야 한다."[5] 르메이의 주특기는 수송이 아니라 폭격이었다. 그가 석탄으로 베를린을 불바다로 만들지 않은 게 그 도시 시민들에게는 참으로 다행이었다.

베를린 공수 작전에서 곧 주요한 역할을 맡는 미국 공군 소장 윌리엄 헨리 터너(William Henry Tunner, 1906~1983년)는 이렇게 말했다. "당시에 공수 작전이 아주 오래 지속될 것으로 예상한 권위자는 단 한 명도 없었다. 베를린에 배급할 식량의 비축량을 늘리고, 시간을 벌어 협상하는 게 공수 작전의 역할이라고 트루먼 대통령은 생각했다."[6] 영국의 한 관리는 7월 초에 모스크바에서 이렇게 보고했다. "러시아는 상황을 압도하는 것은 자기들이라고 확신하고 있다. …… 우리가 베를린에서 철수하지 않을 수 없게 몰아붙일 수 있다고 보는 것이다. 우리가 공수 작전을 펼쳐, 그들이 당황했을지도 모른다. 하지만 우리가 공수 노력을 무기한 대규모로 지속할 것이라고 그들이 생각할지는 의심스럽다."[7]

적재량 10톤의 C-54 편대가 1948년 7월 1일 미국에서 도착했다. 공수 작전의 규모를 제한하는 요소는 템펠호프가 처리할 수 있는 착륙 횟수였다. (영국은 베를린의 가토(Gatow) 지역을 접해 독자적으로 공수 작전을 벌였다.) 결국 항공기의 운송 능력이 클수록 더 많은 물품을 공급할 수 있었다. 서방 구역 군정 사령관들과 근무 지원 사령관들의 회의가 끝난 7월 7일에 C-54에 대한 요청이 추가로 이루어졌다. (북대서양 조약 기구(NATO)를 만들자는 공식 협상이 그 전날 워싱턴에서 시작되었는데, 이것은 봄부터 암암리에 이루어지던 협의가 속개된 것이었다.) 그 무렵 미국 언론이 대거 독일로 몰려갔다. 전대미문의 충돌 상황을 보도하기 위해서였다. 그렇게 해서 공수 작전에 이름이 붙었다. 공식 명칭은 '비틀스 작전(Operation Vittles)'이었지만, 사람들은 비공식으로 '르메이의 석탄 식량 회사(LeMay's Coal and Feed Company)'라고 불렀다. 르메이의 회고는 좀 뚱하다. "우리 회사를 처음부터 진지하게 봐준 사람은 아무도 없었다."[8]

트루먼이 7월 중순 클레이를 워싱턴으로 소환했다. 보고를 받기 위해서였다. 월터 베델 스미스는 소련이 폭주하는 외교 문서 항의에 이렇게 대응했다고 썼다. "베를린은 소련 관리 구역의 한가운데에 있고, 일부이다." "소련 최고 사령부는 독일 국민의 이익을 지키기 위해 긴급하게 조치를 취하지 않을 수 없었다."[9] 트루먼의 결론은 다음과 같았다. "러시아의 베를린 봉쇄는 중요한 정치적 선전 행위이다. …… 우리를 베를린에서 쫓아내려는 (그들의) 결의는 확고하다."[10]

클레이는 국가 안전 보장 회의에 출석해, 베를린을 포기하면 "우리의 서독 정책 계획이 재앙을 맞이할 것"[11]이라고 이야기했다. 이것은 트루먼이 전하는 내용이었고, 당시에는 국가 안전 보장 회의에 합동 참모 본부 말고도 주요 군 보직 인사와 외교 관리 들까지 참석했다. 클레이는 비행기만 주면 베를린에 무제한 공수 작전을 수행할 수 있다고 말했다. 그는 C-54 160대[12]를 요구했다. 이것은 미국 공군 수송 능력 전체의 절반 이상에 해당한다. 트루먼은 미국 공군 참모 총장 호이트 밴던버그가 클레이의 요구에 반발했다고 회고한다. 호이트 밴던버그는 "비상 사태가 발생하면 우리가 감당할 수 있는 것보다 더 많은 위험에 노출되고 말 것"[13]이라고 주장했다. 트루먼은 자신이 호이트 밴던버그에 동의하지 않았고, 비행기를 보내도록 명령했다고 말한다. 클레이는 훗날의 인터뷰에서 대통령을 이렇게 칭찬했다. "트루먼은 베를린 위기가 물리적, 군사적 전쟁이 아니라 정치적 전쟁임을 알았어요. 합동 참모 본부를 비난하는 건 아닙니다. 그들은 군사 작전으로 생각했던 것 같아요."[14]

그때쯤이면 B-29 60대[15]가 플로리다와 캔자스에서 이스트 앵글리아(East Anglia)로 이동 중이라는 사실이 이미 언론에 대서특필되었다. 새롭게 편성된 미국 전략 공군 사령부의 주력 폭격기가 B-29였다. 정부는 B-29가 핵전쟁 수행 능력이 있음을 알리는 데 주력했고, 거기에 원자 폭탄이 실려 있다고 넌지시 알렸다. 한 신문 기자는 이렇게 썼다. "외교와 폭력의 체제에 사상 처음으로 핵무기가 곧장 들어왔고, 이후로는 세상이 그것에 의해 규제되었다."[16] 냉전기에 벌어진 첫 번째 핵위협은 엄포에 불과했다. 이스트 앵글리아로 향한 폭격기 중 핵전쟁 수행 능력을 갖춘 실버플레이트는 1대도 없었다. 폭탄 조립 훈련을 받은 승무원도 전무했고, 그들은 원자 폭탄을 싣고 가지도 않았다. (실버플레이트 B-29는 그 무렵 북아메리카를 떠난 적이 없었다.[17] 샌드스톤 시험 때문에 일본 이외 지역에서 훈련한 비행중대 1개를 제외하면 말이다. 미국은 특수 장비를 갖춘 항공기를 잃고 싶은 생각이 전혀 없었다. 기밀에 속하는 레이더 전파 방해 시스템이 탑재되어 있었는데, 추락했을 경우 소련이 낚아채 갈 수도 있었기 때문이다. 소련은 전쟁 때도 시베리아 상공에서 추락한 B-29 3대를 가져가 복제했다.) 포레스탈은 B-29 편대 이동을 계기로, 트루먼에게 "원자 폭탄 관리 문제"를 검토할 것을 요청했다. 지금처럼 원자력 위원회(AEC)가 물리적으로 그 무기를 보유해야 할지, 아니면 관리 권한을 군부로 넘겨야 할지를 말이다. (육군 특수 무기 프로젝트(AFSWP) 사령관 케네스 니콜스는 그해에 국방 대학(National War College)에 가서 관리 권한 합의 내용을 이렇게 설명했다. "(무기) 보관 기지는 공병대가 짓는다. …… 다 지으면 시설물을 원자력 위원회(AEC)에 인계한다. 그들은 우리의 지원을 받으며 폭탄을 보관한다. 무기고 열쇠는 그들이 갖는다. 경비는 우리가 선다. …… 그런데 정작 문제는, 보관 기지의 주인이 누구냐는 것이다."[18]) 포레스탈은 트루먼이 다음과 같이 반응했다고 썼다. "그는 이 사안에 아주 신중하게 접근하고자 했고, 폭탄 사용 결정 권한을 자기 수중에 두겠다고 했다. '폭탄을 언제 투하해야 할지를 기세등등한 중령 따위가 정하도록 내버려두지'는 않겠다고 한 것이다."[19]

트루먼은 원자력 위원회(AEC) 위원들과 국방부 관리들이 대거 참여한 7월 21일의 한 회의에서 이 문제를 의제로 꺼냈다. 데이비드 릴리엔솔은 7월 21일 회의가 "내가 여태껏 참가한 것 중 가장 중요한 회의"라고 생각했다. 그가 볼 때, 대통령은 "지쳐 있었고, 엄숙한 표정이었다. …… 우리는 바로 본안을 다루기 시작했다."[20] 법률상으로는 필요하다고 판단될 경우 트루먼이 언제라도 원자 폭탄을 군부로 넘길 수 있었다. 하지만 당시에는 원자 폭탄에 잠금 장치가 없었다. 원자 폭탄을 누가 보유했든 가진 사람이라면 누구나(트루먼이 이야기한 "기세등등한 중령"조차) 터뜨릴 수 있었던 것이다. 릴리엔솔은 원자 폭탄을 민간이 통제해야 한다고 주장했다. 공군성 장관 윌리엄 스튜어트 시밍턴(William Stuart Symington, 1901~1988년)은 미주리 주 출신으로, 키가 크고 잘생겼는데, 돌출 행동을 자주 해 빈축을 사는 종류의 사람이었다. 그가 일련의 어리석은 딴죽을 걸었다. "우리 애들은 …… 자기들이 폭탄을 가져야 한다고 생각합니다." 릴리엔솔은 시밍턴이 이런 말도 했다고 보탰다. "공군은 필요하면 작동하지 않아도 가져야 한다고 생각합니다." 작동하지 않은 적도 있나? 트루먼이 재빨리 대꾸했다. 릴리엔솔이 전하는 상황은 이렇다. 시밍턴은 "그 이야기는 빼먹고," 계속해서 다음 이야기로 넘어갔다. 자기가 로스앨러모스에서 이야기를 나눈 "어떤 친구"가 법으로 군대의 폭탄 보유를 금지해야 한다고 생각하더라는 것이었다. "그 친구 이름은 기억이 안 납니다. …… 아무튼 그가 군대의 폭탄 사용을 금지해야 한다고 생각한 것으로 보지는 않습니다."[21] 트루먼은 상당히 허심탄회하게 그 문제를 받아들였다. 솔로몬의 무거운 짐을 받아 안았다는 생각에 고민스러워 한다는 게 절절하게 느껴졌다.

> 나는 반드시 그래야 하는 경우가 아니라면 이 무기를 사용해서는 안 된다고 생각합니다. 그와 같은 물건의 사용을 명령하는 것은 참혹한 일이에요. ("이 말을 할 때 그는 책상을 내려다보고 있었는데, 고심하는 기색이 역력했다." 릴리엔솔은 인용하면서 이 이야기를 끼워 넣고 있다.) 원자 폭탄은 아주 파괴적입니다. 우리가

가졌던 그 어떤 무기보다도 더요. 여러분은 이게 군사 무기가 아니라는 걸 이해해야 합니다. …… 군사적 용도가 아니라 부녀자, 아이들, 비무장 시민을 쓸어 버렸어요. 우리가 이 무기를 소총이나 대포 같은 범용한 무기들과 다르게 다루어야만 하는 이유입니다. …… 내가 이런 물건이 국제 관계에 미치는 영향을 요모조모 따져 봐야만 한다는 것을, 여러분은 이해해야 합니다. 지금은 원자 폭탄의 보유 권한을 이리저리 바꾸고 있을 때가 아닙니다.[22]

포레스탈은 대통령의 판단에 동의하지 않았다. 그는 소련과의 핵전쟁이 불가피하다고 보았고, 군대가 충분히 준비하고 있어야 한다고 생각했다. 관리 권한 논쟁이 벌어지고 나서 일주일 후 국방부 장관은 점점 더 단호해졌고, 합동 참모 본부에 해프문 계획을 부활시키라고 명령했다.[23] 트루먼이 요구한 재래식 전쟁 계획을 추구하지 말라는 것이었다. 포레스탈은 그렇게 불법 행동을 지휘하면서 자신의 권위를 들먹였다. 합동 참모들에게 책임은 전부 자기가 지겠다고 한 것이다. 그는 9월에 있은 대통령 보고 자리에서 베를린이 전쟁에 휩싸이면 원자 폭탄을 사용할 것이냐고 힐난하듯 물었다. "대통령께서는 그런 결정을 할 일이 없었으면 하고 기도하겠다고 말했다. 하지만 필요하다면 아무도 불안을 느끼지는 않을 거라고 대꾸했다. 필요하면 하겠다는 거였다."[24] 포레스탈은 보고가 끝난 날 저녁 《워싱턴 포스트(*Washington Post*)》 발행인 필립 레슬리 그레이엄(Philip Leslie Graham, 1915~1963년)의 저택에서 열린 만찬 석상에서 자신의 호전적 투지에 대한 강력한 지지를 확인했다. 미국 전역에서 모인 신문 편집자들과 발행인들은 "전쟁이 일어나면 미국 국민이 원자 폭탄 사용의 정당성에 이의를 제기하지 않을 뿐만 아니라 사용을 기대할 것이라는 데 만장일치로 동의했다."[25] 그러나 트루먼은 원자 폭탄 사용을 다시 생각해 보고는 실의에 빠졌다. 국방부 장관이 그를 다그치고 나서 적은 한 사적인 기록에서 트루먼은 이렇게 토로했다. "포레스탈, (오마르) 브래들리, (호이트) 밴던버그, 시밍턴이 내게 군사 기지, 폭탄, 모스크바, 레닌그라드 따위에 관해 보고했다. 우리에게 전쟁이 임박했다니 끔찍한 기분이 든다. 그러지 않기를 바란다. 마셜과 점심을 먹으면서 상황을 논의했다. 베를린은 상황이 엉망이다."[26] 릴리엔솔은 일기에 대통령을 관찰한 내용을 이렇게 적었다. 대통령은 "지금 우울하다, 그것도 몹시."[27] 새롭게 원자력의 시대가 열렸고, 핵무기를 사용하고자 하는 열망은 그것에 대한 책임과 반비례했다.

베를린 봉쇄가 위험도가 낮은 전략이라고 스탈린이 판단했음을 알았다면 트루먼이 조금은 덜 우울했을지도 모르겠다. 당시 소련 외무부 차관이었던 안드레이 안드레예비치 그로미코(Andrei Andreyevich Gromyko, 1909~1989년)는 나중에 이렇게 말했다. "내 생각에 스탈린이 …… 그 일에 뛰어들었던 것은, 갈등이 일어나도 핵전쟁으로 비화하지는 않을 것이라고 판단했기 때문이다. 그는 그런 상황이 벌어졌다고 해서 핵전쟁을 일으킬 만큼 경솔한 인물들이 미국 행정부를 운영하지는 않을 것으로 내다보았다."[28] 두 지도자는 냉전 최초의 직접 충돌에서 전면전으로 사태를 확대시키지 않으면서도 서로의 노력과 활동에 도전하는 전략을 즉석에서 강구 중이었다.

미국 육군 중장 앨버트 코디 웨드마이어(Albert Coady Wedemeyer, 1897~1989년)는 제2차 세계 대전 때 중국 전선을 지휘했고, 이제는 육군의 계획 및 작전 사령관으로 복무 중이었다. 그는 베를린 공수 작전이 시작되고 첫 1개월이 지난 후 르메이의 석탄 식량 회사를 점검했고, 노력과 활동이 부족하다고 판단했다.[29] 웨드마이어에게는 공수 작전을 평가할 수 있는 특별한 자산이 있었다. 육군 항공대가 중국에서 지휘하던 휘하 육군에 전쟁 막바지 2년 동안 히말라야 산맥을 넘어 물자를 공급했던 경험이 그 바탕이었다. 히말라야를 넘나드는 공수 작전은 르메이가 즉석에서 고안한 B-29 동원 작전이 아니라 윌리엄 터너가 지휘한 정식 항공 운수 작전이었다. 웨드마이어는 독일에서 호이트 밴던버그에게 극비 전문을 보내, 공수 작전으로 봉쇄를 무력화할 수도 있고, 협상이 장기화되어도 베를린을 유지할 수 있다고 주장했다. 하지만 공수 작전을 터너가 맡아야 한다고 단서를 달았다. 그가 해 본 적이 있고, 방법을 안다는 것이 그가 제시한 근거였다. 클레이와 르메이는 웨드마이어의 천거에 반발했다. 웨드마이어도 가만있지 않았다. 직접 호이트 밴던버그를 만났고, 입장을 관철시켰던 것이다.

터너는 햅 아널드가 전쟁이 끝나고 민간 화물 서비스를 관할해 달라고 요청할 만큼 믿을 수 있는 견실한 인물이었다. 터너가 1948년 7월 말 독일로 날아가, 공수 작전을 인계받았다. 그는 소위 "카우보이 작전"[30]을 목도했다. 그가 어떻게 쓰고 있는지 보자. "조종사들이 매주 적정 시간의 두 배를 비행하고 있었다. …… 모든 게 임시변통이었다. …… 도처에 혼란이 만연했다. 온 유럽에서 어렵게 비행기를 긁어모아 왔다. …… 내가 수행하게 될 작전의 최고위자는 골치깨나 아플 터였다. 우리가 히말라야 작전을 수행할 당시에는 기지가 인도에 13개, 중국에 6개 있었다. …… 하지만 이곳 베를린에서는 모든 비행기가 비행장 두 곳에 착륙해야 했다."[31]

출발에 약간 문제가 있었지만 터너가 지휘하면서 베를린 공수 작전은 성공적으로 추진되었다. 수송 전문가 터너는 세 가지 불변의 규칙을 확립했고, 이것을 통해 작업 일정이 안정되었으며 화물 전달량이 최대로 증가했다. 비행기에서 화물을 하역하는 동안 승무원들은 템펠호프 및 가토에서 항공기 램프에 대기한다. 모든 비행단은 계기 비행 규칙을 따른다. (터너는 그 규칙을 이렇게 적고 있다. "청명한 날씨에도 계기 비행을 한다. 독일 북부의 안개 속에서 유시계 비행 방식(visual flight rule)으로 날아서는 절대 안 된다."[32]). 착륙 기회를 놓친 비행사는 2차 시도를 위해 선회하지 말고, 바로 기수를 돌려 출발 공항으로 돌아온다. 터너가 요약한 내용을 보자. "내가 지휘한 모든 비행기는 날씨가 좋든 나쁘든, 밤이든 낮이든 시종일관 계기 비행 규칙을 따라 운항했다."[33] 과연 터너는 공수 작전의 전문가였고, 주관하는 배달 임무를 따분하리만치 예상 가능하게 만들었다. 그렇게 해서 날씨에 관계없이 24시간 계속해서 매 3분마다 배달이 이루어졌다.

트루먼은 9월 초에 C-54를 200대까지 증원 투입하는 것을 재가했다. 클레이는 9월 25일경 영국의 군정 사령관에게 매일 화물 8,000톤을 배달하고 있다고 말했다. 하지만 공수 작전으로 그만큼 배달한 적은 한 번도 없었다. 향후 여러 달에 걸쳐 서서히 증가해 평균 5,000톤에 이른 것이 고작이었다. 트루먼의 참모 총장 윌리엄 리히 제독의 한 부관이 9월 말에 비틀스 작전을 둘러보고, 작전에서 받은 인상을 대통령에게 직접 보고했다.[34] "베를린 공수 작전은 항공 수송의 역사에서 가장 뛰어난 위업이자 개가입니다." 열정적인 보고는 이렇게 이어진다. "현재 진행 중인 작전의 효율성과, 악천후가 예상되는 앞으로의 작전을 위해 준비 중인 계획들은 매우 탁월합니다." 그 보좌관은 공수 작전을 통해 클레이가 제시한 최소 필요량인 매일 4,500톤을 "비행 조건이 최악인 겨울"에도 달성할 수 있을 것으로 파악했다. 그는 이런 판단도 내렸다. "러시아가 우리의 항공로를 방해한다는 신문 보도는 과장된 것입니다." 이 두 가지 요점이 결합하면서 공수 작전의 최종적 성공이 담보된다는 것이었다.

직접 충돌의 전망이 멀어지는 듯했음에도 르메이는 사적으로 전쟁 계획을 마련했다. 앞의 부관은 이렇게 전했다. "그는 서방 국가들이, 예를 들어 라인 강 유역처럼 위치를 정해야 한다고 생각합니다. 적대 행위가 발생했을 때 연합군이 질서정연하게 퇴각할 수 있는 지점을 말하는 것으로, 사전에 우리가 그 뒤에서 필요한 공군 기지, 군수품 임시 창고, 무기고, 수송 부대 등을 갖추어 놔야 러시아의 전진을 차단할 수 있다는 것입니다." 르메이는 영국, 프랑스, 유럽에 주둔 중인 미국의 군사력을 합하면 소련의 군사력과 거의 맞먹을 것이라고 추정했다. 이것은 유럽의 상황을 합동 참모 본부보다 훨씬 낙관적으로 본 것이었다. 유럽 주둔 미국 공군(USAFE) 사령관 르메이는 그 부관에게 자신의 작은 나토에서 이루어진 합의 내용을 알렸고, 그 내용은 다시 트루먼에게 전달되었다. "르메이는 프랑스와 벨기에에 필요할 경우 철수해서 지상군을 지원할 수 있는 기지를 하나씩 …… 확보해 두었습니다." 물론 그 기지들은 "10일 정도의 보급품"만을 보유했지만 말이다.

그 부관은 소련이 베를린을 걸고 전쟁에 돌입하지는 않을 것이라는 반박할 수 없는 증거를 제시했다.

> 러시아가 독일에 가공할 전투력을 집중시켰기 때문에 대규모의 지속적 공세를 시작하려면 엄청난 병참이 필요합니다. 그게 성공하려면 동쪽으로 연결되는 소통선들이 필수적입니다. 저는 G-2 (정보) 보고를 통해 러시아 인들이 독일 철로 수백 킬로미터를 해체해, 레일과 침목을 러시아로 가져갔다는 이야기를 들었습니다. 현재 베를린에서 동쪽으로 운행되는 철도는 하나밖에 안 남았습니다. 러시아가 병참 지원에 의존할 수 있는 철도가 딱 하나뿐이라는 이야기입니다. 이 철도 노선은 동쪽으로 진행되는 과정에서 표준 궤간이었다가 폴란드에서 러시아식 광궤로 바뀌는데, 그것으로 인해 문제가 더 복잡해집니다. 화물과 장비를 더 이동시키려면 화차를 바꿔야 하는 것입니다.

월터 베델 스미스는 이렇게 적었다. "스탈린도 몰로토프도, 공수 작전으로는 베를린을 구제할 수 없다고 보았다. 그들은 추위와 굶주림, 겨울의 비관적이고, 물자까지 부족한 나날들 속에서 베를린 주민의 사기가 와해될 것으로 확신했다. 상황을 전혀 관리 통제할 수 없게 되어, 서방 연합국이 굴복하고 도시를 떠날 것으로 본 것이다."[35] 터너는 독일 공군이 1943년 스탈린그라드에 포위당한 독일 육군을 상대로 공수 작전을 성공시키지 못한 전례로 인해 소련 지도자들이 오판했다고 생각했다. 그는 이렇게 논평한다. "러시아 인들은 공수 작전을 해 본 일이 없다. 그들은 한참 후에야 비로소 우리의 노력과 활동을 진지하게 들여다보았다." 터너는 소련이 계기 비행의 중요성을 과소 평가했다고도 생각했다. 무선 유도 및 레이더 유도 시스템이 등장하기 한참 전인 1930년대에 미국의 군대 비행사들이 개발한 기술인 계기 비행은 지상을 참조하지 않고 나침반과 자세 지시기(attitude indicator)로 항행하는 방법이다. "러시아 인들은 유능한 조종사들이다. 온갖 묘기와 곡예를 부릴 줄 안다. 생각할 수 있는 가장 안 좋은 날씨에도 그들은 비행을 했다. 하지만 항상 구름 아래로 날았다. 계기 비행은 해 본 적이 없는 것이다. 러시아 인들은 계기 비행을 잘 몰랐고, 우리의 공수 작전도 대수롭지 않게 여겼던 게 틀림없다. …… 그들은 우리가 해 낼 수 있다고 생각하지 못했다."[36]

제임스 아서 힐(James Arthur Hill, 1923~2010년)은 베를린 공수 작전 당시 조종사로 투입되고, 나중에 미국 공군 참모 차장으로 복무했다. 그가 레이시 조던이 그 옛날 활약했던 몬태나의 그레이트 폴스에서 받은 C-54 훈련을 회고했다. 힐은 라인-마인(Rhein-Main)에서 템펠호프까지 비행했다.

> 2시간 동안 날아가고, 2시간에 걸쳐 돌아와서, 다시 싣고, 다시 2시간 날아간 다음 2시간에 걸쳐 돌아왔죠. 비행기에서 내린 적이 한 번도 없어요. 단 한 번도요. 그 여러 달 동안 템펠호프 활주로에 발을 디딘 적이 단 한 번도

없었던 거예요. 라인-마인으로 돌아가면 조국을 탈출한 헝가리 인 적재원들이 마대 자루에 담긴 석탄을 10톤가량 실었습니다. 저는 항로를 따라 다시 템펠호프로 날아갔고, 착륙했고, 오른쪽 엔진 2개를 여전히 켜 놓았어요. 활송 장치가 펼쳐졌고, 하역 인부들이 탑승해, 마대 자루를 거기에 올려놓았죠. 그러면 트레일러에 실리는 거고요. 12~15분 후면 문을 닫았어요. 저는 다시 나머지 엔진 2개를 작동시키고, 이륙 준비를 했습니다. 지상 체류 시간은 대부분 20분이 안 되었죠.[37]

힐은 항상 석탄을 운반했다. 그는 이렇게 말한다. "밀가루를 운반하는 항공기도 있었어요. 초콜릿이나 설탕과 밀가루 화물을 함께 나르는 비행기도 있었고요. 기초 식료품들이었죠. 식량과 연료였습니다." 템펠호프의 최종 접근 경로에 7층 높이의 아파트가 한 채 있었고, 때문에 착륙은 항상 아슬아슬했다.

여러 달 동안 비행 작전을 했지만 지상을 제대로 본 적이 없었어요. 그러다가 베를린의 그 아파트 건물을 보게 되었죠. 우리 임무는 약 1,219미터 상공에서 구멍이 숭숭 난 강철 널판을 착륙시키는 것이거든요. 다시 말해 가파르게 접근해야 했다는 이야기입니다. 그 아파트에는 섬광 전구들이 달려 있어서, 표시가 잘 되어 있는 편이었죠. 1948년식이기는 했지만요. 400미터 정도 거리에서는 꽤 잘 볼 수 있습니다. 하지만 그 아파트 상공까지 그대로 쭉 날아와 버리는 경우가 잦았고, 그러면 불빛을 못 보는 거죠. 우리는 30.4미터 상공까지 하강했고, 저는 접근을 제지당한 경우가 한 번도 없었죠. 엔진을 끄고, 기체를 하향해, 가파른 경사로 선회해야 단 한 차례 시도로 3번 활주로에 안착할 수 있었습니다. 그러고 나서는 브레이크를 급하게 밟아 기체를 멈춰야 했죠. 제동이 안 되어 더 멀리까지 나간 경우도 몇 번 있었어요. 공항 끝에 있는 울타리를 받은 거죠. 땀은 안 났습니다. 26세였고, 방탄 조끼도 입고 있었으니까요.

터너 휘하의 대담한 조종사들이 공수 작전을 성공리에 수행했다. 어느 날 밤 익명의 미국 조종사가 가토의 항공 관제사들에게 날린 엉터리 시를 통해 베를린 공수 작전의 분위기를 느껴 보도록 하자. 얄궂은 교수대 유머가 생각나기도 한다.

영혼이 새까만 양키가 날아간다,
석탄을 한 가득 싣고서 가토로 향하고 있음, 이상![38]

베를린 주민은 1948년 10월 연합군 항공기의 지속적 비행 작전 속에서 온기와 빛과 식량을 해결할 수 있었다.

☢☢☢

이고리 쿠르차토프 연구진은 1948년 5월 말 첼랴빈스크-40에서 A 생산로 조립을 마쳤다. 쿠르차토프는 일주일 동안 기기 장치를 시험한 후 6월 7일 마른 임계 상태 운전(dry criticality run)을 시작했다. (냉각수가 중성자를 흡수해 시스템의 반응 속도를 낮췄기 때문에, 물을 사용하지 않고 원자로를 그냥 저출력 임계 상태에 이르도록 한 것이었다.) 쿠르차토프는 어느 시점에서 자정이 지난 시간에 시스템을 10킬로와트 출력으로 운전했다가 정지시켰다. 그러고는 추가로 우라늄을 장전했다. 원자로는 6월 10일 완전한 임계 상태에 도달했다. 미하일 페르부킨은 이렇게 회고한다. "우리 모두는 승리감에 취했고 의기양양했습니다. 쿠르차토프와 동료들은 축하를 받았고요."[39]

A 생산로는 6월 22일 설계 출력인 10만 킬로와트에 도달했다.[40] 게오르기 플료로프는 만년에 이렇게 회고했다. "우리 원자로는 처음에 그렇게 강력하지 않았어요. …… 게다가 하나뿐이었죠. 규모를 더 크게 하는 것도 두려웠고요. A 원자로는 24시간 동안 플루토늄을 100그램 정도 생산했습니다."[41] 그 정도 양이면 60일마다 고체 크리스티 코어를 1개씩 만들 수 있었다. (약 6.2킬로그램) 그러나 소련 최초의 원자 폭탄 코어는 다음 해 봄까지도 여전히 마련되지 못했다. 그들이 받은 첩보 자료에는 곧이어 첼랴빈스크 원자로를 정지시키는 대단히 중요한 물리 현상에 관한 정보가 없었다. 위그너 병은 아니었다. (쿠르차토프는 베리야의 자료를 통해 위그너 병은 이미 알고 있었다.) 우라늄 금속 덩어리가 고방출 원자로(high-flux reactor)에서 부풀어 오르는 게 문제가 되었다. 우라늄 금속은 극심한 중성자 포격을 받으면 부풀어 오른다. 아르곤과 기타 기체 같은 몇 가지 분열 산물이 금속의 구조 공간 내부에 쌓여, 원래 형태를 바꿔 놓기 때문이다. 기형적으로 비틀리고 휜 우라늄 덩어리들이 배출관을 막아 버렸다. 베리야가 사보타주를 의심하며 달려왔다. 골로빈의 기록을 보자. "쿠르차토프는 베리야의 일격을 슬쩍 피할 수 있었다. 관계자들에게 우리가 고출력 중성자장이라는 미지의 자연 현상을 탐구하고 있고, 이런 분야에서는 뜻밖의 놀라운 일들이 발생할 수 있음을 납득시킨 것이다."[42] 연구진은 원자로를 세우고, 구멍을 뚫어, 장전한 우라늄 덩어리를 전부 끄집어낸 다음, 플루토늄을 추출했고, 부어오름 현상을 연구했다. 원자로 전반에 걸쳐 우라늄 덩어리를 집어넣을 구멍을 다시 설계해서 대체하고, 장전할 우라늄을 새로 제조했음은 물론이다. 그 뜻하지 않은 재앙으로 원자로 가동은 연말까지 지체되었다.[43] 플루토늄을 추출하는 데 필요한 대규모의 원격 조정 화학 공장 역시 인근에서 여전히 건설 중이었지만 12월까지는 완공되지 못한다.

쿠르차토프, 율리 하리톤, 야코프 젤도비치, 하리톤을 보좌한 키릴 이바노비치 셸킨(Kirill Ivanovich Shchelkin, 1911~1968년)은 1948년의 더 이른 시기에 공식 모임을 갖고, 클라우스 푹스가 맨 처음 넘긴 미국의 팻 맨 설계안을 사용하기로 결정했다. RDS-1의 방식이 그렇게 정해졌고, 그들은 더 소형인 데다 플루토늄도 덜 사용할 독자 설계안 개발을 잠시 중단했다. 하리톤과 유리 스미르노프는 이렇게 쓰고 있다. "당시에는 소련과 미국 사이의 긴장이 상당했고, 과학자들도 한 번에 시험을 성공시켜야만 했다. 즉 다른 결정은 받아들여질 수 없었다. 그런 행동은 경솔한 짓이었다."[44] 그들이 "필요한 연구와 실험을 통해 정보 기관한테 건네받은 자료가 사실인지 허위인지 확인할" 때까지 최종 결정을 미루었다는 게 스미르노프의 이야기이기는 하다. "기술적 이유가 아니라 정치적 이유에서 그런 결정이 내려졌다." 반니코프도 거기에 동의했다. 스미르노프의 이야기를 더 들어보자. "베리야가 알았다는 것은 틀림없는 사실이다. 하지만 스탈린이 알았는지는 불분명하다."[45] 스미르노프와 하리톤은 존경할 만한 인물들이다. 하지만 베리야가 표트르 카피차와 다투었다는 기록, 휘하 요원들에게 확실하게 검증된 기술만 훔쳐오도록 한 오랜 규칙을 고려하면 소련 물리학자들이 과연 독립적으로 결정을 내렸을지는 의심스럽다. 그들의 결정이 정치적이었다면 국제 정치보다는 국내 정치였을 것이다. 베리야는 독창적인 설계를 허용하지 않았고, 그의 목도 위험에 처해 있었던 것이다.

1946년 4월에 열린 슈퍼 학회의 내용을 정리한 클라우스 푹스의 보고서도 알차게 사용되었다. 화학 물리학 연구소의 젤도비치 연구진은 1947년 에드워드 텔러의 슈퍼 설계안을 분석했다.[46] 소련 정부는 이제 소련 과학 아카데미 물리학 연구소(FIAN)에 열핵 무기 연구를 명령하고, 상급 이론 물리학자 이고리 탐에게 지휘를 맡겼다. 탐은 즉시 약관의 안드레이 사하로프를 영입했다.

> 1948년 6월 말이었다. 금요 정례 세미나가 끝났는데, 탐이 내게 …… 가지 말고 남으라고 했다. 꽤나 은밀한 어조였다. 우리 둘만 남게 되자 탐이 사무실 문을 닫더니 깜짝 놀랄 만한 소식을 들려주었다. 각료 회의와 당 중앙 위원회의 결정으로 소련 과학 아카데미 물리학 연구소(FIAN)에 특별 연구진이 꾸려졌다고 했다. …… 우리의 임무는 수소 폭탄 제작의 가능성을 조사하는 것이었다. 구체적으로는 화학 물리학 연구소의 야코프 젤도비치 연구진이 제출한 계산 결과를 확인하고, 개선하는 것이었다. (당시에는 꿈에도 생각해 보지 못했다. 하지만 이제는 알 것 같다. 젤도비치 연구진이 개발한 수소 폭탄 설계가 실은 첩보 활동으로 얻은 정보에서 나왔다는 것을.)[47]

사하로프와 탐의 또 다른 후배로 기체 역학 전문가인 세묜 벨렌키(Semyon Belenky), 비탈리 라자레비치 긴즈부르크(Vitaly Lazarevich Ginzburg, 1916~2009년)와 약관의 유리 로마노프가 연구진에 합류했다. 긴즈부르크는 "탐이 가장 아낀 제자 가운데 한 명으로, 재능이 엄청났다."[48]는 것이 사하로프의 증언이다. 사하로프는 또 이렇게 쓰고 있다. "며칠이 지나 우리는 충격에서 벗어났고, 벨렌키가 보인 반응은 침울하기 이를 데 없었다. '결국 젤도비치 뒤치다꺼리로군!'"[49]

그들은 새로 지은 소련 과학 아카데미 물리학 연구소(FIAN)의 3층에 있는 방들로 옮겨 갔다. 그들의 두 계산원 가운데 한 명인 L. V. 파리스카야는 이렇게 회고한다. "보초들이 문을 지키고 앉아 있었다. 우리는 독일제 신형 메르세데스 (계산) 기계를 받았다. 그것은 성능이 뛰어나 편리했지만 꽤 시끄러웠다. 사하로프는 곧바로 나하고만 작업할 것이라고 선언하고는, 남들에게는 나한테 과제를 주지 말라고 요구했다."[50] 유리

로마노프의 회고도 보자. "처음 몇 달 동안은 기술적 물리학이라는 새로운 분야에 익숙해져야 했다. 우리는 간행된 문헌을 조사했고, 화학 물리학 연구소를 찾아가 젤도비치 연구진을 만났으며, 그들의 연구 내용을 파악했고, 우리에게 닥친 문제들을 연구했다. 그렇게 하면서 새로운 과학의 토대를 놓은 것이다."[51] 로마노프는 사하로프 밑에서 연구했다. "27세의 이 청년은 사람 좋고, 신중하며, 순진했는데, 벌써부터 과학계의 권위를 만끽하고 있었다. 그는 사고가 명료하고 정확했으며, 생각을 간결하게 표현하는 데에서 단연 돋보였다. 그는 새로운 국방 과제에 정력적으로 헌신했다."[52]

파리스카야는 사하로프가 "열에 들뜬 듯이" 연구에 몰두했다고 전한다.

> 그는 극도로 지쳐 보인 적이 많았다. 밤새 작업했거나 제대로 자지 못해서였다. 한 번은 그가 늦게 나타났다. 나는 일거리를 갖고 그에게 다가갔다. 그가 나를 쳐다보는데, 두 눈이 텅 비어 있었다. 나는 물었다. "괜찮아?" 그는 잠자코 있었다. 그러더니 별안간 두 손으로 머리를 감싸 쥐었다. 그러고는 이런 말을 내뱉는 것이었다. "넌 모를 거야! 끔찍해, 끔찍하다고! 내가 지금 뭘 하고 있는 거지?" 사하로프는 아주 조용한 목소리로 이렇게 덧붙였다. "히스테리 발작을 겪고 있어. 아무것도 할 수 없다고……."
>
> 나는 이렇게 대꾸했다. "당장 집으로 가서 침대에 누워. 당장!" 그는 잠시 생각하더니, 고개를 끄덕이고는 자리에서 일어났다. 다음날 돌아온 사하로프는 의기양양한 목소리로 내게 이렇게 말했다. "13시간을 내리 잤어."[53]

사하로프는 이렇게 쓰고 있다. "여름에는 주의가 산만했지만 우리는 맹렬한 기세로 연구를 진행했다. 우리가 속한 세계는 기이하고도 환상적이었다. 일상의 도시나 가정 생활과 뚜렷하게 대비되고, 통상의 과학 연구 활동과도 달랐다."[54] 그들은 자신들이 하는 연구가 "매우 **중요하다.**"고 확신했다. "우리는 정말이지 전쟁 신경증에 사로잡혀 있었다."[55]

사하로프는 여름이 끝나 갈 무렵 더 전도유망한 대안을 발견했다. "나는 폭발의 물리적 과정과 에너지 방출의 토대 모두에서 야코프 젤도비치 연구진의 설계안과는 다른 방식으로 열핵 장약을 설계하자고 제안했고, 우리의 연구 방향은 크게 바뀌었다."[56] 사하로프는 회고록에서 그 대체 설계안을 "첫 번째 발상"[57]이라고 부른다. 창밖을 내다보며 사유하던 소련의 과묵한 물리학자는 텔러의 자명종을 독자적으로 재발명한 것이다.

사하로프는 그 첫 번째 발상을 "레이어 케이크(layer cake)"라고 명명했다. ('레이어 케이크'는 사이사이에 크림, 잼 등을 넣어 여러 층으로 만든 케이크이다. — 옮긴이) 로마노프는 이렇게 썼다. "경원소들(중수소, 삼중 수소, 그것들의 화합물)과 중원소들(우라늄 238)이 번갈아 층을 이룬다."[58] 사하로프는 팻 맨 내파 체계의 천연 우라늄 탬퍼를 확대해, 경원소 층을 집어넣자고 제안했던 것이다.* 플루토늄 코어가 분열하면 탬퍼 물질이 열핵융합 반응이 일어나는 온도까지 가열될 터였다. 물질은 이런 극단적 조건에서 거의 완전히 이온화되고(전자를 뺏기고 원자핵만 남는다는 이야기이다.), 경원소 층과 중원소 층은 압력이 같아진다. 레프 알트슐러의 말을 들어보자. "그 이야기는 가벼운 물질이 크게 압축된다는 소리이다. 그런데 경원소 대거 압축

---

* 구레비치, 젤도비치, 포메란추크, 하리톤이 1946년 공동 저자로 참여한 보고서 「경원소들의 핵에너지 활용」에서는 "우라늄 장약의 크기를 키우고, 모양을 특별하게 만들어(차곡차곡 쌓는 방식)" 사용할 것과 "중원소와 기폭제를 중수소로 (싸는) 방안(복사 진동이 전달될 수도 있다고 봤기 때문)"이 논의된다. 이 설명을 보면 가설적이나마 구형의 수소 폭탄을 염두에 둔 것 같기도 하다. 하지만 사하로프가 제안한 층층 쌓기라는 결정적 발상은 빠져 있다.

은 핵융합 반응의 주된 전제 조건이었다." 계속해서 알트슐러는 이렇게 말한다. 소련의 무기 설계자들 사이에서 "그 특별한 현상은 '설탕화(러시아 어 sakharization, 영어 sugarization)'라고 불렸다."[59] 러시아 어 사하르(sakhar)가 설탕이므로, 의역해 보자면, "캐러멜화(caramelizing)"라고 할 수도 있겠다. 융합 반응으로 고에너지 중성자가 방출되면 수소 원자핵과 혼합된 우라늄 238 탬퍼의 원자핵이 바로 분열을 시작한다. 팻 맨 체계에 불과했을 시스템의 출력이 대폭 증강되는 것이다. 알트슐러는 이렇게 언급했다. 이 에너지 방출 연쇄 과정이, "앞으로의 갖은 변형 설계에서 등장하는 공통 분모(분열-융합-분열)이다."[60] (우라늄 238은 고에너지 중성자로 분열시킬 수 있다. 우라늄 238은 연쇄 반응을 하지 않고, 분열하는 데 임계 질량이 필요하지도 않다. 우라늄 238은 우라늄 235 분열-수소 융합-우라늄 238 분열 체계에서 중수소처럼 연료로 사용된다. 그렇게 해서 순전한 분열 장치의 기본적 한계 — 장치가 가열되어 팽창하면 임계 질량 이하로 해체되고, 연쇄 반응이 중단되어 출력에 한계가 생긴다. — 가 어느 정도 극복되는 것이다.)

카슨 마크의 이야기를 들어보자.

사하로프가 선보인 첫 번째 발상의 커다란 미덕은 실현 가능성을 규명할 필요가 없었다는 거예요. 첫 번째 발상은 해당 물리 과정의 작동 여부와 관련해 논쟁을 할 필요가 없었습니다. 레이어 케이크를 한 번 보고, 계속해서 무엇이 필요한지 생각해 보면 무슨 일이 일어날지 의심할 수가 없는 거죠. 가열해서 온도를 높이면 무슨 일이 반드시 일어나게 되어 있어요. 이렇게 물을 수 있겠지요. 제대로 일어날까? 아니면 형편없는 수준일까? 이것에 대한 감을 잡으려면 연구를 해야죠. 하지만 물리 과정의 실현 가능성을 규명할 필요는 없어요. 반면에 1946년 4월에 열린 슈퍼 학회 결과나 젤도비치의 연구를 보면 첫 번째 드는 생각이, 오, 맙소사, 과연 그렇게 될까 하는 의문인 거죠.

사하로프가 재빨리 언급한 내용이 그것이기도 합니다. 그의 첫 번째 발상은 완벽하게 실현 가능했고, 매력적일 수밖에 없었습니다.[61]

이고리 탐이 듣자마자 그 새로운 설계안을 받아들였다고, 사하로프는 회고한다. "탐은 처음부터 이전 방법에 의구심을 갖고 있었다." 사하로프가 젤도비치의 믿음이 안 가는 조수를 거치지 않고 직접 이야기를 전하자, 젤도비치도 바로 "내 제안의 장점을 인정했다." "우리의 프로젝트가 2개 다 자세히 논의되었고, 탐의 연구진이 새 설계안에 집중하기로 합의했다. 물론 젤도비치 연구진은 이전 설계안을 계속 연구한다. 젤도비치는 그러면서도 우리에게 도움이 필요하면 언제든 돕기로 했다. 우리가 아는 것에는 여전히 공백이 많았기 때문이다."[62] 젤도비치가 그 무렵 자신의 사로프행을 요청했다고, 사하로프는 기억했다. 하지만 재능이 넘치던 약관의 사하로프는 소련 과학 아카데미 물리학 연구소(FIAN)에 1년 6개월 더 남아서 연구를 계속한다.

사하로프가 두 번째 발상이라고 부르는 것이 매력적인 레이어 케이크 설계안에 보태졌다. 비탈리 긴즈부르크가 융합 층에 중수소와 삼중수소 대신 중수소화리튬을 사용하자고 제안한 것이다. 로마노프는 이렇게 쓰고 있다. 긴즈부르크는 "중수소화리튬을 …… 애정을 담뿍 담아 '리디(Liddy)'라고 불렀다. …… 쿠르차토프는 …… 리디 생산을 효율적으로 조직했다."[63] 사하로프는 돌파구를 연 것에 대한 치하로 승급했고, 베리야의 휘하 장군 가운데 한 명과도 만났다. 그가 사하로프에게 칭찬을 건네며 입당을 촉구했다. 사하로프는 장군에게 그렇게 할 수 없다고 이야기할 만큼 침착하고, 통찰력까지 있었다. "저는 당의 수많은 과거 행위가 잘못 되었다고 생각합니다. 저는 미래의 언젠가 의혹과 불안감에 시달릴 수 있다는 사실도 두렵습니다."[64]

소련 과학 아카데미 물리학 연구소(FIAN)의 동료 마트베이 삼소노비치 라비노비치(Matvei Samsonovich Rabinovich, 1919~1982년)는 사하로프가 외롭게 연구했다고 회고한다.

> 분위기가 은밀해지면 그는 가끔 이렇게 말했다. "내가 속마음을 털어놓고 이야기할 수 있는 사람은 너뿐이야." 이런 말도 했었다. "들어봐. 내가 크렘린의 모임에 불려 가는 일이 많아. 그런데 모임이 보통 새벽 4시까지 진행된다고. 끝나면 다들 자동차를 타고 돌아가지. 하지만 난 차가 없잖아. 내게 차가 없다는 걸 아무도 몰라. 물론 나도 아무한테도 이야기하지 않았지만. 크렘린에서 옥탸브르스코예 폴리예(Oktyabrskoye Polye)로 돌아오려면 갖은 수를 다 써야 한다는 이야기이지. 아마 12킬로미터, 어쩌면 15킬로미터는 될 거야." 택시를 잡지 못하면 그 먼 거리를 걸어와야 했던 것이다.[65]

사하로프는 1949년 초에 탐이 동석한 반니코프의 사무실에서 당 지도부의 거부할 수 없는 제안을 받았다. 반니코프가 사하로프를 사로프로 보내 율리 하리톤 밑에서 연구하도록 하겠다고 제안했다. 탐이 반대했다. 사하로프가 순수 과학을 연구하고, 무기 연구만큼은 하지 않기를 바랐던 것이다. "크렘린 직통 전화가 울렸다. 반니코프가 받더니 바짝 긴장했다. '예, 지금 여기 함께 있습니다. 뭐 하고 있느냐면 …… 이야기 중이었습니다. 못 보낸다고 합니다.' 잠시 침묵. '예, 알겠습니다.' 또 한 번 침묵. '예, 명령대로 하겠습니다.' 반니코프는 전화를 끊고, 이렇게 말했다. '방금 라브렌티 파블로비치(베리야)와 통화했습니다. 그가 우리의 요청을 받아들이라고 **요구**하는군요.'"

"더 이상 할 말이 없었다."[66]라고 사하로프는 말을 맺었다.

☢☢☢

로버트 램피어는 아이다호 주 쾨르 달렌(Coeur d'Alene) 광산 지역 출신의 FBI 요원으로, 키가 크고 똑똑하며 체계적인 29세의 청년이었다. 1947년 말 워싱턴의 FBI 본부에서 암호 해독 업무가 그에게 떨어졌다. 전시에 뉴욕 주재 소련 영사관에서 모스크바 본부로 타전된 전문을 육군 보안 기구(Army Security Agency, ASA)가 가로챘는데, 여전히 미해독 상태였던 것이다. 메러디스 녹스 가드너(Meredith Knox Gardner, 1912~2002년)라는 뛰어난 암호 해독가이자 언어 천재가 육군 보안 기구(ASA)에서 그 일을 하고 있었다. 램피어는 이내 가드너와 친해진다.

가드너는 약간의 진척을 이룬 상태였다. 여기저기에서 몇 단어를 솎아낼 수 있었던 것이다. 소련의 전문은 1회용 암호표를 사용해 작성되었고, 이것은 대개 깰 수 없는 체계였다. 하지만 가드너에게는 일부만 소각된 NKVD의 암호첩 사본이 있었다. 1944년 핀란드의 한 전장에서 획득한 것을, 전략 정보국(OSS)이 1,500쪽가량 구입한 것이다. 국무 장관이던 에드워드 레일리 스테티니어스 주니어(Edward Reilly Stettinius Jr., 1900~1949년)는 미국이 동맹국을 상대로 스파이 활동을 벌이고 있을지도 모른다는 사실에 충격을 받았고, 전략 정보국(OSS)이 소련 정부에 암호 자료를 돌려줘야 한다고 주장했다. 전략 정보국(OSS)은 시키는 대로 했다. 하지만 그건 암호첩을 은밀히 복사하고 난 다음이었다. NKVD는 전략 정보국(OSS)이 국무부보다 약삭빠르다고 판단했고, 즉시 1945년 5월에 암호를 바꿨다. 아무튼 해당 암호첩은 1944년부터 1945년까지 수발된 NKVD 전문을 해독할 수 있는 창문이 되어 주었다. 가드너와 램피어는 그때까지만 해도 문제의 두 해가 소련의 원자력 첩보 활동에서 결정적 시기였다는 사실을 전혀 모르고 있었다.

가드너는 1948년 초에 램피어에게 통신 전문 중 일부라도 좋으니 평문을 제공해 줄 수 있느냐고 물었다. 램피어는 반신반의하면서도 뉴욕 지부에 그 요청을 전달했다. 그런데 뉴욕 지부가 1944년 소련을 겨냥하고 증거를 잡기 위해 무단 침입을 시도하여 얻은 문서가 있었다. 다량의 문서가 곧 워싱턴으로 배달되었다. 램피어는 쾌재를 불렀다. "이거야말로 새로운 돌파구가 열리는 중요한 장의 첫 번째 국면이었다. 얼마 후부터 가드너가 완벽하게 해독된 전문을 내게 전달해 주기 시작했다."[67]

가드너가 해독한 내용을 보자. 윈스턴 처칠이 해리 트루먼에게 보낸 전문들과 똑같은 사본. "맥스 엘리처라는 남자에게 (암호명으로 지정된) 누군가가 접근해, 근무 중인 해군 총포국 업무 정보를 제공해 달라고 요청했다."[68]라는 보고서. 엘리처에게 접근한 날짜는 1944년 6월이었다. (바로 그때 줄리어스 로젠버그가 워싱턴으로 가, 소련이 전쟁 수행 노력에 필수적인 기술 정보를 제공받고 있지 못하다고 주장하며 엘리처에게 첩보 활동을 종용했다. 엘리처도 그 날짜와 이 사실을 별도로 확인했다.) 램피어는 엘리처라는 사람을 확인해 보도록 지시했고, 그가 1948년 현재 해군 총포국에 여전히 근무 중이라는 사실을 파악했다. 더 캐자, 엘리처와 모턴 소벨이라는 해군 동료가 연관되어 있음이 드러났다. 게다가 둘 모두 일찍이 공산당과의 연계 혐의를 받은 바 있었다. "뒷조사를 해 보았더니, 엘리처가 1934년부터 1938년까지 뉴욕 시립 대학교에 다녔고, 전기 공학 학사로 졸업했음이 드러났다."[69] (로젠버그도 뉴욕 시립 대학교를 다녔다. 램피어가 아직 그의 정체를 모르기는 했지만.) 소벨은 엘리처의 동급생 가운데 한 명으로, 대학 시절에 방을 함께 쓰기도 했다.

단편적으로 해독된 또 다른 전문에는 첩보 요원이거나 접선책일 것으로 추정되는 사람이 둘 나왔다. 한 명이 조엘 바였다. 조엘 바는 줄리어스 로젠버그의 동료이자 공산당 세포 조직원으로, 엘리자베스 벤틀리가 대배심 조사를 받던 1947년에 이미 유럽으로 도주한 상황이었다. 램피어는 바를 탐문하는 수사에 나섰고, 그 전기 전문가가 1946년에 스페리 자이로스코프(Sperry Gyroscope) 사에서 주임 기사로 일하다가 지금은 핀란드에 살며 호구지책으로 피아노를 연주한다는 사실을 알아냈다. 램피어는 또 알아낸 사실을 이렇게 적고 있다. "그는 소벨, 엘리처와 함께 뉴욕 시립 대학교 전기 공학과를 다녔다. 1938년에 졸업한 것도 똑같다."[70]

다른 용의자는 여성이었다. 램피어는 1948년 6월 가드너가 해독한 단편 정보를 바탕으로, "전시 핵분열 연구 종사자(들)와 국가 보안부(MGB) 요원들의 중개인(1944년)"[71]이 바 아니면 그 여성이라고 결론지었다. 램피어가 여자에 대해 알아낸 내용이 6월 4일 회람된 자료에 나온다.

> 세례명이 에델(ETHEL)인 이 여자는 남편의 성을 썼고, (당시)(1944년) 5년째 결혼 생활 중이었으며, 나이는 29세였고, 미국 공산당 당원이었다. (1938년에 가입했을 것이다.) 그녀는 남편이 소련과 공작 활동을 벌인다는 것을 알았을 것이다.[72]

바는 독신이었다. 하지만 램피어는 포기하지 않았고, 여자 친구들을 조사했다. 확인된 내용과 부합하는 사람은 없었다. 램피어의 회고를 들어보자. "우리는 1948년 '세례명, 에델'을 조사하는 과정에서 막다른 골목에 부딪쳤다."[73]

맥스 엘리처는 결혼 생활이 파탄 중이었고, 자신이 FBI의 감시를 받고 있음을 알았을지도 모른다. 그는 그해 여름 해군 총포국을 그만두고, 민간의 일자리를 찾기로 결심한 상태였다. 그가 소벨을 찾아갔더니, 그만두더라도 먼저 줄리어스 로젠버그를 만나 보라는 이야기가 돌아왔다. 엘리처는 뉴욕으로 가서 로젠버그를 만났다. FBI는 그의 증언을 이렇게 받아 적고 있다. "로젠버그는 종포국을 그만두기로 한 것은 좋지 않은 결정이라고 길 위에서 말했다. 종포국에서 첩보 활동을 해 줄 사람이 로젠버그에게 필요하다는 것이었다. 그 만남에 소벨도 함께했다." 엘리처와 로젠버그는 매니 울프스 식당으로 가 저녁을 함께했다. "두 사람은 저녁을 먹으면서 엘리처의 퇴직 결정에 관해 계속 이야기를 나누었다."[74] 엘리처가 로젠버그에게 어쩌다가 소련 공작원이 되었냐고 물었던 게 바로 그때였다.

엘리처는 7월에 아내와 함께 워싱턴에서 뉴욕으로 왔고, 소벨 집에 머무르면서 거처를 찾았다. 그는 미행당하고 있음을 이미 눈치 채고 있었다. (엘리처 부부를 미행한 FBI 요원들은 이렇게 기록했다. "맨해튼에서 소벨의 집으로 가는 길이었다. 엘리처 부부가 미행당하고 있음을 인지했다는 것이 확실했다. 그래서 감시를 중단했다."[75]) 소벨은 엘리처 부부가 자기 집으로 FBI를 끌어들였을지도 모른다는 생각에 불같이 화를 냈다. 그는 당장에 FBI의 급습이 우려된다면서 그날 저녁 엘리처와 함께 35밀리미터 필름 깡통 하나를 니커보커 빌리지의 로젠버그에게 전달했다. 엘리자베스 벤틀리가 하원의 반미 활동 위원회(Un-American Activities Committee)에 출석해 막 공개 증언을 한 상태였다. 파문이 일었다. 엘리처는 퀸스로 돌아오는 길에 로젠버그가 벤틀리를 아느냐고 소벨에게 물었다. 엘리처는 이렇게 회고했다. 소벨은 로젠버그가 "딱 한 번 벤틀리와 전화 통화를 했다."라고 말했다. "하지만 그는 벤틀리가 로젠버그의 정체를 모르므로, 모든 게 문제없다고 자신했다."[76] 엘리처는 10월에 퀸스로, 그것도 소벨의 옆집으로 이사했고, 역시 소벨이 근무하던 리브스 인스트루먼트 컴퍼니(Reeves Instrument Company) 사에 다니기 시작했다.

해리 골드는 사랑에 빠져 있었다. 그는 더 이상 에이브 브로스먼 밑에서 일하지도 않았다. 브로스먼은 1947년 어느 시점부터 골드에게 봉급을 주지 않았다. 골드는 펜실베이니아 슈거 사의 옛 상사에게 브로스먼이 파산 직전이라면서 500달러를 빌리려고 했지만 뜻을 이루지 못했다. 담보라고 할 수 있는 동료가 그리 좋지 않았던 것이다. 골드는 1948년 6월 5일 브로스먼에 대한 기대를 접고, 관계를 청산한다. 브로스먼은 두 사람이 지어낸 대배심 허위 증언에 대한 걱정이 여전히 대단했다. 골드가 회고한 내용을 읽어 보자. "결국 에이브 브로스먼과 친구들을 떠났다. …… 브로스먼은 내가 꾸며낸 이야기를 한 번 더 복기해 보고 싶다고 말했다. 나는 잘 알고 있으므로 그럴 필요 없다고 대꾸했다. 브로스먼이 마지막으로 한 말은 이랬다. '잊지 말라고. 언젠가 경찰이 올 테니까. 그러면 전에 했던 것과 똑같은 이야기가 하고 싶어질 거야.' 나를 위협하려 했던 것 같다."[77]

골드가 일자리를 찾고 있다는 소문이 결국 베아트리스 쉬드(Beatrice Schied)의 귀에까지 들어갔다. 쉬드는 골드가 전쟁 때 펜실베이니아 슈거에서 몇 차례 데이트를 시도했던 여성이다. 연구소 기술직이었던 쉬드는 1948년 당시 필라델피아 종합 병원 심장 센터(Philadelphia General Hospital Heart Station)에서 근무했다.[78] 이곳은 심장병 전문 연구소였다. 미국 공중 보건청(Public Health Service)이 생화학자를 한 명 더 뽑을 수 있는 교부금을 필라델피아 심장 센터에 지급했다. 쉬드가 골드를 추천했다. 골드는 8월에 채용되었고, 다음 달부터 출근했다. 그가 평생의 사랑을 만난 게 바로 이때였다.

> 나는 메리 래닝(Mary Lanning)과 사랑에 빠졌다. 새뮤얼 벨렛(Samuel Bellet) 박사 연구소에서 그녀를 처음 만난 것은 1948년 9월 10일 수요일이었다. 정말이지 사태는 아주 간명했다. 그 만남은 느닷없는 것이었다. 평생에 걸쳐 찾던 여자가 그녀라는 걸 직감했다. 이 말이 지극히 평범하다는 건 나도 잘 안

다. 데이트를 시작했고, 그녀를 알아 갈수록 그 느낌은 더욱 확고해졌다. 그녀를 아내로 삼고 싶은 욕망이 압도적인 충동으로 자리했다. 메리는 잘난 체하지 않았다. 솔직담백한 정직성이 마음에 들었고, 인위적인 부자연스러움도 전혀 없었다. 그리고 그 넓적한 코. 나는 완전히 사로잡혔다. 메리 이야기라면 몇 시간이라도 더 할 수 있다.[79]

동생 요셉은 아마도 골드가 데이트 중임을 알았을 것이다. 자신이 근무하던 해군 항공 보급창(Naval Aviation Supply Depot)의 상급자에게 이렇게 말했던 것이다. "형이 저먼타운(Germantown)에 사는 비유대인 여자한테 폭 빠져 있습니다."[80] 골드와 메리 래닝은 9월부터 자주 데이트를 했다. 그녀가 골드를 진지한 구혼자로 받아들였다는 것은 분명하다. 하지만 골드가 무언가 숨기고 있음을 그녀가 눈치 챘다는 것을 골드 자신도 알았다.

처음부터 경종이 울렸다. 1947년의 대배심 조사로 내 인생에 대한 온갖 취조와 심리가 끝난 게 아니었다. 내 인생은 송두리째 카드로 만든 집에 기초하고 있었다. 그 집이 얼마나 불안정하고 위태로운지 나보다 더 잘 아는 사람은 없었다. 처음부터 나는 알았다. 메리는 자주 이런 지적을 했다. 자기 앞에서 완전히 풀어지거나 걱정 없이 편안해 한 적이 없다고 말이다. 하지만 메리가 왜 그런지 따져 묻거나 수상쩍어 하지는 않았다.[81]

골드에게는 수년간의 첩보 활동을 이야기하는 게 살인을 자백하는 것과 다를 바 없었다. 하지만 그가 적어도 한 번은 비밀을 고백하기 직전까지 갔던 것 같다. 메리 래닝이 FBI에 출석해 회고한 내용을 보자.

골드와 알고 지내던 언제쯤이었다고 …… 그녀가 말문을 열었다. 그가 뉴멕시코에 갔었다고 말했다는 것이었다. 그녀는 그가 샌타페이라는 도시에 갔었다고 말한 것이 생각난다고 말했다. 정확한 방문 날짜는 몰랐다. 하지만 그녀는 그가 펜실베이니아 슈거에 다닐 때였다고 생각했다. 펜실베이니아 슈거 사가 그 지역의 코카콜라 공장에 관심을 보였다고 그가 말했다는 것이다.[82]

해리 골드는 심장 연구에 투신했고, 꾸준하게 진급도 했으며, 불안한 가운데서도 꿈에 그리던 납작코 아가씨에게 구애했다.

같은 계절, 더 정확히는 1948년 9월 1일 도널드 맥클린이 가족과 함께 뉴욕을 떠났다. 영국이 다시 임지로 지정되었던 것이다. 원자력 위원회(AEC)는 품격 있는 옛날 호텔 헤이스 애덤스(Hays Adams)에서 그에게 이임 오찬[83]을 열어 주었다.

☢☢☢

미국 공군은 베를린 위기를 계기로 전쟁 준비 태세를 검토하는 작업에 박차를 가했다. 1948년 당시 미국의 유일한 억지력이었던 전략 공군 사령부가 특히 평균 이하로 나왔다. 상원 의원의 조카이자 1948년 4월 이후 미국 공군 참모 총장이던 호이트 밴던버그가 유명한 비행가 찰스 오거스터스 린드버그(Charles Augustus Lindbergh, 1902~1974년)에게 공군의 핵전쟁 부대를 연구해, 개선 방안을 제출해 달라고 요청했다. 린드버그는 베를린 공수 작전이 벌어진 첫 여름에 전략 공군 사령부 승무원들과 함께 비행했다. 그들이 훈련 상태가 형편없고, 혹사당하고 있다는 게 빤히 보였다. 509 부대조차 훈련 기록을 뻥튀기하려고 획책했다. 509 부대는 7월에 7,620미터 이하 상공에서 386발(평균 착탄 오차 107.5미터)의 시계(視界) 폭탄 투하를 했지만, 7,620미터 이상의 상공에서는 불과 44발(평균 착탄 오차 1.6킬로미터 이상)만 투하했다. 레이더 유도 투하 1회당 시계 투하는 4회였다. 전략 공군 사령부의 그 원폭 비행대는 야간에 7,620미터 이상의 상공에서 레이더 유도 방식으로 소련을 폭격할 예정이었기 때문에 실상 그 훈련 프로그램[84]은 누워서 떡먹기나 다름없었다. 린드버그의 비판은 신랄했다. "원폭 비행대 인력은 신중하게 선발되지 않았다. 조종사들의 숙달 상태가 불만족스럽고, 단체 정신과 협동 작업도 완전하지 않으며, 항공기와 장비의 유지 관리 상태 역시 미흡하다. 종합해 보자. 비행단 인력은 비행 작전 경험이 부족하다."[85]

로리스 노스태드가 전략 공군 사령부에 대한 린드버그의 조사 내용을 되짚어 보았고, 그의 결론이 사실과 부합함을 확인했다. 전쟁이 끝나고 3년이 흘렀다. 소련은 미국의 의도를 적극적으로 살피며 캐고 있었다. 그런데 미국에 있다는 유일한 원자 폭탄 타격 부대는 여전히 전투 준비 태세를 갖추지 못한 상황이었다. 노스태드는 호이트 밴던버그에게 사령관을 새로 임명하라고 강하게 건의했다. 한 군대 역사가는 당시 상황을 이렇게 기록하고 있다. "밴던버그는 누굴 추천하겠느냐고 물었다. 노스태드가 반문했다. 내일 당장 전쟁이 발발한다면 전략 공군 사령부를 누가 지휘했으면 하고 원하십니까? 참모 총장은 냉큼 이렇게 대꾸했다. 르메이지."[86]

터너가 공수 작전을 이끌었기 때문에 르메이는 아마 안절부절 못 했을 테고, 1948년 10월 19일 냉큼 그 자리를 수락했다. 르메이가 워싱턴 외곽 앤드루스 공군 기지의 전략 공군 사령부 본부에 요란스럽게 도착했다. 참모 장교 가운데 한 명은 이렇게 회고한다. "출근 첫날 …… 르메이 장군의 한마디는 다음과 같았다. '먼저 전쟁 계획을 검토하고 싶네.'"[87]

전쟁 계획은 없었다. 르메이는 이렇게 화를 냈다.

> 훈련 상태도 물었다. "폭격 성적을 보고 싶군." 대답이 걸작이었다. "폭격은 정확히 제시간에 하고 있습니다." 그들이 가져온 폭격 점수는 아주 좋았다. 하지만 믿을 수가 없었다. 레이더 유도 폭격 성적도 사정은 마찬가지였다. 더 자세히 살펴보았더니 전략 공군 사령부는 전투 고도가 아니라 3,657~4,572미터에서 폭격하고 있었다. 레이더 화면을 보았는데, 비행기들이 제 고도에 있지 않았다. 레이더가 그 고도에서 작동하는 데 어려움이 있었던 것이다. 대원들은 레이더가 작동하는 고도에서 폭격했다. 실제 표적을 폭격하는 것도 아니었다. 그들은 난바다에 뗏목을 띄워 놓고, 거기 설치한 반사판에 폭격을 했다. …… 완전히 말도 안 되는 짓이었다.[88]

르메이의 회고록을 더 보자. "우리에게는 승무원이 한 명도 없었다. 사령부 전체에서 전문적으로 임무를 수행할 수 있는 인원이 **단 한 명**도 없었던 것이다."[89]

참모 장교 잭 조지프 캐턴(Jack Joseph Catton, 19020~1990년)은 이렇게 말한다. "르메이 장군이 부임한 첫째 날인가, 둘째 날인가에 피바람이 몰아쳤다. (장군은) 전략 공군 사령부의 상황에 크게 실망하고 좌절했다. 조직에 피바람이 분 이유이다. 르메이 장군은 전체 참모를 소집해, 남을 사람은 남고 떠날 사람은 떠나라고 말했다. 그는 그 후 곧바로 직접 인원을 충원했다. 유혈이 낭자한 조직 개편이었지만 필요하고 적절한 조치였다. 우리는 정말이지 열의가 고조되었다."[90] 캐턴은 숙청 과정에서 살아남았다.

신임 전략 공군 사령관 르메이는 이렇게 말했다. "모두 다 자신들이 잘 하고 있다고 생각했다. 그들이 그렇지 않다는 것을 먼저 알려 주어야 했다."[91] 사령부 본부가 앤드루스에서 네브래스카 주 오마하 인근 오펏 공군 기지(Offutt Air Force Base)로 이전된 후(기지 이전은 르메이가 부임하기 전에 이미 결정된 사안이다.), 르메이는 오하이오 주 데이턴의 라이트 필드(Wright Field)를 겨냥해 최대 규모의 비행 작전을 명령했다. "실제와 다름없는 전투 비행 작전이었다. 전략 공군 사령부의 모든 비행기가 전투 고도로 날았다."[92] 공군 정보부가 보유한 소련 도시들의 항공 사진은 전쟁 이전에 찍은 것들뿐이었고, 르메이는 1938년에 찍은 데이턴 항공 사진을 대원들에게 건넸다. 그는 그들에게 9,144미터 상공에서 레이더로 폭격할 것이며, 반사 레이더가 아니라 산업 및 군사 표적을 겨냥하라고 지시했다.

르메이는 1949년 1월의 그 비행 작전을 퇴역 후 이렇게 회고했다. "날씨가 아주 안 좋았다는 걸 이야기해야겠군요. 그 지역에 뇌우가 엄청났죠. 그건 확실히 무시할 수 없는 요인이었습니다. 하지만 그게 다가 아니에요. 우리 승무원들은 지정 고도에서 나는 것에 익숙하지 않았습니다. 그건 비행기도 마찬가지였어요. 그렇게 높을 줄이야. 대부분의 가압 장치가 작동하지 않았죠. 산소 마스크는 말할 것도 없었고요. 위로 가면 목숨이 어떻게 되는지 아는 사람이 아무도 없는 것 같았습니다."[93] 다수의 승무원은 데이턴을 발견하지도 못했다. 데이턴을 발견한 부대원들도 폭격 성적은 표적에서 1.6~3.2킬로미터씩 벗어났다.[94] 그 정도 거리면 나가사키 급 원자 폭탄일지라도 미미한 피해밖에 입히지 못한다.

르메이는 데이턴 훈련의 결과를 이렇게 언급했다. "미국군의 항공 역사에서 가장 어두운 밤이었다. 지시받은 대로 비행 임무를 완수한 항공기가 1대도 없었다. **단 1대도.**"[95] 오펏 공군 기지도 재앙이기는 마찬가지였다. "대규모 폭격기 공장 한 군데와, 가파른 둑으로 인해 느닷없이 끝나는 비실용적인 활주로를 제외하면 이렇다 할 만한 게 없었다. 생각해 낼 수 있는 가장 멍청한 활주로였다." 전시에 조성된 기지는 "막사가 조잡했고, 판자 오두막에는 타르지(tar-paper)가 씌워져 있었다."[96] 전략 공군 사령부는 경험 많은 노련한 대원들이 필요했는데, 관사가 부족했고 재입대 장병들은 의욕을 상실했다. 르메이는 이렇게 말했다. "아예 싸울 필요가 없을 정도로 전문적이고, 강력하며, 위력적인 군대를 구축하는 게 나의 목표였다. 다시 말해 우리는 억지력을 갖춰야 했다. 그 억지력도 상당한 수준이어야 했고 말이다."[97] 국가 안전 보장 회의는 1948년 11월 억지력을 미국의 정책으로 공식 채택했다. 미국이 "필요한 기간만큼 소련의 공격을 억제할 수 있도록 군사 준비 태세를 강화"[98]해야 한다고 결론 내린 것이다. 그런데 그해 말 트루먼이 의회가 의결한 공군의 추가 예산 가운데 8억 2200만 달러를 압수했다. 전체 군비가 144억 달러로 쪼그라들었는데, 이것은 포레스탈이 당초 요구한 금액의 60퍼센트에 불과했다. 르메이는 차가운 높은 고도에서 비행을 하다 안면 신경 마비에 걸리는 바람에 아랫입술 한쪽이 축 늘어지고 말았다. 억세고 침착한 신임 전략 공군 사령관은 이것을 가리려고 항상 여송연의 꽁초를 씹었다. 그는 해야 할 일이 산더미 같았다. 르메이는 "아무런 준비 없이 참전하면서 …… 겪은 끔찍한 경험을 떠올렸다."[99]

⊛⊛⊛

베를린 위기는 1948년 크리스마스 무렵 마침내 완화되기 시작했다. 겨울은 혹독했다. 더구나 안개 때문에 공수 작전에 제약이 많았다. 베를린의 비축량이 점점 줄어들었다. 육군성 차관 윌리엄 헨리 드레이퍼 주니어(William Henry Draper Jr., 1894~1974년)는 이렇게 회고한다. "장막 같았습니다. 안개가 3주만 더 계속되었어도 우리는 아마 항복해야 했을 거예요. 더 이상은 버틸 수 없었을 겁니다. 주민이 굶주리는데, 점령을 계속할 수는 없는 거죠. 그런데 1월 5일 쯤에 안개가 걷혔습니다. …… 우리는 즉시 상황을 복구할 수 있었죠. 러시아는 허를 찔렸다는 걸 알았습니다."[100] 독일의 소련 구역도 맞대응으로 취해진 경제 봉쇄로 인해 심각한 난관에 봉착한 상황이었다. 1948년에 필요한 수입량이 45퍼센트 감소했다.[101]

스탈린이 1949년 1월 말 조건부로 항복하겠다는 의사를 전달해 왔다. 미국 기자인 킹스베리 스미스(Kingsbury Smith)가 스탈린에게 전보로 일련의 질문을 던졌다. 미국, 영국, 프랑스가, 외무 장관 협의회가 재개될 때까지 서독이라는 국가의 수립을 미룬다면 베를린 봉쇄를 해제할 의향이 있느냐는 질문도 그중 하나였다. 스탈린은 경제 봉쇄가 해제된다면 그렇게 할 용의가 충분히 있다고 답변했다. 국무부 내 소련 전문가인 찰스 볼런은 이전의 외교 노력을 좌절시켰던 통화 문제를 스탈린이 언급하지 않았음에 주목했다.

트루먼은 모든 예상을 뒤집고 11월 대선에서 승리했으며, 막 취임식을 마치고 대통령으로서의 온전한 첫 번째 임기를 시작한 상황이었다. 그는 딘 애치슨을 신임 국무 장관으로 임명했다. (조지 마셜이 병으로 은퇴했다.) 애치슨이 스탈린의 의사를 트루먼에게 알렸다. 미국의 지도자들은 2월 2일 애치슨의 기자 회견을 통해 자신들의 메시지를 전했다. 곧바로 베를린 위기를 종식할 비밀 협상이 시작되었다. 베를린으로 들어가는 철도 수송은 5월에 재개되었다.

베를린 봉쇄가 전쟁으로 비화하지 않은 이유는 무엇일까? 공직에서 물러나 절치부심 중이던 윈스턴 처칠은 갈등 초기부터 영국 주재 미국 대사 루이스 윌리엄 더글러스(Lewis Williams Douglas, 1894~1974년)에게 훨씬 적대적인 절차를 제안했다. 더글러스는 처칠의 견해를 이렇게 보고했다. "소련이 원자 폭탄을 개발한다면 전쟁은 필연이다. …… 그는 지금 이야말로 적기라고 생각한다. 소련이 베를린과 동독을 내주고 폴란드 국경으로 철수하지 않으면 우리가 그들의 도시를 쑥대밭으로 만들겠다고 지체 없이 경고할 때라는 것이다. 우리가 소련을 상대로 유화 정책을 쓰지 않고, 회유하지도 않겠지만, 도발할 수 없다는 것도 처칠의 견해이다. 그들이 알아듣는 유일한 어휘는 힘이라는 게 그의 생각이다. 따라서 우리가 이런 입장을 취하면 소련이 굴복할 것이라고 처칠은 생각한다."[102] 르메이 역시 처음부터 군사 행동을 지지했다.

> 경찰대를 지휘하던 트루도(육군의 아서 트루도(Arthur G. Trudeau)) 장군과 나는 계획을 하나 꾸몄다. 그가 소규모 군대를 이끌고 아우토반으로 진출해, 사실상 무력으로 베를린을 개방하자는 것이었다. 나는 연락 차량에서 대기하고, 그가 행동에 돌입한다. 영국에서 출격한 B-29를 독일 상공에 띄우고, 내게 있는 전투기들도 전진 배치한다. 트루도 장군이 다툼 과정에서 단순히 시늉에 불과한 저항이 아니라 전쟁에 돌입했다는 판단을 내리고 알려 오면, 내가 공군을 출격시켜 러시아 비행장을 타격하는 시나리오였던 것이다. 러시아 항공기는 전체가 비행장에 다닥다닥 붙은 상태로 계류 중이었다. 우리는 그 계획을 클레이 장군에게 제시했고, …… 그가 이를 워싱턴에 보고했다. 하지만 대답은 "안 된다."라는 것이었다.[103]

서로를 못 미더워하는 두 적수는 군사적 충돌보다는 조심하고 자제하면서 서로의 처지와 활동을 비폭력 상태에서 폭넓게 탐색했다. 어울리면서 즉석에서 의사 소통도 하고 말이다. 두 나라 모두 메시아를 자처하는 혁명적 체제의 대변자였다. 하지만 제2차 세계 대전 때는 우선 협력해야 했다. 소련의 지도부는 그 4년간의 협력 과정에서 미국이 전쟁에 동원할 수 있는 생산력이 그야말로 엄청나다는 것을 알았다. 미국은 2개의 대양에서 전쟁을 벌이면서도 무기 대여법을 통해 소련을 지원할 만큼 대단했다. 미국은 원자 폭탄을 제작하는 데 들어가는 엄청난 비용을 감당할 수 있을 만큼 대단했다. (소련은 그제야 비로소 이 사실을 알았다.) 미국은 승리와 함께 유럽에서 실질적인 세력을 모두 제거했음에도 불구하고 계속해서 핵무장을 강화했다. 1946년과 1948년에 실시된 비키니와 에니웨톡 시험들이 이것을 증명한다. 소련 지도자들은 핵무기를 공개적으로는 하찮은 수준이라며 평가 절하했다. 하지만 스탈린이 그걸 최대한 빨리 보유하기 위해 자원이 별로 없음에도 불구하고 많은 몫을 떼어 내 투자한 것을 보면, 핵무기를 높이 평가했다는 게 분명하다.

서방은 서독 정부를 따로 수립할 뿐만 아니라 그 전통적인 러시아의 적을 재무장하겠다(도널드 맥클린이 알려 주었을 것이다.)는 생각이었다. 스탈린은 그에 대응해 베를린을 봉쇄했다. 미국의 권위에 중대하지만 지엽적으로 도전한 것이다. 스탈린은 미국이 베를린을 확보하겠다고 전쟁을 선포할 만큼은 아니라고 판단했다. 그의 판단은 옳았다. 하지만 미국이 효율적인 공수 작전으로 봉쇄를 좌절시키리라고는 미처 예상하지 못했다.

미국 지도부가 처칠식의 최후 통첩을 발하거나 클레이와 르메이를 동원해 봉쇄를 뚫어 버리지 않은 이유는 무엇일까? 핵전쟁이든 재래식 전쟁이든 미국은 준비가 안 되어 있었고, 신중하지 않을 수 없었다. 미국의 대응이 제한적일 수밖에 없었던 이유이다. 트루먼이 자기가 도입해 놓고도 강화하기를 망설인 선례도 보태야 할 것이다. 대량 살상 무기로 군사적 목표를 추구한다는 선례였던 바 트루먼이 내켜 하지 않는 바람에 미국이 스스로를 제한하게 된 것인데, 이것을 과소 평가해서는 안 된다. 트루먼은 1949년 2월 릴리엔솔에게 다시 이렇게 말했다. "원자 폭탄은 또 하나의 무기가 절대로 아닐세. 또 하나의 폭탄도 아니지. 사람들이 그렇게 말하는 것은 크게 잘못 생각하는 것이야. …… 데이브, 할 수만 있다면 원자 폭탄을 사용해서는 안 되네." 트루먼은 바로 그 냉전의 초기에 핵무기에 대한 소련의 태도를 알지 못했고, 여전히 최악의 시나리오를 상정했다. "하지만 러시아가 핵무기를 개발하면 우리한테 사용하겠지."[104] 트루먼은 소련이 핵무기를 개발하면 서방을 상대로 사용할 것이라고 확신했다. 대통령의 확신은 2개의 핵 열강이 존재하게 될 가까운 미래에 암운을 드리웠다. 하지만 트루먼은 그런 확신 속에서 또 다른 근거도 발견했을 것이다. 베를린 충돌을 해소한답시고 핵무기를 사용해서는 안 되는 또 다른 근거를 말이다. 소련은 아직 원자 폭탄을 완성하기도 전이었다. 그럼에도 불구하고 미국과 소련이 이미 어느 정도 상호 억지력을 행사하고 있었다는 점을 직시해야 한다.

18장

벅 로저스 우주

커티스 르메이가 전략 공군 사령부를 인계받아 피바람이 몰아치던 1948년 10월에는 전쟁 계획이 전혀 없었다. 그는 당장에 전쟁 계획을 마련하는 일에 착수했다. 전 세계에서 전략 폭격을 르메이보다 더 많이 아는 사람은 없었다. 적국을 상대로 총력을 기울여 전략 폭격을 지휘하고 단행해 성공시킨 사람은 그가 유일했다. 공군은 종전 후 여러 해에 걸쳐 일본을 상대로 수행된 소이탄 폭격과 원자 폭탄 공격을 분석적으로 검토했다. 르메이도 폭격의 결과를 면밀히 조사했다. 그가 1946년에 한 연설[1] 내용을 들어보자. "일본에는 온전한 지상군이 여전히 어마어마한 규모로 존재했습니다. 이런 상황에서 적의 지상 병력이 본토를 침공하지도 않았는데 항복한 것은, 독특하고 의미심장한 사건입니다." 르메이는 "일본의 도시, 공장, 육상 및 해상 운송"에 궤멸적 타격을 입힌 중폭격기가 일본의 항복을 결정지은 가장 중요한 요인이라고 확신했다.

제2차 세계 대전에서 미국은 시간과 공간의 측면에서 운이 좋았다는 게 르메이의 판단이었다. "우리와 적 사이에는 기존의 무기들이 가로지를 수 없는 공간이 있었습니다. …… 덧붙여서 동맹국들이 지연 전투를 벌여 주었고, 우리는 '시간'도 확보할 수 있었죠. 우리는 그 틈을 활용해, 적을 물리칠 수 있는 전투 장비를 생산했습니다." 그러나 미국은 제2차 세계 대전 이후 4,535킬로그램의 폭탄을 싣고 1만 6000킬로미터를 날 수 있는 장거리 폭격기를 개발하기 시작했다. 르메이는 이렇게 경고했다. '잠재적인 적들'도 똑같이 할 수 있습니다. '슈퍼 로켓'도 출현할 겁니다. '우리의 공간이 사라졌다.'는 이야기죠. 시간도 사라졌고요. 다시 전쟁이 일어나면 우리는 마지막에 공격받는 게 아니라 첫 번째 공격 대상이 될 겁니다. 폭탄과 미사일이 미국에 떨어지면서 전쟁이 시작되겠지요."

새로운 기술과 새로운 정치 환경 때문에 미국이 제2차 세계 대전 당시의 일본만큼 취약한 환경에 노출되었다는 것이 르메이의 판단이었다. 그는 이렇게 말했다. "문제가 비슷하므로 우리 자신을 일본의 처지에 대입해 봅시다. 원자 폭탄 투하를 막기 위해 그들이 무엇을 할 수 있었을까요?" 르메이는 "세 가지 해결책이 있을 수 있다."고 생각했다. (전부 군사적 해결책이었고, 협상이나 항복은 그의 머리에 없었다.) 폭격기들을 격추하기에 충분한 전투기와 대공 방어 체계를 구축하는 것이 한 가지 해결책일 수 있었다. 하지만 "전쟁 기간 내내 적의 대응으로 우리의 공격이 무위로 돌아간 적은 단 한 번도 없었습니다." 방어는 "가장 비효율적인 수단이라는 이야기죠. 성공 가능성이 가장 낮은 방법이기도 하고요."

마리아나 제도의 기지에 대기 중이던 B-29를 파괴하는 것이 두 번째 방법일 수 있을 것이라고 르메이는 생각했다. 하지만 "'모든 비행기를 다 파괴하는 것은 사실상 불가능'했을 것입니다. 비행장이 심한 공격을 받았어도 다른 비행기를 띄우고, 출격시킬 수 있는 것입니다. 원자 폭탄이 있으면 그런 노력도 소용이 없습니다. 비행기 1대가 수백 대의 일을 해낼 수 있으니까요."

르메이는 세 번째 해결책만이 일본을 구했을 것이라고 결론지었다. "폭탄을 생산하던 우리의 공장과 연구소 들을 파괴하는 것이 세 번째입니다." 일본이 그렇게 하려면 장거리 폭격 부대가 필요했겠지만 없었죠. "일본인들에게는 해결책이 없었던 겁니다. 그들은 그렇게 현대의 기술 앞에서 굴복했던 것이지요. (그들은) 700만 이상의 무장 병력이 여전히 건재했지만 싸울 엄두를 못 냈습니다. 우리도 비슷한 처지에 빠지지 않도록 해야 할 겁니다."

신임 전략 공군 사령관은 조국이 장거리 폭격기의 핵폭탄 투하에 속수무책으로 당하게 해서는 안 된다는 막중한 사명과 책임감을 느꼈다. "준비 태세"야말로 그의 해결책이었다. 종전 직후 뉴욕의 오하이오 주 향우회에서도 했던 말이다. 준비 태세는 억지력이었다. 하지만 르메이는 당시에 치명적인 질문을 비켜 갔다. 적이 억지되지 않으면 어쩔 건대?

르메이는 이제 그 물음과 대면해야 했다. 그는 일본을 겨냥한 결정적 공격, 곧 총 투하 폭탄의 91퍼센트[2]가 전쟁 막바지 다섯 달에 집중되었다는 사실을 잘 알고 있었다. 그는 성공적인 기습 공격과 자신의 오래된 공리를 결합했다. "처음 한 번에 제대로 타격하면 다시 갈 일 없다."[3] 원자 폭탄은 재래식 고폭탄보다 처음 한 번에 표적을 제대로 맞출 가능성이 훨씬 높았다. 공군의 전쟁 계획 입안 부서는 다음과 같은 결론을 내린 상태였다. "적을 완전히 정복하는 게 전쟁의 목표"라면 "초장부터 전면적인 핵공격을 단행해, 적을 망연자실케 함으로써 굴복시킬 수 있다."[4] 저명한 전문가들이 모인 비키니 시험 평가 위원회(MIT 총장 칼 테일러 콤프턴

(Karl Taylor Compton, 1887~1954년)이 위원장이었다.)는 기습 공격 개념을 한층 더 위험한 단계로 밀어붙였다. "전반적으로 볼 때 공격만이 효율적인 방어책이기" 때문에 "미국은 미래의 잠재적 적이 심각한 손실을 입히기 전에 공세를 취해야 한다."[5] 선제 타격의 예방 전쟁을 옹호한 것이다.

르메이는 1948년 11월 공군 참모 총장 호이트 밴던버그에게 전략 공군 사령부의 전쟁 계획 구상을 보고하며, 이렇게 제안했다. "작전 한 번에 원자 폭탄의 재고량의 80퍼센트를 투하할 수 있는 무장 병력을 구축하는 것이 전략 공군 사령부의 가장 중요한 임무가 되어야 합니다." 그 무렵 르메이는 자신이 있었다. 호이트 밴던버그에게 이렇게 말한 것을 봐도 알 수 있다. "다음번 전쟁은 전략 항공전이 될 것입니다. 촌각을 다투어 핵공격을 수행해야 할 것입니다."[6] 호이트 밴던버그도 동의했다. 그렇게 해서 1949년 3월 르메이가 전략 공군 사령부 비상 전쟁 계획 제1판을 제출했다. 그가 11월에 한 제안은 이제 목표가 되었다. "가능하다면 단 한 번의 대규모 공격으로 원자 폭탄을 전량 투하할 수 있어야 한다."[7] 르메이의 전략 공군 사령부 계획은 합동 참모 본부의 가장 최근 전쟁 계획[8]과 합을 맞추었다. 내용을 보자. 원자 폭탄 133개로 30일 이내에 소련 도시 70개를 파괴해, 민간인을 최소 270만 명 죽이고 부상자를 400만 명 발생시킨다. (이 파괴 규모가 일본에 대해 이루어진 화염 폭격의 파괴 규모와 대체로 일치한다는 사실이 놀랍다. 일본의 경우 도시 63개가 전소되고, 민간인 250만 명이 죽었다. 핵전쟁 계획이 이렇듯 비교적 온건했던 것은 전략적 제한 때문이 아니라 원자 폭탄 재고량 때문이었다. 아무튼 그 때문에 핵전쟁은 효율 면에서 재래식 전쟁과 다른, 자위 행위라는 망상이 강화되었다. 그러나 일본 폭격은 할 수 있는 최대한의 전쟁 수행 노력이었음에 반해 핵전쟁은 재고량이 늘어남에 따라 파괴 규모가 증대할 터였다.) 공군 최고 사령부는 12월 공군 대학에서 열린 한 회의[9]를 통해 르메이의 계획안을 추인했다. 전략 공군 사령부는 예산을 최우선으로 배정받게 된다.

미국의 공군 전략가들에게는 르메이가 제안한 방식의 공격 행위를 지칭하는 나름의 명칭이 있었다. "민족 말살."[10] 전략 공군 사령부가 민족을 말살하려면 긴 여정을 밟아야 했다. 그들은 데이턴 폭격 성적을 통해서 곧 그 사실을 알게 된다. 르메이는 12월에 로저 맥스웰 레이미(Roger Maxwell Ramey, 1905~1963년) 장군을 불러 509 원자 폭탄 폭격 부대가 "형편없다."라고 말했다.[11] 레이미는 전략 공군 사령부 휘하 공군 부대 2개 중 하나를 지휘하고 있었다. 르메이의 부관이 어떻게 적고 있는지 보자. "509 부대의 효율성이 지독하게 추락했다. 르메이 장군은 509 부대가 작전 능력이 없는 것으로 간주하고, 인원 전체를 대대적으로 재편성하는 발본적 조치를 취하라고 지시했다." 르메이는 같은 자리에서 레이미에게 공중 급유기를 "최대한 빨리" 개량하라고도 명령했다. "하지만 관련해서 무엇 하나라도 공개되기를 바라지 않으니 철저히 함구"하라고 지시했다. 르메이가 원한 것은 또 있었다. 재입대자가 없었기 때문에 레이더 학교를 이수한 항공병의 수를 두 배로 늘려야 했다. 정보 부서를 강화하는 작업도 빼놓을 수 없었다.

"전략 공군 사령부의 모두가 다음과 같은 심리 상태 속에 있어야 한다는 게 나의 결심이었다." 르메이의 기록을 더 살펴보자. "**우리는 지금 전쟁 중이다.** 그런 심리 상태라야 바로 다음날 아침이나 전날 밤에 전쟁에 돌입해도 예비 단계를 취하느라 허둥대며 시간을 낭비하는 일이 없을 터였다. 우리는 당장에 전쟁을 치를 수 있는 준비 자세를 갖추어야 했다."[12]

> 우리는 최초의 핵폭격 부대인 509 비행단이 필요했다. 내가 말했다. "알겠습니다. 거기서부터 시작하죠." 우리는 창고를 깨끗이 치우고, 509 비행단에 필요한 장비를 갖추었다. 모든 항공기에는 마땅히 갖춰야 하는 장비가 탑재

되었다. 어떤 비행기들은 기관포도 없었다. 평화시였기 때문에 필요 없다고 판단하고, 떼어낸 것이다. 우리는 갖춰야 하는 모든 것을 비행기에 달았다. 소속감을 느끼지 못하는 사람들은 배제하고, 적극적으로 임하는 장병들을 충원하는 것이 그다음 일이었다.[13]

르메이는 1949년 1월 1일 밴던버그에게 이동 작전 부대를 만들겠다고 보고했다. 이 부대는 중간 규모로 무장한 핵폭격 비행 대대* 2개와 중무장한 핵폭격 비행 대대 1개로 구성될 터였고, 그러려면 전략 공군 사령부에서 최고의 조종사와 승무원을 빼와야 했다. 르메이는 이렇게 적었다. "그렇게 해도 우리는 임무를 완수하지 못한다."[14] 그는 6월에 이 중요한 기동 부대를 두 배 증원하기로 마음먹었다. 그는 전략 공군 사령부의 자원을 활용할 수 있게 되면서 한 번에 비행 대대 하나씩 편성해 나간다. 전략 공군 사령부는 1월 1일경에 원자 폭탄을 실어 나를 수 있는 항공기 124대와 특수 훈련을 받은 승무원 90명을 보유했다. 전략 공군 사령부가 보유한 전체 항공기 대수는 다음과 같았다. B-36(6개의 엔진을 단 거대한 신조 폭격기로, 3만 9000킬로그램의 폭탄을 적재하고 1만 2192미터 상공을 날 수 있었다.[15]) 35대, B-50(B-29의 핵투하 능력을 개량한 것이다.) 35대, B-29 486대. 미국의 핵폭탄 공식 재고량은 그때 마크 III 56개였고, 신형 마크 IV도 1949년 초부터 비축에 들어간다. 게다가 마크 IV는 최종 조립물의 형태로 비축할 수 있었다. 육군 특수 무기 프로젝트(AFSWP) 사령관 케네스 니콜스는 마크 IV를 "공학적으로 설계 제작된 최초의 원자 폭탄"[16]이라고 설명했다.

---

* 비행 대대는 3~4개의 비행 중대로 구성되고, 비행 중대에는 항공기가 15대 정도 있었다. 도합 40~60대의 작전 항공기에 예비 항공기가 추가되었던 셈이다.

전략 공군 사령부는 1949년 초부터 적어도 10년 동안 비장의 무기를 보유했다. 르메이가 일본을 상대로 불 폭격을 기획한 1945년에 기댔던 것과 같은 무기였다. 소련도 일본처럼 전략 폭격 앞에서는 무방비 상태로 속수무책이었다. 호이트 밴던버그는 1948년 12월 포레스탈에게 소련이 매우 취약하다고 보고했다. 간담이 서늘해지는 보고 내용을 보자.

> 소련의 방공 포대는 대부분 88밀리미터 중포와 37밀리미터 자동 화기로 무장하고 있다. 85밀리미터의 최대 유효 고도는 7,620미터이다. ……
>
> 연합군 항공기는 방공포의 조준 레이더를 겨냥해 전파 방해 작전을 수행할 것이고, 그러면 상대 레이더의 유효성은 대폭 감소한다. ……
>
> 소련이 야간 및 전천후 작전을 수행할 수 있는 전투기를 갖고 있다는 증거는 없다. ……
>
> (소련에) 존재하거나 개발 중인 것으로 알려진 전투기 중 B-29 유형의 항공기에 대응할 수 있는 비행기는 1대도 없다. ……
>
> (소련의) 방어는 매우 제한적이고, 그런 전투기와 방공 포대가 문제가 안 된다는 것은 분명하다. ……
>
> (소련) 전투기들이 긴급 발진해 정체를 파악한다고 해도 공격이 단행되기 전에 (미국) 폭격기가 폭탄을 투하할 것이다. ……
>
> 소련은 우리의 공중 레이더 폭격 장비를 간섭하고 방해할 능력이 없다. ……
>
> 소련이 D+45~60일 전에 영국의 기지를 무력화할 능력이 있다고 여겨지지는 않는다. …… 전략적으로 공중 공격을 단행하면 이런 능력을 상당히 지연시키거나 완벽하게 제거할 수 있다.[17]

호이트 밴던버그는 소련을 상대로 한 최초 핵공격에서 미국 항공기가

25퍼센트의 손실율을 보일 것으로 추정했다. 르메이가 1년 후 국방 대학에서 점심을 먹고 있는데 해군 장교 두 명이 방공 작전이 과연 효율적이냐고 비아냥댔고, 그는 실제 추정값을 알려 주었다. 그의 부관은 이렇게 썼다. "르메이 장군은 이렇게 말했다. 추정해 보았더니, '지금 당장 벨이 울려'도 별다른 손실 없이 뚫고 들어가 특정 표적들을 공격할 수 있다. 전체 손실율은 10퍼센트를 넘지 않을 것이다." 밴던버그가 25퍼센트라고 한 것은 "병참 계획 때문"[18]이었다는 게 르메이의 판단이었다.

소련이 지상에서는 무적이었을지 모르지만 공중으로부터는 적한테 벌거벗은 것이나 다름이 없었다. 미국은 전략 공군 사령부를 편성했고, 그 치명적 약점을 철저하게 이용하려 했다. 전략 공군 사령부를 구축하는 것, 그것은 나는 것이었다. 르메이는 이렇게 적고 있다. 1948년 12월에 B-36 1대를 "텍사스 주 포트 워스(Fort Worth)에서 발진시켜 약 35시간 동안 호놀룰루까지 1만 2000킬로미터 이상 왕복시켰다. 실중량의 모조 폭탄을 적재하고 …… 호놀룰루 외곽 대양에 떨어뜨리게도 했다."[19] 1949년 2월에는 전략 공군 사령부 소속의 B-50 기종인 럭키 레이디 II(Lucky Lady II)[20]가 공중 급유를 받아 96시간 만에 무착륙으로 지구를 한 바퀴 돌았다. 르메이는 이렇게 적고 있다. "적재실에서 폭탄을 실제로 투하하는 행위를 제외하면, 비행하면서 작전에 필수적인 절차를 모두 밟아 보았다. 우리는 미국에서 꽤 크다는 도시는 모두 공격했다. 사람들은 저기 아래 침대에서 자고 있었다. 그들은 위에서 무슨 일이 벌어지는지 전혀 몰랐다."[21] 한 군사학자에 따르면 전략 공군 사령부 산하 정보부는 "미국의 도시들 가운데 유럽 및 소련의 도시와 가장 비슷한 곳이" 볼티모어라고 결론지었다. "정찰기가 볼티모어 상공을 날면서 모든 각도에서 (레이더) 영상 사진을 수백 장 촬영했다."[22] 승무원들은 그렇게 변환된 사진들을 바탕으로 자신들의 표적이 레이더에 어떻게 보일지를 배우고 익혔다. 샌프란시스코도 인기 있는 표적이었다. 전략 공군 사령부는 한 달 동안 물론 가짜였지만 이 도시를 무려 600회 이상 폭격[23]하기도 했다. 전략 공군 사령부는 수없는 반복 훈련을 통해 소련을 말살할 준비를 마쳤다. 전략 공군 사령부는 죽음의 신으로 거듭났다.

☢☢☢

첼랴빈스크-40의 상황을 다루면서 언급했던 앞의 징집병은 이제 건설 공사에 투입되었다. 그가 볼 때 재소자들보다 별로 나을 게 없는 노역이었다. 사병들은 죄수들이 비우고 떠난 길쭉하고 어두운 1층짜리 막사에서 생활했다. 목재 3단 침상이 4열로 들어서 있었으니, 상황이 얼마나 열악했을지 짐작이 간다. 그 군인은 이렇게 회고했다. "아침 식사는 귀리나 기장으로 만든 죽과 차로 간단하게 먹었습니다. 그러고는 조를 짜서 숲으로 가서 작업에 투입되었죠. 파이프라인이나 전선이 들어갈 도랑을 팠어요. 1인당 기준이 정해져 있었습니다. 큰 망치와 끌로 단단하게 얼어붙은 땅을 2.5세제곱미터 파내야 했던 거죠. 조로 편성되어서 한 사람이 끌을 잡고, 다른 사람이 망치를 휘둘렀지요. 작업 기준량을 달성해야만 식사가 나왔습니다. 그렇게 고되게 일하고 난 다음에도 굴욕적인 훈련을 받았어요. 다리를 굽히지 않고 높이 들면서 걷는 소련식 행진 있죠? 눈밭에 배를 깔고 포복을 하기도 했고요. 사람들은 진이 다 빠졌고, 좋을 수가 없었죠."[24]

그 징집병이 소속된 연대는 사병이 약 700명이었다. 첼랴빈스크-40 중앙 구역에 그런 연대가 4개, 교정 수용소가 4개(정치범 수용소 1개, 여성 전용 수용소 1개가 포함되어 있었다.) 있었다. 그들은 B 시설을 짓는 데 동원되었다. B 시설은 대규모 원격 제어 화학 공장으로, A 원자로에서 배출된 방사능 우라늄을 용해해 1톤당 코펙 동전(kopek, 러시아의 화폐로 100분의 1루블—옮긴이) 중량 정도가 함유된 플루토늄을 화학 분리할 예정이었다. 계속해서 징집병의 이야기를 들어보자. "우리는 3교대로 일했습니다. 인력은 전혀 부족하지 않았죠." 재소자들은 기반암을 발파해 잔해를 트럭에 실었다. 그들은 그렇게 나선형의 진입로를 만들며 협곡처럼 깊은 구덩이를 파 내려갔다. 구덩이는 1948년 초겨울에 완성되고, 콘크리트 타설 작업을 하기 위해 안에 목재를 덧댔다. 바로 그때 참사가 발생했다.

우리는 비상 경보에 놀라 눈을 떴고, 구덩이로 달려갔다. 사방이 불에 타고 있었다. 거대한 불길이 하늘 높이 치솟았다. 삽으로 구덩이에 자갈을 퍼 넣으라는 명령을 받았다. 그렇게 불길을 잡겠다는 것이었다. 하지만 열기가 너무 뜨거워서 가장자리로 접근하기도 힘들었다. 우리는 다시 막사로 돌아왔다. 다음날 라브렌티 파블로비치 베리야가 직접 부하들과 함께 날아왔다. 화재가 사보타주는 아닌지 조사한다는 이야기가 들려왔다. 물론 우리한테 조사 결과를 알려 준 사람은 아무도 없었지만.

B 시설의 화재 손실은 신속하게 복구되었다. 공장은 1948년 12월경에 완공되어, 가동을 시작했다. 소련의 보건 관리들이 A 시설과 B 시설 노동자들의 방사선량 기준을 정했다. 하지만 러시아의 핵전문가들은 이렇게 전한다. "처음에는 두 시설 모두에서 방사선 상황이 매우 가혹했다." 플루토늄 분리 공장의 경우 위험한 방사선에 노출되지 않고 작업을 하는 것이 불가능했다. B 시설 노동자 66퍼센트가 가동 시작 1년 만에 100렘(rem)에 육박하는 과도한 (하지만 증상을 나타내지는 않는) 양에 피폭당했다.[25] 구토 증세와 혈액 변성 같은 임상적 징후가 나타나기 시작하는 100렘 이상을 피폭당한 불행한 작업자는 7퍼센트였다. (미국과 영국의 경우

핵무기 산업에 종사하는 근로자들이 평생 피폭당하는 평균량은 3~11렘으로 추정되었다.[26])
러시아 전문가들의 기록을 보면, "최초의 방사선증(radiation sickness)이 나타난 게 이미 1949년 초였다." 관리자는 물론 노동자들도 위험성을 인지했다는 진술이 보태졌지만 다음과 같은 주장도 빠지지 않았다. "그들은 조국에 핵무기가 긴요하다는 것을 인식했고, 자주 안전을 도외시했다."[27] 적어도 한 명의 관리자는 애국심에서 발로한 희생이라는 전문가들의 주장을 지지했다. 보리스 브로코비치(Boris Brokhovich)는 첼랴빈스크-40에서 근무한 초기의 현장 엔지니어 가운데 한 명으로 나중에 책임자가 된다. 그는 은퇴 후 한 미국인 물리학자에게 이렇게 말했다. "우리는 매일 아침 잠에서 깨면 서쪽을 향해 귀를 쫑긋 세우고는 했습니다. 당신네 나라의 B-29가 우랄 산맥 상공을 날고 있다고 생각했으니까요. 우리가 이런 곳을 만들고, 폭탄을 제작하도록 내버려둘 거라고 생각하지 않은 거죠."[28] 그러나 베리야의 왕국에서 안전은 부차적이었다. B 시설은 설계상의 한계로 극심한 방사성 핵분열 폐기물이 곧바로 테차 강에 유입되었다.[29] 1951년에는 첼랴빈스크-40에서 나온 방사능이 북쪽으로 1,600킬로미터 이상 떨어진 북극해에서까지 검출되었다. (테차 강은 북극해로 흐른다.)

징집병의 이야기를 더 들어보자. 섣달 그믐날이었다. "우리는 과학자들이 생활하는 '테차' 구역으로 가는 것을 엄격하게 금지당했다. 우리가 머무는 구역에는 가게가 딱 하나뿐이었다. 거기서 온갖 자질구레한 것들을 팔았다. 물론 트로이노이 향수(Troynoi eau-de-Cologne, 러시아의 보드카 애호가들은 트로이노이 향수를 즐겨 마셨다. 일단 양이 많았고, 전국에서 팔렸다. 사람들은 보드카 살 돈이 없거나 가게에 보드카 자체가 없을 경우 이 향수를 사서 마셨다. — 옮긴이)도 있었다. 우리는 트로이노이를 사서 아껴 두었다가, (함께 마시며) 새해를 축하했다. 동료들은 침상에 앉아, 우리가 어쩌다가 이런 곳에 오게 되었는지 탄식했다. 3단 침상 맨 위쪽의 조지아 인 세 명도 트로이노이를 마시면서 슬픈 민요를 불렀다. 하지만 이런 조촐한 기념 행사는 아주 드물었고, 대개는 판에 박힌 지루한 생활의 연속이었다."

재소자들의 삶은 훨씬 더 열악했다. 첼랴빈스크-40 캠프와 같은 시기에 운영되던 한 굴라크의 상황에 관한 증언을 통해 이것을 유추할 수 있다. 바실리 에르초프(Vassily Erchov)는 농학자이자 훈장을 받은 적군 대령이었다. 그는 공장을 운영하던 한 굴라크에서 1947년 직접 목격한 상황을 브뤼셀 소재의 한 국제 위원회에 이렇게 설명했다.

> (공장) 창문 밖을 (내다보았더니) …… 감시탑들이 보였다. 감시탑에서는 경비들이 보초를 서고 있었고, 시선을 조금 왼쪽으로 돌리자 일단의 사람들이 보였다. 하지만 그들의 정체는 알 수 없었다. 사람들이라고 할 수가 없었다. 넝마와 누더기의 더미 같았으니까. …… 카키색 천 조각으로 만든 상의와 치마를 입고 있었는데, 찢어진 데다 속을 채워 넣은 것 같기도 했다. 구닥다리 나막신을 신은 사람들이 있는가 하면 다른 사람들은 발목까지 올라오는 오래된 단화를 끈으로 묶어 신고 있었다. 여자들은 머리를 빡빡 밀었는데, 몹시 불결했다. (공장) 책임자는 악취가 심해서 그 사람들 근처로는 갈 수가 없다고 말했다. 그들은 그렇게 썩어 가고 있었던 것이다. ……
>
> 여자들은 한 막사에서 50명씩 잤다. 매트리스나 담요는 없었고, 짚 위에서 말이다. 그들은 낮에 일할 때 걸치던 누더기뿐이었다. 그걸로 몸을 가렸고, 머리를 덮었다. 벽은 피칠갑이라도 된 것처럼 벌겠다. 낮에 힘들게 일하고 돌아와서도 밤새 빈대를 잡아야 했던 것이다. 그 여자들과 대화하기는 불가능했다. 관리자가 그들과 대화를 시도해 보지만 성과나 진전이 전혀 없었다. 너무나 남루하고 비속해져 언어 사용법을 잊은 것 같았다. 그들은 모든 질문에 맹세와 구호로 대답했다. 그들이 어쩌다가 이렇게 되었을까? 그들의 대답은 솔직했다. 과거를 모두 잃었고, 미래의 희망도 전혀 기대할 수 없다는

것이었다.[30]

B 시설 최초의 질산플루토늄 용액이 1949년 2월 27일 임시 정제 시설인 "9번 공장(Shop No. 9)"[31]으로 옮겨졌다. 플루토늄 분리 책임자 아나톨리 알렉산드로프는 늦봄쯤 2개의 플루토늄 반구를 니켈 도금하고 있었다. 이것이 소련 최초의 폭탄 코어였다. 페르부킨이 일단의 장군들과 함께 현장에 도착했다.

그들은 내게 뭘 하고 있느냐고 물었다. 내가 작업 내용을 설명해 주자 그들이 이상한 질문을 던졌다. "그게 어째서 플루토늄이라고 생각하는가?" 나는 플루토늄을 얻는 기술 공정을 모두 알고 있고, 따라서 플루토늄일 수밖에 없으며 다른 것은 절대로 아님을 확신한다고 대답했다. "플루토늄 대신에 쇠가 들어가지 않았다고 어떻게 확신하나?" 나는 한 조각을 집어 알파선용 계수기(alpha counter)에 갖다 대었고, 그것은 바로 치직 하는 소리를 냈다. "봐라. 이것이 알파 반응이다." "하지만 겉면을 방금 플루토늄으로 문질렀을 수도 있고, 그러면 치직거린다." 나는 화가 났고, 조각을 그들에게 내밀었다. "만져 봐라, 뜨겁다!" 그들 중 한 명이 쇳조각도 가열하는 데 오랜 시간이 걸리지 않는다고 대꾸했다. 하는 수 없었다. 나는 그에게 아침까지 자리를 깔고 앉아, 플루토늄이 계속해서 뜨거운 상태를 유지하는 것을 확인해 보라고 대꾸했다. 물론 나는 자러 가겠다고도 했다. 그제야 내 말을 믿는 눈치였다. 그들은 자리를 떴다.[32]

쿠르차토프는 폭탄의 코어를 첼랴빈스크-40에서 사로프로 옮기게 했다. 임계성을 시험해야 했다. 안드레이 사하로프는 사로프에 처음 간 6월 말 보리스 반니코프와 어떤 고위 간부가 나누던 밀담을 들었다. ("여기 있어?" "응." "어디에?" "창고에.") 사하로프는 이렇게 쓰고 있다. "젤도비치는 평범해 보이는 그 금속 조각을 보았을 때 인간의 수많은 생명이 거기 압축되어 있다는 생각을 하지 않을 수 없었다고 나중에 내게 말했다. 우라늄 광산과 핵시설에서 일하는 죄수들뿐만 아니라 핵전쟁으로 발생할 미래의 잠재적 희생자들도 떠올랐던 것이다."[33]

율리 하리톤은 한 차례의 임계성 시험이 부주의했지만 확실했다고 회고했다. 물리학자들은 코어의 임계성을 시험하기 위해 중성자를 반사하는 재료로 껍질 외피를 만든다. 그런 다음 분열에서 발생하는 중성자의 증식을 측정하는 것이다. 반사체로는 경원소이면 어떤 재료라도 상관없다. 베릴륨 입방체, 파라핀 블록, 심지어 사람 몸의 지방도 된다. 하리톤은 이렇게 말했다. "최종 시험 가운데 한 번은 반니코프가 왔습니다. 그가 가까이 다가와 계기들을 읽었죠. 반니코프는 체구가 크고, 아주 뚱뚱했어요. 그가 왔다 갔다 하면서 계기들을 읽었습니다. …… 그때 우리는 알았죠. 폭탄이 반드시 성공한다는 것을요."[34]

소련 최초의 폭탄 코어는 소련 시대의 신화들이 주장하는 것과 달리 스탈린이 직접 만져 볼 수 있도록 모스크바로 옮겨진 적이 없다. 하지만 프로젝트 지도자들은 그해 봄 보고를 위해 모스크바로 불려 갔다. 하리톤과 스미르노프는 이렇게 적고 있다. "전문가들이 한 명씩 한 명씩 차례로 스탈린의 집무실에 들어갔다. 스탈린은 조심스럽게 그들의 이야기를 경청했다. 첫 번째 보고는 쿠르차토프가 했다. 하리톤과 다른 인사들이 뒤를 이었다. 하리톤은 그때 스탈린을 처음이자 마지막으로 만났다. 스탈린은 하리톤에게 이렇게 물었다. '지금 있는 플루토늄으로 덜 강력하더라도 폭탄을 2개 만들 수는 없는가? 그렇게 하면 폭탄 하나를 예비로 남겨 둘 수 있지 않겠는가?' 하리톤은 미국이 설계한 폭탄에는 플루토늄이 정확히 그만큼 들어가야 함을 알았고, …… 부정적으로 대답했다."[35] 다른 출처에 따르면 스탈린은 이렇게 불평했다고도 한다. "창고에 예비 폭탄이 하나도 없는데 미국을 위협할 수 있을까? 놈들이 원자 폭탄으로 자꾸 밀어붙이면? 그들을 억제할 수 있는 폭탄이 우리에게 하나도 없다면?"[36]

스탈린은 소련 최초의 원자 폭탄 실험으로 미국이 자극을 받겠지만 정작 자신은 빈손이 되는 상황을 우려했고, 두 번째 폭탄 코어를 만들어 사용할 수 있을 때까지 시험을 연기하도록 결정했다. 첼랴빈스크의 A 원자로는 하루 100그램의 속도로 플루토늄을 증식했고, 60일이면 충분했다. 가공 처리 일정을 고려한다면 8월 말에 두 번째 코어[37]가 준비되어 시험을 할 수 있을 터였다. 쿠르차토프는 1949년 5월 시험 장소를 답사했다. 카자흐스탄의 도시 세미팔라틴스크(Semipalatinsk)에서 북서쪽으로 96.6킬로미터 떨어진 바람이 많이 부는 스텝 지역이었다. 같은 달에 러시아 핵과학자들은 사로프에서 연극단[38]을 만들었다. 자신들의 삶에는 더 많은 연극이 필요하다는 듯이 말이다.

☢☢☢

제임스 포레스탈은 프린스턴 대학교를 다닐 때 권투를 했다. 두 번이나 박살나 납작해진 코를 보면 아일랜드 인 특유의 저돌성과 강인함을 느낄 수 있었다. 프린스턴을 떠난 포레스탈은 월 스트리트에서 큰돈을 벌었고, 뮤지컬 「지그펠드 폴리스(Ziegfeld Follies)」의 코러스 걸이었다 나중에 《보그(*Vogue*)》의 편집장으로 변신하는 조세핀 오그던(Josephine Ogden, 1899~1976년)과 결혼했으며, 전시에 워싱턴으로 가 대통령을 보좌했다. 그는 차례로 해군성 차관과 장관, 제1대 국방부 장관에 임명되었다. 포레스탈은 출세를 거듭했고, 그럴수록 점점 더 친교와 우정을 멀리했으며, 마침내는 크리스마스에조차 펜타곤의 집무실에 처박혀 지내는 신세가 되고 말았다. 그는 미국이 신생 유대 국가인 이스라엘을 지지하는 것에 반대했고, 정보 업무를 중앙 집중화할 것을 요구했으며, 더 튼튼한 방어 체제를 역설했다. 포레스탈은 세계의 운명을 자신이 두 어깨에 짊어지고 있다고 느꼈다. 그가 조지 케넌이 보낸 장문의 전보를 널리 알린 것, 트루먼이 내켜 하지 않음에도 불구하고 핵전쟁 계획을 유지하겠다고 결심한 것 등을 보면 이것을 명확하게 알 수 있다.

포레스탈은 1948~1949년 겨울에 정신병으로 쓰러졌다. 칼럼니스트 드루 피어슨이 인신 공격에 가까운 사악한 공격을 해댔다. 발언권이 센 데다 규모까지 큰 미국 재향 군인회(American Legion) 단장이자 트루먼의 정치 자금 모금책인 루이스 아서 존슨(Louis Arthur Johnson, 1891~1966년)이 포레스탈 공격을 은밀히 지원했다. 존슨은 국방부 장관직을 원했다. 트루먼은 포레스탈이 힘겨웠던 대선 경쟁에서 공화당의 토머스 에드먼드 듀이(Thomas Edmund Dewey, 1902~1971년)를 지지했다고 의심했다. (어쨌거나 그는 막 승리를 거두었다.) 포레스탈은 정신이 기민하고 과감했지만 우울증에 빠져들었다. 트루먼은 1월에 한 해군 출신 보좌관에게 이렇게 투덜거렸다. "포레스탈은 하루에도 열 번씩 내게 전화를 해. 그러고서는 자기 권한으로 처리할 수 있는 결정 사항도 내게 하라고 요구하지. 참으로 성가셔."[39] 그달 말쯤에 포레스탈은 망상에 시달렸다. "시온주의 유대 공작원들"이 자신을 미행하고, FBI가 "전화를 도청"[40]한다고 주장할 정도였다. 포레스탈은 친구 윌리엄 더글러스 연방 대법원 판사에게 이렇게 말했다. "빌, 곧 내게 끔찍한 일이 일어날 걸세."[41]

트루먼은 포레스탈에게 사임할 것을 종용했고, 그는 3월 28일 공직에서 물러났다. 퍼디낸드 에버스태트(Ferdinand Eberstadt, 1890~1969년)가 그날 친구의 집을 찾았다. 포레스탈은 덧문을 닫은 어두컴컴한 집에 처박힌 채 공산주의자, 시온주의자, 백악관의 음모를 성토했다. 그는 피해 망상적 편집증 증세를 보였다. 에버스태트는 당장에 포레스탈을 플로리다로 보내 쉬게 했다. 마침 휴가 중이던 로버트 로벳이 그의 비행기를 발견하고는, 농담으로 골프 이야기를 꺼냈다. 포레스탈은 이렇게 대꾸했다. "밥, 저들이 날 쫓고 있네."[42]

포레스탈의 친구들은 캔자스의 유명한 병원 메닝거 클리닉(Menninger Clinic)의 윌리엄 클레어 메닝거(William Claire Menninger, 1899~1966년)를 초청했다. 그는 포레스탈이 심각한 우울증을 앓고 있다고 진단했다. 해군 소속의 의사가 설명을 보탰다. "전쟁 피로증 같은 것입니다."[43] 포레스탈은 스트레스로 나가떨어졌던 것이다. 여러 달에 걸쳐 누적적으로 와해되는 중에도 스스로를 다잡으려던 긴장이 거기 가세했다. 메닝거 클리닉은 수백 건의 전쟁 피로증을 성공적으로 치료한 전력을 자랑했다. 하지만 포레스탈의 아내, 에버스태트, 메닝거, 해군 군의관 조지 레인스(George Raines) 대령은 전직 국방부 장관을 메릴랜드 주 베데스다(Bethesda)의 해군 병원에 입원시키기로 했다. 거기라면 포레스탈의 정신병을 부인할 수 있을 터였다. 베데스다에서는 레인스가 그를 치료했다. 1949년 5월 22일 일요일 이른 아침 제임스 포레스탈은 소포클레스의 음울한 시 「아약스의 노래(The Chorus from Ajax)」를 절반쯤 베꼈다. 고별사였던 것이다. 그는 목욕용 가운의 끈 한쪽을 복도 건너편의 규정식 조리실 방열기에 묶었다. 포레스탈이 머물던 방은 16층이었다. 그는 나머지 한쪽 끝으로 자기 목을 묶고, 방열기 위쪽 창문의 방충망을 제거한 다음 뛰어내렸다. 포레스탈은 아래쪽 창틀이 잔뜩 눌릴 만큼 오래 매달려 있었다. 이윽고 방열기가 부러지면서 그는 아래 3층 지붕으로 추락해 사망했다.[44]

포레스탈의 자살을 개인의 문제로 치부할 수도 있을 것이다. 하지만 전후의 갈등 속에서 전쟁 위협이 고조되었고, 운명을 피할 수 없다는 숙명론이 무르익었다. 워싱턴은 1940년대 말에 거무칙칙하고 침울했으며, 그 분위기가 피해 망상 수준에 이르렀다. MIT의 물리학자 제럴드 자카리아스(Jerrold Zacharias, 1905~1986년)는 몇 년 후에 이렇게 말한다. 전쟁 전에는 "(공산주의를) 실재하는 위협으로 받아들이는 사람이 많지 않았다. 러시아는 작았고, 실험적이었으며, 후진적이었다. …… 당시의 지지자들 가운데에 소련이 지구를 절반이나 장악하리라고 예상한 사람은 한 명도 없었다는 것이 나의 판단이다."[45] 전쟁 발발 후 10년이 지났고, 이제 공산주의는 작거나 실험적으로 보이지 않았다. 소련은 후진적이어서 더욱 잔혹한 커져 가는 위협이었다. 서방의 12개 나라가 1949년 4월 초 북대서양 조약 기구(NATO)를 만들자는 문서에 서명하고, 그 위협에 맞서는 대오로 결집했다. 트루먼은 조인식이 있고서 이틀 후 필요하다면 다시 원자 폭탄을 사용할 수도 있음을 처음으로 공개석상에서 천명했다. 중국 국민당 세력이 5월 8일 타이완으로 후퇴하면서 광대한 중국 본토가 공산주의 혁명 군대의 손아귀에 떨어졌다. 소련이 중국 공산당을 통제한다고 믿는 사람이 많았다. (데이비드 릴리엔솔은 그 시기의 한 회의에서 트루먼이 꽤나 침착하다는 것을 깨달았다. 대통령은 원자력 위원회(AEC) 의장에게 이렇게 말했다. "사태가 진정될 때까지는 중국과 관련해 아무것도 할 수가 없어. …… 중국이라는 용이 움직이기 시작할 테지. 아마 그때에야 뭔가 진전이 있을 거야."[46]) 딘 애치슨은 이렇게 회고했다. "1949년 5월에 나는 먼저 독일 문제를 해결하려고 나섰다. 그 과정에서 소련이 약점을 파악하면 그 약점을 끊임없이 파고들 것임을 나 또한 경험으로 확신하게 되었다."[47]

소련의 위협에 대한 미국의 인식이 바뀌는 상황에 에드워드 텔러도 반응했다. 로스앨러모스를 떠난 텔러는 시카고 대학교에서 행복하게 살고 있었다. 아내 미치가 1946년 여름 두 번째 자녀로 딸을 낳았고, 그는 가정에 더 많은 시간을 쏟아 부었다. 텔러는 다시 기초 과학에 매진하고 있었다. 무기 연구보다 더 심오하고 성취감이 더 큰 작업이었다. 친구이자 동료 유진 위그너는 이렇게 판단했다. "로스앨러모스 이후부터 국가 안보 사안에 다시 몰두할 때까지가 아마도 텔레가 과학적으로 가장 생산적이었던 시기일 것이다."[48] 텔러는 학생들을 가르쳤고, 13편의 과학 논문을 공동 집필했으며, 정기적으로 로스앨러모스를 찾아가 자문에 응했고,《원자 과학자 회보》에 기사도 썼다. 그는《원자 과학자 회보》기사에서 애치슨-릴리엔솔 보고서를 칭찬했다. "대담하고 위험한 해법이다. …… 기발하고, 용감하며, 기본적으로 타당하다."[49] 텔러는 히로시마의 참혹한 파괴상을 연민 어린 시선으로 적었다. "걷잡을 수 없이 너울거리는 불길, 아무도 돌보지 않는 부상자들, 친구와 지인을 돕기 위해 일부러 자살을 결행하는 병자들. 이런 광경에 충격받지 않을 사람은 없다." 그는 "핵전쟁으로 인류의 생존이 위험에 빠질"[50] 수도 있다고 썼다. 텔러는 1947년 12월에 "소련과의 합의 도출이 여전히 가능할 것"으로 생각했다. 소련이 바루크 계획을 거부했는데도 말이다. 그는 덴마크 인도 한때는 제국주의적이었고, 야심에 가득 찼었다고 익살을 부렸다. "이제 우리는 세계법과 세계 정부를 목표로 삼아야 한다. …… 러시아가 당장에 합류하지 않는다 해도 유력한 세계 정부가 성공을 바탕으로 인내심을 발휘한다면 결국에는 협력이 가능할 것이다. …… 우리 과학자들에게는 두 가지 명백한 임무가 있다. 원자력 연구가 그 하나요, 자유와 평화를 보장해 줄 세계 정부를 위해 애쓰는 것이 나머지 하나이다."[51]

하지만 텔러의 말을 경청하는 사람은 거의 없었다. 냉전은 더욱 심화되었고, 오펜하이머는 정부의 고위 협의회에 발을 들여놓았으며, 국제적 명성으로 누구나 그의 이름을 알았다. 페르미는 텔러의 태생을 갖고 놀렸다. "에드워드 같은 헝가리 인들이 도대체 무엇을 생각해 낼 수 있겠어?"[52] 텔러가 원자력 위원회(AEC)의 첫해 활동을 평가하는 내용으로 1948년 《원자 과학자 회보》에 투고한 기사의 각주는 상당히 애처롭다. "저자의 경험이 제한적인 관계로 불가피하게 기사의 완성도가 떨어진다."[53] 텔러가 권력으로부터 한참이나 멀리 떨어져 있었음을 분명하게 알 수 있는 대목이다.

텔러는 행복한 시카고 생활을 냉큼 단념할 생각이 없었다. 그는 1948년 7월까지도 《원자 과학자 회보》에 이렇게 썼다. "우리가 생존할 수 있는 유일한 희망은 세계 정부이다. …… 우리가 러시아라는 엄청난 괴물이 위협을 가해 오고 있다는 생각에 열중하는 것을 그만둬야 한다는 게 나의 판단이다. 우리는 불가피하다는 핑계를 대면서 지금 러시아에 반대하고 있다. 그러다가 무언가에 반대하는 것으로는 승리를 거둘 수 없다는 분명한 사실을 잊어버릴까 두렵다. 우리는 반대가 아니라 찬성하고 지지하는 활동을 벌여야 한다. 우리는 세계 정부를 목표로 노력을 경주해야 한다."[54] 그러나 종전 직후에 워싱턴과 텔러의 안보 의식이 이런 식으로 형성된 결정적 이유는 원자 폭탄을 보유한 것은 미국뿐이라는 자신감에서였다. 그러나 다시 한번 텔러는 미국의 원자 폭탄 독점이 무너지고 있다고 의심하기 시작했다. 텔러는 1948년 9월 노리스 브래드베리에게 보내는 한 보고서에서 다음과 같이 전망하면서도 동시에 불안감을 표시했다. 소련은 "폭탄 재료(플루토늄 239와 우라늄 235)를 생산하는 게 아주 어려울 것이다." 오히려 그들은 중수로에서 증식된 "방사성 독"을 사용하는 "방사능전에 집중할" 가능성이 있다. 텔러의 결론은 다음과 같다. "그런 계획의 개연성을 인정한다면 …… 핵전쟁에서 우리가 지속적으로 우위를 누리리라는 확신은 줄어들 수밖에 없다."[55]

브래드베리는 그해 여름 로스앨러모스에는 텔러의 도움이 절실하다고 판단했다. 울람은 이렇게 회고한다. "브래드베리는 연구소를 떠난 과학자들에게 접근할 때 상당히 조심스러웠다. 그는 떠난 과학자들이 연구소로 복귀하는 게 조국과 이 세계에 얼마나 중요한지 스스로 깨달아야 한다고 생각했다. 브래드베리가 원하면서도 텔러와 같은 과학자들에게 연구소 방문을 요청하는 것을 내키지 않아 했던 이유이다. 결국 그의 동의 아래 내가 초청장을 여러 번 작성했다. …… 어떻게 보면 내가 텔러를 로스앨러모스로 불러들이는 데에 중요한 역할을 한 셈이다."[56] 오펜하이머는 텔러의 로스앨러모스 복귀를 지지했다고 나중에 증언했으며, 텔러도 그의 증언을 확인했다.[57] "오펜하이머는 나와 이야기를 나누었고, 내가 로스앨러모스로 돌아가 그곳의 일을 돕도록 격려해 주었다."[58] 텔러는 1948년 여름 막바지에 브래드베리에게 이렇게 썼다. "복귀 가능성을 진지하게 고려 중이야. …… 원자 폭탄을 연구하는 게 매우 중요하다는 것이 가장 중요해. 국제 상황이 위급하다는 건 잘 알고 있어. 공산주의의 위협에 굴복하지 않으려면 미국의 군사력을 최대한으로 개발해야 한다고 생각해. 응용 과학 분야는 즐겁지도, 직접적인 만족감을 기대하기도 힘들지. 그럼에도 시카고 대학교를 그만두는 걸 진지하게 고려하는 것은 모두 안보 때문이야."[59]

텔러는 불안했다. 소련이 체코슬로바키아에서 쿠데타를 일으켰다. 베를린이 봉쇄되었고, 중국에서는 공산당의 승리가 임박했다. 헝가리의 운명은 더 직접적인 재난이었다. 제1차 세계 대전 직후에 소년 텔러는 헝가리 최초의 공산주의 혁명을 목도했고, 겁에 질렸다. 텔러의 헝가리 인 동료 노이만은 이렇게 설명했다. "러시아는 전통적으로 헝가리의 적이었다. …… 일반적으로 헝가리 인들은 러시아를 두려워하고 혐오한다."[60] 제2차 세계 대전이 끝나고, 중부 유럽의 이 나라에는 짧게 민주 정부가 들어섰다. 연합국 관리 위원회의 보호 아래 공화국이 수립되었던 것이다. 그러나 적군이 계속 헝가리를 점령했고, 공산당이 1948년부터 권력을 접수하는 책동에 나섰다. 1949년 5월 15일의 일당 선거 속에서 그 과업이 완료되었다. 텔러의 아버지, 어머니, 누이, 조카는 헝가리 유대인 사회가 몰락하는 중에도 살아남았고, 여전히 부다페스트에 머물고 있었다. 텔러는 이제 그들과의 연락이 끊기고 말았다. 시카고 대학교로부터 휴가를 얻어 부다페스트에 1년 머물 예정이었던 텔러는 7월에 다시 로스앨러모스에 합류했다.

1949년 겨울과 봄에 윌리엄 리컴 보든(William Liscum Borden, 1920~1985년)이라는 28세의 청년이 이 정국에 가담했다. 예일 대학교와 같은 학교 로스쿨을 마쳤고, 전시에는 입대해 폭격기를 조종한 그 전도유망한 청년은 전개되는 사태가 불안했다. 보든은 키가 작았고, 사각턱에, 금발이었으며, 눈동자는 파란 빛이었다. 보든은 고립주의자였지만 진주만 공격 직전에 간섭주의자로 전향했다. 똑똑하고, 열렬했으며, 이상주의자였던 청년은 1942년 졸업 직후 미국 육군에 자원 입대했고, 폭격기를 조종했다. 그는 제8공군에 배속되어 3년 동안 영국에서 출격했다. 전쟁으로 그는 대학 시절 룸메이트 한 명과 친척 한 명을 잃었다. 전쟁에서 이기고 몇 달 후 그가 남긴 기록에는 분노가 담겨 있다. "죽은 사람들 가운데 다수는, 진주만이 공격당하기 전에 조금 더 현실주의적인 태도를 취했다면 지금 살아 있을 것이다." 보든이 이야기한 현실주의란 "최선뿐만 아니라 최악이 닥치는 상황도 현실적으로 염두에 두는 것"이었다. 그는 B-24를 몰고 네덜란드 비행 임무에서 귀환하던 1944년 어느 날 밤에 V-2 로켓 한 발이 "빨간 불꽃을 내뿜으며" 런던을 향해 "옆에서 날아가는"[61] 광경을 똑똑히 보았다. 그는 나중에 이런 말도 했다. 히로시마는 더 한층 "충격적이었다." 보든은 "즉시 이것이 전 세계에서 가장 중요하다고 판단했다."[62] 그는 제대하고 로스쿨에 입학하기 전에 "원자 폭탄이라는 신무기가 지니는 전략적 함의를 정공법으로 다루는"[63] 책을 한

권 쓰기 시작했다. 그 책에 냉큼 붙은 제목은 『시간이 없다(*There will be No Time*)』였다.

2장의 제목 "무정부 상태와 전쟁의 확실성(The Certainty of War Amidst Anarchy)"이 『시간이 없다』의 핵심 주장을 압축하고 있다. 청년 전략가가 이야기한 무정부 상태란 민족 국가들이 국제 사회에서 서로 다투는 무정부 상태였다. 보든이 어떻게 쓰고 있는지 보자. "주권이 분리된 체제에서 전쟁은 필연이다."[64] 이렇게 주장하는 사람도 있을 수 있다. "전쟁이 아주 끔찍해졌고, …… 어느 민족도 보복이 두려워서 침략을 단행하지 못할 것이다. 이 주장을 좀 더 근사한 말로 풀어 보자. 잠재적 적대국이 서로 원자 폭탄을 보유하게 되면 결국 상호 억지력을 행사하게 된다는 말이다."[65] 보든은 이 명제에 동의하지 않았다. 그는 반대 주장을 폈다.

> 우리는 …… 한편으로는 제3차 세계 대전과, 다른 한편으로는 자발적인 세계 연방 국가 사이의 중대한 기로에 서 있다. 세계 연방 국가가 제때 개입하지 못하면 전쟁은 필연이다. 히로시마 이후의 세계에서 경쟁하는 두 열강은 소련과 미국이다. 이 두 나라가 유력한 상태에서 단일 주권으로 단결하지 못하면 전쟁을 피할 수 없다. 물과 기름이 섞이지 못하는 것은 물리 법칙이다.

계속해서 보든은, 소련이 아니더라도 중국이나 인도가 적대국으로 떠오를 수 있고, 심지어는 피해를 복구한 독일과 일본이 부상할 수도 있다고 주장했다. "무장 평화가 무한정 지속될 수는 없다는 게 요점이다. 휴전 상태를 해소할 수 있는 것은 전쟁 아니면 자발적인 세계 연방 국가뿐이다."[66]

핵전쟁이 불가피하다면 어떻게 해야 할까? 보든이 생각하기에, 미국이 최대한 강력해져야 했다. 그는 이렇게 믿었다. "원자력 정보를 건네는 것은 일방적 무장 해제이다." 보든은 "미국의 자유주의자들이 우리의 원자 폭탄 비밀을 아무런 조건 없이 타국에 넘겨야 한다고 주장했다."[67] 라며 맹비난했다. 우월한 무기를 지녀야만 안전했다. 보든도 르메이처럼 전시에 미국의 가장 중요한 자원은 생산력이었음을 알고 있었다. 이제 보든은 이렇게 썼다. "도시와 산업은 전쟁 무기로서 더 이상 쓸모 없게 되었다. 도시와 산업은 교전이 시작되기 전에 임무를 완수해야 한다. 그렇지 않으면 아무 소용이 없다."[68] 미래의 전쟁은 "진주만을 기습 공격하는 방식"[69] 으로 시작될 것이다. 그러나 역설적으로 들리겠지만 군사적인 준비 태세를 강화하면 그런 일격을 피할 수도 있다. "미국이 강력하다면 피해를 입는 도시는 없을 것이다. 초기의 목표물들은 전부 지상의 요새, 바다의 전함, 섬 따위의 전초 기지이다." 다시 말해 적은 "핵탄두가 탑재된 수백 기의 대륙 간 로켓탄"[70] 으로 먼저 미국의 보복 공격 체계를 타격할 것이다.

이 지점을 벗어나면서부터 보든의 상상력이 마비되었다. 그는 "미국은 먼저 공격하는 법이 없다."라는 소박하게 모자란 이유를 대면서 예방 전쟁 계획은 "돈키호테 같은" 짓이라고 생각했다. 요컨대, 그는 처음에 일축했던 바로 그 억지력보다 더 과감한 해결책을 자기 시나리오에 보탤 수 없었다. 보든은 적어도 미국의 힘으로 아마겟돈이 미뤄지기를 바랐다. "시간이 지나면서 어떤 희망이 현실화될지 누가 알겠는가?" 소련이 "산업화를 충분히 달성해 소비재를 대량으로 생산하"게 될지도 모를 일이다. "더 자유로운 체제"로 바뀔 수도 있는 것이다. 소련이 원자 폭탄을 갖게 될 수도 있다. 그렇게 된다면 "자신들의 파괴력에 대경실색해 엄중한 국제 통제 계획을 다시 눈여겨 볼 수도 있다."[71]

1946년 출간된 『시간이 없다』는 그리 대단한 판매고를 기록하지는 못했다. 보든은 다음 해에 로스쿨을 졸업하고, 가족이 사는 워싱턴으로 돌아가 법무부에서 일했다.[72] 보든과 로스쿨 동기생 두 명이 거기서 브라이언 맥마흔에게 걱정스러운 내용의 편지를 한 통 써 보낸 것 같다. 이 편지는 보든의 이상주의에 기초해 작성되었을 것이다. 세 젊은이는 문제의 편지를 "선동적인 문서"라고 불렀다. 마치 새로 취역하는 폭격기에 이름을 붙이듯이 말이다. 원자력 독점이 유지되는 동안 미국이 그 혜택과 이점을 활용해, 스탈린에게 핵 최후 통첩을 해야 한다고 편지는 제안했다. "스탈린에게 결정하도록 해야 합니다. 핵평화와 핵전쟁 중에서 말입니다."[73] 맥마흔은 보든의 부모와 이웃사촌이었다. 원자력법의 문안을 작성한 사람은 어쨌거나 맥마흔이었다. 그는 보든을 점심 식사에 초대했고, 젊은 변호사의 처칠식 벼랑 끝 전략에는 관심이 없다고 대꾸했다. 하지만 동시에 입법 보좌관으로 일해 보지 않겠느냐고 제안했다. 보든은 1948년 8월 맥마흔의 상원 사무실에 합류했다. 그해 11월 총선에서 민주당이 의회의 다수를 장악했고, 맥마흔은 합동 원자력 위원회(JCAE) 의장직을 버크 히켄루퍼한테서 물려받았다. 폭격기 조종사 출신인 보든이 1949년 1월 합동 원자력 위원회(JCAE) 사무국장이 되었다. 합동 원자력 위원회(JCAE)는 미국의 핵무기 개발과 생산을 관리 감독하는 기구였는데, 보든은 엄청난 핵전력만이 소련과의 전쟁을 지연시킬 수 있다고 믿었다.

핵무장 태세를 갖춰야 한다는 이런 움직임보다 더 암울했던 것은 워싱턴을 휘어잡았던 의심과 불신의 분위기였다. 히켄루퍼가 1949년 봄에 원자력 위원회(AEC)를 무자비하게 성토했다. 데이비드 릴리엔솔의 사임까지 요구할 정도였다. 히켄루퍼의 공격은 합동 원자력 위원회(JCAE) 청문회로 이어졌다. 청문회는 5월 말에 시작되었고, 히켄루퍼는 원자력 위원회(AEC)의 "관리 미숙과 부실 행정을 믿을 수 없다."[74]라고 공박했다. 일련의 청문회 가운데 6월 초의 한 회차에서 루이스 스트로스는 연구 목적으로 방사성 동위 원소를 외국에 나눠 주는 행위에 대해 거듭 불만이라는 요지의 증언을 했다.[75] 일주일 후 스트로스가 참석한 또 다른 회차에서 로버트 오펜하이머는 전매 특허라 할 거만함을 보이며 스트로스를 조롱했다. 그가 어떻게 증언했는지 보자. "그 동위 원소로 원자 폭탄을 만들 수 있다고요? 누가 와서 때려죽인다 해도 저는 그렇게 말 못합니다. 삽질도 원자력과 관련됩니다. 사실이 그렇죠. 맥주병은 어떨까요? 마찬가지입니다. 하지만 조금만 더 생각해 봅시다. 전쟁 중이든 후이든 방사성 동위 원소는 별다른 역할을 하지 못했다는 것이 명명백백한 진실이죠. 제가 아는 한 전혀 중요하지 않습니다."[76] 릴리엔솔은 스트로스의 반응을 이렇게 회고한다. "사람의 얼굴에서 흔히 볼 수 없는 증오의 표정이 읽혔다."[77] 동생 프랭크 오펜하이머는 6월에 하원의 반미 활동 위원회에 출두해 이렇게 진술했다. (FBI가 남긴 기록으로 보자.) "프랭크 오펜하이머는 1937년 캘리포니아 주 패서디나에서 프랭크 풀섬(Frank Fulsom)이라는 가명으로 공산당에 가입했다. 그는 1940년이나 1941년에 당적을 버렸다고 말했다."[78] 프랭크의 아내 재키도 비슷하게 증언했다. 동생의 전력을 폭로한 것은 일반 자문 위원회(GAC) 의장 로버트 오펜하이머를 몰아붙이는 방편이었을 것이다. 반미 활동 위원회가 오펜하이머는 너무나 거물이어서 쓰러뜨리기 힘들다고 판단했을 가능성도 높다. 오펜하이머 자신도 한 주 전에 반미 활동 위원회에 출석했고, 위원회는 몇 가지 평이한 질문을 던진 후 별 문제없다는 듯 그를 봐주었다. 반미 활동 위원회의 젊은 하원 의원 리처드 밀하우스 닉슨(Richard Milhous Nixon, 1913~1994년)은 오펜하이머의 업적을 칭찬하기까지 했다. "우리의 프로그램에 …… 참여해 주셔서 대단히 기쁘고, …… 크게 감동했습니다."[79] 프랭크 오펜하이머는 이미 2년 전에 공산당원인 적이 없다는 충성 선서를 하고 미네소타 대학교 물리학과 조교수로 임명된 상황이었다. 프랭크의 증언이 있고 나서 1시간 후 대학은 그에게 사직을 요구했다.

반미 활동 위원회는 버클리의 방사선 연구소를 조사 중이었다. 어니스트 로런스가 세우고, 여전히 이끌고 있는 곳이었다. 프랭크 오펜하이머는 자신이 곤경에 처했음을 깨달았다. 청문회가 조여 오기 전에 프랭크는 연구소 재임용을 신청했다. 그는 전쟁 중에 그곳에서 로런스와 함께 전자기 동위 원소 분리법을 연구했다.[80] 로런스가 맨해튼 프로젝트에 엄청난 기여를 하게 되는 발판이었던 셈이다. 한스 베테는 이렇게 회고한다. "로런스는 프랭크를 훌륭하다고 생각했고, 그럴 만했다. 프랭크도 로런스를 찾아가 도와 달라고 할 만했다. 그러나 프랭크가 곤경에 처하자 로런스는 그의 방문은 물론이고 연구소 출입조차 불허했다."[81] 로런스의 애국심은 편협하고 절대적이었다. 방사선 연구소가 전시에 소련 첩보 활동의 온상이었다는 사실이 드러나자 그는 매우 화가 났을 것이다. 로버트 오펜하이머는 로런스의 전기 작가에게 이렇게 말했다. "동생이 버클리에 갔죠. (물리학자) 에드 맥밀런과 (아내) 엘지(Elsie)가 프랭크를 저녁 식사에 초대했는데, 어니스트는 맥밀런 부부에게 동생을 들이지 말라고 했습니다. 그때가 아마 봄이었을 겁니다. (1949년) 여름에는 저도 함께 갔습니다. 파티가 계속 열렸는데, 그중 어느 한 파티에서 우연히 어니스트를 만났죠. 그 일에 대해 뭐라고 말했지만 어니스트는 아랑곳하지 않았던 것 같아요. 하지만 언제나 그렇듯이 아내가 날카롭게 쏘아붙였죠. 아내의 힐난에는 움찔했던 것 같군요."[82] 라비는 오펜하이머가 전후에 버클리를 외면하고 캘리포니아 공과 대학으로, 이어서 고등 연구소로 떠난 일이 로런스에게는 도저히 용서가 안 되었다고 보았다.[83] 로런스는 프랭크를 버리면서 로버트 오펜하이머와의 오래된 우정의 그나마 남은 자취마저 지웠다. 오펜하이머는 나중에 이렇게 말한다. "우리는 항상 따뜻하고 친절했을 거라고 생각합니다. 하지만 1949년에는 쓰라림도 있었죠. 이후로 해결되지 못했고요."[84]

소련이 멀리서 진격해 오며 폭풍우의 전선이 형성되었고, 찬바람이 몰아쳤다. CIA가 1월에 히켄루퍼에게 보고한 내용을 보자. "단편적이기는 하나 …… (소련이) 플루토늄 폭탄 제작을 시도 중인 것 같다." CIA는 소련의 핵개발 프로그램이 "1945년 말에" 시작되었고, "생산로 하나 정도는 가동할 수 있는 우라늄이 있음"을 파악했다. 이런 사실들에 기초해 CIA가 내린 결론은 다음과 같다. "소련이 최초의 원자 폭탄을 완성하려면 아무리 빨라도 1950년 중반은 되어야 할 것이다. …… 1953년 중반이 될 가능성이 가장 높다."[85] CIA는 이 일정들이 각각 실현된다는 가정 아래 소련이 1955년경에 원자 폭탄을 20~50개 보유할 것으로 추정했다. 동쪽에서 불어오는 바람에 사람들은 긴장했다. 화학자 웬델 미첼 래티머(Wendell Mitchell Latimer, 1893~1955년)는 1919년부터 버클리에 재직한 맹렬 반공주의자로, 맨해튼 프로젝트 초기에 플루토늄의 화학적 성질 연구를 지휘했다. 그는 1947년부터 "소련이 원자 폭탄을 갖는 것은 다만 시간 문제일 뿐"이라고 느꼈다고 회고한다. "소련이 원자 폭탄을 보유하게 되리라는 것은 내게 명확한 사안이었다. 그들이 계속해서 슈퍼 무기 개발로 나아가리라는 것 역시 내게는 명확했다. …… 시간이 흐를수록 나는 점점 더 초조해졌다. …… 우리가 소련의 비상 사태 계획에 …… 대응할 준비가 안 되었다고 판단했던 것이다. …… 그들은 원자 폭탄 개발에서 우리한테 뒤처져 있음을 알았다. 소련이 지름길로 나아가, 우리보다 앞서 수소 폭탄, 곧 슈퍼 무기를 개발할 수 있다면 그렇게 하리라는 것은 당연했다."[86] 래티머와 같은 걱정이 원자력 분야의 더 호전적인 인사들 사이에서 일반화되었다. 루이스 스트로스의 보좌관 윌리엄 골든은 이렇게 회고했다.

1949년이 지나면서 사람들은 러시아가 핵무기에 점점 더 근접하고 있음을 느꼈다. …… 슈퍼를 개발해야 한다는 생각이 들끓었다. …… 루이스 스트로스가 슈퍼를 진지하게 고려해야 한다고 생각했음은 분명하다. 러시아가 슈퍼를 먼저 개발하면 무시무시한 상황이 연출되리라고 판단했던 것이다. …… 우리한테는 더 강력한 무기가 필요했던 게 아니다. '슈퍼가 제작되면 어떻게 하지?' 하는 걱정이 앞섰던 것이다. …… 슈퍼를 만들 수 있다면 미국이 먼저 가져야 한다는 게 …… 공통된 의견이었다. 어니스트 로런스도 그렇게 생각했다. 군부 인사들도 마찬가지였다고 나는 확신한다. 이런 생각이 1949년 봄에 분명하게 감지되었다. 수면 아래에서 웅성거리는 소리 말이다. …… 특별한 매개가 있었던 건 아니다. …… 다시 말해 강력한 기류가 존재했다.[87]

윌리엄 보든도 수면 밑의 웅성거림을 감지했다. 합동 원자력 위원회(JCAE) 사무국장 보든은 원자력 위원회(AEC) 군사 적용처장 제임스 맥코맥 주니어(James McCormack, Jr., 1910~1975년)와의 늦여름 한 회의에서 "슈퍼 폭탄과 관련 실험이 충분히 강조되고 있는지 물었다." 맥코맥은 보든에게 안심하라고 말했다. "열핵 반응에 필요한 엄청난 온도를 확보하려면 먼저 …… 기존의 내파 무기를 개량해야 합니다." "간단히 말해서, 그는 우리가 최대한 빠른 속도로 열핵 반응을 달성하는 방향으로 나아가고 있다고 이야기했다." "소련은 마찬가지 이유로 우라늄 폭탄 연구라는 대규모의 벅찬 과제를 건너뛰어, 곧장 슈퍼 폭탄 개발로 나아갈 수 없습니다."[88] 원자력 위원회(AEC)의 초조해 하던 성원들도 같은 이야기를 들었다. 하지만 핵물리학을 모르는 위원들은 의혹의 시선을 거두지 않았다. 그들의 판단은 이랬다. 미국은 열핵 무기 제작법을 아직 모른다. 따라서 소련이 지름길을 발견하지 못할 거라고 확신할 수도 없다.

로버트 오펜하이머의 생각은 달랐다. 그는 외교 수완을 발휘해야만 궁극적인 재앙을 막을 수 있다고 계속해서 믿었다. 오크리지의 통계학자 커스버트 대니얼(Cuthbert Daniel)이 1949년 봄 새로운 노선이 필요하지 않겠느냐고 편지를 써 보내자 오펜하이머는 신앙 고백을 하는 듯한 반응을 보였다.

> 상대방에 구애받지 않고 먼저 나서서 영감을 불어넣는 선례를 보이면 전반적으로 매우 유익할 것이라는 점에서 전폭적으로 동의하지 않을 수 없습니다. …… 미국이 앞장서서 뭔가를 하고, 더 나아가 지혜롭게 해 낼 수 있다면 그것이야말로 가장 희망적이라는 데 충심으로 동의합니다. 이 사안이 윤리적일 뿐만 아니라 실제적인 문제라는 진단에도 동의합니다.[89]

오펜하이머는 미국의 핵무기 개발을 도우면서도, 자기 희생이 선행되어야 협상이 시작될 수 있다는 닐스 보어의 신념을 여전히 포기하지 않았다.

이렇게 불확실한 것들이 많았고, 그 위협에 대한 미국의 반응은 군사 안보라는 규범에서 비롯했다. (정부에서 흔히 볼 수 있는 현상이다.) 1948년에 실시된 샌드스톤 시험은 구체적으로 이야기해 공극형 복합 코어 기술을 점검했다. 그 실험으로 가까운 미래에 훨씬 많은 핵무기를 비축할 수 있게 되었음이 명백해졌다. 폭탄 재고의 총수가 무려 63퍼센트, 총출력이 자그마치 75퍼센트[90] 증가할 터였다. 원자력 위원회(AEC)는 1948년 10월 합동 참모 본부에 1951년 초에는 원자 폭탄을 400개 비축할 수 있을 것으로 보고했다. 핵무기 제작에 비용을 지불하는 것은 군대가 아니라 원자력 위원회(AEC)였기 때문에, 트루먼 행정부가 국방 예산의 한도를 정해 버리자 합동 참모 본부는 이 무기를 흥정의 대상으로 받아들였다. 그들은 1948년 말에 군대의 원자 폭탄 소요량을 늘리는 방식으로 예산 삭감을 에둘러 가기로 했다.

합동 참모 본부가 군대의 소요량을 늘리기 위해 제시한 이유들 가운데 국방 예산의 한도를 교묘히 처리하는 것은 들어 있지 않다. 하지만 그들이 제시한 다른 이유들은 설득력이 있었다. 합동 참모 본부는 "비교적 작은 표적들"을 겨냥해 원자 폭탄을 경제적으로 사용할 수도 있음을 알고 있었다. 그들은 북대서양 조약 기구(NATO) 협상 과정에서 "서구 유럽 동맹국들이 군사적으로 완전히 탈진한 상태"임을 알았다. 그들은 르메이와 함께 다음과 같은 결론을 내렸다. "전쟁이 발발하고 나서 생산을 증대하는 것은 바람직하지 않다." "계획 개시 예정일에 필요한 핵분열 물질을 보유하고, …… 전략 계획을 이행하는 것이 국익에 맞다." 그들은 "유엔에서 원자력을 통제하자는 미국의 제안이 실패"할 것이라고 판단했다. "미국이 핵무기 분야에서 독점적 지위를 상실하는 때가 다가오리라는 사실을 보태야 한다." 그들은 예정 기한을 1956년으로 잡았다. 원자력 위원회(AEC)가 새로운 시설을 지어야 했기 때문이다. 아마도 그들은 핵무기를 대폭 증강해야 한다고 요구했을 것이다.* 합동 참모 본부는 옛날처럼 단순히 도시를 폭격하기 위해서만 핵무기 증강을 요구하지 않았다. 그들은 다음과 같은 일도 가능해야 하고, 그러려면 핵무기 확대 생산이 필요하다고 주장했다.[91]

> 공중 공격으로 소련의 산업 잠재력을 박살내야 함. 생각할 수 있는 시기에 예측되는 소련의 핵공격에 반격을 가해야 함. 소련 군대의 공세와 그들의 병참선을 제한적 핵 작전으로 저지해야 함(북대서양 협정(North Atlantic Pact) 서명국들을 직접 방어하는 활동).

---

* 합동 참모 본부가 1949년에 핵무기를 얼마나 증강해야 한다고 요구했는지는 이후로도 40년 동안 군사 기밀이었다. 아무튼 1956년의 핵무기 재고는 3,620발이었다.

그들은 다음도 필요하다고 주장했다.

> 소규모의 일반 예비군. 적대 행위가 마감된 후에 사용할 수 있는 소량의 재고(억지력으로 작용해 평화를 보장하려면).[92]

미국 군대는 노이만이 즐겨 이야기한 '벅 로저스 우주(Buck Rogers universe)'[93](우주 활극(space opera) 「서기 2419년 아마겟돈(Armageddon 2419 A.D.)」의 주인공이 벅 로저스이다. 미국의 대중 문화 속에서 다양하게 변주되었다. — 옮긴이)로 진입하고 있는 듯했다. 합동 참모 본부는 처음으로 전략 핵무기뿐만 아니라 전술 핵무기도 필요하다고 건의했다. 그러나 그들은 아직 수소 폭탄은 요구하지 않았다.

합동 참모 본부의 요구안은 군사 연락 위원회(MLC)를 통해 1949년 5월 26일 데이비드 릴리엔솔의 책상에 당도했다. 군사 연락 위원회(MLC)는 릴리엔솔에게, 원자력 위원회(AEC)가 군의 새로운 소요량을 맞추려면 생산 시설이 더 필요할 거라고 알렸다. 히켄루퍼 청문회 일정은 들쭉날쭉하기만 했고, 원자력 위원회(AEC) 성원들이 만날수록 더욱 더 많은 사실이 명확해졌다. 이를테면 기체 확산법을 적용한 새로운 동위 원소 분리 공장 하나를 짓는 데에만 최소 3억 달러[94]가 들 터였다. 3억 달러는 1948년 원자력 위원회(AEC) 전체 예산의 절반이었다. 릴리엔솔은 원자 폭탄 비축과 관련해 민간의 우위를 대체하려는 군부의 시도에 분개했다. 그는 6월 28일 군사 연락 위원회(MLC)에 그렇게 증강하려면 대통령의 승인을 받아야 한다고 답변했다.

미국이 전해에 영국, 캐나다와 맺은 협정은 1949년 말에 만료될 예정이었다. 미국은 우라늄 광석을 안정적으로 확보해야 했고, 여전히 영국의 협력이 필요했다. 트루먼이 소집한 회의가 7월 중순 블레어 하우스

(Blair House, 백악관 근처의 미국 대통령 영빈관 — 옮긴이)[95]에서 열렸다. 트루먼은 영국과 미국의 원자력 협의를 확대하기 위해 상원 의원들과 하원 의원들의 지지가 필요했고, 블레어 하우스 회의는 이들의 비위를 맞추기 위해 열렸다. 프랭클린 루스벨트의 대형 초상화가 걸린 작은 방에 모인 사람들의 면면을 보자. 트루먼("지친 올빼미 같다."[96]라고 릴리엔솔은 생각했다.), 애치슨, 루이스 존슨(신임 국방부 장관으로, 체구가 크고 대머리였다.), 아이젠하워(35년간 피우던 담배를 끊었고, 여전히 신경성 경련을 일으키고 있었다.), 그리고 아서 밴던버그, 맥마흔, 히켄루퍼, 약관의 헨리 '스쿱' 잭슨(Henry 'Scoop' Jackson, 1912~1983년)을 필두로 한 일단의 의원들. 대부분의 토의가 협정으로 귀결된 이전 주장을 그대로 반복했다. 하지만 트루먼은 그날 저녁 원자력 정책에 대한 자신의 태도가 크게 바뀌었음을 알렸다. 그는 모인 사람들에게 이렇게 말했다. "국제 사회가 (원자력을) 통제하지 못할 거라는 게 나의 판단입니다. 국제 통제를 달성할 수 없다면 우리가 최강자가 되는 수밖에 없습니다."[97] 트루먼은 1949년 7월 26일 국가 안전 보장 회의 특별 위원회(Special Committee of the National Security Council)[98]를 선임했다. 국무 장관, 국방 장관, 원자력 위원회(AEC) 의장으로 구성된 이 특별 위원회는 합동 참모 본부가 제출한 새 핵무기 소요량을 연구하고 평가하는 임무를 부여받았다. 그러나 세 사람 다 블레어 하우스 회의에 이미 참석했고, 트루먼의 생각을 들어서 알고 있었다. 결과는 뻔했다. 미국은 국제 무대에서의 외교 실패에 대응해, 원자 폭탄을 더 많이 제작한다.

블레어 하우스 회의의 목적을 나서서 언론에 알린 사람이 한 명도 없었다. 기자들은 그 공백을 화끈하고 환상적인 이야기로 채워 넣었다. "러시아에서 원자 폭탄을 3개 터뜨렸고," 그것에 대처하기 위해 회의가 소집되었다는 것이 요지였다. 헨리 잭슨은 그런 폭로와 관련해 7월 말 보든의 보좌관 한 명에게 이렇게 말했다. "러시아가 핵폭탄을 실험했을 거라고는 전혀 생각하지"[99] 않는다. 잭슨이 그렇게 말할 만한 충분한 이유가 있었다. CIA가 1949년 7월 1일 소련의 원자력 프로젝트 상황과 관련해 일급 기밀 연차 보고서[100]를 제출했던 것이다. CIA는 전년도에 추정한 내용을 되풀이했다. 소련은 "1950년 중반쯤에나 원자 폭탄을 만들 수 있을 것으로 보인다. 가능성이 가장 높은 날짜는 1953년 중반이다." 미국 최고의 정보 기관은 소련이 기체 확산법을 연구하고 있다는 새로운 증거도 제시했다. "그들의 원자 폭탄이 1951년 중반 이전에는 완성될 수 없음"을 시사한다. 소련은 최초의 원자 폭탄 시험을 불과 몇 주 앞두고 있었다. CIA가 얼마나 그릇된 정보에 놀아났는지를 라브렌티 베리야가 알았더라면 무척 즐거워했을 것이다.

19장

최초의 섬광

1949년 늦여름 기차 1대가 석탄 연기를 내뿜으며 사로프를 떠났다. 거기에는 군인과 과학자가 타고 있었다. 소련 최초의 원자 폭탄 부품이 조심스럽게 실려 있었다는 사실도 보태야 하리라. RDS-1의 복제 대상이었던 미국 최초의 원자 폭탄은 1945년 여름 트럭이 로스앨러모스에서 뉴멕시코 남부의 사막으로 옮겼다. 하지만 러시아는 땅이 넓었고, 철로와 기차가 필요했다. 폭탄을 실은 열차가 사로프에서 카자흐스탄까지 3,218킬로미터를 이동했다. 이동 경로는 사전 정비는 물론 경호까지 받았다. 페니아민 주커만은 이렇게 회고했다. "빠른 속도로 이동했다. 주요 분기점 몇 곳에서만 기관차를 바꾸고, (여)객차와 화차를 점검하기 위해 멈췄다. 우리는 승강장에 사람이 하나도 없는 것에 깜짝 놀랐다." 야코프 젤도비치와 젊은 조수 몇 명은 한 정거장에서 잠시 하차해 기지개도 켜고, 즉석에서 배구도 했다. 내무부(MVD)의 한 대령은 투덜거리면서 그들에게 다시 얼른 타라고 재촉했다. 주커만은 계속해서 이렇게 적었다. "이윽고 우리는 목적지에 도착했다. 기관차가 천천히 객차와 화차를 끌고, 가시 철조망으로 만든 2개의 바리케이드 사이로 들어갔다. 우리는 현장으로 이동했다. …… 최초의 원자 폭탄을 시험할 부지를 살펴봐야 했다."[1]

세미팔라틴스크는 카자흐스탄 북동부 이르티시(Irtysh) 강 상류의 스텝 초지에 위치했다. 이르티시 강을 따라 북서쪽으로 80킬로미터 지점에 미하일 페르부킨의 지시로 소규모 기지가 세워졌다. 이름하여 세미팔라틴스크-21(Semipalatinsk-21)이라는 곳이었다. 기지에서 남쪽으로 48킬로미터를 이동하면 시험 장소가 나왔다. 2개의 낮은 산 사이로 형성된 계곡이었다. 한 목격자는 이렇게 쓰고 있다. "가옥이나 수목이 전혀 없었다. 주변은 돌과 모래투성이의 스텝이었다. 나래새와 고애가 눈에 들어왔다. 새들조차 거의 없었다. 검정찌르레기 몇 마리, 그리고 가끔 매가 하늘을 날 뿐이었다. 아침 나절에도 열기가 엄청났다. 정오와 오후에는 도로 위로 아지랑이가 피어올랐다. 산과 호수가 보이는 신기루 현상은 기이하기만 했다."[2] 미국인들의 시험은 트리니티라는 암호명으로 불렸다. 소련 사람들은 자신들의 시험을 '최초의 섬광(First Lightning)'이라고 일컬었다.

오펜하이머 연구진은 호르나다 델 무에르토(Jornada del Muerto, '망자의 하루 여행'이라는 뜻의 에스파냐 어로, 뉴멕시코 주 호르나다 델 무에르토 사막을 가리킨다.—옮긴이) 탑 위에서 실험을 했다. 소련 과학자들도 높이 30미터의 탑을 세우고, 거기서 폭탄을 터뜨렸다. 하지만 그들은 탑 말고도 폭탄을 조립할 수 있는 가건물을 지었다. 그 가건물에는 콘크리트가 타설되었고,

주행(走行) 크레인이 설치되었다. 주커만의 기록을 보자. "화물 승강기는 폭탄을 실은 차량을 탑 높이까지 들어 올릴 수 있었다. 사람들은 외부로 설치된 계단을 통해 폭탄 설치 장소까지 올라갈 수도 있었다."[3] 트리니티 현장에서 사막을 장식한 것은 각종 장비와 도구뿐이었다. 그러나 소련 과학자들은 폭탄의 파괴 능력을 알고 싶었다. 역사가 데이비드 할러웨이는 이렇게 적고 있다. 신기루가 피어오르는 황무지에 각종 장비와 도구 말고도, "탑 근처에 1층짜리 목재 건물들과 4층짜리 벽돌집들이 지어졌다. 다리, 터널, 급수탑, 기타 구조물도 세워졌다. 철도 기관차와 객차, 탱크, 대포가 주변 여기저기에 놓였다. …… 탑 근처에 개방형 우리와 차폐형 축사를 설치하고, 동물도 집어넣었다. 초기 핵방사선의 영향을 관찰하기 위해서였다."[4] 8월 중순 트럭들이 세미팔라틴스크-21에서 폭탄의 부품을 실어 왔다.

쿠르차토프는 다음 몇 주 동안 두 번 예행 연습을 했다. 이윽고 라브렌티 베리야가 아브라미 자베냐긴과 함께 도착했다. 시험을 참관할 위원단을 이끌고서였다. 거기에는 1946년 미국이 실시한 비키니 시험을 살펴보도록 파견되었던 두 명이 포함되어 있었다. 원자 폭탄이 터지는 것을 지켜본 유일한 소련인들 말이다. 두 사람은 베리야의 과학자들이 준비한 실험이 미국과 얼마나 비슷하고, 또 얼마나 차이가 나는지 보고할 예정이었다.

8월 28일 탑 옆 가건물에서 조립[5]이 시작되었다. 베리야, 쿠르차토프, 자베냐긴, 아르자마스-16 책임자 파벨 제르노프, 게오르기 플료로프, 율리 하리톤이 그 과정을 지켜봤다. 조립조는 먼저 렌즈 모양으로 성형한 고폭약 껍질의 아래 절반을 조립했다. 1.5미터 크기의 폭발물은 갈색으로, 부풀어 오른 배 모양이었고, 꼭 왁스로 광을 낸 듯했다. 깨진 정동(晶洞, geode)을 떠올리면 되겠다. 알루미늄 용기가 이것을 고정해 주었고,

해당 용기는 바퀴가 달린 수레 위에 놓였다. 흑갈색의 여물통 같은 고폭약 내부로 알루미늄 소재의 다짐 껍질, 흑자색의 묵직한 우라늄 탬퍼, 그리고 니켈로 도금해 반짝반짝 빛나는 반구형 플루토늄 코어 2개 가운데 첫 번째가 들어갔다. 하리톤이 중성자 활성화 임무를 맡은 니켈 도금 기폭제를 직접 점검했고, 코어 중앙의 빈 구멍에 딱 끼워 넣었다. 두 번째 플루토늄 반구를 맞춰서 코어 조립을 완성했다. 윗부분을 마감하려면 이제 주행 크레인으로 미완성 조립물을 조금 내려야 했다. 절반의 우라늄 탬퍼와 알루미늄 다짐 껍질이 차례로 조립되었다. 밤이 되어서야 렌즈 모양의 고폭약 블록 윗부분을 조립할 수 있었다. 1949년 8월 29일 오전 2시 작업조는 마침내 손수레 위의 폭탄을 탑 아래쪽 어두운 화물 승강기로 끌고 나갔다. 구름이 뒤덮인 흐린 날씨였다. 원래는 폭탄만 탑 정상으로 올려 보내기로 되어 있었다. 베리야가 놀라움을 표시하자, 제르노프가 잽싸게 화물 승강기에 올라탔다. 골로빈은 당시를 이렇게 썼다. "가로로 건너지른 난간을 꽉 붙들고 …… 올라가는 모습이 상당히 인상적이었다."[6] 플료로프를 포함해 네 명이 뒤를 따랐다. 그 가운데 두 명은 알루미늄 용기에 뚫린 구멍을 통해 기폭 장치 64개를 하나씩 하나씩 차례로 끼워서 외층 고폭약 블록에 박았고, 다시 그것들을 전선과 연결했다. 이 전선은 콘덴서 뱅크(capacitor bank, 전기 에너지를 축적하기 위한 대용량 콘덴서 시스템 — 옮긴이)로 이어져 점화를 담당할 예정이었다. 플료로프와 나머지 한 동료는 폭탄 내부의 중성자 배후 사정을 추적 관찰하는 계측기를 확인 점검했다. 탑에서 마지막으로 내려온 사람은 플료로프였다. 그 무렵 베리야는 현장을 떠나, 지휘 벙커 근처의 오두막으로 가고 없었다. 지휘 벙커는 핵폭발 시험 현장에서 8킬로미터 떨어져 있었고, 베리야는 근처 숙소에서 몇 시간 수면을 취했다.

"밤새 보슬비가 내렸다."라고 주커만은 적고 있다. 트리니티 때처럼 소련 과학자들도 악천후 때문에 노심초사하며, 시험을 연기해야 했다. 시험은 오전 6시로 예정되어 있었지만 7시로 옮겨졌다. 다행히 운이 좋았다. 주커만은 계속해서 이렇게 적었다. "동틀 무렵이 되자 날이 약간 개었다. 하늘은 여전히 흐렸지만 시계(視界)는 전혀 문제가 되지 않을 듯했다."[7] 쿠르차토프, 하리톤, 페르부킨, 플료로프, 자베냐긴, 다른 과학자들과 관리 책임자들이 지휘 벙커에 모였다. 자동 카운트다운이 30분 전에 시작되었고, 베리야와 수행단은 그 직후에 도착했다. 지휘 벙커는 장군들로 가득 찼다. 베리야가 카자흐스탄으로 오기 전에 쿠르차토프는 지휘 벙커와 폭발 탑 사이의 흙 둔덕을 더 높이 쌓으라고 지시했다. 탑이 잘 안 보이는 것은 당연했다. 쿠르차토프는 유리판으로 된 벙커의 출입문을 열었다. 모인 사람들이 먼 언덕에 반사된 폭탄의 불빛을 볼 수 있도록 말이다. 충격파는 빛보다 느리고, 30초 후에나 벙커에 도달할 것이다. 그 정도 시간이면 문을 닫기에 충분했다. 쿠르차토프는 여느 때처럼 서성거리면서 웅얼대는 소리를 냈다. "그래, 그래, 그래. 음, 음, 음." 폭발 10분 전에 베리야가 마지막으로 저주의 말을 내뱉었다. "말짱 도루묵일 거야, 이고리."[8] 쿠르차토프는 베리야의 조롱에 얼굴이 빨개졌다. "아니오. 틀림없이 성공합니다."

북쪽으로 11킬로미터 떨어진 관측소의 경우 시선을 막아 주는 둔덕 따위는 없었다. 그곳으로 파견된 한 관측자는 이렇게 적었다. "해가 떠오르면서 낮게 드리운 구름 사이로 폭발 탑과 조립 가건물이 보였다. 구름이 여러 겹이었고, 바람이 불었지만 흙먼지는 전혀 일지 않았다. …… 들판 여기저기에서 나래새가 남쪽으로 물결치며 흔들리듯 누웠다. '5분' 전, '3분' 전, '1분' 전, '30초,' '10초,' '2초,' '제로.'"[9] 지휘 벙커의 쿠르차토프는 무뚝뚝하게 열린 문으로 향했다. 초원 지대에 빛의 사태가 일어났다. "됐어." 쿠르차토프는 그냥 이렇게 이야기했다. 주커만은 이렇게 적었다. "참으로 비범한 발언이었다. '됐어. 성공이야!'"[10] 참관자 가운데 한 명은 후에 어떤 독일 저자[11]에게, 성공하지 못했다면 자기들은 다 총살당했을 것이라고 밝혔다.

플료로프는 충격파가 굉음과 함께 벙커를 때려 유리를 산산조각 내기 바로 전에 문을 닫았다. 하리톤은 이렇게 회고했다. "바로 그때 베리야가 저를 덥석 안았죠. 빠져나올 수 없을 정도였어요. 그 순간에 제가 느꼈던 건 안도감이었습니다."[12] 북쪽 관측소의 대원은 폭발 순간을 이렇게 증언했다.

> 하얀색 불덩어리가 탑과 가건물을 집어삼켰다. 불덩어리는 급격하게 커지면서 색깔이 바뀌었고, 위로 솟구쳤다. 아래에서는 폭발 폭풍이 경로상의 구조물, 석조 가옥, 기계 장비 등을 쓸어 버렸다. 중앙에서부터 자욱하게 피어올랐는데, 돌, 나무, 금속 파편, 먼지가 뒤섞인 게 혼돈 그 자체였다. 불덩어리는 회전하면서 솟아올랐고, 오렌지색과 빨간색으로 변했다. 조금 있다가는 어두운 구석도 볼 수 있었다. 먼지와 벽돌, 판자 조각이 굴뚝에서처럼 불덩어리를 따라 올라갔다. 충격파가 화염의 폭풍을 추월해 상층 대기를 강타했다. 기온 역전층이 형성되었고, 안개 상자에서처럼 수증기가 응결하기 시작했다. …… 강풍이 불면서 소리가 약해졌다. 마치 눈사태의 으르렁거림처럼 들렸다.[13]

페르부킨은 이렇게 회고한다. "지휘 벙커가 충격파로 흔들렸죠. …… 우리는 밖으로 달려나가 화염 구름을 보았습니다. 땅에서 솟구친 흙먼지 기둥이 구름을 좇아, 거대한 버섯 모양이 되었어요. 시험은 성공을 거두었고, 우리는 입 맞추고 껴안으며 서로에게 축하의 인사를 건넸습니다."[14] 베리야가 쿠르차토프를 끌어안았고, 다른 사람들과 함께 환성을 질렀다. 하지만 기뻐서 어쩔 줄 모르던 그에게 다시 의혹이 솟구쳤다. 베리야는 잽싸게 벙커로 들어가, 북쪽 관측소로 파견된 비키니 실험 참관인 가운데 한 명에게 전화를 연결하라고 명령했다. 전화기에 대고 고함을 치는 베리야가 골로빈의 눈에 들어왔다. "미국 거랑 비슷한가? 얼마나? 실패한 건 아니겠지? 쿠르차토프가 우리를 속이지는 않았겠지? 똑같은가? 좋아! 좋아! 그렇다면 스탈린 동지에게 실험이 성공했다고 보고해도 되겠군? 좋아! 좋았어!"[15] 베리야는 마음이 급했고, 당직 장군에게 스탈린과의 통화를 요구했다. 모스크바는 2시간이 더 일렀고, 비서 알렉산드르 니콜라예비치 포스크레비쇼프(Alexander Nikolaevich Poskrebyshev, 1891~1965년)는 스탈린이 자고 있다고 대꾸했다. "급해요, 깨워요." 베리야의 요구는 단호했다. 골로빈과 스미르노프의 기록을 보자. "대화 현장에 있었던 사람들은 스탈린의 화난 목소리를 들었다."

> "무슨 일인가? 왜 전화를 하는 거야?"
> "성공했습니다." 베리야가 말했다.
> "알고 있었어." 스탈린은 그렇게 대꾸했고, 전화를 끊어 버렸다.
> 베리야는 노발대발하면서 당직 장군을 몰아붙였다. "누가 이야기했어? 감히 네가 나를 물 먹여! 여기까지 와서도 나를 감시하는군! 네 놈을 갈아 마셔 버릴 테다!"[16]

과학자들은 폭발 후 10분이 채 안 되어, 납으로 차폐한 탱크를 타고 현장에 접근해, 토양 시료를 채취했다. 쿠르차토프와 다른 과학자들도 4륜 구동의 가직(Gazik) 밴에 나눠 타고 그라운드 제로로 향했다고, 그중 한 명이 회고한다.

중앙 탑은 흔적이 전혀 남아 있지 않았습니다. 주변의 기둥과 탑들은 손상되어, 옆으로 기울어져 있었고요. 근처에 지어 놓은 건물들은 벽이 무너졌고, 지붕은 찢겨 날아갔거나 폭삭 주저앉았죠. 왜곡된 형태나마 한때 그곳에 질서 정연한 구조물이 있었음을 알 수 있었어요. 악몽 같았죠. 모든 것이 쓰러지고, 뽑히고, 불에 탔습니다.

폭발로 생긴 건 푹 파인 분화구가 아니라 접시처럼 야트막한 구덩이였어요. 표면이 암청색으로 반짝였죠. 함몰지를 거의 못 알아봤습니다. 아주 넓은 데다 경사가 완만했으니까요. 표면은 광재(鑛滓)로 덮여 있었는데, 부드럽게 녹아내린 물질이 반짝였습니다. 폭발 화재로 달궈진 토양에서 그런 게 만들어진 거죠. 정중앙은 녹아내린 표면이 어느 정도는 온전했습니다. 중앙에서 멀어질수록 파괴 상태가 고르지 않았어요. 튀김 요리 모양의 조각들이 보였는데, 처음 장소에서 만들어졌거나 중앙에서 날아왔겠죠. …… 가직 밴이 빠른 속도로 달렸기 때문에 표면에 형성된 광재 층이 바퀴 아래서 깨지는 소리가 들렸습니다. …… 두 사람이 좌우로 차에서 내려 묵직한 조각들을 떼어내 배낭에 담았습니다. 그러고는 다시 가직에 타고 철수했죠.[17]

트리니티에서 사막 모래는 초록색의 유리질로 녹아내렸고, 이것은 트리니타이트(trinitite)라고 불렸다. 최초의 섬광에서 형성된 광재는 암청색이었다. 버섯구름은 남쪽으로 흩어졌다고 북측 관측소의 과학자는 적었다. "윤곽이 해체되면서 무정형의 층층 구름으로 바뀌었다. 큰 화재가 나면 볼 수 있는 그런 구름 말이다."[18]

최초의 섬광 폭탄은 핵출력이 20킬로톤으로, 트리니티 및 나가사키 원자 폭탄과 비슷했다. 쿠르차토프는 같은 날 보고서를 작성해 모스크바로 보냈다. 소련 각료 회의는 쿠르차토프와 휘하 과학자들에게 메달과 훈장, 현금, 자동차 등을 지급하기로 은밀히 결정했다. 자녀들에게는 국비로 무료 교육을 시켜 주고, 본인들과 가족은 소련 어느 곳이라도 공짜로 여행할 수 있는 권리도 부여했다. 물리학자들의 폭탄은 사기나 가짜가 아니었다. 스탈린은 원자 폭탄을 손에 쥐게 되었고, 서방은 더 이상 그를 협박하지 못할 터였다. 하지만 스탈린의 무기고는 텅 빈 것이나 다름없었고, 대내외에 공개적으로 천명하지 말도록 지시했다.

⊛⊛⊛

루이스 스트로스는 1947년 4월 첫 제안 이후로도 원자 폭탄의 폭발 여부를 원거리에서 탐지할 수 있는 능력을 개발해야 한다고 계속 주장했다. CIA의 전신인 중앙 정보단(CIG)이 이 문제를 다룰 위원회를 구성했다. 장거리 탐지 위원회는 5월에 첫 회의를 열고, 현재로서는 그런 일이 불가능하다고 밝히며 세 가지 대안을 제시했다.[19] 폭발음을 듣는 방법, 폭발로 야기될 지진파 관찰, 방사능 기체나 미립자를 포집 측정하는 방법이 그것이다. 중앙 정보단(CIG) 단장 로스코 헨리 힐렌코터(Roscoe Henry Hillenkoetter, 1897~1982년) 제독은 1947년 6월 말 감시 체계 수립을 제안하는 보고서를 제출했지만, 그렇게 하려면 2년은 걸릴 것이라고 내다봤다. 원자력 위원회(AEC)의 데이비드 릴리엔솔은, 2년은 너무 길다고 답변했다. "2년은 받아들일 수 없을뿐더러 비현실적입니다."[20]

스트로스는 제임스 포레스탈에게 도움을 요청했다. (스트로스가 미국은 감시 체계가 전무하다고 알리자, 국방 장관은 믿을 수 없다는 듯이 이렇게 말했다. "망할! 우리에게는 감시 체계가 필요해!"[21]). 포레스탈은 9월에 이 사안을 호이트 밴던버그에게 이야기했다. 미국 공군에는 감시에 필요한 항공기와 비행장이 있었다. 날씨에 구애받지 않는 B-29 비행 중대가 3개 있었고, 그중 가장 중요한 부대는 알래스카에서 출격하는 제375 기상 정찰 중대였다. 제375

부대는 알래스카에서 일본은 물론이고, 북극 상공까지 수시로 정찰했는데, 그 비행 구역은 소련에서 바람이 불어오는 방향이기도 했다. 공군에 없던 것은 과학 관련 전문 지식이었다. 공군은 핵폭발 시험을 탐지하기 위해 대책 위원회를 구성했다. 그렇게 구성된 공군 원자 폭탄 시험 탐지국-1(Air Force Office of Atomic Testing 1, AFOAT-1)은 원자력 위원회(AEC)의 문을 두드렸다. 원자력 위원회(AEC)가 원거리 탐지는 아직 확립된 기술이 아닐 뿐만 아니라 개발도 안 되었다고 답신하자, 그들은 깜짝 놀랐다. 로버트 오펜하이머가 의장으로 재직 중이던 일반 자문 위원회(GAC)는 1947년 12월 이렇게 말했다. "탐지 기술과 장비라는 게 …… 잠재적으로든, 실질적으로든 과연 가능할지 심히 의심스럽다."[22] 공군은 "제정신이 아니었다."[23]라고, 소속 장성 가운데 한 명이 나중에 증언했다. 공군은 무거운 책임을 떠안았지만 그 일을 할 수 있는 마땅한 방법이 전혀 없다는 이야기만 들은 것이다.

한 사설 방사선 연구소의 공학자가 공군이 처한 곤경을 듣게 된 것은 참으로 우연이었다. 트레이서랩(Tracerlab)은 생긴 지 2년 된 소규모 연구소로, 장거리 탐지 사업을 열렬히 추구하고 있었다고 소속 과학자는 회고한다. 트레이서랩의 판매 담당은 공군과의 첫 만남에서 "그들이 필요로 하는 각종 측정 장비와 계수기를 분주히 계상했다." 판매 담당 과학자는 이렇게 물었다고 한다. "이 모든 장비를 누가 운용합니까? 공군은 인원이 없다고 대꾸했다. 그렇다면 제가 인원을 모집해 드리지요, 나는 말했다. …… 이것들은 우리가 만든 장비입니다. …… 우리보다 더 잘 운용할 수 있는 사람이 누가 있겠습니까? 판매를 위한 설득은 그렇게 끝이 났다."[24] 트레이서랩은 계약을 따냈다.

트레이서랩은 머잖아 다음의 정황을 알게 되었다. 원자력 위원회(AEC)의 전문 지식이 집중되어 있던 로스앨러모스가 꾸물거리면서 그 문제에 진지하게 나서지 않았음을 말이다. 트레이서랩의 그 과학자가 설명하듯이 거기에는 이유도 있었다. 오펜하이머와 기타 인사들이 "폭발로 발생하는 방사성 동위 원소를 원거리에서 탐지할 수 있는 방법은 없다고 결론 내렸던 겁니다. 방사성 동위 원소가 원자화되기 때문에 시도 자체가 시간 낭비라는 거였죠."[25] 오펜하이머는 히로시마 폭격 이전에 이미 다음과 같은 생각을 굳힌 상태였다. 공중에서 폭발하는 무기는 지상에서 파편을 긁어모을 수 없고, 잔해가 원자로 분해되어(기본적으로는 기체 형태로) 신속하게 공기와 섞이기 때문에 탐지할 수 없다. 미국은 여기에 근거해 히로시마와 나가사키에 떨어진 방사능 낙진이 위험하다는 일본 측의 주장을 기각했다. 두 폭탄 모두 공중에서 터졌다는 것이었다.

오펜하이머는 1948년 3월 AFOAT-1 과학자들에게 직접 이렇게 이야기했고, 에드워드 텔러도 그의 발언을 거들고 나섰다. 즉 지진파 탐지는 가능할지도 모르지만 청음과 방사능 탐지는 터무니없는 생각이라고 말이다. 트레이서랩 소속 과학자 중 한 명은 그 만남이 있은 후 머물던 호텔 방으로 돌아와, 저녁 내내 계산을 했다. 방사능 원자들이 탐지 가능한 크기의 입자로 뭉친다는 것을 보여 주기 위해서였다. 그는 다음 날 텔러와 다른 과학자들에게 계산 결과를 제시했고(오펜하이머는 없었다.), 탐지 가능한 크기로 뭉치는 현상이 적어도 가능은 하다는 동의를 얻어냈다. 실험을 하면 계산 결과를 검증할 수 있을 터였다. 샌드스톤 시험이 준비되고 있었다.

샌드스톤 폭발 시험의 경우 전부 탑 위에 설치하고 터뜨리는 방식이었고, 따라서 결과가 지저분할 것으로 예상되었음에도 AFOAT-1은 실험을 하기로 마음먹었다. 불덩어리가 지면에 닿을 테고, 이물질이 솟구칠 것이라는 이야기였다. 탐지 항공기가 에니웨톡에서 수천 킬로미터 떨어진 위치에서 제트 기류 아래로 날면서 낙진을 수집했다. 비행기 동체에 관을 설치하고, 거기로 들어오는 공기를 여과지로 거르는 방법이 동원되었다. 트레이서랩의 과학자들조차 결과에 깜짝 놀랐다. "미립자(먼지 입자)뿐만 아니라 금속성으로 빛나는 구형 물질은 정말이지 아름다웠다."[26] 미세한 구형 금속은 샌드스톤 폭탄이 터지면서 기화된 방사능 원자가 뭉친 것이었다. 공군은 1948년 7월 원자력 위원회(AEC)에 이렇게 알렸다. "방사능을 검출해 원자 폭탄의 공중 폭발을 탐지할 수 있다고 자신함."[27] 공군은 1949년 1월 스트로스에게 핵 탐지 프로그램을 보고했고, 이미 자체적으로 정찰 비행을 수행하고 있었다. 스트로스도 포레스탈에게 이렇게 알렸다. "미국의 대문은 이제 튼튼합니다."[28]

하지만 오펜하이머는 여전히 미덥지 않았다. 소련이 핵실험을 지하에서 수행해, 방사능 유출을 막을지도 모른다고 생각한 것이다. 그는 AFOAT-1이 지진파 탐지 체계를 개발해, 공식 가동해야 한다고 생각했다. 스트로스는 오펜하이머가 방사능 탐지 하나에만 의존하는 것에 반대한 일을 그가 의심스러운 이유 목록에 추가했다. 그 물리학자가 장거리 탐지 체계를 좌초시키려 한다고 본 것이다.[29] 오펜하이머가 성급하게 나서서 남들의 판단에 초를 치는 식의 처신으로, 스스로 바보가 된 게 이번이 처음은 아니었다. 1939년 1월 버클리에서 있었던 일이다. 루이스 앨버레즈가 오펜하이머에게 핵분열 소식을 알렸을 때 그 이론 물리학자가 보인 첫 번째 반응은 "그건 불가능해."였다. 오펜하이머는 앨버레즈에게 이렇게 말했다. "이유는 수없이 많지." "제가 나중에 그를 불러서 오실로스코프를 보여 주었죠. (분열에 따른 이온화 때문에) 파동이 컸지요. 15분이 채 안 되어 오펜하이머가 이것은 진짜라고 단언했을 겁니다. …… 폭탄을 만들 수 있고, 발전할 수도 있겠다고 말을 보탰지요. …… 그의 머리가 얼마나 빠르게 돌아가는지, 깜짝 놀랐죠. 오펜하이머는 바르게 결론을 내렸던 겁니다."[30] 하지만 방사능 물질 뭉침 현상과 장거리 탐지 사안에서처럼 오펜하이머는 처음에는 완전히 틀렸다.

미국 공군은 샌드스톤 시험 이후 감시 범위를 확대하기 위해 기밀로 분류된 탐지 체계와 관련해 영국을 끌어들이기로 결정했고, 그러려면 먼저 원자력법을 손봐야 했다. 미국 해군 역시 지상 기반 탐지 체계를 개발하는 과업에 착수했다. 워싱턴 DC의 해군 연구소(Naval Research Laboratory) 지붕에 떨어지는 빗물을 모아서 알아내자는 복안이었다. 공군은 1949년 4월부터 알래스카에서 AFOAT-1 프로그램 정찰기를 띄웠다. 영국도 그 무렵 북대서양 상공에서 감시 체계를 가동했다. 해군은 워싱턴을 필두로 알래스카, 필리핀, 하와이에서 빗물을 수거해 감마선 검사를 했다. 375 기상 정찰 비행 중대는 4월과 8월 사이에 WB-29를 출격시켜 필터로 방사능을 포집했다. 총 111차례였고, 그 수치는 자연 상태보다 더 높았다. 여과 장치는 버클리의 트레이서랩으로 보내졌다. 트레이서랩은 여과 장치를 분해해, 분열로 생기는 바륨, 세륨, 몰리브덴, 지르코늄, 납 등의 방사성 동위 원소를 화학적으로 분리했다. 그러고는 각각의 동위 원소가 언제 생성되었는지 역산 방식으로 획정했다. 개별 방사능의 생일을 알아보았다는 말이다. 생일이 전부 똑같으면 동위 원소들은 1개의 원자 폭탄에서 생성된 것이라고 할 수 있었다. 111개의 시료[31]는 전부 그 기원이 자연인 것으로 드러났다. 지진이나 화산 활동 과정에서 자연 방출되었던 것이다. (우라늄이 자연 분열하면 생일이 제각각인 분열 산물이 만들어진다.) 다시 말해 트레이서랩은 자신들이 개발한 기술을 완벽하게 다듬을 수 있는 기회를 가졌다.

WB-29 1대가 1949년 9월 3일 캄차카 반도 동쪽을 비행하면서 방사능을 포집했다. 캄차카에서 수거된 여과지는 트레이서랩이 경계 경보를 발해야 하는 것으로 규정한 수준보다 활량(活量)이 무려 300퍼센트 더 많았다. 측정 결과 방사능이 분열 산물인 것으로 확인되었다.[32] 여과지가 버클리로 보내졌다. 일반 자문 위원회(GAC) 서기이자 로스앨러모스 부소장인 존 맨리는 이렇게 썼다. "그 주말에 더 많은 증거가 나왔다. 다음 주에는 (미국) 전역에서 방사능 기단이 확인되었다."[33] 트레이서랩의 한 물리학자는 "2주 동안 밤낮으로" 방사능을 측정했다고 회고한다. "하루에 네 시간밖에 못 잤습니다. 우리는 인원도 얼마 안 되는데, 밤낮으로 24시간 내내 일했어요."[34] 원자력 위원회(AEC)는 9월 9일, 문제의 기단이 영국으로 접근 중이라고, 영국에 통보했다. 그 통보가 있기 전에 지브롤터와 북아일랜드를 출격하는 정례 탐지 비행에서는 방사능이 전혀 발견되지 않았다. 영국은 9월 10일 저녁 스코틀랜드에서 핼리팩스 폭격기(Halifax bomber) 1대를 북쪽으로 긴급 출동시켰고, 계속해서 다음 날 아침 모스키토(Mosquito)[35] 여러 대를 추가로 보냈다. 출동한 항공기들은 노르웨이 해안을 비행하면서 대기를 포집했다. 그 탐지 비행에서 방사능이 확인되었다. 한편으로 해군도 워싱턴 연구소의 지붕에서 받은 빗물을 응축시켰고, 공군이 밝혀낸 사실을 추가로 확인했다. 합동 원자력 위원회(JCAE)의 한 상근 직원은 해군의 활동과 검출 사실을 이렇게 언급한다. "태평양과 미국 상공을 이동하던 '구름'은 캐나다 중서부 상공에서 분리되었다. 구름의 남쪽 덩어리는 계속해서 워싱턴 쪽으로 이동했고, 2~3일간 머물렀다. 그 무렵 비가 내렸고, 방사능 물질이 지상에 떨어진 것이다. '구름'의 북쪽 덩어리는 계속해서 대서양 상공으로 이동했고, 영국이 스코틀랜드에서 탐지했다."[36]

맨리는 계속해서 이렇게 적었다. "9월 14일쯤 되자 자료를 분석한 전문가의 95퍼센트가량은 (시료가 폭탄의 잔해임을) 확신했다. 이 사태는 스탈린의 이름을 빗대 '조 1(Joe One)'이라고 명명되었다."*[37] 로스앨러모스는

* 아널드 크래미시가 RDS-1의 이 미국식 명칭을 만들어 냈다.

9월 13일로부터 최대 30일 이전에 핵폭발 시험이 있었을 것으로 추정했다. 해군과 영국은 공히 일주일 이내일 것으로 내다봤다. 트레이서랩은 측정 환경이 보다 깨끗했고, 미세 시료 정보를 취급한 경험이 더 많았다. 그들은 소련의 핵폭발 시험이 그리니치 표준시로 8월 29일 0000시에 이루어졌다고 추정했다.[38] 그러면 세미팔라틴스크가 오전 6시이므로, 실제 핵폭발 시험 시간과 불과 1시간의 오차밖에 나지 않았다. 트레이서랩은 이 원자 폭탄에 플루토늄 코어와 자연 우라늄 탬퍼가 사용되었다고도 추정했다.[39]

하지만 국방 장관 루이스 존슨은 전문가 95퍼센트가 확신한 내용을 믿으려 들지 않았다. 케네스 니콜스는 여러 해가 지난 후 이렇게 말했다. "(군사 연락 위원회(MLC) 의장) 윌리엄 웹스터(William Webster)와 함께 존슨 장관을 찾아갔던 일이 떠오릅니다. 러시아가 원자 폭탄을 터뜨렸다는 정보를 보고했죠. 존슨 장관은 콧방귀를 뀌었어요. 그는 이렇게 말했습니다. '나는 첩보를 별로 신뢰하지 않네.' 그러지 말아야 했는데 제가 나섰던 걸로 기억합니다. 이렇게 말했죠. 장관님, 이 정보는 믿으셔야 합니다. 불확실한 정보가 아니에요. 틀림없습니다."[40] 존슨은 소련의 원자로가 터졌을 가능성을 의심했고, 공표를 승인하지 않았다. 트루먼도 핵폭발 시험 사실을 보고받았지만 존슨의 공표 금지 결정을 뒤엎을 의사는 없었다. 원자력 위원회(AEC)는 배너바 부시를 의장으로 임명하고 전문가 위원회를 소집했다. 로버트 오펜하이머, 영국의 핵개발 프로그램을 이끌던 윌리엄 조지 페니, 물리학자이자 원자력 위원회(AEC) 위원을 역임한 로버트 바커, 호이트 밴던버그도 위원회에 참여했다. 전문가 위원회는 9월 19일 소련이 원자 폭탄을 터뜨렸다고 결론짓고, 이 사건을 최대한 빨리 공표하라고 원자력 위원회(AEC)에 권유했다. 원자력 위원회(AEC) 위원들은 릴리엔솔이 루이스 존슨 국방 장관을 건너 뛰어 위원회의 전체 의

결 사항을 트루먼 대통령에게 직접 전달하고, 재가를 얻어야 한다고 같은 날 결정했다.

릴리엔솔은 여름 내내 히켄루퍼와 다투느라 탈진한 상태였고, 마사스 빈야드(Martha's Vineyard)에 머물며 휴식을 취하고 있었다. (그는 이미 사임하기로 마음을 정한 상태였다.) 원자력 위원회(AEC)는 제임스 맥코맥 주니어 장군을 뉴잉글랜드로 급파했다. 그는 릴리엔솔을 데려오기 위해 C-47을 타고 갔다. 릴리엔솔은 월요일 밤 근처 에드가타운에서 저녁을 먹고, 11시경에 안개를 헤치며 포도원으로 귀가 중이었다. 길 한가운데로 모자를 쓰지 않은 맥코맥이 보였다. 엄지를 올리는 자세가 차를 태워 달라는 몸짓이었다. "나는 마치 그를 자주 본 것 같은 기분이 들었다. 한밤중에 외딴 섬의 바람 찬 황야에서 산양의 통로를 벗어난 것 같은 곳에서 말이다. …… 나는 왜 왔냐고 묻지 않았다. 그가 우리 집의 촛불을 켰다고만 했다. 맥코맥이 낙하산이라도 타고 내려왔을까? 그렇다면?"[41] 맥코맥은 등유 램프 빛에 의지해 릴리엔솔에게 소식을 전했다.

릴리엔솔은 다음날인 9월 20일 아침 워싱턴으로 복귀했다. 바커는 "걱정이 이만저만 아니었고," "핼쑥한" 오펜하이머도 "몹시 흥분한 상태였다." 물론 오펜하이머는 특유의 "명확함을 바탕으로 (소련이 시험을 했다는 증거를) 확신했다." 릴리엔솔은 오후 3시 45분이 약간 안 되어 뒷문으로 백악관에 들어갔다. 그의 눈에 들어온 대통령 집무실의 광경은 장르 회화의 한 장면 같았다. "대통령께서 연방 의회 의사록(Congressional Record)을 읽고 계셨다. 상상할 수 있는 가장 조용하면서도 차분한 광경이었다. 바깥 정원은 햇빛이 눈부셨고, 분주함이라고는 눈을 씻고 찾아봐도 보이지 않았다. 소련의 실험과 관련한 이야기가 시작되었다."[42] 트루먼은 소련의 핵폭탄 실험 사실을 공표해서는 안 되는 정치적 이유를 릴리엔솔에게 장황하게 설명했다. 하지만 대통령의 기본 논리는 보고받은 정보 판단을 믿을 수 없다는 것이었다. 릴리엔솔은 이런저런 식으로 알아듣기 쉽게 설명하며 대통령을 설득하려고 애썼다. "러시아에는 독일 과학자들이 있습니다. 아마도 그렇게 되었을 겁니다." "물론 확신할 수는 없습니다. 그래서 제가 조사에 착수했습니다. 하지만 상당한 정도로 가능성이 있습니다. …… 정말인가? 대통령은 예리한 눈초리로 물었다. ……"[43] 국무부 소속으로 원자력 위원회(AEC)와의 연락을 담당했던 고든 아네슨은 국가 안전 보장 회의의 시드니 사우어스가 전화를 걸어 온 에피소드를 기억했다. 사우어스는 트루먼과 긴밀했고, 그때는 백악관이 소련의 실험 사실을 처음 보고받은 시점이었다.

> 사우어스 제독이 …… 급하게 내게 전화를 걸어 말했다. "당장 건너오게. '긴급' 정보야." 워싱턴은 무척이나 화창한 가을 날씨였다. 듣게 될 소식이 무엇이든 살아 있다는 사실 자체가 기쁠 만큼 아름다운 날씨였다. 하지만 가면서 그리 예감이 좋지 못했다. "그리고 그 소식이었다." …… 사우어스 제독은 방사능 구름이 사고, 말하자면 원자로가 터져서 나온 결과일지도 모른다는 생각을 피력했다. 나는 그의 말이 옳았으면 좋겠지만 그럴 가능성은 없어 보인다고 대꾸했다.[44]

사우어스가 루이스 존슨에게 원자로 가설을 알려 주었을지도 모르고, 반대일 수도 있다. 그러나 어느 쪽이 먼저였든 트루먼은 소련이 성공했다는 사실에 회의적이었다. 그는 나중에 한 상원 의원에게 "아시아의 그 멍청이들"[45]이 원자 폭탄처럼 복잡한 무기를 만들 수 있을 것이라고 보지 않는다고도 말했다.

릴리엔솔은 솔직해져야 한다고 주장했다. 대통령은 결정 사항을 숙의해 보기로 했다. 원자력 위원회(AEC) 의장 릴리엔솔이 더 이상 할 수 있는 일은 없었다. 릴리엔솔은 사무실로 돌아왔고, 오펜하이머는 "몹시 낙담하고 있었다." 릴리엔솔은 오펜하이머가 이렇게 말했다고 일기에 적었다. "이 기회를 놓쳐서는 안 되었습니다. 비밀주의를 끝장낼 수 있는 기회였어요. 비밀이 없는데 비밀을 고수하다니요." 릴리엔솔이 오펜하이머에게 물었다. "놀라지는 않았습니까?" "놀랐어요. 당연히 놀랐지요." "많이요?" "예, 많이 놀랐습니다." 오펜하이머는 계속해서 이렇게 대꾸했다. "항상 바랐습니다. 우리가 겪은 어려움이 …… 생각했습니다."[46] 하지만 릴리엔솔은 오펜하이머가 무슨 생각을 했다는 것인지는 일기에 밝히지 않았다. 로스앨러모스 소장을 지낸 오펜하이머가 그와 동료들이 이룬 업적을 소련 과학자들이 그렇게 빨리, 또는 전혀 따라 하지 못할 것이라고 생각했던 것일까? 릴리엔솔은 그날 저녁 B-25를 타고 마사스 빈야드로 돌아갔고, 24시간 동안 벌어진 일련의 놀라운 사건을 아내에게 들려주었다. 그는 새뮤얼 피프스(Samuel Pepys, 1633~1703년, 영국의 정치가)가 떠오르는 문체로 그날의 일기를 마감한다. 피프스는 공무와 사생활 사이의 불협화음을 몸소 기록했던 정부 관리이다.

> 오후 10시 30분. 벽난로 앞에서 헬렌에게 다녀온 이야기를 했다. 우리는 늙어서 죽은 사과나무 가지를 난로에 땠다. 바람이 미친 듯이 불었는데, 헐거운 가옥을 스쳐 지날 때면 꼭 폭풍의 언덕 느낌이 났다. 잠자리에 들었다.[47]

로스앨러모스가 낙진 분석에 참여했기 때문에 아직 공표가 전혀 안 되었음에도 연구소에 소문이 파다했다. 워싱턴에 갔다 돌아오던 스타니스와프 울람도 그 소식을 들었다. 울람과 다른 짝패들, 곧 니콜라스 메트로폴리스, 텔러, 노이만(노이만의 경우 낄 수 있을 때에만)이 일주일에 한 번씩 재미 삼아 판돈을 조금 걸고 포커를 쳤다고, 울람은 적었다. "로스앨러모스의 …… 일은 너무 진지하고 중요했고, 우리는 한바탕의 유쾌한 오락을 통해 멍청한 상태에서 벗어나야 했다."[48] 메사의 동쪽 끝에 부설된 간이 활주로에 착륙하자, "몇 명이 마중을 나왔다."라고 울람은 회고했다. "니콜라스 메트로폴리스와 다른 몇 명이 내게 두 가지 이야기를 해 주었다. 러시아 인들이 원자 폭탄을 터뜨렸다는 게 첫째요, 둘째는 포커에서 150달러를 챙긴 친구가 나왔다는 것이었다. 나는 포커 이야기만 믿었다." 소련이 그렇게 빨리 폭탄을 만들 것으로 본 사람은 아무도 없었다고, 울람은 지적했다. "텔러를 필두로 해서, 조만간에 그럴 거라고 예상은 했지요. 하지만 그렇게 빨리는 아니었어요. …… 정말이지 성공을 거두었다는 소식에 사람들은 큰 충격을 먹었죠."[49]

텔러는 늦여름에 느긋하게 영국을 방문했다. "그는 그때 (클라우스) 푹스를 여러 번 만났다." FBI가 텔러의 증언을 바탕으로 작성한 보고서는 계속해서 이렇게 되어 있다. "푹스는 텔러가 영국에 도착한 직후 런던 주재 미국 대사관에서 그를 만났다. …… 나중에 두 사람은 하웰에서 공식으로 접촉했다. 텔러는 하웰에 체류하던 어느 날 저녁 푹스의 숙소에서 여러 시간 대화를 나눴다."[50] 헝가리 태생의 텔러는 9월 케임브리지 대학교 케이어스 칼리지(Caius College)에서 열린 만찬에 참석했고, 제임스 채드윅과 오랜 시간 앉아 있었다. 채드윅이라면, 말수가 적고 무뚝뚝하기로 악명이 자자한 중성자의 발견자로, 전시에는 영국 과학자들의 미국 파견 업무를 지휘했던 인물이다. 채드윅의 부인이 어떤 질문을 했고, 텔러는 그로브스 장군을 폄하하는 실수를 저지른다. 그러나 채드윅은 1시간 내내 그로브스가 성실하고 믿을 만한 인물이라고 이야기했다. 채드윅은 이렇게 말을 맺었다. "오늘 밤 내가 한 말을 잊지 말기 바랍니다."[51] 텔러는 배를 타고 귀국했고, 펜타곤에서 채드윅이 이미 알고 있던 사실을 들었다. 그는 맨해튼 프로젝트를 이끈 과학자들이 소련의 도전에 적절히 대응할 수 있는 용기와 확신이 없다고 설파한 채드윅의 본심을 깨달았다.

허버트 요크는 트루먼의 공표가 있기 전에 릴리엔솔과 탐지 위원회 위원들이 "러시아가 실험을 했음을 진짜로 믿는다는 취지의"[52] 진술서에 직접 서명하도록 자기가 나섰다고 적고 있다. 트루먼은 의회 지도자들과 합동 참모 본부에 상황을 보고한 후 1949년 9월 23일 오전 "최근 몇 주 사이에 소련에서 원자 폭탄 실험이 있었다."[53]라고 발표했다. 당시 미국의 핵폭탄 수는 최소 100개였다.[54] 하지만 그럼에도 불구하고 미국은 더 이상 핵을 독점하지 못하게 되었다.

☢☢☢

미국 정보 기관들과 보안 기구들은 트루먼의 발표가 있기 전에 이미 조사 활동에 착수했다. 소련이 일찌감치 성공을 거둔 데에 스파이 활동이 큰 역할을 했을 가능성을 말이다. 로버트 램피어와 다른 수사 요원들은 9월 초의 한 FBI 회의에서 서류 기록으로 확보된 소련의 전시 주요 간첩 활동 세 건을 검토했다. 보자. 첫째, 스티브 넬슨이 캘리포니아 대학교의 방사선 연구소에 근무하던 로버트 오펜하이머 주변의 과학자들을 포섭하려던 활동. (FBI는 이 노력이 좌절된 것으로 판단했다.) 둘째, 시카고에서 시도된 중요성이 좀 떨어지는 포섭 활동. 셋째, 캐나다에서 앨런 넌 메이가 입힌 엄청난 손실. 램피어는 이렇게 쓰고 있다. "그러니까 9월 중순이면 아직 대통령의 발표가 있기 전이었다. 1944년의 KGB 전문이 새롭게 해독되었고, 거기에 놀라운 정보가 담겨 있었다."[55] 뉴욕발 전문에서 기체 확산 이론을 요약한 내용 일부를 찾아냈던 것이다. 캐나다 프로그램만이 아니라 미국의 핵개발 활동에서도 스파이가 암약 중임이 분명해졌다. 가로챈 전문이 추가로 분석되었고, 문제의 스파이가 뉴욕에 머물던 영국 파견단 소속임이 드러났다. 원자력 위원회(AEC)는 트루먼의 공표가 있던 시점에 그 보고서의 작성자로 푹스를 특정했다. 그러나 그렇다고 해서 냉큼 푹스가 간첩이라고 단언할 수는 없었다. 램피어는 며칠 동안 루돌프 파이얼스도 혐의자 명단에 올려놨다. 계속해서 램피어는 또 다른 전문을 검토했다. 거기에는 영국에서 건너온 간첩의 누이가 미국의 대학교에 재학 중이라는 사실이 언급되어 있었다. 푹스의 여동생 크리스텔은 스워스모어 대학에 다녔다. 램피어는 푹스의 파일에서 연방수사국이 그간 간과했던 다른 단서들도 확보했다. 노획된 한 게슈타포 문서에는 푹스가 독일 공산당원인 것으로 나왔다. 이스라엘 핼퍼린의 수첩에는 푹스와 누이의 이름과 주소가 적혀 있었다. 핼퍼린이라면 이고리 구젠코가 적군 정보국(GRU) 간첩이라고 폭로한 인물 가운데 한 명이다. "클라우스 푹스를 유력한 용의자로 확신하게 된 이유들이다."[56] 램피어는 결론적으로 이렇게 적었다. 램피어는 9월 22일 푹스 건을 공식화했다. 그는 뉴욕 경찰에 조사를 개시하라고 통보했고, 영국 정보부에도 관련 사실을 알렸다. 램피어는 푹스뿐만 아니라, 가로챈 푹스 관련 전문 가운데 하나에서 확인된 단서를 바탕으로 에이브 브로스먼도 혐의 대상에 올렸다.[57]

이틀 후 필립 사리체프(Filipp Sarytchev)라는 소련 공작원이 필라델피아에 있는 해리 골드의 집을 찾았다.[58] 토요일 밤이었고, 골드는 거실의 긴 의자에서 자고 있었다. 아버지는 위층에서 자고 있었고, 동생 요셉은 외출 중이었다. 골드는 7월에 암호로 된 우편물을 받았고, 거기에는 맨해튼의 한 술집에서 만나자는 내용이 담겨 있었다. 그러나 그도, 미지의 접선자도 만남에 실패했다. 낯선 사람은 강한 억양으로 인사를 건넸고, 골드는 문을 걸어 잠갔다. 그가 급히 끼어들었다. "뉴욕의 박사와 존을 알지요?"[59] 골드는 그를 집 안으로 들였다. 사리체프는 자리에 앉자마자, 뭐라도 갖고 있는 자료가 있느냐고 물었다. 골드는 놀랐고, 그건 오래 전 일이라고 대꾸했다. 집을 찾아온 러시아 인(골드는 그가 러시아 인이라고 생각했다.)은 7월 약속에 나오지 않았다며 그를 질책했다. 그러고는 골드의 1947년 대배심 증언을 짤막하게 청취했다. 10월 6일 다시 만나기로 약속이 잡혔다.

골드는 여러 해 동안 벌여 온 간첩 활동이 최근에야 저주스러운 골칫거리임을 깨닫고, 상당히 괴로워했다. 그는 8월 초에 필라델피아 종합 병원에서 2주간의 휴가를 얻었다. 메리 래닝에게 청혼하기로 마음을 단단히 먹고서였다. 아마도 그 무렵 골드는 자신이 심장 센터의 수석 연구원으로 진급하리라는 것을 알고 있었을 것이다. 그는 8월 16일 공식적으로 승진했다.[60] 골드와 메리는 페어마운트 공원의 위사히콘 크리크(Wissahickon Creek)를 따라 천천히 걸었다. 골드는 메리에게 청혼했다. 메리는 즉답을 피했다. 하지만 그에게 이렇게 말했다. 처음으로 그가 "온전히 자연스러워" 보인다고. "정말이지 그녀는 나의 청혼을 거의 받아들일 분위기였다." 골드는 밀어붙였고, 두 사람은 함께 밀월 여행을 떠나기로 했다.

> 우리는 며칠 후 다시 만났고, 포코노 산맥을 여행했다. 나는 완전히 "얼어붙고 말았다." 그렇다, 처형대 위의 죄수처럼 말이다. 메리는 내가 정말로 사랑하는지 안 믿긴다고 말했다. "열정이 부족하다."는 것이었다. 사실 열정이 부족한 게 아니라 탄로나는 게 두려웠던 것이다. 나 자신은 아무렇지도 않았지만 우리가 행복하게 결혼 생활을 시작한 후 적발될 것을 생각하면 두려웠다. 이를테면 3~4년 후 자녀들과 함께 단란한 가정을 꾸렸을 때 말이다.[61]

코가 넓적했던, 골드의 꿈의 여인은 다시 그의 청혼을 거절했고, 두 사람은 관계를 청산했다. 그는 나머지 휴가 기간을 집에 머물면서 보냈다.

골드는 10월 6일 밤 기차를 타고 뉴욕에 갔고, 퀸스의 한 영화관 밖에서 9시에 사리체프를 만났다. 비가 몹시 내리는 밤이었다. 소련 요원은 악천후에 대비해 옷을 단단히 챙겨 입었지만 골드는 비옷을 가져오지 않았다. 사리체프는 골드가 흠뻑 젖는 것에 아랑곳하지 않았다. 두 사람은 비를 맞으며 걸었고, 3시간 동안 대화를 나눴다. 사리체프는 1947년 대배심 건과 관련해 골드를 남김없이 닦달했다. 사리체프는 최종적으로 골드에게 이렇게 물었다. 배심원들이 뭘 안다고 생각하느냐고 말이다. FBI 보고서를 보자. "골드는, 자기가 볼 때, 대배심은 기껏해야 자신이 사람 좋은 멍청이이거나 얼마간 연루되었을 것으로 판단 중일 것이라고 말했다. 이런 판단에 …… (사리체프는) 고개를 흔들며 웃었다. 그는 대배심이 순진할 거라는 골드의 판단이 틀렸다고 지적했다." 사리체프는 미국을 떠나야 할지도 모르니 마음의 준비를 하라고 당부했다. "그 러시아인은 …… 골드가 미국을 떠나면 이 사안을 쉽게 해결할 수 있다고 지적했다. 먼저 멕시코로 간 다음, 최종적으로 유럽 아무 나라에나 정착하면 된다는 이야기였다. 골드는 그 대상국이 소련은 아니고 철의 장막 국가 가운데 하나일 것으로 짐작했다." 사리체프는 돈이 많이 들 테고, "사태가 갑작스럽게 닥칠 것"이라고 예상했다. 골드는 "겁에 질렸고, 말문이 막혔다."[62] 사리체프는 흠뻑 젖은 골드를 남겨둔 채 자리를 떴다. 하지만 골드는 춥기는커녕 식은땀을 흘리는 자신을 보았다. 그는 사리체프가 전문 훈련을 받은 심문자임에 틀림없다고 판단했다.

두 사람은 1949년 10월 23일 밤 브롱크스 파크 IRT 역에서 한 번 더 만났다. 사리체프는 골드에게 "남의 눈에 띄지 않도록 하라."라고 지시했다. 골드는 이 말을 요구가 아니라 명령으로 이해했다. 두 사람은 앞으로 두 달에 한 번씩 정기 접선을 하기로 했고, 비상 연락 체계도 마련했다. FBI는 골드가 이렇게 해명했다고 적고 있다. "소련 입장에서는 그런 만남이 당연히 필요했다. …… 골드가 체포되지 않았음을 알려면 말이다."[63]

램피어는 가로챈 전문에 영국 정보부가 접근하는 것을 제한하고 싶었고, 1948년 말에야 해독된 전문 가운데서 영국이 깜짝 놀랄 만한 내용 하나를 전달했다. 램피어는 이렇게 적었다. "KGB 전문 몇 개를 해독했더니, 1944~1945년에 워싱턴 주재 영국 대사관의 누군가가 미국과 영국 사이에 오간 고위급 전문을 KGB에 제공 중이었음을 알 수 있었다."[64] 공작원의 암호명은 "호머(Homer)"였다. (아직 신원을 확인할 수 없었던 이 '호머'는 도널드 맥클린이었다.) 소련은 2월에 푹스와의 연락을 끊었다. 푹스 자신은 나중에, 양심[65]의 가책을 느꼈고 자신이 나서서 연락을 끊었다고 주장했다. 영국 정보 기관 내부에 소련 두더지가 암약 중임이 분명해졌다. 더구나 킴 필비 말고 다른 인물이었다. 필비가 워싱턴 주재 영국 대사관의 연락 담당자로 임명되어, MI5와 FBI와 CIA 사이에서 업무를 조율하게 된 것은 8월 이후[66]였고, 그는 그 전까지 영국이 전달받은 암호 내용에 전혀 나오지 않았다. 소련이 7월에 해리 골드와 접선을 시도한 것은 영국에서 더 이른 시기에 벌어진 사태 전개 때문이었을 것이다. 하지만 9월 말과 10월의 접선[67]은 램피어가 푹스의 정체를 파악하고, 동시에 에이브 브로스먼의 연루 사실을 특정해 낸 성과와 관계 있음에 틀림없다. 어쩌면 푹스도 경고를 받았던 것 같다. 그는 10월 중순 하웰의 보안 담당 헨리 아널드의 사무실에 들렀고, 아널드는 푹스의 아버지가 그 달에 독일의 소련 점령 구역으로 옮겨 라이프치히 대학교에서 신학 교수직을 맡게 될 것이라고 알려 주었다. 푹스는 자신이 사직해야 하지 않겠느냐고 물었다. 아널드는 대답 대신 소련 첩보원들이 접근하면 어떻게 하겠느냐고 물었다. 푹스는 아널드에게 모르겠다고 대꾸했다. 이후 여러 달 동안 푹스는 하웰을 그만두고 떠나는 사안을 심각하게 고민했다. 하지만 자만과 결부된 자부심이 그를 붙잡았다. 푹스는 나중에 이렇게 고백했다. 자기가 떠나면 "하웰이 심각한 타격을 입을"[68] 거라고 생각한 것이다. 그가 자신의 스파이 활동이 아직 충분하지 않다고 판단했던 것일까?

영국 정보부는 원자 폭탄 개발 계획을 지휘하던 군수성(Ministry of Supply)에 FBI가 밝혀낸 사실을 아직 알리지 않았다. FBI는 10월 말에야 다음과 같은 이야기를 듣는다. "하웰 원자력 연구 단지(Atomic Research Station at Harwell)가 푹스를 계속 고용하는 것은 보안에 심각한 위협으로, 푹스를 제거해야 함을 적절한 기관에 반드시 알려야 한다고 생각한다." FBI의 기록에는 이 발언의 출처가 "영국 당국"으로만 나온다. 그들에게는 "FBI에 맨 처음 정보를 제공한 사람을 위태롭게" 해서는 안 된다는 우려가 있었다. 따지고 보면, 그들이 걱정한 정보원은 암호 해독 상의 중요한 진척이었을 뿐이다. FBI는 "걱정 말고, 원한다면 푹스와 면담하라."고 권했다. 하지만 "어떤 희생을 치르더라도 최초의 정보원을 보호해야 한다."[69]고 넌지시 말을 보탰다. 영국은 어떻게 해야 할지 머리를 굴렸고, 푹스의 의혹을 누그러뜨릴 필요가 있었다. 푹스는 그해 가을 승진했고, 봉급이 인상되었으며, 많은 사람이 탐내던 하웰의 몇 안 되는 독립 가옥[70] 가운데 한 채를 제공받았다.

⊛⊛⊛

9월 23일 트루먼이 '조 1' 사태를 발표했다. 일반 자문 위원회(GAC)는 AFOAT-1 탐지 성과 이후 그날 첫 회의를 가졌고, 한창 회의 중일 때 트루먼의 공표 소식을 전해 들었다. 금속 공학자이자 일반 자문 위원이었던 시릴 스탠리 스미스는 먼 훗날 이렇게 회고했다. "그 소식을 전해 들었을 때 마침 제가 오펜하이머 옆자리에 앉아 있었습니다. 회의가 열리던 방에서 오펜하이머 왼쪽이었죠. 그가 불려 나가면서 제게 부탁했습니다. 옆에 있었기 때문에, 자리를 비우고 없는 동안 회의를 주재해 달라고 말이지요. 잠시 후에 언론 발표문을 전달받았고, 제가 위원들 앞에서 읽어 줘야 했습니다. 당혹스러웠고, 몹시 긴장했던 게 아직도 생생합니다. 감정이 동요되어서 똑바로 읽을 수 없을 지경이었으니까요."[71] 스미스는 트리니티 폭발 시험용 플루토늄 코어를 준비했던 당사자로, 조 1 사태가 얼마나 심각한 뉴스인지 잘 알았다. 그건 라비도 마찬가지였다. 라비 역시 일반 자문 위원으로, 그날 회의에 참석 중이었다. 일반 자문 위원회(GAC) 회의록에는 라비가 다음과 같이 걱정을 토로했다고 적혀 있다. "러시아가 성공했다면 전쟁 가능성이 한층 높아졌다는 이야기입니다. 어떤 행동을 취해야 할지 묻지 않을 수 없게 되었습니다." 바로 그때 오펜하이머가 방으로 돌아왔다. 그는 "이것과 관련해 논의된 몇 가지 사안을 언급했다. 하지만 그는 공표에 따른 대중의 반응이 충분히 제기될 때까지 성급하게 결론을 내려서는 안 된다는 견해를 피력했다."[72]

텔러가 영국에서 돌아와 펜타곤으로부터 조 1 사태를 듣고, 오펜하이머에게 전화를 했을 때도 그는 텔러에게 똑같이 이야기했다. "당황하지 말고 침착하게." 텔러는 나중에 이렇게 증언한다. "제가 그 즉시로 열핵 폭탄 개발에 착수해야 한다고 생각한 것은 아니었습니다. 그 무렵이면 (로스앨러모스) 인력이 대폭 감축된 상태로, 그런 과업이 매우 힘겨우리라는 것을 전적으로 받아들이고 있었기 때문이죠."[73]

이탈리아에서 장기 여름 휴가를 즐기던 윌리엄 골든의 반응은 텔러와 달랐다.

저는 피렌체에 머물고 있었습니다. …… 신문의 이탈리아 어 헤드라인들이 넘쳐 났고, 트루먼 대통령이 러시아의 핵실험 사실을 발표했다는 걸 알았죠. 뜬 눈으로 밤을 지새웠습니다. 충격이 컸죠. …… 루이스 스트로스에게 편지를 썼어요. ……

몇 가지 생각을 제시했습니다. …… 아마도 부적절하고, 불필요한 생각들이었을 거예요. …… 하지만 한 가지는 똑똑히 기억합니다. 이렇게 썼죠. '미국은 슈퍼 무기 개발에 박차를 가해야 합니다. 그것이 기존 무기의 생산을 증대하는 것보다 훨씬 중요합니다. 강도와 세기에서 양자적 도약이 요구되는 시기입니다. 모든 면에서 전시의 맨해튼 프로젝트에 필적하는 긴급 사안으로 다뤄야겠죠. …… 저는 이 문제가 긴급하고, 또 엄청나게 중요하다고 봅니다. 물론 저는 기각되기를 바랍니다만 충분히 짐작하고 있습니다. 동료 위원 몇 명의 경우 열의가 없을 테고, 러시아와의 국제 통제가 도출되기를 손 놓고 기다릴 것임을요. 당신은 전시에 준하는 긴급함으로 개발 과제에도 매진해야 합니다.' …… 저는 오전 3시까지 깨어 있었어요. 아침에 피렌체 총영사에게 (편지를) 들고 가, 이렇게 말했습니다. "(외교) 행낭에 넣어서 보내 주십시오."[74]

스트로스는 "양자적 도약"이라는 어구와 새로운 맨해튼 프로젝트라는 구상이 마음에 들었다. 보고서 작성이 시작되었다.

합동 원자력 위원회(JCAE)에서 9월 23일부터 일련의 긴급 회의가 열렸고, 그런 북새통은 다음 주까지 계속되었다. 윌리엄 보든과 사무국 직원들은 "핵무기 생산을 증가, 증대할 수 있는 방법"을 23가지 목록[75]으로 제출했다. 로스앨러모스 인력 증원, 듀퐁의 핵개발 프로그램 복귀, 보고서를 그대로 인용하자면 수소 폭탄 개발 "총력"[75] 프로그램이 대표적이었다. 합동 원자력 위원회는 9월 29일 열핵 폭탄의 가능성과 관련해 증언을 청취했다. (이때 타스 통신이 뒤늦게 소련의 "원자 폭탄 보유" 사실을 발표했다. 그런데 그들은 폭탄이 1947년부터 사용 가능했다고 주장했다.) 원자력 위원회(AEC) 총괄 운영자이자 MIT에서 교육을 받은 과학 행정가 캐럴 루이스 윌슨(Carroll Louis Wilson, 1910~1983년)은 로스앨러모스가 중수소와 삼중 수소로 출력을 증대한 내파 폭탄 시험을, 1951년을 목표로 추진 중이라고 보고했다. "열핵 폭탄 개발로 나아가는 이 1단계 조치에 지금부터 목표 시점까지 모든 에너지와 노력을 투입해야 합니다."[76] 일련의 시험에는 그린하우스(Greenhouse)라는 명칭[77]이 붙었고, 주요 건설 프로그램 하나가 이미 에니웨톡에서 시작되었다.[77] 일련의 열핵 시험에 쓸 중수소를 액화하는 대규모 공장이 지어지고 있었다.

맥코맥 장군도 윌슨이 제시한 일정표를 다음과 같이 확인해 주었다.

> 맞습니다. 약 1년 전에 검토를 완료했습니다. …… 열핵 무기를 염두에 둔 프로그램이었고, 당시로서는 누가 봐도 최선이었습니다. 필요한 첫 번째 조치는 …… 출력 증대였고, …… 그러려면 2~3년은 걸린다고 봤죠. 우리가 전달받은 최상의 과학적 조언에 따르면 열핵 무기 자체는 정말이지 엄청난 모험이고, 많은 시간이 걸릴 것이라는 게 확실했습니다. …… 지금까지 터뜨려 본 원자 폭탄으로 달성한 것보다 훨씬 높은 온도가 필요했는데 …… 그러니까 …… 불을 붙일 수 있다면, 점화하는 데 말이죠. 우리가 다음번 시험에서 파악하려는 게 바로 그것입니다. 점화할 수 있을까? 점화할 수 있는 온도를 얻는다면 엄청난 개가를 이루는 셈이죠.[78]

브라이언 맥마혼은 맥코맥에게 진짜배기 열핵 무기를 만들 수 있다면 파괴력이 어느 정도냐고 물었다. 맥코맥은 이렇게 답변했다. "이론이 알려 준 바에 따르면 어떤 크기로도 가능합니다. 태양만 하게 만들 수도 있는 거죠. 슈퍼 무기라고 부를 수 있으려면 TNT 100만 톤 정도는 되어야겠죠." 장군은 계속해서 이렇게 말했다. "엄청 클" 것이고, "운반은 기차나 배로 해야 할 듯싶습니다."[79] 역사가 척 핸슨은 이렇게 쓰고 있다. 로스앨러모스가 1949년 초에 검토한 한 슈퍼 설계안에 따르면, "분열 기폭 장치만 무게가 1만 3607킬로그램"이었다. "이 폭탄의 전체 길이는 대략 9미터로 추정되었다. 지름은 최대 49미터였다. 로스앨러모스의 과학자들은 그런 조건에서 폭탄의 총무게를 계산하지 않기로 했다."[80]

원자력 위원회(AEC) 위원 섬너 파이크(Sumner Pike, 1891~1976년)는 메인주 출신의 자수성가한 백만장자로, 감상 따위에 안주하지 않는 인물이었다. (몇 년 후 그는 한 청문회에서 자신의 사업 내역에 관한 질문을 받고 이렇게 대답했다. "정어리요?"[81] "예.") 그는 합동 원자력 위원회(JCAE)에 삼중 수소 생산이 심각한 문제가 될 것이라고 경고했다. "플루토늄 생산을 대폭 줄이지 않을 거라면 갖고 있는 거나 생각 중인 원자로보다 반응성이 훨씬 더 커야 합니다."[82] 원자로로 삼중 수소를 만들려면 성능을 높여 중성자를 더 많이 생성토록 해야 한다. 흑연 원자로에서는 천연 우라늄 덩어리 일부를 우라늄 235 덩어리로 대체함으로써 이런 일을 구현한다. 우라늄 235는 분열하면서 넵투늄, 이어서 플루토늄으로 변환되기보다 중성자를 포획하기 때문에 우라늄 235를 많이 사용할수록 플루토늄 생산량은 줄어든다. 파이크는 다른 기회에 이렇게 설명하기도 했다. 기존의 원자로로 삼중 수소를 증식한다는 것은 다음과 같은 뜻이었다. "플루토늄 대비 삼중 수소 생산 비용은 다른 방법으로 생산할 경우와 비교할 때 지나치게 높습니다. 1그램당 80~100배일 테니, 미친 거나 다름없죠."[83] 미국은 신형 원자로를 제작하지 않을 경우 생산하는 삼중 수소 1킬로그램당 플루토늄 80~100킬로그램을 포기해야만 했다. 이것은 원자 폭탄의 복합 코어 30~40개를 만들 수 있는 양이었다. 파이크는 이제 신형 원자로를 만들어야 하는 것은 아닌지 모르겠다고 생각했다. "1951년의 출력 증강 시험이 성공하려면, 착수가 늦었을 수도 있죠. …… 상당한 수완이 필요할 겁니다. 저는 한 달 전만(소련 핵실험 이전) 해도 그걸 꼭 해야 하나 싶었습니다. 지금은 전혀 이의가 없습니다. 어서 일정에 올리고 추진해야 할 거라고 봅니다."[84]

맥마흔은 보든의 훈수를 받았음에도, 이렇듯 여럿이 나서서 설명해 주는 잔혹 행위 개요(수소 폭탄 개발의 필요성)가 무슨 의미인지를 잘 몰랐다. 그건 합동 원자력 위원회(JCAE)도 마찬가지였다. 파이크도 그해 가을 이렇게 지적했다. "우리는 군대에 그런 무기가 필요하다는 생각이 전혀 없었습니다."[85] 심지어 합동 원자력 위원회(JCAE)는 당시의 원자 폭탄 재고량도 파악하고 있지 못했다. 하지만 보든은 위원회를 대신해 이미 결론을 내린 상태였다.[86] 미국이 살아남으려면 원자 폭탄을 더 많이 만드는 것은 물론이고, 나아가 원자로에서 동력을 얻는 폭격기가 전개하는 열핵 폭탄이라는 궁극의 무기 체계를 개발해야 한다. 뒤엣것은 보든의 유토피아적 판타지 가운데 하나였다.

데이비드 릴리엔솔은 그런 광신적 기술을 추구할 생각이 전혀 없었다. 미국 원자력 위원회(AEC) 의장은 핵무기가 터무니없는 존재라고 생각했다. 릴리엔솔은 1948년 6월 노리스 브래드베리와 대럴 프로먼한테서 샌드스톤 시험에 관한 보고를 받고 일기에 로스앨러모스 족속들의 "무모한 열정"을 책망했다. "임무를 …… 추진하고, 성공리에 완수한 것이 만족스럽다고 이야기하는 것에 …… 반대할 생각은 없다. 하지만 무방비 상태의 남녀노소를 무차별 학살하는 살상 무기를 개발한다는 사실에 단 한 번이라도 '형식상으로나마' 우려나 후회를 표명하지 않는 족속들이다. …… 짜증스럽다."[87] 릴리엔솔이 마사스 빈야드에서 돌아와, 10월 5일 오전 동료 위원들과 검토한 사안은 열핵 폭탄이 아니라 합동 참모 본부가 1949년 초에 촉구한 원자력 위원회(AEC)의 생산 증대안이었다. 스트로스는 그 무렵 열핵 폭탄 보고서를 1차로 완성해, 파이크와 새 원자력 위원 고든 에번스 딘(Gordon Evans Dean, 1905~1958년)에게 읽어 보라고 주었다. (시애틀 출신의 딘은 브라이언 맥마흔의 법률 동반자 자격으로 뉘른베르크 전범 재판을 도왔다.) 릴리엔솔이 열핵 사안을 안건으로 채택하지 않았기 때문에 스트로스는 보고서를 제출할 기회를 갖지 못했고, 결국 회의 종료 후 사본을 만들어 동료들에게 배포했다. 스트로스는 이렇게 판단했다. "우리의 상대적 우위가 감소할 것"이고, 따라서 "소련보다 더 많은 양을 비축하는 것"은 그들의 핵실험에 대응하는 충분한 방책이 못 된다. 스트로스는 골든처럼 이렇게 제안했다.

> 지금이야말로 우리가 양자적 도약을 할 때라고 본다. (과학자들이 쓰는 비유법을 차용했다.) 노력을 집중해 슈퍼를 개발하고, 앞서 나가자는 이야기이다. 필요하다면 최초의 원자 폭탄을 개발하던 때에 버금가는 인력과 재원의 투입을 고려해야 한다고 생각한다. 그렇게 해야 앞설 수 있다.

스트로스는 보고서를 이렇게 끝맺었다. 위원회는 "과연 우리가 그 일을 해 낼 수 있는지 알아보기 위해 즉시 일반 자문 위원회(GAC)와 의논해야"[88] 한다.

스트로스는 협잡으로 더 확실하게 처리할 수 있는 사안을 공개 토론에만 맡기는 종류의 인물이 아니었다. 그는 원자력 위원회(AEC)의 오전 회의가 끝나자 곧바로 해군 소장 시드니 사우어스와 점심을 먹으며 그 이야기를 꺼냈다. 사우어스가 5년 후 당시를 회상한 내용은 상당히 자세하다.

러시아가 원자 폭탄을 터뜨리고 얼마 안 되어, 스트로스가 저한테 왔습니다. …… 슈퍼 폭탄, 그러니까 수소 폭탄에 관해서는 스트로스가 제 사무실을 찾아 온 그때까지 전혀 몰랐죠. 스트로스가 국가 안보를 염려하는 동료로서 저를 물끄러미 바라보더니, 대통령께서 슈퍼 폭탄에 관해 뭐라도 아시느냐고 물었습니다. 아신다면 개발 결정을 내리셨을 거라는 이야기였어요. 제가 말했습니다. "루이스, 내가 아는 한 대통령께서는 도통 모르셔. 그건 나도 마찬가지이고. 우리가 만들 수는 있는 건가?" (스트로스가) 말했죠. "그럼요." 저도 대꾸했습니다. "그렇다면 도대체 왜 안 만드는 거지?" 그가 말했습니다. "릴리엔솔이 반대해서 (대통령이) 모르시는 것 같아요." 제가 말했지요. "대통령께서 사실을 파악해 결정을 내릴 수 있도록 이 건을 반드시 전달해야겠군." …… 다음날 아침 회의에서 저는 (대통령께) 스트로스와의 대화 내용을 소개했습니다. …… 저는 …… 대통령에게 아시는 게 있느냐고 물었습니다. 이런 대답이 돌아왔어요. "아니. 자네가 스트로스에게 착수하도록 이야기해 주게나, 냉큼 말이야." …… 그래서 저는 스트로스에게 전화를 했습니다. 밤사이 그 문제를 생각해 보았고, …… 그에게 이 건을 신속히 처리했으면 한다고 지시했지요. 스트로스는 부리나케 움직였습니다.[89]

아메리카 합중국 대통령은 1949년 10월 6일에야 수소 폭탄에 관한 이야기를 처음 들었던 것이다.

20장

슈퍼에 대한 열광

버클리의 화학과 학과장 웬델 래티머는 소련의 조 1 시험 이후 미국의 군사적 지위가 "몹시 걱정되었다."[1]라고 회고했다. 워싱턴의 루이스 스트로스는 1949년 10월 5일 원자력 위원회(AEC)의 동료 위원들에게 핵화력을 "양자적으로 도약시켜야" 한다고 제안했다. 래티머도 같은 날 루이스 앨버레즈에게 걱정스럽다는 심경을 토로했다. 앨버레즈는 어니스트 로런스를 모시며, 버클리의 방사선 연구소에 적을 두고 있었다. 그는 노벨상급 물리학자였을 뿐만 아니라 발명도 많이 해서 크게 성공을 거두었다. 앨버레즈는 그 수요일부터 다시 일기를 쓰기로 마음먹었다. 제2차 세계 대전 당시 레이더를 연구하면서 그랬던 것처럼 역사를 기록하고, 발명 아이디어가 떠오르면 특허 우선권을 주장하기 위해서였다.

(미국 특허법에서는 특허 등록일이 아니라 아이디어 착상일을 기준으로 특허의 우선권을 부여한다. — 옮긴이). 앨버레즈의 일기에는 이렇게 적혀 있다. "래티머와 나 모두 개별적으로, 러시아가 슈퍼 개발에 박차를 가하는 중일 수도 있다고 생각했다. 우리를 앞섰을 수도 있다는 생각이 자연스럽게 들었다. 할 수 있는 유일한 일은 먼저 만드는 것뿐이다. 하지만 슈퍼 개발이 불가능한 것으로 판명되었으면 좋겠다."[2] 다시 말해 물리학의 기본 원리로 인해 열핵 폭탄이 불가능할 수도 있었다. 하지만 그런 무기를 만들 수 있다면, 래티머와 앨버레즈는 미국이 먼저여야 한다고 보았다.

래티머의 회고를 보자. 다음날 "나는 어니스트 로런스를 붙잡고, 이렇게 말했습니다. '이봐, 어니스트. 뭔가 해야 하지 않겠나?' …… 캠퍼스의 교수 회관에서 그를 만났던 거죠."[3] 래티머가 로런스에게 앨버레즈와 함께 그 문제를 검토해 보라고 했다는 것은 분명하다. 로런스는 같은 날 오후 방사선 연구소의 앨버레즈 사무실을 찾아갔다. 앨버레즈의 일기에는 다음과 같이 적혀 있다. "E. O. L.(어니스트 로런스)과 프로젝트 이야기를 나누었다. 로런스는 아주 심각했다. 그는 래티머와 막 이야기를 나누고 온 참이었다. 우리는 로스앨러모스의 텔러에게 전화를 걸어, 지난 4년 동안 열핵 이론이 어떻게 진척되었는지 물었다."[4] 텔러는 영향력이 지대한 동료 두 명이 열핵 사안에 관심을 보이자 몹시 흥분했다. 하지만 그 프로젝트는 기밀이었고, 텔러는 전화로 많은 이야기를 할 수 없었다. 마침 그 주말에 로런스가 동부로 갈 예정이었다. 일요일 날 워싱턴에서 방사능전을 주제로 열리는 한 전문가 회의에 참석하기로 되어 있었던 것이다. "로런스는 방사능전을 아주 중요하게 생각했다."[5]라고 앨버레즈는 기록했다. 방사선 연구소 소장은 앨버레즈에게 함께 가자고 청했다. 로스앨러모스에 들러 텔러와 이야기를 나눠 보자고 했음은 물론이다. 두 남자는 그날 저녁 샌프란시스코를 출발해, 오전 3시에 앨버커키에 도착했다. 다음날 오전 그들은 로스앨러모스로 향했다.

금요일 로런스와 앨버레즈는 무기 연구소에 도착해, 에드워드 텔러, 부소장 존 맨리, 스타니스와프 울람, 러시아에서 망명한 이론 물리학자로 방문 연구원으로 머물던 조지 가모브와 이야기를 나눴다. 앨버레즈는 일기에 이렇게 적었다. "그들은 삼중 수소만 많다면 프로젝트는 가능성이 높다고 말했다. 유체 역학적 내용을 확인 점검하려면 기계 계산을 많이 해야 하는데, 프린스턴과 로스앨러모스에서 그런 기계가 준비되고 있었다."[6] 앨버레즈와 로런스가 전해들은 기계는 에니악을 계승한 모델로, 용량이 더 크고 전부 전기로 작동했다. 그중 하나가 프린스턴 고등 연구소에서 노이만의 지휘 아래 설치 중이었고, 로스앨러모스의 컴퓨터는 이것을 복제해 만들었다. 이론 분과 책임자 카슨 마크가 1949년 1월 시카고 대학교의 니콜라스 메트로폴리스를 꾀어 컴퓨터 프로젝트를 이끌게 했다. 시카고에서 돌아온 그 수학자는 로스앨러모스 컴퓨터를 농담 삼아 "매니악(MANIAC)"이라고 불렀다. 메트로폴리스는 이 작명을 "역효과만 불러일으킨 …… 컴퓨터 명명 작업을 **끝내려** 한 의식적인 노력"이었다고 평한다. (가모브는 에니악과 유사한 이 두문자어가 "메트로폴리스와 노이만이 발명한 형편없는 기계 장치(Metropolis and Neumann Invent Awful Contraption)"라는 의미라고 생각했다.[7]) 카슨 마크는 로스앨러모스에 그 새 컴퓨터가 필요했다고 말한다. "(전에) 쓰던 …… 종류의 컴퓨터 능력으로는 한정된 시간에 슈퍼의 주요 문제에서 어떤 진척도 이룰 수 없었을 겁니다."[8] 슈퍼의 주요 문제란 울람이 가모브, 노이만, 로스앨러모스의 또 다른 이론 물리학자 G. 포스터 에번스(G. Foster Evans, 1915~1999년)와 함께 입안한 정교한 계산 과제였다. 텔러의 슈퍼 설계안이 열핵 연소를 확대 증식할지 알아내려면 이 계산이 필수였다.[9] 계산 결과가 안 나오면 확정 시험도 불가능했다. 시험이 실패해도 열핵 폭탄이 애시당초 실현 불가능하기 때문에 실패한 것인지, 아니면 특정한 설계안이 잘못 되었거나 장치가 제대로 작동하지 않아서 실패한 것인지 알 수가 없기 때문이다. 이런 이유로 텔러도 1947년에 슈퍼를 개발하려면 어쩔 수 없이 더 기다려야 한다고 말했다. 그 기한은 문제를 해결할 수 있는 충분한 계산 능력이 확보될 때까지였다. 매니악이 완성될 때까지 2년 정도는 계산 능력이 여전히 충분하지 않을 터였다.

그럼에도 불구하고 텔러는 자기가 설계한 슈퍼의 전망에 자신감이 넘쳤다. 1946년 4월에 열린 슈퍼 학회의 결론들은 낙관적이었고, 텔러는 나중에 이렇게 말했다. "저는 성공할 것이라는 가정 아래 움직였습니다." 그때 이후로 텔러의 슈퍼 설계안에 문제가 있다는 증거가 많이 쌓였음에도 불구하고(일반 자문 위원회(GAC) 위원 리 앨빈 듀브리지(Lee Alvin DuBridge, 1901~1994년)의 이야기는 의미심장하다. "그는 보고를 거듭하면서 계속 후퇴했다."[10]), 로런스는 텔러의 보증만으로도 충분했다. 로런스 역시 새로운 기계 장치를 만드는 데에 항상 낙관적인 태도를 견지하는 유형이었다. "그런 상황이었지만 로런스는 제게 이렇게 말했습니다. 하기만 하면 되겠어."[11] 하지만 로런스와 앨버레즈가 과제를 돕기 위해 무엇을 할 수 있을지는 아직 분명하지 않았다. 텔러는 그 질문을 숙의해야 했고, 버클리에서 날아온 두 물리학자와 동행해 앨버커키까지 날아갔다. 세 사람은 로런스의 호텔 방에서 잠자리에 들 때까지 이야기를 나눴다. 로런스는 검소하게도 짬을 내서 직접 셔츠를 빨았다. (텔러는 로런스가 이렇게 말했다고 회고한다. "자네도 이제는 여행을 밥 먹듯이 해야 할 테니 셔츠 빠는 법을 배워야 할 걸!"[12]) 앨버레즈는 일기에 이렇게 적었다. "우리는 다음달에 (로스앨러모스에서) 회의를 소집하기로 했다. 무엇을 할지 논의하는 자리였다. 로스앨러모스는 원래 내년 초에 회의를 개최할 생각이었고, 우리는 그렇게까지 오래 기다릴 수 없었다."[13] 텔러는 그 저녁에 삼중 수소 생산 건을 언급했다. 원자력 위원회(AEC)가 보유 관리 중인 기존의 흑연 원자로에서 삼중 수소를 얻기 위해 플루토늄 생산을 감축하는 것이 문제가 되었던 것이다. 앨버레즈는 회고록에 이렇게 적고 있다. "어니스트와 나는 …… 당장에 원자력 위원회(AEC)에 요구해 생산형 중수로(중수형 원자로)를 제작 건설하는 프로젝트를 추진해야 한다고 판단했다."[14] 텔러는 그날 밤 로스앨러모스로 돌아갔다. 로런스와 앨버레즈는 여행 목표를 달성해야 했고, 동이 트기 전에 워싱턴을 향해 출발했다.

10월 10일 월요일. 두 남자는 원자력 위원회(AEC) 상근 직원들과 대화를 나눴다. 원자력 위원회(AEC) 조사 국장인 버클리 출신의 깐깐한 화학자 케네스 피처(Kenneth Pitzer, 1914~1997년)와 맥코맥 장군이 그들이었다. 두 사람은 군사 연락 위원회(MLC) 책임자 로버트 르배런(Robert LeBaron)과도 자신들의 계획을 상세히 토의했다. 그리고 마지막으로 방사능전 전문가 회의에 참석했다. 앨버레즈는 이렇게 설명한다. 로런스는 "국방부에 가서, 방사능 물질을 사용하면 전쟁을 효과적으로 수행할 수 있다고 진지하게 제안했습니다." 일요일 날 토론을 위해 소집된 방사능전 전문가단은, 계획을 수행하려면 "중성자"가 필요하다고 결론지었다. "중성자"라는 말은 앨버레즈가 일기에 쓴 표현이다. 그가 생각할 때, 중성자는 삼중 수소를 생산하고자 한 "우리의 계획과 잘 어울리는" 요구 사항이었다. 삼중 수소를 생산하는 데에도 중성자가 필요했다. 앨버레즈는 이렇게 진술했다. "중수 파일을 만들어야 많은 양의 중성자를 얻을 수 있었고, 우리는 그걸 바랐습니다. 그러면 삼중 수소를 확보할 수 있을 뿐만 아니라 (열핵 무기가 실현 불가능한 것으로 판명될 경우) 방사능전 무기로라도 전용할 수 있었으니까요."[15] 로런스는 방사능전을 주제로 한 그 일요일 토론이 한창 진행 중일 때 아내가 여섯 번째 아이를 낳았다는 소식을 전해 들었다.

월요일, 로런스와 앨버레즈는 합동 원자력 위원회(JCAE)의 두 위원, 곧 브라이언 맥마흔과 공화당 하원 의원 존 칼 힌쇼(John Carl Hinshow, 1894~1956년)와 점심을 함께했다. 윌리엄 보든이 배석했고 기록을 남겼다.

> 두 과학자는 러시아가 열핵 슈퍼 폭탄 개발을 최우선으로 추진하고 있을 것이라며 몹시 걱정했다. 두 사람은 러시아 학자 카피차가 경원소 분야에서 세계 최고의 전문가 가운데 한 명이라고 지적했다. 러시아가 '재래식' 원자 폭탄을 생산하는 과제에서 우리와 경쟁하는 데 큰 어려움에 직면할 수도 있다는 논리가 거기에 보태졌다. 러시아가 슈퍼 폭탄 선점에 열을 올릴 여러 이유가 마련된 것이나 다름없었다.* 로런스 박사와 앨버레즈 박사는 러시아가 슈퍼 개발 경쟁에서 우리를 앞설 수도 있다는 말까지 했다. 두 사람은 자기들의 경험상 즉각 조치를 취하지 않을 경우 미국이 실질적인 의미에서 사상 처음으로 전쟁에서 지는 꼴을 볼 수도 있다고 했다.[16]

버클리의 두 과학자는 초크 강의 중수로를 용도 변경해 삼중 수소를 생산하도록 캐나다를 설득해야 한다고 제안했다. 미국이 캘리포니아에 중수형 생산로를 만들 때까지 말이다. 로런스는 기존의 슈퍼 프로그램도 비판했다. 즉 의회가 앞장서서 분위기를 조성하고, 당당하게 열핵 폭

* 공교롭게도 카피차는 당시 가택 연금 중이었다. 소련이든 미국이든 1949년 당시 원자 폭탄 제작에서 모두가 염려했던 어려움은 우라늄광 부족이었다. 로런스와 앨버레즈는 머잖아 엄청난 크기의 입자 가속기로 토륨을 우라늄 233으로 변성시키는 핵종 변환 프로그램을 제안한다. 이것은 미국이 그런 어려움을 해결할 수 있도록 돕겠다는 취지였다. 정부가 원광에 기꺼이 지불하던 가격이 상승하면 탐광이 활발해질 것임을 원자력 위원회(AEC)가 마침내 깨달았고, 미국의 가채 자원량은 극적으로 증가했다. 소련은 자국 영토 내 아시아 지역은 물론이고 동독에도 우라늄광이 많다는 것을 이미 확인한 상태였다.

탄을 만들어야 한다는 것이었다. "로런스 박사는 슈퍼 폭탄과 관련해 현재 거의 아무것도 진행되지 않고 있다고 말했다. 1951년으로 예정된 출력 증강 시험은 겨우 시늉만 하는 것이라고도 했다. 박사는 최선의 노력을 경주해 삼중 수소를 필요한 만큼 생산하면 예비 실험이 아니라 실질적인 슈퍼 폭탄 시험도 가능하다고 언급했다." 로런스는 이렇게도 경고했다. "영국에도 슈퍼 폭탄 프로젝트를 적극 추진하는 위원회가 있습니다. (그들이) …… 우리보다 앞서 있을 수도 있습니다."[17]

두 의원은 깊은 인상을 받았다. 앨버레즈는 이렇게 썼다. "두 의원은 열핵 무기 분야에서 뭔가 행동이 취해지고 있음을 깨닫고는 아주 다행스러워했다. 두 의원 모두 우리가 올바른 일을 하고 있다고 생각한다고 말해 주었다."[18] 맥마흔은 슈퍼 지지 캠페인을 이미 시작한 상황이었다. 10월 1일은 토요일이었고, 중화 인민 공화국(中華人民共化國, People's Republic of China)이 수립된 날이기도 했다. (많은 사람이 이 사건을 모스크바의 음모와 지령에 따른 결과이며, 공산주의 세력이 다시 위협을 가한 사례로 받아들였다.) 합동 원자력 위원회(JCAE) 의장은 영향력이 막강했고, 같은 날 자택에서 회의를 소집해 소련의 폭탄과 미국의 대응책을 논의했다. 힌쇼는 합동 원자력 위원회(JCAE) 소위원회의 위원 자격으로 그달에 전국의 연구소를 순회한다. 원자력 위원회(AEC)의 기술적 자원을 확인 점검하는 것이 그 순회 여행의 목표였다. 두 의원은 로런스와 앨버레즈에게 지원을 약속했다. 힌쇼는 두 과학자에게 열흘 후에 버클리에서 다시 보자고 했다.

데이비드 릴리엔솔은 그날 오후 두 과학자를 맞이했지만 반응은 싸늘했다. 원자력 위원회(AEC) 위원장은 낙심천만한 상태였다. 대통령이 임명한 특별 위원회의 제안과 관련해 트루먼이 내릴 결정을 기다리고 있었던 것이다. 즉 합동 참모 본부가 군사적 소요량을 늘렸고, 원자 폭탄을 증산하기 위해 미국이 3억 1900만 달러를 투자해야 한다고 요구했던 것이다. 탈진한 릴리엔솔은 일기에 이렇게 썼다. "우리는 계속해서 '다른 길'은 없다고 말한다. 하지만 우리는 그 말이 아니라 이렇게 말해야 한다. '다른 방도를 찾아낼 만큼 우리가 현명하지 못하다.'라고 지적해야 하는 것이다." 그는 계속해서 이렇게 적고 있다. 그날은 "광대한 지역을 황폐화할 수 있는 단일 무기인 슈퍼 이야기도 넘쳐났다."[19] 바로 그 시점에 로런스와 앨버레즈가 도착했다. 앨버레즈는 릴리엔솔이 자신들의 이야기는 들으려고도 하지 않았다고 기억했다. "릴리엔솔의 행동은 꽤나 충격적이었습니다. 그는 슈퍼 프로그램 이야기는 아예 꺼내고 싶지도 않은 눈치였습니다. 의자를 빙글 돌려, 창밖을 내다봤죠. 그러더니 그 문제는 논의하고 싶지 않다고 했습니다. 릴리엔솔은 열핵 무기 구상을 좋아하지 않았어요. 우리는 열핵 무기와 관련된 대화를 시작조차 할 수 없었습니다."[20] 릴리엔솔은 광신적으로 비치는 사람들의 열정에 흠칫 놀랐다. "어니스트 로런스와 루이스 앨버레즈는 (슈퍼 폭탄에) 군침을 흘리고 있었다. 정말이지 이게 우리가 내놓을 답변이라는 말인가?" 릴리엔솔은 두 과학자가 떠난 후 트루먼이 추가 예산 책정을 요구하지 않기로 했다는 소식을 전달받았다. 원자력 위원회(AEC) 위원장은 안도했고, 감명까지 받았다. "합동 참모 본부를 비롯한 여러 기관이 한결같이 권하고 요구했음에도 불구하고 일이 이렇게 되었다. 대통령은 용기를 발휘했고, **자신이 직접** 결정을 내렸다."[21] (실상은 이렇다. 트루먼은 증산을 승인했고, 그것도 당장에 시작하기를 원했다. 그해에 의회에 추가 경정 예산을 요구하는 것을 원하지 않았을 뿐이다.)

버클리의 두 남자는 릴리엔솔의 사무실을 나와, 스트로스와 다른 원자력 위원회(AEC) 위원들을 만났다. 스트로스는 그때 두 사람이 슈퍼를 열정적으로 지지할 뿐만 아니라, 텔러도 그에 못지않음을 파악했다. 두 과학자는 계속해서 뉴욕에 들렀다. 그들은 오타와행 좌석을 예약하려고 했다. 초크 강을 찾아가야 했다. 좌석을 구할 수 없었다. 로런스와 앨버레즈는 뉴욕에 온 김에 컬럼비아 대학교를 방문했다. 라비를 만나기 위해서였다. 앨버레즈는 당시의 일기에 이렇게 썼다. 라비는 "우리의 계획을 듣고, 아주 만족스러워했다. 그도 걱정하고 있었던 것이다."[22] 앨버레즈는 5년 후에 한 증언에서 라비가 자신들에게 이렇게 말했다고 첨언했다. "일급의 연구진이 복귀하는 걸 보게 되니 좋다마다요. …… 당신들은 4년간 사이클로트론으로 핵종을 연구해 왔습니다. 확실히 다시 본격 연구에 착수할 시점입니다."[23] 라비는 주고받은 대화 내용이 그것보다는 잠정적이었다고 기억했다. 그가 진술한 내용을 보자. "러시아가 핵실험을 했다는 발표가 있고 나서 …… 저는 어떤 형태로든 모종의 조치를 취해야 한다고 생각했습니다. …… (우리가) 우위를 유지해야 한다고 느꼈지요. …… 예상할 수 있는 방향은 두 가지였습니다. 슈퍼를 만드는 게 하나요, 분열 무기에 집중해 …… 다양성을 확보하고 군사적 융통성을 키우는 것이 나머지 하나였죠."[24] 하지만 라비는 로런스와 앨버레즈가 이미 결심을 굳혔다고 느꼈다.

> 두 사람은 아주 낙관적이었습니다. 둘 모두 매우 낙천적인 신사들이죠. …… 그들은 로스앨러모스에 들렀고, 텔러 박사와도 이야기를 나눴습니다. 텔러 박사가 아주 낙관적인 견해를 제공했던 것이죠. …… 두 사람 모두 잔뜩 고조되어 있었고, 당장이라도 뛰어들 기세였어요. ……
>
> 그 두 신사와 대화하면 전반적으로 상당히 불편합니다. 저도 열정을 불태우는 것이 좋습니다. 멋진 일이죠. 하지만 두 사람은 너무 열에 들떠 있고, 저는 신중할 필요를 느낍니다. 제가 항상 이상한 입장에 처하는 것도 그 때문입니다. 우물쭈물하게 되는 것이죠. 저는 그들이 여느 때처럼 …… 몹시 낙관적이라고 느꼈고, 동의하지 않았습니다.[25]

앨버레즈는 그날 밤 버클리로 돌아갔고, 로런스는 다시 워싱턴으로 갔다. 로런스에게는 다른 술수가 있었는데, 그 구상은 아마도 합동 참모 본부가 올린 원자 폭탄 소요량 증대안이 승인된 것을 알고 떠올렸을 것이다. 로런스는 육군 특수 무기 프로젝트(AFSWP) 사령관인 케네스 니콜스를 방문했고,[26] 합동 참모 본부를 찾아가라고 설득했다. 군대에 수소 폭탄도 필요하다고 요구하도록 펌프질하라는 것이었다. 합동 참모 본부는 10월 14일 합동 원자력 위원회(JCAE)와 만날 예정이었다. 맥마흔 역시 합동 참모 본부의 입장을 니콜스에게 물어 왔다. 니콜스는 합동 참모 본부가 국회 위원회에 진술하기에 앞서 간단하게나마 자신이 개요를 설명해 줘야겠다고 판단했다. 그가 로리스 노스태드를 찾아가자, 노스태드가 그를 이끌고 호이트 밴던버그 장군한테로 갔다. 밴던버그는 합동 원자력 위원회(JCAE) 청문회에서 합동 참모 본부를 대표해 발언할 예정이었다. 미국 공군 참모 총장도 트루먼처럼 수소 폭탄 이야기는 금시초문이었다. 니콜스는 이렇게 회고했다. "밴던버그와는 2시간가량 이야기했을 겁니다. 갖고 있는 정보를 바탕으로 열핵 무기가 어떤 것인지 최대한 자세히 설명했죠. 밴던버그는 그걸 어떻게 운반할 수 있는지 알고 싶어 했고, 저는 이렇게 대답했습니다. B-36 같은 데 실어야겠죠. 어쩌면 (무인 항공기로 만들어서) 날려야 할지도 모릅니다. 하지만 더 크지는 않을 거라고 장담했습니다."[27]

합동 참모 본부는 10월 13일인 그날 합동 원자력 위원회(JCAE) 청문회를 앞두고 대책 회의 중이었다. 호이트 밴던버그는 니콜스와 노스태드를 거기로 보내 다른 참모들에게도 상황을 설명하도록 조치했다.

> 밴던버그는 자기가 직접 수소 폭탄 개발을 지지한다고 브래들리 장군에게 이야기할 수는 없다고 했습니다. …… 그래서 제가 합동 참모 본부로 가서

보고했죠. …… (육군 참모 총장 오마르) 브래들리 장군은 이렇게 말했습니다. "니콜스, 이제껏 그걸 추진하지 않고 뭐 했나?" 저는 이렇게 대답했죠. "러시아가 핵실험에 성공하기 전까지만 해도 로스앨러모스에서 실질적인 노력과 활동을 조직하기가 매우 어려웠기 때문입니다." 수소 폭탄을 연구할 과학자가 충분하지 않았습니다. 브래들리 장군한테 텔러가 적임자라고 알려드렸죠. 러시아가 핵실험에 성공하기 전까지만 해도 프로젝트를 조직하는 것은 거의 불가능에 가까웠습니다. 하지만 계속해서 그 사안을 예의주시해 왔고, …… 이제는 많은 과학자가 기꺼이 연구에 착수할 것이라고 말씀드렸지요. 브래들리 장군은 몇 가지 질문을 더 한 다음 최종적으로 견해를 표명했습니다. …… 러시아 놈들이 수소 폭탄을 먼저 갖게 내버려둘 수는 없다는 것이었죠. …… 그것이 브래들리 장군의 첫 번째 반응이었습니다. 러시아 인들이 수소 폭탄을 먼저 개발하는데도 우리가 아무것도 안 하고 수수방관하는 짓은 도저히 참을 수 없다는 것이었죠.[28]

니콜스는 다음날의 청문회 상황을 이렇게 요약했다. 호남형의 호이트 밴던버그가 의회 위원회에서 자신감 있고 당당하게 발언했다.

러시아가 이른 시기에 원자 폭탄을 획득했다. 군대가 특별히 걱정하는 것은 그들이 더 나아가 슈퍼 폭탄을 개발하는 사태이다. 이것은 원자력 위원회(AEC)도 거듭 강조하며 주목하고 있는 사안이다. 밴던버그 장군은 이 문제를 간명하게 제시했고, 슈퍼 폭탄을 최대한 빨리 완성하는 것이 군대의 입장이라고 진술했다. 전체 참모가 이를 적극 지지한다는 발언도 추가했다. 밴던버그는 이렇게 말했다. "우리는 적당한 기관을 골랐고, 다그치면서도 격려하고 있습니다." 상원 의원 히켄루퍼가 끼어들었다. "적당한 기관이라니요?" 밴던버그 장군은 군사 연락 위원회(MLC)를 통해 이 문제를 취급하고 있다고 대답했다. 그는 계속해서 이렇게 말했다. 슈퍼 무기를 개발하면 미국은 1949년 9월 이전에 (원자) 무기를 독점 보유함으로써 누렸던 것과 같은 우위를 확보하게 될 것이다.[29]

존 맨리는 슈퍼 논쟁이 벌어지던 당시의 워싱턴 모습이 낯설기만 했다. 그가 여러 해 후에 보인 반응은 꽤나 냉소적이다. "내가 생각하던 일 처리 방식과는 달라도 너무 달랐다. …… 사람들은 조언이나 기안 등 참모 업무는 생략한 채 바로 결정을 내린다. 일단 결정을 내리고, 그다음에 기안하는 것이다."[30]

⊛⊛⊛

로런스와 앨버레즈가 워싱턴을 찾아간 그 주말에 로버트 오펜하이머는 프린스턴에서 매사추세츠 주 케임브리지에 다녀왔다. 소속되어 있던 하버드 대학교 관리 이사회 회의에 참석하기 위해서였다. 오펜하이머는 하버드 총장 제임스 브라이언트 코넌트의 집에 머물렀다. 두 사람은 오펜하이머가 방문을 마치고 나중에 쓴 편지에 적은 것처럼 "하버드하고는 아무 상관도 없는 지루하고 난해한 토론"[31]을 벌였다. 그들은 거의 틀림없이 소련의 핵실험과 당면 과제에 관해 이야기를 나누었을 것이다. 오펜하이머는 2주 후에 코넌트에게 이렇게 쓴다. (두 사람은 그사이에 직접 이야기를 나눈 적이 없다.) "지난번에 이야기를 나누었을 때 아마도 당신은 원자로 계획이 명확한 정책을 가장 과감하게 보여 주는 것이라고 생각한 것 같습니다. 나는 슈퍼도 유의미할 수 있겠다는 생각을 했습니다."[32] 다시 말해 슈퍼 논쟁이 시작될 무렵 로버트 오펜하이머도 소련 핵실험의 한 가지 대응책으로 수소 폭탄 개발을 염두에 두었던 것이다.

코넌트는 10월 9일 케임브리지에서 벌어진 "지루하고 난해한 토론"에서 의견을 제시했고, 그의 태도는 분명했다. 오펜하이머는 자신이 그 문제와 관련해 불확실했고,[33] 태도를 정하지 못했음을 나중에 인정했다. "코넌트는 내게 반대 입장을 분명히 했다. …… 그는 자기 견해가 무엇인지 말해 주었고, 나는 그 후에야 태도를 분명하게 정했다."[34] 코넌트는 오펜하이머에게 이렇게 말했다. 그게 일반 자문 위원회(GAC) 안건으로 상정되면 자기는 "어리석은 생각으로 치부해 분명히 반대할 것"[35]이라고 말이다.

막강한 영향력의 하버드 총장은 나중에 이렇게 진술한다. 나는 "정치, 전략, 첨단 기술을 숙고했고,"[36] 거기에 반대했다. 코넌트는 미국이 원자 폭탄, 나아가 열핵 무기에 의존하는 게 "일종의 심리적 마지노선을 우리에게 강요하는 것"이라고 생각했다. 그는 "책임을 다하고, 우리의 전반적인 방어 체계를 개선하는 것"이 더 나은 해결책이라고 믿었다. "국민 개병제 같은 것을 도입하고, 유럽을 튼튼하게 강화하는 것도 빠뜨릴 수 없습니다. 그렇게 하면 (소련이 핵무기를 개발하더라도 미국의 핵 억지력이) 사라지지 않을 겁니다."[37] 코넌트는 미국이 핵무기에 의존하기 시작면서 비용을 덜 쓰면서 편리하게 국방을 하겠다는 그릇된 안보 의식이 생겨났다고 보았다. 제2차 세계 대전 이전에 프랑스 사람들이 방비를 강화한 마지노선을 구축해 놓고 그릇된 안보 의식을 가졌던 것처럼 말이다. 코넌트는 또한 재래식 전력을 증강하지도 않고 열핵 무기만 밀어붙이는 행태가 오판과 실수를 악화시킬 뿐이라고 믿었다.

코넌트의 걱정과 염려는 단순한 전략적 고려 이상의 심오한 것이었다. 그는 열핵 무기 제작이 도덕적으로 올바르지 않다고 믿었다. 코넌트는 제1차 세계 대전 때 독가스가 필요했고, 제2차 세계 대전 때 원자 폭탄이 필요했음을 인정했다. 그는 1943년 이렇게 썼다. "싸움터는, 목적이 수단을 정당화한다는 명제에 이의를 제기할 수 있는 그런 곳이 아니다." 하지만 전쟁이 끝나자 그는 이렇게 이야기했다. "온 힘을 다해 이 원칙을 부인하자고 주장해야 한다."[38] 슈퍼 논쟁 얼마 전인 1949년 1월에도 코넌트는 《애틀랜틱 몬슬리(*Atlantic Monthly*)》에서 이렇게 주장했다. 전쟁과 "평화는 도덕률이 완전히 다르다."[39] 코넌트의 논리는 이랬다. 누군가가 당신을 공격한다면 그때는 당신이 스스로를 지키기 위해 무엇을 해도 그것은 정당하다. 그간의 전쟁에서는 이런 원칙이 말이 될 수도 있었다. 커티스 르메이와 윌리엄 보든은 새롭게 펼쳐진 원자력 시대에도 이 원칙이 유효한가를 논의했다. 그들이 볼 때, 핵무기는 파괴력이 엄청났고 국가가 전쟁 개시 후에 비축할 수 있는 성질의 무기가 아니었다. 어떤 신무기이든 그게 비도덕적일지라도 평화시에 개발해서 비축해야만 할 터였다. 그렇지 않으면 도로아미타불인 것이다.

코넌트가 케임브리지에서 오펜하이머와 열핵 무기의 도덕성을 토의했는지는 불확실하다. 아무튼 오펜하이머는 일반 자문 위원회(GAC) 특별 회의를 소집할 무렵 지체 없이 코넌트의 도덕적 입장을 수용했다. 그 특별 회의는 "양자적 도약"이 필요하다는 스트로스의 요청에 대해 릴리엔솔이 대응책을 기대하며 요구한 것이기도 했다. 오펜하이머는 그사이 노이만과도 의견을 교환했다. 노이만은 젊었을 때 헝가리에서 전쟁, 공산주의 혁명, 파시스트 반혁명을 경험했고, 도덕률이나 전략과 관련해 어려울 게 전혀 없었다. 오펜하이머는 이렇게 진술했다. "그때 노이만이 했던 말이 기억납니다. '전혀 지나치지 않다고 생각해요. 무기가 너무 많을 수는 없는 거죠. 저는 항상 그렇게 믿어 왔습니다.' 그는 슈퍼 폭탄 개발을 지지했습니다."[40]

원자력 위원회(AEC)는 노리스 브래드베리에게 10월 19일 워싱턴으로 와 로스앨러모스의 계획을 보고해 달라고 요청했다. 물론 이것도 스트로스의 주문에 따른 조치였다. 브래드베리는 원자력 위원회(AEC)에 출석해 보고할 내용을 다듬기 위해 10월 13일 연구소의 주요 인력이 참여하는 회의를 소집했다. 텔러와 맨리가 공동으로 그 목요일 회의에 제출할 공개 질의서를 작성했다. 맨리는 이렇게 주장했다. 로스앨러모스 연구소는 "1952년까지는 (소련이 실험에) …… 성공하지 못할 것이라고 암묵적으로 가정했다. 우리는 1951년에 현행 계획의 연구가 결실을 맺을 것으로 기대했다. (분열 무기의 출력 증강과 열핵 무기의 점화 가능성을 타진하는 그린하우스 시험이 1951년 에니웨톡에서 예정되어 있었다.) 따라서 연구소는 적어도" 열핵 연구와 관련해 "3년의 시간을 날려 버렸음을 감안하지 않을 수 없다." 로스앨러모스로서는 소련이 미국보다 더 빠른 진전을 보이지 않을 것이라고 감히 가정할 수도 없었다. 맨리는 질의서를 이렇게 끝맺고 있다. "저들의 개발 시간표 따위를 더 이상 상정해서는 안 된다. 그것보다는 최대한 빨리 우리의 지위를 강화할 수 있는 쪽으로 행동에 나서는 것이 좋을 것이다."[41] 하지만 맨리는 슈퍼 개발 총력 프로그램을 지지하지는 않았다.

텔러가 자신의 공개 편지에서 이 의제를 이어 갔다. 그는 "우리가 최대한 빨리 슈퍼 폭탄을 개발하거나, 그게 아니라면 슈퍼가 실현 불가능하다고 확실하게 말할 수 있게 되는 것이 왜 중요하고 꼭 필요한지" 그 개요를 서술했다. 맨리가 소련의 진척 속도 문제를 언급했지만 그는 더 나아가, 로스앨러모스의 안일한 보수주의도 비판했다. "러시아가 계속해서 더 빨리 진전을 보인다면, 그래서 우리가 핵군비 경쟁에서 진다면 러시아 과학자들이 특출나게 똑똑해서 그런 것인지, 아니면 우리 쪽 사람들의 신중함이 지나치고 철저해서 그랬는지를 밝히는 것은 아무 소용이 없다." 텔러는 다른 어떤 고려 사항과 무관하게 열핵 폭탄 개발에 성공하는 일이 생존에 필수 불가결하다는 감정적인 주장까지 했다. "만약 러시아 인들이 우리보다 먼저 슈퍼를 보유하게 되면 상황은 정말이지 절망적일 것이다." 원자 폭탄 재고가 169개에 이를 정도로 무기가 많은 나라가, 적이 더 큼직한 무기의 시제품 하나를 시험한다고 해서 왜 상황이 절망적이 되는지, 텔러는 이유를 대지 않는다. 헝가리 태생의 이 물리학자는, 로스앨러모스 연구소가 "필수적인 워싱턴의 지원을 결집해 프로그램을 강력하게 추진해 나갈" 수 있다는 전제 아래 슈퍼 개발에 "총력"[42]을 기울여야 한다고 제안했다.

브래드베리와 맨리는 워싱턴에서 원자력 위원회(AEC) 회의에 참석한 후, 10월 20일 고등 연구소에 들렀다. 오펜하이머에게 회의 결과를 알려주기 위해서였다. 일반 자문 위원회(GAC) 의장은 자신이 소장으로 재임할 때부터 로스앨러모스가 열핵 이론 연구와 기본 물리 측정을 해 왔음을 잘 알았다. 그는 계산이 문제라는 이야기를 들었을 것이다. 오펜하이머는 텔러의 슈퍼 설계안에 진전이 있었는지 캐물었다.[43] 4년 동안 개선된 게 있는지 알고 싶었을 것이다. 브래드베리가 몇 년 후 설명한 것처럼, 로스앨러모스의 정치적 입장은 이런 것이었다. "우리는 이 과정이 현명한지, 도덕적인지, 정치적으로 올바른지와 관련해 논쟁을 하고 싶지 않았다. 우리는 연구소의 책임을 기술적인 것으로 한정했다. 대략적으로 수소 폭탄과 관련해 최대한 많이, 최대한 빨리 알아내는 임무 말이다."[44]

오펜하이머는 그날 오후, 또는 금요일 날 오전에 코넌트에게 편지[45]를 써서, 10월 29~30일로 예정된 일반 자문 위원회(GAC) 회의와 그 직후로 일정이 잡힌 트루먼과의 면담(성사되지 않았다.)을 알렸다. 오펜하이머는 유력한 원로들에게 말 잘 듣는 착한 아들처럼 굴며 그들의 지지와 승인을 얻었다. 그는 편지에서 닐스 보어를 "닉 아저씨(Uncle Nick)"(보어의 맨해튼 프로젝트 암호명 '니콜라스 베이커(Nicholas Baker)'에서 유래한 것이다.)로 항상 예우했다. 이제 45세의 물리학자는 차분하고 예의바른 56세의 하버드 총장을

"짐 아저씨(Uncle Jim)"라고 불렀다. 오펜하이머는 코넌트에게 두 사람이 이전에 나눈 대화를 상기시켰다. 그러고는 교활하게도(이 한국어 역어의 원문 단어가 궁금한 분들이 있을 수도 있다. subtly이다. 나는 저자가 '교활하게'라는 의미로 썼다고 보았다. — 옮긴이) 슈퍼가 유의미할 수도 있다던 이전의 의향과 거리를 두었다.

> 제가 아는 한 슈퍼의 기술적 측면은 우리가 처음 이야기했던 7년도 더 전 상황과 별로 다르지 않습니다. 설계, 비용, 운반 수단, 군사적 가치를 모르는 무기라는 거죠. 하지만 여론의 동향은 크게 바뀌었습니다. 한편으로 경험 많은 두 사람이 연구와 옹호를 하고 있습니다. 어니스트 로런스와 에드워드 텔러 말입니다. 텔러의 경우 오랫동안 그 프로젝트에 매달려 왔기 때문에 친숙하고 잘 압니다. 어니스트는 우리가 조 작전(Operation Joe)에서 다음을 깨달아야 한다고 확신하고 있습니다. 러시아 인들이 조만간 슈퍼 개발에 나설 것이고, 우리가 선수를 쳐야 한다고요.

오펜하이머는 계속해서 이렇게 쓰고 있다. "의회의 합동 위원회는 9월 23일부터 구체적으로 논의할 수 있는 유형의 뭔가를 찾아 왔고, 마침내 그 해답을 발견했습니다. 우리가 슈퍼를 가져야 하고, 그것도 신속하게 가져야 한다는 것이죠." 합동 참모 본부가 여기에 서명 동의했다. 심지어 "과학자 사회에서도 분위기가 바뀌는 듯합니다." 열핵 폭탄 추진을 지지하는 쪽으로 바뀌었을 것이다. 오펜하이머는 다음 부분에서 전략과 관련해 코넌트의 입장에 전적으로 동의했다. 물론 그는 코넌트의 도덕적 견해를 아직 몰랐거나 헌신할 준비는 안 되어 있었다.

> 제가 걱정하는 것은 기술 사안이 아닙니다. 그 망할 물건이 과연 성공할지도

모르겠고, …… 성공한다고 해도 소달구지로나 표적까지 운반할 수 있으려나요? 미국의 현행 전쟁 계획은 대혼란이라 할 만큼 문제가 많은데, 제가 볼 때 슈퍼를 개발하는 활동에 돌입하면 이 사태가 훨씬 악화되리라는 점입니다. 제가 정말로 걱정하는 것은 슈퍼 개발이 사람들의 상상력을 사로잡아 버린 것 같다는 사실입니다. 의회 인사들과 군인들 모두 소련의 핵폭탄이 제기한 과제의 해결책으로 슈퍼 개발을 염두에 두고 있습니다. 그 무기의 가능성을 탐색하는 활동에 반대하는 것은 어리석은 생각일 것입니다. 우리는 그런 연구를 해 왔고, 해야 한다는 걸 알고 있죠. 물론 그게 어떤 형태로든 실험을 해서는 안 된다는 강력한 증거처럼 보이긴 합니다만. 아무튼 우리가 미국을 보호하고, 평화를 지키는 수단으로 슈퍼 개발에 뛰어든다는 사실이 제게는 위험천만해 보입니다.

오펜하이머는 금요일에 르배런, 그리고 맥코맥과 점심을 먹으며,[46] 군부의 입장을 더 자세히 살폈다. 그 오후에는 한스 베테와 텔러가 오펜하이머를 찾아왔다. 베테가 로스앨러모스로 복귀해 슈퍼 연구를 해야 할지 오펜하이머에게 물었다.

텔러는 로런스와 앨버레즈를 만난 후로 순회 여행에 나섰다. 물론 직접 셔츠를 빨지는 않았겠지만. 텔러는 코넬 대학교로 가서 베테에게 로스앨러모스로 복귀해 달라고 설득했다. 그의 회고 내용은 또렷하다. "베테는 그러마고 했죠."[47] 베테의 기억은 텔러와 정반대이다. "텔러가 내게 왔을 때 상당히 불길한 예감이 들었다."[48] 텔러는 슈퍼에 진척이 있다면서 베테를 설득했다. "몇 가지 …… 기술이 착안되었고, 열핵 프로그램의 한 단계가 실현 가능성이 더욱 높아진 것 같았습니다. 텔러의 생각들은 무척 인상적이었어요. 그러나 다른 한편으로 나는 훨씬 더 큰 폭탄을 만드는 게 아주 끔찍했습니다. 마음을 정하지 못했고, 아내와 오랫동안 대화를 나눴죠." 로제 베테(Rose Bethe, 1917년~)도 남편처럼 나치 독일을 피해 달아난 망명자였다. 그녀는 텔러의 열핵 구상을 처음 들었던 1942년에도 비슷한 말로 거부감을 표했었다. 베테는 계속해서 이렇게 말한다. "어떻게 해야 하지? 참으로 걱정스럽고 힘겨웠습니다. 열핵 무기를 개발해도 우리가 처한 곤경은 전혀 해결되지 않을 것 같았거든요. 하지만 거절해야 하는 것인지도 자신이 안 섰습니다."[49] 텔러는 오펜하이머가 그 시점에 전화를 걸어와, 두 물리학자를 초청했다고 진술했다. "프린스턴에서 자기와 이 문제를 의논해 보자."[50]라는 거였죠. 오펜하이머가 두 사람의 마음을 읽지 못했다면 정황상 베테가 오펜하이머에게 전화를 했을 가능성이 많았다.

베테는 이렇게 말한다. 프린스턴의 오펜하이머"도 무얼 할지와 관련해 결심이 서지 않았고, 그 때문에 갈팡질팡했습니다. 조언을 얻고 싶었지만 그도 조언을 해 주지 못했죠. 오피는 …… 저한테 어떻게 하라고 조언해 주지 않았습니다. …… 이 이야기는 했어요. …… 코넌트 박사가 수소 폭탄 개발에 반대한다는 것이었죠. 코넌트 박사가 제시한 몇 가지 이유도 들을 수 있었습니다."[51] 텔러는 오펜하이머의 이야기를 이렇게 회고했다. 코넌트가 "내 눈에 흙이 들어가기 전"[52]에 열핵 폭탄은 안 된다는 취지로 말했다는 것이었다. 하지만 텔러는 오펜하이머가 "긴급 계획에 전혀 반대하지 않았다."라고도 진술했다. "우리는 꽤 오랫동안 이야기했습니다. …… 그 대화에서 중요하게 다루었던 핵심을 한 가지 정도 짚자면, …… 오펜하이머가 원자 폭탄을 만들 때 비밀주의가 지나쳤고, 국가에 별로 도움이 되지 않았을 것이라고 주장했다는 거죠. 그는 자기가 열핵 폭탄 개발을 맡으면 아예 처음부터 더 공개적으로 추진하겠다고 강조했습니다." 텔러는 계속해서 이렇게 증언한다. 베테는 "오펜하이머의 그 말에 상당히 격렬하게 반발했습니다." 베테는 열핵 폭탄 연구가 비밀리에 추진되어야 한다고 생각했던 것이다. (텔러의 기억 속에서 오펜하이머가 그 시점에 열핵 폭탄 개발 활동을 **이끄는** 문제를 고려하고 있었음에도 주목하라.) 텔러는 자신의 열핵 캠페인을 오펜하이머가 반대할 것으로 예상했기 때문에 전직 로스앨러모스 소장이 마음을 정하지 못했다는 사실이 놀라웠다. 텔러는 이렇게 진술했다. 프린스턴에 도착하기 전에, "베테에게 걱정스럽다고 이야기했던 기억이 생생합니다. 이제 오펜하이머와 이야기를 할 테고, 그러면 베테 자네도 합류하지 않을 거라고 말이죠. 우리 두 사람이 오펜하이머의 사무실을 나왔을 때 베테가 저에게로 고개를 돌리더니 웃으면서 이렇게 말했죠. '아주 만족스럽겠군. 나는 아직도 잘 모르겠네.'"[53]

그 후로 텔러는 길을 떠났고, 베테는 프린스턴에 남았다. 헝가리 출신으로 독립독행이 특기인 망명 이론 물리학자 실라르드 레오를 기억할 것이다. 연쇄 반응을 활용해 원자핵의 에너지를 방출시키자는 생각을 맨 처음 떠올렸던 실라르드의 주도로 원자 과학자 비상 위원회(Emergency Committee of Atomic Scientists, ECAS, 알베르트 아인슈타인이 위원장이었다.)가 조직되었고, 그 주말에 프린스턴 대학교에서 모임이 있었다. 원자 과학자 비상 위원회(ECAS)의 창립 회원인 베테는 고등 연구소에서 프린스턴 대학교로 건너가 회의에 참가했다. "회합이 열리던 방으로 들어가자 레오 실라르드가 내게 이렇게 인사를 건네는 것이었다. '이게 누구신가, 한스 베테가 로스앨러모스에서 왕림하셨군.' 나는 로스앨러모스에 있지 않다고 항변했다. 다시 그곳으로 갈지도 확실하지 않았다." 오스트리아 출신의 망명 이론 물리학자 빅토르 바이스코프(Victor Weisskopf, 1908~2002년)는 베테와 절친한 사이로, 그 회의에 참석 중이었다. 두 남자는 그 가을 주말에 대학 교정을 함께 걸으며 열핵 전쟁의 참화를 상상해 보았다. "바이스코프가 수소 폭탄이 사용되는 전쟁을 생생하게 묘사했다. 폭탄 하나로 뉴욕 같은 도시가 통째로 파괴된다면? 수소 폭탄으로 인해 공격은 더욱더 강력해지고, 방어는 더욱더 약화된다면? 그렇게 바뀌는 군사 균형은 도대체 어떤 모습일까?"[54] 베테의 다음 증언도 보자. "둘 다 동의하지 않을 수 없었지요. 그런 전쟁이 끝나고 나면 비록 우리가 승리를 거둔다고 해도 세상이 …… 우리가 지키고자 하는 그런 세상은 아닐 것임을요. 우리는 싸웠던 목표를 잃게 될 것입니다. 우리 둘 모두에게 아주 길고도 힘겨운 대화였습니다." 베테와 바이스코프가 뉴욕으로 돌아가는 길에 또 다른 물리학자가 합류했다. 뵈멘(Bömen, 보헤미아) 출신의 망명 물리학자 조지 플라첵(George Placzek, 1905~1955년)은 신랄한 독설가였다. 베테는 이렇게 회고한다. "그 자리에서 같은 이야기를 한 번 더 했습니다."[55] 세 사람은 그 사안을 화두로 한 대화에 너무나 몰입했고, 베테는 이타카행 비행기를 놓쳤다. 바이스코프와 플라첵은 몰두하느라 서로 외투를 바꿔 입기도 했다.[56] 베테는 두 친구, 그리고 아내와의 거듭된 대화를 통해 열핵 폭탄 연구를 하지 않기로 결심했다. 그는 이렇게 말했다. "나는 며칠 후 텔러에게 전화를 걸어, 프로젝트에 참가하지 않을 거라고 말했다. 그는 실망했겠지만 나는 안도감을 느꼈다."[57]

월요일 시카고. 텔러는 남서부로 가는 도중에 공항에서 엔리코 페르미를 만났다. 이탈리아 출신으로 노벨상을 받은 그 망명 물리학자는 유럽발 장거리 비행을 마친 후라 기진맥진한 상태였다. 텔러는 페르미에게 로스앨러모스로 돌아와 슈퍼 개발을 도와 달라고 호소했다. 그는 1994년에 이렇게 회고했다. 페르미는 "즉각 거절했습니다."[58] 그러나 앨버레즈는 1949년 그날 텔러와 전화 통화를 하고, 일기에 페르미가 "아무런 반응을 보이지 않았다."라고 적었다. 텔러는 그 통화에서 앨버레즈에게 이런 말도 했다. 일기에는, "오피는 우리 프로젝트에 미온적이고, 코넌트는 반대가 확실하다."[59]라고 적혀 있다.

원자력 위원회(AEC) 위원 섬너 파이크가 오펜하이머에게 편지를 한 통 보냈다.[60] 그는 다가오는 주말 워싱턴에서 예정된 회의에서 일반 자문 위원회(GAC)가 다뤄 주었으면 하는 안건들을 제기했다. 파이크는 원자력 위원회(AEC)가 속도를 늦추거나 중단해야 할 일들을 포괄적으로 수행하고 있는 것은 아닌지, 또 덧붙이거나 아예 중단하고 새로 추진해야 할 다른 과제들이 있는지 물었다. "전반적 방위 태세와 안보라는 가장 중요한 목표를 달성하기 위해서 말입니다." 파이크가 문의한 내용은 구체적으로 다음과 같다. 민방위, 추가적인 생산 확대, 방사능전, "상황이 새롭게 조성되어 원자력의 국제 통제 사안이 새롭게 인식되는 것은 아닌지." 하지만 파이크가 가장 걱정한 것은 슈퍼였다. 그는 이렇게 적었다. 슈퍼로 인해 "중성자 수요 차원에서" 분열 무기와 "갈등이 생길 것이다." (원자력 위원회(AEC) 위원들은 며칠 전에 다음과 같은 이야기를 들었다. 현재의 생산 속도를 고려할 때 1951년쯤이면 그린하우스 시험에 딱 한 번 쓸 삼중 수소밖에 없을 거라고. 그것은 불과 몇 그램에 불과했다.) 파이크는 다른 무엇보다 미국이 슈퍼를 손에 쥐게 된다면 하나만 보유하는 것인지 궁금해 했다. 그는 슈퍼의 군사적 가치가 어떨지 궁금했다. "기존 무기 2개, 5개, 50개 정도의 가치는 하는 겁니까?" 파이크는 비용이 얼마나 들지, 기존의 분열 무기를 개선하는 것과 슈퍼를 새로 개발하는 것 사이의 관계를 어떻게 비교 설명해야 하는지 물었다. 이런 문의 가운데 일부는 기술 자문 기구가 토의할 예정이던 의제에서 벗어나 있었으므로 이상해 보이는 것도 사실이다. 일반 자문 위원회(GAC) 위원들 중에 군사 전문가는 한 명도 없었다. 글렌 시보그의 말마따나 그것을 제외하면, "원자력 위원회(AEC)는 우리에게 뭘 하라고 명령하지 않았다. 뭘 하라고 이야기한 건 오히려 우리 쪽이었다."[61] 오펜하이머는 파이크가 문의한 의제를 협의했다.

텔러는 로스앨러모스로 급히 돌아왔고, 칼 헌쇼와 합동 원자력 위원회(JCAE) 소위원회의 다른 두 위원이 목요일 날 도착할 예정이었다. 보고를 해야 했기 때문이다. 브래드베리의 주도로 보고가 이루어졌다.[62] 의원들이 설명을 들은 슈퍼 설계안은 무게 9,071킬로그램에, 출력이 최소 1메가톤이었다. 1메가톤이면 TNT 100만 톤으로, 히로시마를 파괴한 리틀 보이 출력의 70배 이상이다. 브래드베리는 그런 무기가 1958년쯤이면 준비될 수 있다고 예상했다. 당시가 1949년이었으므로 9년 후인 셈이지만, 시험은 1952년쯤 가능할 것으로 보았다. 브래드베리는 확실히 낙관적으로 생각하고 있었다. 매니악이 완성되었고, 슈퍼의 주된 난관이었던 계산 문제가 풀리면 일차적으로 과연 그 무기가 실현 가능한지를 알아낼 수 있을 것으로 본 것이다.

로버트 서버는 전쟁 말엽 일본에서 돌아온 후, 로스앨러모스를 떠나 버클리로 갔다. 그는 방사선 연구소에서 이론 물리학을 지도하고 있었다. 1949년 소련이 핵실험을 했다는 발표가 있고 나서 어니스트 로런스의 선동이 시작되었다. 서버는 이렇게 회고한다. "텔러의 슈퍼가 당시로서는 허황된 생각이라고 로런스에게 말했다. 진실을 알고 싶으면 베테와 상의해 보라고도 충고했지만 그는 그러지 않았다. 로런스는 슈퍼에 열광했다. 행동은 로런스의 특성이었기에, 그는 즉시 자신이 뭘 해야 하는지 자문했다. 그 대답은 삼중 수소를 만들 수 있는 원자로를 제작하는 것이었다." 로런스는 오펜하이머의 오랜 친구 서버를 워싱턴으로 파견했다. 일반 자문 위원회(GAC)에 출석해, 삼중 수소 생산 원자로를 제작해야 한다는 주장을 펴도록 시킨 것이다. "내가 왜 로런스와 앨버레즈의 생각을 옹호해야 했겠나? 로런스가 부탁한 이유는 뻔했다. 앨버레즈보다는 내가 가는 게, 오펜하이머의 협조를 더 기대할 수 있었기 때문이다. 로런스는 독재자였다. 그가 뭔가를 하라고 요청하면 하거나 하지 않고 해고되는 것 중에서 골라야 한다는 의미였다. 하지만 그것이 주된 이유는 아니었다. 원자로를 더 만드는 게 나쁜 생각 같지 않았다. 삼중 수소를 만들든, 플루토늄을 만들든, 다른 무엇을 만들든 중성자를 만들고 활용할 수 있어야 했다. 원자로 제작은 그 시기에 그럴듯하고 타당한 과제 같았다."[63] 그러나 사실 앨버레즈도 같은 시기에 동부로 갔다.[64] 일반 자문 위원회(GAC)와 원자력 위원회(AEC) 위원들을 비공식적으로 접촉하며 로비를 하는 게 그의 임무였다. 앨버레즈는 도중에 시카고에 들렀고, 아르곤 연구소 소장이자 원자로 개발의 선구자인 월터 헨리 진(Walter Henry Zinn, 1906~2000년)과 원자로 설계안을 논의했다.

서버는 10월 27일 목요일 프린스턴에 도착했고, 오펜하이머와 이야기를 나눴다. 일반 자문 위원회(GAC) 비공식 회의가 다음 날 오후 열릴 예정이었고, 두 사람은 함께 밤을 보냈다. 목요일이면 오펜하이머가 10월 21일자 편지의 답장을 코넌트한테 받았을 것이다. 서버는 오펜하이머가 코넌트의 입장을 말해 주었고, 편지도 보여 주었던 것 같다고 회고했다. 코넌트는 기술적, 전략적 문제를 제기하는 것 말고도 도덕적으로까지 슈퍼에 반대했던 것 같다.[65] 서버는 이렇게 회고한다. "깜짝 놀랐다. 버클리에서 올 때는 사람들이 최대한 신속하게 무기 개발을 밀어붙여야 한다는 것 말고는 다른 어떤 것도 생각하지 않는다고 알고 있었기 때문이다. 코넌트가 반대 입장의 견인차였다."[66] 서버는 코넌트가 일반 자문 위원회(GAC)에 제안하려는 내용을 오펜하이머가 자기에게 전달해 준다는 인상을 받았다. 오펜하이머 본인이 코넌트의 입장에 서명 동의한 것은 아니라는 게 서버의 판단이었던 셈이다.

오펜하이머와 서버는 10월 28일 금요일 함께 기차를 타고 워싱턴으로 내려갔다. 조지 케넌이 금요일 오후의 그 비공식 회의[67]를 주재하기로 되어 있었다. 벨 전화 회사(Bell Telephone Laboratories) 회장 올리버 버클리(Oliver Buckley), 캘리포니아 공과 대학 총장 리 듀브리지, 페르미, 라비, 시릴 스미스가 참석했다. 맨리는 서기였다. 글렌 시보그는 스웨덴에 머물고 있었다. 스웨덴의 물리학자로 노벨상을 받은 카이 만네 뵈리에 시그반(Kai Manne Börje Siegbahn, 1918~1978년)이 9월 초에 플루토늄의 공동 발견자 시보그를 초청했고, 그는 10월에 선조들의 나라에서 강연을 하기로 되어 있었다. 시보그는 씩 웃으며 이렇게 이야기했다. "그게 어떤 의미인지는 뻔했습니다. 제가 노벨상 수상자로 적합한지를 살펴보려던 것이죠. 그 기회를 놓칠 수는 없었어요. 그래서 갔죠. 그래도 오펜하이머에게 편지는 한 통 썼습니다."[68] 10월 14일자로 된 그 편지를 보면 슈퍼 프로그램의 가속화에 대한 시보그의 지지가 은근하지만 용의주도하게 제시되어 있다. "우리나라가 거기에 엄청난 노력을 쏟아 부어야 한다는 사실을 생각하면 개탄스럽지만, 그래도 고백하지 않을 수 없습니다. 저는 우리가 슈퍼 개발을 해서는 안 된다는 결론에 도달할 수는 없었습니다. …… 저는 훌륭한 입론들을 들어야만 용기를 내서 슈퍼 프로그램에 착수해서는 안 된다고 말할 수 있을 것 같습니다."[69] 시릴 스미스는 오펜하이머가 토요일 오전에 열린 회의에 앞서 일반 자문 위원회(GAC) 위원들에게 시보그의 편지를 보여 주었던 것을 생생히 기억했다.

스미스는 계속해서 이렇게 말한다. 케넌이 "소련 산업의 전반 상황과 러시아 정부의 미국에 대한 태도"[70]를 설명했다. 스미스는 국무부 정책기획국장의 설명을 듣고, 소련과의 군비 경쟁을 중단하는 협상이 가능할 수도 있겠다는 인상을 받았다.[70] 케넌이 45분 동안 이야기했고, 위원회는 다음 1시간 동안 여러 쟁점을 토의했다. 다음으로 그들은 베테의 설명을 들었다. "열핵 연구의 전반적 상황과 작동 가능한 폭탄을 과연 만들 수 있는지"를 베테가 발제했다. 베테는 풀어야 할 기술 과제가 산적해 있다고 강조했다. 스미스는 자신이 "베테의 …… 이야기에 새롭고, 강력하게 영향을 받았다."[71]라고 회고했다. 베테는 오후에 몇몇 위원들과 대화할 기회도 있었다. 바이스코프가 열핵 전쟁과 관련해 그려 보인 암울한 미래[72]와, 슈퍼 전쟁으로 보존해야만 하는 것들이 파괴될 것을 떠올리며 두 사람이 느낀 심정이 전달되었다.

서버가 방사선 연구소의 발의 아래 중수로를 제작하겠다는 로런스의 계획을 발표하면서 그날 오후 일정이 마무리되었다. 서버는 그 과정에서 슈퍼 개발 총력 운동과 조심스럽게 거리를 두었다. 그는 당시를 이렇게 기억했다. "페르미가 내게 말했다. '왜 버클리인가? 버클리는 원자로를 만들어 본 경험이 없다.' 나는 요점은 이렇다고 대꾸했다. 로런스는 원자로를 더 많이 만드는 것이 중요하다고 생각하며, 그 점을 강조하고 있다. 심지어 직접 원자로를 만들 태세이다. 목적을 달성할 수 있는 더 좋은 방법이 있다면 로런스 자신이 앞장서서 그 안을 환영할 것이다."[73]

코넌트는 일반 자문 위원회(GAC) 회의가 공식 소집된 1949년 10월 29일 토요일 오전에 나타났다. 존경받는 선임 위원 하틀리 로(Hartley Rowe, 1882~1966년)도 회의에 참석했다. 그는 파나마 운하를 건설한 선구적 공학자 중 한 명이었다. 앨버레즈는 원자력 위원회(AEC) 건물의 아래층 로비에 상주하면서 사람들이 들고나는 광경을 유심히 관찰했다. 오펜하이머가 공식으로 개회를 선포했고, 슈퍼 제작이라는 중요 프로그램을 추진하도록 권유할지 여부를 안건으로 올렸다. 라비는 오펜하이머가 "아주 진지했다."라고 말하면서 이런 견해를 피력했다. "열핵 무기를 만들어야 하는지의 여부가 아니었습니다. 우리는 긴급 계획을 추진해야 하는지의 여부를 토론한 것입니다."[74] 듀브리지의 진술도 보자. 오펜하이머는 "사안과 관련해 위원회 성원들에게 차례로 각자의 견해를 표명할 것을 요청했습니다." 오펜하이머는 조심스러웠고, 위원들을 앞장서서 이끌려고 하지 않았다. 하지만 듀브리지는 위원들이 어쨌든 이미 결심을 한 상태였다고 회상했다.

오펜하이머 박사는 자신의 견해를 표명하지 않았습니다. …… 다른 모든 위원이 의견을 개진할 때까지요. 하지만 위원들이 회의 탁자를 돌아가면서 차례로 의견을 표명했고, 사태가 분명해졌습니다. 관점이 갈리고, 이유가 달랐으며, 생각하는 방식이 제각각이었고, 문제에 접근하는 방법도 달랐죠. 하지만 모든 위원의 결론은 기본적으로 똑같았습니다. 슈퍼 프로그램에 착수하기보다는 미국이 당시에 시도해 볼 수 있는 더 좋은 방안이 있을 거라는 거였죠. …… 내 생각에는, 각각의 위원이 5분에서 10분 정도씩 자신의 견해를 표명했던 것 같습니다. 발표가 전부 끝나자, 의장 오펜하이머가 자기도 위원회와 생각을 같이 한다고 발언했습니다. 다음 순서는 우리의 견해를 어떻게 표명할지 논의하는 것이었죠. 우리의 권고 사항을 가장 효과적으로 원자력 위원회(AEC)에 전달해야 했으니까요. 우리의 종합적 견해를 가장 효과적이고 명확하게 진술할 수 있는 방법에 관해 나머지 회의 기간 동안 추가로 심층 토론이 계속되었습니다.[75]

모두가 회의가 시작되기 전에 이미 마음을 굳혔다고 회고하지는 않았다. 라비가 그랬다. 그는 이렇게 진술한다. "몇 명 있었습니다. 저 자신도 잠시나마 러시아 …… 무기의 해결책으로 …… 비상 사태 계획이 필요하다고 생각했는걸요."[76] 오펜하이머 역시 회의 전까지 마음을 정하지 못하고 있었다. 이것은 1954년에 그가 서약하고 진술한 내용이다. 오펜하이머의 견해는 "토의 과정에서"[77] 바뀌었다. 한 저술가는 1957년 오펜하이머를 면담했고, "코넌트가 개입"하면서 일반 자문 위원회(GAC) 위원들의 태도도 코넌트의 견해 쪽으로 바뀌었다고 면담 결과를 정리했다. "코넌트는 그런 결과를 절대 기대할 수 없을 것이라고 말했죠. 다만 단호한 태도를 취하면, 이를테면 교회 단체 같은 다양한 조직들이 찬성해 줄 것으로 기대할 수 있을 것이라고 지적했습니다."[78] 하틀리 로의 견해도 소개한다. 그 역시 처음부터 슈퍼가 그릇된 계획이라는 입장이 강경했다.

> 영혼을 돌아보는 시간이었습니다. 제 입장은 아주 명확했어요. …… 제가 이상주의자일지도 모르지만 하나의 파괴 무기에서 또 다른 파괴 무기로 옮아가는 꼴을 …… 볼 수는 없었습니다. 그것들은 파괴력이 1,000배는 더 컸죠. 다른 나라와의 관계와 평화 유지에서 그 어떤 정상적인 미래도 내다볼 수 없었어요. …… 다른 나라의 이해를 구하기 위해 상응하는 노력을 했다면 슈퍼 개발을 피할 수 있었을지도 모릅니다. …… 위원회 토의가 이루어지기 전에 이미 저는 결론을 내린 상태였습니다.[79]

원자력 위원회(AEC) 위원 다섯 명 가운데 네 명이 그때 일반 자문 위원회(GAC) 회의에 참가했다. 릴리엔솔, 스트로스, 고든 딘, 물리학자 헨리 스마이스(스마이스 보고서의 저자로, 로버트 바커를 대신해 이제 막 위원 자리를 꿰찼다.)가 그들이었다. 코넌트가 정의와 올바름의 문제에서 단호하다는 게 릴리엔솔이 받은 인상이었다. "연극적이었다. 오펜하이머가 탁자 한쪽에 있었고, 코넌트의 표정은 아주 음울한 게 누가 봐도 사태는 분명했다."[80] 의사록에는 이렇게 적혀 있다. (일반 자문) 위원회는 원자력 위원회(AEC) 위원들과 "슈퍼 폭탄 프로그램"을 1시간 동안 토론했다. 릴리엔솔은 슈퍼를 일기에 암호화해 적었다. (그는 이렇게 설명했다. "캠벨(Campbell's)은 '수프'이고, 말하자면, '슈퍼'이다.") 그가 주말에 적은 일기 내용을 보자. "이제 주제는 '캠벨'에 관한 것이었다."[81] 오전 11시에 합동 참모들이 줄줄이 도착했다. 르배런, 노스태드, 기타 중요도가 떨어지는 부관들이었다. 그들이 로비를 통과해 회의장에 들어가는 것이 앨버레즈의 눈에도 띄었다. "사진에서 본 유명한 군인들이었다."[82] 릴리엔솔은 참모들이 흥미로운 이야기를 했다고 일기에 적었다. 그들은 "폭탄을 '불법화'하는 작태를 더 이상 용인하지 않겠다고 했다. …… 폭탄이 없으면 …… 러시아가 유럽을 장악하는 사태를 막거나 저지할 수 있는 수단이 전혀 없다는 것이었다." 합동 참모 본부의 일부 전략가들은 이렇게 생각했다. "(소련과의) 전쟁은 불가피하다. …… 하지만 (합동 참모들 자신도) 그렇게 멀리까지 나아가지는 않았다. 그들은 비교적 짧은 시간, 다시 말해 4~5년 정도 후에 전쟁이 발발할 '가능성이 있다.'고 믿었다. …… (그들의 관점은 이런 것이었다.) '러시아와는 더 이상 협상을 할 필요가 없다.'"[83] 하지만 오마르 브래들리가 열핵 무기의 군사적 가치를 설명하는 데 어려움을 겪었다고, 맨리는 적었다.

> (회의에 참석한) 최고위 군 인사, 곧 브래들리 장군의 반응이 가장 흥미로웠다. 그는 최초의 원자 폭탄보다 1,000배쯤 강력한 폭탄의 가능성에 푹 빠져 있지 않았다. 브래들리 장군은 그런 무기가 대다수의 군사 목표물에는 무용하고, 기껏해야 "심리적" 가치를 지닐 뿐이라고 생각했다.[84]

릴리엔솔도 브래들리의 평가 내용을 이렇게 적고 있다. "그런 무기의 주된 가치라야 '심리 차원'일 것이다." 하지만 릴리엔솔이 덧붙인 다음의 내용은 의미심장하다. "'캠벨'을 상상하는 그들의 눈은 반짝반짝 빛났다." 그냥 원자 폭탄을 증산하는 것은 어떨까? 릴리엔솔은 군대 지도자들에게 물었다. "대답을 들을 수 없었다. 노스태드가 나중에 내게 와서 이렇게 말했다. '답변할 게 없습니다. 우리는 6개월마다 한 번씩 연구하고 있습니다.'"[85]

12시 30분쯤 참모들이 일제히 빠져나갔다. 사람들은 회의를 중단하고 작은 무리로 나뉘어 점심을 먹으러 나갔다. 키가 작은 데다 머리털이 철사인 서버는 원자력 위원회(AEC) 건물 밖에서 대기 중이던 장신의 혈색 좋은 앨버레즈와 합류했다. 오펜하이머가 따라왔고, 둘을 데려갔다. 그는 근처의 분위기 좋은 레스토랑을 알고 있었다. 앨버레즈는 이렇게 쓰고 있다. "나는 수소 폭탄 제작과 관련해 그때 비로소 처음으로 오펜하이머의 생각을 들었다. 그는 미국이 수소 폭탄을 만들어서는 안 된다고 말했다. 오펜하이머의 주된 논거는 이랬다. 우리가 수소 폭탄을 만들면 러시아도 수소 폭탄을 만든다. 우리가 안 만들면 러시아도 안 만든다. 나는 그런 관점이 이상했고, 이해도 안 되었다. 오펜하이머에게 따져 물었다. 그런 주장을 하면 안심이 되느냐고, 과연 다수 미국인이 당신의 생각을 받아들일 것으로 보느냐고?"[86] 나중에 오펜하이머는 앨버레즈에게 모임의 분위기가 어떻게 돌아가는 중이라고 알려 주었지, 자기 생각을 이야기하지는 않았다고 진술한다. "저는 도덕적 이유들을 바탕으로 상당히 부정적인 이야기들이 나오고 있다고 말했습니다." 하지만 오펜하이머는 추가로 이렇게 진술했다. 그 생각들이 "논의 과정을 거치면서" 자신의 견해가 "되었"[87]다는 것이다. 앨버레즈는 자신과 로런스가 제안한 원자로 프로그램이 "죽었다."[88]고 판단했다. 일반 자문 위원회(GAC) 회의 결과를 더 이상 기다릴 필요가 없었다. 그는 점심 식사를 마치고, 곧바로 캘리포니아로 떠났다.

밀도 있는 논의가 오후에 펼쳐졌다. 릴리엔솔이 그날 저녁 일기에 적은 내용은 꽤나 인상적이다.

> 코넌트는 도덕적 견지에서 (슈퍼를) 단호하게 반대했다. 하틀리 로의 견해도 그와 같았다. "우리는 프랑켄슈타인 하나를 이미 만들었어요." 오펜하이머가 그쪽으로 기울었다는 게 분명했다. 버클리는 윤리 문제 x가 거기에 y배 되었다고 해서 도대체 무슨 차이가 있는 건지 모르겠다고 반응했다. 하지만 코

넌트는 동의하지 않았다. 도덕에도 등급이 있다는 것이었다. 라비는 생각이 완전히 달랐다. 페르미는 검정 눈동자를 반짝이며 조심스러운 말투로 누군가는 슈퍼를 연구해야 한다고 말했다. 그의 입장은 사용 여부를 미리 정하자는 것은 아니었다. 라비는 슈퍼를 개발하는 쪽으로 결정해야 한다고 말했다. 그에게 남은 문제는 누가 슈퍼 개발에 참여할 것이냐뿐이었다. 나는 필연적인 정책 결정이란 없다고 이야기했다. 루이스(스트로스)는 결정은 일반이 참여하는 투표가 아니라 워싱턴이 할 거라고 말했다. 코넌트가 대꾸했다. 하지만 국민이 도덕 문제를 바라보는 방식에 단단히 뿌리박고, 좌우되어야 할 거라고 말이다.

코넌트는 이 사안을 대중이 토론할 수 있도록 완전 개방해야 한다고 생각했다. 릴리엔솔은 계속해서 이렇게 쓰고 있다. "나는 대통령께서 그러는 게 좋겠다고 생각하면 발표하실 수도 있다고 말했다. …… 시릴 스미스는 코넌트의 요점을 격하게 지지했고, 그건 나도 마찬가지였다. 스트로스의 표정은 확실히 좋다고 할 수 없었다." 코넌트는 기시감을 느꼈고, 양심의 가책을 받았을 것이다. "코넌트는 이렇게 말했다. '이 온갖 이야기를 듣고 있노라니 꼭 같은 영화를 두 번 보는 느낌이외다. 망할 영화 같으니!'"[89]

스마이스와 고든 딘은 과학자들이 감정이 격해져서 비이성적으로 반발하고 있다고 판단했다.[90] 일반 자문 위원회(GAC) 위원들은 전쟁 중에 전례 없는 위력의 무기를 발명하고 투하했다. 당시에 그들은 화해할 수 없는 적인 나치 독일이 그런 무기를 먼저 개발해 사용할지도 모른다고 믿었다. 실제로 그들은 전쟁을 하고 있었다. 그러나 군사적 용도를 전혀 알 수 없는 무기를 개발해 사용하는 것은 완전히 다른 문제였다. 그것은 대량 살상 무기였고, 지금은 전쟁 시기도 아니지 않은가. 하지만 일반 자문 위원회(GAC) 소속 과학자들은 윤리적 가책을 제쳐놓더라도 그 행동 계획을 도무지 이해하지 못했다. 그들의 결론은 명확했다.

일반 자문 위원회(GAC)는 토요일 저녁 늦게 보고서[91] 초안을 작성했고, 일요일 날 그 초안을 수정 조율했다. 오펜하이머와 맨리가 두 부분으로 구성된 본 보고서의 초안을 작성했다. 코넌트와 듀브리지는 "다수가 서명한 부속 문서(majority annex)"라고 불리게 되는 보고서의 초안을 작성했다. (버클리, 오펜하이머, 로, 시릴 스미스도 서명 동의했다.) 라비와 페르미는 "소수파 부속 문서(minority annex)"를 기안했다.

본 보고서에는 기술 권고 사항들이 담겼다. 그들은 저품질 광석 개발 이용, 원자로 및 동위 원소 분리 공장 증설을 추천했다. 그들은 원자력 위원회(AEC)가 전술 핵무기를 활용할 수 있도록 더 노력해야 한다고 생각했다. 그들은 중성자 생산을 지지했다. 보고서에는 "하루 1그램씩"이라고 나온다. 하지만 버클리 방사선 연구소가 아니라 원자로 제작 경험이 있는 국립 아르곤 연구소가 주체가 되어야 한다고 권했다. 그들은 생산한 중성자는 다음에 쓰라고 조언했다. 우라늄 233 만들기, 방사능전 작용제 생산, 원자로 부품 검사, 우라늄 238의 플루토늄 전환, 기폭제용 폴로늄 생산, 분열 폭탄 출력 증강용 삼중 수소 생산. 목록의 마지막에는 "슈퍼 폭탄용" 삼중 수소 생산도 있었다. 그들은 이 일련의 각론에서조차 "슈퍼 프로그램 자체는 착수하지 마라."라고 권했다. 그들은 슈퍼용 삼중 수소만 생산하는 원자로 건설도 권고하지 않았다.

본 보고서의 2부는 "슈퍼 폭탄"을 다루었다. 그들이 구체적으로 무엇을 토의했는지가 언급되었다. 즉 "최우선 과제로 지정해 슈퍼 폭탄 개발을 추진할지의 문제"였다. 보고서에는 이렇게 적혀 있다. "그 안을 지지하는 사람이 위원회에는 아무도 없다." "슈퍼와, 슈퍼를 무기화하는 데 필요한 연구 활동의 기술 특성에서 주로 기인하는" 이유들이 제시되었다. 본 보고서의 2부는 1949년 10월 현재 그 기술 특성이 어떤 것이고, 미국 정부가 동원할 수 있는 가장 뛰어나고 박식한 과학 고문들이 "슈퍼 폭탄을 실현시키려면" 어떤 연구를 해야 한다고 생각하는지를 구체적으로 명시했다. 그 적나라한 기본 발상이 어떻게 설명되었는지부터 보자.

> 슈퍼 폭탄 설계의 기본 원리는 분열 폭탄을 사용해 열핵 DD(D+D) 반응을 점화하는 것이다. 고온, 고압, 고밀도 중성자를 활용하는 셈이다. 매개물로 삼중 수소가 필요하다는 것은 자명하다. 삼중 수소는 중수소보다 더 쉽게 점화할 수 있다. 나아가 삼중 수소는 중수소도 점화한다.

에드워드 텔러의 "슈퍼", "옛날 슈퍼", "폭주하듯 반응하는 슈퍼"가 보고서가 검토한 유일한 설계안이었다. 일반 자문 위원회(GAC)는 계속해서 이렇게 보고한다. 슈퍼를 실현하려면 "아마도 1개당 수백 그램의" 삼중 수소를 생산해야 할 것이다. (슈퍼에 삼중 수소가 얼마나 필요한지 실제로 아는 사람은 아무도 없었다. 카슨 마크는 이렇게 이야기했다. "(당시에) 텔러는 워싱턴 사람들에게 어느 정도면 될 거라고 뻥을 쳤습니다. 언급한 양을 해명할 수 있는 상세한 기초가 그에게는 전혀 없었죠. 다행히도 사람들이 제시받은 양에 질겁하지 않았습니다만. 텔러가 제시한 양이면 반응을 개시할 수 있었어요. 하지만 꼭 그런 것도 아니었죠."[92] 슈퍼는 설계 공학과 시험뿐만 아니라 매니악을 동원한 계산 문제 같은 이론 연구도 더 필요했다. 보고서는 한 번의 실험으로는 특정 모형의 작동 여부만 알아낼 수 있기 때문에 여러 번 시험해야 한다고 알렸다. 위원회는 1차 견적 삼아 이렇게 제안했다. "슈퍼를 만들 수 있는 가능성은 극히 낮으므로, 앞으로 5년 동안은 창의력을 발휘해 협력적으로 문제에 접근하는 것이 좋을 것이다." 다시 말해 1954년까지 그러자는 말이었다. (라비는 이 추정 내용을 나중에 다음과 같이 해석했다. "슈퍼처럼 모호한 것을 이야기하고 있었으니 5년 동안 50 대 50의 가능성을 제시한 것이죠. …… 정말이지 우리는 이야기하는 내용을 몰랐습니다. 일반적 경험을 제외한다면 말이죠. 심지어는 슈퍼가 물리 법칙에 위배되는지의 여부조차 알지 못했습니다. …… (텔러의 슈퍼는) 완전 불가능할 수도 있었어요."[93])

보고서는 다음으로 분열 무기와 열핵 무기의 가장 분명한 한 가지 차이를 강조했다. 슈퍼를 만들 수 있다면, 그러니까 중수소로 걷잡을 수 없는 열핵 반응을 점화할 수 있다면 기본적으로 잠재 폭발력이 무한대가 될 것이라는 게 그 경고의 내용이었다. "이런 이유로 중수소를 계속 첨가하면 …… 폭발의 규모가 점점 더 커질 것이다." 슈퍼는 이런 특성 때문에 원자 폭탄처럼 공포스러운 무기와도 뚜렷하게 대별되었다. 오펜하이머와 맨리는 슈퍼 폭탄의 유일무이한 잠재 파괴력에서 도출되는 사실을 연역하면서 코넌트의 윤리 쟁론과는 무관한 원칙적 입장을 분명히 밝혔다.

이 무기를 사용하면 분명히 무수한 인명이 살상된다. 슈퍼는 군사적 및 준군사적 용도의 시설물만 때려 부술 수 있는 무기가 아니다. 따라서 슈퍼를 사용하면 원자 폭탄보다 훨씬 더 많은 민간인을 절멸시키게 된다.

일반 자문 위원회(GAC)는 거기서 멈추지 않았다. 그들이 법령에 근거해 윤리적 책임을 포기하지 않은 것은 감탄스럽고 훌륭하다. 하지만 그 주말 위원들의 감정 상태는 무척 고양되어 있었다. 여덟 명의 위원은 토요일 밤늦게까지 잠을 못 자면서 부속 문서를 기안했다. 다수 의견은 코넌트와 듀브리지의 언어였고, 버클리, 오펜하이머, 로, 시릴 스미스가 서명했다. 다수 의견은 "방사능이 전 세계에 영향을 미칠 수도 있다."라고 내다봤고, "슈퍼 폭탄이 민족을 말살하는 무기가 될 수도 있다."라고 경고했다. 다수 의견은 오마르 브래들리가 제시한 "심리학적" 정당화에도 답변했다. "이성적인 세계 시민이라면 이런 유형의 무기가 …… 인류의 미래를 위협한다는 것을 능히 짐작할 것이다. 슈퍼를 손에 쥐었다는 심리학적 효용은 …… 우리의 이익에 반한다." 다수 의견은 이렇게 촉구했다. "슈퍼 폭탄을 만들어서는 안 된다. …… 러시아 인들이 슈퍼 무기를 개발할 수도 있다는 주장이 있다. 거기에는 이렇게 답하겠다. 우리가 슈퍼 개발에 착수하면 그들을 막을 수 있나?" 러시아가 미국을 상대로 슈퍼 폭탄을 사용한다면 우리한테도 응사할 "원자 폭탄 재고가 많다." 다수 의견은 이렇게 끝난다. "슈퍼 폭탄 개발에 나서지 않기로 결의하면, 모범을 보임으로써 전면전을 제한하고, 더 나아가 인류의 공포는 줄이고 희망은 증대하는 특별한 기회를 잡을 수 있다."

주말 토론에서 처음에는 슈퍼 연구를 지지한 페르미와 라비도 이제 반대로 돌아섰다. 하지만 두 사람은 미국 대통령이 공개적으로 포기 선언을 하고, 열핵 무기를 만들지 않겠다는 "엄숙한 서약에 다른 나라들을 합류시켜야 한다."라고 생각했다. 두 물리학자는 "물리학적 수단을 활용하면" 열핵 시험을 잡아낼 "가능성이 아주 많다."라고 판단했다. 라비는 자신들의 의도를 나중에 이렇게 밝혔다. "페르미와 나는 이걸 빌미로 미국이 세계 대회를 소집하고 다른 나라들을 동참시켜야 한다고 말했다. 즉 당분간은 (열핵 무기) 연구를 못 하게 하자는 것이었다. …… 대회가 실패로 돌아가, 열핵 연구 중단에 합의하지 못하고 결국 개발에 나서야 한다면 그렇게 하는 것이 더 이상 양심에 거리낄 것은 없다는 (우리의) 생각이었다. …… 다른 사람들은, 대표 인물은 코넌트인데, 무슨 일이 있어도 슈퍼 개발은 안 된다고 생각했다. 그렇게 하면 세계가 엉망이 될 거라고 본 것이다."[94]

아무튼 페르미와 라비도 친구인 에드워드 텔러의 슈퍼를 비난했다.

9쪽짜리 일반 자문 위원회(GAC) 보고서 전체에서도 가장 강경한 어조로 말이다.

> 그런 무기가 군사적 목표를 훨씬 넘어서 엄청난 자연 재앙으로 비화하리라는 것은 틀림없는 사실이다. 슈퍼는 그 본성상 군사적 목표로 한정할 수가 없다. 실제의 효과에서 민족을 말살할 정도의 무기인 것이다.
>
> 비록 적국 주민이라 할지라도 인간이 존엄한 존재라고 가정하는 윤리적 입장에 선다면 그런 무기 사용은 도저히 정당화될 수 없다. 우리는 이런 태도를 다른 나라 사람들도 공유할 것이라고 확신한다. 미국이 슈퍼를 사용하면 다른 나라 사람들과 비교해 도덕적 악한의 지위로 전락하고 말 것이다.
>
> 전쟁에 그런 무기가 사용되면 도저히 풀 수 없는 원한과 적대감이 수세대 지속될 것이다. 그렇게 잔혹한 무력을 행사하고서 평화를 바랄 수는 없다. 그런 무기가 사용된 전쟁이 끝났다고 치자. 우리가 현재 맞닥뜨리고 있는 문제들은 아무것도 아닌 상황이 펼쳐질 것이다. ……
>
> 이 무기의 파괴력은 무한대이다. 바로 그렇기 때문에 무기의 존재 자체와 제조 지식이 인류 전체에 위험으로 작용한다. 슈퍼는 어떻게 봐도 사악한 물건이다.

일반 자문 위원회(GAC) 구성원 대부분은 이런저런 방식으로 원자력의 국제 통제를 위해 노력했었다. 10월에 작성 제출된 보고서를 보면 그들이 소련을 완고하고 무자비한 적으로 볼 만큼 그렇게까지 전적으로 국제 통제라는 의사와 목표를 저버리지는 않았음을 알 수 있다. 하지만 서둘러서 슈퍼를 만들어야 한다고 촉구한 사람들, 즉 텔러, 스트로스, 맥마흔, 보든은 소련을 상당히 음침하게 보았다. 릴리엔솔에게는 버클리의 과학자들이 "슈퍼 개발에 군침을 흘리는 '피에 굶주린 족속들'로밖에 묘사할 수 없는 일군의 과학자들"[95]로 비쳤을 수도 있다. 실상을 말하자면 그들은 매우 두려웠고, 그 두려움을 열의로 포장했다. 그들은 무자비할 게 분명한 적이 무서웠다. 적은 지뢰밭과 가시 철망 뒤에서 의도를 숨기고 있었다. 적은 대규모의 강력한 군대를 실전 배치했다. 적은 원자 폭탄 시험에까지 막 성공한 상황이었다. 맥마흔과 보든도 두렵기는 마찬가지였다. 합동 참모들도 그랬다. 나라를 지키는 게 그들의 책임이었으니 더 말해 무엇 하겠는가. 일반 자문 위원회(GAC)는 슈퍼를 만들면 그 파괴력이 무한대일 수도 있다고 주장했다. 이 주장으로 반대자들의 두려움은 확대되었지만, 지지자들은 오히려 훨씬 더 긴급하게 슈퍼 프로젝트를 밀어붙여야겠다고 다짐했다. 슈퍼의 잠재적 파괴력이 곧 위협이자 위험이었기 때문이다. 그들은 적이 슈퍼를 먼저 갖게 되는 끔찍한 상황을 상상했다. 군비 확장 경쟁은 거울의 방인 것이다.*

일반 자문 위원회(GAC)는 보고서에 들어간 강경한 어휘가 결론에 동의하지 않는 사람들에게 미칠 영향을 저울질했을 것이다. "민족 말살(genocide)"과 "사악함(evil)"은 도발적인 어휘였다. "민족 말살"은 당시로서는 신조어이기까지 했다. 1944년에야 만들어졌고, 유럽의 유대인을 학살한 나치에 이 말을 쓰는 것이 여전히 신선하게 느껴지던 시기였다. 텔러는 홀로코스트가 헝가리에 몰아친 막판에 가족을 잃었다. 스트로스는 유대교 평신도의 저명한 지도자였다. 일반 자문 위원회(GAC)가 대량 살상의 관점에서 원자 폭탄과 열핵 폭탄을 구별하는 방식을 두 사람은

---

* 텔러는 결국 열핵 폭발도 파괴력에 한계가 있음을 알아냈다. 그는 대략 100메가톤 내외로 추정했다. "그 정도 열핵 폭발이 일어나면 공기 덩어리가 상승하지. 지름이 16킬로미터 정도 될 거야. 공기 덩어리가 공간으로 밀어 올려지는데, 그걸 1,000배 정도 키운다고 생각해 봐. 무슨 일이 일어나는지 알겠나? 같은 공기 덩어리를 30배 더 빠른 속도로 공간으로 들어 올리게 되는 것밖에 안 된다네." Edward Teller interview, Los Alamos, x.93.

도무지 이해할 수 없었다. 오펜하이머는 몇 년 후 이 10월 보고서와 관련해 질문을 받는다. 오펜하이머의 답변은 상당히 역설적임에도 제2차 세계 대전 중에 로스앨러모스에서 자신의 지휘 아래 만들어진 원자 폭탄의 살상력을 공정하게 취급하지 않았다.

> 질문: 박사님, 당신은 일본에 원자 폭탄을 투하할 때 표적 선정을 도왔다고 진술하셨습니다. 아닙니까?
>
> 답변: 맞습니다.
>
> 질문: 당신은 선정한 표적에 원자 폭탄을 투하하면 민간인 수천 명이 살상당하리라는 것을 아셨습니다. 맞습니까?
>
> 답변: 그렇게 많이는 아니었습니다.
>
> 질문: 죽거나 다친 사람은 몇 명입니까?
>
> 답변: 7만 명입니다.
>
> 질문: 관련해서 양심의 가책을 느꼈습니까?
>
> 답변: 끔찍한 일이었습니다…….
>
> 질문: 히로시마에 열핵 폭탄을 투하하는 일이라면 지지했을까요?
>
> 답변: 있을 수 없는 일입니다.
>
> 질문: 왜죠?
>
> 답변: 표적이 너무 작습니다.[96]

찬성론자와 반대론자 모두 혼란과 두려움에 휩싸였고, 일반 자문 위원회(GAC) 본 보고서에 담긴 신중한 조언은 격렬한 감정에 휩쓸려 떠내려갔다. 보고서는 도덕적 쟁점이 아니라 미국의 안보를 충고했다. 오펜하이머는 5년 후 그 보고서 내용을 평소처럼 탁월하게 요약했다.

우리는 1949년에 미국의 입장에서 열핵 무기 개발 경쟁을, 할 수만 있다면 피해야 한다는 생각이 확고했습니다. 우리가 잘못 생각했을 수도 있죠. 우리가 2~3년 만에 냉큼 무기를 만들고, 생산 능력에서 적을 능가할 수 있다 할지라도 하지 말아야 한다는 게 우리의 생각이었던 겁니다. (소련 인구보다 많은 미국인이 대도시에 살기 때문에) 우리가 한없이 더 취약했고, 열핵 무기를 먼저 사용할 가능성도 훨씬 낮았기 때문이죠. 대규모로 피폐해진 문명 세계는 공산주의자들보다 미국 국민이 살기에 더 힘겨울 테고요. ……[97]

우리는 (미국이 열핵 무기를 만들지 않기로 하면) …… 러시아도 시도할 확률이 줄고, 그들이 착수해도 성공할 가능성이 매우 낮을 것으로 보았습니다.[98]

브라이언 맥마흔이 월요일 저녁 원자력 위원회(AEC) 위원들이 배석한 가운데 일반 자문 위원회(GAC) 보고서를 읽었다. 맨리는 이렇게 적고 있다. "상당히 격렬한 토론이 벌어졌다."[99] 합동 원자력 위원회(JCAE) 의장과의 토론에, 릴리엔솔은 "꽤나 힘이 빠졌다. (맥마흔은) 러시아와의 전쟁이 불가피하다고 말하고 있다." (이것은 보든이 자기 책에서 내린 결론이기도 했다.) "그의 이야기는 결국 이런 것이다. 지구상에서 놈들을 신속하게 쓸어버리자. 그 자들이 우리에게 선수를 치기 전에. 우리한테는 시간이 별로 없다."[100] **시간이 없다.**

맥마흔은 대통령 설득 작업에 돌입했다. 그는 트루먼에게 슈퍼 제작을 명하는 비상 사태 계획을 재가하라는 편지를 보냈고, 직접 찾아가 호소했다. 11월 1일 화요일 릴리엔솔은 딘 애치슨에게 전날 벌어진 논쟁을 알렸다. "애치슨은 상당히 침울했고, 나는 이야기를 시작했다. 그는 질문을 몇 개 하고서 표정이 더욱 어두워졌다. …… 애치슨은 울적하고, 힘이 빠진다고 이야기했다. 안색이 창백했다."[101]

텔러가 전국을 돌고 있었다. 맨리는 텔러의 전국 순회를 "전향자를 확보하려고 부산하게 돌아다닌 캠페인"[102]이라고 불렀다. 텔러는 시시포스 같다는 느낌에 시달리고 있으니 용기를 달라고 앨버레즈에게 편지를 썼다.[103] 두 사람 다 오펜하이머를 비난했다. 앨버레즈에게 일반 자문 위원회(GAC) 회의 결과는 다음을 의미했다. "로버트의 견해가 승리한"[104] 것으로 본 것이다. 텔러가 일반 자문 위원회(GAC) 보고서를 보았을 때를, 맨리는 이렇게 회고한다. 그 민활한 물리학자는 "뚱한 표정에, 거의 말이 없었다. (아주 특이한 일이었다.) …… 텔러는 우리가 슈퍼를 개발하지 않으면 …… 5년 내에 자기가 미국에서 러시아의 전쟁 포로가 되고 말 것이라고 내게 확언했다!"[105]

원자력 위원회(AEC)의 위원들은 대통령 권고 사항을 놓고 주중에 분열했다. 스트로스와 고든 딘은 슈퍼 개발에 속도를 내자는 안을 지지했다. 릴리엔솔, 파이크, 스마이스는 슈퍼 개발에 반대했다. 트루먼은 원자력 위원회(AEC)의 권고 사항과 더불어 일반 자문 위원회(GAC) 보고서를 읽었다.[106] 맨리는 당시의 일기에 이렇게 적고 있다. 트루먼이 릴리엔솔에게 다음과 같이 호기를 부렸다는 것이었다. "군부의 닦달에 쫓겨 이걸 하지는 않을 걸세." 릴리엔솔은 트루먼의 이 언질 때문에 대통령이 슈퍼 개발 계획에 반대할 수도 있겠다고 생각했다. "릴리엔솔이 돌아왔는데, 상당히 안도하는 표정이었다."[107] 그러나 스트로스가 맥마흔과 루이스 존슨을 연달아 만났고, 존슨이 트루먼을 찾아갔다.[108] 트루먼은 일찍이 (11월 19일) 무기 증산안을 검토하라며 임명했던 특별 위원회(애치슨, 존슨, 릴리엔솔)를 다시 임명했다. 사안을 특별 위원회가 전담하게 되었고, 공적인 토론과 가장 사적인 논쟁 일체가 불허되었다.[109] 전임 국가 안보 보좌관 맥조지 번디(McGeorge Bundy, 1919~1996년)는 이렇게 썼다. "여기서는 강박적으로 비밀을 엄수하는 관행이 도드라져 보인다. 분석과 조언을 제한하려는 의도가 다분했던 것 같다. …… 정부는 내부 부처 관리들을 동원해 업무를 진행하기로 마음 먹었는데, 이것은 사실상 익숙하지 않은 제언들을 고려하지 않겠다는 것이었다."[110]

존슨은 나중에 한 대중 연설에서 자신의 신조를 단순하게 천명했다. "오늘 밤 전 세계를 집어 삼키며 미국과 전쟁을 벌일 나라는 오직 하나뿐입니다. …… 그런 침략 국가를 막고, 설사 막지 못한다고 해도 흠씬 두들겨 패 줄 만한 군사 준비 태세가 필요합니다."[111] 고든 아네슨은 애치슨이 적어도 숙의 절차를 밟았다고 회고한다. "딘은 자유주의자였지만 외교 정책에서는 아주 강경했습니다. 그는 훌륭한 변호사이기도 했죠. 애치슨은 논쟁의 모든 면을 파악하고자 했어요. 그는 결심이 신속한 사람이죠. 그는 조언을 원했고, 특별 위원회 소속이 아닌 몇 사람의 충고를 들었습니다. …… 그는 엄청 존경하던 배너바 부시, 릴리엔솔, 그리고 오펜하이머와 대화를 나눴습니다.[112] 배너바 부시와 릴리엔솔은 전례가 없는 제안서였던 애치슨-릴리엔솔 보고서도 함께 만들었죠." 제2차 세계대전 때 프랭클린 루스벨트 휘하에서 과학자들의 군사 연구를 지휘했던 부시는 강경하고 솔직했다. 케네스 니콜스가 부시한테 와서 원자력 위원회(AEC) 다수가 슈퍼에 반대한다고 한탄하자 그는 니콜스에게 이렇게 말했다. "니콜스, 인내심을 갖게나. 걱정할 필요가 전혀 없어. …… 위원회의 견해는 기본적으로 잘못 되어 있어. 머잖아 제풀에 못 이겨 쓰러질 거네." 니콜스는 부시가 그 무렵 누군가와 대화를 나눴고, "진상"[113]을 알고 있다고 생각했다. 부시는 애치슨과 대화를 나눴다. 오펜하이머는 국무 장관을 설득할 수 있을 만큼 자신의 입론을 충분히 명확하게 제시하지 못했다. 아네슨은 이렇게 썼다. "(애치슨은) 상당히 난감해 했다. 이윽고 그가 입을 열었다. '할 수 있는 한 신중하게 의견을 청취했네. 그런데 '오피'가 무슨 이야기를 하려는 건지 도통 모르겠어. 망상적인 적수를 어떻게 설득해 무장 해제를 시킨단 말인가? '모범을 보여서?'"[114] 닐스 보어가 1944년 루스벨트와 윈스턴 처칠에게 동일한 주장을 했었다. 그는 두 지도자에게 소련과 원자 폭탄에 관해 대화하라고 호소했다. (아직 아무도 못 만들었으니 안 만들기 협상이 더 쉬우리라는 것이었다.) 하지만 애치슨도 루스벨트, 처칠과 마찬가지로 그런 이야기는 안중에 없었다.

아네슨은 애치슨의 권고 내용이 국내 정치 상황의 영향을 강하게 받았다고 생각했다. "애치슨은 현실주의자였고, 우리가 착수하지 않아(그런 일은 있을 수 없었지만) 소련도 열핵 프로그램에 착수하지 않는다 해도, 행정부가 의회에서 한바탕 홍역을 치러야 할 테고 그 과정에서 제안이 무산될 것으로 내다봤다."[115] 하지만 아네슨은 애치슨이 조지 케넌의 슈퍼 반대 입장을 경멸적으로 놀렸다고 회고한다. "케넌은 계획 추진을 반대했습니다. …… (애치슨은) 케넌에게 이렇게 말했죠. '자네가 사안을 그렇게 본다면 이렇게 제안하고 싶네. 수도사복을 입고, 그릇을 하나 챙기게. 그런 다음 길에 나가 종말이 가까이 왔다고 말하라고.' 애치슨은 마음을 정했습니다. …… 그는 국제 정세를 일별했고, 현재로서는 러시아와 뭔가를 합의할 가능성이 전무하다고 판단했죠. 당시에 우리는 냉전이 시작되고 있음을 느꼈어요."[116] 소련이 미국을 앞질러 열핵 폭탄을 개발하면 종말이 올 것이라는 생각은 텔러와 보든의 입장이었다.

일반 자문 위원회(GAC)는 1949년 12월 초에 다시 만났다. 그들은 10월 보고서의 결론들을 재차 확인했다. 몇몇 위원은 슈퍼에 반대하는 더 강경한 성명서를 제출하기도 했다. 특별 위원회는 12월 22일 첫 만남을 가졌다. 애치슨은 존슨과 릴리엔솔 사이에 심연이 존재함을 확인했고, 다음 회의 날짜를 잡지 않았다. 오마르 브래들리는 특별 위원회 회의에 출석해, 슈퍼가 "심리적 가치"가 있을 것이라는 예전의 주장을 되풀이했다. 릴리엔솔은 이렇게 이의를 제기했다. "저는 그게 무슨 말인지 모르겠다고 말씀드려야겠습니다."[117] 원자력 위원회(AEC) 위원장 릴리엔솔은 직접 브래들리를 찾아갔다. 육군 참모 총장은 미국이 대단히 취약하다며 안타까워했다. 릴리엔솔은 브래들리의 이야기를 이렇게 고쳐 쓰고 있다. 그가 보안 때문에 일기에 남겨 놓은 공백을 채워 보면 다음과 같다. "지금 우리한테는 (원자 폭탄뿐)입니다. 그게 없으면 우방을 돕는 데 속수무책이죠. 그들이 침략당할 것을 생각해 보세요. 우리의 본거지에서 적들이 얼씬도 못 하게 해야 합니다. 노르망디 상륙 작전을 또 할 수는 없어요." 미국 군부가 원자 폭탄으로 전쟁이 바뀌었음을 깨닫기 시작했다는 징후도 엿볼 수 있다. "나는 물었다. '캠벨'이 있든 없든 (원자 폭탄이면) 억지력으로 충분하지 않겠습니까? 지금부터 5~10년은 버틸 수 있지 않겠습니까? 그는 (폭탄의) 가치가 하락 중임을 인정했다. 즉 (핵)전쟁이 일어나면 양측 모두 완전히 피폐해질 터이므로 사용해 봤자 소용이 없으리라는 것이었다."[118]

하지만 합동 참모 본부가 일반 자문 위원회(GAC)에 대응해 1950년 1월 13일 루이스 존슨에게 올린 보고서에는 틀림없는 상호 파괴의 미래가 전혀 언급되지 않았다.[119] 합동 참모 본부는 "미국이 최고의 무기를 갖춰야 한다."고 생각한다고 썼다. "그것은 당연히 슈퍼 폭탄이다. 슈퍼가 개발되면 가장 넓은 의미에서 우리의 방어 태세가 개선될 것이다. 슈퍼 폭탄은 방어 무기뿐만 아니라 공격 무기로, 전쟁 억지 수단으로, 보복 무기로도 활용할 수 있는 것이다." 보고서는 이렇게 주장했다. 슈퍼 폭탄은 "적절하게 활용할 경우 (전쟁을) 결정지을 수도 있다." 보고서는 냉담하게 이렇게 강조했다. 합동 참모 본부는 "슈퍼를 만들고, 통제하는 쪽은 적이 아니라 미국이어야 한다."라고 생각한다. 커티스 르메이는 일본의 도시들을 화염 폭격하는 것을 정당화하면서, 일본의 군수 산업이 노동자들이 사는 집에 흩어져 있다고 구실 삼았다. 이제는 합동 참모 본부가 같은 핑계를 대면서 도시를 표적으로 삼는 작전 행동을 변호했다.

그들은 이렇게 주장했다. "대도시 자체를 파괴할 생각은 추호도 없다. 미국의 국가 목표를 적에게 강제하는 데에 필요한 표적만 공격할 따름이다." 합동 참모 본부는 단순 반박을 넘어, 결정적인 신무기의 개발을 단념하는 것이 갖는 군사적 효과를 판단하는 데에 민간인 과학 고문들보다는 자신들이 우위에 서야 한다고 주장했다.

> 합동 참모 본부는 적이 그 폭탄을 손에 넣고, 미국은 갖지 못할 경우 우리나라가 도저히 묵과할 수 없는 상황에 놓이리라고 믿는다. …… 미국이 자진해서 포기 선언을 하고, 방위력이 약화된다면 그것이야말로 무모한 이타주의다. 미국이 슈퍼 폭탄을 개발하지 않겠다고 공개적으로 천명하면, 사람들은 모든 핵무기를 일방적으로 사용하지 않는 첫 단계 조치로 받아들일 수도 있다. 필연적으로 국제 관계가 재편성되어, 미국은 난관에 봉착할 것이다. 일반적으로 세계 평화, 구체적으로 서반구 전체의 안보 역시 위태로워질 것이다.

국방부 장관은 이 보고서를 특별 위원회를 경유하지 않고 바로 트루먼에게 올렸다.

그것으로 사태는 종결되었다. 트루먼은 1월 19일 사우어스에게 합동 참모 본부의 보고서가 "상당히 합리적이고, 우리가 보고서에 씌어진 대로 해야 할 것으로 본다."[120]라고 말했다. 특별 위원회는 1월 31일 트루먼에게 미국의 슈퍼 개발을 제안한다. 당시 릴리엔솔은 이 정책이 현명하지 못하다고 상세히 주장할 만반의 준비를 갖추었다. 트루먼이 말을 잘랐다. 그는 그들에게 이렇게 말한 것으로 기억했다. "말고 자시고 할 게 뭐가 있나? 가자고."[121] 대통령은 같은 날 전 세계를 상대로 이렇게 선언했다. "원자력 위원회(AEC)"에 지휘 명령을 발동해, "수소 폭탄 내지 슈퍼 폭탄을 포함해 온갖 형태의 핵무기 연구를 계속하"[122]게 하겠다고.

정부 내에서 여러 달 동안 토론과 논란이 벌어졌음을 트루먼이 알고 있었음은 분명하다. 하지만 그는 결정이 정치적으로 시급하다는 것만 알고 있었을지도 모른다. 다시 말해 그가 슈퍼를 만들지 않기로 결심할 경우 군부와 의회 내 강경파가 일전을 불사할 태세임을 알았을 것이라는 이야기이다. 동시대의 권위 있는 증언은 트루먼이 처음부터 수소 폭탄을 만들겠다는 결의가 확고했다고 단언한다. 미국 과학자들을 심각하게 분열시킨 1949년 가을의 성가신 논쟁은 백악관의 홍보 술책에 지나지 않았다는 것이다. 시드니 사우어스는 1954년에 이렇게 확언했다. 1954년이면 사건들이 여전히 기억에 생생할 때이다. "백악관은 대통령이 아무렇게나가 아니라 정연한 절차를 밟아 결론을 내린다는 것을 국민에게 보여 줄 필요가 있다고 생각했습니다. 트루먼은 성급한 판단으로 비난을 받은 적이 있었죠." 사우어스는 계속해서 이렇게 말한다. 하지만 그때조차 "저는 (대통령의) 마음이 처음부터 이미 정해져 있음을 잘 알았습니다."[123]

트루먼의 공보 비서관을 한 에벤 아이어스도 당시 일기에 사우어스가 받은 인상이 사실이라고 적고 있다.

> (1950년) 2월 4일 …… 대통령은 수소 폭탄과 관련해 내려야 할 결정은 사실 하나도 없다고 말했다. 지난 가을 원자력 위원회(AEC) 예산으로 3억 달러가 조성, 배정되었을 때 이미 끝난 문제라는 것이었다. 대통령은 자기가 지난 9월 데이비드 릴리엔솔, …… 애치슨, …… 존슨과 토의를 마쳤다고 이야기했다. 누구도 사용하고 싶지 않지만 우리가 (수소) 폭탄을 만들어야 한다고 그는 말했다. 그는 이렇게도 말했다. 러시아와 협상을 하기 위해서도 수소 폭탄을 가져야 한다.[124]

트루먼은 11월 초 릴리엔솔을 불러 위로할 때에도 생각이 비슷했다. 두 사람은 후임 원자력 위원회(AEC) 의장으로 누구를 임명할지 논의했다. 릴리엔솔은 트루먼의 발언 요지를 이렇게 적고 있다. "군인처럼 호전적인 민간인은 안 되네. 필요한 군사적 방향과, 그것을 어떻게 조화시킬지 알면서도 목표로 착각하지 않는 사람이 위원장이 되어야 해. 군사적 조치는 평화의 도구이지 전쟁의 도구가 아닐세. 자네도 알다시피, 나는 항상 이렇게 말해 왔지 않은가. 핵무기는 (다시는 사용하지 않을) 독가스 같은 것이어야 해."[125] 그리하여 미국 대통령들이 추구하게 되는 정책 기조가 트루먼에 의해 마련되었다. 국제 협상의 정치 지렛대로 말고는 사용할 의도가 없으면서도 위협적인 핵무기를 계속 유지 확대하는 정책 말이다.

하지만 그것은 1950년 1월에 결정이 나면서 파생한 최악의 결과가 아니었다. 라비는 위험이 더 크다는 것을 알아봤다. "트루먼은 절대로 용서가 안 돼요. …… 그는 슈퍼가 뭔지 전혀 이해하지 못했습니다. …… 만드는 법도 모르면서 수소 폭탄을 만들 거라고 세계인들에게 알리다니요. 그가 한 최악의 일들 중 하나이죠."[126]

깜짝 놀라 겁먹은 사람들의 대표는 에드워드 텔러였다. 텔러는 미국을 재앙에서 구출할 수소 폭탄 제조법을 알고 있다고 트루먼 행정부에 알렸다. 그들은 그렇게 궁극적 군비 확장 경쟁에서 첫 테이프를 끊었다. 이제 그들은 폭탄을 만들어 내야 했다.

3부

병 속의 전갈들

어쩌면 이런 상황을 예상해 볼 수 있을 것이다.
두 열강이 상대방의 문명은 물론이고 생존까지
끝장낼 수 있는 상황. 물론 자신도 위험하기는 하겠지만 말이다.
전갈 두 마리가 병 속에 들어 있는 상황과
비슷하다고도 하겠다. 서로 상대방을 죽일 수 있지만
그러려면 자기 목숨도 내놔야 하는 것이다.

—로버트 오펜하이머

21장

새로운 공포

고든 아네슨의 기록을 보자. "(1950년) 1월 27일 영국 대사관의 참사관인 데릭 호야밀러(Derek Hoyar-Millar) 경이 (국무) 차관 로버트 대니얼 머피(Robert Daniel Murphy, 1894~1978년)를 만나고 싶다고 황급히 요구해 왔다. 그는 원자력 사안에서 우리와의 연락을 책임지고 있었다. 평범한 일이 아니라는 게 분명했다. 만약 그랬다면 나한테 왔을 것이다. 내 사무실로 들어오면서, '오늘은 또 무슨 새로운 경악스러운 일이 벌어졌느냐?'라고 뻔한 인사말을 건넸을 것이라는 이야기이다. 하지만 이번에는 달랐다. 그는 얼굴이 잿빛이었고, 통상의 태평스러운 침착함은 온데간데없었다. 클라우스 푹스가 그날 소련 간첩 활동을 시인했다는 것이었다."[1]

로버트 램피어가 1949년 9월 영국 정보부에 넘긴 암호 해독 정보는 사실 절도 행위로 얻은 것이었으므로, 불법이었다. MI5는 클라우스 푹스를 달래서 자백시켜야겠다고 결론지었다. 1월 말이 되어서야 절대 조심하는 그 물리학자를 발각할 수 있었던 이유이다. 그 까다로운 임무가 윌리엄 제임스 스카돈(William James Skardon, 1904~1987년)에게 떨어졌다. 이 MI5 장교는 반역자를 전문적으로 다루었다. 램피어는 그를 이렇게 회고한다. "영국판 콜롬보(Columbo, 미국 텔레비전 시리즈의 수사관 캐릭터 — 옮긴이)라고나 할까. 머리는 헝클어졌고, 옷차림은 단정하지 못했다. 지적 능력도 용의자가 진술하는 내용의 모순을 예리하게 지적할 때까지는 안 드러나기 일쑤였다."[2]

헨리 아널드는, 아버지가 독일의 소련 점령 구역으로 옮겨 간 것과 관련해 푹스가 대화를 나눈 하웰의 보안 장교였다. 그가 12월 21일 스카돈에게 푹스를 인계했다. 스카돈은 아버지 이야기를 꺼냈고, 1시간 넘게 가족사에 관한 푹스의 설명을 들었다. 그다음은 본격적인 대결이었다. MI5 장교는 물었다. "뉴욕에 갔을 때 소련 관리나 소련 대표와 접촉한 적이 있습니까? 그 사람에게 당신 일 관련 정보를 넘겨주지는 않았습니까?" 푹스는 깜짝 놀랐다. "안 그런 것 같은데요." 대답이 모호했다. 스카돈은 이렇게 말했다. "당신이 소련을 위해 간첩 활동을 했다는 분명한 정보가 있습니다." 푹스는 다시 한번 이의를 제기했다. "아닌데요." 스카돈은 푹스의 답변이 모호함을 지적했고, 푹스는 용기를 내서 부인했다. "무슨 말인지 모르겠습니다. 그 증거가 무엇인지 말씀하실 태세로군요. 전 그런 일은 하지 않았습니다."[3] 두 사람은 그날 온종일 설전을 벌였다. 1월 초에 면담이 두 번 더 잡혔고, 푹스는 마침내 1950년 1월 24일 스카돈을 만나게 해 달라고 요구하고서 자백을 했다.

적어도 루이스 스트로스는 슈퍼 논쟁이 한창이던 1949년 말에 푹스가 조사를 받고 있다는 것을 알았을 것이다.[4] FBI가 11월 초에 그 사실을 원자력 위원회(AEC)에 통고했다. 데릭 호야밀러 경이 "공포스러운 뉴스"를 아네슨에게 전달한 1월 27일 이후로는 일반 자문 위원회(GAC)도 그 사실을 알았다. 특별 위원회는 1월 31일 트루먼에게 보고하기에 앞서 마지막으로 숙의를 하는 과정 중에 푹스가 체포될 것이라는 이야기를 들었다. 대통령은 푹스의 간첩 활동 사실을 2월 1일에야 알았다. 에드거 후버가 시드니 사우어스에게 전화로 그 사실을 알렸다. (릴리엔솔은 트루먼이 이렇게 반응했다고 썼다. "정신 바짝 차려야겠군!"[5]) 원자력 위원회(AEC)에서 갓 사임한 스트로스가 잽싸게 달려가 알랑거렸다. (사임 발효는 4월 15일이었고, 릴리엔솔도 같은 때 그만둔다.) "FBI의 최근 보고를 보면 …… 각하께서 현명하게 결정하셨음을 알 수 있습니다. 푹스란 놈이 로스앨러모스에서 슈퍼 폭탄을 연구했죠."[6] 스트로스는 후버에게 이렇게도 말했다. (후버의 이야기로 들어보자.) "푹스랑 직업이 같은 상당수의 인사가 공개 발언을 더욱 조심할 것이다."[7] 릴리엔솔은 2월 2일 기소 인정 여부 절차가 시작되었다는 소식을 들었지만 고소하다는 생각은 전혀 하지 않았다.

> 오늘은 하늘이 무너지는 느낌이었다. 어젯밤 직원들이 내게 송별회를 열어주었고 무척이나 즐거운 시간을 가졌으니, 더욱 그러했다. 그 소식은 퇴근 무렵인 7시쯤에 보고받았다. 뉴스로는 그 사람이 런던에서 기소 인정 여부 절차를 밟는, 우리 시간으로 12시쯤에나 발표될 것이다. ……
>
> 그 일은 전쟁 프로젝트가 진행되는 중에 일어났다. 그가 미국에 체류했고, 우리도 연루되어 있다. 세계적 재앙이라고 아니 할 수 없다. 인류 전체에 슬픈 날이다.

릴리엔솔은 다음날 이런 내용을 추가했다. 어젯밤은 "잠자리가 편치 못했다. '최고 지도자들이 관계를 청산할 것 같다.' 미국과 영국의 적대감이 커졌고, 마녀 사냥이 펼쳐지고 있으며, 과학자들을 배척하는 떠들썩한 분위기가 횡행 중이다."[8] 영국과 미국의 모두스 비벤디는 갱신되지 않는다.

한스 베테는 푹스의 소식을 듣고, 랠프 칼라일 스미스(Ralph Carlisle Smith)에게 전화를 걸었다. 로스앨러모스의 그 보안 장교는 푹스와 노이만이 1946년에 공동으로 취득한 열핵 특허에 관한 질문을 받았다.

"'다 있습니까?' 베테가 물었다.

'예.' 스미스가 대꾸했다.

'다행이군요.' 베테는 안도의 한숨을 내쉬었다."[9] 특허 출원 신청서에는 텔러의 슈퍼에 대한 설명서가 들어 있었다. 텔러도 스미스에게 전화를 걸어 똑같이 물었다. 하지만 그는 같은 답변을 듣고도 악의적인 반응을 보였다. 스미스는 텔러가 이렇게 말했다고 적었다. "믿을 수 없어요. 거기 다 있는 건 당신이 뒀기 때문이잖습니까."[10]

푹스의 기소 여부 수속 기사가 2월 3일 전 세계 신문의 표제를 장식했다. 위스콘신 주 상원 의원 조지프 레이먼드 매카시(Joseph Raymond McCarthy, 1908~1957년)가 엿새 후 웨스트버지니아의 휠링(Wheeling)에서 마녀 사냥을 시작했다. 이것은 릴리엔솔이 두려워했던 것이기도 하다. 매카시는 국무부에서 근무하는 공산주의자 205명의 명단을 갖고 있다고 주장했다. 국무부 관리였던 앨저 히스가 1월 21일 위증으로 유죄 판결을 받은 사실(휘태커 체임버스에게 비밀 문서를 넘겨주었음을 부인했다.)과 푹스 사건이 탄탄한 입증 사례로 활용되었다. 미국 한복판에서 스파이들이 "비밀"을 넘겨주는 바람에 조국이 소련의 원자 폭탄 공격을 받게 되었다는 믿음이 만연했고, 어느 정도는 그 때문에도 매카시즘이 유행했다.

램피어의 기록을 보자. 푹스가 자백하면서 "수사국 본부가 순식간에 아수라장으로 변했다."[11] 푹스는 "레이먼드"라는 것밖에 모르는 미국인 연락책에게 정보를 넘겼다고 실토했다. 후버는 당장에 명령을 내렸다. 푹스와 접촉한 미국인을 최우선으로 찾아내라는 것이었다. 이름하여 "미지의 용의자(Unknown subject)"였고, 후버식으로 이야기하면 "미용(Unsub)"이었다.

푹스가 용의선상에 있다는 것을 줄리어스 로젠버그가 알았음은 분명하다. 하웰의 물리학자가 자백을 하기 전에도 말이다. 데이비드 그린글래스는 1949년 크리스마스 휴가 때 로젠버그를 찾아가 무위로 돌아간 기계 공장 사업 이야기를 나눴다. 바로 그때 로젠버그가 그에게 충격적인 말을 했다. "파리로 달아나는 문제를 심사숙고해야 할 것"이라는 내용이었다. 로젠버그는 그린글래스가 "위험한 상태"[12]에 놓였다고 알려주었다. 그린글래스가 처음 한 생각은 이런 것이었다. "다시는 「릴 애브너(Li'l Abner)」(여러 신문에서 볼 수 있던 미국의 인기 풍자 만화 — 옮긴이)를 못 보겠군."[13] 그린글래스는 여러 해가 지난 후 이렇게 회상했다. 자기가 미국을 엄청나게 사랑한다는 것을 불현듯 깨달았다고 말이다. 두 사람은 근처의 한 식당으로 가서 커피를 마셨다. 로젠버그가 탈출 경로를 설명해 주었다. 뉴욕에서부터, 그린글래스가 접선자를 만나게 될 파리까지 말이다. 그린글래스가 왜 도망을 가야 하느냐고 묻자, 로젠버그는 이렇게 대꾸했다. "자네가 미국을 떠나야 할 일이 벌어지고 있네."[14] 그린글래스는 로젠버그에게 뉴욕을 탈출하는 게 좋은 생각이 아닌 것 같다고, 자기 생각을 말했다. 그러면 자기가 오히려 더 FBI에 노출될 것이라고 말이다. 그린글래스는 이렇게 회고했다. "줄리어스는 저보다 더 중요한 사람들이 그 경로로 이미 떠났다고 말했죠. 제가 누구냐고 묻자 줄리어스가 대답했습니다. '예를 들어, 조엘 바.'"[15] 그린글래스는 그해 섣달 그믐날 친구들과 어울린 한 파티에서 뒤숭숭하고 불편함 느낌에 시달렸다.[16] 매형의 경고는, 그가 다시는 친구들과 새해를 맞이할 수 없다는 의미였기 때문이다.

그린글래스는 1월 마지막 주에 또 한 차례 소스라치게 놀랐다. FBI 수사관이 전화를 걸어와 만나자고 했던 것이다. 그린글래스는 이렇게 진술했다. "우리 집으로 찾아왔습니다. 그가 탁자를 마주하고 앉았고, 저는 커피를 한 잔 대접했죠. 우리는 이야기를 나눴어요. 제가 간첩 활동이나 다른 것의 혐의자라고 말하지는 않았습니다. 로스앨러모스에서 누구랑 알고 지냈냐고 묻는 정도였죠. …… (제 활동 이야기는) 말하지 않았어요. 하지만 이실직고할 뻔했죠."[17] 로젠버그의 경고가 있었던 직후인지라 그린글래스는 좌불안석이었다. 사실 그린글래스를 포함해 로스앨러모스에서 근무한 특수 공병 파견대원 일부는 천연 우라늄으로 만든 구형의 모조 기폭제를 제대 기념품으로 빼돌려 귀향했고,[18] FBI가 수사 중이던 그 절도 행위는 간첩 활동보다 가벼운 범죄였음에도 불구하고 말이다.

푹스의 체포 소식에는 해리 골드도 당황하지 않을 수 없었다. 그는 2월의 첫째 일요일인 5일에 접선 계획이 있었다. 골드는 접선 장소가 잭슨 하이츠(Jackson Heights) 교차로의 어디였는지를 까먹었고, 하는 수 없이 계속해서 모퉁이들을 돌았다. 골드와 만나는 사람은 시가를 피우기로 되어 있었다. 골드는 나중에 이렇게 말했다. "막판에 한 남자가 시가를 입에 물고 제 옆을 지나쳐 갔습니다. 그가 저를 지나쳐 가면서 주위를 둘러보았고, 저를 쳐다보았죠. 그러고는 계속 걸어갔어요. …… 당시에는 그 사람한테 전혀 주목하지 않았습니다."[19] 골드는 나중에 FBI가 제시한 여러 사진 중에서 시가를 문 그 남자를 지목했고, 그는 줄리어스 로젠버그였다. 그 일요일에 그 행인보다 골드에게 더 가까이 접근한 사람은 더 이상 없었다. 골드가 소련 사람들과 만나려던 접선 시도는 그것이 마지막이었다.[20] 어쩌면 소련 사람들이 그때를 마지막으로 그와의 접선을 종결한 것인지도 모르고.

골드는 "완전히 제정신이 아니었고," 월요일 옛 친구 톰 블랙을 찾아갔다. 15년 전에 자신을 스파이 활동에 끌어들인 인물 말이다. 골드는 이렇게 썼다. "필라델피아 시내의 어두운 골목길을 꼬박 30분 동안 걸으면서 그를 찾아갈 용기를 냈다." 블랙은 푹스의 체포 소식을 접하고, "놀랐고 공포에 질려 있었다."[21] 블랙은 당시를 이렇게 전한다. "최대한 가깝게 더듬어 보면, 정확히 이렇게 말했을 겁니다. 'FBI가 푹스와 접선한 미국인을 찾고 있는데, 그 사람이 바로 저예요.'"[22] 골드의 회고 내용은 고맙다는 투이다. 블랙은 "자신의 연루나 개입 사실은 전혀 걱정하지 않았어요. 저와 그의 친우 관계는 모두가 알았기 때문이죠. 블랙은 저의 안녕을 가장 걱정해 주었습니다."[23] 블랙의 회고도 보자. "잡히면 수면제를 잔뜩 먹겠다고 말했죠. …… 그가 자살을 못 하게 설득했습니다."[24] 골드가 진술한 나머지 이야기는 FBI 보고서에 남아 있다.

> 블랙은 골드에게 용의선상에 오르고 심문을 받게 되면 모든 것을 부인하라고 조언했다. 어쨌거나 서로 말이 안 맞을 거라는 이야기였다. 골드는 블랙에게 가족이 제일 걱정이라면서, 혹시라도 자기가 체포되면 가족을 찾아가 격려하고 응원해 달라고 부탁했다. …… 골드와 블랙은 이후로 모든 만남은 필라델피아의 프랭클린 연구소(Franklin Institute, 박물관, 미술관이다. — 옮긴이)에서만 갖기로 했다. 두 사람은 거기서 만나면 어떤 혐의도 피할 수 있다고 생각했다.[25]

> 로젠버그가 같은 날 자기 집에 왔다고, 그린글래스는 회고했다.

> 45분쯤 함께 공원을 걸었습니다. 제가 가족을 데리고 미국을 떠나야 한다고

말했죠. 기꺼이 그러겠다고 했습니다. 문제는 저한테 빚을 갚을 돈이 없었다는 거죠. 매형은 그 문제는 안중에 없었어요. 제가 떠나고, 빚 따위는 잊어야 한다고 말했죠. 그럴 수는 없다고 했습니다. 그 사람들은 부자가 아니에요. 제가 뭘 가져갔든 피눈물 나는 돈인 겁니다. …… 그때 매형은 제게 체코로 가라고 했어요. 제게 좋은 일자리가 있다고 했습니다. …… 매형이 제게 미국을 탈출하라고 종용한 이유는 …… 골드가 푹스의 연락원이었기 때문입니다. …… 매형이 골드의 이름을 말하지는 않았어요. 하지만 제가 앨버커키에서 만난 그 남자였죠. …… 매형 이야기는 이랬어요. …… 그 남자가 저를 아는데, 푹스가 잡혀갔고, …… 푹스는 골드 이야기를 할 거다. 따라서 그다음 순서는 저다. …… 매형은 제게 가족을 모두 데리고 떠나라고 했어요. 펑하고, 사라지라는 거였죠! …… (정말로) 그래야 할지도 모른다고 생각했습니다. 가지 않는 편이 낫겠지만요.[26]

그린글래스는 로젠버그에게 "데이브(Dave, 골드)"를 만나서 시선을 끌지 않도록 바짝 엎드려 있으라고 주의를 주자고 제안했다. 로젠버그는 에델이 이미 같은 제안[27]을 했다고 처남에게 대꾸했다.

그린글래스는 매형과의 대화 내용을 아내에게 알리지 않기로 마음먹었다. 자기한테도 현실 같지 않았고, 루스는 임신 6개월째였다. 그런데 사고[28]가 나서 탈출 기도는 시도도 못 하게 되는 불상사가 끼어들었다. 로워 이스트 사이드에 있는 그린글래스 부부의 작은 아파트는 개방형 가열기로 난방을 했다. 2월 14일 화요일 이른 아침이었다. 루스가 가열기에 너무 가까이 다가갔고, 잠옷에 불이 붙고 말았다. 그녀 주위로 확 불길이 일었다. 데이비드가 달려와 손으로 불을 껐다. 루스는 구버뇌르 병원(Gouverneur Hospital)으로 후송되었다. 1도, 2도, 3도 화상이 루스를 집어삼켰다. 위태로운 상태가 이틀간 지속되었다. 조직을 이식받아야 했고, 루스는 약 한 달간 입원했다. 루스는 1945년 앨버커키에서 아이를 유산했었다. 이번에는 심각한 외상을 입었음에도 불구하고 아기가 무사했다. 데이비드도 오른손에 2도 화상을 입었다. 루스가 입원 치료를 받는 동안 데이비드는 야간 근무를 하면서 낮에는 아기를 돌봤다. 그린글래스 부부는 도무지 어디로 갈 만한 형편이 아니었다.

루스 그린글래스가 사고를 당하고 일주일 후 소련의 1944년 전문이 또 해독되었다. 로버트 램피어는 "로스앨러모스의 어떤 하위 직급자가 KGB의 첩자라고 믿을 만한 타당한 근거"를 확보했다. "해당 간첩은 1944년 말과 1945년 초에 휴가를 계획한 것"[29]으로 파악되었다. 램피어는 FBI 앨버커키 지부에 조사를 의뢰했다.

⊛⊛⊛

해리 트루먼이 수소 폭탄 연구 개발을 천명하기로 결심하기 전에도 에드워드 텔러, 스타니스와프 울람, 조지 가모브는 로스앨러모스에서 비공식으로 위원회를 꾸려 프로젝트를 진행했다. 가모브는 키가 큰 금발의 러시아 인으로 독창적인 천재에 과격하기까지 했다. 그는 자신이 속한 비공식 위원회를 기념하는 재치 있는 만화[30]를 그렸다. 지상에서는 세 명이 슈퍼에 관한 각자의 발상을 말로 못 하고 몸짓으로 표현하고 있다. 하늘에서는 날개 달린 스탈린이 예의 파이프 담배를 피우면서 "소련제"라고 씌어진 폭탄을 발톱으로 움켜쥔 채 날아온다. 다른 한쪽은 로버트 오펜하이머이다. 광륜이 반짝이는 성자복의 그가 올리브 가지를 들고 구름 위에 서 있다. 가모브는 울람이 타구(唾具, 가래나 침을 뱉는 그릇)에 술을 뱉는 것으로, 텔러는 그리스 문자 오메가처럼 생긴 자궁 상징물이 달린 인디언 목걸이를 하고 있는 것으로(가모브는 러시아식의 힘 있는 어조로 그걸 "봄(vombb)"(폭탄, 곧 bomb을 가리킨다. — 옮긴이)이라고 발음했다.), 자신은 고양이를 한 마리 집어 들고 꼬리를 쥐고 있는 것으로 묘사했다. 울람의 술 뱉기는 중성자를 중수소 생산으로 옮기는 것을 상징했을 것이다. 고양이 꼬리를 쥔 가모브의 행위는 일명 "고양이 꼬리"라고 부르던 자신의 발명품을 가리키는 것이었다. ("고양이 꼬리"는 원통형 내파 방식의 분열 방아쇠일 것이다.) 텔러의 자궁은 그가 개발한 옛날 슈퍼였다. 울람은 이렇게 적고 있다. "셋이 모이기는 했지만 가모브와 나 둘 다 생각이 무척 자유롭고 독립적이었다. 텔러가 내켜 하지 않았음은 물론이다." 울람은 1월 21일 열린 비공식 위원회의 만남에서 그런 독립적인 사유 결과 가운데 하나를 제출한다. 슈퍼에는 텔러가 막 추정한 것보다 삼중 수소가 훨씬 더 많이 필요할 것 같고, 점화 전망 역시 "비참해"[31] 보인다는 것이 그 내용이었다. 울람은 에피소드를 이렇게 정리한다. "최초의 '슈퍼' 개발 위원회는 이내 활동을 중단했고, 그건 별로 놀랄 일도 아니었다." 울람은 가모브가 "일이 그렇게 되자 상당히 화를 냈다."라고 회고했다. "나는 신경 쓰지 않았고, 그에게 텔러의 완고한 고집, 외골수, 무지막지한 야심 때문에 커다란 난관이 뒤따를 거라고 써 보냈다. 사뭇 예언적이었다."[32]

가모브와 울람이 위원회의 종말을 놓고 텔러를 비난한 것은 부당했을 수 있다. 트루먼 대통령이 결정을 내렸고, 로스앨러모스가 1950년 2월 슈퍼 위원회를 공식으로 조직하기 때문이다. 로스앨러모스 부소장으로 기술 담당이었던 대럴 프로먼은 이렇게 회상했다. "기본 아이디어는 최대한 많은 것을 뽑아내되, 그에게 주도권을 주지 말라는 거였습니다. 텔러가 일을 너무 강하고 급하게 추진해서 연구소 바깥의 온갖 사람들을 화나게 할 테니까요. 원자력 위원회(AEC) 인사들이 대표적이었죠."[33] 텔러는 25인으로 구성된 소위 '가족 위원회(Family Committee)'를 이끌게 된다. (이 가족 위원회가 연구소의 열핵 프로그램을 담당하고 책임졌다.) 하지만 텔러는 프로먼에게 보고해야 했고, 프로먼은 샌드스톤 시험을 관리 운영했던 허튼 짓을 용납하지 않는 솔직한 행정가였다.

텔러는 즉시 영입 작업에 착수했고, 그 결과는 판단이 엇갈렸다. 그는 2월에 써 보낸 한 편지에서, "관련해서 제공하고 있으며, 제공해 줄 도움에 대해"[34] 오펜하이머에게 감사를 전했다. 즉 인재 영입과 관련해서 그랬다는 말이다. 오펜하이머는 슈퍼를 연구할 생각이 없었다. 베테도 더 이상 관심을 보이지 않았다. 코넬 대학교의 그 물리학자는 2월 14일 노리스 브래드베리에게 이렇게 썼다. "우리의 국가 안보 기구가 이 무기를 개발하는 것이 도덕적으로 잘못이며 현명하지 못하다는 게 저의 여전한 생각입니다. 이런 이유로 저는 로스앨러모스에 가게 되더라도 슈퍼 폭탄 관련 논의에는 일체 참여하지 않을 것입니다. …… 전쟁이 일어난다면 제 입장을 재고할 것이 분명합니다만."[35] 버클리의 에밀리오 세그레는 이렇게 회상했다. "텔러와 여러 차례 이야기를 했다. 그와는 로마의 물리학 연구소 시절부터 잘 알고 지냈다. 하지만 나는 이내 깨달았다. 그는 막강한 이성의 소유자였다. 그런데 그것보다 훨씬 더 강력한 열정이 그를 지배하고 있었다."[36] 세그레는 텔러의 제안을 거절했다.

가족 위원회의 영입자 대다수가 옛 로스앨러모스 연구진 출신이었다. 카슨 마크와 무기 분과 책임자 마셜 글레커 할러웨이(Marshall Glecker Holloway, 1912~1991년)가 대표적이다. 하지만 에드워드 텔러는 다음 인물들을 영입할 수 있었다. 프린스턴의 이론 물리학자 존 아치볼드 휠러, 1942년 삼중 수소 사용을 최초로 제안한 인디애나 대학교의 에밀 코노핀스키, 전쟁 전에 베테와 함께 태양의 열핵 반응을 연구한 찰스 루이스 크리치필드(Charles Luis Critchfield, 1910~1994년), 약관으로 스탠퍼드의 재능 있는 이론 물리학자 마셜 니콜라스 로젠블러스(Marshall Nicholas Rosenbluth, 1927~2003년). 로젠블러스가 전쟁 때 특수 공병 파견대원으로 근무했던 로스앨러모스로 돌아가려고 결심한 것은 푹스 때문이었다. 그는 이렇게 회고한다. "러시아 인들이 푹스가 알고 있는 내용을 바탕으로 질적인 도약을 이룰 거라고 판단했습니다. 우리가 슈퍼를 연구 중이라고 알려 주었겠죠. 실제로 그랬고요. 러시아가 슈퍼를 개발할 거라고 추정한 이유입니다. 저는 스탈린이 지독한 개자식이라고 생각했어요. 스탈린이 우리보다 먼저 갖기라도 하면 상황이 아주 위험하다고 생각했습니다. 저의 동기는 기본적으로 그랬어요."[37]

로스앨러모스의 이론 진영에 이렇듯 소중한 자원이 결합하기는 했어도 텔러는 윌리엄 보든과 다른 대화 상대 모두에게 몹시도 불평을 해댔다. "연구소가 가장 젊고 똑똑한 물리학자들을 확보한 것은 행운이었지만, 고참 과학자들은 그런 무기가 도덕적으로 부끄럽다고 생각하며 후배들에게 막강한 영향력을 행사한다."[38] 텔러는 3월 초에 《원자 과학자 회보》에 구인 광고 비슷한 것을 낸다. "다시 연구소로(Back to the Laboratories)"라는 표제를 단 짤막한 호소문이었다. "미국의 과학자 사회가 중간자(meson)*와 허니문을 즐기느라 넋이 빠졌다."라고 그는 꾸짖었다. "휴가는 끝났다. 수소 폭탄은 저절로 만들어지지 않는다."[39]

카슨 마크는 이렇게 회고했다. "일이 잘 돌아가면 (텔러는) 흥미진진해서 어울릴 만했습니다. …… (하지만) 사람들이 많았고, 문제도 산적해 있었어요. 에드워드는 흥미로운 발상을 할 줄 알았고, 항상 그렇게 했죠. 새로운 발상들은 …… 오늘날 돌이켜보아도 전부 중요해요. 하지만 그가 예의 빠른 속도로 이것은 하고, 저것은 그만두라고 결정하면 …… 일의 진척이 더디고, 힘겨웠습니다."[40] 맨리의 회고도 보자. "연구소에서는 정말이지 텔러를 참고 견뎌야 했죠. 무시할 필요도 있었고요. 관련해서

* 제2차 세계 대전 전에 이론적으로 상정되었던 강입자로, 종전 직후 발견되었다.

실제로 싸운 일이 생각나지는 않습니다. …… 텔러는 연구소가 뭘 해야 하는지 그 과제를 제시하지 못했어요. 하지만 용인할 만했습니다. 그의 태도를 들먹이면서 '꺼져 버려.'라고 한 사람은 아무도 없을 걸요."[41] 마크도 맨리의 이야기에 동의한다. "다시 말해 텔러는 균형을 잡아 줘야 했죠."[42]

텔러가 개요를 서술한 슈퍼 관련 추가 연구 내용은 로스앨러모스에서 1950년 2월 중순 출간되었다.[43] 제목은 「열핵 폭탄 개발(*On the development of thermonuclear bombs*)」이었고, 분량은 72쪽이었다. 텔러가 1947년 9월 작성한 보고서와 비슷했지만 최신으로 갱신된 판본이었다. 1950년 판에는 열핵 폭탄 개발의 토대로서 1946년 4월에 열린 슈퍼 학회 때 제출된 설계안이 실렸다. 하지만 자명종도 선택 가능한 대안으로 강조되었다. 트루먼이 소련의 원자 폭탄에 대응하는 계획으로 열핵 폭탄 개발을 공개 천명하고 불과 몇 주가 지난 시점에 텔러는 비관적으로 이렇게 썼다. "슈퍼는 아마도 실현 가능하다고 이야기할 수 있을 것이다. 하지만 구조가 복잡해, 3~4년 안에 실제 작동하도록 만들 수 있을지는 매우 의심스럽다. 게다가 삼중 수소가 엄청나게 필요하다."

확실히 텔러는 자명종 대안에 호의적이었는데, 이것은 안드레이 사하로프가 층을 이룬 설계안에 매력을 느낀 것과 같은 이유에서였다. 자명종은 물리학상의 기본 원리를 고려할 때 실현 가능하다는 게 분명했다. 또한 자명종은 중수소화리튬으로도 만들 수 있었다. 즉 삼중 수소는 거의 또는 전혀 필요 없었다. (다른 한편으로 베테는 이렇게 기억했다. "원하는 고밀도를 얻기 위해 자명종을 충분히 압축할 수 있는 방법을 아는 사람이 아무도 없었다."[44]) 빅토르 아담스키는 이렇게 쓰고 있다. 당시 소련에서는 "(레이어 케이크 열핵 폭탄) 구상이 충분히 무르익어, 곧 추진될 참이었다."[45] 사하로프와 이고리 탐은 1950년 3월 사로프로 가서[46] 열핵 폭탄을 추진하며, 이로써 젤도비치의 부서와 더불어 새로운 두 번째 이론 부서가 출범한다. 킬로톤 급 레이어 케이크라면 크기가 팻 맨만 할 수도 있을지 몰랐다. 플루토늄이 웬만큼 생산되었고 우라늄 235도 활용할 수 있었다. 소련 프로그램은 분열성 금속을 아껴 줄 킬로톤 급 열핵 폭탄이라도 아쉬운 대로 만족할 태세였다. 자명종 출력의 80퍼센트 이상은 열핵 중성자가 우라늄 238 탬퍼를 분열시키는 과정에서 나올 터였다.

그러나 로스앨러모스는 출력이 수백킬로톤인 분열 무기 제작 방법을 이미 알고 있었고 메가톤 급 열핵 폭탄에 집중했다. 구형의 자명종에 여러 층을 더해서 핵출력을 메가톤 급으로 증강하려면 메커니즘을 엄청나게 크고 무겁게 키워야 했다. 텔러는 2월 보고서에 이렇게 썼다. "이런 물건은 앞으로 상당 기간 동안 항공기로 운반할 수 없을 것이다." 텔러는 메가톤 급을 달성하겠다는 야망을 포기하지 않고, 다른 운반 방법을 제안했다. "배나 잠수함으로 운반하면 막심한 피해를 불러일으킬 수 있다." 텔러는 배나 잠수함으로 운반해야 하는 무기로 소련처럼 광대한 내륙 영토를 가진 나라에 대재앙을 불러일으키고 싶었고, "10억 톤짜리 자명종"을 고안하려 했다. 10억 톤은 출력이 1,000메가톤이다. 하지만 그런 장치라면 대기에 구멍이 뚫릴 터였다. "내가 볼 때, 충격으로 2,589제곱킬로미터 이상의 면적을 파괴하기 어려울 것 같다." 섬광 화상은 160킬로미터까지는 "아주 심각할" 터였고, "7만 7699제곱킬로미터의 면적*이 영향을 받을 것"이었다. 다시 말해 항공기로 운반할 수 없더라도 어떻게든 지면 위 1.6킬로미터 이상 상공에서 폭발시킬 수만 있다면 말이다. 그밖에는 지평선이 피해 규모를 제한할 것이었다. 대형 자명

---

* 한 변이 278킬로미터 정도 되는 정사각형의 면적이다. 대략 펜실베이니아 주의 크기와 비슷하다.

종을 해상으로 운반하면 레닌그라드를 궤멸할 수 있을지도 몰랐다. 하지만 볼가 강 상류 수백킬로미터 지점까지 은밀히 가져갈 수 없다면 소련의 신경 중추에 폭발과 화염을 퍼뜨리지는 못할 것이었다. 그래도 자명종은 확실히 더러운(dirty) 폭탄이었고, 치명적인 방사능이 모스크바에 닿을지도 몰랐다. (핵폭탄은 방사성 낙진이 얼만나 나오느냐에 따라 더러운/깨끗한 폭탄으로 구분된다. 방사성 낙진이 적게 발생하는 수소 폭탄은 상대적으로 깨끗한 폭탄이다.— 옮긴이) "길이 643.7킬로미터, 폭 64.3킬로미터의 면적"이라고 보고서에는 나온다. 텔러는 비교를 위해 "워싱턴 DC 인근에 이런 종류의 폭탄이 투하되는(원문 그대로)" 상황을 가정했다. "앨러게니 산맥을 따라 바람이 북쪽으로 분다고 가정해 보자. 자주 접하는 기상 패턴이다. 워싱턴, 필라델피아, 뉴욕, 보스턴이 전부 방사능 구름의 경로와 가깝다. 가장 먼 보스턴도 위험할 수 있다." (원격 조종되는?) 해군 함선이 운반하는 자명종들의 방사능 낙진으로 소련을 섬멸하겠다? 미국 공군이 반길 시나리오는 아니었다. 전략 폭격기로 원자 폭탄을 투하해, 폭발과 화염과 방사능으로 소련을 궤멸할 수 있었으니 말이다.

텔러는 1951년 봄으로 예정된 그린하우스 시험을 학수고대했다. 그 시험으로 열핵 폭탄 개발에 귀중하게 쓰일 정보를 얻을 수 있을 것이기 때문이다. D+T 열핵 반응으로 생성되는 1400만 전자볼트의 고에너지 중성자들이 천연 우라늄, 우라늄 235, 플루토늄, 우라늄 233에 미치는 효과가 특히 중요했다. 하지만 텔러는 자명종의 실현 가능 여부를 알아내려면 1년 6개월에서 2년 정도가 걸릴 것으로 내다봤다. 적어도 그 정도는 걸려야 로스앨러모스에서 제작 중이던 매니악을 쓸 수 있을 것이라고 추정한 것이다. 그는 1947년 자신이 구상한 옛날 슈퍼와 자명종 가운데서 2년의 유예를 둔 다음 무엇을 개발할지 결정하자고 제안했다. 1950년 2월 보고서 역시 같은 제안을 한다.

자명종을 개발할지 슈퍼를 개발할지 정하는 사안은 2년 정도 미뤘으면 한다. 실험도 하고, 시험도 하고, 계산도 하려면 시간이 필요하다.

일주일 후 원자력 위원회(AEC), 군사 연락 위원회(MLC), 연구소 책임자들에게 설명회가 열렸고, 노리스 브래드베리는 슈퍼 프로그램의 다른 장애물들을 언급했다.[47] (트루먼은 열핵 폭탄 개발 "활동의 규모와 속도"는 원자력 위원회(AEC)와 국방부가 공동으로 정하라고 명령했다. 로스앨러모스에서 열린 설명회는 그에 앞선 비공식 예비 회의였다.) 브래드베리는 출력 증강도 확신이 안 선다고 말했다. 폭탄의 코어에 중수소와 삼중 수소 혼합 기체를 집어넣으려면 내파 체계를 바꾸어야 하는데, 그랬다가는 분열 출력이 손실될 수도 있었던 것이다. 핵융합으로 출력이 증대하더라도 이것을 벌충할 수 없을지 몰랐다. (기체가 자신을 에워싼 우라늄 235 껍질 속으로 확산되는 경향이 있었다. 로스앨러모스는 최종적으로 구리 껍질 내층[48]을 마련해 기체 격리에 성공한다.) 로스앨러모스 연구소는 "열핵 실험에 맞춰 준비할 수 있는 유일한 모형"이 당시로서는 출력 증강뿐이었기 때문에 그린하우스 출력 증강 시험에 몇 그램 안 되는 사용 가능한 삼중 수소를 몽땅 쓴다.

브래드베리가 볼 때 더욱 심각한 문제는 슈퍼 프로그램에 소요되는 시간과 핵분열 물질이었다. 그들은 로스앨러모스에서 이루어지는 실험을 위해 재고량에서 핵분열 물질 400~500킬로그램을 빼와야 했고, 에니웨톡 실험에도 수백 킬로그램을 사용할 예정이었다. 핸퍼드에서 삼중 수소를 생산하기 시작하면 훨씬 많은 양의 분열 물질 생산을 포기해야 했다. "열핵 무기에 당장 적용할 수 있는 분야를 제외하면 (무기 개발이라는) 주요 영역에서 연구는 물론이고 우월적 지위까지 포기"해야 할 판이었다. 브래드베리의 생각은 이랬다. "(삭제되었는데, 아마도 "1세제곱미터"일 것임)의 D_2에 불을 붙일 수 있는 장치를 만드는 데 3년 정도 시간"이 걸린다면,

종합적으로 볼 때 "엄청난 행운"일 것이다. 텔러는 "우리가 핵군비 경쟁에서 이미 졌거나 지고 있을지도 모른다며 상황이 매우 심각하다."*라고 경고한 후, 열핵 장치를 도모하는 몇 가지 실험 모형을 설명하고, "이 분야의 개발과 소요 시간이 예측 불가능하다는 브래드베리 박사의 의견에 자신도 동의함을 강조했다." 슈퍼 폭탄을 만들겠다고 전 세계에 천명하는 것과 실제로 만드는 것은 완전히 다른 일이었다.

로스앨러모스는 적나라한 현실을 파악 중이었고, 그사이 워싱턴은 또 다른 경보성 예언들로 더 한층 공포에 빠져들었다. 군사 연락 위원회(MLC) 위원인 허버트 버나드 로퍼(Herbert Bernard Loper, 1896~1989년) 준장은 푹스와 관련해 드러난 사실들에 부아가 치밀었고, 소련이 스파이 활동으로 정보를 취득한 (늦어도) 1943년부터는 "핵에너지 개발 계획"을 추진했을 것이라는 가정 아래 소위 "러시아 핵능력의 외적 범위"를 추정했다.[49] 그는 (소련에 전쟁 포로로 잡혀 있다가 귀환한 독일 과학자들과 공학자들이 알려 준 양질의 CIA 정보를 무시하고) 소련이 1943년부터 탐사와 채굴을 했고, 1945년부터 동위 원소 분리 시설 및 원자로를 건설했다고 상정했다. 로퍼의 견해에 따르면, 소련은 1945년경에 "열핵 무기 개발의 이론 토대"를 확립하고, 미국이 조 1 시험을 탐색해서 알아낸 1949년 9월 이전에 핵무기와 열핵 무기 시험을 마쳤을지도 몰랐다. 준장의 결론은 매우 선정적이다. 그렇다면 "소련의 재고량과 현행 생산 능력은 핵출력과 개수 모두에서 우리와 같거나 우위에 섰을 수도 있다. 열핵 무기도 생산되고 있을지 모른다."

* 이 회의가 열리고 10개월 후인 1950년 말 소련의 원자 폭탄 재고량은 RDS-1형 플루토늄 내파 폭탄 5개였다. 1950년 말 미국의 총 재고량은 공극형 복합 코어로 개선된 298기였다. 이때는 어느 나라도 열핵 무기를 갖지 못했다.

케네스 니콜스가 로퍼의 관측과 추정에 동의했고, 보고서의 신뢰성이 상승했다. 로퍼는 보고서를 군사 연락 위원회(MLC) 의장 로버트 르배런에게 송부했다. 로스앨러모스가 아무리 대충했더라도 검토만 했다면 로퍼의 보고서는 살아남지 못했을 것이다. 그러나 무기 연구소의 그 누구도 이 보고서를 살펴보지 않은 것 같다. (로버트 오펜하이머는 2월 27일 열린 국무부-국방부 정책 집단의 한 회의에서 이렇게 말했다. "만약 (소련이) 푹스 박사한테서 건네받은 정보를 토대로 (수소 폭탄에서) 뭔가 진전을 이루었다면 그들은 정말이지 신묘한 존재일 것입니다."[50]) 계속해서 르배런이 국방부 장관에게 로퍼의 보고서를 올렸다. 그는 이런 메모를 추가했다. 추정 내용이 최근의 CIA 보고서보다 훨씬 높기는 하지만(CIA는 "1953년쯤" 소련의 무기고에 120킬로톤의 원자 폭탄이 쌓일 것으로 내다봤다.) "러시아에는 우리 요원들이 확인할 수 없는 지역이 많다."[51] 로퍼의 보고서는 더 한층 권위가 치솟았다. 루이스 존슨은 트루먼에게 로퍼의 판단 내용을 보고했고, 합동 참모 본부에도 대응을 요청했다. 존슨은 이렇게 전한다. 합동 참모들은 "재앙을 당하지 않으려면 전력을 다해 수소 폭탄 개발 프로그램에 뛰어들어야 한다."[52]라고 주문했다. (노리스 브래드베리는 이렇게 투덜댄다. "로스앨러모스는 항상 비상 사태 계획을 추진해 왔습니다. 비상 사태 계획이라는 말은 모두가 최대한 열심히 연구 노력해야 한다는 의미겠죠. 사실 우리는 1943년부터 쭉 그러고 있다니까요."[53]) 트루먼은 최근의 이 복잡한 시국을 국가 안전 보장 회의 특별 위원회에 회부했다. 그는 원자력의 군사 분야 결정을 이 특별 위원회에 의존하고 있었다. 이제 원자력 위원회(AEC)의 의장은 헨리 스마이스였다. 국가 안전 보장 회의 특별 위원회는 합동 참모 본부에 긴급 슈퍼 프로그램을 원하고 동의하면 원자 폭탄 생산이 줄어들 수밖에 없다고 알렸다. 3월 9일 특별 위원회는 대통령에게 로스앨러모스가 이미 "전력투구" 중이라고 보고하고, 다음을 요구했다. "열핵 무기 개발 프로그램을 가장 긴급한 사안으로 취급해야 한다."라는 원칙을 승인해 줄 것. 그리고 "최소 2~3년의 기간이 소요될 이 무기를 개발하는 데 들어갈 추정 총비용이 분열 폭탄 30~40개 제작 비용과 비슷할" 테지만 삼중 수소 도합 1킬로그램을 사용해 열핵 무기를 매년 10개씩[54] 생산한다는 목표도 승인해 줄 것. 트루먼은 3월 10일 이것들을 다 승인했다. 그 무렵 제임스 코넌트는 버나드 바루크에게 다음과 같이 썼다. "워싱턴에 왔는데 꼭 정신 병원 같습니다. 누가 간병인이고, 누가 입원 환자인지도 모르겠어요. 내가 방문객인지 미래의 환자인지도 가늠이 안 됩니다. 아무튼 정신을 바짝 차리려고 노력 중이에요."[55]

☢☢☢

클라우스 푹스는 1950년 3월 1일 오전 10시 30분 올드베일리(Old Bailey, 영국 런던에 있는 중앙 형사 법원의 속칭 — 옮긴이)에 출석해 재판을 받았다.[56] 그에게는 배심제가 허락되지 않았다. 재판관은 고다드 경(Lord Goddard)이었다. 고등 법원 왕좌부의 장관인 이 수석 재판관은 진홍색 법복을 걸친 단호한 보수주의자로, 강력한 응징이 필요하다고 믿는 사람이었다. 기소 검사 하틀리 윌리엄 쇼크로스(Hartley William Shawcross, 1902~2003년) 경은 법무상으로, 뉘른베르크 전범 재판에서 영국측 수석 검찰관을 역임하기도 했다. 켄트 공작 부인과 런던 시장이 재판을 방청했고, 미국 대사관 인사 두 명과 약 80개의 신문 및 통신사(타스 통신 포함) 기자들도 참관했다. 에드거 후버가 FBI 측 참관인을 보내고자 했지만 영국은 미국과 적당한 거리를 두고 싶어 했다. 간담이 서늘할 정도의 보안 침입 사태를 대중이 알아 버리는 것을 최대한 막을 필요가 있었던 것이다. 푹스는 버밍엄, 뉴욕, 보스턴, 버크셔에서 비밀 정보를 넘겼다는 죄목으로 기소된다. (놀랍게도 샌타페이는 거명되지 않았다.) 극기심이 강한 이 물리학자는 재판이 시작되기 몇 분 전까지도 법정 최고형인 사형을 예상했다. 푹스의 법정 변호사는 유죄 답변서를 제출하고는 기소 내용을 영악하게 비틀었다. 푹스가 스파이 행위를 하던 당시에는 소련이 적이 아니었다는 게 요지였다. 반역죄는 기각되었고, 이제 최고형이라도 14년만 살면 되었다.

쇼크로스는 푹스의 이력을 더듬으며 공산주의의 사악함을 맹렬히 성토했다. 푹스의 변호인 데릭 커티스베넷(Derek Curtis-Bennett)은 푹스가 정신이 분열된 인간일 뿐이라고 항변했다. 그는 푹스의 자백에 기대어 다음과 같이 주장했다. 이 물리학자는 "직접 발견한 내용을 (소련에) 알려 주었을 뿐입니다."[57] 고다드 경은 커티스베넷의 말을 끊고, 이렇게 언명했다. "그런 정신 상태의 사람이 이 나라에서 가장 위험합니다."[58] 판사의 입장이 무엇인지 확연히 알 수 있는 대목이었다. 재판정에 나온 푹스는 갈색 양복 차림이었고, 펜과 연필을 상의의 손수건을 집어넣는 주머니에 끼우고 있었다. 마지막으로 한마디 할 수 있는 기회가 주어졌다. 푹스는 "기소 사유가 된 특정 범죄들을 저질렀다."라고 인정했다. "저는 형벌을 받으리라고 예상합니다. 저는 다른 범죄도 저질렀습니다. 법의 시각에서는 범죄 요건이 성립하지 않을지라도 말입니다. 친구들에게 못 할 짓을 했습니다. 제가 담당 변호인에게 재판장님 앞에서 특정 사실들을 제시해 달라고 요청한 것은 징벌을 가볍게 하려는 의도에서가 아니었습니다. 그 다른 범죄들을 속죄하고 싶었기 때문입니다." 푹스는 재판이 "공정했다."[59]라고 말했다. (푹스는 재판이 진행되기 전에 지니아 파이얼스에게 편지를 보냈다. 자기로 인해 친구들이 입게 될 피해를 미처 생각하지 못했다는 내용이었다. 지니아는 신의를 배반한 푹스를 비난했다. 고뇌 어린 그 편지 내용을 보자. "당신들이 입게 될 피해를 미처 생각하지 못했습니다. 저 자신을 들여다보면서 마주한 가장 참혹한 경험이었다고 고백합니다. 당신은 제 마음이 어떠했는지를 알지 못합니다. 저는 제가 뭘 하는지 안다고 생각했어요. 단순한 문제였죠. 제대로 된 간명한 존재에게는 확실하고 명백했으니까요. 하지만 당신들이 입을 피해는 생각하지 못했습니다." 푹스는 다른 친구에게 이렇게도 말했다. "열다섯에 깨닫는 사람도 있고, 서른여덟에 깨닫는 사람도 있죠. 서른여덟에라면 더 고통스럽습니다."[60])

수석 재판관 고다드 경은 "당신 내면의 기이한 측면이 이 나라에 엄청나게 소중하고 중요할 수도 있는 비밀을 언제고 당신으로 하여금 다시 넘기게 할지도"[61] 모른다는 두려움을 표명했다. 클라우스 푹스는 최고형인 14년을 언도받았다.

⊛⊛⊛

대통령이 열핵 폭탄 개발 계획을 공표하기 이전에도 텔러는 로스앨러모스의 슈퍼 연구 활동을 공격했고, 스타니스와프 울람은 이것에 화가 났다. "텔러는 …… 자기식의 특정한 접근법을 계속 고집했다. 솔직히 말해 그의 고집에 짜증이 났다. 나는 (1949년 12월) 어느 날 동료 코넬리우스 조지프 에버렛(Cornelius Joseph Everett, 1914년~)과 함께 시험 삼아 개요를 계산해 보기로 했다. 적어도 자릿수 정도는 알 수 있을 터였고, (텔러가) 장담한 (슈퍼의) 개요를 대강 파악할 수 있으리라고 봤던 것이다."[62] 울람과 에버렛은 1949년 초에 매니악으로 계산을 하려고 계획했다. 하지만 매니악이 완성되려면 한참 더 있어야 했고, 노이만의 프린스턴 기계도 상황은 마찬가지였다. 두 사람은 결국 문제를 간략화해 수작업으로 계산해야 했다. 로스앨러모스도 그 무렵 노이만이 에니악에 맡길 수 있는 간단 버전 계산을 준비하기 시작했다.

문제는 D+T 연소가 대량의 중수소를 점화할지 여부였고, 이것은 열핵 반응의 진행을 몬테카를로 법을 사용해 추적해야 풀 수 있었다. 울람은 이렇게 회고한다. "나는 매일 아침 중성자와 기타 입자들의 운명이나 다름없는 반응 집합의 기하학적 특성을 예고하고, 결과적으로 더 많은 반응을 야기하는 특정한 계수들의 값을 이렇게 저렇게 추측했다."[63] 울람은 주사위를 던져서 나오는 난수 형태로 이 추측값을 얻었다.[64] 텔러는 울람의 난수 발생기가 권위 있고 믿을 만한 수학임을 잘 알았다. 하지만 자신의 원대한 설계안이 크랩스 도박의 볼모라는 사실을 알고서 겁을 먹었음에 틀림없다.

울람은 계산이 길고 지루했다고 썼다.

> 우리는 계산자와 종이, 연필을 가지고 매일 4~6시간씩 작업을 했다. 계속해서 양을 추측한 것이다. …… 이 추정값들 사이에는 (입자들의) 실제 거동을 단계적으로 계산한 값을 배치했다. …… 계산 절차를 일일이 밟을 시간이 부족했고, …… 집합적 반응 물질을 세분할 수 있는 공간도 매우 작았다. …… 개별 계산값은 매우 컸다. 우리는 무수히 계산을 거듭했고, 그 대부분은 에버렛이 담당했다. 이 과정에서 그의 계산자가 닳아서 망가질 지경이었다. …… 이 문제에 얼마나 많은 시간을 썼는지 모르겠다.[65]

아내 프랑수아즈 울람은 이렇게 적고 있다. 남편은 처음에 "에버렛과만 일했다. 그러더니 젊은 여성들이 합류했다. 전자식 계산기를 수동으로 작동하기 위해 급히 충원된 사람들이었다." 프랑수아즈도 나서서 그 일을 도왔다. 그녀는 계산 결과가 텔러의 설계안과 배치되었다고 말한다. "울람과 에버렛의 계산 결과가 처음으로 텔러의 설계안에 경종을 울렸다. 나는 텔러가 이 사실을 모욕적으로 받아들이는 것을 똑똑히 보았다. 울람은 매일 출근해, 우리의 계산 과정을 지켜봤고, 새로운 추정값을 가지고 돌아갔다. 그러나 텔러는 언성을 높이며 반대했고, 누구도 계산 결과를 못 믿게 회유했다. 처음에 어려운 문제이므로 공동으로 조사하자며 이루어진 작업은 불쾌한 대립으로 비화했다."[66]

카슨 마크는 이렇게 썼다. 울람과 에버렛이 1950년 3월 9일 작성한 50쪽짜리 중간 보고서는 다음과 같은 결론을 내렸다. 계산하려고 선택한 삼중 수소의 양이 "턱없이 모자랐다. 첫 번째 계산이 중단된 이유이다. …… 두 번째 계산은 삼중 수소의 양을 늘려 바로 시작했다."[67] (울람은 첫 번째 계산의 결론을 더 직설적으로 이야기한다. 그는 이렇게 적고 있다. "고려한 모형이 실패했음"[68]이 밝히 드러났다.) 울람은 이렇게 이야기한다. 두 번째 계산이 진행되었고, "텔러가 '슈퍼' 프로젝트에 영입하려던 여러 과학자가 당연히 많은 관심을 보였다." 두 번째 계산 결과 역시 "반응 진행이 썩 좋지 않은 것"[69]으로 나왔다. 텔러는 적반하장으로 자신의 슈퍼 설계안이 아니라 반대자들이 영입 작업을 막고 있다고 비난했다. 그는 친구처럼 지내기 시작한 윌리엄 보든에게 이렇게 썼다. "일반 자문 위원회(GAC) 성원들의 태도가 우리의 영입 작업에 심각한 난관으로 작용하고 있습니다. 단호한 변화가 필요해요. 적어도 그들의 가장 가까운 동아리에는 알려야 합니다. 코넌트나 오펜하이머 정도면 비공식적인 방법으로 우리의 노력에 엄청난 해를 입힐 수도, 보탬이 될 수도 있습니다."[70]

울람은 이렇게 썼다. "텔러는 우리의 계산 결과를 선선히 받아들이지 못했다. 그가 한 번은 안 좋은 소식에 좌절한 나머지 울었다는 이야기를 들었다. 그는 실망이 대단했다. 텔러가 그런 모습을 보이는 것을 나는 본 적이 없었다. 확실히 그는 당시에 침울했다. 다른 수소 폭탄 프로젝트 열광자들도 그건 마찬가지였다."[71] 울람은 그해 봄 프린스턴의 노이만을 찾아갔고, 두 사람은 페르미, 오펜하이머와 진행하던 계산 과제를 토의했다. 울람은 오펜하이머가 "난관이 있음을 알고 꽤나 기뻐하는 눈치"[72]라고 판단했다. 텔러는 그즈음 울람이 일부러 계산 결과를 조작해 슈퍼에 반대하는 것은 아닌지 의심했다. 폴란드 출신의 수학자는 노이만에게 이렇게 말하기도 했다. 텔러가 "어제는 말 그대로 안색이 창백해질 때까지 격분했습니다. 하지만 오늘은 좀 진정했겠죠."[73] 텔러는 노이만에게 낙심천만이라는 내용의 편지를 5월 초에 써 보냈다. 에니악을 동원한 계산을 준비 중이던 노이만은 5월 18일자 답장에서 그를 격려했다.

> 자네 편지를 통해 일 때문에 받는 스트레스가 엄청나다는 걸 알았고, 유감이네. 정말이지 중압감이 더 이상 악화되지 않았으면 싶군. 계산과 관련해 자네가 만족할 수 있는 방법을 못 찾아서 매우 유감일세. …… 이 계산은 유일한 계산이 아니고, 그런 적도 없었지. …… 정치적으로도 계산 결과가 긍정적일 가능성이 어느 정도 되어 준다면 좋을 거야. 나로서는 결과가 부정적이라도 그게 그렇게 두려워 할 이유인지는 모르겠네만. 성공을 제약하는 조건과 관련해 더 잘 추측할 수 있는 부수적 정보로서 값어치가 충분할 테니.[74]

그러나 노이만은 같은 날 울람한테서 다음과 같은 말을 듣는다. "저는 성공이 요원하다고 생각합니다."[75] 울람과 에버렛이 계산 중이던 슈퍼의 설계안은 단지 성공이 요원한 정도가 아니었다. 텔러가 워싱턴에 보고한 내용, 즉 슈퍼 1개당 100그램의 삼중 수소 소요량(총 1킬로그램의 삼중 수소를 사용해 매년 열핵 폭탄을 10개씩 만들라는 특별 위원회의 3월 9일 권고 사항의 바로 그 토대)이 "매우 불충분한"(일반 자문 위원회(GAC)가 몇 달 후 이렇게 보고한다.) 것으로 드러난 것이다. "이 모형의 삼중 수소 저점 한계는 3~5킬로그램이다."[76] 원자력 위원회(AEC)가 1년에 1킬로그램의 삼중 수소를 생산한다고 해도 슈퍼 하나를 만드는 데 최소 3~5년이 걸릴 터였다. 그것은 원자 폭탄 약 100개를 만들 수 있는 플루토늄을 생산할 만큼의 중성자를 사용하는 것이기도 했다. 텔러가 얼굴이 파리해질 때까지 격분한 것도 당연했다.

⊛⊛⊛

FBI 요원들은 미지의 용의자를 찾아 나섰고, 1950년 2월 중순 매사추세츠 주 케임브리지의 크리스텔 하인먼과 로버트 하인먼을 면담했다. 미지의 용의자는 클라우스 푹스의 미국인 연락책으로 이른바 "레이먼드"였다. 크리스텔은 1944년과 1945년에 집을 찾아온 남자의 이름을 기억하지 못했다. 하지만 전반적인 인상착의를 설명해 주었고, 두 가지 단서가 특히 중요했다. 남자가 자신을 화학자로 소개했고, 아내와 크리스텔 자녀와 비슷한 나이의 쌍둥이가 있다고 언급한 사실이 바로 그것이다. 크리스텔과 남편은 아주 중요하게 작용할 다른 세부 사항 몇 가지도 제공했다.[77] 동업자인지 동료인지가 동업자들한테 사기를 당했다는 사실, 그 동료의 회사 이름이 케머지 디자인 코퍼레이션(Chemurgy Design Corporation)이라는 사실, 그 동료가 분무기와 살충제 DDT 제조 공정을 연구 개발 중이라는 사실, 미지의 용의자가 따로 연구 개발 업체를 설립하고자 했다는 사실.[78] 푹스 역시 자백 과정에서 신원을 파악할 수 있는 중요한 단서를 제공했다. 레이먼드가 열 확산에 관심을 보였고, 연구도 좀 했었다는 내용이었다.

로버트 램피어와 동료 어니스트 밴 룬(Ernest Van Loon)은 서캐 훑듯 FBI 파일을 뒤졌다. 목표는 화학자와 공학자를 찾는 것이었다. 이름이 수백 개 나왔다. 두 사람은 이들 용의자의 사진을 크리스텔 하인먼과 로버트 하인먼에게 보여 주었고, 3월 13일 런던의 푹스에게도 보여 주었다. (뒤의 조치가 시간적으로 앞섰다.) 푹스는 체격이 좋은 브루클린 태생의 어떤 토목 기사 사진을 지목하면서 그가 "레이먼드인 것 같다."[79]라고 답했다. 하인먼 부부는 푹스가 지목한 사람을 가리키지 않았다. 램피어와 밴 룬은 기운이 빠졌지만 하는 수 없었다. 그 불운한 토목 기사는 철저한 수사를 받는다.

하인먼 부부와의 면담이 진행되고 얼마 후 밴 룬은 케머지 디자인 코퍼레이션 대표의 신원을 확인했다. 그가 바로 에이브 브로스먼이다. 브로스먼이라면 엘리자베스 벤틀리가 1945년 FBI에 자백하면서, 또 1947년 대배심 증언에서 스파이 행위 정보의 출처라고 지목한 인물이다. 램피어의 이야기를 들어보자. "브로스먼과 골드는 1949년 9월 내가 푹스의 간첩 행위를 캐기 시작하면서 처음 조사한 사람들이었다."[80] 푹스는 두 사람의 사진을 확인해 주지 않았다. 후버는 미지의 용의자를 찾아내라고 난리를 치고 있었다. 두 요원은 낚시에 나섰다. 후버가 2월 또는 3월 초 언제쯤 에이브 브로스먼의 사무실을 비합법으로 수색해도 좋다고 재가했음이 분명하다. 침입 절도 행각에서 쓸 만한 자료가 나왔다. FBI의 한 요약 보고서에는 이렇게 나온다. "타이핑된 문서였다. 제목은 지워졌지만 내용은 열 확산 공정의 산업 응용에 관한 것이었다. 이 문서는 대단히 중요했다. …… 보고서를 누가 작성했는지는 나와 있지 않았다."[81] 열 확산 보고서를 누가 썼든 그가 푹스의 접선책일 가능성이 매우 높았다.

램피어와 밴 룬의 의혹은 서서히 골드를 향했다. 소련 요원들과 아무것도 모른 채 만났을 뿐이라는 1947년의 대배심 증언은 틀림없이 가짜였다. 골드는 하인먼 부부와 푹스가 설명한 대체적 인상착의와도 부합했다. 램피어는 이렇게 썼다. "필라델피아 지부에 해리 골드를 적극 조사하라고 지시했다. 필라델피아에서 보고서가 올라오기 시작했고, 우리의 관심도 서서히 고조되었다."[82] 램피어와 밴 룬은 골드 파일의 사진을 푹스가 못 알아봤을지도 모른다고 판단했다. 두 사람은 필라델피아 지부에 골드를 감시하면서 은밀히 정지 사진과 동영상 촬영을 하라고 요구했다.

폭스의 항소심이 마무리된 5월 초 램피어는 런던으로 가서 그 물리학자와 면담하라는 지시를 받았다. 이것은 후버가 여러 달 동안 성사시키려고 조율한 사안이었다. 아이다호 출신의 그 장신 형사는 워싱턴에서 뉴욕으로 가는 중에 필라델피아 요원들이 몰래 촬영한 자료를 받았다. 램피어는 계속해서 5월 15일 뉴욕을 출발했다. 후버의 친구 중 한 명인 부국장 휴 클레그(Hugh Clegg, 1898~1979년)가 동행했다. FBI는 같은 날 뉴욕에서는 에이브 브로스먼과 미리엄 모스코위츠를, 필라델피아에서는 골드를 심문했다. 모스코위츠는 골드가 꾸며낸 자녀 두 명과 김블스의 모델이었다는 아내를 언급했다. 골드는 연도 가스(flue gas, 연소한 후 배기 가스가 지나는 통로인 연도를 지나가는 배기 가스)를 공업적으로 회수하려는 목표 아래 열 확산에 관심을 기울였다고 막힘없이 이야기했고, 자신이 관련해서 보고서도 하나 썼다고 설명했다. 골드의 진술은 FBI가 갖고 있던 보고서와도 아귀가 맞았다. 그는 브로스먼이 동업자들과 사이가 틀어졌고, DDT와 분무기를 연구했다는 것을 알며, 자신이 연구 개발 업체를 설립하는 일에 관심이 있었다고도 말했다. 하지만 골드는 미시시피 강 서쪽으로 여행한 적은 한 번도 없다고 부인했다. 요원들은 관련이 있는 것과 없는 것을 섞어 골드에게 사진을 보여 주었다. 거기에는 폭스의 사진이 한 장 들어 있었다. FBI 보고서에는 이렇게 적혀 있다. "골드는 폭스 사진을 보고 이렇게 말했다. '정말 별난 사진이로군요. 그 영국인 스파이 아닙니까?'"[83] 골드는 자신은 폭스를 만난 적이 없다고 말했다. 신문에서 봤기 때문에 그 사람을 알아봤다는 요지였다. 골드는 3시간 30분 동안 심문을 받았고, 필라델피아 종합 병원으로 돌아가 근무할 수 있게 해 달라고 간청했다.

골드는 자기가 중대 용의자임을 간파했다. 그는 나중에 이렇게 썼다. 5월 15일부터 "나는 어떻게든 시간을 짜내려고 했다." 골드에게 시간이 필요했던 것은, "아버지와 동생에게 해 줄 이야기를 꾸며내야 했기" 때문이다. "톰 블랙에게 달아나라고 알려 주고 싶었다. …… 심장 센터 연구를 누군가 다른 사람이 이어받아 계속할 수 있도록 잘 정리하기 위해 열심히 노력했다."[84] 필라델피아 요원들은 5월 19일 골드를 다시 불러 6시간 동안 면담했다. 이번에는 보스턴이나 버펄로, 또는 샌타페이에 간 적이 있느냐고 물었다. 그들은 필적 견본도 계속 모았다. 푹스와 하인먼 부부 사진도 반복해서 제시했다. FBI 요원들은 모스코위츠가 알려 준 아내와 자녀 이야기로 골드를 압박했고, 그는 "단호하게 부인했다."[85] 그들은 집을 수색해도 좋겠냐고 물었다. 5월 19일은 금요일이었고, 골드는 아버지와 동생이 출근하는 월요일 아침까지는 안 된다고 사정했다. FBI는 동의했고, 보고서에 이렇게 썼다. "두 명의 가족을 매우 아낀다는 게 명백하므로 골드를 무너뜨리려면 우리가 이를 배려한다는 사실을 보여 줄 필요가 있다."[86] 골드는 일요일에 3시간 30분 이상 심문을 받았다. 램피어가 런던으로 가면서 받아 들고 간 사진과 동영상도 그에게 던져졌다.

토요일 런던. 램피어와 클레그는 웜우드 스크럽스(Wormwood Scrubs)에 도착했다. 푹스가 그 오래된 감옥에 수감 중이었다. 램피어는 그곳이 "음울하고, 시설이 미비하며, 추웠다."[87]라고 썼다. 런던 자체가 누더기였다. 5년 동안 치른 전쟁의 참화가 여전했다. "폭탄 피해가 엄청났다. 파괴의 잔해가 도시 전역에 남아 있었다. 고기, 버터, 기타 식량과 석탄이 배급되었다. 다른 물품도 거의 마찬가지였다. 5월 하순이었지만 도시는 여전히 추웠다. 묵었던 호텔방은 물론이고 체류 중에 찾은 많은 건물이 난방을 전혀 못 하고 있었다."[88] 그럼에도 불구하고 램피어는 "클라우스 푹스를 심문하는 일이 일생일대의 기회라고 생각했다."[89]

폭스의 외모는 램피어가 예상한 것과 많이 비슷했다. "얼굴이 초췌하고, 지적이며, 안색이 창백했다."[90] 두 사람은 처음에 권투 선수들이 하듯 가벼운 스파링을 주고받았다. 기결수 폭스는 자기가 왜 FBI에 협력해야 하느냐고 물었다. 램피어는 폭스가 FBI를 게슈타포 비슷한 기관으로 생각한다는 것을 간파했다. 그가 누이동생을 보호하려고 애쓸 것임도 직감했다. 램피어는 누이동생의 안전이 폭스의 협력에 달려 있음을 암시했다. 그러고는 사진들이 건네졌다. 폭스는 감시 중에 몰래 촬영한 해리 골드 사진 석 장을 추려 냈다. "달리 도리가 없었다."[91] 폭스의 말이다. 램피어는 기분이 날아갈 듯했다. 하지만 폭스는 적극적으로 신원을 확인해 줄 생각이 없었다. 그는 램피어에게 사진들이 선명하지 않다고 말했다.

1950년 5월 22일 월요일 웜우드 스크럽스. 폭스는 해리 골드를 촬영한 동영상을 보았다. 차창을 통해 촬영된 화면이었다. 폭스는 처음 보고 나서 이렇게 말했다. "전적으로 확신할 수는 없다. 하지만 그 사람일 가능성이 높다고 생각한다." 폭스는 두 번째 보고 나서도 여전히 신원을 확인해 줄 생각이 없었다. 세 번째 보고 나서는 "가능성 매우 많음"[92]으로 낙착되었다.

월요일 오전 필라델피아. 골드를 심문하던 요원들이 아침 8시 직후 그의 집 문을 두드렸다. 골드는 이렇게 회고했다. "유죄를 입증할 만한 증거를 내 방과 다른 곳에서 찾아 치우려고 했지만 찾지 못했다. …… 아버지와 조가 출근할 때까지는 도무지 할 수 없었던 것이다. …… 주말에도 두 사람이 의심할까 봐 못 했다."[93] FBI 보고서도 보자. "침실부터 수색했다. 종이, 책, 화학 저널이 많았고, 개인 기록과 소지품이 엄청났다."[94] 요원들이 문서 몇 개를 찾아냈고, 골드는 안절부절못했다. 그들은 수색 2시간 만에 드디어 유죄를 직접적으로 입증하는 단서를 찾아냈다.

다음으로 가장 중요한 것은 상공 회의소가 발행한 샌타페이 지도였다. 그것은 책꽂이의 책들 뒤에 있었다. 골드에게 보여 주면서 말했다. "이게 있다는 건 잊었나, 해리?" 골드는 이렇게 대꾸했다. "맙소사, 대체 어디서 나온 거지?" 그는 계속해서 이렇게 말했다. "그게 왜 거기 있는지 저는 모릅니다." 요원들은 골드에게 다 끝났다고 말했다. "볼장 다 봤어요." 요원들은 골드에게 다 털어놓는 게 좋을 것이라고 충고했다. 골드가 충격을 받았다는 것이 분명했다. 그는 생각할 시간을 좀 달라고 했다.[95]

골드는 여러 해 후 자기가 그때 무슨 생각을 했는지 적었다.

샌타페이 지도가 나왔고, 나는 결정을 해야만 했다. 지도 자체가 유죄를 입증하는 증거로 대단한 물건은 아니었다. 의문이 생길 만한 다른 품목도 몇 개 나왔다. 하지만 계속해서 박해를 당하며 무죄를 항변해야 했을까? 가족은 물론이고 필라델피아 종합 병원의 친구와 동료들이 나를 돕기 위해 몰려들 터였다. 나에게 불리한 증거는 아주 실제적이었다. 푹스가 나를 확인해 주었을 수도 있었다. 나는 케임브리지에 있는 크리스텔의 집에도 여러 번 찾아갔다. …… FBI가 알 슬랙을 찾아내지 못했을 거란 보장도 없지 않은가? 에이브 브로스먼은 과거에도 심문을 받으며 겁에 질려 내 이름을 대지 않았던가. 거짓말은 발각될 수밖에 없었다. 나는 침대 모서리에 앉아, 담배를 1대 달라고 청했다. (생각해 보면 나는 담배를 싫어한다.)[96]

FBI 보고서는 이렇게 계속된다. "1분쯤 후, 그러니까 오전 10시 15분에 골드가 입을 열었다. '제가 클라우스 푹스한테서 정보를 건네받은 사람입니다.'"[97]

골드는 자발적으로 유치장에 들어갔다. 남동생이 그날 저녁 FBI 사무실로 형을 보러 왔고, 골드는 동생에게 청천벽력과 같은 소식을 전했다. 골드는 1965년 감옥에서 이렇게 쓴다. "다음날 저녁에는 아버지가 오셨다. 맥그래너리(McGranery) 판사는 형을 선고하는 날 법정에 조금 늦게 나왔다. 나는 5월 23일 날 밤 아버지의 두 눈을 보면서 진짜 형벌을 받았다."[98]

램피어는 푹스에게 골드가 자백했음을 알리지 않았다. 그럼에도 불구하고 푹스는 5월 24일, 필라델피아 요원들이 이전 일요일에 찍은 사진들에서 골드를 결정적으로 확인해 주었다. 어쩌면 빛이 더 좋은 상황에서 사진이 찍혔기 때문일 수도 있고, 정면 사진과 측면 사진이 제시되었기 때문일 수도 있다. (골드가 협력해야만 얻을 수 있다는 게 명백했다.) 골드를 확인해 주어도 더 이상은 그를 누설해 배반하는 것이 아니라고 푹스는 판단했을 것이다. 푹스는 사진을 보자마자 이렇게 말했다. "예, 이 사람이 저의 미국인 접선책이오." 램피어는 이렇게 회고한다. "어깨를 짓누르던 엄청난 부담이 사라지는 듯했다."[99]

해리 골드는 1950년 5월 23일 오후 10시 45분에 필라델피아에서 기소 인정 여부 절차를 밟았다. 골드가 체포되었다는 소식이 다음날 신문 지면의 헤드라인을 장식했다. 여전히 화상 치료 중이었던 루스 그린글래스는 갓 퇴원한 상황이었다. 남편은 입원 기간이 더 행복했을 것이라고 회고했다. "같은 날이었습니다. 아내가 출산을 하고 퇴원한 다음날이었죠." 줄리어스 로젠버그가 처남의 집으로 부부를 찾아갔다. 데이비드 그린글래스는 계속해서 이렇게 진술한다. "매형이 문을 두드렸습니다. 거실 의자에서 일어나 문을 열었더니 매형이 있었죠. 아침이었고, 출근하기 전이었습니다. (뉴욕) 《헤럴드트리뷴(*Herald-Tribune*)》이나 《타임스》를 들고 있었을 거예요. 아무튼 그게 중요한 게 아니고, 1면에 골드의 사진이 보였습니다. 매형이 말했죠. 사진을 봐, 자네가 만났던 남자지. 저는 이렇게 대꾸했습니다. 바보 같은 소리 마세요. 아닙니다. 아내도 그가 아니라고 했어요. 매형은 말했죠. 맞다고."[100]

로젠버그는 부부에게 10달러와 20달러짜리 구권 화폐로 1,000달러를 건넸다. 데이비드는 이렇게 진술했다. "매형은 …… 미국을 떠나라고 말했습니다. …… 몹시 흥분한 상태였어요. …… 체포될 것을 두려워했습니다. 제가 잡히면 매형에게로 화가 덮칠 테니까요."[101] 데이비드는 다른 기회에 이렇게 말하기도 했다. "매형은 자기가 떠나야 한다고, 계획을 세우고 있다고 말했습니다. 그래서 내가 물었죠. '왜요?' 그는 …… 제이콥 골로스를 알고 있다고 대꾸했습니다. …… (엘리자베스) 벤틀리가 매형을 알고 있을 거라는 이야기였죠."[102] 루스는 이렇게 진술했다. "로젠버그는 말했습니다. 한 달 동안 이걸 쓰도록 해요. 더 가져다줄 테니까. 필요한 것은 마련해 줄게요. …… 그는 대셔스(dashers, 원문 그대로: 다차를 가리킴)로 가라고 했습니다. 저는 물었습니다. 그게 뭔대요? 그는 소련이라고 답해 주었습니다. 저는 또 물었습니다. 아주버님도 가시나요? 에델의 생각은요? 그는 아내가 불안해 하지만 그래야만 한다는 사실을 인정했다고 답해 주었습니다. …… (저는) 대답했어요. 우리는 아무 데도 안 가요. 아기가 있단 말이에요. 느닷없이 짐을 꾸려서 떠날 수는 없습니다. …… 로젠버그는 아기는 죽지 않을 것이라고 말씀하셨어요. 비행기나 기차에서도 태어나는 게 아기라나요. 계집아이는 죽지 않고 잘 살 거라고 했습니다."[103] 루스는 소련으로 가면 "황금 같은 기회"[104]를 얻게 되는 것이라고 로젠버그가 덧붙였다고 진술했다. 로젠버그와 데이비드 그린글래스는 산책을 나갔고, 로젠버그는 탈출 경로를 설명해 주었다. 멕시코시티를 경유한다. 스톡홀름이나 베른을 지나 체코슬로바키아로 들어간다. 거기서 다시 소련으로 간다.

루스 그린글래스는 나중에 이렇게 주장했다. "우리는 미국을 떠난다는 생각을 해 본 적이 한 번도 없습니다. 우리나라니까요. 우리는 여기에 있을 겁니다. 여기 살면서 애들을 키울 거라고요." 하지만 그녀는 자신들이 "돈을 받았다."라고 진술했다. "미국을 떠날 생각이 없다고 줄리어스가 의심하게 되면 우리와 아이들이 물리적 위해를 입을지도 모른다고 남편이 말했거든요."[105] 기록을 보면 그린글래스 부부가 실제로 어떻게 하려던 것인지가 불분명하다. 당시에는 그들로서도 어떻게 해야 할지 갈팡질팡했을 수 있다. 부부는 5월 28일 미국 여권에 들어가는 사진의 표준 크기보다 조금 더 큰 것으로 사진을 여섯 장씩 찍는다. 그들은 이중 다섯 장씩을 줄리어스 로젠버그에게 건넸다. 아마도 그 사진은 KGB에게 넘겨졌을 것이다. 탈출 경로상에서 그린글래스 부부를 식별 확인하려면 사진이 필요했을 것이다.

로버트 램피어는 해독한 암호 전문의 정보를 앨버커키 지부로 전달했고, 현지 요원들은 2월부터 로스앨러모스에서 전쟁 때 누가 제2의 스파이로 활동했는지 조사하고 있었다. 유력한 용의자 한 명은 윌리엄 스핀들이었다. 육군 특수 공병 파견대원이자 그린글래스의 친구 말이다. 루스 그린글래스가 스핀들의 아내 새라의 아파트에서 1945년 유산 후 요양했었다. 그러나 앨버커키 지부는 제2의 스파이가 과학자일 가능성에도 주목했다. 스타니스와프 울람이 용의자였다. 빅토르 바이스코프도 빼놓을 수 없었다.[106] 하지만 "논리적으로 가장 사리에 맞는 소련 간첩 용의자"는 에드워드 텔러라는 것이 앨버커키 지부의 판단이었다. 이런 결론의 근거로 지부 보고서는 다음의 이유들을 댔다. 텔러는 "로스앨러모스에서 …… 푹스와 가장 친한 동료"였다. 미치 텔러(Mici Teller, 1909~2000년)가 "1945년 후반부에" 푹스, 루돌프 파이얼스, 지니아 파이얼스와 함께 멕시코시티를 다녀왔다. "텔러 부부는 푹스가 영국으로 돌아가던 1947년에 그를 집으로 초대해 저녁 식사를 함께했다." "텔러 박사는 1949년 여름 영국에서 푹스와 상당히 자주 접촉했다." 텔러는 푹스와의 교유 관계 말고도 로스앨러모스에서 함께 일한 어떤 사람한테 전후에 시카고 대학교에서 대학원 과정을 해 보라고 권했다. 그런데 그 인물이 "로스앨러모스에서 소련을 위해 스파이 활동을 한 것으로 확인되었다." 그 인물이 정리한 공작원 영입 대상자 목록에 텔러의 이름이 나왔다. 텔러는 해독된 NKVD 전문에서 괄호로 묶인 시기들에 뉴욕을 다녀왔다. 즉 "로스앨러모스 프로젝트에서 빈번하게 이탈한 것으로, 정기적으로 러시아에 정보를 제공했을 가능성이 있다." "텔러 박사가 러시아에 원자력 정보를 제공하는 것에 노골적으로 반대한다."라는 것도 이상했다. "공산당이 지배하는 헝가리에 부모와 다른 친척들이 있다는 사실을 고려하면 이것은 이상한 일이다."[107]

요원들이 조사를 더 진행했다면 수상쩍어 보일 수도 있던 에드워드 텔러에 관해 FBI가 훨씬 많은 사실을 파악했을 것이다. 텔러는 1944년 봄과 여름에 로스앨러모스에서 중요하기 이를 데 없는 내파 관련 계산을 하지 않겠다고 버텼고, 그가 이 연구를 거부하는 바람에 영국 과학자들이 로스앨러모스에 들어가게 되었다. 거기에는 물론 클라우스 푹스가 포함되었고 말이다. 텔러는 1946년 로스앨러모스를 떠나 개인 생활로 복귀했다. 그가 열핵 연구를 담당한 주요 이론가였음에도 불구하고 말이다. 텔러가 떠나면서 열핵 연구가 지연되었다는 것은 의심의 여지가 없었다. 텔러는 열핵 무기, 곧 슈퍼를 특정 설계안으로 개발해야 한다고 주장했다. 그런데 그 설계안은 물리학의 기본 원리상 실현 가능하다는 판정이 안 나온 것이었다. 반면 자명종이라는 그의 또 다른 설계안은 실현 가능하다는 것이 분명했다. 로스앨러모스가 추진해야 한다고 텔러가 주장한 슈퍼 설계안은 부적당하다는 게 거의 틀림없는 것으로 결론나기까지 했다. 텔러는 계속해서 그것을 개발해야 한다고 주장했고, 대통령까지 나서서 지지한 인원과 기금의 대규모 투입을 촉구했다. 텔러가 지지하는 슈퍼는 기껏해야 작동을 할까 말까 했으며, 그 설계안으로 개발을 시도하면 안 그랬을 경우 만들 수 있는 많은 수의 원자 폭탄을 포기해야만 했다. FBI가 텔러와 푹스의 교유와 관련해 모은 증거에 이런 가설적 혐의를 보탰다면 헝가리 태생의 이 변덕스럽고 음침한 물리학자가 소련의 스파이라는 상당히 설득력 있는 주장이 제기될 수도 있었다. 텔러를 포함해, 루이스 스트로스와 윌리엄 보든처럼 뜻을 같이한 애국자들은 몇 년 후 로버트 오펜하이머를 겨냥해 비슷한 가설적 혐의를 모아 제기하는 데 주저함이 없었다.

에드워드 텔러는 해리 골드 때문에 더 이상 수사를 받지 않아도 되었다. 골드가 찾아온 아버지를 만나 죄책감을 느끼던 그 저녁에 샘 골드는 아들에게 "입힌 피해를 벌충하라."[108] 고 간청했다. 골드는 그렇게 하려면 FBI에 전적으로 협조해야 함을 알았다. 골드는 6월 2일 앨버커키에서 접선한 사람의 신원을 밝혔다. "미국 육군" 소속이고, "나이는 스물다섯이거나 그것보다 훨씬 젊으며," 뉴욕 출신이고, 아내의 이름은 "루스였을 것"[109]이라고 말이다. 이 진술로 텔러는 혐의를 완전히 벗었다. 골드는 부부가 앨버커키에서 대강 어디쯤에 살았는지도 진술했다. 그린글래스의 이름은 로스앨러모스에 파견된 다른 군인 수십 명과 더불어 이미 포괄적 용의선상에 있었다. (휴가 기록을 바탕으로 추려진 상태였다.) 그린글래스의 앨버커키 아파트가 골드의 설명과 부합했다. 램피어는 뉴욕 지부에 그린글래스 사진을 몰래 찍어 보내라고 요청했다. 골드는 6월 4일 그렇게 찍힌 한 사진에서 머뭇거렸지만 젊은 기계공을 지목했고, 그린글래스 부부가 뉴욕에서 코셔 식품[110]을 받아먹었다는 이야기도 기억해 냈다. 골드는 알 슬랙과 톰 블랙도 FBI에 찔러주었다. 당시의 한 FBI 요원은 재미있다는 듯 이렇게 말했다. "골드를 취조하는 일은 레몬을 짜는 것과 비슷했다. 한두 방울은 반드시 떨어졌다."[111]

루스 그린글래스는 줄리어스 로젠버그가 6월 4일 자기들을 찾아왔다고 회고했다.

> 아주버님이 집에 오셨고, 데이비드를 다른 방으로 불러 …… 4,000달러를 주셨어요. …… 아주버님이 왔을 때 저도 집에 있었죠. 그 무렵 데이비드와 저는 이야기를 마쳤고, 떠나지 않기로 결정했다는 것을 줄리어스에게 알리지 않기로 결심한 상태였어요. 아주버님이 우리의 의사를 알게 되면 물리적 위해를 입을지도 모른다고 데이비드는 판단했습니다. 우리가 떠날 거라고 믿게끔 하는 게 최선이라는 거였죠. …… (줄리어스는) 멜로드라마에 나오는 인물처럼 극단적이었어요. 모든 이야기를 소곤소곤했고, …… 벽에도 귀가 있다는 듯한 태도였죠. 아주버님은 데이비드와 함께 산책을 하러 나갔습니다. …… 우리는 4,000달러를 받았고, 남편은 스카치테이프로 묶어서 그 뭉치를 벽난로의 굴뚝 안쪽에 붙여 놨습니다. 돈을 거기 뒀죠. 물론 며칠 동안뿐이었습니다. 데이비드가 다시 꺼내서 친척 루이스 아벨(Louis Abel)에게 주었거든요. …… (줄리어스는 데이비드에게) 2,000달러를 또 주겠다고 말했습니다. …… 아주버님은 남편에게 돈을 가지고 오겠다고 했죠. 데이비드는 아주버님에게 오지 말라고, 우리를 그냥 내버려두라고 말했습니다. 우리는 돈이 필요 없었어요.[112]

브루클린 소재 아마 코퍼레이션(Arma Corporation) 사에서 기계공으로 근무하던 데이비드 그린글래스의 주급은 107달러[113]였다. 그런 그에게 4,000달러는 1년치 봉급이나 다름없었다.

그린글래스는 다음날인 6월 5일 출근해서, 한 달 반의 휴가를 신청했다.[114] 아내의 화상이 악화되었다고 핑계를 댔다. 회사는 데이비드의 장기 휴가 신청을 받아들이지 않았다. 결국 그는 6월 12일에는 다시 출근하기로 했다. 그 무렵 남편도 감시를 받고 있음을 알았다고 루스는 나중에 진술한다. 로젠버그가 다시 찾아왔고, "데이비드는 감시를 받고 있으니, 제발 우리를 그만 놔두라고 말했어요. 아주버님에게 더 이상은 방문하지 말라는 거였죠. 줄리어스는 말했습니다. …… 우리 집을 감시하는 사람은 전혀 보지 못했다고요. 남편의 상상일 뿐이라는 거였죠."[115]

그린글래스는 줄행랑을 치기로 결심했다고, 1979년 로널드 라도시(Ronald Radosh, 1937년~)에게 밝혔다.

> 저는 (6월 11일) 50번가 터미널에서 버스를 탔습니다. 그러고는 캐츠킬 산맥(Catskill Mountains, 뉴욕 주 동부의 산악 지역 — 옮긴이)으로 향했죠. FBI가 저를 계속 미행했습니다. 저는 마땅한 장소를 물색해 루디와 아이들을 데려온 다음, 여름 동안 머물다가 내륙 지역으로 사라질 계획이었습니다. 이렇든 저렇든 러시아에 가고 싶지는 않았죠. 하지만 매형에게는 요구한 대로 따르겠다고 말했습니다. 뭔가를 하려면 돈이 필요했기 때문이에요. FBI가 우리를 체포하리라고는 정말이지 꿈에도 생각하지 못했습니다.[116]

데이비드가 다녀오고 난 다음날 루스는 뉴욕 주 엘렌빌(Ellenville) 소재의 브룩스 팜 앤드 방갈로 콜로니(Brooks Farm and Bungalow Colony)에 전화를 걸어, 350달러에 방갈로 하나를 여름 내내 빌리기로 예약했다.[117] 그린글래스는 6월 12일 오후 직장으로 복귀했다.

FBI 요원 두 명이 1950년 6월 15일 목요일 맨해튼 남부 리빙턴 가(Rivington Street) 265번지에 있던 그린글래스 아파트의 출입문을 두드렸다.[118] 데이비드는 오후 1시 46분에 그들을 집으로 들였다. 그가 로널드 라도시에게 해 준 이야기를 들어보자. "그들에게는 아무 말도 하지 않을 거라고 말했습니다. 그들은 집을 수색해도 좋겠느냐고 제게 물었죠. 저는 대꾸했어요. 물론이죠, 왜 안 되겠습니까? 하지만 수정 헌법 제5조를 따르면 안 될 것 같은데요. 집을 수색했지만 마르크스와 레닌의 책자 몇 권을 제외하면 그들이 찾던 건 하나도 없었습니다."[119] 요원 중 한 명이 침실용 탁자의 서랍에서 한 무더기의 사진을 꺼냈다. 거기에는 데이비드와 루스가 살았던 앨버커키의 집 앞에서 찍은 사진이 한 장 섞여 있었다. (데이비드는 군복을 입은 채였다.) 그린글래스는 사진을 넘겨주었고, 사진을 받은 요원은 차에서 대기 중이던 다른 요원에게 전달했다. 차는 펜실베이니아역으로 달렸고, 그 수사관은 필라델피아행 기차에 올랐다. 그사이 그린글래스 아파트의 두 번째 요원은 병사(兵舍)용 사물 트렁크를 찾아냈다. 편지가 가득했고, 거기에는 부부가 전쟁 때 주고받은 편지도 들어 있었다. 데이비드는 그 트렁크도 넘겨주었다. "편지요?" 그린글래스가 라도시에게 한 답변은 꽤나 수사적이다. "편지는 검열을 당했습니다. 편지에 어떤 내용을 쓰든 대개는 잊잖아요. 편지 내용을 기억하는 사람이 누가 있습니까? 사달이 나지 않는다면 편지 때문에 유죄가 되지는 않죠."[120] 요원들은 취조를 위해 데이비드를 데려갔다.

해리 골드는 홈스버그 교도소(Holmesburg Prison)에 수감 중이었다. FBI 요원은 뉴욕에서 막 도착한 그린글래스의 사진들을 관계없는 사진들의 무더기에 섞어 넣고, 골드에게 살펴봐 달라고 요구했다. 골드는 이렇게 회고했다. "오후 10시쯤에 그린글래스 부부를 확인해 주었다. …… ('이거로군!' 나는 앨버커키의 그 집 앞에 자리를 잡은 데이비드와 루스의 사진을 보고 감탄사를 토해냈다. 데이비드는 당시에 훨씬 젊고 말랐다.)"[121] 필라델피아 요원은 즉시 뉴욕으로 전화를 했다. 그린글래스는 골드의 신원 확인에 직면했고, 자진해서 진술하겠다고 나섰다. 루스와 줄리어스 로젠버그가 어쩔 수 없이 연루되었다. 하지만 그는 누나 에델만큼은 어떻게든 빼고 싶었다. 그린글래스는 진술을 마친 후 심리적 충격에 기분이 아찔하고 들떴던 모양이다. 그는 소리 내어 웃으면서 이렇게 말했다. "제게도 변론할 기회가 있을 겁니다. 그때 가서는 무죄를 탄원할 거예요. 방금 한 진술을 뒤엎고, 당신들을 본 적도 없다고 주장하겠소."[122] 그린글래스는 30년 후 자기가 더 과격하게 위협했다고 기억했다. "처음부터 FBI에, …… 만약 아내를 기소하면 진술하지 않겠다고 못박았죠. 재판이고 뭐고 할 수도 없게 자살해 버리겠다고 위협하기도 했어요."[123]

그린글래스는 6월 16일 오전 1시 32분 체포 상태에 놓였다. 로젠버그가 달아날 수도 있었기 때문에 FBI는 그날 아침 9시 직후 집으로 들이닥쳤고, 조사를 해야겠다며 그를 데려갔다. 그런데 데이비드 그린글래스의 재판지를 사건 현장인 뉴멕시코에서 뉴욕으로 변경하는 법률 조치에 다시 한 달이 소요되었다. 그린글래스 부부는 그제야 비로소 연방 기소 검사들에게 입을 열었다. 그 한 달 동안 조엘 바는 머물던 파리의 아파트를 떠났다. 옷가지와 책 말고도 새로 산 오토바이를 남긴 채였다. 모턴 소벨도 아내와 아이들을 데리고 멕시코로 달아났다. 에델 로젠버그는 루스에게 데이비드를 설득해 진술하지 말도록 만들라고 청했다. (이것은 루스의 증언이다.) 시누이는 이렇게 강변했다. "(데이비드는) 길어야 몇 년 살겠지. 어찌 되었든 다 잘 될 거야. 내가 자네와 아이들을 돌봐줄게."[124] (에델 로젠버그는 루스가 복기한 이 대화를 부인한다.) 루스는 7월 17일 FBI에 진술했고,[125] 그 과정에서 에델이 연루되었음을 실토했다. 줄리어스가 루스에게 데이비드를 설득해 정보를 넘기게 하자고 제안하던 저녁 식사 자리와, 줄리어스가 판지를 잘라내 신원 식별 표지로 쓰자던 부엌에 에델도 함께 있었다고 말해 버린 것이다.[126] "젤로 포장 상자" 이야기를 맨 먼저 꺼낸 사람이 바로 루스였다. 데이비드가 이틀 후 한 추가 진술에서 누나의 연루 사실을 인정한 것은 아내 때문이었을 것이다.

줄리어스 로젠버그는 7월 17일 체포되었다. 에델 로젠버그는 8월 11일 체포되었다. 루스 그린글래스는 강도 높은 심문을 받았지만 기소는 면했다. 해리 골드는 10월에 뉴욕 시 툼스 교도소(Tombs Prision)로 이송되어, 데이비드 그린글래스를 몇 번 만난다.[127] 그린글래스는 툼스에서 골드에게 자기와 줄리어스 로젠버그가 둘 다 붉은 별 훈장[128]을 받았다고 말했다. 그의 발언이 자랑스러워하는 것이었는지, 아니면 후회하는 어조였는지 기록에는 나와 있지 않다.

⊛⊛⊛

핵분열이 발견되고 9개월이 흐른 1939년 10월 러시아 태생으로 이력이 다채로웠던 알렉산더 색스(Alexander Sachs, 1893~1973년)라는 경제학자가 알베르트 아인슈타인의 편지를 들고 루스벨트를 찾아갔다. 색스는 레먼 코퍼레이션(Lehman Corporation) 사의 부사장이면서 프랭클린 루스벨트의 비공식 고문으로도 활약하고 있었다. 알베르트 아인슈타인의 편지는 독일이 원자 폭탄을 연구 중일지도 모른다고 경고했다. 그런 색스가 1950년 봄에는 폴 헨리 니츠(Paul Henry Nitze, 1907~2004년) 앞에 나타났다. 니츠는 조지 케넌의 뒤를 이어 국무부 정책 기획국을 이끌고 있었다. 니츠는 이렇게 쓰고 있다. "색스가 보고서를 3개 가져왔다. 첫 번째는 무력의 상관 관계에서 소련의 교의를 분석하는 내용이었고(소련의 군사력을 미국과 비교하며 누가 유리한지 알아보는 내용), 두 번째 보고서는 소련이 원자 폭탄 시험 성공과 중국 사태를 이 상관 관계가 유리하게 바뀐 것으로 볼 것이라고 주장했다. 마지막 세 번째 문서는 소련이 (이 상관 관계 변화를) 언제, 어디서 이용할지 분석한 보고서였다. 색스는 모스크바가 당연하게도 매우 조심하고 있고, 위성 국가를 동원함으로써 위험을 최소화할 것이라고 판단했다. 색스는 1950년 늦여름 언제쯤 북한이 남한을 침공할 것으로 예측했다."*[129]

색스는 전제가 잘못 되었지만 올바른 결론을 끌어냈다. 스탈린은 원자 폭탄을 얻었지만 좋다고 흥분하지도 않았다. 그는 오히려 불안하기만 했다. 스탈린은 1949년 12월에 70세가 되었고, 의심이 더욱 많아졌다. 니키타 세르게예비치 흐루쇼프(Nikita Sergeevich Khrushchyov, 1894~1971년)는 이렇게 말했다. "몸과 마음 모두 약해졌다. …… (스탈린은) 빠르게 힘이 빠져나갔다."[130] 흐루쇼프는 이렇게 지적했다. "미국은 공군력이 막강했다. 원자 폭탄을 갖고 있다는 게 가장 중요했다. 반면 우리는 막 개발했을 뿐으로, 완성된 폭탄의 수가 무시해도 될 만한 수준이었다. 스탈린 시절에는 운반 수단도 없었다. …… 그는 이런 상황이 몹시 부담스러웠다. 스탈린은 정신을 바짝 차리고 전쟁을 해서는 안 된다고 생각했다."[131] 소련은 1950년 2월 14일 신생 중화 인민 공화국과 동맹 및 상호 방위 조약을 맺었다. 그러나 스탈린은 "쓸 수 있는 모든 수단을 동원해 도움을 제공하는" 데 동의하기를 무척이나 주저했다. 그 수단에 이제는 원자 폭탄이 들어갔기 때문이다. 스탈린은 중국 때문에 소련이 핵전쟁에 빨려 들어갈지도 모른다며 내켜 하지 않았다.

소련이 조금이라도 움직일 여지가 있었다면 그곳은 유럽이 아니라 아시아였다. 북한과 남한은 결코 오래된 적대감으로 인해 나뉜 게 아니었다. 동독과 서독이 탄생한 것처럼 한반도에서도 남과 북에 별도의 정부가 들어섰다. 일이 그렇게 흘러간 것은 제2차 세계 대전이 끝날 무렵 소

---

* 니츠가 이와 관련해서 할 수 있는 조치는 많지 않았다. 그는 "1000만 달러 지원 프로그램을 조성해 남한에 추가로 쾌속 순시선을 조금 보내주었다. 우리의 원조 계획은 당시에 그 정도밖에 지원할 수 없었다." Gaddis and Nitze(1980), 174쪽.

련과 미국 점령군이 한반도를 분할했기 때문이다. 미국은 (딘 애치슨이 승인한 1947년의 한 보고서에 나온 말을 그대로 쓰자면) "한국에서 확고하게 '방어선을 고수'"[132]하기로 마음먹었다. 바로 그 시점에 트루먼이 그리스와 터키 원조를 시행하겠다는 트루먼 독트린을 발표했다. 조지 마셜은 그해 초 "남한에서 확고한 정부를 조직하는 정책 계획을 세우라."[133]고 되는 대로 별 생각 없이 요구했다. 1949년 말쯤에는 이미 2개의 코리아가 존재했다. 남쪽의 한국, 즉 대한민국(Republic of Korea)은 1948년 8월 수립되었다. 초대 대통령 이승만(李承晩, 1875~1965년)은 73세의 프린스턴 박사 출신으로 세기가 바뀌기 전부터 한국의 독립을 위해 싸웠다. 북쪽의 조선 민주주의 인민 공화국(Democratic People's Republic of Korea)은 소련에서 군사 훈련을 받은 약관의 보병 장교이자 공산주의 혁명가인 김일성(金日成, 1912~1994년)이 그 한 달 후에 세웠다. 두 지도자는 과격한 인물들로, 서로의 국가를 침공해 한반도를 단일한 깃발 아래 통일하려고 광분했다. 그러나 무장 상태는 북한이 훨씬 우세했다.[134] 노획한 일본군 장비 말고도 소련이 북한 건국 후 온갖 무기를 남기고 떠났다. 소련은 거기에 그치지 않고 1940년 대 말과 1950년대 초에 중화 인민 공화국보다 북한에 더 많은 군사 원조를 제공한다.

김일성은 먼저 1949년 12월[135] 스탈린에게 남한을 "해방시키자."라고 제안했다. 북한의 지도자도 알렉산더 색스처럼 무력의 상관 관계를 소련에 적용한 것 같다. 소련의 한 고위 외교관은 이렇게 말했다. "한국인들은 중국의 승리와, 미국이 중국 본토에서 완전히 철수했다는 사실에 잔뜩 고무되었다. 그들은 한반도에서도 같은 일을 달성할 수 있다고 자신했다." 스탈린은 조심스러웠다. 앞의 외교관은 계속해서 이렇게 쓰고 있다. 미국이 "선선히 한반도에서 축출되고, 그로 인해 자신들의 명성에 흠집이 생기는"[136] 사태를 받아들일까에 회의적이었던 것이다. 스탈린은 그해 겨울 마오쩌둥과 이 문제를 상의했다. 마오쩌둥이 여러 달째 모스크바에 체류하면서 동맹 조약을 협상하고 있었던 것이다. 중국의 지도자는 미국과의 전쟁, 어쩌면 동북 (3성) 지역에서 벌어질 수도 있는 전쟁을 조장하는 사안에 스탈린보다 훨씬 조심스러웠다.

김일성은 계속 고집을 부렸다. 그는 미국이 중국 내전에서 국민당 세력을 구조하지 않은 것처럼 남한도 방어할 생각이 별로 없다고 주장했다. 그 근거로 김일성은 딘 애치슨이 1950년 1월 12일 워싱턴 프레스 클럽에서 한 연설을 인용했을 것이다. 거기에 상당히 흥미로운 대목이 나온다. "(알류샨 열도, 일본, 오키나와, 필리핀 바깥으로) 기타 태평양 지역의 군사 안보에 관해 말하자면, 이 지역을 군사적 위협으로부터 막을 수 있는 사람은 아무도 없다는 것을 분명히 해야 할 것입니다. …… 만약 공격 행위가 발생한다면 …… 초기에는 공격받은 당사자의 저항 활동을 믿고 기댈 수밖에 없습니다. …… 문명 세계가 유엔 헌장에 따라 책무를 다하는 것은 그다음에나 생각해 볼 수 있겠지요." 애치슨은 후에 당시의 연설은 "경고"였는데, "침략자는 나의 경고를 묵살했다."[137] 라고 설명했다. 미국무부 장관은 공화당 세력이 나중에 비난한 것과는 달리, 한반도를 무가치한 대상으로 내침으로써 북한이 남한을 침략하도록 조장하지 않았다. 애치슨은 오히려 이승만에게 경고를 보내고 있었다.[138] 남한이 북침을 해도 미국이 도와줄 것으로 기대하지 말라며 말린 것이다. 김일성은 애치슨의 발언에서 세 번째 의미를 찾아내는 괴력을 발휘했다. 그는 속전속결로 끝내자고 생각했다.

스탈린은 중국과 서방을 떼어놓고 싶었다. 그는 중국이 미국과의 동맹을 추구할 수도 있다고 의심했는데,[139] 이것은 정확한 판단이었다. 한국 전쟁이 일어나면 미국이 개입할 것이고, 그러면 중국이 소련 진영에 밀착할 수밖에 없었다. 김일성은 1950년 겨울과 봄에 공격 준비를 마쳤다. 북한에서 고위 관리를 지낸 세 사람은 이렇게 말한다. "병력이 10만 명이었고, 탱크, 비행기, 대포가 마련되었다." 3월에는 "모든 준비를 마친 상태였다."[140] 김일성은 그달에 모스크바로 갔다. 김일성과 스탈린의 회담에 배석했던 한국인 관료는 이렇게 전한다. 김일성은 "네 가지를 제시하며 미국이 참전하지 않을 것이라고 스탈린을 설득했다. ① 결정적 기습 공격을 단행할 테고, 전쟁은 3일이면 끝난다. ② 남로당원 20만 명이 봉기할 것이다. ③ 남한의 남부 지방에서 (공산주의) 게릴라들이 활동 중이다. ④ 미국한테는 참전이고 자시고 할 시간이 없다. 스탈린은 김일성의 계획을 믿기로 했다."[141] 그렇다고 소련 지도자가 즉시 지원을 제공한 것은 아니었다. 스탈린은 김일성을 중국으로 보내 마오쩌둥의 지지를 얻게 했다.

5월에 마오쩌둥을 만난 김일성은 두 공산주의 세계 지도자를 서로에게 맞서도록 기만하는 탁월한 능력을 발휘했다. 당시 마오쩌둥은 타이완 공격을 계획 중이었다. 이것에 대해 마오쩌둥은 소련의 지원 약속을 받은 상태였다. (트루먼이 1월 5일 미국은 타이완에 개입하지 않을 것이라고 발표했고, 마오쩌둥은 이 점을 반겼다.[142]) 미국이 남한을 방어할 것이라고 마오쩌둥이 우려를 표명했다면, 미국이 타이완도 방어할 가능성도 시인해야 했다. 이 경우라면 소련이 약속을 깨고 물러서리라는 것이 분명했다. 마오쩌둥은 그런 위험을 감수하느니 김일성의 모험을 미적지근하게 지지하는 쪽을 택했다. 김일성은 마오쩌둥과 면담한 사실을 모스크바에 알리면서 틀림없이 중국 지도자의 지지를 과장했을 것이다. 스탈린은 그때 이미 김일성에게 무기를 보내고 있었다. 한 북한군 장성은 이렇게 말했다. 4월부터 "청진 항으로 엄청난 양의 무기가 도착했다."[143] 드디어 스탈린이 김일성의 해방 전쟁을 승인했다. 소련의 군사 고문단을 평양으로 파견한 것이다. 중국 지도부는 스탈린이 김일성과 동맹한 사실에 배신감을 느꼈다.

사태 지연에 속을 끓이던 마오쩌둥은 타이완 침공을 보류하지 않을 수 없었다. 이후의 사태 전개를 감안하면 무한정 연기된 셈이다. 1950년 여름에 한국 전쟁이 발발하지 않았다면 정말이지 미국과 중화 인민 공화국이 중국 전쟁을 벌였을지도 모른다.

북한 군대가 1950년 6월 25일 일요일 새벽 4시 서해안의 옹진 반도를 공격했다. 그러고는 남북을 가르던 38도선 전역에서 남하를 시작했다. 1만 4000명[144]의 침략군은 중국에서 건너온 한국인이었다. 즉 이 중국 병사들은 북한 군복을 입었다. 김일성의 소련 고문단이 날짜와 시간을 제안했다.[145] 히틀러가 1941년 6월 22일 일요일 오전에 소련을 침공한 것과 부합하는 것이었다. 남한의 미국 대사 존 조지프 무초(John Joseph Muccio, 1900~1989년)가 이 소식을 국무부에 급보로 알렸다. (그는 밤늦게까지 대사관 직원 몇 명과 스트립 포커(strip poker, 질 때마다 옷을 하나씩 벗는 것이 규칙인 포커 게임 — 옮긴이)를 하느라 기진한 상태였다.)[146] 애치슨은 메릴랜드의 자기 농장에 머물다가 전화로 그 소식을 보고받았고, 즉시 국무부에 다음날 유엔 안전 보장 이사회를 소집하는 데 "필요한 조치를 취하라."[147]라고 지시했다. 애치슨은 그 최초의 중요한 결정을 내리고 난 다음에야 트루먼에게 전화로 보고를 했다. 트루먼은 미주리 주 인디펜던스에 있는 아내의 집에서 주말을 보내는 중이었다. 한국 전쟁의 권위자 브루스 커밍스(Bruce Cumings, 1943년~) 교수는 이렇게 쓰고 있다. "계속해서 의사 결정을 주도한 것은 애치슨이었다. 애치슨은 이내 미국 공군과 지상 병력을 한반도에 투입했다."[148] 애치슨은 미국이 무기력증에 빠졌다고 보았고, 한반도 상황을 공산주의 세력의 도전에 응전할 수 있도록 만들 호기라고 판단했다. 애치슨은 나중에 이렇게 언급했다. 롤백 정책(rollback, 아이젠하워 대통령의 소련에 대한 강경 외교 정책 — 옮긴이)까지는 아니라 해도 견제를 하려면 "이론 따위는 내팽개쳐야 했다."[149] 애치슨은 1년 후 한 비밀 정부 토의에서 이렇게 논평한다. "한국 전쟁은 지엽 말단적인 상황이 아니다. …… 전체 공산주의 진영을 이끄는 선도 집단이 서방의 전반적 권세를 상대로 추진하는 정책의 창끝이라 할 만한 곳인 셈이다. …… (한반도는) 그 시험대이다."[150] 트루먼도 자신의 트루먼 독트린을 언급하며 여기에 동의했다. "(한반도는) 극동의 그리스이다."[151] 그는 미국 지상군의 한반도 투입 결정을 이렇게 자랑하기도 했다. "우리는 이교도 늑대들의 도전에 응전을 시작했다."[152]

유엔 안전 보장 이사회에서 소련이 거부권을 행사했다면 유엔군 투입이 좌절되었을 수도 있다. (그랬다면 미국 단독으로 한반도에 뛰어들었을 것이 틀림없다.) 1948년까지 유엔에서 소련의 수석 대표로 활약한 안드레이 그로미코는 스탈린에게 거부권을 행사하라고 조언했다. 스탈린은 난색을 표했다. 그는 그로미코에게 이렇게 말했다. "내 생각에는 소련 대표가 안보리 회의에 참여해서는 안 될 것 같네."[153] 유엔이 개입하기도 전에 전쟁이 불과 며칠 만에 끝나리라는 김일성의 말을 스탈린이 믿었을 수도 있다. 그게 아니라면 스탈린이 미국의 전쟁 선포를 미연에 방지하기 위해 계략[154]을 쓴 것인지도 모른다. (미국이 유엔 깃발 아래서 싸운다면 그럴 가능성은 없었다.) 미국이 개전을 선언하면 결국은 중국이 참전할 수도 있었고, 그렇게 되면 중소 동맹 조약에 따라 소련도 참전해야 했다. 드미트리 볼코고노프도 이런 판단이 사실임을 보여 준다. "스탈린은 한반도 사태에 극도로 신중했고, 처음부터 소련과 미국의 직접 충돌을 피하기 위해 온갖 노력을 다했다."[155]

전 세계의 미군 병력은 육군과 해병대를 다 합쳐서 1950년 6월 현재 66만 9000명에 불과했다. 그 가운데 최대 규모의 분견대가 일본에 주둔 중이었다. (4개 사단 약 10만 명이었다.) 북한은 필요할 경우 병력 20만 명을 동원할 수 있었고, 중국은 그 인원이 수백만 명이었다. 합동 참모들은 지상군 투입이 "매우 우려된다."라고 소견을 피력했다. 일본에 머물던 더글러스 맥아더 장군은 남한이 맞서 싸우기를 그만두었다고 보고했고, 애치슨과 트루먼은 합동 참모들의 의견을 물리쳤다. 미군이 6월 30일에 투입되었다. 북한은 당시에 이미 서울을 장악한 상태였고, 계속해서 남쪽으로 반도 끝까지 밀고 내려간다. 이후 맥아더가 용케 허리를 자르고 들어와 격퇴하기는 하지만 말이다.

커티스 르메이는 전쟁 발발만큼이나 신속하게 침략 사태를 종결할 수 있는 방법을 알고 있다고 자신했다. 그는 퇴역 후 이렇게 회고했다. "우리는 말하자면, 펜타곤 출입문 밑으로 쪽지를 하나 밀어 넣었다. 이렇게 적은 쪽지였다. '거기로 날아가자. 북한에서 가장 큰 도시를 5개쯤, 물론 크지도 않을 테지만 태워 버리는 거다. 그렇게 하면 전쟁을 끝낼 수 있다.' 네다섯 번 정도 항의를 받을 것이다. '민간인이 많이 죽는다.' '너무 끔찍하다.' 같은 반응을 예상할 수 있다."[156] 르메이가 한반도에서 배웠다고 생각한 유일한 교훈은 "전략 공군 무기를 사용해서는 안 된다."[157]는 것뿐이었다. 한국 전쟁 당시에 전략 공군 무기는 이미 무시무시해지고 있었다.

22장

국지전의 교훈

커티스 르메이는 1948년 10월 전략 공군 사령관으로 부임한 후 지칠 줄 모르는 투지를 발휘해 사령부를 편성, 훈련하고 있었다. 그는 몇 년 후 합동 참모 대학(Armed Forces Staff College)에서 장교들을 모아 놓고 이렇게 말했다. "교전이 시작되었을 때 정확히 뭘 할지 매일 연습하지 않고서 도대체 어떤 준비를 한다는 것인지 모르겠다. 우리는 지금 그걸 하고 있고, 해 왔다."[1]

1950년대가 시작되었고, 전략 공군 사령부는 1년여 만에 기존 규모의 3분의 1 이상 성장했다.[2] 인원이 5만 2000명에서 7만 1000명 이상으로 증가했다. 전략 공군 사령부는 868대의 항공기를 띄우고 지원했다. 보유한 폭격기의 대다수가 여전히 B-29였지만 B-50의 비율이 늘어나는 중이었고, B-36도 도입되기 시작했다. 1950년 1월 현재 원자 폭탄을 능숙하게 운용할 수 있는 조립조는 18개였고, 6월에는 4개 조가 더 편성될 예정이었다. 6월에 르메이는 원자 폭탄을 싣고 작전을 수행할 수 있는 항공기를 250대[3] 이상 보유한다.

전략 공군 사령부 소속의 역사 기록자가 적고 있듯이, "전쟁이 났을 때 핵폭탄으로 러시아를 공격하는"[4] 것이 르메이의 가장 중요한 임무였다. 르메이는 자신의 임무를 개전 초에 총공격을 단행하는 것으로 이해했고, 일명 "선데이 펀치(Sunday punch)"[5] 전략이라고 불렀다. 그는 1950년 6월 6일 기동 훈련[4]을 실시했고, 거기에는 사령부 휘하 항공기의 절반이 동원되었다. 이 훈련은 부대원들의 훈련 정도를 파악하기 위한 것이었다. 대원들이 미국을 떠난 것은 아니다. 그들은 일부러 불발 상태로 조립한 원자 폭탄을 싣고(핵캡슐(nuclear capsule)이 없는 폭탄이었다. 분열성 코어 모듈(fissile core module)을 속칭 핵캡슐이라고 불렀다.), 전진 기지까지 등거리를 날아가, 비슷한 표적을 폭격했다. 계획대로 전개 배치에는 사흘이 걸렸다. 폭격에도 추가로 사흘이 소요되었다. 플로리다의 이글린 공군 기지(Eglin Air Force Base)가 모스크바의 대리 표적이었다. 레이더로 확인한 바에 따르면, 당시의 표적 계획상 소련 수도에 할당된 원자 폭탄 11개를 투하했을 때 10개가 명중한 것으로 나왔다. 훈련 보고서에는 이렇게 적혀 있다. "먼저 차단 보호 조치를 취한 다음 폭격기가 표적 상공에 진입했다. 모든 항공기가 왕겨*와 주파수 방해 방법을 썼다. 부대는 폭격을 마치고, 밤의 어둠을 틈타 서쪽으로 철수했다." 항공기 58대가 폭격을 모의 연습했다. 그 가운데 일부는 기지로 귀환했을 때 탱크에 남은 연료가 75갤런에 불과했다. 하지만 1년 6개월 전의 오하이오 주 데이턴 대실패 때와는 달

* 적군 레이더를 교란하기 위해 살포한 금속 박편.

랐다. 이번 훈련은 대성공이었다. 지정된 표적 17개 전부를 타격하는 데 성공한 것이다. 보고서는 이렇게 끝난다. "이것은 전략 공군 사령부가 과연 폭격기를 띄워 초동 타격을 할 수 있는지 실제로 알아본 최초의 시험 훈련이다."

3주 후인 6월 25일 북한이 남한을 침공했다. 르메이의 반응은 즉각적이었다. 그는 자신의 전쟁 계획을 실행에 옮길 만반의 준비가 되어 있었다. 그러나 원자 폭탄이 없다는 게 문제였다. 르메이가 퇴역 후 한 발언을 보면 억울하다는 투이다. "군대에는 핵폭탄이 1개도 없었다. 너무 끔찍하고 위험해서 군대에 맡길 수 없다는 논리였다. 폭탄은 원자력 위원회(AEC)가 관리했다. …… 나는 좀 화가 났다. …… 결국 열쇠를 쥐고 있는 자를 만나 보라고 누군가를 보냈다. 우리는 핵폭탄을 지키고 있었다. 우리 군대가 핵폭탄을 지켰다. 하지만 우리는 그걸 갖고 있지 못했다. …… (6월 27일) 누군가를 보내 열쇠 가진 놈과 이야기를 해 보게 했다. 나는 상황이 특수해지면, 예를 들어 어느 날 아침 일어나 봤더니 워싱턴이 사라져 버렸다면 나라도 나서서 폭탄을 갖다 써야 한다고 생각했다."[6] "열쇠를 쥐고 있는 자"는 로버트 밀러 몬태규(Robert Miller Montague, 1899~1958년) 장군이었다. 그가 사령관으로 있던 앨버커키의 샌디아 기지(Sandia Base)에 원자 폭탄이 보관 중이었다. 르메이의 수석 참모는 르메이가 7월에 공군 참모 총장 호이트 밴던버그에게 다음 승인을 받으려고 하면서 몬태규와 따로 내기까지 했다고 썼다. "우리가 전쟁 계획을 수행하라는 명령을 받기 전에 워싱턴이 파괴되고, 미국 공군의 대체 본부와 연락도 안 될 경우 …… 르메이 장군이 몬태규 장군과 접촉을 시도해, 암호 체계로 본인임을 확인해 준 다음, 우리의 폭격 대원들이 폭탄을 받아갈 수 있게 해 달라는 승인"[7] 말이다. 르메이는 나중에 공군 역사가들에게 자기 생각을 이렇게 설명했다.

대통령이 직무를 수행하지 못하게 되거나 어떤 다른 일이 벌어지더라도 나는 최소한 폭탄을 수령해 무장하고 출격하려고 했습니다. 적어도 그 정도는 해야 했죠. …… 맞아요, 상황이 특수하면 부대를 출동시켰을 겁니다. …… 제가 스스로 판단해서 행동해야 하고, 나라가 절반이 파괴되고, 어떤 명령도 받을 수 없다면 그냥 가만히 앉아서 바보처럼 당하고 있지 않았을 겁니다. …… 나라가 절반이 파괴될 때까지 기다릴 수는 없죠. 즉 저는 다른 모든 사람이 아무것도 할 수 없는 상황이라면 저라도 뭔가 해야 한다고 생각했습니다. …… 우리가 공격을 받는데, 모종의 이유로 명령을 받지 못하고 기타 일체의 정보를 확인하지 못한다 해도 …… 저라면 적어도 뭔가 행동을 취할 수 있게 준비를 했을 겁니다. ……

제 말의 요지는 우리가 보유한 것 가운데 핵공격에 신속히 대응할 수 있는 유일한 무력이 전략 공군 사령부뿐이었다는 것입니다. 무기가 없어서 행동에 돌입할 수 없다는 것을 저는 도무지 이해할 수 없었습니다. 어떤 혼란이 발생할지, 누가 대통령이 될지, 어디가, 워싱턴이 타격당할지 우리는 몰랐습니다. …… 피격당한 유일한 표적이 워싱턴뿐이라면 과연 제가 보복을 했을지는 모르겠습니다. 하지만 나라 절반이 파괴될 때까지 기다리고만 있지 않을 것임은 분명하게 말씀드릴 수 있습니다. 협정을 통해 무기를 확보하는 것. 이를 통해 속수무책으로 당하지 않고 기동의 여지를 마련하자는 것. 그게 요점이었습니다.[8]

밴던버그의 한 참모 장교는 르메이의 요구에 이렇게 답변했다. 르메이의 카르페 디엠(*Carpe Diem*, 라틴 어로 '기회를 놓치지 마라.'라는 의미 — 옮긴이) 계획을 "(밴던버그가) 승인해 줘야 한다고 본다."[9] 하지만 다른 합동 참모들이 당신 계획을 청취하고, 승인해 주려고 하지는 않을 것이다. 원자력법은 핵무기를 군대에 넘겨줄지 말지, 넘겨준다면 언제 넘겨줄지를 정하는 권한이 대통령 소관이라고 밝히고 있었다. 그런데 이것을 무단으로 전용하겠다면 그것은 공군에만 배타적으로 특권을 제공하는 것이 틀림없었다.

표적 선정은 르메이가 통제권을 확보하려고 싸운 또 다른 영역이었다. 케네스 니콜스는 회고록에서 이렇게 적고 있다. 표적 선정 권한을 놓고 "합동 참모 본부는 물론이고 공군 내부에서조차 논란이 분분했다. 도시를 주요 표적으로 삼아야 하는가? 아니면 군사 목표물과 산업 시설로 표적을 엄격하게 제한해야 하는가?" (니콜스는 이런 이야기도 덧붙였다. "내가 본 한 연구에 따르면, 어느 경우이든 전체 사상자수는 별 차이가 없었다."[10]) 르메이는 현실주의자였고, 다음을 잘 알았다. 한 번도 비행해 본 적이 없는 낯선 나라 상공에서 야간에 레이더로 폭격을 하면 당연히 정확도가 떨어진다는 사실 말이다. 그는 시종일관 산업 시설 폭격을 지지했고, 이것은 곧 도시 폭격을 의미했다. 「미국의 전략 폭격 조사 보고서(U. S. Strategic Bombing Survey)」는 제2차 세계 대전 때 송전망을 작살냈더니 독일의 전쟁 노력이 완전히 마비되었음을 확인했다. 워싱턴의 표적 선정 위원회가 1950년대 초에 주로 소련의 발전소 시설을 겨냥하는 것을 지지한 것은 이런 결론에서 기인했다. 하지만 소련의 발전소들은 공중에서 식별이 쉽지 않았고, 기본적으로 분산 표적이었다. 무슨 말이냐면, 독일의 발전소들처럼 전국적 송전망으로 통합되어 있지 않았던 것이다. 르메이는 표적 선정 위원회에 출석해, 장군들에게 이렇게 말했다. "어떻게 표적을 고르고 타격하더라도 도시 지역 폭격에서 얻을 수 있는 혜택을 놓친다면 …… 낭비일 뿐입니다." 르메이는 나아가 이렇게 주장했다. "우리는 도시에 위치한 산업 시설에 집중해야 합니다." 항공기가 조준점을 놓치더라도 "아무튼 폭탄을 썼으니 보너스가 생기게 마련입니다."[11] 르메이는 표적 선정 위원회를 설득하는 데 성공했고, 그들은 합동 참모 본부의 승인을 받기에 앞서 전략 공군 사령부로 표적 목록을 보내[12] 이야기를 듣기로 했다. "보너스 피해(bonus damage)"와 "보너스 재앙(catastrophe bonus)"은 전략 공군 사령부의 은어로 자리 잡았다. "지역 타격 무기로 정확하게 공격하기"[13]도 인기 있는 완곡어였다. 앞으로 얼마 동안 국방 예산에서 전략 공군 사령부의 몫이 점점 증가할 수 있었던 왕도는 표적 계획 활동이었다. 생각해 보라. 표적의 요건에 따라 폭탄 소요량이 정해질 것 아닌가? 그 폭탄 소요량이 공군의 규모를 정할 테고 말이다.

그러나 미국은 1950년 6월에 한반도에서 실제 전쟁에 직면했다. 극동 지역 사령관 더글러스 맥아더 장군에게는 전투에 투입 가능한 항공기가 약 500대 있었다. (B-29 폭격 대대 하나가 포함되어 있었다.) 이중 약 300대가 전투기였다. 북한은 예상보다 항공기가 더 많았다. (약 200대였다.) 맥아더는 B-29 증파를 원했다. 르메이는 7월 1일 항공기를 10대 보내 맥아더를 지원하라는 명령을 받았다. 로저 레이미 장군은 르메이에게 이렇게 말했다. "(핵폭격을 할 수 있도록) 바꾸지 않은 표준형 10대라면 별 타격은 없을 겁니다."[14] 르메이는 호이트 밴던버그의 부관 로리스 노스태드에게 당장 전화를 걸어 악을 써 댔다. "우리의 (전략) 공군력이 얼마나 신속하게 와해될 수 있는지 밴이 알고는 있는 거요? 이번이 마지막입니까, 아니면 또 요구에 응해야 합니까?" 노스태드는 김일성이 사흘 만에 끝날 것으로 내다본 전쟁을 구해 내야 했고, 자신의 고충을 이렇게 토로했다.

노스태드 장군: …… 상황이 개선되지 않으면요. 일이 어떻게 진행될지는 신만이 아시겠죠. 어쨌거나 (한반도) 부대는 증원이 필요합니다. 안 그러면 커트, …… 그걸로는 작전을 제대로 못 합니다.

르메이 장군: 그렇게 해 봐야 아무 소용없습니다. 그건 확실하게 말할 수 있어요.

노스태드 장군: 맞아요. ……[15]

B-29 10대는 마지막 요구가 아니었다. 르메이는 다음날인 7월 2일 완전 무장한 폭격 대대 2개를 보내라는 명령을 받았다. 르메이의 보좌관은 이렇게 적었다. "38도선 이북의 필수 표적을 타격하는 것이 임무였다. 전술 작전을 직접 지원하는 것은 그들의 임무가 아니다."[16] 르메이는 자기가 직접 한반도로 날아가 작전을 지휘하겠다고 청했다.[17] 하지만 호이트 밴던버그가 그의 청을 물리쳤고, 르메이는 오마하에 남아야 했다. 재래식 B-29 비행 대대 2개가 극동 지역으로 증파되었고, 동시에 공군은 애치슨의 승인을 얻어 핵작전 수행 능력을 보유한 전략 공군 사령부의 비행단 2개를 영국의 전진 기지에 배치했다.[18] 미국의 동맹인 영국을 격려하는 조치였다. 트루먼은 탄두를 뺀 원자 폭탄을 비행기로 영국에 보내는 것도 재가했다.

르메이가 한국 전쟁 지원에 반발한 것은 전략 폭격에 미친 남자의 단순한 변덕 때문이 아니었다. 전략 공군 사령관은 한국 전쟁이 발발하고 몇 주가 지난 후 한 NBC 기자에게 비보도(off the record)를 전제로 이렇게 말했다. "전략 공군 사령부는 미국의 핵 펀치입니다. …… 미국이 온전한 상태에서 확실히 타격을 가할 수 있도록 모든 노력을 경주해야만 하지요. 한국 전쟁 따위에 투입되어 빈둥거리기나 하다가 망가져서는 안 되는 것입니다."[19] 4월에는 CIA가, 작성에 군부도 참여한 일급 비밀 보고서[20]를 제출했다. 「소련의 원자 폭탄 보유가 미국의 안보와 소련의 직접적인 군사 행동의 가능성에 미치는 영향」이 바로 그것이다. 이 보고서는 미국의 주요 도시 상공에서 핵폭탄이 200개 터지면 "미국이 나가 떨어져 전쟁을 수행할 수 없게 될 것"으로 추정하고, 소련이 "1954년 중반과 1955년 말 사이 언제쯤" 그만큼의 폭탄을 보유하게 될 것이라고 끝맺었다. 소련이 이런 가공할 역사적 능력을 갖게 된다면 "미국 본토가 사상 처음으로 엄청난 파괴 공격에 직면할 것"이라는 이야기였다.

그래서 1954년은 미국 군부에게 있어 가장 위험한 해였다. 르메이는 1950년 5월 공군 장관 토머스 나이트 핀레터(Thomas Knight Finletter, 1893~1980년)에게 올리는 한 보고서에서 1954년을 "우리가 소련의 완비된 군사력에 철저하게 준비해서, 대응하고 제압할 결정적인 해"[21]라고 썼다. 예정대로라면 전략 공군 사령부는 1954년에도 여전히 장거리 폭격기가 없을 터였다. B-52는 1955년에야 도입 운용될 예정이었다. 르메이는 다음으로 어떻게든 때워야 했다. B-50, 널찍하지만 느릿느릿 움직이는 B-36(프로펠러와 제트 추진 방식을 혼용하는), 제트 추진 방식 전용의 중거리 경폭격기 B-47. 르메이가 휘두를 수 있는 핵 펀치를 낭비할 수도 있는 활동을 그토록 꺼려했던 이유이다.

소련이 그렇게 추정된 무기를 운반할 수 있을지의 여부는 또 다른 문제였다. CIA는 회의적이었다. 예를 들어, 소련이 전쟁 이후 제작한 유일한 폭격기는 B-29를 베껴 만든 TU-4뿐이었던 것이다. (1944년 시베리아에 B-29 3대가 추락했다.) CIA의 4월 보고서는 이렇게 주장했다. "B-36이 소련에 원자 폭탄을 떨어뜨릴 수 있을지가 의심스럽다면 소련의 B-29는 더 말해 무엇하겠는가? 미국의 방어 체계는 훨씬 더 효율적이다." 소련 지도부가 핵전쟁을 감행하려면 한 가지 중요한 전제 조건이 필요했다. "미국이 보복하는 것을 막을 수 있다는 확신이 필요"했던 것이다. CIA의 결론은 다음과 같다. "기습 공격을 성공시켜 미국의 보복 능력을 심대하게 훼손하거나 사실상 제거할 수 있을" 때라야 비로소 소련은 전쟁을 개시할 것이다. 르메이가 전략 공군 사령부가 달성하기를 기대한 최소 요건이 바로 보복 능력이었다.

한반도에서는 전쟁이 계속되고 있었다. 공식적으로는 "국지적 군사 행동(police action)"에 불과했지만 말이다. 게다가 스탈린의 판단이 옳았다. 미국은 질 수 없다고 생각했다. 합동 참모 본부는 해군 함정을 풀어 북한을 봉쇄하는 데 필요하다면 그린하우스[22] 시험까지 연기할 태세였다. 수소 폭탄은 조금 더 참고 기다릴 수 있었다. 재래식 B-29로 편성된 르메이의 최초 비행 대대 2개가 1950년 7월 초에 도쿄 외곽의 요코타 공군 기지와 오키나와의 카데나 공군 기지로 날아갔다.[23] (일본의 한 고참 외교관이 내놓은 논평은 꽤나 냉정하다. 미국은 일본을 "창고"[24]로 사용했다. 한국 전쟁이 일본 경제 회복에 크게 기여했다.) 비슷한 비행 대대 2개가 8월 초에 추가로 투입되었다. 비상 사태는 혼란스럽기 이를 데 없었다. 그들은 늦여름 우기에 텐트에서 생활했고, 폭탄까지 실어야 했다. 적재된 폭탄 일부에는 "빨갱이를 때려잡자!"[23]라는 문구가 적혀 있기도 했다.

전략 공군 사령부의 분견 대대는 작전 첫 달에 유엔군의 지상 작전을 전술 지원하는 과정에서 폭탄 4,000톤[25]을 투하했다. 그들은 아는 사람이 거의 없는 전략 폭격 작전도 시작했다. 이로써 북한은 급속하게 궤멸된다. 분견 대대는 8월 중순경 전략 표적에 폭탄 3,000톤을 투하했다. 7월 11일 극동 지역 공군 사령관 조지 에드워드 스트레이트미어(George Edward Stratemeyer, 1890~1969년) 장군의 명령에 따라 다듬어진 그들의 임무 수행 목록[26]을 보자. 첫째, "적의 통신 체계"를 파괴할 것. "고속 도로, 철도, 항구 시설" 포함. 분견 대대는 "만주 국경과는 '철저하게 거리를 두'"라는 명령도 받았다. 둘째 우선 순위는 "북한의 산업 시설"이었다. 이 명령으로 북한의 도시들을 초토화한 공군의 폭격 작전이 은폐되었다. 전략 폭격 애호가들이 제2차 세계 대전 때 개발한 표준 절차와 관행이 적용되었던 것이다. 하지만 임무 명령서는 계속해서 이렇게 되어 있다. "극동 지역 공군 폭격 사령부는 도시를 표적 삼아 공격하지 않는다. 도시의 경우 앞에서 제시된 군사 목표물만 공격을 허가한다." 도시 폭격은 제2차 세계 대전 때도 정확하지 않았을뿐더러 한반도에서도 여전히 그 정밀도를 기대할 수 없었다.

결과는 참혹했다. 극동 지역 공군 사령관은 10월 북한에 관한 한 전략 항공전은 끝났다고 선언했다. "주요 전략 표적 18개가 무력화되었다."[27] 르메이는 퇴역 후 진실을 이렇게 발설했다. 펜타곤이 개전 초에 "전략 공군 사령부가 소이탄을 쓰지" 못하게 했다고 불평하기는 했지만 말이다.

> 그렇게 해서 우리는 갔고 전쟁을 했죠. 아무튼 북한의 모든 도시가 결국에는 초토화되었습니다. 그건 남한의 일부 도시도 마찬가지였어요. 우리는 (남한의 항구 도시) 부산도 태워 버렸습니다. 사고였지만 아무튼 그렇게 되었어요. …… 3년 정도의 기간에 한반도 인구의 20퍼센트를 죽였을까요? 직접 사상자와 기아, 기타 유해 환경 노출을 포괄한다면요. 3년에 걸쳐 벌어져서인지 모두 이 일을 수용하는 듯합니다. 하지만 처음에는 몇 명 죽는 것도 절대 용인되지 않죠. 우리는 그건 순순히 받아들이지 않는 것 같습니다.[28]

고폭탄 말고도 네이팜 폭탄이 사용되었다. 네이팜 폭탄은 젤리형 가솔린보다 가연성이 뛰어났고, 한반도에서 처음 대규모로 사용되었다. 네이팜 폭탄은 인으로 점화되는 나프텐산과 팔미트산의 혼합물로 부상 부위 내부에서 최대 15일까지 계속 탄다.[29] 한반도발 급보는 피폭격 지역을 "지도에서 완전히 사라짐," "몽땅 태워 버림," "황무지처럼 초토화"[30]라고 묘사했다.

역사학자 브루스 커밍스는 그 참혹한 결과를 이렇게 적고 있다.

> 1952년쯤 되면 한반도 북부와 중부는 거의 모든 것이 쓰러지고 사라진다. 살아남은 사람은 동굴에서 생활했다. 북한 사람들은 거의 완벽한 지하 사회를 구축했다. 거주지, 학교 시설, 병원, 공장이 땅 속에 마련되었다. …… (미국은) 이 야만적인 항공전의 최종 단계에 대규모 관개용 댐들을 파괴했다. 북

한에서 생산되던 식량의 75퍼센트가 이 댐들의 물에 의존했다. 여전히 제 기능을 발휘하던 주요 경제 활동 영역은 농업뿐이었다. 등골이 휠 정도로 힘겨운 모내기 작업이 완료된 직후 공격이 이루어졌다. 공군은 북한에 입힌 피해를 이렇게 자랑스러워한다. "순식간에 홍수가 일어났고, 하류 43.4킬로미터가 깨끗하게 사라졌다. 길이고 뭐고 완전히 없어졌다. …… 서양인은 아시아 사람들에게 논이 없어진다는 게 어떤 의미인지를 결코 알 수 없다. 끔찍한 기아에 시달리다 천천히 죽는 것이다." 많은 촌락이 침수되었고, "하류로 쓸려 내려갔다." 한 댐에서 남쪽으로 약 43.4킬로미터 떨어져 있던 평양조차 혹독한 홍수 피해를 입었다. 사망한 농민의 수는 파악이 안 된다. 하지만 그들은 적에 "충성을 바치는" 것으로 간주되었다. 즉 "공산당 군대를 직접 지원한다."라고 본 것이다. 그들이 북한 사람들을 먹여 살리고는 있었다. "한 나라의 경제와 민족 전부가 동원되는 것이 …… 총력전이라는 것을 적에게 생생하게 각인시켰다는 점," 그것이 이 사태에서 얻을 수 있는 "교훈"이다. 이것이 한반도에서 일어난 "국지전"의 실체이다.[31]

그 모든 화재, 폭파, 살육에도 불구하고 한국 전쟁은 무려 3년간 계속되었고, 반영구적 교착 상태로 끝났다. 완전히 파괴된 두 나라를 가르는 휴전선이 북한이 침공하기 전의 분리선과 정확히 일치하게 그어졌다. 북위 38도선 말이다. 최소 150만 명의 유엔군과 남한군이 죽거나 부상하거나 실종되었다. (미군 사상자 15만 8000명이 포함된 것이다.[32]) 북한과 중공군 사상자수는 200만 명이었다. 추가로 북한 민간인 200만 명[33] 이상이 사망했다. 이것은 제2차 세계 대전 당시 화염 폭격 및 원자 폭탄 투하로 사망한 일본인 수와 같다.

한반도는 재래식 폭격만으로도 충분히 파괴되었다. 미국이 한국 전쟁에서 원자 폭탄을 사용하는 안[34]과 관련해 대다수의 미국인이 아는 것보다 실제 사용하는 쪽으로 훨씬 가까이 다가갔었다는 사실도 덧붙여야겠다. 트루먼은 북한이 침공하고 애치슨도 참가한 첫 번째 합동 참모 회의에서 소련이 참전할 경우 원자 폭탄을 사용하는 건을 연구해 보라고 명령했다. 합동 참모 본부의 계획 분과는 대통령의 명령에 따라 한반도에서 "핵폭격을 쓰는 문제"를 연구했다. 2주 후인 1950년 7월 9일 맥아더한테서 전갈이 하나 도착했고, 합동 참모 본부는 극동 지역 사령관에게 "원자 폭탄을 내줄지 말지를 검토했다." 합동 참모 본부는 원자 폭탄을 10개에서 20개가량을 전략 무기고에서 빼올 수 있을 것으로 보았다. 맥아더는 중국이나 소련이 개입할 경우 놈들을 차단하겠다는 나름의 원대한 계획이 있었다. 북한은 내륙 국경이 중국 및 소련과 인접해 있다. 맥아더는 합동 참모 본부가 파견한 특사에게 다음과 같이 이야기했다. 만주와 블라디보스토크에서 북한으로 연결되는 통로에는 "터널과 교량이 많다. 여기에 원자 폭탄으로 차단 타격을 가하면 매우 유용할 거라고 나는 생각한다. 원상 복구에만 6개월이 걸릴 것이다."[35]

합동 참모 본부는 한반도로 원자 폭탄을 보낼 가능성에 대비해야 했다. 7월 30일 워싱턴에서 전략 공군 사령부 본부로 통신문이 도착했다. 르메이의 보좌관은 이렇게 기록하고 있다. "비행기 10대, 대원, 핵부품이 빠진 폭탄"[36]의 이전을 요구하는 내용이었다. 르메이는 싸워 보지도 않은 채로 핵작전 능력이 있는 항공기와 원자 폭탄에 대한 통제권을 그 누구에게도 넘겨줄 생각이 전혀 없었다. 그는 로저 레이미에게 전화를 걸어, 잔소리 겸 성가시게 이것저것 물었다. "10대가 뭐야, 로저? 파견된 비행 대대 2개에 (핵작전) 능력이 전혀 없다는 걸 몰라?" 당시 펜타곤에서 참모 장교로 근무 중이던 레이미는 이렇게 난색을 표했다. "아무한테도 안 알려 주고 윗선에서 하는 일이라고요." 르메이의 설명은 솔직했다. "509 부대에는 …… 문제가 있어. 난 그들이 이리저리 불려 다녀서는 안

된다고 생각하네. …… (극동 지역으로 폭격기를 증파해 달라는 최초 요구가 있었을 때) 그래서 노스태드에게도 이야기했지. 그도 (509 부대를) 깨서는 안 된다고 말했고 말이야." 레이미: "하지만 노스태드가 우리한테는 그 이야기를 안 해 주었어요." 르메이: "그 10대 이야기 그냥 취소해 버리면 안 될까?" 레이미: "안 돼요, 절대 안 됩니다." 르메이는 노스태드가 해 준 말을 전달했다. "아직 대통령 각하께 보고되지는 않았잖아. (노스태드도) 일이 그렇게 되는 걸 바라지는 않는다고……." 레이미는 이것을 정정했다. "(핵작전 수행 능력이 있는 항공기와 원자 폭탄을 보내자는) 결정은 처음부터 대통령께 보고되었습니다. 노스태드가 장군님께 그렇게 말했다면 (다시 말해, 대통령께 보고되지 않았다고) 반대하는 건 틀림없네요. 우리한테 절대 안 알려 준 것도 확실하고요."[37]

그러나 트루먼은 원자 폭탄과 핵작전 능력을 보유한 항공기를 한반도에 보내지 않기로 결심한 게 아니었다. 로리스 노스태드 역시 르메이에게 폭격기를 내놓도록 압박을 가해 왔다. 전략 공군 사령관이 로저 레이미와 통화를 마치고서 몇 분이 채 안 되어 전화벨이 울렸다. 노스태드였다. 그가 르메이에게 한 말은 상당히 애매했다. "참모 총장께서 일전에 이야기한 숫자를 원하십니다. 합동 참모들이 (핵)능력을 알고 싶어 합니다." 르메이는 핵 폭격기를 10대씩이나 맥아더에게 내줄 수는 없다고 맞섰다. "지난번에 보내 준 것하고 이번 거하고는 완전히 분리해야 합니다." 노스태드는 르메이가 반대하는 것을 알았고, 그것을 수용했다. "좋아요, 이번 건 분리합시다. 이 망할 건 따로 추진하자고요." 르메이는 일정하게 성공을 거둔 셈이었다. "좋아요, 래리. 행크에게 이번 10대와 관련해 일전에 보낸 내용을 취소하는 전문을 보내도록 조치해 주십시오. …… 우리도 사전에 필요한 조치를 취하고, 준비를 마치겠습니다." 노스태드는 분란을 일단락지어 다행스러웠다. "그래요. 그게 제일 좋은 방법

같습니다, 커트."[38] 다음날인 7월 31일 르메이는 레이미로부터 다음과 같은 이야기를 들었다. "항공기 10대가 비행 대대 2개를 좇아 태평양 전역으로 파송될 예정이다." 그 10대는 "태평양 전역이 아니라 합동 참모 본부의 지휘를 받는다."[39] 이 말은 결국 르메이가 지휘한다는 이야기였다. (전략 공군 사령부는 합동 참모 본부에 직접 보고했고, 결국 르메이는 자신의 흔치 않은 독립적 지휘권을 합법적으로 행사할 수 있었다.) 르메이는 이 명령을 호이트 밴던버그한테서 직접 수령하기를 원했다. 그가 8월 1일 워싱턴으로 날아간 이유이다. "핵작전을 수행할 수 있는 기동 부대 제9 폭격단(9th Bomb Wing)을 즉시 괌으로 보내라는 결정이 났다."[40]

탄두를 뺀 원자 폭탄에 연료까지 가득 담은 B-29 10대가 8월 5일 밤 늦은 시간 샌프란시스코 동쪽 서순 만 위쪽에 있는 페어필드-서순 공군 기지(Fairfield-Suisun Air Force Base)를 떠날 준비를 마쳤다. 르메이의 오랜 친구인 로버트 트래비스(Robert F. Travis, 1904~1950년) 장군이 이 임무를 지휘하기로 했고, 폭격기 중 1대에 탑승했다. 트래비스가 탄 B-29가 이륙 속도인 시속 209킬로미터에 도달하자 3번 프로펠러의 분당 회전수가 3,500회에 이르렀다. (여전히 활주 중이었다.) 조종사는 일단 이륙을 계속 하기로 했고, 문제의 프로펠러를 끈 상태에서 항공기가 시속 241킬로미터의 속도에 도달했을 때 활주로를 박차고 날아올랐다. 다시 비행기를 착륙시켜야 했고, 조종사는 90도 선회를 시작했다. 바퀴가 안으로 들어가지 않았고, 이번에는 2번 엔진까지 맛이 가 버렸다. 조종사는 여전히 45도를 더 선회해야 했지만 부득불 착륙 활주로에 다가가 추락했다. 르메이의 부관은 이렇게 적고 있다. "추락 사고는 다행히 경미했다. 12명 빼고는 다 생존했다. 트래비스 장군은 머리를 가격당했거나 무언가에 머리를 심하게 부딪쳤고, 병원 후송 중에 사망했다. 트래비스 장군의 부관, 조종사, 부조종사는 부상 없이 무사했다." 추락 사고 후 20분 만에 B-29

가 폭발했다. "소방관 등 추가로 몇 명이 죽었고, 기타 60명 정도가 부상을 입었다."[41] 적재된 원자 폭탄 마크 IV의 고폭약 껍질과 연료가 터졌고, 폭탄은 망가졌으며 약방사능의 우라늄 탬퍼가 비행장 주변으로 흩뿌려졌다. 8월 괌으로 이전된 비활성 원자 폭탄은 10개가 아니라 9개였다. 제9폭격 대대의 항공기는 9월 13일 미국 본토로 되돌아갔지만 폭탄과 정비반은 계속해서 괌에 남았다.[42]

8월 25일 발행된 국가 안전 보장 회의의 한 보고서는 이렇게 주장했다. 한반도가 "세계 전쟁을 지향하는 소련의 전체 계획의 제1단계"[43]를 차지하고 있을지도 모른다. 하지만 펜타곤이 이렇게 만일의 사태에 대비하기는 했어도 과연 한반도가 원자 폭탄을 쓸 만한 적당한 곳인지 명쾌하게 판단했던 것은 아니다. 당시 육군성 장관이던 프랭크 페이스 주니어(Frank Pace Jr., 1912~1988년)는 한 구술사 면담에서 군대의 논리를 이렇게 회고했다.

> (핵폭격은) 항상 (세 가지) 이유로 기각되었어요. 생산적이거나 결실이 없다는 게 첫 번째 이유였죠. 한국 전쟁은 원자 폭탄이 유효적절하게 사용될 만한 종류의 전쟁이 아니었어요. …… 둘째, 작은 나라를 상대로 이런 성격의 무기를 사용하는 게 도덕적으로 과연 온당한가 하는 걱정이 있었습니다. 세 번째는 썼는데 별 소용 없는 것으로 드러날 경우 유럽을 지키는 방패로서의 임무와 기능에 구멍이 뚫릴 거라는 거였습니다. 핵폭탄을 사용할 수 없었던 이 세 가지 이유는 압도적이었어요.[44]

맥아더가 11월 말 북한의 보급로이자 보급 기지인 만주를 공격해야 한다고 선동했지만 윌리엄 보든 역시 비슷한 의구심을 표명하며 핵폭탄 사용을 꺼렸다. 보든은 브라이언 맥마흔에게 한반도 핵폭격에 반대한다고 알렸다. "이유는 세 가지입니다. ① 극동에서 원자 폭탄을 사용했다가는 엄청난 비난의 빌미를 제공할 수 있습니다. ② 한반도에서 핵폭탄을 하나씩 쓸 때마다 정작 필요할 경우 러시아에 떨어뜨릴 핵폭탄이 줄어듭니다. ③ 가장 중요한 것은 세 번째입니다. 한반도에서 핵무기를 사용했는데도 전쟁이 신속하게 종결되지 않는 사태가 몹시 걱정스럽습니다. 사람들이 원자 폭탄에 부여하는 심리적 가치가 대폭 하락하는 사태는 생각만 해도 끔찍합니다."[45]

르메이의 핵작전 수행 항공기가 비활성 원자 폭탄을 극동으로 운반하던 8월에 중국은 이미 참전을 준비하고 있었다. 당시 북한군은 한반도 끝까지 진격 중이었고, 유엔 방위군은 사면초가에 몰려 있었다. 부산이 최후의 거점이 될 터였다. 중국은 맥아더의 선택지를 전쟁 논리에 입각해 모의 실험했고, 그가 서울 인근 서해안상의 인천으로 해상 공격을 단행해 반격의 교두보로 삼을 것임을 예견했다.[46] 지나치게 길어진 북한군의 보급로를 끊으면서 김일성 부대를 가둬 버리리라고 본 것이다. (중국은 그 위험을 김일성에게 사전에 알려 주었다. 하지만 김일성은 들으려고도 하지 않았다.) 마오쩌둥은 고문들에게 이렇게 말했다. "우리가 한국 전쟁에 개입하지 않으면 중국이 재앙에 직면했을 때 …… 소련도 개입하지 않을 것이다."[47] 중국 공산당 정치국은 중국이 한반도에 개입하더라도 미국이 원자 폭탄을 쓰지는 못할 것이라고 판단했다.[48] 이유는 다음과 같았다. 그렇게 했다가는 소련이 보복에 나설 수도 있었다. 중국은 한반도의 산악 지형에서 벌어지던 전쟁을 일명 "직소 퍼즐형 전쟁(jigsaw pattern warfare)"이라고 불렀다. 이런 지역에 원자 폭탄을 떨어뜨리면 유엔군마저 위험에 처할 수 있다. 중국은 미국이 유럽에 관심을 쏟고 있고, 따라서 한반도에 투입할 자원은 그리 많지 않을 것이라고 보았다. (미국이 한반도에 자원을 얼마나 투입할지는 10월 초에 확인할 수 있었다. 트루먼이 원자력 위원회(AEC)와 국방부가 합동으로 권고한 14억 달러 지출안을 승인했다. 국방부 전체 예산이 150억 달러 미만이던 시절이었다. 우라늄과 플루토늄 생산 시설이 확장되었고, 군대용 원자력에 대한 미국의 자본 투자가 두 배로 늘어났다. 트루먼은 6월에 이미 중수로 2개를 건설하는 안을 승인했다. 사우스캐롤라이나 주 에이컨(Aiken) 인근 서배너 강 유역이 부지로 선정되었다. 목표는 분명했다. 삼중 수소를 생산하는 시설이었고, 추정 비용은 2억 5000만 달러였다. 트루먼은 10월에 3기를 추가로 건설하는 안을 승인했다.)

미국 정보 기관은 8월 30일경에 중국이 사태에 개입하리라는 몇 가지 조짐을 확인했다. 르메이의 그날 일지는 펜타곤의 풍문을 이렇게 적고 있다. "중국이 북한을 지원하기로 작정했다. 중국의 군단 4개가 국경을 넘어 북한에 진입했다. 북한 지역에 비행장이 여럿 준비되고 있는데, 이것은 중국 아니면 러시아에서 오는 항공기를 맞이하기 위한 것이다."[49] 적어도 군대 이동에 관한 정보만큼은 윤색되어 부정확했다. (새로 편성된 중국의 제4군단[50]은 당시 한국 국경 근처에서 훈련 및 기동 연습 중이었다.) 전략 공군 사령부는 이것과 관련해 더 이상의 정보를 전달받지 못했다. 맥아더가 9월 15일 인천에 휘하 부대를 상륙시켰다. 맥아더 부대는 내륙으로 파고들었고, 10월 1일 북한 땅에 진입했으며, 북쪽으로 진격을 거듭해 압록강에 이르렀다. 스탈린은 인천 상륙 작전에 큰 충격을 받았다. 중국 측 자료를 보면 그들이 북한 지원에 나설 경우 스탈린이 공중 엄호해 주기로 했다고 나온다.

마오쩌둥의 군단은 10월 중순 압록강을 넘어 북한에 들어가기로 되어 있었다. (4개가 아니라 12개였다.) 마오쩌둥은 10월 2일 스탈린에게 이런 내용의 전문을 보냈다. "우리는 군대 일부를 한반도에 보내기로 했다. 미군 및 그의 주구(走狗) 이승만과 싸우며, 한반도 내 우리의 동지들을 도울 것이다."[51] 마오쩌둥의 공식 참전 명령[52]은 10월 8일 공표되었다. 김일성은 그날 밤 이 소식을 들었고, 손뼉을 치며 쾌재를 불렀다. "좋았어!

훌륭해!"[52]

하지만 스탈린은 즉시 공중 엄호 약속을 저버렸고, 중국의 공격은 지연되었다.[53] 니키타 흐루쇼프는 이렇게 회고한다. "(인천 상륙 작전 이후로) 두려움이 엄습했고, 스탈린은 북한이 전멸하고 미국이 우리와 국경을 마주하게 될 것이라고 생각했다. 한반도 문제로 의견을 교환하는데 스탈린이 이렇게 말했던 게 아주 생생하게 기억난다. '그래서? 극동에서 미국과 이웃으로 지내지 뭐. 그들이 다가와도 지금은 싸울 수 없어. 아직 싸울 준비가 안 되었으니.'"[54] 마오쩌둥과 고문들은 한 주 내내 고뇌를 거듭했고, 결국 소련의 지원이 있든 없든 밀고 나가기로 했다. 그런데 이 결정 사항이 모스크바에 전달되자 스탈린은 다시 한번 마음을 바꿔, 지원을 제공했다. 중공군은 10월 19일 소련의 공중 엄호 없이 압록강을 건너기 시작했다. 스탈린은 10월부터 12월에 걸쳐 한반도 전역으로 항공 사단 13개를 보냈다. 소련의 탱크 연대 10개[55]도 후방 경계를 위해 중국의 도시들에 투입되었다.

르메이의 일지에는 11월 2일 보고 내용이 다음과 같이 적혀 있다. "중국이 개입 중이라는 첩보와 보고가 증가 일로에 있다. 소련군 제트 전투기가 우리 부대와 전투기를 공격하기도 했다."[56] 11월 28일의 기록도 보자. "한국전 상황은 악화일로이다. 중국군이 개입해 최근의 우리 공격이 묵사발이 되었다. 맥아더 장군은 상황이 통제 불능이라고 말했다." 밴던버그의 상황실에서 전략 공군 사령부로 간 연락을 보면, "한반도의 미군 상황을 비관하고 있으며, …… 그곳 공군을 개선 강화하기 위해 우리가 폭격기를 더 많이 보내야 한다는 생각이 점증하고 있음을 알 수 있다."[57]

트루먼은 11월 30일 열린 기자 회견에서 여름에 부인했던 내용을 확인해 주었다. 개전 초부터 한반도에서 원자 폭탄을 사용하는 방안을 적극 검토해 왔다는 것이 그 내용이었다. 트루먼은 원자 폭탄 사용을 재가

54~55. 미국 해군은 1946년 비키니 섬에 배를 정박시켜 놓고 원자 폭탄 2개를 터뜨리는 시험을 했다. 전문가들이 국제 통제 체제를 생각해 내려고 애쓰는 중이어서 파장이 복잡했다. 신설 일반 자문 위원회(GAC)가 로스앨러모스를 찾은 1947년 당시 원자 폭탄 재고는 거의 없었고, 조립 훈련을 받은 팀도 전무했다. 55 사진의 왼쪽에서 오른쪽으로: 제임스 코넌트, 로버트 오펜하이머, 제임스 맥코맥 주니어 장군, 하틀리 로, 존 맨리, 이시도어 라비, 로저 워너.

54

55

56. 조지 마셜 국무 장관(제임스 코넌트와 오마르 브래들리 장군이 함께 참석했다.)은 1947년 하버드 대학교에서 전쟁으로 황폐해진 유럽을 재건하자는 마셜 플랜을 제안했다.

5

57. 영국과 미국이 서독을 재무장시키자고 논의한 비밀 회의 정보가 1948년 4월 도널드 맥클린에 의해 스탈린에게 전달되었다. 6월에 단행된 베를린 봉쇄가 그로 인해 촉발되었을 것이다. 미국은 1년에 걸친 공수 작전으로 여기에 대응했다.

57

58

58. 에드워드 텔러(오른쪽)는 1946년 로스앨러모스를 떠나, 시카고 대학교에서 엔리코 페르미와 함께 연구했다. 텔러는 나중에 수소 폭탄 연구가 도외시되었다고 불만을 토로했다.

59

59. 냉전이 시작되었고, 원자력 위원회(AEC)가 신설되었다. AEC는 미국의 핵무기 개발을 책임졌다. 왼쪽에서 오른쪽으로, 어니스트 로런스(위원 아님), 루이스 스트로스, 로버트 바커, 의장 데이비드 릴리엔솔, 섬너 파이크, 윌리엄 웨이맥.

60

60. 로스앨러모스는 전시의 수제 조립 폭탄을 대체할 필요가 있었다. 야전의 거친 환경에서도 안전하고, 의도할 때 믿음직스럽게 터지는 일명 '지아이-프루프(GI-proof)' 폭탄을 고안 설계해야 했던 것이다. 물리학자 라이머 슈라이버와 전후 로스앨러모스 책임자 노리스 브래드베리.

61

61. 핵전쟁 발발을 예상한 윌리엄 보든은 신설된 합동 원자력 위원회(JCAE)의 사무국장을 맡았다. 그는 오펜하이머를 간첩이라고 생각했다.

62

62. 미국은 1947년 영국이 재고로 쌓아둔 우라늄 광석을 넘기지 않으면 마셜 플랜의 원조를 끊겠다고 위협했다. 미국의 지도자들은 1949년 여름, 소련의 조 1이 폭발하기 수주 전까지도 영국의 추가 양보를 요구했다. 왼쪽에서 오른쪽으로, 데이비드 릴리엔솔, 드와이트 아이젠하워, 브라이언 맥마흔, 딘 애치슨, 루이스 존슨.

63. 컴퓨터의 성능이 개선되면서 수소 폭탄 개발이 더욱 빠른 속도로 진척되었다. 반대로 수소 폭탄 연구가 압력으로 작용해 초기 컴퓨터 개발의 역사도 전개된다. 수학자 니콜라스 메트로폴리스(오른쪽, 함께 있는 사람은 폴 스타인)가 로스앨러모스에서 매니악을 개발했다.

64

64. 에드워드 텔러의 '슈퍼' 설계안은 실현 불가능했고, 개발 활동은 난관에 봉착했다. 물리학자 조지 가모브가 그 주인공들을 짓궂게 묘사한 희화(戱畵). 스탈린은 소련제 폭탄을 타고 있고, 옆의 천사는 오펜하이머이다. 스타니스와프 울람, 텔러, 가모브는 설계안을 내놓고 있다. 울람과 텔러는 1951년 초 다단식 복사 내파 열핵 폭탄이라는 돌파구를 열어젖혔다.

65. 에니악에 프로그램을 입력하려면 수많은 케이블을 빼고 꽂아야 했다.

65

66

66. 1940년대 후반 로스앨러모스의 스타니스와프 울람, 리처드 파인만, 노이만. 노이만은 내장식 프로그램을 개발했다. 울람은 텔러의 슈퍼가 실현 불가능함을 수작업 계산으로 증명했다. 새로 개발된 컴퓨터가 울람의 증명을 확인해 주었음은 물론이다.

69

69. 이론 물리학자 카슨 마크는 신형 수소 폭탄의 설계 역학을 궁리해 냈다.

67~68. 공학자 제이콥 웩슬러가 최초의 다단식 열핵 폭탄인 마이크에 집어넣을 액체 중수소를 운반하기 위해 단열 용기(듀어)를 개발했다. 헬륨 엔진(68 사진 왼쪽)이 폭탄의 연료인 액체 중수소를 원통형 보온병 안에서 차갑게 유지해 주었다. 마이크도 비슷한 시스템을 사용했다.

70, 72. 에니웨톡 환초에서 준비 중인 최초의 메가톤 급 열핵 폭탄 마이크의 모습(위와 오른쪽 페이지). 파이프를 통해 초기의 폭발 섬광이 전달되어 멀리 설치된 고속 카메라가 촬영할 수 있도록 했다. 물리학자 마셜 할러웨이(오른쪽 페이지 가운데)가 다른 제작 요원들과 함께 마이크 개발을 지휘했다.

70

71. 크라우스-오글 상자. 2,743미터 길이의 베니어판 터널 안에 헬륨을 가득 채운 폴리에틸렌 소재의 작은 기낭들이 설치되었다. 이것은 마이크의 중성자와 감마선을 원거리의 강화 요새로 운반하는 장치로, 폭발의 불덩이로 기화되기 전에 폭탄의 성능을 진단 분석할 수 있게 해 주는 설비였다.

71

CAUTION
HIGHLY
INFLAMMABLE

73~74. 마이크의 출력은 10.4메가톤이었다. 10.4메가톤은 히로시마에서 터진 폭탄 출력의 1,000배이다. 엘루겔랍 섬이 기화되어 사라졌다. 폭발 구덩이는 깊이가 60.96미터, 지름이 1.6킬로미터 이상으로 아래의 전후 항공 사진들에서 또렷하게 확인할 수 있다.

74a 74b

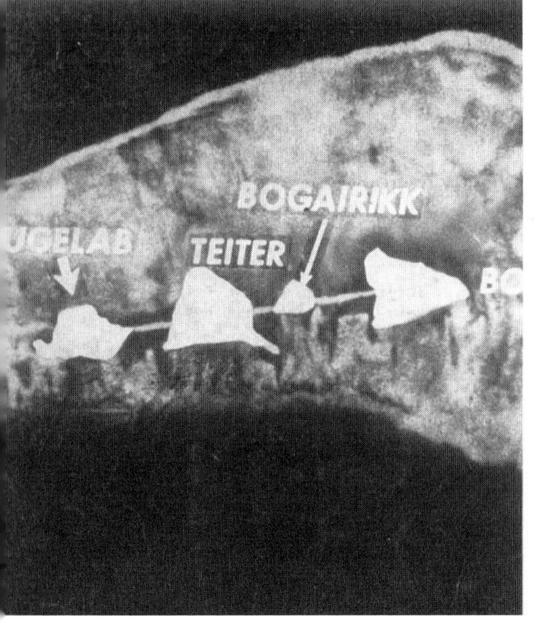

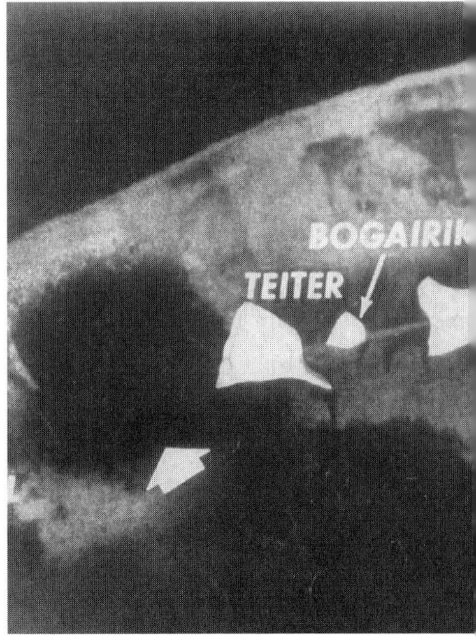

75

75~76. 나가사키 급 원자 폭탄 비키니 베이커 대 마이크. 맨해튼의 스카이라인 위로 두 폭탄의 폭발 광경을 겹쳐 놓으면 1,000배 정도 차이 나는 파괴상이 극적으로 대비된다. 베이커의 불덩이는 지름 730미터로, 버섯구름의 목 부위 정도이다. 마이크는 불덩이만 지름이 4.8킬로미터 이상이다. 마이크가 터지면 뉴욕 시의 자치구 5개가 지도에서 모두 사라질 것이다.

76

77

78

79

77~79. 무력 지상주의를 독단적으로 추구한 사람들은 소련의 추격에 깜짝 놀랐고, 희생양을 찾았다. 군비를 통제해야 한다고 충언한 로버트 오펜하이머는 좋은 먹잇감이었다. 루이스 스트로스(77)가 매파를 이끌었고, 오펜하이머의 기밀 취급 인가를 철회했다. 케네스 니콜스(78)는 보안 청문회 기소를 지지했다. 로저 롭(79)은 오펜하이머를 혹독하게 심문했다.

80. 텔러는 1954년 보안 청문회에서 오펜하이머에게 불리한 진술을 했다. 오펜하이머는 1963년 AEC가 주는 엔리코 페르미 상을 받았다. 시상식장에서 오펜하이머와 악수하는 텔러. 이때 오펜하이머는 이미 와병 중이었고, 몇 년 후 후두암으로 사망한다. 왼쪽은 키티 오펜하이머이다. 오펜하이머와 텔러 사이로 보이는 사람은 글렌 시보그.

80

81~82. 미국 최초의 '건식(중수소화리튬을 연료로 사용했다.)' 열핵 폭탄인 캐슬 브라보는 1954년 3월 1일 비키니에서 시험되었다. 핵출력이 무려 15메가톤으로, 참관 과학자들이 충격파를 뒤집어썼고, 근처에서 조업 중이던 일본의 어부들까지 피폭당했다. 불덩이의 지름이 거의 6.4킬로미터에 이르렀다.

83

83. 전략 공군 사령부는 커티스 르메이에 의해 '민족과 국가를 말살할' 수 있는 대량 살상 무기로 변모했다.

84

84. 합동 참모들이 한반도에서 원자 폭탄을 쓰자고 요구하자 트루먼은 9개를 내주며 극동 지역 사령관 더글러스 맥아더를 해임했다.

85~86. 미국은 브라보 이후 시험된 중수소화리튬 열핵 폭탄 캐슬 로메오를 신속하게 무기화했다. 그렇게 탄생한 핵출력 11메가톤의 마크 17은 무게가 1만 8597킬로그램이었다. 이제는 B-36으로도 수소 폭탄을 운반할 수 있게 된 것이다. (축구장 절반 크기인 B-29가 왜소해 보인다.)

85

86

87. 소련 수상 니키타 흐루쇼프는 약관의 미국 대통령 존 F. 케네디가 1961년 빈에서 취한 조치에 자극받았고, 핵미사일을 쿠바에 은밀히 배치하기로 결정한다.

88. 미국은 1962년 10월 쿠바를 항공 정찰했고, 미사일과 핵탄두가 은닉된 벙커들을 확인했다. 전략 공군 사령부는 쿠바 미사일 위기 동안 7,000메가톤의 핵무기를 공중에서 운용했고, 소련을 도발했다. 이것은 미국의 선제타격을 정당화하려는 시도였다.

89. 르메이는 쿠바를 침공하라고 케네디를 압박했고, 케네디는 그 요구를 물리쳤다. 미사일 위기 당시 사용 가능한 핵탄두가 쿠바에 24발 있었다는 것은 1989년에야 밝혀졌다. 쿠바를 침공했다면 핵전쟁이 일어났을 것이다.

90. 미제 미니트맨 III 미사일 핵탄두 3개. 각각의 마크 12A (지구 대기권) 재돌입체는 길이가 1.7미터, 지름이 53.34센티미터, 핵출력이 350킬로톤이다. 1945년 이후로 핵무기를 써서 조국을 위험에 빠뜨리겠다고 작정한 국가 지도자는 단 한 명도 없었다. 원뿔형으로 생긴 게 군비 경쟁에 매달린 바보들이 쓰는 고깔모자 같다.

91

91~92. 군비 경쟁은 결국 소련의 경제 붕괴와 분열로 이어졌다. 미국과 러시아 두 나라는 미사일을 분해하고, 핵탄두를 해체하기 시작했다. 미국 역시 4조 달러의 국가 부채를 떠안았다.

92

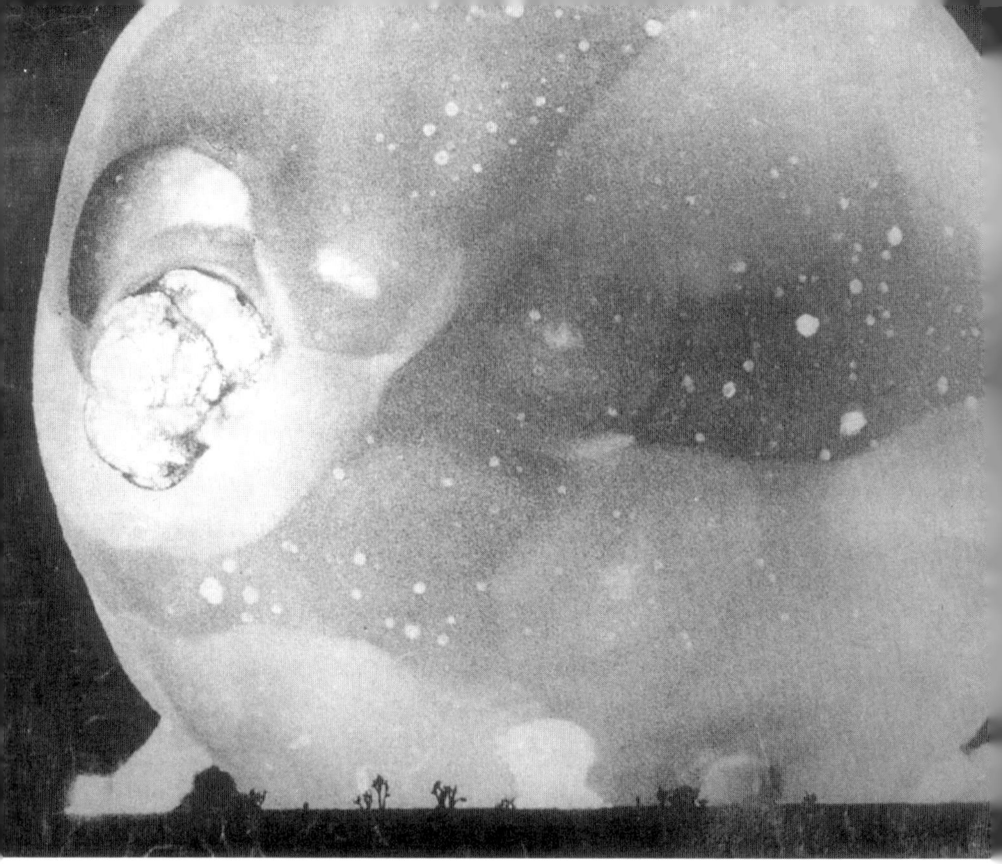

93. 네바다에서 이루어진 핵실험의 불덩이. 곧 사라질 유카 나무의 모습이 인상적이다. 국무부의 한 자문단은 1953년 이런 결론의 보고서를 냈다. "원자력이 …… 제기하는 문제는 과연 인류가 전쟁을 하지 않고 스스로를 다스릴 수 있느냐의 문제이다." 핵 억지력으로 인해 세계 전쟁은 사라졌다. 하지만 군비 경쟁을 중단하는 데 50년의 세월이 걸렸다.

93

94. 저자 로즈가 1992년 '숲 속 오두막'이라고 불린 쿠르차토프 저택에서 방명록에 서명하고 있다. 모스크바 소재 쿠르차토프 연구소 부지에 있는 쿠르차토프의 저택은 현재 박물관으로 사용되고 있다.

94

하면 책임자는 야전 사령관, 즉 더글러스 맥아더가 될 것이라고도 말했다. 몇 주 후 《뉴요커》의 존 리처드 허시(John Richard Hersey, 1914~1993년)는 이렇게 적고 있다. "뉴욕에서 발행되는 모든 석간의 (그날) 1면 헤드라인은 엄청나게 컸다. 트루먼이 원자 폭탄을 사용할지도 모른다는 내용이었다. 원자 폭탄이 언제라도 투하될 것 같았다."[58] 전 세계가 깜짝 놀랐다. 하지만 영국 수상 클레멘트 애틀리가 자신의 소속 정당인 노동당의 불신임 위협 속에 "그렇다면 내가 워싱턴에 가서 미국 대통령을 면담하겠다."[59]라고 의회에서 억지 발표를 하고서야 백악관은 비로소 트루먼의 발언 내용을 "명백하게 해명했다." 트루먼은 내키지 않았지만 그렇다고 애틀리를 만나지 않을 수도 없었다. 합동 참모 본부는 "심각한 군사적 재앙"을 막는 용도가 아니라면 미국이 한반도에서 원자 폭탄을 사용할 일은 "전혀 없다."[60]라고 영국 총리에게 말하라고 조언했다.

트루먼의 기자 회견은 목요일에 있었다. 르메이는 그 주 토요일 밴던버그에게 이렇게 보고했다. "타격할 만한 표적을 분석해 보았습니다. 부정적인 심리적 반응이 나올 수 있고, 그것도 철저하게 살폈습니다. 그 결과 우리는 다음과 같은 결론을 얻었습니다. 핵무기 사용을 적화된 중국을 겨냥한 종합 작전의 일부로 수행하는 게 아니라면 현 시점에서 극동 지역에 원자 폭탄을 사용하는 일은 바람직하지 않습니다."[61] 르메이는 자신이 직접 극동 지역으로 가서 어떤 작전이라도 지휘하겠다고 청했다.

합동 참모 본부는 다음 주인 1950년 12월 초에 전군 사령관에게 이런 내용을 전파했다. "한반도 상황으로 인해 전면전의 가능성이 크게 늘어났다."[62] 트루먼은 12월 16일 국가 비상 사태를 선포했다. 병력을 350만 명 늘리고, 가격 통제를 실시하겠다고 발표한 것이다. 르메이는 그즈음 한반도에서 전략 공군 사령부의 작전을 지휘하던 에멧 '로지' 오도넬 주니어에게 이런 전갈을 보냈다. "짐작하겠지만 미국 전역에서 원자 폭탄을 사용해 한반도의 우리 군대를 지원해야 한다는 선동이 한창이네. 물론 이런 선동이 현실화될 가능성은 희박해. 하지만 한국 전쟁이 종결되는 그 순간까지 원자 폭탄을 투하하라는 명령이 우리에게 떨어질 가능성은 상존하지. 전략 공군 사령부가 소규모 단거리 폭격 능력을 개발하는 이유일세. 소규모 단거리 폭격 능력이야말로 최선의 임무 수행 방법이라고 우리는 확신하네."[63] 르메이의 미국 부대원들은 단거리 무선 항법 장치를 사용해 폭격 시험을 해 본 상황이었다. 결과[64]를 보자. 7,620미터 상공에서 147발을 투하했는데, 평균 원공산 오차가 137미터에 불과했다. 전략 공군 사령관은 오도넬에게 이렇게 물었다. "상황이 심각해질 경우 가능성이 가장 많은 지역에서 작전을 수행할 수 있게" 한반도에 단거리 무선 항법 기초 설비를 설치해 줄 수 있겠느냐고 말이다. 그가 오도넬에게 덧붙인 말도 보자. "자네가 현명하게 판단해 이 사안을 조용히 처리해 주길 바라네."[65]

12월에는 국무부와 합동 참모 본부 모두 핵폭격을 하지 않기로 했다. 맥아더는 결정을 미뤄 달라고 이야기했지만 소용 없었다. 그런데 1951년 4월 초 이 사안이 다시 부상한다. 엄청난 혼란과 회의가 비등했던 것이다. 트루먼이 휴전 정책을 추진했고, 대표적으로 맥아더가 반기를 들며 목소리를 높였다. 합동 참모 본부 역시 트루먼의 정책에 반대했다. 맥아더는 3월 10일 만주의 비행장을 공격하겠다며 "'디'데이 핵작전 부대"[66]를 요구했다. 호이트 밴던버그는 3월 14일 국방 장관 로버트 로벳 및 공군 장관 토머스 핀레터와 이 문제를 협의했고, "모든 게 준비되었다고 생각한다."[67]고 말했다. 그런데 맥아더가 너무 나아가고 말았다. 하원의 소수당 원내 총무 조지프 윌리엄 마틴 주니어(Joseph William Martin Jr., 1884~1968년)에게 "승리 말고는 있을 수 없다."[68]라고 편지를 써 보낸 것이다. 마틴은 그 편지를 낭독해, 《연방 의회 의사록》에 남겼고, 맥아더의 불복종과 반항이 만천하에 공개되었다.

4월 초 약 200대[69]의 소련 폭격기가 만주의 공군 기지로 이동했다. 이로써 그들은 일본을 사정 거리에 두게 되었다. 소련은 중국 주재 인도 대사 산다르 판니카르(Sandar Pannikar)를 통해 만약 미국이 북한 이외의 지역을 공격하면 일본 공격에 나설 수도 있음을 알렸다.[69] 소련의 잠수함도 기동을 시작했다. 소련의 위협에 합동 참모들은 분기했고, 핵전쟁 준비에 나섰다. 그들은 4월 5일 유엔군에 대한 "대규모 공격"[70]이 발생할 경우 만주의 공군 기지를 핵폭탄으로 가격해 보복하라고 명령했다. 신임 원자력 위원회(AEC) 위원장 고든 딘은 전 날 밤에 합동 참모 본부가 그런 명령을 내릴 수도 있다는 이야기를 들었다.[71] 합동 참모들이 4월 5일 숙의하는 동안 딘은 핵캡슐을 군부로 이관하는 절차를 살펴보았다. 이 문제가 본격 대두한 적이 없었던 것이다. 레이미가 르메이에게 연락을 취했고, 전략 공군 사령부는 "비상 경계 태세에 돌입했다. 오키나와를 출격해 핵작전을 수행할 수도 있었던 것이다. 제9폭격 대대의 항공기가 임무 수행에 고려되고 있음이 틀림없다."[72] 르메이는 다음날 호이트 밴던버그를 만날 요량으로 워싱턴 출장을 준비했다.

합동 참모 본부 의장 오마르 브래들리가 1951년 4월 6일 오전 결정 사항을 트루먼에게 들고 가, 재가를 요청했다. 트루먼은 합동 참모들이 한반도에서 핵무기를 써야 한다고 확신하고 있으니, 그들의 필요와 요구를 활용해 맥아더를 사령관직에서 해임해야겠다고 마음먹었다. 협상을 하면 군대 지도자들의 저항을 무마할 수 있다고 본 것이다. 트루먼은 전혀 신뢰할 수 없는 지휘관에게, 더구나 돌출 행동을 일삼는다는 것이 만천하게 공개된 지휘관에게 핵폭탄을 내줄 수 없었다. 브래들리는 트루먼의 속마음을 알아챘고, 다시 협의하기 위해 합동 참모 본부로 돌아갔다.

트루먼은 그날 오후 딘을 백악관으로 불렀다. 원자력 위원회(AEC) 의장은 일기에 이렇게 적고 있다.

(대통령께서) 극동 상황이 매우 심각하다고 말씀하셨다. 압록강 이북으로 병력이 엄청나게 집중되고 있다는 말씀도 들었다. …… 몇몇 비행장에 공군이 대규모로 집결했고, 비행기들이 다닥다닥 가득해 매우 취약하다고도 하셨다. 러시아 잠수함 약 70척이 블라디보스토크에 모였고, 사할린 남부에 집중 배치 중이라는 말씀도 들었다. 이 모든 것을 통해 중공군과 러시아가 우리를 한반도에서 쫓아낼 준비를 마쳤음을 알 수 있었다. 그들이 어쩌면 일본 열도를 장악할 수도 있었다. 잠수함을 동원하면 일본과 한반도로 이어지는 우리의 보급로가 끊어질 터였다.

대통령께서는 합동 참모 본부가 자기에게 (삭제되었음: 아마도 "원자 폭탄 9개를 군부로 이전해 달라는") 요청해 왔다고 말씀하셨다. 그는 무기를 사용하겠다는 어떤 결정도 내리지 않았고, 사용할 필요가 없었으면 좋겠다고도 말씀하셨다. 혹시라도 핵무기를 사용하기로 결정 내려야 한다면 그 전에 사안을 충분히 검토해야 할 것이라는 이야기도 보태셨다. …… 북한에서 폭탄은 절대 안 된다는 게 대통령의 판단이었다. 내가 말씀드린 것처럼, 원자 폭탄은 효과가 전혀 없고, 심리적으로도 완전히 무용하다는 데에 우리는 생각을 같이 했다. ……[73]

그러고 나서 대통령께서는 말씀하셨다. 나한테 이의가 없으면 미국 공군 참모 총장 밴던버그 장군에게 핵폭탄 9개를 불출하라는 명령서에 자기가 서명하겠다고 말이다.

딘은 계속해서 이렇게 썼다. 나는 그날 "밴던버그 장군에게 전화를 걸어, 대통령이 명령서에 서명했다고 알려 주었다. 우리는 이야기가 끝났으니, 세부 사항을 협의하자고도 했다." 일요일 오후 회의가 있고 나서 이틀 후 합동 참모 본부는 맥아더를 해임하겠다는 트루먼의 결정을 지지하기로 했다. 트루먼은 4월 11일 수요일 맥아더를 해임했고, 전국에서 반발이 일어났다. 그 무렵 마크 IV[74] 핵캡슐 9개가 이전되어(4월 10일), 공군의 관리를 받게 되었다.

페어필드-서순 공군 기지는 트래비스 공군 기지로 개명되었다. 미국 장성 가운데서 원자 폭탄 때문에 죽은 유일한 인물을 기리기 위한 조치였다. 제9폭격 대대가 다시 한번 폭탄을 운반하는 임무를 맡았다. 르메이의 부관은 장군 일지에 무미건조하게 이렇게 적고 있다. "통상의 훈련 임무처럼" 괌으로 날아간 "다음 오키나와로 이동해 만일의 작전을 위해 머무를 것이다."[75] (이 결정은 워싱턴에 의해 곧 철회되었다. 제9폭격 대대는 괌에 있으라는 명령[76]을 받았다. 오키나와가 소련 폭격기의 사정 거리 안에 있었기 때문일 것이다.) 르메이는 전략 공군 사령부 부사령관 토머스 파워(Thomas Power)에게 이 임무를 맡겼다. 파워는 최초의 가장 파괴적이었던 도쿄 화염 폭격을 지휘했던 인물이다. 르메이 평전을 쓴 전기 작가는 파워를 이렇게 묘사한다. "냉혹하고, 열심히 일하는 성격에, 이것저것 요구가 많았다. 동료와 부하 몇 명은 아예 내놓고 사디스트라고 부를 지경이었다. 파워가 정말 사디스트냐고 물었더니 르메이는 이렇게 대꾸했다. '맞아요. 전제 군주 같았죠. 하지만 (제2차 세계 대전 때) 함께 괌에 있었는데, 최고의 비행단 지휘관이었습니다. 모든 일을 완벽하게 처리했죠.'"[77] 파워는 맥아더의 후임 매슈 벙커 리지웨이(Matthew Bunker Ridgway, 1895~1993년) 장군을 만나러 4월 24일 도쿄로 출발했다.[78] 그즈음 제9폭격 대대가 괌에 배치를 완료한 것 같다. 르메이는 5월 7일 공군 계획 국장에게 이렇게 써 보냈다. 파워는 리지웨이와 "원자 폭탄 사용은 …… 전역 사령관이 요구하면 합동 참모 본부가 승인하는 것"[79]으로 합의했다.

9개의 핵캡슐이 고폭약과 조립되었는지, 조립되었다면 언제 조립되었는지는 히로시마와 나가사키 이후 미국 군대의 이 첫 핵폭탄 배치에 관한 기밀 해제 서류에 나오지 않는다. 폭격 중대와 교체 부대는 계속 괌에 머물렀다. 폭탄의 핵 요소와 비핵 부품도 마찬가지였다. 밴던버그와 르메이는 5월 18일 현재 "파워 장군이 극동에서 갖는 지위가 당분간 그대로 유지될 것임을 확인했다."[80] 르메이의 일지에 따르면, 리지웨이는 8월 28일 합동 참모 본부에 이렇게 요청했다. "전략 공군 사령부는 필요할 경우 12시간이면 핵공격을 수행할 수 있도록 준비를 갖춰야 합니다." 하지만 리지웨이가 미래에 벌어질 수도 있는 만일의 사태에 대비하고 있었던 것뿐일지도 모른다. 그는 "필요할 경우 핵공격을 할" 수도 있는 항공모함도 요구했고, "핵 포대가 준비되는 대로 전진 배치되었으면"[81] 하고 바랐다. 해군은 핵 항공모함을 막 개발하기 시작했을 뿐이었고, 핵 포대도 실전 배치되려면 1년 이상 기다려야 했다. 르메이는 핵폭탄이 충분하지 않았고, 전략 공군 사령부가 선데이 펀치를 날릴 수 있는 능력을 확고히 구축하는 데 여전히 부심하고 있었다. 그는 1951년 8월 3일 밴던버그에게 이렇게 보고했다. "(소련) 표적에 폭탄"[82]을 작렬시키라는 명령을 받고 6일 이내에 그렇게 할 수 있는 능력이 4월 이후 140발에서 146발로 증가했습니다. 르메이는 전년도의 한 강연에서 이 숫자가 "소규모"[83]라고 했다.

4개월 후인 1951년 11월 27일 르메이는 밴던버그에게 "괌 배치 상황을 중단하자."고 제안했다. 이는 3군 감시 위원회의 다음과 같은 판단에 근거했다. "한반도의 공산주의자들은 가까운 미래에 전면적인 지상 공격을 가할 생각이 없다." 르메이는 이렇게 말했다. "재배치야 금방 할 수 있으니까요."[84] 르메이가 배치 상황 중단을 제안한 것은 전략 공군 사령부의 훈련 계획이 훨씬 중요했기 때문이다. 짐작컨대 폭탄과 폭격기는 이내 귀환했을 것이다. 당시에 르메이는 핵폭탄으로 중국을 공격하는 것보다 부대 훈련이 더 시급하다고 판단했다.

미국이 제2차 세계 대전 직후에 자국의 안보를 믿고 의지했던 무기는 새롭게 펼쳐진 원자력 시대가 전쟁으로 시험에 들면서 무용하다는 게 또렷하게 드러났다. 로버트 오펜하이머가 이미 그럴 수 있다고 예언했었다. 그는 한국 전쟁이 발발하고 몇 달 후 국방 대학에서 장교들을 대상으로 이렇게 강연했다. "원자력에 대한 사람들의 전반적인 만족감, 원자력 추진, 슈퍼 폭탄, 방사능 독에 환호하는 것을 보면 우리가 과연 폭탄을 얼마나 사용할 수 있을지의 문제에 집중하는 것이 쉽지 않아 보입니다." 오펜하이머는 일본의 경험이 아무 도움이 되지 않는다고 생각했다.

> (원자 폭탄이) 지상 전투에서 유용할까요? 원자 폭탄이 원자 폭탄을 사용하는 것을 막는 데 유용할까요? 우리가 원자 폭탄으로 무엇을 할 수 있을까요? …… 히로시마와 나가사키의 경험에 비추어 볼 때 아주 어려운 일 같습니다. 히로시마와 나가사키 때는 사실상 패배한 적이 전쟁을 끝낼 기회를 엿보고 있었죠. 공중 엄호가 하나도 안 되어 우리의 표적은 전혀 대비가 안 된 상황이었어요. 우리 편의 공군력이 압도적으로 우세했습니다. 일본의 지상군은 박살이 난 상태였죠. 함대 또한 전멸한 상황이었습니다. 여러분의 경험은 이것뿐이고, 따라서 핵무기가 전쟁에서 무엇에, 어떻게 유용할지 생각해 보려면 엄청난 상상력이 필요합니다.[85]

합동 참모 본부는 여러 해 동안 핵무기 유지 관리권을 차지하기 위해 싸웠고, 9개의 핵폭탄을 원자력 위원회(AEC)로 반납하지 않았다. 그 9개는 커티스 르메이의 무기고에 유치되었다. 르메이는 9개의 핵폭탄을 소중히 여기며 고이 간직했을 것이다. 호이트 밴던버그는 1951년 초에 르메이에게 이렇게 말했고, "열쇠를 쥐고 있는 자"와 그가 한 부차적 내기는 결판이 났다.

> 명령이 정부 소재지에서 나와야 하는데, 워싱턴에 심대한 타격이 가해질 경우 혼란이 발생할 거라는 자네의 의견에 동의하네. 하지만 현행 법률에서는 핵공격에 착수하는 권한을 원자력 위원회(AEC)의 지방 출장소로도, 공군의 주요 사령부로도 위임할 수 없지.[86]

10년이 채 안 되는 세월 동안 핵무기로 아시아를 두 번씩이나 공격하게 될지도 모른다는 전망은 확실히 트루먼에게 편치 않았다. 그는 다시는 원자 폭탄을 해외에 배치하지 않는다. 한국 전쟁이 힘겨운 전쟁이었음에도 불구하고 트루먼은 참을성 있게 자제력을 발휘했다. 하지만 그는 미소 관계라는 고르디오스의 매듭을 원자 폭탄으로 해결할 수 있을지도 모른다는 피비린내 나는 환상에도 몰두했다. 1952년 초에 직접 쓴 메모에서 그가 잔혹한 최후 통첩을 상상했음을 알 수 있다.

> 극동 지역 상황이 점점 더 나빠지고 있다. 공산당 정부를 상대하는 일은 정직한 사람이 숫자 알아맞히기 도박꾼이나 마약 집단의 우두머리를 상대하는 것과 비슷하다. 공산당 정부, 도박꾼, 마약 집단에게는 명예나 도덕 따위가 없다.
>
> 중국이 휴전을 요구하면서 바라는 것이라고는 전쟁 물자를 수입해, 전방에 재보급하는 것뿐인 듯하다.
>
> 내가 볼 때 열흘의 말미를 주고 최후 통첩을 하는 것이 지금 시기에 가장 적절한 것 같다. 우리가 한반도 국경에서 인도차이나에 이르는 중국 해안선을 봉쇄할 생각이고, 현재 가용한 수단을 동원해 잠수함 기지와 만주의 모

든 군사 기지를 파괴할 생각이며, 더 이상 개입한다면 평화를 달성하기 위해 모든 항구와 도시를 쑥대밭으로 만들어 버리겠다고 모스크바에 알리는 것이다.

한반도에서 중국 군대가 전부 철수하고, 러시아가 중국에 전쟁 물자 공급을 일절 중단하면 이런 상황을 피할 수도 있다. 우리는 거래를 원한다. 한반도 분쟁은 우리가 시작한 게 아니다. 하지만 우리는 한국민에게 이익이 되는 쪽으로 이 전쟁을 끝낼 작정이다. 유엔의 권위와 세계 평화는 말할 것도 없다.

진정으로 평화를 달성하려는 생각이 없으면서도 겉치레로 평화를 호소하는 작태에 우리는 신물이 난다. 가까운 과거에 일어난 여러 사건들을 보면 소련 정부가 평화를 원하지 않는다는 게 아주 분명하다.

소련은 테헤란, 얄타, 포츠담에서 맺은 모든 협정을 깼다.

폴란드, 루마니아, 체코슬로바키아, 헝가리, 에스토니아, 라트비아, 리투아니아가 소련에 유린당했다. 독립을 요구한 이 나라들의 시민들은 죽었거나 강제 노동 수용소에 있다.

제2차 세계 대전으로 생긴 전쟁 포로 약 300만 명이 전쟁이 끝난 지금도 여전히 강제 수용소에 머물고 있다.

러시아가 점령한 모든 국가에서 수천 명의(원문 그대로) 아동이 유괴되었고, 다시는 소식을 들을 수 없다.

이 정책은 틀림없이 지속적으로 추진 중이다.

이제는 그런 상황을 중단해야 한다. 우리 자유 세계인은 충분히 오랫동안 고통받았다.

한반도에서 중국 놈들을 몰아내자.

폴란드, 에스토니아, 라트비아, 리투아니아, 루마니아, 헝가리를 독립시키자.

자유 세계를 공격하는 흉한들에게 전쟁 물자 공급을 중단하고, 기존에 맺은 협정을 명예롭게 준수하도록 만들어야 한다.

그러려면 전면전이 불가피하다. 모스크바, 상트페테르부르크(원문 그대로: 레닌그라드), 선양, 블라디보스토크, 베이징, 상하이, 뤼순, 다롄, 오데사, 스탈린그라드, 기타 중국과 소련의 모든 공업 시설을 말살해야 할 것이다.

이번이야말로 소련 정부가 살아남고 싶은지 그렇지 않은지를 결정해야 할 마지막 기회이다.[87]

커티스 르메이도 정치 갈등이 심화되자 비슷한 좌절감을 느꼈다. 긴장이 해소될 줄은 모른 채 점점 더 고조되고, 그에 따라 무기 재고가 쌓여가는 상황이 불만스러웠던 것이다. 전략 공군 사령관은 한국 전쟁 초기에 스크립스-하워드의 한 기자에게 이렇게 말했다. "나라면 이런 긴장 상태가 50년 이상 계속되는 것을 도저히 참을 수 없다." 르메이의 생각은 이랬다. "우리는 전쟁을 줄이겠다는 목표를 힘차게 추진해야 한다. 하지만 항상 전쟁에 대비해야 한다." 그가 이야기한 "대비해야 한다."라는 말의 의미는 기자가 예방 전쟁에 관해 물으면서 명확하게 드러났다. "책임감 있는 공군 장교라면 예방 전쟁을 옹호하지 않을 것이다. 하지만 위험을 무릅쓰고, 싸움에 임해야만 할 때도 있다."[88] 르메이는 소련이 지상에서 전략 공군 사령부를 제압할 수 있는 능력을 갖추는 때가 오리라는 것을 알았다. 미국 공군은 소련이 1951년 중반쯤에 그런 능력을 최소한으로나마 갖출 것으로 예상했다.[89] CIA가 뭐라고 했든 말이다. 커티스 르메이는 조국 미국을 사랑했고, 위험을 무릅쓰고 예방 전쟁에 나서야 한다고 해도 어쩔 수 없는 일이었다. 그런 재앙을 미연에 방지할 수 있는 방법을 찾고자 했다.

23장

유체 역학 렌즈와 방사능 거울

스타니스와프 울람과 코넬리우스 에버렛이 1950년 6월 16일 두 번째로 내놓은 슈퍼의 점화 온도 계산 결과는 실망스럽기 짝이 없었다. 6월 16일이면 한국 전쟁이 발발하기 직전이었다. 두 사람은 더 자세한 컴퓨터 계산 결과를 기다리면서 잠정적으로 다음과 같은 결론을 내렸다. 원자 폭탄에서 나오는 열로 액체 중수소 탱크를 점화하려면 터무니없을 정도로 많은 양의 삼중 수소가 필요할 것이다. 그것도 반응이 일어난다는 전제에서 말이다. 엔리코 페르미가 여름 동안 로스앨러모스에 머물면서 열핵 연구를 도왔다. 페르미와 울람은 텔러의 슈퍼 설계안이 제기한 그다음 문제를 계산해 보기로 했다. 중수소 탱크가 한쪽 끝에서 점화될 경우 연소 과정이 자동으로 계속될지의 여부가 그것이었다.

울람은 이렇게 회고한다. "우리는 다시 시간을 단계별로 나눠 작업했다. 페르미의 직관적 추정과 탁월한 단순화가 큰 힘이 되었다. …… 나는 페르미와의 작업이 에버렛과 한 계산보다 훨씬 더 중요했다고 생각한다."[1] 페르미는 시카고에서 리처드 로런스 가윈(Richard Lawrence Garwin, 1928년~)이라는 제자를 데리고 왔다. 두 사람은 작은 사무실을 함께 썼고, 책상도 나란히 붙어 있었다. 가윈은 여름 내내 이루어지던 슈퍼 계산을 지켜보았고, 당시를 이렇게 술회했다.

> 페르미와 울람은 계산 스프레드시트를 만들고는 했죠. 액체 중수소를 담은 커다란 원통형 용기의 연소를 계산할 때에는 미분 방정식을 씁니다. 온도를 적고, 중성자와 방사능 등등이 원통을 따라 이동할 때 시간의 함수로 무슨 일이 일어나는지 알아보는 거예요. (스프레드시트의) 이 난은 시간, 이 난은 상이한 방사능, (다른 칸은) 온도입니다. 페르미가 두세 줄 정도를 하고, (커다란 계산기를 가진 조수에게) 넘기면 (조수가) 다음날 스프레드시트를 가져왔죠. 시간이 흐를수록 수축 감소한다는 게 문제였어요. 연소와 복사선의 문제라는 겁니다. 에너지가 재생산되는 것보다 더 빠른 속도로 빠져나가기 때문에 연소시킬 중수소 원통은 애초에 불가능하죠. 두 사람은 이 계산 결과를 바탕으로 옛날 슈퍼가 작동하지 않으리라는 것을 분명하게 알았습니다. …… (옛날 슈퍼를 개발한답시고 쓴) 그 모든 시간을 날려 버린 겁니다. 텔러의 낙관 때문에 오판을 한 것이었죠.[2]

두 사람이 작성한 최종 보고서를 보자. 페르미는 보고서에서 이 곤경을 기본적인 물리 상수들만 바꿀 수 있으면 사라질 난관이라고 장난스럽게 이야기한다. "핵반응의 단면적이 측정 및 상정된 값보다 두세 배 더 커질 수만 있다면 성공할 수도 있을 것이다."[3] (1951년 로스앨러모스가 다시 측정한 실제 단면적은 페르미와 울람이 사용한 부정확한 측정값보다 훨씬 더 작은 것으로 드러났고,[4] 이것은 가능성이 더 없다는 뜻이었다.)

페르미와 울람이 계산하는 동안에도 로스앨러모스는 1951년 봄으로 예정된 그린하우스 시험을 계속 준비했다. 여름 내내 계획들이 분지했고, 열핵 반응과 관련된 시험도 2개 하기로 했다. 첫 번째는 핵출력을 증강하기 위해 코어에 DT-가스를 집어넣은 분열 폭탄이었다. 부스터(Booster)라고 불린 이 장치의 정식 명칭은 그린하우스 아이템(Greenhouse Item)이다. 두 번째는 그린하우스 조지(Greenhouse George)라는 명칭의 일명 실린더(Cylinder) 장치 실험이었는데, 더 중요했다. 프린스턴의 물리학자 로버트 재스트로(Robert Jastrow, 1925~2008년)는 실린더가 어떻게 개발되었는지 설명한다. "에드워드 텔러는 수소 폭탄 프로젝트에 대한 지원을 얻어내려고 애쓰는 중이었다. 하지만 그는 수소 폭탄을 어떻게 만들어야 할지 몰랐고, 대신 생각한 게 (조지) 프로젝트였다. 워싱턴 인사들에게 뭔가 보여 주어야 했던 것이다."[5] 카슨 마크도 이런 논지를 확인해 준다.

> 러시아가 실험을 했고, 그에 따른 후속 조치였다는 점을 빼면 그건 우리가 바쁘게 수행하던 과제가 아니었어요. 그렇죠, 그건 열핵 연구와 관련해 우리가 뭔가를 해야만 하겠다고 동의해서 한 거였습니다. 열핵 연구로 관심을 돌릴 만한 마땅한 실험이 뭐가 있을까? 두 가지 정도가 제안되었어요. 하나는 주로 가모브가 이야기했고, 다른 하나는 텔러가 원하고 바랐죠. 둘 다 옛날 슈퍼 구상에 들어맞는 개념을 바탕으로 안을 제출해야 했습니다. 우리가 할 수 있고, 관련해서 쓸모가 있는 것이어야 했죠. 수소 폭탄 개발로 방향을 정했으니 아무튼 뭐라도 해야 했습니다. 조지 실험의 자세한 형식은 생각이 모호하게 뒤죽박죽된 상태에서 나온 거예요. 텔러가 역성을 들던 패턴이었죠. 알고 봤더니, 그건 1945년에 푹스와 노이만이 특허를 낸 패턴과 아주 비슷

했습니다. …… 그걸 보고 베꼈다고 할 수는 없겠죠. 하지만 대략 똑같았고, 두 사람의 특허와 방법이 거의 같았다는 점에서 슈퍼와 관계가 있었습니다. 즉 제1단계로 분열 폭탄을 사용해 중수소를 연소 개시 시점까지 가열해 보자는 거였죠. 조지 실험은 그걸 목표로 했습니다. 그건 전에는 해 볼까 하는 생각을 한 번도 진지하게 해 본 적이 없는 일이었어요. 뭐랄까, 설득력 없는 방식으로 대충 제시되었으니까요.[6]

실린더를 연구한 이론 물리학자 마셜 로젠블러스는 설계 계획을 다음과 같이 설명한다. "열핵 연료 연소를 살펴보자는 게 기본 생각이었습니다. 그걸 명확하게 조사 분석할 수 있는 방법으로 해야 했죠. DT라는 적당한 물질로 실험을 하지 않으면 성공하리라는 보장이 없었어요. DT를 쓰면 온도가 어떻게 변하는지, 밀도가 어떻게 바뀌는지, 중성자가 어떻게 생성되는지 자세히 관찰할 수 있었습니다. 다시 말해 상세하게 조사 분석할 수 있었던 거죠. 텔러는 DT를 우리가 볼 수 있는 곳에 배치해야 한다고 생각했습니다. 폭발 중심부는 아니라는 거죠. 우리는 파이프를 대서 방사선을 뽑아냈습니다."[7] 당시에 시험을 계획한 요원 가운데 한 명은 실린더를 이렇게 이야기했다. "핵폭발을 활용해, 관을 통해 물질을 보내, 중수소에서 소규모 열핵 반응을 불러일으키는 실험."[8] 재스트로의 말도 들어보자. 실린더는 "500킬로톤짜리 원자 폭탄의 에너지"를 사용해 "옆에 마련한 작은 방의 중수소와 삼중 수소 조금에 불을 붙이려는 시도"였다. "그게 성공하리라는 것은 누구나 다 짐작하고 있었다. 원자 폭탄의 엄청난 에너지를 활용해 작은 유리병의 중수소와 삼중수소를 점화하는 것은 용광로를 써서 성냥불을 붙이는 것과 다를 바가 없었다."[9]

원자 폭탄에서 우라늄이나 플루토늄이 분열할 때 방출되는 거의 모든 에너지는 전자기파의 형태를 띤다. (여기에는 가시광선도 포함된다.) 이런 복사선은 광자라는 질량이 없는 파동으로 구성되고, 빛의 속도로 이동한다. 초속 29만 9981킬로미터, 1나노초당 0.3미터인 셈이다.* 광자들은 에너지에 따라 파장이 달라진다. 광자의 에너지가 많으면 파장이 짧아지는 식이다. 전기 난로의 코일을 눈여겨보면 에너지와 파장의 관계를 짐작할 수 있다. 코일이 따뜻해지면서 빛을 내기 시작하는 광경을 떠올려보라. 적외선이라는 눈에 안 보이는 더 긴 파장(인간은 적외선을 온기로 느낀다.)에서 암적색을 거쳐 주황색, 노란색으로 바뀌며 가열되는 장면이 생각날 것이다. 각각의 색은 파장이 점점 더 짧아지는 광자들이 인간의 눈에 작용하면서 야기된 것이다. 훨씬 뜨거운 아세틸렌 불꽃은 청백색으로 탄다. 동일한 연속체의 훨씬 먼 위쪽에서는 태양등의 뜨거운 필라멘트가 눈에 안 보이는 자외선을 내뿜는다. 자외선 다음으로는 연엑스선, 경엑스선, 감마선이 이어진다. 이것들은 모두 복사 물질의 온도를 알려주는 기능을 담당한다. (물질을 구성하는 원자들이 얼마나 활발히 운동하는지 알려주는 셈이다.) 모든 복사선은 바로 앞의 복사선보다 파장이 짧은 광자로 이루어진다. 전기 난로이든, 아세틸렌 불꽃이든, 태양등 필라멘트이든, 핵폭발의 화구(火球, fire ball)든 거기에서 나오는 복사선 그래프는 전부 뾰족한 끝이 있는 곡선이라는 점에서 기본적으로 동일하다. 각각의 경우에 어디가 되었든 복사선 영역이 우세한 곳에서 정점이 꺾이는 것이다. 우주가 시작된 대폭발도 비슷한 곡선의 화구를 만들었다. 수십억 년에 걸쳐 우주가 냉각되면서 이 그래프는 정점이 점점 더 긴 파장 쪽으로 이동했고, 현재는 그 정점이 적외선 아래의 차가운 마이크로파 영역에 걸쳐 있다. 유명한 2.7켈빈의 마이크로파 우주 배경 복사가 바로 이것이다. 우

* 1나노초는 10억분의 1초이다.

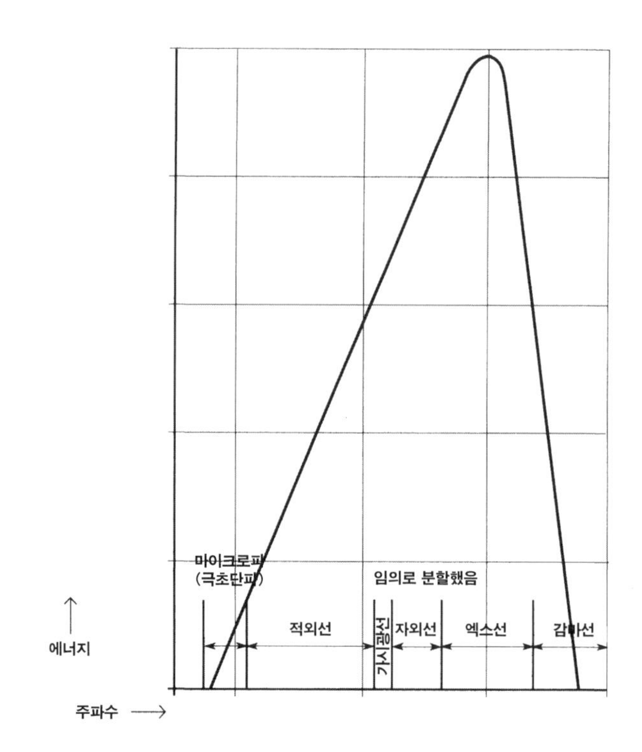

핵폭발 화구에서 나오는 방사선의 빈도 함수. 4억 켈빈의 빈도 함수이다.

주 자체도 핵폭발의 화구와 비슷하게 냉각 중인 불덩이인 셈이다. 핵폭발의 화구가 인위적으로 대폭발을 일으킨 결과물이라는 점이 다를 뿐이다.

핵폭탄의 화구에서 나오는 복사선은 연엑스선 영역에서 정점을 이룬다. 작은 원자 폭탄도 엄청난 복사 에너지를 내뿜는다. 질량이 없는 이 복사선의 흐름을 막고 무게를 재면 동일 체적의 공기만큼 무게가 나간다는 것도 알 수 있다. 밀집 상태로 운동하는 초고온의 광자가 대상 물질을 관통하면서 그 물질을 고온으로 가열할 수 있다는 것은 분명하다. 로젠블러스가 강조한 것처럼, 실린더 시험의 기본 계획은 폭발하는 분열 폭탄에 중수소를 인접시켜 삼중 수소와 융합하는 것이었다. 기구를 설치해 반응을 연구하는 것은 물론이었고 말이다. 반면 부스터 시험은 폭발하는 분열 폭탄 **내부**에서 DT를 압축 점화하는 것이었다. 텔러는 실린더 시험의 환경을 설정해야 했고, 폭탄 **외부**에서 DT를 점화하려면 폭발하는 분열 폭탄의 어떤 요소를 활용해야 하는지 물었다. 폭발하는 분열 폭탄에서 대량으로 쏟아져 나오는 중성자들이 틀림없이 그런 목표에 봉사할 수 있을 것이다. 하지만 중성자는 질량이 있기 때문에 질량이 없는 광자와 비교해 느리게 움직인다. 실제로도 코어에서 튕겨 나가는 분열 폭탄의 첫 번째 요소는 복사선이다. (중성자나 분열 조각 같은 물질 입자를 크게 앞선다.) 엑스선 광자는 우라늄 원자핵이 분열하는 데 걸리는 시간 동안 3미터를 이동한다. 같은 찰나에 분열 조각은 겨우 10센티미터 이동하고, 중성자는 (가볍기 때문에) 약간 더 많이 이동한다. 마크는 이렇게 강조한다. "(방사선을 사용하는) 선택은 어쩔 수 없는 거였습니다. 분열 폭탄 자리에서 DT 위치로 진행하는 가장 빠르고 확실한 방법이었으니까요. 방사선을 원하지 않아도 배제할 수 없는 거죠. 눈에 띄니 주목하지 않을 수 없는 겁니다."[10] 텔러는 엑스선을 활용하자고 제안했다. 파이프(복사선 도관)를 이용해 폭발 시스템 외부의 소형 DT 캡슐에 에너지를 전달하자는 것이었다. 거기에는 옛날 슈퍼 시스템의 작은 부분을 이론만이 아니라 실험적으로도 연구해 보자는 의도가 깔려 있었다. 텔러의 가족 위원회는 1950년 10월 26일 관련 설계를 매듭지었다. 이로써 부스터와 실린더, 곧 그린하우스 아이템과 조지 시험 설계안은 이듬해 봄까지 동결 유지된다.

원자력 위원회(AEC) 일반 자문 위원회(GAC)가 그다음 주에 로스앨러모스에 도착했다. 열핵 프로그램을 확인 검토하는 것이 그들의 방문 목적이었다. 일반 자문 위원회에는 새로운 성원이 몇 명 추가되었다. 신규 위원들은 수소 폭탄에 대한 열의 때문에 임명된 사람들이었다. 화학자

윌러드 리비가 그중에서도 가장 뛰어났다. 그는 1946년 방사능 탄소 연대 측정법을 개발해 1960년에 노벨 화학상을 받는다. 리비는 수소 폭탄에 대한 열의가 대단했고, 로버트 오펜하이머까지 의심했다. 그는 오펜하이머가 제2차 세계 대전 때 "유력하게 활동한 공산당 버클리 지부"의 "거의 수장"[11]이었을 것으로 믿었다.

일반 자문 위원회(GAC)는 수소 폭탄 논쟁을 거치면서 큰 낭패를 겪었지만 오펜하이머를 위원장으로 재선출했다. 오펜하이머는 자신이 물의를 일으킨다는 것을 알았고, 고든 딘에게 사임하겠다고 말했다. 원자력 위원회(AEC) 의장은 이렇게 회고했다. "(오펜하이머는) 우리가 1949년에 수소 폭탄 프로그램을 놓고 크게 다투고 분열했음을 잊지 않았다고 말했습니다. …… 그 때문에 일반 자문 위원회(GAC)에서 자신이 제대로 일할 수 없다고 생각한다고도 이야기했습니다. 그러면서 자신이 일할 수 없겠다고 …… 생각하면 언제라도 기꺼이 손을 떼겠다고 알려 왔습니다. 저는 몇 차례 생각해 보았고, …… 만약 우리가 그를 잃으면 일반 자문 위원회(GAC)고, 원자력 위원회(AEC)고 몽땅 날아갈 게 틀림없다고 …… 말했습니다."[12] 오펜하이머는 일반 자문 위원회(GAC)를 1950년 10월 말에 로스앨러모스로 소집했다. 신임 위원들이 "(로스앨러모스가) 어떤 곳인지 감"을 잡을 필요가 있다고 본 것이다. 오펜하이머는 그 사람들이 "제2의 로스앨러모스를 세워 제1연구소의 작업을 경감해 줘야 한다고 계속 주장했기"[13] 때문이라고 노리스 브래드베리에게 자초지종을 설명했다. 오펜하이머의 설명을 보면 텔러가 1950년 말까지 제2연구소를 주창했던 게 틀림없다. 베테는 열핵 연구에 집중하는 독립 연구소를 텔러가 구상한 게 훨씬 전인 1947년까지 거슬러 올라간다고 증언했다.[14]

일반 자문 위원회(GAC)는 로스앨러모스에서 울람-에버렛, 울람-페르미의 계산 결과, 텔러와 존 휠러가 제안한 새 자명종 모델, 그리고 옛날 슈퍼 계획들을 검토했다. 자문 위원들은 실린더 시험에 열광했다. 오펜하이머는 자문 위원들이 파악한 내용을 이렇게 요약했다. "새롭고 정교한 계기 장비가 이 실험의 핵심이다. 시험과 더불어 계기 장비를 이용한 측정이 성공을 거두면 혁신적인 정보를 얻을 수 있다. 삼중 수소-중수소 혼합물의 비평형 연소, 분열 무기에서 나오는 방사선이 밀도가 시시각각 바뀌는 물질 속으로 흘러 들어가는 것과 결부된 현상을 알면 다수의 열핵 모형에 적절하게 쓸 수 있을 것이다."

자문 위원들은 칭찬하기는 했지만 실린더 시험이 실험인 만큼이나 보여 주기용이라는 것도 잘 알았다. 즉 그들은 실린더가 열핵 폭탄 개발로 이어지는 돌파구가 못 될 수도 있다는 걸 알았던 것이다. "실린더 시험은 성공하든 못 하든 열핵 무기 발사 시험도 아니고, 이 무기가 실현 가능한지 알아보는 시험도 아니다. 이 시험은 슈퍼의 실현 가능성을 알아보는 데에 결정적인 엄청난 불확실성을 해소하는 데 맞추어져 있지 않다."[15]

원자력 위원회(AEC)의 공식 역사는 일반 자문 위원회(GAC)의 로스앨러모스 회의를 이렇게 기록하고 있다. "텔러가 자리에서 일어나 슈퍼를 요약 설명했다. 하지만 보고를 하면서도 결의 이외에 별다른 것을 보여 주지는 못했다. …… 텔러한테는 새로운 발상이 전혀 없었다. 어떻게든 성공은 하겠다고 하지만 그는 방법을 몰랐다." 텔러는 아이디어가 바닥났음을 인정하면서도 로스앨러모스의 동료들을 모욕했다. 원자력 위원회(AEC)의 공식 역사는 텔러의 발표를 계속해서 이렇게 적는다. "실험이 성공해도 로스앨러모스가 위험할 수 있습니다." "(조지) 시험으로 슈퍼가 불가능하다는 게 증명되어도 연구소는 작업을 계속할 수 있을 만큼 강력하다는 게 텔러의 믿음이었다. 하지만 사태가 정반대로 전개되면, 곧 조지 시험으로 슈퍼가 가능하다고 판명되면 연구소가 그 업적을 최대한 활용할 수 있을 만큼 강력하지는 못할 수도 있다는 게 텔러의 생각이었던 것이다."[16] (프랑수아즈 울람은 당시를 이렇게 회고한다. "복도에 모인 사람들은 상당히 긴장했죠. 텔러는 독재자 같았고, 신경질을 부렸습니다. 사람들은 당황했고 짜증도 냈어요. 남편을 빼면 그의 까다로운 요구에 어떻게 대응해야 할지 아는 사람이 아무도 없는 것 같았어요. 다들 군소리 없이 굴복하는 눈치였거든요."[17])

그러나 실패한 것은 텔러였지 연구소가 아니라고 한스 베테는 논평한다.

> 울람이 계산해야만 했다는 사실은, 텔러가 비상 사태 계획을 맨 처음 주장한 1949년 가을 수소 폭탄 프로젝트가 사실상 전혀 준비되지 않았음을 방증한다. 1946년에 한 계산 결과가 틀렸고, 특히 당시에는 적당한 계산 기계를 쓸 수 없었기 때문에 누구도 텔러를 비난할 수는 없다. 하지만 로스앨러모스 인력은 그를 비난했다. 텔러가 연구소는 물론이고 나라 전체를 모험적 기획에 끌고 들어갔다는 것이 이유였다. 스스로 불충분하다는 것을 알고 있었음에 틀림없는 계산 결과를 가지고서 말이다.[18]

가모브는 텔러의 슈퍼가 얼마나 가망이 없는 것으로 밝혀졌는지를 극화하는 재주까지 부렸다. 존 맥피는 로스앨러모스의 물리학자 시어도어 테일러한테 들었다면서 그 이야기를 이렇게 소개한다. "핵융합 폭탄 문제를 연구하는 사람들이 모인 자리였다. …… 가모브가 나무 조각 바로 옆에 솜덩이를 하나 놓았다. 그는 라이터 연료로 솜을 적신 다음 성냥불을 그어 솜에 불을 붙였다. 솜덩이는 불꽃이 일면서 탔다. 말하자면 작은 화구였다. 화염은 나무에 전혀 불을 붙이지 못했다. 나무는 그대로였다. 타는 것은 고사하고 아무런 영향도 받지 않았다. 가모브는 구경하라고 나무를 돌렸다. 그것은 석화된 나무였다. 가모브는 이렇게 말했다. '수소 폭탄을 개발하는 도정에서 현재 우리가 처한 지점입니다.'"[19]

베테는 계속해서 이렇게 쓰고 있다. 아메리카 합중국 대통령이 전 세계인을 상대로 한반도에서 원자 폭탄을 사용할 준비가 되었다고 선언하고, 중국 군대가 압록강을 건너 물밀듯이 내려온 10월부터 텔러는 더욱 "필사적이 되었다."

> 그는 (옛날 슈퍼를) 구해 내려고 갖은 복잡한 계획을 제출했다. 하지만 그 가운데 가능성 있어 보이는 것은 하나도 없었다. 그가 해결 방법을 전혀 몰랐다는 것은 분명하다. 그는 그럼에도 불구하고 그린하우스 시험을 마치고 추가로 1년 이상 로스앨러모스를 자기가 마음대로 부려야 한다고 촉구했다. 이런저런 장치를 또 시험해야 했으니 말이다. 1950년에 그가 제시한 프로그램은 주요 내용이 몽땅 실패했고, 로스앨러모스 연구소가 텔러의 판단을 믿은 것은 어리석은 행동으로 결론 났다. 적어도 그가 실질적으로 가능성이 있는 확실한 안을 제시할 때까지는 말이다.[20]

텔러는 자신의 입장을 훨씬 크게 생각했다. 그는 12월 초에 어니스트 로런스에게 자신이 한 치도 양보하지 않고 입장을 고수했다고 썼다.[21] 즉 비판은 부당하다는 것이었다. 텔러는 국가 안보에 귀중한 자원을 보태는 일에 소홀해서는 안 됨을 확실히 하고자 했다. 원자력 위원회 위원 섬너 파이크는 나중에 이렇게 증언한다. "텔러 박사는 겸손하게 자기 재능을 숨기는 사람이 결코 아니었습니다. 그는 전도사 같았죠. 세례 요한이라고 한다면 좀 과장하는 것일지도 모르겠군요. 그는 자기 프로그램이 충분히 숙려되지 못했다고 항상 생각했습니다. …… 우리가 가진 자원을 전부 동원해 핵융합 폭탄 개발에 쏟아 부었다면 그가 아주 만족했을 거라는 게 저의 생각입니다."[22] 로스앨러모스의 이론 물리학자 찰스 크리치필드는 상식적이고 분별이 있었다. 그의 평가 역시 솔직하고 직설적이다. "텔러는 메시아처럼 세상을 구하겠다는 강박 관념에 사로잡혀 있어요."[23]

스타니스와프 울람은 텔러의 가식이 싫었고, 그 때문에도 헝가리 태생의 이 물리학자가 5년 넘게 그토록 열렬히 주창한 설계안이 환상에 불과한 것인지, 그것이 아니라면 물리적 실재와 조금이라도 쓸모 있는 관계가 있는지를 체계적으로 알아보는 과제에 착수했다. 울람과 동료들은 옛날 슈퍼의 성공 가능성이 보잘것없으리라는 것을 증명했다. 해가 바뀌기 전에 노이만의 에니악 계산 결과가 도착했고, 울람의 결론에 추가로 신뢰성이 보태졌다. 베테는 그 우울한 가을에 이렇게 물었다. "왜 계속해서 옛날 슈퍼를 추종했던 것일까요? 우선 첫째로, 가능성이 없다는 게 증명되지 않았습니다. 둘째, 더 나은 대안이 전혀 없었어요." 베테는 이렇게 말을 맺었다. 울람의 작업과 노이만의 계산 결과로 "옛날 슈퍼는 끝장났다는 게 증명되었습니다."[24]

텔러가 출력이 무제한인 몽상적인 열핵 무기에 매달렸을지도 모른다. 울람이 옛날 슈퍼 안을 폐기하기 위해서는 오랜 시간 각고의 노력을 투입해 계산하는 절차가 필요했다. 폴란드 태생의 이 수학자는 슈퍼 관련 계산을 마친 후 여전히 공급량이 부족했던 우라늄 235와 플루토늄을 더 효과적으로 활용하는 분열 폭탄을 연구하기 시작했다. 질량이 임계치 이하인 코어를 압축해 내파시키면 대포형 설계안보다 분열 금속의 양을 더 줄이고도 더 큰 폭발을 얻을 수 있었다. (대포형 설계안은 압축 과정 없이 그냥 결합해서 임계 질량을 얻는 방식이다.) 그러나 내파를 위해 압축할 수 있는 정도는 고폭약에서 나오는 힘의 제한을 받았다. 울람은 1950년 12월 내파 압축도를 크게 증가시킬 수 있는 방법을 생각해 냈다. 그는 이 방법을 "유체 역학 렌즈법(hydrodynamic lensing)"이라고 명명했다. 울람이 내파 체계에 동력을 공급하기 위해("dynamic") 생각해 낸 유체("hydro")는 원자 폭탄의 충격파였다. 그가 어떻게 쓰고 있는지 보자. "엄청난 양의 중성자가 흘러나온다." 울람은 이렇게 언급했다. 분열 폭탄이 폭발하는 짧은 과정 중에는 "통상의 고체와 밀도가 비슷한 기타의 핵(분열 파편)들 말고도 중성자 '기체'가 …… 존재한다."[25] 울람은 이 발상을 카슨 마크에게 들려주었다. 마크는 이렇게 회고한다. "1951년 초였어요. 울람이 제게 맨 처음 한 이야기는 분열을 이용해 압축을 하겠다는 거였죠. 우리가 가능한 것으로 알고 있던 다른 어떤 방법보다 훨씬 더 세게 압축할 수 있었습니다. 말하자면 작은 분열 물질 조각을 압축해 터뜨릴 수 있었다는 거예요."[26]

울람은 분열을 활용해 압축하려면 다단계화(staging)가 필요하다는 것을 깨달았다. "1차(primary)"라고 불리게 되는 폭탄 하나가 물리적으로 별도인 두 번째 "2차(secondary)" 폭탄을 터뜨릴 계획을 세웠다. 이론적으로는 폭탄을 몇 개로 조립하더라도 이런 식으로 연속해서 터뜨리는 게 가능하다. 울람의 발상은 우아했지만 시기 상조였다. 로스앨러모스는 울람의 제안을 냉큼 채택하지 않았다. 그의 발상은 다음 해를 기약해야 했다. 울람은 1월 언제쯤 대럴 프로먼으로부터 메모를 하나 받았다. 거기에는 이렇게 적혀 있었다. "'슈퍼' 프로그램 전반과 관련해 무엇을 해야 합니까?" "나는 텔러가 자기 계획을 고집하고 있고, 과연 타당한지 의심스럽다고 전하면서 이런 요지로 썼다. 어떤 희생을 치르더라도 이론 작업은 계속해야 한다. 방법을 찾을 때까지."[27] 울람은 계속해서 이렇게 쓰고 있다. 프로먼의 메모에 답한 직후 "반복"이 핵심인 내 구상을 열핵 폭탄에 적용할 수 있겠다는 생각이 떠올랐다. 나는 "생각을 가다듬었고, 꽤나 구체적이었다."[28] 프랑수아즈 울람은 이 이야기를 들었던 때를 결코 잊지 못했다.

똑똑히 기억한다. 정오였고, 남편은 거실에서 창밖을 강렬하게 응시하고 있었다. 얼굴 표정이 아주 이상했다. 정원을 응시했는데 사실은 보는 게 아니었다. 남편이 말했다. "작동시킬 수 있는 방법을 알아냈어요." 내가 물었다. "뭘 작동시킨다는 거죠?" 그가 대꾸했다. "슈퍼 말이에요. 완전히 다른 구상이에요. 이제 역사가 바뀔 거예요."[29]

프랑수아즈는 "'슈퍼'가 불가능한 듯해서 내심 기뻐하다가 남편의 발언에 깜짝 놀랐다."[30] 그녀는 어떻게 할 것이냐고 남편에게 물었다.

남편은 텔러에게 알릴 거라고 대꾸했다. 나는 텔러가 매우 무례했다는 것을 알았고, 먼저 다른 사람과 이야기해 보라고 권했다. 남편은 시키는 대로 했다. 바로 그날 오후에 카슨 마크에게 갔던 것 같다. 하지만 카슨 마크와의 만남도 그리 만족스럽지 못했다. 저녁에 어떻게 되었냐고 물었더니 그냥 어깨를 으쓱할 뿐이었다. 남편은 카슨이 무척 바빴다고 대꾸했다. 나는 남편 이야기에 관심을 보이지 못할 만큼 굉장히 바빴겠거니 하고 생각했다. (남편은 가끔 에둘러서 표현하거나 신들린 사람처럼 행동하기도 했다. 상대가 자기와 마음이 잘 맞는다고 생각되는 주제에 사로잡혔을 때는 특히 더…….) 어쨌든 남편은 그 후에 텔러를 찾아갔다.

울람은 자기 책에 이렇게 쓰고 있다. 그날 오후 마크와 이야기한 다음 계속해서 노리스 브래드베리를 찾아갔다. "그러고는 이 구상을 밝혔다." 브래드베리는 더 반갑게 맞아 주었다. "그는 내 구상의 가능성을 순식간에 간파했고, 즉시 대단한 열의를 보이며 시도해 보자고 했다. 다음날 아침에는 텔러에게도 말했다."[31] 울람은 1951년 1월 마지막 주 언제쯤 텔러에게 이야기했을 것이다.

울람이 열핵 폭탄에 다단 방식을 적용하기 위해서는 열핵 연료 압축 문제를 풀어야 했다. 그의 충격 내파 체계가 이 일을 해야 했고 말이다. 텔러의 옛날 슈퍼는 기본적으로 액체 중수소를 압축하지 않고 가열하는 체계였다. 즉 텔러는 열핵 연소가 자체로 유지될 때까지 액체 중수소를 가열하고자 했다. 하지만 방사선으로 인해 가열이 열핵 반응으로 대체되기 전에 연료에서 열이 빠져나가 버리는 것이 옛날 슈퍼의 문제였다. 연료를 압축해도 그런 상황이 개선되지 않으리라는 것은 분명했다. 카슨 마크는 이 문제가 어찌나 자주 제기되었는지 텔러가 슈퍼 설계안에 관한 통상적인 보고 자리에서 빼먹은 적이 없다고 말한다. "텔러는 이렇게 말하고는 했어요. '압축을 해도 전혀 달라지지 않습니다.' 많은 사람이 그한테서 이 생각을 주입당했습니다."[32]

텔러는 소위 유사 관계를 언급하면서 압축 사안에 대한 자신의 태도를 설명했다.[33] 중수소 하나는 정상 상태이고, 또 다른 중수소는 첫 번째보다 1,000배의 밀도로 압축되었다고 해 보자. 텔러는 온도, 유체 역학 속도 등의 다른 변수들이 같으면 둘 다 똑같이 반응할 것으로 생각했다. 압축된 연료는 밀도가 1,000배 더 높고, 그 반응 속도 역시 1,000배 더 빠르다. 하지만 모든 게 1,000배 더 긴밀하기 때문에 반응이 한 원자에서 이웃 원자로 전파되는 데 필요한 시간도 1,000배 더 짧다. 텔러의 결론은 이랬다. "반응 시간과 확장 시간을 비교해 보면 둘 다 똑같이 줄어들기 때문에 입자 쌍들의 충돌에 기초한 반응도 전부 비슷하게 진행될 것이다. 반응 과정은 똑같다. 시간을 1,000배 수축시키는 변화 역시 '별 의미는 없다.'"[34] 즉 모든 게 더 빨리 진행되고, 열핵 연소의 경우 복사 손실에 따른 연료의 치명적 냉각이라는 결과는 비슷할 것이다.

하지만 텔러는 계속해서 이렇게 말한다. "원리와 법칙은 그리 정확하지 않다." 압축을 하면 삼체 반응(three-body reaction)이 일어난다고 그는 말한다. 삼체 반응이란 전자, 원자핵, 광자가 충돌하면서 광자가 흡수한다는 이야기이다. (광자가 탈출할 수 없다.) 이 삼체 반응은 정상압에서 한계율(marginal rate)로 발생한다. 하지만 압축이 이루어지면 이 비율이 커진다. 텔러는 자신이 결국 이 사실을 깨달았다고 말한다. "밀도가 높아질수록 상황이 개선된다. 우리가 유사 원리에 바탕을 두고 추정을 했을 때 너무 비관적일 수밖에 없었던 이유이다. (광자가) 삼체 충돌에서 흡수될 수 있다."[35] 이렇게 복사선이 흡수되면 압축된 연료에 에너지가 열의 형태로 쌓인다. 그렇지 않았다면 소실되었을 열이 말이다. 결국 열핵 연소가 유지될 전망이 개선된다.

카슨 마크는 성급하게도 텔러의 설명에 이렇게 반응했다. "삼체 반응이라는 그 헛소리를 이해하지 못하겠더라고요. 압축을 하면 체적이 줄고, 복사 손실을 극복하는 데 필요한 에너지도 바뀝니다."[36] 열핵 융합 반응에 대한 표준화된 설명에 따르면, 열핵 연료에서 압축은 분열 연료에서와 상당히 유사하게 작용한다. 원자핵들이 밀착되어, 상호 작용할 확률이 높아지는 것이다. 융합 반응은 압축과 더불어 더 작은 부피에서 더 빨리 진행된다. 그렇게 부피가 더 작아질수록 더 뜨거워진다. 융합 반응에서 나온 에너지의 5분의 4는 중성자를 가열하는 데 투입된다. 중성자는 전기적으로 중성이므로 연소 중인 연료를 탈출한다. 이때 에너지도 방출된다. 그러나 남아 있는 20퍼센트의 에너지는 알파 입자(수소 원자핵이 융합할 때 만들어지는 헬륨 원자핵)를 가열하는 데 투입된다. 알파 입자는 양전기를 띠고 있기 때문에 전기적으로 주변의 연료와 상호 작용한다. 충돌하면서 열을 내놓는 것이다. 알파 입자의 연료 가열 과정은 연료의 밀도가 높아짐에 따라 그것에 비례해 증대한다. 압축이 충분하다면 알파 입자들이 탈출하는 것도 완전히 차단할 수 있고, 복사 및 중성자 손실에 따른 열 손실도 벌충할 수 있다. 마크는 이렇게 말한다. 텔러가 압축을 거부한 이유가 무엇이었든 간에 "결국 그는 그 판단이 틀렸음을 깨달았습니다."[37]

텔러가 압축의 잠재력을 깨닫는 데에 소련의 연구가 큰 기여를 했을지도 모른다는 것은 역설적이다. 소련의 연구는 울람의 생각에도 전환점으로 작용했을지 모른다. 아널드 크래미시가 1950년 4월 로스앨러모스로 첩보 보고서를 하나 가져왔다. 중수소 압축에 관한 내용이었다. 소련에서 억류 중이다 본국으로 갓 송환된 신틀레마이스터(Schintlemeister)라는 한 오스트리아 과학자가 보고한 바에 따르면[38] 표트르 카피차가 중수소 실린더의 자성 압축을 실험하고 있다는 것이었다. 보고서는 정확했거나, 그것이 아니라면 왜곡되었을 수도 있다. 표트르 카피차는 라브렌티 베리야의 권위에 도전했다가 사실상 가택 연금 상태에 놓였지만 물리학 연구까지 금지당한 것은 아니었다. 카피차는 극저온학은 물론 강력한 자기장 생성 분야에서도 전문가였다. 그가 1940년대 말에 열핵융합을 폭발물이 아니라 통제 가능한 형태로 생성하기 위해 자기장을 활용해 중수소 실린더를 압축했을 것이라는 추측도 무리는 아니다. 즉 카피차가 핵융합로를 제작하려고 시도했을 수도 있다. 그러나 안드레이 사하로프는 자기장을 이용해 융합 반응을 가두려는 시도는 1950년 여름에 시작되었다고 했다. 그 발상의 기원이 다르다. 어쩌면 독립적이라는 설명인 셈이다. 사하로프는 올렉 라브렌티예프(Oleg Lavrentiev)라는 한 수병이 베리야에게 편지를 보냈고, 그 편지가 이고리 탐에게 전달되었다고 했다. "라브렌티에프의 편지를 읽고 답장을 쓰면서 정전기보다는 자기로 가두자는 모호한 생각을 맨 처음 했다."[39] 탐과 함께 떠올린 사하로프의 발상은 토카막(tokamak)이라는 장치의 개발로 이어졌다. 토카막은 자기장으로 열핵 융합 반응을 제어하는 장비이다.

그 생각이 어디에서 유래했는지는 제쳐놓자. 크래미시는 1950년 4월

18일 로스앨러모스에서 텔러, 에밀 코노핀스키, 존 휠러, 텔러의 후배 프레더릭 드 호프만(Frederic de Hoffmann, 1924~1989년), 그리고 어쩌면 울람에게까지 이 발상을 보고했다. 크래미시는 이렇게 회고한다. "그 후로도 로스앨러모스를 여러 차례 방문했습니다. 텔러와 드 호프만에게 적의 연구 동향에 관한 최신 정보를 제공하기 위해서였죠. 텔러는 매번 신틀레마이스터 보고서를 까다롭게 따졌습니다. 1951년 1월 말쯤 로스앨러모스에서 그 이야기가 다시 나왔어요. 텔러가 온도와 다른 매개 변수를 더 자세히 계산했죠. 그는 압축, 온도, 복사의 관계에 열중하고 있었습니다."[40] 크래미시의 판단에 따르면 텔러는 카피차의 연구를 알려온 신틀레마이스터의 보고서를 계기로 울람의 혁신을 수용했다.

울람이 돌파구를 찾기 전에 마크와 다른 과학자들이 압축을 고려하지 않은 이유는 무엇일까? 마크의 설명은 이렇다.[41] "화학 폭약이 필요한 압력을 발생시키는 데 쓸 수 있는 유일한 물질이었기 때문에 압축을 시도하지 않은 겁니다." 화학 폭약은 두 가지 이유에서 불충분했다. 화학 폭약을 터뜨리면 물질이 열핵 연료 안으로 날아갔다. 이것으로 인해 열핵 연소가 완전히 중단될 수도 있다. 둘째, 화학 폭약은 열핵 반응 속도에 유용한 차이를 만들 수 있을 만큼 충분히 압축할 수 없었다. 마크는 이렇게 이야기했다. 울람의 "반복 기획으로 이 모든 것이 바뀌었다."

울람은 텔러에게 다단 체계를 제안한 1951년 1월 말에 압축이 쟁점임을 알았다. 그는 몇 년 후 자신의 발상을 이렇게 설명했다. "장치의 본체를 내파시켜 …… 열핵 부위를 고밀도로 압축하는 것이다. 그러면 상당한 에너지를 산출할 수 있을 것이다."[42] 울람은 텔러를 곧바로 납득시키지는 못했다고 회고한다. "에버렛과 한 계산이 안 좋게 나와서 텔러가 나를 적대시했다고는 생각하지 않는다. 그의 계획이 크게 훼손된 건 사실이지만. 하지만 우리 관계가 껄끄러웠다는 것은 분명하다."[43] (마크는 이렇게 말한다. 텔러와 울람은 "서로를 잘 알았어요. 저는 둘 모두를 알았고요. 상대방이 아주 똑똑하다는 걸 서로 잘 알았죠. 예리하고 지적이라는 걸요. 울람은 텔러가 없으면 이러쿵저러쿵 말이 많았죠. 익살스럽고, 예리하며, 업신여기는 데다, 추잡하고 창피한 발언들이었어요. 가끔은 텔러도 울람의 감정을 알아챘죠. 텔러도 똑같이 응수했습니다. 서로가 서로를 헐뜯었고, 그렇게 몇 년을 갔어요."[44])

울람은 계속해서 이렇게 이야기한다. "대화를 하는데 처음 30분은 (텔러가) 이 새로운 가능성을 수용하려고 하지 않았다."[45] 그러나 텔러는 "몇 시간 후 (울람의) 제안을 받아들였다. 처음에는 주저했"지만 이후로는 "열정적이었다."[46] 울람은 텔러가 다단 체계 아이디어에 열의를 품은 이유 두 가지를 언급한다. "그는 …… 새로운 요소를 보았다." 둘째, 그는 "상응하는 병행안을 발견했다. 그것은 내가 이야기한 것의 대안으로, 어쩌면 더 간편하고 포괄적이었다."[47] "새로운 요소"는 반응 속도를 개선하는 압축과, 압축을 달성하는 다단 방식일 터였다. 텔러의 "상응하는 병행안"은 텔러의 멋진 개선안을 두고 하는 말이었다. 텔러는 중성자 말고 1차 분열에서 나오는 **방사선**을 활용해 2차 열핵을 압축하자고 제안했다. 전시의 팻 맨처럼 효율이 낮은 원자 폭탄에서는 방사선이 비교적 적게 나왔다. 폭탄이 상대적으로 불투명하기 때문이다. 하지만 로스앨러모스가 당시에 생산 중이던 더 작으면서도 출력은 향상된 매우 효율적인 원자 폭탄에서는 방출되는 에너지가 대부분 방사선 형태였다. 이런 폭탄은 더 투명하고, 화구도 더 뜨겁다. 텔러의 설명을 들어보자. "분열의 관점에서 보면 복사선 탈출은 그리 중요하지 않았습니다. 오펜하이머와 제가 (전쟁 중에) 추정했고, (이론 물리학자) 마리아 괴퍼트메이어(Maria Goeppert-Mayer, 1906~1972년) 연구진이 그다음에 분명하게 증명했 듯이요. 하지만 그들은 불투명도를 계산했고, 저는 그 내용을 자세히 알고 있었습니다. 제가 압축의 효과를 생각해야 했을 때 즉시 어떻게 해야 할지 알 수 있었던 바탕이 되어 주었죠."[48] 2차 열핵을 내파시키기 위해 물질파가 아니라 복사선을 사용하면 융합 연료를 더 높은 밀도로 더 빠르게, 더 오래 유지되도록 압축할 수 있다는 이점이 있었다.

울람은 이렇게 결론짓고 있다. "그 순간부터 비관주의는 희망으로 바뀌었다. 나는 다음 며칠 동안 텔러를 수차례 더 만났다. 우리는 매번 30분 정도 이 문제를 토의했다. 내가 먼저 제안의 개요를 작성했다. 텔러가 수정과 가필을 하는 식으로 해서, 공동 명의의 보고서가 신속하게 제출되었다. 보고서에는 열핵 폭발을 촉발할 수 있는 새로운 가능성에 대한 최초의 공학적 개요가 담겼다. 우리는 이 원리에 기초해 2개의 병행 기획안을 만들었다."[49]

울람이 기억을 소환하면서 시간이 헷갈렸을 수 있다. 그와 텔러의 공동 명의 보고서는 1951년 3월 9일 발표되었다. 크래미시의 회고를 보자. 더 이른 시기(1월 마지막 주)에, "텔러가 오더니, 울람에게 좋은 아이디어가 있지만 자기 구상이 더 좋다고 하더군요."[50] 텔러가 말한 "더 좋은 구상"은 복사 내파(방사 내파라고도 한다.) 방식이었다.

> 텔러가 드 호프만, 맥스 골드스타인(Max Goldstein), 나를 부르더니 울람의 새로운 제안을 소개했습니다. 텔러는 울람이 착착 진행 중이지만 잘못 생각하고 있다고 말했죠. 그가 기하학적 구조를 제안했고, 우리 네 사람은 방정식을 풀기 시작했습니다. 꽤 복잡했어요. 저녁 무렵 텔러는 그만 가서 가족과 저녁 식사를 하고, 피아노도 쳐야겠다고 말했습니다. 말투가 정중하면서도 단호했죠. "됐어요. 세 사람은 잠시 더 해도 좋지만, 해답의 의미는 오전에 토론합시다."
>
> "잠시 더"는 온 밤으로 길어졌습니다. …… 우리는 프리덴(Frieden)과 마샹드(Marchand) 계산기로 작업했고, 아침에야 근삿값을 얻을 수 있었습니니

다. 잘 쉬고 나타난 텔러는 크게 기뻐했죠. 우리 세 사람은 죽을 맛이었는데 말이에요.[51]

크래미시의 기억이 정확하다면 (실제로 밤샘 작업의 결과 「(삭제됨) 온도 추정」[52]이라는 논문이 작성되었고, 2월 4일 발행되었다.) 울람의 "다음 며칠"은 한 달의 대부분을 차지한다. 울람이 돌파구를 찾았다고 노이만에게 쓴 것은 2월 23일이었다. "폭탄과 관련해 다음 몇 가지 생각을 해 보았습니다." 울람의 진술은 간결하기만 하다. 그는 몇 단어로 발상을 제시했고, 텔러의 반응을 요약했다. "텔러는 이 가능성에 열광하고 있습니다. 그 때문에도 성공하지 못할 것 같아요."[53] 텔러가 이 언급을 들었다면 매몰차다고 생각할 것이다. 아무튼 울람은 그럴 정도의 지분과 영향력을 확보한 상태였다. 달리 누가 더 있겠는가?

3월 9일 공개된 공동 명의의 보고서[54](겉장에 E. 텔러와 S. 울람"의 연구"라고 되어 있다.)는 다음과 같은 제목을 달고 나왔다. 「이질 촉매 폭발 I: 유체 역학 렌즈와 방사능 거울(On Heterocatalytic Detonations* I: Hydrodynamic Lenses and Radiation Mirrors)」. 보고서는 다단 방식을 설명하고, 압축을 강조했다.

> 이 보고서는 다음의 전반적 계획을 검토한다. (삭제됨. 아마도 "1개 이상의") 보조 분열 폭탄을 터뜨리면 '주된' 폭탄을 터뜨릴 수 있는 환경과 상황을 조성할 수 있을 것으로 기대된다. (삭제됨). 우리는 이런 구조의 특정한 전반적 특징을 토론해 보자고 제안했다. 주된 조립물을 강력하게 압축하는 것이 "보조" 시스템의 주요 목표이다.

---

* 'hetero'란 그리스 어에서 온 접두어로 '다른', '다른 두 가지'를 의미한다. 'catalytic'이란 '촉매'라는 뜻이다.

(5쪽 분량 삭제.)

이 계획의 성패는 주된 조립물 내부의 분열 폭탄이 터질 때 나오는 에너지를 최대한 많이 집중시키는 데에 달려 있다. 이것을 바탕으로 **조립부를 고도로 압축하는 것**이 관건인 셈이다.[55]

울람의 생각과 텔러의 생각은 얼마나 독창적이었을까? 돌파구를 열어젖히는 데에 누가 더 큰 공을 세웠을까? 관련 전문가들과 논평가들도 의견이 크게 갈린다. 베테는 거의 동시대에 썼다고 할 수 있는 한 보고서에서 텔러와 울람이 고안한 다단 체계와 압축을 가장 후하게 평가했다.

과학자가 아닌 사람에게 그 새로운 발상의 참신함을 설명하는 일은 쉽지 않다. 그것은 이전의 전개 양상에서는 전혀 기대할 수 없던 혁신이었다. 텔러도 그 생각을 하지 못했다. 예를 들어, 그는 새로운 개념을 생각해 내기 직전까지 절망에 시달렸다. 나는 텔러가 그런 절박함 속에서 도약을 이루었다고 믿는다. 상황이 더 평온했다면 그가 과연 도약을 이룰 수 있었을까? 나는 그 프로그램과 꽤나 밀접한 관련을 맺었었고, 새로운 개념은 무척이나 놀라웠다. 1939년 핵분열이 발견되었을 때 물리학자들이 놀란 것만큼이나 말이다. …… (그렇게 해서) 완전히 새로운 기술적 상황이 펼쳐졌다. 과학의 역사에서는 이런 기적이 가끔 일어난다. 그렇다고 기적의 우연한 발생에 기댄다면 그것도 어리석은 일이리라.[56]

허버트 요크는 개념과 설계가 달랐음을 강조한다.

울람이 한 것은 열핵 장치가 아니라 전반적인 개념을 세운 것이었어요. 텔러가 한 것은 그 개념을 작동할 만한 슈퍼의 개요로 바꾸는 것이었고요. 텔러는 슈퍼 폭탄의 개략을 세웠습니다. 울람은 그 문제를 다룰 수 있는 상당히 전반적인 아이디어를 제출하는 데 그쳤고요. 텔러가 울람을 무시했다는 게 제 생각입니다. 하지만 공의 51퍼센트는 텔러 거라고도 생각해요.[57]

울람은 만년에 자신의 발상이 대단치 않다고 치부했다. 하지만 텔러는 이미 수년간 동료의 기여를 부인하는 갖은 공작을 꾸며댔다. 울람의 말을 들어보자. "방식이 달랐어요. 그건 새로운 물리학이 아니었습니다. 제가 볼 땐, 그리 대단한 지적 성취랄 게 없었습니다. 어느 정도는 운도 따랐죠. 1년 또는 2년 더 빨리 생각해 낼 수도 있었을 겁니다. 그랬다면 (수소 폭탄 개발) 결정과 실제 생산 사이의 기간이 …… 단축되었을 수도 있습니다."[58]

노리스 브래드베리가 은퇴 후 이야기한 것은 그 고안의 독창성이 아니라 우연한 행운이었다.

수소 폭탄의 아버지가 누구냐고 제게 묻지 마십시오. 아무도 아니니까요. …… 사람들이 탁자 주위로 모여서 솥 안에 갖은 아이디어를 쏟아 부었다는 게 사태의 전모였습니다. …… 누군가가 아이디어를 냅니다. 실패해요. 또 아이디어가 나오고 실패하죠. 하지만 생각은 계속 하면 됩니다. 탁자에 둘러앉거나 칠판 앞에서 하나의 발상이 또 다른 발상과 경합하고 충돌했죠. 수소 폭탄은 특정한 누가 발명한 것이 아닙니다. 그냥 많은 사람들이 연구한 겁니다. ……

결국 아이디어 하나가 떠올랐죠. 작동할 것 같았어요. 1차용 기술로 쓸 수 있는 가능성이 상당했죠. 완벽하지는 않았지만 조금 더 연구해 신속하게 완성할 수 있었어요. …… 그건 아주 복잡한 기술적 문제였습니다.[59]

마셜 로젠블러스는 텔러가 특별히 실린더와 관련해 한 작업의 맥락에서 텔러-울람 발상을 언급한다.

실린더 실험을 목표로 폭탄에서 나오는 복사선을 자세히 계산하기 시작했다면 다음처럼 생각하는 것도 당연합니다. 2차를 복사 내파시켜 보자. 부스터도 마찬가지입니다. 어떻게 내파될지, 또 주변의 분열 물질과 어떻게 상호작용할지를 계산하는 일은 2차 열핵 폭발에서 보고 싶은 사태와도 관계가 많을 겁니다. 물리학 연구 활동의 패러다임이 이런 거라고 저는 생각합니다. 이론을 사유하면서 특정한 지점에 도달하면 이런저런 이유로 막히고, 더 이상 나아갈 수 없죠. 하지만 명확하지 않을지라도 무언가 상황을 타개할 만한 실험을 생각해 내고 해 볼 수 있는 겁니다. 정말 가려고 하는 곳을 목표로 여기저기 둘러보는 것이죠. 이 경우에는 수소 폭탄이었고요. 나침반이 가리키는 방향은 아주 분명했습니다. 적어도 제가 볼 때, 텔러는 그린하우스 시험을 계획하면서 복사 내파를 떠올렸어요.[60]

카슨 마크도 텔러-울람 발상을 그린하우스 시험과 결부했다.

텔러-울람 기획이 복사선 문제였다는 것은 사실입니다. 울람이 …… 유체역학 충격파를 활용할 수 있겠다고 생각했죠. 유체 역학 충격파도 제안된 하나의 안이었다는 것은 확실해요. 하지만 유체 역학 충격파는 복사선만큼 빠르게 운동할 수 없죠. 제어와 통제도 더 어렵고요. 따라서 유체 역학 충격파를 활용하자는 울람의 발상을 실행에 옮기려 했다면, 맹세코 복사선이 맨 처음 떠올라야 함을 알 수 있습니다. 그래서 텔러가 (물질파보다는) 복사선을 활용하는 게 더 나을 거라고 제안해야만 했던 거예요. 그가 옳았죠. 더 간단했으니까요. 하지만 피할 수 없는 사태를 거쳐야 했습니다. 설계를 하려고 자리에 앉았다고 쳐 보죠. 그러면 이렇게 묻게 됩니다. 물질파는 뭘 하지? 어디 있는 거야? 물질파의 속도는? 결국 이런 말을 토해 내게 됩니다. 오, 맙소사. 복사선이 더 빠르군. 그거였어. 복사선에 집중하자고. 따라서 텔러가 복사선을 떠올렸고, 울람은 …… 물질(파)를 구상했다는 게 전혀 중요하지 않아요. 텔러는 당연하게도 복사선을 생각했죠. 울람보다 조지 실험을 훨씬 자세히 연구하고 있었으니까요.[61]

닐스 보어는 사람들이 다같이 위험해진다는 생각을 공유하면서도 그토록 위협적인 무기를 개발하는 쪽으로 치닫자 적이 실망했고, 텔러-울람 기획을 혹독하게 비판했다. 10년 후 친구 J. 루드 닐슨(J. Rud Nielson)과 나눈 대화의 한 대목이다.

(보어가) 수소 폭탄 설계에서 텔러가 어떤 기여를 했는지 알려 주었다. 그게 얼마나 대단한 업적이냐고 묻자 이런 대답이 돌아왔다. "행정가로 변신한 나이 많은 과학자들이라면 그 해법을 찾아내지 않았을 거야. 하지만 성적이 우수한 일단의 물리학과 학생들에게 요구했다고 쳐 봐. 그 가운데 두세 명은 해답을 들고 나타나는 게지."[62]

부당할지는 몰라도 예리한 평가였다. 소련도, 영국도, 프랑스도 제1회전에서 텔러-울람 설계안을 고안하지 못했다.

그러나 울람과 텔러가 1951년 2월 함께 떠올린 발상이 기술적으로 얼마나 독창적이었든 그것의 정치적 효과는 대단했다는 게 존 맨리의 결론이다. "텔러와 울람은 방법을 알아냈고, (열핵 폭탄 제조 논쟁에서) 승리를 거두었습니다. …… 방법을 모르는데 연구하고 싶지는 않겠죠."[63] 로스앨러모스의 방사능 화학자 조지 코언(George Cowan, 1920~2012년)은 맨리의 요점을 아래와 같이 확장했는데, 통찰력이 돋보인다.

> 사람들은 확실히 작동할 걸 알게 되자 용기를 내 매달렸습니다. 좋은 생각이라고 믿든 안 믿든 그 힘을 활용할 수 있다는 사실이 이제는 중요했던 거죠. 정부가 권력을 행사하는 방식을 이해하는 사람이라면 누구라도 그 일이 추진될 것임을 알 겁니다. 더 이상 선택의 여지가 없었죠. 그 모든 논란에도 불구하고 책임 있는 정부라면 방법을 아는데도 강력한 신무기를 개발하는 일을 자발적으로 그만둘 리가 있겠습니까? 당신이 정부에 있지 않다면 그렇게 이야기할 수도 있겠죠. 하지만 정부에 몸담고 있다면 그건 선택이 아니라 필수입니다.[64]

울람은 독창성 여부는 대수롭지 않은 것으로 치부했지만 자신이 열어젖힌 돌파구의 역사적 치명성을 잘 알았고, 수소 폭탄의 막강한 위력에 대한 권리를 주장했다. 프랑켄슈타인과 같은 괴물이 나오는 유대 민족의 오랜 전설이 하나 있다. 골렘(Golem)이 그 주인공이다. 골렘은 점토로 만든 소상(塑像)인데, 하느님의 말씀으로 생명을 얻어, 외부의 공격으로부터 유대인을 지킨다. 프라하에서 활동한 중세의 위대한 랍비 유다 뢰브(Judah Löw, 1512~1609년)가 골렘을 창조했다고들 한다. 이 신화의 일부 다른 판본을 보면, 골렘이 통제를 벗어나 파괴자가 되기도 한다. 미친 듯이 날뛰는 로봇을 연상하면 되겠다. 울람은 자서전에서 이렇게 쓰고 있다. 카로 아줌마(Aunt Caro)가 "골렘을 만들었다고 전하는 16세기 프라하의 그 유명한 랍비 뢰브의 직계 친족이다." 울람은 이 특별한 연관성을 MIT의 수학자 노버트 위너(Norbert Wiener, 1894~1964년)에게 이야기한 적도 있다고 회고했다. "(위너는) 내가 로스앨러모스와 수소 폭탄에 연루되었음을 상기하며 이렇게 말했다. '가족 내력이로군!'"[65] 울람은 자기가 골렘을 불러냈다고 넌지시 주장했는데, 이쯤 되면 원자 폭탄을 비슈누(Vishnu)의 현현(顯現)으로 명명한 로버트 오펜하이머의 저 유명한 비유를 떠올리지 않을 수 없다. 오펜하이머는 이렇게 말했다. “나는 이제 죽음의 신, 세상의 파괴자가 되었다.” 두 사람의 언명은 어조가 다르다. 울람의 비유는 그닥게 차분하고 절제되어 있다. 오펜하이머의 비유는 다급하고 열성적이지만 마음으로 받아들이게 되지는 않는다. 울람은 오펜하이머의 비유적 이야기를 처음 듣고서 재미있다고 생각했다. 하지만 그는 오펜하이머가 스스로에 빗댄 것임을 알고, 허세와 가식이 지나치다고 생각했다.[66] 한 논평가는 사람들이 랍비의 골렘을 “벙어리 요셀(Dumb Yossel)”이라고 불렀다고 전한다. 골렘은 랍비가 이야기를 들려주는 방에 두 손을 모으고 고개를 숙인 채 앉아 있었다. 그 어떤 것도 마음에 담아 두거나 생각하지 못하는 골렘은 오직 누가 불러 주기만을 기다리는 것이다.

에드워드 텔러는 역사적 발명품에 대한 공을 누군가와 나눈다는 게 도저히 참을 수 없었던 것 같다. 따져 보면 그는 거의 10년 동안 일편단심으로 수소 폭탄을 연구했다. 텔러는 즉시 문제의 혁신적 기술을 인수해, 자기 것으로 만들었다. 프랑수아즈 울람은 이렇게 이야기한다. 그와 울람이 공동 명의 보고서를 발표했을 때, “이제부터는 텔러가 더 이상 남편을 상대해 주지 않을 거라고 생각했다. 텔러는 이후로 다시는 남편과 만나거나 의미 있는 대화를 나눈 적이 없다. 남편이 이 쌀쌀맞은 처사에 스스로 예상했던 것보다 더 감정이 상했을 것으로 나는 생각했다. 물론 남편이 텔러에 대한 악감정을 토로하는 걸 옆에서 들은 적은 한 번도 없지만 말이다. (오히려 그는 텔러를 동정했다.) 남편은 자신의 조언이 유용했다는 사실에 만족하며 순순히 물러났다.”[67] (카슨 마크 역시 프랑수아즈 울람이 받은 인상을 확인해 준다. “울람은 자기가 수소 폭탄을 만들 수 있는 새로운 방법을 고안했다고 생각했습니다. 하지만 텔러는 그 사실을 인정하려고 들지 않았죠. 그렇게 할 수가 없었던 겁니다. 텔러는 기회가 있을 때마다 울람이 아무것도 한 게 없다고 했어요. 저는 그 두 사람의 상호 교류에서 무슨 일이 일어났는지 정확히 알고 있다고 생각합니다. 텔러는 제 말을 격렬하게 부인하고는 했죠. 제 이야기가 울람의 판단과 훨씬 가까웠기 때문입니다."[68])

텔러는 3월 말 텔러-울람 기획에 결정적 단계를 추가로 보탰다. 두 번째 분열 요소를 2차 열핵 단계 내부에 둬, 열핵 연소의 효율을 증대한다는 계획이었다. 중수소 실린더에서 대칭적으로 내향하는 충격파가 한가운데로 수렴하고, 바로 그 순간 내파 물질의 운동이 둔화되면서 열로 전환되는 것이다. 열핵 물질이 담겨 있는 원통의 축선을 중심으로 한 작은 구역으로 열이 갇히기 때문에, 이 작은 구역을 "점화 플러그(sparkplug)"라고 한다. 이 구역에서 열핵 연소가 시작된다. 텔러는 임곗값 이하의 우라늄 235나 플루토늄 막대를 중수소 실린더 중심축의 점화 플러그 지대에 두면 내폭 충격파의 앞 가장자리가 초임계 상태로 압축할 것임을 깨달았다. 그렇게 해서 두 번째 분열 폭발이 일어나면 내향성 내폭에 반발하는 외파가 만들어진다. 따라서 세심하게 설계하면 주된 내파와 점화 플러그 폭발(외파)이 평형 상태에 이르게 만들 수 있다. 뜨거운 고압의 임계층으로 안정된다는 이야기이다. 이 상태가 중수소 연료 전체로 퍼져나가, 점화 플러그를 증강 부양하지 않았을 때보다 훨씬 잘 완벽하게 연소된다. 텔러는 1951년 4월 4일 서명한 보고서에서 이 설계안을 "평형 열핵 신안(新案)(equilibrium thermonuclear gadget)"이라고 했다. 보고서의 부제에서는 "새로운 열핵 장치(new thermonuclear device)"[69]라고도 언급된다.

분열하는 점화 플러그는 울람이 돌파구로서 제기한 다단 방식과 압축에 편승한 아이디어였다. 점화 플러그를 만들어 터뜨리자는 안도 텔러에게 이미 제출되었는지 모른다. 울람이 분열 폭탄을 써서 두 번째 분열 폭탄을 점화하자고 애초에 제안했고, 그 원안이 부지불식간에 영향을 미쳤을 것이라는 이야기이다. 다단 방식을 떠올린 이 생각이 기실 돌파구였다. 베테는 후에 텔러의 고안을 "새로운 개념의 아주 중요한 2라운드"[70]라고 규정한다. 카슨 마크는 텔러의 추가 고안이 독창적이지는 않다고 깎아내렸다. "점화 플러그는 개념이 또렷했어요. 시스템을 볼 줄 아는 사람이면 누구라도 생각해 낼 수 있는 겁니다. 제가 시스템을 압축해야 하는데, 당신이 저한테 뭘 할 거냐고 묻는다고 쳐요. 점화 플러그는 사고의 자연스러운 귀결입니다."[71] 텔러의 추가 고안이 제아무리 딱 부러지는 것이었다 할지라도 물리학자들이 실제로 개발된 "진짜" 수소 폭탄을 언급할 때면 다단 방식, 연료의 내파 압축 점화, 점화 플러그 분열 증강을 골자로 한 텔러-울람 기획을 가장 중요하고 독창적인 메커니즘으로 인용하는 것이 관례이다.

텔러-울람 기획의 특장점이 즉시 환영받은 것은 아니다. 울람은 노이만에게 텔러의 열정이 죽음의 키스 역할을 했다고 말했는데, 이 말을 통해서도 그 사실을 분명하게 알 수 있다. 마셜 로젠블러스는 이렇게 말한다. "모두가 즉시로 '아하, 그거였군!' 하고 반응했다고 말한다면, 공정한 평가가 아니라고 생각합니다. 텔러-울람 기획이 문제에 접근하는 새로운 방식임을 모두 인정했어요. 당연하게도 즉시 수많은 문제가 제기되었고, 사람들은 계산을 해야 했습니다. 두세 달 후 계산 결과들이 나왔는데, 꽤 괜찮아 보였어요. 하지만 여전히 조악한 수준이었고, 제대로 된 자세한 계산 결과를 얻으려면 1년을 더 기다려야 했을 겁니다."[72] 울람은 3월 6일 열린 연구소 분과 책임자 회의에서 자신과 텔러의 새로운 기획을 정확히 사정(査定)하려면 여러 해가 걸릴 수도 있다고 말했다.[73] 마크의 이야기는 다르다. 텔러와 울람의 제안으로 "당장 모든 게 새롭게 탄력을 받았어요. 극저온학자, 금속 공학자, 기계 공학자에게 즉시 일거리가 떨어졌습니다. 모두 심기일전해 과제를 수행했죠. 모두가 제도된 설계안을 볼 수 있었고, 이렇게 말했죠. '이건 내가 할 테니, 저건 자네가 하라고.' 이전에는 찾아볼 수 없던 태도였죠. 도무지 할 말이 없었으니까요. 정말이지 모든 노력을 경주하면 이 놈의 물건을 만들 수 있겠다는 게 분명해졌습니다. 우리가 바라고 원하는 것은 전부 할 수 있겠다는 확신이 섰죠."[74]

연구소는 평형 열핵 폭탄에 냉큼 호응하지 않았고, 텔러는 엄청나게 좌절했다. 그는 떨어져 나가 새 연구소를 조직하겠다며 대럴 프로먼과 대판 싸웠다.[75] 제2연구소 설립을 지지해 달라며 워싱턴 정가에서 로비를 강화하기까지 했다. 아마도 위치는 덴버 북쪽 콜로라도 주 볼더(Boulder)였을 것이다. 국립 표준국이 5월에 그곳에서 원자력 위원회(AEC) 출연의 극저온 공학 연구소(Cryogenic Engineering Laboratory) 기공식을 할 예정이었다. (극저온 공학 연구소는 액체 중수소를 생산할 계획이었다.) 노리스 브래드베리 대신 로스앨러모스를 이끌던 프로먼은 텔러가 따로 떨어져 나가서 주도하는 열핵 연구소에 반대했고, 그건 카슨 마크도 마찬가지였다.[76]

그린하우스 시험이 예정되어 있었고, 이 어려운 과제에 대한 더 이상의 토론은 미뤄졌다. 텔러-울람 기획이 제출되기 전까지만 해도 기껏해야 물리 실험에 불과했던 실린더가 이제는 복사 내파와 관련해 알차고 믿음직한 데이터를 제공해 줄 터였고, 그 행운은 우연이라 하지 않을 수 없었다. 대책반이 전해 여름부터 에니웨톡에 머물고 있었다. 에니웨톡은 마셜 제도 북서쪽 끝부분에 위치한 환상 산호도로, 대책반은 시험에 필요한 탑과 구조물을 세우는 중이었다. 두 물리학자 존 올레드(John C. Allred, 1926~1995년)와 루이스 로즌(Louis Rosen, 1918~2009년)이 1951년 겨울 에니웨톡에 와서, 실린더에서 발생하는 융합 중성자를 측정할 수 있는 장비를 설치했다. 에니웨톡은 "기후가 단조로운 참으로 지루한 곳"이었다. 대책반에 새로 합류하는 사람들은 『에니웨톡의 성 생활(*Sex Life on Eniwetok*)』[77]이라는 제목이 박힌, 안에 아무 내용도 인쇄되지 않은 일종의 공갈 책을 선물로 받았는데, 대부분 아주 마음에 들어 했다. 올레드와 로즌은 어느 날 밤 "여흥"으로 누드 영화 감상회에 참석했는데 관객의 반응에 깜짝 놀랐다. 그들의 설명을 보자. "(오늘날 성인물과 비교하면 소박하고 순진했다.) 사람들은 조금만 외설적인 장면이 나와도 매번 환호성을 지르고, 휘파람을 불어 댔다."[78] 두 사람은 어찌나 지루했든지 텔러하고까지 포커 게임을 했다. 텔러는 흔히 돈을 안 가져왔고, 현장에서 판돈을 빌렸는데, 그렇게 빌린 돈을 매번 잃고는 했다. 어니스트 로런스가 시험 참관을 위해 에니웨톡에 왔고, 그건 고든 딘도 마찬가지였다. 딘은 이렇게 말했다. "(제2차 세계 대전 때) 회수되지 않은 비행기, 탱크, 선박 등을 섬에 투기했다. …… 수많은 작전의 거대한 폐기물이었다. 물 색깔은 영락없는 산호섬의 그것이었다." 상어가 쥐가오리를 공격했다. 온도는 화씨 85도(섭씨 29.4도 — 옮긴이)였고, 습도는 85퍼센트였다. "실린더 마감 작업이 조심스레 이루어지고 있었다."[79] 허버트 요크와, 버클리 동료 휴 브래드너(Hugh Bradner, 1915~2008년)도 조지 시험의 열핵 관련 진단 루틴을 마련했다. 즉 두 사람은 비행 시간(time of flight, 전파 시간)을 측정해 중성자 에너지를 알아내는 실험을 준비했다. 그들의 감지기는 실린더 가까이 설치되기 때문에 폭탄이 터지고 수마이크로초면 망가질 터였다. 요크는 이렇게 회고한다. "저는 4월에 에니웨톡에 머물고 있었는데, 텔러가 오더니 텔러-울람 기획을 설명해 주었습니다. 똑똑히 기억하죠. 제 인생에서 가장 흥미진진한 때였으니까요. 낡은 알루미늄 건물 안이었는데, 텔러와 저뿐이었죠."[80] (베테의 일반론은 다음과 같다. "텔러의 새 개념은 상황 파악이 되는 과학자라면 누구나 납득했고, 빠르게 받아들였다."[81])

조지 시험은 탑 위에 설치하고 터뜨리는 실험이었다. 대책반은 더 효율적으로 작게 만든 신형 분열 폭탄 2개를 시험한 다음 1951년 5월 9일 실린더를 터뜨렸다. 실린더의 핵출력은 225킬로톤이었고, 548미터의 불덩어리는 점화탑을 집어삼켰으며, 녹아내린 분화구는 에니웨톡의 하얀 산호초에 닿을 만큼 깊이 파였다. 딘은 받은 인상을 이렇게 언급했다.

> 비키니 시험 이후로 처음 하는 낮 실험이었다. 파괴력이 엄청났다. 엑스선 실험 때 사용하던 벙커가 완전히 해체되어 사라진 것만 봐도 알 수 있었다. 60미터 높이의 강철탑과 탑 상부의 장비 283톤이 몽땅 기화해 사라졌다. 주철로 만든 1.8미터 높이의 표본 포획기가 완전히 사라졌고, 분화구에는 물이 가득 찼다.[82]

텔러가 본 마지막 핵실험이 트리니티였고, 애니웨톡 시험에서 텔러는 기시감을 느꼈다. 그는 이렇게 회고한다. "5월의 아침이었고, 우리는 일찍 일어나 열대 지방의 열기를 느끼며 에니웨톡의 잔잔한 환초호 해변으로 걸어갔다. 앨라모고도 시험 때처럼 다들 검은 안경을 썼다. 찬란한 핵폭발의 광휘가 다시 우리 눈에 들어왔다. 얼굴에서는 다시 폭발열이 느껴졌다. 하지만 우리는 실험이 성공했는지의 여부를 여전히 몰랐다. 과연 중수소가 점화되었는지를 몰랐던 것이다." 그들은 올레드-로즌의 실험 결과를 기다려야만 했다. 로런스가 그날 오후 텔러를 청해, 두 사람은 함께 수영을 했다. 음울하기 짝이 없는 헝가리 인은 날이 그토록 청명한데도 침울하기만 했다. "물에서 나와 해변 백사장에 섰고, 로런스에게 실험이 실패한 것 같다고 말했다. 그는 아닌 것 같다고 대꾸했고, 내게 5달러 내기를 제안했다."[83] 로즌은 다음날 오전 텔러를 찾았고, 첫 번째 결과를 넘기면서 함구할 것을 요구했다. 텔러는 입 다물고 있겠다는 서약을 어기지 않고 로런스에게 결과를 이야기해 줄 방법을 떠올렸고, 그날 오전 늦게 에니웨톡을 떠나려고 준비 중이던 로런스를 간이 활주로까지 찾아가 조용히 5달러 지폐를 건넸다. 올레드와 로즌이 측정한 중성자의 에너지는 1400만 전자볼트였다. D+T 반응이 일어난 것이다.* 조지의 핵출력 225킬로톤 가운데서 가장 커다란 요소는 분열 폭발로, 200킬로톤에 상당했을 것이다. 소형 DT 캡슐은 중수소와 삼중 수소가 1온스(약 28그램) 미만이었는데, 나머지 25킬로톤의 핵출력을 만들어 냈다. 25킬로톤[84]이면 히로시마에서 터진 폭탄 파괴력의 두 배이다. 로스앨러모스의 물리학자 제인 홀(Jane Hall)이 5월 10일 로버트 오펜하이머에게 전보를 보냈다. "흥미로운 혼합물(융합 캡슐)이 반응한 게 틀림없습니다."[85] 텔러의 우울한 태도는 낙관적 기대로 방향을 홱 틀었다. 그는 딘에게 이렇게 말했다. "에니웨톡은 다음번 시험을 감당할 수 있을 만큼 크지 않습니다."[86] 그린하우스 아이템은 5월 25일 터뜨렸고, DT 기체의 증강 효과가 증명되었다. 우라늄 235만의 내파 설계로 45.5킬로톤의 핵출력[87]을 얻었는데, DT 기체의 증강 효과가 없었다면 이 출력의 절반밖에 안 나왔을 것이다. 로스앨러모스가 증강 원리를 반영한 믿음직한 무기를 만들어 내려면 5년이 더 필요했다.

대책반이 미국 본토로 돌아왔을 때 딘은 이렇게 마음먹었다. "수소 폭탄에 관해 갖은 의견을 지닌 모든 인사를 모을 때가 되었다. …… 원자력 위원 두세 명이 배석한 자리에서 …… 그들 모두를 원탁에 불러놓고 서로를 대면케 한 다음, 칠판을 꺼내와 우선 순위를 정하게 할 수 있다면 그보다 더 좋을 수 없을 거라고 말했다."[88] 오펜하이머가 일반 자문 위원회(GAC) 무기 소위원회(Weapons Subcommittee) 의장 자격으로 이 회의

---

* 반응식은 다음과 같다. D+T→^{4}He+n+17.59메가전자볼트. ^{4}He 원자핵이 3.5메가전자볼트, 중성자가 14메가전자볼트의 에너지를 가지고 있다.

의 초청장을 발송했다.[89] 회의는 1951년 6월 16~17일 토요일과 일요일 프린스턴 고등 연구소에서 열렸고, 소집된 회의를 주재한 것도 오펜하이머였다.

텔러는 프린스턴 회의를 처음에 "상당히 걱정했다." 그는 1954년에 이렇게 진술했다. "일반 자문 위원회(GAC), 특히 오펜하이머 박사가" 수소 폭탄 "개발을 더 반대할 것으로 예상했기 때문입니다."[90] 텔러는 이후로 평생 동안 그 회의에서 냉대당했고, 텔러-울람 기획안마저 무시당하다가 자신이 강경한 태도를 고수해 겨우 발표할 수 있었다고 주장했다. 그가 1982년에 쓴 다음의 내용은 사실이 아니다. "(회의에서 발표된) 수소 폭탄 보고서는 (복사 내파를) 언급하지 않았다. 내가 발언권을 요구했지만 브래드베리는 외면했다. 참석자 몇 명은 (복사 내파를) 알고 있었다. 베테와 오펜하이머가 대표적이다. 하지만 어느 누구도 관련해서 입도 벙긋하지 않았다. 다행히 원자력 위원 스마이스가 다른 쪽 의견도 들어보는 게 공정하다고 생각했고, 나는 발표할 수 있었다. 그 다음의 사태 전개를 보면, 내 발표가 결정적이었다."[91]

프린스턴 회의에 참석한 사람들의 면면을 보자. 원자력 위원들, 원자력 위원회(AEC) 관리 운영자들, 일반 자문 위원회(GAC) 성원들, 베테, 노이만, 로버트 바커, 로스앨러모스 운영진. 이들 가운데서 텔러가 기억하는 멜로드라마에 동의하는 사람은 한 명도 없다.[92] 대럴 프로먼이 토론할 안건을 준비해 회람시켰고, 텔러도 사전에 그 목록을 보았다. 의제[93]는 그린하우스 시험 결과에서 시작해, 옛날 슈퍼와 자명종(복사 내파를 이용해 압축할 수 있겠다는 전망이 제출되면서 다시금 부활했다.)을 검토한 후 텔러의 신규 평형 열핵 폭탄을 살펴본다. 텔러는 에니웨톡에서 이미 구원자를 보았고, 그런 체계적이고 꼼꼼한 분석을 경멸했다. 그는 그런 식의 안건 목록이 원자력 위원회(AEC)를 호도하려고 오펜하이머와 베테가 공모 결탁한 결과라고 생각한 것이 틀림없다. 마크의 회고 내용은 텔러를 반박한다. "그린하우스 시험에서 뭘 알아냈는지, 새로운 제안과 관련해 우리가 뭘 알고 있는지, 우리가 어떤 연구를 해야 하는지를 제가 발표할 예정이었습니다. 텔러는 아예 참지를 못했어요. 자기가 맡은 발표를 마무리할 수 있는 사람이 아무도 없었죠. 사람들은 발표가 끝난 **후에야** 에드워드가 나타날 거라고 예상했습니다. 그런데 다짜고짜 이야기를 시작하는 바람에 개판이 되었던 거예요."[94]

새로운 설계안이 전도유망하다는 텔러의 발언은 열정적인 데다 감동적이기까지 했다. 베테도 발표에 한몫 보탰다.[95] 오펜하이머는 페르미가 "사태 전개를 도통 몰랐고 깜짝 놀랐다."[96]라고 회고했다. 텔러에 따르면, 오펜하이머는 "그 새로운 방법을 충심으로 지지했다."[97] 일반 자문 위원회(GAC) 의장 오펜하이머는 프린스턴 회의로 세 가지가 성취되었다고 판단했다. 첫째, "우리는 새로운 발상이 최고로 중요하다는 데 합의했다. 옛날 것들을 보류하고 새 안을 밀어붙여야 한다." 둘째, 원자력 위원회(AEC)는 평형 열핵 폭탄과 복사 내파 자명종 모두의 연료로 중수소화 리튬을 생산하기로 했다. 셋째, 사람들이 "이 물건의 제작과 시험 일정"을 놓고 논쟁을 벌였다고 오펜하이머는 말했다. 평형 열핵 폭탄을 빠른 시간 안에 전면적으로 시험해야 한다고 주장한 사람은 단연 텔러였다. 반대 의견은 "부분 요소(텔러-울람 기획의 여러 개별 발상들)" 시험을 선호했다. 오펜하이머는 "여름 동안 연구를 진행하고, 가능성이 보이면 곧장 대규모 폭발 시험에 돌입하자."[98]는 데 회의 참석자들이 합의한 것으로 기억했다.

고든 딘은 프린스턴 회의에서 참석자들이 의견의 일치를 보았으면 하고 바랐고, 목표한 바를 이루었다고 생각했다.

이틀 일정으로 진행된 회의가 끝날 무렵 방 안에 모인 우리 모두는 아이디어 면에서 처음으로 뭔가가 가능해 보인다는 데 의견을 함께했습니다.

다음을 되새기면서 그 회의를 마쳤던 게 기억납니다. 참석자 모두가 예외 없이, 오펜하이머 박사도 포함해서, 가능성을 내다볼 수 있다는 사실에 열광했던 것이죠. 나는 자리를 떴고, 나흘 후 새 공장(리튬 생산)을 짓기 위해 자금과 인력을 투입했습니다. …… 논쟁은 없었습니다.[99]

이번에는 아무도 윤리 논쟁을 하지 않았다. 평형 열핵 폭탄은 핵출력이 메가톤 급임에도 불구하고 "어떻게 봐도 사악한 물건"이 아니었다. 트루먼이 수소 폭탄 개발을 명령하기 전에 페르미와 라비가 옛날 슈퍼를 그렇게 비난했었다. 오펜하이머는 두 가지 구상으로 인해 기술적 가능성이 개선되었고, 거기에서 차이가 발생했다고 판단했다.

그 문제라면 저는 이렇게 생각했습니다. 무언가 기술적으로 가능성이 있으면 밀고 나가야 하는 법입니다. 그걸 가지고서 뭘 할지는 기술이 성공을 거둔 다음에나 논쟁해야 하죠. 원자 폭탄 때도 그랬습니다. 저는 만드는 데 반대한 사람은 아무도 없다고 생각합니다. 만든 다음에 어떻게 할지를 두고 논쟁을 벌였죠. 우리가 1951년 초에 알아낸 사실을 1949년 말에 알았대도 (1949년 10월에 제출된 일반 자문 위원회(GAC)) 보고서의 어조가 똑같았을지는 잘 모르겠습니다.[100]

도대체 기술적 장래성이 정치와 윤리의 문제를 어떻게, 그리고 왜 결정한다는 것인지를 오펜하이머는 설명하지 않았다. 하지만 그는 같은 자리에서 열핵 무기를 개발하지 않았다면 세계가 더 안전할 것이라고 증언했다. 오펜하이머는 미국 과학자들이 가능한데 소련 과학자들이라고 기술적으로 유망한 뭔가를 만들지 못하리라는 법이 없음을 잘 알았다. 또 다른 중요한 차이점은 한국 전쟁이었다. 한반도 사태는 국지적인 위협 이상의 문제였다. 베테가 그해 여름 내내 로스앨러모스에 머문 것도 이 분쟁이 유럽으로 확산될지 모른다는 염려 때문이었다. (물론 그는 여전히 의혹에 시달렸다.) 베테는 이렇게 회고한다. "저는 수소 폭탄에 전적으로 반대했습니다. 그런데 텔러-울람 구상으로 만들 수 있겠다는 가능성이 매우 커졌죠. 실현 가능성이 매우 높았고, 러시아도 만들 수 있을 것 같았어요. …… 러시아가 만들 수 있으면 당연히 만들 거라는 데 생각이 미쳤습니다. 그러자 우리가 먼저 만들고, 잘 만들 수 있을까 하는 생각이 들었어요. 그게 요지였죠. 한국 전쟁도 빼놓을 수 없었어요. 유럽이 위험에 처할 수도 있다는 생각이 들었습니다."[101]

"우리가 슈퍼 폭탄을 향해 전진해야 한다는 것이 프린스턴 회의에서 합의되었습니다."[102] 텔러가 나중 인터뷰에서 정리한 결론이다. 하지만 그는 어둠의 세력이 열핵 폭탄을 개발하려는 자신의 계획을 좌절시키려고 막후 공작을 펴고 있다고 계속해서 믿었다. 텔러의 상상 속에서 어둠의 세력은 로버트 오펜하이머와 결탁한 세력이었다. 오펜하이머가 프린스턴 회의에서 호의를 보였음에도 텔러는 이렇게 주장한다. 일반 자문 위원회(GAC) 의장의 전반적 권고 내용은 "지원이기보다는 방해인 …… 경우가 더 많았습니다."[103] 오펜하이머에게 혐의를 두고 의심한 것은 텔러만이 아니었다. 윌리엄 보든은 그해 늦여름 루이스 스트로스를 만났고, 전직 원자력 위원이 "오펜하이머가 두렵고 걱정스럽다."라고 이야기하는 것을 들었다. "스트로스는 그 어떤 정보적 방법을 써도 이 두려움을 확인하거나 기각할 수 없을 것이라고 했다." 보든은 "동일 인물에 대해 다른 사람도 비슷하게 생각한다고 맞장구쳤다." 이 발언은 오펜하이머가 소련 간첩일지도 모른다는 보든 자신의 의심을 두고 한 이야기였다. 보든은 "결론이 확실하게 안 날 것 같아 매우 괴롭다."라고도 토로했다. 두 사람은 캘리포니아에서 공산당 간부로 활동했던 어떤 사람의 최근 진술이 "본질적으로 믿을 만하다."라는 데 의견의 일치를 보았다. 오펜하이머가 당 회합에 여러 차례 참석했다는 내용이었다. 보든은 이렇게 적었다. 스트로스는 "또 다른 푹스가 (미국이 아니라면 영국에서) 발각될 것으로 확신한다. 하지만 스트로스의 대책이라고 해 봐야 우리가 떠올릴 수 있는 것과 별반 차이가 없다. 스트로스는 로스앨러모스에서 거짓말 탐지기를 사용하고 싶어 했다."[104] (보든은 당시 브라이언 맥마흔을 조종하고 있었다. 즉 전략 무기를 잔뜩 쌓아 놓는 것 외에 "수만 개의"[105] 전술 핵무기를 만들 수 있도록 원자력 위원회(AEC)의 산업적 생산 능력을 증대하도록 트루먼을 부추기게 했던 것이다.)

텔러의 의심은 프린스턴 회의 직후 그럴싸한 확신으로 바뀌었다. 그는 로스앨러모스로 돌아와 브래드베리와 열핵 프로그램을 협상했다. 고든 딘은 드 호프만한테서 이렇게 전달받았다. "텔러는 열핵 프로그램을 맡아 …… 추진할 수만 있으면 (로스앨러모스에) 남겠다고 제안했습니다." 그러나 "협상이 난관에 봉착했습니다."[106] 일이 틀어진 것은 브래드베리에게 텔러를 열핵 폭탄 개발 책임자로 임명할 생각이 전혀 없었기 때문이다. 브래드베리는 텔러에게 부소장이나 자문역을 해 달라고 제안했다. 텔러는 여름 내내 애매한 태도를 취했다. 그는 떠나겠다고 으름장을 놓았고, 한 번은 드 호프만과 워싱턴으로 가 자신의 명분을 로비하기도 했다. 보든이 드 호프만과 텔러를 메트로폴리탄 클럽(Metropolitan Club)의 저녁 식사에 초대했다. 그는 맥마흔까지 설득해 자리를 함께하게 했는데, "읍소(泣訴)에 그 상원 의원의 어깨를 활용하고, (텔러에게는 로스앨러모스에) 남으라고 종용하기 위해서였다." 보든은 헨리 스마이스의 권위를 빌려 딘에게 이렇게 말했다. "텔러에게는 '어깨에 기대어 울' 시간이 많이 필요합니다."[107]

실험 물리학자 마셜 할러웨이는 호리호리한 체격에, 가끔씩 고압적인 태도를 보이는 로스앨러모스의 무기 개발 책임자였다. 브래드베리가 할러웨이를 열핵 프로그램 수장으로 임명했고, 텔러에게는 이 조치가 최후의 결정타였다. 라이머 슈라이버는 이렇게 논평한다. "(브래드베리는) 영리했고, (텔러에게) 행정 및 관리 권한을 일체 허용하지 않았다. 텔러는 똑똑하지만 변덕스러운 이론 물리학자였다. 그에게는 굉장한 아이디어가 많았지만, 그 가운데 일부는 실제의 하드웨어로 만들기가 사실상 불가능했다. …… 텔러라면 터무니없고 비현실적인 발상을 무작정 지지하며 격렬하게 몰아붙일 수 있었다. 그는 헝가리 사람이기도 했는데, 헝가리 인 특유의 흥분하며 화를 내는 성격도 심각했다. 텔러에게는 사태가 검정 아니면 흰색이었다. 회색 지대는 없었다."[108] 로스앨러모스에서 근무한 공학자 제이콥 웩슬러는 브래드베리가 텔러에게 최후 통첩을 했다고 회고한다.

텔러랑 함께하는 건 말이죠, …… 뭔가가 좀 나아지려 할 때마다 그는 바꾸고 싶어 했습니다. 사태가 점점 악화되었고, 결국 마셜이 이렇게 말했죠. 텔러를 내쳐야겠어. 하지만 그 얘기를 직접 할 수는 없었죠. 브래드베리가 갔어요. 텔러는 불같이 화를 냈죠. 할러웨이나 제가 프로그램을 이끌 거라고 말하자 발끈했던 겁니다. 텔러는 어떤 식으로도 프로그램을 이끌고 있지 않았어요. 그런데도 그는 자기가 이끌고 있다고 생각한 겁니다. 그는 책임자가 아니었습니다. 텔러는 그냥 자기 생각을 내뱉고 있었을 뿐이에요. 노리스는 말했습니다. 텔러, 성질을 죽이고 함께 할 수 없겠으면 나가게.[109]

드 호프만은 딘에게 이렇게 말했다. 할러웨이가 임명되었고, 그것은 "황소 앞에서 빨간 천을 흔드는 행위와 다를 바 없었습니다."[110] 텔러와 할러웨이는 한 번 이상 충돌했다. 텔러는 할러웨이가 "슈퍼에 대해 시종일관 반대해 왔다."[111]고 생각했다. 오펜하이머는 그 임명 건으로 텔러의 "감정이 몹시 상했"[112]을 것으로 판단했고, 직접 로스앨러모스로 가서 브래드베리의 의중을 알아보기로 했다. 그러나 현직 로스앨러모스 책임자가 "전 소장의 방문을 바란다는 이야기는 일체 하지 않고, 자신은 (할러웨이를) 전적으로 믿는다고 대꾸해"도 오펜하이머는 전혀 놀라지 않았다. "그걸로 이야기는 끝이었다."[113] 브래드베리가 1951년 9월 17일 할러웨이 임명을 발표했고, 일주일 후 텔러는 사임했다. 슈라이버는 텔러가 "씩씩거리면서"[114] 떠났다고 전한다. 웩슬러의 이야기도 들어보자. "텔러는" 떠나면서 "마셜 할러웨이에게 이렇게 말했습니다. 안 터질 거라는 데 1달러 걸지."[115] 카슨 마크는 그 다툼이 설계 문제가 아니라 권한 문제로 일어났다고 기억했다. 텔러는 1944년 로스앨러모스에서도 베테 밑에서 일하기를 거부했었다. 마크는 이렇게 논평했다. 그는 그때도 "과제를 외면하고, 다른 걸 연구했죠."[116] 텔러는 또 뛰쳐나왔다.

브래드베리는 나중에 이렇게 회고한다. "그한테 시기가 좋지 않았다는 게 텔러의 비극이었습니다."

> 국가적 당위 등에 관한 텔러의 여러 주장에도 불구하고, 사태가 강경하게 굴러갔고, 그는 그만두었습니다. 제가 그에게 프로그램 통제권을 주려 하지 않았기 때문이죠.
>
> 텔러에게 프로그램 통제권을 주었으면 분과 책임자 절반이 그만뒀을 겁니다. 아니 3분의 2까지도요. 텔러 밑에서는 일하려고 하지 않았으니까요. 그럴 수는 없었습니다. 저는 텔러를 잘 알아요. 텔러는 이틀 연속 한 가지 일을 할 수 없는 사람입니다. 이리 뛰고, 저리 뛰고 하는 거죠. …… 이곳 로스앨러모스에서 그가 프로그램을 책임지게 할 수는 없었어요. 그래서 그렇게

말하지 않을 수 없었죠. ……

텔러가 남아주길 바랐습니다. 계속 있어 달라고 설득했죠. 하지만 그를 책임자로 임명할 수는 없었습니다. …… 그에게 관리 권한을 주지 않았어요. 그건 오피도 마찬가지였죠. 오피는 저만큼이나 텔러를 잘 알았습니다. 아니 어쩌면 더 잘 알았을 거예요. ……[117]

마크의 결론으로 정리해 보자. "우리 가운데 많은 이가 정말이지 텔러한테 짜증이 났습니다. 그가 진득하게 앉아서 과제에 몰두했으면 당연한 이야기지만 일이 더 빨리 진척되었을 것이기 때문이죠."[118] 후속 사태를 보면 알 수 있듯이 수소 폭탄 개발 과제는 매우 신속하게 달성되었다. 에드워드 텔러가 예상한 것보다 더 빨랐다는 것도 틀림없다. 마크는 텔러의 친구 가운데 한 명이 이렇게 말했다고 전한다. "로스앨러모스가 그 과제를 성취해 낼 수 있다고 생각했으면 그는 떠나지 않았을 것이다."[119]

☢☢☢

1951년 3월. 스타니스와프 울람과 에드워드 텔러는 수소 폭탄 개발의 돌파구를 열었다. 한국 전쟁은 더욱 치열해졌고, 세계인은 줄리어스 로젠버그와 에델 로젠버그, 그리고 모턴 소벨의 재판을 지켜봤다. 약관의 로이 마커스 콘(Roy Marcus Cohn, 1927~1986년)이 어빙 하워드 세이폴(Irving Howard Saypol, 1905~1977년)의 정부 기소를 도왔다. 해리 골드가 앨버커키로 들고 간 식별 표지인 젤로 포장 상자 조각을 증거 목록에 집어넣은 사람이 바로 그였다. 골드는 기억력이 아주 좋았고, 유력한 증인임이 드러났다. 데이비드 그린글래스는 1950년 10월 18일 간첩 활동 공모의 유죄를 이미 인정했고, 증인으로 출석하고 있었다. 기소를 당하지 않.

은 아내 루스 그린글래스도 마찬가지였다. 그린글래스 부부는 자신들이 증언을 해도 FBI가 이미 수집한 정보를 보강해 주는 선에서 그칠 것이라고 판단했고, 에델 로젠버그를 무너뜨리는 유일한 증거를 제공했다. 두 사람은 여러 해가 지난 후 자신들 때문에 에델이 재판을 받게 되었음을 알고는 대경실색했다. 하지만 그녀가 공모했음도 재확인해 주었다. 루스는 1979년 로널드 라도시에게 이렇게 말했다. "시누이가 모를 수는 없죠. 서로가 뭘 하는지 모르는 부부가 있다는 건 알아요. 하지만 두 분은 그런 경우가 아니었습니다."[120] 데이비드는 아내를 지키기 위해 누나를 파는 데에 주저함이 없었다. 그가 라도시에게 한 이야기도 들어보자. "저는 아이가 둘 있었습니다. (루스와) 누나 사이에서 선택해야 한다면 지금이라도 루스이죠. 당시에도 그렇게 생각했습니다. 제 생각에 (누나와 매형은 FBI와) 대화를 해야 했어요. 저처럼요."[121] 로젠버그 부부는 빈번하게 답변을 거부하면서 확고하게 무죄를 주장했다.

어빙 로버트 코프먼(Irving Robert Kaufman, 1910~1992년) 판사는 미국 연방 대법원 판사로 임명되고자 하는 야망이 있었고, 재판 중에 정부를 편들었다. 부당하게 한쪽으로 치우쳐 법무부 및 FBI와 교감했던 것이다.[122] 배심원단이 세 피고의 유죄를 선언하자 세이폴은 코프먼에게 로젠버그 부부는 사형을, 소벨은 30년형을 언도해 달라고 은밀하게 요청했다. 코프먼은 법무부와 FBI의 의향을 타진해야 했고, 세이폴을 워싱턴으로 보냈다. 법무부도, 에드거 후버도 사형은 원하지 않았다. 적어도 에델 로젠버그한테는 아니었다. 그녀에게는 어린 자식이 둘이나 있었다. 코프먼은 본보기를 보여 주기로 결심했다. "사람들은 이 나라가 완전히 다른 체제와 목숨을 건 한판 승부를 벌이고 있음을 깨달아야 한다." 코프먼은 로젠버그 부부에게 4월 5일 사형을 언도하면서 두 사람의 범죄가 "살인보다 더 나쁘다"라고 말했다. 4월 5일. 이 날은 에드워드 텔러가 로스앨러모스에서 평형 열핵 폭탄 보고서를 발표한 다음날이었고, 고든 딘이 해리 트루먼을 만나 원자 폭탄 코어 9개를 호이트 밴던버그에게 넘겨주는 사안(중국을 상대로 사용할 가능성을 염두에 두면서)을 조율하기 하루 전이었다.

> 우리 조국의 우수한 과학자들이 러시아의 폭탄 제작을 예상하기 수년 전에 이미 그들의 손아귀에 원자 폭탄을 넘겨준 당신들의 행동으로 한국 전쟁이 일어났다는 게 나의 생각입니다. 사상자가 5만 명을 넘었어요. 당신들이 행한 반역의 대가를 무고한 사람 수백만 명이 얼마나 더 치를지 누가 압니까? 당신들의 배반으로 역사가 바뀌었다는 데에 의심의 여지가 없어요. 우리 조국은 불이익과 손실을 입었습니다.[123]

피고들이 유죄를 확정받은 범죄는 반역이 아니라 간첩 활동이었다. 그러나 코프먼은 줄리어스 로젠버그와 에델 로젠버그에게 사형을 선고했다. 모턴 소벨은 세이폴이 요구한 대로 30년형을 언도받았다. 코프먼은 4월 6일 데이비드 그린글래스에게 충격적으로 15년을 때렸다. 이것도 세이폴이 요구한 형량이었다. 코프먼은 에이브 브로스먼과 미리엄 모스코위츠의 재판을 주재하던 전해 가을 자신의 선고 능력이 "신과 같다."[124]라고 호언한 바 있었다. (브로스먼과 모스코위츠는 저지른 범죄에 대해 법이 허용하는 최고 형량인 7년을 받았다.) 해리 골드는 유죄를 인정하고 30년형을 받았다. 판결은 1950년 12월에 내려졌고, 재판관은 다른 사람이었다.

모리스 코헨과 로나 코헨은 1950년 말 언제쯤 뉴욕에서 종적을 감췄다. 로젠버그 부부가 체포된 후였다. (두 사람은 10년 후 영국에서 신원이 확인되었다. 가명으로 살고 있었는데, 여전히 스파이 활동 중이었다.) 도널드 맥클린은 1951년 5월 25일 가이 버제스와 함께 런던에서 사라졌다. 언론은 두 사람이 소련으로 망명했다고 6월 7일 보도했다.

골드는 투옥 후 첫 몇 달에 걸쳐 자기 삶의 연대기를 작성했다. 거기서 그는 이렇게 적고 있다. "내 행동이 부끄럽고 혐오스럽다. 이 비참한 느낌은 평생을 갈 것이다. …… 내가 저지른 끔찍한 일에 대해 다른 무엇보다 응징이 필요하다는 엄연한 사실을 잘 알고 있고 인정한다. 나는 기꺼이 이 처벌을 받아들이겠다. 흔들림 따위는 없을 것이다. 자비를 구해 더 이상 탄원하지도 않겠다. 과거는 과거이다. 나는 이제 그 대가를 치르겠다."[125] 14년 후 그는 여전히 대가를 치르고 있었고, 자신의 변호사를 임명한 판사(저명한 공화당원이었다.)가 냉소적인 농담을 즐기고 있다는 비판을 접했다. 해리 골드는 감옥에서 담당 변호사에게 이렇게 응답했다. "나는 법정에서 맥그래너리 판사를 만났고, …… 그가 제게 언도한 30년형이 재미있다고는 생각하지 않습니다."[126] 해리 골드는 출소했고, 남은 생을 의학 연구에 바치고 싶어 했다.

24장

마이크

마셜 할러웨이가 최초의 메가톤 급 열핵 폭탄을 설계 제작하기 위해 진용을 꾸렸다. 그렇게 해서 메가톤 이론 그룹(Theoretical Megaton Group)이라고도 하는 판다 위원회(Panda Committee)가 1951년 10월 5일 처음으로 모임을 가졌다. 백악관이 소련의 두 번째 원자 폭탄 시험*을 탐지했다고

---

* 1951년 9월 24일 세미팔라틴스크에서 시험된 조 2(Joe 2)는 성능이 개선된 진일보한 내파 폭탄으로, 우라늄 235만 썼고, 아마도 공극형 코어가 채택되었을 것이다. 조 2는 사로프가 팻 맨을 베낀 조 1보다 더 작고 가벼웠다. 정확하게 이야기해 지름이 절반으로 줄었지만 핵출력은 두 배였다. 복합 코어를 채택한 내파 폭탄 조 3(Joe 3)는 10월 18일 공중에서 투하되었다. 소련은 이 두 시험을 바탕으로 최초의 양산형 원자 폭탄을 설계했다. 소련 군대는 1953년까지 자국의 핵폭탄을 운용할 수 없었다. Yuri Smirnov, personal communication, 2.ix.93.

발표하고서 이틀 후였다. 변덕이 팥죽 끓는 듯한 에드워드 텔러는 할러웨이와 대판 싸우고서 로스앨러모스를 떠났다. 로스앨러모스가 평형 열핵 폭탄 시험을 얼마나 빨리 해 낼 수 있겠느냐가 당시 다툼의 내용이었다. 텔러는 1952년 7월을 목표일로 잡았다. 할러웨이는 10월 말을 제시했다. 실험을 하려면 상당한 제조 공정과 공학적 준비가 필요하다는 걸 알았기 때문이기도 하고, 마셜 제도는 여름철이 우기이기도 했기 때문이다. 판다 위원회가 최초의 수소 폭탄을 제작해 실험하는 데에는 1년 남짓의 시간 여유가 있었다.

열핵 연료로 무엇을 쓸지를 결정하는 것이 초기의 중요한 과제 가운데 하나였다. 중수소화리튬이 하나의 선택지였다. 중수소화암모니아[1]도 생각해 볼 수 있었다. 액체 중수소는 또 다른 선택지였다. 모두가 나름의 장단점이 있었다. 중수소화리튬은 공학적으로 가장 간편하게 조작할 수 있었다. 상온에서 고체이기 때문이다. 하지만 폭탄에서 리튬으로 삼중 수소를 증식하려면 복잡한 연쇄 열핵 반응이 필요하다. 리튬의 동위 원소 중 하나인 리튬 6만 써야 한다는 것도 문제였다. 한스 베테는 이렇게 말한다. "중수소화리튬이라면 아주 잘 알았죠. 하지만 얼마나 잘 작동하고 반응해 줄지를 전적으로 자신하지는 못했습니다."[2] 중수소화리튬은 평형 열핵 폭탄의 원리가 증명되어, 연구소가 해당 장치를 계속해서 무기화할 요량이라면 확실히 시험해 볼 수도 있는 물질이었다. 텔러와 프레더릭 드 호프만도 이미 6월에 「리튬 6이 '평형 슈퍼'에서 발휘할 유효성(Effectiveness of Li^6 in an 'equilibrium Super')」이라는 기술 보고서[3]를 발표했다.

중수소화암모니아는 상온에서 액체였다. 그런데 중수소화리튬과 달리 중수소화암모니아의 물리적 특성은 잘 알려지지 않았다. 로스앨러모스는 중수소 자체의 물리적 특성은 많이 파악하고 있었다. 그들은 유효 포획 단면적을 측정했고, 그린하우스 조지 시험을 통해서 D가 D뿐만 아니라 삼중 수소와도 융합함을 관찰했다. 액체 상태를 유지하기 위해 23.5켈빈*의 끓는점 이하로 유지해야 한다는 사실이 순수 중수소의 단점이었다. 이 말은 시험 장치에 정교한 단열 시스템과 극저온 냉각 장비를 집어넣어야 한다는 이야기였다. (극저온학은 매우 낮은 온도를 취급하는 물리학의 한 분야이다.) 액체 중수소를 열핵 연료로 선택할 가능성이 컸던 게, 국립 표준국이 볼더에 부지를 매입[4]해서 액화 공장을 짓고 있었다. (돌이켜보면 당시에는 시민이 환경 문제에 더 무감했던 것 같다. 볼더 시민과 상공인들은 모금으로 7만 달러를 출연해 공장 부지를 구입한 후 그 부동산을 연방 정부에 항구 양도했다.) 액체 수소를 대량으로 취급할 수 있는 기술을 개발해야 했다. 저장, 유체 역학적 운반, 나라를 가로지르고 태평양을 건너 열대의 섬으로 이전하는 것이 그 기술의 내용을 구성한다.

할러웨이 연구진은 공학 취급상의 어려움에도 불구하고 액체 중수소를 낙점했다. 물리적 특성이 가장 깨끗하다는 게 큰 이유로 작용했다고 카슨 마크는 전한다.

> 극저온 설계에 적합한 것은 중수소뿐이었죠. 중수소의 원자핵인 중양자가 매우 중요합니다. 중수소화리튬의 경우 중양자도 많았지만 리튬 원자가 그만큼 많았어요. 하지만 우리의 관심사는 중양자 반응이었습니다. D+D 말이죠. 중수소는 리튬과 썩 훌륭하게 반응하지 않습니다. 그 점에서 리튬은 불활성인 것이죠. 더 자세히 말하면, 리튬은 희석 작용을 합니다. 확실히 상황이 더 복잡해지는 거예요. 극저온 시스템을 적용하면 그런 문제를 피할 수

* kelvin, 단위는 켈빈 또는 K. 섭씨 온도와 간격이 동일한 온도 척도이지만 절대 온도 0도에서 시작한다는 점이 다르다. 0켈빈=섭씨 -273.15도=화씨 -459.67도.

있었습니다. 만들면서 물리적으로 몇 가지 사항이 복잡해지기는 했어요. 취급도 그렇고요. 하지만 다 해결할 수 있었죠. 그것들은 열핵 반응과도 전혀 상관이 없었고요. …… 삼중 수소의 원자핵인 삼중 양자를 얻을 수 있다는 건 리튬의 커다란 장점입니다. 물론 동위 원소 리튬 6에만 적용되는 이야기죠. 우리는 리튬 동위 원소를 많이 분리하지 못한 상태였습니다. 착수했지만 1954년에야 확보할 수 있었죠. 리튬 6을 확보해야 함을 알았다면 더 일찍 착수했을 겁니다. 순수 중수소의 열핵 연소 과정은 리튬 6이나 그냥 중수소화 리튬의 연소 과정보다 훨씬 간단해요. 액체 중수소를 압축하는 것도 중수소화물 압축보다 간단하죠. 리튬 이야기를 안 하는 게 나아 보였습니다. 가장 간단한 그림에서 벗어나려는 것은 피해야 할 일이라고 생각했어요.[5]

마셜 할러웨이를 보좌한 제이콥 웩슬러는 뉴저지 태생으로, 코넬 대학교와 오하이오 주립 대학교에서 공부했으며, 포기할 줄 모르는 창의적 엔지니어였다. 웩슬러가 로스앨러모스와 맺은 첫 번째 인연은 전시의 특수 공병 파견대원으로서였다. 그는 오하이오 주립 대학교로 가서 1947년 석사 학위를 받았고, 다시 로스앨러모스로 돌아와 샌드스톤과 그린하우스 시험을 직접 경험했다. 웩슬러는 진용이 짜인 첫 달에 할러웨이가 내린 중요한 결정들의 바탕이 된 토론 내용을 생생하게 기억하고 있었다.

그 과제는 처음부터 기간을 정하는 게 중요했습니다. 사람들은 이렇게 말했죠. 실패할 수도 있어. 하지만 무작정 착수한 후에 하지 말았어야 했다고 불평거려서는 안 되네. 목표를 정하고, 일이 되게 해야지. 그러려면 생각을 정말로 잘 해야 했습니다. 말하자면 이런 것들이죠. 이 시험에서 무엇을 하려고 하는가? 무기로 만들 수 있을까? "원리가 증명된" 것인가? 그걸로 뭘 할 수 있지? 그게 중요했어요. 일단 원리를 파악한 다음 어떻게 나아갈 수 있을지 생각해 보는 정도로 단순히 증명만 해도 되나? 그런 방식과 태도는 함정일 수 있었습니다. 그런 식이라면 막무가내의 대충 하는 실험이 되고 말았을 겁니다. 어디까지 가 볼지, 얼마나 현실적으로 굴어야 할지가 무척 중요했어요. 완전히 새로운 과제 상황이었기 때문에 결정이 힘들었죠. 우리는 매주 회의를 했습니다. 이론 분과, 폭약 분과, 응용 무기 분과 사람들이 모였죠. 당시에는 소통이 원활하지 못했기 때문에 핵심 인물들은 매번 모습을 보여야 했습니다. 복사기도 없었고, 컴퓨터는 말할 것도 없었으며, 전화로 대화할 수도 없었거든요(전화는 안전하기 못했기 때문에).[6]

당시만 해도 문서를 복사하려면 먹지를 쓰거나 등사 인쇄를 해야 하던 시절이었으므로 판다 위원회 회의 의사록을 연구소 내외에 배포하는 시스템이 고안 확립된 것은 초기의 중요한 성과였다.

시험 장치가 크리라는 것은 처음부터 분명했다. 한쪽 끝에 1차 분열 장치가 들어가야 했기 때문이다. 충분한 출력을 확보할 수 있는 가장 작은 분열 폭탄이라도 지름이 114.3센티미터였다. 114.3센티미터이면 거의 1.2미터이다. 그 복잡한 장비는 밀도가 높은 금속으로 벽을 두껍게 쌓아야 했다. 연소가 양호하게 진행될 수 있도록 오래 붙잡아서 고정해야 했던 것이다. 철이 그 금속으로 선택되었다. 누가 강철을 지름 1.2미터 이상의 두툼한 조각으로 제작할 수 있을까? 그것이 누구이든 보안 검사를 받고, 승인을 얻어야 했다. 전국 최대의 중장비 제조업체인 뉴욕 주 버펄로 소재의 아메리칸 카 앤드 파운드리(American Car and Foundry, ACF)[7]가 미국 공군이 한반도에서 사용 중이던 폭탄의 케이스를 만들고 있었다. 로스앨러모스는 공학 설계에 착수한다는 목표를 세우고, 10월부터 아메리칸 카 앤드 파운드리(ACF)와 협상을 시작했다. 아메리칸 카 앤드 파운드리(ACF)는 그달 말부터 수주받은 물품을 제작했다.

판다 위원회 회의를 엄습했던 문제가 공학 설계 사안에도 덮쳤다. 무슨 말이냐고? 효과적인 소통이 문제가 되었던 것이다. 시험 장치가 개선됨에 따라 변경된 설계안을 보내서 반영해야 했는데 그것이 원활하게 이루어지지 않았다. 웩슬러는 이렇게 회고한다. "결국 마셜이 수를 냈습니다. 그 거대한 물건을 실물 크기로 그리자는 거였죠. 시공 작업도가 아니라 개략도로요. 그걸 보고는 아무것도 만들 수 없었어요. 하지만 계산을 하거나 여러 물질의 두께와 공간을 알고자 할 때에는 유용하게 쓸 수 있었습니다. 사람들이 와서 보고, 뭘 집어넣으면 어떻게 될지를 파악할 수 있는 무언가를 확보하자는 생각이었죠. 사람들이 다들 미쳤다고 했어요. 그러니까 제 말은, 그 장치는 엄청나게 크거든요. 지름이 1.8미터이고, 길이가 6미터란 말입니다." 할러웨이는 연구소의 안전 구역에 커다란 제도판을 설치하고, 아메리칸 카 앤드 파운드리(ACF)도 그런 제도판을 책임지고 관리하게 하자고 제안했다. 할러웨이는 로스앨러모스의 오래된 기술 구역인 S 건물을 낙점했다. 그 건물은 트리니티 드라이브(Trinity Drive) 동쪽 끝 드라이클리닝 가게 맞은편에 위치했다. 웩슬러의 회고는 이렇게 계속된다. "아메리칸 카 앤드 파운드리(ACF)는 기다란 톱질 모탕을 엄청 만들어야 했죠. 우리도 베니어 합판으로 그림 전체를 올려놓을 수 있는 커다란 거치대를 만들었고요. 그림을 그리는 사람들이 양말을 신은 채로 제도판 위를 돌아다녔습니다."[8]

개략도는 너무 커서 바닥면에 서서는 제대로 보이지도 않았다. 할러웨이는 S 건물 내부에 발코니를 만들도록 조치했다. 웩슬러는 이렇게 말한다. "발코니에 올라가면 그 거대하고 복잡한 그림을 내려다볼 수 있었습니다. 간단하지만 훌륭했죠. 특히 이론 물리학자들한테는요. 그림이 실물 크기였기 때문에 사람들은 이렇게 말하고는 했습니다. '저기 저건

뭐지?' '모르겠어? 우리가 단단히 고정해야 하는 거잖아.' '맙소사, 할러웨이 정말 대단하군.'"[9]

시험 장비의 내부 모양과 관련해 중요한 결정을 내려야 했다. (외부는 거대한 캡슐처럼 성형될 예정이었다. 속이 빈 강철 원통에, 양쪽 끝은 모양을 둥글게 처리한다.) 카슨 마크의 분과는 그해 가을과 겨울에 시간 외 노동을 밥 먹듯이 해서 이론상의 설계안을 최고로 구현해 냈다. 시험 장비의 한쪽 끝에 설치된 1차 분열 요소는 불이 붙으면 모든 방향으로 똑같이 복사선을 내뿜을 터였다. 이 복사선 가운데 얼마나 많은 양이 2차 요소로 보내질까?[10] 판다 위원회는 애초 1차 분열 부위 위쪽 끝을 납으로 두껍게 코팅해 차폐할 생각이었다. 복사선을 최대한 가두겠다는 복안이었던 것이다. 그렇게 하면 복사선이 커다란 원통의 내부를 따라 흐를 터였고, 이것은 사실상 하나의 커다란 복사선 도관이나 다름이 없었다. 즉 커다란 파이프를 생각하면 된다. 복사선이 얼마나 흐를까? 마크는 커다란 수조에 양동이로 물을 부은 것처럼 복사선이 흐를지 궁금했다. 복사선이 어디로 갈까? 벽을 따라 되튀길까? 그들은 이것을 알아내기 위해 실험이 아니라 계산을 해야 했다. 하지만 매니악은 1952년 봄까지도 완성되지 않는다. 사실 수작업 계산으로도 충분했다. 수작업 계산과 직관이면 족했던 것이다. 웩슬러는 방사선의 물리적 거동을 직관적으로 파악하고, 도관 설계와 관련해 감수해야 했던 위험을 판단하는 과제를 훌륭히 완수한 주인공이 다름 아닌 마크였다고 증언한다. "카슨은 대단히 뛰어난 이론 물리학자입니다. 그가 사안의 역학적 측면을 옳게 파악했고, 무엇이 차이를 만들지 알았다는 점에서 특히요. 정말이지 그가 대단했다는 생각뿐입니다."[11] 노리스 브래드베리는 수소 폭탄의 아버지는 없다고, 다시 말해 수소 폭탄은 집단이 노력해 개발했다고 주장했는데, 아마도 추상적인 개념들을 물리적 실재로 구현해 낸 이런 식의 집단적 연구 활동을 염두에 둔 말일 것이다. 그 공동 연구 활동에서 마크, 웩슬러, 할러웨이 같은 신뢰감 가득한 꾸준한 사내들이 두각을 나타냈다. (에드워드 텔러는 평형 열핵 폭탄이 설계된 1951년 10월부터 1952년 4월까지의 결정적이었던 그 6개월 동안 로스앨러모스에 딱 2주 머물렀다.[12] 그는 주로 참견하면서 훈수를 두었던 것 같다. 한스 베테의 논평을 들어본다. "사람들이 '그의' 무기를 개발하고 있었음에도 텔러는 로스앨러모스를 떠났죠. 그는 그게 작동하지 않을 거라는 온갖 이유를 댔어요. 프로젝트 책임자 마셜 할러웨이도 그에게 미운털이 박혔죠. …… 이유가 무척 많았습니다. 틈만 나면 프로젝트를 비난해 댔죠."[13])

2차 열핵 요소는 기본적으로 병에 담긴 액체 중수소라 할 수 있었다. 점화 플러그용으로 내부에 플루토늄 막대를 설치한다는 사실을 보태야 하리라. 이 부위가 1차 분열 요소 아래, 곧 묵직한 폭풍막이 뒤로 달린 커다란 강철 원통 케이스 가운데에 설치될 것이다. 1차 요소에서 나오는 연엑스선은 출처가 같은 물질파보다 몇마이크로초 앞서 케이스의 내벽을 따라 흘러간다. 유동 엑스선은 고체 금속만큼이나 밀도가 높다. 하지만 2차 요소를 내파시킬 만큼 충분한 압력을 행사하기에는 시간이 부족하다. 하지만 엑스선은 고온이라 고체 물질이 순식간에 이온화한다. 엑스선이 추가로 복사될 만큼 아주 뜨거운 플라스마 상태로 바뀌는 것이다. (물질이 고온으로 가열되어, 원자가 쪼개져서 전자(음이온)와 원자핵(양이온)으로 분리될 때 이것을 두고 이온화라고 한다. 고체, 액체, 기체는 익숙한 물질의 상태이다. 플라스마는 이온화된 고온의 기체로, 물질의 네 번째 상태이다. 태양은 열핵 연소로 유지되는 플라스마 공이다.) 복사선을 흡수하는 물질을 강철 케이스 내부에 배치해야 하는 이유이다. 이런 물질은 고온의 플라스마 상태로 이온화할 것이고, 엑스선이 복사되어 2차 요소가 내파되는 것이다.

설계에 따르면 복사선은 케이스의 1차 쪽에서 2차 쪽으로 흘러갔고, 복사압도 먼 데보다 1차 쪽에서 더 빨리 형성될 것이다. 웩슬러가 들려주는 판다 위원회 토의 내용을 보자. "압력이 이쪽은 높고 저쪽은 낮으면 어떻게 되는 것일까? 아주 중요한 문제 가운데 하나였습니다." 도관을 가늘게 하는 것이 맨 처음 떠오른 생각이었다고 웩슬러는 말한다. "1차 쪽에 가까울수록 압력 생성 물질을 최소량으로 해 도관을 개방하고, 내려가면서는 압력 생성 물질을 더 많이 투입해 도관을 좁히자는 거였죠."[14] 연구자들은 이상적인 상황을 가정하고 계산해서 얻은 구형 도관에서 출발해 뒤집어 놓은 볼링 핀 모양의 도관으로 나아갔다. 만화 「릴 애브너」에 그런 모양을 한 상상의 동물이 나오기 때문에 사람들은 이 도관을 슈모(Shmoo)[15]라고 불렀다. 그들이 처음에 슈모형 도관을 채택했다가 이후에 더 계산을 한 다음 이것을 기각한 게 틀림없다. 판다 위원회는 1952년 1월 18일 시험 장비의 기본 설계를 마무리지었다. 그러나 한스 베테는 이렇게 말한다. "1952년 3월 예상치 못한 난관이 등장했다. …… 설계를 크게 변경해야만 그 어려움을 타개할 수 있었다. …… 재설계안은 1952년 11월의 시험 날짜를 겨우 맞출 수 있을 정도로 막판에야 나왔다."[16] 텔러가 시험 날짜로 제안한 1952년 7월을 로스앨러모스가 수용했으면 장치를 재설계할 시간이 없었을 것이라는 게 베테의 판단이다. 그는 시험이 아마도 실패했을 거라고 말한다.

웩슬러에 따르면 마크가 앞장을 섰고, 복사 도관 설계는 성공을 거두었다. "마크는 시스템이 작동을 하려면 비록 시간 간격이 아주 짧다 해도 이쪽과 저쪽의 차이가 의미 없을 정도로 압력이 매우 커야 한다고 생각했습니다. 장치가 작동을 하지 않으면(는다 해도), (도관의 모양을 바꾸는 등으로) 저지른 약간의 실수가 이유가 되지는 않을 거였어요. 시스템에 문제가 있다면 그 문제는 도관이 너무 크다는 것이었습니다. 수소 폭탄은 엄청나게 큰 물건이었고, 공간이 아주 많았죠." 판다 위원회는 시험 장치를 원통형 도관으로 재설계했다. 이번에는 모양을 이쪽 끝부터 저쪽 끝까지 직선 벽으로 처리했다. 양쪽 끝 어디도 육중하게 강화할 필요가 없었다. 폭발이 진행되면서 장치 전체가 기화할 텐데 그사이 100만분의 몇초 동안 물질 충격파가 양쪽 끝에 손상을 입힐 일은 거의 없었다. 웩슬러는 계속해서 이렇게 말한다. "기폭 부위에서 먼 곳, 그곳에서 무슨 일이 일어날지는 아무도 모르는 거죠. 우리가 이렇게 말한 이유에요. 긴 원통의 원리만 생각해. 끝은 무시하자고."[17] 이 시험 장치에는 '소시지(Sausage)'라는 명칭이 붙는다. 그렇게 해서 소시지는 1952년 11월로 예정된 두 번의 고출력 시험 가운데 하나로 일정이 잡혔다. '아이비(Ivy)'로 명명된 1952년 11월 시험의 다른 하나는 시어도어 테일러의 설계안을 시도한다. 전적으로 우라늄 235만 사용한 테일러의 무기는 출력이 400~600킬로톤으로 예상되었고, 아이비 킹(Ivy King, 킹의 K는 킬로톤을 의미한다.)으로 불린다. 테일러의 설계는 열핵 융합이 실패할 경우에 대비한 대형 분열 폭탄이었다.[18] 소시지는 출력이 메가톤 급일 것으로 추정되었고, '아이비 마이크(Ivy Mike)'로 명명되었다.

텔러는 계속해서 마이크의 흠을 잡으려고 했다. 베테는 이렇게 회고한다. "한 번은 그가 이렇게 말했죠. '성공할 수도 있겠지. 하지만 복사선이 케이스 안으로 들어가면 테일러 불안정(Taylor instability)이 발생할 거야.' 테일러 불안정은 제가 잘 압니다. 저는 그 복사 침투 현상에 천착했고, 테일러 불안정은 없을 거라는 결론을 내렸죠. 내용을 적어서 텔러에게 보내기까지 했어요. 제가 한 중요한 기여라고 할 수 있겠네요. 물론 제 연구가 수소 폭탄이 성공하는 데 결정적인 것은 아니었습니다."[19]

물리학자들이 설계 문제를 해결해 나가던 1951년 말과 1952년 초 사이의 시기에 웩슬러를 필두로 한 여러 프로젝트 책임자들과 공학자들은 중수소 생산 활동 및 중수소를 액체 형태로 저장하고 운반할 수 있는 매우 낯선 장비를 조직하고 제작하는 과제에 매진했다.

극저온학은 스코틀랜드 출신의 물리학자 제임스 듀어(James Dewar,

1842~1923년)의 연구를 발판으로 삼았다. 액체 산소를 최초로 대량 생산한 사람이 바로 제임스 듀어이다. 듀어는 1898년 사상 처음으로 수소를 액화했다. (그는 코르다이트(cordite)의 공동 발명자이기도 하다. 무연 폭약 코르다이트는 제1차 세계 대전 때 치명적인 포탄의 추진 장약으로 쓰였다.) 듀어는 두 기관에서 직책을 유지했는데, 그 가운데 하나인 케임브리지 대학교에서는 그가 거둔 저온 관련 성과와 업적을 약간은 저급한 운문으로 이렇게 칭송했다.

제임스 듀어 경은
네 놈들보다 훌륭하다.
너희 멍청이들은
방귀를 액화할 수 없으니.[20]

듀어의 발명품 가운데서 불후의 명성을 얻은 것은 1892년 이중벽으로 처리한 플라스크였다. 벽 사이의 공간은 펌프로 공기를 빼서 진공 상태로 만들었다. 진공 상태는 열 대류를 차단하는 매우 효과적인 수단이다. 이후 격벽을 2개 설치한 진공 병은 액체를 단열 저장하는 표준 용기로 자리 잡는다. (복사 에너지가 진공을 통해 빠져나가는 것도 줄일 필요가 있어서 격벽은 통상 은으로 도금한다.) 이런 용기는 과학 기술용으로 제작된 큰 것일 때 듀어병(dewar)이라고 부른다. 가정에서 사용하는 작은 것은 우리가 익숙한 보온병이고 말이다.

기체를 액화하려면 그냥 냉동하는 것 이상의 조치가 필요하다. 하지만 한 가지 중요한 절차가 모든 가정용 냉장고에 들어 있다. 기체를 압축한 다음 팽창하도록 하는 게 바로 그것이다. 이 과정에서 온도가 내려간다. 가정용 냉장고를 더 자세히 살펴보자. 기체 냉각재를 코일처럼 만 파이프 내부에서 압축하고 팽창시키면 파이프가 차가워진다. 냉각된 파이프는 저장 음식물의 열을 앗아 간다. 기체를 액화하려면 노즐이나 소형 피스톤 엔진 또는 터빈 안에서 액화 중인 기체를 압축한 다음 팽창시켜 상승 효과를 얻을 수 있다. 스스로도 냉각되기 때문이다.

제2차 세계 대전이 끝나갈 무렵 가장 독창적이고 효율적인 액화 시스템은 1930년대에 표트르 카피차가 개발한 방법이었다. 그는 당시 케임브리지 대학교에서 연구 중이었다. 카피차는 존 콕크로프트와 함께 세계 최초로 수소 액화기를 개발했다(1932년). 다음 과제는 기체 중에서 끓는점이 가장 낮은 헬륨(4.2켈빈)이었다. 헬륨 액화기는 카피차 단독으로 제작했다. 카피차의 헬륨 액화기는 끓는점이 77켈빈인 액체 질소로 헬륨 기체를 냉각한 다음 피스톤과 실린더 장치로 압축과 팽창을 거듭하면서 동시에 순환시켰다. 텔러를 비롯해 많은 사람이 조 1 사태 이후 소련이 열핵 경쟁에서 앞질러 나갈지 모른다며 우려를 표명한 것은 카피차의 이런 선구적인 극저온학 연구 때문이었다.

MIT의 물리학자 새뮤얼 코넷 콜린스(Samuel Cornette Collins, 1898~1984년)가 1946년 카피차의 것보다 뛰어난 헬륨 액화기를 개발했다. 이름하여 '콜린스 헬륨 크리오스태트(Collins Helium Cryostat)'였다. (그는 당시 볼더에 있는 국립 표준국 연구소에서 중수소 생산 연구 활동을 지휘 중이었다.) "콜린스는 카피차의 기계와 동일한 원리를 사용했다. 하지만 재설계와 수정이 가해졌고, 공학적으로도 훌륭하게 제작된 그의 액화기는 비교적 값이 싸고, 믿을 수 있으며, 조작이 간단한 완벽한 설비였다. 콜린스가 저온 연구에 한 공로는 포드가 자동차에 한 기여와 비견할 수 있을 정도이다."[21] 콜린스는 자신의 헬륨 액화기를 상업화했고, 매사추세츠 주 케임브리지에 아서 D. 리틀(Arthur D. Little, Inc., ADL)이라는 회사가 세워진다. 웩슬러가 1951년 말에 찾아간 곳이 바로 그 회사였다. 운송용의 대규모 듀어 제작을 조직해야 했고, 아서 D. 리틀(ADL)의 케임브리지 코퍼레이션은 액체 중수소와 기타 액화 가스 수백 갤런을 에니웨톡으로 운반해 저장했다. 웩슬러는 이렇게 회고한다. “아서 D. 리틀(ADL)은 샘 콜린스와 이야기를 나누었습니다. 그에게 이렇게 물었죠. 우리가 자네가 개발한 헬륨 크리오스태트를 써서 수소를 액화할 수 있을까? 상업적으로 생산하려고 하지는 않았잖아. 그들의 생각은 이런 것이었습니다. 저장용 듀어를 크게 만들 수 있으면 그 듀어에 콜린스 크리오스태트를 작게 제작해 붙이면 된다는 거였죠. 계속해서 수소를 냉각하고 재순환시키면 결코 잃는 법이 없다고 본 겁니다. 크리오스태트를 계속 가동하기만 하면 되었어요. 정말이지 탁월한 발상이었습니다.”

웩슬러는 케임브리지 코퍼레이션과의 작업을 조율하면서 출장을 밥 먹듯이 했다. “1952년 1월부터 시작했는데 늦봄까지는 듀어를 완성해야 했습니다. 사전 지식이 전혀 없는 상태에서 만들었어요. 풀먼(Pullman) 객차 승무원을 전부 알 정도였죠. (안락한 설비가 갖춰진 특별 객차를 꾸준히 이용했다는 이야기이다. — 옮긴이). 항공 여행은 그리 좋아하지 않았어요.” 웩슬러는 기차를 타고 볼더로 가, 국립 표준국 연구소의 진척 상황을 점검했고, 야간 항공편으로 워싱턴에 날아가 회의를 했으며, 워싱턴발 보스턴행 야간 열차에서 눈을 붙였고, 듀어 연구 개발진과 작업했고, 계속해서 보스턴을 출발해 뉴잉글랜드의 여러 주를 거쳐 시카고에 도착한 다음 샌타페이행 열차로 갈아탔다. 그는 로스앨러모스로 복귀하는 중에 칸막이 객실을 쓸 수 있도록 허락받았고, 모자란 잠을 보충하거나 보고서를 작성했다. “그게 통상의 여행 경로였습니다. 그 몇 달 동안 일이 어떻게 진행되었는지를 알 수 있는 한 측면이라고나 할까요.” 다른 책임자들도 비슷한 방식으로 전국을 돌았다. 아메리칸 카 앤드 파운드리(ACF)가 드디어 앨버커키 공장을 완공했다. 폭탄 케이스를 만들 수 있게 되었다. 하지만 그것에 앞서 버펄로를 수시로 왕복한 사람이 있었다. 캐리어

코퍼레이션(Carrier Corporation) 사는 압축기를 공급했다. 디스틸레이션 프러덕츠(Distillation Products) 사는 펌프를 공급했다. 웩슬러의 회고는 이렇게 계속된다. "물자가 전국에서 선적되었습니다. 로스앨러모스로만 보내진 것도 아닙니다. 일부 물자는 우리도 구경도 못 했죠. 바로 에니웨톡으로 갔으니까요."[22]

웩슬러가 개발한 대규모 저장 듀어는 제임스 듀어가 애초에 만든 이중벽 플라스크보다 훨씬 정교했다.[23] 웩슬러의 듀어에는 단열재로 질소 냉각 장벽과 스티로폼, 알루미늄 포일이 들어갔다. 극저온 물리학에 따른 기타 묘책도 여럿 사용되었다. 웩슬러는 뜨거운 철사로 스티로폼에서 복잡한 모양을 잘라내는 것을 그때 처음 보았다. 스테인리스스틸 듀어는 액체 2,000리터, 약 530갤런을 담을 수 있었다. 제작된 듀어는 디젤 트럭의 화물칸에 실렸다. 화물칸에는 듀어 덮개 앞쪽으로 전동 발전기도 탑재되었다. 당연하다. 전기를 공급해야 했으므로. 웩슬러는 그중 1대를 보스턴에서 볼더까지 몰고 갔다. 트럭에는 가속도계가 장착되었는데, 충격 흡수 장치가 얼마나 잘 작동하는지 측정하기 위해서였다. 듀어 내외부에서 액체를 이송하는 모든 관이 그 자체로 듀어였다. 스테인리스스틸 소재로 진공 덮개를 만들었다는 이야기이다.

중수소 생산은 일찌감치 시작되었다고 웩슬러는 강조한다.

> 중수소를 어디에서 확보할 수 있을까요? 중수에서 시작해야겠죠. 중수를 전기 분해하면 산소와 중수소로 분해됩니다. 혹시 쉬운 방법을 아세요? 아주 어려워요. 볼더에는 전해조(electrolytic cell)가 몇 개뿐이었습니다. 55갤런짜리 중수 드럼을 사용했는데, 전해조에 중수를 붓고 전기 분해를 한 다음 중수소를 포집하는 거죠. 모은 다음에는 저압으로 대형 가스 탱크에 집어넣었습니다. 천연 가스를 사용하는 것을 생각해 보면 됩니다. 액화기는 준비되

지 않은 상태였고, 우리는 저장 듀어도 없었습니다. 그래도 시작해야만 했어요. 중수소 만드는 일은 시간이 많이 걸리고, 느린 과정이기 때문이죠. 결국 만든 중수소는 기체 형태로 저장했습니다. 그렇게 에니웨톡까지 수송했죠. 튜브를 엄청나게 주문했어요. 튜브는 질소와 산소, 수소 때문에도 필요했죠. 튜브가 얼마나 필요했을까요? 깨끗하고 안전한 신형 튜브를 미국 전역에서 몇 군데나 만들 것 같습니까? 다 손봐야 했어요. 우리는 표준형 안전 밸브가 있는 튜브를 원하지 않았습니다. 그랬다가는 중수소가 샐 수 있었는데, 정말이지 1그램도 잃고 싶지 않았거든요. 중수소를 가득 채운 튜브는 금보다 비쌌습니다.*

에니웨톡의 공장은 오하이오 주립 대학교가 운영했고, 배로 운반된 기체는 거기서 액화된다. 케임브리지 코퍼레이션은 1952년 4월 초부터 로스앨러모스로 저장 듀어를 실어서 보내기 시작했다.

소시지에 들어갈 극저온 시스템은 웩슬러의 저장 듀어 시스템과 비슷했지만 더 단순했다. 액체 수소는 20켈빈에서 끓고, 액체 중수소는 23.5켈빈에서 끓는다. 액체 수소는 액체 중수소보다 몇 도 더 차갑게 보관해야 한다는 이야기이다. 판다 위원회의 극저온학자들은 그 차이를 이용하기로 했다. 소시지의 이중벽 스테인리스스틸 듀어는 상단의 파이프를 통해 액체 수소가 담긴 대형 탱크의 환류 응축기(reflux condenser)와 이어지도록 설계되었다. 중수소가 기화하면 대류 현상이 일어나 파이프를 통해 환류 응축기로 흘러간다. 거기서 기체 중수소는 다시 냉각되어 액체로 바뀌고, 다른 파이프를 통해 소시지의 듀어로 돌아간다. 극저온학자들은 중수소가 얻는 일체의 열을 이렇게 지속적으로 순환 냉각

---

* 1952년 당시 중수소의 가격은 1그램당 약 75센트였다.

하는 체계를 바탕으로 스티로폼과 알루미늄 포일을 없앨 수 있었다. 소시지의 듀어는 마이크의 커다란 케이스 안에 매다는 방식으로 설치했다. 듀어의 모양을 더 자세히 설명해 보자. 이중벽으로 처리된 원통형의 스테인리스스틸 탱크이고, 위와 아래는 둥글게 마감되었다. 탱크의 길이 방향으로 내부 중앙 기둥을 떠올릴 수 있겠다. 거기에는 점화 플러그[24] 조립물이 장착된다. 이렇게 생긴 소시지의 듀어에는 수백 리터의 액체 중수소가 담긴다. 그리고 두 번째 진공 조립체가 듀어를 감싼다. 극저온학자들은 부동하는 복사열 차폐판(thermal-radiation shield)을 두 번째 외층 조립물과 듀어 사이에 딱 1개 집어넣었는데, 이것은 매우 기발한 아이디어였다. 얇은 벽의 탱크가 하나 더 생긴 셈인데, 아마도 구리로 만들었을 것이고, 이것은 복사열을 탁월하게 반사했다. 복사열 차폐판은 싸고 있는 듀어 및 바깥 조립체와 최대한 적은 지점만 닿았다는 점에서 "떠 있었다." 뭐라도 접촉이 있으면 열이 대류를 통해 듀어 안으로 들어가기 때문이다. 부품을 제 위치에 고정하려면 아무튼 접촉은 불가피했다. 아마도 여기에는 얇은 금속판을 여러 겹으로 쌓는 방식이 적용되었을 것이다. 그렇게 여러 장을 붙여 만든 디스크 부품은 통상의 금속 볼트보다 열 전도율이 무려 200배 낮다.

진공 속에 떠 있는 복사열 차폐판은 따뜻한 외부에서 차가운 내부로 복사열이 운반되는 것을 크게 줄여 준다. 웩슬러는 이렇게 말했다. "차가운 면과 따뜻한 면이 있는데, 온도 차가 200~300켈빈입니다. 그 사이에 진공이 있다고 해도 문제가 커요. 차가운 쪽으로 새는 열이 엄청나기 때문이죠. 하지만 산뜻한 묘안이 있습니다. 온도가 **중간**쯤 되는 판을 집어넣고 띄울 수 있으면, 다시 말해 단열하면 바깥쪽의 온도가 중간이 되고, 안쪽 역시 그 중간물의 나머지 면을 형성하는 것이죠. 그렇게 해서 손실을 대폭 줄일 수 있습니다."

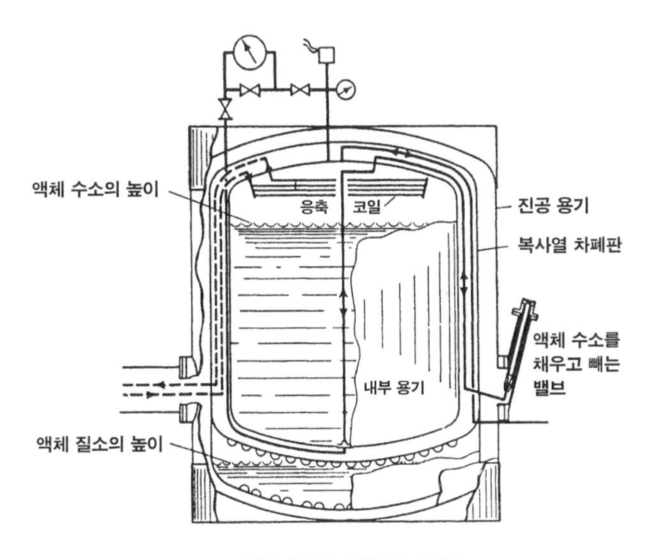

헬륨 냉동 운반 듀어의 단면도.

소시지에 들어가는 2차 요소의 외층 조립물은 에니웨톡의 대기만큼이나 뜨끈할 터였다. 판다 위원회의 극저온학자들은 부동 차폐판 하나로 달성할 수 있는 것보다 열 손실을 더 많이 줄이고 싶었다. 그들은 2차 요소에 부동 차폐판을 여러 개 집어넣지 않고 다른 방법을 쓰기로 했다. 카피차가 자신의 헬륨 액화기에 썼던 방법을 빌려온 것이다. 웩슬러는 이렇게 말한다. "보통보다 더 낮은 온도에서 차폐판을 띄울 수 있다면 복사열 차폐판 50개의 반사율을 확보할 수 있습니다." 그들은 구리 소재 차폐판의 온도를 낮추기 위해서 맨 아랫부분에 일종의 냄비 같은 것을 용접해 붙였다. 그리고 거기에 액체 질소를 가득 담았다. 차폐판이 냉각되었음은 물론이다. 그렇게 해서 액체 중수소 듀어는 약 20켈빈을 유지했고, 구리 차폐판은 액체 질소의 온도, 곧 약 76켈빈으로 냉각되었다. 2차의 외층 조립물 역시 다시 구리 차폐판으로 인해 허용 주위 온도(ambient temperature)를 달성했다.

이 시스템에서 가장 중요한 것은 외층 조립물이었다. 연구진이 구현한 결과를 보면 경이롭다고 하지 않을 수 없다. 외층 조립물이 어떻게 설계되었는지, 또 그 기능이 얼마나 탁월한지, 진가를 알려면 판다 위원회가 다음과 같이 결론 내린 시점으로 돌아가 볼 필요가 있다. 1차 요소에서 나오는 연엑스선만으로는 중수소의 열핵 연소가 가능할 만큼의 고압 상태를 2차 요소에 전달할 수 없을 것이라는 게 설계자들의 결론이었다. 그들은 엑스선이 고온 플라스마 상태로 이온화할 수 있는 물질을 마이크 케이스 안쪽에 대기로 했다. 필요한 충격을 신속하게 뽑아내 전달하려는 조치였다.

카슨 마크가 또 다른 문제를 예견했다고 웩슬러는 회고한다. "그는 Z가 큰 물질(원자 번호가 큰 물질)들이 나오는 사태를 무척 걱정했습니다. 1차 요소에서 고에너지 복사선이 나오는 방사능 환경이므로 철이든 무엇이든(철은 밀도가 아주 크기 때문에) 기화하면서 압력파가 나오는 것이죠. 카슨은 중수소 연소를 어떻게든 유지하려고 했고, Z가 큰 원소들이 몰아치면 연료로 사용할 중수소가 몽땅 잡아먹혀 온도가 높아지지 않을 것으로 염려했습니다." 강철을 용접한 마이크의 바깥 케이스를 차폐하는 것이 해결책으로 제시되었다.

> 납으로 철을 덮었습니다. 철을 더 불투명하게 만드는 것이죠. 그러면 철이 냉큼 압력파를 내놓을 수 없는 겁니다. 적어도 철 문제는 해결된 셈이었어요. 하지만 납조차 그 표면에서 복사선이 나올 터였습니다. 그래서 이번에는 플라스틱으로 납을 덮었죠. 폴리에틸렌을 썼습니다. 폴리에틸렌은 CH_2(탄소와 수소)로 Z가 작았어요. 시간의 관점에서 보면 이런 온갖 차폐 조치로 중금속의 복사 이온화가 늦어질 터였고, 당연하게도 전체 시스템은 아무 영향을 받지 않을 거였습니다.

폴리에틸렌은 플라스마 발생기로도 활약한다.

분열 내파 폭탄은 고폭약의 충격파를 약화시키고, 관성력으로 코어를 몇마이크로초 더 오래 붙잡고 있기 위해서 탬퍼를 사용했다. 그렇게 하면 연쇄 반응이 몇 번 더 일어나, 폭발의 효율이 증대한다. 소시지의 2차에도 탬퍼가 필요했다. 이 탬퍼는 2차를 붙잡아 주는 탬퍼뿐만 아니라, 이온화된 고온의 폴리에틸렌 플라스마에서 나오는 에너지[25]를 액체 중수소로 이송하는 일종의 푸셔(pusher, 밀대)로도 기능한다. 원통형 푸셔는 두껍고, 무거운 우라늄 238 거푸집이었다. 그때까지 제작된 우라늄 주물[26]로는 가장 컸다. 1차의 분열로 나오는 엑스선이 소시지의 바깥 케이스 안으로 덧댄 플라스틱을 가열한다. 그렇게 해서 형성된 고온의 플라스마가 사방에서 파장이 더 긴 엑스선을 두꺼운 우라늄 푸셔로 재복사한다. 이 엑스선이 푸셔의 표면을 뜨겁게 가열하면, 결국 그 표면이 제거된다. 기화 우라늄이 푸셔의 외부 표면에서 떨어져 나가는 것이다. 모든 작용에는 똑같은 반작용이 있다. 흡열 증기는 로켓의 분사구에서 나오는 연소 연료처럼 작용한다. 푸셔의 껍질이 급격히 안으로 향하면서 액체 중수소가 압축되어, 융합 점화 온도에 도달하는 것이다. 하지만 소시지의 푸셔에는 또 다른 중요한 기능이 있었다. 열핵 반응에서 나오는 고에너지 중성자를 흡수해 추가적인 연료원으로 썼던 것이다. 푸셔를 만들지 않았다면 우라늄 238을 분열시켜 전체 출력 향상에 크게 기여했을 고에너지 중성자가 낭비되고 말았을 것이다.

마이크의 케이스 안에 매달린 중수소 듀어를, 이렇게 두껍고 육중한 우라늄 238 조립물이 에워쌌다. 듀어의 내부 표면에는 질소로 냉각되는 중간 차폐판이 떠 있었다. 그 내부 표면이 극저온학상의 문제를 야기했다고 웩슬러는 설명한다. "산화 우라늄은 엄청나게 새까맣습니다. 극저온 환경에서 쓰기에는 최악이죠. 그런데 사실상 2차 요소의 전부를 여기서 만들었습니다. 복사열 차폐판, 점화 플러그, 크기도 엄청 큰 우라늄 푸셔들요. 낡은 시그마 빌딩(Sigma Building)에서 그것들의 주형을 전부 제작했죠." 소시지의 거대한 개요도가 설치된 로스앨러모스 기술 구역의 S 건물 정반대쪽에 시그마 빌딩이 있었다. "주물, 공작, 검수, 모든 것을 했어요." 방사도(emissivity)가 높은 우라늄의 특성을 해결해야 했고, 그들이 우라늄 푸셔의 내부 표면을 코팅(coating)하기로 했다는 것이 웩슬러의 설명이다. 보온병의 은도금처럼 이 코팅도 추가로 복사열을 차폐해 주었다. 국립 표준국의 볼더 연구소는 60가지 금속의 표면 흡수율(absorptivity)을 측정했고, 금의 흡수율이 가장 낮다는 걸 알아냈다.[27]

웩슬러는 이렇게 말한다. "옛날에는 간판장이들이 간판에 금박을 사용했죠. 박엽(薄葉, thin leaf)을 사서 썼습니다. 어찌나 얇은지 들어 보면 둥둥 떠다닐 것처럼 느껴지잖아요." 금박(gold leaf)은 사각형 금박(gold foil, gold leaf보다 두껍다. ─ 옮긴이)을 양피지 사이에 끼우고, 그렇게 겹겹이 쌓은 양피지 더미를 다시 양가죽으로 싼 다음 망치로 두드려서 만든다. 완성된 금박은 두께가 1,000분의 1밀리미터 미만인데, 속이 다 비칠 정도이다. 우리가 보는 것은 3제곱인치로 잘라서 박엽지 사이에 끼우는 방식으로 포장된 것인데, 25장이 들어간 책의 형태로 사고 팔린다. 웩슬러는 계속해서 이렇게 말했다. "간판장이를 한 명 수소문했습니다. 데려온 간판장이는 시그마에서 우라늄 푸셔 부위의 내부 표면 전체에 금박을 입혔어요. 공기 방울이 하나도 없었죠. 어찌나 매끈한지 반짝반짝 빛나는 금 거울 같았습니다."[28]

분열 점화 플러그는 중수소 듀어 중앙의 기둥 부위에 설치되었다. 이것은 원통형으로 내파되는 플루토늄 장치였다. 거기에는 출력을 증강하기 위해 삼중 수소 기체를 담은 1매형 관도 마련되었다. 이 관은 몇그램에 불과하지만 삼중 수소를 장전하는 탱크와 연결된다. 마크는 이렇게 언급했다. "수소가 액체로 존재하는 극저온 상태에서 플루토늄이 어떻게 거동할지"를 이전에는 직면해 본 적이 없었다. "플루토늄은 상온에서조차 문제가 아주 많았던 것이다."[29]

판다 위원회는 마이크의 출력이 1~10메가톤일 것으로 추정했다.[30] 그들은 무려 50~90메가톤에 이를 수도 있다는 가능성까지 희박하지만 염두에 두었다. 추정하기로 가능성이 가장 높은 핵출력 수치는 5메가톤이었다. 이것은 TNT 45억 3592만 4000킬로그램과 맞먹는 파괴력이다. 제2차 세계 대전 때 사용된 폭약의 전체량이 그만큼이었다. 강철, 납, 말랑말랑한 폴리에틸렌, 흑자색 우라늄, 금박, 구리, 스테인리스스틸, 플루토늄, 삼중 수소 조금, 바다에 선박이 지나간 흔적처럼 은빛 거품이 이는 중수소. 마이크는 태양에 불을 붙이는 힘을 떠올리지 않을 수 없는, 지혜와 비극의 성전이었다.

웩슬러는 1952년 6월에 찍은 오래된 사진 한 장을 보여 주었다. 마이크 연구진이 로스앨러모스에서 소시지의 2차 요소를 조립하는 사진이었다. "이게 호송대예요. 액체 수소가 담긴 듀어 3개를 싣고 볼더에서 내려왔죠. 앞에 1949년형 폰티액(Pontiac)이 보이네요. 당시만 해도 차가 다 낡은 거였어요. 요즘처럼 매년 신차를 구입하지는 않았죠. 그때가 1952년이었는데, 선도차가 1949년형 폰티액이었습니다." 극저온 시스템의 2차 조립물을 완성하기 위해 액체 수소가 트럭에 실려 로스앨러모스로 운반되었다. 수소는 더 귀중한 중수소로 치환될 터였다. 운반 듀어는 성능이 아주 우수했고, 볼더에서 로스앨러모스로 이동하는 중에 냉각 장치를 한 번도 켤 필요가 없었다. 하지만 탱크 안에서 액체 수소에 층이 생겼다. 꺼림칙하게도 압력이 증가하면서 아래층은 차갑고, 위층은 따뜻했던 것이다. "어떤 공학자가 이렇게 말했죠. 끌고 나가서 한 바퀴 돌고 오라고, 좀 철벅거리게. 과연 한 바퀴 돌고 오자 압력이 바로 떨어졌습니다. 그 물건을 일주일 반가량 갖고 있었죠. 장비는 약간 가동했고, 전혀 안 샜습니다."[31]

2차 요소 전체 조립물은 마이크의 케이스 안에 매다는 방식으로 설치되는데, 거기에는 스테인리스스틸 케이블이 사용되었고 용수철로도 지지된다. 웩슬러는 이렇게 언급한다. "조립물로 들어가는 주요 튜브는 풀무로 설치했습니다. 관 안에 작은 풀무를 넣어 조금씩 움직일 수 있었어요. 2차를 정중앙에 위치시킬 필요는 없었습니다. 1차와 달리 진정한 내파 시스템이 아니기 때문이죠. 1차의 경우는 한 점으로 수렴하는 것이 결정적입니다. 2차는 약간 벗어나도 받는 압력이 엄청나니까요. 우리가 확실히 해야만 했던 것은 터지기 전에 2차를 안정적으로 붙들고 있어야 한다는 것이었습니다. 우리는 측정을 많이 했어요. 열전대(thermocouple, 열전 온도계 및 복사계로 쓰인다. — 옮긴이)가 많았고, 서미스터(thermistor, 온도에 따라 전기 저항값이 달라지는 반도체 회로 소자 — 옮긴이)와 변형계(strain gauge, 기계 또는 구조물의 재료 변형을 측정하는 기구 — 옮긴이)도 있었습니다. 여기서 시험 주입을 하면서 물리량을 측정했죠." 그들은 본 기술 구역에서 한참 떨어진 DP 구역(DP Site)에서 시험 주입을 했다. 플루토늄 금속, 폭탄 코어, 기폭제도 DP 구역에서 생산되었다. "우리는 액체 수소를 완전히 냉각했고, 하루 반 동안 운전하면서 모든 걸 측정했습니다. 그렇게 해서 사용하게 될 갖은 측정기에 눈금을 매길 수 있었어요."[32] 첫 번째 냉각 과정에서 극저온 시스템의 여러 문제가 드러났다. 웩슬러 연구진이 막바지 수정 작업을 했고, 7월의 2차 냉각은 성공을 거두었다.[33]

아메리칸 카 앤드 파운드리(ACF)는 7월 14일이 끼어 있던 주에 버펄로에서 1.8×6미터의 마이크 케이스를 조립했다. 당연히 모조 1차와 2차도 조립했고, 작업은 에니웨톡에서 폭탄을 보관할 건물의 실물 모형 안에서 이루어졌다. (에니웨톡의 폭탄 보관 건물은 숏 캡(shot cab)으로 불린다.) 마

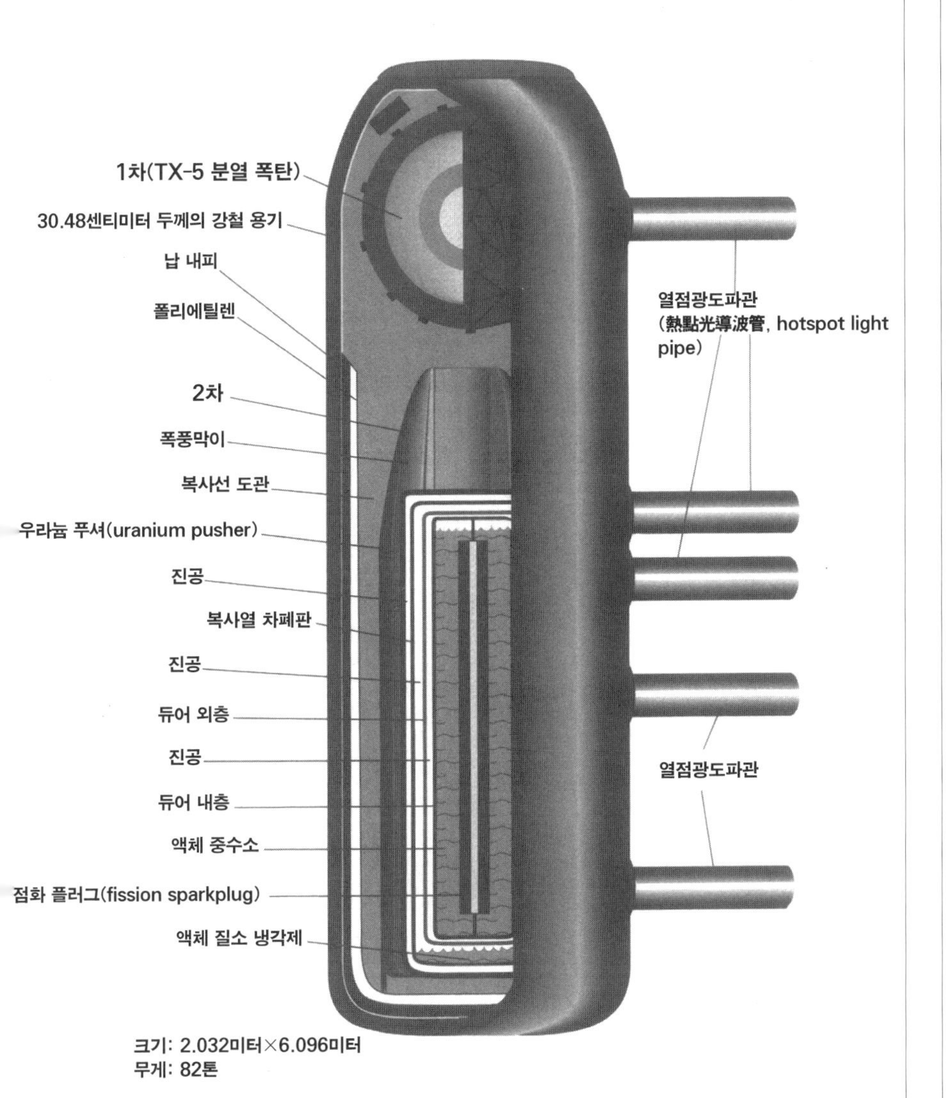

1952년 11월 1일 에니웨톡에서 시험된 마이크 장치(소시지)
10.4메가톤

이크는 미국에서 통째로 조립된 적이 한 번도 없다. 케이스는 다시 커다란 고리 등으로 해체되었고, 1차 및 2차 부품과 함께 1952년 8월 말 미국 해군 전함 커티스(Curtiss) 호에 실려 에니웨톡으로 갔다.[34] 질소, 수소, 중수소 기체가 담긴 튜브 트레일러 운송에는 다른 선박이 동원되었다. 웩슬러는 자신이 제작한 2,000리터짜리 운반 듀어 8개를 실어 보냈다. 과학자들이 에니웨톡 환초로 떠난 것은 9월이었다. 마이크 시험은 11월 1일로 예정되었다.

☢☢☢

고든 딘은 제2의 무기 연구소를 세우고 싶다는 에드워드 텔러의 요구를 9개월 동안 외면했지만 결국 1952년 7월 초에 두 손을 들고 말았다. 텔러는 자신의 대의를 설파하며 공군을 규합했다. 군부는 원자력 위원회(AEC)가 텔러의 요구를 거부하면 따로 독자적 연구소를 세우겠다고 으름장을 놓았다. 어니스트 로런스는 텔러의 요구를 지지했고, 버클리의 방사선 연구소에 새 조직이 잠시 머물 수 있도록 조치해 주었다. (브래드베리는 로런스의 협력을 이렇게 해석했다. "로런스는 텔러의 말을 믿었습니다. 그것처럼 간단한 일도 없죠. 왜 아니겠어요? 텔러는 에스키모한테도 냉장고를 팔 수 있는 사람인 걸요."[35]) 텔러의 새 조직은 캘리포니아 내륙의 리버모어(Livermore)로 곧 옮겨 간다. 리버모어는 제2차 세계 대전 때 공군 기지였던 곳으로, 루이스 앨버레즈가 용도를 변경해 거기서 기념비적인 선형 가속기(linear accelerator)를 개발했다. 앨버레즈가 선형 가속기를 만든 것은 토륨으로 우라늄 233을 증식하기 위해서였다. 이것은 미국의 원자 폭탄 재고를 늘리기 위함이었고 말이다. 텔러가 리버모어로 입주할 당시 그곳은 버려진 상태였다. 리버모어의 제1대 소장으로 취임하는 것도 텔러가 아니라 약관의 허버트 요크이다. 리버모어가 맡은 첫 번째 임무는 열핵 융합 탐지 연구[36]였다. 텔러가 로런스의 지원에도 불구하고 출범하기도 전에 새 연구소를 거의 외면할 뻔했다고 요크는 적었다.

> 리버모어 연구소를 대하는 원자력 위원회(AEC)의 태도는 어정쩡했고, …… 텔러는 불만이 많았다. 그가 7월 초에 어니스트 로런스, 고든 딘, 나, 기타 인물들 앞에서 리버모어 연구소 수립과 관련해 더 이상 아무것도 하지 않겠다고 선언한 이유이다. …… 관련자 모두 다시 대타협에 나서야 했다. 그로부터 며칠이 채 안 되어 고든 딘은 리버모어의 프로그램에 열핵 무기 개발이 들어갈 거라고 약속했다. 텔러도 다시 연구소에 합류하기로 했다.[37]

라비의 한 친구가 그로부터 얼마 후 덴버의 노상에서 우연히 텔러를 만났고 근황을 물었다. 텔러가 라비의 친구에게 한 대꾸는 상당히 냉소적이다. "겁쟁이들이 싫어서 이제는 파시스트들과 놀아 보려고 합니다."[38]

로버트 오펜하이머의 일반 자문 위원 임기가 1952년 8월 8일 끝났다. 그는 재임명되지 않았다. 제임스 코넌트와 리 듀브리지도 마찬가지였다. 시드니 사우어스는 이렇게 회고한다. "대통령께 그 세 사람을 재임명하지 말라고 권했습니다. …… 너무 오래 했다고 이유를 댔죠. 새 피를 수혈하는 것이 좋을 거라고 생각했고, 그렇게 말했어요. 우리가 세 명을 전부 탈락시키고, 대통령의 수소 폭탄 정책을 믿는 다른 세 사람을 임명해야 한다고 생각했습니다. 그 무렵 많은 사람이 오펜하이머가 불충하다고 (J. 에드거) 후버에게 이야기를 하고 있었어요. 후버가 그 정보를 제게 전달하면서 대통령께도 보고하라고 했죠. 하지만 고려할 가치가 없다고 생각했고, 그렇게 하지 않았습니다."[39]

수소 폭탄에 그토록 열광하던 한 사람이 그해 여름 무대를 영원히 떠났다. 브라이언 맥마흔이 짧게 와병하더니 7월 28일 암으로 사망한 것이다. 그는 49세도 채우지 못하고 죽었다.

오펜하이머는 1년 전인 1951년 6월 닐스 보어에게 이런 내용의 편지를 써 보냈다. "지난번에 만나서 이야기를 나눈 후 실망스러운 일과 비극적인 사태가 많았습니다. 하지만 그럼에도 불구하고 상황을 그리 비관하지는 않습니다. …… 우리 미국 국민이 진정한 희망과 위험이 어디에 있는지를 아주 더디게 깨달아 온 국민이라는 사실이 선생님에게는 흥미로울지도 모르겠습니다. 시간이 흐르면 우리도 배울 것입니다. 저는 절망하거나 체념하지 않았습니다."[40] 때는 바야흐로 1952년이었고 마이크 시험 날짜가 다가오고 있었다. 1949년에 수소 폭탄 개발에 반대했던 고참 과학자들은 소련과 열핵 무기 개발 중단을 성사시킬 기회가 한 번 더 찾아올 것으로 기대했다.

배너바 부시는 그해 봄 득달같이 딘 애치슨을 찾아가 마이크 시험 연기를 요구했다. 1952년은 대통령 선거가 있는 해였다. 트루먼은 뉴햄프셔 예비 선거에서 출마를 포기했고, 일리노이 주지사 아들라이 유잉 스티븐슨(Adlai Ewing Stevenson, 1900~1965년)을 민주당 대선 후보로 공개 지지했다. 공화당은 드와이트 아이젠하워를 뽑았는데, 이 역시 마지못한 선택이었다. 11월 대선은 마이크 시험 불과 사흘 후에 치러질 예정이었다. 부시는 이렇게 진술했다. "수소 폭탄 시험을 대선 직전에 하다니 …… 완전히 부당하다고 생각했습니다. 신임 대통령에게 시험 결과를 떠안기는 것이잖아요. 뒷감당은 다 누가 합니까? 그 시험으로 우리는 내키지 않는 세계로 들어서고 말았습니다." 부시가 마이크 시험을 연기하라고 한 두 번째 이유는 훨씬 주목할 만하다.

그 시험으로 러시아와 가능할 것으로 본 유일한 협정이 봉쇄되었다고 판단

> 했습니다. 핵실험을 더 이상 하지 말자는 협정 말입니다. 그런 협정을 맺으면 위반할 경우 바로 알 수 있기 때문에 자경(自警)적이었을 겁니다. …… 마이크 시험이 전환점이었음을 역사를 통해 알 수 있을 거라고 봅니다. …… 시도도 안 해 보고 일을 추진한 사람들은 준비해야 할 답변이 많을 겁니다.[41]

오펜하이머도 코넌트도 비슷한 우려를 표명했다. 베테는 고든 딘에게 이런 내용의 편지를 써 보냈다. "공산주의자들에게 선전할 거리를 던져 주는 것이나 다름없습니다. 정치에 미치는 악영향도 예측하기 힘듭니다. 유럽이 대표적이죠."[42] 베테는 오펜하이머 같은 인물을 대표로 보내 대통령 후보자 두 사람에게 설명을 하게 한 다음, 11월 15일 이후로 마이크 시험을 연기하자는 합의안을 도출해야 한다고 제안했다. 연기 조치로 일련의 시험을 망치게 되지는 않을 것임을 확인해 달라는 오펜하이머의 요구가 있었고, 베테와 브래드베리는 이미 의견이 일치했다.[43] 브래드베리는 선뜻 동의했다. 다만 그는 연구원들이 크리스마스는 가족과 함께 보냈으면 하고 바랐다.

루이스 스트로스는 더 이상 원자력 위원이 아니었고, 원자력 위원회(AEC)도 시험 연기에 공감을 표했다. 고든 딘이 8월 중순 국가 안전 보장 회의에 이 안건을 제출했다. 원자력 위원회(AEC)의 공식 역사에는 이렇게 적혀 있다. "대통령은 날짜를 바꾸려고 하지 않았다. 하지만 기술적 이유로 연기해야 한다면 기꺼이 그러마고 했다."[44] 원자력 위원회(AEC)는 10월에 위원 가운데 한 명인 유진 마틴 주커트(Eugene Martin Zuckert, 1911~2000년)를 에니웨톡으로 보내 "기술적 이유"가 문제가 될 수도 있겠는지 알아보도록 했다.[45] (주커트는 공군성 차관을 지냈다.) 딘은 주커트의 임무와 관련해 대통령과 국방부 장관 로버트 로벳의 승인을 요청했다.

주커트는 자신이 더 많은 일을 했다고 회고한다. 대통령에게 맨 처음 그 문제에 주의를 환기시킨 게 자기였다는 것이다.

> 고든이 오더니 이렇게 말하더군요. "대통령께서도 자네 의견에 동의하셨네. 에니웨톡에 가서, 시험을 중단시킬 수 있는지 알아보도록 하게." 저는 비행기를 타고, 먼저 서부 해안으로 갔습니다. 당시에는 프로펠러 비행기였죠.
> ……
> 그러고는 어떤 제독의 비행기를 탔어요. 호놀룰루에 도착하자 제독은 비행기에서 내렸고, 저는 계속해서 콰절린 환초(Kwajalein Atoll, 미크로네시아 동부 마셜 제도의 환초—옮긴이)로 갔습니다. 그리고 에니웨톡에 당도했죠. 여러 날을 보내면서 시험을 연기할 수 있을지 알아봤습니다. 어떻게 해야 할지 결정하는 책임이 제게 있었어요. 하루 전이었을 겁니다. 저는 마음을 정했죠. 날씨 예보 때문에 시험을 강행해야 한다고요.[46]

주커트가 아니라 대통령이 마음을 정했다. 그러나 딘이 시카고에서 유세 중이던 트루먼에게 간 것은 10월 29일의 일이었다. 10월 29일이면 국제 날짜 변경선 너머 이쪽의 경우 예정된 시험일을 이틀 남겨둔 시점이었다. 핵실험을 하면 핵물질이 나오기 때문에, 미국에서 핵실험을 승인할 수 있는 것은 대통령뿐이다. 주커트가 기억한, 결정이 내려진 날짜는 적어도 틀리지는 않았다. 아이비 시험 승인에 관한 건은 1952년 10월 30일에야 국가 안전 보장 회의를 겨우 통과한다.

☢☢☢

에니웨톡 환초는 하와이에서 서쪽으로 약 4,828킬로미터 떨어진 마셜 제도의 북서쪽 사분면에 위치했다. 40개의 작은 섬으로 이루어진 타원 모양이었는데, 길이는 32킬로미터, 폭은 16킬로미터였다. 대양의 구조물 대부분이 그렇듯이 에니웨톡도 물속에 잠겨 있는 화산 주위로 산호충이 자라 형성된 것이었다. 미국이 일본으로부터 에니웨톡을 빼앗은 것은 1944년 2월이었다. 일본과 1,609킬로미터 더 가까운 마리아나 제도를 침공하는 도정에서였다. 커티스 르메이의 B-29 비행 부대가 마리아나 제도를 출격해 일본의 도시들을 화염 폭격했다.

미국은 종전 후 에니웨톡과 비키니(에니웨톡에서 동쪽으로 320킬로미터 떨어져 있다.)를 핵무기 시험장으로 지정하고, 환초의 원주민을 이주시켰다. 에니웨톡에서는 1948년 샌드스톤, 1951년 그린하우스 시험이 이미 이루어졌다. 더 이른 시기의 이 실험들에 필요해서 설치한 장비와 구조물, 그리고 기지가 아이비 때문에 다시 복구되었다. 육군과 해군과 공군이 참가한 132 합동 대책반(Joint Task Force 132)이 1952년 3월부터 에니웨톡에 주둔하기 시작했다. 10월경에는 군인 9,000명, 민간인 2,000명 이상이 에니웨톡 일대의 함상과 여러 섬의 숙영지에서 생활했다. 식량과 물과 전기와 기타 생필품이 공급되었다. 항공 모함 1대, 구축함 네 척이 포함된 완편 기동 함대가 환초 주위를 정기적으로 왕복하며 바다를 경계했다. 공군은 수송과 대기 시료 채취에 80대 이상의 항공기를 투입했다. B-29 26대, B-36 2대, B-47 1대도 이 시험에 참가했다. 바지선, 경비정, 승용 항공기, 헬리콥터가 섬들을 오가며 장비와 인력을 실어 날랐다.

합동 대책반은 마이크를 터뜨릴 섬으로 엘루겔랍(Elugelab)을 선택했다. 엘루겔랍은 나침반상으로 환초의 정북에 위치했다. 산호와 모래가 스페이드 모양으로 노출된 그 작은 섬은 패리(Parry)라는 큰 섬의 정반대에 있었다. 과학자들과 기술자들의 거점이 패리 섬이었다. 엘루겔랍은 동서로 가까운 곳에 섬이 있었고, 폭발 시험을 관찰하고 측정하기가 좋았다. 우세풍까지 우호적이었다. 오염 물질을 바다 쪽으로 날려 주었던

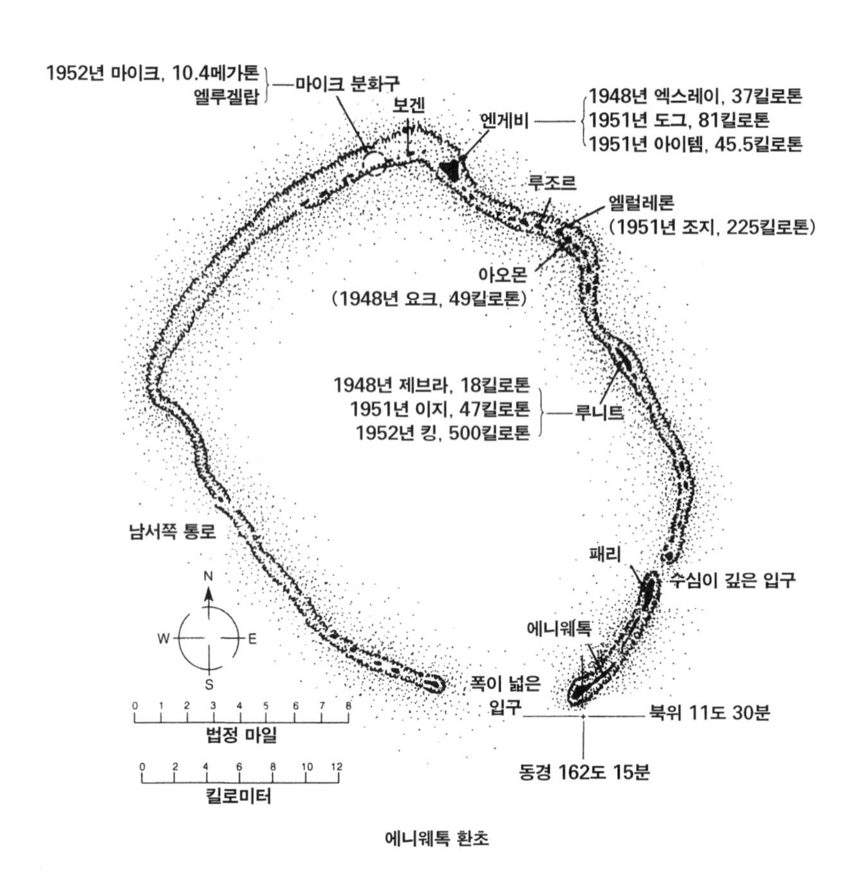

에니웨톡 환초

것이다. 대책반의 건설 노동자들이 불도저로 엘루겔랍의 모래와 산호를 평탄화하면서 시야를 개선하기 위해 섬의 전체 고도를 높였다. 항공기 격납고만 한 6층 높이의 노천 숏 캡이 지어졌다. 이 시설물이 마이크의 제로 지점(ground zero, 폭심지)이다. 부분 조립과 보수, 삼중 수소 저장과 원격 계측 용도의 보조 건물들이 숏 캡을 에워쌌다. 114.3미터 높이의 안테나가 설치되어, 라디오와 텔레비전 제어 신호를 보내고 받는다. 잘 싸서 반원형으로 배치한 7개의 거울은 초기의 폭발 광선을 3.2킬로미터 떨어진 보갈루아(Bogalua)의 강화 진지로 반사하게 된다. 벙커 안에는 고속 현상 촬영용의 스트리크 카메라(streak camera)들이 준비되었다. 터빈

으로 작동하는 스트리크 카메라들 중 1대는 초당 350만 프레임의 필름을 촬영할 수 있었다.[47]

30개의 섬에 500개 이상의 과학 기지가 세워져, 마이크 폭발 시험을 관찰하고 측정한다. 콘크리트로 강화한 일부 벙커에는 모래로 둑을 쌓았다. 마이크가 내뿜는 다양한 에너지의 중성자에 의해 활성화될 특별한 물질들의 작은 표적에 불과한 곳들도 있었다. 탄탈, 금, 황, 비소, 카드뮴, 인듐을 제로 지점에서 바깥으로 정렬해 놓아두었던 것이다. 폭발 후 남은 걸 회수하기 위해 끌어당길 수 있는 줄을 달았음은 물론이다. (마이크 장치 다음으로) 가장 중요한 시설은 2.4×2.4미터에, 길이가 2,743미터인 베니어판 소재의 터널이었다. 자료 사진을 보면 알겠지만 꼭 멈춰 있는 화물 열차처럼 생겼다. 터널은 마이크 캡 내부의 콘크리트 차폐물에서 동쪽으로 보곤(Bogon) 섬의 한 벙커까지 이어졌다. 전체 길이는 거의 3.2킬로미터에 육박했다. 이 크라우스-오글 상자(Krause-Ogle box, 로스앨러모스의 개발자들을 기념해 이렇게 불렀다.)는 보곤에서 지표면보다 높이 들어 올려야 했다. 지표면의 만곡 때문에, 시야를 직선으로 유지하려는 조치였다. 터널 내부에는 발로네(ballonet)라는 폴리에틸렌 소재의 기낭(氣囊)들이 덧대어졌다. 발로네에는 90킬로그램들이 병 약 2만 개어치의 헬륨이 채워졌고, 일정한 간격으로 납 차폐물도 설치되었는데 이는 광선의 평행성을 유도하는 조치였다. 그렇게 해서 터널의 발로네는 마이크가 터지면서 나오는 중성자와 감마선을 공기로 희석되지 않은 상태에서 보곤 섬까지 전달할 터였다. 보곤에 설치된 각종 계측 장비가 소시지 분열의 시간 간격과 융합 반응의 발생 시간을 측정함은 물론이다.[48] 라이머 슈라이버의 회고는 달관한 듯한 어조이다. 크라우스-오글 상자로 감마선과 중성자가 유입되도록 만든 창문 때문에 "아마도 폭발이 약화되었을 겁니다. 우리는 자료를 많이 확보하고자 했습니다. 하지만 현창을 여럿 내는 바람에 에너지가 새 버렸죠. 안 그랬으면 융합 반응이 더욱 증식되었을 겁니다."[49] 로스앨러모스 연구진은 보곤에 설치한 벙커가 훼손될 것으로 예상했고, 그곳의 계측 장비가 관측 결과를 안전한 거리의 또 다른 벙커까지 실시간으로 무선 송신할 수 있게 준비했다. 크라우스-오글 상자와 관련 계기 장비는 마이크의 화구가 제로 지점에서 뻗어 나가며 기다란 터널을 집어삼킬 때조차 작동된다.

소시지 자체에도 이것저것 계측 장비가 달렸다. 내장형 무선 송신기들이었다. 장치 용기 내외부로 특수한 물질들도 두었는데, 폭발과 함께 방사능으로 활성 기화되면, 탐지 항공기가 바람의 방향을 따라 이동하면서 낙진의 형태로 회수할 요량이었다. 폭발 과정의 진단을 목표로 7개의 대형 파이프가 마이크 케이스에 용접되었다. 폭발 광선이 실린더를 따라 연속적인 지점들에서 케이스의 벽을 뚫고 나오면 폭발 과정을 진단할 수 있었다. 반응이 성공적으로 확산 증식되었는지를 알 수 있는 것이다.

마이크는 1952년 9월부터 조립에 들어갔다. 9월 25일 복잡하기 이를 데 없는 2차가 완성[50]되어, 제자리를 잡았다. 진공 파이프 설치 작업이 이어졌다. 아메리칸 카 앤드 파운드리(ACF) 공학자들이 육중한 바깥 용기를 설치하기 시작했다. 해럴드 애그뉴(Harold Agnew)는 이렇게 회고한다. "사람들이 용기 내부에 크고 두꺼운 폴리에틸렌 조각을 망치질해서 붙이던 광경이 생각나네요. 플라스틱을 구리못으로 납에 붙였죠."[51] 애그뉴는 콜로라도 태생으로, 장신에 깡마른 서부 사람이었다. 그는 제2차 세계 대전 때 시카고 대학교에서 페르미의 CP-1 제작을 도왔고, 루이스 앨버레즈와 함께 히로시마 비행 작전대에 합류했으며, 노리스 브래드베리의 뒤를 이어 로스앨러모스 제3대 소장이 된다. 애그뉴는 에니웨톡에서 작업이 없는 날이면 낚시를 했고, 1.5미터짜리 수염상어도 한 마리 잡았다. "잡기는 했는데 어떻게 해야 할지 모르겠더라고요. 마셜 할러웨이는 프로그램을 운영하면서 업무 분장을 제대로 하지 않고 있었습니다. 이유를 설명해 주지도 않고 지시를 하달하기 일쑤였죠. 묘안이 떠올랐어요. 잡은 상어를 그의 침대에 넣어 놓았습니다. 할러웨이가 아무 말도 하지 않더군요. 아무튼 그 후로 그는 훨씬 체계적이 되었죠."[52]

애그뉴는 소시지의 분열 점화 플러그에 삼중 수소를 장전하는 작업조의 일원이었다. 카슨 마크는 이렇게 말한다. "양은 얼마 안 되었죠. 하지만 우리의 설계 기획을 강화하고, 내부에서 일어나는 과정을 더욱 확실하게 만들며, 사태 전반을 우호적인 방향으로 밀어붙이는 매우 중요한 요소였습니다."[53] 애그뉴는 삼중 수소를 에니웨톡까지 기발한 방법으로 가져갔다고 회고한다. 우라늄 수소화물로 만들었던 것이다.

> 강철 양동이를 썼어요. 아마 두께가 0.9센티미터 정도 되었을 겁니다. 밖에는 히터(heater)가 달려 있었죠. 어떻게 했느냐 하면, 우라늄을 입방체로 자르는 겁니다. 순수한 우라늄 금속을요. 그걸 강철 양동이에 집어넣고, 완전 밀봉한 다음, 가열하는 거죠. 그러고는 다시 냉각합니다. 그런데 우라늄은 냉각되면서 활성화해요. 처음에는 중수소 기체만 갖고 우라늄을 활성화했죠. 중수소화우라늄을 분말 형태로 얻는 거예요. 입방체가 분말로 바뀌는데, 아마 검정 분말이었을 겁니다. 한 번도 본 적이 없었는데, 지옥처럼 불꽃이 튀죠.* 그러고는 다시 가열해서 중수소를 전부 빼 버려요. 이제 화학적으로 반응성이 아주 높은 우라늄 분말만 바닥에 남게 됩니다. 우리가 삼중 수소를 투입하면 우라늄 분말이 삼중 수소를 잡아먹죠. 그렇게 해서 삼중 수소를 운반했습니다.[54]

---

* 공기에 노출되면 자연 점화된다는 이야기이다.

우라늄에서 다시 삼중 수소를 꺼내는 과제는? 그들은 우라늄 솥단지의 히터에 전원을 연결하고, 가스를 뽑아내 기체 포집병에 담았다. 중수소 때처럼 말이다.

마이크에 들어갈 중수소가 금보다 비쌌다면 삼중 수소는 몇 그램에 불과했어도 다른 무엇으로도 대체할 수 없는 물질이었다. 그 특별한 기체를 점화 플러그에 장전하는 일은 대단히 섬세한 작업이었다. 생각해 보라. 점화 플러그 자체가 복잡하기 이를 데 없는 2차 조립물의 한가운데에 있지 않은가! 웩슬러의 설명을 들어보자. "생각해 보세요. 그건 내부에 있잖아요. 삼중 수소를 얼마나 주입했는지 측정하기 위해 거기다가 찌 같은 걸 집어넣을 수는 없는 일 아닙니까. 그래서 보유한 삼중 수소의 물질 수지(mass balance)를 완벽하게 맞춰야했죠. 매 순간 체적 대비 압력을 읽으면 얼마나 집어넣었는지를 알 수 있습니다. 또 기체가 응축하면서 압력이 떨어지면 더 넣을 수도 있고요. 그들은 삼중 수소를 얼마나 보유했는지 알고 있었습니다. 삼중 수소가 가득 담긴 우라늄 솥단지도 아주 많았고요. 한 번에 하나씩 투입했습니다."[55]

애그뉴는 삼중 수소를 장전하려는데 마이크의 2차가 여전히 뜨듯했다고 회고한다. "모의 연습을 해보는 게 좋겠다고 판단했습니다." 그 시도는 재앙으로 비화할 뻔했다.

> 삼중 수소가 얼마 안 되기 때문에 쓸 수는 없었죠. 우리는 이렇게 생각했습니다. 도관이 오염되지는 않을 테니 중수소를 쓰자고. 중수소를 집어넣었고, 새지 않는지 확인했습니다. 천천히 주입했죠. 맙소사, 샜어요. 젠장, 왜 새는 거지? 생각하고, 생각하고, 또 생각해 보았습니다. 그때 누군가가 이렇게 말했죠. 어쩌면 수소화물이 되는 것인지도 몰라. 우리는 뜨듯한 우라늄에 중수소를 넣고 있었던 거예요. 천천히 샜지만 새는 건 새는 거였죠. 그렇다면

어떻게 하지? 우리는 카슨 마크 및 마셜 할러웨이와 대책을 논의했습니다. 중수소를 그만큼이나 썼는데 수소화물이 되어 버린 게 걱정스러웠죠. 하지만 그걸 걱정할 때가 아니었어요. 그래서 불활성 기체를 사용하기로 했습니다. 아르곤이었는지, 헬륨이었는지는 기억이 안 나네요. 하지만 이번에는 새지 않았죠. 중수소가 수소화물이 되는 게 맞았던 겁니다. 하지만 속상한 건 사실이었어요. (점화 플러그가 2차) 한가운데 있었기 때문에 새는 걸 고칠 방법이 전혀 없었거든요. 2차는 한 겹 한 겹 쌓여 있었고, 해체해서 문제를 해결한다는 것은 생각할 수도 없었습니다.[56]

애그뉴는 군인들이 엘루겔랍에서 총을 들고 마이크의 숏 캡을 지키는 상황도 적잖이 걱정되었다. "정말 미치고 환장할 노릇이었어요. 사방이 액체 중수소였단 말입니다. 어떤 미친 놈이 오발이라도 해서 폭탄이 맞으면 어쩌라고요. 우리 가운데 몇 명이 마구 항의하며 화를 냈고, 군인들을 내보냈죠. 도대체 누가 섬을 침략한단 말입니까?"[57]

영국이 오스트레일리아 북서부 해안의 몬테벨로 제도(Monte Bello Islands)에서 10월 3일 첫 번째 핵실험을 단행했고, 이것은 아이비 시험의 예포를 쏘는 것이나 다름 없었다. 영국제 분열 내파 장치는 이름이 허리케인(Hurricane)[58]이었다. 소형 구축함 플림(Plym) 호 27미터 아래로 방수 잠함(潛函)이 설치되었고, 그 안에서 터뜨린 허리케인은 출력이 25킬로톤이었다. 플림 호는 사라졌다. 기폭 방법이 특이했던 것은, 소련이 폭탄을 실은 배를 영국의 항구로 잠입시킬 수도 있다는 걱정 때문이었다.

액체 수소로 마이크를 극저온 냉각하기 시작한 것은 10월 10일[59]이었다. 해군이 웩슬러의 듀어를 바지선에 싣고 엘루겔랍으로 날랐다. 10월 26일 일요일 저녁 액체 중수소 최종 충전[60]이 시작되었다. 중수소 관 하나에서 공기가 얼어붙어 제거하지 않을 수 없었다. 그밖에는 충전 작업이 별 무리 없이 진행되었다. 다음날부터 악천후[61]가 계속되었다. 모두가 초조한 상태로 10월 말까지 대기했고, 섬 사이를 오가던 고정익 항공기의 비행 활동도 발이 묶였다. 대책반에는 다행히 헬리콥터가 있었다.

목표 마감일 며칠 전에 C-124 수송기가 1차에 장착될 TX-V 분열 폭탄의 새 코어를 싣고 로스앨러모스에서 날아왔다. 애그뉴가 기억하는 바에 따르면, 소시지에 들어갈 1차의 코어를 바꾸자고 맨 처음 제안한 사람은 마셜 로젠블러스였다.

> 마이크 시험을 살려낸 것은 마셜일 겁니다. 나라 밖 망망대해에 있어서 좋았던 것은 잘 먹었다는 것이죠. 그들은 연구원과 작업자들을 즐겁게 해 주는 방법을 알았습니다. 일주일에 다섯 번 정도 술이 나왔고, 음식도 아주 좋았어요. 새우랑 고기 같은 것들요. 건설 작업을 하는 인부들이었기 때문에 음식이 좋아야 했죠. 영화도 빼놓을 수 없었습니다. 아이스크림, 아이스크림도요. 하루는 저녁에 새우가 나왔는데, 마셜이 과식을 하고 말았죠. 그는 잠을 못 이뤘고, 시험과 관련해 이런저런 생각을 했습니다. 그는 우리가 사용하려던 코어가 조발하기 쉬우며, 따라서 바꿔야 함을 깨달았어요. 제 기억에, 그는 카슨에게 이 사실을 알렸고, 재검토가 신속하게 이루어졌습니다.[62]

마이크 시험을 구한 복통은 8월에 일어났음이 틀림없다. 코어 교체 이야기가 처음 나온 게 8월이라고 마크는 회고했다. "코어가 조발(전단 폭발)해, 적당한 출력을 내지 못할 가능성을 줄여야 했죠."[63] 교체된 코어는 로스앨러모스에서 제작된[64] 공극형 복합 모델로, 기존의 것보다 우라늄은 더 많이, 플루토늄은 더 적게 들어갔다. 새 코어는 최대 압축 상태에 도달하기 전까지는 연쇄 반응을 할 가능성이 낮았고, 그래서 더 효율적으로 반응할 터였다.[65] 미심쩍은 코어보다 2차에 엑스선을 더 많이 복사해 주는 것이다.

마이크가 낼 것으로 예상된 출력 추정치는 그 폭이 대단히 넓었고, 지상 대책반 전원이 환초에서 선상으로 이동했다.[66] 이것은 실행 계획이 대단히 복잡한 작업으로, 절묘한 솜씨가 필요했다. 사람들은 맡은 바 준비 작업을 마치는 족족 짐을 싸서 바다로 나아갔다. 과학자들은 마이크를 그냥 내버려두는 시간을 최대한 짧게 하고 싶었고, 마지막으로 섬을 떠났다. 그중에서도 마지막으로 섬을 떠난 것은 폭발 준비조였다. 그들이 소속된 미국 해군 함선 에스테스(Estes) 호의 폭발 통제반이 텔레비전 영상으로 마이크를 확인한 후, 무선 신호로 장치를 작동시킨다. 그 전에 웩슬러 팀이 운반 듀어에 남은 액체 수소를 버려야 했다.

액체 수소를 어떻게 버리냐고요? 태우면 되죠. 어떻게 태우냐고요? 먼저 압력을 낮춰 증기로 만듭니다. 그 다음에 분사구를 열고 적당한 압력으로 내보내면서 불을 붙이는 거죠. 우리는 빗자루를 썼습니다. 흔히 보는 밀짚 빗자루 있잖아요. 빗자루에 불을 붙인 다음 빠져나오는 기체에 갖다 대는 거죠. 그렇게 해서 액체 수소 수천 리터를 태웠습니다. 엄청난 양의 에너지에요. 일단 연소하기 시작하면, 그리고 연소를 해도 증기의 흔적은 안 보입니다. 공기에서 수증기가 응결할 뿐이죠. 아무것도 없어요. 소리는 시끄럽습니다. 대형 발염 장치 같은 소리가 나지만 보이지는 않죠. 공기 중에 먼지가 있으면 너울거리는 파형이 약간 보이기는 합니다. 하지만 불꽃은 안 보이죠. 현장을 떠나 배에 타야 하는 날 남은 액체 수소를 태우는데, 재미있었습니다. 그런 듀어 2개가 덩그러니 놓여 있었고, 쉭쉭거리면서 탔죠. 보이지는 않았지만요. 그냥 웅웅거리는 소리가 났고, 제비갈매기들만 주위를 날았습니다. 녀석들이 30미터 상공쯤을 날았는데 보이지는 않지만 수직으로 불꽃이 치솟는 지점을 통과하다가 깜짝 놀라더군요. 아마도 꼬리깃이 그을려 탄 이야기를 서로 주고받았을 겁니다. 남의 구두에 몰래 성냥을 끼워 두었다가 불붙게 하는 장난 같은 거였죠.[67]

웩슬러는 이렇게 회고한다. 우리는 마이크의 2차에 액체 중수소를 채운 후 "2~3일 정도 기다리면서 모든 게 안정적인지 확인했습니다."[68] 조립 공정의 마지막 절차는 1차의 새 코어를 끼워넣는 것이었다. 책임자는 라이머 슈라이버였다. 그는 들뜬 어조로 이렇게 회고했다. "그들은 뭘 해야 하는지 알고 있었습니다. 저는 정신적 지지를 제공했죠." 마이크는 케이스 맨 위쪽 근처에 맨홀이 있었다. "맨홀을 통해 장전을 했습니다." 1차는 10월 31일 오후에 조립되었다. "그러고는 마이크 장치를 단단히 잠갔습니다."[69] 마지막 액체 수소 듀어가 그날 밤 9시 30분 환류 냉각기에 장착되었다. 폭발팀이 자정 직후, 그러니까 1952년 11월 1일 오전 점검을 완료하고, 에스테스 호에 승선했다. 에스테스 호는 오전 3시 15분 에니웨톡의 환초호를 벗어나, 환초의 남쪽 테두리 바깥 16킬로미터 지점으로 이동했다.[70] 제로 지점으로부터 48킬로미터 떨어진 위치였다. 10월 31일 그럭저럭 순조로웠던 바람[71]이 자정 무렵 남풍으로 바뀌었다. 시험을 하기에 이상적인 조건이었다. 남풍을 타고 낙진이 제로 지점에서 북쪽으로, 곧 태평양상의 인구 희박 지역으로 날아갈 것이기 때문이다.

원시적이지만 당시로서는 최신식이기도 했던 텔레비전 카메라 2대가 마이크의 시스템을 점검[72]하는 계측 장비들, 즉 모니터의 문자반, 타이밍 신호와 발사 가부 표시기를 촬영한 영상을 에스테스 호 선상의 통제실[72]로 보내왔다. 웩슬러는 이렇게 회고한다. "그날 밤 내내 거기 앉아서 망할 계기들을 쳐다보았습니다. 필기를 하면서 말이죠. 사전에 표를 여러 개 만들었어요. 압력 균형이 어떻게 될지, 그것과 온도와의 관계는 어떤지, 사태 전반의 추이에 관한 표들이었죠. 우리는 진행 상황이 어떻게 되었으면 하는 바람이 있었고, 일탈과 편차가 언제 지나치게 나타날지도 알았습니다. 아무것도 안 움직였죠. 한참을 보고 있으면 봐도 제대로 안 보이잖아요. 포말이 약간 생길지도 모른다는 이야기가 많이 나왔습니다. 그랬다면 포말이 얼마나 클지 알아야 했어요. 그게 출력에 영향을 미칠 수도 있었기 때문이죠. 하지만 그날 밤 상황을 최대한 정확하게 말해 보면 (2차는) 완벽했어요. 더할 나위 없이 완벽했죠. 모든 게 예상한 대로 작동했습니다."[73]

마이크 시험을 개시한 시간(H-hour)은 오전 7시 15분이었다. 현지 시각으로 11월 1일이었고, 미국은 10월 31일이었다.[74] 금속 용기를 매단 B-29, 사진기를 장착한 C-54, 각종 관측 장비를 탑재한 B-47과 B-36이 이미 그 전부터 제로 지점을 중심으로 방위를 설정하고, 사전에 정해진 항로를 고도 3,000~1만 2000미터 상공에서 선회하고 있었다. 모토롤라가 제작한 250와트짜리 통신 회로 3대가 각각 따로 설치되어, 정해진 프로토콜에 따라 타이밍 신호를 전달했다. 자동 순서 타이머의 시작 및 비상 정지 신호가 에스테스 호와 엘루겔랍 사이에서 오갔다는 이야기이다. 자동 카운트다운은 개시 시간 15분 전에 시작되었다. F-84 제트기 2대가 폭발 개시 시간 2분 전에 1만 2000미터 상공으로 날아올라 자리를 잡았다. 마이크가 발생시키는 구름의 측면에서 시료를 채취하기 위한 것이었다. 1분 전. 선박들의 확성기가 군인과 민간인 수천 명에게 일제히 고밀도 고글을 착용하거나 고개를 돌리고 눈을 가리라고 안내했다. 에스테스 호 선상에서 순간적으로 전기 고장이 일어나는 바람에 0.5초가 날아가 버렸다. 간담이 서늘해지는 순간이었다. 그래도 마이크는 터졌다. 1952년 11월 1일 07시 14분 59.4±0.2초였다.

에스테스 호의 통제실에서 무선 신호가 마이크에 가 닿았다. 마이크 내부의 1차 요소에 있는 축전기들은 이미 잔뜩 충전된 상태였고, 1차를 둘러싼 전선으로 전기를 흘려보냈다. 1차의 고폭약 껍질에 삽입된 92개의 전기 기폭 장치로 고전압 전류가 동시에 유입되었다. (마이크는 1차 요소의 기폭 장치 수가 늘어났고, 두툼한 고폭약 렌즈를 사용하지 않고도 내파가 가능해졌다. TX-V를 더 작고, 복사선을 더 잘 투과하도록 만들 수 있었던 한 방법이다.) 92개의 기폭 장치 전부가 마이크로초 수준의 동시성 속에서 터졌다. 개별 기폭 장치에서 폭발 파동이 퍼져 나가며, 다른 파동과 만났고, 내향 집중되었다. 폭약의 충격파가 알루미늄 푸셔를 기화시키면서 뚫고 들어갔다. 푸셔가 급격한 속도로 내폭했고, 다음 순서는 고체 우라늄 탬퍼였다. 탬퍼 역시 차례로 액화, 기화되었다. 이 물질이 코어의 우라늄 껍질에 가 닿았다. 우라늄 껍질이 공극을 가로질러 급격히 내향해 플루토늄 공을 두드렸다. 플루토늄 공은 내폭 충격을 얻어맞았고, 조립물 한가운데 떠 있던 고슴도치(성게)형 기폭제도 짜부라졌다. 압축 상태가 최대에 이른 그 순간 기화된 우라늄과 플루토늄이 초임계 상태에 도달했고, 고슴도치형 베릴륨 껍질에서 먼로 효과가 최고조에 이르러 형성된 충격파가 껍질을 통과했다. 내부의 베릴륨 공에 도포된 폴로늄과 베릴륨이 그렇게 해서 섞였다. 방사성 폴로늄에서 나온 알파 입자들이 베릴륨을 두드려 중성자를 6개씩 꺼냈다. 튀어나온 중성자는 주변에 있는 초임계 상태의 우라늄과 플루토늄을 두들겼다. 연쇄 반응이 시작되었다.

100만분의 몇초 동안 연쇄 반응이 80단계를 경과하면 태양의 중심보다 더 뜨거운 핵분열 화구가 맹렬하게 타오르면서 엑스선이 나온다. 그 엑스선이 1차 덩어리 전체를 탈출했다. 마이크의 2차 덩어리를 격리하던 폭풍막이가 제거되었다. 엑스선이 마이크 케이스 내부의 원통형 복사 도관을 사태처럼 몰아쳤다. 복사선은 순식간에 두꺼운 폴리에틸렌 내피에 침투했다. 폴리에틸렌이 가열되어 플라스마 상태로 바뀌었다. 플라스마는 엑스선을 재복사했고, 엑스선은 사방에서 동시에 우라늄 푸셔의 표면으로 내향했다. 우라늄 푸셔가 가열되어, 즉시 제거되었다. 그렇게 제거된 표면이 푸셔를 강하게 내폭시켰다. 액화, 기화를 거쳤음에도 불구하고 말이다. 엄청난 내향 압력이 집중되면서 첫 번째 진공 간격이 좁아졌다. 부동성 복사열 차폐판이 압축되었고, 다음번 진공 간격이 찌그러졌다. 외곽 및 내부 듀어가 압축되었다. 드디어 심부의 차가운 액체 중수소와 만난 것이다. 중수소가 안으로 압축되면서, 열을 받기 시작했다. 압력파는 중수소를 열핵 반응 온도까지 가열하면서 2차의 장축을 따라 집중되었다. 거기에 분열 점화 플러그가 있었다. 점화 플러그의 원통형 시스템이 내파되었고, 제2차 분열 폭발이 압축된 삼중 수소 기체의 융합 반응에서 나온 고에너지 중성자로 증강되었다.

이 모든 절차가 몇마이크로초 사이에 진행되었고, 마이크는 열핵 연소를 시작했다. 분열하는 점화 플러그에서 나온 복사 엑스선이 탈출하면서 압축된 중수소를 한계까지 가열했다. 중수소 원자핵들의 열운동이 증가했고, 정전기 척력의 장벽을 돌파하는 수준까지 서로를 밀어붙였다. 원자핵들이 강한 핵력의 범위 안으로까지 밀착했다. 융합 반응이 시작되었다. 일부는 융합해 헬륨 원자핵(알파 입자)이 되면서, 중성자를 1개씩 내놓았다. 알파 입자와 이 중성자는 3.27메가전자볼트의 에너지를 공유한다. 튀어나온 중성자는 융합 중인 중양자를 돌파 탈출했다. 하지만 양으로 대전된 알파 입자는 자기 에너지를 고온의 중수소로 방사했고, 중수소는 더 한층 가열되었다.

또 다른 일부 중수소 원자핵은 융합해서 삼중 수소 원자핵이 되었고, 여기에서는 양성자가 나왔다. 삼중 양자와 양성자는 4.03메가전자볼트의 에너지를 공유한다. 양으로 대전된 양성자는 중수소에 에너지를 추가로 보탰다. 삼중 수소의 원자핵인 삼중 양자는 계속해서 또 다른 중수소 원자핵, 곧 중양자와 융합해 알파 입자가 되면서 동시에 고에너지 중성자를 내놓았다. 알파 입자와 중성자는 17.59메가전자볼트를 공유했다. 이 반응으로 탄생한 14메가전자볼트의 중성자들이 고온, 고압의 중수소 플라스마 상태를 탈출해, 기화된 우라늄 푸셔의 우라늄 238 원자핵들과 만났다. 우라늄 238은 1메가전자볼트 이상의 에너지를 가진 중성자와 만나면 분열한다. 중성자 포격이 극심했으므로 우라늄 푸셔의 우라늄 238이 분열하기 시작했다. 엑스선의 추가 사태가 일어나 외부로부터 중수소에 되먹임되었다. 바로 그때 안에서는 점화 플러그가 분열하면서 엑스선이 복사되었다. 이것은 고온과 고압이 격동하는 2개의 벽 사이에 중수소가 갇힌 상황이나 마찬가지였다. 중수소로 증식된 삼중 수소는 삼중 수소와도 융합했다. 거기에서는 헬륨 원자핵 하나와 중성자 2개가 나왔다. (에너지는 11.27메가전자볼트를 공유했다.) 확률은 더 낮지만 중수소는 중성자를 포획해 삼중 수소를 증식하기도 했다. 중수소로 증식된 헬륨은 중수소와 융합해 무거운 헬륨과 고에너지 양성자를 만들거나, 중성자를 포획해 삼중 수소와 양성자를 증식했다. 이 모든 반응이 마이크의 폭발력을 증대시켰다.

2차는 감마선과 엑스선 및 탈출하는 고에너지 중성자가 펄펄 끓는 가마솥에 비유할 수 있었다. 이 폭발이 외향하면서 복사선으로 유도된 내파가 취했던 경로를 거꾸로 삼켜 버렸다. 커다란 우라늄 푸셔가 2차의 탬퍼 역할을 했던 것과 마찬가지로 납으로 안을 덧댄 두꺼운 마이크 케이스가 복잡하기 이를 데 없는 전체 폭발 과정을 돕는 탬퍼로 기능했다. 몇마이크로초 더 오래 붙잡아 줘, 연료가 반응할 시간이 더 많아진 것이다. 하지만 케이스가 그렇게 육중했음에도 불구하고 바깥 표면으로 새어나온 폭발 광선을 통해, 마이크 장치가 움직이는 것은 고사하고 심지어 부풀어 오르기도 전에 이미 폭발 전개의 양상을 알 수 있었다.

폭발이 케이스를 뚫고 나왔고, 눈이 멀 만큼 밝은 흰색 화구가 수초

1. 1차의 분열. 엑스선이 1차의 화구를 뚫고 나와, 폭풍막이를 거쳐, 복사 도관으로 유입된다.

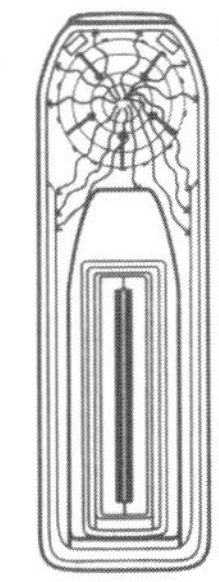

2. 1차의 엑스선이 마이크 케이스의 폴리에틸렌 내피를 기화하고, 폴리에틸렌은 가열되어 플라스마가 된다. 플라스마는 파장이 더 긴 엑스선을 재복사하고, 2차에 설치된 푸셔의 표면이 제거된다. 내폭 효과에 따라 2차가 내파된다. 중수소가 압축 가열되어 융합 반응 온도 및 압력에 도달한다. 아울러 분열 점화 플러그가 내파한다.

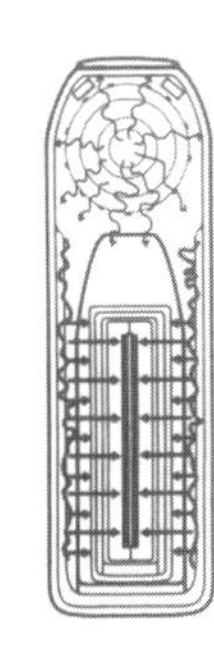

3. 점화 플러그가 분열하면서 중수소가 내부로부터 더 한층 압축 가열된다. 열핵 융합 반응이 철저하게 일어난다. 융합 반응에서 중성자가 튀어나오고, 우라늄 238 푸셔 껍질이 분열하기 시작한다. 마이크 출력의 대부분이 여기서 비롯한다.

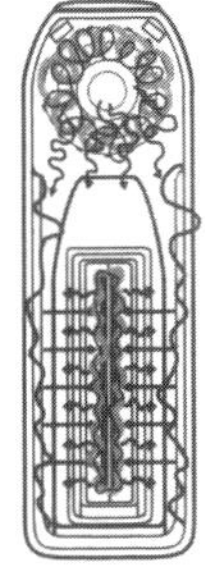

4. 화구가 케이스를 뚫고 나온다. 용기 전체가 기화하기 전 수 마이크로초 동안 광도파관(여기에는 없다.)이 열점 광도파('텔러 광선')를 내놓는다. 고속 카메라가 이를 바탕으로 폭발의 진척 상황을 측정할 수 있다.

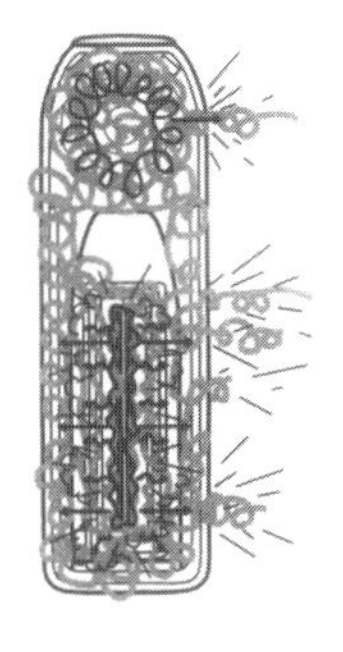

5. 마이크 장치가 완전히 기화하고, 화구는 순식간에 지름 4.8킬로미터 이상으로 확대된다. 출력: 10.4메가톤.

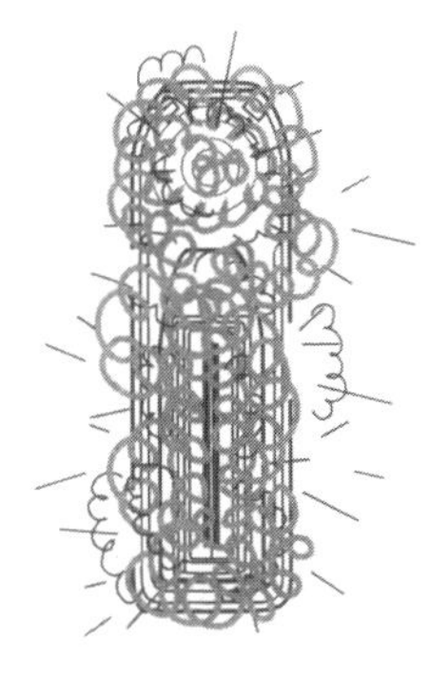

마이크의 2단계 복사 내파 과정

수소 폭탄에서 일어나는 주요 반응식

$$D + D \rightarrow {}^{3}He + n + 3.27\ MeV \quad (1)$$

$$D + D \rightarrow T + p + 4.03\ MeV \quad (2)$$

$$D + T \rightarrow {}^{4}He + n + 17.59\ MeV \quad (3)$$

$$T + T \rightarrow {}^{4}He + n + n + 11.27\ MeV \quad (4)$$

$${}^{6}Li + n \rightarrow {}^{4}He + T + 4.78\ MeV \quad (5)$$

$${}^{3}He + D \rightarrow {}^{4}He + p + 18.35\ MeV \quad (6)$$

$D = {}^{2}H$(중수소), $T = {}^{3}H$(삼중 수소)

MeV: 메가전자볼트

만에 지름 4.8킬로미터 이상(히로시마 상공의 화구는 0.16킬로미터에 불과했다.)으로 확대되었다.[75] 수평선에 걸터앉은 어두운 태양 같았다. 48킬로미터 떨어져 있던 대책반원들은 뜨거운 오븐을 연 것처럼 부풀어 오르는 열기를 느꼈다. 그 열기는 해를 입을 것 같은 느낌이 들 정도로 오래 지속되었다. 한 수병은 집에 보내는 편지에 롯(Lot, 창세기에 나오는 아브라함의 조카. 그의 아내는 소돔을 피해 나오다가 뒤돌아보아 소금 기둥이 되었다고 전해진다. ― 옮긴이)의 아내처럼 고개를 돌려 다른 곳을 보았다고 썼다. "온 세상에 불이 붙은 것 같았어요."[76] 화구는 잠시 동안 머물며 맴도는 것처럼 보였다. 그러더니 치솟기 시작했다. 로스앨러모스의 방사능 화학자 조지 코언은 독창적인 방법으로 마이크의 출력을 측정한 매우 엄밀한 인물이다. 그도 그날 거기 있었다.

> 정말 깜짝 놀랐습니다. 제 말은, 엄청 컸다는 거예요. 과연 어떤 광경이 펼쳐질지 머릿속에 그려 보려고 애썼고, 폭발의 규모를 잴 수 있는 방법을 생각해 냈습니다. 동전으로 최초의 화구를 잰 것 같아요. 동전이 화구를 가리면

출력이 어느 한계 이하일 터였습니다. 화구가 동전보다 크면 출력이 어느 기준 이상일 터였고요. 문제는, 제가 색안경을 끼고 관측했기 때문에 과연 동전으로 화구를 가릴 수 있을까 하는 거였죠. 그럴 수 없더군요. 화구가 엄청 크다는 걸 깨달았습니다. 안경을 벗어도 되자마자 벗었어요. 거대했습니다. 상상한 것보다 더 컸어요. 수평선 전체를 완전히 덮어 가린 것 같았죠. 나는 48킬로미터 떨어진 에스테스 호의 갑판에 있었고요.[77]

잠깐이었지만 마이크의 거대한 화구 속에서 우주가 만든 모든 원소가 만들어졌고,[78] 인공 원소까지 증식되었다. 물리학자 필립 모리슨은 이렇게 썼다. "우라늄 원자핵들이 수나노초 사이에 중성자들을 포획했고, 우라늄 239에서 질량수 255에 이르는 온갖 동위 원소로 바뀌어 측정할 수 있었다. 그것들은 빠르게 붕괴했고, 우라늄에서 100번 원소에 이르는 초우라늄 족으로 바뀌었다. 그 폭탄의 잔해에서 최초로 분리된 100번 원소는 페르뮴(fermium)으로 명명되었다."[79]

화구는 소용돌이치며 끓었고, 감마선으로 이온화된 빛 때문에 보라색으로 빛났다. 화구는 커졌고, 환한 버섯구름으로 바뀌었다. 널찍하고 지저분한 대(줄기)가 아래를 받쳤으며, 기부 주변으로는 물막이가 형성되었다. 솟아오른 물막이가 다시 천천히 바다로 추락하는 게 보였다. 제로 지점에서 24킬로미터 떨어져 1만 2000미터 상공을 선회하던 B-36 날개의 온도가 거의 즉시 93도까지 치솟았다. 화구 구름은 계속 커졌고 1분 30초 후 1만 7373미터 상공에 도달했다. 2분 30초 후에는 에스테스 호에서 충격파가 감지되었고, 구름은 3만 미터까지 치솟았다. 새된 소리로 충격파가 들렸고, 우르르 소리가 우레처럼 단속적으로 길게 이어졌다. 5분 후 구름은 성층권 계면에 닿았고, 퍼지기 시작했다. 구름의 상단은 지름이 43.4킬로미터, 줄기는 지름이 12.8킬로미터였다. 라이머 슈라이버는 이렇게 언급했다. "하늘을 가득 채웠어요." 그는 핵폭탄 시험을 전에도 여러 번 참관했고, 쉽게 놀라지 않는 사람이었다. "엄청났습니다. 계속해서 피어올랐죠."[80] 마이크 구름은 48킬로미터 높이의 줄기 위로 피어올라 최대폭 160킬로미터 이상의 거대한 덮개를 형성했다. 에니웨톡 상공이 흐릿해졌음은 물론이다. 방사능 진흙이 떨어졌고, 호우가 이어졌다.

엘루겔랍은 없어졌다. 화구가 섬 전체를 증발시켜 버렸다. 깊이 60미터, 지름 1.6킬로미터 이상의 둥근 분화구가 파였고, 거기에는 바닷물이 채워졌다. 얕고, 그래서 더 연한 색깔의 초호에 암청색 구멍이 파인 셈이었다. 폭발로 약 8000만 톤의 고체 물질이 기화되어 공중으로 올라갔고, 곧 전 세계에 떨어질 참이었다. 크라우스-오글 상자는 사라졌고, 보곤 벙커도 불에 타 망가졌다. 주변 섬에서 동물과 식물이 제거되었다. 새들이 공중에서 잉걸불에 노출되었다. 조사팀이 사후에 확인한 전반적인 파괴상은 다음과 같다.

> 리길리(Rigili) 섬은 마이크 시험으로 생긴 분화구에서 초호를 따라 남남서쪽으로 22.5킬로미터 떨어진 곳에 위치한 섬이다. 조사팀은 그곳에서 제로 지점과 면한 나무와 덤불이 핵융합 반응의 열로 타거나 누렇게 시들었음을 확인했다. 그곳의 제비갈매기 다수가 병증을 보였다. 일부는 땅에서 돌아다녔고 날기를 주저했으며, 깃털이 그을린 놈들도 있었다. 예를 들어, 검은제비갈매기와 검은등제비갈매기들은 깃털 색깔이 까맸다. ……
>
> (제로 지점에서 4.8킬로미터 떨어진) 엔게비 섬에 도착한 조사팀은 강화 콘크리트 건물 때문에 황량함이 더하다고 느꼈다. 폭풍과 이어진 해일로 납작해진 섬에, 건물이 부서지고 쓸려 나갔으면서도 여전히 서 있었던 것이다. 새의 사체가 보였고, 살아 있는 동물은 한 마리도 찾을 수 없었으며, 식물은 그

루터기뿐이었다. …… 표본 시료로 물고기를 모았는데, 익어 버린 것 같았다. 무슨 말인고 하니, 한쪽 껍질이 없었던 것이다. 당시의 현장 조사 보고서에는 이렇게 적혀 있다. "뜨거운 프라이팬 위에 던져진 것 같았다."[81])

F-84 시료 채취 항공기 레드 리더(Red Leader)는 머로니(Meroney) 대령이 몰았다. 레드 리더는 폭발 두 시간 후에 고도 1만 2800미터 상공에서 버섯구름의 줄기로 들어갔다. 아이비 역사가들은 이렇게 적고 있다.

레드 리더가 구름에 진입했다. 구름은 색깔이 엄청나게 강렬했다. 조종석에서 내다본 바깥은 빨갛게 빛났다. 대령의 방사능 측정 장비들이 최댓값을 기록했다. …… 인테그론(Integron) 장비의 바늘을 통해 방사능이 축적되는 속도를 알 수 있었다. "손목시계의 초침처럼 돌아갔다. …… 사실 나는 거의 안 움직일 거라고 생각했다!" 여러 계측 장비가 최고치를 가리키고, 벌겋게 달아오른 용광로 내부처럼 빨갛게 빛나는 구름은 "도저히 믿기지가 않았다." 머로니 대령은 기수를 90도 틀어, 재빨리 구름을 빠져나왔다.[82]

화구를 관측하고, 방사능을 화학 분석한 결과 마이크의 출력이 10.4메가톤으로 밝혀졌다. 지상 최초로 메가톤 급 출력의 열핵 폭발이 일어난 것이었다. 마이크 폭발의 중성자 밀도가 초신성의 1000만 배였다고 코언은 말한다. 마이크는 "그런 점에서 별보다 대단했죠."[83] 히로시마를 파괴한 우라늄 대포형 원자 폭탄 리틀 보이는 마이크보다 출력이 1,000배 약했다. 마이크는 화구 크기만으로 맨해튼을 집어삼켰다. 폭풍을 감안하면 뉴욕 시의 자치구 5개가 지워졌을 것이다. 마이크의 총출력 가운데 75퍼센트 이상인 8메가톤이 2차의 우라늄 238 푸셔가 분열하면서 나왔다. 그런 점에서 보면 마이크는 열핵 폭탄이라기보다는 지저분한 대형 분열 폭탄이었다. 마이크의 폭발 진행 순서는 분열-융합-분열로 정리되었다. 로스앨러모스는 열핵 연료를 무제한으로 태우는 방법을 고안했을 뿐만 아니라 보통의 값싼 우라늄까지 무제한으로 태울 수 있는 방법을 개발해 낸 것이다.

에드워드 텔러는 함께 어울렸던 동료들이 마이크를 터뜨리는 것을 지켜보기 위해 에니웨톡에 가지 않았다. 열핵 장치는 맨해튼 프로젝트 시절에 그와 엔리코 페르미가 고안한 것이었다. 텔러는 열핵 장치를 위해 싸웠고, 고안하기까지 했다. 그는 새로 문을 연 리버모어 무기 연구소 때문에 너무 바쁘다고 핑계를 댔다. 하지만 모두들 텔러가 억울함, 적대감, 그리고 아마 질투까지 하면서 방문을 기피하는 것이라고 짐작했다. 텔러는 로스앨러모스가 그 일을 해 내리라고 예상하지 못했다. 그러다가 텔러는 마이크가 어쩌면 성공할 수도 있음을 깨달았다. 그와 동료들은 캘리포니아에서 폭발을 탐지할 수 있는 방법을 떠올렸다. 허버트 요크는 리버모어에서 단파 라디오로 마이크 폭파를 지시하는 원격 제어 무선 주파수를 추적 감시했다. 텔러는 버클리에서 어니스트 로런스, 루이스 앨버레즈와 함께 지진계를 확인했다.[84] 세 물리학자는 시험이 성공하면서 발생할 지진파가 태평양 해역을 건너와 캘리포니아 북부에 도달하는 데 걸릴 시간을 계산했고, 지진파의 강도로 출력까지 산출해 낼 준비를 했다. 요크가 마이크 폭파를 지시하는 원격 신호를 청취했고, 즉시 텔러에게 전화를 걸었다. 텔러도 바빠졌다.

나는 캘리포니아 대학교 버클리 캠퍼스의 지질학과 건물 지하로 내려갔다. 지진계의 작은 광점이 사진 필름 위에 선을 그리고 있었다. 그 광점이 떨리면 멀리 수천 킬로미터 떨어진 에니웨톡에서 생성된 충격파가 버클리에 도달한 시간을 알 수 있을 것이다. 광점을 응시했지만 가만히 있지 않았다. 어두운 곳에서 광원을 보면 누구나 경험하는 바이지만 눈앞에서 춤을 춘다. 눈동자가 움직이기 때문이다. 나는 연필을 한 자루 가져와 지진계 옆에 고정했다. 그제야 연필 끝과 비교해 광점이 움직이지 않음을 알 수 있었다.

정확히 예상한 시간에 광점이 움직였다. 아주 미세하게 움직였기 때문에 움직였다고 내가 그냥 생각하는 것인지 아니면 실제로 움직인 것인지 확신이 안 섰다. 서성거리면서 10분을 더 기다렸다. 진짜 사건을 놓치지 말아야 했다. 나는 사진 필름 전체를 가져다 현상했다. 예측한 대로 신호가 잡혀 있었다. …… 음파가 메시지를 가지고 태평양을 건너 버클리까지 오는 데 20분이 걸렸다.[85]

지진파 기록은 커다란 폭발이 있었음을 알려 주었다. 텔러는 리버모어의 요크에게 그 소식을 전달했다. 요크는 자기가 로스앨러모스에 전화를 했다고 회고했다. 시험을 하기 이전에 로스앨러모스로 돌아온 마셜 로젠블러스는 텔러한테서 전보를 받고 다들 불만스러워하며 입을 다물었다고 회고했다.[86] 그와 다른 십수 명의 과학자는 노리스 브래드베리의 사무실에 모여서, 에니웨톡의 보안 장교들이 최초 보고를 해 주기를 초조하게 기다리고 있었다. 텔러가 좋은 소식을 전달하면서도 수소 폭탄의 창안자는 자기라고 주장했던 것이다. "마이크는 내 새끼요."[87]

요크는 다단 방식 열핵 폭탄이 사상 최초로 성공했음을 즉시 깨달았다. 그와 함께 "세계사의 과정이 급격하게 틀어졌죠. 전보다 더 위험해진 것입니다. 분열 폭탄은 매우 파괴적이어도 위력이 제한되어 있었죠. 하지만 이제 우린 그 한계조차 걷어 내고 위력이 무한대인 폭탄을 만들 수 있게 된 것입니다."[88] 스타니스와프 울람의 말이 맞았다. 연초의 그날 이상한 표정으로 바깥 정원을 응시하며 울람이 내뱉은 생각 말이다. 울람이 최초로 고안한 기획은 완전히 다른 것이었다. 그것을 에드워드 텔러가 개량했고, 카슨 마크와 마셜 할러웨이의 판다 위원회가 탁월한 메커니즘으로 구현했다. 역사의 진로가 바뀔 터였다. 하지만 미국이 결정적 우위에 서는 방향으로는 아니었다. 수소 폭탄 주창자들은 그러기를 바랐지만 그건 몽상일 뿐이었다.

25장

보복 능력

라브렌티 베리야의 핵개발 군도가 번영 중이었다. 성공을 거두자, 물리학자들은 상당한 자율성을 누렸다. 확실히 그들은 비위를 맞춰 줄 만한 값어치 있는 상품이었다. 이고리 탐은 사로프에서 금지된 BBC 방송을 청취했고, 그렇게 들은 소식을 아침 식사를 하면서 안드레이 사하로프에게 알려 주었다. 야코프 젤도비치는 시리아예바(Shiryaeva)라는 수용소 구역 화가와 연애를 시작했다. 그녀는 소련을 중상 모략했다는 혐의로 체포되었는데, 놀랍게도 고발자가 남편이었다. 시리아예바 덕택에 사로프 극장, VIP 식당, 관리자 사옥의 분위기가 한결 밝아졌다. 그녀의 벽화가 이 시설들을 장식했다. 사하로프는 이렇게 회고한다. "저녁에 일을 마치고 숙소로 돌아가던 길이었다. 젤도비치가 눈에 들어왔다. 달이 떴고, (사로프 수도원의) 종탑이 호텔 앞 광장에 기다란 그림자를 드리우고 있었다. 젤도비치는 걷고 있었는데, 골똘히 생각하는 것 같았다. 뭐랄까, 얼굴이 환하게 빛났다. 그가 나를 알아보더니 이렇게 말했다. '내 마음에 사랑의 감정이 자리하고 있다는 걸 누가 알겠나?'"[1]

빅토르 아담스키는 모스크바 대학교를 졸업한 1950년 사로프로 발령을 받았다. 그는 아직 젊었지만 이미 통찰력 있는 실험 물리학자였다. 아담스키는 이렇게 회고한다. "사로프가 어딘지도 몰랐습니다. 하지만 연구하기에 좋은 곳이라는 소문은 돌았죠. 거기 가면 수소 폭탄을 연구해야 하리라는 것을 직감했습니다. 호텔이 좋았죠. 우리는 방을 나눠 썼습니다. 두 사람에 방 하나씩이었죠. 1월에 도착했는데, 3월에 아파트 공사가 완료되었고, 저도 하나를 배정받았습니다. 친구들인 이고리 탐, 유리 로마노프, 사하로프는 작았지만 단독 주택을 할당받았어요. 그들은 저를 받아들였습니다. 그래서 탐과 로마노프와 저는 한 집에 살았습니다. 사하로프는 가족이 딸려 있었고, 그래서 오두막을 통째로 써야 했죠." 아담스키는 그 비밀 연구소에서 일종의 평등한 동료 의식을 느꼈다. "열정이 있었습니다. 열심히 연구했죠. 책임과 의무를 다한다고 생각했어요. 재미있는 물리학이었습니다." 사로프 도서관은《원자 과학자 회보》를 구독했다. 실라르드 레오가 창간을 주도한 저널로, 소식과 의견을 실었고, 시카고에서 발행되던 것이었다. "《원자 과학자 회보》를 상당히 흥미롭게 읽었습니다. 과학자들의 토론이 재미있었어요. 윤리적, 사회적 쟁점 말입니다. 우리는 그 잡지를 통해 미국 과학자들에 대한 이미지를 얻었죠. 그들도 인간이라는 걸 느낄 수 있었어요. 글렌 시보그나 실라르드 같은 사람들요. 실라르드야말로 인류애를 선도하는 양심이라고 생각했습니다."[2]

이론 물리학자 V. I. 리투스(V. I. Ritus)는 1951년 사로프로 왔고, 사하로프의 환영을 받았다. 리투스는 이렇게 회고한다. "안드레이 드미트리예비치가 밝게 웃으며 사무실에서 나왔다. 우리는 정력적으로 악수를 나눴다. …… (그가) 나를 칠판 앞으로 데려갔다. 왼손으로 분필을 집은 그가, '시설은 다음과 같은 방식으로 조직되어 있다.'라며 커다란 원을 그렸다. 나는 독창적인 천재라고 생각했다. 단지의 짜임새를 내게 알려 주려는 것 같았다. 효율을 위해 중심 대칭성 다이어그램을 그리는 것이라고 생각했다. 물론 나는 단지의 실상이 그렇지 않음을 이미 알고 있었다. 길을 걸어 보았던 것이다. 안드레이 드미트리예비치는 더 작은 동심원을 그렸고, 이야기를 몇 마디 더 했다. …… 얼마 후에야 나는 비로소 그가 완전히 다른 이야기를 하고 있음을 깨달았다. 그가 하고 있던 건 수소 폭탄 이야기였다."[3]

사로프를 떠나 휴가를 보내는 일이 매우 어려웠다고 실험 물리학자 알렉산드르 파블로프스키(Alexander I. Pavlovsky)는 회고했다. "우리는 젊었고, 삶은 놀라운 것들로 가득했죠. …… 우리는 엄청나게 읽었고, 친구들과 어울려 밖으로 뛰쳐나갔으며, 연구했고, 스포츠 활동도 즐겼어요. 하루에 12시간씩 일하고, 24시간 내내 밤낮으로 매어 있기도 했지만 다른 것도 많이 했죠. …… 여름철 일요일에는 시간이 좀 남았습니다. 우리는 대부분 운동장으로 갔고, 부서별로 시합을 했죠."[4] 사하로프의 회고도 들어보자. "스키를 탔고 등산도 했다. 여름에는 수영도 즐겼다."[5] 그는 이렇게 말을 맺었다. 사로프는 "하나의 커다란 마을이었다."[6]

동쪽으로 첼랴빈스크 상황도 보자. 계속 인용한 그 징집병은 이제 테차 접근을 허락받았다. 그는 테차를 "연구 단지"라고 불렀다. 그의 회고담은 이렇게 이어진다. "현지의 젊은이들과 알고 지냈습니다. 대부분이 젊은 여자들이었죠. 나이가 나이니까요." 그는 그 구역 내의 이웃한 민간인 지구에도 접근할 수 있었다. 거기에는 영화관이 있었다고 한다. 베리야는 선고 형량을 2년 감형해 주는 방식으로 핵개발 군도의 사기를 진작했다. (물론 "과업이 훌륭하게 완성되었다는 전제" 아래에서였다고 징집병은 단서를 달았다.) 그러나 비밀이 엄수되어야 했고, 누구도 수용소를 떠날 수는 없었다. 첼랴빈스크의 경우 철조망 내의 민간인 구역이 점점 커졌다. 석방된 죄수들, 군인 연금 생활자들, 사업에 동원되었던 민간인들을 수용하려면 어쩔 수 없었다. 전역 군인의 회고 내용은 쓰라리다. "여름에는 당연하게도 카라차이 호수와 테차 강에서 수영을 했습니다. 뭐, 강둑에 경고 표지가 있기는 했지요. '수영 금지!'라고요. 하지만 왜 그랬을까요? 우리에게 강이 방사능으로 오염되었다고 알려 준 사람은 아무도 없었죠. 그 물을 마셨고, 요리하는 데도 썼어요. 한 번은 세 명인가가 호수 건너편까지 헤엄쳐서 가 보기도 했습니다. 건너편 둑에 과연 철조망이 설치되어 있는지 알아보고 싶었던 것이죠. 가엾은 사람들 같으니!"[7] 징집병은 1952년 전역했고, 죽을 때까지 비밀을 지키겠다고 서약했으며, 고향 레닌그라드로 돌아갈 수 있었다. 그는 여러 해 후 방사능 노출로 인한 만성 질병이 복합적으로 발병했지만, 정부는 끝내 보상 요구를 받아들이지 않았다. 그가 첼랴빈스크에 파견 배속되었다는 증거 기록이 전무했던 것이다.

베리야의 비위 맞추기에도 물론 한계가 있었다. 젤도비치의 연인인 벽화가 시리아예바는 동부의 내부 유형지로 쫓겨가 재정착해야 했다.[8] 그녀는 바닥 얼음 두께가 2.54센티미터나 되는 건물에서 젤도비치의 딸을 낳았다. 어느 날 사로프에 한 위원회가 도착했다. 사로프의 과학자들에게 농학자 트로핌 데니소비치 리센코(Trofim Denisovich Lysenko, 1898~1976년)의 마르크스주의적 유전 개념에 동조하도록 시키려던 것이었다. 스탈린이 리센코의 유전 개념을 지지했다. 사하로프는 멘델의 유전학을 믿는다고 피력했다. 그가 회고록에 어떻게 쓰고 있는지 보자. 위원회는 이단자 사하로프를 내버려뒀다. 그가 "사로프에서 차지하던 위상과 명성"[9] 때문이었다. 실험 물리학자 레프 알트슐러 역시 리센코의 이론을 분명한 어조로 거부했다. 하지만 그는 무사할 수 없었다. 사하로프와 동료 한 명이 보리스 반니코프의 부관 아브라미 자베냐긴에게 알트슐러의 선처를 호소했다. 사하로프는 이렇게 썼다. "대단히 똑똑한 사람입니다. 단호한 스탈린주의자이고요."[10] 자베냐긴은 알트슐러의 부서에 다시 정치 위원을 파견했다.[11] 범법자를 감시하기 위한 조치였음은 두말하면 잔소리이다.

자베냐긴 왈 알트슐러의 "난동(hooliganism)"으로 1952년 두 번째 충돌이 발생했다. 이번에는 율리 하리톤과 베리야가 맞붙었다. 알트슐러는 문화 생활과 관련해 목소리를 높였다. 반니코프가 알트슐러를 모스크바로 소환해, 직접 취조했다고, 알트슐러는 적고 있다.

> 반니코프는 내가 얼마나 나쁜 놈인지를 설명했습니다. 책상 위로 내 서류 일체가 보였죠. "너는 당 서기들도 모르는 비밀 시설에서 연구 중이다. 그런데 음악과 문학과 생물학에서 네 멋대로의 방침을 고수하고 있다. 우리가 아무한테나 하고 싶은 말을 다 하도록 허용한다면 망하고 말 것이다." 소련은 포위되어 있고, 주변 모든 나라(유럽, 미국, 중국)가 전쟁을 준비하고 있다고 했죠. 사로프 관리자들 중 한 명은 한 회합에서 이렇게 선언하기도 했습니다. "언젠가는 전쟁을 하게 될 겁니다. 그때 우리가 개발한 폭탄으로 적을, 미국을 무찌릅시다." 스탈린이 사망한 후에도 우리는 계속 이런 분위기에서 생활했습니다.[12]

알트슐러는 유배형에 처해질 것이라는 위협을 받았다. 율리 하리톤이 베리야에게 전화를 걸어, 그를 빼 달라고 요청했다. 사로프의 그 과학 책임자는 "베리야에게 직접 전화를 걸었고, 프로젝트에 알트슐러가 꼭 필요하다고 말했다." 하리톤과 유리 스미르노프의 보고는 이렇게 이어진다. "베리야가 한참을 가만히 있더니 질문을 하나 던졌다. '정말 그 놈이 많이 필요한가?' 확실하다는 대답을 듣고서 베리야는 이렇게 대꾸했다. '좋소.' 그러고는 전화가 끊겼다. 알트슐러 사건은 그렇게 일단락되었다."[13]

베리야가 얼마나 잔혹했는지를 알려면 하리톤이 당시를 회고하면서 떠올린 한 사건만으로도 충분할 것이다.

> 베리야는 최초의 열핵 폭탄 시험 장소를 준비하는 문제로 크렘린의 집무실에 30명가량을 불러들였다. 보고서를 작성한 사람들이 장비를 어디에 두고, 어떤 종류의 구조물을 세우며, 어떤 실험 동물을 현장에 어떻게 배치할 것인지를 설명하는 중이었다. 물론 폭풍 효과를 알아보기 위한 것이었다. 별안간 베리야가 격분했다. 화가 나서 보고를 중단시킨 그는 설명하던 사람들에게 답하기 쉽지 않은 이상한 질문을 쏟아냈다.
>
> 결국 베리야는 이성을 잃고 말았다. 그는 이렇게 빽빽거렸다. "내가 직접 명령하겠다!" 그러더니 얼토당토않은 소리를 해대기 시작했다. 최대한의 공포를 자아내려면 시험 현장의 모든 것을 완전히 파괴해야 한다는 게 험악한 독백의 요지였다.

하리톤은 그 에피소드를 이렇게 끝맺고 있다. "회의를 마치고 나오는 참가자들의 기분은 음울하기만 했다."[14]

소련도 이제 기체 확산 공장과 삼중 수소 생산용 중수로를 갖추었다. (기체 확산 공장은 우라늄 235를 매일 킬로그램 단위로 생산했다.) 리튬 동위 원소를 화학적으로 분리하는 공정에 문제가 발생하자, 다시 베리야의 위협이

가해졌고("감옥에 여유 공간은 많다고."[15] 베리야는 책임 장교인 내무부(MVD) 소속 장군에게 이렇게 말했다.), 레프 아르트시모비치와 함께 연구하던 물리학자 한 명[16]이 전자기 분리법을 개발했다. 그렇게 해서 사하로프의 레이어 케이크형 열핵 폭탄에 들어갈 중수소화리튬 6을 만들 수 있을 만큼 충분한 양의 리튬 6이 생산되었다. 알트슐러 연구진이 1952년 여름 설계안의 유체 역학적 변수들을 모형으로 최초 실험했다.[17]

소련 과학자들은 자명종을 만들고 있었고, 그것은 출력이 기껏해야 1메가톤 정도였다. 이것을 볼 때 베리야의 첩보 기구는 메가톤 급의 텔러-울람 기획을 알지 못했다는 게 분명하다. 소련은 마이크 시험을 접하고 깜짝 놀랐다. 파블로프스키는 이렇게 전한다. "태평양에 가서 폭발로 튀어나온 방사능 물질을 채취할 수는 없었다." 탐지 항공기나 수상 함정이나 잠수함을 동원할 수 없었던 것이다. 하지만 마이크 대책반에서 복무하다가 휴가를 나온 미국 수병들이 하와이에서 집으로 편지를 쓰거나 전화를 하는 바람에 아이비 시험 소식이 순식간에 전 세계에 퍼졌다. 사로프는 "러시아 중앙에서"[18] 채집한 눈 시료로 마이크의 낙진을 분석하려고 했다. 사하로프는 한 화학자[19]가 속이 상했던지 눈 녹은 물 농축액을 망연히 배수구에 쏟아 부었다고 회고한다. 파블로프스키는 이렇게 썼다. "우리가 추적해 냈을 수도 있는 분열 산물들, 곧 베릴륨 7과 우라늄 237은 지구를 4분의 3바퀴 돌아 소련에 도착할 때쯤이면 자연계의 기본 상태 수준으로 붕괴한다." 그는 더 중요한 사실도 보탰다. 마이크의 낙진을 분석하려던 시도가 "실패한 것은 한 가지 단순한 이유 때문이다. 우리는 당시에 그런 분석을 할 능력이 없었다."[20] 다른 한편으로 마이크 시험과 관련해 여러 보도가 전해졌고, 그 장치의 출력이 수 메가톤이었음이 분명해졌다. 소련 과학자들은 미국이 레이어 케이크나 자명종 방식을 뛰어넘는 돌파구를 열어젖혔음을 깨달았다. 그 깨달음이 당장은 별 소용이 없었다. 과연 그 돌파구가 무엇인지 알 수 있는 방법이 전혀 없었기 때문이다. 아무튼 소련 과학자들은 미국의 새로운 독점에 맞서 레이어 케이크 장치를 서둘러 완성해야 한다는 압박감을 느꼈다.

스탈린은 1953년 2월 28일 생의 마지막 저녁에 모스크바에서 얼마 안 떨어진 그의 다차 쿤트세보(Kuntsevo)에서 베리야, 게오르기 말렌코프, 니키타 흐루쇼프, 니콜라이 알렉산드로비치 불가닌(Nikolai Aleksandrovich Bulganin, 1895~1975년)과 식사를 했다. 73세의 소련 독재자는 어지럼증에 시달렸고, 크림 반도 휴가에서 이제 막 복귀한 상황이었다. 국방부 장관이던 불가닌이 그날 저녁 한국 전쟁의 전황을 보고했다. 그 전쟁이 교착 상태에 빠졌다는 게 요지였다. 드미트리 볼코고노프에 따르면, 스탈린은 그때 이렇게 결정했다. "내일 몰로토프에게 이렇게 지시하지. '중국과 북한에 협상에서 최대한의 성과를 얻어내라고.' 무장 충돌을 중단하도록 해야겠어."[21] 베리야는 스탈린이 자신을 상대로 모종의 음모를 꾸미는 것 같다고 의심한 유대인 의사들을 심문 조사한 내용을 보고했다. 그들 대다수가 베리야의 지하 감옥에서 미국 유대인 협회(American Jewish Joint Distribution Committee)를 위해 일한다고 자백한 상태였다. (베리야는 미국 유대인 협회를 경멸적으로 그냥 "조인트"라고 불렀다.) 베리야는 주인에게 이렇게 이야기했다. "연루 상황이 심각합니다. 당 관료와 군 장교들도 있습니다." 볼코고노프는 스탈린이 "과거 경력으로 대충 비빌 수 있다고 생각하는 지도부"를 오랫동안 신랄하게 성토했다고 적고 있다. "'그들은 잘못 알고 있는 거야.'"[22] 스탈린은 3월 1일 새벽 4시 마침내 자리를 털고 방을 나갔다. 배석했던 사람들은 크렘린의 희끄무레한 여명을 보며 집으로 돌아갔다.

스베틀라나 스탈린은 다음날인 3월 2일 프랑스 어 수업을 받던 도중 불려나와 쿤트세보로 갔다. 의사들, 간호사들, 최고 간부회 각료들이 아버지를 에워싸고 있었다. 소련 독재자는 그때 이미 의식이 없는 상태였다. 뇌졸중을 일으킨 것이다. 딸은 의사들이 손을 썼다고 적고 있다. "야단법석이었다. 목과 뒷머리에 거머리를 붙였고, 심전도를 쟀으며, 허파는 엑스선 검사도 했다. 간호사 한 명이 계속해서 주사를 놨다. …… 모두가 생명을 구하려고 동분서주했다. 하지만 더 이상은 가망이 없었다."[23] 스탈린은 3월 1일 새벽 방을 나와 홀로 처소에 들었다. 그가 쓰러졌지만 거의 자정이 될 때까지 낮 시간과 저녁 내내 지켜보는 사람이 아무도 없었다. 하인들은 호출받지 않은 상태에서 스탈린의 개인 방에 들어가는 것을 두려워했다. 그들은 그제야 비로소 지도부에 알렸다. 볼코고노프는 베리야가 3월 2일 새벽 술에 취한 상태에서 쿤트세보에 당도했다고 적었다. 그는 모두를 나가게 했다. "스탈린 동지가 편안하게 주무시고 계신다."[24]는 것이었다. 최고 간부회의 다른 성원들은 소심하게 베리야의 지시를 따랐고, 다시 한번 그들의 지도자를 저버렸다. 오전 느지막이 의사들과 함께 돌아왔던 것이다. 스베틀라나는 죽어 가던 아버지 주변에 모인 사람들을 눈여겨보았고, 베리야가 "가당찮게 행동하고 있음"을 눈치 챘다. "가장 좋을 때조차 역겹기 그지없는 그의 얼굴은 이제 격정으로 일그러져 있었다. …… 베리야는 그 위기의 순간에 정확한 수지 결산을 하기 위해 분주하게 머리를 굴렸다. 그는 교활했지만 꼭 그런 것만도 아니었다." 스탈린이 죽기까지는 며칠이 더 걸렸다. 그가 죽자, 베리야가 단 1초도 머뭇거리지 않았다고 스베틀라나는 비난한다. "베리야는 다른 사람들을 뒤로하고 쏜살 같이 복도를 뛰어갔다. 모두가 임종의 자리를 지켰다. 그러나 그 방의 침묵은 베리야의 커다란 고함소리로 산산조각 났다. 그가 '흐루스탈리오프! 내 차 대령해!'라고 외쳤을 때의 승리감은 지독히도 노골적이었다."[25]

말렌코프와 베리야가 중앙 위원회 최고 간부회(Central Committee

Presidium)를 주도적으로 장악했다. (스탈린이 죽어 가고 있을 때 말렌코프가 의장이었다.) 베리야는 스탈린 사후 몇 달에 걸쳐 자신이 이끌던 보안 기구를 새로이 내무부(MVD)로 통합했다. 신생 내무부(MVD)에는 경찰과 보안군은 물론이고 상당 규모의 군대까지 편성되었다. 베리야는 스탈린의 대규모 건설 프로젝트 일부를 중단하자고 제안했고, 유대인 의사들의 음모를 부인 기각했으며, 수용소 재소자 100만 명의 사면을 요구했다. (물론 정치범은 포함되지 않았다.) 모스크바 통신원 해리슨 에번스 솔즈베리(Harrison Evans Salisbury, 1908~1993년)는 이렇게 보고했다. "스탈린이 죽고 벌어진 가장 놀라운 일은 해빙의 징후가 급격하게 출현했다는 것이다."[26]

베리야의 유화 정책[27]은 권력을 장악하기 위한 전략이었다. 그가 성공을 거두었을 수도 있다. 하지만 그는 실수를 저지르고 말았다. 동독인들이 서독으로 탈출하는 사태를 중단시키기 위해 동독 정권을 자유화하자는 계획을 최고 간부회에 밀어붙인 것이 패착이었다. (1951년 이래 50만 명이 탈출했다.) 동독의 중앙 정치국은 1953년 6월 중순 "새로운 정책 방향"의 다수를 인가했지만 노동 규범을 완화하는 것에는 저항했다. 베리야의 동독 자유화는 미하일 세르게예비치 고르바초프(Mikhail Sergeyevich Gorbachev, 1931년~)의 자유화 정책이 30년 후 소련과 동유럽 전역에서 불러일으키게 되는 파급 효과를 낳았다. 노동자들이 가두에서 폭동을 일으켰고, 소련의 탱크가 이것을 진압했다.

동독이 큰 낭패를 당하자, 흐루쇼프가 말렌코프, 몰로토프, 불가닌, 페르부킨, 최고 간부회의 기타 성원을 규합해 베리야 축출에 나섰다. 소련 군부도 아마 흐루쇼프를 지지했을 것이다. 흐루쇼프는 모스크바 방공 부대 사령관 모스칼렌코가 이끄는 소규모 장교단을 조직했다. 거기에는 주코프 원수와 약관의 레오니트 일리치 브레주네프(Leonid Ilich Brezhnev, 1906~1982년)도 끼어 있었다. 흐루쇼프는 6월 26일 그들을 말렌코프의 집무실 옆방에 몰래 배치했다. 그날 오후 최고 간부회 회의가 거기서 열릴 예정이었다. 베리야가 간편한 평상복 차림으로 도착했다. 이상한 낌새를 전혀 눈치 채지 못한 그는 경호원과 보좌관들을 로비에 남겨뒀다. 회의가 한참 진행 중일 때 흐루쇼프가 덫을 펼쳤다. 장교들이 말렌코프의 집무실로 쏟아져 들어왔다. 모스칼렌코가 베리야 체포[28]를 통지했고, 주코프가 그를 수색했다. 거사자들은 자정까지 베리야를 옆방에 억류했다. 크렘린을 경호하는 내무부(MVD) 병력을 피해야 했던 것이다. 그들은 베리야의 코안경을 빼앗아 부수고, 바지의 단추를 전부 제거했다. 만에 하나 그가 도주를 시도한다면 바지를 붙잡고 뛰어야 할 터였다. 거사자들은 자정 이후 차량 호송대에 베리야를 몰래 싣고, 레포르트토보 교도소(Lefortovo Prison)의 영창에 집어넣었다.

탱크, 무장 병력 수송차, 자주포, 오토바이가 다음 이틀 동안 모스크바 거리를 돌아다녔다. 흐루쇼프 쪽 사람들이 체포를 단행하면서 내무부(MVD)를 초토화했다. 거사 지도부는 베리야를 레포르트토보에서 아는 사람이 거의 없는 모스크바 강 인근의 한 사과 과수원 지하 벙커로 옮겼다. 베리야는 거기서 심문을 받았다. 베리야가 가혹 행위를 얼마나 당했는지를 밝혀낸 사람은 지금까지도 아무도 없다. (한 소련 자료는 그가 11일 동안 단식 투쟁을 했다고 주장하며 이렇게 논평을 달았다. "베리야는 건강 상태와 체력이 좋았고, 11일 굶었다고 해서 별다른 위해를 입지는 않았다."[29]) 최고 간부회는 여름에 중앙 위원회 청문회와 성토 대회를 열었다. 이것은 12월 베리야 재판에 대비한 조치였다.

새로 등장한 집단 지도부는 베리야의 핵개발 군도가 수소 폭탄을 개발 중이라는 사실을 확인하고 깜짝 놀랐다. 베리야가 체포되면서 말렌코프는 뱌체슬라프 말리셰프(Vyacheslav Malyshev)를 원자 폭탄 프로그램 수장으로 임명했다. 부서 이름도 중개 기계 제작 부서(Ministry of Medium

Machine Building)로 바뀌었다. 사하로프는 말리셰프를 이렇게 묘사했다. "단신이고 혈색이 좋았다."[30] 말리셰프는 제2차 세계 대전 때 무기 생산을 담당한 고위 행정 관료였다. 신임 장관은 그해 여름 중앙 위원회에 이렇게 보고했다. "문서고 조사를 시작했고, (베리야가) 중앙 위원회와 정부 몰래 다수의 중요한 결정을 내렸음도 확인했습니다."[31] 중앙 위원회 성원 수백 명이 모여서 베리야의 범죄 행각을 청취하기 전에 자베냐긴도 말리셰프의 보고가 사실임을 재차 확인했다.

> 그 이야기가 맞다는 것을 확인해 주었습니다. (스탈린 사후) 우리는 정부에 제출할 결정 사안 초안을 마련했지요. (수소 폭탄 개발을 재가해 달라는 내용이었습니다.) 보고서가 한동안 베리야의 책상에 머물렀죠. 그가 읽어 보겠다며 가져갔고요. 우리는 베리야가 말렌코프 동지와 협의하겠거니 하고 생각했습니다. 2주쯤 지났을까, 베리야가 우리를 오라고 했습니다. 그는 보고서를 살펴봤고, 크게 읽으면서 수정을 많이 가했습니다. 이윽고 끝까지 다 고쳤어요. 서명란은 각료 회의 의장 G. 말렌코프로 되어 있었습니다. 그가 그 이름을 벅벅 지우더니 이렇게 말하는 것이었어요. '이건 필요 없어.' 그러더니 자기 이름을 서명했습니다. …… 수소 폭탄 개발은 …… 세계 정치에서 가장 중요한 사건이 될 터였습니다. 그런데도 그 비열한 악당이 나서서 중앙 위원회 몰래 결정을 내린 것입니다.[32]

베리야가 최고 권좌에 오를 것을 확신했다는 게 분명하다. 그는 열핵 폭탄 시험이 준비될 1953년 8월 즈음이면 단독으로 권한을 행사할 수 있을 것으로 보았다.

☢☢☢

1953년 봄과 여름에 소련에서 격변이 일어났다면 미국도 상황이 만만치 않았다. 줄리어스 로젠버그와 에델 로젠버그의 처형 기일이 다가왔다. 1952년 3월 뉴욕의 피시언 템플(Pythian Temple)에서 지지자들의 첫 번째 대중 집회가 열린 이후 미국 전역과 유럽에서 항의 시위가 폭증했고, 로젠버그 사건은 국제적 쟁점으로 비화했다. 부부는 시민들이 두 사람의 목숨을 구해 줄 것이라고 믿었다. 줄리어스는 그해 3월 아내 에델에게 이렇게 썼다. "우리의 유일한 희망은 민중과 함께라는 것을 냉철하게 인식해야 해요."[33] 유력 좌파 주간지 《내셔널 가디언(*National Guardian*)》에 실린 일련의 기사들이 두 사람의 결백을 주장했고, 대중의 관심이 고조되면서 슬로건까지 나왔다. 즉 두 사람이 "미국 파시즘의 첫 번째 희생자들"[34]이라는 것이었다. (미국 공산당은 당시 자기들 재판이 무수히 걸려 있었고, 견해가 달랐다. 로젠버그 부부 구명 운동을 조직하던 한 작가에게 공산당 관료들은 은밀히 이렇게 말했다. "그들은 소모품입니다."[35])

로젠버그 부부는 공개 편지로 지지자들을 고무하기 시작했다. 부부가 재판 과정에서 정치 활동을 적극적으로 하지 않았다고 부인했기 때문에 자신들이 순교자라는 주장은 상당히 흥미롭다. 그들은 분리 감금되었지만 싱싱 교도소에서 이렇게 썼다. "우리도 남들처럼 평화를 원했다. 우리의 어린 두 아들이 전쟁과 죽음의 고통 속에서 살기를 바라지 않았기 때문이다. …… 우리가 지금 사형수 감방에 갇힌 것은 이런 이유 때문이다. 우리는 평범한 모든 남녀에게 경종을 울리고 싶다."[36] 에델은 더욱더 단호하게 응징을 역설하기도 했다.

두고 보자, 사악한 주구들아! 머잖아 벌벌 떠는 자신의 모습을 보게 되리라. 너희들이 우리에게 가하는 야만과 악행에는, 지금 마음껏 즐기며 가하는 야만과 악행에는 반드시 보답이 기다리고 있다. 너희는 영원히 복수에 떨어야 하리라! 대선풍이 몰아치면 너희들은 먼지처럼 사라질 것이다![37]

사건이 고등 법원에서 대법원으로 이관되자 코프먼 판사는 로젠버그 부부 처형일을 앞당겼고, 결국 집행일이 1953년 6월 19일로 결정났다. 대법원은 사건 기록 서류 이송 명령서를 발부하지 않았다. 탄원과 호소도 효과가 없었다. 소련이 서유럽에서 대규모 항의 행동을 조직했고(장 폴 사르트르(Jean-Paul Sartre, 1905~1980년)는 다가오는 처형일을 "전 국민을 피로 물들이는 사법 살인"[38]이라고 천명했다.), 소련과 동유럽의 유대인 숙청(대표적인 것이 스탈린 말년에 조작된 의사들의 음모(Doctors' Plot)이다.)은 묻혀 버렸다. 유럽 인들은 더 중한 범죄자임이 분명한 클라우스 푹스도 겨우 14년을 받았다고 주장했다. 에드거 후버는 이 문제와 관련해 미국이 "허약한"[39] 영국의 보안 규정을 따르지 않고 일을 더 잘 하는 것이라고 응수했다.

백악관 앞에서까지 시위가 벌어졌지만 드와이트 아이젠하워는 로젠버그 부부에게 관용을 베풀지 않았다. 그가 1953년 2월 11일 내놓은 성명서는 부부가 배심 재판을 받았고, 유죄가 확정되었으며, 항소가 기각되었음을 적시했다. 신임 대통령은 이렇게 이야기했다. "(로젠버그 부부가) 유죄로 확정된 범죄는 그 성격상 …… 전 국민을 배반한 것이다. 그 두 사람의 행동은 실제로도 자유의 대의를 저버렸다. 지금 이 시간에도 많은 사람이 그 자유를 위해 싸우다 죽어 나가는 중이다."[40] 아이젠하워 개인은 로젠버그 부부가 받은 사형 선고가 응징이라기보다는 냉전에 임하는 미국의 결의를 알리는 수단이라고 생각했다. 그는 예정된 사형 집행일 사흘 전에 아들 존 셸던 두드 아이젠하워(John Sheldon Doud Eisenhower, 1922~2013년)에게 보낸 편지에서 자신의 입장을 자세히 설명했다. 존은 당시 한반도에서 복무 중이었다.

사람들이 로젠버그 사건 때문에 상당히 분노하고 있다. 공산주의자들만 감형 노력을 하는 게 아니란다. 로젠버그 부부가 유죄라는 게 의심스럽다고 생각하는 정직한 시민들도 있다. 사형으로 응징하는 것이 도의적으로 문제라는 사람들도 있고. ……

한 여인이 사형으로 응징당하는데도 잠자코 있는 게 내키지는 않는다. (하지만) …… 남편의 형량은 그대로 둔 채 여자의 형량만 깎아 주면 그때부터는 소련이 그야말로 여자 스파이들만 키우겠지. ……

우리는 로젠버그 부부가 (간첩)망의 일부였다는 걸 알고 있다. 미래의 스파이 지원자들이 스파이 활동이 들통나 치르는 최악의 처벌이 단기 금고형이라고 확신하게 되면 소련의 감언이설과 뇌물이 훨씬 효력을 발휘할 것이다. ……

그런 사람들이 감옥에서 평생을 썩을 것임을 확실히 하면 감형을 요구하는 측에서 엄청난 반발과 주장이 터져 나오겠지. 하지만 두 사람이 전기 의자로 가지 않으면 연방법에 따라 15년 후 석방될 게야.[41]

백악관은 사형 집행이 예정된 마지막 주까지 수만 통의 편지를 받았다. 데이비드 그린글래스도 감옥에서 항의 시위를 벌였다. 그는 이렇게 썼다. "가족의 죽음을 껴안고 평생 살아가야만 한다. 누나가 사형당하리라는 이야기는 전혀 듣지 못했다. 그런 이야기를 들었다면 진술하지 않았을 것이다."[42]

법무부 장관 허버트 브라우넬 주니어(Herbert Brownell, Jr., 1904~1996년)는 항의 행동에 은밀히 대응했다. 교정국 국장 존 베넷(John V. Bennett)을 6월 초 싱싱 교도소로 보내, 로젠버그 부부의 협력을 종용한 것이었다. 베넷이 먼저 대화를 시도한 상대는 줄리어스였다. 다음 순서가 에델이었고, 그다음으로는 둘 모두를 함께 만났다. 그는 정보를 주면 감형을 해 주겠다고 제안했다. 그들이 아는 내용을 정부에 실토하면 고든 딘이 나서서 아이젠하워에게 탄원할 것이라고 알렸다. 줄리어스는 교정국장이 필사적이라고 판단했다. 베넷은 주고받은 대화를 나중에 이렇게 재현해 전달했다. “그러니까 베넷 씨, 당신 말은, 우리나라처럼 위대한 정부가 우리처럼 천한 사람들에게 와서 ‘협력하지 않으면 죽을 거’라고 알리고 싶은 거로군요? 몽둥이로 나를 때릴 필요까지야 없겠지만 그런 제안은 중세 시대에나 있을 법하네요. 이건 고문대 위에 올려놓고 협박하는 거나 마찬가지입니다.”[43] 에델도 줄리어스가 베넷에게 내뱉은 말을 인용하면서 담당 변호사에게 대화 내용을 전했다. 그녀가 남편의 간첩 행위와 관련해 자신의 책임을 어떻게 생각했는지 알 수 있는 드문 창문을 들여다보자. “생각해 보세요! 그게 사실이라 해도, 사실도 아니지만, 아내는 쪽지를 몇 장 타이핑했다고 해서 끔찍한 최후를 기다리고 있습니다! ‘살인보다 더 나쁜’ 극악무도한 범죄이니. 최고로 엄하게 다스려야 한다고요.”[44] 로젠버그 부부의 협력 거부는 확고부동했다.

로젠버그 변호인단 소속의 변호사 한 명이 막판인 6월 18일 코프먼 판사에게 금요일인 다음날 저녁 11시에 형을 집행하면 유대교의 안식일과 겹친다고 지적하고 나섰다. 그 변호사는 이 탄원으로 로젠버그 부부가 적어도 하루는 더 살 수 있을 것이라고 생각했다. 하지만 코프먼은 냉혹했다. 형 집행을 8시 정각으로 옮겨 버린 것이다. FBI 요원들이 뉴욕주 카이로(Cairo)에서 전기 기사로 일하는 사형 집행인을 찾아내, 얼른 업무로 복귀시켜야 했다.

FBI는 부부 가운데 둘 다 또는 하나라도 막판에 마음을 돌려 신념을 철회하기를 바랐다. 사형수동 2층에는 다시 데려가 심문할 수 있게 방도 마련해 두었다. 그들은 워싱턴과도 계속 연락을 유지했다. 로버트 램피어는 다른 동료들과 함께 워싱턴에서 상황을 예의주시했다. 그는 이렇게 적고 있다. "로젠버그 부부가 자백하기를 정말이지 간절히 바랐다. 모두가 그런 심정이었다. 하지만 그즈음에는 두 사람이 순교자가 되려 한다는 게 너무나도 명백했다. 두 사람이 철저히 함구하는 게 소련으로서도 더 낫다는 걸 망할 KGB도 잘 알았다."[45]

줄리어스 로젠버그는 오후 8시 6분에 사망했다. 에델 그린글래스 로젠버그는 매우 침착했고, 당당하게 전기 의자에 앉았다. 풀 기자 세 명이 참관했는데, 오히려 그들이 안절부절못했다. 1차로 세 번 전기 충격이 가해졌지만 그녀는 죽지 않았다. 두 번 더 충격이 가해졌고, 에델 로젠버그는 4분 50초 후에 죽었다. 의사는 그녀의 사망 시간을 8시 15분으로 확인했다. 두 건의 사형 집행 소식이 라디오 전파를 타고 방송되었다. 마치 스포츠 행사 같았다. 펜실베이니아 루이스버그(Lewisburg)에 수감 중이던 앨저 히스는 바깥 운동장에서 걷느라고 라디오 방송을 듣지 못했다.

> 형이 집행된 6월의 그 저녁은 바람이 잔잔하고, 구름 한 점 없는 날씨였다. 우리는 잘 알았다. 형이 일몰 직전으로 잡혀 있었다는 것을. 해가 졌고, 운동장이 조용해졌다. 사람들은 야구를 멈췄다. 보치(boccie, 잔디에서 하는 이탈리아식 볼링 ― 옮긴이), 핸드볼, 웨이트, 석탄재를 깔아 다진 트랙을 걷던 사람들, 줄기차게 계속되던 대화도 중단되었다. 우리는 으스스한 침묵 속에 앉거나 서 있었고, 결국 해가 사라졌다. ……
>
> 우리는 처형의 순간을 추모하고 있다고 생각했다. …… 전 세계에서 시위와 항의 행동이 벌어졌다는 걸 알고 있었다. 그 순간 그 모든 것이 헛수고로 돌아갔다. 루이스버그에서 쭉 형을 살았지만 그 일은 참으로 특별했다. 재소자들은 각자의 불행과 처지를 초월해, 그 비인도적 처사에 다같이 슬픔을 느꼈다.[46]

파리와 로마에서 대중 시위가 벌어졌다. 맨해튼의 유니언 스퀘어(Union Square)에도 추모객이 몰렸다. 램피어는 이렇게 말한다. 로젠버그 부부가 유죄라는 것을 알았지만 두 사람이 죽었을 때는 "만족감이 아니라 패배감"을 느꼈다. 그는 이렇게도 생각했다. 두 사람 사건으로 논란이 분분했고 계속되었다. "KGB는 선전 활동에서" 큰 "승리를 거머쥐었다."[47]

클라우스 푹스가 소련의 주요 스파이라는 것이 확인되었다. 푹스는 해리 골드가 연락책이었음을 인정했다. 골드는 로스앨러모스에서 근무한 징집병과 접촉했음을 먼저 실토했고, 이어서 그가 데이비드 그린글래스라고 자백했다. 데이비드 그린글래스와 루스 그린글래스도 각각 줄리어스 로젠버그의 스파이 활동 종용 사실을 진술했다. 조엘 바와 알프레드 새런트가 소련으로 도주했다. 이 모든 사실은 FBI의 풍부한 증거 기록이 믿을 만하다는 강력한 근거이다. 줄리어스 로젠버그는 적극적으로 가담한 소련 요원이었다. 에델 로젠버그는 그린글래스 부부의 진술에 기초해 공모 혐의로 유죄가 확정되었다. 그들은 구체적인 범죄 행위를 하나도 적시하지 않았다. 루스 그린글래스는 1979년 남편과 함께 로널드 라도시와 한 면담에서 그 불일치를 지적했다. 로젠버그 부부가 죽는 바람에 아들 둘이 고아로 전락했다고, 그녀는 말했다. "자식이 둘 있었어요. 시누이가 도통 모르는 어떤 것 때문에 죽어야 했을까요? 전혀 가담하지 않은 어떤 것 때문에 죽어야 했느냐는 말입니까? 아니죠."[48]

에델 로젠버그는 자신의 선택을 더 엄연하게 규정했다. 남편을 배신하고 살 것이냐, 아니면 둘 다 결백하다고 주장하면서 죽을 것이냐. 에델은 자신은 빠져나올 수도 있다는 언질이 전해지자 이렇게 썼다. "이제 내 목숨은 남편 목숨과 연동해 홍정될 것이다."[49] 그녀는 남편을 배신하고 살아남는 일은 도저히 상상할 수 없었다. "뒤도 안 돌아보고" 줄리어스가 "빠져 죽"도록 내버려 둘 수는 없었던 것이다. 에델은 그런 비극적

유산을 자식들에게 남겨 주는 일도 감히 상상할 수 없었다. "우리 자식들은 어떻게 하느냐고? 아이들은 우리의 신성한 결합을 고귀하게 증언해 주는 존재이다. 우리의 오래 참는 깊은 사랑의 결실이다. 아이들이 사랑하는 아버지의 목을 베고, 헌신하는 아내에게 영원한 공허를 안기는 '자비'는 도대체 어떤 자비인가? 뒤틀리고, 역겨운 자들이여. 시체나 좇는 당신들은 이 어여쁜 세상에서 혐오스럽기만 한 존재들이다. 당신들은 알아야 한다. 나는 당신들의 증오스러운 너그러움 속에서 부끄럽게 사느니 죽음으로써 남편을 따를 것이다."

(라브렌티 베리야는 더 비공식적으로 처형당했다.[50] 소련 최고 법원에서 특별 재판부가 구성되었고, 베리야는 1953년 12월 말 재판을 받았다. 유죄를 선고받은 베리야는 여름부터 감금되었던 지하 벙커로 돌아갔다. 파벨 표도로비치 바티츠키(Pavel Fyodorovich Batitsky, 1910~1984년) 장군이 베리야가 수감된 감옥에서 사형을 집행했다. 바티츠키의 미망인은 희생자들을 직접 고문하기를 즐겼던 베리야가 무릎을 꿇고 기면서 자비를 간청했다고 전한다. 총성과 함께 베리야의 악랄한 인생이 종말을 고했다. 시신은 현장에서 소각되었다.)

☢☢☢

과학자들은 1953년 7월 세미팔라틴스크 현장에 도착해 레이어 케이크형 열핵 폭탄 시험을 준비했다. 안드레이 사하로프는 당시를 이렇게 회고한다. "예상하지 못한 복잡한 문제가 가로놓여 있었다." 장치는 탑 위에 설치하고 실험할 예정이었다. 하지만 현지에서 발생하는 낙진을 생각해 본 사람이 아무도 없었다. 사하로프는 이렇게 설명한다. "우리가 예상한 출력의 폭발이라면 낙진이 시험 장소 훨씬 너머까지 확산될 터였다. 무고한 사람들 수천 명의 건강과 목숨이 위태로워지는 건 너무나 뻔했다."[51] 소위 블랙 북(Black Book)이라는 것이 도움이 되었다. 새뮤얼 글래스톤(Samuel Glasstone, 1897~1986년)이 쓰고, 미국 정부가 발행한 『핵무기의 영향(*The Effects of Atomic Weapons*)』이라는 책이었을 것이다. 그들의 결론은 두 가지였다. 첫째, 세미팔라틴스크 지역에서 수만 명을 이동시킨다. 둘째, 공중 투하용으로 폭탄을 재설계한다. 재설계를 하면 6개월이 지연[52] 될 것이다. (러시아는 나중에 1953년 설계안이 폭탄으로 바로 쓸 수 있는 것이었다고 주장했는데, 이 결론을 보면 그들의 주장이 사실이 아님을 알 수 있다. 아직 무기화되지 않았다는 게 분명하다.) 중개 기계 제작부장 말리셰프는 과학자들에게 계산 결과를 재검토해 보라고 몰아붙였으며, 이고리 쿠르차토프까지 전원이 공식으로 합의할 것을 요구한 다음, 내켜하지 않으면서 대규모 이동 작전을 지시했다. 이동 작전은 8월 12일 시험 전 날 저녁까지 계속되었다.

8월 8일 게오르기 말렌코프는 소련 최고 회의에서 행한 연설에서 이렇게 선언했다. "원자 폭탄 생산이라면 미국은 이미 오래전에 독점을 포기해야 했다." 그리고 덧붙인 말이 장관이었다. "미국은 수소 폭탄도 독점할 수 없게 되었다."[53]

"그 발표에 워싱턴이 대경실색했다."라고 고든 아네슨은 적었다. "우리가 운용하는 감시 체계는 …… 건진 게 아무것도 없었다. 당황스러웠다. 거짓 선전이라는 말인가?"[54] 아이젠하워가 루이스 스트로스를 원자력 위원회(AEC) 의장으로 이제 막 임명한 상황이었다. 스트로스는 말렌코프의 연설이 있기 하루 전에 대통령에게 이런 내용의 편지를 보냈다.[55] 즉 소련이 원자 폭탄을 시험한 지도 2년이나 지났고, 공산당 세력이 열핵 폭탄을 개발하고 있을지도 모른다고 언급한 것이었다.

1953년 8월 12일 오전. 사하로프는 동트기 전의 여명 속에서 시험장이 내려다보이는 언덕의 능선에 있었다. 유리 스미르노프는 이렇게 적고 있다. "함께 있던 동료는 사하로프의 심장이 마지막까지도 빠르게 뛰었다고 했다. 그리고 폭발이 일어났다. 성공했다는 게 확실했다. 두 사람은 쿠르차토프가 있는 곳으로 걸어갔다. 쿠르차토프는 관료들과 군 장교들에 둘러싸여 있었다. 쿠르차토프는 사하로프를 발견하고, 최고의 경의를 담아 90도 각도로 인사를 했다. 그러고는 이렇게 말했다. '감사합니다. 러시아를 구했어요!'"[56] 레이어 케이크 설계 폭탄은 지름이 팻 맨과 같았다. 출력은 400킬로톤으로, 이것은 소련이 전에 수행한 분열 시험 출력의 10배였다.

조 4(Joe 4)의 실체가 알려졌고, 미국의 수소 폭탄 주창자들은 이렇게 믿었을 공산이 크다. 미국이 열핵 폭탄 제작을 서둘러야 한다고 자기들이 채근해서 조국의 재앙을 막을 수 있었다고 말이다. 소련의 장치는 약간의 삼중 수소로 증강되었지만 그 출력이 500킬로톤에 못 미쳤다. 500킬로톤이라면 1952년 11월 마이크 이후 시험된 분열 폭탄 아이비 킹의 출력이다. 로스앨러모스는 조 4의 낙진을 분석했고, 소련의 그 무기가 대단히 흥미롭다는 사실을 알아냈다. 카슨 마크의 이야기를 들어보자. "역공학을 통해 조 4를 재구성하는 일에 집중했었죠. 확보한 단편적인 증거를 바탕으로 그들이 도대체 뭘 했는지 알아내야 했어요. 베테와 페르미까지 참여할 정도였으니 상당히 까다로운 과제였습니다. 두 사람 다 상당한 시간 동안 고민했고, 나머지 사람들도 회의에 회의를 거듭했죠. 우리는 조 4의 실체를 상당히 비슷하게 추정해 냈어요. 하지만 모방하고 싶지는 않았습니다."[57] 조지 코언은 조 4가 "공갈포"[58]라고 생각했다고 회고했다. 소련 놈들이 마이크에 대응하기 위해 대충 만든 뭐라는 것이었다. 베테는 분석 결과를 이렇게 회고했다. 조 4는 "고폭약으로 압축되었습니다. 우라늄과 중수소화리튬이 교대로 층을 이루었으니, 우리의 설계안인 자명종과 비슷했죠. 파괴 후의 잔해로 우리가 알아낸 건 그게 다였어요. 조 4가 1단계 장치라는 것도 분명했습니다."[59]

코언은 이렇게 말했다. "러시아 인들이 맨 처음 한 것, 영국이 맨 처음 한 것, 프랑스가 맨 처음 한 것은 사실 다 똑같았습니다. 당시라면 누구나 생각해 낼 수 있는 방식이었죠. 고폭약으로 개시하는 것 말이에요. 따라서 어떤 의미에서는 다 실패작이었습니다."[60] 허버트 요크도 이렇게 말했다. "우리는 아예 해 보지도 않았어요. (고폭약으로 개시되는) 자명종을 안 한 건 헛수고였기 때문입니다."[61] 조 4와 마이크의 결정적 차이는 열핵 연료가 아니었다. 열핵 반응에서 거의 동일한 비율의 출력을 얻었으니 그것도 차이가 아니었다.* 압축 방법이 달랐다는 것이 두 폭탄의 결정적 차이였다. 조 4는 고폭약을 썼다. 마이크는 복사선이었다. 웬만한 크기의 장치에서는 복사선으로 압축해야만 메가톤 급의 고출력을 얻을 수 있었다. (국가를 방어하기 위해 그만 한 출력이 필요한 것인지, 억지력으로 쓰기 위해 그만 한 출력이 필요한지는 별개의 사안이다.) 조 4는 공갈포 이상이었다. 하지만 출력을 두 배 이상으로 대폭 늘릴 수 있는 무기는 아니었다.

소련은 아주 제한적인 규모의 열핵 장치를 시험했고, 미국의 수소 폭탄 주창자들은 소련 과학자들이 텔러-울람 설계를 아직 모른다며 기뻐했다. 미국은 소련이 그 돌파구를 열어젖힐 때까지 핵 화력에서 압도적 우위를 유지한다. 미국의 수소 폭탄 주창자들은 그 우위가 국가 안보의 중요한 수단이라고 믿었다. 로스앨러모스는 1953년 8월경에 1954년으로 예정된 시험을 활발히 준비 중이었다. 중수소화리튬을 연료로 사용하는, 더 가벼운, 마이크의 후속 모델은 폭격기로 운반할 수 있었기 때문에 신속한 무기화가 가능했다. 비행기에 실어 무기화할 수 있는 비상용 마이크도 준비되었다. 로스앨러모스는 자신들이 성과를 낼 수 있음을 증명해 보였다. 미국의 핵무기 프로그램이 "앞서" 있다는 게 분명했

* 율리 하리톤에 따르면 조 4는 출력의 15~20퍼센트가 융합 반응에서 비롯했다. 마이크는 융합 반응에서 비롯한 출력이 전체 출력의 약 24퍼센트였다.

다. 시험을 거친 열핵 장치 고안물은 물론이고, 비축한 원자 폭탄의 수량에서도 앞서 있었던 것이다.

상원 군사 위원회 소속의 미시시피 주 상원 의원 존 코넬리우스 스테니스(John Cornelius Stennis, 1901~1995년)는 유럽, 북아프리카, 중동에 마련된 미국의 전략 공군 사령부 기지들을 순방하고서 1953년 10월 (미주리 주 출신 상원 의원) 스튜어트 시밍턴에게 미국이 핵전력에서 우위에 있음을 확인해 주었다.

> 무척 감동했고, 고무적이었습니다. 우리가 공격당할 경우 여러 전선에서 수 시간 안에 동원할 수 있는 타격력은 엄청난 규모입니다. 서류상으로만 존재하는 힘이 아니에요. 실제로 존재하며, 어느 정도는 완성된 상태이기도 하죠. …… 러시아는 적진 가까이 전진 배치된 우리 기지 셋의 저지선으로 에워싸여 있습니다. ……
>
> 우리한테 원자 폭탄이나 수소 폭탄이 떨어질 수도 있다는 최근의 언명들은 적의 능력을 과대평가한 것입니다. 다른 열강들은 폭탄이 있는데, 우리는 전혀 없는 것처럼 말하는 사람들이 있어요. 우리가 그런 공격을 받으면 참혹한 피해가 뒤따를 것임을 조금도 부인하지는 않습니다. 절대적인 방어책이 있을 수 없다는 것은 저도 압니다. 하지만 우리도 엄청난 공격력을 갖추고 있어요. 나날이 확대되고 있고요. 제 의견을 말하겠습니다. 우리한테 핵공격을 하는 나라는 선공으로 우리를 지워 버리지 못할 경우 자살을 하는 거나 다름없습니다. 물론 그건 불가능하죠. 우리의 방어 체계가 여러모로 문제가 많다고 할지라도 러시아는 훨씬 심각합니다. 미국의 공격력은 소련의 공격력보다 훨씬 우세하죠. 그들은 우리의 압도적 보복 능력을 깨닫지 않으면 안 됩니다.[62]

시밍턴은 스테니스의 편지를 커티스 르메이에게 보내며, 논평을 요구했다. 르메이는 이렇게 대꾸했고, 다음과 같은 말도 보탰다. "스테니스 상원 의원이 편지 전반에서 피력한 의견에 대체로 동의합니다. …… 현재 세력 균형은 우리에게 유리한 방향으로 기울었습니다."[63]

수소 폭탄 주창자들은 이런 의견이 매우 믿을 만했음에도 불구하고 확신하지 못했다. 미국이 위험에 처했다고 보면서, 계속해서 사보타주를 의심했던 것이다. 그 무리에 속한 사람들 중에서 적어도 과학자들은 증거를 신중하게 평가하고 가설이 반증되면 폐기하도록 훈련받은 사람들이었다. 도대체 뭐가 그토록 과학자들을 위협했길래, 그들마저 훈련받은 양식을 외면하고 입증되지 않은 신념에 투항했던 것일까?

뉴욕 주 공화당 하원 의원 윌리엄 스털링 콜(William Sterling Cole, 1904~1987년)이 브라이언 맥마흔의 뒤를 이어 합동 원자력 위원회(JCAE)를 이끌었다. 그는 1953년 11월 다수의 과학자에게 편지를 보내, 미국과 소련의 열핵 무기 프로그램을 비교 분석해 달라고 요청했다. 조 4 시험 결과는 증거로 판단하건대 안심해도 되었다. 더구나 마이크의 성공은 눈부셨다. 하지만 노이만은 소련이 열핵 무기 개발에서 미국에 얼마나 뒤졌느냐는 콜의 질의에 불안하다고 답변했다. "우리가 2년 정도 앞서 있다고 …… 더 이상 생각하지 않습니다. 1년 정도일 가능성이 더 많다고 생각합니다. 어쩌면 차이가 안 날 수도 있습니다. 어떤 분야에서는 소련이 우리를 앞섰을지도 모릅니다." 노이만은 이렇게 생각했다. "1945년부터 1949년까지는 소련과의 경쟁에서 우리가 한결같이 4년 정도 앞섰습니다. …… 내가 보기에 현 시점에서 그 차이는 1년이 채 안 될 것입니다. …… 러시아가 4년 내지 적어도 3년 정도를 따라잡은 것 같다는 이야기이지요. 하지만 이용 가능한 모든 증거에 비추어 볼 때, 소련의 과학 기술 인력은 **아직** 우리를 넘어서지 못했습니다." 소련의 산업 생산이 미국의 30퍼센트에 불과하다는 것이 노이만의 추정이었다. 그는 소련이 그만큼의 시간을 따라잡을 수 있었던 이유로 두 가지를 제시했다. 첫째, 그들은 열핵 연구를 비교적 이른 시기부터 시작했다. 둘째, "소련의 과학자, 공학자, 기술자 들은 그 능력치가 매우 높습니다. **그것**이야말로 결정적 요인이었음에 틀림없습니다."[64] 그러나 노이만은 헝가리 출신으로, 소련의 인력과 교육 수준이 서방보다 우수하지는 않다는 점을 다수의 미국 토박이보다 잘 알았다. 창의적 연구를 지속적으로 하고, 나아가 산업 능력을 배가하는 데 경찰 국가 체제가 적합하지 않다는 것도 그가 모를 리 없었다. 소련이 핵개발 프로그램을 빠른 속도로 추진하기 위해 첩보 정보가 필요했다는 사실을 떠올려 보자. 이것은 소련의 능력에 대한 노이만의 평가를 반박한다.

전략 공군 사령부가 "적의 기습 공격에 **대단히** 취약하다."라는 노이만의 믿음은 더 문제이다. "기습 공격을 당할 경우 그런 작전의 효율성이 심각하게 훼손되리라는 것을 떠올리면 무척 우울합니다. 전략 공군 사령부의 **전체** 기능과 활동이 쉽게 위험에 처할 수도 있습니다." 노이만은 전략 공군 사령부가 분산되어야 한다고, 나아가 지하에 구축해야 한다고 생각했다. 그는 정말로 미국의 도시와 산업 시설이 분권, 분산되어야 한다고 믿었다. "제가 볼 때, 우리가 할 수 있는 유일한 선택은 총체적 재난이 발생하고 엄청난 충격 속에서 어쩔 수 없이 재조정을 하느냐, 아니면 질서정연하게 계획을 세워서 하느냐뿐입니다."

존 아치볼드 휠러는 1939년 닐스 보어와 협력해 핵분열 이론을 규명한 미국의 저명한 이론 물리학자이다. 그는 핸퍼드의 플루토늄 생산로를 설계하고, 성공적으로 작동시키는 데에 중요한 역할을 했고, 로스앨러모스가 평형 열핵 폭탄의 유체 역학을 계산하는 것을 도왔으며, 당시에는 일반 자문 위원회(GAC)에 소속되어 있었다. 콜의 질의에 휠러는 노이만보다 훨씬 단호하게 답변했다. "(소련이) 열핵 무기 개발 분야에서 우리를 크게 앞질렀음을 배제할 수 있는 증거는 전혀 없습니다." 휠러는 누구를 비난해야 할지가 아주 또렷했다.

> 1950년이 아니라 1946년에 착수했다면 어땠을까요? 지금보다 4년을 앞서지 못했을 이유가 없는 것입니다. 그 4년 동안 우리의 손목을 비틀면서 말린 사람들은 여기에 답해야 합니다. 하지만 지금도 여전히 깨닫지 못하는 그들의 관성이 훨씬 염려스럽습니다. 우리가 인류 역사에서 가장 치명적이고, 중요한 군비 경쟁을 벌이고 있음을요. 우리가 얼마나 많은 노력을 기울이는지가 아니라 얼마나 안 하고 있는지를 비밀에 부쳐야 합니다. 귀하 같은 책임자가 너무 적습니다. …… 이 나라의 시민에게 우리가 뒤처질 수 있고, 그것이 위험함을 알려야 합니다. 우리의 수소 폭탄 개발 노력은 충분한가? 저는 불충분하다고 생각하고, 그것이 부끄럽습니다.[65]

로버트 오펜하이머의 뒤를 이어 일반 자문 위원회(GAC)를 이끌던 라비는 두 나라의 핵무기 프로그램 사이에 더 이상 시차는 존재하지 않는다고 생각했다. "탱크나 항공기에 시차가 있다고 말할 수 없는 것과 마찬가지입니다. 우리는 군대 내의 기획 부서가 제시한 프로그램을 독자적으로 추진하고 있습니다." 그는 이런 개별주의가 그리 위협적이지는 않다고 생각했다. 소련이 "여전히 분열 프로그램에 집중하고 있다."는 것이 분명했다. 라비는 이렇게 믿었다. "우리의 열핵 활동은 탁월합니다. 우리가 열핵 프로그램에 본격적으로 착수할 수 없었던 것은 어떻게 해야 할지 잘 몰라서였습니다. 제 판단에, 돌파구는 1950년 초에야 나왔습니다. …… 우리가 전진할 수 있었던 가장 중요한 요소 중 하나는 울람 박사의 증명이었습니다. 로스앨러모스의 울람 박사가 1946년산 계획이 과학적으로 견고하지 못함을 보였던 것입니다." 라비는 소련의 열핵 폭탄 계획은 "분열 폭탄 기술에 기반해" 진척되었다고 생각했다. 그는 식견 있는 정부 관리들은 조 4가 복사 내파 방식이 아니라 고폭약 내파 방식으로 설계되었음을 안다고 확인해 주었다.[66]

이들 모두는 핵무기의 지독한 파괴력을 당연히 잘 알았다. 스테니스, 라비, 오펜하이머는 우위를 자신했다. 노이만, 휠러, 텔러, 윌리엄 보든, 루이스 스트로스는 두려웠고, 예감이 불길했다. 이런 차이는 핵무기의 전쟁 억지력을 각기 다르게 판단했기 때문일 것이다. 오펜하이머는 1953년 여름 《포린 어페어스(*Foreign Affairs*)》에 기억할 만한 에세이를 한 편 발표했다. 그는 「핵무기와 미국의 정책(Atomic Weapons and American Policy)」에서 핵무기를 더 많이, 강력하게 만들자는 사람들을 비웃었다. "10년 후를 내다보면, 현재 소련이 우리보다 4년을 뒤져 있다는 게 그나마 작은 위안이다. 그들이 현재 우리 규모의 절반뿐이라는 사실도 약간은 위안이 될 것이다. 우리의 2만 번째 폭탄이 엄청난 전쟁에 투입될 대규모 무기고를 채우는 데에 유용할지는 모르겠지만 전략적 견지에서는 2,000번째 폭탄과 전혀 차이가 없음을 이야기하지 않을 수 없다."[67] 합동 원자력 위원회(JCAE) 사무국 직원 한 명이 미국에서 공업 생산력이 가장 큰 8개 주를 완전히 파괴하는 데 10메가톤 급 열핵 폭탄이 몇 개나 필요할지를 계산했는데, 우연하게도 그 으스스한 추정값이 오펜하이머가 제시한 숫자와 일치했다. 보고서[68]에는 뉴욕, 펜실베이니아, 오하이오, 일리노이, 캘리포니아, 뉴저지, 인디애나, 매사추세츠를 파괴하는 데 폭탄이 2,010개 필요한 것으로 나왔다. 불발과 오발을 감안해 그 숫자를 두 배로 한다고 해도 4,020개, 역시 2만보다는 2,000에 훨씬 가깝다. 그러나 존 휠러도 스털링 콜에게 답장을 할 때 오펜하이머의 에세이를 읽은 상태였다. "2만 발이 2,000발보다 나을 게 없다고 떠드는 사람은 전쟁의 역사를 읽어 보아야 합니다." 하지만 핵무기는 대포알이 아니다. 어떤 나라를 몇 번씩 파괴할 수는 없는 것이다. 더구나 총체적 파괴가 반복될 수 있는 상황에서 누가 생명과 재산을 걸고 전쟁을 도발하겠는가?

아이젠하워 대통령도 1953년 9월 국무부 장관 존 포스터 덜레스(John Foster Dulles, 1888~1959년)에게 보내는 메모[69]를 통해 같은 사안을 점검했다. "이 문제들이 근본적임을 국민에게 알리는" 방법을 논의하고 있는 것이다.

> 우리는 크렘린 인사들과 같은 사람들이 핵무기 공격을 염두에 두고 있음을 참을성 있게 알려 나가야 합니다. 그들은 이 무기들의 엄청난 파괴력을 잘 알고 있고, 게다가 정직한 집단적 노력을 통해서 국제 사회가 통제할 수 있도록 하자는 시도를 계속 거부하고 있기 때문에 공격의 가능성을 상당한 정도로 보아야 한다는 것이죠. 당연한 이야기이지만, 우리의 준비 태세 역시 기습이 이루어지는 전쟁 초기 단계에 재앙을 피하고, 그렇게 함으로써 총동원령을 발할 시간을 벌겠다는 식의 정책을 더 이상 취할 수 없습니다. 상시 준비 태세를 갖추어야 한다는 것입니다. 우리가 당할 것이라고 저들이 기대하는 것보다 더 큰 피해를 적에게 입힐 수 있는 즉각적인 반격 태세를 갖추어야 합니다. 이것이 억지력이 될 것입니다.

물론 미국은 1953년경에 이미 그 단계에 도달한 상태였다. 스테니스와 르메이의 발언을 보면 억지력이 탄탄했음을 알 수 있다. 그러나 이런 억지력에도 불구하고 갈등은 전혀 해소되지 않았다. 텔러, 보든, 기타 인사들은 핵무기를 더 강력하게 개량하고, 비축량을 늘려야 한다고 주장했다. 그들은 "팔을 비틀면서 말리는 전문가들"의 현실감 결여, 안주하는 태도, 위험한 조언, 더 은밀하게는 기만적 반역이 소련에 우위를 내주는 원인으로 작용할 수 있다며 염려했다. 즉 그들은 전쟁 수행 능력이 압도당하는 사태를 미국이 경계하지 않고 있으며, 잔혹하고 비밀스러운 경쟁자가 어려운 처지를 받아들이지도 않을 거라고 믿었다.

아이젠하워의 결론 역시 이런 논리를 쭉 밀어붙인 것이다. 그가 덜레스에게 어떻게 이야기하고 있는지 보자.

> 이것이 억지력이 될 것입니다. 하지만 이런 식으로 상대적 우위를 점하려는 경쟁이 무한정 계속되어야 한다면 그 비용 때문에라도 우리는 전쟁을 하지 않을 수 없을 것입니다. 아니면 모종의 독재 정부가 세워지겠죠. 상황이 그러하다면 우리는 미래 세대에 대한 책임을 떠올리면서 선택할 수 있는 가장 유리한 순간에 차라리 전쟁을 **벌여야만** 하는 것은 아닌지 고민하지 않을 수 없을 것입니다.

그렇게 극심한 불안은 어떻게든 완화되어야 했다. 희생양을 찾아내 도륙하는 것은 인류가 찾아낸 간편한 방법이었고 말이다.

26장

J. 로버트 오펜하이머 사안

대통령 드와이트 아이젠하워는 1953년 5월 루이스 스트로스에게 원자력 위원회(AEC) 책임자 자리를 제안했다. 금융가 스트로스는 여기에 한 가지 단서를 달고 임명을 수락하겠다고 말했다. 로버트 오펜하이머와 원자력 위원회의 "관계를 청산하겠다."[1]는 것이었다. 스트로스는 대통령에게 오펜하이머를 불신한다고 자초지종을 설명했다. 이유는 크게 두 가지였다. 하콘 슈발리에가 전쟁 때 스파이 활동을 종용하기 위해 접근한 사실을 오펜하이머가 신고하고 충분히 소명하지 않았다는 것이 첫 번째 이유였다. 둘째, 오펜하이머는 트루먼이 수소 폭탄 개발을 재가했음에도 계속해서 거기 반대했다. 스트로스는 오펜하이머가 "또 다른 푹스"[2]일지도 모른다는 자신의 생각을 아이젠하워에게 말하지는 않았다. 그는 1951년 8월만 해도 윌리엄 보든에게 그렇게 이야기했다. 그가 신중했다고 해서 태도가 바뀐 것은 전혀 아니었다. 스트로스는 그때까지도 의심스럽다고 생각되는 오펜하이머의 행동[3]을 FBI에 계속 알렸던 것이다. 스트로스는 임명에 즈음해 에드거 후버에게 이렇게 약속했다. 원자력 위원회(AEC) 위원장이 되기만 하면 오펜하이머를 쫓아내겠다고 말이다.

오펜하이머는 일반 자문 위원회(GAC)를 이미 그만둔 상황이었다. 이후의 회고처럼 시드니 사우어스가 전해에 트루먼에게 오펜하이머를 해임할 것을 권했다면 그것은 아마도 스트로스가 끼친 영향 때문이었을 것이다. 보든은 오펜하이머가 일반 자문 위원회(GAC)를 그만두기 얼마 전에 "최근의 풍문"이라며 브라이언 맥마흔에게 이렇게 보고했다. "루이스 스트로스가 대통령을 찾아가 오피를 재임명하지 말도록 촉구했다고 합니다."[4] 공군도 오펜하이머를 정부에서 배제하고자 했다. 그의 충성심을 의심했고, 본토 방어와 전술 핵무기 개발(전략 폭격과 균형을 맞추기 위한 것이었다.)을 선호하는 조언에 반대했던 것이다. 허버트 요크는 이렇게 썼다. "공군성 장관 핀레터와 호이트 밴던버그 장군은 1951년 공군 본부의 최고위 민간인 과학자 두 명에게 …… 오펜하이머와 상담하지 말고, …… 공군의 기밀 정보도 그에게 주지 말라고 직접 명령했다."[5] 보든은 1952년 맥마흔에게 이렇게 보고했다. "공군은 오펜하이머 박사를 제거하는 게 즉각적이고도 시급한 과제라고 판단하고 있습니다."[6] 스튜어트 시밍턴은 1953년 초에 빨갱이 사냥꾼인 친구 조지프 매카시에게 카리스마가 넘쳤던 오펜하이머를 조사해 보라고 부추겼다.[7] 전임 민주당 행정부도, 후속의 공화당 행정부도 계속해서 오펜하이머를 적대했다. 트루먼 행정부가 아이젠하워 행정부로 바뀌는 중에 새로 부임한 찰스 에드워드 윌슨(Charles Edward Wilson, 1886~1972년)의 국방부는 오펜하이머가 성원으로 참여하고 있던 연구 개발국을 폐지했다. 이것은 오펜하이머를 공직에서 몰아내는 조치였다. 윌슨은 1954년의 한 기자 간담회에서 이렇게 말한다. "우리는 연구 개발국 성원 전부를 낙마시켰다. 국방부로서는 그게 오피를 제거하는 가장 무리 없는 방법이었다."[8] 오펜하이머는 일반 자문위원회(GAC) 의장일 때 거의 매일 정부 고문역을 수행했다. 그러던 것이 1952년에는 원자력 위원회(AEC) 상담역[9]으로 불과 이틀 정도 일했고, 1953년에도 4일에 불과했다.

그러나 오펜하이머가 미국의 정책에 미치는 영향은 막강했고, 조국이 소련 공산주의의 치명적 위협에 노출되어 있다고 믿는 사람들은 걱정이 여전했다. 오펜하이머의 위상은 엄청났다. 그가 1953년 2월 아이젠하워까지 참석한 국가 안전 보장 회의에서 자신이 이끌던 국무부의 핵 군축 자문단이 내린 결론들을 보고한 것만 봐도 그 사실을 분명히 알 수 있다. 전문가 자문단의 결론은 미국의 핵무기와 관련해 허심탄회한 정직성을 주문했는데 스트로스는 이것에 격렬하게 반대했다. 아이젠하워가 핵군비 경쟁을 중단해야 한다는, 오펜하이머가 오랫동안 견지해 온 신념에 이끌리는 것 같다는 신호는 더욱 좋지 않았다. 스트로스가 선서를 하고 원자력 위원회(AEC) 의장으로 취임한 직후, 대통령 아이젠하워는 그를 한쪽으로 데려가 이렇게 말했다. "확실히 해 두겠네, 루이스. 나의 주된 관심사는 원자력을 운용하는 새로운 접근법을 찾아내는 것이야. 이게 자네의 첫 번째 임무일세. 세상 사람들이 핵전쟁의 참혹한 결과를 두려워하면서 계속 살게 할 수는 없네."[10] 원자력 위원회(AEC)와 군부가 오펜하이머의 조언을 거부했다면 다른 기관들과 대통령은 계속해서 오펜하이머의 조언을 따랐던 것이다. 이 자를 어떻게 해야 정부에서 완전히 제거할 수 있단 말인가? 핵무기 정책에 의견을 가지려면 기밀 정보에 접근해 열람하는 일이 결정적으로 중요했다. 라비는 이렇게 말했다. "특히나 군사 문제와 관련해 영향력을 행사하고 싶다면 정부에 내부자로 있어야 했다. 다 비밀이었기 때문에 정부의 일원이 아니면 무슨 이야기를 해야 할지 모르는 것이다."[11] 오펜하이머는 일급 기밀 취급 인가인 Q 증명을 바탕으로 자신이 하는 말의 내용을 알 수 있었다. 오펜하이머에게서 기밀 취급 인가를 박탈하면 저격하는 것만큼이나 효과적으로 그를 제거할 수 있었다. 스트로스는 당장에 오펜하이머 숙청 캠페인을 시작했다. 취임 선서 닷새 후인 7월 7일 그는 고등 연구소의 오펜하이머 집무실에 마련된 보안 금고에서 원자력 위원회(AEC)의 기밀 문서 일체를 회수해 오도록 명령했다. 보안 경비 비용을 아끼려 한다는 것이 표면상의 이유였다.

해럴드 그린(Harold Green)은 당시 원자력 위원회(AEC) 소속의 법률 대리인이었다. 그는 "산업계, 각종 재단, 교육 기관에 있는 연줄을 활용해, 숙청 대상들이 거절할 수 없는 경력 기회를 제공하는"[12] 것이 스트로스가 사람들을 정부 요직에서 쫓아낸 전형적인 방법이었다고 회고했다. 하지만 오펜하이머는 파트 타임 자문에 불과했고, 직업 경력도 이미 최정상에 자리하고 있었다. 더구나 고등 연구소 소장직은 스트로스가 주선해 준 자리였다. 오펜하이머의 영향력을 어떻게든 박살내려면 그의 비밀 취급 인가를 빼앗는 것뿐만 아니라 공개적으로 망신을 줘야 했다. 스트로스는 매카시가 준비 중이던 조사 활동을 만류했다. 공화당 지도자 로버트 알폰소 태프트(Robert Alphonso Taft, 1889~1953년)에게 매카시가 나서는 것은 "무분별할 뿐만 아니라 멍청한 짓"이라고 경고했다. 스트로스는 태프트에게 보내는 편지에서 이렇게 말했다. "매카시 위원회는 그런 조사 활동을 하기에 적합한 곳이 아닙니다. 지금이 적절한 때도 아니고요."[13] 그는 후버에게는 이렇게 말했다. "오펜하이머의 활동은 조사할 만한 가치가 있습니다. (하지만) 사전에 철저히 준비하지 않은 집단이 대충 벌여서는 절대로 안 됩니다."[14] 스트로스는 후버와 부통령 리처드 닉슨[15]의 지원을 받아 매카시를 설득해, 잠자코 있게 했다.

그동안 윌리엄 보든이 오펜하이머의 범죄 행위라고 생각하는 내용을 요약 정리하고 있었다. 브라이언 맥마흔이 사망하면서 보든의 운도 기울었다. 공화당이 합동 원자력 위원회(JCAE)를 장악했다. 합동 원자력 위원회(JCAE) 사무국 직원 존 워커(John Walker)가 프린스턴의 물리학자 존 휠러와 함께 수소 폭탄 정책과 그 진척 상황을 자세한 연대기로 작성했다. (보든이 이것을 도왔다.) 합동 원자력 위원회(JCAE)는 1953년 1월 1일 워커의 보고서를 정부 내에 회람했다. 워커는 계속해서 1월에 짧지만 자세한 보고서를 하나 또 작성했다. 클라우스 푹스가 1946년 로스앨러모스를 떠날 때까지 열핵 폭탄의 설계 원리를 얼마나 알아냈을지 고찰한 내용이었다. 워커 보고서에는 특급 기밀에 해당하는 무기 설계 정보가 담겨 있었다. 미국이 지키고자 한 가장 중요한 비밀인 복사 내파 방식을 언급한 것이다. 워커는 그 문서를 우편으로 프린스턴에 보내, 휠러의 논평을 요청했다.

휠러가 그 보고서를 바로 분실했다. 휠러는 프린스턴과 워싱턴을 오가는 야간 열차에서 보고서를 잃어버렸다고 보고했다.[16] 보든은 풀먼 차량을 철저하게 수색하도록 조치했고, 심지어 일부 차량은 해체까지 해 보았다. 그런데 보고서가 들어 있던 봉투가 나중에 프린스턴의 휠러 사무실에서 내용물이 없는 채로 나왔다. 보든은 어떻게 해서든 원자력 위원회(AEC)가 분실된 문서의 사본을 못 보게 하려고 시도했다. 결국 원자력 위원회(AEC)가 이 사실을 후버에게 알렸다. 아이젠하워도 문서 증발 소식을 보고받았다. 그는 원자력 위원회(AEC) 위원들을 잘못을 저지른 학생들마냥 세워 놓고 호되게 나무랐다. 원자력 위원들은 합동 원자력 위원회(JCAE)를 비난했다. 아이젠하워는 스파이 행위를 의심했고, 그건 닉슨도 마찬가지였다. 닉슨은 보든과 그의 사무실 인원 전원을 조사하도록 요구했다. 원자력 위원회(AEC) 변호사 해럴드 그린은 아이젠하워가 버크 히켄루퍼와 스털링 콜을 불러서, "이런 일이 다시는 일어나지 않도록 합동 원자력 위원회(JCAE) 사무국을 재조직하라고 요구했다."라고 썼다. 보든은 1953년 5월 의심을 받으며 눈 밖에 난 상태로 합동 원자력 위원회(JCAE)를 떠났다. 그린은 이렇게 말을 맺었다. "보든 축출은 아이젠하워가 직접 요구한 내용이었다."[17] (원자력 위원회(AEC)의 한 보안 관리는 보든을 이렇게 묘사했다. "보든은 내가 만난 사람 중 조심성이 가장 없는 사람이다. 그는 원자력 사업의 문외한이자 애송이였다. …… 그는 보안이라는 것에 관해 아무것도 몰랐다."[18])

보든은 나중에 원자력 위원회(AEC)에 나가 이렇게 진술했다. "여러 해 동안 생각을 거듭했고,"[19] 로버트 오펜하이머의 충성심을 의심하게 되었다고 말이다. 그는 합동 원자력 위원회(JCAE)를 떠나기 전에 다시 한번 오펜하이머 보안 파일을 살펴봤다. 그는 조사 단서의 형태로 자신의 궁금증을 이렇게 써 내려갔다. "원자력 위원회(AEC) 파일 중에, 서명된 오펜하이머의 개인 보안 설문지가 하나도 없는 이유는?" "독일 유학 시절 오펜하이머는 어떤 활동을 했는가?" "오펜하이머의 1939년부터 1942년까지의 행적은?"[20] 보든이 최종적으로 작성한 목록은 이런 질문만 500개 정도였다. 보든은 이 조사 목록이 후임에게 오펜하이머 문제를 환기시키기를 바라면서 세인트로런스 강 인근의 오지로 한 달 휴가를 떠났다. 하지만 오펜하이머에 대한 보든의 집착은 거기서 멈추지 않았다.

오펜하이머가 스파이일지도 모른다고 스트로스가 의심하는 것을 보든은 잘 알고 있었다. 33세의 그 변호사는 워싱턴을 떠나기 전 어느 날 스트로스를 찾아갔다.[21] 아이젠하워의 최고위급 원자력 고문이 자신의 노력과 활동이 유익하리라는 것을 알아주기를 바라면서였다. 하지만 스트로스는 보든을 지원하지 않았다. 보든은 7월에 피츠버그 소재 웨스팅하우스 사의 원자력 부서로 가, 부서장 보로 일할 예정이었다. 그 직책은 하이먼 조지 리코버(Hyman George Rickover, 1900~1986년) 제독이 마련해 준 자리였다. 아이젠하워가 스트로스의 조언에 따라 리코버가 항공 모함용으로 개발 중이던 선박 탑재 대형 원자로를 무효화했고, 두 사람은 반목 속에 지내고 있었다. 상황이 이렇게 복잡했고, 거기 자극받은 보든이 칩거하면서 다시 한번 "선동적인 문서"를 써야겠다는 생각을 품었음이 틀림없다. 그가 1947년 브라이언 맥마흔에게 써서, 직원으로 채용되었던 편지를 상기해 보라. 보든은 여러 해 후 역사가 그레그 허켄(Gregg Herken)에게 "오펜하이머의 반역죄를 다루는 재판정의 기소 검사"[22]로 활약하고 싶었다고 말했다. 그해 말까지 보든이 스트로스와 대화[23]를 나눈 것은, 워싱턴을 떠나면서 요청해 이뤄진 기회 딱 한 번뿐이었다. 하지만 그는 오펜하이머 고발장을 작성하기만 하면 스트로스의 지원을 얻어 낼 수 있다고 믿었음에 틀림없다. 관련 재판이 열릴 경우 누가 로버트 오펜하이머를 기소할지 정할 때 원자력 위원회(AEC) 의장의 발언권이 강한 역할을 하리라는 것은 너무 분명했기 때문이다. 보든은 10월[24]에 피츠버그에서 "생각을 명료하게 다듬었고,"[24] 에드거 후버에게 편지를 썼다.

보든이 오지에서 휴가를 보내는 동안 로젠버그 부부가 처형당했다. 그가 오펜하이머의 불충 행위를 놓고 머리를 짜내는 동안 소련은 조 4를 시험했다. 보든은 몇 달 후 한 친구에게 이렇게 썼다. "도저히 혼자만 알고 있을 수 없었고, 그래서 사실을 공개한 거야."[25] 보든은 1953년 11월 7일 그 사실을 공개했다. 맹렬한 비난의 편지[26]를 완성해, FBI의 후버에게 보통 우편으로 보낸 것이다. 편지의 긴 주장은 이렇게 요약되었다. "J. 로버트 오펜하이머가 소련의 요원이라는 것이 거의 틀림없습니다." 보든은 자신이 그 놀라운 결론에 이르게 된 수많은 "증거"를 나열했다. 오펜하이머가 1930년대와 1940년대 초에 공산당에 기부했다는 사실. 아내, 동생, 정부(情婦)가 공산당원이었다는 사실. (정부는 오펜하이머의 약혼녀였던 진 프랜시스 태틀록(Jean Frances Tatlock, 1914~1944년)을 가리킨다. 오펜하이머는 로스앨러모스 소장이 된 후인 1943년 버클리에 가서 그녀와 밤을 보냈다.) 하콘 슈발리에가 접근해 스파이 활동을 종용한 사실을 모순되게 진술한 것. "미국의 수소 폭탄 프로그램을 계속해서 방해하고 저지한" 사실. 보든이 내린 결론을 보자.

1. J. 로버트 오펜하이머는 1929년부터 1942년 중반까지 강경한 공산주의자였을 가능성이 매우 높습니다. 그는 자진해서 스파이 정보를 소련에 넘겼거나 그런 정보의 요구에 응했습니다. (그가 핵개발의 무기화 요소 및 측면을 전공으로 삼은 것 역시 소련의 지시에 따랐을 것입니다.)
2. 그때 이후 그가 첩보 요원으로 활약 중일 가능성이 매우 높습니다.
3. 그는 그때 이후로 소련의 명령에 따라 미국의 군대, 원자력, 정보, 외교 정책에 영향력을 행사하고 있을 가능성이 매우 높습니다.

후버는 전에도 이런 내용의 고발을 접한 적이 있었다. FBI는 당장에 그 내용을 이렇게 평가했다. "실제 사실보다 더 확실해 보이도록 여러 가지를 자기 입맛에 맞게 왜곡 진술했다."[27] 원자력 위원회 위원 토머스 머리(Thomas Murray)는 후버가 "보든이 왜 그런 편지를 썼는지 모르겠다는 눈치"[28]였다고 말했다. 스트로스조차 보든의 기소 내용을 11월 말에 접하고는 일을 진행하기에 앞서 슈발리에 사건을 재검토[29]하기로 했다. 그런데 국방부 장관 찰스 윌슨이 12월 1일 보든의 편지를 검토한 FBI 보고서를 보고 충격을 받고 말았다.[30] 그는 (사라진 문서와 관련해) 오펜하이머가 존 휠러와 공모 결탁했을지도 모른다며 의심했고, 오펜하이머의 비밀 정보 사용 인가를 중지시키기를 원했다. 아이젠하워는 찰스 윌슨이 그날 저녁 전화를 걸어왔다고 일기에 적었다.

> 찰스 윌슨이 FBI 보고서를 하나 읽었다고 했다. 로버트 오펜하이머 박사가 최악의 보안 위험 인물일 수도 있다는 내용이 담겨 있다고 했다. 오펜하이머가 공산당 간첩이었다고 고발하고 싶은 사람들이 일부 있는 것 같다. ……
> 그런 혐의와 비난이 사실이라면 원자 폭탄 개발의 초창기부터 전체 프로젝트의 핵심에 스파이가 암약했다는 것인데, 슬픈 일이다. …… 물론 오펜하이머 박사는 전 세계에 핵 관련 정보를 더 많이 공개해야 한다고 강력하게 촉구해 왔다.[31]

아이젠하워는 12월 3일 법무부 장관 허버트 브라우넬에게 "오펜하이머와 정부 활동의 모든 영역 사이에 벽을 세우라."라고 명령했고, "기소이든 다른 무엇이든 추가로 어떤 조치를 취할 수 있겠느냐."[32]라고 조언을 구했다. 대통령은 그날 일기에 이렇게 적었다. "이른바 '새로운' 혐의 내용은 …… 보든이라는 사람의 편지 …… 뿐이다." 그 편지에는 "새로운 증거가 거의 없"다. "그 똑같은 정보는 …… 여러 해에 걸쳐 계속 재검토하고, 재조사한 사안이다. 오펜하이머 박사의 불충을 시사하는 증거가 전혀 없다는 것이 언제나 대체적인 결론이었다." 그렇다고 이것이 "그가 보안상의 위험 인물이 아니"라는 이야기는 아니었다. 그가 보안상의 위험 인물이라면? 아이젠하워는 최악의 사태가 걱정스러웠다.

> 물론 무엇이든 할 수 있고, 뭐라도 해야 하겠지만 오펜하이머가 정말로 배신자라면 그로 인한 피해는 과거의 업적과 비교하더라도 해변의 백사장과 모

래 한 알을 비교하는 것이나 다름없다는 게 사태의 진실이다. 단순히 소 잃고 외양간 고치는 문제가 아닐 것이다. 외양간이 몽땅 타 버렸는데 문짝을 찾겠다고 법석을 떠는 꼴이 될 거라는 이야기이다.[33]

아이젠하워에게는 매카시가 보든의 고발장으로 뭔가를 할지도 모른다는 두려움도 있었다. 보든이 합동 원자력 위원회(JCAE)에도 사본을 보냈기 때문에 그 문서가 위스콘신의 상원 의원이나 그의 수석 참모 로이 콘에게 흘러 들어갈 가능성도 대통령은 염두에 둬야 했다. 브라우넬은 11월 6일까지도 트루먼 행정부를 공격했다. 엘리자베스 벤틀리가 해리 덱스터 화이트(Harry Dexter White, 1892~1948년)를 스파이라고 고발했는데도 국제 통화 기금 총재로 임명했다는 것이었다. 신임 아이젠하워 행정부에 오펜하이머라는 반역자가 들어온다면 낭패였다.

아이젠하워가 세우라고 지시한 "벽"을 어떻게 설치하느냐가 당면한 문제로 부상했다. 후버는 오펜하이머를 정부에서 조용히 지울 수 있기를 희망했다. FBI 파일에는 "대중에게 공개할 수 없는 정보가 많이" 들어 있었다. (불법적으로 취득된 정보라는 이야기였다.) 따라서 그 건이 공식화되면 오펜하이머가 "영리한 변호사를 고용해 대응하고, 결국에는 순교자가 될 수도 있다." 후버와 브라우넬은 스트로스에게 이렇게 말했다. "(오펜하이머의 비밀 정보 사용 인가를) 중단시키는 게 좋겠지만, 그 사실을 널리 알려서는 안 된다." 오펜하이머는 그때 영국에 체류하면서 BBC의 리스 강연(Reith Lecture, 당대의 주요 인사를 섭외해 매년 진행하는 BBC의 라디오 강연 — 옮긴이)을 하고 있었다. 오펜하이머가 보든이 고발했다는 소식과 자신의 Q 인가 정지 사실을 접하면 "철의 장막으로 날아가 버릴 수 있다."라는 것이 스트로스와 후버의 두려움이었다. "오펜하이머의 소련행은 가장 당혹스러운 시나리오였다. 그가 영국에서 성명서를 발표하고 미국으로 돌아와, 난리가 날 수도 있었다."[34] 아이젠하워가 벽을 세우라고 명령한 날 스트로스는 텔러에게 상황을 간략히 알리면서도 오펜하이머가 통고를 못 받는 것에는 전혀 거리낌이 없었다. 텔러는 이렇게 썼다. "스트로스는 대통령의 결정이 번복되거나 적어도 바뀌어야 한다고 열변을 토했다. 그는 오펜하이머가 제거 정리되면 사람들이 문제를 삼으면서 재앙이 일어날 것이라고 내다봤다."[35] 아이젠하워의 국가 안보 보좌관 로버트 커틀러(Robert Cutler, 1895~1974년)가 추정상의 반역자에게 직접 애국심을 호소해 보자고 제안했다. "당신이 국가를 사랑한다면 이런 상황을 받아들여 달라. 우리나라와 국가 기밀을 신랄한 진흙탕 싸움에 내팽개치지 말아 달라."[36]

스트로스가 마침내 생각해 낸 해결책(그의 법무 자문 위원의 회고에 따르면, "신이 도와서"[37])은 원자력 위원회(AEC)의 보안 절차를 따르자는 것이었다. 혐의 내용 목록을 공식적으로 제출하고, 오펜하이머에게 사임 또는 보안 청문회 요구를 선택하게 한 후, 그가 사임하기를 기대한다는 시나리오였다. 원자력 위원회(AEC)의 법률 자문 위원 윌리엄 미첼(William Mitchell)이 12월 10일 목요일 기소 내용의 초안을 작성했다. 두 명의 원자력 위원, 즉 유진 주커트와 헨리 스마이스는 오펜하이머가 수소 폭탄과 관련해 행한 일련의 조언 내용에 의문을 제기하기 위해 미첼이 준비한 초안을 강하게 비판[38]했다. 미첼은 수소 폭탄 사안을 제외할 경우 오펜하이머의 FBI 파일에서 더 이상 문제가 될 만한 쟁점을 찾을 수 없었다. 루이스 스트로스를 필두로 한 인사들이 1947년에 다 검토해서 통과시켰던 것이다. 미첼은 몸이 달았고, 금요일 오후 조수 해럴드 그린을 불러들였다. 그는 그린에게 비밀을 엄수하겠다는 서약을 시키고, 기소장을 작성하도록 했다. 원자력 위원들이 정책에 이의를 제기하는 것은 범죄가 아니기 때문에 수소 폭탄 논쟁과 관련된 기소가 포함되는 것은 원하지 않는다는 주의도 주었다.

그린은 토요일 오전 작업에 착수했고, 오펜하이머의 파일 내용에 대경실색했다. 당시 원자력 위원회(AEC)의 사무총장(general manager)로 재직 중이던 케네스 니콜스도 그건 마찬가지였다. 니콜스는 그린을 그날 자기 집무실로 두 번이나 불러들여, 오펜하이머를 성토했다. 그들이 마침내 그 "미꾸라지 같은 개자식"[39]을 잡았다며 쾌재를 부르기도 했다. 니콜스는 보안 위원회가 구성되어 이 사건을 청취할 경우 당연히 공명정대하다고 여길, 오펜하이머 재판을 나중에 방청한다. 그린은 일요일 정오쯤 31개의 기소 내용 목록을 완성한다. 그는 미첼에게 전화를 걸었고, 미첼이 그날 오후 2시에 그린을 만나러 왔다. 그린은 기다리면서 수소 폭탄 문제를 생각해 보았다. FBI가 에드워드 텔러와 비밀리에 수행한 면담 기록은 날짜가 1952년 5월로 되어 있었고, 새로운 혐의 내용이 많았다. 그린은 텔러의 주장을 바탕으로 오펜하이머의 판단이 아니라 그의 진실성에 의문을 불러일으킬 수만 있다면 해당 보고서의 내용을 활용할 수도 있겠다고 마음을 굳혔다. (즉 그린은 오펜하이머가 취한 다양한 입장과 했다고들 하는 행동을 비교해, 그것들이 보이는 외견상의 불일치를 강조하자고 제안한 것이다.) 그린은 작업에 착수했다.

FBI 앨버커키 지부는 1952년 5월 10일과 5월 27일 텔러를 면담했다.[40] 그 인터뷰는 원자력 위원회(AEC) 조사국장 케네스 피처가 사임 직후 오펜하이머가 의심스럽다고 주장한 데 따른 조치였다. 그즈음이면 텔러-울람 기획이 수용된 소시지 설계안이 착착 진행 중이었고, 다가오는 11월에 시험될 예정이었다. 그럼에도 불구하고 오펜하이머에 대한 텔러의 불평과 불만은 더욱 심해졌다. 텔러는 FBI 요원에게 오펜하이머가 1945년부터 수소 폭탄 개발에 반대했다고 일러바쳤다. 오펜하이머가 반대하지 않았다면 수소 폭탄이 1951년이나 그 이전에 완성되었을 것이라고도 했다. 오펜하이머가 1949년 10월자 일반 자문 위원회(GAC) 다수 의견을 작성했고, 위원회를 "주도했다."라는 내용도 FBI 보고서에 적혀 있다. 텔러는 부정직한 진술을 썼고, 증거도 없이 수많은 혐의를 제기했다.

> 텔러는 (오펜하이머가) 윤리적 이유를 들먹이며 수소 폭탄에 반대했고, 그로 인해 1945년부터 1950년까지 개발이 지연 또는 방해를 받았다고 주장한다. 대통령이 수소 폭탄을 만들겠다고 선언한 후에도 (오펜하이머는) 실현 가능하지 않다는 이유로 재차 반대했다. …… (오펜하이머는) 그 후 접근 방식을 바꾸었다. 개발 인력과 시설이 부족하다는 이유를 들어 수소 폭탄에 반대한 것이다. 텔러에 따르면 이것은 근거가 없는 주장이다.

텔러는 오펜하이머가 한스 베테를 설득해 수소 폭탄 프로젝트에 가담하지 못하게 했다고 비난했다. 그는 오펜하이머가 사람들에게 폭탄을 개발하지 못하게 직접 영향력을 행사하지는 "않았지만 심리 작전을 썼다."라고 말했다. 텔러는 오펜하이머가 체제 전복의 의사를 갖고 수소 폭탄 개발에 반대한 것은 아니라고 생각했다. "원자 폭탄을 개발한 자신의 업적이 수소 폭탄 개발로 묻히는 것을 보고 싶지 않다는 자만과 허영이 대표적인 이유이다. 그는 수소 폭탄이 정치적으로도 바람직하지 않다고 보고 있다. 텔러는 (오펜하이머가) 첫 번째 원자 폭탄 투하의 충격을 극복하지 못했다고도 생각했다."

텔러는 자신의 상관이기도 했던 오펜하이머의 심리 상태를 문외한임에도 불구하고 분석해 댔다.

> 텔러는 오펜하이머가 뛰어나지만 아주 복잡한 사람이라고도 말했다. 오펜하이머가 젊었을 때 육체 및 정신 질환으로 고생했는데, 그 영향이 항구적일

수도 있다는 것이었다. 오펜하이머는 과학계에서 성공하겠다는 야망이 대단한데, 바라고 원하는 만큼 대단한 물리학자가 아니라는 사실도 알고 있다고 한다.

텔러는 FBI 요원에게 이런 내밀한 내용은 기록하지 말아 달라고 요청했다. "텔러 본인이 그런 이야기를 되풀이 말한다는 사실이 오펜하이머에게 개인적으로는 아주 모욕적일 수 있었기" 때문이다.

텔러는 FBI에 오펜하이머가 충성스럽다고 단언하면서도 은연중에 문제를 삼았다. 그는 요원에게 이렇게 말했다. (FBI가 보고서를 작성하며 말을 바꿔서 3인칭 텔러가 등장한다.) "텔러는 오펜하이머를 여러모로 언급했지만 그가 미국에 불충한 시민이라고 믿는다는 추론이나 발언은 일체 하지 않았다." 하지만 텔러는 그러고 나서 자기 이야기를 비밀로 해 달라고 요원에게 주문했다. 이유가 기막히다. "오펜하이머의 동생 프랭크가 공산당에 입당한 적이 있다는 이야기처럼 특정한 사례들이 요즘 자꾸 거론되고 있고, 자기 진술도 반대 심문과 준엄한 추궁에 노출될 수 있다고 보기 때문"이라는 것이었다.

FBI 보고서는 이렇게 끝난다. "텔러는 (오펜하이머를) 일반 자문 위원회(GAC)에서 배제하기 위해 무엇이든 할 것이라고 이야기했다. 국가적 준비 태세와 관련된 그의 조언과 정책이 형편없다는 점, 수소 폭탄 개발을 그가 지연시켰다는 점 등을 이유로 제기했다."

(앨버커키 지부에서 이루어진 그 면담이 텔러가 FBI에 오펜하이머를 일러바친 첫 번째 면담도 아니었다. 1952년 4월에 작성된 FBI의 또 다른 요약 보고서도 보자. 텔러는 더 이른 시기에 물리학자 필립 모리슨에 관한 질문을 받고, 다음과 같은 정보를 제공했다. "모리슨은 물리학자들 사이에서 극좌파로 유명하다." 텔러가 그때 덧붙인 말은 쓸데없는 이야기였다. "오펜하이머, 로버트 서버, 모리슨은 가장 좌익에 해당하는 세 명의 물리학자이다. (텔러는) 오펜하

이머의 버클리 제자 대다수가 그의 좌파적 견해를 수용했다고 말했다."[41] 필립 모리슨이 학생 시절에 공산당원이었다는 사실이 그 무렵 발각되었기 때문에 텔러가 연관성을 제기한 것은 매우 해악적(害惡的)이었다.)

미첼이 도착했고, 그린은 종합 목록에 기소 내용을 7개 더 추가했다. 7개 모두 수소 폭탄에 관한 오펜하이머의 입장과 관련된 것으로, 텔러가 진술한 혐의 내용에 기반했다.

스트로스와 니콜스가 오펜하이머의 명줄을 죄어 가는 동안 오펜하이머는 파리로 가 하콘 슈발리에와 그의 새 아내를 만났다. (유쾌하지만 분별없는 행동이었을까? 슈발리에는 그곳에서 번역가로 일하고 있었다.) 오펜하이머 부부는 슈발리에의 아파트에서 저녁 식사를 했다. 다음날은 슈발리에의 주선으로 앙드레 말로(André Malraux, 1901~1976년)를 만났다. 오펜하이머는 슈발리에가 스파이 행위 연락책이 아니라고 했다. 하지만 오펜하이머와 슈발리에의 지속적 만남은 스트로스 및 정부의 다른 인사들이 보기에 대단히 수상쩍었다. 아이젠하워는 몇 달 후 그 소식을 접하고, 이렇게 화를 냈다. "남의 반역 행위(원문 그대로)를 신고하고서 그 사람 집을 찾아가 머문다는 게 도대체 있을 수 있는 일인가?"[42] 이것은 사리에 맞는 의문점이었다. 하지만 오펜하이머도 1953년쯤에는 정부 고위직에 여러 해 몸담은 상황이었고, 자신의 충성심이 더 이상 의구심에 휩싸이지 않으리라고 굳게 믿었거나 숙명론을 받아들였을 것이다.

그는 1953년 12월 21일 월요일 스트로스의 집무실을 찾아갔고, 큰 충격을 받았다.[43] 니콜스가 배석한 가운데, 스트로스가 그에게 기소 내용 목록 사본을 건넨 것이다. 스트로스는 오펜하이머가 알아서 사임해 주기를 바랐다. 오펜하이머는 스트로스가 자신의 사임을 요구하기를 바랐다. 아무도 떡밥을 물지 않았다. 오펜하이머가 법률 대리인 허버트 마크스를 찾아가 어떻게 할지 의논해 보겠다고 하자 스트로스는 자신의 관용차를 쓰라고 내주었다. 오펜하이머는 충격에서 벗어나지 못했고, 다른 변호사 조지프 볼프(Joseph Volpe)를 찾아갔으며, 조지타운으로 가 마크스 부부와 술을 마신 것은 그다음이었다. 마크스의 아내 앤 마크스(Anne Marks)는 로스앨러모스 시절 오펜하이머의 비서였다. 오펜하이머는 그녀에게 이렇게 말했다. "어떻게 나한테 이런 일이 일어날 수 있지?" 오펜하이머는 당시를 이렇게 회고했다. "규모는 작지만 진주만 침공을 당한 것 같았습니다. 당시의 환경과 풍조를 떠올리면 그런 일이 가능하고 개연성도 아주 높았다는 걸 누구나 알 수 있었죠. 하지만 막상 닥치고 보니 충격이 컸습니다."[44] 오펜하이머는 다음날 스트로스에게 보안 청문회를 원한다고 알렸다. 그는 스트로스에게 이렇게 썼다. "제안해 주신 대안을 진지하게 생각해 보았습니다. 하지만 지금과 같은 환경에서 그 대안을 받아들이는 것은 문제가 많습니다. 오늘날까지 약 12년간 봉직해 온 정부 업무에 적합하지 않다는 의견을 자발적으로 수용하는 것이기 때문입니다. 저는 도저히 그렇게는 못 합니다."[45] 니콜스는 기소 내용이 담긴 공식 통지서에 서명하면서 이렇게 빈정거렸다. "우리가 꼭 이걸 해야 하나? 파일을 그냥 매카시에게 넘겨 버리는 건 어때?"[46]

양편은 다음 석 달 동안 각자 힘과 세력을 모았다. FBI는 스트로스의 요청에 따라 오펜하이머의 집과 사무실 전화를 도청했고,[47] 그가 프린스턴을 떠날 때마다 미행했다. 전화 도청 활동으로 오펜하이머와 변호사의 대화 내용이 쌓이자 뉴어크 총괄 책임자가 워싱턴 본부로 연락을 취해 왔다. "법률 대리인과 고객의 관계가 드러날 수도 있다는 사실 때문"이었다. 워싱턴 본부는 오펜하이머가 국가를 배신하고 망명할 수도 있기 때문에 도청은 "정당하다."[48]라고 회신했다. FBI의 한 보고서에는 이렇게 적혀 있다. 연방 수사국은 "스트로스(와 기타 인사들)에게 오펜하이머, 담당 변호사, 향후의 우호적 증인들이 맺고 있는 관계 정보를 제공 중"[49]

이었다. 스트로스는 FBI에 감사하다는 인사를 전했다. "귀 기관의 감시 활동이 원자력 위원회(AEC)에 큰 도움이 되고 있습니다. (오펜하이머가) 모의 중인 행동 계획을 사전에 알 수 있기 때문입니다."[50]

스트로스는 그 사전 몇 달 동안 오펜하이머와 변호사들이 나눈 대화 내용을 광범위하게 파악하고 있었다. 그는 이 건이 국가 안보에 결정적으로 중요하다는 이유를 들며 그런 불법 침해를 정당화했다. FBI는 스트로스의 말을 이렇게 적고 있다. "그는 이 건에서 패하면 원자력 프로그램과, 관련 연구 개발 활동 일체가 '좌익들'의 손아귀에 떨어질 것이라고 염려했다. 그런 사태는 원자력 분야의 '진주만' 침공과 다를 바 없었다. 스트로스는 그렇게 되면 과학자들이 프로그램 전반을 장악할 것으로 내다봤다. 스트로스는 오펜하이머를 제거하기만 하면 불리한 정보에 구애받지 않고 앞으로 '누구라도' 쫓아낼 수 있다고 말했다."[51] 스트로스가 10년 후 에드워드 텔러에게 보낸 편지를 보면, 그가 느낀 공포가 피해 망상 수준으로 심각함을 알 수 있다.

> (오펜하이머는) 공산주의자라는 걸 알면서도 많은 사람을 로스앨러모스로 데려갔습니다. 그들이 푹스나 다른 간첩들이 한 짓을 했으리라고 가정하는 것은 자연스럽고, 합리적입니다. 새로 발견하거나 확인한 사실을 소련에 넘겨주었을 것이라는 이야기이죠. 오펜하이머는 미국이 슈퍼를 개발하는 걸 막기 위해 자기가 할 수 있는 모든 일을 하기로 결심했고, 그렇게 했습니다. 당시에 우리가 갖고 있던 것과 같은 무기 데이터가 소련에 경도된 사람들의 수중에 들어갔다는 걸 알면서도 말이죠. 따라서 그는 미국의 슈퍼 개발을 막을 수 있었다고 해도 러시아가 슈퍼를 개발하는 것까지 막을 수는 없었습니다. 명민한 지성의 소유자인 그가 그런 결과를 간과한다는 것은 생각할 수도 없는 일입니다.[52]

스트로스에게는 오펜하이머가 체제 전복적이기만 한 것이 아니었다. 그는 이 편지에서 중상과 비방을 확대해, 로스앨러모스에서 열핵 폭탄을 개발한 남녀까지 공격한다. 스트로스가 제2의 진주만 사태를 두려워했다면 오펜하이머의 진주만은 이미 맹렬히 타오르고 있었다.

오펜하이머는 링컨 같은 변호사를 골라 자신을 방어하도록 했다. 로이드 커크햄 개리슨(Lloyd Kirkham Garrison, 1897~1991년)이 바로 그 주인공이다. 개리슨은 미국 시민 자유 연맹(American Civil Liberties Union)을 이끌고 있었고, 노예제 폐지론자였던 윌리엄 로이드 개리슨(William Lloyd Garrison, 1805~1879년)의 증손자였다. 오펜하이머의 변호인단 가운데 최소한 명이 광범위한 신원 조사를 받지 않으면 비밀 문서 취급 인가가 안 나올 수도 있는 상황이었다. 이에 개리슨은 비밀 정보 사용 권한[53]을 요구하지 않기로 하는 심각한 실수를 저지르고 만다. 개리슨이 비밀 정보 취급 인가를 못 받으면 오펜하이머를 조사한 문서를 열람하지 못하는 것은 물론이려니와 의뢰인을 내버려 둔 채 청문회장을 비우고 자리를 떠야만 하는 경우까지 있을 터였다.* 스트로스는 노련한 법정 변호사 로저 롭(Roger Robb, 1907~1985년)을 영입했다. 그는 조사 청문으로 여겨지는 활동을 고발 기소로 바꿔낼 반대 심문 전문가였다. 스트로스는 보안 위원회를 구성할 3인도 손수 골랐다. 고든 그레이(Gordon Gray, 1909~1982년), 토머스 앨프리드 모건(Thomas Alfred Morgan, 1887~1967년), 워드 에번스(Ward V. Evans, 1880~1957년)가 그들이었다. 육군성 차관을 지낸 고든 그레이는 부유한 노스캐롤라이나 출신으로 민주당원이었지만 1952년 대선에서

---

* 그는 방침을 바꿔, 1954년 3월 26일 비밀 정보 사용 인가를 요청했다. 이때가 오펜하이머 청문회 3주 전이었다. 원자력 위원회(AEC)는 그 요청을 신속하게 처리해 주지 않았다. Stern(1969), 247쪽.

아들라이 스티븐슨의 반공산주의가 충분히 전투적이지 않다고 판단해 아이젠하워를 지지했다. 스페리 자이로스코프 사의 회장을 지낸 토머스 모건은 청문회가 열리는 한 달 동안 증인들에게 질문을 단 하나도 던지지 않은 있으나 마나 한 인물이었다. 워드 에번스는 전에도 보안 위원회 활동을 했던, 로욜라 대학교의 화학 교수였다. (그레이가 언급한 바에 따르면) 에번스는 그레이에게 이렇게 말했다고 한다. "제 경험상 …… 체제 전복적인 피기소자들은 거의 예외 없이 유대인입니다."[54] 에번스는 청문회가 시작되기도 전에 그레이에게 오펜하이머를 유죄로 본다고 말했다. 그레이는 이런 말을 덧붙였다. "예단과 편견임이 분명한 그런 발언이 걱정스러웠다."[55] 하지만 그는 관련해서 어떤 조치도 취하지 않았다.

라비는 일반 자문 위원회(GAC)의 모든 구성원이 오펜하이머를 옹호하는 진술을 할 것임을 밝히는 결의안 초안을 스트로스에게 전달했다. 한 FBI 문서는 상황을 이렇게 보고하고 있다. "스트로스는 라비에게 그것은 협박이라고 말했다. 스트로스는 그렇다고 해서 자신이 흔들리지 않을 것임도 분명하게 밝혔다."[56] 프린스턴의 물리학자 유진 위그너는 정치적으로 보수파였음에도 불구하고 오펜하이머를 위해 중재에 나섰다. 선처를 호소한 것은 한스 베테도 마찬가지였다. 빅토르 바이스코프는 포위 공격당하고 있는 물리학자에게 이렇게 썼다. (오펜하이머는 1930년대 말에 자신이 공산주의 소련의 잔혹성과 무능함에 눈을 뜰 수 있었던 것은 바이스코프 덕택이라고 말했다.)[57] "저처럼 생각하는 모든 사람은 당신이 우리를 대신해, 우리의 싸움을 하고 있다는 사실을 잘 알고 있습니다. …… 기운이 빠져서 무력함이 느껴지면 우리를 떠올리세요. 계속해서 당신의 친구로 남을 것입니다. 당신을 믿고 의지하는 당신의 친구들을 잊지 마십시오."[58] 오펜하이머에게 격려의 말을 건네지 않은 친구가 한 명 있었는데, 그가 바로 로버트 서버였다. 텔러와 기타 정보원들은 서버와 아내 샤를로트 서버(Charlotte Serber)를 좌파라며 비난했고, 로저 롭은 보안 청문회에서 그의 이름을 무시로 들먹인다. (샤를로트 서버는 1930년대 후반에 에스파냐 구호 활동에 적극 나섰고, 저명한 사회주의 집안 출신이었다. 하지만 그녀도, 남편도 공산당원인 적은 한 번도 없었다.) 서버의 회고 내용은 애잔하다. "어느 날 새벽 3시쯤 전화가 왔어요. 개리슨 법률 사무소의 변호사라고 자기를 소개했죠. 오피가 충성심을 검증받는 청문회에 설 거라고 하더군요. 그는 제게 오피와 접촉하지 말아 달라고 부탁했습니다. 전화가 도청당할 테고, 서신도 검열당할 게 뻔하다는 거였죠. 청문회 당시에 오피와 접촉하지 않은 이유입니다. 오피가 그런 요청을 하지 않았다고, 키티가 나중에 이야기해 주었습니다. 그런 조치는 개리슨의 머리에서 나왔던 것이죠. 오피는 아무것도 몰랐습니다."[59] 오랫동안 의리를 지켜 온 성실한 두 친구는 서로 상대방이 자신을 저버렸다고 생각했다.

1954년 겨울. 국무 장관 존 포스터 덜레스는 아이젠하워 행정부가 채택한 "대량 보복" 정책을 발표했다. 상원 소위원회는 매카시가 군대 조사 권한을 남용했다는 혐의로 청문회를 준비 중이었다. 노이만이 이끄는 국방부의 한 비밀 위원회는 미국이 핵탄두를 장착한 전략 미사일을 제작해야 한다고 조언했다. 3월 1일 로스앨러모스와 리버모어는 비키니 섬에서 새로운 열핵 폭탄을 시험했다. 이 시험은 미국산으로는 중수소화리튬을 연료로 사용한 최초의 열핵 폭탄을 터뜨린 것인데, 일명 '캐슬(Castle)'이라고 불렸다. 로스앨러모스가 제작하고 명명한 슈림프(Shrimp) 장치는 '캐슬 브라보(Castle Bravo)'라는 작전명으로 시험되었다.

상온의 슈림프 장치는 리튬 6을 40퍼센트까지 농축한 리튬을 사용했고, 무게도 1만 659킬로그램으로 비교적 가벼워 운반이 가능했으며, 무기화를 시도할 경우 B-47의 폭탄 투하실에 집어넣을 수 있도록 설계되었다. 슈림프는 예상 출력이 약 5메가톤이었다. 그런데 리튬의 융합 단면적을 측정한 로스앨러모스 연구진이 리튬 7의 융합 반응을 빼먹은 채 계산하는 실수를 저질렀다. 리튬 7은 슈림프에 들어간 리튬 연료의 나머지 60퍼센트를 차지했으므로, 그 실수는 중대한 착오를 낳았다. 해럴드 애그뉴의 설명을 들어보자. "정말로 완전히 까먹은 거예요. 리튬 7에 n, 2n 반응(리튬 원자핵에 중성자가 하나 들어가면 중성자 2개가 튀어나온다는 사실을 가리킨다.)이 있다는 것을요. 완전히 놓치고, 지나쳤던 거죠. 슈림프가 무자비한 폭탄이 되어 버린 이유입니다." 브라보의 폭발 출력은 15메가톤으로, 이것은 미국이 시험한 열핵 폭탄으로 최고 출력이었다. 애그뉴는 계속해서 이렇게 말한다. "중성자가 2개 나오는데, 장전된 리튬 6은 통상의 리튬 6처럼 거동한단 말이죠. 슈림프가 예상보다 출력이 훨씬 컸던 것은 우리가 단면적 계산을 잘못 했기 때문이에요."[60]

슈림프의 화구는 지름이 거의 6.4킬로미터에 이르렀다. 둑을 쌓아 만든 측정 벙커와 2,286미터 길이로 설치한 진단용 파이프가 불길에 휩싸였고, 완전히 박살났다. 효과가 미치리라고 예상되던 범위 한참 밖에 부설한 실험용 벙커에 투입된 인력은 옴짝달싹할 수 없었고, 먼 바다에 포진한 대책반 선박 역시 위험에 처했다. 마셜 로젠블러스는 이렇게 회고한다. "48킬로미터 떨어져 있던 배에 탑승하고 있었죠. 우리는 하얀 물질을 뒤집어썼고, 공포에 질렸습니다. 제 경우 10라드(rad)의 방사능에 피폭되었어요.* 상당히 무서웠습니다. 엄청난 화구가 격렬하게 회전하면서 섞이고 솟구쳤죠. 타오르면서 빛이 났어요. 저한테는 병든 뇌가 큼지막하게 하늘에 떠 있는 것처럼 보였습니다. 화구는 끝 가장자리가 바로 우리 머리 위까지 커졌죠. 별 볼일 없는 원자 폭탄과는 차원이 다른, 무시무시한 광경이었습니다. 정신이 번쩍 들면서도 혼비백산했어요."[61] 브

---

* 흉부 엑스선 촬영을 1회 하면 약 1라드의 방사선에 피폭된다.

라보 시험으로 산호섬의 바위가 기화해, 깊이 76.2미터 지름 1,980미터의 분화구가 생겼다. 로젠블러스가 "뒤집어쓴 하얀 물질"은 산호가 기화했다 응결된 칼슘이었다.

일본의 어선 후쿠류마루(福龍丸) 호가 3월 중순 기항했을 때 선원들은 상당히 위중한 상태였다. 비키니에서 동쪽으로 약 150킬로미터 지점에서 조업 중이던 23명의 어부 전원이 브라보의 낙진에 심각하게 피폭당했다. (롱겔라프, 아일링기나에, 우티리크 원주민도 피폭당했다.) 일본인이 다시 "죽음의 재"[62]에 노출된 것이었다. 일본 전역이 들끓었다. 미국은 방사능 전문가를 보내 어부들은 치료했지만, 낙진의 내용물은 밝히기를 거부했다. 슈림프의 연료가 중수소화리튬이라는 것을 소련이 알 수도 있었기 때문이다. 일본인 어부 한 명이 2차 감염으로 사망했다. 루이스 스트로스는 후쿠류마루 호가 조업 중일 때 비키니 섬을 둘러보고 있었다. 그는 3월 말 워싱턴으로 돌아와서 냉혹하게도 책임을 부인했다. 브라보는 "아주 큰 폭발을 일으켰다. 하지만 통제를 벗어나지는 않았다." 그는 이런 말도 덧붙였다. 소련이 작년에 시험한 장치는 "경원소를 융합해 힘을 꺼내는" 방식이었다. "그들이 우리를 한참 앞질러 이런 무기 연구를 시작했다고 생각할 수 있는 근거는 충분하다." 그 주장은 예정된 보안 청문회를 2주 앞두고 오펜하이머에게 날리는 잽이었다. 스트로스는 후쿠류마루 호가 "위험 지역 안으로 들어왔음에 틀림없다."[63]고 주장했다. 이것을 반박하는 증거가 엄청났음에도 불구하고 말이다. 스트로스는 아이젠하워의 공보 담당관에게 그 배가 "빨갱이 정찰선"[64]일 것이라고 경멸하듯 내뱉었다.

캐슬 시리즈는 일련의 시험으로 계속 이어졌다. 중수소화리튬으로 보강하지 않은 런트(Runt) 장치를 터뜨린 캐슬 로메오(Castle Romeo)는 출력이 11메가톤이었다. 이것은 예상보다 세 배 더 높은 출력이었는데, 그 이유는 브라보 때와 같았다. 캐슬 쿤(Castle Koon)은 텔러가 주도한 리버모어 연구소에서 제작한 최초의 열핵 폭탄이었다. 모르겐슈테른(Morgenstern)이라고 불린 이 장치는 예상 출력이 1메가톤이었음에도 불구하고, 실제로는 110킬로톤밖에 안 되었다. 제대로 작동하지 않은 것이다. 복사 내파 자명종인 유니언(Union)은 출력이 6.9메가톤이었고, 런트를 약간 다르게 설계한 양키(Yankee)는 13.5메가톤, 무게가 2,957킬로그램에 불과한 열핵 폭탄인 넥타(Nectar)는 1.69메가톤이었다.[65] 런트는 해럴드 애그뉴가 이끈 프로젝트였다. 제이콥 웩슬러는 마이크를 무기화한 형태인 저그헤드(Jughead) 개발을 지휘하고 있었다. 이것은 건식 수소 폭탄이 실패할 경우에 대비한 것으로, 원래는 캐슬 시리즈로 시험될 예정이었다. 웩슬러는 다음과 같이 회고한다. 로메오가 성공을 거두자, "해럴드가 노리스 브래드베리에게 전보를 쳤습니다. 제가 그랬죠, 잘 되었군. 그러자 노리스가 말했어요. 저그헤드는 중단해야겠어. 제가 대꾸했습니다. 뭐라고요? 여기 전보를 보라고. '분유가 이렇게 싼데 왜 소를 삽니까?'"[66] 라이머 슈라이버는 이렇게 썼다. "캐슬 작전이 성공했고, 나는 극저온 장비 제작 계약을 종결하는 궂은 일을 맡아야 했다."[67] 미국이 제작하는 향후의 열핵 무기에는 중수소화리튬이 연료로 들어간다.

찰스 크리치필드는 오펜하이머가 브라보 시험 후에 비밀 정보를 열람하지 못하는 삶이 어떠하리라는 것을 처음으로 쓰디쓰게 깨달았다고 회고한다.

> 오펜하이머는 비밀 취급 인가가 취소되었습니다. 일이 있어 사무실에 갔는데, 마침 오펜하이머의 전화를 받았죠. 그가 브라보 시험 이야기를 전해 들은 게 틀림없었어요. 이렇게 말했죠. "찰스, 내게 숫자만 알려 주게." 나는 15라고 말해 주었습니다. 그는 고맙다고 했고요. 물론 로버트는 15가 무슨 말인

지 알았죠. 법률 위반이라는 건 알았지만 로버트는 제 오랜 친구이기도 했습니다. 저는 그에게 "말할 수 없습니다."라고 말할 수는 없었어요.[68]

매카시가 4월 초에 헤드라인을 장식했다. 정부 내의 공산주의자들이 "우리의 수소 폭탄 연구"[69]를 18개월 지연시켰다고 주장한 것이다. 스트로스와 기소 검사들은 그 범죄자를 만들어 내야 했다. 원자력 위원회(AEC)의 "J. 로버트 오펜하이머 사안" 심리가 마침내 청문회와 함께 시작되었다. 1954년 4월 12일로, 화창하고 시원한 날이었다.

워싱턴 기념탑 인근의 원자력 위원회(AEC) 건물 T-3은 제2차 세계대전 때부터 사용하지 않은 채 방치되어 있던 병영을 개조한 시설물이었다.[70] 2층의 중역실이 청문회장으로 준비되었다. 보안 위원회 위원 3인이 한쪽 벽을 따라 마련된 탁자에 앉았다. 테이블이 T자로 놓여 있었는데, 보안 위원회 위원 3명이 T자의 가로로 앉았고, 양측 변호사들이 마주보고 T자의 세로 획을 따라 앉았다. 증인석은 세로 획 끝, 보안 위원회 위원들과 마주보는 자리였다. 오펜하이머는 증언을 안 할 때면 증인석 뒤 벽에 마련된 가죽 의자에 앉아 궐련과 파이프를 연달아 피워 댔다. 당연한 일이겠지만 증인들이 진술을 할 때 얼굴 표정을 읽을 수 없었고, 그는 몹시 답답했을 것이다.

개리슨은 청문회 개시 첫 이틀 동안 오펜하이머의 일생을 쭉 돌아보는 시간을 가졌다. 우호적 증인과의 인터뷰가 끼어들었고, 존 맨리의 공술서를 낭독하는 시간도 마련되었다. 개리슨이 직접 한 모두(冒頭) 조사 말미에 오펜하이머는 리스 강연의 한 강의분에서 공산주의를 비난한 내용을 가져다 읽었다. "모든 공동체가 하나의 공동체이고, 모든 진실이 하나의 진실이며, 모든 경험이 다른 모든 경험과 모순 없이 양립할 수 있고, 완전한 지식이 가능하며, 모든 가능성이 실재할 수 있다는 신념 체계를 받아들이면 그 끝이 매우 위험하고 해로울 수밖에 없을 것입니다."[71] 이 진술 자체는 사람을 감동시키는 힘이 있었지만, 그 법정은 우호적이지가 못했고 아무런 호응을 못 얻었음에 틀림없다. 개리슨은 여러 해 후 자신이 변호했던 오펜하이머를 이렇게 회고한다. "(오펜하이머는) 처음부터 자포자기 상태였지요. …… 우리 모두가 시대 분위기에 압박감을 느꼈던 것 같습니다. 하지만 오펜하이머는 특히나 더 그랬죠. …… 저는 그가 수수께끼 같은 존재라고 생각했습니다. 물론 그는 대단히 흥미롭고 매력적인 인물이었어요. 파란 눈동자가 어찌나 아름답던지요. 하지만 오펜하이머는 친밀하기가 어려운 사람이었습니다. …… 냉정하다면, 그건 너무 센 말일 겁니다. 그는 냉정하지는 않았지만 일정한 거리를 두었죠."[72] 로저 롭은 매카시만큼이나 살집이 좋고 남에게 위협적이었지만, 사고가 분석적이었다. 그는 자기가 그 수수께끼의 답을 알고 있다고 생각했다. "오펜하이머가 공산주의자 내지 러시아 동조자라는 이론을 적용하지 않으면 파일의 그 많은 내용은 도무지 말이 안 되었습니다. 제가 사태를 파악할 수 있는 유일한 방법이었죠."[73]

개리슨은 4월 14일 오펜하이머에 대한 직접 조사를 마쳤다. 이제 롭의 차례였다. 그는 반대 심문을 어떻게 해야 할지 정확히 알고 있었고, 시나리오대로 밀어붙였다.

만전을 기하는 중에 이런 이야기를 들었죠. 오펜하이머 반대 심문은 결코 쉽지 않을 거라고요. 엄청 똑똑한 데다 잽싸고 미꾸라지 같다나요. 그래서 제가 대꾸했죠. "그럴지도 모르죠. 하지만 그는 저한테 당해 본 적이 없지요." 저는 반대 심문을 주의 깊게 기획했습니다. 절차를 고민했고, FBI 보고서도 꼼꼼하게 확인했어요. 초반에 오펜하이머를 흔들어 놓을 수만 있다면 그 후부터는 그가 술술 불 수도 있을 거라는 게 저의 생각이었습니다.[74]

오펜하이머도 변호인단도 FBI 보고서를 열람할 수 없었다. 그들은 스파이 행위를 종용당했다며 오펜하이머가 1943년 이것을 신고했을 당시에 보리스 패시와 존 랜스데일이 그 내용을 녹음했다는 사실도 몰랐다. 롭은 그 기밀 정보는 물론이고 오펜하이머가 10년 넘는 세월 동안 본 적도 없는 문서들로 무장했고, 당연히 반대 심문에서 우위를 점했다. 오펜하이머는 반대 심문 첫날 오전 거듭해서 자기 말을 부인해야 하는 궁지에 몰렸다.

롭은 그날 오전 막판에 결정타를 날렸다. 오펜하이머에게 슈발리에가 어떻게 접근했는지 설명해 달라고 요구했던 것이다. 오펜하이머는 1946년에 했던 진술을 되풀이했다.

> 하콘 슈발리에가 어느 날 우리 집에 왔습니다. 저녁을 먹기로 했던 것 같습니다. 아니 어쩌면 술을 한 잔 하러 왔는지도요. 제가 식료품 저장실로 가자 슈발리에가 쫓아 왔습니다. 처음부터 돕겠다고 함께 갔는지도 모르겠고요. 그가 "최근에 조지 엘텐튼을 만났다."라고 말했습니다. 아마도 엘텐튼을 기억하냐고 제게 물었겠죠. 엘텐튼이 자기에게 방법이 있다고 그에게 말했다더군요. 소련 과학자들에게 기술 정보를 넘겨줄 수단이 있다는 것이었습니다. 슈발리에가 그 방법을 이야기해 주지는 않았습니다. 저는 이렇게 말했던 것 같습니다. "그건 반역 행위야." 하지만 확실하지는 않군요. 아무튼 뭐라고 반응을 보였죠. "무시무시하고, 가공할 짓"이라고 그가 대꾸했습니다. 전적으로 동의한다는 의사 표시였죠. 그걸로 이야기는 끝났어요. 아주 짧은 대화였습니다.[75]

롭이 오펜하이머를 유죄로 몰아가는 교리 문답을 시작한다.

롭: 슈발리에가 그 대화에서 정보 전달 수단으로 마이크로필름을 사용할 거라며 당신에게 뭐라고 말하지 않았습니까?

오펜하이머: 아니오.

롭: 확실합니까?

오펜하이머: 확실합니다.

롭: 소련 영사관 인사를 통해 정보를 전달할 거라고 그가 이야기하지 않았습니까?

오펜하이머: 아니오. 그런 이야기는 없었습니다.

롭: 확실합니까?

오펜하이머: 확실합니다.

롭: 슈발리에가 당신 말고 누군가와 그 문제를 의논했다고 어떤 식으로든 당신에게 말하거나 언질을 주지 않았습니까?

오펜하이머: 아니오.

롭: 확실합니까?

오펜하이머: 예.[76]

롭은 오펜하이머의 답변이 1943년 보리스 패시에게 한 실토 내용과 어긋난다는 것을 보여 주었다. 보리스 패시에게는 "소련 영사관 소속 인사 한 명"이 "다른 사람들을 통해"(적어도 슈발리에는 포함된다.) "두세 명"에게 접근했다고 했던 것이다. 오펜하이머는 "마이크로필름을 다뤄 본 경험이 많은 …… 아주 믿을 만한 사람"을 통해 "정보"를 넘기는 사안이 논의되었다고도 했다. 질문이 몇 개 더 나왔고, 청문회는 점심을 먹기 위해 휴정했다.

롭이 자신을 궁지로 몰아넣어 앞뒤가 안 맞는 범죄적 행위를 실토하게 했다는 것을 오펜하이머가 그때쯤 깨달았을까? 그날 오후 그가 한 진술과, 1989년 원자력 위원회(AEC)의 공식 역사가 처음으로 공개되면서 드러난 기타 정보로 보건대 오펜하이머가 그 사실을 알았다는 것은 분명하다. 하지만 그는 스스로를 옭아맨 법률 쟁송보다는 사람 문제를 더 걱정했을 것이다. 오펜하이머는 1946년에, 슈발리에가 집으로 자신한테 접근한 것은 스파이 행위를 요청하기 위한 것이 아니라 단순히 접촉 사실을 알린 것뿐이며, 그런 접근도 한 번뿐이었다고 말했다. 이 1946년 진술은 거짓이었다. 그런데 오펜하이머는 보안 청문회에서 선서를 했고, 1946년에 한 진술을 확언하기로 마음을 정해 버렸던 것이다. 그것으로 인해 오펜하이머가 1943년 패시에게 처음 진술한 내용은 거짓말이 되고 말았다. 연방 관리에게 거짓 이실직고를 했으니, 공소 시효가 그를 지켜 주지 않았다면 중죄가 될 수도 있었던 것이다. 하지만 1943년 진술 내용을 승인하고 1946년 진술을 부인하는 선택을 했다면 기소 내용에서 중죄의 항목이 바뀌었을 것이다. 그 선택으로 친구 한 명을 스파이 행위에 연루시키고, 자신이 추가 조사를 받아야 한다는 것도 괴롭고 고통스러운 일이었다. "두세 명"이 누구이고, 누가 그들에게 언제, 어디서, 어떻게 접근했는지를 파악하는 조사 말이다. 오펜하이머는 스스로를 궁지에 빠뜨렸고, 그 사실을 깨닫고는 가슴이 미어졌다. 롭은 오펜하이머의 격통을 이렇게 회고했다. "잔뜩 웅크린 채 두 손을 꽉 쥐고 있었다. 얼굴은 백짓장 같았다."[77] 오펜하이머는 롭의 가차 없는 반대 심문에 결국 무너졌다.

롭: 당신이 슈발리에와 나눈 대화를 보안 장교에게 처음 언급한 것은 언제였습니까?

오펜하이머: 그런 게 아닙니다. 처음에 언급한 사람은 엘텐튼이었죠. …… 걱정스러운 인물은 엘텐튼뿐이라고 말했던 것 같습니다.

롭: 그래서요?

오펜하이머: 왜 그런 말을 하느냐고 묻더군요. 그래서 터무니없는 이야기를 꾸며냈던 것입니다.

롭: 당신은 다음날 패시 대령과 면담을 했습니다. 그렇죠?

오펜하이머: 맞습니다.[78]

개리슨은 상황을 이렇게 회고했다. "(오펜하이머는) '어떻게 해야 내가 그 일을 가장 효과적으로 제시할 수 있을까' 하고 궁리하기를 끝까지 멈추지 않았습니다. 자기 말이 맞고 그래서 멈출 필요가 없다고 생각했기 때문일 수도 있고, 그게 아니라면 냉큼 답을 해 버려 맞상대 위에 군림하려던 건지는 저도 모르겠어요. 하지만 반대 심문이 끝없이 계속되었고, 그는 지쳐 갔습니다."[79]

롭: …… 당신은 패시에게 진실을 이야기했습니까?

오펜하이머: 아니오.

롭: 거짓말을 했다는 말입니까?

오펜하이머: 그렇습니다.

롭: 당신은 패시에게 어떤 거짓말을 했습니까?

오펜하이머: 엘텐튼이 중개인을 통해 프로젝트 참가자 세 명에게 접근을 시도했다는 거짓말을 했습니다.

롭: 또 어떤 거짓말을 했습니까?

오펜하이머: 기억하기로는 그게 다입니다.

롭: 다라고요? 당신은 엘텐튼이 프로젝트 참가자 세 명에게 접근을 시도했다고 패시에게 말했습니다. ……

오펜하이머: 중개인을 통해서요.

롭: 중개인들입니까?

오펜하이머: 중개인을 통해서입니다.

롭: 확실히 합시다. 당신은 슈발리에의 정체를 패시에게 알리거나 논의했습니까?

오펜하이머: 아니오.

롭: 그렇다면 잠시 슈발리에를 X라고 합시다.

오펜하이머: 좋습니다.

롭: X가 프로젝트 참가자 세 명에게 접근했다고 패시에게 말했습니까?

오펜하이머: X가 세 명이라고 했는지, X가 세 명에게 접근했다고 했는지 잘 기억이 나지 않습니다.

롭: X가 세 명에게 접근했다고 말하지 않았던가요?

오펜하이머: 어쩌면요.

롭: 왜 그렇게 이야기한 거죠, 박사님?

오펜하이머: 제가 바보 멍청이이기 때문입니다.

롭: 그게 당신이 할 수 있는 유일한 해명입니까, 박사님?

오펜하이머: 저는 슈발리에를 언급하기가 싫었습니다.

롭: 그렇군요.

오펜하이머: 어쩌면 저 자신을 언급하기도 조금은 내키지 않았습니다.

롭: 그렇군요. 그런데 왜 슈발리에가 세 사람한테 접근했다고 패시에게 말했죠?

오펜하이머: 진술했다시피 거기에 대해서는 저도 설명할 방법이 없습니다.

롭: 그 때문에 슈발리에의 상황이 한층 악화되지 않았습니까?

오펜하이머: 저는 슈발리에를 언급하지 않았습니다.

롭: 아니오. 그렇지, X였죠.

오펜하이머: 그랬을지도 모르겠습니다.

롭: 확실합니다. 다시 말해 X가 세 사람에게 접근했다면 그 정체를 밝혀야 하는 것이죠. 안 그렇습니까?

오펜하이머: 그는 깊이 연루되어 있었습니다.

롭: 깊이 연루되었다라. …… 그렇다면 일상적인 대화가 절대 아니었군요.

오펜하이머: 그렇습니다.

롭: 당신은 그 사실을 인지했지요, 그렇죠?

오펜하이머: 그렇습니다.

롭: X가 마이크로필름 사용에 대해 당신에게 이야기했다고 패시 대령에게 알렸습니까?

오펜하이머: 아닌 것 같습니다. 당신에게 기록이 있으니, 거기 따르겠습니다.

롭: 알리지 않았나요?

오펜하이머: 기억이 안 납니다.

롭: X가 러시아 영사관의 누군가를 통해 정보가 전달될 것이라고 당신에게 말했다고 패시 대령에게 알렸습니까?

(답변 없음.)

롭: 알리지 않았습니까?

오펜하이머: 말하지 않은 것 같습니다. 하지만 그래야만 했다는 건 인정합니다.

롭: X가 그 이야기를 했다면 범죄 공모임이 명백합니다. 아닌가요?

오펜하이머: 그렇습니다.[80]

그 에피소드에 관해 반대 심문이 조금 더 이루어졌다. 롭은 1943년 녹취록을 읽었다. 롭이 꺼내든 1943년 전보는 한층 의미심장했다. X가 세 사람에게 접근했다고 오펜하이머가 알린 게 패시만이 아니었음이 드러난 것이었다. 그로브스 장군이 오펜하이머에게 X의 신원을 밝히라고 다그쳤고, 오펜하이머가 그로브스에게 슈발리에의 이름을 댔던 것인데,

이로써 그는 자신의 원죄를 되풀이하고 말았다. "오펜하이머가 엘텐튼 대신 세 명에게 접근했다고 신고한 사람은 하콘 슈발리에였고, 그는 방사선 연구소 교수였음. …… 오펜하이머는 슈발리에가 그 최초의 시도 말고 더 이상의 추가 행동에는 전혀 가담하지 않았다고 믿고 있음."[81] 롭은 쐐기를 박았다.

롭: 터무니없고 황당무계한 거짓말이라면서 왜 그렇게 자세히 꾸며댔습니까?

오펜하이머: 그 모든 게 다 백치 같은 거짓말입니다.[82]

롭은 당시를 이렇게 회고했다. "구역질이 났어요. 그날 밤 집에 돌아와서 아내에게 이렇게 말했죠. '스스로를 파괴해 자멸하는 사람을 보고 왔다오.'"[83]

하지만 1943년 오펜하이머와 슈발리에, 오펜하이머와 그로브스 사이에 실제로 무슨 일이 있었는지가 오펜하이머가 패시에게 알린 내용보다 훨씬 중요하다. 조지 엘텐튼이 1946년 FBI에 진술한 바에 따르면, 샌프란시스코 주재 소련 총영사의 비서 표트르 이바노프가 1942년 캘리포니아 대학교 방사선 연구소에서 이루어지던 원자 폭탄 연구 정보 수집을 도와 달라고 요청했다. 이바노프는 엘텐튼에게 오펜하이머, 어니스트 로런스, 루이스 앨버레즈와 접촉해 보라고 제안했다.[84] (로런스와 앨버레즈가 확고한 반공주의자임을 이바노프가 몰랐다는 게 분명하다.) 이 시점에서 사건의 실체가 모호해진다. 왜냐하면 남아 있는 이야기가 오펜하이머의 진술뿐인데, 그게 여러 판본이기 때문이다. 엘텐튼이 슈발리에에게 오펜하이머와 접촉하도록 요청했을 것이다. 그 접촉이 오펜하이머가 보안 청문회에서 진술한 대로 있었을 수도 있다. 물론 슈발리에가 선임 사실과 의뢰의 전모, 즉 이바노프, 엘텐튼, 마이크로필름, 사면초가에 몰린 국가에 대한 지원, 로런스, 앨버레즈 같은 전모를 오펜하이머에게 분명하게 알렸는지의 여부는 제외해야 할 것이다. 오펜하이머는 그 접근을 퇴짜 놓았다. 그런데 오펜하이머는 그즈음이든 나중이든 곤란한 사실을 또 알게 되었을 것이다. 슈발리에가 동생 프랭크에게도 접근했다는 사실 말이다. 슈발리에가 오펜하이머보다는 차라리 프랭크에게 접근했을 수도 있는 것이다. 그러자 프랭크가 형을 대신해 나섰고, 오펜하이머는 아마도 프랭크에게 빠지라고 경고했을 것이다. 오펜하이머가 로스앨러모스 소장으로 임무를 수행하던 6개월 동안 그 문제는 그 상태 그대로 방치되었다.

오펜하이머는 로스앨러모스에서 보안에 대해 더욱 경각심을 갖게 되었다. 그는 엘텐튼의 활동이 걱정스러웠고, 보안 기관이 그 영국인 공학자를 감시할 수 있도록 신고하기로 마음먹었다. 하지만 그는 신고를 하면서 다른 사람은 일체 연루시키지 않기로 했다. 그가 그로브스에게 진실을 말하지 않을 수 없었던 이유이다. 그로브스가 그 은폐 공작에 가담했다고 원자력 위원회(AEC)의 공식 역사가 밝히고 있음은 주목할 만하다.

> (그로브스는) 1943년 12월 12일 오펜하이머가 가족도 걱정하고 있음을 알게 되었다. 슈발리에가 동생 프랭크와도 이야기를 나누었다는 게 분명했다. 음모와 계략이 복잡해지면서 진실이 돌이킬 수 없는 형국으로 실종되어 버렸다. 실제로 슈발리에가 오펜하이머 형제 둘 모두에게 접근했다면, 또는 그가 동생 프랭크와만 접촉했다면 누가 형에게 가서 조언을 구했겠는가? 오펜하이머가 동생과 친구들을 대신해 모든 짐을 짊어지려 했던 것일까? (로스앨러모스) 프로젝트를 포함해 위태로운 게 한둘이 아니었다는 것은 분명하다. 동기가 무엇이었든 오펜하이머는 그로브스의 맹세를 담보로 FBI에 동생을 신

고하지 않았고, 그렇게 함으로써 놀랍게도 맨해튼 프로젝트의 수장까지 자기 계획에 끌어들였다.[85]

그로브스는 오펜하이머가 "터무니없고 황당무계한 이야기"를 꾸며냈다고 실토한 다음날 오전 보안 위원회에 출석해 증언했다. 그 퇴역 장성은 슈발리에 사건에 관한 자신의 결론을 다음과 같이 진술했다. "접근이 있었다. 오펜하이머 박사는 그 접근을 인지했다. 어느 시점에 그도 연루되었다. 따라서 접근은 그한테도 이루어졌다. 나는 그가 어떤 정보를 제공했다는 점에서 연루되었다고 말하는 것은 아니다. 내 이야기는 그가 사슬의 일부라는 사실로 연루되었음을 알았다는 것이다. 그는 마땅히 그래야 했지만 연루 사실의 전모를 보고하지는 않았다." 그로브스는 오펜하이머가 "그가 볼 때, 가장 중요한 일을 했다."라고 판단했다. 즉 "프로젝트에 침투하려는 위험한 시도를 내게 알렸다."라는 것이었다. 장군은 다음과 같이 생각한다고 진술했다. "오펜하이머 박사는 오랜 세월 막역한 관계를 유지해 온 친구들, 특히 동생을 보호하려고 했다. 그가 동생을 보호하려 했고, 동생이 사슬의 일부로 연루되었을지도 모른다는 것이 줄곧 내가 받은 인상이었다. 오펜하이머의 동생은 마땅히 그래야 하는 대로 처신하지 않았다. 아니, 그가 그렇게 처신했다 할지라도 (로버트 오펜하이머는) 의심의 눈초리가 동생을 향하는 것을 원하지 않았다. 그는 언제나 동생을 몹시 아꼈으며, 보호해야 한다는 자연스럽고도 당연한 태도를 견지했다."[86] 하지만 그로브스는 프랭크가 연루되었음을 **오펜하이머한테서 직접** 들었다는 사실은 인정하지 않았다. 로저 롭이 그로브스가 받았다는 "인상"을 캐묻지 않은 것을 보면 이 얼버무리기 공모에 장군이 가담했음을 몰랐다는 것이 분명하다. 아무튼 롭은 바랄 수 있는 모든 것을 그로브스한테서 얻어냈다. 무슨 말인가? 롭은 "오펜하이머가 맨해튼 프로젝트에 극히 중요하다고 판단하지 않았다면" 기밀 인가를 내 주었겠느냐고 장군에게 물었다. 그로브스는 주저하며 이렇게 대답했다. "오펜하이머가 극히 중요하다고 생각하지 않았다면, 그가 프로젝트에 이미 깊이 몸담지 않았다면, 그에게 기밀 인가를 내 주지는 않았을 것이다. ……"[87]

당대였든 역사적이든 어떠한 다양한 설명을 시도해도 오펜하이머가 1943년 보리스 패시에게 한 진술이 완벽하게 해명되지는 않는다. 그는 이렇게 말했다. "소련 영사관 소속의 …… 인사 한 명(아마도 표트르 이바노프일 것이다.)"이 "프로젝트 관련자들을 통해" 자기가 정보를 전달할 수 있을 것이라고 넌지시 말했다. 오펜하이머는 1943년 패시에게 이렇게 말했다. "두세 건"을 알고 있다. "두 명"은 "나와 함께 로스앨러모스에" 있고, "나랑 긴밀하"며, "그 목적 때문에 접촉을 받았다. ……" 로런스와 앨버레즈는 접촉을 받은 일이 **없다**. 아마 "두세 명" 가운데 한 명은 프랭크 오펜하이머였을 것이다. 접촉이 이루어진 다른 사람은 누구일까? 롭은 이 불일치를 추궁하지 않았다. 아마도 이 문제는 영원히 해결할 수 없을 것이다.

보안 청문회가 그 초기 단계에서 멈췄더라면 당해 심리는 정당화되었을 수도 있다. 오펜하이머의 앞뒤가 안 맞는 진술이 오랫동안 미조사 상태로 해결되지 않은 채 곪아터졌기 때문이다. 더구나 스파이 활동을 종용한 접근이 실제로 있었다. 보안 위원회는 오펜하이머의 앞뒤가 안 맞는 진술을, 접근한 사람이 누구였든 오펜하이머가 그에게 아무것도 제공하지 않았다는 증거와 비교 검토해야 했다. 다시 말해 오펜하이머가 기본적으로 충성스럽고, 지각과 분별이 있는 사람이라는 것은 분명했다. 그는 전시에 로스앨러모스를 성공적으로 이끌었고, 전후에도 다년간 정부에 봉직했다. (비록 그의 의견이 어떠했든 간에) 그러나 원자력 위원회(AEC)의 고발장은 의견이 첨예하게 갈린 수소 폭탄 논쟁 중과 후에 그가 보인 행태까지 의문을 제기했다. 청문회의 상당 시간이 그 의혹을 해소하는 데 할애되었다.

1954년 4월의 그 봄에 미국의 엘리트 과학자들이 차례대로 한 명씩 청문회장에 불려 나갔다. 그들은 증인석에 앉았고, 오펜하이머는 뒤에서 푸른 담배 연기를 통해 그들의 뒷모습을 응시했다. 오펜하이머는 비참하고 분했다. 대다수가 그의 친구였지만, 7명은 적이었고 불리한 진술을 했다.

먼저 불려나온 것은 친구들이었다. 고든 딘, 한스 베테, 데이비드 릴리엔솔, 조지 케넌, 라비가 그들이었다. 조지 케넌은 오펜하이머를 "우리 세대의 가장 위대한 지성 가운데 한 명"[88]이라고 말했고, "우리가 개발할 수 있는 파괴력의 수학 계산"을 통해서가 아니라 "국제 사회의 사안들을 긍정적이고 건설적으로 해결할 수 있는 우리의 능력"[89]을 통해 안보를 꾀해야 한다고 주장했다. 라비는 자신에 대한 믿음이 투철했고, 청문회가 억지이고 가짜라는 판단이 확고했기 때문에 롭의 반대 심문에 전혀 거리낌이 없었다.

> 롭: …… (슈발리에) 사건과 관련해 당신이 모르는 정보를 위원회가 보유하고 있을 수도 있습니다.[90]
>
> 라비: 그럴 수도 있겠죠. 하지만 저도 오펜하이머와 오랫동안 교유했습니다. 1929년으로까지 거슬러 올라갑니다. 무려 25년이죠. 제가 대단히 중요하게 여기는 직감 같은 것이 있다는 말입니다. 달리 말해 볼까요. 위원회의 고결함과 성실성에 전혀 이의를 제기하지 않으면서도 그들과는 다르게 판단할 수도 있다는 이야기입니다.

라비는 계속해서 이렇게 말했다. "당신은 사태를 전체적으로 파악해야 합니다. …… 소설처럼 말이에요. 인생사에는 특별한 순간이 있습니다. 그가 무엇 때문에 행동에 나섰는가, 무엇을 했는가, 그는 어떤 종류의 사람인가 같은 것 말입니다. 정말이지 당신은 이 자리에서 그런 걸 해야 합니다. 당신은 한 인간의 전 생애를 쓰고 있습니다."

라비 다음으로는 노리스 브래드베리, 하틀리 로, 리 듀브리지가 증언했다. 배너바 부시는 몹시 화를 냈다. "저는 이 위원회가 실수를 저질렀다고 생각합니다. 그것도 아주 심각한요. 제가 읽은 니콜스 장군의 고발장, 그러니까 이 혐의 목록은 단지 의견을 가졌다는 이유로 한 인간을 재판에 회부한 것으로 해석될 수 있습니다. 그것은 미국의 체제에 반하는 것입니다. 끔찍하고 소름끼치는 일이라는 말입니다."[91] (배너바 부시의 성토가 있자, 고든 그레이는 롭에게 청문회를 종결할 방법이 있느냐고 은밀히 물었다.[92] 롭은 없다고 대꾸했다.) 유일한 여자 증인 키티 오펜하이머도 공산주의자 조 달레트와의 결혼과 그가 에스파냐 내전 당시 현지에서 사망한 사건에 관해 짤막하게 증언했다. 키티는 변호인단 중 한 명이 그녀의 인생을 되돌아보는 과정에서 던진 질문에 간단명료하게 답변했다. 롭은 아무것도 묻지 않았다. 그레이는 그녀의 도움을 받아 공산당 당원 자격의 메커니즘을 알고 싶어 했다. 은밀히 이루어지는 속임수 따위를 듣고 싶었던 것이다. 하지만 그녀는 답변을 통해 그를 무안하게 만들었다.

그레이: 오펜하이머 부인, 공산당은 어떻게 떠난 겁니까?

키티: 걸어서 나왔죠.

그레이: 당원증이 있었습니까?

키티: 영스타운에 살 때는요. 네.

그레이: 그걸 반납하거나 찢어 버렸습니까?

키티: 모르겠습니다.[93]

롭은 대다수 증인이 잘못 생각하고 있음을 확인했다. 로스앨러모스에서 베테가 이끌었던 분과에는 클라우스 푹스가 암약했다. 캘리포니아 공과 대학의 고참 물리학자 찰스 로리첸은 프랭크 오펜하이머가 공산당원이었음을 몰랐다. 로버트 바커는 필립 모리슨을 고용했다. 롭은 오펜하이머의 친구들에게 다음을 강조했다. 즉 그들이 모르는 증거를 보안 위원회는 알고 있다는 것이었다.

다음 순서로 "정부"측 증인들이 전례 없이 등장했다. 재판이 아니라 공정한 심리가 되어야 했지만, 개리슨은 청문회가 재판이자 호된 시련으로 변질되었다고 회고한다.

> 한 인간의 인생이 위태로워졌습니다. 살인 재판 같았어요. 그런데 증거는 확실하지 않았고, 뭔가 석연치 않았죠. 우리는 (오펜하이머의 친구 랜돌프 폴(Randolph Paul)의) 조지타운 집에서 대부분의 저녁 시간을 보냈습니다. (오펜하이머 부부가 청문회 기간에 거기 머물렀다.) 우리는 전심전력을 다 해서 준비했고, 끝나면 너무 지쳐서 사후 논의도 별로 못 했어요.
>
> 물론 가장 과로한 건 오펜하이머였죠. 그건 키티도 마찬가지였습니다. 하지만 오펜하이머가 훨씬 더 긴장했지요. 그는 밤이면 침실 마루 위를 서성거렸습니다. 랜돌프 폴이 내게 이야기해 주었죠. 오펜하이머는 고뇌에 차 번민했어요. 그의 근심과 걱정이 우리한테까지 감염되었습니다. 정말이지 엄청난 고문이었습니다.[94]

웬델 래티머는 버클리의 화학과 교수로, 어니스트 로런스를 부추겨 슈퍼를 밀어붙이게 했다. 그에게는 오펜하이머가 스벵갈리(Svengali, 다른 사람의 마음을 조종하여 나쁜 짓을 하게 할 힘을 지니고 있는 사람 — 옮긴이)였다.

그는 사람들에게 영향을 미치는 능력이 이 나라에서 둘째가라면 서러운 단연 최고의 인물입니다. 그는 한 집단에 믿기 어려울 정도로 경악스러운 영향력을 행사해 왔습니다. 정말 놀라운 일이죠. 그는 일반 자문 위원회(GAC)를 완벽에 가깝게 지배했고, 자기 의견이 항상 다수 의견이었습니다. 일반 자문 위원회(GAC)에서 제출된 견해 중 그의 것이 아닌 게 없다고 저는 생각합니다. …… (버클리의) 우리 학생 다수가 (로스앨러모스에서 전시 연구를 하고) 돌아오더니 평화주의자로 바뀌어 있더군요. 그것 역시 그의 영향력이 작용한 결과일 가능성이 아주 높다고 저는 판단했습니다.[95]

공군 소장 로스코 찰스 윌슨(Roscoe Charles Wilson, 1905~1986년)은 자신이 "헌신적인 공군"임을, "공군의 관점에서 볼 때 소련이 강력한 지상 병력을 가진 국가"임을 이해시키려고 했다. 그런데 오펜하이머는 "소위 원자력의 국제 관리에만 관심을 기울였고, 그것도 미국이 독점적 지위를 누릴 때였습니다." 오펜하이머가 공군보다 해군을 편들었다는 것도 눈엣가시였다.

오펜하이머 박사는 …… 원자력을 동력으로 사용하는 항공기에 반대했습니다. 그는 기술을 고려해 반대했죠. 저는 그의 기술 판단에는 이의를 제기할 생각이 없습니다. 하지만 그는 원자력을 동력으로 사용하는 선박에는 덜 반대했습니다. 적어도 두 프로젝트 모두에 똑같이 반대해야 한다는 것이 공군의 정서입니다.[96]

로스코 윌슨은 오펜하이머와의 이런저런 견해 차이에 이처럼 반응했다. 그 장군은 자신의 진술이 "정보 국장을 찾아가, 국방에 도움이 전혀 안 되는 행동을 걱정한 것"[97] 이었다고 선언했다.

4월 28일 오후 4시 드디어 에드워드 텔러가 선서를 하고 증인석에 앉았다. 그는 여러 주에 걸쳐 자신의 증언을 심사숙고했다. 마찬가지로 증언할 예정이었던 어니스트 로런스와도 대화를 나눴는데, 로런스는 "오펜하이머가 매우 위험한 인물이라며 맹렬하게 성토했다."[98] 텔러는 이렇게 회고했다. 로런스와 앨버레즈는 둘 다 "오펜하이머가 공산당과 연계되어 있다고 강조했습니다. 기록으로도 분명히 알 수 있다는 것이었죠. 아내, 동생, 태틀록이 모두 그랬습니다. 둘은 그런 인간은 절대로 깨끗할 수 없다는 취지로 단언했죠."[99] 텔러는 뉴욕을 찾았을 때 잠깐 로이드 개리슨을 만나기도 했다. 오펜하이머 담당 변호사는 몇 년 후 이렇게 썼다.

> 내가 요청했고, 그가 우리 법률 사무소로 나를 찾아왔다. 청문회가 시작되기 얼마 전이었다. 그는 방문을 주저했고, 나만 만나겠다고 했다. 나는 그에게 오펜하이머와의 관계 및 오펜하이머의 충성심에 대한 견해를 물었다. 그는 오펜하이머를 우호적으로 생각하지 않았다. 하지만 오펜하이머의 충성심에는 의문을 제기하지 않았다. 그는 오펜하이머의 지혜와 판단력을 못 믿겠다고 말했다. 그는 그런 이유로 정부가 그를 배제해야 기능을 제대로 수행할 것이라고 생각했다. 그의 상황 판단과 오펜하이머 혐오는 아주 강렬했고, 나는 그를 증인으로 부르지 않기로 했다. …… 텔러 박사의 그런 입장은 확고했고, 청문회 진술 역시도 나랑 면담할 때 했던 이야기에서 크게 벗어나지 않았다.[100]

원자력 위원회(AEC) 공보관 차터 헤슬립(Charter Heslep)은 4월 22일 별 생각 없이 리버모어의 텔러를 찾아갔다가, 한바탕 긴 잔소리를 들었다. 헤슬립은 깜짝 놀라서 스트로스에게 비밀 보고서를 올렸다. "텔러가 열의를 보이며 이야기한 것은 오펜하이머 사안뿐이었습니다." 헤슬립은 텔러에게 자기는 연설 원고 작성자일 뿐이라고 대꾸했다. 그는 텔러의 자신감이 무너진 것은 자기 소관이 아니라고 속으로 생각했다. 아무튼 텔러는 그에게 자기 이야기를 들으라고 다그쳤다. 장장 1시간 넘게 긴 이야기가 계속되었다.

텔러는 오펜하이머 사안이 "보안을 다루"는 게 불만이라고 헤슬럽에게 말했다. 풀어 쓰자면 보안에는 "문제가 없다."라고 생각했기 때문이다. 텔러는 "오피의 충성심에 대한 자신의 견해를 풀어놓는 것을 어려워합니다. 오피가 불충하다기보다는 …… '평화주의자'에 가깝다고 믿기 때문입니다." 그러나 소위 심리가 보안의 토대 위에서 이루어지고 있었기 때문에, 오펜하이머가 종전 후 "끊임없이" 제시한 "악성 자문" 문서들을 포함시켜 "기소 내용의 신빙성을 더할" 방법을 찾을 수 있을지도 모르겠다고 텔러는 이야기했다. 진짜 상황을 아는 과학자가 거의 없다고도 텔러는 말했다. 오펜하이머는 과학자들 사이에서 "정치적" 영향력이 대단했다. "오피 제국"이 존재했다. 텔러는 오피 제국이 돌아가는 메커니즘을 장황하게 이야기했고, 오펜하이머 지지자들의 긴 명단을 나열했다.[101] 텔러가 청문회에 출석해 증언하고 나중에 회고한 내용을 고려할 때, 헤슬럽이 보고서에 적은 것 중 가장 흥미로운 내용은 자신의 육감에 기초한 판단이었다.

> 텔러는 (오펜하이머의) "명예와 지위를 박탈하는 일"이 반드시 이뤄져야 한다고 생각하고 있습니다. 현행의 청문회 결과와 상관없이 말입니다. 그렇지 않으면 과학자들이 (핵무기) 프로그램에 대한 열의를 잃어버릴 수도 있다는 것이 텔러의 걱정입니다.

텔러는 이처럼 확고한 결의 속에서 워싱턴으로 갔고 증언에 임했다.

그는 출정 전날 저녁 롭을 만났다. "롭이 이렇게 물었습니다. '어떻게 증언할 겁니까? 그에게 기밀 취급 인가를 내 줘야 할까요?' 이렇게 대꾸했죠. '그에게 인가를 내 줘야 한다고 증언할 겁니다.' 그러자 (롭이) 이러더군요. '그가 한 진술의 일부를 보는 게 좋겠습니다.' …… 롭이 제게 그 일부를 보여 주었죠. 슈발리에가 연루되었음이 분명한 부분을요. …… 이윽고 그가 물었습니다. '아직도 그에게 인가를 내 줘야 한다고 증언하시겠습니까?' 저는 대꾸했어요. '모르겠습니다.'"[102] 롭을 만났다는 텔러의 이야기는 오펜하이머를 탓하는 그의 입장과 어울리지 않게 상당히 고결한 체하고 있다. 실제로 텔러는 증인석에서 오펜하이머에게 불리한 진술을 했으므로, 이 이야기는 십중팔구 거짓으로 꾸며냈을 것이다. 개리슨은 텔러의 "청문회 진술이 나랑 면담할 때 했던 이야기에서 크게 벗어나지 않았다."라고 회고했다. 텔러는 헤슬립을 앉혀 놓고도 오펜하이머에게 매도에 가까운 공격을 퍼부었다. 텔러는 오펜하이머의 비밀 정보 사용 인가를 취소해야 한다고 내내 증언할 계획이었던 것이다.

한스 베테와 로제 베테가 미국 물리학회(American Physical Society) 모임 때문에 마침 워싱턴에 체류 중이었다. 두 사람은 오펜하이머에게 우호적으로 진술하도록 텔러를 설득했다. 베테가 어떻게 회고했는지 보자. "아예 가망이 전혀 없었어요. 그가 말했습니다. '오펜하이머는 실수를 너무 많이 저질렀다.'라고 했어요."[103] 베테는 요령부득의 가망 없는 대화였다고 회고했다. 코넬 대학교의 그 물리학자는 오펜하이머를 정부 자문역에서 축출해야 한다는 텔러의 견해가 확고부동했다고 못 박았다. 프린스턴의 이론 물리학자 프리먼 존 다이슨(Freeman John Dyson, 1923년~)의 회고록을 통해 베테와 텔러의 만남을 정황적으로 확증할 수 있다.

호텔 로비에서 우연히 베테를 만났다. 매우 침울해 보였는데, 그런 모습은 한 번도 본 적이 없었다. …… "청문회 상황이 안 좋은가요?" 내가 물었다. "그렇다네." 한스는 계속해서 이렇게 대꾸했다. "하지만 최악은 그게 아니야. 방금 에드워드 텔러와 내 평생 가장 끔찍한 대화를 나눴네." 그는 더 이상 이야기하지 않았지만 사태는 명약관화했다. 텔러가 오펜하이머에게 불리한 진술을 하기로 마음을 정했던 것이다. 베테는 그를 말리려고 했지만 실패했다.[104]

다이슨은 이렇게 말하기도 했다. 텔러는 "오펜하이머가 실제 세계에서보다 영향력이 훨씬 큰, 일종의 마키아벨리라고 생각했다. 텔러는 웬일인지 오펜하이머의 정치력을 깨뜨리기만 하면 사태가 바로잡힐 것이라고 생각했던 것 같다. 사실 그 당시 오펜하이머에게는 깨뜨릴 정치력이라는 게 전혀 없었다."[105]

로저 롭에게는 활용할 수 있는 강력한 무기가 있었고, 그는 이것을 바탕으로 텔러가 거부하려 해도 오펜하이머가 보안 위험 요소라고 진술하게 만들 수 있었다. 텔러가 1952년 비밀리에 응한 FBI 면담 자료 말이다. 롭이 오펜하이머를 상대로 추진 중이던 기소는 해럴드 그린이 그 면담에서 텔러가 한 진술을 바탕으로 내용을 작성했다. 텔러가 진술할 때 기소 검사들은 고분고분한 개로 변신했다.

텔러는 1954년 4월 28일 오후에 증언했다. 텔러가 선서를 했고, 롭은 보안이 위험에 처했다는 사안을 일단 배제했다. 헝가리 출신의 그 물리학자가 광명정대하다고 먼저 칭찬을 퍼부은 것이다. 텔러가 FBI에 한 비밀 증언이 과연 광명정대함과 연결될 수 있을까?

롭: 오펜하이머 박사가 배석한 가운데 해야만 하고, 하고 싶은 말이 있다고 며칠 전에 제게 말씀하셨었지요?

텔러: 그렇습니다.[106]

롭은 텔러의 이력을 간단히 소개한 후 요점으로 직행했다.

롭: 이제 쟁점을 분명히 해 봅시다. 이렇게 묻겠습니다. 진술하겠다는 내용이 무엇입니까? 오펜하이머 박사가 미국에 불충하다고 말하려는 겁니까?

텔러: 그런 이야기를 하고 싶은 게 아닙니다. 저는 오펜하이머가 지적으로 대단히 명민하고, 아주 복잡한 사람이라는 걸 압니다. 제가 어떤 식으로든 그의 동기를 분석하려고 한다면 주제 넘고 건방진 일인 데다 나아가 부적절한 잘못일 겁니다. 저는 그가 미국의 충성스러운 시민이라고 항상 생각해 왔으며, 그건 지금도 마찬가지입니다.

롭: 당연한 귀결이라 할 수 있는 질문을 하겠습니다. 오펜하이머 박사가 보안상 위협이 된다고 생각합니까? 그렇지 않습니까?

텔러: 저는 오펜하이머 박사의 행동과 처신을 수없이 지켜봤습니다. (저는 오펜하이머 박사가 행동했다고 알고 있습니다.) 하지만 그의 처신을 이해하기가 대단히 어려웠습니다. 저는 수많은 사안에서 그와 완전히 의견이 달랐습니다. 솔직히 저에게는 그의 행동과 처신이 혼란스러운 데다 이해할 수 없었습니다. 조국의 사활적 이해 관계를, 제가 더 잘 이해하고 나아가 신뢰할 수 있는 사람들이 다루어 주기를 원할 정도로요. 다른 사람들이 공적 사안을 다뤄 준다면 개인적으로 더 안심할 수 있겠다는 생각을 이렇게 좁은 의미에서 피력하고 싶은 것입니다.[107]

충성심과 보안 문제를 이렇게 분리하면서 유리하게 타협을 보았다는 것이 분명하다.

롭은 다음 2시간에 걸쳐 "비공개를 전제로 FBI에 진술한 내용"을 다시 텔러에게서 끄집어냈다. 해럴드 그린은 청문회장에서 그렇게 받아 낸 진술을 "비굴하고 맥 빠진"[108] 이야기라고 일갈했다. (해럴드 그린은 고발장을 작성했음에도 불구하고, 기소 검사진을 탈퇴했다. — 옮긴이) 로버트 오펜하이머가 수소 폭탄 프로그램을 지연 좌초시켰다는 주장은 원자력 위원회(AEC)의 기소 내용에서 핵심적인 지위를 차지했다. "정부" 측 증인 대다수가 그 혐의가 매우 중하다고 진술했다. 그런데 이 혐의는 원래 텔러의 FBI 면담에 근거했다. 그런데도 롭은 텔러가 FBI에 한 비밀 증언에 은근슬쩍 단서를 달고, 나아가 부인하는 데도 이것을 묵인 방조했다. 그린은 롭과 보안 위원회가 텔러의 FBI 비밀 증언을 취급한 방식을 도저히 이해할 수 없었다.

롭이 자기 소송에서 이렇게 물 타기를 해 사안을 유야무야 처리하는 것을 도저히 이해할 수 없었다. 그가 진실을 규명하고자 한다면 그게 아무리 내키지 않더라도 원자력 위원회(AEC)의 소송 절차와 (아이젠하워 행정부의) 행정 명령 10450호 둘 다가 정한 책무에 따라 텔러의 증인 자격에 의문을 제기했어야 했다. 생각을 달리 해, 오펜하이머 사건을 최대한 성과 있게 진행하는 게 롭의 목표였다면 그는 텔러에게 선서를 시키고 이전에 텔러가 주장했던 오펜하이머의 혐의 주장을 되풀이하도록 압박했어야 한다.

그레이 위원회는 청문회에 앞서 텔러의 FBI 증언을 열람했다. 그럼에도 불구하고 텔러가 왜 의견을 바꾸었는지 확인하는 일에 관심을 보이지 않았다. 확실히 이것은 더 중요한 사실이다.[109]

텔러가 의견을 바꾼 이유는 따로 설명할 필요가 없을 만큼 자명하다. 그는 피고가 배석한 자리에서 증언을 했다. 그는 허세를 부리며 오펜하이머에게 도전할 깜냥이 안 되었다. 고든 그레이는 텔러의 비겁하기 이를 데 없는 표현이 틀림없이 불만스러웠다. "개인적으로 더 안심"할 수 있겠다니? 그는 막바지 증언 때 텔러에게 자신의 의견을 좀 더 솔직하고 직접적인 방식으로 표현해 줄 것을 강하게 요구했다.

그레이: …… 그렇다면 저는 당신에게 이렇게 묻고 싶습니다. 오펜하이머 박사에게 비밀 취급 인가를 허용하면 공동체의 방위와 안보가 위험에 처할 것이라고 생각합니까?

텔러: 그건 믿음의 문제라고 생각합니다. 정확하게 알고 단언할 수는 없는 것이죠. 오펜하이머 박사는 대단한 인물입니다. 그가 조국의 안위에 위험할 수도 있는 일을 알면서 일부러 하지는 않을 것입니다. 귀하의 질문은 의도를 갖고 한 것입니다. 따라서 그런 질문에라면 비밀 취급 인가를 금지해야 할 이유를 전혀 찾지 못하겠다고 답변할 것입니다.

하지만 지혜와 판단력을 발휘해야 하는 사안이라면 1945년 이후의 행동과 처신이 증명하므로 비밀 취급 인가를 허용하지 않는 게 더 현명할 것이라고 말하겠습니다.[110]

텔러의 진술을 듣고 있던 오펜하이머는 줄이 쳐진 노란색 메모 용지에 암호처럼 이렇게 적었다.

텔러-우호적이지 않음.
양심은 있군.
이성 상실.
수소 폭탄에 관해 이랬다 저랬다.

오펜하이머는 청문회 과정의 후반에 그 헝가리 인 동료에 대해 더 자세히 생각해 보았다. 텔러가 로스앨러모스를 저버리고 리버모어로 떠나면서 퍼부은 악담도 떠올랐다. 오펜하이머는 도대체 누가 그 말을 퍼뜨렸는지 알아봐야겠다고 다짐했다. 오펜하이머가 기억력에 의지해 인용한 내용은 이렇다. "유화주의자들이랑은 일할 수 없으니 파시스트들이랑 하겠다."[111] 텔러의 그 말이 흥미롭기는 했지만 로버트 오펜하이머에게는 아무 쓸모가 없었다. 하지만 그 말을 곰곰 생각해 보면 텔러가 헝가리적 가치관을 바탕으로 미국 정치를 파악한 정도와 범위를 알 수 있다. 헝가리의 부유한 유대인들은 제1차 세계 대전이 끝나고 텔러가 아직 소년이었을 때 펼쳐진 정국에 소스라치게 놀랐고, 공산당 세력을 전복하기 위해 호르티 미클로시(Horthy Miklós, 1868~1957년) 제독이 이끄는 파시스트들과 협력했다. 텔러의 아버지도 그런 사람이었다.

텔러는 증인석에서 나와 오펜하이머에게 손을 내밀어 악수를 청했고, 오펜하이머는 주저했지만 아무튼 악수를 받았다. 텔러는 오펜하이머에게 이렇게 말했다. "미안합니다." 오펜하이머는 안 믿긴다는 듯 이렇게 반응했다. "방금 전까지 그렇게 말해 놓고 미안하다니 무슨 이야기인지 모르겠군."[112]

다른 증인들이 엿새 더 오펜하이머에게 불리한 증언을 계속했다. 공군 소속 과학자 데이비드 트레슬 그릭스(David Tressel Griggs, 1911~1974년), 루이스 앨버레즈, 보리스 패시가 그들이었다. 윌리엄 보든이 깜짝 증인으로 출석했다. 개리슨은 놀라 자빠질 지경이었다. 전임 사무국장의 고발장에 관한 이야기를 소문으로만 들었던 것이다. 개리슨은 보든이 작성한 문서를 배제하려고 싸웠다. 반면 그레이는 낭독을 시켜 기록으로 남기고 싶어 했고, 그래서 보든이 읽었다. 그것은 판도라의 상자였다. 변호인단은 주말에 숙의를 거쳐 보든에게 질의하지 않기로 결정했다. 그는 청문회장을 떠났고, 역사 속으로 사라졌다.

청문회는 5월 6일 종결되었다. 보안 위원회는 5월 27일 다음과 같은 다수 의견(그레이와 모건)을 내놓았다. 미국은 "충성스럽고 탁월한 업적에 대해" 오펜하이머에게 "큰 빚을 지고 있고 사의를 표한다." 오펜하이머는 "충성스러운 국민"이다. "의견 표명만을 이유로 그 누구도 재판을 받아서는 안 된다." 하지만 그들은 오펜하이머의 비밀 취급 인가를 복권하라고 권하지 않았다. 다수 의견은 이렇게 계속된다. 오펜하이머의 "지속적 행위와 연계는 보안 체계의 요구 사항을 크게 무시한 것이다." 오펜하이머는 "조국의 안보 이해에 심각한 함의가 있을 수도 있는 세력에 감염되기 쉬운 인사"이다. "수소 폭탄 개발 계획에서 오펜하이머가 보인 행태는 앞으로 그가 참여하는 게 …… 안보의 최고 이해와 분명한 형태로 일관성 있게 유지될지와 관련해 의심을 살 만큼 충격적이고 불안하다." 오펜하이머는 "본 위원회에 출석해 증언하는 과정에서 몇몇 경우 솔직하지 못했다."[113] 화학 교수 워드 에번스는 반대 의견을 내기로 결심했지만, 내용이 앞뒤가 안 맞는 문서를 제출하는 바람에 롭이 수정 보완해야 했다. 아무튼 에번스의 소수 의견은 오펜하이머를 겨냥한 대다수의 혐의 내용을 원자력 위원회(AEC)가 1947년에 이미 검토하고 승인했으므로 일사부재리의 원칙에 어긋난다고 주장했다. 하지만 그의 소수 의견은 홍수를 막는 구멍 마개도 못 되었다.

오펜하이머는 보안 위원회의 다수 의견을 원자력 위원회(AEC) 위원들에게 항소했다. 니콜스는 1953년 6월 12일 위원회 성원들에게 보내는 권고 서한에서 오펜하이머가 슈발리에 사건과 관련해 중죄에 해당하는 위증을 했음을 강조했다. 한편 그 와중에 스트로스는 FBI의 전화 도청을 바탕으로 오펜하이머와 개리슨의 새로운 걱정거리를 파악했다. 비밀 청문회의 속기록이 공개되면 타격이 있을 수 있다는 염려였다. FBI는 스트로스에게 이렇게 보고했다. 오펜하이머가 《뉴욕 타임스》의 제임스 레스턴(James Barrett Reston, 1909~1995년)에게 속기록의 유리한 부분을 유출하고자 한다. 스트로스가 선수를 쳤다. 헨리 스마이스 위원이 청문회 속

기록 요약본을 이미 요청한 상태였다. 그런데 유진 주커트 위원이 배포된 속기록 요약본을 우연히도 기차에 두고 내렸다. FBI가 곧 그 문서를 회수했지만, 스트로스는 그 일시적 방치 상태를 구실 삼아 전체 992쪽에 달하는 속기록을 6월 15일 출판[114]해 버렸다.

그리하여 오펜하이머의 모순되는 진술이 대중에 공개되었다. 하지만 그건 에드워드 텔러의 진술도 마찬가지였다. 텔러의 동료 과학자들은 대부분 놀랐고 소름끼쳐 했다. 텔러는 6월에 로스앨러모스를 방문했고, 본관의 햇볕이 잘 드는 동쪽 테라스에서 점심을 먹고 일어섰다. 과거의 제자 로버트 크리스티와 인사를 나누기 위해서였다. 크리스티는 그를 모르는 체하며 무시했다. 악수를 거부한 것이다. 텔러와 그의 아내는 충격을 받았고, 황급히 내빈실로 향했다. 앨버레즈는 그 소식을 전해 듣고 스트로스에게 전화로 알렸다. 스트로스는 다음와 같은 내용을 구술했다.

> 텔러 박사가 아내와 함께 현재 로스앨러모스에 머물고 있으며, 거기서 난폭한 대우를 받고 있다고 (앨버레즈가) 내게 알려왔다. 나는 텔러 박사에게 전화를 해, 들은 내용을 확인했다. …… 그는 내게 절대로 아무 조치도 취하지 말라고 간청했다. …… "나는 꾹 참기로 마음을 먹었다. 진실 말고는 더 이상 어느 것에도 관심이 없다. 나는 진실이라고 믿는 바를 이야기했고, 최선을 다해 조국에 봉사하며 과학에 헌신했다. 내 친구들이 결국에는 그렇게 생각할 것이라는 사실을 믿어 의심치 않는다."[115]

루이스 스트로스가 주도한 원자력 위원회(AEC)의 다수 의견이 6월 29일 공개되었다. "정부와 본 위원회는 오펜하이머 박사의 '성격'에 근본적 결함이 있음을 확인했고 더 이상 그를 신뢰하지 않는다."[116] (오펜하이머가 원자력 위원회(AEC)와 맺은 자문역 계약은 6월 30일 만료될 예정이었고, 스트로스는 그 결정을 황급히 내려야 했다.) 텔러는 그 무렵 리버모어로 복귀했고, 일련의 사태를 찬찬히 뜯어 보았다.[117] 그는 융화를 도모하는 간략한 성명서를 작성했다. 그는 자신의 증언이 잘못 이해되었다고 썼다. 폭넓게 증언하는 것이 자기의 의무였고, 부동의의 권리를 제한해야 한다고 말하려던 게 전혀 아니라는 것이었다. 그는 부동의의 권리가 민주주의에 반드시 필요하다고 썼다. 그는 원자력 위원회(AEC)가 오펜하이머의 조언 내용에 근거해 그의 비밀 취급 인가를 취소하기로 하지 않은 것이 기쁘다고 말했다.

텔러는 성명서 초안을 루이스 스트로스에게 보냈다. 자신의 진술이 심각한 과오였다고 느낀다는 말도 보탰다. 텔러는 한 개인이 자신의 의견 때문에 안보를 위협하는 존재가 될 수도 있다고 증언한 게 아니라고 말했다. 하지만 그가 그걸 의도했다는 것은 분명했다. 사실 그는 거의 그렇게 말할 뻔했다. 이 문제가 텔러의 동료들에게 결정적이었고, 그들이 텔러를 외면하면 그는 만신창이가 되고 말 터였다. 그래서 그는 자기가 성명서 발표를 제안하는 것이라고 썼다. 이것에 대해 스트로스는 어떻게 생각했을까?

스트로스는 텔러의 양심을 돌보는 데에 텔러보다 더 적극적이었다. 그는 자신이 동원한 최고의 증인이 마지막으로 대중 앞에서 견해를 철회하는 것도 나쁘지 않다고 보았다. 스트로스는 텔러에게 동료들의 반응을 정확히 표현하면, 그것은 "잘못 이해"한 게 아니라 "적극적으로 오해"한 것이라고 말했다. 그는 텔러에게 로저 롭과 상의해 보라고 권했다. 텔러가 적극적으로 나서지 않을 수도 있었기 때문에, 스트로스는 아예 그의 성명서와 편지를 롭에게 전달했다. 롭은 텔러에게 증언을 고수하라고 충고했다. "용기와 기개"가 필요했고, "대단히 중요한 공익 활동"이었다는 것을 이유로 댔다. 텔러는 롭의 조언을 따랐다.

로버트 오펜하이머는 예상할 수 있듯이 비밀 취급 인가가 취소되면서 타격이 엄청났다. 서버는 이렇게 회상한다. "정말이지 영혼이 망가졌던 것 같아요. 오피는 전쟁이 끝나고 여러 해 동안 고문으로 활약했습니다. 고위직을 두루 거쳤고, 사태와 사안에 정통했죠. 그는 그런 입지를 통해 자신이 중요한 인물이라는 믿음을 강화했고, 스스로 만족해했습니다. 삶의 전부가 되어 버린 것이죠. 라비가 말한 것처럼, 오피의 경우 고등 연구소는 왼손으로도 운영할 수 있었어요. 그는 할 일이 전혀 없어져 버린 겁니다."[118] 베테는 "이후로 그는 사람이 달라졌다."[119]고 느꼈다.

라비는 청문회와 로버트 오펜하이머가 받은 영향에 관해 할 말이 많았다. 그는 청문회에 출석해 증언을 마치면서 몹시 화를 냈다. 오펜하이머가 초기에 맺은 관계들과 말들에서 보이는 모순에 정부가 편협하게 집착한다며, 정신 차리고 사태를 보라고 호소한 것이다.

> 저는 …… 오펜하이머 박사의 비밀 취급 인가를 정지하는 조치가 매우 유감스럽고, 결코 그렇게 해서는 안된다고 생각합니다. 저는 스트로스에게 저의 그런 견해를 숨긴 적이 없습니다. 달리 말해 볼까요. 오펜하이머는 고문입니다. 만약 당신들이 그 사람한테 자문을 구하고 싶지 않으면 안 하면 그만이에요. 그런데 당신들은 왜 비밀 취급 인가를 정지하고, 이 모든 일을 벌이는 겁니까? 오펜하이머는 부를 때만 옵니다. 그게 다예요. 이런다고 해서 오펜하이머 박사가 이룬 성과와 업적이 없어진다고 생각하십니까? 제가 한 친구에게 이야기했다시피 그 기록은 너무나도 확고합니다. 우리한테는 원자 폭탄과 일련의 개량 무기 일체가 있어요. (삭제됨) 더 이상 뭘 원합니까? 인어라도 만들어 드려요?[120]

라비는 여러 해 후 빌 모이어스(Bill Moyers, 1934년~)와의 대화에서 그 진술 내용을 더 자세히 부연했다. 모이어스가 다시 물어볼 만도 했다. 로버트 오펜하이머는 미국이 전쟁을 끝내고, 타의 추종을 불허하는 핵무기를 제작해 쌓아 놓는 것을 도왔다. 그러고는 파괴되었다. 라비의 진술이 그런 상황을 결정적으로 증언했던 것이다.

> 저는 몹시 화가 났습니다. 엄청난 업적을 통해 조국에 봉사한 사람이 있었어요. 경이로운 인물이었죠. 그는 원자 폭탄 때문에 용서를 받았습니다. 많은 사람이 그를 따랐고요. 그는 평화주의자였습니다. 그런데 그들이 그 사람을 파괴했어요. 소수의 야비한 집단이었죠. 거기에는 과학자들도 섞여 있었어요. 시기심도 한 가지 이유였을 겁니다. 개인적 혐오도 가세했을 거고요. 공산주의를 정말로 두려워 한 게 세 번째겠죠. 그는 유미주의자였습니다. 저는 그가 안보에 위협이 되는 인물이었다고 생각하지 않아요. 그는 벼랑 끝을 따라 걷고 있지 않았어요. 그는 외면적으로 어떻게 비칠지에 별다른 주의를 기울이지 않았습니다. 특정한 종류의 전형적인 미국인이었죠. 중상 계층의 미학적 지식인 말이에요. …… 우리는 (1955년에) 원자력의 평화적 이용을 주제로 (국제) 회의를 했습니다. 루이스 스트로스가 내게 묻더군요. 그 회의의 의장으로 누가 좋겠느냐고 말입니다. 그래서 제가 대답해 주었죠. 우리가 이미 목 졸라 죽여 버린 것 같은데요.[121]

27장

병 속의 전갈들

커티스 르메이는 한국 전쟁 시기와 수소 폭탄 개발을 전후해 전략 공군 사령부를 하룻밤이면 국가와 민족 전체를 말살할 수 있는 치명적인 무기로 다듬었다. 그는 전역 후에 이렇게 말했다. "감히 누구도 우리를 공격할 수 없게끔 압도적인 무력을 갖추자는 것이 구상의 골자였다. 적어도 내 생각은 그랬다. 내가 전략 공군 사령부에서 달성하고자 한 게 바로 그것이다."[1] 르메이의 공식 전략은 억지력이었다. 물론 그는 억지력이 실패하는 위기에 대비해 더 비밀스러운 전략도 준비했다.

공군의 정치적 판단은 편협하기 이를 데 없었지만, 그 비밀스러운 전략이 가능했을 뿐만 아니라 우연하게도 강화되었다. 공군은 자신을 확대 편성하는 활동과 핵무기 증강이 연결될 수 있음을 간파했다. 육군과 해군은 공군이 그 연계를 바탕으로 "혼자서만 잘 먹고 잘 살려 한다."[2] 고 빈정거렸다. 공군은 우선 폭격 표적 목록의 공개를 거부했다. 르메이는 그러고 나서 자신의 기본 전쟁 계획(Basic War Plans)을 합동 참모 본부에 제출하지 않았다. 긴요한 비밀이라는 것이었다.[3] (그는 전략 공군 사령부의 표적 계획을 공군 내에서조차 비밀에 부쳤다. 1952년 상황을 예로 들 수 있겠다. 로리스 노스태드가 유럽 주재 미국 공군 사령관으로 부임했고, 노스태드의 부관이 계획을 조정하자며 전략 공군 사령부의 원자 폭탄 표적 목록을 요구했다. 르메이가 노스태드에게 던진 직답은 관심 끄라는 것이었다. "꼭 알 필요가 없는 사람이라면 우리의 표적 목록을 주지 않습니다."[4]) 전략 공군 사령부는 1955년까지 직접 표적에 대한 폭격 계획을 수립했다.

공군은 표적 수효 및 재고량을 운반 시스템과도 연계했다. 공군 참모 총장 호이트 밴던버그는 무려 1952년 가을에 육군 및 해군 참모 총장들에게 그 연계 시스템이 매우 중요하다고 강조했다.

> 우리가 높은 확실성을 바탕으로 원자 폭탄을 표적에 투하할 수 있을 만큼 전술적으로 충분히 강한 공군력을 확보하지 못한다면(그렇게 해서 타격 능력이 부실한 가운데, 표적은 그대로이고 폭탄 역시 소비되지 않고 남는다면), 군사적으로 어리석은 실수를 범하는 것으로, 그런 사태를 미국민에게 논리적으로 설명할 수 없다는 것을 지적해야겠습니다. 이것은 소련에 대해 우리가 가지는 군사적 우위 하나를 충분히 활용할 준비를 갖추지 않는 것입니다.[5]

합동 참모 본부는 밴던버그의 주장을 승인했고, 전략 공군 사령부는 국방 예산에서 최우선 순위를 배정받았다. 역사가 데이비드 앨런 로젠버그(David Alan Rosenberg, 1948년~)는 이렇게 쓰고 있다. "1953 회계 연도 국방 예산을 보면, 공군은 1954년 6월까지 143개의 비행단을 편성하는 것을 목표로 삼았다. 48개 비행단이 추가로 제출된 것이었다. …… 하지만 육군과 해군은 상응해서 군사력이 증강되지 않았다."[6] 트루먼 대통령이 합동 참모 본부의 그 요청을 133개의 비행단으로 줄였지만, 공군은 그럼에도 불구하고 그해 국방 예산의 40퍼센트 이상을 가져갔다. 그 10년 동안 이런 상황이 계속 유지되었다.

원자 폭탄이 포함된 합동 참모 본부의 최초 전쟁 계획에서는 핵무기 표적의 수가 재고량에 좌우되었는데, 이것은 비축량이 적었기 때문이다. 그러던 것이 원자력 위원회(AEC)가 1950년 이후 우라늄 광석을 다량 확보하고, 폭탄 설계가 개선되면서, 1개당 필요한 분열 금속의 양이 줄어들었고, 논리가 바뀌었다. 상황이 역전되어 표적이 재고량을 추동하기 시작한 것이다. 1945년에는 66개의 소련 도시가 표적으로 상정되었다. 호이트 밴던버그는 1952년 공군이 확인한 표적의 수를 트루먼에게 이렇게 보고한다. "전쟁이 일어날 경우 파괴해야 할 소련 표적은 5,000~6,000개입니다."[7] (이제는 도시뿐만이 아니었다. 산업 시설물은 물론이고 소련의 핵무기 생산 시설, 비행장, 군사 기지, 원유 생산 및 정유 시설, 발전소가 거기 포함되었다.) 트루먼은 원자력 위원회(AEC)의 예산을 매번 크게 증액해 주면서 고분고분 요구에 응했다. 원자력 위원회(AEC)는 트루먼이 꼬박꼬박 입금해 주는 재원으로 산업 제국을 확대했다.

미국은 한국 전쟁 기간에 재래식 군사력을 크게 확장하기 시작했을 뿐만 아니라 핵무기 생산 능력도 키웠다. 원자력 위원회(AEC)의 첫 번째 확대는 1950년 10월 재가되었고, 규모가 더 컸던 두 번째 확대는 1952년 1월 재가되었다.[8] 오크리지와 핸퍼드는 규모가 두 배로 커졌다. 대규모 기체 확산 공장 두 곳이 가동되면서 테네시 강 유역 개발 공사와 후버 댐, 그랜드 쿨리(Grand Coulee) 댐, 본빌(Bonneville) 댐이 협력해 제공할 수 있는 것보다 더 많은 전력이 필요할 지경이었다. 원자력 위원회(AEC)는 1957년경 미국이 사용할 수 있는 전체 전력의 6.7퍼센트를 소비했다. 서

배너 강에서 삼중 수소를 생산하던 중수로들은 그 특이한 액체가 수만 갤런 필요했다. 그 새로운 생산 단지를 건설하는 데 미국의 1년 니켈 생산량의 11퍼센트 이상, 스테인리스스틸의 34퍼센트, 플루오르화수소산의 33퍼센트가 들어갔다. 원자력 위원회(AEC)의 설비 투자액은 1947년 14억 달러이던 것이 1955년 거의 90억 달러로 증가했다. 이것은 제너럴 모터스(General Motors), 베슬리헴(Bethlehem)과 유에스 스틸(U. S. Steel), 알코아(Alcoa), 뒤퐁, 굿이어(Goodyear) 사의 자본 투자 총액을 넘어서는 액수였다. 생산 능력 증가는 더 많은 무기를 의미했다. 전략적 폭탄에 그쳤던 무기가 다음으로 더욱 다양화되었다. 전술 및 전략 탄두가 폭뢰(爆雷)에서 핵대포(atomic cannon), 대공 미사일, 전장에서 대륙 간까지 각종 사정거리의 탄도 미사일까지 모든 무기에 장착되었다. 1950년 298발이던 폭탄이 1955년 2,422발의 핵무기로 탈바꿈했다. 1961년 미국의 무기고의 핵무기는 1만 8638발이었다. 쿠바 미사일 위기가 벌어진 1962년에 미국은 핵무기를 2만 7100발 보유했다.[9]

르메이의 폭격 부대도 이 흐름에 발 맞추어 증강되었다. 1951년 말에 668대이던 것(그 대부분이 B-50과 B-29이었다.)이 1959년에는 장거리 B-52가 약 500대, 공중 급유가 가능한 중거리 B-47이 2,500대 이상으로 증가한 것이다. 전략 공군 사령부는 그밖에도 약 1,000대의 제트기 및 프로펠러 항공기를 운용하며 수송, 공중 급유, 정찰을 수행했다.

르메이는 1950년에 가장 위험한 해를 1954년으로 지목했다. "우리는 결정적인 해를 준비해야만 합니다. 소련의 완비된 군사력에 효과적으로 반격해야 하는 것이죠."[10] 소련의 핵무기가 비록 소규모이기는 해도 아무튼 증가 중이었다. 소련 폭격기도 상황은 마찬가지였다. 1954년이 다가왔고, 그 변변찮은 전략 행위자가 미국 전략 공군 사령부에는 상당한 위협으로 비쳤다. 국가 안전 보장 회의 특별 소위원회가 1953년 6월 제출한 보고서를 보자. 본토 방어 프로그램이 "소련이 단행할 수 있는 군사 작전이나 비밀 공격을 막거나 무력화하거나 저지할 수 있을 만큼 아직 충분하지 않"다. "국가의 생존이 위협받는 이런 허술한 상황은 용납할 수 없다."[11] 특별 소위원회 보고서는 전략 공군 사령부 확대와 더불어 조기 경보 레이더 체계와 본토 방공망을 구축하라고 권고했다. 소련에서 조 4가 두 달 후에 시험되었고, 소련 폭격기 1대가 운반 타격할 수 있는 화력이 증대해, 위험이 더욱 커졌다.

공군은 방어보다 공격을 크게 선호했다. 폭격기 상시 동원은 르메이에게 자명한 공리였다. 민간과 군부를 불문하고 노이만 같은 전략가들은 1940년대 말에 이미 예방 전쟁(preventive war)을 진지하게 토의했다. 소련이 첫 번째 원자 폭탄을 시험하기도 전이었다. 가장 위험한 해가 다가오자 미국 정부는 다시 그 사안을 진지하게 검토했다. 퇴역 공군 장성 제임스 둘리틀이 이끈 한 위원회가 1953년 봄에 2년 동안 소련과 협상을 시도하고, 잘 안 되면 공격해 버리자고 제안했다.[12] 아이젠하워는 그 기괴한 핵 최후 통첩을 당장에 기각했다. 신임 공군 참모 총장 네이선 트위닝은 1953년 8월 「국가 위기가 다가온다(The Coming National Crisis)」라는 공군 보고서를 읽었다. 미국이 조만간에 "제멋대로 행동하는 조무래기 야만인들에" 굴복하거나 (그렇지 않으면) "군사 대비 태세를 갖춰, 전면전으로 이어질 수도 있는 결정을 내려야"만 할 것이라고 경고하는 내용이었다. 보고서의 주장을 더 들여다보자. 보복은 첫 번째 타격이 아니라 두 번째 타격이고, 핵전쟁에서 그것은 곧 재앙이다. 따라서 보복 공격 방침은 "우리가 그런 참사를 받아들여야만 한다고 주장하는 사이비 도덕론자"[13]의 사악한 생각이었다.

1954년 봄에는 아이젠하워도 예방 전쟁 문제를 검토하지 않을 수 없었다. 합동 참모 본부의 사전 연구반이 대통령에게 다음과 같은 계획을 보고했다. "소련이 미국 본토에 실질적 위협을 가할 수 있을 만큼 충분한 열핵 능력을 확보하기 전에 …… 아예 미리 소련과 전쟁을 해 버리자."라고 제안한 것이다. 육군 참모 총장 매슈 리지웨이는 나중에 자기가 그 제안을 직설적으로 성토했다고 전했다.

> 보고가 끝나자 대통령께서 의견을 물었고, 나는 또렷한 인상 하나만 머릿속에 남는다고 발언했다. 미국이 소련을 상대로 앞장서서 공격 전쟁을 수행하라고 연구반이 다그치고 있다는 인상 말이다. 나는 그 기조가 우리나라가 토대를 두고 있으며, 계속해서 천명해 온 모든 원리에 반한다고 생각했다. 미국민 대다수가 그런 기조를 혐오할 것이라는 게 내 판단이었다.[14]

아이젠하워는 1954년 말에 새로 성명을 발표하면서 그 논쟁에 종지부를 찍었다. 국가 안보 기본 정책(Basic National Security Policy)이 바로 그것이다. "미국과 동맹국들은 전쟁을 도발할 의도의 예방 전쟁이나 행동 개념을 거부한다."[15]

소련의 핵능력은 확대되는데 예방 전쟁 교의를 통해 먼저 타격하는 것이 불가능해지자, 전략 공군 사령부는 선제 타격(preemption)[16] 계획을 수립하기로 했다. 소련이 공세를 취할 것으로 정보 기관이 알려 오면 선수를 친다는 게 선제 타격의 개념이다. CIA는 소련이 자국의 핵무기를 전부 끌어 모아 공격을 감행하는 데 한 달이 필요할 것으로 내다봤다. 합동 참모 본부는 전략 공군 사령부에 다음을 명령했다. 소련이 공격을 개시했다고 대통령이 판단을 내리면 맨 먼저 적국의 비행장을 제거하는 "타격 임무"를 최우선으로 단행할 것. 진격을 개시한 소련 군대를 공격하고, 마지막으로 도시(소위 "도시 산업 시설")와 정부의 지휘 거점을 공격하는 것은 당연한 수순이었다.

르메이는 서로 다른 3개의 임무에 휘하 병력을 찔끔찔끔 투입하기를 전혀 원치 않았다. 1954년 소련은 약 150발의 원자 폭탄을 전개하는 데 한 달이 걸릴 터였다. 그러나 르메이의 폭격 대원 1,008명은 일단 투입되면 서너 시간 안에 무려 750발[17]의 폭탄을 투하할 수 있었다. 전략 공군 사령관 르메이는 자신의 "선데이 펀치" 작전이야말로 가장 효과적인 공격 방법이라는 믿음을 완강하게 고수했다. 갖고 있는 비축량을 총동원해 모든 측면에서 동시에 선제 공격을 퍼붓는 것 말이다. 해군 장교 윌리엄 브리검 무어(William Brigham Moore) 대령은 1954년 3월 15일 전략 공군 사령부의 한 통상 보고회에 참석했고, 간담이 서늘한 상태에서 이렇게 적었다.

> 전략 공군 사령부는 해외 기지들에 급유 항공기를 충분히 배치할 수 있어야 가장 좋을 것으로 본다. 주요 공격에 앞서 폭격기를 배치하는 것도 필수이다. 이런 조건이 마련되면 전략 공군 사령부가 여러 방면에서 러시아에 접근해 그들의 조기 경보 시스템을 동시에 타격하고, 핵폭탄을 600~750발 퍼부을 수 있을 거라는 계산이 나왔다. 지금부터 2시간 정도이면 (비행장과 도시) 표적이 모두 파괴될 것이다. 발표는 유럽 지도를 연달아 보여 주면서 일사천리로 진행되었다. 다시 말해 전략 공군 사령부의 폭격기가 러시아의 조기 경보망을 최초로 타격하고 1시간 30분 동안의 상황을 개관한 것이었다. 다수의 두꺼운 선(선 하나당 비행단 하나이다.)이 깜찍한 별로 표시된 러시아의 심장부로 계속 집중되었다. 그만큼 많은 폭탄이 DGZ(designated ground zero, 지정된 제로 지점)로 떨어진다는 이야기이다. 2시간 만에 러시아의 거의 모든 지역이 화염으로 뒤덮인 폐허로 전락할 터였다.[18]

누군가가 발표 후 질의 응답 시간에 르메이에게 물었다. 한반도에서 적대 행위가 재개되면 어떻게 하냐고 말이다.(휴전 중이었다.) 르메이는 중국, 만주, 러시아 동남부에 폭탄을 몇 발 투하하겠다고 대답했다. 브리검 무어 대령은 르메이의 반응을 이렇게 풀어 썼다. "한반도나 인도차이나(당시 프랑스가 교전 중이었다.)의 '포커 게임'에서 우리는 …… 밑돈을 올린 적이 없다. 우리는 항상 상대방에게 패를 보이라고 요구했을 뿐이다. 하지만 우리도 언젠가는 밑돈을 올려야 할 것이다."[19]

커티스 르메이가 1954년경에 소련을 상대로 밑돈을 올리기 시작한 게 틀림없었다. 자기 책임 아래, 은밀하게, 법의 규제를 받지 않고서였지만 말이다. 르메이의 대원들이 임무를 수행하려면 표적 정보 말고도 소련의 방어 체계, 구체적으로 전투기 기지와 레이더 기지 관련 정보가 필요했다. 전략 공군 사령부는 1940년대 후반부터 불필요한 것은 모두 빼버린 B-29를 띄워, 소련 주변에서 정찰 임무를 수행했다. 소련 최초의 핵무기 시험을 장거리에서 탐지한 항공기도 이 "기상" 대대였다. 하지만 르메이는 소련을 측면에서 대충 훑어보는 것 이상을 원했다. 국경을 침범해 상공 통과 비행을 하고 싶었던 것이다. 그리고 그 일은 1950년 초에 이미 시작되었다.

소련 군대가 가만있을 리 없었다. 해군 소속의 장거리 전자 정보 수집 항공기 PB4Y-2가 1950년 4월 8일 소련 전투기에 의해 격추되었다.[20] 아마도 소련 영공에서였을 것이다. 대원 10명이 사망했다. 그런 도발적인 영공 침범 비행으로 소련의 유럽 공격이 정당화될 수도 있었다. 영공 침범 비행은 법률적으로 보면 명백히 전쟁 행위였다. 트루먼은 그런 파국을 막기 위해 영공 침범 비행을 금지했다. 하지만 르메이한테는 여전히 정찰 자료가 필요했다. 구체적으로는 항공기의 전파 영상경(radar scope)에 뜨는 표적의 이미지 사진이 필요했다. 르메이의 의도는 그런 사진들을 확보해 투명 합성수지 판[21]에 에칭하는 것이었다. 대원들이 이미지가 에칭된 투명 합성수지 판을 전파 영상경에 겹치면 핵폭격을 연습할 수 있었던 것이다. 르메이는 결의가 확고했고, 트루먼의 금지 명령을 우회할 수 있는 방법을 떠올렸다. 그는 합동 참모 본부의 승인을 얻어, 영국과 협상을 했다.[22] 미국이 영국 공군에 B-45 중급 제트 폭격기를 제공하기로 한 것이다. B-45는 최신형 폭격기로, 당시로서 속도가 가장 빨랐고, 고고도 운항이 가능했다. 영국 공군이 소련 상공을 날며 사진 및 레이더 정찰을 수행해, 그 정보를 전략 공군 사령부와 공유할 터였다. 윈스턴 처칠이 수상으로 복귀해 그 위험한 임무를 승인한 1952년 3월 영국 공군이 영공 침해 비행을 시작했다. 임무 수행에 나섰던 조종사 가운데 한 명은 소련이 인구 밀도가 높은 유럽과 확연히 구별되었다고 회상한다. "불빛이 여기저기 이상하게 반짝이는 하나의 커다란 검정 구멍 같았다. …… 우리가 사진을 촬영해야 하는 지역은 넓기도 넓었다. 대다수의 시설물이 그들의 레이더 거리 밖에 있었다. 그 무장 시설물들은 불도 밝히지 않았다. 한 번은 모스크바 남쪽으로 임무 수행에 나섰는데, 그곳은 빛의 천지였다. 모스크바는 굉장히 컸고, 빛이 많아서 참조점으로 삼기가 좋았다."[23]

소련제 요격기는 야간 비행에 나선 B-45의 정확한 위치를 찾아낼 수 없었다. 하지만 레이더에는 걸렸고, 가끔씩 대공 포화에 노출되기도 했다. 소련은 영공 침범이 미국의 소행이라고 생각했다. 1954년에는 확실히 그랬다. 미국의 영공 침범 비행은 그 유명한 U-2를 포함해 다양한 항공기로 수행되었고, 1960년에 접어들면서 정찰 위성이 그 역할을 대신했다. 소련은 영공을 침범한 비행기를 최소 20대 격추했다. 미군 항공병 100~200명[24]이 목숨을 잃은 것으로 추정된다. 그 가운데 일부는 수용소로 보내지기도 했다.

르메이는 정찰 비행을 활용해 전자 정보 및 사진 정보만 수집한 게 아니었다. 그는 소련의 방공망도 꼼꼼하게 조사했다. 그는 그렇게 하는 게 전쟁을 도발할 수도 있음을 잘 알았다. 실제로 그가 그것을 의도했을지도 모른다는 이야기가 있다. 르메이는 자기가 예방 전쟁에 나설 수 없다면 차라리 소련이라도 초고도 경계 상태로 몰아붙여, 전면적 선제 타격을 정당화하자고 결론 내렸던 것 같다. 르메이는 퇴역 후 한 인터뷰에서 정찰과 도발을 연계했다.

> 우리는 1950년대에 러시아와 싸워 승리할 수 있었습니다. 기본적으로는 비행 시간에 따르는 항공기 사고율만 대가로 치르면 되었어요. 소련의 방공망이 아주 취약했기 때문이죠. 한 번은 전략 공군 사령부가 보유한 정찰기 전부를 정오에 블라디보스토크 상공에 띄웠습니다. 정찰기 2대가 미그기(MiG)를 보았죠. 하지만 요격은 이루어지지 않았습니다. 계획도 잘 세웠어요. 제 정찰기의 경로가 종횡무진이었던 거죠. 모든 표적은 적어도 2대, 통상은 3대의 정찰기가 반복해서 사진을 촬영했습니다. 우리는 저항이 전무한 상태에서 그곳을 지도화했어요. 그 시절에는 폭격이 가능했습니다. 계획을 세워 실행에 옮기는 것도 괜찮을 뻔했습니다.[25]

소련군은 종횡무진하는 르메이의 정찰기에 핵무기가 실려 있는지를 알아낼 수 있는 방법이 전무했다. 비슷한 상황에서 소련 항공기가 미국 본토를 종횡으로 날았다면 전략 공군 사령부가 선제 타격을 가했으리라는 것은 틀림없는 사실이다. 하지만 소련은 쭈그리고 앉아 몸을 구부렸다. 마땅한 대응책이 없었기 때문이다. 예상할 수 있듯이 르메이는 더욱 대담해졌다.

르메이의 정찰대원 한 명이 1954년 5월 8일 B-47을 타고 소련 깊숙이 날아갔던 일을 회고했다. 그 비행 작전대는 미그-17의 공격을 받았고, 연료가 새서 영국으로 귀환했다. 르메이가 대원들을 미국으로 호출했다고 떠올린 조종사 핼 오스틴(Hal Austin)의 회고는 여러 해 후 나왔다.

(르메이가) 이렇게 말했죠. "제군들에게 은성 훈장을 추천했네." 하지만 "의회와 워싱턴 인사들에게 상황을 설명해야만 할 거야. …… 그러니 우리가 (공군 수훈 십자 훈장을) 먼저 주도록 하지." 방에는 비행단장과 우리 세 명, 그리고 르메이 장군과 정보 장교뿐이었습니다. ……

르메이 장군이 또 말했죠. "우리가 이 영공 침해 비행을 제대로만 하면 제3차 세계 대전을 불러일으킬 수도 있는데 말이야."

저는 그게 부관들에게 되는 대로 막 하는 말일 뿐이었다고 생각해요. 당시 르메이를 보좌하며 궂은일을 도맡다시피 한 토미 파워(Tommy Power) 장군이 싱긋 웃었지 크게 웃지는 않았거든요. 그들끼리 하는 농담이었다고 제가 줄곧 생각한 이유입니다. 하지만 어쩌면 그게 진심일 수도 있다고 생각했어요.[26]

오스틴은 전역한 르메이에게 의문을 제기했다. "저는 우리가 맡았던 임무 이야기를 꺼냈습니다. 어제 일인 것처럼 선명하게 기억하더군요. 관련해서 약간 이야기를 나눴죠. 그는 다시 이렇게 말했습니다. '그때 제3차 세계 대전을 일으켰다면 훨씬 나았을 텐데 말이야.'"[27]

르메이가 농담을 한 것일까? 그 자신의 발언을 보면 농담이 아니라는 게 명백히 드러난다. 1956년 4월 국방 대학에서 한 강연[28]이 증거이다. 그는 거기서 이렇게 강조했다. 핵전쟁의 결정적 승리는 전투 개시 "최초 며칠이면 달성할 수 있었다." 소련은 그런 결정적 승리를 달성할 수 있는 능력이 아직 없었다. 하지만 "전 세계를 폭격할 수 있는 무력을 구축해 나가는 중"이기도 했다. "항공기와 핵무기의 품질이 만족할 만한 수준으로 개량되고 있었던 것이다." 소련은 머잖아 "미국의 심장부를 궤멸할" 능력을 갖추었다. 하지만 미국은 그런 결정적 능력을 이미 갖추고 있었다고, 르메이는 주장했다. 그는 계속해서 "오늘날 미국이 소련에 할 수 있는 바를 냉혹하게" 설명했다. 그 어떤 전쟁 문학보다 더 으스스한 이야기를 들어보자.

오늘 아침에 우리의 핵 화력을 전부 사용하라는 명령을 받았다고 해 봅시다. (물론 이런 일이 일어나지 않기를 바랍니다만.) 소련은 오늘 밤 해질녘과 내일 아침 해돋이 무렵 사이에 주요 군사 열강, 아니 주요 국가와 민족이기를 그만둘 가능성이 높습니다. 소련의 장거리 공군력 대부분이 산산조각 나 없어질 겁니다. 산업 중심지와 지휘 거점도 말살될 겁니다. 통신 수단은 불통 상태일 거고, 경제력도 대폭 감소될 겁니다. 동이 틀 무렵에는 소련은 중국보다 훨씬 가난한 나라로 전락해 있을 겁니다. 인구는 미국보다 적은 수로 쪼그라들어 있을 테고, 어쩌면 앞으로 몇 세대 동안 농업 국가라는 역경에 처하고 말겠죠.

르메이는 모든 게 "최초의 무력"에 달려 있다고 강조했다. "오늘날의 전쟁은 시작되기 전에 이미 이기거나 지는 것입니다. 실제로 전쟁을 수행한다면 처음부터 어느 쪽이 이겼는지를 확인하는 절차에 불과할 따름입니다. 전쟁 양상의 변화는 이기거나 지는 방법이 아니라 어떻게 개시될지에 가장 커다란 영향을 미쳤습니다. …… 오늘날 승리가 확실하지 않은데도 일부러 전쟁을 하겠다는 국가는 없습니다. 당연한 일이죠." 르메이는 훨씬 더 나아갔다. 이런 사실들이 의미하는 것은 무엇일까? "우리는 지금 전쟁 중인 것입니다." 르메이는 미국과 소련의 상황과 정세를 전쟁 중으로 규정함으로써 예방 공격과 선제 타격의 차이를 모호하게 만들었다.

르메이는 "오늘날의 전쟁"을 3단계로 규정했다. 1단계는 결정 국면이었다. 전쟁 수행을 결심한다는 이야기이다. "이 결정은 우리가 과거에는 평화라고 불렀지만, 현재는 '냉전'이라고 부르는 시기에 합니다. 우리는 지금 결정 국면에 놓여 있는 것입니다." 2단계는 "입증 국면"이었다. "결정 내용이 사실임을 보여 주기 위해 적에게 무력을 …… 행사한다."는 이야기이다. 3단계는 "착취 국면"이었다. 그에 따르면, "패배한 교전 당사국에서 전승국의 의지를 생존자들에게 강요할 수 있을 만큼 방사선 수치가 낮아질 때" 착취 국면이 시작된다. 르메이는 소련 지도자들이 "합리적"이라는 것을 잘 알았다. 하지만 그들은 "자신들의 정권을 영속화하는 것이 가장 중요한 목표"였다. "소련 내부의 권력을 현재 상태 그대로 소수가 계속 유지하는 것 말입니다." 그들에게 "국토와 국민을 계속해서 안전하게 지키는 것"은 부차적인 바람일 뿐이었다. "소련 국민 수백만 명은 평화시임에도 불구하고 자신의 안위와 생명까지 한 번 이상 그들에게 빼앗겼습니다. 전능한 당의 더 위대한 영광을 위해서 말이죠. 그 당의 우두머리들은 소련의 안보를 담보로 한 번 이상 도박을 했고, 나라는 전쟁을 겪었습니다. 국가의 생존이 목표가 아니라 자신들의 권력을 공고화하는 게 목표였다는 사실을 지적해야겠죠." 르메이는 이렇게 주장했다. "자유 세계를 겨냥해 대규모 핵공격을 할 수 있는 소련의 능력이 커지는 것"이 근본적인 위협입니다. 전략 공군 사령부가 그 위협의 해답이었다. "전략 공군 사령부의 대응 속도는 몇 주나 며칠이 아니라 몇 시간 몇 분 단위입니다. 현재의 위상에서 말입니다. …… 전략 공군 사령부는 현재 결정 국면에서 싸우고 있습니다. **전쟁이 진행 중인 것입니다.** (원문 그대로)."

소련의 핵능력이 점증하고 폭격기를 상시 활용할 수 있게 되면, 전략 공군 사령부도 더 이상은 승리를 장담할 수 없는 때가 올 것이다. 그러면 미국과 소련 둘 다 상호 억지될 것이었다. 로버트 오펜하이머는 1953년 《포린 어페어스》에 실은 분석 글에서 그런 결과를 이미 예상했다. 보자. "우리는 두 열강이 모두 상대방의 문명과 생존을 끝장낼 수 있는 위치에 올라서는 상황을 예상할 수 있다. 하지만 자신도 위험에 처하지 않을 수 없을 것이다. 병 속에 들어 있는 전갈 두 마리와 사정이 비슷하다. 서로가 서로를 죽일 수 있지만 자기 목숨도 내놓아야만 하는 것이다."[29]

르메이가 그런 교착 상황을 도저히 참을 수 없었다는 것은 분명하다. 그런 전망과 예상으로 인해 그가 엄청난 정력으로 구축한 무력이 소모성 자산으로 전락했다. 그는 은퇴 후 이렇게 말했다. "전적으로 우세한 것은 우리였어요. 하지만 우리는 아무도 침공하지 않았습니다. 우리는 전리품이나 영토를 노리고 정복 활동을 벌이지 않았어요. 그냥 그 힘을 끌어안고 주저앉아 있었죠. …… 우리는 국가에 유리할 때조차 무력을 사용하겠다고 협박하지 않았습니다."[30] 정치인들은 겁쟁이였을지라도 그는 주도적이었다. 르메이는 미국이 무자비한 적과 이미 전쟁 중이라고 생각했다. 영공 침범 정찰 비행을 통해 소련이라는 곰을 자극하면서 자신의 핵무장 부대에 만반의 준비를 시킨 것이다.

전략 공군 사령부는 대통령의 명령을 받았다. 헌법은 군사력 사용을 언제 명령할지 결정하는 권한을 전략 공군 사령관이 아니라 대통령에게 부여했다. 그러나 르메이는 그 이전이 아니었다면 한국 전쟁 초기에 자신이 군 최고 통수권자의 특권을 무시해야 하는 상황이 발생할 수도 있다고 이미 판단했다. 1950년에 샌디아 기지 사령관과 다음 사안을 은밀히 조율했던 것이다. "어느 날 아침 일어나 봤더니 워싱턴이나 다른 중대한 기관이 사라져 버렸다."면 "폭탄을 수령해 가겠다." 1957년이 되면 르메이는 더 이상 폭탄을 가져갈 필요가 없었다. 이제는 가지고 있었기 때문이다. 전략 공군 사령부가 보유한 폭탄에는 케네디 시절 초기까지도 전기식 '작동 허용 고리(Permissive Action Link, PAL)' 잠금 장치가 부착되지 않았다. (물론 그때에도 전략 공군 사령부에는 암호가 있었다.[31]) 르메이의 폭탄 사용을 제한하는 것이라고는 그가 한 군인 선서뿐이었다. 아이젠하워는 1957년 위원회를 선임해 민방위 태세와 본토 방어 체계를 연구하도록 했다. 그 위원회가 전략 공군 사령부로 파견단을 보내, 소련의 기습 공격에 대한 사령부의 방어 태세를 살폈다. 그 파견단에는 매사추세츠 소재 스프레이그 일렉트릭 컴퍼니(Sprague Electric Company) 사의 회장 로버트 스프레이그(Robert C. Sprague, 1900~1991년)와 MIT의 제롬 버트 위스너(Jerome Bert Wiesner, 1915~1994년)가 있었다. 르메이는 파견단이 피상적으로 둘러본다며 문전박대했다. 스프레이그는 대통령에게 르메이가 협력하도록 명령해 달라고 건의했다. 명령을 득한 스프레이그는 콜로라도스프링스의 방공 사령부에서 르메이에게 경계 태세를 발해 보라고 시켰다. 전략 공군 사령부의 항공기들이 이륙하는 데에 6시간 이상이 걸렸다. 스프레이그는 전략 공군 사령부가 기습 공격에 취약하다고 판단했다. 소련 폭격기들이 북극 상공을 가로질러 날아오면 6시간이 안 걸렸기 때문이다.[32]

스프레이그는 오마하의 전략 공군 사령부 본부에서 르메이에게 이것을 시정하라고 요구했다. 르메이는 스프레이그의 걱정을 오만하게 일축했다. 전략 공군 사령부의 정찰 항공기가 하루 24시간 소련 상공을 은밀히 날고 있다고 그는 설명했다. "러시아가 공격을 하겠답시고 비행기를 소집하는 게 확인되면 그들이 이륙하기도 전에 초토화할 겁니다."[33] 스프레이그는 충격을 받았다. "하지만 장군, 그것은 우리의 국가 정책 방향이 아닙니다." 스프레이그는 르메이가 이렇게 대꾸했다고 회고한다. "상관없습니다. 제 정책 방향이니까요. 저는 그렇게 할 겁니다." 위스너는 르메이가 이렇게 대꾸했다고 말했다. "대통령께서 정책을 바꾸도록 하는 게 제 일입니다."[34] 덜 반항적인 대답이지만 막무가내이기는 마찬가지였다. 스프레이그는 르메이의 배교적 발언을 대통령에게 보고하지 않았고, 이 사건은 30년 동안 미공개 상태로 묻혔다. 스프레이그는 적어도 미국의 전략 폭격기가 지상에서 파괴되는 일은 없으리라고 판단했다.

가장 위험한 해인 1954년은 예방 전쟁이나 선제 타격 행동 없이 지나갔다. 국가 안전 보장 회의가 이렇게 판단하기는 했지만. "소련이 최고의 노력을 경주하면 추코츠키(Chukotski)와 콜라(Kola) 지역에서 약 300대의 항공기를 출격시킬 수 있다. 그 가운데 200~250대는 표적에 도달할 수도 있다."[35] 르메이는 이 판단에 동의하지 않았을 것이다. 하지만 펜타곤이 주저했다는 것은 분명하다. 전략 공군 사령부와 워싱턴 사이에 틈이 벌어졌다. 전략 공군 사령부는 여전히 먼저 선제 타격을 가할 수 있다고 믿었다. 반면 워싱턴은 이미 상당한 정도로 억지당하고 있었다.

소련은 1955년 11월 22일 중수소화리튬을 연료로 사용하는 2단 열핵 장치를 시험했다. 폭탄은 낙진을 최소화하기 위해 Tu-16 폭격기에서 떨어뜨렸다. 1.6메가톤의 출력은 세미팔라틴스크에서 시험하기 위해 일부러 줄인 출력량이었다. (처음 설계 출력은 3메가톤이었다.) 유리 로마노프에 따르면, 안드레이 사하로프와 야코프 젤도비치는 1954년 초봄에 함께 대화를 하다가 텔러-울람 구상을 떠올렸다. 미국의 연구 개발 노력과는 별개였다. 로마노프는 이렇게 썼다. "사하로프가 자신의 작은 사무실로 젊은 협력자들을 소집했던 게 생각난다. …… 그는 고강도 단파 복사선을 탁월하게 반사하는, 원자 번호가 큰 물질들의 놀라운 능력에 관해 침을 튀기며 이야기했다."[36] 사로프의 설계자들은 새 폭탄을 개발하는 데 필요한 자원을 얻기 위해 뱌체슬라프 말리셰프와 줄다리기를 해야만 했다. 중개 기계 제작부 장관은 전임자만큼이나 보수적이었고, 그들이 레이어 케이크형 열핵 폭탄을 무기화하는 데 집중하기를 바랐다. 레이어 케이크형 장치는 1955년 11월 6일, 그러니까 2단 설계 폭탄 시험이 있기 3주 전에 실험되었다. 물론 그것은 새로운 설계안이 실패할 경우에 대비한 보험이었고 말이다.

빅토르 아담스키는 신형 열핵 폭탄에서 나오는 충격파가 스텝을 가로질러 관측자들을 덮쳤던 일을 이렇게 회상했다. "빠르게 움직이는 기단(氣團)을 볼 수 있었는데, 이전에도 본 적이 없고 이후로도 볼 일이 없을 만큼 질 자체가 달랐어요. 아무튼 다가왔고, 정말이지 끔찍했습니다. 초지에는 서리가 내려 있었는데, 전부 녹았죠. 다가오면서 녹이고 있다는 게 느껴졌어요."[37] 이고리 쿠르차토프는 시험 종료 후 율리 하리톤과 함께 제로 지점으로 들어갔다.[38] 폭탄을 3,048미터 상공에서 터뜨렸는데도 땅에 구멍이 생긴 것을 보고 그는 공포에 질렸다. 쿠르차토프는 모스크바로 돌아와 아나톨리 알렉산드로프에게 이렇게 말했다. "가공할 광경이 정말 끔찍스러웠어. 이 무기는 절대로 사용되어서는 안 되네."[39]

소련의 핵 능력이 꾸준히 증가했음에도 불구하고 미국은 1950년대 후반 5년 동안 핵 위협을 통한 외교[40]를 실행에 옮겼다. 하지만 니키타 흐루쇼프도 대담해졌고, 미국이 한 대로 따라 했다. 아이젠하워는 1953년 중국을 핵으로 위협하는 안을 암암리에 승인했고, 어쩌면 그해 7월 한반도에서 휴전 협정이 서명된 것은 그 조치 때문일지도 모른다. 물론 중국이 결정을 내리는 데에 훨씬 중요했던 요소는 스탈린의 사망이었겠지만 말이다. 1956년 이집트의 수에즈를 영국-프랑스-이스라엘 연합군이 침공하자 흐루쇼프는 불가닌을 내세워 영국과 프랑스를 위협했다. 소련이 실행에 옮긴 그런 위협으로는 최초였다. 아이젠하워가 프랑스이든 영국이든 공격을 하면 미국의 대응은 필연이라고 경고[41]하고, 전략 공군 사령부에 비상 대기 명령까지 내리자 소련은 발을 빼지 않을 수 없었다.

아이젠하워는 1958년 레바논을 침공하면서 다시 전략 공군 사령부에 비상 대기 명령을 내렸다. 아이젠하워는 나중에 이렇게 썼다. 전략 공군 사령부의 급유 항공기를 일부러 전진 배치한 것은 "공격하겠다고 전혀 위협하지 않으면서도 준비 태세와 결의"[42]를 보여 주기 위함이었다. 흐루쇼프가 그 기동에 관해 이집트 대통령 가말 압델 나세르(Gamal Abdel Nasser, 1918~1970년)에게 한 말을 나세르의 친구는 이렇게 전한다. "흐루쇼프는 미국인들이 머리가 돌았다고 생각했다. (흐루쇼프는) 이렇게 이야기했다. '솔직히 말해, 우리는 대결할 준비가 안 되어 있어요. 제3차 세계 대전은 꿈도 못 꿉니다.'"[43] 1958년에는 진먼 섬(金門島, 중국 남부 타이완 해협의 섬 — 옮긴이)와 마쭈 섬(馬祖島, 중국 동남쪽 앞바다에 위치한 타이완령의 섬 — 옮긴이)을 놓고 중화 인민 공화국과 갈등이 빚어졌다. 공군성 장관은 존 포스터 덜레스가 이끄는 국무부의 재가 속에 미국이 핵무기를 사용할 준비가 되었다고 공개 천명했다. 여기에 흐루쇼프는 아이젠하워에게 다음과 같이 경고하는 답장을 보냈다. "중화 인민 공화국을 공격하는 것은 …… 소련을 공격하는 것입니다."[44]

핵을 앞세운 협박은 1958년 이후에도 계속되었고, 판돈이 점점 커졌다. 첫째는 열강들이 직접 맞붙었기 때문이고, 둘째는 그 갈등이 역사학자 리처드 케빈 베츠(Richard Kevin Betts)가 칭한 이른바 "열강들의 지리학적 핵심 안보 지대"[45](베를린과 쿠바)와 관련되었기 때문이며, 셋째 소련의 핵무기 재고량이 대폭 증가했기 때문이다. (1959년 1,050발, 1962년 3,100발[46]). 소련이 최초의 인공위성 스푸트니크를 1957년 궤도에 쏘아 올리자 미국은 공황 상태에 빠졌다. 아이젠하워는 질색했다. 그러나 스푸트니크가 발신음을 내기 시작한 가운데 미국은 대륙 간 탄도 미사일을 순조롭게 개발했고, 순식간에 소련의 지위를 뛰어넘었다. 1950년대 후반에는 동독인들이 베를린을 통해 서독으로 대거 탈출했다. 흐루쇼프는 그 사태에 큰 자극을 받았고, 동독과 따로 평화 협정을 맺어 서방의 접근을 영원히 차단하겠다고 협박했다. 쿠바 혁명이 1959년 절정으로 치달았으며, 결국 공산주의 정부가 권력을 잡고 미국 해안에서 144.8킬로미터 떨어진 지점에 웅거하게 된다. 존 피츠제럴드 케네디(John Fitzgerald Kennedy, 1917~1963년)가 1961년 아이젠하워의 뒤를 이어 대통령에 취임했다. 그는 베를린 사태가 급박하게 돌아가던 7월 초 전략 공군 사령부의 지상 비상 대기 상태(ground-alert status)를 50퍼센트로 끌어올렸다. 이 말은 전략 공군 사령부의 폭격기 절반이 15분이면 출격할 수 있도록 준비되었다는 이야기이다. 최소 12대의 B-52 중폭격기도 상시 비행 대기했다. 소련 군부도 가만있지 않았다. 소련 주재 공관원들을 초청해 군대의 기동 작전을 참관하게 한 것이다. 거기에는 전술 핵무기 기동도 포함되어 있었다. 나흘 후 동독은 베를린 장벽을 세우기 시작했다.

새롭게 궤도를 돌기 시작한 미국 정찰 위성들이 1961년 가을 미국 정보 기관이 추산한 것보다 소련에 전략 타격 시스템이 더 적다는 것을 밝혀냈다. 대륙 간 탄도 미사일이 44발, 중폭격기가 155대뿐이라는 것이다. (미국은 대륙 간 탄도 미사일이 156발, 잠수함에서 발사되는 폴라리스(Polaris) 탄도 미사일이 144발, 전략 폭격기가 1,300대였다.[47]) 하루는 폴 니츠가 소련 대사와 점심을 먹으며 미사일 격차가 미국에 매우 유리함을 강조했다. 정부는 저널리스트 조지프 앨솝에게도 그 이야기를 흘렸고, 그는 자신의 칼럼에 문제의 미사일 격차를 공개했다. 케네디 역시 소련의 외무 장관 안드레이 그로미코를 백악관으로 따로 불러 직접 경고했을 것이다.

흐루쇼프가 비밀리에 쿠바로 핵 미사일을 이전하기로 결심한 것도 어느 정도는 이런 협박성 경고 때문일 것이다.[48] 미국이 소련의 남쪽 국경에 해당하는 터키에 중거리 탄도 미사일 주피터(Jupiter)를 15발 배치했고, 흐루쇼프도 뭔가 해야 했다. 그는 은퇴 후 미국의 쿠바 침공을 막고 싶었다고 주장했다. "서방 사람들이 하기 좋아하는 말인 '세력 균형'을 위해서였다. …… 우리는 전쟁을 하고 싶은 생각이 없었다. 정확히 그 반대이다. 우리의 주요 목표는 미국이 전쟁을 못 하도록 막는 것뿐이었다. 쿠바를 놓고 전쟁이 벌어지면 곧바로 세계 전쟁으로 확전될 것임을 우리는 잘 알았다."[49] 소련이 세력 균형을 바로잡고 싶었다면 쿠바에 미사일을 많이 배치할 필요는 없을 터였다. 케네디 행정부의 재무 장관 클래런스 더글러스 딜런(Clarence Douglas Dillon, 1909~2003년)은 이렇게 회고한다. "소련이 아직 쿠바에 미사일을 배치하기 전이었다. 그들이 소련 영토에서 도대체 어떤 탄두를 빼올지 불확실하고 의심스러웠다. 쿠바에 미사일이 배치된다고 해도 그 숫자가 많을 것도 아니었고, 세력 균형 전반이 크게 바뀌는 것도 아니었다. 오히려 당시에 내가 받은 인상은 그들이 타격 가능한 탄두 수의 증가에 무척 신경 쓰고 있다는 것이었다. 그런 점에서라면 소련의 핵능력이 크게 신장되었다."[50]

소련은 1962년 초부터 쿠바에서 군대를 육성했다. CIA의 8월 보고서[51]에는 그 팽창 정책에 중거리 탄도 미사일이 포함될 수 있다고 적혔다. U-2가 정찰 비행에 나섰고, 10월 14일 쿠바 서부에서 중거리 탄도 미사일 부지를 최초로 확인했다. 케네디가 그 비밀 시설물을 비난했고, 10월 22일 미국 해군이 쿠바의 해역을 봉쇄하고 통과 선박을 제재 격리하겠다고 선언했다. 전 세계인이 그 끔찍했던 한 주 동안 사태를 예의 주시하며 공포에 떨었다. (당연한 일이었다.) 두 거대 열강이 전면적인 핵전쟁 직전의 순간까지 다가갔기 때문이다.

당시 전략 공군 사령관은 토머스 파워였다. 르메이는 미국 공군 참모총장으로 영전한 상태였다. 그가 쿠바 미사일 위기 당시 펜타곤과 백악관을 들락거렸던 이유이다. (르메이 밑에서 계획 및 작전 부관을 역임한 데이비드 아서 버치널(David Arthur Burchinal, 1915~1990년) 장군은 이렇게 회고했다. "그 열흘 동안 르메이도 나도 집에 돌아가 쉰 날이 단 하루도 없다. 우리는 내내 펜타곤에 머무르며 쪽잠을 잤다."[52]) 파워도 르메이만큼이나 "제3차 세계 대전을 일으키는" 데 열심이었다. 르메이의 전임자 토머스 드레서 화이트(Thomas Dresser White, 1901~1965년)가 파워에게 지휘권이 있음을 이미 알려 준 상태였다. 화이트는 1957년 파워에게 이렇게 썼다. "시간이나 상황이 대통령의 재가를 허용하지 않으면 전략 공군 사령관이 보복 공격을 명령할 수 있다."[53] 국가안보 보좌관 맥조지 번디는 젊은 대통령에게 이 가능성을 미리 경고했다. 1961년 1월 케네디에게 이렇게 말한 것이다. "부하 사령관이 러시아의 대규모 군사 행동에 직면했는데, (어느 쪽이 되든 교신 실패로) 각하와 연락이 안 될 경우 자기 주도하에 열핵 폭탄을 써 버리는 홀로코스트를 시작할 수도 있습니다."[54] 르메이는 전역 후 파워가 "사디스트"였음을 인정했다. 파워의 부하 가운데 한 명도 이런 생각을 확인해 준다.

> 파워 장군은 …… 요구가 지나친 골치 아픈 성격이었습니다. 야비하고 심술궂기가 말로 다 할 수 없었죠. 잔혹하고 용서라는 걸 몰랐어요. 그는 누구하고도 그냥 지나치는 때가 없었습니다. 매정하고 가혹한 사람이에요. …… 이 말은 해야겠습니다. 저는 파워 장군이 걱정스러웠습니다. 불안정한 사람이었거든요. 그런 사람이 수많은 무기와 무기 시스템을 통제한다고 생각해 보세요. 특정한 상황에서는 그 무력을 행사할 수도 있단 말입니다. 적극적 공역 통제 시스템(positive control, PAL 잠금 장치)을 갖추기 전에는 전략 공군 사령부가 많은 권한을 누렸죠. 그 권한이 파워에게 있었고, 그도 그 사실을 잘 알았어요.[55]

케네디가 월요일 밤 연설을 하는 동안 미군의 방위 준비 태세는 대통령 명령으로 데프콘(DefCon, Defense Condition) 5에서 데프콘 3으로 상향 조정되었다.[56] 데프콘 5는 여느 때와 다름이 없는 평시이고, 데프콘 3은 모두 5단계 경계 상태 중 중간이다. 케네디가 텔레비전 전국 연설을 시작했을 때 각각 네 발씩 열핵 폭탄을 실은 전략 공군 사령부의 폭격기 54대가 본토의 기지를 박차고 날아올라, 상공에서 24시간 내내 경계 비행을 하던 12대의 항공대에 합류했다.[57] 폭격기 66대 가운데 일부는 지중해를 순시했고, 일부는 북아메리카를 일주했으며, 일부는 그린란드, 캐나다 북부, 알래스카와 미국의 태평양 해안에 이르는 북극 항로를 날았다. 1대의 경우 그린란드의 툴레(Thule) 상공을 선회하면서, 미국이 거기 설치한 조기 경보 레이더를 소련이 타격하는 상황에 대비했다. 툴레 기지는 결정적 중요성이 있었기에 소련이 본격적인 공세에 앞서 타격하는 것을 반드시 사전에 인지해야 했던 것이다. 폴라리스 잠수함들이 바다로 나갔다. 전략 공군 사령부는 휘하의 폭격기들을 무장해, 군용 및 민간용 비행장으로 산개시켰다. 대륙 간 탄도 미사일 아틀라스(Atlas)와 타이탄(Titan) 136발이 발사 준비를 갖췄다. 케네디와 흐루쇼프는 적대적인 메시지를 주고받았다. 미국의 경우 위기를 관리하기 위해 정부 관리들이 참여하는 실행 위원회(executive committee, ExCom)가 이미 소집된 상태였다. 실행 위원회(ExCom)는 차단 봉쇄, 공습, 쿠바 침공을 저울질했다. 케네디는 경계 태세를 지시한 것은 미국이 카리브 해에서 어떤 행동을 취하든 소련이 거기에 군사적으로 대응하는 것을 막기 위함이었다고 회고했다.[58] 그는 전략 공군 사령부를 이렇게 자랑스러워했다. "(전략 공군 사령부의) 공중 비상 대기 태세는 전략적으로 아주 중요했다. 미국의 모든 군대가 비교적 자유롭게 작전 기동할 수 있었다."[59] 그러나 파워 장군은 전략 공군 사령부에서 더 위협적인 목표를 봤다. 그는 이렇게 생각했다. "쿠바가 핵 미사일을 쏘면 미국은 당장에 소련을 겨냥해 전면적인 보복 응징을 가할 것이라고 대통령께서 선언했다. 미국의 가장 주된 전쟁 억지력인 전략 공군 사령부에는 그 이상의 의미가 있다."[60] 즉 케네디는 핵 우산을 펴놓고 지역 분쟁을 하는 것으로 생각했고, 파워와 르메이는 세계 전쟁을 궁리 중이었던 것이다.

10월 24일 수요일 미국 해군이 해역을 통과하는 선박들을 정선 격리하기 시작했다. 전략 공군 사령부는 비상 경계 태세를 데프콘 3에서 데프콘 2로 상향 조정했다. 데프콘 2로의 등급 조정은 사상 처음이자 유일했다. 전략 공군 사령부가 대기시킨 핵무기도 2,952발로 늘어났다. 여기에 잠수함 발사 탄도 미사일(SLBM) 폴라리스 112발을 보태면, 미국이 동원한 종합 화력은 7,000메가톤[61]이 넘었다. 버치널 장군은 나중에 이렇게 말했다. "우리는 보유한 전략 화력을 전부 꺼냈다. …… 준비를 마치고, 초읽기에 들어갔으며, 조준되었다. 누구도 이 문제에 대해 단 한마디도 입 밖에 내지 않았지만 그들도 분명히 알았다."[62] 사실 파워가 몇 마디 하기는 했다. 승인도 받지 않고 공개적으로 말이다. 경계 태세가 데프콘 2로 상향 조정된 직후 파워는 전략 공군 사령부 휘하의 모든 비행단에 평문으로(암호문이 아니라 평이한 영어로) 다음과 같이 전파했다.

> 파워 장군이다. 조국이 직면한 상황이 위급하다는 걸 제군들에게 재차 강조하고자 한다. 우리는 그 어떤 비상 사태에도 맞설 수 있도록 준비 태세를 강화했다. 나는 우리의 준비 상태가 우수하다고 생각한다. 상황이 이렇게 긴박하지만 제군들이 보안을 엄수하고, 평정을 유지해 줄 것으로 기대한다. 우리는 계획을 잘 세워 놓았고, 착착 진행 중이다. …… 추가 행동은 시행 세칙을 참조하라. 실수와 혼동은 용납하지 않는다.[63]

전략 공군 사령부는 데프콘 상향 조정 소식을 1972년까지 기밀 메시지로 전파하지 않기 일쑤였다.[64] 파워가 통제력을 강조하고 있었다는 것은 분명하다. 그럼에도 불구하고 그의 평문 메시지는 소련에게 보내는 경고였다. 파워는 소련이 그런 전통문을 추적 감시한다는 것을 알았다. 소련은 미국이 만반의 준비를 갖추었고, "추가 행동"도 계획 중임을 알았다.

10월 26일 새벽 4시 밴던버그 공군 기지(Vandenberg Air Force Base)가 태평양을 가로질러 콰절린 환초로 대륙 간 탄도 미사일 아틀라스를 한 발 쏴 버리는 불상사가 발생했다.[65] 사정 거리를 시험 확인하려던 그 발사 행위는 재가를 받지 않았기 때문에 재앙으로 비화할 소지까지 있었고, 실제로도 쿠바 미사일 위기는 절정으로 치달았다. 전략 공군 사령부는 데프콘 3이 발령되었을 때 이미 밴던버그 기지에서 그 실험 미사일을 수령했고, 소련 표적을 프로그램했으며, 핵탄두를 장착하고 있었다. 사실 아틀라스는 시험이 예정되어 있었다. 위기가 발생하기 전에 이미 시험 날짜가 정해진 상태였고, 그것에 따라 발사된 것이었다. 하지만 전략 공군 사령부가 여기에 동의한 것은 의도적 도발이 분명하다.

쿠바 위기가 발생했을 때 마침 미국 최초의 고체 연료 추진 미사일 미니트맨 I(Minuteman I)이 시험 중이었다. 승인을 거쳐 몬태나의 몰스트롬 공군 기지(Malmstrom Air Force Base)에 배치될 예정이었던 것이다. 전략 공군 사령부, 공군 시스템 사령부(Air Force Systems Command), 계약 사업자는 기회를 놓치지 않았다. 그들은 주야로 작업했고, 미니트맨을 발사할 준비를 갖추었다. 기밀 해제된 미사일 부대의 기록을 보면 당시의 상황을 짐작해 볼 수 있다. "표준 규격 장비는 물론이고 시험 장비도 태부족이었다. 수시로 임시변통의 방편을 강구해야 했다."[66] 최초의 미니트맨이 10월 26일 준비를 마쳤다. 10월 30일에는 다섯 발이 작전에 투입될 수 있었다. 하지만 실상을 보면 배선 오류, 전선 단락, 기타 문제[67]들이 계속 발생했고, 미사일을 무장 대기 상태로 쏠 수 있었던 것은 '사고'나 다름

없었다. 한 발에서는 유도와 통제 시스템이 죽어 버리는 바람에 무려 다섯 번이나 껐다 켰다를 반복해야 했다. 몰스트롬에 배치된 도합 10발의 미니트맨은 쿠바 위기 과정 내내 반복해서 수리해야만 했다. 미사일은 1962년에도 작동 허용 고리(PAL) 잠금 장치가 없었다. 발사 과정에서 안전하게 통제하려면 네 명의 장교가 물리적으로 분리된 별도의 발사 관제 센터 두 곳에서 입력 작업을 반복해서 함께해야 했던 이유이다. 몰스트롬에서 이루어진 임시변통 우회 작업은 꼼수였고, 안전 담보 대책은 무시되었다. 쿠바 위기 당시 미니트맨을 통제한 한 장교는 핵 안전 전문가 스콧 더글러스 세이건(Scott Douglas Sagan, 1955년~)에게 이렇게 실토했다. "비유가 정확하지는 않지만 우리는 발사 통제 시스템을 '가동'하지 않았어요. 두 번째 열쇠가 있기는 했죠. …… 제가 원하기만 했다면 발사할 수도 있었습니다."[68] 쿠바 위기 이후 실시된 공군 안전 점검 보고서에는 이렇게 적혀 있다. "자동화 장비가 고장이라도 났다면 …… 우발적 발사 (등) 심각한 사태가 발생할 뻔했다."[69] 조사관들이 언급하지 않은 가능성이 또 있었다. **재가받지 않고** 막무가내로 발사하는 사태가 바로 그것이었다.

10월 25일. 위스콘신의 볼크 기지(Volk Field)에서 한밤중에 출격 명령이 내려졌고, 공대공 핵 미사일로 무장한 방공 사령부 소속의 F-106 전폭기들이 긴급 출동했다. 데프콘 3 상황이라 경계 태세 훈련 절차가 당연히 생략되었고, 요격기 승무원들은 전쟁에 돌입하는 것으로 상황을 받아들였다. 전략 공군 사령부 폭격기들이 공중에 산개 중이라는 설명을 듣지 못한 대원들은 그들의 경계 비행 경로를 알지 못했고, 핵무기를 아군에게 쏘는 일이 실제로 일어날 뻔했다. 출격 명령 자체가 오판에 따른 것이었다.[70] 덜루스 구역 지휘 센터(Duluth Sector Direction Center)의 한 보초가 사보타주 비상 신호를 울렸는데, 그게 어찌어찌 하여 볼크 기지의 출격 명령으로 이어졌다. 경계병은 누군가가 기지의 보안 철책을 오르는 것을 목격했고, 대상 물체에 총격을 가했다. 장교 한 명이 기지를 발휘해, 자동차 전조등으로 모르스 부호를 보내 출격한 F-106들을 가까스로 귀환시켰다. 총격을 당한 파괴 공작원은 가까이 다가가 살펴본 결과 곰으로 밝혀졌다.

쿠바 미사일 위기 동안 지휘 통제상의 심각한 대혼란이 이밖에도 많았다. U-2 1대가 시베리아 상공에서 추락했다. 흐루쇼프는 케네디에게 이렇게 쏘아붙였다. "미국 비행기가 영공을 침범하면 핵 폭격기로 쉽게 오인할 수 있다. 우리가 치명적인 조치를 취할 수도 있는 것이다."[71] 방공 요격기들이 안전 장치를 전부 뗀 핵 미사일로 완전 무장하고 날았다. 10월 28일 일요일 오전에는 미국의 레이더가 쿠바에서 발사된 것으로 추정되는 미사일이 탬파(Tampa) 인근에 떨어지는 것으로 파악했다. 그런데 탬파의 피해 상황을 예측하고 나서야 그것이 컴퓨터 시험용 테이프임이 밝혀졌다. 미국 해군은 정선 격리 구역에서만 작전하라고 명령받았음에도 불구하고 전 세계에서 소련 잠수함을 공격적으로 추적했다.[72] (수면으로 떠오르도록 강제해 위치를 파악한 것인데, 이것은 중대한 도발이었다.)

이 모든 사건 사고보다 훨씬 더 위험한 게 있었으니, 그것은 바로 커티스 르메이의 지나치게 자신만만하며 호전적인 조언이었다. 그는 케네디 대통령이 겁쟁이라고 생각했다.[73] 르메이는 미국과 소련이 상호 억지력을 행사하는 국면으로 진입 중이며, 그것에 따라 전략 공군 사령부가 소모성 자산으로 전락하고 있음을 알았다. 그는 케네디에게 밑돈을 올리라고 압박했다. 쿠바를 폭격해 미사일 기지를 제거해야 한다는 것이었다. 그 전략 공군 사령관은 은퇴 후 이렇게 역겨워했다. "케네디 행정부는 우리가 강력한 힘을 뽐내면 러시아를 도발하게 되고, 전쟁이 일어날 가능성이 높다고 생각했다. 우리 공군은, 나 개인을 포함해 정확히 그 반대로 생각했다. …… 쿠바에서는 미사일만 따로 제거할 수 있는 게 아니었다. 공산주의자들도 함께 몰아내야 했다. …… 바야흐로 결정적 시기였고, 나는 우리가 러시아와 전쟁을 하게 될 가능성은 없다고 생각했다. 우리의 전략적 우위가 압도적이었고, 그것은 러시아도 잘 알았다."[74] 르메이는 쿠바 미사일 위기를 포커 게임이라고 생각했고, 미국이 최고로 좋은 패를 갖고 있다고 믿었다. 당시에 그는 소련을 이렇게 비웃었다. "러시아라는 곰은 항상 자신의 발을 라틴 아메리카에 담그려고 해 왔다. 드디어 놈을 사로잡았다. 이제 다리를 잘라내면 된다. 아니, 불알까지 떼어버리자."[75] 르메이는, 거세 이야기에서 짐작할 수 있듯 전면적인 선제타격 전략을 개시해야 한다면서 쿠바를 침공하라고 케네디를 들볶았던 것 같다. 그는 20년 후 역사가 어니스트 리처드 메이(Ernest Richard May, 1928~2009년)와 쿠바 미사일 위기를 주제로 대담했다. "르메이는 전략 공군 사령부가 통상적으로 예상되는 범위 이상으로 손실당하지 않고도 언제든 소련을 없앨 수 있다고 생각했다."[76] 케네디 행정부의 국방 장관 로버트 스트랜지 맥나마라(Robert Strange McNamara, 1916~2009년)는 당시를 이렇게 회고한다. "르메이는 러시아 놈들이 우리를 궁지로 몰았으니 먼저 소련을 타격해야 한다고 공공연히 주장했다."[77]

르메이가 못 살게 굴었지만 형이 그의 말을 따르지 않은 것은 천운이었다고 로버트 프랜시스 케네디(Robert Francis Kennedy, 1925~1968년)는 쓰고 있다.

> 대통령께서 러시아가 어떻게 대응할 것 같냐고 묻자 르메이 장군은 대응을 못 할 것이라고 확언했다. 케네디 대통령은 르메이의 장담을 못 믿었다. …… "뭔가를 하지 않은 채로 사태가 지나가도록 할 수 있는 것은 그들보다는 우리야. 온갖 성명 때문에도 그들은 우리가 그들의 미사일을 제거하는 것을 허

용할 수 없겠지. 러시아 인이 많이 죽는 사태도 마찬가지겠고. 만약 그들이 쿠바에서 행동을 취하지 않는다면 베를린에서 그렇게 할 거야."[78]

대통령의 직관이 장군의 직관보다 더 예리했다. 봉쇄가 효과를 발휘한 것이다. 위기가 해소되었다. 흐루쇼프는 결국 굴복했다. 르메이는 격분했다. 맥나마라를 보좌하며 실행 위원회(ExCom)에 참여했던 대니얼 엘스버그(Daniel Ellsberg, 1931년~)는 르메이가 케네디를 질책[79]했다고 말한다. 맥나마라도 그렇다고 확인해 주었다. "흐루쇼프가 미사일을 철수하기로 하자, 케네디 대통령은 합동 참모들을 백악관으로 초청했다. 미사일 위기 때 합심 협력해 지지해 준 것을 치하하기 위함이었다. 그런데 굉장한 장면이 하나 연출되고 말았다. 르메이가 자리를 박차고 일어나 말했다. '우리는 진 겁니다! 오늘이라도 그냥 쳐들어가서 놈들을 작살내야 합니다!'"[80]

전략 공군 사령부 휘하 한 비행단 사령관[81]이 전역 후 내게 해 준 이야기를 소개한다. 그에 따르면, 전략 공군 사령부의 공중 경계 폭격기들은 위기가 한창일 때 고의로 U턴 지점을 지나 소련 영공을 침범했다. 소련의 레이더 운용병들이 그것을 인지하지 못했을 리가 없다. 너무나도 명백한 위협이었고, 보고되었음에 틀림없다. 그는 이렇게 말을 보탰다. "저는 제가 맡은 표적을 알고 있었습니다. 레닌그라드였죠." 쿠바로 미사일을 싣고 가던 소련의 화물선이 대서양에서 멈추고서야 비로소 미국 폭격기들은 영공 침범을 중단했다.

핵위기는 포커 게임이 아니다. 커티스 르메이와 토머스 파워는 미사일 위기 당시 소련이 쿠바에 중거리 탄도 미사일 R-12의 핵탄두 20개를 이미 배치[82]한 상태였음을 몰랐다. 이것은 CIA의 추정과 달랐을 뿐만 아니라, 미사일 위기 때 정책을 담당했던 소련과 미국의 당사자들이 1989

년 모스크바에서 회의를 하며 알려질 때까지 미국 정부 내에서 아무도 몰랐던 사실이다. 중거리 탄도 미사일 R-12는 북쪽으로 최대 워싱턴 DC까지 미국 도시들을 겨냥할 수 있었다. 그런데 그게 다가 아니었다. 쿠바로 파견된 소련의 야전 지휘관들이 아홉 발의 전술 핵 미사일을 재량껏 사용할 수 있는 권한을 위임받은 상태였던 것이다. 소련 지도부가 그렇게 권한을 위임한 것은 쿠바 미사일 위기 때가 유일했다. 쿠바에 배치된 중거리 핵 미사일도 어쩌면 발사될 수 있었다고 맥나마라는 믿었다. "그게 작동 허용 고리 잠금 장치가 없는 북대서양 조약 기구(NATO) 미사일이었다면 나토 장교들 역시 안 쓰고 그냥 지느니보다 발사했을 것이다. 그들은 대통령의 재가 없이도 결행할 수 있었기 때문이다. 소련 및 쿠바 장교들이 나토 장교들처럼 반응할지 모른다는 두려움이 내가 공습을 무척 망설인 이유이다."[83]

르메이는 1954년 전략 공군 사령부가 하룻밤이면 소련의 제 표적에 750발의 핵 펀치를 날릴 수 있다고 계산했다. 국방부 무기 체계 평가단(Defense Department Weapons Systems Evaluation Group)은 소련 및 소련 진영의 사상자가 다 합해 부상 1700만 명, 사망 6000만 명[84]일 것으로 내다봤다. 파워는 1962년 약 3,000발의 전략 핵무기를 쏟아 부을 준비를 마쳤다. 그 가운데 다수가 열핵 폭탄이었고, 총 출력은 7,000메가톤에 달했다. 미국이 몇 안 되는 소련 지도자들을 제거하겠다고 그런 엄청난 파괴력을 휘두른다면 최소 1억 명의 인류가 사망할 터였다.* 르메이가 했던 말을 상기해 보자. "소련 내부에서 소수가 계속 권력을 유지하는 것이

---

* 1억 명은 매우 보수적인 추산이다. 세계 보건 기구(WHO)는 1984년 1만 메가톤의 핵무기가 사용되면 사망자가 11억 5000만 명, 부상사가 11억 명 발생할 것으로 추정했다. International Committee(1984).

…… 그들의 가장 중요한 목표입니다."[85] 쿠바의 소련군 야전 사령관들이 갖고 있던 미사일을 쐈다면 미국인도 수백만 명 죽었을 것이다. 핵출력 7,000메가톤은 북반구로 한정할지라도 치명적인 핵겨울이 시작되기에 충분한 양의 불과 유황을 내뿜었을 것이다. 유럽과 아시아와 북아메리카에서 추가로 수백만 명이 추위와 굶주림에 떨 것은 너무나 분명했다. 과학자들은 아직 핵겨울이라는 것을 알지 못했고, 전략 공군 사령부도 워싱턴도 그 현상을 평가할 수 없었다. 커티스 르메이가 여생 동안 미국이 쿠바 미사일 위기와 냉전에서 "졌다."라고 믿었다[86]는 사실은 참으로 놀랍다. 존 케네디가 르메이의 조언을 따랐다면 역사는 나치와 그들이 자행한 홀로코스트를 잊었을 것이다. 우리가 야기한 역사상의 절멸이 그 자리를 꿰차고 있을 테니 말이다.

소련은 냉전 기간 동안 단 한 번도 전면적인 핵 경계 태세에 돌입한 적이 없다. 미국도 쿠바 미사일 위기 이후로 다시는 그러지 않았다. 두 나라는 다시는 직접 충돌하지 않았다.

에필로그

서서히 사라지는 적대감

로버트 오펜하이머는 1954년 보안 청문회를 받으면서 50세가 되었다. 프린스턴으로 다시 돌아왔을 때 그는 눈에 띄게 늙어 있었다. 제자 한 명이 오펜하이머는 실제 나이보다 항상 젊어 보였다고 이야기하기도 했지만 이제 그는 확실히 더 늙어 보였다. 오펜하이머는 10년 더 고등 연구소를 이끌었다. 조지 케넌은 오피의 장례식에서 이렇게 말한다. "조국의 관리들은 파괴적인 핵 과학을 개발하기 위해 오피의 재능을 환영하며 이용했습니다. 하지만 그가 생각하기에 과학이 제공할 수 있는 긍정적 위대함이 펼쳐지자 오피는 거부당했습니다. 그는 이 사실을 깨닫고 좌절감으로 억장이 무너졌습니다."[1]

루이스 스트로스가 1959년 만천하에 창피를 당하는 꼴을 오펜하이머는 프린스턴에서 지켜봤다. 상원 청문회가 두 달 동안 혹독하게 진행되었다. 스트로스가 상무 장관으로 적합한지를 심사하는 청문회였다. 그 투기 은행가는 오만하고 뻣뻣하다며 뭇매를 맞았고, 선서를 하고도 거짓말을 하다가 들통이 났다. 그는 한때 자신의 전화가 도청당한다고 두려워하기도 했다. 뉴멕시코 주의 클린턴 앤더슨(Clinton Anderson, 1895~1975년) 상원 의원이 이 투쟁을 주도했고, 상원은 스트로스를 49 대 46으로 낙마시켰다.[2] 형제 중 한 명은 스트로스가 그 굴욕을 극복하지 못했다고 전한다. 루이스 스트로스와 로버트 오펜하이머는 낙심천만했다는 점에서 마침내 공통점을 갖게 되었다.

오펜하이머는 전 세계를 돌며 연설했다. 파리, 남아메리카, 영국, 일본이 그를 초청했고, 드디어는 미국에서도 발언할 수 있었다. 존 케네디가 1961년 노벨상 수상자 49명과의 백악관 만찬에 오펜하이머를 초대했다. 1963년 12월 2일에는 원자력 위원회(AEC)가 제공하는 최고 영예인 엔리코 페르미 상을 받기로 되어 있었다. 케네디 피살로 인한 애도 기간이었기 때문에 린든 베인스 존슨(Lyndon Baines Johnson, 1908~1973년)은 백악관 각료 회의실에서 오펜하이머에게 시상을 했다. 보안 위험 인물이라며 여전히 비밀 취급 인가를 내주지 않던 기관이 메달과 5만 달러의 상금을 보내왔다.

에드워드 텔러가 그때 오펜하이머와의 화해를 시도했다. 텔러는 전년도에 이미 페르미 상을 받았다. 그는 다음 수상자로 하이먼 리코버, 실라르드, 오펜하이머를 추천했다. 오펜하이머가 선정되었다는 소식을 접한 텔러는 축전을 보냈다. 텔러는 1942년 여름 버클리에서 함께했던 시절이 떠올라서 기쁘다고 썼다. 텔러는 여태껏 안출(案出)된 군비 통제 제안 가운데서 애치슨-릴리엔솔 보고서가 가장 "솔직하고 효과적"이라고 여전히 생각했다. 텔러는 시상식 전에 오펜하이머와 이야기를 나누고 싶었지만 그게 과연 잘 하는 짓인지 자신이 없었다고 고백했다. 텔러는 오펜하이머가 페르미 상을 먼저 받았다면 더 좋았을지도 모르겠다고 생각했다. 그는 옛 동료에게 행운을 빌어 주었다.

오펜하이머의 상처는 화해를 받아들이기에는 너무 깊었다. 그는 고등 연구소에서 우호적인 답장을 썼고, 최근에 한 강연의 원고를 동봉했다. 하지만 오펜하이머는 한 번 더 생각하고서 강연 원고를 뺐고, 답장을 공식적인 내용으로 바꿨다.

친애하는 텔러에게

편지를 보내 주어서 고맙네. 정말 기쁘군.

행운을 빌며.

로버트 오펜하이머[3]

오펜하이머는 1966년 고등 연구소에서 물러났다. 건강이 많이 악화된 상태였다. 오펜하이머는 1967년 2월 18일 후두암으로 사망했다. 향년 62세였다. 그의 유해는 버진 제도 앞바다에 뿌려졌다. 오펜하이머가 즐겨 찾던 휴가지였다. 그가 마지막으로 발표한 글에는 이런 말이 들어 있다. "과학이 다는 아니지만 그것은 무척이나 아름답습니다."[4]

오펜하이머가 남긴 자화상은 꽤나 의미심장하다. 《크리스천 센추리(*The Christian Century*)》가 1963년 그에게 물었다. "당신의 직업적 소명 의식과 삶의 철학이 형성되는 데에 어떤 책들이 영향을 미쳤습니까?" 그는 일람을 하나 제시했고, 잡지는 그대로 실었다. 이성과 감성이 경합하며 내놓는 주장들과 관련해 그가 직접 매긴 순위를 보자.

『악의 꽃(*Les Fleurs du Mal*)』, 샤를 보들레르(Charles Baudelaire)

『바가바드기타』

『선집(*Collected Works*)』, 베른하르트 리만(Bernhard Riemann)

『데아이테토스(*Theaetetus*)』, 플라톤

『감정 교육(*L'education sentimentale*)』, 귀스타브 플로베르(Gustave Flaubert)

『신곡(*The Divine Comedy*)』, 단테 알리기에리(Dante Alighieri)

『300년(*The Three Centuries*)』, 바르트리하리(Bhartrihari)

『황무지(*The Waste Land*)』, T. S. 엘리엇(T. S. Eliot)

마이클 패러데이(Michael Faraday)의 노트

『햄릿(*Hamlet*)』, 윌리엄 셰익스피어(William Shakespeare)[5]

에드워드 텔러는 미국 과학계에서 리처드 닉슨의 신세로 전락했다. 의뭉스럽고, 사악하며, 끈덕진 작자라는 인상을 덮어썼다는 말이다. 예상대로 많은 동료가 그에게서 등을 돌렸다. 텔러는 1974년 어느 날 전기 작가들에게 그 일로 자기가 무척 상심했다고 토로했다.

> 사람이 조국을 등지면, 소속해 있던 대륙을 떠나면, 가족이나 친척과 헤어지면 교유하는 유일한 대상은 직업상의 동료들뿐입니다. 그런데 그 가운데 90퍼센트 이상이 그를 적으로 간주하고 따돌린다면 그 영향은 사뭇 심각할 것입니다. 사실이 그랬어요. 저는 물론 (아내) 미치도 충격이 컸습니다. 아내는 건강까지 악화되었어요.[6]

텔러의 일부 동료는 어쩌면 적대감을 느껴 그를 외면했을 것이다. 하지만 다른 다수, 예를 들어 로스앨러모스 인력은 수소 폭탄 개발을 지연시킨 것은 로버트 오펜하이머가 아니라 에드워드 텔러임을 알았고, 바로 그래서 그를 퇴짜놓았다. 텔러는 수소 폭탄을 처음부터 메가톤 급 출력을 내는 장치로 규정했다. 그는 특유의 떠버리 기질 때문에 좀 더 수수한 가능성의 자명종을 착안해 놓고도 포기했다. 자명종 시스템은 물리적으로 실현 가능했을 뿐만 아니라 실제로 킬로톤 급의 고출력을 뽑아낼 수 있었다. 스털링 콜이 1953년 설문지를 돌려 미국과 소련의 수소폭탄 개발 진척 상황을 비교 분석해 달라고 요청한 사실을 기억할 것이다. 라비가 콜의 설문에 답하면서 이 점을 지적했다. 텔러, 존 휠러, 노이만 모두 미국의 사태 지연을 탓했지만 라비는 그 결정적 차이를 놓치지 않았다. 보자. "우리 프로그램의 문제 가운데 하나는 눈높이가 너무 높다는 것입니다. 우리는 메가톤 급 출력을 도모하고 있어요. 러시아는 목표가 훨씬 단출할 겁니다."[7] 카슨 마크도 1994년 소련제 레이어 케이크 설계 정보를 바탕으로 더 긴 역사적 관점에서 같은 결론에 도달했다.

자명종 안은 사하로프의 레이어 케이크와 비슷했는데, 1946년 늦여름에 떠올랐습니다. 수소 폭탄을 만드는 방안으로 무대에 등장했던 거죠. 텔러는 흥분했고 열정적으로 제안했어요. 하지만 수소 폭탄에는 말이 안 되는 함정이 있었죠. 핵출력이 메가톤 급으로 안 나오면 수소 폭탄이 아니라는 황당한 논리가 횡행했던 거예요. 출력이 무한대로 증폭될 가능성이 없으면 수소폭탄이 아니라는 거였습니다. 러시아 과학자들의 조 4 접근 방식은 이렇게 묻는 것이었던 듯합니다. 이 새로운 발상을 트리니티 크기의 시스템으로 구현하면 어떻게 될까? 그들은 그런 문제 의식 속에서 작업했고, 0.5메가톤의 출력을 얻었죠. 그런데 우리는 이렇게 질문했습니다. 1메가톤이나 10메가톤을 얻으려면 얼마나 커야 하지? 돌아온 대답은 엄청 커야 할 거라는 것이었습니다. 그 자체로 메가톤 급 크기인 분열 폭탄을 갖고서 시작해야만 했어요. 그 무렵 핵출력 20킬로톤짜리 분열 폭탄 제자법이 완벽한 형태로 나와 있었죠. 당연한 이야기이지만 그게 트리니티 폭탄 크기만 할 리는 없잖아요.

그런데도 그 말이 안 되는 개념 때문에 폭탄이 커졌던 겁니다. 우리는 자명종을 폐기했고 거들떠도 안 봤어요. 조 4를 떠올려 볼 때 우리가 자명종을 진지하게 고려했다면 상당히 재미있었을 텐데 말이죠. 그렇게 접근하는 바람에 사태를 망치고 있다는 걸 왜 깨닫지 못했던 걸까요? 그렇게 하는 통에 일이 엉망이 되어 버렸음을 우리는 이제야 깨달은 것 같습니다. 적어도 저는 그렇게 확신합니다.[8]

미국이 텔러가 제안한 거추장스럽고 통제하기 힘든 여러 겹 장치가 아니라 융합 물질을 한 겹만 지닌 단순한 형태의 자명종을 1946년 후반부터 밀어붙였다면 1949년경에는 0.5메가톤 급 폭탄을 틀림없이 시험할 수 있었을 것이다. 1949년이면 무기고에 쌓인 다른 무기들의 핵출력은 여전히 100킬로톤 미만이었고, 다시 1~2년 안에 메가톤 급 장치를 실험할 수 있었을 것임은 두말하면 잔소리이다. 소련이 조 1을 시험한 1949년 8월에도 미국의 정계와 과학계와 군부의 지도자들은 여전한 안보 우위 속에 희희낙락했을 것이다. 물론 울람과 텔러가 1951년쯤 2단계 시스템을 고안했을 수도 있다. 하지만 미국의 정계와 과학계는 그토록 격렬하게 분열하지 않았을지도 모른다.

하지만 미국은 다른 방향을 선택했다. 비용이 더 많이 들고, 불화가 야기되며, 위험한 길이었다. 사태가 그렇게 빗나간 것은 에드워드 텔러의 탓이 컸다. 그는 가차 없는 야심가일 뿐만 아니라 카리스마까지 갖추었다. 그런 그가 미국 수소 폭탄 연구 활동의 조건을 정해 버린 것이다. 안드레이 사하로프는 꾸준한 성공이 보장되는 것을 냉큼 알아보았다. 하지만 텔러는 고정 관념 때문에 그 가능성을 보지 못했다.

텔러는 과학을 기술화해 응용해야만 인간 세상을 파멸에서 구할 수 있다는 믿음을 어릴 때부터 가졌다. 약소국 헝가리에서 그런 파멸을 가져오는 주체는 러시아였다. 텔러는 러시아의 헝가리 지배를 이렇게 규정했다. "700년 동안의 전체주의 지배."[9] 미국은 엄청난 경제력과 군사력을 자랑했다. 그런 미국에서조차 러시아가 텔러에게는 파멸의 신이었다. 20세기 초에 헝가리가 뛰어난 과학자를 많이 배출한 이유를 노이만과 추측해 보았다고 스타니스와프 울람은 회고한다. "특정할 수는 없지만 우연의 일치로 몇몇 문화적 요인이 동시 발생했고, 그게 원인일 것이라고 노이만은 말하고는 했다. 중부 유럽 지역의 사회 전반에 외부의 압력이 가해졌고, 사람들은 극도로 불안해했으며, 색다른 뭔가를 만들지 않으면 사라져 버릴 것이라는 위기감이 있었다는 것이다."[10] 그들은 미국으로 귀화했고, 기꺼이 무기 개발에 헌신했다. 자신들을 받아 준 나라가 더 안전해질 수 있도록 말이다. 하지만 그들은 중부 유럽의 불안정했던 과거를 전 세계로 확장했다. 압력이 보편화되고, 불안정과 불안이 일반화되었으며, 기이한 암울함이 전 세계로 퍼져 나가 인간 세상이 말살될 지경에 이르렀다고 본 것이다. 물론 그들만 그런 것은 아니었지만.

한스 베테는 1963년 핵실험 금지 조약(Nuclear Test Ban Treaty) 협상이 이루어질 때 미국 정부의 가장 중요한 과학 자문이었다. 그 조약으로 대다수의 핵실험이 지하에서 수행된다. 베테는 항성의 에너지 생성에 관한 연구로 1967년에 노벨 물리학상을 받았다. 그는 이 연구를 이미 1950년에 발표했다.

엔리코 페르미는 1954년 가을 위암으로 때 이른 죽음을 맞았다. 노이만 역시 1957년 뇌암으로 조기 사망했다.

클라우스 푹스는 1959년 웨이크필드 교도소를 나왔다. 선고받은 14년 형기 가운데 9년을 살고서였다. 영국은 그의 시민 자격을 이미 무효화한 상태였고, 그 조치는 푹스에게 수감 생활보다 더 쓰라린 처벌이었다. 그는 즉시 동독으로 갔고, 드레스덴 인근 로스도르프 핵연구소(Institute for

Nuclear Research in Rossdorf)의 부소장에 취임했다가 이어서 소장으로 일했다. 푹스는 1988년 사망했다.

해리 골드는 30년 형기 가운데 16년을 살고 1966년 가석방되었다. 그는 필라델피아의 한 병원에서 소망했던 대로 의학 연구를 했다. 골드는 사무실에서 간단하게 혈액을 검사할 수 있는 진단 키트로 특허를 받았다. 하지만 특허를 사업화해 돈을 벌기도 전에 인생을 마감했다. 1972년 심장 절개 수술을 받다가 사망한 것이다.

데이비드 그린글래스와 루스 그린글래스는 데이비드가 가석방된 후 성을 바꾸었고, 지금도 뉴욕에 살고 있다. (루스는 2008년에, 데이비드는 2014년에 각각 사망했다. — 옮긴이) 데이비드는 발명가로 성공했다. 로널드 라도시가 면담을 시도한 1979년에 그는 자신이 유진 빅터 데브스(Eugene Victor Debs, 1855~1925년)의 이상을 따르는 사회주의자라고 밝혔다.

모리스 코헨과 로나 코헨은 고서적상으로 암약한 피터 크로거(Peter Kroger)와 헬렌 크로거(Helen Kroger)처럼 계속해서 영국으로 건너가 KGB 스파이로 활약했다. 두 사람은 1961년 체포되었고, 유죄가 확정되어 20년 형을 언도받았다. KGB는 그들을 데려가겠다며 교환 협상을 시도했지만, 사실상 포기했고 두 사람은 형기를 다 채웠다. 그들은 석방된 후 소련으로 넘어갔고, 소련이 붕괴하는 것을 지켜보았다.[11]

킴 필비는 1963년 소련으로 탈출했다. KGB는 그를 이중 간첩으로 의심했고, 필비는 공작원 양성소의 교수 활동만 허용받았다. 그는 1988년 모스크바에서 사망했다.

커티스 르메이는 1968년 조지 콜리 윌리스(George Corley Wallace, 1919~1998년)와 짝패를 이뤄, 무소속 후보로 아메리카 합중국 부통령에 도전했지만 낙선했다. 그는 1990년에 죽었다.

이고리 쿠르차토프의 마지막 날도 살펴보자. 1960년 2월 7일 일요일 오전이었다. 쿠르차토프는 모스크바 인근의 한 온천으로 마리아 하리톤과 율리 하리톤을 찾아갔다. 두 사람이 거기 머무르고 있었다. 신이 난 쿠르차토프는 부부의 라디오를 조정해 왈츠를 찾아냈고, 오랜 친구 마리아 니콜라에브나와 춤을 췄다. 그는 최근에 모차르트의 「레퀴엠(Requiem)」을 들을 수 있는 멋진 연주회 티켓을 한 장 어찌어찌 구했다고 자랑했고, 그녀에게 새 연구소의 바닥 타일을 골라 달라고 부탁했다. 주커만은 연구 과제를 수행하는 내내 수도 없이 그랬듯 이번에도 줄곧 시계가 카운트다운되고 있었다고 썼다.

> 쿠르차토프가 외투를 걸치고, 하리톤의 팔을 잡았다. "잠깐 걷지. 이야기 좀 하자고." 남은 시간이 소리 없이 점점 줄어들고 있었다.
>
> 두 사람은 공원으로 향했다. 밖은 화창했지만 영하의 온도였다. 나목들은 눈을 이고 있었다. 쿠르차토프가 벤치를 하나 선택했고, 앉기 위해 눈을 쓸어냈다.
>
> "여기 좀 앉지."
>
> 하리톤이 최근의 실험 결과를 쿠르차토프에게 설명하기 시작했다. 쿠르차토프는 대화를 할 때면 항상 관심을 보이며 바로바로 반응했다. 그런 그가 대답이 없었다. 하리톤은 깜짝 놀랐다. 재빨리 몸을 돌렸다. 쿠르차토프의 눈동자가 돌아가고 있었다. 하리톤이 외쳤다. "쿠르차토프가 아파요!" 비서들과 의사들이 달려왔지만 늦었다. 혈전이 관상 동맥을 막아 버렸던 것이다. 카운트다운 시계가 0을 가리켰다. 심장은 이미 멈추었고, 그의 정신도 활동을 중단했다.[12]

쿠르차토프는 57세였다. 러시아 인들은 라브렌티 베리야 밑에서 일하면서 긴장했고, 그게 원인으로 작용해 그가 단명했다고들 말한다.

율리 하리톤은 1992년까지 사로프의 과학 책임자로 재직했다. 88세까지였던 셈이다. 그는 전용 객차를 타고 사로프와 모스크바를 왕복했다. 동료들은 그를 "생물학적 기적"으로 부른다.

안드레이 사하로프는 1961년 어느 날 사로프의 빅토르 아담스키 연구실에 들렀다. 그에게 단편 소설 하나를 보여 주려던 것이었다. 실라르드 레오가 그해 미국에서 발표한 『돌고래들은 말한다(*The Voice of the Dolphins*)』의 1장에 해당하는 「나는 전범(戰犯)이다(My Trial as a War Criminal)」였다. 아담스키는 이렇게 회고했다. "영어를 그리 잘 하진 못하지만 읽어봤습니다. 우리도 토론했던 문제였어요. 소련과 미국의 전쟁이 주제였죠. 파멸적인 전쟁이 일어나 소련이 승리한다는 내용이었습니다. 실라르드와 다른 많은 과학자가 체포되어, 대량 살상 무기를 만들었다는 죄목으로 재판을 받습니다. 그들도, 그들의 변호인도 무죄를 설득력 있게 입증하지 못합니다. 그 내용은 역설적이었지만, 아무튼 우리는 깜짝 놀랐죠. 우리 역시 대량 살상 무기를 개발 중이었으니까요. 우리는 그게 필요하다고 생각했습니다. 우리는 그걸 확신했습니다. 하지만 사하로프는 윤리적 측면을 외면할 수 없었어요. 우리는 별 생각 없이 살았지만요."[13] 실라르드는 대공황이 전 세계를 강타한 1933년의 어느 잿빛 아침에 런던에서 한 교차로를 건너다가 핵연쇄 반응을 최초로 떠올렸다. 헝가리 출신으로 예지력이 넘쳤던 그 물리학자가 이번에는 철의 장막 너머 소련의 한 비밀 연구소로 병에 담긴 쪽지를 보내왔다. 안드레이 사하로프는 용기를 냈고, 항의 행동에 나섰다. 미국과 소련의 핵군비 경쟁이 끝나는 데 나름 일조한 것이다.

☢☢☢

그런 무기 경쟁이 꼭 필요했던 것일까? 무기와 함께 운반 시스템도 계상한 한 추정에 따르면 미국은 군비 경쟁으로 4조 달러[14]를 썼다. 줄잡아 1994년도 미국의 국가 부채액이다. 소련이 쓴 비용도 만만치 않았다. 그 때문에 소련 경제가 몰락했고 소련은 붕괴했다.[15] 호교론자들은 이 사실을 바탕으로 냉전을 옹호한다. 즉 돈을 왕창 쓰기는 했지만 소련을 파산시켰으니 군비 경쟁은 정당했다는 것이다. 그들은 군비 경쟁 비용 때문에 미국도 몰락했다는 불편한 진실은 눈감아 버린다. 도처에서 몰락의 증거를 찾을 수 있다. 국가 부채가 재정 운용을 압박하고 있다. 기반 시설이 쇠퇴했으며, 사회 및 교육 투자가 외면당했다. 군비 경쟁을 포틀래치(potlatch) 이론으로 설명하는 시도 역시 두 열강이 절멸 전쟁이라는 터무니없는 위험을 감수했음을 간과한다. 영국의 과학 고문 솔리 주커만(Solly Zuckerman, 1904~1993년)은 1988년에 이렇게 썼다. "아이젠하워가 30년 전에 확인 절차 따위는 중요한 게 아니며, 아무튼 핵실험을 포괄적으로 금지해야 한다고 천명한 사실을 잊어서는 안 된다. 그는 군인 출신으로, 합동 참모들에게 감히 이의를 제기할 수 있었던 유일한 대통령이다."[16]

핵 전략가들이 아쉬 있게도 "실존주의적 억지력(existential deterrence, 개인이 느끼는 공포를 바탕으로 발휘되는 억지력)"이라고 부른 게 사실은 처음부터 작동했다. 스탈린은 1945년 8월 6일부터 억지당했다. 그가 독자적 핵무기를 손에 넣기 위해 그토록 신속하게 움직인 이유이다. 해리 트루먼도 억지당한 것은 마찬가지였다. 핵무기를 사용해야 확실하다고 말하면서 또 썼다가는 언젠가 엄청난 역풍을 맞고 말 터였다. 양심상으로도 힘들었다. 그는 1953년 임기를 마무리하기 직전의 마지막 연두 교서에서 그 이야기를 상당히 많이 했다.

이제 우리는 원자력 시대에 들어섰습니다. 전쟁 기술이 바뀌었습니다. 현대의 전쟁은 과거의 그것과 크게 달라졌습니다. 오늘날 소련과 자유 세계가 싸우면 스탈린주의 적대자들뿐만 아니라 우리 사회도 무덤으로 들어가고 말 겁니다. 그들뿐만 아니라 우리도요. ……

미래의 전쟁에서는 한 번의 타격만으로도 수백만 명이 목숨을 잃고, 위대한 도시들이 무너지며, 과거의 값진 문화적 성과들이 말살될 겁니다. 수백 세대에 걸쳐 느리고 고통스럽게 일궈 온 문명 자체가 파괴된다는 이야기입니다. 합리적인 사람이라면 그런 전쟁을 가능한 정책으로 생각해서는 안 됩니다.[17]

4개월 후, 스탈린이 죽고 권력을 잡은 소련의 지도자들은 평화롭게 공존할 수 있는 길을 발견했다. 게오르기 말렌코프는 한 모스크바 연설에서 이렇게 선언했다. "제3차 세계 대전이 일어나면 지구 문명도 파괴될 것입니다."[18] 니키타 흐루쇼프는 실존주의적 억지력과 대면한 최초의 경험을 결코 잊지 못했다. 그는 1953년 9월 핵무기 관련 상세 보고를 처음 받았다.

중앙 위원회 제1서기로 임명되어, 핵무기 관련 보고를 다 듣고서 며칠 동안은 잠을 잘 수 없었다. 나는 그때 우리가 이 무기를 못 쓸 것임을 확신했다. 생각이 거기에 이르자 비로소 다시 잠을 잘 수 있었다.[19]

남한 지도자 이승만이 1954년 7월 워싱턴을 방문해 드와이트 아이젠하워를 만났다. 한국 전쟁으로 인명과 재산을 엄청난 대가로 치르고 휴전이 성립된 지 1년 만이었다. 이승만은 아이젠하워에게 한반도를 "통일"하고 싶다고 말했다. 회담 기록을 보자. "이승만은 자기 나라가 긍정적인 조치의 신호탄이 될 수도 있다고 말했다. 유엔군이 오래 주둔할 필요도 없다는 것이었다." 이승만은 아이젠하워를 비아냥거리며 도발했다. "사람들이 작금의 영국과 프랑스와 이탈리아를 자유롭다고 말할지도 모르겠습니다. 하지만 그렇지 않지요. 그들은 두려움에 떨고 있습니다. 인도차이나에서 (공산주의자들이) 이겼잖아요. 베트남은 지금 분할되었습니다. 머잖아 태국이 넘어갈 테고, 그다음 순서는 남아메리카입니다. …… 우리가 공산당 세력의 계속된 정복 활동을 잠자코 앉아서 내버려둬야 한다고 …… 어떻게 말할 수 있습니까? 국민이 중요하다고 믿는다면 우리는 결코 두려워해서는 안 됩니다. 우리가 겁을 내면 민주주의가 패퇴합니다. 세계 평화를 지키려는 당신의 노력 역시 돌연 종말을 고하고 말 것입니다." 존 포스터 덜레스가 끼어들어 이승만을 제지했다. 아이젠하워도 그런 이야기쯤은 귀가 닳도록 들은 상태였고, 화를 내며 자신이 믿는 바를 쏘아붙였다.

> 미국은 단 한 번도 한국을 하찮게 여긴 적이 없습니다. 하지만 당신이 우리가 일부러라도 전쟁을 해야 한다고 말한다면 나도 한마디 해 주지 않을 수 없군요. 전쟁이 나면 그 결과는 참혹할 거요. 핵전쟁이 일어나면 문명이 파괴됩니다. 도시가 파괴되고, 수백만 명이 죽어요. 그런 무기를 사용해야 하기 때문에 전쟁은 감히 엄두도 못 내는 겁니다. 크렘린과 워싱턴이 전쟁에 휘말리기라도 하면 그 결과가 너무나 끔찍해서 생각할 수도 없는 지경이에요. 나로서는 감당이 안 되는 일이오. 물론 우리는 튼튼한 국방을 유지해야 합니다. …… 그런 일이라면 우리도 계속 염두에 두고 있음을 확언해 드리죠. 당신만큼이나 진지합니다. 내가 말하는 종류의 전쟁이 일어난다면 민주주의는 망합니다. 문명은 파괴되고, 살아남은 사람들과 국가는 남은 사람들의 생존이라는 과제 때문에도 강력한 독재자들 아래 신음하게 될 거요. 그런 이

유로 우리가 전쟁에 반대하는 거란 말입니다.

(다 알고 있다는 듯한 이승만의 대꾸는 교활한 데다 음흉하기까지 했다. "세계 전쟁으로 확전 시키지 않고도, 한반도를 통일할 계획이 우리에게 있다면요?")[20]

닐스 보어는 프랭클린 루스벨트와 윈스턴 처칠을 찾아간 1944년에 이미 전쟁에 부과된 이런 새로운 제약을 알아봤다. 그는 두 사람에게 폭탄이 완성되어 사용하기 전에 스탈린을 만나 군비 통제를 논의하라고 건의했다. 몇 년 후 보어는 어떤 친구와 대화를 하다가 단 한 문장으로 상황을 요약했다. "전쟁으로는 해결할 수 없는 완전히 새로운 상황에 놓인 거지."[21] 아이젠하워도 1954년에 독자적으로 같은 결론에 도달했다. 그해 열린 국가 안전 보장 회의의 한 의사 녹취록을 보자. "대통령께서는 우리가 흔히 그렇듯 다시 원을 돌고 돌아 같은 장소에 이르렀다고 말씀하셨다. 소련 문제는 종류가 새로웠다. 옛날 방법과 규칙으로는 우리가 현재 처한 상황을 절대로 해결할 수 없었다."[22]

양측 모두 억지당했다면 군비 경쟁은 왜 계속되었을까? 사태가 그렇게 돌아갔다는 것은 틀림없는 사실이다. 흐루쇼프는 핵에너지 보고를 처음 받았던 때를 계속해서 이렇게 회고한다. "하지만 그럼에도 불구하고 우리는 만반의 준비를 해야 한다. 우리의 상황 판단과 인식만으로는 오만한 제국주의자들을 제대로 제어할 수 없다."[23] 양쪽 모두 매파가 많은 책임을 져야 한다. 그들은 두려워했고, 광적이었으며, 피해 망상적이기까지 했다. 파괴 무기가 과잉 축적된 이유이다. 강경파가 지나치다 싶을 정도로 조심한다고 생각한 현실주의자들조차 위험 요소에는 민감했다. 미국이 소련이 **할지도 모르는 일**이 아니라 그들이 **할 수 있는 일**에 대비해 무장해야 한다고 주장한 것이다. 즉 중복 표적과 미국을 확실하게 응징하는 섬멸 능력이 아니라, 소련 무기가 표상하는 전쟁 능력에 대비해야 한다는 것이었다. 하지만 잔해만 어지럽게 난무하게 될 무기는 전쟁 능력으로 칠 수 없다.

사태의 진실은 미국이 냉전 기간 내내 보복을 가장 안 당하는 쪽으로 억지당했다는 것이다. 확실히 그건 소련 역시도 마찬가지였다. 로버트 맥나마라는 쿠바 미사일 위기 당시 미국의 공식 전쟁 계획이 어떠했는지를 1987년에 이렇게 밝혔다. "쿠바 **이전에도** 말이 안 되고, …… 쿠바 **이후로도** 여전히 엉터리였습니다. …… 대통령이나 국방부 장관이 미국 땅에 핵탄두가 30개쯤 떨어지는 상황을 허용할 거라고 생각하는 사람이 어디 있겠습니까? 절대 아니죠!"[24] 솔리 주커만은 1988년 "펜타곤의 소위 '국방 전문가들'이 핵군비 경쟁을 지속해야만 하는 이유를 자기들의 밥줄인 상관들에게 추상적으로 한아름 풀어냈다."라고 책망한 후 유럽의 정치 현실을 이렇게 규정했다.

> 서독 총리를 지낸 헬무트 슈미트(Helmut Schmidt, 1918~2015년)는 미국의 중거리 미사일을 유럽에 배치한 결정적 인물로 통한다. 그런 그가 핵전쟁이 발발해 독일 땅에서 핵탄두가 2개쯤 터지면 독일군은 전투를 중단할 것으로 예상했다. 핵무기의 시대에 가능성이 좀 더 많은 시나리오는 이것이다. 이론을 주워섬기는 먹물들이 추상적으로 떠들어대는 장기간의 핵전쟁으로 핵무기가 수백 발씩 터지는 일은 없을 것이다.[25]

맥조지 번디 역시 무려 1969년에 똑같은 현실을 적시했다.

> 보복당할 것이 뻔하기 때문에 미국이든 소련이든 제정신인 정치 단위라면 절대로 핵전쟁을 도발할 수 없다. 이 명제는 과거에도, 현재에도, 예측 가능한 미래에도 전부 사실이다. …… 현실의 정치 지도자들이 활약하는 현실의

세계에서 …… 조국의 도시에 단 한 발이라도 수소 폭탄이 떨어질 수 있는 결정을 내린다면, 그건 그야말로 파멸을 부르는 어리석은 실수로 여겨질 것이다. 10개의 도시에 10발이라면 역사의 틀을 벗어나는 재앙일 것이다. 100개의 도시에 폭탄 100발은 도저히 상상도 할 수 없는 일이다.[26]

이런 다양한 진술들은 역사를 통해 증명된다. 미국의 억지력은 1945년부터 믿고 의지할 만한 수준으로 가동되었고, 소련의 억지력도 1949년부터 그렇게 작동했다. 정치 지도자가 도시를 몇 개 정도 포기하려고 했겠는가? 미국의 지도자들은 단 1개도 잃고 싶지 않았다. 자문역과 조언자들이 피를 토하는 심정으로 애국주의를 설파해도 그들은 요지부동이었다. 독선적인 냉전의 전사들이 덮어씌우기 좋아하는 것처럼 소련의 지도자들이 1개에서 10개 정도까지 포기할 용의가 있었다 할지라도 미국은 1949년 이후 억지력을 최소로만 동원했고, 그들은 그런 터무니없는 선택을 할 수 없었다.

현실의 정치 지도자들이 냉전의 실상을 옳게 파악했다면, 수소 폭탄 한 발로도 충분한 억지력이 행사됨을 알았다면, 도대체 왜 국가의 부를 집어삼키는 군비 경쟁을 허용했던 것일까? 우발적 아마겟돈의 위험이 증대하는데도 말이다. 정치학자 미로슬라프 닌치치(Miroslav Nincic)가 1982년 군비 경쟁의 경제학을 검토했고, 군비 경쟁이 실상은 경쟁이 전혀 아님을 밝혀냈다. 미국과 소련의 국방 예산 지출 규모는 아무리 좋게 봐줘도 관련성이 미약했다. 미국의 경우 훨씬 유력한 요소는 국내 정치였다. 군종 간의 경쟁, 과학자 사회와 산업계가 합세해 수행한 신기술 판촉, "국방"이 정치 이슈로서 누린 지위와 압력, 국방비 지출이 선거가 있는 해에 경제 펌프의 마중물 같은 역할을 하는 것이 그런 예들이다. 소련은 통제 경제였고, 방침이 약간 달랐지만 양상은 비슷했다. 닌치치는 이렇게 요약했다. "군비 경쟁은 두 열강의 상호 작용 역학 외에도 국내의 정치 및 경제 체제와 불가분의 관계이다."[27] 닌치치는 통계 작업을 수행한 후 군비 전략상의 온갖 허풍이 실없는 소리에 지나지 않는다고 결론지었다. "전략 교리들은 대개의 경우 미국과 소련 두 나라가 군비 경쟁으로 떠안은 무기를 정당화하기 위해 개발되었다."[28] 존 맨리의 다음과 같은 언명도 이것을 확인해 준다. 워싱턴에서는 (모스크바에서도) "국(局)과 실(室)을 운영해 연구한 다음 결론을 내리지 않는다. 결정을 내린 다음 참모 업무를 조직해 기안한다." 국방비 지출로 민간의 투자와 소비가 위축되었기 때문에 조금만 최저액을 넘어서도 그게 기생적이라는 사실은 분명했다. (예를 들어, 1938년부터 1969년까지 국방비로 지출된 금액을 살펴보면 1달러당 42센트의 소비 손실이 발생했다. 그 금액이 자동차나 학교가 아니라 무기를 만드는 데 투입되었다는 이야기이다.[29])

정치인들은 정치적으로 이득이 있었기 때문에 그런 기생 체제를 조장하고 합리화해야겠다고 판단했다. 그들은 핵무기를 효과적으로 지휘 통제할 수 있다고도 믿었다. 쿠바 미사일 위기는 그런 지휘 통제 체제가 그들이 생각했던 것보다 믿을 만하지 못하다는 것을 보여 주었다. 갈등 과정에서 긴장이 고조되었다가 직접 충돌할 뻔했고, 두 열강 모두 잔뜩 겁을 집어먹고 불안에 떨었다. 그 후에도 잘못해서 재앙으로 비화할 뻔한 경고와 사고 들[30]이 재발했다.

군비 통제 노력은 냉전의 전사들이 주장하듯 사찰을 거부한 소련 때문에만 좌초한 것이 아니다. 미국 매파의 저항도 만만하지 않았다. (에드워드 텔러가 그 대표자이다.) 그들은, 이를테면 미사일에 탄두를 여러 개 붙이는 등으로 기술이 발달해 그 유리함을 취할 때조차도, 이 과정에서 발생하는 축소의 가능성을 일체 거부했다. 최소 억지력 강령은 정치적 자살 행위였다. 지미 카터(Jimmy Carter, 1924년~)는 1976년 대통령 당선 직후 그런 방향으로 제안했다가 이 사실을 뼈저리게 깨달았다.

우리는 미국과 소련의 지도부가 무기를 늘리면서 자신들이 무엇을 하고 있다고 생각했는지를 너그럽고 관대하게 판단하면서 이 점을 고려해야 한다. 엄청난 파괴가 임박한 시점에서 그들이 극도로 신중하고 조심했음을 말이다. 미하일 고르바초프가 1992년 미주리 주 풀턴의 웨스트민스터 대학교에서 연설을 했다. 윈스턴 처칠이 46년 전 철의 장막을 선언한 곳이었다. 그는 자기 조국의 전임자들이 "전 세계로 사회주의 체제를 확산하려 했다."[31]라고 비판한 다음 군비 경쟁에는 미국의 책임이 있다고 직설적으로 언급했다.

하지만 서방, 구체적으로는 미국 역시 과오를 범했습니다. 미국은 소련이 군사 도발을 할 것으로 결론내렸지만, 그 판단은 비현실적일 뿐만 아니라 위험한 것이었습니다. 그런 일은 결코 일어날 수 없었습니다. 1939~1941년에(뿐만 아니라 이후로도) 스탈린은 전쟁을 두려워했고, 전쟁을 원하지 않았으며, 참전하지도 않았을 것입니다. 더 주된 이유가 있습니다. 소련은 완전히 파괴되어 탈진한 상태였습니다. 수천만 명이 목숨을 잃었고, 대중은 전쟁을 혐오했습니다. 승리를 거둔 군대와 병사들은 하루빨리 고향으로 돌아가 정상적인 생활로 복귀하고 싶어 했습니다.

국제 정치에 "핵무기라는 요소"가 포함되었고, 그 토대 위에서 가공할 군비 경쟁이 고삐 풀린 망아지처럼 활개를 쳤지요. 그 촉발자는 사실 미국이고, 서방입니다. 법률가들이 이야기하듯, "충분한 국방이 지나쳤던 것입니다." 이것이야말로 치명적인 실수였습니다.[32]

역사를 보면 고르바초프의 비난에도 일리가 있다. 미국이 제아무리 수세적이라고 느꼈더라도 말이다. 하지만 고르바초프도 중요한 사실 두

가지 정도를 외면했다. 소련은 동유럽을 노골적이면서도 은밀하게 침략했다. 소련은 불투명한 폐쇄 사회로 운영되고, 미국은 그들의 의도를 현실적으로 판단하는 것이 어려웠다.

더 긴 시각에서 보면, 군비 경쟁은 소통과 학습의 과정이었다. 모든 진보가 인간 지성의 한계로 인해 조절되는 완급 양상을 여기에서도 확인할 수 있다. 1938년 핵에너지를 방출시킬 수 있는 방법이 발견되었고, 인간 세계에 '특이점(singularity)'이 도입되었다. 특이점은 심오하고도 새로운 현실이었다. 낡은 전쟁 규칙은 더 이상 적용될 수 없었던 것이다. 핵 특이점의 영역이 수십 년의 세월에 걸쳐 확대되었고, 그 충격파가 퍼지면서 전쟁이 일소되었다. 오늘날은 핵 특이점으로 인해 내전과 재래식 국지전을 제외한 모든 전쟁이 사라진 상황이다.

과학은 한때 자신의 목표로 자연에 대한 힘을 주장했다. 과학과 권력이 한편, 자연이 또 다른 한편이었던 것이다. 닐스 보어는 생각이 달랐다. 과학이 목표를 겸손하고 수수하게 정하면서도 과제를 집요하고 끈질기게 물고 늘어질수록 "편견과 적대감이 서서히 사라지리"[33]라고 본 것이다. 인류는 그런 편견과 적대감으로 인해 엄청난 고통을 겪었다. 무정부적 세계에서는 갈등으로 인해 발생하는 제약을 제외하면 국가 주권에 한계가 있을 수 없다는 믿음도 그 가운데 하나였다. 핵에너지를 해방할 수 있게 되고, 과학을 통해서만 구조적 인식에 이를 수 있었다는 것을 알게 되면서 자연의 한계가 규정되었다. 즉 과학으로 불리는 제도의 권위가 적어도 이 극단의 무대에서는 민족 국가의 권위보다 우선했다. 과학은 그러기 위해 군대를 동원한 적이 없고, 정말이지 평화주의를 지향한다. 이 세계의 얼마 안 되는 에너지를 폭발물에 담을 수 있고, 그런 에너지를 적보다 더 많이 축적해 군사적 승리를 거둘 수 있다는 편견을 서서히 제거한 게 오히려 과학의 역할이었다. 과학으로 인해 적어도 세계 전쟁은 역사의 한 단계일 뿐임이 밝혀졌다. 인류 역사에 보편적인 게 아니라는 말이다. (물론 규모가 작은 파괴 기술은 끊임없이 개발될 것이다.) 학살의 오랜 역사를 볼 때 이것은 결코 사소한 성취가 아니다.

핵무기는 국가 주권을 제한해 국제 사회의 폭력을 줄이는 바로 그 순간에 역설적이게도 그런 주권을 위협하면서 동시에 보호했다. 정치 균형을 유지하려는 과정에서 핵기술이 확산되었다. 미국은 나치 독일을 무찌르기 위해 기술 개발에 뛰어들었다. (그들은 그렇게 믿었다.) 소련은 미국을 따라잡아야 했다. 영국과 프랑스는 자기들을 지켜 주기 위해 기꺼이 희생할 것이라는 미국의 안전 보장 약속을 신뢰하지 않았고, 소련을 상대로 독자적 최소 억지력을 개발했다. 중국은 미국 및 소련과 세력 균형을 맞춰야 했다. 인도는 중국과 균형을 맞춰야 했고, 파키스탄은 인도와 균형을 맞춰야 했다. 이라크와 이란은 서로와 세계, 구체적으로는 이스라엘과 균형을 맞추기 위해 핵능력 개발에 매달렸다. 주변부 세계에서는 이 균형 유지 활동이 변질 타락하기도 했다. 북한은 자신을 홀대했다가는 위험할 것이라는 메시지를 서방에 전달하기 위해 핵무기를 만들었다. 그 옛날 아파르트헤이트 정책을 고수했던 남아프리카공화국 정부도 세계를 상대로 우라늄 대포를 만들었고, 민주화되면서 해체했다. 핵무기는 복잡하다는 특성 때문에 테러 무기화할 가능성이 매우 낮다. 핵무기는 만들기가 결코 쉽지 않을뿐더러 불안 심리를 유발하는 데에 그 유례를 찾을 수 없을 정도로 유효하기 때문에, 주요 핵열강이라면 그 누구를 막론하고 지역의 잔챙이 위협에조차 억지력을 적용한다. 핵무기를 보유했든 안 했든 어떤 나라가 자기 영토에서 핵폭탄을 제작하는 집단을 허용하겠는가? 질산 비료와 연료유로도 날려 버릴 수 있는데 세계 무역센터나 오클라호마시티의 연방 정부 건물을 폭파하려고 왜 핵무기를 만들겠는가? 신경 가스면 도쿄를 마비시킬 수 있는데 왜 핵폭탄을 터뜨리겠는가?

로버트 오펜하이머는 1952년 딘 애치슨을 보좌하는 군축 자문 회의를 주재했다. 배너바 부시, 머잖아 CIA 국장이 되는 앨런 웰시 덜레스(Allen Welsh Dulles, 1893~1969년)가 자문단의 일원이었다. 맥조지 번디는 서기이자 보고자였다. 자문 위원회는 핵에너지를 해방하는 방법에 관한 새로운 지식이 과거는 물론 오늘날에도 유효하고 결정적이라고 결론지었다.

> 결국 근본 수준에서 보면 원자력이 해방되면서 제기된 문제는 인류가 전쟁과 다툼 없이 자제하면서 처신할 수 있느냐의 문제에 다름 아니다. 인간사에서 원자력을 제거할 수 있는 딱 부러지는 영원한 방법은 없다. 원자력을 해방할 수 있는 법을 인간들이 알기 때문이다. 국제 사회가 합리성을 발휘해 나름 원자력을 완벽하게 통제할 수 있다 하더라도 방법에 관한 지식은 여전히 남는다. 중대한 전쟁이 일어났는데 이쪽 또는 저쪽이 원자 폭탄을 만들어 사용하지 않을 것이라고 생각하기 힘든 이유이다. 그렇게 보면 군비 확장 사안은 1945년에 근본적으로 그것도 영원히 달라졌다.[34]

핵무기가 조만간에 전 세계에서 사라지지는 않을 것이다. 목적과 용도가 아주 많기 때문이다. 하지만 핵무기는 파괴 수단으로서 이미 오래전에 그 용도를 상실했다.

1990년 2월부터 1995년 1월까지

글레이드에서

감사의 말

아내 진저 로즈(Ginger Rhodes)가 시간과 솜씨와 탁월한 감각을 제공해 이 책에 기여했다. 우리의 광범위한 자료 조사 여행을 계획했고, 인터뷰를 녹음하고 헬렌 헤버샛(Helen Haversat)의 녹취를 지휘 감독했으며, 책과 문서를 찾아냈고, 거기 나오는 온갖 내용을 검토해 주었다.

국립 아르곤 연구소의 찰스 틸은 305 원자로 조사 말고도 나를 유리 오레차(Yuri Orechwa)와 연결해 주었다. 유리를 통해 나는 다시 모스크바의 옐레나 본네르(Elena Bonner)와 연결되었다. 본네르는 나를 러시아의 물리학자들에게 소개해 주었고, 알렉산데르 골딘(Alexander Goldin)도 추천해 주었다. 골딘은 대단히 훌륭한 자료 조사원이었다. 빅토르 아담스키, 레프 알트슐러, 수전 아이젠하워(Susan Eisenhower), 스콧 호턴(Scott

Horton), 율리 하리톤, 빅토르 미하일로프(Victor Mikhailov), 에브게니 네긴(Evgenii Negin), 팀 세르게이(Tim Sergay)와 젠 세르게이(Jen Sergay), 타티야나 야켈레비치(Tatiana Yakelevich), 무엇보다도 유리 스미르노프가 인터뷰에 응해 주었고, 정보와 조언도 제공해 주었다. 아르곤 연구소의 앨런 슈리셰임(Alan Schriesheim)은 항상 적극적으로 도와주었다.

척 핸슨은 다년간 무기 역사와 기술을 연구했고, 그 자료를 내게 보여주었다. 로널드 라도시는 하나뿐인 그린글래스 부부와 해리 골드 자료철을 제공했다. 로버트 램피어는 친절하게도 스파이 활동 관련 서술을 원고 상태로 읽고, 면담에도 응해 주었다. (본문이 더 정확해졌다.)

로스앨러모스의 제이 웩슬러(Jay Wechsler)는 특별한 관점을 제공해 주었다. 로저 미드(Roger Meade)는 나를 LANL 문서고로 안내해 주었다. 시그 헤클러(Sig Heckler), 케이 맨리(Kay Manley), 폴라 드랜스필드(Paula Dransfield)는 나를 성원해 주었다. 에드와도 데 로스 알라모스(Edwardo de Los Alamos)는 유용한 문서를 하나 보내주었다. 조지 코언, 고(故) 찰스 크리치필드, 카슨 마크, 니콜라스 메트로폴리스, 라이머 슈라이버는 값진 인터뷰를 해 주었다. 시간과 공간을 달리해 마찬가지로 인터뷰를 통해 기여해 주신 분들도 적는다. 필립 에이블슨, 해럴드 애그뉴, 고(故) 루이스 앨버레즈, 한스 베테, 로버트 코노그(Robert Cornog), 루돌프 파이얼스, 마셜 로젠블러스, 글렌 시보그, 고(故) 에밀리오 세그레, 로버트 서버, 루비 셰르, 고(故) 시릴 스미스, 빌 스핀들(Bill Spindel), 테드 테일러, 에드워드 텔러, 앨 와인버그, 빅토르 바이스코프, 존 휠러, 허버트 요크. 프랑수아즈 울람과 윌리엄 아널드(William Arnold)는 사진을 제공해 주었다.

역사가들의 자료와 통찰력에도 빚을 졌다. 톰 코크런, 브루스 커밍스, 스탠리 골드버그(Stanley Goldberg), 딕 핼리언(Dick Hallion), 그렉 허켄, 데이비드 할러웨이, 에이미 나이트(Amy Knight), 아널드 크래미시, 프리실라

맥밀런(Priscilla McMillan), 마이크 노이펠드(Mike Neufeld), 스탠 노리스(Stan Norris), 톰 파워스(Tom Powers), 조너선 웨이스골(Jonathan Weisgall), 허먼 월크(Herman Wolk), 스티븐 잘로가(Steven Zaloga)가 그들이다. 뉴헤이븐에서 나의 조사 연구를 도운 스티브 라이스(Steve Rice)의 도움도 컸다. 스티븐 킴(Stephen Kim)도 도움을 주었다. 어거스터스 발라드(Augustus Ballard), 해리 베인(Harry Bayne), 루이스 브라운(Louis Brown), 길 엘리엇(Gil Elliot), 대니얼 엘스버그, 레이철 페르미(Rachel Fermi), 에릭 마쿠젠(Eric Markusen), 에스더 샘라(Esther Samra), 프랭크 셸턴(Frank Shelton), 얀 웨너(Jann Wenner), 돈 윌(Don Wille)에게도 고마움을 전한다.

여러 도서관과 박물관이 컬렉션을 이용할 수 있도록 배려해 주었다. 밴크로프트 도서관(Bancroft Library), 의회 도서관(Library of Congress) 사본실(Manuscript Room)의 프레드 보먼(Fred Bauman), 상트페테르부르크 공립 도서관(St. Petersburg public library), 예일 대학교 스털링 기념 도서관(Yale's Sterling Memorial Library)의 페니 에이블(Penny Abel), 해리 S. 트루먼 도서관(Harry S. Truman Library)의 벤 조브리스트(Ben Zobrist)와 리즈 새플리(Liz Safly), 드와이트 D. 아이젠하워 도서관(Dwight D. Eisenhower Library)의 댄 홀트(Dan Holt)와 데이비드 헤이트(David Haight)에게 감사한다. 예일 대학교 출판부의 조너선 브렌트(Jonathan Brent), 하버드 대학교의 알렉산더 슐리아크터(Alexander Shlyakhter), 국립 원자력 박물관(National Atomic Museum)의 릭 레이(Rick Ray)에게도 고마움을 전한다.

앨프리드 슬론 재단이 많은 지원을 해 주었다. 나는 앞에서 재단으로부터 지원금을 받았음을 알리며 감사를 표했다. 이 자리를 빌려 슬론 기술 도서 자문 위원회의 동료들에게 고맙다는 말을 전하고 싶다. 존 암스트롱(John Armstrong), 마이크 베시(Mike Bessie), 빅 맥켈러니(Vic McElheny), 고(故) 엘팅 모리슨(Elting Morison), 랠프 고모리(Ralph Gomory), 허시 코헨(Hirsh Cohen), 샘 기번 주니어(Sam Gibbon, Jr.), 프랭크 마야다스(Frank Mayadas), 누구보다도 아트 싱어(Art Singer).

후지타 가즈나리(Kazunari Fujita), 이마이 류키치(Ryukichi Imai), 시미즈 사카에(Sakae Shimizu), 요시다 후미히코(Fumihiko Yoshida)는 일본에서 도움을 주었다.

최고의 편집자인 마이클 코다(Michael Korda)가 이 길고 긴 원고를 끝까지 만져주었다. 『원자 폭탄 만들기』도 그의 작품이며, 그사이에도 나는 코다와 여러 책을 작업했다. 사이먼 앤드 슈스터(Simon & Schuster)의 레베카 헤드(Rebecca Head), 이브 메츠(Eve Metz)와 프랭크 메츠(Frank Metz), 빅토리아 미어(Victoria Meyer)에게 감사의 마음을 전한다.

마지막으로 공을 돌려야 할 분들이 있다. 모트 잰클로(Mort Janklow)와 애니 시볼드(Anne Sibbald)이다. 5년간 돈을 쓰기만 하면서도 이 두 사람 때문에 망하지 않을 수 있었다. 그들에게 신의 가호가 함께하기를.

후주

☢ 출전(出典) ☢

내가 가장 많이 참조한 소련 자료는 비스긴 문서(Visgin(1992))에 들어 있는 스파이 활동 문서이다. 이 자료는 KGB가 러시아 과학 기술 역사 연구소(Russian Institute for the History of Science and Technology)에 넘긴 것들이다. 불명예스럽게 망신을 당하던 그 기관이 신생 러시아 정부에 자신들의 활동이 역사적으로 중요했음을 증명하려던 시도였음에 틀림없다. 연구소는 자체 저널《과학 기술 역사의 제 문제(*Voprosy istorii estestvoznaniia i tekhniki*)》에 그 문서를 실었다. 하지만 러시아 정부는 해당 호가 배포되기 전에 유통 금지를 명령했다. 실린 문서 2개가 핵확산 금지 조약(Nuclear Nonproliferation Treaty)을 위반한다는 것이 이유였다. 그 2개를 제외한 모든 문서는 Sudoplatov and Sudoplatov(1994)의 부록에 길게 발췌 인용되어 있다. 데이비드 할러웨이(Holloway(1994))도 러시아 언론이 모든 문서를 인용 보도했다고 언급한다(372쪽). 내 책의 출처는 비스긴 문서이다. 나는 금지 문서 2개도 인용했다. (12번과 13번 문서들인데, 둘 다 팻 맨을 설명한다.) 물론 인용한 정보는 미국에서 기밀이 해제된 내용이다. (예를 들어, 고습도치(성게)형 기폭제를 구성하는 요소들의 정확한 제원은 뺐다.) 폭탄, 원자로, 동위 원소 분리의 물리학과 공학에 관한 내부 검토 및 토의 내용을 보건대 비스긴 문서는 믿어도 좋았다.

비스긴 문서 덕택에 클라우스 푹스, 해리 골드, 데이비드 그린글래스와 루스 그린글래스, 앨런 넌 메이의 자백 및 진술을 첩보 자료 정보와 비교 대조 확인할 수 있었다. 나는 이 작업을 상당히 자세히 수행했다. 첫째, 기술 유출 양상이 매우 중요한데, 그렇게 해야 그 실상이 온전히 드러나기 때문이다. 둘째, 골드, 그린글래스 부부, FBI가 그동안 진술과 증거를 조작해 줄리어스 로젠버그와 에델 로젠버그를 간첩으로 몰았다고 비난받아 왔기 때문이다. 두 사람이 스파이 활동을 했다는 것은 광범위한 증거로 입증되며, 의문의 여지가 없다. FBI 보고서는 매우 다양하고, 자세하며, 입증적이어서 허구를 날조했을 가능성이 없었다. 나는 로버트 램피어도 면담했다. 그는 전시에 낚아챈 전통문을 해독했고, 그렇게 밝혀진 사실은 FBI 조사의 빈틈과 아귀가 맞는다.

소련과 러시아의 다른 출전들은 대부분 일화적이다. 나는 확보한 곳에서는 목격자의 증언도 첨부했다. 러시아의 원자력 과학자들과 정부 관리들을 면담했고, F-1 원자로는 1992년 러시아를 두 번 방문해 쿠르차토프 연구소까지 가서 직접 살펴봤다. 나는 데이비드 할러웨이의 역사서 『스탈린과 폭탄(*Stalin and the Bomb*)』도 활용해, 정보를 보충했다. 할러웨이의 책은 소련 이야기 초고를 거의 다 쓴 상황에서 제책된 교정쇄로 읽었다. 나는 그가 제시한 증거를 바탕으로 내용을 약간 수정했고, 내가 사용한 출처가 가리키는 결론과 그의 결론이 다른 부분도 확인했다. 하지만 우리의 서술은 기본적으로 동일했다.

나는 소련과 러시아의 문서 다수를 이메일을 통해 쪽수가 표시되지 않은 번역문으로 받았다. 후주의 해당 참고 문헌에 쪽수가 없는 것은 이런 연유에서이다. 러시아 독자들이라면 원래의 정기 간행물들에서 발췌된 인용문을 찾는 데 어려움은 없을 것이다.

커티스 르메이의 여러 부관들이 작성한 일지가 매우 유용했는데, 이것들은 최근에야 기밀이 해제되었다. 르메이가 핵무기 통제권을 얻기 위해 노력했음과, 한국 전쟁 때 9발의 원자 폭탄이 극동으로 이전되는 데에 그가 일정한 역할을 했음도 이 자료를 통해 나는 확증할 수 있었다. 그 이전의 다른 주요 전거는 고든 딘의 일기(Anders(1987))이다. 전략 공군 사령부가 쿠바 미사일 위기 당시 과잉 대응했다는 내용들은 개략적으로만 나온다. 그도 그럴 것이 도를 넘는 월권과 방종이 불법인 데다 돌이킬 수 없는 사태를 초래하기 일보 직전까지 갔기 때문이다. 하지만 어떤 자료를 검토하더라도 그 사실에는 변함이 있을 수 없었다. 전략 공군 사령부가 1950년부터 핵무기 교전을 압박했다는 사실은 내가 본문에서 적은 것보다 훨씬 섬뜩했을 가능성이 많다. 소련을 도발한 것은 물론이고 미사일 위기 당시 쿠바를 도발한 일도 아직 충분히 햇빛을 보지 못했을 것이다.

무기 대여법에 따라 그레이트 폴스를 통해 첩보 활동 자료가 대량으로 적송되었는데, 이를 폭로한 조지 레이시 조던의 설명은 처음 제기되었을 때 거의 무시당했다. 본서에서는 몇몇 보강 증거를 바탕으로 이것을 자세히 논급했다. 나는 그레이트 폴스에서 벌어진 일이 신빙성이 꽤 높다고 생각한다. 소련의 첩보 활동은 정말이지 대규모였고, 크게 성공했음이 분명하다. 조던이 말한 검정색 여행용 기방들은 야코프 데를레츠키가 깜짝 놀란 1만 쪽의 비밀 문서가 어떻게 소련으로 넘어갔는지를 설명해 준다.

독립 연구자 척 핸슨이 수집한 컬렉션은 현존 최고 수준이다. 그는 핵무기의 설계, 개발, 시험과 관련된 기밀 해제 문서를 직접 수집했다. 척은 관대하게도 그 자료를 활용할 수 있게 해 주었고, 나는 주요 사건을 재구성하면서 면담한 과학자들과 공학자들의 증언을 더 완벽하게 다듬을 수 있었다. 내가 아는 한 이 책에 나오는 무기 설계 정보 가운데 대외비는 없다. 나는 비밀 취급 인가자나 기밀 해제 자료에서 그런 온갖 정보를 입수했지만, 의심이 들 경우, 예를 들어, KGB가 출처인 경우처럼 의심이 들 때에는 뺐다.

☢ 약어 ☢

DDEL　드와이트아이젠하워 도서관, 캔자스 주 애빌린
FBI　미 연방 수사국(US Federal Bureau of Investigation)
FOIA　정보 자유법(US Freedom of Information Act)
HHL　허버트 후버 도서관(Herbert Hoover Library), 아이오와 주 웨스트브랜치
HSTL　해리 트루먼 도서관(Harry S. Truman Library), 미주리 주 인디펜던스
LANL, LASL　국립 로스앨러모스 연구소(Los Alamos National Laboratory), 뉴멕시코 주 로스앨러모스, 구칭 로스앨러모스 과학 연구소(Los Alamos Scientific Laboratory)
LC　미국 의회 도서관(US Library of Congress), 워싱턴 DC
MED　미국 육군 공병대 맨해튼 공병 구역(Manhattan Engineer District)
RG　국립 아카이브 레코드 그룹(Record Group at the National Archives, Washington, DC)

기타 약어는 본문이나 참고 문헌의 해당 항목에서 확인할 수 있다.

☢ 프롤로그 ☢

1 "폭탄이 ~ 확신했다.": Alvarez(1987), 4쪽.
2 "목표물이었던 ~ 피어오르는 것 같았다.": ibid, 7쪽.
3 "지금까지 ~ 근거야.": Luis to Walter Alvarez, 6. viii. 45.(앞으로 나오는 이와 같은 형식은 일, 월, 년도의 형식으로 6.viii.45는 1945년 8월 6일을 나타낸다. — 옮긴이). Luis Alvarez, personal communication. 대부분의 내용이 Alvarez(1987) 8쪽에 수록되어 있다.
4 "정말 괴롭 ~ 통과시켜 주었습니다.": Robert Serber, 1994 Pegram Lectures, Brookhaven National Laboratory, unpub. MS(Robert Serber 제공).
5 "우리는 ~ 뛰어들었다.": interview with Bruce C. Hopper, 8th Air Force historian, 7.ix.43, 3쪽, LeMay Papers, LC.
6 "우리는 2년 동안 ~ 한 명도 없어야 합니다.": speech by Maj. Gen. Curtis E. LeMay before Ohio Society of New York, 19.xi.45, 1~2쪽, ibid.

7 "한 번에 ~ 안 가도 된다.": file biography, "Colonel Curtis E. LeMay as bombardment wing and division commanding officer," c. 1942, ibid.
8 "냉혹한 개자식"; "틀림없는 군 최고의 지휘관": B. W. Crandell, "'냉혹한 개자식'이 별명이었다." From June 1944 history, 3rd Bomber Division, ibid.
9 "그들에게는 저고도 폭격에 대한 방어책이 전무했다.": LeMay(1965), 347쪽.
10 레이더 폭격 조준기; 공군력: Hansell(1986), 228쪽.
11 "민간인을 ~ 목표**였다.**": Foreword, Tactical mission report, Mission No. 40, 12 March 1945, LeMay Papers, LC.
12 "22개의 ~ 미확인 산업 시설": Tactical mission report, ibid.
13 "도쿄의 물리적 ~ 파괴한 경우는 없었다.": LeMay(1965), 353쪽에서 재인용.
14 "B-29 485대 ~ 전투 승무원": Curtis LeMay, lecture headed "General Bull, Gentlemen:", 16쪽, filed between 8.iii.52 and 15.iii.52 documents, Box 200, LeMay Papers, LC.
15 "일본 폭격을 ~ 될 수 없을 겁니다.": Hurley and Ehrhart(1979), 200~201쪽에서 재인용.
16 "내가 ~ 있었을 텐데.": LeMay(1965), 390쪽.
17 "전쟁은 ~ 더 나쁜 일도 없습니다.": Hurley and Ehrhart(1979), 197쪽에서 재인용.
18 "다른 많은 사람처럼 ~ 상당히 지쳐": LeMay(1965), 390쪽.
19 "르메이 장군은 ~ 아침 0600시에 끝났다.": Theodore E. Beckemeier, "Resume of events while aide-de-camp to Major General Curtis E. LeMay, June 25, 1943 to Sept. 25, 1945," entry for 3.ix.45, LeMay Papers, LC.
20 "그 비행이 ~ 짐작할 수 있었다.": LeMay(1965), 393쪽.
21 "무착륙 비행이 가능하다.": James Doolittle to Carl Spaatz, 31.viii.45, Doolittle Papers, LC.
22 "일본에 ~ 비행은 불가능함.": Doolittle from Spaatz, message NR 4021, 5.ix.45, ibid.
23 "그렇게 해서 ~ 아무도 없었다.": LeMay(1965), 393쪽.
24 B-29 비행 계획과 일련의 사건: "Log of the flight Japan-Washington," *New York Times*, 20.ix.45; "Brass band greets crews on arrival at capital," *Chicago Tribune*, 20.ix.45.
25 "그날 밤 ~ 땀은 안 났다.": LeMay(1965), 394쪽.
26 "좀 더 갔다. ~ 다시 갔다.": ibid, 395쪽.
27 "의미 ~ 있다는 것 뿐": "The B-29 Flight," *Chicago Tribune*, 21.ix.45, 14쪽.
28 「도표로 정리한 러시아와 만주 지역 도시 전략」: A Strategic Chart of Certain Russian and Manchurian Urban Areas, 30.viii.45: RG 77, MED, Stockpile Storage and Military Characteristics file, National Archives; 폭탄 소요량 계산치는 cf. "Atomic bomb production," Lauris Norstad to L. R. Groves, 15.ix.45, "Tab C." 1쪽. Chuck Hansen collection.
29 18.x.45 팻 맨 계획: Visgin(1992), 127쪽.

☢ 1장 핵폭탄 냄새 ☢

1 "열띤 토론이 벌어졌다.": Golovin(1968), 31쪽. 데이비드 할러웨이는 이 편지의 존재에 의문을 제기한다. (Holloway, 1981, 191쪽, fn. 17; Holloway, 1994, 384쪽, n. 5). 졸리오퀴리가 이오페에게 보낸 편지가 "시기상 절대로 그럴 수 없다."라고 1981년에 주장한 것이다. 할러웨이는 계속해서 이렇게 말한다. "다른 소련 문헌을 보면 소비에트 과학자들이 2월에 외국 저널들을 받아보고, 그 발견 사실을 알았음을 알 수 있다." 그는 이고리 골로빈과의 1992년 인터뷰를 바탕으로 1994년에 이렇게 단언했다. "졸리오퀴리가 편지를 보냈다는 이야기는 신화이다." 하지만 유리 스미르노프가 1993년에 나를 대신해 골로빈과 해 준 면담에 따르면, 골로빈은 편지 때문에 세미나 참석자들과 나눴던 대화를 구체적으로 기억했다. 이를테면 그는 G. N. 플료로프(G. N. Flerov), V. A. 다비덴코, M. I. 페브스너(M. I. Pevsner), I. I. 구레비치 등이 세미나에 참석했다고 말했다. 하지만 골로빈도 구체적으로 누가 자기한테 편지 이야기를 해 주었는지는 기억하지 못했다. (Yuri Smirnov, personal communication, 13.ix.93.)

할러웨이도 플료로프의 다음 어구를 인용한다. "우리는 졸리오퀴리의 호의로 새로운 현상을 맨 처음 알게 되었다." 플료로프의 이 말은 골로빈의 증언을 입증해 준다. 편지는 분명 1939년 1월 초 이전에 쓰인 것이 아니다. 왜냐하면 리제 마이트너(Lise Meitner)와 오토 프리시가 새해 초에야 비로소 핵분열 현상을 파악했기 때문이다. 나의 결론은 다음과 같다. (a) 졸리오퀴리는 이오페에게 분명 편지를 썼다. (b) 소련 물리학자들은 2월달 저널들에 앞서 그 편지를 받았다.

2 "우리는 ~ 핵폭탄 냄새를 맡을 수 있었죠.": Flerov(1989), 54쪽.

3 핵분열 확인: cf. Frisch(1939), Meitner and Frisch(1939).

4 "원자력이라는 새로운 ~ 수백만 배 더 강력합니다.": Holloway(1994), 29쪽에서 재인용.

5 라듐 추출: ibid, 30~31쪽.

6 "굶주림과 ~ 전혀 없었다.": Zukerman and Azarkh, unpub. MS, 130쪽에서 재인용.

7 "새로운 물리학에 공헌하려는 ~ 헌신하는 사안뿐이었다.": Frish(1992).

8 "유치원": Golovin(1968), 17쪽.

9 전력의 중요성을 강조한 레닌의 언급: cf. Badash(1985), 39쪽, n. 11.

10 "스탈린의 태도에는 ~ 그들이 우리를 짓밟을 것이다.": Snow(1966), 258쪽.

11 "인류는 머잖아 ~ 원하는 대로 빚을 수 있을 것이다.": Kramish(1959), 6쪽에서 재인용.

12 "세르게이 오르드조니키제를 ~ 배정받을 수 있었다.": ibid, 7쪽에서 재인용.

13 "쿠르차토프는 ~ '장군'으로 통했다.": Zukerman and Azarkh, unpub. MS, 123쪽에서 재인용.

14 쿠르차토프의 사이클로트론 제작: Cochran and Norris(1993), 5쪽.

15 24편의 논문: Golovin(1968), 27쪽.

16 "누구보다 활기찼다. ~ 농담을 즐겼다.": Zukerman and Azarkh, unpub. MS, 125쪽에서 재인용.

17 "호리호리한 젊은 애송이 ~ 볼도 항시 발그레했다.": Golovin(1968), 21쪽.

18 "테디 베어(teddy bear)처럼 친절한 ~ 아무도 없지요.": Eddie Sinelnikov, writing home in 1930, in Street(1947), 29쪽.

19 "젊은 데다 ~ 꼿꼿했다.": Frish(1992).

20 "그 누구보다 열심히 ~ 잰 체하는 법이 없었다.": Golovin(1968), 21쪽.

21 "사는 게 ~ 깡통 같아.": ibid, 11쪽에서 재인용.

22 "자정이 되면 ~ 실험에 몰두하고 있었다.": ibid, 20쪽에서 재인용

23 "1934년이었으니 ~ 불과 2년 후였다.": Peierls(1985), 110쪽.

24 "다부진 체격에 ~ 활기가 넘쳤다.": Zukerman and Azarkh, unpub. MS, 137쪽에서 재인용.

25 "스탈린은 ~ 무고한 남녀가 죽었다.": Kravchenko(1946), 470쪽.

26 "1935년 1월 1일부터 ~ 강제 수용소에서 죽었다.": Conquest(1993)에서 재인용.

27 "체포된 과학자와 기술자를 ~ 수천 명에 이를 것이다.": Medvedev(1978), 34쪽.

28 "소련의 영광과 전 인민의 요구에 충성하겠습니다.": Badash(1985), 98쪽에서 재인용.

29 "카피차의 강렬한 개성이 ~ 따뜻한 관심을 보였다.": Bohr report dated 28.vi.44, in Oppenheimer Papers, LC.

30 "카피차는 ~ 석방되었다.": Medvedev(1978), 37쪽.

31 "공동으로 논문을 발표한 ~ 신봉하지 않았다.": Edward Teller, personal communication, vi.93.

32 "(소련) 과학자 대다수는 ~ 무자비하게 비판했다.": Alexandrov(1988).

33 "그 무렵 ~ 그림자처럼 사라졌어.": Alliluyeva(1967), 140쪽.

34 "스탈린이 ~ 통계치도 말이다.": Conquest(1991), 206쪽.

35 시체는 트럭에 실려 돈스코이 수도원에 마련된 화장터로 실려 갔으며: cf. Remnick(1993), 135쪽.

36 「스탈린 에피그램(The Stalin Epigram)」: Forché(1993), 122쪽.

37 자연적 핵분열: Petrzhak and Flerov(1940).

38 "율리 하리톤은 ~ 밤늦게까지 연구했다.": Zeldovich(1992, 1993), II, 637쪽.

39 "대학을 ~ 구애받지 않았고,": Sakharov(1990), 132쪽.

40 "우리는 즉시 ~ 깨달았다.": Golovin and Smirnov(1989)에서 재인용.

41 1939년 피즈테크 세미나: Khariton and Smirnov(1993). 원자 폭탄 하나: cf. Golovin and Smirnov(1989)에 나오는 이고리 탐의 이야기.

42 "재능 있는 물리학자라면 ~ 명약관화했다.": Serber(1992), xxvii쪽.

43 "(천연 우라늄에서 연쇄 ~ 달성할 수 있을 것이다.": Zeldovich(1993), II, 7쪽.

44 "우라늄 동위 원소 235를 ~ 또 다른 방법이다.": ibid, 14쪽.

45 "완벽에 가깝게 인진해,"; "크게 증대시킨다.": ibid, 16쪽.

46 "성급한 결론들 ~ 현실과 부합하지 않는다.": ibid, 19쪽.

47 "(실험 자료가 없기 때문에 ~ 예상해 볼 수 있는 이유이다.": ibid, 16쪽.

48 전체 중수량은 2~3킬로그램에 불과했다.: 이고리 쿠르차토프에 따르면 1943년 4월까지도 소련이 공급할 수 있는 전체 중수량은 이 정도였다. cf. Visgin(1992), Doc. #4.

49 보스트-하킨스의 편지: Borst and Harkins(1940).

50 "우리가 ~ 결론 내린 이유이다.": Visgin(1992), Doc. #4.

51 "소수의 열성파는 ~ 내다봤다.": Khariton and Smirnov(1993).

52 "균질 원자로는 ~ 생각했습니다.": Yuli Khariton, personal communication, 25.x.93.

53 하리톤의 원심 분리기 연구: Khariton and Smirnov(1993), 23쪽.

54 크바스니코프의 주도적 활동: Leskov(1993), 38쪽. Yatzkov(1992)도 이 초기의 주도적 활동을 언급한다.

55 NKVD 요원 2만 8000명 숙청 건: Volkogonov(1988, 1991), 332쪽.

56 "래커와 광택제 생산에 ~ 더 견딜 만할 것": Gold(1951), 24쪽.

57 "혹시라도 ~ 분명했다.": Golovin and Smirnov(1989)에서 재인용.

58 《뉴욕 타임스》 기사와 조지 베르나드스키: Holloway(1994), 60쪽.

59 "우라늄이 ~ 하나도 없습니다.": ibid, 62쪽에서 재인용.

60 쿠르차토프와 제5차 대회: Zaloga(1993), 8쪽.

61 "전체 전쟁 비용에 견주면 하찮은 수준일 터였다.": Wilson(1975), 55쪽.

62 "쿠르차토프가 발표를 했고, ~ 시끄럽게 들려왔다.": Golovin(1989), 198쪽.

63 "충돌은 ~ 5월쯤일 것이다.": Volkogonov(1988, 1991), 393쪽에서 재인용.

64 "로켓 기술이 ~ 100년쯤 걸릴 것이다.": Holloway(1981), 168쪽에서 재인용.

65 "15분 후 ~ 이만저만이 아니었다.": Golovin(1989), 198쪽.

66 "원자 폭탄을 ~ 않을 수도 있다고 말이다.": Altshuler et al.(1991), 26쪽(translation edited).

67 스탈린의 22.vi.41 면담: Knight(1993), 111쪽에 스탈린의 방문객 일지가 나온다.

68 "망연자실했다. ~ 망쳤어!'": Volkogonov(1988, 1991), 409쪽.

69 "우리 일행은 ~ 낯선 표정이었습니다.": ibid, 411쪽에서 재인용.

70 "소련은 ~ 우리도 싸웠다.": ibid, 418~419쪽.

71 스탈린의 7월 3일 연설: Werth(1971), 2쪽.

72 "스탈린의 연설은 ~ 처지를 알게 되었다.": Werth(1964), 166쪽에서 재인용.

73 "대단했다. ~ 없었던 것이다.": ibid, 162쪽.

74 "모든 마을과 ~ 내부 전쟁이었던 것이다.": Kravchenko(1946), 354~356쪽.

75 "국가의 모든 권력과 권한": Werth(1964), 165쪽에서 재인용.

76 "자기 의견이 전혀 없는 멍청하기 이를 데 없는 간부.": Volkogonov(1988, 1991), 250쪽.

77 "베리야는 ~ 대부분 체포했다.": Knight(1993), 90쪽.

78 "교묘한 조신(朝臣)의 현대적 표본으로서 단연 최고이다.": Alliluyeva(1967), 8쪽.

79 "약간 통통했고, ~ 자세와 뒤섞인": Djilas(1962), 108쪽.

80 "베리야는 ~ 일주일 내내 일했다.": Knight(1993), 195쪽에서 재인용

81 "베리야는 ~ 그의 채찍이었던 것이다.": Kravchenko(1946), 404쪽.

82 "스탈린은 ~ 필요가 없다고 말했다.": Volkogonov(1988, 1991), 412쪽에서 재인용.

83 "오늘날이라면 ~ 신속한 해결책을 강구해야 했다.": Kaftanov(1985).

84 "목구멍이 ~ 그 참화를?": Werth(1964), 272쪽에서 재인용.

85 "거리는 ~ 겨우 알 수 있었다.": Gouzenko(1948), 70쪽.

86 "사무실이란 ~ 찾고 있어요!'": Sakharov(1990), 43쪽.

87 "전선의 상황이 ~ 쳐들어 왔습니다.": Gouzenko(1948), 71쪽.

88 "제2차 세계 대전 중에 ~ 내용의 문서": ibid.

89 200만 명 이상이 소개되고: Werth(1964), 241쪽.

90 "모스크바 서쪽으로 ~ 우스갯소리를 했다.": ibid, 264쪽.

91 "기차는 ~ 얼굴을 처박았다.": Rosenberg(1988), 86쪽.

92 플료로프 보고서: Khariton and Smirnov(1993), 24쪽; Golovin(1968), 39쪽.

93 "플료로프의 보고서는 ~ 장담할 수 없었다.": Golovin and Smirnov(1989)에서 재인용.

94 "플료로프는 ~ 제출했다.": Khariton and Smirnov(1993), 43쪽.

95 "쿠르차토프는 ~ 선언했다.": Golovin(1968), 38쪽.

96 플료로프의 보고서를 죽을 때까지 보관한 쿠르차토프: Khariton and Smirnov(1993), 24쪽.

97 "쿠르차토프는 ~ 무르만스크로 떠났다.": Golovin(1968), 39쪽.

98 "전쟁 중이므로 ~ 역량이 분산되기 때문이다.": Kramish(1959), 49쪽에서 재인용.

2장 확산

1 "나는 ~ 생각해.": Smith and Weiner(1980), 143쪽.

2 "해결책": Chambers(1952), 193쪽.

3 "서방의 모든 지식인은 ~ 문제이다.": ibid, 191쪽

4 "제1차 세계 대전으로 ~ 그 영향력 아래 포섭되었다.": ibid, 192쪽.

5 "공산주의자는 ~ 행위로 본다.": ibid, 193쪽.

6 "공산당은 ~ 전통이다.": ibid.

7 "우리는 ~ 방어하고 있었다.": Williams(1987), 51쪽에서 재인용. 루스 쿠친스키의 본명은 우르술라였다. 하지만 그녀는 루스라는 이름을 더 좋아했고, 부모도 그렇게 불러주었다: Pincher(1984), 9쪽.

8 "우리는 ~ 스탈린의 말을 믿었어요.": Moss(1993), 11쪽에서 재인용.

9 "반유대주의가 ~ 과제로 비쳤다.": Gold(1951), 27쪽.

10 "매주 토요일 ~ 고마웠다.": ibid, 16쪽.

11 "공산주의 철학과 ~ 매개 수단이었던 것이다.": Taschereau and Kellock(1946), 44쪽.

12 "캐나다의 ~ 고안된 것 같다.": ibid, 71쪽(굵은 글자는 원문).

13 "컨스트럭션": 이 학교의 활약상을 자세히 파악하려면 cf. Costello and Tsarev(1993), 275쪽.

14 "나는 ~ 소련인이었다.": ibid, 277쪽에서 재인용.

15 코헨: Lamphere and Shachtman(1986), 276쪽; Chikov(1991b), 36쪽.

16 "내가 ~ 공산당 세포였다.": Straight(1983), 60쪽.

17 "버제스는 ~ 벗어났다.": 고대 그리스, 로마 학자 모리스 보우라의 말, Andrew and Gordievsky(1990), 206쪽에서 재인용.

18 "대단히 흥미롭고, 매력적이며, 가차 없다.": ibid, 217쪽에서 재인용.

19 케언크로스를 입당시킨 버제스: Andrew and Gordievsky(1990), 217쪽에 따르면 그렇다. Chapman Pincher(1987), 66쪽을 보면, 제임스 클루그만이 케언크로스를 입당시켰다고 나온다.

20 "화장실 청소와 ~ 해야 한다.": Cecil(1989), 77쪽에서 재인용.

21 "케언크로스는 ~ 지겹기는 했지만 말이죠.": Andrew and Gordievsky(1990), 219쪽에서 재인용.

22 1941년 9월: 아나톨리 야츠코프(1992년)에 따르면 그렇다. 케언크로스는 원자 폭탄 관련 기밀을 넘겨주었다는 사실을 부인했다. 그는 행키 경 밑에서 일정 관리 비서 이상의 역할을 하지 않았고, 원자 폭탄 관련 서류를 입수할 수 있었던 건 도널드 맥클린이었다고 주장했다. 하지만 맥클린의 암호명은 '리스트'가 아니었다. 런던 주재 KGB 사무관이었던 올렉 고르디예프스키는 영국 총책한테서 케언크로스가 "문자 그대로 수톤의 문서"를 제공했다는 이야기를 들었다고 전한다. (Andrew and Gordievsky, 1990, 262~263쪽). 맥클린은 당시에 영국 우라늄 위원회의 활동에 접근할 수 있는 처지가 전혀 아니었다. 그는 프랑스가 함락되면서 파리 주재 영국 대사관에서 철수한 후 외무부 총괄 부서에 처박혀 있다가 1944년 봄에 미국으로 떠났다.

23 "30대 중반의 ~ 가릴 수는 없었다.": 전시에 고르스키의 지휘를 받은 한 요원의 말, Andrew and Gordievsky(1990), 293쪽에서 재인용.

24 「런던 발신 25.IX.41의 #6881/1065」: Visgin(1992), Doc. #1.

25 모드 보고서: Office of Scientific Research and Development records, S-1 Bush-Conant file, RG 227, National Archives.

26 두 번째 전송문: Visgin(1992), Doc. #2.

27 한 미국 물리학자: 로나 코헨은 월터 슈니어와의 전화 면담에서 신원 미상의 그 미국 물리학자가 확실히 있었다고 말했다. Dobbs(1992), A37쪽에서 확인할 수 있음. Yatzkov(1992)도 1941년 9월 "우리측 정보원"에 어떤 "물리학자"가 접촉을 시도했다고 적었다. 코헨 부부와 그 물리학자에 관한 다른 세부 사실은 Chikov(1991a, 1991b)에서 가져왔다. 치코프가 적은 내용은 신중하게 받아들여야 한다. 그가 밝힌 정보의 상당 부분이 날조하지는 않았더라도 과장되었다는 것은 분명하다. (예를 들어, 영입 제안이 있었다 할지라도 그 물리학자가 1941년에 로스앨러모스에 갈 수는 없었다. 연구소 부지는 아직 제안되지도 않은 상태였

다.)

28 뉴욕 주재 사무관 야츠코프: 로버트 램피어는 가능성이 상당히 많다고 생각한다, Robert Lamphere, personal communication, vi.94.

29 "(베리야는) ~ 결론내렸다.": Yatzkov(1992).

30 "이론적인 측면에서 ~ 떠올랐다.": Peierls(1985), 162~163쪽.

31 "어린 시절은 아주 행복했다.": Williams(1987), 180쪽. 푹스의 배경을 더 자세히 알고 싶다면 cf. Moss(1987), Pilat(1952), Pincher(1984).

32 "아버지는 ~ 많았던 것이다.": Williams(1987), 180쪽에서 재인용.

33 "공식 정치에 ~ 연사를 자원했다.": ibid, 181쪽에서 재인용.

34 "위험했지만 ~ 탈출했다.": ibid, 182쪽에서 재인용.

35 "운이 좋았다. ~ 기장(紀章)을 뗐다.": ibid에서 재인용.

36 "나는 ~ 방침도 수용했다.": ibid에서 재인용.

37 "자기 중심적이고, 순진하기 이를 데 없었다.": Peierls(1985), 223쪽.

38 "내가 ~ 말하려고 했어.": ibid에서 재인용.

39 "당이 ~ 많아야 한다.": Williams(1987), 183쪽에서 재인용.

40 "고귀하다 ~ 존경하지 않을 수 없다.": Gold(1951), 78쪽.

41 "수줍음이 많고, 내성적"; "조용하고 ~ 고발했다.": Williams(1987), 23쪽에서 재인용.

42 "금속의 전자 이론 ~ 연구를 수행했다.": Peierls(1985), 163쪽.

43 "아주 친절하고 ~ 젊은이": Moss(1987), 20쪽에서 재인용.

44 정치 선전용 전단: Fuchs FBI FOIA files, 65-58805-1412, 7쪽.

45 구체적인 억류 상황: Williams(1987), 34쪽.

46 푹스의 숙사 배정: Peierls(1985), 163쪽.

47 "억류가 ~ 기회를 누리지 못했다.": Williams(1987), 184쪽에서 재인용.

48 "러시아의 정책을 ~ 나의 생각이었다.": ibid에서 재인용.

49 "독일이 ~ 생각하지 않습니다.": *New York Times*, 24.vi.41, 7쪽에서 재인용.

50 푹스에 관한 묘사 정보: Fuchs FBI FOIA files, 65-58805-1412, 49~50쪽.

51 "푹스는 ~ e, 푹스.": weekly Harwell newspaper *AERA News* in Moss(1987), 98쪽에서 재인용.

52 "(푹스는) ~ 자동 판매기라고 부른 이유이다.": Peierls(1985), 163쪽.

53 "원자 폭탄을 ~ 연락을 취했다.": Williams(1987), 184쪽에서 재인용.

54 "푹스는 ~ 제공하겠다는 것이었다.": Fuchs FBI FOIA files, 65-58805-1412, 8쪽.

55 푹스의 보고서: cf. ibid.; Williams(1987), 45쪽. Cf. also itemized list attached to Fuchs FBI FOIA files, 65-58805-1412.

56 KZ-4: Visgin(1992), Doc. #3.

57 "모든 노력을 ~ 더 신속히 하면,"; "전체 과제를 ~ 시간입니다.": Rhodes(1986), 406쪽에서 재인용.

58 페르부킨에게 넘겨진 파일: Holloway(1983), 17쪽.

59 "이 분야에서 ~ 시킨 대로 했습니다.": Pervukhin(1978). 페르부킨은 1942년 9월 아니면 10월에 몰로토프와 면담을 했다고 밝혔다. 다른 자료들에는 그 대화가 4월에 있었던 걸로 나온다. 베리야가 보고서를 작성한 건 1942년 3월이다. 가장 가능성이 높은 달이 4월인 이유이다.

60 "우크라이나의 ~ 찾으러 온 것 같았다.": Kaftanov(1985).

61 "사흘 후에 ~ 생각했습니다.": ibid.

62 다섯 통의 전보: 스탈린에게 보내는 편지 보유(補遺) 2에서 플료로프가 말함, Cochran and Norris(1990), 27쪽.

63 플료로프와 스탈린 상: Holloway(1981), 173쪽.

64 "친애하는 요셉 바사리오노비치에게 ~ 저의 판단입니다.": Flerov, letter to Stalin in Cochran and Norris(1992), 90쪽.

65 "제 말이 맞다는 ~ 도와주시기를 바랍니다.": ibid.

66 "희생자를 고르고, ~ 달콤한 일도 없다.": Conquest(1991), 107쪽에서 재인용.

67 "몇 년 안에 ~ 확언했다.": Pais(1990), 13쪽(*Moscow News*, 8.x.89에 있는 이고리 골로빈과의 인터뷰를 인용함).

68 폭탄 프로그램 비용: Holloway(1983), 18쪽.

69 "물론 어느 정도는 ~ 그때 우리가 비무장 상태라면?": Kaftanov(1985).

70 "스탈린이 말했다. '해야겠군.'": ibid.

71 "스탈린그라드에서 ~ 여전히 철수 중이었다.": Golovin and Smirnov(1989).

72 "민간인들은 ~ 가장 센 패인 것이다.'": Werth(1964), 367쪽.

73 전투 사상자 수: ibid, 401~403쪽.

74 "우리는 ~ 패퇴시켜야만 한다!": Golovin and Smirnov(1989)에서 재인용.

75 "일급 비밀. ~ 누가 연구 개발을 이끄는가.": Chikov(1991a), 39쪽에서 재인용.

76 푹스는 소니아가 루스 쿠친스키임을 알았다: 푹스는 1950년에 체포된 후 그녀를 모른다고 잡아뗐다. 그는 수감 생활 중에 루스가 동독에서 안전하게 머물고 있음을 인지한 후 MI5에 그녀의 신분을 확인해 주었다. MI5는 FBI에 이 사실을 통보하지 않았다. Pincher(1984), 145쪽.

77 "정신 분열증을 다스려야": Williams(1987), 184쪽에서 재인용.

78 "푹스는 ~ 너그럽다.": Moss(1993), 10쪽에서 재인용.

79 "전혀 망설이지 않고 가진 정보를 전부 건넸다.": Williams(1987), 184쪽에서 재인용.

80 "스탈린은 ~ 사람이어야 한다.": Golovin(1989), 200쪽.

81 "내게 ~ 물리학자였다.": Kaftanov(1985).

82 "세바스토폴에서 ~ 아주 잘 어울렸다.": Zukerman and Azarkh, unpub. MS, 116쪽에서 재인용.

83 "알리카노프는 ~ 덜 유명했다.": Kaftanov(1985).

84 "쿠르차토프가 ~ 알 수 있었기 때문이다.": ibid. 카프타노프는 1942년 5월 쿠르차토프를 면담한 후 그를 낙점했다고 말했다. 다른 기록에 의하면 임명 날짜가 그렇게 빠를 수는 없다.

85 "우리는 ~ '예.'": Alexandrov(1988)에서 재인용.

86 "어떤 사업이든 ~ 도와주시겠지요.'": Kaftanov(1985).

87 "책임지게 ~ 깊은 인상을 받았다.": Resis(1993), 56쪽.

88 "핵물리학을 ~ 작업을 시작하래.": Alexandrov(1988)에서 재인용.

☢ 3장 가치가 엄청난 자료 ☢

1 "스탈린의 그림자," "무자비한 사내": Volkogonov(1988, 1991), 244쪽, 245쪽.

2 "가장 수치스러운 관료주의와 가장 어리석은 관료들이 배태되었다.": ibid, 244쪽에서 재인용.

3 "그의 지휘 방식과 결과는 ~ 효과적이지 못했습니다.": Khariton and Smirnov(1993), 26쪽.

4 "신중하고, 꼼꼼하며, 검약하는": Volkogonov(1988, 1991), 244쪽에서 재인용.

5 "작업을 ~ 동원하고 있었다.": Pervukhin(1985).

6 페르부킨이 언급한 초기의 난관: ibid.

7 "우리는 ~ 생각해 내라고 말했다.": ibid.

8 "그 무렵에는 ~ 설명해야만 했다.": ibid.

9 "각료들과 ~ 내줄 수 없소!'": ibid.

10 "1945년까지는 ~ 수행했다.": Khariton and Smirnov(1993), 26쪽.

11 "아직 러시아 수중에 ~ 시베리아에 말이다.": Werth(1971), 9쪽.

12 "적은 전선의 이 지역에 ~ 우위를 자랑했다.": Werth(1964), 406쪽에서 재인용.

13 민간인 4만 명이 스탈린그라드에서 죽다: ibid, 442쪽.

14 "탱크와 기계화 보병이 ~ 눈에 들어왔다.": ibid, 453쪽에서 재인용.

15 "볼가 강 유역에 ~ 급조한 것들이다.": Ehrenburg and Simonov(1985), 203~204쪽.

16 "볼가 강의 반대편은 ~ 지옥이나 다름없는 존재였다.": Werth(1964), 456쪽에서 재인용.

17 "스탈린그라드에서 벌어진 전체 교전 가운데 잔혹함과 치열함에서 필적할 대상이 없는 전투": ibid, 464쪽에서 재인용.

18 "머리 위로 하늘이 불타고, 발아래 땅이 마구 흔들린다.": Ehrenburg and Simonov(1985), 204쪽.

19 동계 피복을 지급하지 않은 독일군 최고 사령부: Werth(1964), 550쪽.

20 "에나멜 가죽 구두를 신은 웃기는 놈들이 …… 스탈린그라드를 정복하겠다고 왔죠.": ibid, 554쪽.

21 "이젠 스탈린그라드의 ~ 기분이 더 나았으리라!": ibid, 552~553쪽.

22 "당시에는 ~ 합류시키기 시작했다.": Kaftanov(1985).

23 "쿠르차토프는 ~ 보태야 할 것이다.": Golovin(1968), 42~43쪽.
24 "악마라면 ~ 타진해 봐야 해.": Alexandrov(1988)에서 재인용.
25 "쿠르차토프는 ~ 바로 여기 있네요.'": Resis(1993), 56쪽.
26 14쪽짜리 보고서: Visgin(1992), Doc. #4.
27 확산 이론 보고서들을 넘긴 푹스: cf. itemized list attached to Fuchs FBI FOIA files, 65-58805-1412.
28 "쿠르차토프는 ~ 탁월했다.": Khariton and Smirnov(1993), 25쪽.
29 "결국 ~ 유리하다는 걸 보여 주었다.": ibid.
30 1943년 3월 22일자 쿠르차토프의 편지: Visgin(1992), Doc. #5.
31 "질량수가 239인 ~ 원소가 생성된다.": ibid, Doc. #4.
32 93번 원소: McMillan and Abelson(1940).
33 독일 물리학자 카를 프리드리히 폰 바이츠제커: cf. Rhodes(1986), 350쪽.
34 "딸 핵종 94^{239}": McMillan and Abelson(1940).
35 "결론 ~ 있을 것으로 보임.": Visgin(1992), Doc. #5.
36 "핵개발 프로그램을 ~ 안 된다.": Khariton and Smirnov(1993), 25쪽.
37 "세상 사람들은 ~ 존재를 알았다.": Glenn Seaborg, personal communication, 1.ix.93.
38 "작은 규모였지만 ~ 둘러싸여 있었다.": Golovin and Smirnov(1989).
39 열공학 연구소: Kaftanov(1985).
40 "쿠르차토프에게 온 ~ 사기가 진작되었다.": Golovin(1968), 43쪽.
41 "우리는 크로포트킨 가에 있는 ~ 다시 말하지만 꽃이 아니었다.": Golovin and Smirnov(1989).
42 "칼루즈 연구소에서는 ~ 입구를 지켰다.": Golovin(1968), 44쪽.
43 "돌파구를 ~ 망쳐 버릴지도 몰랐고요.": Golovin and Smirnov(1989)에서 재인용.
44 "모스크바에서 ~ 처음부터 명백했다.": Kaftanov(1985).
45 "이고리 바실리예비치와 나는 ~ 전부 차지했습니다.": Pervukhin(1985).
46 "쿠르차토프는 ~ 건설되기 시작했다.": Golovin(1968), 45쪽.
47 "키라가 ~ 시작해야만 할 겁니다.": Street(1947), 321쪽.
48 전미 연구 협의회의 참고 문헌 위원회 파일에 접근할 수 있었던 신원 미상의 인물: 쿠르차토프가 살펴본 문서들에는 컬럼비아, 시카고, 아이오와 대학교, UC 버클리 및 기타 기관의 연구가 포함되어 있다. 그 시점에는 맨해튼 프로젝트에 구획화(compartmentalization)가 이루어졌기 때문에 이중 하나의 출처에서 모든 문서를 입수한다는 것은 상상하기 힘들다. 원자로와 폭탄 연구의 정보 센터였던 전미 연구 협의회의 참고 문헌 위원회가, 유출 가능성이 가장 높은 곳이다.
49 쿠르차토프의 1943년 7월 3일자 분석 보고서: Visgin(1992), Doc. #6.
50 "분석된 237건의 문서 ~ 영향을 다뤘다.": V. Visgin, in Visgin(1992).
51 모리스 코헨의 징집: Dobbs(1992).

52 94^{239}의 핵분열 단면적: Kennedy et al.(1946).

53 "소련의 과학자들은 ~ 출발할 수 있었다.": Khariton and Smirnov(1993), 25쪽.

⊛ 4장 러시아 커넥션 ⊛

1 골로드니츠키 가족의 인생 역정: Gold FBI FOIA files, 65-57449-185, 5쪽.

2 "진심으로 ~ 얻어맞았다.": Gold(1951), 4쪽.

3 "극단적으로 ~ 증오했다.": ibid, 5쪽.

4 "노골적으로 ~ 증오한": ibid, 6쪽.

5 "밤에 ~ 불평하지 않았다.": ibid, 7쪽.

6 "이런 종류의 ~ 판단했다.": ibid.

7 "역시 사회주의 이론을 ~ 나는 기겁했다.": ibid, 7~8쪽.

8 징병 위원회에 출석한 골드의 석명: Gold FBI FOIA files, 65-57449-185, 49쪽.

9 "집안을 철권 통치한 폭군 같은 존재": Gold FBI FOIA files, 65-57449-185, 43쪽.

10 "구호품에 ~ 미친 듯이": Gold(1951), 10~11쪽.

11 "어머니는 흥분했고, ~ 곰 같은 손도.": Gold(1951), 14쪽.

12 "아무것도 ~ 치열하게 변호했다.": ibid, 17쪽, 21쪽.

13 "우리 가족이 ~ 좋아하게 되었다.": ibid, 22쪽.

14 "블랙의 체구와 이목구비는 200년 전 영국 농부와 비슷했다.": ibid, 23쪽.

15 "그런데 그러다가 갑자기 그만뒀다.": ibid, 22쪽.

16 소련에 가겠다고 자원한 블랙: Lamphere and Shachtman(1986), 165쪽.

17 톰 블랙의 스파이 활동: Gold FBI FOIA files, 65-57449-667, 3쪽.

18 "생각해 보겠다고 ~ 열심이기까지 했다.": Gold(1951), 25쪽.

19 골드가 제시한 이유들: ibid, 26~40쪽.

20 "이곳 미국에서 ~ 없다고 봤다.": ibid, 27쪽.

21 "상황이 요구한다고 ~ 가능하다.": ibid, 33쪽.

22 "나는 기본적으로 ~ 의식하지 못했다.": ibid, 34쪽.

23 "기만, 책략, 절도에 ~ 쌓아 주신 것이었다.": ibid, 42쪽.

24 "집에서는 물론이고 ~ 생각하셨다.)": ibid, 43쪽.

25 "소련 공작원과 ~ 엄청났는데도 말이죠.": ibid, 42~43쪽.

26 "그 일을 담당할 ~ 인상적이었다.": ibid, 41쪽.

27 "소련 사람들은 ~ 이야기를 들었다.": ibid, 53~54쪽.

28 "체구가 헤비급 권투선수처럼 ~ 우울한 사람": ibid, 65~66쪽.

29 자비에 대학, 벤 스밀그: Gold FBI FOIA files, 65-57449-229, 1쪽.

30 "얼굴색이 ~ 뭐든지 먹는다.": Gold(1951), 13. 징병: Gold FBI FOIA files, 65-57449-185, 47쪽.

31 "열심히 일하는 사람이었죠. 양심적이었고 성실했습니다.": Gold FBI FOIA files, 65-57449-185, 26쪽.
32 "불안한 성격 ~ 여자하고만 이야기했어요.": Mrs. Charles Mahoney(Claire Bleyman), ibid, 27쪽.
33 "얼굴색이 가무잡잡했고, ~ 따뜻하고 친절했다.": Gold(1951), 66쪽.
34 "모자 쓰는 것을 보면 ~ 쓰지 않는다.": ibid, 67쪽.
35 "내가 더 이상 필요없을 것 같습니다.": Gold FBI FOIA files, 65-57449-591, 22쪽.
36 "샘이 내게 ~ 말했다.": ibid, 65-57449-68, 2쪽.
37 골로스와 브로스먼: ibid, 65-57449-184, 6쪽. 엘리자베스 벤틀리의 말을 재인용함.
38 엘리자베스 테릴 벤틀리: cf. Lamphere and Shachtman(1986), 36쪽.
39 공학을 아는 접선책: Gold FBI FOIA files, 65-57449-184, 22쪽. 엘리자베스 벤틀리의 말을 재인용함.
40 "정부 요직에 있는 인사로, 엔지니어": ibid, 65-57449-59, 30쪽.
41 두 화학자는 몇 차례나 연기된 끝에 드디어 접선했다.: cf. Gold's narrative at ibid, 65-57449-591, 29쪽.
42 "1942년 초부터 ~ 대줄 수 있겠냐는 것이었다.": ibid, 66쪽.
43 "바보들 ~ 하나의 정보": ibid, 36쪽.
44 "그는 ~ 대단히 흥분했다.": ibid, 38쪽.
45 "그때를 ~ 당연했다.": ibid.
46 "그는 불같이 ~ 꺼내지도 맙시다.'": ibid, 39~40쪽.
47 "하지만 브로스먼이 ~ 시작했다.": ibid, 43쪽.
48 "1942년 가을에는 ~ 욕설이 보태졌음은 물론이다.": Gold(1951), 57~58쪽.
49 "하지만 그러면서 ~ 가망성이 없어 보였다.": ibid, 58~59쪽.
50 "문제의 RDX를 ~ 근처였다.": Gold(1965b).
51 오크리지로 전근 간 슬랙: Gold FBI FOIA files, 65-57449-591, 13쪽.
52 "샘과 ~ 그 만남에 응했다.": ibid, 51쪽.
53 "샘은 그 모임에서 ~ 모르겠다.": ibid, 52쪽.
54 "수학과, ~ 못했기 때문이다.": ibid, 52쪽.
55 해리가 들은 입발림말/붉은 별 훈장: cf. Gold FBI FOIA files, 65-57449-584, 33쪽; Gold(1951), 73쪽.
56 "그는 나한테 ~ 생각하지 않습니다.)'": Gold(1951), 71쪽.
57 "샘의 말이 ~ 올 겁니다.'": ibid, 72~73쪽.
58 "그 모든 감언이 ~ 정말 모르겠다.": ibid, 73쪽.
59 "동기가 숨어 ~ 보상하는 면": ibid.
60 "빨간색이 꽤나 촌스러웠다. 큼지막한 압인도 보였다.": Gold(1965a).
61 "모스크바 시내에서 전차를 무임 승차할 수 있는 권한": Gold FBI FOIA files, 65-57449-

584, 33쪽.

62 골드가 남들에게 붉은 별 훈장 이야기를 하다: ibid.

63 "샘은 ~ 그러마고 했다.": Gold FBI FOIA files, 65-57449-591, 67쪽.

64 "대단히 중대한 임무 ~ 숙고해야 할 터였다.": ibid, 65-57449-68, 33쪽(Williams, 1987, 197쪽에도 나옴).

65 "샘은 지금까지 ~ 말이 보태졌다.": ibid, 65-57449-591, 67쪽.

66 "그 임무가 정확히 무엇인지는 밝히지 않았다.": ibid, 65-57449-185, 60쪽.

67 헨리 가 사회 복지관: ibid, 65-57449-551, Harry Gold statement of 7-10-50, 1쪽.

68 "내 기억으로는 ~ 클라우스 푹스라고 소개했다.": ibid, 65-57449-68, 33쪽(Williams, 1987, 197쪽에도 나옴).

☢ 5장 슈퍼 렌드-리스 ☢

1 고어 필드: 고어 필드에 관한 이야기를 보려면 cf. Jordan(1952) and JCAE(1951), 184쪽.

2 "영국은 물론이고, ~ 보지 않는다.": Vandenberg(1952), 11쪽.

3 무기 대여법 총계: JCAE(1951), 185쪽.

4 "생각해 보라. ~ 진격할 수 있었겠는가.": Keegan(1989), 218쪽에서 재인용.

5 "완비된 알코올, ~ 기타 관련 문서.": JCAE(1951), 185쪽.

6 "솔직하게 ~ 적은 비용입니다.": Harriman and Abel(1975), 108쪽에서 재인용.

7 450만 명: Werth(1964), 401쪽. 다른 수치는 Elliot(1972)에서 가져옴.

8 "우리는 수백만 명이 ~ 기기를 바라는군요.": Werth(1964), 628쪽에서 재인용.

9 "무엇이든 견딜 수 있다. ~ 생각할 수 있을 것이다.": ibid, 414쪽에서 재인용.

10 "수상 비행기를 몰고 ~ '러시아의 린드버그'라고 불렀다.": Jordan(1952), 21쪽.

11 "조던 대위는 ~ 요청하는 바입니다.": ibid, 68쪽에서 재인용.

12 "검정색 에나멜 가죽 가방이 ~ 통과했던 것이다.": ibid, 68~69쪽.

13 "하지만 개수가 ~ '외교 면책'으로 바뀌었다.": ibid, 69쪽.

14 "최고위 급 외교관"; "조만간 내가 ~ 확신한다.": ibid.

15 "그렇다. ~ 예정되어 있습니다.": ibid, 71쪽

16 "문제의 항공기에 ~ 때가 없겠군.": ibid, 73쪽.

17 "검정색 여행용 가방은 ~ 한 번씩 이뤄졌다.": ibid, 82쪽.

18 "앨저 히스라는 사람은 ~ 들어 있었다.": ibid, 78쪽.

19 "오크리지는 맨해튼 공병 부서 또는 구역이었던 것 같다."; "우라늄 92 ~ 중수 수소, 중양자.": ibid, 83쪽.

20 청사진과 특허 들: ibid, 135~136쪽.

21 "수십만 건에 이른나.": HUAC, 1949, ibid, 136쪽에서 재인용.

22 "그레이트 폴스에 도착한 ~ 러시아로 유출되었을 것이다.": ibid, 137쪽.

23 "나는 ~ 알고 있는 듯했다.": ibid, 66쪽.

24 "핵 물질", 표: 조던이 소련의 목록에서 취합한 것을 발췌함, Jordan(1952), 142쪽, 181쪽.

25 소량(약 1.2쿼트)의 중수: JCAE(1951), 189쪽.

26 1943년 3월에 우라늄을 주문함: JCAE(1951), 186쪽.

27 "그 압력이 ~ 추호의 의심도 없었습니다.": Jordan(1952), 85쪽에서 재인용.

28 암거래: JCAE(1951), 187쪽.

29 "(우라늄 금속 생산) 회사에 ~ 99퍼센트인데 말이다.": Jordan(1952), 107쪽.

30《뉴욕 타임스》: 31.viii.51: ibid, 66쪽n에서 재인용.

31 "워싱턴 DC ~ 슈퍼 렌드-리스라고 불렀다.": ibid, 265쪽에서 재인용.

32 "외교 우편물": ibid, 267쪽에서 재인용.

33 "대량 생산": Gouzenko(1948), 123쪽.

34 "미국에서 수천, ~ 파견되었다.": ibid, 65쪽.

35 "나는 (모스크바의) ~ 짐작이 간다.": ibid, 129~130쪽.

36 "(소련의 정보) 전문가들은 ~ 정보를 보내왔다.": ibid, 123쪽.

37 "이 나라 하나에서만 ~ 취하고 있다.": ibid, 211쪽에서 재인용.

38 "러시아 인들이 ~ 기타 등등.": Bentley(1951), 169~170쪽.

39 벤틀리의 마이크로필름: ibid, 175쪽.

40 "핵 물질이 ~ 확실합니다.": Jordan(1952), 249쪽에서 재인용.

☢ 6장 랑데부 ☢

1 푹스의 미국 도착: Fuchs FBI FOIA files, 65-58805-1412, 10쪽.

2 "이성을 잃고 흥분해서 웃음을 터뜨렸다.": Frisch(1979), 148쪽.

3 크리스텔 푹스 하인먼 이야기: cf. ibid, 65-58805-1202, 12쪽; Williams(1987), 17쪽; Gold FBI FOIA files, 65-57449-549, 2쪽.

4 "1943년 크리스마스 경": Fuchs FBI FOIA files, 65-58805-1412, Fuchs's confession(following 51), 3쪽.

5 "1944년 1월 말 아니면 2월 초": Gold FBI FOIA files, 65-57449-551, 2쪽. 푹스도 나중에는 1944년 1월일 가능성이 많다고 인정했다. cf. Fuchs FBI FOIA files, 65-58805-1412, 11쪽.

6 "한 손에 장갑 ~ 들고 있을 겁니다.": Williams(1987), 197쪽에서 재인용.

7 푹스는 미국인과의 그 첫 만남이 상당히 걱정되고 불안했다.: Fuchs FBI FOIA files, 65-58805-1412, 11쪽. 푹스가 바르비종 플라자에서 출발해 골드를 처음 만난 걸 보면 그 첫 번째 접선이 1월에 이루어졌다는 게 확실하다. 푹스가 2월 1일에 아파트로 이사해 들어가기 때문이다.

8 "장갑을 끼고 있었고, ~ 테니스공을 들고 있었다.": ibid, Fuchs's confession(following 51), 3쪽.

9 골드의 장갑: "골드는 뉴욕의 한 상점에 들러 장갑을 한 켤레 사야 했다고 회고했다." Gold FBI FOIA files, 65-57449-520, 13쪽.

10 "(나를) 몹시 만나고 ~ 분명한 어조로 말했다.": Fuchs FBI FOIA files, 65-58805-1412, 12쪽.

11 매니 울프스: Gold FBI FOIA files, 65-57449-520, 14쪽.

12 "우리는 잠시 ~ 약속을 했다.": Williams(1987), 197쪽에서 재인용.

13 "(푹스는) ~ 믿고 있다.": Fuchs FBI FOIA files, 65-58805-1412, 12쪽.

14 함께 저녁을 먹지 않았다고 술회한 푹스: ibid.

15 "세계 최고의 수리 물리학자 가운데 한 명": Gold(1951), 78쪽.

16 "키가 크고 ~ 까다롭게 사용한다.").: ibid, 79쪽.

17 "(쿠르차토프는) 염탐된 ~ 주재원들에게 보내졌다.": Yatzkov(1992).

18 "지금 우리는 ~ 꽃다발처럼 말이죠.": Street(1947), 322쪽.

19 "전쟁이 전환점을 ~ 승리를 경축했다.": Golovin(1968), 46쪽.

20 페렐롬의 해: Werth(1964), 759쪽.

21 "1944년부터 ~ 저항했다.": ibid, 766쪽.

22 "블랙 데스": ibid, 835쪽.

23 "(소련이 계획 중이던 ~ 추측할 수 있을 따름이다.": Golovin(1989), 198쪽.

24 "하나는 ~ 확인해야 한다.": Lev Altshuler interview, vi.92쪽.

25 "그는 나보다 젊었고, ~ 뒤로 쓸어 넘겼다.": Gold(1951), 75쪽.

26 "존"/야츠코프의 뒤뚱거리는 오리 걸음: Gold(1965b), 18쪽.

27 "나는 3개월 안에 ~ 향상되지는 않았다.": Chikov(1991c).

28 "과중한 업무의 지속"을 불평하고, "고향이 그립다."며 푸념했다: Walter Carl Neunson, at Yakovlev FBI FOIA files, 100-346193-26, 3쪽.

29 "말하는 것을 들어보면, ~ 자세히 이야기했다.": Gold(1951), 52쪽.

30 "그 토의로 ~ 생각했다.": ibid, 63쪽.

31 "함께 다리를 건너, 퀸스로 가겠다는 게 내 생각이었다.": Gold FBI FOIA files, 65-57449-551, 1~2쪽.

32 "결코 배타적인 지구가 아니": Fuchs FBI FOIA files, 65-58805-1412, 13쪽에 나오는 FBI의 부연 설명.

33 "인적이 드문 어두운 거리에 행인이 몇 명 보였다.": Gold FBI FOIA files, 65-57449-551, 2쪽.

34 "나의 아기, 나의 꿈 같은 거였죠.": ibid, 65-57449-185, 86쪽.

35 "클라우스는 ~ 전자기 분리 공정.": ibid, 65-57449-551, 27쪽.

36 "클라우스에게 ~ 무시했다.": ibid.

37 필립 에이블슨과 열 확산법: cf. Rhodes(1986), 550쪽.

38 "관리 단속이 ~ 오크리지였다.": Williams(1987), 198쪽에서 재인용.

39 "자료 기억 능력이 ~ 존에게 넘겼다.": Gold FBI FOIA files, 65-57449-551, 27쪽.
40 "레스트": Pincher(1984), 140쪽.
41 "드롭 카피" 시행령: Robert Lamphere, personal communication, vi.94.
42 1회용 암호표: Lamphere and Shachtman(1986), 78쪽.
43 "여전히 꽤 추웠고, ~ 존에게 건넸다.": Gold FBI FOIA files, 65-57449-551, 2쪽.
44 "처음 만나고 나서 ~ 넘겼다고 한다.": Fuchs FBI FOIA files, 65-58805-1412, 14쪽.
45 "나는 ~ 그 이상씩 주었다.": ibid, Fuchs's confession(following 51), 5쪽.
46 "규칙에서 벗어나": Gold FBI FOIA files, 65-57449-551, 3쪽.
47 "(푹스는) ~ 가능성은 거의 없다.": Fuchs FBI FOIA files, 65-58805-1412, 15쪽.
48 "켈렉스에 고용된 인력, ~ 언급하기도 했다.": ibid, 16쪽.
49 "우리는 그랜드 콩코스를 ~ 많은 이야기를 나눴다.": Gold FBI FOIA files, 65-57449-551, 2~3쪽.
50 "1944년 5월 8일. ~ 제안했다.": Fuchs FBI FOIA files, 65-58805-1202, "보안 국장"이 손으로 쓴 메모는 파일의 끝부분에 덧붙어 있다, 8쪽. (후버의 밑줄 강조.)
51 후버의 기록: ibid, 8~9쪽.
52 "우리 가운데 ~ 하자고 짰던 것이다.", 상세한 저녁 식사 정황: Gold FBI FOIA files, 65-57449-551, 3쪽.
53 "25~40쪽의 ~ 내용도 많았다.": ibid, 4쪽.
54 "클라우스 푹스는 ~ 답변했다.": ibid, 5쪽.
55 "타자로 친 ~ 애를 써야 했으니까.": ibid, 28쪽.
56 "나는 그 질문지에서 ~ 대꾸했던 것이다.": ibid.
57 "어떤 미술관 근처 ~ 남서부 어딘가로": ibid, 6쪽.
58 "형 게르하르트가 ~ 말해 버린 것이다.": ibid, 6~7쪽.
59 "두 번씩이나 ~ 더욱 그랬다.": ibid, 7쪽.
60 "클라우스가 ~ 가장 중요했다.": ibid, 8쪽.
61 "오랜 시간 ~ 가만히 있어.'": ibid, 10쪽.
62 "푹스에게 ~ 내게 말했다.": ibid.
63 "매우 기뻐했다.": ibid, 11쪽.
64 존이 편지를 받아쓰게 했다: ibid, 11~12쪽.
65 해리 골드의 사진을 접하고서 분명한 어조로 신원을 확인한 크리스텔 하인먼: ibid, 65-57449-401. 16.vi.50의 그 신원 확인은 특이하게 이뤄졌다. FBI 텔레타이프 통신문을 보자. "크리스텔 하인먼은 …… 골드가 45년 1 - 2 - 3월에 자기 집을 찾아온 화학자라고 냉큼 확언했다. 그녀는 이 신원 확인 절차 직전에 충격 요법 치료를 받았다. 그녀는 골드의 이름을 전혀 기억하지 못했다. 병원 의사들은 그녀가 미래의 어느 때보다 현재 정신적으로 양호한 상태라고 판단한다. ……" 푹스의 여동생은 "정신 분열증"으로 병원 신세를 졌고, 회복되었다.

66 "클라우스 푹스가 ~ 대강의 날짜": ibid, 65-57449-549, 4쪽.

67 "하인먼 여사는 ~ 근거였다.": ibid, 65-57449-551, 13쪽.

68 "크리스텔에게 ~ 오빠": ibid, 65-57449-549, 5~6쪽.

69 "잠정적으로 12월 말까지를": Williams(1987), 74쪽에서 재인용. 7월 14일: Fuchs FBI FOIA files, 65-58805-1202, "Director of Security" handwritten notes appended at end of serial, 4쪽.

70 "맥주 방울을 튀기지 않고 맥주 깡통을 짜부라뜨리려는": Rhodes(1986), 479쪽에서 재인용.

71 "(베테는) ~ 연구하고 싶었다.": Blumberg and Owens(1976), 131쪽에서 재인용.

72 "푹스를 구획에 ~ 발생했을 것이다.": Williams(1987), 74쪽에서 재인용.

73 "내 부서에서 가장 중요한 사람 가운데 한 명": ibid, 76쪽에서 재인용.

74 "내가 출근하면 ~ 장시간 근무했다.": Nicholas Metropolis interview, vi.93.

75 푹스가 작성한 문건들: Report No. R88004, LASL Authors Shared Database, 4/22/87, Author Index, 771쪽.

76 1945년 2월 11일: Gold FBI FOIA files, 65-57449-549, 4쪽.

77 "흠칫 놀란 눈치였고, ~ 더 이상 이야기하지 않았다.": ibid, 7쪽.

78 푹스가 맨해튼에 전화를 걸다: J. 에드거 후버도 같은 결론에 도달했고, 미지의 접선책을 찾아내라고 명령했다. cf. Fuchs FBI FOIA files, 65-58805-1268. 푹스와 관련해 더 자세한 내용은 cf. 65-58805-1395.

79 "그는 ~ 가장 높다.": Gold FBI FOIA files, 65-57449-551, 13~14쪽.

80 "곧장 ~ 반갑게 맞아 주었다.": ibid, 14쪽.

☢ 7장 대량 생산 ☢

1 "대량 생산": Gouzenko(1948), 123쪽.

2 "우라늄 문제를 다룬 ~ 약 3,000쪽의 문서)": Holloway(1994), 102쪽에서 재인용.

3 "금고에서 약 1만 쪽의 ~ 기사 등이었다.": Terletsky(1973).

4 "동조자": USAEC(1954b), 113쪽.

5 스티브 넬슨의 배경: JCAE(1951), 173쪽.

6 스티브 넬슨과 바로셀로나 정보 학교: "(모리스 코헨 말고도) 졸업생 가운데 미국인이 한 명 더 있었다. 그는 첩보원이 되어, 소련이 핵무기 생산 비밀을 미국에서 훔치는 걸 도왔다." Costello and Tsarev(1993), 276쪽.

7 "베이 에어리어의 ~ 부여받았다.": JCAE(1951), 174쪽.

8 "1943년 3월 ~ 넬슨에게 건넸다.": HUAC(1950), 4쪽. HUAC는 "조"가 조지프 와인버그(Joseph Weinberg)라고 확인했다. Cf. 오펜하이머 보안 청문회에서 그로브스가 한 증언도. "(조지프) 와인버그에 관해서라면, 그가 전자기 공정에 관한 정보를 넘겼을 것이라는 점을

강조하고 싶습니다. ……" USAEC(1954b), 176쪽.

9 "넬슨은 ~ 보고했다.": HUAC(1950), 4쪽.

10 "소련에서 ~ 화학 공학자": USAEC(1954b), 135쪽.

11 "나는 ~ 말입니다.": ibid, 144쪽, 26.viii.43에 나오는 오펜하이머와 보리스 패시의 대화 녹취록을 인용함.

12 "그를 감시하겠다면 ~ 일어난 일이니까요.": ibid, 145쪽.

13 "동위 원소의 ~ 건네받았다.": Sagdeev(1993), 33쪽.

14 "완전한 날조," "있을 수 없으며, 말이 안 된다.": USAEC(1954b), 146~149쪽.

15 "그들이 접근하면 ~ 접근했다고 말했습니다.": ibid, 145~146쪽.

16 "이유를 ~ 무시할 수는 없겠지요.": ibid, 146쪽.

17 "솔직히 말해, ~ 식은 아닙니다.": ibid, 144쪽.

18 "그렇게 ~ 경험이 많은 사람이었죠.": ibid, 146쪽.

19 "원자 폭탄 정보가 ~ 알고 있었다.": Gouzenko(1948), 67쪽.

20 "완전한 사실무근": USAEC(1954b), 149쪽.

21 "1942~1943년 겨울의 ~ 짧은 대화였습니다.": ibid, 130쪽.

22 "(엘텐튼은) ~ 말했다.": Fuchs FBI FOIA files, 65-58805-1202, 5쪽.

23 슈발리에의 진술 내용: "수사국 요원들이 1946년 6월 26일 하콘 슈발리에를 심문했다. 그는 1943년 3월 1일 이전 언제쯤 조지 찰스 엘텐튼이 접근해 방사선 연구소에서 수행 중인 연구 관련 정보를 빼낼 수 있겠는지 그 가능성을 타진했다고 진술하고, 서명했다. 엘텐튼이 진행 중인 연구와 관련해 어떤 정보라도 소련 과학자들에게는(원문 그대로) 쓸모가 있다고 말했다고, 슈발리에는 진술했다. 슈발리에는 엘텐튼이 소련과 연계된 누군가가 자기한테 접근했고, 이는 정보를 얻으려는 노력의 일환이라고 말했다고도 진술했다. 슈발리에는 자기가 누군가로부터 접근을 당했고, 비밀 프로젝트의 일부라도 러시아 과학자들이(원문 그대로) 입수해 활용할 수 있겠는지 하는 문의가 있었다고 J. 로버트 오펜하이머에게 말했음을 인정했다." ibid, 5. Oppenheimer's 5.ix.46 version: ibid, 4쪽.

24 "문. 다른 일로 엘텐튼을 만난 적이 있습니까? ~ 답. 추천 명단 중에 터무니없는 이름은 없군요.": USAEC(1954b), 135쪽.

25 구젠코의 캐나다 도착: cf. Taschereau and Kellock(1946), 11쪽.

26 "큰 키에, 잘 생겼고, 성격이 좋아서": Gouzenko(1948), 182쪽.

27 "접선자들이 쉽게 넘어왔다.": ibid, 188쪽.

28 이스라엘 핼퍼린: Taschereau and Kellock(1946), 131ff.

29 핼퍼린의 주소록: cf. facsimile attached to Fuchs FBI FOIA files.

30 "나는 ~ 나입니다.": Taschereau and Kellock(1946), 74쪽.

31 "수줍음을 잘 타고, ~ 재미있다.": Leslie Groves's paraphrase: JCAE(1951), 52쪽에서.

32 "(넌 메이는) ~ 존재를 알았다.": Taschereau and Kellock(1946), 449쪽.

33 "내게는 ~ 한 게 아닙니다.": ibid, 456쪽.

34 "넌 메이는 아르곤 연구소에서 ~ 추후의 개발": L. R. Groves to B. B. Hickenlooper, 12.iii.46, JCAE(1951), 52쪽에서 재인용.

35 넌 메이와 원자로 독물질화: cf. ibid.: "그는, 이때(1944년 10월) 최초의 핸퍼드 파일을 가동 운영하면서 우리가 부딪친 기술 난제도 알았을 것이다."

36 도널드 맥클린에 관한 세부 사실: cf. 그중에서도 Cecil(1989).

37 "도널드는 ~ 멋진 남자예요.": ibid, 60쪽에서 재인용.

38 "폭음 ~ 있지 않겠어요?": ibid에서 재인용.

39 킴 필비와의 만남: Cecil(1989), 64쪽.

40 통합 정책 위원회: cf. Hewlett and Anderson(1962), 277쪽.

41 CDT와 광석: cf. ibid, 285f; Cave Brown and MacDonald(1977), 191~199쪽.

42 "중질의 광석 ~ 대단할 수도 있다.": Cave Brown and MacDonald(1977), 198쪽에서 재인용.

43 맥클린과 야츠코프: Cecil(1989), 71쪽.

44 맥클린의 뉴욕 여행: Robert Lamphere, personal communication, vi.94.

45 "우라늄 광상의 존재 및 매장량 문제": Visgin(1992), Doc. #7.

46 "그로브스는 ~ 알 수 있는 행위였다.": Hewlett and Anderson(1962), 283쪽.

47 존 앤더슨: Williams(1987), 92쪽.

48 "미국이 ~ 묵인해서는 안 된다.": ibid, 93쪽에서 재인용.

49 처칠이 루스벨트에게 통고함: Williams(1987), 92쪽.

50 "그래서 나는 ~ 우쭐하기까지 했다.": Peierls(1985), 201쪽.

51 "어떤 물리학자": Dobbs(1992), A37쪽에서 재인용.

52 "야츠코프는 ~ 후손이었을 거라고도 말했다.": Yatzkov/Yakovlev FBI FOIA files, 100-346193-64, 3쪽.

53 "'안 된다'는 ~ 맡을 수도 있고요.'": Bentley(1951), 180쪽.

54 "다른 그룹이 ~ 넘길 거라고 했습니다.": Radosh and Milton(1983), 229~230쪽에서 재인용. Cf also Lamphere and Shachtman(1986), 38쪽.

55 니커보커 빌리지; "항상 ~ 대화를 시작했죠.": Nizer(1973), 188~189쪽에서 재인용.

56 줄리어스 로젠버그가 모턴 소벨에게 한 이야기: Max Elitcher에 따르면. Cf. Lamphere and Shachtman(1986), 196쪽; Radosh and Milton(1983), 176쪽.

57 "자신이 ~ 자기를 알 거": JCAE(1951), 104쪽.

58 줄리어스 로젠버그와 에델 그린글래스에 관한 세부 사실들: Greenglass FBI FOIA files, 65-59028-187, 2ff; Radosh and Milton(1983), 48쪽.

59 "맹렬 공산주의자 ~ 주장했습니다.": Greenglass FBI FOIA files, 65-59028-345, 6쪽.

60 데이비드 그린글래스 전향 사안: cf. DG testimony at JCAE(1951), 68쪽; Samuel Greenglass: Greenglass FBI FOIA files, 65-59028-345, 6쪽.

61 "새뮤얼 그린글래스는 ~ 말했다.": ibid.

62 에델 로젠버그의 공산당적 문제: cf. ibid, 495쪽, n. 53.

63 16B 지부; 조엘 바와 알프레드 새런트: ibid, 496쪽.

64 "오래전부터 ~ 만날 수 있었습니다.": Rosenberg trial transcript, ibid, 176쪽에서 재인용.

65 "유력자 친구들이 ~ 생각했어요.": David and Ruth Greenglass interview with Ronald Radosh and Sol Stern, 1979; Ronald Radosh, personal communication.

66 "바보 같은 허튼소리": Gold FBI FOIA files, 65-57449-591, 67쪽.

67 몬트리올 약국: Gouzenko(1948), 221쪽.

68 "당신을 ~ 사회주의자들의 것입니다.": Greenglass FBI FOIA files, 65-59028-193, 17쪽.

69 "여보, 여기는 ~ 건설해 나가요.": ibid, 18쪽.

70 포트 오드: ibid, 32쪽.

71 "국민이 사회주의의 온갖 개혁 조치를 받아들일 준비가 안 되어 있기": ibid, 22쪽.

72 "심하게 좌절했다. ~ 세상을 보게 될 겁니다.": ibid, 22~23쪽.

73 "로젠버그는 ~ 다시 갖다 놓을 거야.": FBI FOIA file, Rosenberg Case Summary, 51~52쪽.

74 아홉 차례 시도: Gold FBI FOIA files, 65-57449-667, 8쪽.

75 엘리처 관련 전문: Lamphere and Shachtman(1986), 191쪽.

76 "여보, 소련을 ~ 풍요로워질 겁니다.": Greenglass FBI FOIA files, 65-59028-193, 25쪽.

77 오크리지로 전근을 가게 된 그린글래스: FBI FOIA file, Rosenberg Case Summary, 12쪽.

78 "나는 오래전에 ~ '좋았어.'": David and Ruth Greenglass interview with Ronald Radosh and Sol Stern, 1979; Ronald Radosh, personal communication.

79 "매형 ~ 말할 필요는 없겠지요.": Radosh and Milton(1983), 65쪽에서 재인용.

80 "사랑하는 당신, ~ C라고 쓸게요.": Greenglass FBI FOIA files, 65-59028-193, 25쪽.

81 "푹스는 …… 한 번도 보지 못한 것 같습니다.": ibid, 65-59028-332, 61쪽.

82 고속 카메라: ibid, 65-59028-193, 32쪽.

83 "도착하고 나서 ~ 이야기를 들었다.": ibid, 65-59028-149, 33쪽.

84 "X-1 집단은 ~ 비교 검토했다.": Hoddeson et al.(1993), 279쪽.

85 "내가 보낸 ~ 끼워 줘야 한다고 봐요.": Radosh and Milton(1983), 66쪽에서 재인용. 두 저자는 그린글래스 부부가 로젠버그 부부를 반박함을 확증하는 당대의 이 내용을 원본 수기 편지 파일의 15.vi.50에서 찾아냈다. FBI는 그린글래스의 아파트를 찾아가, 동의 수색 과정에서 원본 편지들을 압수했지만 이 편지를 간과했고, 거의 30년 동안이나 묻혀 버렸다. 로젠버그-그린글래스 재판에서 증거로 채택된 편지는 하나도 없다. 로젠버그 부부의 아들들이 1975년 정보 자유법에 따라 공개를 요구하면서 빛을 보게 될 때까지는 역사가들도 편지의 존재를 몰랐다.

86 "캐피톨 극장에서 ~ 러시아 인들": David and Ruth Greenglass interview with Ronald Radosh and Sol Stern, 1979; Ronald Radosh, personal communication.

87 "에델이 저녁 먹으러 ~ 이야기를 나누었답니다.": Greenglass FBI FOIA files, 65-59028-

193, 51쪽.

88 "줄리어스 로젠버그는 ~ 그다음에 한 말입니다.": Gold FBI FOIA files, 65-57449-614, 9~10쪽.

89 "(시누이의 남편 분에게) ~ 일급 비밀이라나요.": Greenglass FBI FOIA files, 65-59028-332, 7쪽.

90 "그는 원자 폭탄에서는 ~ 알려 주었습니다.": Gold FBI FOIA files, 65-57449-614, 10쪽.

91 "그는 그게 ~ 부탁했던 것입니다.": Greenglass FBI FOIA files, 65-59028-332, 7쪽.

92 "그 생각이 ~ 생각했던 것이죠.": ibid, 7~8쪽.

93 "여행 경비 조였습니다.": Gold FBI FOIA files, 65-57449-614, 10쪽.

94 루스 그린글래스가 여행하면서 겪은 애로 사항: Greenglass FBI FOIA files, 65-59028-193, 28~29쪽.

95 "가져가야 할 잡동사니가 많다.": ibid, 29쪽.

96 "우리는 ~ 이야기를 꺼냈습니다.": JCAE(1951), 70쪽.

97 루스 그린글래스가 원자 폭탄 이야기부터 대화를 시작하다: Greenglass FBI FOIA files, 65-59028-332, 11쪽.

98 "깜짝 놀랐다.": Gold FBI FOIA files, 65-57449-614, 2쪽.

99 "데이비드는 ~ 알려 주었다고 했습니다.": Greenglass FBI FOIA files, 65-59028-332, 11쪽.

100 "매형이 ~ 아내는 말했습니다.": Gold FBI FOIA files, 65-57449-614, 2쪽.

101 "좋은 생각인지 ~ 싶지 않아요.": JCAE(1951), 71쪽.

102 "감당할 준비가 ~ 같았다고나 할까요.": Nizer(1973), 132쪽에서 재인용.

103 루스는 남편에게 어떻게 생각하느냐고 물었다.: JCAE(1951), 71쪽.

104 "얼음물 속에 뛰어들고 말았군.": David and Ruth Greenglass interview with Ronald Radosh and Sol Stern, 1979; Ronald Radosh, personal communication.

105 "처음에는 ~ 말했습니다.": JCAE(1951), 71쪽.

106 "마음속의 목소리와 기억들": ibid, 108쪽.

107 "당시의 내 철학에 따라 ~ 그런 이유에서였습니다.": ibid, 113쪽.

108 "아내는 매형이 나한테 ~ 인적 사항이었습니다.": ibid, 71쪽.

109 오펜하이머 등을 언급한 데이비드 그린글래스: ibid.

110 "그곳이 어디에 ~ 전부 확인하고 있었죠.": Greenglass FBI FOIA files, 65-59028-332, 13쪽.

111 루스의 귀향길: ibid, 65-59028-193, 29쪽.

112 "혼자였어요. 뭐, 거의 언제나 혼자지만요.": ibid, 65-59028-332, 12쪽.

113 "내가 정확히 ~ 개념이 전혀 없었어요.": ibid, 66쪽.

114 "과학자들이 ~ 파악했던 것이죠.": ibid, 60쪽.

115 "남편의 휴가를 ~ 약간 화가 났습니다.": ibid, 13쪽.

116 줄리어스 로젠버그의 오전 방문: 데이비드 그린글래스는 다른 자리에서 정보를 넘겼다고 진술하기도 했다. 매형이 젤로 상자 뚜껑을 잘라서 건네준, 나중의 저녁 식사 자리에서 말이다. 나는 그가 유죄를 인정한 다음 (거짓말할 이유가 없어진 상태에서) FBI 요원들에게 한 진술을 따랐다. ibid, 5쪽에 자세히 나온다. 데이비드 그린글래스는 로젠버그 재판에서도 그렇게 증언했다. Cf. JCAE(1951), 72쪽. 데이비드 그린글래스가 휴가를 받아 뉴욕에 도착했고, 그들이 처음 만난 자리에서 정보를 교환했으리라는 것이 가장 그럴 듯한 추측이기도 하다.

117 "로젠버그가 ~ 설명해 주었습니다.": Gold FBI FOIA files, 65-57449-614, 3쪽; "매형은 이렇게 ~ 아랑곳하지 않았죠.": Greenglass FBI FOIA files, 65-59028-332, 67~68쪽; "매형은 관의 ~ 설명했습니다.": JCAE(1951), 93쪽.

118 "매형은 ~ 아침에 와서 가져갔죠.": JCAE(1951), 72쪽.

119 로젠버그가 요구한 목록: ibid, 72~73쪽.

120 "여러 개의 렌즈 주형": ibid, 73쪽.

121 그린글래스가 로젠버그에게 그려 준 종류: Cf. reproduction at Langer(1966), 1501쪽. "납작한 종류의 렌즈 주형": JCAE(1951), 141쪽.

122 "만곡부가 4개입니다. ~ 고폭약 렌즈를 얻는 겁니다.": ibid, 75쪽.

123 기폭제 설계: Cf. Hoddeson et al.(1993), 280쪽.

124 로젠버그 부부의 아파트: JCAE(1951), 117쪽.

125 차파콰: 루스는 그들이 1950년에 산 클리블랜드가 아니라 차파콰라고 했다. (흔히들 이야기하는 클리블랜드가 아니라 말이다.) Gold FBI FOIA files, 65-57449-614, 11쪽.

126 루스는 전에도 로젠버그 부부의 집에서 앤을 몇 번 만난 적이 있었다.: Greenglass FBI FOIA files, 65-59028-332, 16; 하지만 데이비드는 처음이었다.: ibid, 69쪽.

127 "그녀는 ~ 지갑에 넣었어요.": ibid, 14쪽.

128 로스앨러모스 측의 가족 거주 인가: ibid, 108쪽에 나오는 루스 그린글래스의 말.

129 "누나 부부는 ~ 마련될 테니까요.": JCAE(1951), 78쪽.

130 "(매형은) 렌즈에 ~ 좋겠다고 말했습니다.": ibid.

131 "줄리어스는 ~ 전해 달라고 했지요.": Greenglass FBI FOIA files, 65-59028-332, 16쪽.

132 "로젠버그는 러시아의 ~ 일급 비밀로 분류되어 있었죠.": ibid, 65-59028-422, 3쪽. NB: "그린글래스는 로젠버그한테 (그런) 이야기를 들은 것이 1945년 1월이라고 말했다.": ibid.

133 "이유는 모르겠지만 ~ 전통이 있었다.": Bentley(1951), 209. 붉은 별 훈장: ibid, 254쪽.

134 "여러 가지 특권을 ~ 탈 수 있습니다.": ibid, 255; Gorsky: Andrew and Gordievsky(1990), 320쪽.

135 "(줄리어스는) 보답으로 ~ 어떤 특전이 있다는 것 같았어요.": JCAE(1951), 101~102쪽.

136 "밤에 나를 ~ 차를 몰았습니다.": Greenglass FBI FOIA files, 65-59028-149, 37쪽.

137 "그 지역을 ~ 해 줄 수가 없었던 거죠.": JCAE(1951), 79쪽.

138 "원자 폭탄 ~ 새로운 사안이었다.": Greenglass FBI FOIA files, 65-59028-361, 6쪽.

139 내파 방식을 처음으로 소련에 알린 그린글래스: 이하에 소개하는 소련 문서와 NKVD의 반응에 대한 나의 분석해 기초함.

140 "'이제 돌아가게.' ~ 함께 밥을 먹었겠지요.": JCAE(1951), 79쪽.

141 블라디보스토크로 간 세묘노프: Gold FBI FOIA files, 65-57449-491, 51쪽.

142 "뭘 찾아내야 하는지 알게 되었다.": Greenglass FBI FOIA files, 65-59028-332, 66쪽.

☢ 8장 폭발 ☢

1 제2연구소의 길을 물은 알렉산드로프: Nikolai Ivanov, personal communication, v.92쪽.

2 "그 탁월한 ~ 수중에 없었다.": Pervukhin(1985).

3 "규모가 아주 작았어요. ~ 최초로 말이죠.": Knyazkaya(1986).

4 "다시 하르코프로 ~ 시작할 수 있을 테니까요.": Street(1947), 323~324쪽.

5 "하리톤이 ~ 알고 있었다.": Zukerman and Azarkh, unpub. MS, 44쪽.

6 "극도로 민감한 ~ 뇌산수은 같은": ibid, 22쪽.

7 "몇 시간 동안 ~ 사건이 많았다.)": ibid.

8 "날짜를 한 번 ~ 죽어 나가는 중이었죠.": Knyazkaya(1986).

9 "그 당시에는 ~ 찾아야 했다.": Kaftanov(1985).

10 "약속하셨지만, ~ 완료되어야 합니다.": Holloway(1994), 102쪽에서 재인용.

11 나귀: Alexandrov(1988).

12 우라늄 생산: Golovin(1989), 201쪽.

13 흑연 생산: Pervukhin(1985).

14 "독일군이 퇴각한 ~ 처박혀 있다.": Ehrenburg and Simonov(1985), 378~379쪽.

15 무기 대여법이 러시아 인을 먹여 살리다: Werth(1971), 19쪽.

16 스탈린도 주요 산업의 약 3분의 2가 미국산 장비와 기술 지원으로 재건 중이라고 인정한다.: Herring(1973), 116쪽.

17 "이 전쟁에서 ~ 여지가 없다.": Andrew and Gordievsky(1990), 290쪽에서 재인용.

18 "스탈린이 ~ 절대로!": Djilas(1962), 74쪽.

19 "(소련의 대 폴란드 ~ 논리상 필연적이게 됩니다.": Herring(1973), 135쪽에서 재인용.

20 "발칸 반도 일대의 ~ 마무리되었다.": Churchill(1959, 1987), 885~886쪽.

21 넌 메이가 처한 1945년 2월의 상황: 넌 메이의 법정 변호사 제럴드 가디너(Gerald Gardiner)를 인용하는 Hyde(1980). 하지만 Doc. #110125.xii.44자로 된 첨부서와 함께 쿠르차토프에게 제공되었다는 언급에 주목하라. Doc. #11이 넌 메이가 작성한 보고서의 제1부 "기술 내용"이었을 수도 있고, 날짜가 더 이르지만 타당한 것 같다.: Visgin(1992).

22 스웨일 대로: Taschereau and Kellock(1946), 455쪽.

23 "잘 속을 것 같은 인물": Gouzenko(1948), 238쪽에서 재인용.

24 “그 사람의 변명을 ~ 모스크바가 원하는 것이라고 말해 주었지.”: ibid에서 재인용.
25 “메이 박사가 넘긴 ~ 펠 수 있었던 것이다.”: Gouzenko(1948), 238~239쪽.
26 “상당한 실수와 희생”: ibid, 239쪽.
27 “폭탄을 활성화하기 ~ (2) 내파 방법.”: Visgin(1992), Doc. #7.
28 “벨기에령 콩고의 우라늄 광산을 무제한으로 통제”: ibid.
29 “아주 흥미로운 ~ 언급되어 있다.”: ibid, Doc. #8.
30 로스앨러모스에서 이루어진 수소화 대포 연구: cf. Hoddeson et al.(1993), 181쪽.
31 “(영국과 미국이) ~ 입수해야”: Visgin(1992), Doc. #8.
32 “‘내파’ 시나리오는 ~ 연구해 봐야 한다.”: ibid.
33 “케임브리지에 가서, 푹스를 만났죠.”: Gold FBI FOIA files, 65-57449-185, 62쪽.
34 『파머 여사의 자기』; 사탕 과자: ibid, 65-57449-184, 4~5쪽.
35 골드가 꾸며낸 아내와 자식 이야기: ibid, 65-57449-42, 7~8쪽.
36 “하이먼 부인은 ~ 푹스가 있었다.”: ibid, 65-57449-491, 34쪽.
37 “‘학교에 가서 ~ 이야기했을 겁니다.”: ibid, 65-57449-551, 14쪽.
38 엄청난 진척, “원자 폭탄 ~ 했습니다.”: JCAE(1951), 150쪽.
39 “(로스앨러모스에서는) 잘 ~ 올 수 있었어요.”: Gold FBI FOIA files, 65-57449-551, 14쪽.
40 “(푹스는) 불가능할 ~ 그는 말했습니다.”: ibid, 15쪽.
41 “4월에는 내가 샌타페이에 갈 수 없어요.”: ibid.
42 “노란색 접는 ~ 표시되어 있다.”: ibid, 65-57449-520, 27쪽.
43 “엄청난 양의 정보”: ibid, 65-57449-551, 16쪽.
44 “푹스는 보고서에 ~ 알지 못했던 것이다.”: Williams(1987), 190쪽에서 재인용.
45 로스앨러모스에서 수행된 기술 연구: Fuchs FBI FOIA files, 65-58805-1270, 6쪽.
46 “하인먼 부인이 ~ 불러들였고 말입니다.”: Gold FBI FOIA files, 65-57449-551, 16쪽.
47 “기분이 상하지 ~ 모욕이라는 것이 분명했죠.”: ibid.
48 “푹스는 ~ 단호했다.”: Gold(1965b).
49 “그는 이 제안을 ~ 말했다.”: Fuchs FBI FOIA files, 65-58805-1412, 31쪽.
50 “나는 ~ 돌아왔습니다.”: Gold FBI FOIA files, 65-57449-551, 16쪽.
51 “(그는) 케임브리지에서 ~ 알 수 있죠.”: JCAE(1951), 151쪽.
52 1945년 2월 28일 로스앨러모스에서 열린 회의: Hoddeson et al.(1993), 308쪽, 312쪽.
53 “이제 우리 수중에는 폭탄이 있습니다.”: ibid, 271쪽에서 재인용.
54 우라늄 대포: ibid, 249쪽.
55 “알소스가 ~ 주장한 이유이다.”: Groves(1962), 230쪽.
56 “표적을 ~ 구할 수 있었죠.”: Putney(1987), 55쪽.
57 “공군 제8전대 소속의 ~ 보고되었다.”: Groves(1962), 231쪽.
58 “스탈린은 ~ 희생을 치러야 했다.”: Werth(1971), 16쪽.
59 “러시아는 ~ 믿음이 있었다.”: Werth(1964), 982쪽.

60 "지난 여름 적군이 ~ 모두 더 좋을 것이다.": Ehrenburg and Simonov(1985), 446~447쪽.

61 "동유럽의 권력자는 ~ 시점에서 말입니다.": Herring(1973), 140쪽에서 재인용.

62 스파이 활동이 발각된 것으로 염려한 로젠버그: 맥스 엘리처의 증언: Rosenberg FBI FOIA file, 94-3-4-317-348X, 52쪽.

63 "나는 공산당원이 ~ 잘못된 것이다.": Nizer(1973), 228쪽에서 재인용.

64 줄리어스 로젠버그의 공산당원증: Radosh and Milton(1983), 496쪽을 보면 미국 육군 정보 파일에 복사 자료가 있다고 나온다.

65 줄리어스 로젠버그가 2월에 루스 그린글래스를 찾아갔다는 사실: Radosh and Milton(1983), 198쪽은 루스 그린글래스가 재판을 받으면서 그렇게 증언했다고 전한다.

66 덴버: David Greenglass: ibid.; Ruth Greenglass: ibid, 16쪽.

67 "앨버커키 센트럴 ~ 가게 앞에서": Greenglass FBI FOIA files, 65-59028-332, 68쪽.

68 "닷새 동안은 ~ 찾을 때까지요.": ibid, 18~19쪽.

69 새라 스핀들: ibid, 33쪽; 3월 19일: ibid, 34쪽.

70 "친절하고, ~ 싶다고 말했다.": ibid, 3쪽.

71 "아내가 사는 아파트 침상에서였다.": William Spindel, personal communication, ix.93.

72 "나를 몹시 ~ 찾아오겠다.": Nizer(1973), 124쪽에서 재인용.

73 쿠르차토프가 1945년 4월 7일자로 작성한 보고서: Visgin(1992), Doc. #10.

74 "(우라늄 235) 농축 샘플을 ~ 1밀리그램 정도": Taschereau and Kellock(1946), 455쪽에서 재인용. 한 달 후(4월 중순): "(적군 정보국(GRU)의) 노트에 러시아 어 수기로 작성된 기록을 보면, '200 dollars Alek and 2 bottles of whiskey handed over 12.4.45'라고 적혀 있다. (안젤로프가) 우라늄 235 샘플을 메이 박사한테 전달받은 만남을 언급하면서 그 기록에 서명했다."(ibid, 66쪽) 넌 메이는 우라늄 235 샘플 전달 사실을, 나중에 제공한 우라늄 233과 섞어서 자백한다. 우라늄 233은 8월 9일에 전달되었다. 이는 이고리 구젠코가 망명 과정에서 캐나다 당국에 넘긴 문건들 가운데 하나로 확인되었다. Cf. ibid, 450쪽. (주의: 이 문건은 7월 9일-9.7.45-로 날짜가 잘못 기입되어 있다. 그러나 "일본에 폭탄이 투하되었다."라는 언급이 있는 것으로 보아 히로시마 폭격과 나가사키 폭격 사이의 어느 날이 분명하다. 왕립 조사위원회(Royal Commission)도 보고서 450쪽에서 그렇게 확인하고 있다.)

75 "야간에 ~ 돌파했습니다.": Werth(1964), 995쪽에서 재인용.

76 히틀러의 자살: Bullock(1992), 892쪽.

77 소련군과 독일군의 베를린 전투 사상자수: 주코프의 발표: Werth(1964), 995~996쪽.

78 베를린-그뤼나우: CIA(1957), 7쪽.

79 "얼마 안 되지만 ~ 1대 내주었다.": Zukerman and Azarkh, unpub. MS, 139쪽에서 재인용.

80 "공장은 ~ 시작했다.": Rhodes(1986), 608~609쪽에서 재인용.

81 "약 1,200톤의 ~ 세거한 듯합니다.": ibid, 613쪽에시 재인용.

82 "우리는 독일 과학자들과 ~ 앞당길 수 있었다.": Zukerman and Azarkh, unpub. MS,

139~141쪽에서 재인용.

83 카이저 빌헬름 물리학 연구소: Walker(1989), 183쪽.

84 오스트리아의 우라늄과 중수: HQ EUCOM Frankfurt to WDGID, INFO: Gen. Groves, 31.vii.47, National Archives.

85 독일 과학자들; 시노프; 아구드제리: Cf. Walker(1989), 183ff; CIA(1957) *passim*. "우리는 우라늄을 금속화해야만 했다. 독일인들은 그 문제를 이미 해결한 상태였다. 발트 해의 독일인 니콜라우스 릴이 독일의 금속 우라늄 제조법을 알려 주었다." Nikolai Ivanov, personal communication, v.92.

86 "세계인들은 ~ 승리를 일구었다.": Ehrenburg and Simonov(1985), 481쪽.

87 "모스크바의 ~ 장관이었다.": Werth(1964), 969쪽.

88 "유감스럽고, 잔인하기까지 했다.": Herring(1973), 207쪽에서 재인용.

89 "아주 불만족스럽다. ~ 훈령을 내려 주십시오.": Holloway(1994), 102~103쪽에서 재인용.

90 "베리야는 ~ 각오를 해.'": Yatzkov(1992).

☢ 9장 '폭탄을 만드시오' ☢

1 "직접 샌타페이로 ~ 확인하기": Greenglass FBI FOIA files, 65-59028-332, 36쪽.

2 "먼저 만나서는 ~ 설명하기로 했죠.": JCAE(1951), 151쪽.

3 "탁자가 몇 개 ~ 술을 가져왔지요.": ibid.

4 "나는 이런 식으로 ~ 되었다는 했죠.": ibid.

5 "너희 멍청이들을 ~ 중요한지 몰라.": Rosenberg trial transcript in Radosh and Milton(1983), 211쪽에서 재인용.

6 "그렇게 ~ 가기로 했고요.": JCAE(1951), 152쪽.

7 골드가 서면으로 전달 받은 지시 사항: Gold(1965b), 15쪽.

8 "'하이 가' ~ 내용이었죠.": JCAE(1951), 152쪽.

9 "프랭크 케슬러"와 "프랭크 마틴": Radosh and Milton(1983), 158쪽에서 재인용; "브루클린에서 온 벤": Greenglass FBI FOIA files, 65-59028-332, 36쪽.

10 "존은 앨버커키에 ~ 지시도 받았다.": ibid.

11 "아무렇게나 ~ 맞을 거라고 했죠.": ibid.

12 젤로 포장 상자 윗부분: 신분 확인 표지가 "젤로 포장 상자 윗부분"이었다고 맨 먼저 특정해 준 사람은 루스 그린글래스였다. 로젠버그 재판에 제출되어 엄청난 위력을 발휘한 젤로 포장 상자가 물론 원본은 아니었다. 하지만 그것을 로이 콘(Roy Cohn)이 고안한 것도 아니었다는 사실에 주목해야 한다. Greenglass FBI FOIA files, 65-59028-332, 14쪽.

13 골드의 샌타페이 행로: Gold FBI FOIA files, 65-57449-551, 17쪽.

14 "돈이 ~ 신경 쓰지": ibid.

15 400달러: Greenglass FBI FOIA files, 65-59028-332, 37쪽.

16 "(라미에서) ~ 궁금해 할 수도 있다.": Gold FBI FOIA files, 65-57449-551, 17쪽.
17 "시간이 ~ 갔지요.": ibid, 18쪽.
18 푹스의 자동차: Anthony French, personal communication, x.93.
19 "푹스는 ~ 드물었습니다.": Gold FBI FOIA files, 65-57449-551, 18쪽.
20 "레이먼드를 ~ 시작했습니다.": Fuchs FBI FOIA files, 65-58805-1412, Fuchs's confession(following 51), 7쪽.
21 "푹스는 ~ 일합니다.": Gold FBI FOIA files, 65-57449-551, 18~19쪽.
22 "폭탄에 ~ 계획.": Fuchs FBI FOIA files, 65-58805-1412, Fuchs's confession(following 51), 7쪽.
23 "바라톨"과 "콤포지션 B": Williams(1987), 191쪽에서 재인용.
24 대포형 우라늄 폭탄: Fuchs FBI FOIA files, 65-58805-1412, 32쪽.
25 "중요한 진전이 ~ 만나기로 했습니다.": Gold FBI FOIA files, 65-57449-551, 19쪽.
26 "상당한 뭉치의 정보": ibid.
27 "당신이 ~ 들어 있습니다.": Fuchs FBI FOIA files, 65-58805-1455, 29쪽.
28 "내가 넘긴 건 ~ 등이었습니다.": ibid, 65-58805-1412, Fuchs's confession(following 51쪽), 7쪽.
29 "푹스는 ~ 완벽했다.": Williams(1987), 191쪽에서 재인용.
30 "야츠코프한테 받은 주소지로 갔습니다.": Greenglass FBI FOIA files, 65-59028-332, 38쪽.
31 P. M. 쉬어러: FBI는 1950년에 75세의 쉬어러가 그린글래스 부부가 세 들었던 건물의 아파트에 1944년 크리스마스부터 1945년 6월까지 살았음을 확인했다. 쉬어러는 그린글래스 부부는 기억했지만 5년이나 지난 관계로 해리 골드의 신원까지는 확인하지 못했다. 골드는 이렇게 말했다. "우리가 밤에, 그것도 어두운 현관에서 만났다는 것을 생각하면 그것만도 참으로 놀랍다." Gold(1965b), 25쪽. Cf. Greenglass FBI FOIA files, 65-59028-78, 41쪽과 65-59028-93, 71쪽.
32 "나를 맞이한 사람은 ~ 이야기해 주었지요.": JCAE(1951), 153쪽.
33 "그래서 ~ 싶었을 거예요.": Gold(1965b), 25쪽.
34 "자정쯤 ~ 밤을 보냈다.": Gold FBI FOIA files, 65-57449-551, 19~20쪽.
35 "군인들이 ~ 불쾌한 경험이었다.": Gold(1965b), 35쪽.
36 "아직도 ~ 안도했던 것 같아요.": ibid, 26쪽.
37 "아침 식사를 ~ 반쪽을 꺼냈습니다.": JCAE(1951), 81쪽.
38 "전반적으로 ~ 걸려 있었고요.": Gold(1965b), 27쪽.
39 음식을 대접 받은 골드: JCAE(1951), 81쪽.
40 "잘 대해 주고 ~ 내키지 않았죠.": Greenglass FBI FOIA files, 65-59028-332, 20쪽.
41 "그는 ~ 끌어들일 만하다.": JCAE(1951), 81쪽.
42 "정말이지 ~ 충고했지요.": ibid, 153쪽.

43 "그린글래스는 ~ 더욱요.": Gold(1965b), 27쪽.

44 "그도 내 말에 ~ 전출을 갔다고도 했죠.": Greenglass FBI FOIA files, 65-59028-332, 40쪽.

45 "그린글래스 부인은 ~ 이야기했습니다.": ibid, 40~42쪽. 데이비드 그린글래스는 이런 이야기를 전부 부인했다. 그는 1950년에 FBI 요원에게 이렇게 말했다. "해리 골드를 한 번 만났지만 뉴욕에서 연락받을 수 있는 전화번호를 그에게 제공하지는 않았다. 골드와 미래에 어디에서고 만나기로 한 적도 없다." (ibid, 90쪽.) 그린글래스는 크리스마스가 아니라 더 이른 시기인 1945년 9월에 휴가를 받았다. 물론 그가 6월 시점에 전쟁이 8월에 끝나리라는 걸 알 수는 없었을 것이다. 하지만 골드는 그린글래스와 다시 만나기로 한 약속을 기억했다. 그는 이어서 "존"이 접선하라고 시킨 "앨버커키 사내" 이상으로 그린글래스를 명확하게 기억했다. 골드는 계속해서 "줄리어스"라는 사람에 대해서도 떠올렸다. 그는 "줄리어스"가 데이비드의 장인이고, 브롱크스에 살며, 이름이 "필립(Philip)이었을 것"으로 추정했다. (ibid, 65-59028-78, 3쪽.) 실제로도 그린글래스는 첫 번째 자백(FBI 이외의 다른 누구에게도 말하기 전이었던)에서 이렇게 말했다. "골드가 나를 만나러 다시 오겠다고 했습니다. 나도 그러마고 했죠. 하지만 이후로 다시는 연락이 없었습니다." (ibid, 65-59028-149, 33쪽.)

46 "푹스한테 ~ 다 빠졌지요.": Gold(1965b), 28쪽.

47 "한시라도 빨리 ~ 있어야 했습니다.": ibid, 35쪽.

48 "사람들이 ~ 소란스러웠죠.": ibid, 21쪽.

49 "(고폭약) 렌즈 ~ 개략적으로 그렸다.": JCAE(1951), 81~83쪽.

50 "프로젝트의 ~ 긴 명단": Greenglass FBI FOIA files, 65-59028-332, 73쪽.

51 "남편과 ~ 이야기도 했습니다.": Gold FBI FOIA files, 65-57449-614, 13쪽.

52 "골드는 ~ 봉투를 주었습니다.": ibid, 4쪽.

53 골드는 그린글래스가 실망한 표정이었다고 기억했다.: Greenglass FBI FOIA files, 65-59028-332, 38쪽.

54 "(골드가) ~ 같다.'고 했지요.": ibid, 75쪽.

55 "'배웅해 ~ 기다렸고요.": JCAE(1951), 82쪽.

56 "우리는 ~ 기억에 남네요.": Greenglass FBI FOIA files, 65-59028-332, 41쪽.

57 "우리는 ~ 세어 보았습니다.": JCAE(1951), 82쪽.

58 "데이비드와 ~ 안 좋았습니다.": Gold FBI FOIA files, 65-57449-614, 13쪽.

59 "처음에는 ~ 받았던 거예요.": Nizer(1973), 133쪽에서 재인용.

60 "나는 ~ 생각했습니다.": Greenglass FBI FOIA files, 65-59028-193, 4쪽.

61 "침대 설비가 ~ 건넜습니다.": Gold(1965b). FBI도 3.vi.45 일요일에 앨버커키에서 거리 행진이 있었음을 확인했다. Radosh and Milton(1983), 469쪽.

62 "나는 ~ 적었다.": JCAE(1951), 154쪽.

63 루스 그린글래스의 예금 계좌: Greenglass FBI FOIA files, 65-59028-78, 39쪽.

64 "시간을 ~ 기다려야 했거든요.": ibid, 65-59028-332, 43쪽.

65 "브루클린의 ~ 다음 수순이었다.": JCAE(1951), 155쪽.

66 "플러싱의 ~ 만난 일 말입니다.": ibid.

67 생산 속도에 관한 푹스의 지식: 그는 9월에 알게 된다.; Cf. 10장 이하.

68 페르세우스; 앨버커키의 로나 코헨: Yatzkov(1992).

69 "일급 비밀 ~ 편집된 것임.)": Visgin(1992), Doc. #12.

70 맥클린; 야츠코프, CPC: Cf. Cecil(1989), 70~71쪽.

71 야츠코프와 브로스먼의 스파이 활동: Harry Gold에 의하면; Cf. JCAE(1951), 160쪽.

72 "그러니까 ~ 인식 표지였던 것이죠."; 골드와의 재접선과 관련된 세부 사실: JCAE(1951), 156쪽.

73 "별안간 ~ 순간이었다.": Rabi(1970), 138쪽.

74 "러시아가 ~ 그럴 것이다.": Ferrell(1980), 42쪽.

75 "스탈린한테는 ~ 전부였다.": Truman(1955), 416쪽.

76 "스탈린은 ~ 속도를 내라고 해야겠어.'": Zhukov(1971), 674~675쪽; Holloway(1994), 117쪽에서 데이비드 할러웨이가 같은 구절을 러시아 어 판본에서 번역하고 붙인 의견.

77 "트루먼은 ~ 쓸모가 없었다.": Resis(1993), 56쪽.

78 "(앨런 넌 메이가) ~ 자세히 알아낼 것.": Taschereau and Kellock(1946), 450쪽.

79 "백금 포일을 ~ 싸서였다.": ibid.

80 "허버트는 ~ 궁금해 했다.": Alvin Weinberg, personal communication, 2.xi.93.

81 "우라늄 샘플 ~ 우리는 훔친다!": Gouzenko(1948), 241쪽.

82 "아버지는 ~ 안중에도 없으셨어.": Alliluyeva(1967), 188쪽.

83 "히로시마에서 ~ 드러난 듯했다.": Terletsky(1973).

84 "스탈린은 ~ 없을 걸세.'": Alexandrov(1988).

85 소련 언론의 보도: Werth(1964), 1037쪽.

86 "빵가게에 ~ 결실이었다.": Sakharov(1990), 92쪽.

87 "나는 ~ 건넸다.": Resis(1993), 21쪽.

88 "미국인들의 ~ 중요하지 않습니다.": Kramish(1959), 87쪽에서 재인용.

89 "하지만 ~ 전락했다고.": Werth(1964), 1037쪽.

90 "프랑스는 ~ 태워 죽였는지.": Ehrenburg and Simonov(1985), 485쪽.

91 소련 통계: Werth(1964), 103쪽; Werth(1971), 232쪽. 사망자 수: Rummel(1990), 151쪽.

92 "무기를 ~ 5200만 명이었다.": Werth(1971), 24쪽.

93 "9만 8000개의 ~ 없어졌다.": ibid, 232쪽에서 재인용.

94 "동지들에게 ~ 벗어날 수 있소.": Holloway(1981), 183쪽에서 재인용.

☢ 10장 상당히 자세한 설명 ☢

1 "과연 그들은 어디에서 싸울까?": Emilio Segré, personal communication, vi.83.

2 소련의 병력 감축: Werth(1971), 63ff; 미국의 병력 감축: Kohn and Harahan(1988), 74쪽, n. 78.

3 "'(독일은) 12~15년 ~ 시작해야 할 겁니다.'": Djilas(1962), 114쪽.

4 "그는 오직 ~ 잠재적인 적이었다.": ibid, 82쪽.

5 "장시간의 긴급 회의가 ~ 최우선 과제였다.": Golovin(1989), 201쪽.

6 "1945년까지는 ~ 정확히 그 무렵이었다.": Khariton and Smirnov(1993), 26쪽.

7 원자 폭탄 특별 위원회: Stickle(1992), 203쪽, n. 14.

8 "스탈린의 지시로 ~ 권한도 있었다.": Alexandrov(1988).

9 "원자 폭탄 프로젝트를 ~ 잔인했지만 말이다.": Khariton and Smirnov(1993), 26쪽.

10 "나도 ~ 공개되었다.": Taschereau and Kellock(1946), 455쪽.

11 1년 동안 망명을 준비한 구젠코: 1944년 9월 이후; cf. Gouzenko(1948), 215쪽.

12 오렌지 이야기: Sawatsky(1984), 7쪽.

13 "당신은 밤에 ~ 음미하는 거죠.": ibid, 5쪽에서 재인용.

14 "아주 조용했고, 품행이 단정한 신사였지요.": A. Clare Anderson, ibid, 1쪽에서 재인용.

15 109건의 문서: Gouzenko(1948), 264쪽.

16 "대사관에서 ~ 시간이 있어요.": ibid, 267쪽.

17 "키가 작고, ~ 얼어붙어 있었습니다.": Sawatsky(1984), 22~23쪽에서 재인용.

18 "그 사람의 ~ 알 수 있었다.": Gouzenko(1948), 268쪽.

19 "그들은 ~ 몰랐습니다.": Sawatsky(1984), 26쪽에서 재인용.

20 "(구젠코는) ~ 환상적이라고 생각했어요.": ibid, 28~29쪽에서 재인용.

21 "유감천만이로군요. ~ 잡아가지는 못하겠지요.": Gouzenko(1948), 270쪽.

22 "그날은 ~ 사무실로 갔다.": ibid, 271쪽.

23 "우리가 ~ 나서야 해요.": ibid, 272쪽.

24 캐나다 기마 경찰대 수사관: Sawatsky(1984), 37쪽.

25 "나는 ~ 죽은 목숨이군.'": ibid, 38쪽에서 재인용.

26 메인 상병: ibid, 40쪽.

27 "메인은 ~ 놀라지 않았다.": ibid, 41쪽에서 재인용.

28 "서너 명이었는데 ~ 불법 행위였다.": John MacDonald, ibid, 43쪽에서 재인용.

29 "우리가 ~ 방치한 건 아니오.": Gouzenko(1948), 277쪽.

30 구젠코를 돌려보내기로 한 킹: Hyde(1980), 23쪽.

31 스티븐슨과 보호 구류: Sawatsky(1984), 47ff. 로버트 램피어는 스티븐슨이 구젠코의 아파트를 직접 방문해 자신을 노출시켰을 것이라는 사실에 회의적이었다. Robert Lamphere, personal communication, vi.94.

32 "우리가 생각한 ~ 전혀 알 수 없었다.": Hyde(1980), 26~27쪽에서 재인용.

33 "나는 (구젠코) ~ 추정한다는 말도 보탰다.": ibid, 46~47쪽에서 재인용.

34 "섣부른 행동은 절대 안 됩니다.": ibid, 46쪽에서 재인용.

35 루스 그린글래스와 데이비드 그린글래스의 뉴욕 방문: JCAE(1951), 92쪽.

36 "매형이 ~ 12쪽 정도를 쓴 것 같다.": ibid, 92~95쪽.

37 "(데이비드가) ~ 넘기겠다고 했지요.": Nizer(1973), 125쪽에서 재인용(루스 그린글래스의 법정 진술).

38 "렌즈 주형 ~ 베릴륨을 향한다.": 19.vii.50에 작성된 데이비드 그린글래스의 진술문 초록, Anders(1978), 390쪽에서 재인용.

39 그린글래스와 먼로 효과: cf. ibid, 394쪽.

40 원뿔 모양은 진일보한 설계안: Rubby Sherr, personal communication, xi.93.

41 원뿔 모양 설계에 특허: ibid.

42 "원자 폭탄에 ~ 임무 가운데 하나였다.": Greenglass FBI FOIA files, 65-59028-332, 87쪽.

43 "코어의 ~ 개량할 수 있었다.": Hans Bethe, personal communication, v.93.

44 "코어를 ~ 없지 않은가?": McPhee(1974), 218쪽.

45 "그럴 수 없었다네.": Greenglass FBI FOIA files, 65-59028-345, 7쪽.

46 맥스 엘리처와 줄리어스 로젠버그: Rosenberg FBI FOIA files, 94-3-4-317-348X, 52쪽.

47 "푹스를 ~ 못 된다.": JCAE(1951), 157쪽.

48 톰 블랙과 전신 송금: Gold FBI FOIA files, 65-57449-560.

49 골드는 자기 이름으로 투숙했고, FBI는 1950년 5월 24일 그 사실을 확인했다. FBI는 그때까지도 로젠버그 부부에 대해 전혀 모르고 있었다.: Fuchs FBI FOIA files, 65-58805-1239.

50 "아주 늦은 ~ 늦은 겁니다.": Williams(1987), 215쪽에서 재인용.

51 "로스앨러모스의 ~ 축하하는": ibid에서 재인용.

52 영국 파견단의 파티: cf. Fakley(1983), 189쪽에 실린 초대장; Brode(1960), XI, 8쪽.

53 "(골드를) 만나러 ~ 거기서 썼다.": Fuchs FBI FOIA files, 65-58805-1412, Fuchs's confession(following 51), 8쪽.

54 푹스와 골드의 19.ix.45 샌타페이 접선: 인용구와 바꿔 쓴 내용은 cf. JCAE(1951), 157쪽; Williams(1987), 215ff; Gold FBI FOIA files, 65-57449-401, 14~15쪽.

55 골드의 여행 일정: Williams(1987), 217ff; Gold FBI FOIA files, 65-57449-401, 16~17쪽.

56 야츠코프와의 만남: Rosenberg All-Case Summary(FBI FOIA 94-3-4-317-348), 41쪽.

57 "화를 잘 낼 ~ 겁을 집어먹었다.": Gold FBI FOIA files, 65-57449-401, 17쪽.

58 "플루토늄은 ~ 유일무이합니다.": Groueff(1967), 151~152쪽에서 재인용.

59 "우리는 ~ 오목해졌다.": Smith(1954), 88쪽.

60 푹스의 9월 보고서: cf. Fuchs FBI FOIA files, 65-58805-1412, 32~33과 65-58805-1246, 3; Williams(1987), 191쪽.

61 푹스와 공극: Fuchs FBI FOIA files 65-58805-1246, 3쪽. 나는 푹스가 야츠코프에게 공극에 관해 보고했다고 추정한다. 왜 아니겠는가?

62 18.x.45 팻 맨 보고서: Visgin(1992), 127쪽.

63 루비 셰르의 고슴도치(성게) 작명: Rubby Sherr, personal communication, xi.93.

64 "성형 바륨 구": JCAE(1951), 97쪽.

65 "플루토늄 ~ 성형 막": Anders(1978), 390쪽에서 재인용. Greenglass's 19.vii.50, confession.

66 "베리야는 ~ 직접 졌다.": Gubarev(1989), 11쪽.

67 "처음에는 ~ 않을 수 없었다.": ibid에서 재인용.

68 소련의 나가사키 촬영: Kazunari Fujita, Chogoku Broadcasting Company(Hiroshima), personal communication, iv.94.

69 "한 시민이 ~ 합니다.": Holloway(1990)에서 재인용.

70 베리야와 튤라 엽총: Knight(1993), 136쪽. 파벨 수도플라토프는 자기가 엽총을 들고 가서 주었다고 주장하면서, 튤라 엽총이 아니라 "상감 세공을 한 벨기에 엽총"이었다고 말한다. (Sudoplatov 1994, 202쪽.)

71 "우리가 ~ 나중 일이었다.": Alexandrov(1988).

72 "(국가의) 모든 ~ 와야 해요.": Badash(1985), 62~63쪽에서 재인용.

73 "조악한 모방": ibid, 63쪽에서 재인용.

74 "지휘봉을 ~ 있는 것입니다.": Andrew and Gordievsky(1990), 376쪽에서 재인용.

75 "저는 ~ 응수하더군요.": Knight(1993), 137쪽에서 재인용.

76 "내가 직접 하겠네. 자네는 가만있게.": Holloway(1990), 24쪽에서 재인용.

77 "옆주머니에 ~ 보여 드릴 수도 있지요.": Herken(1980), 48쪽에서 재인용.

78 "모임 중간쯤에 ~ 원자 폭탄이 있습니다.'": RG 77, MED, 20(miscellaneous), National Archives. Cf. also Herken(1980), 48~49쪽.

☢ 11장 과도기 ☢

1 "사실상 ~ 심각한 과도기였습니다.": Norberg(1980f), 26쪽.

2 "자연보다 ~ 이해하게 되었다.": Rabi(1970), 138쪽.

3 "벌거벗은 ~ 감수해야 했습니다.": Norberg(1980f), 25쪽.

4 "우리도 ~ 확실하지 않았다.": Bethe(1982a), 45쪽.

5 "페르미의 ~ 좋을 텐데.'": Robert Oppenheimer, "The Atomic Age," 1.ix.50, 7쪽, Oppenheimer Papers, LC.

6 "독점 불가능. ~ 그냥 말하라!": Gleick(1992), 204쪽에서 재인용.

7 맨해튼 술집의 파인만: Richard Feynman, personal communication, x.76.

8 "일요일에 ~ 없다는 것이었다.": Feynman(1985), 115쪽.

9 "비범해요. ~ 보였습니다.": Chester Barnard, paraphrased in Oppenheimer FBI FOIA files, "Julius Robert Oppenheimer," 18.iv.52, 37쪽.

10 "이 프로젝트에 ~ 때문입니다.": Smith and Weiner(1980), 297쪽.

11 "우리의 관심사는, ~ 않았을 겁니다.": Oppenheimer(1946a), 265쪽.

12 "우리는 ~ 좋을 것입니다.": Edward Teller to Leo Szilard, 2.vii.45. Box 71, Oppenheimer Papers, LC.

13 "그리 유쾌하지는 않았죠. ~ 않았고요.": Asahi Shimbun interview with Edward Teller, 10.vi.91, tape 4, 5쪽.

14 텔러의 메모: "오피에게. 내가 시카고에서 만난 사람 가운데 하나가 실라르드임을 알고 있을 거라 생각합니다. 그는 우리가 하는 일에 도덕적으로 반대하고 있고, 나의 솔직한 의견도 그와 같습니다. 그가 내게 어떻게 해야 할지 말했고, 나도 그에게 내 생각을 알릴 수 있다면 기분이 더 나아질 거예요. 동봉한 편지를 봐 주십시오. 내 생각이 당신의 견해와 일치할 거라고 믿습니다. 최소한 주요 내용에서는 말이죠. 내가 가져온 편지를 실라르드에게 보내 주면 좋겠습니다." Box 71, Oppenheimer Papers, LC.

15 어니스트 로런스가 오펜하이머에게 받은 인상: Childs(1968), 366쪽.

16 "연구를 더 하면 ~ 안전할 수 있습니다.": Interim Committee Scientific Panel to the Secretary of War, 17.viii.45, Oppenheimer Papers, LC.

17 "기회를 잡았고, ~ 당혹스럽고요.": Smith and Weiner(1980), 301쪽.

18 "국제 정세가 ~ 대안은 없어요.": ibid에서 재인용.

19 "최고로 똑똑한 사람": Time, 29.x.45, 30쪽.

20 "오펜하이머 박사는 ~ 흥미를 보였다.": George L. Harrison, Memorandum for the files, 25.ix.45, National Archives.

21 "과학자들의 ~ 견해를 알": Memo, "Mr. Harrison and Dr. Oppenheimer," 25.ix.45, National Archives.

22 "1945~1946년 ~ 씻으면 됩니다.": Davis(1968), 257~258쪽에서 재인용.

23 "'울보' 과학자이다. ~ 말했다.": Harry Truman to Dean Acheson, 7.v.46, HSTL.

24 "트루먼은 ~ 그가 말했다.": Herken(1980), 11쪽에서 재인용.

25 "갖고 있는 ~ 잘 모르겠네.": Harold D. Smith diary, 5.x.45, Gaddis(1987), 106쪽에서 재인용.

26 "오늘날 ~ 단결해야 합니다.": Smith and Weiner(1980), 310~311쪽.

27 "로스앨러모스가 ~ 있었습니다.": Bradbury(1948), 10쪽.

28 "계속해서 ~ 비참했죠.": Norberg(1980d), 60쪽.

29 "오펜하이머는 ~ 않았습니다.": ibid, 94쪽.

30 "오펜하이머는 ~ 분명히 했다.": B. Moon and R. E. Peierls to James Chadwick, 22.viii.45. RG 77, National Archives.

31 "텔러가 ~ 위험한 적이었다.": Blumberg and Owens(1976), 185쪽에서 재인용.

32 『한낮의 어둠』: Edward Teller, personal communication, vi.93.

33 "슈퍼 폭탄 ~ 유망하다.": Scientific Panel to the Secretary of War, 17.viii.45. RG 77,

National Archives.

34 "과학자들은 ~ 않는다.": George L. Harrison memorandum for the record, 18.vii.45. RG 77, National Archives.

35 "현 시점에서 ~ 유지되어야 한다.": USAEC(1954a), 10쪽에서 재인용.

36 "우리는 ~ 모릅니다.": Galison and Bernstein(1989), 276쪽에서 재인용.

37 "번스한테 들었는데, ~ 언급했습니다.": Sawyer(1954), 288쪽에서 재인용.

38 에드워드 텔러의 10월 31일자 편지: USAEC(1954a), 7~9쪽에서 재인용.

39 "이야기를 ~ 안 걸릴 것": "Possibilities of a Super Bomb," James Bryant Conant to Vannevar Bush, Oct. 20, 1944, 2쪽. OSRD files, National Archives.

40 "나는 ~ 말했다.": Teller(1962), 22쪽.

41 "지원도 ~ 분명해 보였다.": ibid, 23쪽.

42 "원자 폭탄을 ~ 모른다.": Robert R. Wilson for the Committee to Robert Oppenheimer, 7.ix.45, 3쪽. RG 77, National Archives.

43 "소련 측도 ~ 확실하다.": Henry Stimson, "Memorandum for the President," 29.viii.45, 1~2쪽. RG 77, National Archives.

44 합동 정보 참모 「소련의 능력」 보고서: JIS 80/15, 9.xi.45.

45 패럴 보고서: "Time for Russia to make an Atomic Bomb," T. F. Farrell to L. R. Groves, 12.x.45. RG 77, National Archives.

46 그로브스의 20년 추정: 그로브스 전기 작가 Stanley Goldberg, personal communication, iv.94.

47 "우라늄은 ~ 비쌀 것": "Fission Technology: Retrospect and Prospect," in Behrens and Carlson(1989), 103쪽.

48 그로브스가 로런스에게: 21.viii.45. RG 77, National Archives.

49 "정밀 공업이 ~ 상황인 셈이다.": Groves(1948).

50 "대일(對日) 전승 기념일에 ~ 확신할 것이다.": ibid.

51 여행 가방 농담: Herbert York, personal communication.

52 "그는 ~ 침착하게 말했다.": Schreiber(1991), 45쪽.

53 "핵에너지 활용이 ~ 알아야 합니다.": Truslow and Smith(1947), 362쪽.

54 "이런 과도기에 ~ 위험합니다.": ibid, 358쪽.

55 "우리는 ~ 폭탄들이었던 거예요.": Norberg(1980a), 43쪽.

56 "신뢰도 향상, ~ 안 됩니다.": Truslow and Smith(1947), 362쪽.

57 "현행 팻 맨을 ~ 개발": "Notes on a talk given by Comdr. N. E. Bradbury at Coordinating Council, 1.x.45." 8.x.45. RG 77, National Archives.

58 "'슈퍼가 ~ 답 말이죠.": Truslow and Smith(1947), 363쪽.

59 폭탄 60개: anon. to Brig. Gen. T. F. Farrell, x.45, LANL Archives A-84-019, 19-4.

60 "많은 사람을 ~ 임무였습니다.": Pervukhin(1985).

61 “원자력 문제를 ~ 금속 공학).”: Golovin(1968), 49쪽.

62 “어제 ~ 조직해야만 하네.”: Holloway(1994), 136~137쪽에서 재인용.

63 “소련이 ~ 넌지시”: Harriman to Sec. of State, 16.xi.45, State Dept. ALH-1910-H. RG 77, National Archives.

64 북한의 광구: Zaloga(1993), 40. 미국의 극동 사령부 자료를 인용함.

65 “체코슬로바키아 ~ 요청을 받았다.”: Steinhardt to Sec. of State, State Dept. DVF-886-K. RG 77, National Archives.

66 야히모프: Proctor(1993). 체코의 자료를 인용함.

67 체코슬로바키아의 강제 노동: ibid. 소련의 소요량: Zaloga(1993), 46쪽. CIA 자료를 인용함. Cf. CIA(1951)도.

68 소련의 국내 우라늄 출처: ibid, 73쪽.

69 탕코그라드: Werth(1964), 218쪽.

70 12개의 강제 노동 수용소: Cochran and Norris(1993), 9쪽.

71 첼랴빈스크 발전소: ibid, 622쪽.

72 첼랴빈스크 정보: Cochran and Norris(1991)과 (1993); 본인 요청으로 이름을 밝히지 않음(name withheld by request), personal communication, St. Petersburg, vi.92.

73 “S가 Sudoplatov의 S”: 『특수 임무』 저술을 위해 녹화된 파벨 수도플라토프와의 인터뷰.

74 “요원망과 ~ 불과했”: “Russians Deny US Scientists Gave Atom Data,” New York Times, 6.v.94, A5쪽에서 재인용. 러시아 당국에 따르면 수도플라토프는 1946년 10월에 원자력 사안에서 물러났다.

75 『특수 임무』: Sudoplatov et al.(1994).

76 스마이스 보고서의 불일치: Arnold Kramish, personal communication, 28.vii.94.

77 스마이스 보고서와 소련 정보 기관: 아널드 크래미시는 키코인의 조수였던 한 젊은 물리학자를 1949년 면담했고, 스마이스 보고서가 미국에서 발행된 직후 쿠르차토프의 제2연구소에서 일급 비밀 번역문으로 읽혔다는 이야기를 들었다. ibid.

78 “그로브스 장군은 ~ 대경실색했어요.”: ibid.

79 “사전에 ~ 깨달았다.”: 스마이스 보고서 석판 인쇄본, VIII-4~VIII-5쪽. (아널드 크래미시가 제공해 준 사본.)

80 “크세논이 ~ 불청객이었다.”: Wheeler(1962), 35쪽.

81 “(임계성에 영향을 미치는) ~ 그런 예일 수 있다.”: Ostriker(1993), II, 19쪽.

82 스마이스 보고서 번역을 담당한 S과: Terletsky(1973), 48쪽; 불일치를 찾아낸 S과: Arnold Kramish: “러시아 어판 스마이스 보고서는 몇 가지 예외를 제외하고는 1945년 9월 1일 발간된 프린스턴판과 문장 하나하나가 일치한다. …… (파일 오염과 관련해) 불일치하는 부분을 찾아낸 사람은 전문 편집자였(을 것이다.) 그 또는 그녀가 이 내용을 집어넣었고, 러시아 어판은 완벽해졌나.” Arnold Kramish to H. A. Fidler, “Russian Smyth Report,” 17.ix.48. (아널드 크래미시가 제공한 보고서.)

83 "소련의 ~ 풀 것인가?": Sudoplatov et al.(1994), 205. 아나톨리 수도플라토프(Anatoli Sudoplatov)가 아버지를 인터뷰하며 촬영한 『특수 임무』 비디오테이프 녹취록에서는 파벨 수도플라토프의 말이 덜 구체적이다. "우린 특별한 난관에 부닥쳤지. 방향을 잡고, 그쪽으로 연구하던 우리 전문가들이 막다른 골목에 다다랐던 게야." 『특수 임무』의 공저자들은 더 질문했거나, 그게 아니라면 나머지를 상상해서 썼을 것이다. 아나톨리는 그 비디오테이프에서 "원자로 가동"이라는 말을 보태며 아버지를 유도한다.

84 "우린 ~ 온정적이었어.": 『특수 임무』 저술을 위해 녹화된 파벨 수도플라토프와의 인터뷰.

85 "타자기로 ~ 도장이었다.": Terletsky(1973), 13쪽.

86 "물리학자가 ~ 가겠는가?": ibid, 19쪽.

87 "미국인들을 ~ 기대해.": ibid.

88 "뭐랄까, ~ 새 거였다.": ibid, 21쪽.

89 "무장 경호원들이 ~ 달걀처럼 생겼다.": ibid.

90 "방에 ~ 분명했다.": ibid, 22~23쪽.

91 "보어에게 ~ 모르겠습니다.": ibid, 23쪽.

92 "젤도비치라면 ~ 누가 알아.'": ibid, 24~25쪽.

93 "거리를 ~ 풍족했다.": ibid, 32쪽.

94 보어는 ~ 그로브스도 통지를 받았다.: Stanley Goldberg, "Observations on Sudoplatov, *Special Tasks*," unpub. MS, v.94, 7쪽.

95 "테를레츠키는 ~ 말씀하셨습니다.": Aage Bohr, e-mail to Kurt Gottfried, Cornell University, 28.iv.94, 2쪽.

96 "모든 나라가 ~ 막을 수 있을 게야.": Terletsky(1973), 44쪽.

97 "국제 사회가 ~ 발견할 테니까.": "Reconstructed account of conversations between Niels Bohr and Y. Terletsky in Copenhagen, 14&16 Nov 1945. Trans. from Russian original by Roald Sagdeev." (Translation slightly amended.) (Facsimile courtesy Thomas Powers.)

98 "베리야의 ~ 알고 있었다.": Terletsky(1973), 46쪽.

99 "닐스 보어 심문.": ibid.

100 "아버지의 ~ 소련인일 것이다.": ibid, 47쪽.

101 "선구적 업적의 ~ 조치가 취해지기": Niels Bohr to Robert Oppenheimer, 9.xi.45, Oppenheimer Papers, LC.

102 "질문 15: ~ 깨끗해집니다.": "Reconstructed account of conversations between Niels Bohr and Y. Terletsky in Copenhagen, 14&16 Nov 1945. Trans. from Russian original by Roald Sagdeev." (Translation slightly amended.) (Facsimile courtesy Thomas Powers.)

103 "보어는 ~ 않았다.": Terletsky(1973), 53쪽.

104 "보어와 미국 놈들, 엿이나 먹으라고 해!": AIP(1994), 5쪽에서 재인용.

105 "**영국의** ~ 살펴보았다.": Sakharov(1990), 92쪽.

106 "(1945년) ~ 쓸모가 있겠어.": Altshuler et al.(1991), 477~479쪽.

107 "소련의 ~ 인정해야만 한다.": Arnold Kramish to H. A. Fidler, "Russian Smyth Report," 17.ix.48. (아널드 크래미시가 제공한 보고서.)

108 "핵분열이 ~ 자원이 되었다.": Snow(1981), 89쪽.

109 "이오페, ~ 아닐까?": Holloway(1994), 148쪽에서 재인용.

110 "스탈린은 ~ 언급했다.": Khariton and Smirnov(1993), 27쪽. 내용을 약간 고쳤다. 이 기사의 토대가 된 12.xii.92자 쿠르차토프 연구소(Kurchatov Institute) 대화의 원본을 A. 골딘(A. Goldin)이 다르게 번역했기 때문이다.

111 "나는 ~ 말하라고도 했다.": ibid.

112 "과학 활동을 ~ 이상으로 늘어났다.": Medvedev(1978), 44쪽.

113 "우리나라는 ~ 할 수도 있다.": Holloway(1994), 148쪽에서 재인용.

114 쿠르차토프 저택: Academician I. V. Kurchatov's Memorial House(n.d.). Brochure distributed by the Kurchatov Museum, Moscow.

115 "숲속 오두막": Alexandrov(1988).

☢ 12장 기이한 주권 국가 ☢

1 "이 시기에는 ~ 산정했다.": "Atomic bomb production," Lauris Norstad to L. R. Groves, 15.ix.45. RG 77, National Archives.

2 "전후의 ~ 유지할 것": Carl Spaatz memorandum, 8.viii.45, A-84-019, 19-4, LANL Archives.

3 제509혼성군: Rosenberg(1983), 14쪽.

4 "선수 치기": Kaku and Axelrod(1987), 29쪽에서 재인용.

5 합동 참모 본부 계획 문건(JCS 1496): Kaku and Axelrod(1987), 30쪽. 카쿠와 액설로드에 따르면 이것은 19.vii.45에 초안이 작성된 한 보고서의 개정판이다.

6 "과거 ~ 공격뿐이다.": JCS 169 1/7(30.vi.47) in ibid에서 재인용.

7 1945년 10월 계획: JIC329/1, "Strategic Vulnerability of the USSR to a Limited Air Attack," cited in Kaku and Axelrod(1987), 31쪽.

8 "우리가 ~ 파괴해야 할 것이다.": ibid에서 재인용.

9 "그런 전쟁은 ~ 아니다.": Sagan(1994), 78, from *New York Times*, 2.ix.50, 4쪽에서 재인용.

10 "야만인임에 틀림없는 한 집단의 변덕": Nathan Twining in viii.53. Sagan(1994), 80쪽에서 재인용. 세이건은 79쪽에서 이렇게 말한다. "공군의 공식 교리는 계속해서 예방 전쟁 개념을 지지했다."

11 노스태드의 연구: "Atomic bomb production," Lauris Norstad to L. R. Groves, 15.ix.45. RG 77, National Archives.

12 "필요하다고 ~ 결론이다.": Rosenberg(1983), 77쪽에서 재인용.

13 "원자 폭탄이 ~ 미칠지": ibid에서 재인용.

14 "엄청나게 ~ 아니": ibid, 78쪽에서 재인용.
15 오크리지와 핸퍼드의 생산 활동: cf. ibid, 11쪽.
16 "몇 주 동안 ~ 인디언 서머였다.": 이것과 다음의 인용문들은 Curtis LeMay, Ohio Society of New York speech, 19.xi.45에서 가져왔다. Box 41, LeMay Papers, LC.
17 "하지만 ~ 느꼈다.": LeMay(1965), 396쪽.
18 "랜드 연구소에게 ~ 했던 겁니다.": Herbert York interview, 27.vi.83.
19 "인공 위성을 ~ 적용할 수 있을 것": *Preliminary Design of an Experimental World-Circling Spaceship*, Rand report SM-11827, 2.iv.46, Chapter 2. (개리 도시(Gary Dorsey) 제공.)
20 르메이와 장거리 탐지기: 1946년 8월: Borowski(1982), 188쪽.
21 "현행 설계의 ~ 위태로워지는": Strauss(1962), 209쪽.
22 "다음 세대에 ~ 대안이 없다.": Teller(1946c), 13쪽.
23 "원자력을 ~ 활성화한다.": 2, Agreed Declaration, 15.xi.45, Truman(1955), 542쪽에서 재인용.
24 "오펜하이머와 ~ 발전시키고 있었죠.": Bernstein(1975), II에서 재인용.
25 "(오펜하이머는) ~ 장악했습니다.": ibid에서 재인용.
26 "애치슨-릴리엔솔 그룹에서 주로 가르치는 역할": Johnson(1989), 47쪽.
27 "인생에서 ~ 하나": Lilienthal(1964), 13쪽.
28 릴리엔솔과 신문 스크랩: Lang(1959), 69쪽.
29 "호화로운 육군 수송기": Lilienthal(1964), 17쪽.
30 "높은 산맥이 ~ 실감했다.": ibid, 20쪽.
31 "장소가 ~ 소멸했다.": Lang(1959), 79~80쪽에서 재인용.
32 "매우 만족한다 ~ 정신 말입니다.": Niels Bohr to Robert Oppenheimer, 17.iv.46. Box 31, Oppenheimer Papers, LC.
33 "원자력을 ~ 둘러싸일 것이다.": Barnard et al.(1946), 8쪽.
34 "원자재에서 ~ 통제해야 한다.": ibid, 6쪽.
35 "국가들의 ~ 위험한 단계": ibid, 21쪽.
36 "우라늄 광석을 ~ 기다릴 필요가 없다.": ibid, 22쪽(강조는 원문).
37 "보고서가 ~ 들어맞는다.": Lang(1959), 80쪽에서 재인용. 랭은 윈이 이 말을 했다고 적시한다.
38 "체계적 ~ 거느리고 다스리는": Barnard et al.(1946), 47쪽.
39 "현재와는 ~ 찾아야 한다.": ibid.
40 스탈린, 9.ii.46 연설 발췌 부분: Thomas(1986), 7~17쪽에서 재인용.
41 30퍼센트; 2500만 명: Volkogonov(1988, 1991), 504쪽.
42 "스탈린은 ~ 활용했다.": ibid, 503쪽.
43 "제3차 세계 대전을 선포": Millis(1951), 134쪽.
44 "감기, ~ 다름이 없었다.": Kennan(1967), 292~293쪽.

45 "웃기면서도 ~ 읽히는 것이다.": ibid, 294쪽.

46 케넌이 보낸 전문의 발췌 부분: ibid, 547쪽.

47 "소련 ~ 부도덕성": Millis(1951), 140쪽에서 재인용.

48 "문건이 ~ 틀림없다.": Kennan(1967), 294~295쪽.

49 "멋진 분석을 했다.": Yergin(1977), 170쪽에서 재인용.

50 "전시의 ~ 의심하지 않는다.": Shlaim(1983), 52쪽에서 재인용.

51 "러시아에 ~ 신물 난다.": Harry Truman to James F. Byrnes, 2.i.46(쓰기는 했지만 보내지는 않은 것 같다.) Yergin(1977), 161쪽에서 재인용.

52 "더 이상 ~ 않아도 된": Kennan(1967), 295쪽.

53 "러시아와 ~ 시작했음": Churchill(1959), 996쪽.

54 번스와 트루먼 모두 처칠의 연설문 원고를 읽었지만 트루먼이 부인했다는 내용: Rossi(1986), 114쪽, 118쪽; Clifford(1991), 102쪽.

55 번스의 외신 기자 클럽 연설: Graybar(1986), 890쪽.

56 "대통령이 ~ 결심했다.": Churchill(1959), 996쪽.

57 처칠의 철의 장막 연설: Vital Speeches of the Day 12, 15.iii.46, 329쪽.

58 "처칠이 ~ 주장한다.": Ingram(1955), 31~32쪽에서 재인용.

59 "처칠은 ~ 옳았어.'": Smith(1950), 28~29쪽.

60 "명성이 ~ 넘어간 것": Acheson(1969), 154쪽.

61 "미국의 ~ 없고 말이요.'": Baruch(1960), 361쪽.

62 "(바루크는) ~ 알렸다.": Truman(1956), 10쪽.

63 "매우 정중했다. ~ 당신이지요!'": Baruch(1960), 363쪽.

64 "집행의 ~ 보았다.": ibid, 361쪽.

65 "역사에 ~ 제재해야 한다.": ibid, 367쪽.

66 "모스크바가 ~ 경고뿐일 터였다.": Acheson(1969), 155쪽.

67 "거기서 이 문제는 끝장이 났다.": ibid, 156쪽.

68 "나는 ~ 했던 겁니다.": Davis(1968), 260쪽에서 재인용.

69 "과제에 ~ 하나이다.": Baruch(1960), 365쪽.

70 "그는 ~ 집중해야 합니다.": Bernstein(1975), 84f쪽에서 재인용.

71 "(형은) ~ 생각했다.": Else(1981), 26쪽.

72 "우리가 ~ 안 믿었죠.": I. I. Rabi, interviewed by Bill Moyers in A *Walk Through the Twentieth Century*.

73 "(소련과 ~ 듯했다.": Oppenheimer(1948a), 246쪽.

74 "계획이 ~ 겪었을 것이다.": ibid, 250쪽.

75 "러시아 사람들이 ~ 못할 겁니다.": Davis(1968), 260쪽.

76 "하리톤이 ~ 달라고 했다.": Zukerman and Azarkh, unpub. MS, 50쪽.

77 "이번에는 ~ 이르기는 합니다.": ibid, 51쪽.

78 "폭탄을 ~ 여건이었다.": ibid, 141쪽에서 재인용.

79 반니코프; "우리는 ~ 현실화되었다.": ibid, 169쪽.

80 사로프의 명칭들: Khariton and Smirnov(1993), 20쪽.

☢ 13장 냉전 ☢

1 "1945년 ~ 만났습니다.": Williams(1987), 191쪽에서 재인용. 페린(Perrin)은 푹스가 만난 "러시아 요원"이 골드일 거라고 해석했다. 하지만 그것은 추정일 뿐이다.

2 '소니아'를 모른다고 잡아뗀 푹스: "푹스는 투옥되고 얼마 안 되어 …… 면회객으로부터 …… 소니아가 동독으로 탈출해 안전하다는 이야기를 들었다. 이윽고 그는 MI5 요원들에게 자신의 접선책이 쿠친스키의 여동생이었다고 실토했다." Pincher(1984), 145쪽.

3 하이젠베르크에게 접근한 사건: cf. Walker(1989), 184쪽.

4 "물리학자": Dobbs(1992), A37쪽에서 재인용.

5 "야츠코프가 ~ 거였죠.": JCAE(1951), 158쪽.

6 맥클린과 애틀리의 방문: Cecil(1989), 72쪽.

7 "(골드와의) ~ 지키지 않았다.": Gold FBI FOIA files, 65-57449-486, 17쪽.

8 핼퍼린의 주소록: Fuchs FBI FOIA files, 65-58805-1202, 26쪽에 실려 있음. 캐나다 검거 작전은 16.ii.46에 수행되었다.

9 넌 메이 체포: cf. Hyde(1980), 38~39쪽과 ff.

10 "전에 케임브리지를 ~ 친구가 한 명 있었다.": Gold(1965b), 28쪽.

11 라파자노스: cf. Fuchs FBI FOIA files, 65-58805-1202, 10; Gold FBI FOIA files, 65-57449-185, 39; -491쪽, 39쪽; -486, 18쪽; -549, 13~14쪽.

12 골드의 비타민 연구소 대출: Gold FBI FOIA files, 65-57449-185, 39쪽.

13 "영국으로 복귀한 직후": Williams(1987), 191쪽에서 재인용; 푹스가 넘긴 정보: Fuchs FBI FOIA files, 65-58805-1412, 25쪽.

14 푹스가 참가한 세미나: ibid, 65-58805-1246, 5~6쪽에 기록되어 있음.

15 푹스가 슈퍼 정보를 넘김: 페린(Perrin)은 푹스와의 면담 내용을 이렇게 전한다. "푹스는 1947년 언제쯤 러시아 요원한테서 '삼중 수소 폭탄'에 관한 정보를 줄 수 있느냐는 요청을 받았다. 푹스는 그렇게 구체적인 질문과 요청에 깜짝 놀랐다고 말했다. 러시아 인들이 다른 정보원들한테서도 자료를 넘겨받고 있다고 …… 푹스는 생각했다." (Williams(1987), 192쪽에서 재인용.) 하지만 노먼 모스(Norman Moss)는 푹스 평전에서 당시의 면담 녹취록에 기초해 페린과 푹스가 나눈 대화의 실상을 전한다. 그에 따르면 이야기가 상당히 다르다. "푹스는 자신이 러시아 인들에게 전달한 가장 중요한 정보가 로스앨러모스에서 나온 것이라는 페린의 말에 동의했다. 그는 샌타페이에서 레이먼드(해리 골드)와 만났던 일을 이야기하다가 어느 순간 이렇게 말했다. '그들이 삼중 수소 폭탄, 곧 슈퍼에 관해 내게 아는 게 있느냐고 물었고, 나는 깜짝 놀랐습니다. 슈퍼에 관해서는 한마디도 하지 않았으니까

요.'"

"페린이 말했다. '잠깐만요. 분명히 해 봅시다. 그들이 당신에게 뭔가 아느냐고 물었다는 겁니까?'

"푹스 왈, '그래요. …… (원문 그대로) 난 슈퍼에 관해서는 그들에게 알려 준 게 없어요. 정말 깜짝 놀랐습니다.'

"'뭐라도 말하지 않았을까요?'

"'간단한 정보는 주었죠. 슈퍼를 자세히 설명할 수 없었던 건 레이먼드가 알아들을 수 없었기 때문입니다. 내가 준 거라고는 문건뿐이에요.'" (Moss, 1987, 144쪽.)

레이먼드가 푹스에게 슈퍼에 관해 물었다면 그 대화를 1947년에 했을 리가 없다. 푹스가 로스앨러모스에 거주하면서 원자핵 융합 반응 연구에 관해 알게 되는 시점 이후로 골드와 몇 차례 접선하는 과정에서 그런 대화가 오갔어야만 하는 것이다. 즉 1945년 2월부터 1946년 6월 사이 어느 시점이어야 한다. 푹스가 어떤 정보를 넘겼는지에 관한 페린의 다음 논의를 보면, 푹스가 영국에서도 열핵 정보를 넘겼음을 알 수 있다. 페린이 두 곳을 섞어 버렸고, 사건들이 훗날 일어난 걸로 배치했다는 게 틀림없다. 브루노 폰테코르보와 앨런 넌 메이 두 사람 모두 "삼중 수소 폭탄" 정보를 소련에 독자적으로 넘겼을 가능성이 있다. 둘 다 전쟁 때 중수 연구와 개발을 알고 있었고, 참여했기 때문이다. 물론 "페르세우스"도 가능성은 있다. 푹스의 접선일에 대한 페린의 착오는 이것만이 아니다. (페린의 문헌 자체가 혼란으로 가득하다.) 최근에도 데이비드 할러웨이가 페린 문헌에 나타난 불일치를 찾아냈다. ("푹스가 날짜를 제대로 기억하는 것이라면 쿠르차토프가 1946년에 전달받은 정보는 다른 정보원에게서 왔음에 틀림없다." Holloway, 1994, 296쪽. 날짜를 틀린 건 푹스가 아니라 페린이었다.) 루이스 스트로스도 착오를 일으켰다. 그는 푹스가 떠난 후로도 열핵 폭탄 스파이 활동이 로스앨러모스에서 계속되었다고 믿었는데(그는 로버트 오펜하이머를 의심했다.), 그런 믿음은 페린의 짬뽕 시나리오 때문인 것 같다.

16 "우리가 ~ 뽑아낼 수 있다.": Lang(1959), 69쪽에서 재인용.

17 "다량의 수소를 ~ 아주 많다.": "Concerning uranium . Tonizo Laboratory, April 43"에서 재인용. (Document copy and translation in the private collection of Wayne Reagan, Kansas City MO.) Cf. Rhodes(1986), 375쪽.

18 "엄청난 ~ 만들어진 것이다.": Oliphant et al.(1934), 694쪽.

19 "그것은 ~ 할 수 있다.": Irving(1967), 45쪽.

20 "폭발하는 ~ 들어온 것 같다.": York(1976), 21쪽.

21 페르미, 텔러, 열 핵융합 반응: cf. Rhodes(1986), 374쪽.

22 코노핀스키와 삼중 수소: JCAE(1953), 3쪽.

23 D+T 포획 단면적: USAEC(1954a), 15쪽.

24 텔러의 로스앨러모스 연구: JCAE(1953), 3쪽.

25 울람의 첫 번째 임무: Ulam(1976), 148쪽.

26 "열을 받아 ~ 기념비라 할 만했다.": Ulam(1966), 595~596쪽.

27 노이만의 사진술 기억: Goldstine(1972), 167쪽.

28 "프린스턴에서는 ~ 탁월했다.": ibid, 176쪽.

29 "그해 여름 ~ 구경했다.": ibid, 182쪽.

30 "계산과 ~ 문서": ibid, 191쪽.

31 "장비의 ~ 구분해야 한다.": ibid, 193쪽에서 재인용.

32 "1945년 초에 ~ 준비를 했다.": Metropolis and Nelson(1982), 352쪽.

33 카드 50만 장, 1년, 100명: Aspray(1990), 47쪽.

34 "필자(울람)가 ~ 있었기 때문에 가능했다.": ibid, 47쪽에서 재인용.

35 『슈퍼 폭탄 편람』, 5.x.45 기술 보고서: JCAE(1953), 10쪽.

36 텔러의 개발 명세: Fuchs FBI FOIA files 65-58805-1246, 10쪽.

37 "슈퍼의 ~ 말할 수 있다.": Frankel(1946), 개요.

38 "열핵 폭탄을 ~ 지닌다.": Frankel(1946), 47쪽.

39 "이 프로그램과 함께": JCAE(1953), 11쪽.

40 슈퍼 학회 일정: Fuchs FBI FOIA files, 65-58805-1246, 6~8쪽.

41 "옛날 슈퍼는 ~ 물어야 하는 것이다.)": J. Carson Mark interview, 3.vi.94.

42 "열핵 반응을 ~ 달성할 수 있다.": Bretscher et al.(1946, 1950), 4쪽.

43 "로스앨러모스의 ~ 없었던 것이다.": Serber(1992), 4쪽, n. 2.

44 원통 내파: Fuchs FBI FOIA files, 65-58805-1412, 34쪽.

45 "노이만 박사가 ~ 제안했다.": ibid, 65-58805-1246, 6쪽.

46 푹스의 주장; "재미있어 했다.": ibid, 65-58805-1412, 28쪽.

47 "맨 처음 ~ 회복하지 못했다.": Serber(1992), xxxi쪽.

48 "1946년에 ~ 보았다.": Bradbury press conference, 24.ix.54, LANL Archives.

49 "삼중 수소 ~ 질소 반응": Fuchs FBI FOIA files, 65-58805-1246, 7~8쪽.

50 푹스는 ~ 기억하지 못했다: ibid, 65-58805-1412, 34쪽.

51 "같은 무게의 ~ 많은": Bretscher et al.(1946, 1950), 4쪽.

52 "이 시스템을 ~ 나왔다.": ibid, 24쪽.

53 "결정적으로 증명한": ibid, 25쪽.

54 "슈퍼 폭탄을 ~ 본다.": ibid, 44쪽.

55 "함의가 ~ 다뤄질 것이다.": ibid, 46쪽.

56 삼중 수소 생산: Hansen(1994a), 34쪽.

57 낙관적인 슈퍼 학회 갈무리 보고서에 관한 서버의 생각: Robert Serber, personal communication.

58 "계획은 ~ 컸다.": Ulam(1976), 184쪽.

59 "학회 참가자들이 모두 의견을 같이 했다.": Bretscher et al.(1946, 1950), 서문, 1쪽.

60 "이제 ~ 선택해야 합니다.": Bernard Baruch, "Atomic Energy Control," *Vital Speeches of the Day* XII:18, 1.vii.46, 546쪽.

61 카슨 마크와 이론 물리학자들의 시간: "그 시기(1946~1950년)에 이론 분과는 분열 무기만큼이나 열핵 문제 연구에서 많은 시간을 할애했다." Mark(1954, 1974), 12쪽.
62 구레비치 외 보고서: Gurevich et al.(1946, 1991).
63 "그 당시에는 ~ 말이다.": Gershtein(1991)에서 재인용.
64 "미국의 ~ 던져준다.": Visgin(1992), Doc. #14, 31.xii.46.
65 골로빈의 말: in a talk at the Woodrow Wilson Center on 7.x.92; Gregg Herken, personal communication.
66 "젤도비치는 ~ 보았다.": Doran(1994), III.
67 "우라늄 장약을 ~ 묵직하게": Gurevich et al.(1946, 1991).
68 "자명종"; "세상 사람들이 깜짝 놀라 깨어날": JCAE(1953), 1쪽.
69 "'부스터' 개념을 ~ 있다.": ibid, 12쪽.
70 "(열핵) 문제 ~ 결성되었다.": Romanov(1990).
71 "(그 시점에) ~ 비슷했다.": ibid.
72 "체코슬로바키아에서 ~ 시도했다.": Stickle(1992), 133쪽.
73 "어느 날인가 ~ 화를 냈다.": Conquest(1991), 274쪽.
74 "소련의 ~ 휩싸였다.": Werth(1971), 219쪽에서 재인용.
75 "건물 관리인이 ~ 속상해 했다고 한다.": Alliluyeva(1967), 189쪽.
76 "정치 상황 ~ 쓰겠다는 것인가?": Ingram(1955), 57쪽에서 재인용.
77 "무자비한 ~ 가혹했다.": Andrew and Gordievsky(1990), 273쪽에서 재인용.
78 "공장들이 ~ 필요했다.": Pervukhin(1985).
79 CIA의 추정: Zaloga(1993), 282쪽, n. 20.
80 그린글래스의 제대: Greenglass FBI FOIA files, 65-59028-78, 11쪽.
81 G & R 엔지니어링 컴퍼니; 1946년 4월: ibid, 5~6쪽.
82 "줄리어스한테 ~ 1,000달러가량"; "매형은 ~ 했습니다.": Greenglass FBI FOIA files, 65-59028-332, 79~80쪽. Cf. also JCAE(1951), 99쪽.
83 "나는 ~ 이유입니다.": Nizer(1973), 132쪽에서 재인용.
84 푹스가 로스앨러모스에서 한 마지막 활동: 브라이언 맥마흔과 오마르 브래들리 장군이 23.ii.50 나눈 대화: "의장: 푹스가 로스앨러모스를 떠나기 전에 문서 보관소에서 온갖 수소 폭탄 정보를 빼내, 상당 기간 보유했다고도 들었습니다. 거기에는 수소 폭탄 설계도도 있었습니다. 의심할 여지가 없는 사실이죠. 그 정보가 언제 소련으로 넘어갔을까요? 날짜를 확신할 수는 없지만 1946년인 것 같습니다. 브래들리 장군: 저도 그렇게 알고 있습니다." JCAE(1953), 42쪽.
85 "바람이라도 ~ 하기 위해서": Fuchs FBI FOIA files, 65-58805-1412, 36쪽.
86 "내가 ~ 푹스뿐이다.": Hans Bethe interview, 3.v.93.
87 페클리소프: cf. Feklisov(1990)
88 낙스 헤드 술집: Doran(1994), III.

89 "폭스는 ~ 아무도 없습니다.": Feklisov(1990).

90 "기존의 ~ 없었다.": Gold FBI FOIA files, 65-57449-503, 5쪽.

91 "골드는 ~ 변명했다.": ibid, 65-57449-184, 18쪽.

92 "그러자 골드는 ~ 화를 냈다.": ibid, 65-57449-42, 7~8쪽.

93 "(골드는) ~ 거절했다.": ibid, 65-57449-184, 13쪽.

94 캐나다 보고서: Taschereau and Kellock(1946).

95 "무방비 상태로, ~ 충격적이었다.": Altshuler et al.(1991), 40쪽.

96 팻 맨의 축소 모형: 소련의 문건을 인용한 Zaloga(1993), 53쪽; 지름 35.56센티미터: 350밀리미터: Lev Altshuler, personal communication, 27.iv.93.

97 베리야의 보좌관 중 한 명; RDS: Khariton and Smirnov(1993), 20쪽.

98 소련의 비키니 실험 참관단: Weisgall(1994), 144; Holloway(1994), 163쪽.

99 미국의 핵폭탄 재고 현황: Darol Froman to Morris Kolodney, 13.vi.46; Darol Froman to James Taub, 13.vi.46, LANL Archives.

100 "멍청한 ~ 놓쳤어.": Weisgall(1994), 186쪽에서 재인용.

101 "원자 폭탄도 ~ 평가되었어.": Bradley(1948), 58쪽.

102 "그리 대단하지 않았다.": Weisgall(1994), 187쪽에서 재인용.

103 "계산을 ~ 이야기했다.": ibid, 204쪽에서 재인용.

104 "저속한 ~ 된 것이다.": New York Times, 4.vii.46, 4쪽.

105 "비키니 실험 ~ 협박 외교": Graybar(1986), 900쪽에서 재인용.

106 "전쟁이나 공격, 또는 위협을 의도한 게 아니": ibid, 902쪽에서 재인용.

107 "세계 각지에서 ~ 기대할 수 있다.": "Memorandum for General Groves, Remote Air Sampling," Philip G. Krueger, 18.ix.46, LANL Archives.

108 "(1) 원자 폭탄이라면 ~ 존재해야 한다.": Rosenberg(1983), 93~94쪽에서 재인용. 평가단 보고서는 cf. Ross and Rosenberg(1989), "The Final Report of the Joint Chiefs of Staff Evaluation Board for Operation Crossroads," 30.vi.47.

109 "경험, ~ 없다.": LeMay(1965), 400쪽.

110 "군사적 ~ 중요합니다.": Commanding General of the MED to JCS, 7.viii.46. Graybar(1986), 904쪽에서 재인용.

☢ 14장 F-1 ☢

1 7월에 제작이 시작된 F-1: Golovin(1968), 54쪽에 따르면 4개의 지수 함수로(exponential pile) 가운데 첫 번째가 그 연구소에 8월 1일 완공되었다.

2 "새로 지은 ~ 빛났다.": ibid, 46쪽.

3 "통상 ~ 별명을 붙여요.": Zukerman and Azarkh, unpub. MS, 117쪽.

4 쿠르차토프에 관한 세부 사실: Raisa Kuznetsova, Kurchatov Museum, personal

communication, vi.92.

5 "하지만 ~ 힘들었다.": Golovin(1968), 46쪽.

6 "기술적 ~ 없었다.": Alexandrov(1988).

7 "우리는 ~ 설비해야 할 것이다.": Knyazkaya(1986).

8 "우리한테 ~ 개발했다.": Alexandrov(1988).

9 "해결책은 ~ 얻을 수 있었다.": Nikolai Ivanov interview, vi.92.

10 니콜라우스 릴과 우라늄 공정: Nikolai Ivanov interview, vi.92.

11 xi.46: "비터펠트는 1946년 11월 순도가 더 높은(미국의 순도 기준과 동등한) 칼슘을 생산할 수 있는 새 명세를 받았다." CIA(1951), Sec. 73, 16쪽.

12 "그 당시의 ~ 알 수 있다.": CIA(1951), Sec. 73, 16쪽.

13 "소련은 ~ 걸렸을 것이다.": Frish(1992), ch. 12.

14 "계획된 과제를 ~ 개가": ibid.

15 305 시험로: A. White to Dr. C. E. Till, Argonne National Laboratory memorandum "Re: the 305 reactor," 14.iv.94. (Courtesy Charles Till.)

16 F-1/305 비교표: Kramish(1959), 112쪽에서 가져옴.

17 "1개의 ~ 있는 것이다.": Arnold Kramish, personal communication, 23.v.94.

18 305의 특성: A. White to Dr. C. E. Till, Argonne National Laboratory memorandum "Re: the 305 reactor," 14.iv.94. (Courtesy Charles Till.)

19 "소련 ~ 입수한 것은 아닐까?": Kramish(1959), 113쪽.

20 F-1의 제원 동일성에 관한 앨빈 와인버그의 견해: personal communication, 2.xi.93.

21 "소가 ~ 않겠다.": Charles Till, personal communication, 25.iv.94.

22 금속 공학 연구소의 다른 과학자 몇 명: cf. e.g. Pilat(1952), 132쪽.

23 "소련인들이 ~ 짐작할 수 있다.": Kramish(1959), 113쪽.

24 "제안된 ~ 이유가 있었다.": ibid, 119쪽에서 재인용.

25 "우리는 ~ 없었어요.": Pervukhin(1985).

26 "쿠르차토프 ~ 측정해야 했다.": Golovin(1968), 47쪽. F-1 제작의 세부 과정은 cf. also Knyazkaya(1986)과 Panasyuk(1967).

27 "첫 번째 흑연으로 ~ 제곱센티미터였다.": Panasyuk(1967).

28 "쿠르차토프는 ~ 기다리라는 것이었다.": ibid.

29 "쿠르차토프한테는 ~ 못했다.": Yatzkov(1992).

30 "쿠르차토프는 ~ 오도록 해요.": Sagdeev(1993), 33쪽.

31 "이런 종류의 ~ 있었던 것이다!": Panasyuk(1967).

32 "불순도 ~ 듯했다.": ibid.

33 "측정과 ~ 제곱센티미터였다.": ibid.

34 "쿠르차토프는 ~ 사용했다.": Golovin(1968), 54쪽.

35 "사람들은 ~ 진행되었다.": Knyazkaya(1986).

36 독일 항공기에서 떼어낸 전자 장치: ibid.

37 "모두가 ~ 떨어졌다.": Golovin(1968), 54쪽.

38 "우린 ~ 개편해야만 했다.": Panasyuk(1967).

39 "성공이 ~ 안도했다.": Golovin(1968), 54쪽.

40 11월 10일: Nikolai Ivanov interview, vi.92. Golovin(1968), 54쪽은 "12월"이라고 적고 있다.

41 가용한 금속 우라늄을 전부 써버린 F-1: Nikolai Ivanov interview, vi.92.

42 90킬로그램, 218킬로그램: Panasyuk(1967).

43 조개탄 비슷한 것: Kramish(1959), 119ff; 격자 외곽: Golovin(1968), 54쪽.

44 무기 대여법 하에 제공된 흑연: Nikolai Ivanov interview, vi.92.

45 "원자로의 ~ 알 수 있었다.": Panasyuk(1967).

46 "연쇄 반응이 ~ 쌓았다.": Golovin(1968), 55. 원자로 가동은 cf. also Panasyuk(1967)과 Knyazkaya(1986).

47 임계 상태 층: Holloway(1994), 181쪽은 쿠르차토프와 파나슈크가 1947년에 공동으로 작성한 한 보고서를 인용하며 55층이라고 한다.

48 "쿠르차토프는 ~ 알렸다.": Panasyuk(1967).

49 "방사능 ~ 울려 퍼졌다.": Knyazkaya(1986).

50 "모두 ~ 유지되었다.": Panasyuk(1967).

51 "이고리 바실리예비치는 ~ 작동시키고는 했다.": Zukerman and Azarkh, unpub. MS, 97쪽에서 재인용.

52 "쿠르차토프가 ~ 시작해야 했다.": Panasyuk(1967).

53 "30분이 ~ 투하했다.": ibid.

54 "해 낸 것 같군.": Knyazkaya(1986)의 Dubovsky에 따르면.

55 "원자로를 ~ 못했다.": Panasyuk(1967).

56 12초: ibid.

57 베리야의 방문: Golovin and Smirnov(1989).

58 "소련의 ~ 핵무기": Yatzkov(1992).

59 "L. R. 크바스니코프가 ~ 화를 냈다.": ibid.

60 "캐나다 사건 ~ 판단했": Fuchs FBI FOIA files, 65-58805-1412, 38쪽.

61 "대량 생산용 ~ 동의했습니다.": Pervukhin(1985).

62 "시작은 ~ 때문이죠.": ibid.

63 "모두는 ~ 알고 있었다.": Golovin and Smirnov(1989).

64 비상시 폴로늄 생산: Hansen(1994f), 109쪽.

65 "13주 동안만 ~ 것으로 말이다.": Darol Froman to M. Kolodney, "Fabrication of 49 cores," 15.vi.46, LANL Archives.

66 "미국의 ~ 유익할 거": Visgin(1992), Doc. #14, 31.xii.46.

67 "핵폭탄의 ~ 겁니다.": Norris Bradbury to L. R. Groves, 29.viii.46. A-84-019, LANL Archives.

68 "우라늄 대포는 ~ 15킬로톤?": Jacob Wechsler interview, 3.vi.94.

69 기폭제 생산: cf. Norris Bradbury to L. R. Groves, 29.viii.46. A-84-019, LANL Archives.

70 "새로 채용한 ~ 있었다.": Schreiber(1991), 5쪽.

71 "폭탄을 ~ 돌입한 이유이다.": ibid.

72 장교 훈련; "크고 튼튼한 ~ 사용했다.": ibid, 6쪽.

73 "그런 무기를 ~ 이유입니다.": extract from N. E. Bradbury to AEC, 14.xi.46, in A 9 to supplement to Manhattan District History, Book VIII, Los Alamos Project, vol. 2, Technical. Chuck Hansen Collection.

74 "그리 유망하지 않은": JCAE(1953), 15쪽에서 재인용.

75 "유명한 ~ 나갔습니다.": Edward Condon interview with Charles Weiner, 24쪽, American Istitute of Physics.

76 맥마흔, 원자 폭탄, 예수: John Manley에 따르면; Manley(1985), II, 2쪽.

77 "자유 기업 경제의 한가운데 떠 있는 사회주의의 섬.": Hewlett and Anderson(1962), 4쪽에서 재인용.

78 "좋은 친구죠. ~ 생각합니다.": Lilienthal(1964), 562쪽에서 재인용.

79 "빨갱이, ~ 않는다.": Gaddis(1987), 33쪽에서 재인용.

80 "러시아 ~ 기대하면서요.": ibid에서 재인용.

81 클리퍼드-엘지 보고서: Krock(1968), 417쪽.

82 "행정부 ~ 밝혔습니다.": ibid, 419쪽.

83 "미국의 ~ 대규모로": ibid, 468쪽.

84 "주된 억지 수단 ~ 명심해야 합니다.": ibid, 477~478쪽.

85 "어젯밤에 ~ 말 거야.": Clifford(1991), 123쪽에서 재인용.

86 "다른 모든 ~ 없는 거지.": Curtis LeMay to Sol Rosenblatt, 21.xi.47. Box A4, LeMay Papers, LC.

87 "간단한 ~ 보입니다.": Borowski(1982), 94~95쪽, 107쪽에서 재인용.

88 실버플레이트 B-29: Wainstein et al.(1975), 71쪽.

89 "국무 장관이었을 ~ 과제입니다.": Shlaim(1983), 94쪽에서 재인용.

90 "원자 폭탄이 ~ 보여 주자.": Clifford(1991), 62쪽에서 재인용.

91 "원자 폭탄과 ~ 생각했다.": ibid.

92 "대통령은 ~ 말이다.": Ferrell(1991), 161쪽.

93 "그로브스가 ~ 같아요.": Norberg(1980a), 57쪽.

94 "충격이 ~ 없더라고요.": Evans(1953), 292~293쪽에서 재인용.

95 "매시 정각마다 ~ 알고 있었어요.": Norberg(1980a), 57쪽.

96 "육각형 ~ 거였죠.": Herken(1980), 196쪽n에서 재인용.

97 "우리는 ~ 보탰다.": Lilienthal(1964), 165쪽.
98 "대통령을 ~ 터졌다.": Lilienthal(1980), 1쪽.
99 "그 소식은 ~ 그 때문이었다.": ibid, 2쪽.
100 "대통령이 ~ 깨달았다.": Lilienthal(1964), 165쪽.
101 "캡슐, ~ 실상입니다.": Jacob Wechsler interview, 3.vi.94.

☢ 15장 모두스 비벤디 ☢

1 "우리의 ~ 이상이다.": Altshuler et al.(1991), 41쪽.
2 "'하얀 군도' 가운데 하나": ibid, 40쪽.
3 "재소자들이 ~ 현실이었다.": ibid, 41쪽.
4 "이런 ~ 보냅니다.": Victor Adamsky interview, vi.92.
5 "개인적인 ~ 죽었다.": Altshuler et al.(1991), 46쪽.
6 알트슐러의 전기 정보: Lev Altshuler interview, vi.92.
7 "대단한 ~ 말았으니까요.": Zukerman and Azarkh, unpub. MS, 36쪽.
8 "폭약쟁이 레프카": ibid, 88쪽.
9 "보이는 ~ 입주했다.": ibid, 53쪽.
10 사로프 세부 사실 설명: ibid, 52쪽.
11 "지금 아는 ~ 놓을 수 있어요.": ibid, 54쪽에서 재인용.
12 "사로프에 ~ 근심이었죠.": Lev Altshuler interview, vi.92.
13 "괜찮은 ~ 보이기도 했다.": Zukerman and Azarkh, unpub. MS. 71쪽.
14 "우리의 ~ 시절": Altshuler et al.(1991), 586쪽에서 재인용.
15 "우울했다.": Lev Altshuler interview, vi.92.
16 "'수염'은 ~ 끊이지 않네.": Zukerman and Azarkh, unpub. MS. 71쪽에서 재인용.
17 "황량함과 ~ 무거웠다.": Djilas(1962), 141쪽.
18 "머리칼이 ~ 색깔": Zukerman and Azarkh, unpub. MS. 93쪽.
19 "소련 ~ 다반사였다.": ibid, 59쪽.
20 진공 청소기: ibid, 61쪽.
21 피마자유: ibid, 70쪽.
22 이발소 거울: ibid, 61쪽.
23 "1947년 ~ 도달했다.": ibid, 57쪽.
24 26.xii.46 골드/야츠코프 접선: cf. JCAE(1951), 159쪽; Yakovlev FBI FOIA files, 100-346193-64; Gold(1965b).
25 "미지의 ~ 전했다.": Yakovlev FBI FOIA files, 100-346193-64, 3쪽.
26 "하지만 ~ 어니언 스킨지": JCAE(1951), 160쪽.
27 파리 지하철, 골드의 영국행: Yakovlev FBI FOIA files, 100-346193-64, 3쪽.

28 골드가 프랑스 화학자들에게 편지를 보내자는 안: ibid.

29 "야츠코프에게 ~ 떴습니다.": JCAE(1951), 160쪽.

30 아메리카 호, 셰르부르: Yakovlev FBI FOIA files, 100-346193-18, 1쪽.

31 29.v.47: Gold FBI FOIA files, 65-57449-180, 6쪽; 6~9쪽에 1947년 에피소드가 나온다.

32 "브로스먼은 ~ 이야기해야 해.": ibid, 65-57449-591, 70쪽; 69쪽에 1947년 에피소드가 나온다. (골드가 11.vii.50에 자백한 버전).

33 "그렇게 ~ 완전히": ibid, 71쪽.

34 "골드, ~ 걱정했지요.": ibid, 75~76쪽.

35 골드의 자택 방문: Fuchs FBI FOIA files, 65-58805-1239, 4쪽.

36 "다 ~ 내고 있다.": Gold FBI FOIA files, 65-57449-591, 79~80쪽.

37 "에이브는 ~ 성공한 것 같아요.": ibid, 81~82쪽.

38 "가족에 대한 열망이 억압당했다.": Gold(1951), 72쪽.

39 "곰곰이 ~ 끼쳤다.": ibid, 48쪽.

40 당시에 ~ 차였다.: Cecil(1989), 70쪽.

41 "서로의 ~ 없었다.": Gowing(1964), 439쪽에서 재인용.

42 "일본이 ~ 협력": Acheson(1969), 165쪽에서 재인용.

43 "전폭적이고 실질적인 협력": ibid.

44 3.iv.47 AEC 보고서: "Report to the President of the United States from the Atomic Energy Commission, January 1~April 1, 1947," HSTL. 핸퍼드에 사용할 우라늄이 충분치 않다: Hewlett and Duncan(1969), 274쪽.

45 "러시아는 ~ 해결책이었던 것이다.": Werth(1971), 332쪽.

46 "무장한 ~ 지지하": Clifford(1991), 130쪽에서 재인용.

47 "외무상 회의가 ~ 말했다.": Bohlen(1973), 262~263쪽.

48 "시급한 조치가 필요하다.": Hewlett and Duncan(1969), 274쪽에서 재인용.

49 "(퀘벡 협정을) ~ 믿을 수가 없었다.": Acheson(1969), 167쪽.

50 "(콩고에서) ~ 분명했다.": Lilienthal(1964), 175~176쪽.

51 "그 발언은 ~ 받았다.": ibid, 182쪽.

52 "애치슨이 ~ 용솟음쳤던 거죠.": Johnson(1989), 27~28쪽.

53 "미국에서 ~ 봉사하는 것": Vandenberg(1952), 354쪽.

54 "미국은 ~ 지원해야 합니다.": Address of Secretary of State George C. Marshall at Harvard University, June 5, 1947, Pogue(1987), 525~528쪽.

55 "비밀 ~ 안 하던 결요.": Lilienthal(1964), 215~216쪽.

56 "(영국과의) ~ 없습니다.": Hewlett and Duncan(1969), 275쪽에서 재인용.

57 "놈들에 ~ 밝혀 두지요.": Newton(1984), 56쪽에서 재인용.

58 "원자재와 ~ 부합했다.": Lilienthal(1964), 236쪽.

59 "처음부터 ~ 있었다.": Lilienthal(1964), 248쪽.

60 합동 참모 본부에 대한 히켄루퍼의 문의 조회: JCS 1745/7, 34쪽, in Ross and Rosenberg(1989), n.; "나가사키 형 ~ 가능성은 없다.": JCS 1745/7, Enclosure "C"; JCS 1745/15, 27.vii.48, 52~53쪽, referring to JCS 1745/5: ibid.

61 "전시 비밀 ~ 모임": Cecil(1989), 81쪽. 회의는 14~17.xi.47에 열렸다.

62 "몇몇 ~ 것이다.": Fuchs FBI FOIA files, 65-58805-1321, 1쪽.

63 "경악스럽고 ~ 말했다.": Vandenberg(1952), 361쪽.

64 "연합 전선을 ~ 안 된다.": Lilienthal(1964), 259쪽.

65 "젊은이를 ~ 돌려보냈다.": ibid, 258쪽.

66 "마셜 플랜이 ~ 가져야 한다.": ibid, 260쪽.

67 "나오는 데 ~ 않았다.": ibid, 260쪽. 제안된 내용: cf. Hewlett and Duncan(1969), 279쪽.

68 "(그 제안이) ~ 합니다.": Lilienthal(1964), 265~266쪽.

69 "밴던버그와 ~ 확고하다.": Newton(1984), 64쪽에서 재인용.

70 "활용 가능한 ~ 고려 사항이다.": JCS 1745/7, 17.xii.47, Decision on JCS 1745/7, a memorandum by the Director, Joint Staff, on production of fissionable material, n., in Ross and Rosenberg(1989), n.

71 "모두스 비벤디는 ~ 싫었어요.'": Johnson(1989), 36쪽.

72 "전혀 인상적이지 ~ 없었다.": Lilienthal(1964), 282쪽.

73 "'이건 ~ 같군요.'": Johnson(1989), 36. 아네슨은 이 말을 "어떤 영국 친구"가 했다고 했다. 걸리언은 Newton(1984), 180쪽에서 그게 맥클린이라고 확인해 준다.

74 "숨겨야만 했다.": Cecil(1989), 82쪽.

75 "영국은 ~ 느꼈다.": Acheson(1969), 168쪽.

76 "통합 정책 위원회가 ~ 적었다.": USAEC to J. Edgar Hoover, 10.vii.51, 2쪽, at Philby, Maclean, Burgess FBI FOIA files, Set I, Referrals.

☢ 16장 아슬아슬 ☢

1 "어느 정도는 맞는 말일 것이다.": Ulam(1991), 44쪽.

2 "엄청나게 ~ 밀려왔다.": ibid, 146쪽.

3 "문제를 ~ 이해했다.": ibid, 149쪽.

4 "처음 ~ 사실이기는 하다.": ibid, 151쪽.

5 "기꺼이 ~ 변했다는 것이다.": ibid.

6 "나는 ~ 말하고는 했다.": ibid, 174쪽.

7 "굉장한 ~ 통증이었다.": ibid.

8 "의사는 ~ 투약했다.": ibid, 176쪽.

9 "어느 날 ~ 모릅니다.'": ibid, 177쪽.

10 "내가 ~ 걱정했다.": ibid.

11 "전과 다름없다.": ibid, 179쪽에서 재인용.

12 "그러자 ~ 떠올랐다.": ibid, 197쪽.

13 "(분열) ~ 것이다.": ibid.

14 "통계적 ~ 어울렸다.": Taub(1963), V, 751쪽.

15 에너지를 옮겨주는 중성자: "Excerpts from Supplement to Manhattan District History, Book VIII, Los Alamos Project(Y) Vol. 2, Technical," 15.x.47, section 5.5. Chuck Hansen collection.

16 내파는 슈퍼의 분열 요소로는 기하학적 구조가 적합하지 않아 보였다: "통상적 설계의 분열 폭탄은 폭발을 시켜도 열핵 반응을 점화할 수 없다. 첫 번째 이유는 이런 폭탄들에 사용되는 활성 물질의 질량이 작기 때문이고, 두 번째 이유는 기하학적 구조가 알맞지 않기 때문이다. 새로운 결합법을 구상하고, 시험해 봐야 한다. ……" USAEC(1954a), 16쪽.

17 "복사선은 ~ 고폭약 말이다.": Hans Bethe interview, v.93.

18 "일매형 ~ 문제였고요.": Norberg(1980d), 80쪽.

19 "워싱턴에 ~ 슈퍼였죠.": Norberg(1980c), 30쪽.

20 "가능성이 ~ 거의 없다.": JCAE(1953), 15~16쪽.

21 "전에는 고려하지 않은 불리한 효과들"; 삼중 수소의 양을 두 배로 늘림: Mark(1954, 1974), 8쪽.

22 자명종 체계의 실현 가능성에 대한 텔러의 검토: JCAE(1953), 15~16쪽.

23 "정말이지 가망 없다.": Bethe(1982a), 47쪽.

24 "그다지 ~ 활용할 수 있다.": JCAE(1953), 16쪽.

25 중수소화리튬의 물리학: cf. York(1976), 28쪽, n. 11.

26 리튬의 단점: Hansen(1994a), 7쪽.

27 중수소화리튬 6 수백 킬로그램 생산: JCAE(1953), 16쪽; Hansen(1994a), 50쪽.

28 "(자명종)이 ~ 겁니다.": Mark(1954, 1974), 9쪽에서 재인용.

29 "실현 ~ 못한 것이다.": ibid, 10쪽.

30 리히트미어의 계산과 열핵 폭탄: cf. ibid, 9쪽.

31 "키가 ~ 똑똑했다.": Ulam(1991), 192쪽.

32 "리히트미어는 ~ 개발했다.": Edward Teller interview, vi.93.

33 "분열 폭발의 과정을 자세히 기계 계산": Mark(1954, 1974), 5쪽.

34 재고량: "Outline for stockpile reports to be received by MLC ... as of 31 December 1947," Defense Nuclear Agency. Chuck Hansen collection.

35 1947년 말의 폭탄 조립 및 운반 상황: Wainstein(1975), 72쪽.

36 "우리 ~ 자연스러웠습니다.": USAEC(1954b), 67쪽.

37 "우리는 ~ 없었습니다.": ibid.

38 "우울했고, ~ 많이요.": ibid, 69쪽.

39 "지식인들의 호텔": Regis(1987), 5쪽에서 재인용.

40 "고등 연구소가 ~ 유익할까?"; 자동차 라디오로 듣게 된 뉴스: ibid, 138~139쪽.
41 "신임 소장은 ~ 먹게 한다.": *Life*, 29.xii.47, 58쪽.
42 "공간의 ~ 생각들": ibid, 59쪽.
43 "그가 ~ 거부했다.": FBI FOIA files, "Julius Robert Oppenheimer," 18.iv.52., 25~26쪽.
44 "말쑥하고, ~ 운명이었다.": Alsop and Lapp(1954), 35쪽.
45 "참으로 훌륭했다. ~ 안 됩니다.": Lewis Strauss to Edward Teller, 6.vi.61, Strauss Papers, HHL.
46 "(스트로스는) ~ 셌죠.": Bromberg(1978), 6쪽.
47 "유대인 ~ 회장이 될지": Bernstein(1975), 84쪽에서 재인용. 스트로스가 종교상으로 오펜하이머를 의심했다는 내용은 cf. Pfau(1984), 98~99쪽.
48 "스트로스가 ~ 않았다.": Emilio Segre interview, vi.83.
49 "지금 ~ 행위": AEC minutes of meeting No. 95, 19.viii.47. Microfilm.
50 "위원회에서 ~ 사임할 뻔했다.": L. R. Groves, "Memorandum for personal file," 30.i.48, National Archives.
51 "결속을 ~ 규모이다.": Lilienthal(1964), 238~240쪽.
52 "핵무기를 ~ 나서야 합니다.": Strauss(1962), 201~202쪽에서 재인용.
53 윌리엄 골든, AEC, 미국 공군, 원거리 탐지 위원회: Strauss(1962), 201ff; Ziegler(1988).
54 "여전히 ~ 같았다.": LeMay(1965), 401쪽.
55 "대충 봐도 ~ 몰두했다.": ibid, 411쪽.
56 "우리 군대를 ~ 있었다.": ibid.
57 "나는 ~ 마찬가지였다.": ibid, 412쪽.
58 "우리는 ~ 셈이다.": ibid, 412~413쪽.
59 "우리는 ~ 가정할 수 있습니다.": Millis(1951), 350~351쪽.
60 "(소련이) ~ 확신한다.": Kofsky(1993), 82쪽에서 재인용.
61 "스탈린은 ~ 이유이다.": Millis(1951), 327쪽에서 재인용.
62 "허리는 ~ 있었다.": Djilas(1962), 147쪽.
63 "스탈린은 ~ 삼아야 한다.": ibid, 153쪽.
64 번스, 포레스탈, 트루먼에 대한 비난: Werth(1971), 332쪽.
65 "미국의 ~ 않는다.": ibid, 335~336쪽에서 재인용.
66 "내부자 감시 캠페인": ibid, 332쪽에서 재인용.
67 "우리나라의 ~ 요구한다.": ibid, 336쪽에서 재인용.
68 "이내 ~ 확산되었다.": ibid, 332쪽.
69 "(내무부가 저지른) ~ 조치였던 것이다.": Rosenberg(1988), 181쪽.
70 보리스 쿠르차토프, 클로핀과 플루토늄 추출: Golovin(1968), 57쪽.
71 "거기에는 ~ 견뎠다.": ibid, 59쪽.
72 허버트 후버와 키시팀: CIA(1951), 73-19쪽n.

73 "가시 철조망이 ~ 없었다.": 요청에 따라 이름은 뺌, unpub. MS.
74 "흑연 ~ 심각했다.": CIA(1951), 73-18쪽.
75 5,500톤의 흑연; "냉전이 ~ 중단되었다.": ibid, 73-17쪽.
76 "폭약으로 ~ 내다 버렸죠.": 요청에 따라 이름은 뺌, interview, vi.92.
77 1948년 3월: Holloway(1994), 186쪽.
78 "여러분과 ~ 아닙니까!": ibid에서 재인용.
79 "원자로 ~ 불렀죠.": Pervukhin(1985).
80 "초기 단계에서는 ~ 이용할 수 있었다.": Zukerman and Azarkh, unpub. MS, 63~64쪽.
81 "별안간 ~ 피했으니까요.'": ibid, 65쪽.
82 "해리 트루먼 칸에": ibid, 71쪽.
83 "초간단 설계의 ~ 20번까지도 할": Lev Altshuler, personal communication, 27.iv.93.
84 "장약이 ~ 것이었다.": Zukerman and Azarkh, unpub. MS, 66쪽.
85 "공식적이든 ~ 구성하자.": Wiebes and Zeeman(1983), 352쪽에서 재인용.
86 "아마도 ~ 논외입니다.": Zubok and Pleshakov(1994), 67쪽에서 재인용.
87 "공산주의의 ~ 되었습니다.": Shlaim(1983), 94쪽에서 재인용.
88 "당신네 ~ 않은 거야.": Werth(1971), 268쪽에서 재인용.
89 "소련이 ~ 사료됨.": Kofsky(1993), 86쪽에서 재인용.
90 미국 항공 산업이 처한 곤경: cf. Kofsky(1993).
91 전쟁 공포: cf. ibid.
92 "마셜이 ~ 동의했다.": ibid, 88쪽에서 재인용.
93 루시어스 클레이의 예견: Shlaim(1983), 31쪽.
94 "지난 ~ 것이다.": Kofsky(1993), 104쪽에서 재인용.
95 "국내에서만큼 ~ 지낸다.": ibid, 106쪽에서 재인용.
96 "징병제를 ~ 보내야 한다.": ibid에서 재인용.
97 "베빈은 ~ 먹었다.": Cecil(1989), 85쪽.
98 "아슬아슬한 짓을 했다.": Wiebes and Zeeman(1983), 363쪽에서 재인용.
99 "어쩌면 ~ 거라고.": ibid, 361쪽에서 재인용.
100 "베를린 ~ 막고자 했다.": Goncharov et al.(1993), 58쪽.
101 "당시에 ~ 깨달았다.": Cecil(1989), 86쪽.
102 "클레이가 ~ 착수했습니다.": Nichols(1987), 260~261쪽.
103 샌드스톤 장치와 출력: Announced U.S. nuclear detonations & tests, 1945~1962, Hansen(1994h), 1쪽.
104 소련 군함: Lilienthal(1964), 296;
105 잠수함: ibid, 301쪽.
106 "샌드스톤 ~ 향상되었나.": Hansen(1994f), 74~75쪽.
107 "원자 폭탄이 ~ 가능하다.": Memorial Committee(1994), 178쪽.

108 “소련이 ~ 것이다.”: LeMay(1965), 415쪽.

109 “소련 ~ 마비”: Rosenberg(1983), 108쪽에서 재인용.

110 트루먼과 리히: ibid, 109; “공격적 목표”: ibid에서 재인용.

111 “미국은 ~ 열려 있다.”: Kofsky(1993), 218쪽에서 재인용.

112 “기록으로 남기기 위한 성명”: ibid, 219쪽에서 재인용.

113 “제안에 ~ 나아갈 것이다.”: ibid에서 재인용.

114 “미국-러시아 ~ 못했다.”: ibid, 220쪽에서 재인용.

115 소련의 대응은 선전술: cf. Millis(1951), 442~444쪽.

116 5월 24일 국무부 회의: Shlaim(1983), 149쪽.

117 “소련이 ~ 것이다.”: ibid, 96쪽에서 재인용.

118 “옛날 돈이 ~ 사용되었다.”: Department of State Office of Public Affairs Information Memorandum No. 28, 7.i.49, 4쪽. Elsey Papers, HSTL.

119 “소콜롭스키가 ~ 이유이다.”: Clay(1950), 364쪽.

120 “소련 ~ 투입되었다.”: ibid, 366쪽.

☢ 17장 본안 착수 ☢

1 USAFE와 RAF의 화물 수송 능력: Tunner(1964), 158쪽.

2 “나는 ~ 때문이다.”: Schlaim(1983), 206쪽에서 재인용.

3 “즉시 ~ 받았다.”: LeMay Daily Diary, 27.vi.48, Box 47, LeMay Papers, LC.

4 “대통령께서는 ~ 말씀하셨다.”: Millis(1951), 454쪽.

5 “석탄을 ~ 투하해야 한다.”: LeMay Daily Diary, 29.vi.48, Box 47, LeMay Papers, LC.

6 “당시에 ~ 생각했다.”: Tunner(1964), 159쪽.

7 “러시아는 ~ 의심스럽다.”: Shlaim(1983), 211쪽, n. 38에서 재인용.

8 “우리 회사를 ~ 없었다.”: LeMay(1965), 416쪽.

9 “베를린은 ~ 없었다.”: Bedell Smith(1950), 238쪽.

10 “러시아의 ~ 확고하다.”: Truman(1956), 123쪽.

11 “우리의 ~ 맞이할 거”: ibid, 124쪽.

12 C-54 160대: Clay(1950), 368쪽.

13 “비상 사태가 ~ 말 거”: Truman(1956), 125쪽. 트루먼이 두 차례 회의를 섞어서 혼동한 것인지도 모른다. 밴던버그의 이의 제기는 클레이가 두 번째 방문한 10월에 있었을 수 있다.: cf. Clay(1950), 384쪽. 클레이는 리처드 맥킨지에게 “두 번째 방문했을 때” 다툼이 있었다고 말했다. McKinzie(1974), 40쪽.

14 “트루먼은 ~ 같아요.”: McKinzie(1974), 40쪽.

15 이스트앵글리아로 향한 B-29 60대: Shlaim(1983), 237쪽.

16 “외교와 ~ 규제되었다.”: 1957년의 한 책에서 월터 밀리스(Walter Millis)가 한 말, ibid, 238

쪽에서 재인용.

17 그 무렵 북아메리카를 떠난 적이 없었다.: Borowski(1982), 128쪽; 135쪽, n. 51.

18 "(무기) ~ 것이다.": K. D. Nichols, "Organization for military application of atomic energy," 9.ix.48, 14, RG 77, National Archives.

19 "원자 폭탄 ~ 것이다.": Millis(1951), 458쪽.

20 "내가 ~ 착수했다.": Lilienthal(1964), 388~389쪽.

21 "우리 ~ 않습니다.": ibid, 390~391쪽에서 재인용.

22 "나는 ~ 아닙니다.": ibid, 391쪽에서 재인용.

23 포레스탈과 해프문: Rosenberg(1983), 110에 포레스탈의 수기 일기 항목과 합동 참모 본부 문서가 나온다.

24 "대통령께서는 ~ 거였다.": Millis(1950), 487쪽.

25 "전쟁이 ~ 동의했다.": ibid, 488쪽.

26 "포레스탈, ~ 엉망이다.": Shlaim(1983), 338쪽에서 재인용.

27 "지금 ~ 몹시.": Lilienthal(1964), 406쪽.

28 "내 생각에 ~ 내다보았다.": Holloway(1994), 260쪽에서 재인용.

29 웨드마이어의 공수 작전 평가: Tunner(1964), 161쪽.

30 "카우보이 작전": ibid, 167쪽.

31 "조종사들이 ~ 착륙해야 했다.": ibid, 160~168쪽.

32 "청명한 ~ 안 된다.": ibid, 172쪽.

33 "내가 ~ 운항했다.": ibid.

34 리히의 보좌관이 작성한 28.ix.48 보고서: "Memorandum for the President from Colonel Robert B. Landry," Box 46, LeMay Papers, LC.

35 "스탈린도 ~ 본 것이다.": Bedell Smith(1950), 253쪽.

36 "러시아 인들은 ~ 못했다.": Tunner(1964), 184~185쪽.

37 제임스 힐의 증언: James Arthur Hill interview, xi.91.

38 "영혼이 ~ 이상!": Jackson(1988), 128쪽에서 재인용.

39 "우리 모두는 ~ 받았고요.": Pervukhin(1985).

40 A 생산로 시운전: cf. Holloway(1994), 186쪽.

41 "우리 ~ 생산했습니다.": Nazis and the Russian Bomb, NOVA #2004(1988), Journal Graphics transcript, 5쪽.

42 "(쿠르차토프는 ~ 납득시킨 것이다.": Golovin(1989), 203쪽.

43 연말까지 지연된 원자로 가동: Igor Golovin, Woodrow Wilson Center talk, 7.x.92; Gregg Herken, personal communication.

44 "당시에는 ~ 짓이었다.": Khariton and Smirnov(1993), 22쪽.

45 "필요한 ~ 불분명하다.": Yuri Smirnov, personal communication, 22.ix.93.

46 젤도비치 연구진과 텔러의 설계안: Sakharov(1990), 94. 텔러의 슈퍼는 슈퍼 학회에서 논

의된 설계안이었다.

47 "1948년 ~ 나왔다는 것을.)": ibid.

48 "탐이 ~ 엄청났다.": Sakharov(1990), 95~96쪽.

49 "며칠이 ~ 뒤치다꺼리로군!'": ibid, 94쪽.

50 "보초들이 ~ 요구했다.": Altshuler et al.(1991), 483쪽.

51 "처음 ~ 놓은 것이다.": Drell and Kapitza(1991), 127쪽.

52 "27세의 ~ 헌신했다.": ibid.

53 "그가 ~ 내리 잤어.": Altshuler et al.(1991), 483쪽.

54 "여름에는 ~ 달랐다.": Sakharov(1990), 96쪽.

55 "매우 **중요하다**. ~ 사로잡혀 있었다.": ibid, 97쪽.

56 "나는 ~ 바뀌었다.": ibid, 102쪽.

57 첫 번째 발상=자명종: Carson Mark: "소련 최초의 열핵 폭탄은 자명종과 똑같았습니다. 로마노프도 그렇게 말했죠. 『사하로프를 회고함(*Sakharov Remembered*)』에 실린 한 논설도 그걸 레이어 케이크라고 부르고, 텔러의 자명종과 패턴이 비슷하다고 했어요. 맞는 말입니다." J. Carson Mark interview, 3.vi.94.

58 "경원소들과 ~ 이룬다.": Drell and Kapitza(1991), 127쪽.

59 "그 이야기는 ~ 불렸다.": Lev Altshuler, personal communication, 16.ix.92.

60 "앞으로의 ~ 공통 분모": ibid.

61 "사하로프가 ~ 없었습니다.": J. Carson Mark interview, 3.vi.94.

62 "탐은 ~ 때문이다.": Sakharov(1990), 102~103쪽.

63 "중수소화리튬을 ~ 조직했다.": Drell and Kapitza(1991), 127~128쪽.

64 "저는 ~ 두렵습니다.": Sakharov(1990), 104쪽.

65 "분위기가 ~ 것이다.": Altshuler et al.(1991), 551쪽.

66 "크렘린 ~ 없었다.": Sakharov(1990), 105쪽.

67 "이거야말로 ~ 시작했다.": Lamphere and Schachtman(1986), 85쪽.

68 "맥스 엘리처라는 ~ 요청했다.": ibid, 91쪽.

69 "뒷조사를 ~ 드러났다.": ibid, 92쪽.

70 "그는 ~ 똑같다.": ibid, 94쪽.

71 "전시 ~ 중개인(1944년)": ibid, 93쪽에서 재인용.

72 "세례명이 ~ 알았을 것이다.": ibid, 95~96쪽에서 재인용.

73 "우리는 ~ 부딪쳤다.": ibid, 96쪽.

74 "로젠버그는 ~ 나누었다.": FBI FOIA files, Rosenberg Case Summary, 55쪽.

75 "맨해튼에서 ~ 중단했다.": Lamphere and Schachtman(1986), 93쪽에서 재인용.

76 "딱 한 번 ~ 자신했다.": Schneir(1965), 123쪽에서 재인용.

77 "결국 ~ 것 같다.": Gold FBI FOIA files, 65-57449-591, 83쪽.

78 필라델피아 종합 병원에서 골드가 맡은 일자리: ibid, 65-57449-185, 31쪽, 41쪽.

79 "나는 ~ 할 수 있다.": Gold(1951), 86쪽.
80 "형이 ~ 있습니다.": Gold FBI FOIA files, 65-57449-185, 12쪽.
81 "처음부터 ~ 않았다.": Gold(1951), 86~87쪽.
82 "골드와 ~ 것이었다.": Gold FBI FOIA files, 65-57449-520, 12쪽.
83 AEC의 맥클린 송별 오찬: Cecil(1989), 84쪽.
84 509부대 훈련 프로그램: Borowski(1980), 109쪽.
85 "왼쪽 ~ 부족하다.": Browski(1982), 146쪽에서 재인용.
86 "밴던버그는 ~ 르메이지.": ibid, 149쪽.
87 "출근 첫 날 ~ 싶네.'": Kohn and Harahan(1988), 79쪽.
88 "훈련 ~ 짓이었다.": ibid.
89 "우리에게는 ~ 것이다.": LeMay(1965), 429~430쪽.
90 "르메이 ~ 고조되었다.": Kohn and Harahan(1988), 81~82쪽.
91 "모두 ~ 했다.": ibid, 79쪽.
92 "실제와 ~ 날았다.": ibid.
93 "날씨가 ~ 같았습니다.": LeMay(1965), 433쪽.
94 데이턴 폭격 성적: Borowski(1982), 167쪽.
95 "미국군의 ~ **단 1대도**.": LeMay(1965), 433쪽.
96 "대규모 ~ 씌워져 있었다.": ibid, 432쪽.
97 "아예 ~ 말이다.": Kohn and Harahan(1988), 84쪽.
98 "필요한 ~ 강화": NSC 20/4. Borowski(1982), 138쪽에서 재인용.
99 "아무런 ~ 떠올렸다.": Kohn and Harahan(1988), 84쪽.
100 "장막 ~ 알았습니다.": Shlaim(1983), 377쪽, n. 191에서 재인용.
101 맞대응 경제 봉쇄, 45퍼센트: ibid, 378쪽, n. 192.
102 "소련이 ~ 생각한다.": ibid, 138쪽에서 재인용.
103 "경찰대를 ~ 것이었다.": Kohn and Harahan(1988), 85쪽.
104 "원자 폭탄은 ~ 사용하겠지.": Lilienthal(1964), 474쪽에서 재인용.

☢ 18장 벅 로저스 우주 ☢

1 1946년 연설: Curtis LeMay, "Remarks at Cleveland, Ohio," 8.x.46, Box 44, LeMay Papers, LC.
2 91퍼센트: Curtis LeMay, untitled lecture headed "General Bull, Gentlemen:"; n.d.(28.iii.50으로 추정: cf. LeMay Daily Diary this date), 16쪽, Box 200, ibid.
3 "처음 한 번에 제대로 타격하면 다시 갈 일이 없다.": file biography, "Colonel Curtis E. LeMay as bombardment wing and division commanding officer," c. 1942, ibid. 전후 상황과의 연계: LeMay(1965), 436쪽.

4 "적을 ~ 굴복시킬 수 있다.": Rosenberg(1983), 85쪽에서 재인용.

5 "전반적으로 ~ 취해야 한다.": Final Report of the Joint Chiefs of Staff Evaluation Board for Operation Crossroads, Enclosure C, The Evaluation of the Atomic Bomb as a Military Weapon, 111쪽(JCS 1691/10), Ross and Rosenberg(1989).

6 "작전 ~ 것입니다.": LeMay Daily Diary, 4.xi.48, "Notes for discussion with General Vandenberg," LeMay Papers, LC.

7 "가능하다면 ~ 한다.": Rosenberg(1983), 116쪽에서 재인용.

8 가장 최근의 합동 참모 본부 전쟁 계획: JCS 1952/1, 21.xii.48(rev. 10.ii.49), Ross and Rosenberg(1989). 30일, 폭탄 133개: Rosenberg(1979), 70쪽. 사망자 270만 명, 부상자 400만 명: estimates from the Harmon Report. 이 보고서는 합동 참모 본부 전쟁 계획보다 피해 상황을 더 줄여 잡고 있다. Rosenberg(1983), 126쪽에서 가져옴.

9 공군 대학 회의: Rosenberg(1983), 118쪽.

10 "민족 말살.": ibid, 95쪽, n. 2에서 재인용.

11 로저 레이미와의 대화: LeMay Daily Diary, 16.xii.48, LeMay Papers, LC.

12 "전략 ~ 갖추어야 했다.": LeMay(1965), 436쪽.

13 "우리는 ~ 순서였다.": Kohn and Harahan(1988), 80~81쪽.

14 "그렇게 해도 ~ 못한다.": LeMay Daily Diary, 4.xi.48, "Notes for discussion with General Vandenberg," LeMay Papers, LC.

15 B-36의 작전 수행 능력: Knaack(1988), 24쪽.

16 "공학적으로 설계 제작된 최초의 원자 폭탄": JCS 1745/18, Appendix, 61, Ross and Rosenberg(1989).

17 "소련의 ~ 제거할 수 있다.": JCS 1951/1, 21.xii.48, Appendix, 12~16쪽, ibid.

18 "르메이 ~ 병참 계획 때문": LeMay Daily Diary, 28.iii.50, LeMay Papers, LC.

19 "텍사스 주 ~ 떨어뜨리게도 했다.": extracts from speeches and articles on B-36, Box 95, ibid.

20 럭키 레이디 2: Borowski(1982), 153쪽.

21 "적재실에서 ~ 몰랐다.": LeMay(1965), 436쪽.

22 "미국의 ~ 촬영했다.": Borowski(1982), 169쪽.

23 샌프란시스코 600회 폭격: LeMay(1965), 436쪽.

24 징집병의 회고: 본인 요청으로 이름을 밝히지 않음(name withheld by request), personal communication, vi.92.

25 B 시설에서 일어난 방사선 노출: ibid, Table I. 피폭량과 임상 징후의 관계: Glasstone and Dolan(1977), 580쪽, Table 12.108.

26 미국과 영국의 평생 피폭량 추정치: Marshall(1990), 474쪽.

27 "최초의 ~ 도외시했다.": Nikipelov et al.(1990).

28 "우리는 ~ 않은 거죠.": Steve Fetter, personal communication.

29 핵분열 폐기물이 테차 강과 북극해로 유입됨: Cochran and Norris(1990), 15쪽.

30 "(공장) 창문 ~ 것이었다.": International Commission Against Concentration Camp Practices(1959), 66쪽.

31 "9번 공장": Holloway(1994), 189쪽.

32 "그들은 ~ 자리를 떴다.": ibid, 203쪽에서 재인용.

33 "여기 ~ 떠올랐던 것이다.": Sakharov(1990), 108쪽.

34 "최종 시험 ~ 것을요.": Gubarev(1989)에서 재인용.

35 "전문가들이 ~ 대답했다.": Khariton and Smirnov(1993), 28쪽.

36 "창고에 ~ 없다면?": Zaloga(1993), 58쪽에서 재인용. 잘로가는 하리톤과 스탈린의 이 면담 내용 출처를 밝히지 않았다.

37 시험 지연과 두 번째 코어: 본인 요구에 따라 이름을 밝히지 않음, personal communication, Moscow, vi.92. 폭탄 코어가 6월에 완성되었고, 과학자들이 그때 스탈린에게 보고했다는 분명한 사실이 이 권위 있는 익명의 정보를 확증해 준다. 그들이 달리 왜 8월 말까지 시험을 기다렸겠는가? 쿠르차토프의 전기를 보더라도 많은 사람들이 간과하는 문단이 있는데, 골로빈은 거기서 두 번째 코어의 생산을 암시적으로 기술한다. 첫 번째 코어의 임계성 시험을 마친 후, "쿠르차토프는 (시험) 준비에 박차를 가하면서 …… 동시에 두 번째 폭탄을 준비했다." Golovin(1968), 63. 골로빈은 첫 시험을 할 때 젤도비치에게 이 사실을 확인해 준다. "맞아요, 플루토늄 폭약이 하나 더 있습니다." Golovin(1991), 20쪽.

38 사로프 연극단: Zukerman and Azarkh, unpub. MS, 73쪽.

39 "포레스탈은 ~ 성가셔.": Hoopes and Brinkley(1992), 437쪽에서 재인용.

40 "시온주의 ~ 도청": ibid, 440쪽에서 재인용.

41 "빌, ~ 일어날 걸세.": ibid에서 재인용.

42 "밥, 저들이 날 쫓고 있네.": ibid, 451쪽에서 재인용.

43 "전쟁 피로증 같은 것입니다.": Captain George N. Raines. Rogow(1963), 7쪽에서 재인용.

44 포레스탈의 자살: cf. ibid, 18쪽.

45 "(공산주의를) ~ 판단이다.": USAEC(1954b), 601쪽.

46 "사태가 ~ 있을 거야.": Lilienthal(1964), 525쪽에서 재인용.

47 "1949년 ~ 확신하게 되었다.": McLellan and Acheson(1980), 121~122쪽.

48 "로스앨러모스 ~ 것이다.": Mark and Fernbach(1969), 4쪽.

49 "대담하고, ~ 타당하다.": Teller(1946b), 10쪽.

50 "걷잡을 ~ 위험에 빠질": ibid.

51 "소련과의 ~ 나머지 하나이다.": Teller(1947b), 356쪽.

52 "에드워드 ~ 있겠어?": Ulam(1991), 164쪽에서 재인용.

53 "저자의 ~ 떨어진다.": Teller(1948a), 5쪽n.

54 "우리가 ~ 경주해야 한다.": Teller(1948b), 204쪽.

55 "폭탄 재료 ~ 수밖에 없다.": "The Russian Atomic Plan," Edward Teller to Norris

Bradbury, 3.ix.48, LANL Archives.

56 "브래드베리는 ~ 한 셈이다.": Ulam(1991), 192~193쪽.

57 텔러를 격려한 오펜하이머: USAEC(1954b), 77쪽.

58 "오펜하이머는 ~ 격려해 주었다.": ibid, 714쪽.

59 "복귀 ~ 모두 안보 때문이야.": Edward Teller to Norris Bradbury, 30.viii.48, LANL Archives.

60 "러시아는 ~ 혐오한다.": USAEC(1954b), 654쪽.

61 "죽은 사람들 ~ 날아가는": Borden(1946), x쪽.

62 "충격적이었다 ~ 판단했다.": Herken(1985), 6쪽에서 재인용.

63 "원자 폭탄이라는 ~ 다루는": Borden(1946), ix쪽.

64 "주권이 ~ 필연이다.": ibid, 23쪽.

65 "전쟁이 ~ 말이다.":ibid, 28쪽.

66 "우리는 ~ 국가뿐이다.": ibid, 41쪽.

67 "원자력 ~ 주장했다.": ibid, 111~112쪽.

68 "도시와 ~ 소용이 없다.": ibid, 218쪽.

69 "진주만을 기습 공격하는 방식": ibid, 225쪽.

70 "미국이 ~ 로켓탄": ibid, 219쪽.

71 "미국은 ~ 볼 수도 있다.": ibid, 223~224쪽.

72 윌리엄 보든의 초기 이력: USAEC(1954b), 832~833쪽; Herken(1985), 39쪽.

73 "선동적인 문서 ~ 말입니다.": Herken, 39쪽에서 재인용.

74 "관리 미숙과 부실 행정을 믿을 수가 없다.": Hewlett and Duncan(1969), 358쪽에서 재인용.

75 스트로스는 불만이라는 요지의 증언을 했다: "Statement of Lewis L. Strauss ... to the Joint Committee of the Congress," 9.vi.49, Box 70, Oppenheimer Papers, LC.

76 "그 동위 원소로 ~ 않습니다.": Goodchild(1980), 195쪽에서 재인용.

77 "사람의 ~ 읽혔다.": ibid, 196쪽에서 재인용.

78 "프랭크 오펜하이머는 ~ 말했다.": FBI FOIA files, "Julius Robert Oppenheimer," 18.iv.52, 56쪽.

79 "우리의 ~ 감동했습니다.": Goodchild(1980), 192쪽에서 재인용.

80 전쟁 연간에 어니스트 O. 로런스와 연구한 프랭크 오펜하이머: Robert Oppenheimer: "전쟁 때 동생은 방사선 연구소에서 일했다. 아주 열심히 연구했다. 증언에 의하면 동생은 일을 잘 했다고 한다." CU-369, Herbert Childs interview with Robert Oppenheimer, Box 6, reel 17, side 1, The Bancroft Library.

81 "로런스는 ~ 불허했다.": Davis(1968), 275쪽에서 재인용.

82 "동생이 ~ 같군요.": CU-369, Herbert Childs interview with Robert Oppenheimer, Box 6, reel 17, side 1, The Bancroft Library.

83 라비는 ~ 보았다.: "오펜하이머가 버클리를 떠난 게 로런스에게는 배신으로 비쳤다." Davis(1968), 254쪽에서 재인용.

84 "우리는 ~ 못했고요.": CU-369, Herbert Childs interview with Robert Oppenheimer, Box 6, reel 17, side 1, The Bancroft Library.

85 "단편적이기는 ~ 가장 많다."; 1955년경의 재고: "Status of USSR atomic energy project," 1.i.49, attached to R. H. Hillenkoetter to Bourke B. Hickenlooper, 13.xii.48, JCAE Classified Document No. 129, HSTL.

86 "소련이 ~ 당연했다.": USAEC(1954b), 658쪽.

87 "1949년이 ~ 존재했다.": Sloan Foundation(1982), 67~71쪽.

88 "슈퍼 폭탄과 ~ 없습니다.": JCAE(1953), 23쪽.

89 "상대방에 ~ 동의합니다.": Robert Oppenheimer to Cuthbert Daniel, 30.v.49, Box 30, Oppenheimer Papers, LC.

90 63퍼센트, 75퍼센트: Rosenberg(1983), 121쪽, n. 2; 1951년 1월 1일경에 폭탄 재고 400개: ibid, 121쪽.

91 합동 참모 본부가 제시한 확대 논리(인용문 포함): Draft of "Report by the Special Committee appointed by the President to review the proposed acceleration of the atomic energy program," 1.ix.49, DDEL.

92 "공중 공격으로 ~ 보장하려면).": Rosenberg(1983), 122쪽(JCS documents)에서 재인용.

93 "벅 로저스 우주": USAEC(1954b), 650쪽.

94 3억 달러: Harry Truman to Sidney Souers, 26.vii.49, HSTL.

95 블레어 하우스 회의: cf. Lilienthal(1964), 543~552쪽.

96 "지친 올빼미 같다.": ibid, 547쪽.

97 "국제 사회가 ~ 없습니다.": Rosenberg(1983), 131쪽에서 재인용.

98 국가 안전 보장 회의 특별 위원회: cf. Harry Truman to Sidney Souers, 26.vii.49, DDEL.

99 "러시아에서 ~ 생각하지": W. J. Sheehy to William Borden, 28.vii.49, JCAE Classified Document No. 515, HSTL.

100 1.vii.49 CIA 상황 보고서: "Status of the U.S.S.R. Atomic Energy Project," CIA Joint Nuclear Energy Intelligence Committee, HSTL.

19장 최초의 섬광

1 "빠른 ~ 살펴봐야 했다.": Zukerman and Azarkh, unpub. MS, 79~80쪽.

2 "가옥이나 ~ 기이하기만 했다.": Holloway(1994), 213쪽에서 재인용.

3 "화물 ~ 있었다.": Zukerman and Azarkh, unpub. MS, 80쪽.

4 "탑 근처에 ~ 위해서였다.": Holloway(1994), 214쪽.

5 폭탄 조립: Golovin(1991), 17ff; Holloway(1994), 215쪽.

6 "가로로 ~ 인상적이었다.": Golovin(1991), 17쪽.

7 "밤새 ~ 않을 듯했다.": Zukerman and Azarkh, unpub. MS, 80~81쪽.

8 "말짱 도루묵일 거야, 이고리.": Doran(1994), II에서 재인용. "틀림없이 성공합니다.": Golovin(1991), 20쪽에서 재인용. "말짱 도루묵일 거야, 이고리."의 경우, 골로빈은 약간 다르게 적고 있다. "성공 못 할 것 같아, 쿠르차토프 박사." ibid.

9 "해가 ~ '제로.'": Holloway(1994), 217쪽에서 재인용.

10 "됐어. ~ 성공이야!'": Zukerman and Azarkh, unpub. MS, 81쪽.

11 독일 저자: Holloway(1994), 215쪽에서 재인용.

12 "바로 ~ 안도감이었습니다.": Gubarev(1989), 16쪽에서 재인용.

13 "하얀색 ~ 들렸다.": Holloway(1994), 217쪽에서 재인용.

14 "지휘 벙커가 ~ 건넸습니다.": Pervukhin(1985).

15 "미국 ~ 좋았어!": Golovin(1991).

16 "급합니다. ~ 마셔 버릴 테다!": Golovin and Smirnov(1989).

17 "중앙 탑은 ~ 철수했죠.": V. Vlasov, Gubarev(1989), 14쪽에서 재인용.

18 "윤곽이 ~ 구름 말이다.": Holloway(1994), 217쪽에서 재인용.

19 미국 장거리 탐지의 역사: cf. Ziegler(1988); Strauss(1962), 201쪽.

20 "2년은 ~ 비현실적입니다.": Ziegler(1988), 202쪽에서 재인용.

21 "망할! ~ 필요해!": Strauss(1962), 203쪽에서 재인용.

22 "탐지 ~ 의심스럽다.": Ziegler(1988), 207쪽에서 재인용.

23 "제정신이 아니었다.": Roscoe Wilson, USAEC(1954b), 695쪽.

24 "그들이 ~ 끝이 났다.": Ziegler(1988), 209쪽에서 재인용.

25 "폭발로 ~ 거였죠.": ibid, 210쪽에서 재인용.

26 "미립자 ~ 아름다웠다.": ibid, 213쪽에서 재인용.

27 "방사능을 ~ 자신함.": ibid, 214쪽에서 재인용.

28 "미국의 ~ 튼튼합니다.": ibid, 215쪽에서 재인용.

29 오펜하이머 및 장거리 탐지 체계와 관련한 스트로스의 결론: ibid, 227쪽, n. 49.

30 "그건 ~ 겁니다.": Luis W. Alvarez oral history interview, American Institute of Physics.

31 111개의 시료: Ziegler(1988), 217쪽.

32 시료 측정: 지글러가 이 절차를 ibid, 226, n. 30에서 설명한다.

33 "그 주말에 ~ 확인되었다.": John Manley, "Joe One," handwritten MS, 5.vii.85, LANL Archives.

34 "2주 동안 ~ 일했어요.": Ziegler(1988), 219쪽에서 재인용.

35 핼리팩스 폭격기와 모스키토: Hyde(1980), 138쪽.

36 "태평양과 ~ 탐지했다.": Wayne Brobeck, "Memorandum for the file: Long-range detection," 19.i.51, JCAE Classified Document No. 272, National Archives.

37 "9월 14일쯤 ~ 명명되었다.": John Manley, "Joe One," handwritten MS, 5.vii.85, LANL

Archives.

38 트레이서랩의 폭발 관련 추정 내용: cf. Ziegler(1988), 219쪽; R. W. Spence, "Identification of radioactivity in special samples," 4.x.49, HSTL.

39 플루토늄과 우라늄: Ziegler(1988), 220.

40 "(군사 연락 ~ 틀림없습니다.": Sloan Foundation(1983), 82쪽.

41 "나는 ~ 그렇다면?": Lilienthal(1964), 569쪽.

42 "걱정이 ~ 시작되었다.": ibid, 570쪽.

43 "러시아에는 ~ 물었다.": ibid, 571쪽.

44 "사우어스 ~ 대꾸했다.": Arneson(1969), v, 28쪽.

45 "아시아의 그 멍청이들": York(1976), 34쪽에서 재인용.

46 "몹시 ~ 생각했습니다.": Lilienthal(1964), 572쪽.

47 "오후 10시 30분. ~ 들었다.": ibid.

48 "로스앨러모스의 ~ 벗어나야 했다.": Ulam(1991), 169쪽.

49 "몇 명이 ~ 먹었죠.": Sloan Foundation(1983), 40~41쪽.

50 "그는 ~ 나눴다.": Greenglass FBI FOIA files, 65-59028-11, 56쪽.

51 "오늘 밤 ~ 바랍니다.": Teller(1962), 33쪽. 채드윅 관련 에피소드를 더 솔직하게 기록한 다른 판본은 cf. Edward Teller to Lewis Strauss, 13.xi.51, Strauss Papers, HHL.

52 "러시아가 ~ 취지의": York(1976), 34쪽.

53 "최근 ~ 있었다.": ibid에서 재인용.

54 핵폭탄 수 최소 100개: 1948년의 공식 개수 56, 1949년 169개를 바탕으로 추정했음. "Nuclear Notebook," *Bul. Atom. Sci.* 49(10):57.

55 "그러니까 ~ 있었다.": Lamphere and Shachtman(1986), 133쪽.

56 "클라우스 ~ 이유들이다.": ibid, 135쪽.

57 22.ix.49 사건 파일: Fuchs FBI FOIA files, 65-58805-1202, 22쪽. 에이브 브로스먼: Lamphere and Shachtman(1986), 240쪽.

58 골드와 사리체프: Gold FBI FOIA files, 65-57449-341, -576X, -696; Gold(1965b).

59 "뉴욕의 박사와 존을 알지요?": Gold FBI FOIA files, 65-57449-341, 1~2쪽.

60 골드의 진급: ibid, 65-57449-185, 40쪽.

61 "온전히 ~ 말이다.": Gold(1951), 87쪽.

62 "골드는, ~ 막혔다.": Gold FBI FOIA files, 65-57449-696, 5~7쪽.

63 "남의 눈에 ~ 말이다.": ibid, 11쪽.

64 "KGB ~ 있었다.": Lamphere and Shachtman(1986), 128쪽.

65 푹스의 양심: Williams(1987), 184~185쪽.

66 필비의 8월 임명: Cecil(1989), 100. 램피어는 두더지(스파이)가 로저 홀리스(Roger Hollis)일 거라고 생각했다. Lamphere and Shachtman(1986), 244쪽.

67 푹스와 아널드의 10월 만남: Williams(1987), 1~2쪽.

68 "하웰이 심각한 타격을 입을": ibid, 185쪽.

69 "하웰 ~ 보호해야 한다.": Fuchs FBI FOIA files, 65-58805-1202, 23쪽. British to FBI, 29.x.49; FBI 답신, 2.xi.49.

70 푹스의 승진과 독립 가옥: Pilat(1952), 178쪽.

71 "그 소식을 ~ 지경이었으니까요.": Sloan Foundation(1983), 39쪽.

72 "러시아가 ~ 피력했다.": "Minutes, 16th meeting of the General Advisory Committee to the U.S. Atomic Energy Commission, September 22~23, 1949," 20~21쪽, LANL Archives.

73 "당황하지 ~ 때문이죠.": USAEC(1954b), 714쪽.

74 "나는 ~ 보내 주십시오.": Sloan Foundation(1983), 67쪽, 97a~100a쪽, 112a쪽. 골든의 편지는 날짜가 25.ix.49로 되어 있다.

75 23가지 방법; "핵무기 ~ 총력": USAEC(1954a), 20쪽.

76 "열핵 폭탄 ~ 합니다.": ibid, 20~21쪽.

77 그린하우스(Greenhouse)라는 명칭; 건설 공사가 시작됨: 1949년 8월 중순. Hansen(1994c), 9쪽.

78 "맞습니다. ~ 셈이죠.": USAEC(1954a), 21쪽.

79 "이론이 ~ 듯싶습니다.": ibid.

80 "분열 ~ 않기로 했다.": Hansen(1994a), 61쪽.

81 "정어리요?": USAEC(1954b), 432쪽.

82 "플루토늄 ~ 커야 합니다.": USAEC(1954a), 21쪽.

83 "플루토늄 ~ 다름없죠.": USAEC(1954b), 432쪽.

84 "1951년의 ~ 봅니다.": USAEC(1954a), 21쪽.

85 "우리는 ~ 없었습니다.": USAEC(1954b), 432쪽.

86 보든의 결론: Hewlett and Duncan(1969), 372쪽.

87 "무모한 열정 ~ 짜증스럽다.": Lilienthal(1964), 364쪽.

88 "우리의 ~ 의논해야": Strauss(1962), 216~217쪽.

89 "러시아가 ~ 움직였습니다.": Sidney Souers oral history interview, 16.xii.54, 1쪽. HSTL.

20장 슈퍼를 향한 열광

1 "몹시 걱정되었다.": USAEC(1954b), 659쪽.

2 "래티머와 ~ 좋겠다.": ibid, 774. 이 시기에 관한 앨버레즈의 설명은 cf. Alvarez(1987), 168쪽.

3 "나는 ~ 만났던 거죠.": USAEC(1954b), 659쪽.

4 "E.O.L.과 ~ 물었다.": ibid, 775쪽.

5 "로런스는 ~ 생각했다.": ibid, 776쪽.

6 "그들은 ~ 있었다.": ibid, 775쪽.

7 "역효과만 ~ 기계 장치": Memorial Committee(1994), 85쪽.

8 "(전에) 쓰던 ~ 없었을 겁니다.": Norberg(1980c), 36쪽.

9 계산의 필요성: cf. Mark(1954, 1974), 10쪽.

10 "그는 ~ 후회했다.": Hershberg(1993), 468쪽에서 재인용.

11 "나는 ~ 되겠어.": Edward Teller interview, Los Alamos, vi.93, 43쪽.

12 "자네도 ~ 배워야 할 걸!": Edward Teller interview, Los Alamos, vi.93, 45쪽.

13 "우리는 ~ 없었다.": USAEC(1954b), 775쪽.

14 "어니스트와 ~ 판단했다.": Alvarez(1987), 170쪽.

15 "국방부에 ~ 있었으니까요.": USAEC(1954b), 776쪽.

16 "두 과학자는 ~ 했다.": William Borden to JCAE files, 10.x.49, JCAE Classified Document No. 66, National Archives.17 "로런스 ~ 있습니다.": ibid.

17 "로런스 ~ 있을 수도 있습니다.": ibid.

18 "두 의원은 ~ 말해 주었다.": Alvarez(1987), 170쪽.

19 "우리는 ~ 넘쳐났다.": Lilienthal(1964), 577쪽.

20 "릴리엔솔의 ~ 없었습니다.": USAEC(1954b), 777~778쪽.

21 "어니스트 ~ 결정을 내렸다.": Lilienthal(1964), 577쪽.

22 "우리의 ~ 것이다.": USAEC(1954b), 778쪽.

23 "일급의 ~ 시점입니다.": ibid에서 재인용.

24 "러시아가 ~ 하나였죠.": USAEC(1954b), 452쪽.

25 "두 사람은 ~ 않았습니다.": ibid, 460~461쪽.

26 로런스와 니콜스: Bundy(1988), 205쪽.

27 "밴던버그와는 ~ 장담했습니다.": Sloan Foundation(1983), 104쪽.

28 "밴던버그는 ~ 것이었죠.": ibid, 104~107쪽.

29 "러시아가 ~ 것이다.": JCAE(1953), 29; USAEC(1954b), 683쪽.

30 "내가 ~ 것이다.": Sloan Foundation(1983), II, 61A~62A쪽.

31 "하버드하고는 ~ 토론": Hershberg(1993), 471쪽에서 재인용. Hershberg(1993)은 오펜하이머가 코넌트와 연락한 상황을 시간 순으로 파악할 수 있는 유용한 책이다. 하지만 코넌트가 자기 생각의 개요를 담은 편지를 오펜하이머에게 써 보냈다는 그의 판단은 틀렸다. 내가 재구성한 내용에서 분명히 드러나겠지만 그런 편지는 없다. 적어도 10월 21일자는 아니다. 베테와 텔러는 자신들에게 오펜하이머가 코넌트의 견해를 전하면서 편지 하나를 흔들었다고 회고했다. 그 편지는 십중팔구 오펜하이머가 코넌트에게 쓴 편지였을 것이고, 두 사람이 케임브리지에서 만난 후 본격적인 의미에서 오펜하이머가 코넌트와 시도한 첫 번째 연락임에 틀림없다. 코넌트가 썼다는 편지를 들었다고 진술한 사람도 아무도 없다. 코넌드는 자신이 편지를 썼다는 것은 고사하고 오펜하이머의 편지를 보았다는 것조차 기억하지 못했다. 베테와 텔러 이후 오펜하이머와 면담한 로버트 서버는 오펜하

이머가 자기에게 편지를 보여 주지 않은 것 같다고 말했다. 코넌트가 10월 21일자 오펜하이머의 편지에 답장을 썼다면 서버가 당도하기 전에 오펜하이머는 그 편지를 받을 충분한 시간 여유가 있었다. 코넌트가 썼다는 편지에 관한 기록상의 증언은 확실히 혼란스럽다. 불행하게도 허시버그의 부주의로 인해 혼란만 가중되었다. 피터 갤리슨(Peter Galison)과 바튼 번스틴(Barton Bernstein)도 사라진 편지 신드롬의 희생자들이다. cf. Galison and Bernstein(1989), 288쪽.

32 "지난번에 ~ 했습니다.": USAEC(1954b), 242쪽.

33 불확실한 오펜하이머의 견해: ibid, 231쪽.

34 "코넌트는 ~ 정했다.": ibid.

35 "어리석은 ~ 반대할 거": ibid, 76쪽.

36 "정치, 전략, 첨단 기술을 숙고했고,": ibid, 385쪽.

37 "일종의 ~ 않을 겁니다.": ibid, 387쪽.

38 "싸움터는, ~ 주장해야 한다.": Hershberg(1993), 476쪽에서 재인용.

39 "평화는 도덕률이 완전히 다르다.": ibid에서 재인용.

40 "그때 ~ 지지했습니다.": USAEC(1954b), 246쪽.

41 "1952년까지는 ~ 좋을 것이다.": JCAE(1953), 28쪽.

42 "우리가 ~ 총력": ibid, 27~28쪽.

43 오펜하이머와 슈퍼의 진전 상황: 오펜하이머가 10월 21일자 편지에서 넌지시 말한 내용. 더불어서 cf. USAEC(1954b), 242쪽.

44 "우리는 ~ 말이다.": ibid, 479쪽.

45 오펜하이머의 10월 21일자 편지: ibid, 242쪽.

46 르배런 및 맥코맥과의 오찬 회동: ibid, 683쪽.

47 "베테는 그러마고 했죠.": Edward Teller, personal communication, vi.93.

48 "텔러가 ~ 들었다.": Bethe(1982a), 52쪽.

49 "몇 가지 ~ 안 섰습니다.": USAEC(1954b), 328쪽.

50 "프린스턴에서 ~ 의논해 보자": ibid, 715쪽.

51 "도 무얼 ~ 있었습니다.": ibid, 328쪽.

52 "내 눈에 흙이 들어가기 전": ibid, 715쪽.

53 "긴급 계획에 ~ 가겠네.'": ibid.

54 "회합이 ~ 모습일까?": Bernstein(1980), 93쪽에서 재인용.

55 "둘 다 ~ 했습니다.": USAEC(1954b), 328쪽.

56 비행기를 놓치고, 외투가 바뀜: Galison and Bernstein(1989), 289쪽.

57 "나는 ~ 느꼈다.": Bernstein(1980), 94쪽에서 재인용. 베테는 오펜하이머 청문회에서 자기가 뉴욕에서 텔러에게 전화를 걸었다고 진술했다. 텔러는 그때 비행기를 갈아타고 있었을 것이기 때문에 나는 베테가 나중에 한 회고 내용을 인용했다. Cf. USAEC(1954b), 328쪽.

58 "즉각 거절했습니다.": Edward Teller, personal communication, vi.93.

59 "아무런 ~ 확실하다.": USAEC(1954b), 782쪽.

60 파이크의 편지, 21.x.49: USAEC(1954a), 22쪽c.

61 "원자력 ~ 쪽이었다.": Glenn Seaborg, personal communication, 16.xi.92.

62 슈퍼 설계안에 대한 브래드베리의 설명: Hansen(1994a), 68쪽.

63 "텔러의 ~ 과제 같았다.": Robert Serber interview, 22.ix.94.

64 앨버레즈의 동부 여행: USAEC(1954b), 783~784쪽.

65 코넌트의 도덕적 반대: 만약 오펜하이머가 10월 21일 만남에서 그런 입장을 취했다면 텔러가 잊지 않고 기억했으리라는 것은 틀림없는 사실이다. 도덕적으로 열핵 폭탄을 비난하는 입장을, 그는 잊을 수도 없었고 용서하지도 않았기 때문이다. 하지만 오펜하이머는 프린스턴에서 "내 눈에 흙이 들어가기 전까지는"이라는 코넌트의 단호한 표현만 전달했을 뿐이다.

66 "깜짝 ~ 견인차였다.": Robert Serber interview, 22.ix.94.

67 28~30.x.49 일반 자문 위원회 회의: cf. 회의록, A-92-024 17-8, LANL Archives; 오펜하이머의 요약은 Seaborg(1990), III, 317쪽Aff에서 볼 수 있다.

68 "그게 ~ 썼습니다.": Glenn Seaborg, personal communication, 16.xi.92.

69 "우리나라가 ~ 같습니다.": Glenn Seaborg to Robert Oppenheimer, 14.x.49. Seaborg(1990), III, 282쪽에 재수록.

70 "소련 ~ 태도"; 케넌의 발표에서 스마이스가 받은 인상: Cyril Smith to Richard G. Hewlett, 27.iv.67. Norberg(1980e), A 2, 48~50쪽에 재수록.

71 "열핵 연구의 ~ 받았다.": ibid, 49쪽.

72 바이스코프가 그려 보인 암울한 미래상을 전달한 베테: "(바이스코프와 한) 그 이야기를 원자력 위원회(sic: 일반 자문 위원회)의 몇몇 성원들에게 했네. ……" Bethe to Weisskopf, 31.x.49. Galison and Bernstein(1989), 289쪽에서 재인용.

73 "페르미가 ~ 환영할 것이다.": Robert Serber interview, 22.ix.94.

74 "아주 ~ 것입니다.": USAEC(1954b), 453쪽.

75 "사안과 ~ 계속되었습니다.": ibid, 518~519쪽.

76 "몇 명 ~ 생각했는걸요.": ibid, 453쪽.

77 "토의 과정에서": ibid, 247쪽.

78 "코넌트가 ~ 지적했습니다.": Hershberg(1993), 475쪽에서 재인용.

79 "영혼을 ~ 상태였습니다.": USAEC(1954b), 510~511쪽.

80 "연극적이었다. ~ 분명했다.": Lilienthal(1964), 581쪽.

81 "캠벨은 ~ 것이었다.": ibid, 580쪽.

82 "사진에서 본 유명한 군인들이었다.": USAEC(1954b), 785쪽.

83 "폭탄을 ~ 필요가 없다.'": Lilienthal(1964), 582~583쪽.

84 "(회의에 ~ 생각했다.": Manley(1987), 12~13쪽.

85 "그런 무기의 ~ 있습니다.'": Lilienthal(1964), 581쪽.

86 "나는 ~ 보느냐고?": Alvarez(1987), 172쪽.
87 "나는 ~ 되었습니다.": USAEC(1954b), 247쪽.
88 "죽었다.": ibid, 786쪽.
89 "코넌트는 ~ 같으니!'": Lilienthal(1964), 581쪽. 릴리엔솔은 간행한 일기에서 "도덕적 견지에서"라는 문구를 뺐다. cf. Galison and Bernstein(1989), 291쪽.
90 스마이스와 고든 딘은 과학자들이 감정이 격해져서 비이성적으로 반발하고 있다고 판단했다: 스마이스의 경우는, cf. Sloan Foundation(1983), 146~148쪽. 딘의 경우는, cf. USAEC(1954a), 106쪽.
91 일반 자문 위원회 29~30.x.49 보고서: Seaborg(1990), III, 317쪽Aff에 재수록.
92 "(그 당시에) ~ 아니었죠.": J. Carson Mark interview, 3.vi.94.
93 "슈퍼처럼 ~ 있었어요.": USAEC(1954b), 454~455쪽.
94 "페르미와 ~ 것이다.": Bernstein(1975), II에서 재인용.
95 "슈퍼 개발에 ~ 과학자들": Lilienthal(1964), 582쪽.
96 "질문: 박사님, ~ 작습니다.": USAEC(1954b), 235~236쪽.
97 "우리는 ~ 테고요.": ibid, 80쪽.
98 "우리는 ~ 보았습니다.": ibid, 249쪽.
99 "상당히 격렬한 토론이 벌어졌다.": John Manley diary, 1.xi.49, LANL archives.
100 "꽤나 힘이 ~ 없다.": Lilienthal(1964), 584쪽.
101 "애치슨은 ~ 창백했다.": ibid, 583~584쪽.
102 "전향자를 ~ 캠페인": Manley(1987), 15쪽.
103 텔러, 앨버레즈에게 편지를 쓰다: Edward Teller to Luis Alvarez, c. 31.x.49, National Archives.
104 "로버트의 견해가 승리한": Luis Alvarez to Edward Teller, 10.xi.49, National Archives.
105 "뚱한 ~ 확언했다!": Manley(1985), "Two Papers and Three Chairman: Another Teller," 5쪽.
106 트루먼, 일반 자문 위원회 보고서를 읽다: USAEC(1954b), 403쪽.
107 "군부의 ~ 표정이었다.": John Manley diary, 9.xi.49, LANL Archives.
108 스트로스, 맥마흔, 존슨 회동: Marx Leva, "Afterthoughts on Strauss," *Washington Post*, 24.vi.59.
109 논쟁을 중단시킨 트루먼: Harry Truman to Sidney Souers, 19.xi.49, HSTL.
110 "여기서는 ~ 것이었다.": Bundy(1988), 215쪽.
111 "오늘 밤 ~ 필요합니다.": York(1976), 66쪽에서 재인용.
112 "딘은 ~ 나눴습니다.": Sloan Foundation(1983), 41a~42a쪽.
113 "니콜스, ~ 진상": ibid, 75a~77a쪽.
114 "(애치슨은) ~ 모범을 보여서?"'": Arneson(1969), v, 29.
115 "애치슨은 ~ 내다봤다.": ibid.

116 "케넌은 ~ 느꼈어요.": Sloan Foundation(1983), 41a~43a쪽.

117 "나는 ~ 말씀드려야겠습니다.": Lilienthal(1964), 614쪽.

118 "지금 ~ 것이었다.": ibid, 616~617쪽.

119 일반 자문 위원회에 대한 합동 참모 본부의 대응 보고서: JCS to Secretary of Defense, "Request for comments on military views of members of the General Advisory Committee," 13.i.50, DDEL.

120 "상당히 ~ 본다.": Dean Acheson, file memorandum, 19.i.50, HSTL.

121 "말고 ~ 가자고.": Sidney Souers oral history interview, 16.xii.54, 8쪽, HSTL에서 재인용. 사우어스는 "원자력 위원회가 (트루먼에게) 수소 폭탄 보고를 하"는데 이 말이 나왔다고 전했다. 하지만 맥락을 보면 31.i.50의 특별 위원회 회의이다.

122 "원자력 위원회 ~ 계속하": Arneson(1969), v, 27쪽에서 재인용.

123 "백악관은 ~ 알았습니다.": Sidney Souers oral history interview, 16.xii.54, 7쪽, HSTL.

124 "(1950년) ~ 가져야 한다.": Ferrell(1991), 340쪽.

125 "군인처럼 ~ 거여야 해.": Lilienthal(1964), 594쪽에서 재인용(삽입어구는 릴리엔솔의 것).

126 "트루먼은 ~ 하나이죠.": Bernstein(1975), II에서 재인용.

☢ 21장 새로운 공포 ☢

1 "(1950년) ~ 것이었다.": Arneson(1969), vi, 26쪽.

2 "영국판 ~ 일수였다.": Lamphere and Shachtman(1986), 135쪽.

3 "뉴욕에 ~ 않았습니다.": Hyde(1980), 141쪽에서 재인용. 하이드는 스카돈과 면담했다.

4 푹스 조사 상황에 대한 미국의 인지: Williams(1987), 115~116쪽.

5 "정신 바짝 차려야겠군!": Lilienthal(1964), 634쪽에서 재인용.

6 "FBI의 ~ 연구했죠.": Williams(1987), 116쪽에서 재인용.

7 "푹스랑 ~ 것이다.": Galison and Bernstein(1989), 311쪽에서 재인용.

8 "오늘은 ~ 횡행 중이다.": Lilienthal(1964), 634~635쪽.

9 "'다 ~ 내쉬었다.": Davis(1968), 324쪽에서 재인용.

10 "믿을 ~ 때문이잖습니까.": ibid, 325쪽에서 재인용.

11 "수사국 ~ 변했다.": Lamphere and Shachtman(1986), 137쪽.

12 "파리로 ~ 위험한 상태": Greenglass FBI FOIA files, 65-59028-378, 4쪽.

13 "다시는 ~ 보겠군."; 미국을 엄청나게 사랑한 그린글래스: Rodosh(1979).

14 "자네가 ~ 있네.": Greenglass FBI FOIA files, 65-59028-378, 4~5쪽.

15 "줄리어스는 ~ 조엘 바.'": ibid, 65-59028-422, 2쪽.

16 그린글래스가 그해 섣달 그믐날 느꼈던 심사: ibid, 65-59028-378, 5쪽.

17 "우리 ~ 뻔했죠.": JCAE(1951), 118쪽.

18 기폭제 절도: Greenglass FBI FOIA files, 65-59028-378, 6쪽.

19 "막판에 ~ 않았습니다.": Gold FBI FOIA files, 65-57449-696, 16쪽.

20 골드의 마지막 접선 시도: Gold(1965a).

21 "완전히 ~ 질려 있었다.": Gold(1951), 83쪽.

22 "최대한 ~ 나예요.'": Radosh and Milton(1983), 492쪽, n. 37에서 재인용.

23 "자신의 ~ 걱정해 주었습니다.": Gold FBI FOIA files, 65-57449-621, 1~2쪽.

24 "잡히면 ~ 설득했습니다.": Radosh and Milton(1983), 492쪽, n. 37에서 재인용.

25 "블랙은 ~ 생각했다.": Gold FBI FOIA files, 65-57449-402, 1쪽.

26 "45분쯤 ~ 낫겠지만요.": Greenglass FBI FOIA files, 65-59028-332, 81~82쪽.

27 에델 로젠버그의 제안: ibid, 65-59028-378, 7쪽.

28 그린글래스 부부의 사고: Radosh and Milton(1983), 77쪽; Greenglass FBI FOIA files, 65-59028-104, 1쪽.

29 "로스앨러모스의 ~ 계획한 것": Lamphere and Shachtman(1986), 175쪽.

30 가모브의 만화: cf. Ulam(1991), 212쪽.

31 "비참해": Hansen(1994a), 84쪽에서 재인용.

32 "셋이 ~ 예언적이었다.": cf. Olam(1991).

33 "그런 생각은 ~ 대표적이었죠.": Norberg(1980b), 66쪽.

34 "관련해서 ~ 대해": Edward Teller to Robert Oppenheimer, 17.ii.50, Oppenheimer Papers, LC.

35 "우리의 ~ 분명합니다만.": Hans Bethe to Norris Bradbury, 14.i.50, LANL Archives.

36 "텔러와 ~ 있었다.": Segré(1993), 238쪽.

37 "러시아 인들이 ~ 그랬어요.": Marshall Rosenbluth interview, 26.v.94.

38 "연구소가 ~ 행사한다.": 케네스 피처의 질문에 대한 텔러의 답변: "Notes of a briefing held at the Los Alamos Scientific Laboratory on February 23, 1950," 13쪽. Chuck Hansen collection.

39 "미국의 ~ 않는다.": Teller(1950), 72쪽.

40 "일이 ~ 힘겨웠습니다.": Norberg(1980c), 35쪽.

41 "연구소에서는 ~ 없을 걸요.": Norberg(1980d), 92쪽.

42 "다시 말해 ~ 잡아줘야 했죠.": Norberg(1980c), 35쪽.

43 텔러의 열핵 보고서: LA-643, 16.ii.50. Chuck Hansen collection.

44 "원하는 ~ 없었다.": Hans Bethe interview, 3.v.93.

45 "(레이어 ~ 참이었다.": Altshuler et al.(1991), 24쪽.

46 사하로프의 사로프 이동: Sakharov(1990), 101쪽.

47 브래드베리의 보고: "Notes of a briefing held at the Los Alamos Scientific Laboratory on February 23, 1950." Chuck Hansen collection.

48 구리 껍질 내층: Hansen(1994c), 36쪽.

49 로퍼 보고서: H. B. Loper to Robert LeBaron, "A basis for estimating maximum Soviet

capabilities for atomic warfare." 16.ii.50, HSTL.

50 "만약 ~ 것입니다.": Galison and Bernstein(1989), 311쪽에서 재인용.

51 르배런의 지지: Robert LeBaron to Secretary of Defense, 20.ii.50, attached to H. B. Loper to Robert LeBaron, "A basis for estimating maximum Soviet capabilities for atomic warefare." 16.ii.50, HSTL. CIA의 추정: ORE 91-46, 6.iv.50(10.ii.50 초안을 바탕으로 함), Declassified Documents microfilm.

52 "재앙을 ~ 한다.": Louis Johnson to the President, 24.ii.50, HSTL.

53 "로스앨러모스는 ~ 있다니까요.": Norris Bradbury press conference, 24.ix.54, LANL Archives.

54 열핵 무기 10개; 삼중 수소 1킬로그램; "전력투구 ~ 비슷할": Hansen(1994b), 19.

55 "워싱턴에 ~ 중이에요.": Hershberg(1993), 483쪽에서 재인용.

56 푹스 재판: cf. 특히 Moss(1987), 157ff.

57 "직접 ~ 뿐입니다.": ibid, 162쪽에서 재인용.

58 "그런 ~ 위험합니다.": ibid, 161쪽에서 재인용.

59 "기소 사유가 ~ 공정했다.": ibid, 163쪽에서 재인용.

60 "당신들이 ~ 고통스럽습니다.": ibid, 152~153쪽에서 재인용.

61 "당신 ~ 넘기게 할": ibid, 165쪽에서 재인용.

62 "텔러는 ~ 것이다.": Ulam(1991), 213쪽.

63 "나는 ~ 추측했다.": ibid, 214쪽.

64 주사위를 사용한 울람: Nicholas Metropolis interview, 9.vi.93.

65 "우리는 ~ 모르겠다.": Ulam(1991), 214~215쪽.

66 "에버렛과만 ~ 비화했다.": ibid, 310쪽.

67 "턱없이 ~ 시작했다.": Mark(1954, 1974), 8쪽.

68 "고려한 모형이 실패했음": Hewlett and Duncan(1969), 440쪽에서 재인용.

69 "텔러가 ~ 않은 것": Ulam(1991), 215쪽.

70 "일반 ~ 있습니다.": Hewlett and Duncan(1969), 440쪽에서 재인용.

71 "텔러는 ~ 마찬가지였다.": Ulam(1991), 216쪽.

72 "난관이 ~ 눈치": ibid, 217쪽.

73 "어제는 ~ 진정했겠죠.": Hewlett and Duncan(1969), 440쪽에서 재인용.

74 "자네 ~ 충분할 테니.": John von Neumann to Edward Teller, 18.v.50, LANL Archives.

75 "나는 ~ 생각입니다.": Hewlett and Duncan(1969), 440쪽에서 재인용.

76 "매우 ~ 3~5킬로그램이다.": summary of GAC meeting of 1.xi.50, Hansen(1994b), 43~45쪽에서 재인용.

77 크리스텔 하인먼의 정보 제공: Gold FBI FOIA files, 65-57449-491, 31ff.

78 미지의 용의자에 관한 중요한 세부 사실: cf. ibid, 65-57449-185, 85. 하인먼 부부의 이름이 보고서 여백에 수기로 적혀 있고, "케머지 디자인 코퍼레이션"이라는 보고서 내용의 애

스터리스크(별표)와 연결되어 있었기 때문에 두 사람이 이 정보를 제공한 것으로 판단했다.

79 "레이먼드인 것 같다.": Fuchs FBI FOIA files, 65-58805-1156, 13쪽.

80 "브로스먼과 ~ 사람들이었다.": Lamphere and Shachtman(1986), 143쪽.

81 "타이핑된 ~ 않았다.": Fuchs FBI FOIA files, 65-58805-1239, 5; 2월 또는 3월에 이루어진 FBI의 비합법 수색: ibid. 같은 보고서는 "1950년 5월 6일 타이핑된 문서를 확보한 …… 브로스먼 사무실 접근이 기밀"이라고 언급한다. 이 문서(cf. 아래)는 해리 골드가 열 확산에 관해 쓴 글이었다. 또 날짜가 30.iii.50으로 된 65-58805-1156은 미지의 용의자와 관련해 알아낸 사실들과 조지프 로빈스(Joseph Robbins) 관련 사실들을 비교하였는데, 이미 에이브 브로스먼을 언급하며, 5쪽에는 다음과 같이 적혀 있다. "로빈스는 기체의 열 확산 관련 글은 인체 쓰지 않은 것으로 파악되었다."

82 "필라델피아 ~ 고조되었다.": Lamphere and Shachtman(1986), 143쪽.

83 "골드는 ~ 아닙니까?'": Gold FBI FOIA files, 65-57449-185, 86쪽.

84 "나는 ~ 노력했다.": Gold(1965b), 48~50쪽.

85 "단호하게 부인했다.": Gold FBI FOIA files, 65-57449-185, 87쪽.

86 "두 명의 ~ 있다.": ibid, 88쪽.

87 "음울하고, ~ 추웠다.": Lamphere and Shachtman(1986), 147쪽.

88 "폭탄 ~ 있었다.": ibid, 146~147쪽.

89 "클라우스 ~ 생각했다.": ibid, 146쪽.

90 "얼굴이 ~ 창백했다.": ibid, 148쪽.

91 "달리 도리가 없었다.": ibid, 149쪽에서 재인용.

92 "전적으로 ~ 매우 많음": ibid, 150쪽에서 재인용.

93 "유죄를 ~ 못 했다.": Gold(1965b), 49쪽.

94 "침실부터 ~ 엄청났다.": Gold FBI FOIA files, 65-57449-185, 89쪽.

95 "다음으로 ~ 했다.": ibid.

96 "샌타페이 ~ 싫어한다.).": Gold(1965b), 44~45쪽.

97 "1분쯤 ~ 사람입니다.'": Gold FBI FOIA files, 65-57449-185, 89쪽.

98 "다음날 ~ 얻었다.": Gold(1965b), 50쪽.

99 "예, ~ 듯했다.": Lamphere and Shachtman(1986), 151쪽.

100 "같은 ~ 맞다고.": Greenglass FBI FOIA files, 65-59028-332, 83~84쪽.

101 "매형은 ~ 테니까요.": ibid.

102 "매형은 ~ 이야기였죠.": JCAE(1951), 104쪽.

103 "로젠버그는 ~ 했습니다.": Greenglass FBI FOIA files, 65-59028-332, 23~25쪽.

104 "황금 같은 기회": Gold FBI FOIA files, 65-57449-614, 14쪽.

105 "우리는 ~ 말했거든요.": ibid.

106 스핀들, 울람, 바이스코프: Greenglass FBI FOIA files, 65-59028-11, 57쪽.

107 앨버커키 지부가 텔러를 용의선상에 올린 이유들: ibid, 65-59028-11, 56~57쪽; -38, 4~5쪽.
108 "입힌 피해를 벌충하라.": Gold(1965b), 50쪽.
109 "미국 육군 ~ 루스였을 것": Greenglass FBI FOIA files, 65-9028-51, 2쪽.
110 6월 4일 사진과 코셔 식품: ibid, 65-59028-53.
111 "골드를 ~ 떨어졌다.": Gold FBI FOIA files, 65-57449-229, 1쪽.
112 "아주버님이 ~ 없었어요.": Greenglass FBI FOIA files, 65-59028-332, 26~27쪽.
113 107달러: ibid, 65-59028-57, 5쪽.
114 그린글래스의 휴가 신청: ibid, 65-59028-57, 1~2, -78, 1, 21쪽.
115 "데이비드는 ~ 거였죠.": ibid, 65-59028-332, 27쪽.
116 "나는 ~ 못했습니다.": Radosh(1979), 1쪽.
117 브룩스 팜 임대: Greenglass FBI FOIA files, 65-59028-193, 72쪽.
118 그린글래스의 아파트 수색: ibid, 65-59028-149, 28쪽.
119 "그들에게는 ~ 없었습니다.": Radosh(1979), 1쪽.
120 "편지요? ~ 않죠.": ibid.
121 "오후 ~ 말랐다.)": Gold(1965b), 17쪽.
122 "내게도 ~ 주장하겠소.": Greenglass FBI FOIA files, 65-59028-193, 42쪽.
123 "처음부터 ~ 위협하기도 했어요.": Radosh(1979), 2쪽.
124 "(데이비드는) ~ 돌봐줄게.": ibid.
125 루스 그린글래스의 진술: Gold FBI FOIA files, 65-57449-614, 9ff; "젤로 포장 상자": ibid, 12쪽.
126 데이비드가 에델을 연루시켰다: ibid, 7쪽.
127 툼스에서 골드와 그린글래스가 만났다는 내용: 하지만 골드는 두 사람이 FBI이든, 법무부이든 함께 취조를 받은 적이 없고, 입을 맞추지도 않았다고 이야기했다.: Augustus Ballard to John Hamilton, 17.viii.65(로널드 라도시의 승낙을 받았음).
128 붉은 별 훈장: Greenglass FBI FOIA files, 65-59028-361, 9쪽.
129 "색스가 ~ 예측했다.": Gaddis and Nitze(1980), 174.
130 "몸과 ~ 빠져나갔다.": Khrushchev(1970), 307~308쪽.
131 "미국은 ~ 생각했다.": Holloway(1994), 270쪽에서 재인용.
132 "한국에서 ~ 고수'": Cumings(1990), 46쪽에서 재인용.
133 "남한에서 ~ 세우라": ibid, 35쪽에서 재인용.
134 북한의 무장 상황: Goncharov et al.(1993), 133쪽.
135 1949년 12월: 이 연대표는 Goncharov et al.(1993)을 따른다.
136 "한국인들은 ~ 생기는": ibid, 138쪽에서 재인용.
137 "(일류샨 열도, ~ 묵실했다.": Cumings(1990), 421~422쪽에서 재인용.
138 남한을 자제시킨 애치슨: cf. ibid, 428쪽.

139 미국과의 동맹을 원한 중국: cf. Zhisui(1994).

140 "병력이 ~ 상태였다.": Goncharov et al.(1993), 143쪽에서 재인용.

141 "네 가지를 ~ 믿기로 했다.": ibid, 144쪽에서 재인용.

142 마오쩌둥이 트루먼의 5.i.50 발표를 반기다: cf. 미국이 제7함대를 6월 말에 타이완 해협으로 급파하자 마오쩌둥은 배신감을 토로했다. ibid, 157쪽에서 재인용.

143 "청진 ~ 도착했다.": ibid, 147쪽에서 재인용.

144 중국군 1만 4000명: ibid, 140~141쪽.

145 소련 고문들이 침공 날짜를 제안하다: ibid, 154쪽.

146 스트립 포커: Cumings(1990), 545쪽.

147 "필요한 조치를 취하라.": 존 히커슨(John Hickerson)에 따르면 그렇다. ibid, 625쪽에서 재인용. 커밍스는 한반도 상황에 대한 초기의 결정들과 관련해 애치슨이 제 입맛대로 바꾼 내용을 기록하고 있다.

148 "계속해서 ~ 투입했다.": ibid, 625쪽.

149 "이론 따위는 내팽개쳐야 했다.": ibid, 888쪽, n. 5에서 재인용.

150 "한국 전쟁은 ~ 시험대이다.": ibid, 628쪽에서 재인용.

151 "(한반도는) 극동의 그리스이다.": ibid, 629쪽에서 재인용.

152 "우리는 ~ 시작했다.": ibid, 630쪽에서 재인용.

153 "내 ~ 안 될 것 같네.": Goncharov et al.(1993), 161쪽에서 재인용.

154 스탈린의 유엔 계략: Goncharov, Lewis and Xue Litai가 ibid에서 이런 결론을 제시한다.

155 "스탈린은 ~ 다했다.": Volkogonov(1988, 1991), 540쪽.

156 "우리는 ~ 있다.": Cumings(1990), 756쪽에서 재인용.

157 "전략 ~ 안 된다.": Kohn and Harahan(1988), 88쪽.

22장 국지전의 교훈

1 "교전이 ~ 해 왔다.": Curtis LeMay, "The Strategic Air Command," Armed Forces Staff College, 11.ix.50, Box 93, LeMay Papers, LC.

2 전략 공군 사령부 통계: Kohn and Harahan(1988), 6; Borowski(1982), 191쪽.

3 원자 폭탄을 싣고 작전을 수행할 수 있는 항공기 250대: Rosenberg(1983), 119쪽.

4 "전쟁이 ~ 공격하는"; 6월 6일 기동 훈련: "Maneuver of June 1950," Topical Study Monograph, 1950, Box 196, LeMay Papers, LC.

5 "선데이 펀치": LeMay Daily Diary, 22.vii.50, ibid.

6 "군대에는 ~ 생각했다.": Kohn and Harahan(1988), 92쪽.

7 "우리가 ~ 승인": A. W. Kissner to record, 24.vii.50, Box 196, LeMay Papers, LC. Cf. 몬태규와의 만남을 확인해 주는 LeMay Daily Diary, 27.vi.50도. "몬티크에게 우리가 한국 상황을 해결해야 할 수도 있다는, 대안들을 알려 주었다."(원문 그대로) "to Bring Montique up

to date on any alternate plans that we may have to mmett the situation in Korea"(sic).

8 "대통령이 ~ 요점이었습니다.": Kohn and Harahan(1988), 90~95쪽.

9 "(밴던버그가) 승인해 줘야 한다고 본다.": A. W. Kissner to record, 24.vii.50, Box 196, LeMay Papers, LC.

10 "합동 ~ 없었다.": Nichols(1987), 278쪽.

11 "어떻게 ~ 마련입니다.": LeMay Daily Diary, 23.i.51, LeMay Papers, LC.

12 표적 목록이 전략 공군 사령부로 송부됨: Rosenberg(1983), 165쪽.

13 "보너스 피해 ~ 공격하기": cf. Steiner(1991), 66쪽.

14 "(핵폭격을 ~ 겁니다.": LeMay Daily Diary, transcript of telephone conversation, General LeMay and General Ramey, 1.vii.50, LeMay Papers, LC.

15 "우리의 ~ 맞아요.": LeMay Daily Diary, transcript of telephone conversation, General LeMay and General Norstad, 1.vii.50, ibid.

16 "38도선 ~ 아니다.": LeMay Daily Diary, 2.vii.50, ibid.

17 한국에 가겠다는 르메이의 청원: ibid.

18 핵작전 수행 능력을 보유한 비행단 2개의 영국 파견: ibid, 8.vii.50과 ff.

19 "전략 ~ 것입니다.": ibid, 22.vii.50.

20 CIA 보고서: ORE 91-49, 6.iv.50, Declassified Documents microfilm.

21 "우리가 ~ 결정적인 해": draft cover letter to Finletter memorandum, 11.v.50, in LeMay Daily Diary, LeMay Papers, LC.

22 합동 참모 본부와 그린하우스: Anders(1987), 64쪽.

23 전략 공군 사령부 비행 대대의 극동 이전; "빨갱이를 때려잡자!": "The Deployment of Strategic Air Command Units to Far East, July~August 1950," LeMay Papers, LC.

24 "창고": Ryukichi Imai, personal communication.

25 첫 달의 폭탄 투하량: "The Deployment of Strategic Air Command Units to Far East, July~August 1950," LeMay Papers, LC.

26 임무 수행 목록: George E. Stratemeyer to Commanding General, FEAFBC, 11.vii.50, LeMay Daily Diary, ibid.

27 "주요 ~ 무력화되었다.": 3.x.50 *Washington Post*에서 재인용, in "The Deployment of Strategic Air Command Units to Far East, July~August 1950," 30쪽, ibid.

28 "그렇게 ~ 같습니다.": Kohn and Harahan(1988), 88쪽.

29 네이팜 폭탄은 계속해서 탄다: Cumings(1990), 917쪽, n. 146.

30 "지도에서 ~ 초토화": ibid, 753쪽에서 재인용.

31 "1952년쯤 ~ 실체이다.": ibid, 755~756쪽.

32 사상자수: LeMay(1965), *The World Book* 인용.

33 민간인 200만 명: Cumings(1990), 748쪽.

34 한국 전쟁의 원자 폭탄 사안: cf. Dingman(1988)과 Cumings(1990) 및 아래의 문헌.

35 "핵폭격을 ~ 걸릴 것이다.": Cumings(1990), 749쪽에서 재인용.

36 "비행기 ~ 폭탄": LeMay Daily Diary, 30.vii.50, LeMay Papers, LC.

37 "10대가 ~ 확실하고요.": "Transcript of telephone conversation, General LeMay and General Ramey," 30.vii.50, ibid.

38 "참모 총장께서 ~ 커트.": ibid.

39 "항공기 ~ 받는다.": LeMay Daily Diary, 31.vii.50, ibid.

40 "핵작전을 ~ 결정이 났다.": ibid, 1.viii.50.

41 "추락 사고는 ~ 입었다."; 추락 사고의 기타 세부 사항: ibid, 6.viii.50.

42 항공기 회수, 괌에는 그대로 폭탄 유지: "A wire was received from USAF ordering the 9th Bomb Group in Guam to return without bombs, leaving the teams there to supervise them.": ibid, 13.ix.50.

43 "세계 ~ 제1단계": Trachtenberg(1988), 16쪽에서 재인용.

44 "(핵폭격은) ~ 압도적이었어요.": Hess(1972), 137쪽.

45 "이유는 ~ 끔찍합니다.": William Borden to Brien McMahon, 28.xi.50, JCAE Classified Document No. 1785, National Archives.

46 인천 상륙 작전을 예상한 중국: Goncharov et al.(1993), 171쪽.

47 "우리가 ~ 것이다.": ibid, 182쪽에서 재인용.

48 중국 공산당 정치국의 판단 내용: ibid, 166쪽.

49 "중국이 ~ 것이다.": LeMay Daily Diary, 30.viii.50, LeMay Papers, LC.

50 새로 편성된 중국의 제4군단: Cumings(1990), 734쪽.

51 "우리는 ~ 것이다.": *New York Times*, 26.ii.92, A4쪽에서 재인용.

52 공식 명령; "좋았어! 훌륭해!": Goncharov et al.(1993), 184~185쪽에서 재인용.

53 x~xi.50에 벌어진 소련과 중국의 협상 연대기와 논의: cf. ibid, 187쪽.

54 "(인천 ~ 되었으니.'": ibid, 191쪽에서 재인용.

55 항공 사단 13개, 탱크 연대 10개: ibid, 200쪽.

56 "중국이 ~ 했다.": LeMay Daily Diary, 2.xi.50, LeMay Papers, LC.

57 "한국전 ~ 있다.": ibid, 28.xi.50.

58 "뉴욕에서 ~ 같았다.": Hersey(1950).

59 "그렇다면 ~ 면담하겠다.": ibid에서 재인용.

60 "심각한 ~ 없다.": Dingman(1988), 67쪽에서 재인용.

61 "타격할 ~ 않습니다.": "Personal for Vandenberg from LeMay," Box 196, LeMay Papers, LC.

62 "한반도 ~ 늘어났다.": LeMay Daily Diary, 6.xii.50, ibid에서 재인용.

63 "짐작하겠지만 ~ 확신하네.": Curtis LeMay to Emmett O'Donnell, Jr., 16.xii.50, Box 197, ibid.

64 단거리 항법 장치 시험 결과: Commanding General's notes, Wing Commanders

Conference, 6~7.xii.50, Box 100, ibid.

65 "상황이 ~ 바라네.": Curtis LeMay to Emmett O'Donnell, Jr., 16.xii.50, Box 197, ibid.

66 "'디'데이 핵작전 부대": Cumings(1990), 750쪽에서 재인용.

67 "모든 게 준비되었다고 생각한다.": ibid, 751쪽에서 재인용.

68 "승리 말고는 있을 수 없다.": Dingman(1988), 72쪽에서 재인용.

69 소련 폭격기 200대; 판니카르의 경고: Cumings(1990), 751쪽.

70 "대규모 공격": Dingman(1988), 72쪽에서 재인용.

71 딘, 사전에 경고를 받다: Anders(1987), 134쪽.

72 "비상 ~ 틀림없다."; 밴던버그: LeMay Daily Diary, 5.iv.51, LeMay Papers, LC.

73 "(대통령께서) ~ 했다.": Anders(1987), 137쪽.

74 마크 IV: ibid, 138쪽; 4월 10일: ibid, 142쪽. 이것들이 핵캡슐이지 완전한 폭탄이 아니었다는 것은, 제9폭격 대대가 동원되었음을 적은 LeMay Daily Diary 기록을 보면 확실하게 알 수 있다. 딘도 27.iii.51 상황 메모에서 이 사실을 분명하게 밝힌다. "원자 폭탄 코어 9개"를 언급하며, "9개가 ……에 도착했고, …… 비핵 부품들이 있다."라고 이야기하고 있는 것이다. (ibid, 127~128.) 호이트 밴던버그는 대통령의 직접 대리자로서 "합동 참모 본부의 집행관으로" 폭탄을 관리하라는 명령을 받았다. Wainstein et al.(1975), 32쪽.

75 "통상의 ~ 것이다.": LeMay Daily Diary, 7.iv.51, LeMay Papers, LC.

76 제9폭격 대대, 괌에 머무르다: ibid.

77 "냉혹하고, ~ 처리했죠.'": Coffey(1986), 276쪽.

78 도쿄로 떠난 파워; 괌에 배치된 제9폭격 대대: LeMay Daily Diary, 24.iv.51, LeMay Papers, LC. 로저 딩먼(Roger Dingman)은 한국 전쟁기의 원자 외교에 관한 뛰어난 연구서에서 핵캡슐의 최초이자 이 유일한 극동 이전을 "핵작전 수행 능력 항공기가 서쪽으로 두 번째 이동한 것"이라고 혼동했다. Dingman(1988), 75쪽.

79 "원자 ~ 승인하는 것": Curtis LeMay to Thomas White, 7.v.51, Box 197, LeMay Papers, LC.

80 "파워 ~ 확인했다.": LeMay Daily Diary, 18.v.51, ibid.

81 "전략 ~ 배치되었으면": ibid, 28.viii.51.

82 "(소련) 표적에 폭탄": Curtis LeMay to Hoyt Vandenberg, 3.viii.51, Box 198, ibid.

83 "소규모": Curtis LeMay, "The Strategic Air Command," Armed Forces Staff College, 11.ix.50, Box 93, ibid.

84 "괌 ~ 있으니까요.": Curtis LeMay to Hoyt Vandenberg, 27.xi.51, Box 198, ibid. 딩먼은 제9폭격 대대 역사를 바탕으로, "1951년 6월 말 B-29와 핵화물이 본국으로 돌아왔다."라고 썼다. (Dingman(1988), 78쪽.) 르메이의 편지를 보면, 제9폭격 대대가 다른 비행 중대와 교대하면서 귀환했지만 폭탄은 가져오지 않았다는 게 분명하다. Cf. LeMay Daily Diary, 24.v.51도: "에버레스트 장군(Gen Everest)이 오늘 오선에 왔다. …… 우리는 B-50을 극동으로 보내 그곳에 주둔 중인 제9비행단과 교대하도록 하겠다는 계획을 보고했다."

85 "원자력에 ~ 필요합니다.": Robert Oppenheimer, National War College lecture, 1.ix.50, Oppenheimer Papers, LC.

86 "명령이 ~ 없지.": Hoyt Vandenberg to Curtis LeMay, 5.ii.51, Box 197, LeMay Papers, LC.

87 "극동 ~ 기회이다.": "From the desk of Harry S. Truman," 27.i.52, HSTL.

88 "나라면 ~ 있다.": "Interview of General LeMay by Mr. McNeil, Scripps-Howard Papers," 20.x.50, LeMay Daily Diary, LeMay Papers, LC.

89 소련이 1951년에 최소 수준의 능력을 갖추리라는 미국 공군의 추정: "Comments re the intelligence briefing," attached to Commanding General's Notes, Wing Commanders Conference, 6~7.xii.50, Box 100, ibid.

☢ 23장 유체 역학 렌즈와 방사능 거울 ☢

1 "우리는 ~ 생각한다.": Ulam(1991), 219쪽.

2 "페르미와 ~ 것이었죠.": Richard Garwin의 Asahi Shimbun interview, n.d.

3 "핵반응의 ~ 것이다.": Ulam(1991), 219쪽에서 재인용.

4 단면적 측정: Mathews and Hirsch(1991), xiii쪽.

5 "에드워드 ~ 것이다.": Jastrow(1983), 27쪽.

6 "러시아가 ~ 제시되었으니까요.": J. Carson Mark interview, 3.vi.94.

7 "열핵 ~ 뽑아냈습니다.": Marshall Rosenbluth interview, 26.v.94.

8 "핵폭발을 ~ 실험.": Alvin Graves to Norris Bradbury. Hansen(1994c), 9쪽에서 재인용.

9 "500킬로톤짜리 ~ 없었다.": Jastrow(1983), 27쪽.

10 "(방사선을 ~ 겁니다.": J. Carson Mark interview, 3.vi.94.

11 "유력하게 ~ 수장": Terrall(1983), 76쪽.

12 "(오펜하이머는) ~ 말했습니다.": USAEC(1954b), 307쪽.

13 "(로스앨러모스가) ~ 주장했기": Robert Oppenheimer to Norris Bradbury, 15.ix.50, VFA 1448, LANL Archives.

14 제2연구소 구상이 1947년으로 거슬러 올라간다는 베테의 주장: Hans Bethe, personal communication.

15 "새롭고 ~ 않다.": Hansen(1994b), 43~45쪽에서 재인용.

16 "텔러가 ~ 것이다.": Hewlett and Duncan(1969), 530쪽.

17 "복도에 ~ 눈치였거든요.": Françoise Ulam to John Manley, 10.viii.88, A-92-024, 15-6, LANL Archives.

18 "울람이 ~ 말이다.": Bethe(1982a), 47쪽.

19 "핵융합 ~ 지점입니다.'": McPhee(1974), 90쪽.

20 "필사적이 ~ 말이다.": Bethe(1982a), 48쪽.

21 텔러가 어니스트 로런스에게 전한 메시지: Edward Teller to Ernest Lawrence, 5.xii.50, The Bancroft Library.

22 "텔러 박사는 ~ 생각입니다.": USAEC(1954b), 437쪽.

23 "텔러는 ~ 있어요.": Charles Critchfield interview, 11.vi.93.

24 "왜 ~ 증명되었습니다.": Hans Bethe interview, 3.v.93.

25 "엄청난 ~ 존재한다.": Ulam(1966), 599쪽.

26 "1951년 ~ 거예요.": J. Carson Mark, personal communication, 16.xii.94.

27 "'슈퍼' ~ 때까지.": Ulam(1991), 219. 울람은 프로먼한테서 메모를 받은 게 2월이라고 기억한다. 하지만 아널드 크래미시가 LAMS-1210 계산을 회고한 내용을 보면 1월 어느 날이 맞다.

28 "생각을 ~ 구체적이었다.": ibid.

29 "똑똑히 ~ 거예요.": Ulam(1991), 311쪽.

30 "'슈퍼'가 ~ 찾아갔다.": Fran?oise Ulam to John Manley, 10.viii.88, A-92-024, 15-6, LANL Archives.

31 "그러고는 ~ 말했다.": Ulam(1991), 220쪽.

32 "텔러는 ~ 주입당했습니다.": J. Carson Mark, personal communication, 16.xii.94.

33 압축 사안에 대한 텔러의 설명: Edward Teller interview, vi.93.

34 "반응 ~ 없다.'": Teller(1979), 214~215쪽.

35 "원리와 ~ 있다.": ibid.

36 "삼체 ~ 바뀝니다.": J. Carson Mark, personal communication, 16.xii.94.

37 "결국 ~ 깨달았습니다.": ibid.

38 아널드 크래미시와 신틀레마이스터 보고서: Arnold Kramish, personal communication, 27.xii.94.

39 "라브렌티에프의 ~ 했다.": Sakharov(1990), 139쪽.

40 "그 후로도 ~ 있었습니다.": Arnold Kramish, personal communication, 27.xii.94.

41 화학 폭약이 부적당한 이유에 대한 마크의 설명; "반복 ~ 바뀌었다.": Hansen(1994i), 28쪽에서 재인용.

42 "장치의 ~ 있을 것이다.": Stanisław Ulam to Glenn Seaborg, 22.iii.62, LANL Archives.

43 "에버렛과 ~ 분명하다.": ibid.

44 "서로를 ~ 갔어요.": J. Carson Mark interview, 3.vi.94.

45 "대화를 ~ 않았다.": Stanisław Ulam to Glenn Seaborg, 22.iii.62, LANL Archives.

46 "몇 시간 후 ~ 열정적이었다.": Ulam(1991), 220쪽.

47 "그는 ~ 포괄적이었다.": ibid.

48 "분열의 ~ 되어 주었죠.": Edward Teller interview, vi.93.

49 "그 순간부터 ~ 만들었다.": Ulam(1991), 220쪽.

50 "텔러가 ~ 하더군요.": Arnold Kramish, personal communication, 25.i.94.

51 "텔러가 ~ 말이에요.": ibid, 27.xii.94.

52 「(삭제됨) 온도 추정」: LAMS-1210. Declassified cover sheet courtesy Arnold Kramish.

53 "폭탄과 ~ 같아요.": Hewlett and Duncan(1969), 537쪽에서 재인용.

54 텔러-울람 보고서: LAMS-1225. Chuck Hansen collection.

55 "이 보고서는 ~ 셈이다.": ibid.

56 "과학자가 ~ 일이리라.": Bethe(1982a), 49쪽.

57 "울람이 ~ 생각해요.": Herbert York interview, 27.vi.83.

58 "방식이 ~ 있습니다.": Sloan Foundation(1983), 12, 29쪽.

59 "수소 ~ 사안이었습니다.": Norberg(1980a), 76쪽.

60 "실린더 ~ 떠올렸어요.": Marshall Rosenbluth interview, 26.v.94.

61 "텔러-울람 ~ 있었으니까요.": J. Carson Mark interview, 3.vi.94.

62 "(보어가) ~ 게지.": Nielson(1963), 30쪽.

63 "텔러와 ~ 않겠죠.": Norberg(1980d), 90쪽.

64 "사람들은 ~ 필수입니다.": George Cowan interview, 8.vi.93.

65 "골렘을 ~ 내력이로군!'": Ulam(1991), 109쪽.

66 오펜하이머의 언급이 가식적이라고 생각한 울람: cf. ibid, 170~171쪽.

67 "이제부터는 ~ 물러났다.": ibid, 311쪽.

68 "울람은 ~ 때문입니다.": J. Carson Mark interview, 3.vi.94.

69 "평형 ~ 장치": LA-1230. Chuck Hansen collection.

70 "새로운 개념의 아주 중요한 2라운드": Bethe(1982a), 48쪽.

71 "점화 ~ 귀결입니다.": J. Carson Mark, personal communication, 16.xii.94.

72 "모두가 ~ 겁니다.": Marshall Rosenbluth interview, 26.v.94.

73 분과 책임자 회의에서 울람이 한 발언: Hewlett and Duncan(1969), 540쪽.

74 "당장 ~ 섰죠.": Norberg(1980c), 38쪽.

75 텔러와 프로먼의 다툼: Hewlett and Duncan(1969), 540~541; 극저온 공학 연구소: Timmerhaus(1960), 2쪽.

76 카슨 마크와 열핵 폭탄 연구소: cf. "Comments on plan for setting up separate thermonuclear division," 15.iii.51, LANL Archives.

77 『에니웨톡의 성 생활』: Anders(1987), 144쪽.

78 "기후가 ~ 불어 댔다.": Allred and Rosen(1976), 50쪽.

79 "(제2차 세계 ~ 있었다.": ibid, 143~144쪽.

80 "나는 ~ 나뿐이었죠.": Herbert York, personal communication, 20.v.94.

81 "텔러의 ~ 받아들였다.": Bethe(1982a), 48쪽.

82 "비키니 ~ 찼다.": Anders(1987), 144쪽.

83 "5월의 ~ 제안했다.": Teller(1987), 80쪽.

84 200킬로톤, 25킬로톤: Hansen(1994c), 50쪽.

85 "흥미로운 ~ 틀림없습니다.": ibid, 149쪽, n. 113에서 재인용.

86 "에니웨톡은 ~ 않습니다.": Anders(1987), 144쪽.

87 아이템의 핵출력 자료: Hansen(1994h), 2쪽; 5년: J. Carson Mark interview, 3.vi.94.

88 "수소 ~ 말했다.": USAEC(1954b), 305쪽.

89 오펜하이머의 초청: Robert Oppenheimer memorandum, 29.v.51, Box 175, Oppenheimer Papers, LC.

90 "상당히 ~ 때문입니다.": USAEC(1954b), 720쪽.

91 "(회의에서 ~ 결정적이었다.": Teller(1982).

92 사실과 다른 텔러의 주장: cf. "Los Alamos Scientific Laboratory Thermonuclear Program," 22.vi.51. Chuck Hansen collection.

93 프로먼 의제: Hewlett and Duncan(1969), 542쪽; "Los Alamos Scientific Laboratory Thermonuclear Program," 22.vi.51. Chuck Hansen collection.

94 "그린하우스 ~ 거예요.": Norberg(1980c), 42쪽.

95 베테의 의견: Bethe(1982b), 1270쪽.

96 "사태 ~ 놀랐다.": USAEC(1954b), 84쪽.

97 "그 새로운 ~ 지지했다.": ibid, 720쪽.

98 "우리는 ~ 돌입하자": ibid, 84쪽.

99 "이틀 ~ 없었습니다.": ibid, 305쪽.

100 "그 문제라면 ~ 모르겠습니다.": ibid, 81쪽.

101 "나는 ~ 생각이었습니다.": Hans Bethe interview, 3.v.93.

102 "우리가 ~ 합의되었습니다.": Edward Teller interview, vi.93.

103 "지원이기보다는 ~ 많았습니다.": USAEC(1954b), 721쪽.

104 "오펜하이머가 ~ 싫어 했다.": William Borden, "Memorandum for the file," 13.viii.51.

105 "수만 개의": J. K. Mansfield, "Memorandum for the Chairman," draft edited in William Borden's handwriting, 15.vii.51, JCAE Classified Document No. 2283, National Archives.

106 "텔러는 ~ 봉착했습니다.": ibid, 155~156쪽.

107 "읍소(泣訴)에 ~ 필요합니다.": Anders(1987), 160~161쪽.

108 "(브래드베리는) ~ 없었다.": Schreiber(1991), 12쪽.

109 "텔러랑 ~ 나가게.": Jacob Wechsler interview, 9.vi.93.

110 "황소 ~ 없었습니다.": Anders(1987), 164쪽.

111 "슈퍼에 ~ 왔다.": Edward Teller interview, vi.93.

112 "감정이 몹시 상했": Anders(1987), 164쪽.

113 "전 소장의 ~ 끝이었다.": USAEC(1954b), 85쪽.

114 "씩씩거리면서": Schreiber(1991), 12쪽.

115 "텔러는 ~ 걸지.": Jacob Wechsler interview, 9.vi.93.

116 "과제를 ~ 연구했죠.": Norberg(1980c), 46쪽.

117 "그한테 ~ 거예요.": Norberg(1980a), 84쪽.

118 "우리 ~ 때문이죠.": Norberg(1980c), 45쪽.

119 "로스앨러모스가 ~ 것이다.": ibid.

120 "시누이가 ~ 아니었습니다.": Radosh and Milton(1983), 167쪽에서 재인용.

121 "나는 ~ 나처럼요.": David and Ruth Greenglass interview, 12.vi.79. (Text courtesy Ronald Radosh.)

122 어빙 코프먼의 일방적 교감: cf. Radosh and Milton(1983), 277쪽.

123 "사람들은 ~ 입었습니다.": ibid, 284쪽; Meeropol and Meeropol(1975), 34쪽에서 재인용.

124 "신과 같다.": Meeropol and Meeropol(1975), 288쪽에서 재인용.

125 "내 행동이 ~ 치르겠다.": Gold(1951), 117~121쪽.

126 "나는 ~ 않습니다.": Gold(1965b).

24장 마이크

1 중수소화암모니아: Jacob Wechsler interview, 9.vi.93.

2 "중수소화리튬이라면 ~ 못했습니다.": Hans Bethe interview, 3.v.93.

3 텔러-드 호프만 보고서: JCAE(1953), 64쪽에서 재인용.

4 볼더 시민의 공유지 매입: Timmerhaus(1960), 2쪽.

5 "극저온 ~ 생각했어요.": J. Carson Mark interview, 3.vi.94.

6 "그 과제는 ~ 때문에).": Jacob Wechsler interview, 9.vi.93.

7 아메리칸 카 앤드 파운드리: ibid.; 10월 협상: Hansen(1994c), 81쪽.

8 "결국 ~ 돌아다녔습니다.": Jacob Wechsler interviews, 9.vi.93, 3.vi.94.

9 "발코니에 ~ 대단하군.'": Jacob Wechsler interview, 9.vi.93.

10 카슨 마크의 궁금증: ibid.

11 "카슨은 ~ 생각뿐입니다.": ibid.

12 텔러는 로스앨러모스에 딱 2주 머물렀다: Galison and Bernstein(1989), 324쪽.

13 "사람들이 ~ 비난해 댔죠.": Hans Bethe interview, 3.v.93.

14 "압력이 ~ 거였죠.": Jacob Wechsler interview, 3.vi.94.

15 슈모: Jacob Wechsler, personal communication, 27.xii.94; Raemer Schreiber interview, vi.93.

16 "1952년 ~ 나왔다."; 텔러의 제안: H. A. Bethe to Gordon Dean, 23.v.52. Chuck Hansen collection.

17 "마크는 ~ 무시하자고.": Jacob Wechsler interview, 3.vi.94.

18 킹은 마이크의 예비용이었다: Moore and Bechanan(n.d.), 24.

19 "한 번은 ~ 아니었습니다.": Hans Bethe interview, 3.v.93.

20 "제임스 ~ 없으니.": Scurlock(1992), 255쪽에서 재인용.

21 "콜린스는 ~ 정도이다.": F. G. Brickwedde et al., in ibid, 371쪽.

22 "아서 D. 리틀은 ~ 갔으니까요.": Jacob Wechsler interview, 9.vi.93.

23 듀어 기술: Timmerhaus(1960); Scott(1959); Jacob Wechsler interviews.

24 점화 플러그: J. Carson Mark interview, 3.vi.94. 중수소의 부피: 척 핸슨은 마이크의 핵융합 출력과 10~50퍼센트로 산정된 효율 범위를 바탕으로 150~600리터라고 추정했다. Chuck Hansen, personal communication, 31.xii.94.

25 폴리에틸렌의 에너지: Harold Agnew interview, 27.v.94.

26 가장 커다란 우라늄 주물: 21.ii.52 JCAE 회의에서 H. D. Smyth가 한 발언에 따르면. Chuck Hansen, personal communication, 31.xii.94.

27 국립 표준국의 흡수율 측정: Timmerhaus(1960), 12쪽.

28 "산화우라늄은 ~ 같았습니다.": Jacob Wechsler interview, 9.vi.93.

29 "수소가 ~ 것이다.": LANL(1983), 37쪽.

30 마이크의 출력 추정치: Hansen(1994d), 26~27쪽.

31 "이게 ~ 샜습니다.": Jacob Wechsler interview, 3.vi.94.

32 "조립물로 ~ 있었어요.": ibid.

33 두 차례의 냉각 과정과 수정 작업: WT-608, extracted version, 22쪽. Chuck Hansen collection.

34 마이크의 모든 부품은 커티스 호에 선적되었다: Hansen(1994d), 60~62쪽; WT-608, extracted version, 26쪽. Chuck Hansen collection.

35 "로런스는 ~ 걸요.": Norberg(1980a), 90쪽.

36 열핵 융합 탐지 연구: Herbert York to Norris Bradbury, 3.vi.52, LANL Archives.

37 "리버모어 ~ 했다.": York(1976), 133쪽.

38 "겁쟁이들이 ~ 합니다.": Blumberg and Owens(1976), 290쪽에서 재인용.

39 "대통령께 ~ 않았습니다.": Sidney W. Souers oral history, 16.xii.54, 9~10쪽, HSTL.

40 "지난번에 ~ 않았습니다.": Robert Oppenheimer to Niels Bohr, 27.vi.51, Box 31, Oppenheimer Papers, LC.

41 "수소 ~ 겁니다.": USAEC(1954b), 562쪽.

42 "공산주의자들에게 ~ 대표적이죠.": Hans Bethe to Gordon Dean, 9.ix.52. Chuck Hansen collection.

43 시험 연기와 관련해 브래드베리가 한 염려: Norris Bradbury to Robert Oppenheimer, 11.vi.52. Hansen(1994d), 17~19쪽에서 재인용.

44 "대통령은 ~ 했다.": ibid, 591~592쪽.

45 주커트 에피소드: cf. Hewlett and Duncan(1969), 590~592쪽.

46 "고든이 ~ 한다고요.": Hess(1971), 60~61쪽.

47 마이크 폭발의 촬영 관련 세부 사항: cf. Brixner(n.d.).
48 마이크 폭발의 관찰과 측정 준비: WT-608, extracted version(n.d.); Moore and Bechanan(n.d.).
49 "아마도 ~ 겁니다.": Raemer Schreiber interview, 9.vi.93.
50 9월 25일 2차 완성: Hansen(1994d), 63쪽.
51 "사람들이 ~ 붙였죠.": Harold Agnew interview, 27.v.94.
52 "잡기는 ~ 되었죠.": Harold Agnew, LANL talk, vi.93.
53 "양은 ~ 요소였습니다.": J. Carson Mark interview, 3.vi.94.
54 "강철 ~ 운반했습니다.": Harold Agnew interview, 27.v.94.
55 "생각해 ~ 투입했습니다.": Jacob Wechsler interview, 3.vi.94.
56 "모의 연습을 ~ 없었습니다.": Harold Agnew interview, 27.v.94.
57 "정말 ~ 말입니까?": ibid.
58 허리케인 시험: Norris et al.(1994), 25~26쪽.
59 10월 10일 냉각 개시: Hansen(1994d), 63쪽.
60 마이크의 최종 충전: WT-608(n.d.), 58쪽.
61 기상 악화: ibid, 28쪽.
62 "마이크 ~ 이루어졌습니다.": Harold Agnew interview, 27.vi.94.
63 "코어가 ~ 했죠.": J. Carson Mark interview, 3.vi.94.
64 교체된 코어는 로스앨러모스에서 제작되었다: Jacob Wechsler interview, 9.vi.93; 우라늄은 늘어났고, 플루토늄은 줄었다: Gordon Dean to James S. Lay, "Approval for Operation Ivy," 30.x.52, HSTL.
65 1차 요소의 코어가 더 효율적으로 개선되었다: Raemer Schreiber interview, 8.vi.93.
66 소개: WT-608(n.d.), 32ff.
67 "액체 수소를 ~ 거였죠.": Jacob Wechsler interview, 9.vi.93.
68 "2~3일 ~ 확인했습니다.": ibid, 3.vi.94.
69 "그들은 ~ 잠갔습니다.": Raemer Schreiber interview, 8.vi.93.
70 폭발팀 세부 사항: WT-608(n.d.), 57~59쪽; Moore and Bechanan(n.d.), 270쪽.
71 바람: Moore and Bechanan(n.d.), 270쪽.
72 점검 시스템; 통제실: WT-608(n.d.), 47~48쪽.
73 "그날 밤 ~ 작동했습니다.": Jacob Wechsler interview, 3.vi.94.
74 폭발 개시 시간 세부 사항: Moore and Bechanan(n.d.), 272ff.
75 마이크의 면적 효과: ibid, 274ff; Hansen(1994d), 66ff.
76 "온 세상에 불이 붙은 것 같았어요.": Hansen(1994d), 70쪽에서 재인용.
77 "정말 ~ 있었고요.": George Cowan interview, 8.vi.93.
78 화구에서 온갖 원소가 만들어지다: ibid.
79 "우라늄 ~ 명명되었다.": Morrison(1991), 133쪽.

80 "하늘을 ~ 피어올랐죠.": Raemer Schreiber interview, 8.vi.93.

81 "리길리 ~ 같았다.": Hansen(1994d), 71쪽에서 재인용.

82 "레드 리더가 ~ 빠져나왔다.": Moore and Bechanan(n.d.), 277쪽.

83 "그런 점에서 별보다 대단했죠.": George Cowan interview, 8.vi.93.

84 로런스와 앨버레즈도 지진계를 점검했다: Hansen(1994d), 131쪽, n. 125.

85 "나는 ~ 걸렸다.": Teller(1979), 150~151쪽.

86 로젠블러스가 전보의 내용을 회고함: Marshall Rosenbluth interview, 26.v.94.

87 "마이크는 내 새끼요.": Herbert York interview, 27.vi.83에서 재인용.

88 "세계사의 ~ 것입니다.": Hansen(1994d), 74쪽에서 재인용.

☢ 25장 보복 능력 ☢

1 "저녁에 ~ 알겠나?'": Sakharov(1990), 134쪽.

2 "사로프가 ~ 생각했습니다.": Victor Adamsky interview, vi.92.

3 "안드레이 ~ 이야기였다.": Ritus(1990).

4 "우리는 ~ 했죠.": Altshuler et al.(1991), 497쪽.

5 "스키를 ~ 즐겼다.": Sakharov(1990), 128쪽.

6 "하나의 커다란 마을이었다.": ibid, 134쪽.

7 "연구 단지 ~ 같으니!": 요청에 따라 이름을 밝히지 않음, personal communication, St. Petersburg, vi.92.

8 시리아예바의 재유배: Sakharov(1990), 134쪽.

9 "사로프에서 차지하던 위상과 명성": ibid, 135쪽.

10 "대단히 ~ 스탈린주의자이고요.": ibid, 136쪽.

11 두 번째 정치 위원: Lev Altshuler interview, vi.92.

12 "반니코프는 ~ 생활했습니다.": ibid.

13 "베리야에게 ~ 일단락되었다.": Khariton and Smirnov(1993), 27쪽.

14 "베리야는 ~ 음울하기만 했다.": ibid.

15 "감옥에 여유 공간은 많다고.": Holloway(1994), 305쪽에서 재인용.

16 아르트시모비치와 리툼: ibid.

17 알트슐러의 모형 실험: Lev Altshuler, personal communication, 16.xi.92.

18 "태평양에 ~ 러시아 중앙에서": Altshuler et al.(1991), 499~500쪽.

19 속이 상한 화학자: Sakharov(1990), 158쪽.

20 "실패한 ~ 없었다.": Altshuler et al.(1991), 499쪽.

21 "내일 ~ 해야겠어.": Volkogonov(1988, 1991), 570쪽.

22 "조인트 ~ 있는 거야.'": ibid, 570~571쪽.

23 "야단법석이었다. ~ 없었다.": Alliluyeva(1967), 7쪽.

24 "스탈린 동지가 편안하게 주무시고 계신다.": Volkogonov(1988, 1991), 572쪽에서 재인용.
25 "가당찮게 ~ 노골적이었다.": Alliluyeva(1967), 8쪽.
26 "스탈린이 ~ 것이다.": ibid, 186쪽에서 재인용.
27 베리야의 유화 정책: cf. 구체적으로 Knight(1993), 180쪽.
28 베리야 체포: 이것은 흐루쇼프 버전이다. 베리야의 아들은 아버지가 집에서 체포되었다고 주장한다: ibid, 197쪽. 단추와 코안경: Hansen(1990), 105쪽.
29 "베리야는 ~ 않았다.": Hansen(1990), 107쪽에서 재인용.
30 "단신이고 혈색이 좋았다.": Sakharov(1990), 169쪽.
31 "문서고 ~ 확인했습니다.": Stickle(1992), 84쪽.
32 "그 이야기가 ~ 것입니다.": ibid, 130쪽.
33 "우리의 ~ 인식해야 해요.": Radosh and Milton(1983), 322쪽에서 재인용.
34 "미국 파시즘의 첫 번째 희생자들": ibid, 323쪽에서 재인용.
35 "그들은 소모품입니다.": David Alman, ibid, 327쪽에서 재인용.
36 "우리도 ~ 싶다.": ibid, 336쪽에서 재인용.
37 "두고 보자, ~ 것이다!": Meeropol and Meeropol(1975), 150쪽에서 재인용.
38 "전 국민을 피로 물들이는 사법 살인": Radosh and Milton(1983), 351쪽에서 재인용.
39 "허약한": ibid, 376쪽에서 재인용.
40 "(로젠버그 부부가) ~ 중이다.": Lamphere and Shachtman(1986), 262쪽에서 재인용.
41 "사람들이 ~ 석방될 게야.": Dwight Eisenhower to John Eisenhower, 16.vi.53, DDEL.
42 "가족의 ~ 것이다.": Radosh(1979).
43 "그러니까 ~ 마찬가지입니다.": Meeropol and Meeropol(1975), 208쪽에서 재인용.
44 "생각해 ~ 한다고요.": ibid, 217쪽에서 재인용.
45 "로젠버그 부부가 ~ 알았다.": Lamphere and Shachtman(1986), 265쪽.
46 "형이 ~ 느꼈다.": Hiss(1988), 180쪽.
47 "만족감이 ~ 거머쥐었다.": Lamphere and Shachtman(1986), 286쪽.
48 "자식이 ~ 아니죠.": Radosh(1979).
49 "이제 ~ 것이다.": Meeropol and Meeropol(1975), 185쪽에서 재인용.
50 베리야 처형: Hansen(1990), 107쪽.
51 "예상하지 ~ 너무나 뻔했다.": Sakharov(1990), 170~171쪽.
52 공중 투하용 재설계 지연: ibid, 172쪽.
53 "원자 폭탄 ~ 되었다.": Arneson(1969), vi, 27쪽에서 재인용.
54 "그 발표에 ~ 말인가?": ibid, 26쪽.
55 스트로스, 아이젠하워에게 편지를 쓰다: Galison and Bernstein(1989), 329쪽.
56 "함께 ~ 구했어요!'": Altshuler et al.(1991), 613쪽.
57 "역공학을 ~ 않았습니다.": J. Carson Mark interview, 3.vi.94.
58 "공갈포": George Cowan interview, 8.vi.93.

59 "고폭약으로 ~ 분명했습니다.": Hans Bethe, personal communication, v.93.

60 "러시아 인들이 ~ 실패작이었습니다.": George Cowan interview, 8.vi.93.

61 "우리는 ~ 때문입니다.": Herbert York, personal communication, 20.v.94.

62 "무척 ~ 안 됩니다.": John Stennis to Stuart Symington, 29.x.53, Box A5, LeMay Papers, LC.

63 "스테니스 ~ 기울었습니다.": Curtis LeMay to Stuart Symington, 12.xi.53, ibid.

64 열핵 프로그램에 관한 노이만의 견해: John von Neumann to Sterling Cole, 23.xi.53, RG 128, Box 60, National Archives.

65 열핵 프로그램에 관한 존 휠러의 견해: John Wheeler to Sterling Cole, 1.xii.53, JCAE No. 3797, ibid.

66 열핵 프로그램에 관한 I. I. 라비의 견해: I. I. Rabi to Sterling Cole, 24.xi.53, JCAE No. 3777, ibid.

67 "10년 후를 ~ 없다.": Oppenheimer(1953), 527~528쪽.

68 합동 원자력 위원회 보고서: Edward L. Heller, memorandum for the files, "H-bomb destruction potential," 17.xi.53, JCAE No. 3764, Box 62, RG 128, National Archives.

69 아이젠하워가 덜레스에게 보낸 메모: Dwight Eisenhower, "memorandum for the Secretary of State," 8.ix.53, DDEL.

☢ 26장 J. 로버트 오펜하이머 사안 ☢

1 "관계를 청산하겠다.": Pfau(1984), 139쪽에서 재인용.

2 "또 다른 푹스": William Borden, "Memorandum for the file," 13.viii.51, JCAE Classified Document No. 3464. Chuck Hansen collection.

3 스트로스가 의심한 오펜하이머의 행동: Pfau(1984), 140쪽; 스트로스, 후버에게 약속하다: Green(1977), 16쪽.

4 "최근의 풍문 ~ 합니다.": William Borden to Brien McMahon, 28.v.52, JCAE No. 3831, National Archives.

5 "공군성 ~ 명령했다.": York(1976), 139쪽.

6 "공군은 ~ 있습니다.": John Walker and William Borden, "Memorandum to Senator McMahon," 4.iv.52, JCAE Classified Document No. 7490. National Archives.

7 매카시를 부추긴 시밍턴: Bernstein(1984~1985), 10. 번스타인은 후속 조사에서 그 일이 1953년 5월이었다고 다르게 이야기한다. "보든이 합동 원자력 위원회에서 근무한 마지막 몇 주 동안이었다.": Bernstein(1990b), 1431쪽.

8 "우리는 ~ 방법이었다.": York(1976), 139쪽에서 재인용.

9 오펜하이머의 원자력 위원회 업무: USAEC(1954b), 1045쪽.

10 "확실히 ~ 없네.": Strauss(1962), 336쪽에서 재인용.

11 "특히나 ~ 것이다.": Bernstein(1975), II에서 재인용.

12 "산업계, ~ 제공하는": Green(1977), 16쪽.

13 "무분별할 ~ 아니고요.": Pfau(1984), 140~141쪽에서 재인용.

14 "오펜하이머의 ~ 안 됩니다.": ibid, 141쪽에서 재인용.

15 닉슨: ibid.

16 휠러는 문서를 기차에서 잃어버렸다고 생각했다: John A. Wheeler, personal communication, 16.xi.92; 워커 보고서의 봉투가 프린스턴에서 발견되었다: W. Brobeck, "Weekly conference with Walter J. Williams, deputy general manager, AEC," 6.ii.53. Hansen(1994d), 95쪽에서 재인용.

17 "이런 일이 ~ 내용이었다.": Green(1977), 14쪽.

18 "보든은 ~ 몰랐다.": Bryan LaPlante. Bernstein(1990b), 1444쪽에서 재인용.

19 "여러 해 동안 생각을 거듭했고,": USAEC(1954b), 833쪽.

20 "원자력 ~ 행적은?": Robert Oppenheimer FBI FOIA files, 100-17828-427, 2쪽에서 재인용.

21 보든, 스트로스에게 접근하다: Pfau(1984), 150쪽.

22 "오펜하이머의 반역죄를 다루는 재판정의 기소 검사": Gregg Herken, personal communication, 3.x.94.

23 보든과 스트로스의 대화: Hewlett and Holl(1989), 62쪽.

24 10월; "생각을 명료하게 다듬었고,": USAEC(1954b), 839쪽.

25 "도저히 ~ 공개한 거야.": William Borden to Corbin Allerdice, 6.xii.53. Bernstein(1990b), 1438쪽, n. 262에서 재인용.

26 보든의 편지: USAEC(1954b), 837~838쪽.

27 "실제 ~ 진술되었다.": Bernstein(1990b), 1440쪽에서 재인용.

28 "보든이 ~ 눈치": ibid에서 재인용.

29 슈발리에 일화를 점검한 스트로스: ibid, 1442쪽.

30 윌슨의 반응: cf. ibid, 1443쪽.

31 "찰스 윌슨이 ~ 촉구해 왔다.": Dwight Eisenhower, "Note for diary," 2.xii.53, DDEL.

32 "오펜하이머와 ~ 있겠느냐": Dwight Eisenhower, "Memorandum for the Attorney General," 3.xii.53, DDEL.

33 "이른바 ~ 이야기이다.": Dwight Eisenhower, "S. to previous note," 3.xii.53, DDEL.

34 "대중에게 ~ 있었다.": John Edgar Hoover to Tolson, Ladd and Nichols, 3.xii.53, Robert Oppenheimer FBI FOIA files, 100-17828-(판독 불가).

35 "스트로스는 ~ 내다봤다.": Teller(1987), 63쪽.

36 "당신이 ~ 말아 달라.": Bernstein(1990b), 1447쪽에서 재인용.

37 "신이 도와서": Stern(1969), 224쪽.

38 주커트와 스마이스의 비판: Hewlett and Holl(1989), 78쪽.

39 "미꾸라지 같은 개자식": Bernstein(1990b), 1449쪽에서 재인용.

40 McCabe, Albuquerque, to Director FBI(14.v.52 접수), SAC Albuquerque to Director FBI(27.v.52 접수), Robert Oppenheimer FBI FOIA files.

41 "모리슨은 ~ 말했다.": "Julius Robert Oppenheimer" summary file, 18.iv.52, 14쪽, ibid.를 보면 텔러가 이 발언을 한 것으로 나온다.

42 "남의 ~ 일인가?": Bernstein(1990b), 1476쪽에서 재인용.

43 스트로스와 오펜하이머의 만남: cf. Nichols's contemporary memorandum at Strauss(1962), 443쪽; Hewlett and Holl(1989), 78쪽.

44 "어떻게 ~ 컸습니다.": Stern(1969), 232쪽에서 재인용.

45 "제안해 ~ 합니다.": ibid, 233쪽에서 재인용.

46 "우리가 ~ 어때?": ibid, 229쪽에서 재인용.

47 스트로스, 도청을 요구하다: cf. FBI document quoted at Bernstein(1984~85), 9쪽: "원자력 위원회 의장 루이스 L. 스트로스 제독의 요청에 따라 …… 1-1-54부로 뉴저지 주 프린스턴에 있는 J. 로버트 오펜하이머 박사의 자택에 기술 감시 장비가 설치되었다." 원자력 위원회 공식 역사에는 이렇게 적혀 있다. "후버가 …… 오펜하이머의 자택과 사무실 전화 도청을 승인했다. 도청 장치는 1954년 1월 1일 설치되었다." Hewlett and Holl(1989), 80쪽.

48 "법률 ~ 정당하다.": Hewlett and Holl(1989), 81쪽에서 재인용.

49 "스트로스에게 ~ 제공 중": Bernstein(1984~85), 9쪽에서 재인용.

50 "귀 기관의 ~ 때문입니다.": Pfau(1984), 162쪽에서 재인용.

51 "그는 ~ 말했다.": Robert Oppenheimer FBI FOIA files, 100-17828-704, 2쪽.

52 "(오펜하이머는) ~ 일입니다.": Lewis Strauss to Edward Teller, 12.vii.61, Strauss Papers, HHL.

53 개리슨의 비밀 정보 사용 권한: 문제의 변호인단 구성원은 허버트 마크스였다. cf. Hewlett and Holl(1989), 81쪽.

54 "내 경험상 ~ 유대인입니다.": Bernstein(1984~85), 13쪽에서 재인용.

55 "예단과 ~ 걱정스러웠다.": Bernstein(1990b), 1471쪽에서 재인용.

56 "스트로스는 ~ 밝혔다.": Robert Oppenheimer FBI FOIA files, 100-17828-704, 1쪽.

57 바이스코프와 공산주의: cf. Oppenheimer's testimony at USAEC(1954b), 10쪽.

58 "나처럼 ~ 마십시오.": Stern(1969), 255쪽에서 재인용.

59 "어느 날 ~ 몰랐습니다.": Robert Serber interview, 22.ix.94.

60 "정말로 ~ 때문이에요.": Harold Agnew interview, 27.v.94.

61 "48킬로미터 ~ 혼비백산했어요.": Marshall Rosenbluth interview, 26.v.94.

62 "죽음의 재": Hewlett and Holl(1989), 176쪽에서 재인용.

63 "아주 큰 ~ 틀림없다.": "The H-Bomb and World Opinion," Bul. Atom. Sci., 31.iii.54, 163쪽.

64 "빨갱이 정찰선": Hewlett and Holl(1989), 177쪽에서 재인용.

65 캐슬 시리즈 통계: Hansen(1994h), 5~6쪽.

66 "해럴드가 ~ 삽니까?'": Jacob Wechsler interview, 3.vi.94.

67 "캐슬 작전이 ~ 했다.": Schreiber(1991), 13쪽.

68 "오펜하이머는 ~ 없었어요.": Charles Critchfield interview, 11.vi.93.

69 "우리의 수소 폭탄 연구": "McCarthy and the H-bomb," New York Times, 8.iv.54, 26쪽에서 재인용.

70 보안 청문회장 배치: Stern(1969), 257쪽.

71 "모든 ~ 것입니다.": USAEC(1954b), 98쪽.

72 "(오펜하이머는) ~ 두었죠.": Goodchild(1980), 228쪽에서 재인용.

73 "오펜하이머가 ~ 방법이었죠.": ibid, 230쪽에서 재인용.

74 "만전을 ~ 생각이었습니다.": ibid, 231쪽에서 재인용.

75 "하콘 ~ 대화였습니다.": USAEC(1954b), 130쪽.

76 "롭: 슈발리에게가 ~ 오펜하이머: 예.": ibid.

77 "잔뜩 ~ 같았다.": Stern(1969), 280쪽에서 재인용.

78 "롭: 당신이 ~ 맞습니다.": USAEC(1954b), 136~137쪽.

79 "(오펜하이머는) ~ 지쳐 갔습니다.": Goodchild(1980), 241쪽에서 재인용.

80 "질문: 당신은 ~ 그렇습니다.": USAEC(1954b), 137~138쪽.

81 "오펜하이머가 ~ 믿고 있음.": Kenneth Nichols to Peer DeSilva, ibid, 153쪽.

82 "롭: 터무니없고 ~ 거짓말입니다.": USAEC(1954b), 149쪽.

83 "구역질이 ~ 왔다오.'": Stern(1969), 280쪽에서 재인용.

84 오펜하이머의 스파이 활동 접촉 이야기: Hewlett and Holl(1989), 94쪽.

85 "(그로브스는) ~ 끌어들였다.": ibid, 96쪽.

86 "접근이 ~ 견지했다.": USAEC(1994b), 167~168쪽.

87 "오펜하이머가 ~ 것이다.": ibid, 170쪽.

88 "우리 세대의 가장 위대한 지성 가운데 한 명": ibid, 357.

89 "우리가 ~ 능력": ibid, 367쪽.

90 "롭: (슈발리에) ~ 있습니다.": ibid, 469~470쪽.

91 "나는 ~ 말입니다.": ibid, 565쪽.

92 그레이와 롭의 은밀한 대화: Goodchild(1980), 251쪽.

93 "그레이. ~ 모르겠습니다.": USAEC(1954b), 575쪽.

94 "한 인간의 ~ 고문이었습니다.": Goodchild(1980), 249쪽에서 재인용.

95 "그는 ~ 판단했습니다.": USAEC(1954b), 660쪽.

96 "헌신적인 ~ 정서입니다.": ibid, 684쪽.

97 "정보 ~ 걱정한 것": ibid, 684쪽.

98 "오펜하이머가 ~ 성토했다.": Edward Teller interview with Herbert Childs, Box 6, reel 15, side 2, n.d., CU-369, The Bancroft Library.

99 "오펜하이머가 ~ 단언했죠.": Edward Teller interview, vi.93.

100 "내가 ~ 않았다.": Stern(1969), 516쪽.

101 Charter Heslep to Lewis Strauss, "Conversation with Edward Teller at Livermore on April 22, 1954," 3.v.54, Strauss Papers, HHL.

102 "롭이 ~ '모르겠습니다.'": Edward Teller interview, vi.93.

103 "아예 ~ 저질렀다'고.": Hans Bethe interview, 3.v.93. Cf. also Hans Bethe oral history interview, American Institute of Physics, 38쪽.

104 "호텔 로비에서 ~ 실패했다.": Dyson(1979), 90쪽.

105 "오펜하이머가 ~ 없었다.": WGBH(1980), 10쪽.

106 "롭: 오펜하이머 ~ 그렇습니다.": USAEC(1954b), 709쪽.

107 "롭: 이제 ~ 것입니다.": ibid, 710쪽.

108 "비공개를 ~ 맥 빠진": Green(1977), 59쪽.

109 "롭이 ~ 사실이다.": ibid.

110 "그레이. 그렇다면 ~ 말하겠습니다.": USAEC(MOKJb), 726쪽.

111 "텔러 ~ 하겠다.": Kunetka(1982), 242쪽에서 재인용.

112 "미안합니다. ~ 모르겠군.": Stern(1969), 340쪽에서 재인용.

113 "충성스럽고 ~ 못했다.": USAEC(1954b), 1016~1019쪽.

114 청문회 속기록 출판: cf. Hewlett and Holl(1989), 105쪽.

115 "텔러 박사가 ~ 않는다.": Lewis Strauss file memorandum, 23.vi.54, Strauss Papers, HHL.

116 "정부와 ~ 않는다.": USAEC(1954b), 1049쪽.

117 텔러가 일련의 사태를 찬찬히 뜯어봄: Edward Teller to Lewis Strauss, 2.vii.54; Strauss to Teller, 6.vii.54; Roger Robb to Teller, 8.vii.54; various statement drafts interleaved. Teller-Strauss correspondence file, Strauss Papers, HHL. 텔러의 성명서는 Blumberg and Owens(1976), 368에 실려 있다.

118 "정말이지 ~ 겁니다.": Robert Serber interview, 22.ix.94.

119 "이후로 그는 사람이 달라졌다.": Else(1981), 28쪽.

120 "나는 ~ 만들어 드려요?": USAEC(1954b), 468쪽.

121 "나는 ~ 같은데요.": Bill Moyers, interview with I. I. Rabi, *A Walk Through the Twentieth Century*.

☢ 27장 병 속의 전갈들 ☢

1 "감히 ~ 그것이다.": Kohn and Harahan(1988), 108쪽.

2 "혼자서만 잘 먹고 잘 살려 한다.": Rosenberg(1983), 168쪽에서 재인용.

3 전략 공군 사령부의 표적 계획 장악: ibid, 204쪽.

4 "꼭 ~ 않습니다.": Curtis LeMay to Lauris Norstad, 9.vii.52, Box 201, LeMay Papers, LC.

5 "우리가 ~ 것입니다.": Rosenberg(1983), 168쪽에서 재인용.

6 "1953 ~ 않았다.": ibid.

7 "전쟁이 ~ 정도입니다.": ibid, 176쪽에서 재인용.

8 원자력 위원회 확대 관련 자료: Anders(1987), 4쪽.

9 핵무기 재고량 통계: Norris and Arkin(1993); Chuck Hansen, personal communication, 10.ii.95.

10 "우리는 ~ 것이죠.": draft cover letter to Finletter memorandum, 11.v.50, in LeMay Daily Diary, LeMay Papers, LC.

11 "소련이 ~ 없다.": Rosenberg(1983), 193쪽에서 재인용.

12 둘리틀의 제안: ibid, 195쪽.

13 「국가 위기가 ~ 도덕론자": Kaku and Axelrod(1987), 100쪽에서 재인용; cf. also Rosenberg(1983), 196쪽.

14 "소련이 ~ 판단이었다.": Kaku and Axelrod(1987), 101쪽에서 재인용.

15 "미국과 ~ 거부한다.": Rosenberg(1983), 197쪽에서 재인용.

16 선제 타격: cf. discussion ibid, 198쪽.

17 1,008명의 대원, 750발: Rosenberg(1981~1982).

18 "전략 ~ 터졌다.": ibid, 25쪽에서 재인용.

19 "한반도나 ~ 것이다.": ibid, 27쪽에서 재인용.

20 PB4Y-2 격추: Prados(1992), 12쪽; Lashmar(1994c), 8쪽.

21 투명 합성수지 판: Rosenberg(1983), 161쪽.

22 미국과 영국의 정찰 협정: cf. Lashmar(1994c).

23 "불빛이 ~ 좋았다.": ibid, 13쪽에서 재인용.

24 비행기 20대, 항공병 100~200명: cf. various estimates at Prados(1992), 12쪽.

25 "우리는 ~ 뻔했습니다.": Kohn and Harahan(1988), 95~96쪽.

26 "(르메이가) ~ 생각했어요.": Lashmar(1994a), 24쪽에서 재인용.

27 "나는 ~ 말이야.'": ibid에서 재인용.

28 르메이의 국방 대학 강연: "Presentation to National War College by General C. E. LeMay," 18.iv.56, Box 93, LeMay Papers, LC.

29 "우리는 ~ 것이다.": Oppenheimer(1953), 529쪽.

30 "전적으로 ~ 않았습니다.": Kohn and Harahan(1988), 112쪽.

31 전략 공군 사령부에는 암호가 있었다.: Jervis(1989), 147쪽.

32 스프레이그 에피소드: cf. Kaplan(1983), 132쪽.

33 "러시아가 ~ 겁니다.": ibid, 134쪽에서 재인용.

34 "대통령께서 ~ 일입니다.": Jervis(1989), 143쪽, n. 18에서 재인용.

35 "소련이 ~ 있다.": Kaku and Axelrod(1987), 104쪽에서 재인용.

36 "사하로프가 ~ 이야기했다.": Romanov(1990).

37 "빠르게 ~ 느껴졌어요.": Victor Adamsky interview, vi.92.

38 쿠르차토프와 하리톤, 제로 지점에 다녀오다: Holloway(1994), 317쪽.

39 "가공할 ~ 안 되네.": ibid에서 재인용.

40 핵 외교: cf. especially Betts(1987).

41 아이젠하워의 경고: cf. ibid, 42쪽.

42 "공격하겠다고 ~ 결의": ibid, 67쪽에서 재인용.

43 "흐루쇼프는 ~ 꿉니다.'": ibid에서 재인용.

44 "중화 ~ 것입니다.": ibid, 73~74쪽에서 재인용.

45 "열강들의 지리학적 핵심 안보 지대": ibid, 82쪽.

46 소련의 핵무기 재고: Norris and Arkin(1993), 57쪽.

47 소련과 미국의 미사일과 폭격기: Blight and Welch(1989), 31쪽.

48 미국의 경고에 대한 흐루쇼프의 반응: cf. Raymond Garthoff's comments, ibid.

49 "서방 ~ 알았다.": Khrushchev(1970), 494~495쪽.

50 "소련이 ~ 신장되었다.": Blight and Welch(1989), 30~31쪽.

51 CIA 보고서: ibid, 375쪽.

52 "그 열흘 ~ 잤다.": Kohn and Harahan(1988), 116쪽.

53 "시간이나 ~ 있다.": Sagan(1993), 150쪽에서 재인용.

54 "부하 ~ 있습니다.": ibid에서 재인용.

55 "파워 장군은 ~ 알았어요.": Horace Wade, SAC 8th AF. ibid에서 재인용.

56 데프콘 단계: cf. ibid, 64쪽.

57 공중 비상 대기 태세: ibid, 63쪽.

58 경계 태세의 목표: cf. ibid, 66쪽.

59 "(전략 공군 ~ 있었다.": ibid, 67쪽에서 재인용.

60 "쿠바가 ~ 있다.": ibid, 66쪽에서 재인용.

61 7,000메가톤: Betts(1987), 118쪽.

62 "우리는 ~ 알았다.": ibid, 120쪽, n. 120에서 재인용.

63 "파워 ~ 않는다.": Sagan(1993), 68쪽에서 재인용.

64 전략 공군 사령부의 데프콘 전파 정책: ibid, 69쪽, n. 45.

65 아틀라스 발사 사건: cf. ibid, 79쪽.

66 "표준 ~ 했다.": ibid, 81쪽에서 재인용.

67 미니트맨의 제 문제: cf. ibid, 81쪽.

68 "비유가 ~ 있었습니다.": ibid, 90쪽에서 재인용.

69 "자동화 ~ 뻔했다.": ibid에서 재인용.

70 볼크 기지 사고: cf. ibid, 99쪽.

71 "미국 ~ 것이다.": ibid, 142쪽에서 재인용; 무장 요격기: ibid, 96쪽; 미사일 발사 오판:

ibid, 130쪽.

72 해군의 잠수함 추적: Betts(1987), 119쪽.

73 케네디가 겁쟁이라고 생각한 르메이: 플레처 크느벨(Fletcher Knebel)은 "공군 참모 총장을 지낸 커티스 르메이 장군과 면담을 하다가 『5월의 7일간(*Seven Days in May*)』 아이디어를 얻었다고 말했다. 르메이는 비보도를 전제로 케네디 대통령이 피그스 만(Bay of Pigs) 위기를 다룰 때 겁쟁이처럼 굴었다고 비난했다." Knebel obituary, *New York Times*, 28.ii.93.

74 "케네디 행정부는 ~ 알았다.": Kohn and Harahan(1988), 112~116쪽.

75 "러시아라는 ~ 떼어버리자.": Brugioni(1991), 469쪽에서 재인용(인용 표시 없음).

76 "르메이는 ~ 생각했다.": Blight and Welch(1989), 91쪽.

77 "르메이는 ~ 주장했다.": ibid, 29쪽.

78 "대통령께서 ~ 마찬가지야.": ibid, 370쪽에서 재인용.

79 르메이, 케네디를 질책하다: Daniel Ellsberg, personal communication, iv.94.

80 "흐루쇼프가 ~ 합니다!'": Blight and Welch(1989), 50쪽.

81 전략 공군 사령부 휘하 비행단 지휘관의 이야기: personal communication, xi.91.

82 쿠바에 배치된 소련 미사일: McNamara(1992), A25; Zaloga(1993), 211쪽.

83 "그게 ~ 이유이다.": Blight and Welch(1989), 52쪽.

84 사망자 6000만 명: Rosenberg(1981~82), 30쪽.

85 "소련 ~ 목표입니다.": "Presentation to National War College by General C. E. LeMay," 18.iv.56, 20쪽, Box 93, LeMay Papers, LC.

86 르메이는 미국이 "졌다."라고 믿었다.: 르메이는 1988년에 이렇게 말했다. "사실을 말하자면 우리는 졌습니다. (갖고 있는 힘을) 사용하면 이득을 볼 수 있었는데도 그 힘을 사용하지 않았기 때문이죠." Kohn and Harahan(1988), 112쪽.

☢ 에필로그 '서서히 사라지는 적대감' ☢

1 "조국의 ~ 무너졌습니다.": George Kennan, "Contribution to memorial service for J. Robert Oppenheimer," 25.ii.67, Box 43, Oppenheimer Papers, LC.

2 스트로스의 지명과 낙마: cf. Pfau(1984), 228쪽.

3 페르미 상 시상에 즈음해 오펜하이머와 텔러가 주고받은 대화: cf. Teller's handwritten note on Eastern Air Lines stationery and Oppenheimer's draft and final replies, dated 23.iv.63, Box 71, Oppenheimer Papers, LC.

4 "과학이 ~ 아름답습니다.": Rhodes(1979), 116쪽에서 재인용.

5 오펜하이머 추천 도서: *The Christian Century*, 15.v.63, 647쪽.

6 "사람이 ~ 악화되었어요.": Blumberg and Owens(1976), 365쪽에서 재인용.

7 "우리 ~ 겁니다.": I. I. Rabi to Sterling Cole, 25.xi.53. Cf. also Edward Teller to S.C., 18.xii.53; John Wheeler to S.C., 1.xii.53; John von Neumann to S.C., 25.xi.53, National

Archives.

8 "자명종 안은 ~ 확신합니다.": J. Carson Mark interview, 3.vi.94.

9 "700년 동안의 전체주의 지배.": Los Alamos National Laboratory colloquium, 28.vi.82, videotape, LANL archives.

10 "특정할 ~ 것이다.": Ulam(1976), 111쪽.

11 코헨 부부: cf. Andrew and Gordievsky(1990), 442쪽.

12 "쿠르차토프가 ~ 중단했다.": Zukerman and Azarkh, unpub. MS, 126~127쪽.

13 "영어를 ~ 살았지만요.": Victor Adamsky interview, vi.92.

14 4조 달러: estimate by Defense Budget Project, Washington, DC, reported in *Albuquerque Journal*, 24.xii.94, B5. (Courtesy Edwardo de Los Alamos.)

15 소련 몰락: cf. Aleksandr Yakovlev in *New Yorker* 43(37):6(2.xi.92).

16 "아이젠하워가 ~ 대통령이다.": Zuckerman(1988), 33쪽.

17 "이제 ~ 안 됩니다.": Truman(1966), 1124~1125쪽.

18 "3차 ~ 것입니다.": Bul. Atom. Sci. X(5) (v.54), 167쪽에서 재인용.

19 "중앙 위원회 ~ 있었다.": Holloway(1994), 339쪽에서 재인용.

20 이승만과 아이젠하워: "American-Korean talks," 27.vii.54, DDE Diary, Box 4, DDEL.

21 "전쟁으로는 ~ 거지.": Nielson(1963), 30쪽에서 재인용.

22 "대통령께서는 ~ 없었다.": 129th NSC, 21.xii.54. DDEL.

23 "하지만 ~ 제어할 수 없다.": Holloway(1994), 339쪽에서 재인용.

24 "쿠바 ~ 절대 아니죠!": Blight and Welch(1989), 33쪽.

25 "펜타곤의 ~ 것이다.": Zuckerman(1988), 33쪽.

26 "보복당할 ~ 일이다.": Bundy(1969), 9~10쪽.

27 "군비 경쟁은 ~ 불가분의 관계이다.": Nincic(1982), 82쪽.

28 "전략 ~ 개발되었다.": ibid, 107쪽.

29 1938~1969년 연구: ibid, 50쪽에서 재인용.

30 잘못 해서 경고를 발하고, 그렇게 일어난 사고들: cf. Sagan(1993).

31 "전 세계로 사회주의 체제를 확산하려 했다.": Gorbachev(1992), 22쪽.

32 "하지만 ~ 실수였습니다.": ibid.

33 "편견과 ~ 사라지리": Bohr(1958), 31쪽.

34 "결국 ~ 달라졌다.": Bundy(1982), 14~15쪽.

참고 문헌

Acheson, Dean. 1969. *Present at the Creation*. W. W. Norton.

Alexandrov, A. P. 1967. *The heroic deed. Bui. Atom. Sci.* xii.

———. 1988. How we made the bomb. *Izvestia* 205. 22.vii.

Alliluyeva, Svetlana. 1967. *Twenty Letters to a Friend*. Harper & Row.

Allred, John, and Louis Rosen. 1976. First fusion neutrons from a thermonuclear weapon device. In Bogdan Maglich, ed., *Adventures in Experimental Physics*. World Science Foundation.

Alsop, Joseph, and Stewart Alsop. 1946. Your flesh *should* creep. *Sat. Even. Post.* 13.vii.

———. 1954. We accuse! *Harpers, x.*

Alsop, Stewart, and Ralph E. Lapp. 1954. The strange death of Louis Slotin. *Sat. Even. Post.* 6.iii.

Altshuler, B. L, et al., eds. 1991. *Andrei Sakharov. Facets of a Life*. France: Editions Frontières.

Alvarez, Luis W. 1987. *Alvarez*. Basic Books.

Ambrose, Stephen E. 1990. *Eisenhower*. Simon & Schuster.

American Institute of Physics (AIP). 1994. Historians, physicists mobilize to refute
spy stories. *AIP History Newsletter*. Fall.

Anders, Roger M. 1978. The Rosenberg case revisited: the Greenglass testimony and the protection of atomic secrets. *American Historical Revieiv* 83(2). iv.

———, ed. 1987. *Forging the Atomic Shield*. University of North Carolina Press.

Andrew, Christopher, and Oleg Gordievsky. 1990. *KGB: The Inside Story*. Harper-Perennial.
Anon. 1953. The hidden struggle for the H-bomb. *Fortune*, v.
Anon. 1971. The billion-dollar bomber. *Air Enthusiast*, vii-x.
Arneson, R. Gordon. 1969. The H-bomb decision. *Foreign Service fournal* v, vi.
Aspray, William. 1990. *John von Neumann and the Origins of Modern Computing*. MIT Press.
Badash, Lawrence. 1985. *Kapitza, Rutherford, and the Kremlin*. Yale University Press.
Bailey, Greg. 1992. Farewell to SAC. *Bui. Atom. Sci.* vi.
Bamford, James. 1982. *The Puzzle Palace*. Penguin.
Barnard, Chester I., et al. 1946. *A Report on the International Control of Atomic Energy* (Acheson-Lilienthal Report). Department of State.
Baruch, Bernard M. 1960. *The Public Years*. Holt, Rinehart and Winston.
Bedell Smith, Walter. 1950. *My Three Years in Moscow*. J. B. Lippincott.
Behrens, James W., and Allan D. Carlson, eds. 1989. 50 *Years with Nuclear Fission*. American Nuclear Society.
Bell, George I. 1965. Production of heavy nuclei in the Par and Barbel devices. *Phys. Rev.* 139(5B):B1207.
Bellman, Richard. 1984. *Eye of the Hurricane*. World Scientific.
Bentley, Elizabeth. 1951. *Out of Bondage*. Devin-Adair.
Bernstein, Barton J. 1982. "In the matter of J. Robert Oppenheimer." *Historical Studies in the Physical Sciences* 12(2): 195.
———. 1984-1985. The Oppenheimer conspiracy. *Our Right to Know*. Fund for Open Information and Accountability. Fall-Winter. (Rep. from *Discover*, iii.85.)
———. 1990a. Essay review—from the A-bomb to Star Wars: Edward Teller's history. *Technology and Culture* 31(4):846.
———. 1990b. The Oppenheimer loyalty-security case reconsidered. *Stanford Law Review* 42(6):1383.
Bernstein, Jeremy. 1975. Physicist. *New Yorker*. 1:13.x; II: 20.x.
———. 1980. *Hans Bethe: Prophet of Energy*. Basic Books.
Bethe, Hans A. 1950. The hydrogen bomb: II. *Scientific American*, iv.
———. 1964. Theory of the fireball. Los Alamos Scientific Laboratory (LA-3064).
———. 1965. The fireball in air. *J. Quant. Spectrosc. Radiat. Transfer* 5:9.
———. 1982a. Comments on the history of the H-bomb. *Los Alamos Science*. Fall.
———. 1982b. Hydrogen bomb history. (Letter.) *Science* 218:1270.
Betts, Richard K. 1987. *Nuclear Blackmail and the Nuclear Balance*. Brookings Institution.

Birkhoff, Garrett, et al. 1948. Explosives with lined cavities. *J. App. Phys.* 19(6):511.

Blight, James G., and David A. Welch. 1989. *On the Brink.* Hill and Wang.

Blumberg, Stanley A., and Gwinn Owens. 1976. *Energy and Conflict.* G. P. Putnam's Sons.

Blumberg, Stanley A., and Louis G. Panos. 1990. *Edward Teller.* Charles Scribner's Sons.

Bohlen, Charles E. 1973. *Witness to History.* W. W. Norton.

Bohr, Niels. 1958. *Atomic Physics and Human Knowledge.* John Wiley.

Borden, William Liscum. 1946. *There Will Be No Time.* Macmillan.

Borowski, Harry R. 1980. Air Force atomic capability from V-J Day to the Berlin blockade—potential or real? *Military Affairs* XLIV. x.

———. 1982. *A Hollow Threat.* Greenwood Press.

Borst, L. B., and William D. Harkins. 1940. Search for a neutron-deuteron reaction. *Physical Review* 37 (l.iv.40): 659.

Bracken, Paul. 1983. *The Command and Control of Nuclear Forces.* Yale University Press.

Bradbury, Norris E. 1948. An address at Pomona College. *Pomona College Bulletin* XLVI(6). i i .

Bradley, David. 1948. *No Place to Hide.* Little, Brown.

Bretscher, Egon, et al. 1946, 1950. Report of conference on the Super. Los Alamos Scientific Laboratory (LA-575).

Brickwedde, Ferdinand G. 1982. Harold Urey and the discovery of deuterium. *Physics Today,* ix.

Brixner, Berlyn. n.d. High-speed photography of the first hydrogen-bomb explosion. Los Alamos National Laboratory (LA-UR-92-2514).

Brode, Bernice. 1960. Tales of Los Alamos. *LASL Community News.* 2.vi., 22.ix.

Brode, Harold L. 1968. Review of nuclear weapons effects. *Ann. Rev. Nucl. Sci.* 18:153.

Brodie, Bernard. 1948. The atom bomb as policy maker. *Foreign Affairs,* x.

Bromberg, Joan. 1978. Interview with Herbert York. The Bancroft Library.

Brugioni, Dino A. 1991. *Eyeball to Eyeball.* Random House.

Bullock, Alan. 1992. *Hitler and Stalin.* Knopf.

Bundy, McGeorge. 1969. To cap the volcano. *Foreign Affairs* 48(1). x.

———. 1982. Early thoughts on controlling the nuclear arms race. *International Security* 7(2). Fall.

———. 1988. *Danger and Survival.* Random House.

Caldwell, Erskine. 1942. *All-Out on the Road to Smolensk.* Duell, Sloan and Pearce.

Cameron, A. G. W. 1959. Multiple neutron capture in the Mike fusion explosion. *Canadian Journal of Physics* 37(3):322.

Cave Brown, Anthony, and Charles B. MacDonald, eds. 1977. *The Secret History of the*

Atomic Bomb. Delta/Dell.

Cecil, Robert. 1989. *A Divided Life*. William Morrow.

Central Intelligence Agency (CIA). 1951. *National Intelligence Survey* 26: *USSR*. Section 73: Atomic Energy.

———. 1957. The problem of uranium isotope separation by means of ultracentrifuge in the USSR. Report No. EG-1802. 8.x.

Chambers, Whittaker. 1952. *Witness*. Random House.

Chikov, Vladimir. 1991a. How Soviet intelligence service "split" the American atom. *New Times* (Moscow) 16.

———. 1991b. How Soviet intelligence service "split" the American atom. *New Times* (Moscow) 17.

———. 1991c. Recollections of Colonel Yatzkov. *Army* 19.

Childs, Herbert. 1963. Interview with Robert Oppenheimer. The Bancroft Library.

———. 1968. *An American Genius*. E. P. Dutton.

———. n.d. Interview with Edward Teller. The Bancroft Library.

Churchill, Winston. 1959, 1987. *Memoirs of the Second World War (Abridged)*. Houghton Mifflin.

Clark, John C. 1957. We were trapped by radioactive fallout. *Sat. Even. Post*. 20.vii.

Clay, Lucius D. 1950. *Decision in Germany*. Doubleday.

Clifford, Clark. 1991. *Counsel to the President*. Random House.

Cochran, Thomas B., and Robert Standish Norris. 1990. *Soviet Nuclear Warhead Production* (NWD 90-3). Natural Resources Defense Council.

———. 1991. A first look at the Soviet bomb complex. *Bui. Atom. Sci. v.*

———. 1993. *Russian/Soviet Nuclear Warhead Production* (NWD 93-1). Natural Resources Defense Council.

Coffey, Thomas M. 1986. *Iron Eagle*. Crown.

Coit, Margaret L. 1957. *Mr. Baruch*. Houghton Mifflin.

Collier, Richard. 1978. *Bridge Across the Sky*. McGraw-Hill.

Conquest, Robert. 1990. *The Great Terror*. Oxford University Press.

———. 1991. *Stalin*. Penguin.

———. 1993. "The evil of this time." *NYRB*. 23. ix.

Costello, John, and Oleg Tsarev. 1993. *Deadly Illusions*. Crown.

Craxton, R. Stephen, Robert L. McCrory and John M. Soures. 1986. Progress in laser fusion. *Scientific American* 255(2):68.

Cumings, Bruce. 1990. *The Origins of the Korean War*. Vol. 2. Princeton University Press.

Dallin, David J. 1955. *Soviet Espionage*. Yale University Press.

Davis, Nuel Pharr. 1968. *Lawrence and Oppenheimer.* Simon and Schuster.

De Geer, Lars-Erik. 1991. The radioactive signature of the hydrogen bomb. *Science & Global Security* II. Gordon and Breach Science, de Seversky, Alexander P. 1946. Atomic bomb hysteria. *Reader's Digest,* i i.

Diamond, H., et al. 1960. Heavy isotope abundances in Mike thermonuclear device. *Phys Rev.* 119(6):2000.

Dingman, Roger. 1988. Atomic diplomacy during the Korean War. *International Security* 13(3):50.

Djilas, Milovan. 1962. *Conversations with Stalin.* Harcourt, Brace & World.

Dobbs, Michael. 1992. How Soviets stole U.S. atom secrets. *Washington Post.* 4.x.

Doolittle, James H. With Carroll V. Glines. 1991. *I Could Never Be So Lucky Again.* Bantam.

Doran, Jamie. 1994. *The Red Bomb.* 3 vols. Documentary videotape. Discovery Communications.

Douhet, Giulio. 1942. *The Command of the Air.* Coward-McCann.

Drell, Sidney D., and Sergei P. Kapitza, eds. 1991. *Sakharov Remembered.* American Institute of Physics.

Dyadkin, Iosif G. 1983. *Unnatural Deaths in the USSR,* 1928-1954. Transaction.

Dyson, Freeman. 1979. *Disturbing the Universe.* Harper & Row.

Ehrenburg, Ilya, and Konstantin Simonov. 1985. *In One Newspaper.* Trans. Anatol Kagan. Sphinx Press.

Eisenhower, Dwight D. (Louis Galambos, ed.). 1989. *Nato and the Campaign of 1952. The Papers of Dwight David Eisenhower.* Vol. 13. Johns Hopkins University Press.

Elliot, Gil. 1972. *Twentieth Century Book of the Dead.* Charles Scribner's Sons.

Else, Jon. 1981. *The Day After Trinity.* Transcript. KTEH-TV.

Emmett, John L., John Nuckolls and Lowell Wood. 1974. Fusion power by laser implosion. *Scientific American,* vi.

Evans, Medford. 1953. *The Secret War for the A-Bomb.* Henry Regnery.

Fakley, Dennis C. 1983. The British Mission. *Los Alamos Science.* Winter-Spring.

Feynman, Richard P. 1985. *"Surely You're foking, Mr. Eeynman!"* Bantam.

Feklisov, A. S. 1990. The heroic deed of Klaus Fuchs. *Voyennoi Istorischeski Zhurnal* 12.

Ferrell, Robert H., ed. 1980. Truman at Potsdam. *American Heritage,* vi/vii.

———, ed. 1991. *Truman in the White House: The Diary of Eben A. Ayers.* University of Missouri Press.

Flerov, Georgi N. 1989. Soviet research into nuclear fission before 1942. In James W. Behrens and Allan D. Carlson, eds., *50 Years with Nuclear Fission.* American Nuclear

Society.

Forche, Carolyn. 1993. *Against Forgetting*. W. W. Norton.

Frankel, S. 1946. Prima facie proof of the feasibility of the Super. Los Alamos Scientific Laboratory (LA-551) 15.iv.

Fried, Yehuda, and Joseph Agassi. 1976. *Paranoia. Boston Studies in the Philosophy of Science*. Vol. 50. D. Reidel.

Frisch, Otto Robert. 1939. Physical evidence for the division of heavy nuclei under neutron bombardment. *Nature* 143:276.

———. 1978. Lise Meitner, nuclear pioneer. *New Scientist*. 9.xi.

———. 1979. *What Little I Remember*. Cambridge University Press.

Frish, S. E. 1992. *Skvoz prizmu vremen: Vospominania (Through the Prism of Time: Memoirs)*. Politizdat.

Furman, Necah Stewart. 1990. *Sandia National Laboratories*. University of New Mexico Press.

Gaddis,John Lewis. 1987. *The Long Peace*. Oxford University Press.

Gaddis, John Lewis, and Paul Nitze. 1980. NSC 68 and the Soviet threat reconsidered. *International Security* 4:164. Spring.

Galison, Peter, and Barton Bernstein. 1989. In any light: scientists and the decision to build the Superbomb, 1942-1954. *HSPS* 19:2.

Galtung, Johan. 1987. *United States Foreign Policy: As Manifest Theology*. University of California Institute on Global Conflict and Cooperation Policy Paper No. 4.

Gershtein, S. S. 1991. From reminiscences about Ya. B. Zeldovich. *Usp. Fiz. Nauk* 161:170-171 (v.). American Institute of Physics.

Glasstone, Samuel, and Philip J. Dolan. 1977. *The Effects of Nuclear Weapons*. USGPO.

Gleick, James. 1992. *Genius*. Pantheon.

Gold, Harry. 1951. The circumstances surrounding my work as a Soviet agent—a report. Unpub. MS.

———. 1965a. Memorandum to Augustus S. Ballard, August 25, 1965. Holograph MS.

———. 1965b. Memorandum to Augustus S. Ballard, September 24, 1965. Holograph MS.

Goldstine, Herman H. 1972. *The Computer from Pascal to von Neumann*. Princeton University Press.

Golovanov, Yaroslav. 1990. The portrait gallery. *Poisk* 15-21.ii.90. (Trans. JPRS-UST-90-006, 31.V.90, 87ff.)

Golovin, I. N. 1968. *I. V. Kurchatov*. Trans. William H. Dougherty. Selbstverlag Press.

———. 1989. The first steps in the atomic problem in the USSR. In James W. Behrens and

Allan D. Carlson, eds., 50 *Years with Nuclear Fission*. American Nuclear Society.
———. 1991. A crucial moment. *Science in the USSR* 1:17.
Golovin, I. N., and Yuri N. Smirnov. 1989. *It Began in Zamoskvorechie*. KurchatovInstitute.
Goncharov, Sergei N., John W. Lewis and Xue Litai. 1993. *Uncertain Partners*. Stanford University Press.
Goodchild, Peter. 1980. *J. Robert Oppenheimer*. Houghton Mifflin.
Gorbachev, Mikhail. 1992. The river of time. *Bui. Atom. Sci.* vii/viii.
Gouzenko, Igor. 1948. *The Iron Curtain*. E. P. Dutton.
Gowing, Margaret. 1964. *Britain and Atomic Energy* 1939–1945. Macmillan.
———. 1974. *Independence and Deterrence*. Vol. 2. Macmillan.
Graybar, Lloyd J. 1986. The 1946 atomic bomb tests: atomic diplomacy or bureaucratic infighting? *Jour. Am. Hist.* 72:4. iii.
Green, Harold P. 1977. The Oppenheimer case: a study in the abuse of law. *Bui Atom. Sci.* ix.
Groueff, Stephane. 1967. *Manhattan Project*. Little, Brown.
Groves, Leslie R. 1948. The atom general answers his critics. *Sat. Even. Post* 22:15 +.19.vi.
———. 1962. *Now It Can Be Told*. Harper & Brothers.
Gubarev, Vladimir. 1989. Nuclear trace. *Pravda* 25.viii.89:1, 4. (Trans. JPRS-TND-89-021.)
Gurevich, I. L, et al. 1946, 1991. Utilization of the nuclear energy of the light elements. *Sov. Phys. Usp.* 34(5). v. (Trans. G. M. Volkoff; American Institute of Physics.)
Hansell, Haywood S., Jr. 1986. *The Strategic Air War Against Germany and Japan*. Office of Air Force History.
Hansen, Chuck. 1988. *U.S. Nuclear Weapons*. Aerofax/Orion Books.
———. 1994a. Thermonuclear weapons development: overview. Unpub. MS.
———. 1994b. The status of the H-bomb program, January 1950. Unpub. MS.
———. 1994c. Operation GREENHOUSE. Unpub. MS.
———. 1994d. April 1952: the AEC reports to the President. Unpub. MS.
———. 1994e. The "Emergency Capability" program. Unpub. MS.
———. 1994f. Postwar U.S. fission weapons development. Unpub. MS.
———. 1994g. Weapons physics. Unpub. MS.
———. 1994h. U.S. nuclear weapons tests, 1945–1962. Unpub. MS.
———. 1994i. The application of radiation implosion. Unpub. MS.
Hansen, James H. 1990. The Kremlin follies of '53 ... The demise of Lavrenti Beria. *Intelligence and Counterintelligence* 4(1):101.
Harriman, Averell, and Elie Abel. 1975. *Special Envoy to Churchill and Stalin* 1941–1946.

Random House.
Hawkins, David. 1994. (Letter.) *Bui. Atom. Sci.* ix/x.
Herken, Gregg. 1980. *The Winning Weapon*. Knopf.
———. 1983. Mad about the bomb. *Harper's*, xii.
———. 1985. *Counsels of War*. Knopf.
Herring, Jr., George C. 1973. *Aid to Russia 1941-1946*. Columbia University Press.
Hersey, John. 1950. Conference in Room 474. *New Yorker*. 16.xii.
Hershberg, James. 1993 *James B. Conant*. Knopf.
Hess, Jerry N. 1970. Robert G. Nixon oral history interview. HSTL.
———. 1971. Eugene M. Zuckert oral history interview. HSTL.
———. 1972. Frank Pace, Jr., oral history interview. HSTL.
Hewlett, Richard G., and Oscar E. Anderson, Jr. 1962. *The New World. Pennsylvania* State University Press.
Hewlett, Richard G., and Francis Duncan. 1969. *Atomic Shield, 1947/1952*. Pennsylvania State University Press.
Hewlett, Richard G., and Jack M. Holl. 1989. *Atoms for Peace and War, 1953-1961*. University of California Press.
Hines, Neil O. 1962. *Proving Ground*. University of Washington Press.
Hiss, Alger. 1988. *Recollections of a Life*. Arcade.
Hoddeson, Lillian, Paul W. Henriksen, Roger A. Meade and Catherine Westfall. 1993. *Critical Assembly*. Cambridge University Press.
Hogan, William J., Roger Bangerter and Gerald L. Kulcinski. 1992. Energy from inertial fusion. *Physics Today*, ix.
Hogerton, John F. 1948. There is no shortcut to the bomb. *Look*. 16.iii.
Holloway, David. 1979-1980. Research note: Soviet thermonuclear development. *International Security* 4.
———. 1981. Entering the nuclear arms race: the Soviet decision to build the atomic bomb, 1939-1945. *Social Studies of Science* 11:2, 159. v.
———. 1983. *The Soviet Union and the Arms Race*. Yale University Press.
———. 1990. The scientist and the tyrant. *NYRB*. 1.iii.
———. 1994. *Stalin and the Bomb*. Yale University Press.
Hoopes, Townsend, and Douglas Brinkley. 1992. *Driven Patriot*. Knopf.
Hoover, J. Edgar. 1958. *Masters of Deceit*. Henry Holt.
House Committee on Un-American Activities (HUAC). 1950. *Report on Atomic Espionage*. 81st Congress, 1st Session: Hearings of Sept. 29,1949. USGPO.
Hughes, Emmet John. 1975. *The Ordeal of Power*. Atheneum.

Hurley, Alfred F., and Robert C. Ehrhart. 1979. *Air Power and Warfare*. Office of Air Force History.

Hyde, H. Montgomery. 1980. *The Atom Bomb Spies*. Atheneum.

Ingram, Kenneth. 1955. *History of the Cold War*. Philosophical Library.

International Commission Against Concentration Camp Practices. 1959. *The Regime of the Concentration Camp in the Post-War World, 1945-1953*. Centre International d'Edition et de Documentation.

International Committee of Experts in Medical Sciences and Public Health to Implement Resolution WHA34.38. 1984. *Effects of Nuclear War on Health and Health Services*. World Health Organization.

Irving, David. 1967. *The Virus House*. William Kimber. (In US: *The German Atomic Bomb*, Simon and Schuster, 1968.)

Jackson, Robert. 1988. *The Berlin Airlift*. Patrick Stephens.

Jastrow, Robert. 1983. Why strategic superiority matters. *Commentary* 75(3). iii.

Jervis, Robert. 1989. *The Meaning of the Nuclear Revolution*. Cornell University Press.

Johnson, Ken. 1970. A quarter century of fun. *The Atom*. Los Alamos Scientific Laboratory, ix.

Johnson, Niel M. 1989. R. Gordon Arneson oral history interview. HSTL.

Joint Committee on Atomic Energy (JCAE). 1951. *Soviet Atomic Espionage*. USGPO.

———. 1953. Policy and progress in the H-bomb program: a chronology of leading events. National Archives.

Jones, Joseph M. 1955. *The Fifteen Weeks*. Viking.

Jordan, George Racey. 1952. *From Major Jordan's Diaries*. Harcourt, Brace.

Kaftanov, S. V. 1985. On alert (interview by V. Stepanov). *Chemistry and Life* 3.

Kaku, Michio, and Daniel Axelrod. 1987. *To Win a Nuclear War*. South End Press.

Kanet, Roger E., and Edward A. Kolodziej. 1991. *The Cold War as Cooperation*. Johns Hopkins University Press.

Kaplan, Fred. 1983. *The Wizards of Armageddon*. Simon and Schuster.

Keeganjohn. 1989. *The Second World War*. Penguin.

Kennan, George. 1967. *Memoirs, 1925-1950*. Pantheon.

Kennedy, J. W , G. T. Seaborg, E. Segrè and A. C. Wahl. 1946. Properties of 94(239). *Phys. Rev.* 70:555.

Kerr, Walter. 1944. *The Russian Army*. Knopf.

Kevles, Dan. 1990. Cold war and hot physics: science, security, and the American state, 1945-1956. *HSPS* 20:2.

Khariton, Yuli, and Yuri Smirnov. 1993. The Khariton version. *Bui. Atom. Sci.* v.

Khrushchev, Nikita. 1970. *Khrushchev Remembers*. Little, Brown.

King, John Kerry, ed. 1979. *International Political Effects of the Spread of Nuclear Weapons*. USGPO.

Kissinger, Henry. 1994. *Diplomacy*. Simon & Schuster.

Knaack, Marcelle Size. 1988. *Post-World War II Bombers, 1945-1973. Encyclopedia of U.S. Air Force Aircraft and Missile Systems*. Vol. 2. Office of Air Force History.

Knight, Amy. 1993. *Beria*. Princeton University Press.

Knyazkaya, N. V. 1986. Starting up: the story, told by a participant (B. G. Dubovksy). *Chemistry and Life* 12.

Kofsky, Frank. 1993. *Harry S. Truman and the War Scare of 1948*. St. Martin's.

Kohn, Richard H., and Joseph P. Harahan, eds. 1988. *Strategic Air Warfare*. Office of Air Force History.

Kramish, Arnold. 1959. *Atomic Energy in the Soviet Union*. Stanford University Press.

———. 1994. Safety in quarks? (Letter.) *Science*. 25.ii.

Kravchenko, Victor. 1946. *I Chose Freedom*. Charles Scribner's Sons.

Krock, Arthur. 1968. *Memoirs*. Funk & Wagnalls.

Kuchment, Mark. 1985. The American connection to Soviet microelectronics. *Physics Today*, ix. Rep. in Hafemeister, David, ed. 1991. *Physics and Nuclear Arms Today*. American Institute of Physics.

Kunetka, James W. 1982. *Oppenheimer*. Prentice-Hall.

Lamphere, Robert J., and Tom Shachtman. 1986. *The FBI-KGB War*. Random House.

Lang, Daniel. 1959. *From Hiroshima to the Moon*. Simon and Schuster.

Langer, Elinor. 1966. The case of Morton Sobell: new queries from the defense. *Science* 153:1501.

Lanouette, William. 1992. *Genius in the Shadows*. Charles Scribner's Sons.

Lashmar, Paul. 1994a. Stranger than "Strangelove." *Washington Post National Weekly Edition*. 11-17 .vii.

———. 1994b. Shootdowns. *Aeroplane Monthly*, viii.

———. 1994c. Skulduggery at Sculthorpe. *Aeroplane Monthly*, x.

LeMay, Curtis E. With MacKinlay Kantor. 1965. *Mission with LeMay*. Doubleday.

Leskov, Sergei. 1993. Dividing the glory of the fathers. *Bui. Atom. Sci.* v.

Leva, Marx. 1959. Afterthoughts on Strauss. (Letter.) *Washington Post*. 24.vi.

Lilienthal, David E. 1964. *The Atomic Energy Years, 1945-1950. The fournals of David E. Lilienthal*, Vol. 2. Harper & Row.

———. 1980. *Atomic Energy: A New Start*. Harper & Row.

Lindl, John D., Robert L. McCrory and E. Michael Campbell. 1992. Progress toward ignition and burn propagation in inertial confinement fusion. *Physics Today*, ix.

Los Alamos National Laboratory (LANL). 1983. The evolution of the laboratory. *Los Alamos Science*. Winter–Spring.

Lukacs, John. 1991. Ike, Winston and the Russians. *NYTBR*. 10.ii.

Manley, John H. 1985. Recollections and memories. Unpub. MS. LANL Archives.

———. 1987. Star Wars and the H–bomb. Unpub. MS. LANL Archives.

Mark, Hans, and Sidney Fernbach, eds. 1969. *Properties of Matter Under Unusual Conditions*. Interscience.

Mark, J. Carson. 1954, 1974. A short account of Los Alamos theoretical work on thermonuclear weapons, 1946–1950. Los Alamos Scientific Laboratory (LA–5647–MS).

Markusen, Eric, and David Kopf. 1995. *The Holocaust and Strategic Bombing: Genocide and Total War in the Twentieth Century*. Westview Press.

Marshall, Eliot. 1981. Richard Garwin: defense adviser and critic. *Science* 212:763.

———. 1990. Radiation exposure: hot legacy of the Cold War. *Science* 249:474.

Mathews, William G., and Daniel Hirsch. 1991. Preface to the 1991 edition of Stanisław Ulam, *Adventures of a Mathematician*. University of California Press.

McCracken, Daniel D. 1955. The Monte Carlo method. *Scientific American*, v.

McKinzie, Richard D. 1974. Lucius D. Clay oral history interview. HSTL.

McLellan, David S., and David C. Acheson, eds. 1980. *Among Friends: Personal Letters of Dean Acheson*. Dodd, Mead.

McMillan, Edwin, and Philip H. Abelson. 1940. Radioactive element 93. *Phys. Rev.* 57:1185.

McNamara, Robert S. 1992. One minute to Doomsday. *New York Times*. 14.x.

McPhee, John. 1974. *The Curve of Binding Energy*. Farrar, Straus and Giroux.

Medvedev, Zhores A. 1978. *Soviet Science*. Oxford University Press.

Meeropol, Robert, and Michael Meeropol. 1975. *We Are Your Sons*. Houghton Mifflin.

Meitner, Lise, and O. R. Frisch. 1939. Disintegration of uranium by neutrons: a new type of nuclear reaction. *Nature* 143:239.

Memorial Committee, J. Robert Oppenheimer. 1994. *Behind Tall Fences*. J. Robert Oppenheimer Memorial Committee.

Metropolis, N., and E. C. Nelson. 1982. Early computing at Los Alamos. *Annals of the History of Computing* 4(4).

Millis, Walter. 1951. *The Forrestal Diaries*. Viking.

Moore, Jr., Frank E., and H. Gordon Bechanan. n.d. *History of Operation Ivy*. Department of Defense.

Moorehead, Alan. 1952. *The Traitors*. Charles Scribner's Sons.

Morrison, Philip. 1991. Review, *The Elements Beyond Uranium. Scientific American*, v.

Morse, Philip M. 1977. *In at the Beginnings: A Physicist's Life*. MIT Press.

Moss, Norman. 1987. *Klaus Fuchs*. St. Martin's.

———. 1993. "Sonya" explains. *Bui. Atom. Sci.* vii/viii.

Newton, Verne. 1984. *The Cambridge Spies*. Madison Books.

Nichols, K. D. 1987. *The Road to Trinity*. Morrow.

Nielson, J. Rud. 1963. Memories of Niels Bohr. *Physics Today*, x.

Nikipelov, Boris V., A. S. Nikiforov, O. L. Kedrovsky, M. V. Strakhov and E. G. Drozhko. n.d. Practical rehabilitation of territories contaminated as a result of implementation of nuclear material production defense programs. Trans. Alexander Shlyakhter.

Nikipelov, Boris V., Andrei F. Lizlov and Nina A. Koshurniknva. 1990. Experience with the first Soviet nuclear installation. *Priroda*. ii. Trans. Alexander Shlyakhter.

Nincic, Miroslav. 1982. *The Arms Race*. Praeger.

Nizer, Louis. 1973. *The Implosion Conspiracy*. Doubleday.

Norberg, Arthur Lawrence. 1980a. Interview with Norris E. Bradbury. The Bancroft Library.

———. 1980b. Interview with Darol K. Froman. The Bancroft Library.

———. 1980c. Interview with J. Carson Mark. The Bancroft Library.

———. 1980d. Interview with John H. Manley. The Bancroft Library.

———. 1980e. Interview with Cyril Stanley Smith. The Bancroft Library.

———. 1980f. Interview with Raemer E. Schreiber. The Bancroft Library.

Norris, Robert S. 1992. *Questions About the British H-Bomb* (NWD 92-2). Natural Resources Defense Council.

Norris, Robert S., and William M. Arkin. 1993. Nuclear notebook: estimated nuclear stockpiles, 1945-1993. *Bui. Atom. Sci.* xii.

Norris, Robert S., Andrew S. Burrows and Richard W. Fieldhouse. 1994. *British, French and Chinese Nuclear Weapons. Nuclear Weapons Databook*. Vol. 5. Westview Press.

O'Keefe, Bernard J. 1983. *Nuclear Hostages*. Houghton Mifflin.

Oliphant, M. L. E., P. Harteck and Lord Rutherford. 1934. Transmutation effects observed with heavy hydrogen. *Proc. Roy. Soc. A* 144.

Oppenheimer, J. Robert. 1945. Atomic weapons and the crisis in science. *Sat. Rev. Lit.* 24.xi.

———. 1946a. The atom bomb and college education. *The General Magazine and Historical Chronicle*. University of Pennsylvania. Summer.

———. 1946b. The atom bomb as a great force for peace. *New York Times Magazine*. 9.vi.

———. 1948a. International control of atomic energy. *Foreign Affairs* 26(2).

———. 1948b. Physics in the contemporary world. *Bui. Atom. Sci.* iii.

———. 1953. Atomic weapons and American policy. *Foreign Affairs* 31(4).

———. 1958. An inward look. *Foreign Affairs* 36(2).

Ostriker, J. P., ed. 1992, 1993. *Selected Works of Yakov Borisovich Zeldovich*. 2 vols. Princeton University Press.

Pais, Abraham. 1990. Stalin, Fuchs and the Soviet bombs. *Physics Today* 43:13.

Panasyuk, I. S. 1967. First Soviet nuclear reactor. *Sovetskaya Atomnaya Nauka i Tekhnika* (*Soviet Atomic Science and Technology*). Atomizdat.

Pavlovsky, A. I. 1991. *Usp. Fiz. Nauk* 161:137.

Peattie, Lisa. 1984. Normalizing the unthinkable. *Bui. Atom. Sci.* iii.

Peierls, Rudolf. 1985. *Bird of Passage*. Princeton University Press.

Pervukhin, M. G. 1985. First years of the nuclear project: interview by M. Chernenko (iii.78). *Chemistry and Life* 5.

Petrov, Vladimir. 1955. Mystery of missing diplomats solved. *U.S. News & World Report*. 23.ix.

Petrzhak, Konstantin A., and Georgi N. Flerov. 1940. *Dokladi Akademii Nauk SSSR* 28:6, 500.

Pfau, Richard. 1984. *No Sacrifice Too Great*. University Press of Virginia.

Philby, Kim. 1968. *My Silent War*. Ballantine.

Pilat, Oliver. 1952. *The Atom Spies*. G. P. Putnam's Sons.

Pincher, Chapman. 1981. *Their Trade Is Treachery*. Sidgwick & Jackson.

———. 1984. *Too Secret Too Long*. St. Martin's.

———. 1987. *Traitors*. St. Martin's.

Pogue, Forrest C. 1987. *George C. Marshall: Statesman*. Viking.

Poirier, Bernard W. 1980. W. Averell Harriman oral history interview. HSTL.

Powers, Thomas. 1993. *Heisenberg's War*. Knopf.

Prados, John. 1992. High-flying spies. *Bui. Atom. Sci.* ix.

Proctor, Robert M. 1993. (Letter.) *Science* 259:1676.

Putney, Diane T., ed. 1987. *ULTRA and the Army Air Forces in World War II*. Office of Air Force History.

Rabi, I.I. 1970. *Science: The Center of Culture*. World.

———. 1983. How well we meant. Edited transcript of LANL 40th anniversary talk.

LANL Archives.

Radosh, Ronald. 1979. Unpublished interview with David and Ruth Greenglass.

Radosh, Ronald, and Joyce Milton. 1983. *The Rosenberg File*. Holt, Rinehart and Winston.

Ranelagh, John. 1986. *The Agency*. Simon and Schuster.

Raymond, Ellsworth. 1948. Russia is ready for the wrong war. *Look*. 16.iii.
Reeves, Thomas C. 1982. *The Life and Times of Joe McCarthy*. Stein and Day.
Regis, Ed. 1987. *Who Got Einstein's Office?* Addison-Wesley.
Remnick, David. 1993. *Lenin s Tomb*. Random House.
Resis, Albert, ed. 1993. *Molotov Remembers*. Ivan. R. Dee.
Rhodes, Richard. 1979. *Looking for America*. Penguin.
———. 1986. *The Making of the Atomic Bomb*. Simon and Schuster.
Ridenour, Louis N. 1950. The hydrogen bomb. *Scientific American*, iii.
Ritus, V. I. 1990. Who else if not I? *Priroda* 8:10.
Rogow, Arnold A. 1963. *fames Forrestal*. Macmillan.
Romanov, Yuri A. 1990. Father of Soviet hydrogen bomb. *Priroda* 8:20-24.
Rosenberg, David Alan. 1979. American atomic strategy and the hydrogen bomb decision, *Journal of American History*, v.
———.1981-1982. "A smoking, radiating ruin at the end of two hours." *International Security* 6(3).
———. 1982. US nuclear stockpile, 1945 to 1950. *Bui. Atom. Sci.* v.
———. 1983. "Toward Armageddon: The Foundations of United States Nuclear Strategy, 1945-1961." Unpub. Ph.D. thesis, University of Chicago.
Rosenberg, J. Philipp. 1982. The belief system of Harry S. Truman and its effect on foreign policy decision-making during his administration. *Presidential Studies Quarterly* XII(2). Spring.
Rosenberg, Suzanne. 1988. *A Soviet Odyssey*. Oxford University Press.
Ross, Steven T., and David Alan Rosenberg. 1989. *The Atomic Bomb and War Planning. Americas Plans for War Against the Soviet Union, 1945-1950*, Vol. 9. Garland.
Rossi, John P. 1986. Winston Churchill's Iron Curtain speech: forty years after. *Modern Age* 30. Winter.
Roth, Julius L. 1992. (Letter.) Who won Cold War? *New York Times*. 30.viii.
Rummel, R. J. 1990. *Lethal Politics*. Transaction.
Sagan, Scott. 1993. *The Limits of Safety*. Princeton University Press.
———. 1994. The perils of proliferation: organization theory, deterrence theory, and the spread of nuclear weapons. *International Security* 18(4):66.
Sagdeev, Roald. 1993. Russian scientists save American secrets. *Bui. Atom. Sci.* v.
Sakharov, Andrei. 1990. *Memoirs*. Knopf.
Sanders, Jerry W. 1983. *Peddlers of Crisis*. South End Press.
Sawatsky, John. 1984. *Gouzenko*. Macmillan of Canada.
Sawyer, Roland. 1954. The H-bomb chronology. *Bui. Atom. Sci.* x.

Schilling, Warner R. 1961. The H-bomb decision: how to decide without actually choosing. *Political Science Quarterly* LXXVI(1).

Schneir, Walter, and Miriam Schneir. 1965. *Invitation to an Inquest*. Pantheon.

Schreiber, Raemer. 1991. Reminiscences. Unpub. MS. LANL Archives.

Schumar, James F. 1959. Reactor fuel elements. *Scientific American*, ii.

Scott, Russell B. 1959. *Cryogenic Engineering*. D. Van Nostrand.

Scurlock, Ralph G., ed. 1992. *History and Origin of Cryogenics*. Clarendon Press.

Seaborg, Glenn T. 1958. *The Transuranium Elements*. Yale University Press.

———. 1990. *Journal of Glenn T. Seaborg, 1946-1958*. Vols. 1-4. Lawrence Berkeley Laboratory.

Segrè, Emilio. 1993. *A Mind Always in Motion*. University of California Press.

Serber, Robert. 1992. *The Los Alamos Primer*. University of California Press.

Sherry, Michael S. 1987. *The Rise of American Air Power*. Yale University Press.

Shimizu, Sakae. 1982. Historical sketch of the scientific field survey in Hiroshima several days after the atomic bombing. *Bulletin of the Institute for Chemical Research, Kyoto University* 60(2):39.

Shlaim, Avi. 1983. *The United States and the Berlin Blockade, 1948-1949*. University of California Press.

Simonov, Konstantin. 1958, 1975. *The Living and the Dead*. Trans. Alex Miller. Moscow: Progress Publishers.

Sloan Foundation, Alfred P. 1982. The H-bomb decision. Transcript of videotaped conference at Princeton University.

Smith, Alice Kimball, and Charles Weiner, eds. 1980. *Robert Oppenheimer: Letters and Recollections*. Harvard University Press.

Smith, Bruce L. R. 1966. *The Rand Corporation*. Harvard University Press.

Smith, Cyril Stanley. 1954. Metallurgy at Los Alamos 1943-1945. *Metal Progress* 65(5):81.

Smyth, Henry D. 1945a. *A General Account of the Development of Methods of Using Atomic Energy for Military Purposes Under the Auspices of the United States Government, 1940-1945*. War Department lithoprint.

———. 1945b. *Atomic Energy for Military Purposes*. Princeton University Press.

Snow, C. P. 1966. *Variety of Men*. Charles Scribner's Sons.

———. 1981. *The Physicists*. Little, Brown.

Steiner, Barry H. 1991. *Bernard Brodie and the Foundations of American Nuclear Strategy*. University Press of Kansas.

Stern, Philip M. With Harold P. Green. 1969. *The Oppenheimer Case: Security on Trial*. Harper & Row.

Stettinius, Jr., Edward W. 1949. *Roosevelt and the Russians*. Doubleday.

Stickle, D. M., ed. 1992. *The Beria Affair*. Nova Science Publishers.

Straight, Michael. 1983. *After Long Silence*. W. W. Norton.

Strauss, Lewis L. 1950. A-bomb fallacies are exposed. *Life*. 24.vii.

———. 1962. *Men and Decisions*. Doubleday.

Street, Lucie, ed. 1947. *I Married a Russian*. Emerson Books.

Sudoplatov, Pavel, and Anatoli Sudoplatov. With Jerrold L. Schecter and Leona P. Schecter. 1994. *Special Tasks*. Little, Brown.

Szilard, Leo. 1961. *The Voice of the Dolphins*. Stanford University Press.

Szulc, Tad. 1984. The untold story of how Russia "got the bomb." *Los Angeles Times*. 26.viii.

Taschereau, Robert, and R. L. Kellock. 1946. *The Report of the [Canadian] Royal Commission*. Edmond Cloutier.

Taub, A. H. 1963 .*John von Neumann: Collected Works*. Pergamon.

Teller, Edward. 1946a. Scientists in war and peace. *Bul. Atom. Sci.* iii.

———. 1946b. The State Dep't report—"a ray of hope." *Bul. Atom. Sci.* iv.

———. 1946c. Dispersal of cities and industries. *Bul. Atom. Sci.* iv.

———. 1947a. How dangerous are atomic weapons? *Bul. Atom. Sci.* i i.

———. 1947b. Atomic scientists have two responsibilities. *Bul. Atom. Sci.* iii.

———. 1948a. The first year of the Atomic Energy Commission. *Bul. Atom. Sci.* i .

———. 1948b. Comments on the "draft of a world constitution." *Bul. Atom. Sci.* vii.

———. 1950. Back to the labs. *Bul. Atom. Sci.* iii.

———. 1955. The work of many people. *Science* 121:267.

———. 1962. *The Legacy of Hiroshima*. Doubleday.

———. 1979. *Energy from Heaven and Earth*. W. H. Freeman.

———. 1982. Hydrogen bomb history. (Letter.) *Science* 218:1270.

———. 1987. *Better a Shield Than a Sword*. Free Press.

Terletsky, Y. P. 1973. Operation "Niels Bohr Interrogation." Trans. Catherine A. Fitzpatrick. (Courtesy Thomas Powers.)

———. n.d. Reconstructed account of conversations between Niels Bohr and Y. P. Terletsky in Copenhagen, 14 and 16 November 1945. Trans. Roald Sagdeev. (Courtesy Thomas Powers.)

Terrall, Mary. 1983. Willard F. Libby oral history interview. The Bancroft Library.

Thirring, Hans. 1946. *Die Geschichte der Atombombe*. Neues Osterrreich.

Thomas, Hugh. 1986. *Armed Truce*. Atheneum.

Timmerhaus, K. D., ed. 1960. *Advances in Cryogenic Engineering I*. Plenum Press.

Trachtenberg, Marc. 1988. A "wasting asset": American strategy and the shifting nuclear balance, 1949–1954. *International Security* 13(3).

Truman, Harry S. 1955. *Year of Decision*. Doubleday.

———. 1956. *Years of Trial and Hope*. Doubleday.

———. 1966. *Public Messages, Speeches and Statements of the President, 1952-1953*. USGPO.

Truslow, Edith C., and Ralph Carlisle Smith. 1947. Part II: Beyond Trinity. In David Hawkins, Edith C. Truslow and Ralph Carlisle Smith. 1983. *Project Y: The Los Alamos Story*. Tomash Publishers.

Tunner, William H. 1964. *Over the Hump*. Office of Air Force History.

Ulam, Françoise. 1991. Postscript to adventures. In Ulam, Stanisław M. 1991. *Adventures of a Mathematician*. University of California Press.

Ulam, Stanisław M. 1966. Thermonuclear devices. In R. Marshak, ed., *Perspectives in Modern Physics*. Interscience.

———. 1986. Mark C. Reynolds, Gian-Carlo Rota, eds. *Science, Computers, and People*. Birkhäuser.

———. 1991. *Adventures of a Mathematician*. University of California Press.

United States Atomic Energy Commission (USAEC). 1954a. Thermonuclear weapons program chronology. LANL Archives. 22.iv.

———. 1954b. *In the Matter of J. Robert Oppenheimer*. MIT Press.

Urey, Harold C., F. G. Brickwedde and G. M. Murphy. 1932. A hydrogen isotope of mass 2 and its concentration. *Phys. Rev.* 40(1):1.

Vance, Robert W., and Harold Weinstock. 1969. *Applications of Cryogenic Technology*. Tinnon-Brown.

Vandenberg, Arthur H., Jr. 1952. *The Private Papers of Senator Vandenberg*. Houghton Mifflin.

Visgin, V. P., ed. 1992. At the source of the Soviet atomic project: the role of espionage, 1941–1946. *Problems in the History of Science and Technology* 3:97.

Volkogonov, Dmitri. 1988,1991. *Stalin*. Grove Weidenfeld.

Voyetekhov, Boris. 1943. *The Last Days of Sevastopol* Knopf.

Wainstein, L., C. D. Cremeans, J. K. Moriarty and J. Ponturo. 1975. *The Evolution of US Strategic Command and Control and Warning*. Institute for Defense Analyses.

Walker, Mark. 1989. *German National Socialism and the Quest for Nuclear Power*. Cambridge University Press.

Weiner, Charles. 1967–1973. Interviews with Edward Condon. American Institute of Physics.

Weisgall, Jonathan M. 1994. *Operation Crossroads*. Naval Institute Press.

Werth, Alexander. 1944. *Leningrad*. Hamish Hamilton.

———. 1964. *Russia at War*: 1941–1945. E. P. Dutton.

———. 1971. *Russia: The Post-War Years*. Taplinger.

WGBH. 1980. *A Is for Atom, B Is for Bomb*. WGBH Transcripts.

Wheeler, John A. 1962. Fission then and now. *IAEA Bulletin*. 2.xii.

Wiebes, Cees, and Bert Zeeman. 1983. The Pentagon negotiations March 1948: the launching of the North Atlantic Treaty. *International Affairs* (UK) 59. Summer.

Williams, Robert Chadwell. 1987. *Klaus Fuchs: Atom Spy*. Harvard University Press.

Wilson, Jane, ed. 1975. *All in Our Time*. Bulletin of the Atomic Scientists.

Wilson, Robert R. 1958. Books. *Scientific American*, xii.

Winterberg, Friedwardt. 1981. *The Physical Principles of Thermonuclear Explosive Devices*. Fusion Energy Foundation.

Wittlin, Thaddeus. 1972. *Commissar: The Life and Death of Lavrenti Pavlovich Beria*. Macmillan.

WT-608, extracted version. 1952. Operation *Ivy*, report of commander, Task Group 132.1.

X (George Kennan). 1947. The sources of Soviet conduct. *Foreign Affairs*, vii.

Yatzkov, Anatoli A 1992. The atom and intelligence. *Problems in the History of Science and Technology* 3:103.

Yergin, Daniel. 1977. *Shattered Peace*. Houghton Mifflin.

York, Herbert F. 1975. The debate over the hydrogen bomb. *Scientific American*, x.

———. 1976. *The Advisors*. W. H. Freeman.

Yurechko, John J. 1983. The day Stalin died: American plans for exploiting the Soviet succession crisis of 1953. *Journal of Strategic Studies* 3. v.

Zaloga, Steven J. 1993. *Target America*. Presidio.

Zeldovich, Yakov Borisovich. 1992,1993. *Selected Works*. 2 vols. Princeton University Press.

Zhisui, Li. 1994. *The Private Life of Chairman Mao*. Random House.

Zhukov, G. K. 1971. *The Memoirs of Marshal Zhukov*. Delacorte.

Ziegler, Charles. 1988. Waiting for Joe-1: Decisions leading to the detection of Russia's first atomic bomb test. *Social Studies of Science* 18:197.

Zimmerman, Carroll L. 1988. *Insider at SAC*. Sunflower University Press.

Zubok, Vladislav, and Constantine Pleshakov. 1994. The Soviet Union. In David Reynolds, ed. *The Origins of the Cold War in Europe*. Yale University Press.

Zuckerman, Solly. 1988. Bomber barons and armchair warriors. *NYTBR*. 22.v.

Zukerman, V. A., and Z. M. Azarkh. n.d. *People and Explosions*. Trans. Timothy D. Sergay. Unpub. MS.

문헌 및 도판 저작권

⊛ 문헌 ⊛

리처드 로즈는 다음 문헌을 수록할 수 있게 허락해 주신 것에 충심으로 감사한다.

Authur Lawrence Norberg interviews with Norris Bradbury, Darol Froman, John Manley, J. Carson Mark Raemer Schreiber quoted by permission of The Bancroft Library; Excerpts from *The Journals of David E. Lilienthal, Vol. 2: The Atomic Energy Years, 1945-1950* by David E. Lilienthal. Copyright © 1964 by David E. Lilienthal. Copyright renewed 1992. Reprinted by permission of HarperCollins Publishers, Inc; Excerpts from *Mission with LeMay* by Curtis E. LeMay with MacKinlay Kantor. Copyright © 1965 by Curtis E. LeMay and MacKinlay Kantor. Used by permission of Doubleday, a division of Bantam Doubleday Dell Publishing Group, Inc; Excerpts from Yuli Khariton and Yuri Smirnov, "The Khariton Version," *Bulletin of the Atomic Scientists*, v.93, reprinted by permission of Yuri Smirnov; Excerpts from the unpublished papers of John Manley quoted by permission of Kathleen B. Manley; of Raemer Schreiber quoted by permission of Raemer Schreiber; Excerpts from Ilya Ehrenburg and Konstantin Simonov, *In One Newspaper*. Trans. Anatol Kagan. Copyright © 1985 by Sphinx Press and reprinted by permission; Osip Mandelstam, "The Stalin Epigram," translation copyright © 1993 by W. S. Merwin and Clarence Brown. Reprinted by permission; Excerpts from *Memoirs* by Andrei Sakharov, copyright © 1990 by Alfred A. Knopf, Inc. Reprinted by permission of the Publisher; Excerpts from *Russia at*

⊛ 도판 ⊛

옮긴이 후기

세계사를 지배한 단 하나의 물건

한국어판 『수소 폭탄 만들기』는 사이먼 앤드 슈스터(Simon & Schuster) 사에서 1996년에 출간된 *Dark Sun: The Making of the Hydrogen Bomb*을 옮긴 것이다. 저자 리처드 로즈는 전작 『원자 폭탄 만들기(*The Making of the Atomic Bomb*)』로 퓰리처상을 받았으며, 핵무기 관련 저술이 외에도 두 권 더 있다. 소개한다. 『어리석음의 비축(*Arsenals of Folly*)』와 『핵폭탄의 황혼(*The Twilight of the Bombs*)』이다. 각각 냉전기 핵무기의 경쟁 과정과, 냉전 종료 후 핵무기를 둘러싼 여러 가지 문제를 짚은 책이다.

『원자 폭탄 만들기』는 맨해튼 프로젝트의 정치, 사회, 과학사라고 할 수 있다. 20세기로 넘어오며 핵에너지가 발견된 것에서부터 최초의 원자 폭탄이 일본에 투하되는 과정까지를 살펴본다. 그 후속작이라 할 수 있는 『수소 폭탄 만들기』는 수소 폭탄 개발과 냉전 개시, 치열했던 군비 경쟁의 정치 및 과학사이다. 원자 폭탄이나 수소 폭탄이나 핵무기이니 다 같을 것이라고 생각할 수 있지만, 그것은 잘못 생각하는 것이다. 본문에 자세히 소개되는데, 수소 폭탄은 원자 폭탄을 터뜨려야만 터뜨릴 수 있다. 또, 여기에는 정교한 기술 과정이 개입한다. 제2차 세계 대전이 끝나고, 40년 이상 세계사를 지배한 단 한 개의 물건(device)을 꼽으라면, 그것은 수소 폭탄이다. 수소 폭탄은 인류가 개발한 가장 파괴적인 무기이다.

로즈가 그려 낸 대서사시는 논픽션의 걸작으로, 가장 고급한 수준의 독서 경험을 선사할 것이다. 본서에 적힌 그 모든 내용은 다 사실이다. 독자들은 이 책을 읽으며, 현시기 한반도 상황과 비교해 볼 수도 있다. 북한이 과연 수소 폭탄 개발에 성공했을까?

번역과 관련해서도 첨언해 둔다. 관련 내용을 다루는 기존의 여러 번역서에 크고 작은 오류들이 보였고, 나는 미력하나마 그런 실수들을 바로잡기 위해 애썼다. 가령, 오펜하이머 보안 청문회와 관련된 세부 사항들이 그렇다. 완벽하다고 장담할 수는 없지만, 진전된 논의에 보탬이 되기를 바란다.

2016년 봄에

정병선

찾아보기

☢ 인명 ☢

람과 공동으로 착안함.
토머스, 노먼 매툰 미국의 사회주의자. 135
토머스, 찰스 앨런 몬산토 케미컬 부회장, 애치슨-릴리엔솔 보고서를 만든 자문 위원회 위원. 389
톨먼, 리처드 체이스 미국의 물리학자, 캘리포니아 공과 대학 대학원 학장. 218~219, 261, 527
트래비스, 로버트 미국 공군 장교, 극동 지역으로 (탄두가 제거된) 원자 폭탄을 옮기다 추락 사고로 사망. 764
트루도, 아서 미국 육군 장교, 비틀스 작전 당시 경찰대를 지휘함. 585
트루먼, 해리 십 미국 제33대 대통령(1945~1953년), 프랭클린 루스벨트 밑에서 미국 제34대 부통령 역임(1945년).
트위닝, 네이선 미국 공군 장교, 미국 공군 참모 총장(1953~1960년), 합동 참모 본부 의장(1957~1960년). 382
티베츠, 폴 워필드 미국 육군 항공대 장교, 제509혼성군 사령관, 에놀라 게이를 조종해 히로시마를 폭격함. 380, 442~443
틸, 찰스 캐나다 물리학자, 국립 아르곤 연구소 부소장(1995년). 454

파나슈크, 이고리 세묘노비치 소련 물리학자, 이고리 쿠르차토프와 함께 F-1 원자로를 제작함. 447, 450, 452, 456~460, 463~465
파리스카야, L. V. 소련의 공학자, 소련 과학 아카데미 물리학 연구소 재학 시절 안드레이 사하로프의 동료. 375, 567~568
파스테르나크, 보리스 레오니도비치 소련의 시인이자 소설가. 65
파슨스, 윌리엄 '데크' 미국 해군 장교, 전시에 로스앨러모스에서 폭약 분과를 지휘함. 193
파워, 토머스 미국 공군 장교, 커티스 르메이의 뒤를 이어 전략 공군 사령부 사령관을 역임. 773~774, 965, 974~978, 982~983
파월 주니어, 루이스 프랭클린 전시에 공군 정보 장교를 지내고, 후에 미국 연방 대법원 판사 역임. 262
파이얼스, 루돌프 독일 태생의 망명한 이론 물리학자, 클라우스 푹스를 영입해 영국의 원자 폭탄 프로젝트를 이끎. 41, 46~47, 56, 69, 80~81, 83, 85, 87~89, 97, 169, 180, 194, 218~219, 643, 735
파이얼스, 지니아 루돌프 파이얼스의 러시아 인 아내. 87, 722, 735
파이크, 섬너 미국 원자력 위원회(AEC) 위원, 정어리 왕. 651~653, 676, 694, 789
파인만, 리처드 미국의 이론 물리학자, 전시에 로스앨러모스에서 이론 분과에 참여함, 클라우스 푹스와 한방 친구였음, 노벨상 수상자. 341~342, 421, 440
파인만, 알린 리처드 파인만 부인, 1945년 결핵으로 사망. 341~342
판니카르, 산다르 한국 전쟁 당시 중국 주재 인도 대사. 771
패럴, 토머스 프랜시스 미국 육군 공병대 장교, 그로브스 장군을 보좌함. 354~355

하텍, 파울 카를 마리아 독일의 물리학자, 어니스트 러더퍼드, 마커스 올리펀트와 함께 열 핵융합 반응을 발견함. 418

한, 오토 독일의 방사능 화학자, 프리츠 슈트라우스만과 함께 중성자 포격으로 우라늄 원자핵이 붕괴한다는 사실을 발견함(핵분열), 노벨상 수상자. 273

할러웨이, 마셜 글레커 미국의 실험 물리학자, 로스앨러모스에서 최초의 메가톤 급 열핵 폭탄(소시지, 아이비 마이크) 개발을 지휘함. 713, 817~818, 823~830, 853

할반, 한스 폰 오스트리아 물리학자로 프랑스에서 연구함, 장 프레데리크 졸리오퀴리와 레프 코바르스키의 동료. 89, 115~116

해리먼, 윌리엄 애버렐 미국의 금융가 겸 외교관. 미국의 전시 소련 대사. 155, 251, 264, 361, 533

해리슨, 스튜어트 영국인 의사, 키티 오펜하이머의 두 번째 남편. 527

해리슨, 조지 레슬리 헨리 스팀슨의 보좌관. 345, 349~350

핼퍼린, 이스라엘 ('베이컨') 캐나다의 수학자, 소련의 비밀 공작원. 210, 311, 416, 643

행키, 파스칼 에일러스 (경) 영국 전쟁 내각의 무임소 장관, 과학 자문 위원회 위원장. 78

허시, 존 리처드 소설가 겸 기자, 『히로시마(*Hiroshima*)』(1946년)의 저자.

헐, 코델 프랭클린 루스벨트 밑에서 국무 장관 역임. 251

헤슬립, 차터 원자력 위원회 공보관, 에드워드 텔러가 오펜하이머 보안 청문회 당시 속내를 드러낸 대상 인물. 942~944

헨리, 언스트 가이 버제스를 입당시킨 소련 공작원의 가명. 76

호르티 미클로시 헝가리 왕국 섭정(1919~1944년).

호야밀러, 데릭 워싱턴 주재 영국 대사관 참사관. 703

홀, 제인 미국의 물리학자, 로스앨러모스 관리 행정을 맡음. 811

홉킨스, 해리 로이드 프랭클린 루스벨트의 고문, 제2차 세계 대전 당시 무기 대여법 활동을 지휘함. 157, 250, 276

화이트, 토머스 드레서 미국 공군 장교, 커티스 르메이 전임으로 미국 공군 참모 총장 역임. 975

화이트, 해리 덱스터 엘리자베스 벤틀리가 소련 간첩이라고 고발한 미국 정부 관리. 912

후버, 존 에드거 연방 수사국 국장(1924~1972년). 183, 500, 705, 707, 721, 728~729, 820, 847, 886, 906~907, 909~910, 912

후버, 허버트 미국 제31대 대통령(1929~1933년). 536

휠러, 존 아치볼드 미국의 이론 물리학자, 닐스 보어와 함께 핵분열 이론을 개발함, 1950~1951년에 프린스턴에서 열핵융합 연구를 이끎. 364~365, 713, 786, 796, 897~899, 907, 989

흐루쇼프, 니키타 세르게예비치 소련 수상(1958~1964년). 155, 743, 768, 880, 882~883, 971~973, 976, 980, 982, 996, 998

히로히토 일본 천황(1926~1989년). 306

히켄루퍼, 버크 블랙모어 미국 상원 의원(공화당, 아이오와 주). 474, 502~509, 613, 616, 620, 638, 665~908

단체명

☢ 핵무기 ☢

옮긴이 정병선

번역가, 저술가. 수학, 사회 물리학, 진화 생물학, 언어학, 신경 문화 번역학, 인지와 정보 처리를 공부한다. 영어를 가르치며 생계를 꾸리고 있다. 『타고난 반항아』, 『여자가 섹스를 하는 237가지 이유』, 『엔진의 시대』, 『렘브란트와 혁명』, 『후기 빅토리아 시대의 홀로코스트』, 『한 혁명가의 회고록』 등 수십 권의 책을 한국어로 옮겼고, 『주석과 함께 읽는 이상한 나라의 앨리스: 앨리스의 놀라운 세상 모험』을 썼다.
블로그: sumbolon.blogspot.com / 이메일: sumbolon@gmail.com

사이언스 클래식 28

수소 폭탄 만들기

1판 1쇄 찍음 2016년 4월 5일
1판 1쇄 펴냄 2016년 4월 15일

지은이 리처드 로즈
옮긴이 정병선
펴낸이 박상준
펴낸곳 (주)사이언스북스

출판등록 1997. 3. 24.(제16-1444호)
(06027) 서울특별시 강남구 도산대로1길 62
대표전화 515-2000, 팩시밀리 515-2007
편집부 517-4263, 팩시밀리 514-2329
www.sciencebooks.co.kr

ISBN 978-89-8371-776-4 93400